ISBN 978-0-365-10270-0
PIBN 11341344

ÉTUDES

SUR LES

INFUSOIRES ET LES RHIZOPODES

PAR

ÉD. CLAPARÈDE ET JOH. LACHMANN

PREMIÈRE ET DEUXIÈME PARTIES. ANATOMIE ET CLASSIFICATION DES INFUSOIRES ET DES RHIZOPODES, avec 24 planches.
TROISIÈME PARTIE. DE LA REPRODUCTION DES INFUSOIRES, avec 13 planches.

EXTRAIT DES TOMES V, VI ET VII DES MÉMOIRES DE L'INSTITUT GENEVOIS (1858-1860)

GENÈVE ET BALE
H. GEORG, LIBRAIRE DE L'INSTITUT

1868

ÉTUDES

SUR

LES INFUSOIRES ET LES RHIZOPODES

PAR

Édouard CLAPARÈDE

ET

Johannes LACHMANN.

Occupé depuis quelques années, avec mon ami M. Lachmann, de recherches suivies sur la structure anatomique et la reproduction, soit des infusoires proprement dits, soit des rhizopodes, je me suis convaincu tous les jours davantage qu'une exposition claire et utile des faits que nous avons observés durant ce laps de temps, ne pouvait avoir lieu qu'autant que nous ferions marcher de pair avec elle un remaniement approfondi de la classification de ces animaux. En effet, il s'agit avant tout d'avoir pour point de départ une base solide, un catalogue de formes parfaitement déterminables pour chacun. L'anatomie et la physiologie comparée ne pourraient guère progresser, si elles ne s'appuyaient sur une zoologie systématique solidement construite. Or, cette zoologie systématique, bien que formant aujourd'hui un édifice nettement dessiné dans ses grands traits, grâce aux nombreux ouvriers qui travaillent à son perfectionnement, n'est cependant encore que vaguement ébauchée dans quelques-unes de ses parties. Une des parties de cet édifice qui sont encore le plus éloignées de leur achèvement définitif est celle où l'on relègue les animaux auxquels, à tort ou à raison, l'on aime à donner le nom de *Protozoaires*. Sans doute, l'ouvrage impérissable de M. Ehrenberg a posé bien des jalons indicateurs destinés à montrer au zoologiste la voie à suivre pour arriver au but, mais un examen un peu scrupuleux ne tarde pas à enseigner que la voie indiquée par ces jalons n'est pas toujours la plus sûre ni la meilleure. Il suffit de rappeler que M. Ehrenberg appelle les infusoires des animaux *polygastriques*, et qu'il les répartit dans deux grands groupes, les *Anentera* et les *Enterodela,* c'est-à-dire ceux qui sont privés d'intestin et ceux qui en sont pourvus. Or, comme il est démontré aujourd'hui qu'en général les infusoires n'ont ni intestin ni estomacs, cette classification tombe d'elle-même, et il devient évident que, si bon nombre des groupes établis par M. Ehrenberg doivent être conservés comme étant des groupes vraiment naturels, ils doivent du moins nécessairement être caractérisés autrement qu'ils ne l'ont été par cet auteur.— Deux écrivains, MM. Dujardin et Perty, ont essayé, depuis M. Ehrenberg, une réforme totale de la classification des infusoires. L'essai de M. Dujardin n'a certes pas été plus heureux que celui de M. Ehrenberg, et celui de M. Perty n'a fait, on peut le dire, que doubler la confusion déjà existante.

Voilà les raisons qui m'ont décidé à tenter une nouvelle réforme de la distribution systématique des infusoires. Puisse cette tentative être plus heureuse que celles de mes prédécesseurs! Je sens moi-même tout ce qu'elle a d'imparfait, tout ce qu'elle laisse encore à désirer. Rien n'est plus difficile qu'un bon système zoologique, parce qu'une classification n'est au fond qu'une opération par laquelle nous découpons la nature en un certain nombre arbitraire de fragments, que nous forçons à entrer, bon gré mal gré, dans un cadre de notre invention. Le nombre des fragments dépend du sentiment de l'ouvrier. Tel voudra faire cinq, dix ou vingt familles, d'un groupe, où tel autre ne veut pas en trouver plus d'une. Celui-ci réunira certaines espèces en un genre, tandis que celui-là croira devoir les distribuer non seulement dans des genres différents, mais encore dans des familles différentes. La notion systématique qui semble la moins soumise à ces fluctuations, à savoir la notion d'*espèce,* n'en est guère moins exempte que les notions de genre ou de famille. Chacun interprète à sa manière telle et telle espèce linéenne ou fabricienne. Chacun la divise pour son propre compte en un certain nombre d'espèces, qui en deux, qui en quatre ou en cinq, ou davantage. C'est qu'en effet, l'espèce aussi est quelque chose d'arbitraire. Qu'on considère en théorie, avec l'école aujourd'hui dominante, comme formant une espèce, tous les animaux qui sont féconds entre eux et qui sont assez proches parents pour qu'on puisse les supposer descendant d'un seul couple (ou cas échéant d'un seul individu), c'est fort bien; mais jamais il n'y eut de règle aussi peu en harmonie avec la pratique. Pour ce qui touche à la fécondation, nous savons aujourd'hui que la loi que nous venons d'énoncer souffre des exceptions trop nombreuses pour lui assurer une vérité mathématique, et, d'un autre côté, il est peu probable que l'être moral que nous appelons *une espèce*, ait jamais été représenté en réalité sur la terre par un seul couple ou un seul individu. — Il est certain que, ce qui dans la nature a une existence *concrète*, ce n'est pas l'ordre, ni la famille, ni le genre, ni l'espèce, mais l'individu. Les systèmes zoologiques, même les classifications dites naturelles, sont créés de toutes pièces par notre esprit. Mais ce sont là des créations utiles pour nos rapports avec le monde objectif. Nous réunissons en particulier sous le nom d'UNE *espèce* tous les *individus* que nous jugeons anatomiquement et physiologiquement très-semblables les uns aux autres. L'un étend davantage les limites de cette grande similitude; l'autre, au contraire, les restreint. De là les différences d'opinions relatives aux limites des espèces, différences qui subsisteront toujours. Aussi est-ce avec un sens inconscient, mais profond, du vrai que l'on dit plus souvent aujourd'hui *faire* que *découvrir* une nouvelle espèce.

Mais je ne veux pas me laisser entraîner trop loin dans des considérations qui touchent de trop près aux débats de l'ancienne scolastique. Mon seul but est de montrer dans ces lignes que je n'attache pas une valeur absolue aux divisions systématiques que j'ai établies. Ces divisions ne sont pas pour moi le but, mais seulement le moyen. Ce que je considère comme le point capital dans notre travail, c'est tout ce qui a rapport à la connaissance anatomique et physiologique des infusoires et rhizopodes. Le reste ne doit être considéré que comme formant des documents et pièces à l'appui.

Dans la classification, j'ai dû me soumettre à un principe qui régit aujourd'hui toutes les sciences systématiques, c'est-à-dire que, lorsqu'une espèce se trouve avoir reçu plusieurs noms de différents auteurs, je reconnais le droit de priorité du nom le plus ancien. Cependant, j'ai dû restreindre ce principe par un autre. Je me suis donné pour règle, et en cela je suis d'accord avec M. Lachmann, de ne jamais reconnaître la priorité d'un nom antérieur à l'ouvrage de M. Ehrenberg. Plus d'un lecteur se récriera peut-être à l'ouïe de ceci, oubliant qu'il accorde volontiers à Linné le privilège qu'il voudrait refuser à M. Ehrenberg. Toutefois, si ce dernier n'a pas le mérite d'avoir inventé la nomenclature binaire, on peut cependant dire qu'il a été pour les infusoires ce que Linné a été pour une grande partie du règne animal. C'est de lui que datent nos notions d'ensemble sur la classe en question. Bien que de nombreux observateurs, et parmi eux des hommes d'une application et d'un talent rares, comme Trembley et surtout Otto Friederich Mueller, se soient occupés des infusoires, les descriptions et les dessins laissés par eux sont trop imparfaits pour permettre, à de rares exceptions près, des déterminations quelque peu sûres. L'insuffisance des écrits de ces savants provient principalement de l'imperfection des instruments d'optique à l'époque où ils observaient. C'est, à mon avis, une utopie parfaite que de vouloir rétablir tous les noms spécifiques d'Otto Friederich Mueller, parce qu'il n'est pas possible de reconnaître ses espèces avec certitude. M. Ehrenberg a établi souvent avec beaucoup d'audace la synonymie de ses espèces, et l'on ne peut l'accuser d'avoir ignoré volontairement les noms de ses prédécesseurs pour leur substituer les siens. Qu'il se soit mépris dans certains cas, c'est indubitable. Je reconnais, par exemple, volontiers que son *Loxodes Bursaria* (*Paramecium Bursaria* Focke) est le *Paramecium versutum* de Mueller; mais je ne crois néanmoins pas devoir rétablir le nom de Mueller, parce que je pars du principe qu'il est impossible, en général, de remonter avec certitude au-delà de M. Ehrenberg. On pourrait peut-être désirer que, tout en conservant les noms modernes, on signalât cependant les synonymes probables antérieurs à l'époque de M. Ehrenberg. Le Mémoire qui suit contient sans doute une lacune à cet égard, mais c'est à dessein que je ne l'ai pas remplie. Tout ce qui a rapport à la bibliographie et la synonymie anciennes est fait avec un si grand soin dans l'ouvrage de M. Ehrenberg, que, sauf de rares exceptions, il est parfaitement inutile que ses successeurs reviennent sur ce sujet.

J'ai séparé les infusoires des rhizopodes, et, en cela, je n'ai fait que suivre l'exemple de plusieurs auteurs, en particulier de M. Max Schultze. Les raisons qui m'ont amené à adopter cette manière de voir ressortiront suffisamment des chapitres consacrés à l'étude anatomique d'une part des infusoires, et d'autre part des rhizopodes.

M. Lachman n'a, malheureusement, pu prendre aucune part à la rédaction des deux premières parties de ce Mémoire (Anatomie et Classification des Infusoires. — Anatomie et Classification des Rhizopodes). Aussi les erreurs qu'elles renferment sans aucun doute ne peuvent être imputées qu'à moi seul, et mon collaborateur ne peut prendre la responsabilité de toutes les idées émises dans les pages qui suivent. Je dois dire cependant que, habitués à observer de concert et à critiquer mutuellement nos observations réciproques, nous avons dû forcément acquérir une unité de vues sur les points capitaux, et qu'en particulier, j'ai élaboré avec M. Lachmann tous les grands traits de classification. — Dans la relation des faits et dans les descriptions, j'ai mis partout le sujet au pluriel, parce qu'il ne m'était plus possible de séparer les observations qui sont communes à M. Lachmann et à moi de celles qui me sont exclusivement propres. Par contre, j'ai eu soin de noter chaque fois les observations qui appartiennent exclusivement à M. Lachmann, et dont ce dernier prend la responsabilité, puisque je les rapporte sur la foi de notes écrites de sa main ou d'esquisses communiquées par lui. — La troisième partie du Mémoire (relative à la reproduction des Infusoires et des Rhizopodes) a été travaillée simultanément par M. Lachmann et par moi, durant l'année 1855.

Avant de terminer ces remarques préliminaires, je désire rendre un témoignage public de ma reconnaissance à l'homme qui guida mes premiers pas dans la science, et dont je serai toujours fier de me nommer le disciple, savoir M. Johannes Mueller, professeur à l'Université de Berlin. Une grande partie des observations contenues dans ce travail ont été faites en sa présence, et nous avons trouvé sans cesse en lui l'aide et le secours toujours prêts du maître en science et le conseil de l'ami.

Un autre nom que je ne puis omettre ici est celui de M. Lieberkühn. Formé, comme moi, à l'école de M. Mueller, il s'est adonné dès longtemps à l'étude des animaux inférieurs. J'ai vu, moi son cadet dans l'étude des infusoires, mes idées se développer parallèlement aux siennes. De fréquents rapports scientifiques et amicaux, nous ont amenés à confronter mutuellement nos observations et à les contrôler les unes par les autres. « Du choc des idées jaillit la lumière », dit le proverbe, et je suis convaincu qu'en effet une bonne partie de la lumière que ce travail répandra, comme je l'espère, sur le domaine des infusoires, est un résultat inconscient de nos rapports mutuels. M. Lieberkühn a entre les mains les matériaux d'un travail sur les infusoires, qui, s'il le publiait maintenant, contiendrait une bonne partie de ce qui est renfermé dans le nôtre, puisque nos études, portant sur les mêmes êtres, ont dû nous conduire à des résultats semblables. Aussi regrettons-nous vivement que les circonstances ne nous aient pas permis de fondre les observations de M. Lachmann et les miennes avec celles de M. Lieberkühn en un seul travail publié sous le nom des trois auteurs.

Enfin, je n'oublierai pas tout ce que je dois à M. Ehrenberg, qui a éveillé en moi tout d'abord le goût de l'étude des infusoires, non seulement par ses ouvrages, mais encore par ses démonstrations microscopiques particulières. La suite de mes travaux a, il est vrai, apporté dans les idées de l'élève des modifications qui les écartent singulièrement de celles du maître; mais je n'en continue pas moins à regarder les ouvrages de M. Ehrenberg comme la base qui doit nous servir de point de départ. Leur publication a été accueillie dans le temps avec enthousiasme, et cet enthousiasme ne doit pas être effacé par la circonstance que l'édifice a été depuis lors victorieusement battu en brèche de côtés très-divers. A l'époque où ils virent le jour, les travaux de M. Ehrenberg transformaient tellement la science, que c'était presque une création nouvelle. Aux beaux temps de la Mythologie grecque, un Jupiter pouvait faire sortir de son cerveau une Minerve armée de toutes pièces; mais aujourd'hui, si une Minerve prenait fantaisie de naître, elle devrait tout d'abord se mettre en quête non seulement d'une mère, mais encore de nombreux ouvriers pour fabriquer ses vêtements et forger son armure.

Ed. CLAPARÈDE.

Genève, Janvier 1858.

ÉTUDES

SUR

LES INFUSOIRES ET LES RHIZOPODES.

PREMIÈRE PARTIE.

ANATOMIE ET CLASSIFICATION DES INFUSOIRES.

Considérations anatomiques sur les Infusoires proprement dits.

La structure des infusoires a donné lieu, depuis vingt-cinq ans, à de longs débats. Des théories se sont élevées pour disparaître bientôt plus ou moins complètement, et faire place à d'autres qui n'ont pas toujours été beaucoup plus heureuses. Le Linné des infusoires, M. Ehrenberg, vit un moment ses idées sur l'excessive complication des infusoires dominer la science européenne, soulever l'enthousiasme universel. Cependant la théorie de la *polygastricité* ne tarda pas à trouver des adversaires. M. Carus[1], en 1834, puis en 1836 même un élève de M. Ehrenberg, savoir M. Focke[2], firent connaître le mouvement de rotation auquel sont soumis les aliments dans le corps des infusoires, mouvement complètement incompatible avec l'existence de nombreux esto-

1. Carus. Zoot. 1834, Band II, p. 424, Note.
2. Focke. Isis. 1836.

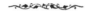

macs unis par un intestin[1]. M. Rymer-Jones, et d'autres, ont également attaqué avec succès la polygastricité des infusoires, et aujourd'hui il est inutile de chercher de nouveaux arguments contre elle, quels que soient les efforts que M. Ehrenberg ait fait et fasse[2] encore pour la défendre.

M. Dujardin, un des principaux adversaires de M. Ehrenberg, semble avoir été plus heureux que ce dernier dans l'accueil fait à l'ébauche qu'il a dessinée de la structure des infusoires. Toute action amène une réaction dont l'énergie est proportionnelle à celle de l'action première. M. Ehrenberg s'était complu à représenter les infusoires comme aussi compliqués dans leur conformation anatomique que les animaux les plus élevés dans la série. M. Dujardin, au contraire, s'attacha à les dépeindre comme possédant le degré d'organisation le plus simple qu'on puisse se représenter. Il admet que leur corps entier est formé par une substance homogène, devenue célèbre sous le nom de *Sarcode*. Il refuse à beaucoup d'entre eux, aux Monades, par exemple, non seulement l'existence d'une bouche, mais encore celle de toute espèce de téguments. Dans l'origine, M. Dujardin déniait toute trace de canal alimentaire et d'ouverture buccale, même aux infusoires ciliés. Mais bientôt il dut modifier cette manière de voir et concéder tout au moins l'existence d'une bouche chez un grand nombre d'entre eux. Lorsqu'un Paramecium, un Colpode, un Glaucome, une Vorticelle ou quelqu'autre infusoire cilié commence à produire le mouvement vibratile destiné à amener la nourriture à la bouche, le courant produit dans le liquide vient, suivant M. Dujardin, heurter incessamment le fond de la bouche, qui est occupé seulement par la substance glutineuse vivante de l'intérieur; il le creuse en forme de sac ou de tube fermé par en bas et de plus en plus profond, dans lequel on distingue, par le tourbillon des molécules colorantes, le remous que le liquide forme au fond. Les particules s'accumulent ainsi visiblement au fond de ce tube, continue M. Dujardin, sans qu'on puisse voir en cela autre chose que le résultat physique de l'action même du remous. En même temps que le tube se creuse de plus en plus, ses parois, formées non par une membrane, mais par la sub-

1. D'après M. Hymer-Jones, le mouvement des aliments aurait déjà été décrit à une époque antérieure à M. Carus. Il prétend, en effet, qu'il a déjà été mentionné par Gruithuisen chez le *Paramecium Aurelia*. — General outline of the organisation of the animal kingdom and manual of comparative anatomy, by Thomas Rymer Jones. Loudon, 1845, p. 42.

2. Ueber den Grünsand und seine Erlæuterung des organischen Lebens. Berlin, 1856.

stance glutineuse seule, tendent sans cesse à se rapprocher, en raison de la viscosité de cette substance et de la pression des parties voisines. Enfin elles finissent par se rapprocher tout-à-fait et se soudent vers le milieu de la longueur du tube, en interceptant toute la cavité du fond, sous la forme d'une vésicule remplie d'eau et de particules colorantes. C'est une véritable vacuole, une cavité creusée dans une substance homogène[1].

Cette théorie de M. Dujardin, grosse d'erreurs, a, chose singulière, fait fortune dans la science, et, sauf quelques modifications qu'elle a dû nécessairement subir, elle a trouvé assez d'écho de tous les côtés. M. Perty, en particulier, l'auteur d'un ouvrage étendu sur les infusoires de la Suisse, suit d'assez près M. Dujardin. Il pense[2] que les infusoires ne possèdent aucun organe essentiel, et il voit une preuve en faveur de cette opinion dans la circonstance que ces animaux peuvent se reproduire par fissiparité. C'est là un argument bien faible, car la fissiparité des infusoires n'est, comme toute fissiparité, qu'une division fort inégale, l'un des nouveaux individus gardant beaucoup plus d'organes de l'individu primitif que n'en garde l'autre. C'est au fond une vraie gemmiparité. Or, nous trouvons la gemmiparité non seulement chez les Cœlentérés, mais encore chez des vers (Naïdes, Syllis, Microstomes) et des molluscoïdes (Salpes, Ascidies), animaux qui tous possèdent des organes bien déterminés. M. Perty cite encore, en faveur de l'homogénéité des infusoires, le fait que des fragments de Stylonychie et d'Oxytrique peuvent continuer à vivre. Mais nous voyons le même phénomène se reproduire chez les polypes et les vers, et ne savons-nous pas que même des salamandres, excessivement mutilées, peuvent reproduire les parties qui leur manquent? D'ailleurs, nous croyons ne devoir admettre qu'avec circonspection l'observation de M. Perty. Il est vrai que les Stylonychies et les Oxytriques peuvent survivre à des lésions excessivement considérables, mais nous n'avons pas pu nous convaincre jusqu'à présent qu'un fragment quelconque de ces animaux fût en état de reproduire un animal complet. Les fragments de Stylonychie et d'Oxytrique s'agitent, il est vrai, longtemps encore dans l'eau, mais il n'y a plus aucune espèce d'harmonie dans leurs mouvements; ils semblent

1. Voyez Dujardin, Infusoires. Paris, 1841, page 76.

2. Perty. Zur Kenntniss der kleinsten Lebensformen. Bern, 1852, p. 50.

obéir à une force aveugle, comme des lambeaux d'épithélium vibratile. Il est probable que ces fragments ne tardent pas à se décomposer.

M. Perty[1], comme M. Dujardin, refuse l'existence de téguments à un grand nombre d'infusoires ciliés. Cependant il a devancé son modèle, en ce sens, qu'il reconnaît du moins l'existence d'un œsophage cilié. Mais c'est là tout. Il n'admet pas de cavité digestive. Les bols alimentaires[2] se fraient une voie à travers le parenchyme (« le sarcode ») du corps.

A l'époque même où M. Dujardin fondait sa théorie, Meyen[3] en exposait une bien différente en Allemagne. Au lieu de faire des infusoires de simples masses d'un sarcode homogène, il les représenta comme des animaux vésiculeux, dont la cavité était remplie par une substance gélatineuse. Il trouva l'épaisseur de la *membrane* enveloppante souvent fort considérable, et, chez les grosses espèces, il constata l'existence d'un œsophage cilié, à l'extrémité duquel les particules avalées se rassemblent pour former une espèce de bol. Une fois que ce bol a atteint une certaine grosseur, il est expulsé dans la cavité du corps.

Il est curieux que M. Dujardin cite le travail de Meyen pour corroborer sa manière de comprendre la structure des infusoires. Meyen concorde, il est vrai, avec le savant de Rennes dans les attaques qu'il dirige contre M. Ehrenberg ; mais l'accord ne va pas au-delà. Il y a une distance énorme entre les boules de sarcodes de M. Dujardin et les animalcules vésiculeux de Meyen.

Meyen était entré dans la bonne voie, et notre manière de voir ne diffère pas excessivement de la sienne, comme on le verra plus loin. Cependant il a fait du tort à l'esquisse qu'il venait d'ébaucher, en essayant une comparaison entre la structure des infusoires et celle de la cellule végétale. La raison principale de cette assimilation était que Meyen avait reconnu une structure évidemment en spirale dans la membrane de beaucoup de ses animaux vésiculaires.

Meyen s'est trouvé par suite le chef de l'école cellulaire, école qui a sans doute contribué à développer nos connaissances sur les infusoires, mais qui doit cependant

1. Perty, page 52.
2. Perty, page 58.
3. Einige Bemerkungen über den Verdauungsapparat der Infusorien. Müller's Archiv, 1839, page 74.

être considérée comme formant dans la science une phase d'aberrations et d'erreurs. Cette école, qui assimile complètement les infusoires aux éléments celluleux des tissus végétaux et animaux, a trouvé ses représentants principaux dans MM. de Siebold[1] et Kœlliker[2]. Elle considère le corps de tout infusoire comme composé d'une membrane et d'un contenu, doués chacun de propriétés contractiles, et elle retrouve le nucléus de la cellule dans l'organe que M. Ehrenberg désignait sous le nom de Glande séminale. L'existence de cellules possédant une bouche, un anus, un œsophage, et, comme nous le verrons plus loin, d'autres organes, était propre à soulever bien des objections. Aussi, bien que défendue encore par M. Leuckart[3], la théorie cellulaire, après avoir trôné pendant quelque temps presque en autocrate, a vu peu à peu s'élever autour d'elle de nombreux adversaires. Déjà le traducteur anglais du travail de M. de Siebold[4] sur les plantes et les animaux unicellulaires, prédisait que l'avenir démontrerait maintes erreurs dans ces pages. M. Perty se prononça également contre l'unicellularité des infusoires. Il pense[5] que ces animaux ne doivent pas être comparés à *une seule* cellule, mais à une *combinaison de cellules* qui n'ont pas atteint leur développement complet. Le degré d'organisation des infusoires est, à ses yeux, si imparfait, qu'il ne veut voir chez ces animaux ni différenciation de parenchyme, ni différenciation d'organes. Toutefois, il reconnaît que certains infusoires rappellent vivement certains éléments animaux. C'est ainsi que les Stentors ont, pour lui, de l'analogie avec les cellules de l'épithélium vibratile de la trachée artère (!!).

Heureusement que l'école cellulaire a trouvé encore d'autres adversaires que M. Perty. Les recherches scrupuleuses dues à quelques savants, en tête desquels nous nous plaisons à nommer M. Lieberkühn, ont contribué durant ces dernières années, bien plus que le travail de M. Perty, à ruiner l'avenir de cette école; et un ouvrage récent, le *Traité d'Histologie* de M. Leydig, s'est prononcé très-décidément contre elle.

1. Siebold. Ueber einzellige Pflanzen und Thiere. Zeitschrift für wiss. Zoologie, I, p. 270 et suiv.
2. Kœlliker. Das Sonnenthierchen, Actinophrys Sol. Zeitchr. f. wiss. Zool., 198. — Die Lehre von der thierischen Zelle dans Schleiden und Nægeli's Zeitschr. f. wiss. Botanik. 1845.
3. Bergmann und Leuckart. Vergleichende Anatomie und Physiologie. Stuttgart 1852, p. 53.
4. Quarterly Journal of microscopical Science. Vol. I. 1853, p. 206.
5. Perty, p. 51.

On serait tenté de croire que la théorie de l'unicellularité des infusoires n'a plus aujourd'hui qu'un intérêt historique, comme celle de la polygastricité. Cependant elle compte encore un champion bien décidé, un de ses anciens défenseurs, M. Kœlliker, qui a relevé courageusement, dans un Mémoire récent, le drapeau chancelant de son école[1], comme M. Ehrenberg[2] vient d'arborer de nouveau celui de la sienne. Chacun d'eux, le dernier des Mohicans de ses propres idées!

La théorie de l'unicellularité des infusoires n'a pas besoin d'être combattue ici plus en détail. L'ouvrage que le lecteur a sous les yeux n'est qu'une longue protestation contre elle. Chacune de nos pages est un nouveau coup de hache porté à sa base.

DES TÉGUMENTS.

Comme nous l'avons vu, M. Dujardin, après avoir nié l'existence des téguments chez tous les infusoires, dut bientôt revenir sur ses paroles, pour certains genres tout au moins[3]. Depuis lors, MM. Frey et Leuckart[4] ont été les premiers à représenter les infusoires comme possédant, tous sans exception, une véritable peau, sous la forme d'une membrane, dépourvue de toute structure apparente, excessivement mince, extensible et élastique à un très-haut degré. Récemment encore, M. Carter a mentionné la peau des infusoires comme étant une pellicule sans structure[5]. Mais il était réservé à M. Cohn[6] de démontrer anatomiquement la présence de cette membrane. Cet observateur constata que, sous l'action de l'alcool, on voit une pellicule mince se détacher et se soulever du corps de certains infusoires, du *Paramecium Bursaria*, par exemple. Cette pellicule, qu'il nomme *cuticule*, par analogie avec les membranes sans structure sécrétées par les plantes, se détache peu à peu complètement du corps et

1. Untersuchungen über vergleichende Gewebelehre. — Würzburger Verhandlungen. Dez. 1856, p. 97.
2. Ueber den Grünsand etc. 1856.
3. Dernièrement encore, M. James Samuelson a déclaré n'avoir pu reconnaître de téguments chez le *Glaucoma scintillans*. V. Quarterly Journ. of microsc. Science. V. 1857, p. 17.
4. Handbuch der Zootomie, p. 603.
5. Annals and Mag. of Nat. History, 1856, p. 116.
6. Ueber die Cuticula der Infusorien. Zeitschr. f. wiss. Zool. V. p. 422.

finit par former une vésicule hyaline dans l'intérieur de laquelle est suspendu le corps contracté de l'animal. Ce corps, dit M. Cohn, ne reste uni à la cuticule que par un cordon placé là où se trouvait la bouche. Cette remarque est parfaitement juste; mais ce cordon n'est pas autre chose que l'œsophage, dont la surface est tapissée par une membrane fine, la continuation de la cuticule générale.

Du reste, on peut obtenir le détachement de la cuticule par d'autres réactifs que par l'alcool : par l'acide chromique étendu, par exemple. Il n'est même pas fort rare de rencontrer des infusoires chez lesquels, par une circonstance fortuite, tout ou partie de la cuticule s'est soulevé de la surface du corps. Nous avons une fois trouvé une *Epistylis plicatilis* morte, dont tout le parenchyme s'était décomposé et dissous, mais dont la cuticule subsistait encore et conservait la forme de l'animal; et M. Lachmann a observé un *Paramecium Aurelia* parfaitement dans les mêmes conditions. Le Paramecium offrait même la particularité intéressante que les trichocystes, organes dont nous parlerons plus loin, étaient restés adhérents à la cuticule.

La cuticule est chez la plupart des infusoires comme chagrinée, apparence due à l'existence de sillons très-fins qui se croisent dans deux directions, de manière à laisser entre eux de petits rhombes plus élevés. Cette apparence chagrinée est très-marquée chez certains infusoires, comme le *Paramecium Aurelia* et le *P. Bursaria*. Chez d'autres, l'un des systèmes de stries est plus fortement marqué que l'autre, et chez un grand nombre, enfin, il ne paraît exister qu'un système unique. Il est difficile de décider si les stries forment des spirales ou des ellipses fermées. Cependant il est fréquent de reconnaître des points où deux stries se soudent, pour ainsi dire, l'une à l'autre. Tout ce que nous pouvons dire, c'est que les stries ne cheminent pas d'ordinaire parallèlement à l'axe, mais suivent une direction plus ou moins oblique à celui-ci, et qu'elles sont souvent courbées en S. Chez les infusoires qui ne sont pas des solides de révolution, il est fréquent de voir les stries affecter une disposition toute différente sur l'une des faces que sur l'autre.

M. Dujardin, qui nie la membrane externe chez la plupart des infusoires, se contente de voir dans le chagrin de la cuticule *une apparence réticulée du tégument*, tandis que M. Ehrenberg veut en trouver la cause dans le croisement des muscles sous-cutanés. M. Cohn se refuse à reconnaître dans les corpuscules bacillaires observés par M. O. Schmidt, chez le *Paramecium Bursaria,* autre chose que le chagrin de la cuticule. Mais il a bien décidément tort à cet égard, comme nous le verrons plus loin.

Le nom de cuticule doit être conservé aussi longtemps que nous ne connaissons pas de structure proprement dite dans la pellicule qui enveloppe les infusoires. Cependant, il n'y aurait rien d'étonnant à ce qu'on vînt à reconnaître un jour que les cils des infusoires sont implantés sur un véritable épithélium, bien qu'il ne faille pas confondre ces cils avec les cils vibratiles des animaux supérieurs. En effet, les cils des infusoires sont soumis à l'empire de la volonté, ce qui n'est jamais le cas chez les cils vibratiles proprement dits.

Il est possible, du reste, que nous ayons affaire ici, comme M. Cohn le supposait déjà, à une simple sécrétion de la surface du corps. Cette idée paraît trouver un représentant dans M. Leydig. Ce savant décrit en effet[1], sous la cuticule de certains infusoires (*Vorticella, Epistylis,* etc.), des granules arrondis, qui prennent des contours plus décidés sous l'action de l'acide acétique et qui présentent tout-à-fait l'habitus de nucléus cellulaires. Ces granules semblent être disposés avec une certaine régularité dans une substance molle et transparente. Cette observation n'est pas dépourvue de fondement, et quoiqu'il puisse paraître un peu prématuré de vouloir reconnaître dans ces granules de vrais nucléus, il est permis d'en déduire du moins la possibilité de l'existence d'une couche de fort petites cellules au-dessous de la cuticule. Celle-ci serait alors, sans doute, sécrétée par ces cellules et se comporterait par conséquent, au point de vue génétique, précisément comme les membranes de chitine.

Certains infusoires sont munis d'une carapace. Parfois cette carapace est excessivement molle, comme c'est le cas chez les Euplotes, où elle difflue aussi facilement que le parenchyme du corps. Chez d'autres, par exemple chez certains Dystériens, elle offre une consistance plus ferme. Nous ne pouvons dire si, dans ce dernier cas, la carapace n'est qu'un épaississement de la cuticule, ou bien si elle est complètement indépendante d'elle et la recouvre. Une carapace plus résistante encore que celle des Dystériens est celle des Coleps, qui résiste souvent à une calcination énergique.

1. Lehrbuch der Histologie, p. 16 et 125.

Souvent la carapace n'est pas adhérente au corps, mais forme une espèce de fourreau destiné à protéger le corps mol de l'infusoire (Vaginicoles, Cothurnies, Tintinnus, etc.). Chez les Acineta, on trouve tous les passages entre les carapaces dans lesquelles le corps de l'infusoire est librement suspendu (*Acineta mystacina, A. patula,* etc.) et celles qui sont adhérentes au corps (*Acineta linguifera*). Ces caparaces sont de véritables têts, comparables à ceux des mollusques, et paraissent, comme ces derniers, n'avoir pas de vie proprement dite.

L'école unicellulaire ne se laissera pas dérouter par ces têts. Qui sait s'il ne viendra pas un moment où elle déclarera ne voir en eux qu'une induration (*Verdickung*) ou une sécrétion de la membrane de la cellule, et dans le chagrin du têt des Tintinnus, des pores en canalicules (*Porenkanæle*) !

De même ordre que ces carapaces ou têts sont les pédoncules sécrétés par divers infusoires (Vorticellines, Acinètes). Ce sont aussi de simples sécrétions de la surface du corps. Les pédoncules contractiles de certaines Vorticellines s'éloignent considérablement des autres, par le fait qu'ils sont creux et logent dans leur intérieur un prolongement du parenchyme du corps. C'est à cette circonstance qu'ils doivent de rester sous l'empire de la volonté de l'animal.

Les carapaces ne semblent se distinguer de la cuticule que par leur plus grande épaisseur, leur plus grande résistance et aussi leur moins grande élasticité. La cuticule elle-même est excessivement élastique, mais nous n'avons aucune raison pour la croire contractile. L'école cellulaire a, il est vrai, doté en général la membrane de sa cellule d'une contractilité excessive[1]. Mais M. Cohn, un des disciples de l'école, s'est déjà prononcé hautement contre la contractilité de la cuticule[2] chez certains genres qui, comme les Paramecium, les Coleps et bien d'autres, ne peuvent jamais modifier spontanément la forme de leur corps. Chez les genres qui possèdent à un haut degré la faculté de mouvoir certaines parties du corps indépendamment du reste, tels que les Trachélius, les Amphileptus, les Lacrymaria, etc., nous ne pensons pas que la cuticule soit essentiellement différente de celle des autres infusoires. Il est fort probable que,

1. Siebold. Vergl. Anat. — Kœlliker. Ueber Actinophrys Sol. Zeitschr. f. wiss. Zool., 1849, p. 215.
2. Cohn. Zeitschrift f. wiss. Zoologie, III, p. 267.

dans ces genres aussi, elle est complètement dépourvue de contractilité propre, et que ses mouvements dépendent de ceux du parenchyme.

L'élasticité de la cuticule est suffisamment démontrée par la facilité avec laquelle elle reprend sa forme, lorsqu'elle a été profondément enfoncée ou étranglée par les efforts que font souvent les infusoires pour se glisser entre les obstacles qui s'opposent à leur natation.

DES ORGANES APPENDICULAIRES.

Tous les infusoires sont munis d'organes appendiculaires, servant les uns à la locomotion, les autres à la préhension des aliments ou à la production d'un tourbillon destiné à amener des particules étrangères dans la bouche. Le plus communément, ces organes se présentent sous la forme de cils (infusoires ciliés) ou de flagellum (infusoires flagellés). — Les flagellums sont eux-mêmes de nature diverse. D'ordinaire, ce sont des filaments allongés, souples, contractiles, propres à être mus en tous sens. Tels sont les flagellum des Euglènes et d'un grand nombre de Monadines. Dans d'autres cas, le flagellum n'est point destiné à être agité en tous sens, mais c'est un filament en général immobile, traîné passivement par l'animal en mouvement. Ces flagellums traîneurs paraissent être doués pour la plupart de propriétés contractiles très-énergiques, un peu différentes de celles des premiers. Leur extrémité est susceptible de se fixer aux objets étrangers par un mécanisme encore inconnu. Une fois cette extrémité fixée, le flagellum se contracte très-vivement, comme le pédoncule d'une Vorticelle, et ramène l'animal en arrière. C'est là le cas, par exemple, pour le flagellum traîneur des Hexamites. Les flagellums traîneurs paraissent toujours être associés à un ou plusieurs flagellums ordinaires placés à l'avant de l'animal.

Les cils des infusoires ciliés et cilio-flagellés rappellent tout-à-fait, par leur apparence, les cils des épithéliums vibratiles. Ils diffèrent cependant de ceux-ci par la circonstance qu'ils sont soumis à la volonté de l'animal. Tantôt ces cils recouvrent toute la surface du corps, tantôt ils sont restreints à une partie seulement de celui-ci, et cette partie est ordinairement, chez les infusoires ciliés, la face ventrale. — Il est difficile de décider si les cils appartiennent à la cuticule même ou s'ils la traversent de part en part. M. Carter est d'avis que la cuticule fournit une gaine spéciale à chaque cil[1], mais il ne donne pas de preuves à l'appui de cette manière de voir.

On peut distinguer fréquemment certains cils beaucoup plus vigoureux que les autres, formant des rangées particulières, qui sont le plus souvent en relation avec la bouche. Ces cils, qu'on peut désigner, pour les distinguer des autres, sous le nom de cirrhes (cirrhes buccaux), peuvent se mouvoir indépendamment des autres, c'est-à-dire qu'ils peuvent être en activité, tandis que les cils proprement dits restent inactifs, et *vice versa*. Chez certains infusoires (Vorticellines, Stylonychies, Euplotes, Halteries, etc.), les cirrhes buccaux existent, bien qu'il n'y ait pas d'habit ciliaire. Chez d'autres, au contraire, les deux espèces de cils existent simultanément (Tintinnus, Stentor, Bursaria, etc.)

Parfois il existe encore d'autres rangées de cirrhes que celle des cirrhes buccaux. Nous trouvons, par exemple, des cirrhes marginaux chez les Stylonychies et les Oxytriques, et chez ces dernières, en outre, des cirrhes ventraux. Ces cirrhes ne vibrent point à la manière des cils, mais s'agitent d'une façon particulière en général beaucoup plus lente. Souvent ils se meuvent comme de véritables pieds-marcheurs, et montrent par là leur proche parenté avec les appendices qu'on trouve sur la face ventrale des Stylonychies et des Euplotes, et qui ont été désignés sous le nom de crochets ou pieds corniculés. Ceux-ci servent moins à la natation qu'à une véritable marche. Beaucoup d'infusoires marcheurs possèdent, en outre, des extrémités aplaties en forme de rame, et placées près de la partie postérieure, extrémités auxquelles M. Ehrenberg a donné le nom de *styles* (Stylonychies, Euplotes, Schizopus, Campylopus, certaines Oxytriques). Le rôle de ces pieds-rames n'est pas très-clair. Parfois les animaux qui les possèdent s'en servent accessoirement pour marcher ou pour se fixer quelque part; mais cela ne paraît être qu'un usage exceptionnel, et, d'ordinaire, on voit ces extrémités rester parfaitement immobiles. Dans certains genres (Schizopus, Campylopus), on trouve des extrémités analogues fixées au côté dorsal de l'animal.

Les cirrhes marginaux, les cirrhes ventraux, les pieds-crochets et les pieds-rames, soit ventraux, soit dorsaux, présentent, dans la famille des Oxytrichiens, une structure

1. Annals and Mag. of nat. History, 1856, p. 116.

fibreuse particulière qui a été reconnue simultanément par M. Lieberkühn et par nous. Toutes ces extrémités montrent une grande propension à se fendre longitudinalement dans la direction des fibres; si bien que, dans certaines circonstances, chacune d'elles se trouve remplacée par un faisceau de fibres susceptibles de se mouvoir chacune pour son propre compte. Il ne faut donc point se représenter, ainsi que M. Dujardin l'a fait, ces extrémités comme étant de simples prolongements de la substance charnue (sarcode!) de l'infusoire. Elles ont une structure fibreuse toute partienlière, qui s'accuse déjà par la circonstance que, chez certaines espèces, l'extrémité des pieds-rames est comme échevelée.

Une autre espèce d'organe appendiculaire se trouve chez les Dystériens, sous la forme d'un pied articulé unique, excessivement mobile dans tous les sens. L'animal se sert de ce pied pour se fixer aux objets étrangers, comme un rotateur le fait avec sa queue, et il se tourne en tous sens, cherchant sa pâture, tantôt à droite, tantôt à gauche, sans pour cela changer la position du pied.

Enfin, nous avons à mentionner des appendices, en général longs et fins, qu'on peut désigner sous le nom de *soies*. Les soies sont en général immobiles, bien que la plupart d'entre elles paraissent jouir de la faculté de se mouvoir très-vivement à certains moments. Nous rencontrons ces soies, soit chez les infusoires flagellés (Mallomonas, etc.), soit chez les infusoires ciliés (Pleuronema, Cyclidium, Halteria, Campylopus, Euplotes, Stylonychia, etc.). Tous les infusoires chez lesquels nous avons reconnu l'existence de ces soies jouissent, à l'exception des Stentor et des Lembadium, de la propriété de faire des bonds, et nous ne connaissons pas un seul infusoire sauteur qui en soit dépourvu. Cette circonstance permet bien de relier la fonction du saut avec les soies en question; et, en effet, il est possible de s'assurer chez certains infusoires, chez l'*Halteria grandinella* par exemple, que les soies entrent en mouvement au moment où se produit le bond; mais ce mouvement est rapide comme l'éclair. Les soies terminales des Lembadium n'offrent, du reste, pas la roideur propre aux véritables soies saltatrices, et paraissent devoir être plutôt comparées au groupe de cils, plus longs, que l'on trouve à l'extrémité postérieure du *Paramecium Aurelia* et de quelques autres infusoires ciliés.

DU PARENCHYME DU CORPS.

Le premier auteur qui, depuis que M. Dujardin a établi sa théorie, ait revendiqué expressément un parenchyme propre dans le corps des infusoires, est M. Cohn[1]. Il distingue, chez le *Paramecium Bursaria*, une couche externe, épaisse et solide qui forme l'enveloppe ou l'écorce de l'animal, et une substance interne, *liquide*, en proie à un mouvement de rotation, qui remplit la cavité du corps. C'est, en effet, là ce qu'on rencontre chez tous les infusoires. Chez tous, on trouve, au-dessous de la cuticule, une couche, plus ou moins épaisse, entourant la cavité du corps: le parenchyme. C'est la réunion de ce parenchyme et de la cuticule qui formait la membrane des animalcules vésiculaires (unicellulaires) de Meyen. A un grossissement moyen, le parenchyme apparaît, chez tous les infusoires, assez homogène, et l'on pourrait être tenté de conserver pour lui la théorie du sarcode de M. Dujardin. Mais, à de forts grossissements, il n'en est plus ainsi. On reconnaît alors dans la substance du parenchyme ces granules dont nous avons déjà parlé, et que M. Leydig suppose être des nucléus de cellules. Souvent aussi l'on trouve dans ce parenchyme une structure réticulée irrégulière, qu'on pourrait être tenté d'expliquer par la présence de fibres (musculaires?), s'entrecroisant en tous sens. Dans certains cas, les fibres contenues dans le parenchyme sont plus distinctes et plus facilement reconnaissables, même à un grossissement de trois cents diamètres. C'est là le cas pour les fibres musculaires qu'on trouve dans la partie postérieure du corps de la plupart des Vorticellines. On rencontre chez ces animalcules une membrane fibreuse, en forme de cône, dont le sommet est tourné vers la partie postérieure de l'animal. Chez les espèces à pédoncule contractile, cette membrane paraît être un épanouissement immédiat du muscle contenu dans le pédoncule. M. Czermack décrit, chez ces espèces-là, le muscle du pédicelle comme se divisant en deux branches qui pénètrent dans la partie postérieure de l'animal. C'est une méprise analogue à celles des anciens observateurs, qui ne voyaient de la double spire de

1. Beiträge zur Entwicklungsgeschichte der Infusorien. Z. f. w. Z., III, p. 263.

cirrhes buccaux, chez les Vorticellines, que deux cils de chaque côté de l'animal. Ce que M. Czermàk représente comme deux ramuscules, c'est une section longitudinale de la membrane musculaire suivant le plan du foyer du microscope.

Quant au fait que la membrane en question soit de nature musculaire, il n'est pas possible de le révoquer en doute. On la voit se contracter et produire par là la rétraction de l'animal.

Le muscle du pédoncule des Vorticelles, des Carchesium et des Zoothamnium est aussi un organe différencié dans le parenchyme du corps. Le pédoncule est, en effet, creusé d'un canal en spirale allongée dans lequel pénètre le parenchyme (la couche moyenne ou granuleuse de M. Czermàck), et c'est dans l'intérieur de ce parenchyme qu'est logé le muscle. C'est cette prolongation du parenchyme dans l'intérieur du pédoncule que M. Leydig[1] décrit comme une enveloppe délicate entourant le muscle. — M. Leydig représente le muscle comme étant formé par des éléments en forme de coin, s'engrenant les uns dans les autres. Jusqu'ici, nous n'avons pas réussi à reconnaître ces éléments-là. Nous avons, au contraire, trouvé une fois un Zoothamnium marin détaché de l'objet auquel il était fixé, et chez lequel le muscle, faisant fortement saillie à la base du pédoncule, se divisait en un faisceau de fibres nombreuses et contournées en spirale. Il semblerait résulter de là que le muscle du pédoncule des Vorticellines se compose d'éléments fibrilleux. Du reste, nous reconnaissons que cette observation n'est point incompatible avec celle de M. Leydig. Ne voyons-nous pas que les muscles des animaux supérieurs sont susceptibles de se diviser aussi bien en disques de Bowman qu'en fibrilles primitives ?

Dernièrement, M. Lieberkühn[2] nous a fait connaître les muscles longitudinaux des Stentors, dont il a étudié le jeu avec beaucoup de soin. Nous n'avons pas encore eu l'occasion de répéter ses observations.

Nous avons enfin à mentionner des organes intéressants logés dans le parenchyme de beaucoup d'infusoires. Ce sont les bâtonnets que M. Allman a décrits, chez la *Bursaria leucas*, sous le nom de *trichocystes*. M. Oscar Schmidt[3] est le premier qui ait

1. Lehrbuch der Histologie, 133.
2. Müller's Archiv, 1857, p. 403.
3. Frorieps Notizen, 1849, p. 5, und Handbuch der vergleichenden Anatomie, 1852, p. 86.

vu ces organes. Il les mentionne chez le *Paramecium Bursaria*, le *P. Aurelia* et la *Bursaria leucas*, où ils sont, en effet, très-faciles à reconnaître. Cependant, M. Cohn[1] a contesté l'exactitude de cette découverte et a prétendu, bien à tort, que M. Schmidt avait pris pour des corpuscules bacillaires les champs rhomboïdaux résultant des deux systèmes de stries spirales dont est ornée la cuticule. Les organes en question ont une ressemblance frappante avec les corpuscules bacillaires que M. Max Schultze a décrits dans la peau des turbellariés, et il est fort probable qu'ils ont la même signification qu'eux. On les rencontre non seulement chez les infusoires cités, mais encore chez des Loxophyllum, quelques Amphileptus, des Nassules, le *Prorodon armatus*, et surtout chez certaines Ophryoglènes, où ils atteignent une taille extrêmement considérable. Nous avons même trouvé des corpuscules tout semblables chez un infusoire flagellé, à savoir une Euglène, jusqu'ici non décrite, sans pouvoir cependant affirmer qu'ils aient, chez lui, la même signification que chez les infusoires ciliés, bien que cela paraisse probable.

L'hypothèse que les corpuscules bacillaires des turbellariés sont des organes urticants a déjà été émise de divers côtés. Il est donc naturel de faire la même supposition à l'égard des corpuscules bacillaires des infusoires, et cette supposition est presque élevée au rang d'une certitude par une découverte intéressante de M. Allman. M. Cohn[2] émit, il y a quelques années, l'opinion que les cils dont est recouvert le corps du *Paramecium Bursaria*, sont, en réalité, beaucoup plus longs qu'on ne pouvait le croire, par suite de l'inspection de l'animal vivant. Il basait sa manière de voir sur l'examen d'individus desséchés entre deux plaques de verre, examen qui lui avait fait reconnaître des filaments ténus, bien autrement longs que les cils qu'il avait vus jusqu'alors. M. Stein confirme ces données, en ajoutant cependant que M. Cohn était dans l'erreur, lorsqu'il considérait ces longs filaments comme représentant la longueur des cils à l'état normal. Il déclare n'y voir, pour son propre compte, que des cils allongés anormalement sous des influences extérieures; et il ajoute avoir observé un phénomène analogue chez plusieurs autres infusoires, dont les cils s'allongent subitement

1. Ueber Cuticula. — Zeitschrift f. wiss. Zoologie, Band V, p. 424.
2. Zeitschrift f. wiss. Zoologie, III Band, p. 260.

sous l'influence de l'acide acétique concentré, jusqu'au quadruple et au quintuple de leur longueur primitive. M. Allman[1] trouva bientôt la clef de ce phénomène, et montra que les longs filaments, qui avaient trompé M. Cohn et M. Stein, n'avaient rien de commun avec les cils. En effet, il observa chez la *Bursaria leucas* que, lorsque l'animal est inquiété d'une manière quelconque, par exemple par la compression entre deux plaques de verre, il décoche de tous les points de sa surface les filaments en question. Ceux-ci sortent des bâtonnets fusiformes ou trichocystes. Chaque filament est enroulé originairement dans l'intérieur d'un trichocyste, et se déroule rapidement en spirale à un moment donné, pour rester, dans le voisinage de l'animal, immobile, roide, semblable à une aiguille crystalline. — C'est ainsi que s'explique l'observation de M. Cohn, qui dit que le *Paramecium Bursaria* rejette en mourant une grande partie de ses cils, lesquels gisent alors tout autour de lui, roides comme des aiguilles crystallines[2].

Cette découverte de M. Allman est juste de tous points, et l'on peut observer fréquemment ce phénomène chez tous les infusoires munis de trichocystes. C'est chez les Ophryoglènes qu'on peut s'en convaincre le plus facilement, attendu que les trichocystes atteignent chez ce genre des dimensions considérables. Mais il est tout aussi fréquent de voir les Parameciums, etc., décocher leurs longs filaments. Les filaments contenus dans des trichocystes doivent sans doute être assimilés à ceux des organes urticants des polypes et des méduses. Nous avons, dans tous les cas, constaté qu'ils exercent une action très-marquée sur les infusoires qui se trouvent atteints par eux. M. Lachmann a vu une fois un *Cyclidium glaucoma* qui se trouvait près d'un *Loxophyllum armatum* au moment où celui-ci déchargea ses trichocystes, et qui se trouva comme subitement paralysé à l'instant où il fut atteint.

M. Allman distingue dans le filament décoché deux parties, l'une ayant la forme d'un spicule rigide terminé en pointe aiguë à l'une des extrémités et brusquement coupé à l'autre; l'autre étant un appendice filiforme, fixé sur l'extrémité non pointue du spicule. Nous n'avons pas réussi à reconnaître avec une parfaite certitude

1. On the occurence among the infusoria of peculiar Organs resembling thread-cells; by George Allman. Quarterly Journal of microscopical science, p. 177.
2. Cohn. Loc. cit., p. 264.

ces deux parties dans le filament expulsé; mais nous ne voulons pas contester par là l'exactitude de l'observation de M. Allman, car chacun connaît aujourd'hui la supériorité de certains microscopes anglais pour les grossissements très-considérables qu'on est obligé d'employer ici.

M. Allman s'est laissé troubler dans ses déductions par les errements de l'école unicellulaire. Il hésite à assimiler complètement les organes découverts par lui aux cellules urticantes des Polypes, parce que leur origine histogénétique semble être toute différente de celle de ces dernières; en effet, si l'on admet la théorie de l'unicellularité des infusoires, il faut aussi admettre que les trichocystes se développent dans l'épaisseur même de la membrane de la cellule, et non pas dans l'intérieur de cellules spéciales, comme cela a lieu chez les Polypes. Heureusement que ceci ne nuit en rien à la découverte de M. Allman; mais ce savant aurait mieux fait, à notre avis, de reconnaître ingénument que les faits qu'il venait d'acquérir étaient un nouveau coup de sape dans les fondements de l'école.

Il est curieux de noter en passant que, dans certaines circonstances, dans certaines eaux, les trichocystes ne se développent pas. Il n'est pas rare, en particulier, de trouver le *Paramecium Aurelia* entièrement dépourvu de trichocystes. Si l'on ne rencontrait qu'un individu isolé dans ce cas-là, on pourrait croire que la cause de l'absence de ces organes gît tout simplement dans ce que l'animal vient de les décharger. Mais, ordinairement, tous les individus d'une même eau sont munis de trichocystes ou en sont tous dépourvus. Nous croyons avoir remarqué que les trichocystes du *Paramecium Aurelia* manquent, en particulier, dans les eaux où cet animal prend une apparence hydropique et où le sillon destiné à conduire les aliments à la bouche perd de sa profondeur ou disparaît tout-à-fait.

Les relations des trichocystes avec la cuticule ne sont pas encore suffisamment étudiécs. Bien que logés dans le parenchyme du corps, ces organes sont intimément reliés à la cuticule, mais nous ne saurions affirmer s'ils sont logés dans des espèces de sacs ou de follicules formés par des enfoncements de cette membrane. Nous avons vu une fois un *Paramecium Aurelia* présenter une image curieuse : sous l'action d'une dissolution étendue d'acide chromique, sa cuticule s'était détachée du parenchyme en arrachant à celui-ci tous les trichocystes. Ces organes formaient par suite comme autant de papilles fusiformes, faisant saillie à la surface interne de la membrane. Nous avons déjà cité plus haut un cas analogue, observé par M. Lachmann.

Il est fréquent de rencontrer dans le parenchyme de certains infusoires des granules de chlorophylle. Ces granules affectent alors une disposition assez particulière. L'existence de chlorophylle est connue dès longtemps chez certaines espèces où elle est fort habituelle, par exemple chez le *Paramecium Bursaria;* mais, comme la plupart des auteurs ont négligé de distinguer le parenchyme de la cavité du corps, il en est résulté qu'ils n'ont pas reconnu que les granules en question appartiennent au parenchyme. On a[1], par exemple, souvent parlé de la circulation des granules verts chez le *Paramecium Bursaria*, tandis que ces granules ne prennent jamais part au mouvement que chacun connaît chez cet animal, aussi longtemps du moins qu'ils occupent leur place normale, c'est-à-dire qu'ils sont logés dans le parenchyme. M. Cohn a été le premier à constater que les granules verts existent non seulement dans la masse en rotation, mais encore dans la partie solide, dans le parenchyme. Il est incontestable, en effet, que parfois on trouve aussi des granules de chlorophylle dans la masse en mouvement, mais il n'est pas démontré que ces granules-là doivent être assimilés aux autres; ils ont été peut-être tout simplement avalés par l'animal avec d'autres particules nutritives.

Il est des infusoires qui sont tout particulièrement sujets à ce dépôt de chlorophylle dans le parenchyme du corps. Tels sont, en outre du *Paramecium Bursaria*, la *Bursaria leucas*, le *Stentor polymorphus*, l'*Euplotes patella*, l'*Euplotes Charon*, la *Cothurnia* (*Vaginicola* Ehr.) *crystallina*, etc. Certaines espèces se rencontrent plus fréquemment avec que sans chlorophylle, ainsi le *Paramecium Bursaria*. D'autres se voient aussi souvent verts qu'incolores, tels que le *Stentor polymorphus*, le *Leucophrys patula*, la *Bursaria leucas*. M. Ehrenberg a même élevé la variété verte de ces deux dernières au rang d'espèces particulières, sous les noms de *Spirostomum virens* et de *Bursaria vernalis*. D'autres espèces du même auteur, comme l'*Euplotes virens*, la *Vorticella*

1. V. Erdl. (Müller's Archiv, 1841, p. 280), et Perty, p. 63 (Param. versutum).

chlorostigma, etc., devront être sans doute aussi rayées du système, comme ne reposant que sur la formation de chlorophylle dans d'autres espèces déjà décrites sous des noms différents.

Jusqu'ici il ne nous a pas été possible de déterminer quelle est la signification de ce dépôt de chlorophylle. Les granules paraissent souvent être des vésicules munies d'un nucléus plus clair.

Chez certains infusoires le parenchyme est coloré par des granules de pigment infiniment ténus, qui tantôt sont semés indifféremment dans toute la masse, tantôt sont disposés en lignes longitudinales plus ou moins régulières. La nuance la plus habituelle de ces particules pigmentaires est un blanc jaunâtre à la lumière incidente. Vus par transparence, ils apparaissent colorés d'un brun enfumé. C'est là la couleur qu'affectent, par exemple, l'*Oxytricha fusca*, l'*Oxytricha Urostyla*, le *Paramecium Aurelia*, divers *Prorodon*, etc. Une teinte plus ou moins bleuâtre se montre souvent chez le *Stentor polymorphus* et la *Freia elegans*. La *Plagiotoma lateritia* et certaines Nassula sont fréquemment colorées en rouge-brique. La *Nassula aurea* (Chilodon aureus Ehr.) possède, en général, une couleur jaune assez intense, etc., etc. Du reste, ces colorations diverses ne peuvent point être utilisées comme caractères spécifiques, à cause de leur peu de constance. La *Plagitoma lateritia*, par exemple, se montre aussi fréquemment incolore que couleur de brique. La *Nassula rubens* est tantôt incolore, tantôt rouge-brique, tantôt verte. Le *Stentor polymorphus* est tantôt vert, tantôt incolore, bleuâtre ou enfumé, etc.

M. Carter[1] cite, dans le parenchyme de certains infusoires, des éléments anatomiques qu'il nomme *cellules sphériques* (spherical cells), et qu'il a le mieux vus chez les infusoires dont il a fait le genre *Otostoma* (Ophryoglena?) Il compare ces cellules à celles qui tapissent la cavité digestive des turbellariés, et qui portent, chez ces vers, des cils vibratiles. Nous n'avons pas réussi à rien voir de semblable.

1. Note on the Freshwater Infusoria of the Island of Bombay.—Annals and Mag. of Nat. Hist. II Series, 1856, p. 124.

SYSTÈME DIGESTIF.

C'est, comme nous l'avons vu, à Meyen[1] que remonte la première description un peu exacte de l'appareil digestif chez les infusoires que M. Ehrenberg nommait et nomme encore ses Polygastriques. Meyen décrit chez les gros infusoires un canal cylindrique (œsophage ou pharynx) qui part de la bouche et perce obliquement ce que cet auteur nommait la membrane de l'animal, et qui est en réalité le parenchyme du corps. Meyen constata déjà que la surface interne de l'extrémité inférieure de ce canal, extrémité élargie en manière d'estomac, est tapissée de cils, bien qu'il ne pût s'assurer que la partie située entre la bouche et cette espèce d'estomac fût aussi ciliée, comme elle l'est en effet dans un grand nombre de genres. Il vit les particules étrangères introduites dans l'intérieur descendre jusqu'à son extrémité inférieure, où elles s'agitent en cercle avec une vitesse considérable. Peu à peu, il vit un bol alimentaire sphérique se former à cette place; ce bol fut précipité dans la cavité digestive, puis un autre commença à se former, et ainsi de suite.

C'était là un grand pas de fait. C'était reconnaître aux infusoires une cavité générale du corps, jouant en même temps le rôle de cavité digestive. Et, cependant, cette description de la constitution anatomique des infusoires, bien supérieure à celle que M. Dujardin publiait à la même époque, trouva dans le fait moins d'écho que celle-ci. La théorie du sarcode fit son chemin, et n'est pas encore détrônée à l'heure qu'il est.

Cependant cette théorie n'a pas, en général, été adoptée sous sa forme première. Elle a été modifiée en Allemagne, principalement par M. de Siebold[2], et c'est sous cette nouvelle forme qu'elle a vu de nombreux adhérents se serrer autour d'elle. M. de Siebold admet, comme Meyen, que les infusoires susceptibles de prendre de la nourriture sont munis d'une bouche située à une place parfaitement déterminée, et

1. Meyen, loc. cit., p. 74.
2. Vergleichende Anatomie, p. 14—18.

d'un œsophage ou pharynx. Mais il croit que cet œsophage (et, en cela, il s'éloigne de Meyen pour passer dans le camp de M. Dujardin) s'enfonce dans le parenchyme du corps (sarcode de M. Dujardin) sans être en communication avec aucune cavité intérieure. Les bols alimentaires sont poussés, de cet œsophage, dans ce parenchyme délicat et demi-fluide, et doivent se frayer une voie au travers de sa substance. Le parenchyme est trop délicat pour opposer une résistance bien considérable à ce bol, poussé en avant par le remous dû à l'agitation des cils. Il cède donc, et se laisse sillonner par cette boule de substance étrangère.

La théorie de M. Dujardin, ainsi modifiée, a été adoptée par MM. Leuckart, Perty et Stein[1]. Ce dernier parle, il est vrai, fréquemment de la cavité du corps des infusoires; mais il paraît comprendre sous ce terme une cavité limitée par la cuticule elle-même, cavité remplie par le parenchyme homogène dans lequel les bols alimentaires se fraient leur route.

L'existence d'une cavité digestive distincte du parenchyme paraît être défendue, durant ces dernières années, surtout par MM. Cohn, Lieberkühn, Schmidt et Carter. M. Leydig paraît aussi se ranger à cette manière de voir, dans son Traité d'histologie[2].

Une autre question, qui a donné lieu à des divergences d'opinion assez considérables, est celle de l'existence ou de l'absence de l'anus. M. Ehrenberg attribuait une ouverture anale à tous ses infusoires entérodèles, et, en cela, il avait décidément raison. Mais ses successeurs ne se sont pas en général rangés à sa manière de voir. La théorie du sarcode ne pouvait naturellement guère s'accommoder de l'existence d'un anus. Elle la nia. M. Dujardin[3] avoua avoir vu souvent de la manière la plus distincte des excréments sortir du corps des infusoires; mais il déclara n'avoir pu se convaincre de l'analogie de cette ouverture *accidentelle* avec une ouverture anale, *qui*, ajoute-t-il, *devrait être la terminaison d'un intestin*. On voit clairement par là que c'est la théorie qui l'emporta dans ce cas sur l'observation. L'anus était en désaccord avec

1. Bergmann und Leuckart, Vergl. Anat. u. Phys. p. 133. — Perty, p. 58. — Stein, page 114, etc.
2. Leydig, p. 329.
3. Infusoires, p. 55.

la théorie, donc il ne pouvait y avoir d'anus. Cependant, M. Dujardin et sa théorie devaient se heurter dès l'abord contre une difficulté capitale. Il suffit d'observer quelque peu attentivement un infusoire commun pour reconnaître bientôt que l'excrétion des matières fécales a toujours lieu à la même place; que l'ouverture considérée par M. Dujardin comme purement temporaire se reproduit toujours dans le même lieu. M. Dujardin s'aperçut bien vite que l'orifice excréteur *accidentel* des Amphileptus se forme toujours à la place où M. Ehrenberg indique l'anus de ces animalcules; que celui des Vorticelles se produit toujours près de l'ouverture buccale, etc. M. Dujardin chercha à esquiver la difficulté en admettant que cet orifice *accidentel* doit être placé à l'endroit où les vésicules intérieures, les prétendus estomacs de la théorie polygastrique, s'arrêtent, après avoir parcouru un certain espace dans la substance glutineuse de l'intérieur; et sa position alors, bien que ne coïncidant pas avec l'extrémité d'un intestin, pourrait, ajoute le savant de Rennes, fournir de bons caractères pour la classification. Il faut avouer que c'est là une distinction bien subtile. Les infusoires n'ont pas d'anns, mais celui-ci est remplacé par une ouverture *accidentelle*, qui se forme toujours à la même place!!

La contradiction évidente que renferme l'exposition de M. Dujardin, relativement à l'existence de l'anus, n'a pas empêché ce savant de trouver quelques disciples. Tels sont, par exemple, MM. Perty et Stein. Tous deux accordent cependant que, dans certaines espèces, il existe un véritable anus (Stein[1], chez l'*Opercularia berberina*; Perty[2], chez l'*Amphileptus Anser*, etc.).

Cependant, la plupart des observateurs récents semblent concéder l'existence de l'ouverture anale chez la plupart des infusoires. M. de Siebold[3] constate la présence d'un anus chez un grand nombre de ses infusoires stomcatodes. Il ajoute cependant que là où l'anus manque, l'ouverture buccale se charge fréquemment des fonctions excrétoires; un mode excréteur que M. Stein[4] signale également chez certaines Vorticellines *(Opercularia articulata)*. Nous croyons cependant que cette observation

1. Die Infusionsthiere auf ihre Entwicklung untersucht. Leipzig, 1854, p. 17.
2. Perty, p. 59.
3. Vergl. Anat., p. 15.
4. Stein, p. 114.

n'est pas parfaitement juste et que chez aucun infusoire la bouche et l'anus ne sont confondus en une seule ouverture. Pour ce qui concerne l'*Opercularia articulata* en particulier, il n'y a pas à douter que son ouverture anale ne soit placée, comme chez les autres Vorticellines, dans le vestibule, à côté de la bouche; mais elle est certainement tout-à-fait distincte de cette dernière. — M. Frantzius a reconnu l'existence de l'anus chez le *Paramecium Aurelia*. — M. Leuckart[1] admet tout au moins qu'il existe un anus chez un grand nombre d'espèces. — M. James Samuelson[2] parle de l'orifice anal comme d'une chose incontestable. — MM. Lieberkühn et Carter, qu'on peut à bon droit considérer comme d'entre les meilleures autorités actuelles sur la conformation anatomique des infusoires, paraissent admettre l'existence de l'anus comme un caractère général des infusoires ciliés. Nous sommes, sur ce point, précisément de leur avis[3]. Il n'est, du reste, pas rare de voir une légère dépression, en forme de verre de montre, indiquer la place de l'anus. Il n'est pas rare non plus de voir un canal cylindrique, traversant toute l'épaisseur du parenchyme, s'ouvrir dans toute sa longueur au moment qui précède l'expulsion des matières excrémentielles. Parfois on voit, immédiatement avant cette expulsion, l'anus s'ouvrir et se fermer plusieurs fois alternativement, si bien qu'on croirait avoir sous les yeux un sphincter se contractant et se relâchant tour à tour.

Après cette esquisse générale de la distribution anatomique de l'appareil digestif chez les infusoires ciliés, il nous reste à mentionner quelques particularités de cet appareil qui sontspéciales à certains genres.

Chez un grand nombre de genres on trouve, à la surface du corps, une fosse ou un sillon destiné à amener les aliments à la bouche; ainsi, par exemple, chez les Paramecium, les Stylonychics, les Euplotes, les Bursaria, etc., etc., cette fosse est souvent armée, sur l'un de ses bords, de cils plus forts, destinés à entretenir dans l'eau un vif

1. Leuckart, page 53.
2. The Infusoria. — Quarterly Journal of Microsc. Science. V, 1857, p. 104.
3. Il est bien clair que nous faisons ici une exception pour les Opalines qui, n'ayant pas de bouche, n'ont pas non plus d'anus. — Nous notons, en passant, que jusqu'ici nous n'avons jamais vu d'excrétion avoir lieu chez les Acinétiniens, et qu'il n'est pas impossible que tous les infusoires appartenant à cette division soient dépourvus d'anus.

courant dirigé vers la bouche. Chez ces espèces-là l'œsophage reste continuellement béant, et il est toujours tapissé de cils à sa surface intérieure. Dans d'autres genres, on ne trouve à la surface presque pas de trace d'une fosse buccale, ou, tout au moins, cette fosse n'est pas en général armée d'un appareil ciliaire spécial. Chez ces espèces-là l'œsophage reste aplati, les parois appliquées l'une contre l'autre, aussi longtemps que l'animal ne mange pas; la bouche reste d'ordinaire contractée, et, par suite, elle est souvent fort difficile à reconnaître. Tandis que les espèces de la première catégorie font pénétrer la nourriture dans leur bouche, constamment béante, au moyen du courant entretenu par leurs cirrhes buccaux, celles de la seconde saisissent directement leur proie avec la bouche, et leur œsophage fait de véritables mouvements de déglutition. Ce mode de préhension de la nourriture est en général lié à une dilatabilité excessive de la bouche et de l'œsophage, dilatabilité qui va souvent si loin que l'animal avale des objets aussi gros et même plus gros que lui. Dans ces espèces-là l'œsophage paraît dépourvu de revêtement ciliaire.

Chez les infusoires de la seconde catégorie on trouve fréquemment des appareils particuliers destinés à faciliter la préhension de la nourriture. Chez certaines espèces, le pharynx est muni de côtes longitudinales qu'on serait tenté, au premier abord, de prendre pour des bâtonnets solides, mais qui ne sont dans le fait que des plis longitudinaux destinés à faciliter l'extension de l'œsophage. C'est là le cas, par exemple, chez la *Lacrymaria Olor*, l'*Enchelyodon farctus*, etc. Chez d'autres, on voit un aspect tout analogue être produit par des baguettes réellement solides. Ce sont ces baguettes que M. Ehrenberg désigne sous le nom d'appareils dentaires en nasse. On les trouve, par exemple, dans la membrane de l'œsophage des Chilodon et des Nassules[1]. Des pièces dures, de forme un peu différente, arment également l'œsophage et la bouche des Dystériens.

On voit chez diverses espèces, dans l'intérieur du pharynx, un organe en proie à un tremblement perpétuel, organe qu'on peut être parfois tenté de prendre pour une véri-

1. C'est par suite d'un *lapsus calami* que M. Lachmann (Müller's Archiv, 1856, p. 367) cite le *Trachelius Ovum*, comme étant un infusoire chez lequel M. Lieberkühn a reconnu l'existence d'un appareil buccal analogue à celui des Chilodon. Il s'agit non point du *Trachelius Ovum*, mais d'un Amphileptus tout différent.

table membrane. M. Lieberkühn a désigné cet organe, chez les Ophryoglènes, sous le nom de *lambeau ciliaire* ou membrane ciliaire *(Wimperlappen)*, parce qu'en effet, ainsi que cet observateur a été le premier à le reconnaître, cet organe n'est point une véritable membrane ondulante, mais une rangée de longs cils se mouvant avec ensemble. Chez certaines espèces, comme la *Plagiotoma cordiformis*, cet organe est formé par des cils forts et très-distincts.

Chez quelques infusoires ciliés, l'œsophage se continue en un véritable intestin. Ceci ne constitue pas une différence essentielle entre ces espèces-là et les autres. Il arrive seulement chez elles qu'il se développe dans le parenchyme du corps une cavité considérable qui produit un rétrécissement excessif de la cavité digestive. Celle-ci prend alors l'apparence d'un canal ramifié, doué d'une membrane propre et séparé des parois du corps par une cavité pleine de liquide. C'est là une disposition qui a été dessinée par M. Ehrenberg chez le *Trachelius Ovum*, et contestée par divers auteurs depuis lors. Mais M. Lieberkühn, ainsi qu'il nous l'a communiqué de bouche, il y a plusieurs années déjà, a confirmé l'exactitude des données de M. Ehrenberg, et il a trouvé le canal alimentaire du *Trachelius Ovum* constitué comme nous venons de le dire. Les dessins et les détails qui nous ont été communiqués par M. Lieberkühn suffisaient bien à ne nous laisser aucun doute à cet égard; cependant, nous pouvons encore ajouter que nous avons eu depuis lors l'occasion d'observer le *Trachelius Ovum*, et que nous avons pu constater de tous points l'exactitude des observations de M. Lieberkühn. M. Gegenbaur[1], qui a publié dernièrement un travail anatomique sur ce Trachelius, a àussi reconnu l'existence d'un canal alimentaire ramifié. — Les observations de M. Lieberkühn ne se sont, du reste, pas bornées au *Trachelius Ovum*. Il a reconnu l'existence d'une disposition analogue de la cavité digestive chez le *Loxodes Rostrum*, et ici encore nos observations ont confirmé les siennes.

Cette disposition particulière de l'appareil digestif chez le *Trachelius Ovum* et le *Loxodes Rostrum* permet de supposer que, chez les autres infusoires aussi, la cavité digestive est limitée par une paroi propre, mais que cette paroi, étant exactement appliquée contre le parenchyme du corps, n'a pu être reconnue jusqu'ici. Quoi qu'il en soit,

1. Müller's Archiv, Juni 1857.

l'œsophage, qui, chez certaines espèces, en particulier chez les Amphileptus, paraît n'avoir qu'une longueur égale à l'épaisseur du parenchyme, fait, chez beaucoup d'autres, une saillie très-considérable dans la cavité digestive, à l'intérieur de laquelle il forme comme un tube librement suspendu. C'est le cas, par exemple, chez les Paramecium, les Vorticellines, les Stentor, les Spirostomum, etc. Cette partie libre de l'œsophage atteint parfois une longueur excessivement considérable, par exemple, chez certains Prorodon. Chez le *Chilodon Cucullulus* elle s'étend jusque près de l'extrémité postérieure de la cavité digestive.

Ceux qui pourraient douter encore que l'œsophage soit un organe doué de parois propres, verront se dissiper toute espèce de doute lorsqu'ils examineront des infusoires chez lesquels un prolapsus de l'œsophage a eu lieu. Il arrive, en effet, assez fréquemment, chez certaines espèces, que l'œsophage se retourne comme un doigt de gant et fait saillie au dehors, en tournant à l'extérieur sa surface ciliée. On serait tenté alors de comparer l'œsophage avec la trompe rétractile des Planaires. Mais il y a cette différence, qu'une Planaire peut à volonté faire saillir sa trompe ou la retirer dans l'intérieur de son corps, tandis que les infusoires ne paraissent pas pouvoir faire disparaître à volonté les procidences en question. Les circonstances qui produisent ces prolapsus de l'œsophage ne sont pas encore bien déterminées. Cet accident se manifeste de préférence chez des individus qui sont, pour ainsi dire, dans un état hydropique, c'est-à-dire dont la cavité digestive est excessivement distendue par un chyme très-liquide, tellement que les enfoncements ou les dépressions qui se trouvent à l'ordinaire à la surface du corps disparaissent tout-à-fait. C'est, du reste, un accident sans grande gravité pour l'animal qui en est affecté, car celui-ci n'en nage pour cela pas moins gaîment que d'ordinaire, et il arrive parfois, au bout de quelque temps, que l'œsophage reprend sa place normale. Les Stentor, les Paramecium et quelques autres genres sont tout spécialement susceptibles de présenter ces prolapsus.

Il nous reste à jeter un coup-d'œil sur le mode suivant lequel la digestion s'opère dans un appareil digestif constitué comme celui que nous venons de décrire.

Chez les infusoires ciliés à œsophage tubuleux, l'introduction des matières alimentaires et la formation des bols a lieu précisément de la manière indiquée par Meyen. Ce dernier a donné le nom d'*estomac* à l'extrémité inférieure de l'œsophage, qui est dilatée en forme de cloche et sous laquelle se forment les bols. Cette dénomination n'est pas très-bien choisie, puisque la seule fonction de cet organe se réduit à la formation de bols sphériques. Nous pensons donc, avec M. Lachmann, devoir remplacer ce nom par celui de pharynx. — Les bols sont expulsés dans la cavité du corps par une contraction du pharynx, et ils se trouvent flotter dans un liquide épais : le chyme qui remplit cette cavité. Ce sont là les prétendus estomacs de la théorie polygastrique. M. Ehrenberg[1], qui a dernièrement rompu de nouveau une lance contre M. Max Schultze, en faveur de son ancienne théorie, cherche une preuve à l'appui de la polygastricité dans la grosseur très-uniforme de ses prétendues *cellules stomacales* (Magenzellen) chez une seule et même espèce. Le *Paramecium Aurelia*, le *Leucophrys patula*, les Stentor, remplissent, suivant lui, toujours de grosses cellules, tandis que les cellules du *Colpoda Cucullus*, du *Glaucoma scintillans* et des Stylonychies sont de taille moyenne, et que celles du *Paramecium* (*Pleuronema* Duj.) *Chrysalis*, de plusieurs Trachelius (Amphileptus) et de différents Trichodes sont extraordinairement petites. Nous sommes parfaitement d'accord avec M. Ehrenberg (excepté cependant lorsqu'il veut trouver aussi des dimensions normales pour les cellules stomacales des Diatomacées!), en ce sens que, chez une seule et même espèce, ces prétendues *cellules* affectent une grosseur à peu près toujours semblable, *lorsqu'elles existent*. Mais il ne suit point de là qu'il faille en faire des estomacs. La raison toute simple de cette égalité de taille gît dans ce que les bols alimentaires sont tous, pour ainsi dire, coulés dans le même moule, savoir le pharynx, qui a une grandeur déterminée dans chaque espèce. Du reste, la règle n'est pas absolue, et l'on rencontre çà et là des Paramecium, des Stentor, etc., chez lesquels la cavité digestive contient des bols d'un diamètre variable.

Il arrive fréquemment (à savoir lorsque le chyme est très-concentré) que les bols alimentaires, au moment où ils sont expulsés dans la cavité digestive, laissent derrière eux un sillon plus clair, dans lequel on pourrait être tenté de voir l'indication d'un

1. Grünsand, p. 124.

intestin. Mais c'est là tout simplement le sillage du bol dans la substance du chyme. La voie que le bol se creuse dans sa progression ne se referme pas immédiatement derrière lui à cause du peu de fluidité du chyme; elle reste, au contraire, quelques instants béante et remplie d'eau, puis elle disparaît, pour se reformer derrière le bol suivant. Ce sillage ne se montre jamais lorsque le chyme contenu dans la cavité du corps n'atteint qu'un faible degré de densité, par la simple raison que la voie se referme immédiatement derrière le bol.

Le mouvement observé par Gruithuisen, puis par MM. Carus et Focke, dans le contenu de la cavité digestive des Paramecium, est commun à tous les infusoires; seulement, il n'est pas, en général, aussi rapide que chez le *P. Bursaria*. Souvent il est si excessivement lent, qu'il faut beaucoup d'attention pour se convaincre de son existence [1]. Peut-être cesse-t-il parfois momentanément, mais ce n'est alors, en tous cas, qu'un état de choses exceptionnel. Les bols alimentaires expulsés par le pharynx descendent d'ordinaire jusqu'à l'extrémité postérieure de la cavité digestive, pour prendre une marche ascensionnelle du côté opposé au pharynx. Arrivés à la partie antérieure de l'animal, ils redescendent du côté opposé et se rendent à l'anus. Pendant ce temps, les bols subissent des modifications qui indiquent suffisamment qu'ils sont soumis à un procédé digestif. Ils diminuent quelque peu de taille, lorsqu'ils ne sont pas composés de substances indigestibles; leur couleur change fréquemment: la chlorophylle prend souvent une teinte brunâtre, etc. En général, les restes de plusieurs bols se réunissent auprès de l'anus, pour être expulsés de concert au dehors.

Dans certaines circonstances mal déterminées, mais très-fréquentes, les infusoires ciliés ne forment pas de bols alimentaires. Ces circonstances paraissent devoir être purement extérieures, car l'absence de formation des bols affecte, en général, tous les infusoires d'une même eau. Dans la plupart des cas, ceux-ci présentent alors un aspect que nous avons désigné sous le nom d'*apparence hydropique*. Leur corps est très-

1. M. Perty, qui croit encore que le mouvement de circulation qu'on aperçoit dans la cavité du corps se restreint à quelques infusoires ciliés, dit que ce mouvement ne se montre cependant que rarement chez le *Par. Bursaria* (son *Par. versutum*). Sur plusieurs centaines d'exemplaires il n'en a trouvé que 4 ou 5 qui présentassent ce phénomène. M. Perty a une chance malheureuse, car nous ne croyons pas avoir rencontré un seul *Par. Bursaria* chez lequel la rotation des aliments eût complètement cessé. M. Perty place du reste à tort le siége du mouvement dans la couche qui contient les grains de chlorophylle. Toutefois, il reconnait que les bols alimentaires circulent aussi. (Perty, p. 63.)

distendu et rempli par un chyme excessivement fluide. Dans ce cas, les particules que le courant, produit par les cils buccaux, amène dans l'œsophage, ne s'arrêtent pas dans le pharynx pour y former un bol, mais passent immédiatement dans la cavité digestive. Le chyme, très-fluide et chargé de petites particules étrangères en suspension, n'en subit pas moins son mouvement de rotation habituel, montant le long d'une des parois du corps, pour redescendre le long de l'autre.

M. Ehrenberg chercha dans l'origine à donner de ce mouvement une explication en harmonie avec sa théorie[1], prétendant que la rotation de ses estomacs n'était qu'apparente; que le contenu seul de ceux-ci se déplaçait, suivant une voie préexistante. Mais il dut bientôt reconnaître lui-même l'insuffisance de cette explication. Il imagina alors de considérer la circulation des aliments comme un phénomène purement pathologique. Il admit que parfois l'un des estomacs se distend de manière à former une grande cavité remplissant tout le corps, et que la rotation a lieu dans l'intérieur de cet estomac. C'est là une tactique de défense bien subtile, qui serait mieux placée dans les débats de la scolastique que dans le domaine d'une science d'observation. M. Ehrenberg aura parfaitement représenté le système digestif des infusoires, lorsqu'il aura reconnu que ce qu'il appelle un état pathologique est, en réalité, l'état normal.

On[2] a déjà fréquemment comparé la circulation des aliments chez les infusoires ciliés à celle des granules renfermés dans les cellules des characées. Ces deux phénomènes ont tout au moins ceci de commun, qu'ils n'ont pas été expliqués jusqu'ici d'une manière satisfaisante.

Deux explications ont été cependant tentées par divers auteurs. M. Meyen croit trouver la cause du mouvement dans le fait que chaque nouveau bol qui se forme, pousse, au moment où il est expulsé dans la cavité du corps, le bol placé devant lui. Mais cette explication est insuffisante. On comprendrait qu'un tel effet pût être produit, si les bols étaient expulsés dans un tuyau peu large. Mais ils sont introduits dans une cavité spacieuse, fermée de toutes parts, et il n'y a pas de raison pour que le

1. Die Infusionsthierchen, p. 262.
2. Pocke, Meyen, Cohn.

contenu de cette cavité cède, dans une direction plutôt que dans une autre, à une pression qui se propage (puisque nous avons affaire à un liquide) dans tous les sens. D'ailleurs, la formation d'un bol demande toujours un temps assez long, et l'on devrait donc s'attendre à ce que la circulation se relentît considérablement ou même cessât tout-à-fait durant l'intervalle qui sépare l'expulsion de deux bols consécutifs dans la cavité digestive. Or, c'est ce qui n'a pas lieu. Le mouvement de circulation ne s'arrête pas même dans les instants où l'animal cesse complètement de manger.

La seconde explication est celle qu'a donnée M. Leuckart[1]. Ce savant veut expliquer le mouvement de circulation par des contractions et des expansions alternatives du parenchyme du corps. Mais M. Leuckart est un disciple de la théorie Dujardin, modifiée par M. de Siebold. Ce qu'il appelle ici parenchyme, n'est pas ce que nous sommes habitués à désigner sous ce nom : c'est la partie plus liquide du chyme qui occupe l'espace compris entre les bols alimentaires. Attribuer à ce chyme des propriétés contractiles est déjà, *a priori*, chose peu faisable. Mais l'observation elle-même suffit à montrer que cette substance n'est pas susceptible de jouer le rôle que lui attribue M. Leuckart. En effet, elle circule aussi bien que les bols eux-mêmes. C'est déjà ce qu'avait reconnu M. de Siebold, qui, voulant rester fidèle à sa théorie, est obligé d'exprimer une observation, parfaitement exacte, par des termes peu justes. Il dit, en effet[2], que chez quelques infusoires le parenchyme, non adhérent à la peau, circule en dedans de celle-ci avec les bols qu'il renferme, de la même manière que le suc des characées. Un *parenchyme circulant*, c'est là, certes, une idée un peu hardie[3], avec laquelle M. Cohn[4] a eu raison de ne pouvoir se familiariser. C'est la vue même de cette circulation qui a décidé M. Cohn à faire divorce avec la théorie du sarcode, et à proclamer l'existence d'une cavité digestive dans le parenchyme du corps des infuseires.

Bien que trouvant tout-à-fait insuffisantes, ces deux tentatives d'expliquer la circulation des aliments chez les infusoires nous sommes fort embarrassés d'interpréter ce

1. Bergmann und Leuckart, p. 184.
2. Vergleichende Anatomie, p. 18.
3. Il est vrai de dire, toutefois, que lorsqu'on considère les Rhizopodes, l'idée d'un parenchyme circulant ne paraît plus aussi étrange!
4. Zeitschrift f. wiss. Zoologie, III, p. 266.

phénomène d'une manière plus satisfaisante. M. de Siebold dit qu'il n'est pas possible de chercher la cause du mouvement dans la présence de cils; et, en effet, il ne nous a pas été possible de découvrir un revêtement ciliaire dans la cavité digestive des infusoires, pas plus que dans les entre-nœuds des characées. Cependant, nous ne voulons pas nous prononcer d'une manière aussi positive que M. de Siebold. Nous savons par expérience combien il est souvent difficile de reconnaître l'existence de cils vibratiles fort petits (par exemple ceux qui tapissent le vaisseau primordial des Closterium), et du fait que nous n'avons pas vu de cils, nous n'affirmerons pas d'une manière positive qu'il n'en existe pas. M. Carter décrit, chez les infusoires ciliés, des cellules tapissant la cavité digestive, cellules dans lesquelles il veut voir la cause du mouvement cirenlatoire des aliments. Ces cellules sont, d'après ses données, parfaitement semblables à celles qui tapissent le canal digestif des Turbellariés. Cependant, ces dernières portent des cils vibratiles, tandis que M. Carter ne paraît, pas plus que nous, avoir aperçu de cils sur les premières.

Il est un groupe d'infusoires dont l'appareil digestif présente des modifications très-remarquables et qui, sous ce point de vue, s'écarte considérablement des infusoires ciliés. C'est le groupe des Acinétiniens. Ces animalcules ne présentent pas une ouverture buccale unique, mais en nombre multiple, comme M. Lachmann[1] a été le premier à le démontrer. Les Acinétiniens sont hérissés, soit sur toute leur périphérie, soit sur certains points de leur surface, de filaments en forme de soies et susceptibles de s'allonger considérablement. Aussi longtemps que le rôle de ces prolongements filiformes n'a pas été connu exactement, on a cru devoir prendre les Acinétiniens pour des Rhizopodes et les rapprocher des Actinophrys. Cependant les Acinétiniens s'éloignent considérablement des Rhizopodes. Leurs soi-disant prolongements sétiformes sont autant de suçoirs à l'aide desquels ils soutirent à leur proie les sucs contenus dans son pareuchyme. Les Acinétiniens sont exclusivement carnassiers. Mais, comme ils ne sont pas susceptibles de changer de place (excepté dans leur jeune âge), ils seraient fort embarrassés de satisfaire leur appétit, sans une disposition qui supplée à cet inconvénient: leurs suçoirs rétractiles sont susceptibles de s'allonger d'une manière incroyable;

1. Lachmann, Müller's Archiv, 1856.

parfois ils deviennent jusqu'à dix ou douze fois aussi longs que le corps, et même davantage. L'animal reste immobile comme un corps sans vie, avec ses suçoirs étendus dans toutes les directions, jusqu'à ce que quelque animalcule imprudent vienne se heurter contre quelqu'un d'eux. Celui-ci, qui est muni d'une ventouse à son extrémité, s'attache immédiatement à lui, se contracte et se raccourcit, tandis que les suçoirs voisins s'empressent de venir à son aide et de se courber pour fixer la proie au moyen de leurs ventouses. Alors commence l'œuvre de succion. Un ou deux suçoirs seulement prennent en général part d'une manière active à cette opération, les autres ne servant qu'à fixer la proie. Les suçoirs en fonction s'élargissent, et l'on voit les granules contenus dans le corps de la proie passer rapidement de celui-ci dans le corps de l'Acinétinien.

C'est à cela que se réduit le pouvoir mystérieux attribué, par divers auteurs, aux bras des Acinètes. On a souvent dit que les infusoires qui viennent se heurter contre les prolongements filiformes de ces animalcules restent comme paralysés et ne tardent pas à périr. Il sont, dans le fait la proie des Acinètes.

Jusqu'ici nous n'avons pas réussi à voir d'ouverture anale chez les infusoires appartenant à ce groupe.

Il existe toute une catégorie d'infusoires auxquels, non seulement M. Dujardin, mais encore la plus grande partie des auteurs récents, ont refusé l'existence d'une bouche et la possibilité de prendre de la nourriture autrement que par imbibition. M. de Siebold a réuni ces infusoires dans un ordre spécial sous le nom d'*Astoma*. Dès l'abord, on est frappé par la circonstance que cet ordre renferme des animaux fort différents les uns des autres, comme les Opalines d'une part, les Euglènes et les Peridinium d'autre part, c'est-à-dire des infusoires ciliés et des infusoires flagellés et cilio-flagellés. C'est là, en effet, un ordre peu naturel. Que les Opalines, qui sont réellement astomes, soient des infusoires ou peut-être des larves d'helminthes, c'est ce que nous ne pouvons décider d'une manière parfaitement positive; mais nous pouvons affirmer que leur place dans le système n'est pas à côté des infusoires flagellés.

Un fait qui montre suffisamment que les Astomes de M. de Siebold forment un ordre peu naturel, c'est que les infusoires flagellés, ou du moins une grande partie d'entre eux, sont pourvus d'une ouverture buccale. C'était déjà là l'avis de M. Ehrenberg. Ce savant nomme le flagellum une *trompe* (Rüssel); mais il ne paraît cependant pas croire que la bouche soit située à l'extrémité de cet organe. Il la place, au contraire, à sa base, et c'est bien en effet là qu'elle est située chez toutes les espèces chez lesquelles nous l'avons constatée.

M. Cohn a été le premier à revoir ce qu'avait constaté M. Ehrenberg, c'est-à-dire, qu'il y a des infusoires flagellés susceptibles de prendre de la nourriture[1]. Puis M. Perty reconnut que parfois, mais rarement, on rencontre des corps étrangers dans l'intérieur des Phytozoïdia (infusoires flagellés pour la plupart). C'est ainsi qu'il a trouvé dans le *Paranema protractum* une Diatomée atteignant le quart de la longueur de celui-ci, et dans l'*Amblyophis viridis* un fragment de fibre ligneuse. Mais M. Perty[2] ajoute que ces rencontres sont si rares qu'elles ne parlent naturellement (?) pas le moins du monde en faveur de l'existence d'une bouche. Il admet que ces corps étrangers ont pénétré, *par hasard* (?), sous l'influence d'une pression quelconque, par exemple, dans les infusoires flagellés, ou qu'ils ont été enveloppés par eux comme ils peuvent l'être par des Rhizopodes.

Nous n'avons jamais vu d'infusoire flagellé qui mangeât à la manière d'une Actinophrys. Tous ceux que nous avons vu prendre leur nourriture étaient doués d'une bouche bien évidente. Une fois nous avons observé, de concert avec M. Johannes Mueller, un animalcule ressemblant tout-à-fait au *Bodo grandis* de M. Ehrenberg, animalcule très-vorace que nous avons vu à maintes reprises avaler des vibrions trois ou quatre fois aussi longs que lui. Le Bodo prenait par suite des formes très-bizarres, le vibrion repoussant devant lui la paroi de son corps et formant ainsi des saillies considérables à l'extérieur. Nous avons vu également une Astasie, celle que M. Ehrenberg désigne sous le nom de *Trachelius trichophorus*, dévorer des Bacillariées. Cet animal est même muni d'un appareil buccal solide et fort long, comparable à celui des Dys-

1. Entwickl. der Algen und Pilze, p. 68.
2. Perty, p. 61.

tériens, appareil qui a déjà été figuré par M. Carter. Nous avons vu une autre espèce d'Astasie (reconnaissable à ce que sa vésicule contractile faisait une saillie à l'extérieur, comme celle d'une Actinophrys), qui avait avalé une Chlamydomonas. Bref, nous pourrions citer toute une série d'espèces que nous avons vu ou prendre directement de la nourriture, ou contenir des corps étrangers dans leur intérieur. Certains infusoires flagellés (*Syncrypta Volvox*) semblent même se nourrir à la manière des Acinètes.

Il y a, du reste, plusieurs monades qui sont armées d'un appareil buccal analogue à celui du *Trachelius trichophorus* Ehr.

APPAREIL CIRCULATOIRE.

L'existence d'une circulation vasculaire chez les infusoires a longtemps été méconnue. L'organe central de cette circulation, la vésicule contractile, fut considéré, par M. Ehrenberg, comme appartenant à l'appareil sexuel mâle. Il en fit la vésicule séminale. D'autres auteurs se sont déjà chargés de relever combien l'idée de cette vésicule séminale pulsante, de ces éjaculations de semence répétées souvent plusieurs fois dans l'espace d'une minute, est peu en harmonie avec les lois de la physiologie. D'ailleurs, la manière de voir de M. Ehrenberg se laisse combattre par des armes plus sûres que des raisonnements *a priori*. La connexion qu'il admet entre les vésicules contractiles et le système générateur n'existe pas. Il fait de ces organes les extrémités élargies du canal déférent venant du testicule (nucléus), canal qui n'a été vu par personne depuis M. Ehrenberg, et qui n'existe certainement pas. Ces vésicules doivent se déverser à leur tour dans l'oviducte, organe pour le moins aussi problématique que le canal déférent lui-même.

M. Dujardin combattit avec raison M. Ehrenberg, mais vit les choses moins exactement que lui. M. Ehrenberg, en effet, s'il avait méconnu la vraie signification des vésicules contractiles, avait, tout au moins, reconnu en elles des organes positifs et constants. M. Dujardin, au contraire, les confondit avec les espaces pleins de liquide qui circulent dans la cavité digestive. Il jeta pêle-mêle tout cela sous le nom de vacuoles[1]. Il pense que certaines vacuoles se forment près de la surface, soit dans les infusoires à l'état normal, soit dans les infusoires mourants, et se remplissent d'eau seulement, à travers les mailles d'un tégument lâche, comme l'est celui des Vorticelles, des Kolpodes, des Paramécies, etc. Il admet que ces vacuoles, susceptibles de se contracter entièrement pour ne plus revenir les mêmes (ce qui est évidemment une méprise), ne diffèrent point par leur structure de celles que produit, au bas de l'œsophage, le courant excité par les cils; les unes comme les autres ne sont, à ses yeux, que des cavités non limitées par une membrane propre, mais creusées à volonté dans la substance charnue et contractile de l'intérieur.

Cette confusion ne serait que demi-mal, si M. Dujardin avait persisté dans sa distinction entre les vacuoles de la surface et celles de l'intérieur; car, ainsi que nous le verrons, les premières sont les véritables vésicules contractiles, tandis que les secondes sont les vacuoles dépourvues de membrane qui sont formées dans le chyme de la cavité digestive. Mais M. Dujardin annula complètement la valeur de sa distinction première, en disant que souvent les vacuoles formées au fond de la bouche (c'est-à-dire dans le pharynx) paraissent remplir exactement les mêmes fonctions que celles de la surface, c'est-à-dire qu'elles ne contiennent que de l'eau, et que, dans ce cas, elles sont aussi susceptibles de disparaître entièrement par contraction. Or, jamais une vacuole de la cavité digestive n'est susceptible de se contracter. Elle peut disparaître peu à peu pour ne plus revenir, parce que le liquide qui la formait s'est graduellement mélangé au chyme, tandis que les vésicules contractiles reparaissent toujours après la contraction. M. Dujardin attribue donc aux vacuoles de l'intérieur une propriété qui n'appartient qu'aux vésicules de la surface (c'est-à-dire aux vésicules renfermées dans le parenchyme), savoir la contractilité. D'un autre côté, il attribue à ces dernières une propriété qui n'appartient qu'aux premières, savoir celle de disparaître pour ne plus revenir.

Meyen fit la même confusion que M. Dujardin, et se laissa emporter encore plus loin; car, par amour pour la théorie cellulaire, il voulut assimiler les vacuoles des

1. Duj., p. 75 et 104.

infusoires à celles qui se forment parfois dans le plasma de certaines cellules végétales. Il y a, certes, loin de ces vacuoles-là aux vésicules contractiles et en communication avec des vaisseaux qu'on voit chez les Ophryoglènes, les Paramécies, etc.

La théorie de la formation et de la disparition fortuite des vésicules contractiles n'a plus guère d'adhérents aujourd'hui. La constance de ces organes a dû être peu à peu reconnue par tous les observateurs. Cependant, il a subsisté quelque chose de cette théorie, à savoir l'idée que les vésicules contractiles sont dépourvues de membrane propre; en un mot, qu'elles ne sont pas des vésicules, mais des vacuoles ou espaces pulsatoires. L'école cellulaire s'est, en particulier, rangée tout entière à cette manière de voir. Il n'est aujourd'hui que bien peu d'observateurs qui semblent admettre encore l'existence de la membrane, à savoir MM. Schmidt, Lieberkühn, Joh. Mueller, Carter[1]. Nous trouvons le camp opposé mieux rempli : MM. de Siebold, Perty, Stein, Leuckart, Kölliker, Huxley[2], etc., s'y trouvent pêle-mêle. Si, en présence de ces autorités nombreuses, nous croyons néanmoins devoir nous ranger du côté de la minorité, c'est que nous avons de fortes raisons pour cela, raisons que nous exposerons plus loin.

Quelles sont les fonctions des vésicules contractiles? C'est là une question à laquelle on a répondu de manières très-diverses. Laissant de côté les vésicules séminales de M. Ehrenberg, car nous ne pensons pas que personne veuille descendre aujourd'hui dans l'arène pour les défendre avec sérieux, nous trouvons trois opinions en présence. La première fait des vésicules contractiles le centre d'un système aquifère; la seconde veut y voir l'organe expulseur d'un appareil excréteur; la troisième, enfin, croit y reconnaître le centre d'un système circulatoire sanguin. Cette dernière opinion, qui était celle de Wiegmann, n'est aujourd'hui que faiblement représentée. Elle n'a que deux défenseurs bien décidés, à savoir MM. de Siebold et Lieberkühn. Néanmoins, nous nous rangeons de nouveau ici à l'avis de la minorité, et nous ne le faisons pas sans avoir mûrement examiné la question.

1. M. Samuelson nomme bien toujours cet organe une vésicule, mais sans se prononcer sur l'existence ou la non existence d'une membrane. — Quarterly Journal of Micr. Sc. V. 1856.

2. M. Huxley se sert tout au moins de l'expression *contractile space* dans sa notice sur le genre Dysteria. (Quarterly Journal of Micr. Sc. Jannary 1817, p. 78.)

Spallanzani[1], le premier qui ait revendiqué à la vésicule contractile le rôle d'organe respiratoire, ne s'est pas prononcé d'une manière bien claire sur le mécanisme de la contraction. M. Dujardin s'exprime déjà d'une manière plus positive : « Que l'on considère, dit-il, la multiplication des vacuoles dans les infusoires mourants, ou dans des animaux simplement comprimés entre deux lames de verre et privés des moyens de renouveler le liquide autour d'eux; que l'on se rappelle leurs rapides contractions et même leur complète disparition, qui ont frappé tous les observateurs; que l'on songe enfin à la manière dont elles se soudent et se confondent plusieurs ensemble, et l'on ne pourra s'empêcher de reconnaître des vésicules sans téguments ou des vacuoles creusées spontanément près de la surface pour recevoir, à travers les pores du tégument, le liquide servant à la respiration. » Aux yeux de M. Dujardin, la vésicule contractile se remplit donc d'un liquide aqueux contenant des gaz respirables, qui n'y parvient point par des ouvertures déterminées, mais qui y arrive de toutes parts, en pénétrant le parenchyme dans toutes les directions. C'est une circulation aqueuse diffuse.

La plupart des auteurs qui combattent l'existence d'une circulation sanguine chez les infusoires s'écartent cependant aujourd'hui de la manière de voir de M. Dujardin : ils admettent une communication directe de la vésicule contractile avec l'extérieur. Le premier observateur qui ait mentionné une communication de ce genre est M. Oscar Schmidt[2]. Il admet que, chez tous les infusoires, cet organe s'ouvre à l'extérieur, et, en particulier, il décrit, chez la *Bursaria (Frontonia) leucas*, une ouverture communiquant directement avec l'extérieur, et, chez les Vorticellines, un canal allant de la vésicule s'ouvrir dans l'œsophage. M. Leuckart[3] s'est joint à cette manière de voir, mais par des raisons toutes théoriques. Nous n'avons jamais pu apercevoir le canal en question, et M. Stein n'a pas été plus heureux[4]. Il est parfaitement vrai que, soit chez la *Frontonia leucas*, soit chez un grand nombre d'autres infusoires, on voit à la surface externe une ou plusieurs petites taches claires placées précisément au-dessus de la

1. Op. phys. tr. fr. t. I, p. 248.
2. Froriep's Notizen, 1849, p. 6. — Vergl. Anat. p. 220.
3. Leuckart, loc. cit., p. 115.
4. Stein, loc. cit., p. 115.

vésicule contractile. Mais il n'est point démontré que ces taches soit des ouvertures. A notre avis, il ne peut même en être question[1]. La signification de la tache n'est, il est vrai, pas très-évidente. Il est certain, toutefois, que c'est une place où le parenchyme est très-aminci, où la vésicule est peut-être même adhérente à la cuticule : ce qui n'est pas improbable, la vésicule étant logée dans l'épaisseur d'un parenchyme souvent fort mince. Certains infusoires, comme le *Spirostomum ambiguum*, montrent cette tache en nombre multiple. M. Carter[2] la décrit, chez le *Paramecium Aurelia*, comme étant une papille de la surface du corps, deux fois aussi longue que celle qui surmonte les Trichocystes, papille à laquelle la vésicule contractile est attachée et par laquelle il *suppose* que celle-ci se déverse à l'extérieur. Mais nous ne croyons pas qu'un déversement ait réellement lieu ; car, s'il en était ainsi, la contraction de la vésicule devrait être accompagnée d'un courant dans l'eau extérieure avoisinante. Ce courant devrait mettre en mouvement les particules situées près de la surface de l'animal, etc. Or, on ne peut rien voir de tout cela, tandis qu'au contraire on peut s'assurer de la manière la plus positive que le contenu de la vésicule est chassé dans l'intérieur du parenchyme. S'il n'est pas encore démontré par là d'une manière parfaitement décisive que la vésicule contractile ne dépend pas d'un système aquifère, il en ressort tout au moins qu'elle n'est pas reliée à un système excréteur, comme celui qu'admet M. Carter. Ce savant considère en effet les infusoires comme étant munis d'un système vasculaire excréteur, dans lequel la vésicule contractile est le réservoir principal et en même temps l'organe d'expulsion.

Chez les Vorticellines, la vésicule contractile est placée immédiatement à côté de ce que M. Carter nomme la cavité buccale (c'est la cavité que nous décrirons ailleurs sous le nom de vestibule), et M. Carter croit que la vésicule s'ouvre dans cette cavité. De son côté, M. Leydig[3] dit également qu'il *croit avoir vu* que la vésicule est en communication avec l'extérieur, et cela dans l'enfoncement qui sépare la bouche de l'anus.

1. M. Stein refuse du reste *a priori* toute fonction respiratoire à la Vésicule contractile. Il croit que chez les Vorticellines le large vestibule, qui se remplit d'eau fraiche à chaque instant, est plus propre à permettre l'oxygénation des sucs parenchymateux, qu'une vésicule appendiculaire de si petites dimensions.

2. Note on the Freshwater Infusoria of the island of Bombay. Annals and Mag. of Nat. Hist. II Series, XVIII, 1856, p. 128.

3. Leydig. Lehrbuch der Histologie, p. 365.

Ces données coïncident parfaitement entre elles, et, d'autre part, elles semblent tout-à-fait en harmonie avec l'observation de M. Schmidt, d'après laquelle, chez les Vorticelles, la vésicule serait unie à l'œsophage par un canal. Cependant, nous croyons à une erreur de la part de ces observateurs, du reste, si exacts. La vésicule est placée, chez les Vorticellines, immédiatement sous la cuticule du vestibule, comme elle l'est, chez d'autres infusoires, sous un autre point quelconque de la cuticule du corps.

Du reste, nous avons des objections plus positives à faire à M. Carter. Ce savant rapporte qu'il a observé des Vorticelles récemment enkystées, et qu'il a vu qu'au moment de la contraction de la vésicule leur vestibule se remplissait de liquide. Bientôt ce vestibule se vide complètement, jusqu'au point de disparaître sans laisser de trace aux yeux de l'observateur, bien avant que la vésicule contractile ait reparu. M. Carter en conclut que le liquide qu'il a vu dans le vestibule provient de la vésicule et ne revient pas dans celle-ci ; mais il ne s'inquiète pas de nous dire ce qu'il en advient, et il se contente d'y voir une preuve des fonctions excrétoires de l'organe. Toutefois, ce cas particulier nous paraît être précisément un argument contre M. Carter. Cet observateur pense que le rôle de la vésicule contractile et des vaisseaux qui sont en communication avec elle consiste à pomper et à verser au dehors l'eau qui est introduite avec la nourriture dans l'intérieur de l'animal. Or, les Vorticellines enkystées ne prennent plus de nourriture et n'introduisent plus d'eau dans leur organisme; aussi devraient-elles se dessécher rapidement, si elles continuaient ainsi à pomper et déverser l'eau contenue dans leurs tissus. En outre, l'eau excrétée devrait s'accumuler entre l'animal et son kyste, et, au bout de quelque temps, la vorticelle amaigrie nagerait dans le liquide surabondant du kyste. Or, c'est ce qui n'a pas lieu. M. Carter nous répondra peut-être que ce liquide passe à l'extérieur à travers les parois du kyste, tandis qu'une eau plus respirable pénètre au contraire dans le kyste, et, de là, dans les tissus de la Vorticelle, pour remplacer celle qui vient d'être expulsée. Mais à cela s'oppose le peu de perméabilité de la membrane du kyste. Si, en effet, nous n'avons pas d'expériences positives sur la perméabilité de cette membrane dans le sens de l'extérieur à l'intérieur, nous savons cependant qu'elle est excessivement peu perméable à l'eau de l'intérieur à l'extérieur, puisque les kystes peuvent être desséchés, pendant des mois entiers, sans que leur contenu en souffre le moins du monde.

Du reste, M. Carter est parfois un peu trop hardi, lorsqu'il s'agit des fonctions de la vésicule contractile. C'est ainsi que, d'après lui, la vésicule contractile est chargée de faire éclater les kystes des Euplotes et des Vorticelles, lorsque ces animaux veulent rentrer dans la vie active. Nous avouons ne pouvoir comprendre la manière dont la vésicule pourrait, par ses contractions, produire la distension qui, suivant M. Carter, amène la rupture du kyste. Elle a beau pomper énergiquement et faire passer le liquide du corps de l'infusoire dans l'espace qui sépare ce corps de la membrane du kyste, le volume du contenu de ce kyste n'en reste pas moins toujours le même, et il n'y a pas de distension produite.

L'opinion de M. Carter est basée sur une méprise, du reste, facile à comprendre. Ses observations sont parfaitement exactes; seulement, l'espace qu'il a vu se remplir de liquide n'est pas le vestibule, comme il l'a cru, mais un vaisseau qui contourne ce vestibule. On peut observer ce vaisseau chez plusieurs vorticellines dans leur état normal, mais il est, en général, plus facile à voir chez les individus enkystés. Il existe, du reste, une vorticelline qui ne peut laisser aucun doute à cet égard. C'est la *Gerda Glans* (Pl. II, fig. 5—8) chez laquelle ce vaisseau est excessivement long et se prolonge jusque dans le disque vibratile. Il suffit de jeter un coup-d'œil sur cette espèce pour s'assurer que le vaisseau n'a aucune espèce de relation avec le vestibule. M. Samuelson, qui a aussi consacré son attention à ce détail anatomique, dit que chez les Vorticelles la vésicule contractile est munie d'un canal, lequel ou bien gagne l'extérieur par l'ouverture buccale, ou bien contourne cette ouverture[1]. C'est cette seconde alternative qui lui a semblé la plus probable, bien qu'il ajoute : « *perhaps my bias may have influenced the observation.* » Nous croyons qu'un examen attentif des espèces les plus appropriées à cette étude ne peut laisser aucun doute à cet égard[2]. Le canal qui part de la vésicule chez les Vorticellines passe autour du vestibule et se continue au-delà, sans jamais s'ouvrir dans celui-ci.

L'existence de vaisseaux ou du moins de canaux en communication avec les vésicules contractiles est déjà connue depuis longtemps, sans cependant avoir été appré-

1. Samuelson : the Infusoria. Quarterly Journal of Micr. Science, V. 1856, p. 105.
2. Voyez aussi Lachmann, loc. cit. p. 375. Pl. XIII. Fig. 3. k. (*Carchesium polypinum*).

ciée à sa juste valeur. Spallanzani a déjà eu connaissance de la forme étoilée des vésicules contractiles du *Par. Aurelia,* forme qui a été revue dès-lors par tous les observateurs, même par ceux qui, comme M. Dujardin, n'admettent pas de différence essentielle entre les vésicules contractiles et les vacuoles du chyme contenu dans la cavité digestive.

M. Ehrenberg est le premier qui ait parlé d'un *réseau vasculaire* chez le *Par. Aurelia;* toutefois, par une aberration singulière, il ne rapporte pas ce réseau à un système circulatoire, mais bien à l'ovaire. Plus tard, M. de Siebold[1] décrivit une prolongation de la vésicule contractile en un vaisseau, qu'il observa chez le *Stentor polymorphus,* le *Spirostomum ambiguum* et l'*Opalina Planariorum.* Cependant, c'est de M. Lieberkühn[2] seulement que date une étude approfondie du jeu de la vésicule contractile et de ses relations avec le système vasculaire. Il prit tout particulièrement pour sujet de ses recherches l'*Ophryoglena flava* (*Bursaria* Ehr.), chez laquelle une trentaine de vaisseaux viennent s'aboucher dans la vésicule contractile en rayonnant dans tout le parenchyme du corps. M. Lieberkühn observa une variété de cet animal, qui possède deux vésicules contractiles au lieu d'une; il trouva chez elle le système vasculaire double, sans pouvoir cependant découvrir de communication directe entre l'un et l'autre système. Il reconnut çà et là des ramifications simples ou parfois même répétées de l'un des vaisseaux. Nous avons, du reste, trouvé des ramifications semblables chez d'autres espèces, telles que le *Par. Aurelia* et la *Gerda Glans.*

M. Lieberkühn a fait une étude minutieuse du jeu de la vésicule. D'après ses observations, au moment où la diastole a atteint son maximum, la vésicule est une sphère de laquelle partent des canaux rayonnants étroits, possédant sur tout leur parcours une largeur à peu près uniforme. A ce moment-là, chez les exemplaires peu transparents, les canaux peuvent même disparaître complètement aux yeux de l'observateur. Un instant avant le commencement de la systole, on voit les vaisseaux s'élargir à une distance de la vésicule qui équivaut à son propre diamètre. A mesure que la systole s'avance, la partie renflée des vaisseaux devient plus large et plus longue; elle se rapproche toujours davantage de la vésicule contractile. Supposons, pour suivre

1. Vergleichende Anatomie, p. 25.
2. Beitræge zur Anatomie der Infusorien. Müller's Archiv, 1856, p. 20.

M. Lieberkühn dans son exposé, que nous soyons au moment où le diamètre de la vésicule contractile est réduit à un quart de sa longueur primitive : la forme de l'appareil est alors précisément celle de la figure étoilée, connue de chacun, telle que Dujardin, par exemple, la représente chez le *Par. Aurelia*, avec cette différence qu'on voit évidemment les rayons s'aboucher dans la vésicule contractile et leur extrémité périphérique s'étendre au loin sur tout l'animal. Lorsque la vésicule est complètement contractée, elle disparaît aux regards et l'on n'aperçoit plus que les vaisseaux renflés en forme de fuseau. La systole est alors terminée et la diastole recommence. Si maintenant nous considérons le moment où le réservoir a atteint de nouveau la moitié environ de son diamètre primitif, nous trouvons une image un peu différente. Les vaisseaux ne sont plus renflés en forme de fuseau, mais élargis en entonnoir; la base de l'entonnoir s'abouche à la vésicule contractile et la pointe se continue dans le vaisseau. C'est là la forme que M. Ehrenberg représente chez le *Par. Aurelia*. M. de Siebold rejette le dessin de M. Ehrenberg comme inexact, et se prononce pour celui de M. Dujardin. Mais M. Lieberkühn montre que tous deux ont raison; seulement, M. Dujardin a représenté un moment de la systole, et M. Ehrenberg un moment de la diastole.

D'après M. Lieberkühn, l'observation du jeu des vésicules contracticules montre jusqu'à l'évidence que, pendant la diastole, le liquide qui remplit les vaisseaux passe dans la vésicule, ce qui est bien aussi notre avis; mais il ne sait trop ce qu'il advient du liquide pendant la systole. Il n'a jamais vu, chez aucun infusoire, de vaisseaux particuliers destinés à conduire le liquide dans le parenchyme, vaisseaux qui formeraient, avec les canaux afférents, un cercle circulatoire complet. M. Carter est précisément du même avis, en ce sens qu'il dit que le liquide arrive dans la vésicule par les sinus (canaux ou vaisseaux), mais qu'il ne repasse pas par eux au moment de la systole. Du reste, M. Lieberkühn et M. Carter sont très-éloignés l'un de l'autre dans leurs conclusions définitives, le premier admettant que le liquide, après être revenu dans la vésicule, est renvoyé dans le corps par une voie non encore suffisamment démontrée, tandis que le second admet qu'il est déversé à l'extérieur. Nos observations concordent tout-à-fait avec celles de M. Lieberkühn; mais elles concordent, en outre, avec celles de M. Joh. Mueller, qui a montré, il n'y a pas longtemps, chez le *Par. Au-*

relia, que les canaux qui partent de chaque vésicule contractile jouent, pour ainsi dire, tour à tour le rôle de vaisseaux afférents et déférents, de veines et d'artères. M. Mueller[1] distingue, dans la contraction de l'appareil circulatoire central chez les Paramecium, deux systoles partielles qui alternent l'une avec l'autre : systole de la vésicule, puis systole des renflements fusiformes ou pyriformes. Cette dernière coïncide avec la diastole de la vésicule. M. Lieberkühn avait déjà observé qu'un instant avant la systole des ventricules, les rayons se renflent considérablement. M. Joh. Mueller explique ce phénomène en montrant que la vésicule se contracte insensiblement, diminue insensiblement de volume dans l'instant qui précède la systole, et chasse par suite une partie de son contenu dans les rayons de l'étoile. Puis la systole de la vésicule a lieu, ce qui produit un renflement encore plus considérable de ces rayons. Ici se présentent deux possibilités. La systole des renflements pyriformes, soit rayons de l'étoile, peut être purement passive; elle peut être simplement le résultat de ce que le contenu de ces renflements repasse dans la vésicule sous l'influence d'une certaine pression exercée par les parois du corps. Elle peut être aussi le résultat d'une contraction *active* des parois de ces renflements eux-mêmes. M. Joh. Mueller considère la seconde de ces alternatives comme plus probable que la première; et, en effet, on ne peut, comme il le dit, suivre avec attention le jeu de la vésicule et des vaisseaux qui en partent, sans sentir naître et se corroborer l'opinion que, soit la vésicule, soit les vaisseaux, ont leurs parois propres, et que ces parois sont l'élément actif dans la contraction.

La circulation des infusoires est, par suite, fort différente de ce que l'on sait de la circulation de la plupart des autres animaux. La vésicule contractile, c'est-à-dire le cœur, se contracte et chasse le liquide circulatoire dans les vaisseaux, qui, par suite, se distendent. Puis les vaisseaux se contractent à leur tour, soit activement, soit par suite d'une réaction des parois du corps, et chassent de nouveau le liquide dans la vésicule. C'est un mouvement de va et vient continuel, comparable à la circulation du sang chez les Salpes, circulation qui s'effectue, comme l'on sait, en alternant toutes les deux minutes environ, tantôt dans un sens, tantôt dans l'autre. Il y a seulement cette

1. Beobachtungen an Infusorien. Monatsbericht der Berliner Akademie, 1856, p. 393.

différence, que chez les Salpes le cœur bat plusieurs fois avant que le liquide nourricier revienne en arrière, tandis que chez les infusoires le liquide revient dans l'organe central après chaque contraction[1].

Il est certains infusoires qui sont tout spécialement propres à montrer le jeu de l'appareil circulatoire. Telle est, par exemple, l'*Oxytricha multipes*. Chez cet animal, la vésicule contractile est placée au milieu de la longueur d'un vaisseau longitudinal, situé du côté gauche et dans la paroi dorsale du corps. Au moment où la diastole a atteint son période maximum, il n'est pas possible de voir la moindre trace du vaisseau. Alors a lieu la systole. Le liquide est chassé dans le vaisseau, qui se montre alors dans toute la longueur de l'animal et qui est en général d'une largeur assez uniforme, si ce n'est qu'il s'amincit aux deux extrémités. Puis, le vaisseau diminue de diamètre jusqu'au point de disparaître presque complètement, sans doute parce que le liquide se rend dans les différentes parties du corps par des ramifications non encore découvertes. Bientôt, cependant, le liquide revient dans le vaisseau longitudinal, qui se renfle dans toute sa longueur, montrant alors seulement un diamètre un peu plus considérable dans la région moyenne, laquelle correspond à la vésicule contractile (V. pl. V, fig. 1). A ce moment a lieu la systole du vaisseau, systole qui a pour effet immédiat la diastole de la vésicule.

Un autre infusoire cilié, dont l'étude est ici d'un haut intérêt, est l'*Enchelyodon farctus*. En effet, cet animal seul suffit à démontrer deux choses, à savoir que la vésicule contractile ne s'ouvre pas à l'extérieur, ou du moins qu'elle chasse son contenu dans l'intérieur du parenchyme par la contraction, puis que cette vésicule est douée d'une paroi propre. Comme la plupart des Enchelys, cette espèce est munie d'une vésicule, située à l'extrémité postérieure du corps, immédiatement auprès de l'anus (V. pl. XVII, fig. 3). Cette vésicule se contracte, de même que chez la plupart des infusoires, de l'intérieur à l'extérieur. Elle est adhérente à la cuticule et disparaît complètement après la systole, ne subsistant que comme un amas de substance parenchymateuse, adhérente à la face interne de la cuticule. La systole s'opère relativement avec lenteur. Dès qu'elle commence, on voit la vésicule s'entourer d'une auréole claire, qui n'est autre chose qu'un

1. Nous avons observé une circulation analogue dans les Lemnisques de l'*Echinorhynchus gigas*. Là aussi, le liquide contenu dans les Vaisseaux circule alternativement d'avant en arrière, puis d'arrière en avant.

amas de liquide environnant la vésicule. Si nous considérons la vésicule au milieu de la systole, c'est-à-dire au moment où elle n'a recouvré que la moitié de son diamètre primitif, nous la trouvons, sous forme d'une vésicule ronde, douée d'une membrane à double contour bien distinct, adhérente en un point (à sa partie postérieure) à la cuticule, et suspendue librement dans un réservoir plein de liquide. Ce réservoir n'est pas autre chose qu'un sinus enveloppant la vésicule de toutes parts, sauf au point où elle adhère à la cuticule. La vésicule se contracte peu à peu complètement et sa membrane paraît venir se fondre avec la cuticule. La systole est achevée. On voit alors un sinus irrégulier et plein de liquide à la place où était naguère la vésicule. Cependant, bientôt la diastole commence. On aperçoit comme une petite gonfle qui se soulève de la face interne de la cuticule et qui fait proéminence dans le sinus. C'est la vésicule contractile qui reparaît et croît rapidement, tandis que le sinus disparaît dans la même proportion. Au moment où la diastole est terminée, la vésicule a repris ses dimensions primitives et le sinus a complètement disparu. Le liquide nourricier passe donc alternativement de la vésicule dans le sinus (une partie pénètre sans doute plus avant dans le parenchyme) ; puis, du sinus dans la vésicule, et ainsi de suite. Les parois de la vésicule ont une épaisseur micrométriquement parfaitemement mesurable, car elles sont épaisses de $0^{mm},0013$ [1]. Jusqu'ici, il ne nous a pas été possible de découvrir dans ces parois les ouvertures qui mettent la vésicule en communication avec le sinus. — Il est difficile de décider ici si le sinus contribue activement ou seulement passivement au retour du liquide dans la vésicule ; en un mot, si le sinus possède ou non sa systole propre.

Plusieurs Prorodon montrent, quoique d'une manière moins brillante, des phénomènes analogues à ceux que nous venons de rapporter chez l'*Enchelyodon farctus*. C'est là, en particulier, le cas pour le *Prorodon armatus*, dont la vésicule contractile est également située à l'extrémité postérieure du corps, immédiatement auprès de l'anus,

1. Le *Spirostomum ambiguum* parle aussi, quoique d'une manière moins convaincante, en faveur de l'existence d'une membrane propre de la vésicule. La grosse vésicule contractile de cette espèce occupe la partie postérieure du corps, et l'anus est situé en arrière d'elle, tout à l'extrémité. Les matières fécales, pour arriver à l'anus, sont obligées de se glisser dans l'espace étroit qui sépare la paroi du corps de celle de la vésicule contractile. Durant ce parcours, elles refoulent la membrane de la vésicule et font une saillie hémisphérique dans sa cavité. Cependant elles ne pénètrent jamais dans la vésicule et arrivent toujours heureusement à l'ouverture anale.

mais qui, au lieu d'un seul sinus, en possède quatre ou cinq. Au moment de la systole, on voit quatre ou cinq espaces, plus ou moins sphériques et disposés autour de l'anus, se remplir de liquide, tandis que la vésicule contractile disparaît. Pendant la diastole de la vésicule, les sinus disparaissent, leur contenu repassant dans celle-ci. M. Lieberkühn nous a dit avoir observé un phénomène tout semblable chez des Prorodon. — Il ne faut pas croire que nous confondions ici, avec des phénomènes normaux, des apparences pathologiques analogues qu'on voit facilement se produire lorsque certains infusoires sont comprimés entre deux plaques de verre. Nous aurons, plus tard, l'occasion de revenir sur ces apparences pathologiques. Qu'il nous suffise de dire que les phénomènes dont nous parlons s'observent, dans des conditions parfaitement normales, sur des individus allègres et nullement incommodés par suite de l'observation.

Nous pourrions étendre encore davantage le catalogue des infusoires chez lesquels on peut se convaincre que le liquide qui passe de la vésicule dans les canaux du parenchyme revient aussi par ces canaux dans la vésicule. En effet, c'est ce dont on peut se convaincre à peu prés chez toutes les espèces dont les vaisseaux sont faciles à reconnaître. Or, ces espèces sont nombreuses. On connaît, en effet, généralement aujourd'hui, ceux du *Par. Aurelia*, des Ophryoglènes, de la *Frontonia leucas*, des Stentors, du *Spirostomum ambiguum*, mais nous en avons observés également chez le *Glaucoma scintillans* (où ils ont aussi été observés par M. Samuelson[1]), diverses Vorticellines, le *Leucophrys patula*, le *Loxophyllum meleagris*, diverses Oxytriques, etc. Toutefois, nous croyons en avoir dit assez sur cette *circulation alternative* pour nous faire facilement saisir de chacun.

M. Carter[2] a fait sur le *Par. Aurelia* et quelques autres espèces une observation singulière, qui s'écarte passablement de toutes celles qui ont été faites jusqu'ici. Il ne considère pas les organes, que nous avons nommés jusqu'ici des *vaisseaux*, comme étant de simples canaux, mais il croit que chacun d'eux est composé d'une série de sinus fusiformes ou pyriformes, enchaînés les uns à la suite des autres, et diminuant de diamètre à mesure qu'ils s'éloignent de l'organe central, c'est-à-dire de la vésicule contractile. Il accorde à ces sinus des propriétés contractiles analogues à celles dont jouit

1. Glaucoma scintillans. Quarterly Journal of microscopical Science, 1857, p. 19.
2. Loc. cit., pag. 126.

la vésicule. Il ne nous a pas été possible de rien voir qui ressemblât à ces chaînes de sinus, et nous croyons pouvoir nier hardiment leur existence. Toutefois, nous pensons ne pas nous tromper en cherchant la cause qui a conduit M. Carter à cette idée dans des apparences pathologiques, déjà fort bien décrites par M. Lieberkühn. Il arrive fréquemment, lorsqu'un infusoire est comprimé entre deux plaques de verre, que des espaces arrondis, pleins de liquide, se forment en divers points de son corps. Ces espaces ne doivent pas être confondus avec les vacuoles de la cavité digestive ; en effet, ils sont constamment contenus dans le parenchyme. Ce sont eux que M. Dujardin avait vus, lorsqu'il parlait de la multiplication des vésicules séminales de M. Ehrenberg, dans les moments qui précèdent la mort. Ces espaces sont toujours situés sur le parcours des vaisseaux. Ce sont des renflements variqueux de ceux-ci, produits par un trouble dans la circulation. Comme M. Lieberkühn l'a déjà relevé, ces varicosités ne sont pas contractiles. Parfois, on les voit se mettre en mouvement du côté de la vésicule contractile et venir se fondre avec elle ; mais alors, elles suivent toujours dans leur marche le parcours du vaisseau. Il nous semble probable que M. Carter a observé des exemplaires comprimés, et que ces sinus, enchaînés à la suite les uns des autres, ne sont qu'une suite de varicosités de ce genre.

En passant, nous mentionnerons une autre modification pathologique, connue de la plupart des observateurs et décrite en détail par M. Lieberkühn. C'est le partage de la vésicule contractile en deux, lorsque l'infusoire est comprimé. La vésicule s'allonge en forme de 8, puis se divise tout-à-fait, et chacune des deux nouvelles vésicules accomplit pour son propre compte des mouvements de distole et de diastole. Chacune de ces vésicules reste en communication avec les vaisseaux qui s'abouchaient dans la moitié correspondante de la vésicule primitive. Il est clair que ce phénomène ne parle en aucune manière contre l'existence de parois propres de la vésicule. Tout au contraire. Le partage est une conséquence d'une stricture de ces parois.

Le nombre des vésicules contractiles est excessivement variable suivant les espèces. Il n'est pas possible de subordonner ces variations à des lois positives ni à des divisions du système. M. Carter[1] a tenté une esquisse générale de la disposition des vési-

1. Loc. cit, p. 128.

cules contractiles, mais on doit considérer cette esquisse comme totalement manquée. M. Carter prétend que, chez les infusoires entérodèles de M. Ehrenberg, la vésicule contractile est en général unique ou double ; que lorsque chez quelques-uns, comme chez le *Chilodon Cucullulus*, la vésicule est en nombre multiple, c'est une apparence accidentelle due à la dilatation fortuite des sinus, qui sont en connexion avec la vésicule. Ceci est une erreur manifeste. Beaucoup d'infusoires entérodèles de M. Ehrenberg ont un grand nombre de vésicules contractiles, parfois jusqu'à quarante ou cinquante et même au-delà, et ces vésicules nombreuses sont normales et non accidentelles. M. Carter prétend que le *Chilodon Cucullulus* a, dans l'état normal, une seule vésicule contractile, laquelle est « subterminale et latérale, mais qu'il n'est pas rare de rencontrer des individus ayant un grand nombre de vésicules contractiles, dispersées irrégulièrement dans toutes les parties du corps, sans qu'aucune d'elles occupe la position de la vésicule normale. » Il est possible que les Chilodon des Indes s'écartent sous ce point de vue de ceux d'Europe. Le fait est que les *Chilodon Cucullulus* des environs de Berlin ont trois vésicules, dont deux sont placées l'une à droite, l'autre à gauche de l'appareil dentaire, tandis que la troisième est située dans la moitié droite de l'animal, un peu en arrière du milieu de la longueur totale. Jamais nous n'avons vu d'individus n'ayant qu'une seule vésicule contractile. Par contre, on rencontre parfois quelques Chilodon qui en ont jusqu'à quatre ou cinq. Ce sont des anomalies, ou, peut-être aussi, des individus sur le point de se diviser.

En terminant ce chapitre, nous avons encore à noter que, bien que la loi, déjà indiquée plus haut, suivant laquelle la contraction de la vésicule marche de l'intérieur à l'extérieur, soit à peu près générale, elle paraît cependant souffrir quelques exceptions. C'est ainsi que nous connaissons une Astasie, dont la vésicule contractile fait saillie à l'extérieur, et se contracte de l'extérieur à l'intérieur. Nous trouvons une exception toute analogue chez certains Rhizopodes, savoir les Actinophrys.

SYSTÈME NERVEUX ET ORGANES DES SENS.

Bien que M. Ehrenberg accorde un système nerveux à tous ses infusoires, il n'a pas été possible à d'autres auteurs de rien découvrir chez ces animalcules qu'on pût avec vraisemblance assimiler aux organes nerveux d'autres animaux. L'organe que M. Ehrenberg a désigné, chez divers infusoires flagellés, sous le nom de ganglion médullaire *(Markknoten)*, existe bien réellement, mais nous n'avons aucune indication qui puisse justifier une hypothèse sur sa fonction.

On peut, jusqu'à un certain point, parler avec un peu plus de vraisemblance d'organes des sens. Sous ce chef, nous devons mentionner avant tout l'organe que M. Lieberkühn a été le premier à décrire chez les Ophryoglènes. C'est un corps solide en forme de verre de montre, lequel est placé sur le côté concave de la fosse buccale. La position même de cet organe singulier et sa constance permettent de supposer chez lui des fonctions sensitives. Mais est-ce la fonction de la vue, ou celle du goût, ou celle de l'odorat qu'il convient le mieux de lui attribuer? C'est ce que nul ne peut dire.

Les soies de certains infusoires doivent être considérées comme organes du tact. C'est surtout là le cas pour les longues soies de la partie postérieure des Lembadium, infusoires non sauteurs. Ces animaux nagent à peu près constamment à reculons, en tournant autour de leur axe longitudinal, et paraissent changer de direction lorsque leurs soies viennent à choquer des corps étrangers. Peut-être faut-il aussi ranger ici le faisceau de cils plus longs dont est munie la partie postérieure du *Par. Aurelia.*

Enfin, on trouve chez divers infusoires, soit ciliés, soit flagellés, soit cilio-flagellés, des taches pigmentaires que M. Ehrenberg a considérées comme étant des yeux. Sans vouloir nier que ces taches soient peut-être reliées dans certains cas à des fonctions visuelles, nous devons reconnaître cependant que, bien souvent, il n'est guère possible de voir en elles des organes des sens. C'est là surtout le cas pour les taches rouges dont sont ornés beaucoup d'infusoires flagellés et cilio-flagellés. Des taches toutes semblables se retrouvent en effet, comme chacun sait, chez des spores d'algues. Du reste, ces taches sont souvent peu constantes et offrent un penchant à devenir diffuses, qui est peu en harmonie avec l'idée d'un organe visuel.

Quant aux taches pigmentaires noires que présentent quelques infusoires ciliés (certaines Ophryoglènes et Freia), il n'est pas possible non plus de revendiquer pour elles, avec quelque vraisemblance, des fonctions visuelles.

Les organes singuliers que nous décrirons plus loin, chez le *Loxodes Rostrum*, et qui ont été découverts primitivement par M. Johannes Mueller, ont également une fonction encore toute problématique.

SYSTÈME REPRODUCTEUR.

Tous les infusoires sont munis d'un organe reproducteur au moins, auquel M. Ehrenberg donnait le nom de testicule ou glande séminale, et pour lequel l'école unicellulaire a créé le nom de *nucléus*, aujourd'hui si généralement en honneur. Nous ne voulons pas nous étendre ici sur ce sujet, parce que le prétendu nucléus sera suffisamment étudié, au point de vue anatomique et physiologique, dans la troisième partie de ce Mémoire.

Affinité des Infusoires avec les groupes voisins.

La position des infusoires dans le système n'a pas, en général, été définie d'une manière bien précise dans les traités de zoologie. — L'école des philosophes de la nature avait assigné à ces animalcules une place sur le dernier rayon de l'échelle des êtres. Elle en faisait les *protozoaires*, et ce nom a subsisté jusqu'à ce jour. Sans vouloir contester que les infusoires doivent être relégués parmi les animaux les plus simples, nous prétendons cependant que les *protozoaires* ne forment pas un anneau tout-à-fait isolé à l'extrémité de la chaîne des êtres, mais que cet anneau est enlacé de la manière la plus intime dans ceux qui le précèdent.

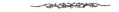

C'est, avant tout, avec les polypes et les méduses que les infusoires ont une analogie incontestable; et nous avons ici particulièrement en vue les infusoires ciliés, qu'on peut considérer comme formant la partie de l'anneau enlacée dans celui qui le précède (celui des polypes). — Déjà Blainville et Cuvier avaient mentionné l'analogie qui rapproche les Polypes et les Acalèphes, mais ce n'est que plus tard que la découverte de faits embryogéniques, jusqu'alors peu soupçonnés, vint rendre obligatoire la réunion de ces deux groupes en une seule classe. M. Leuckart a eu, le premier, le mérite d'opérer cette réunion complète en fondant la classe des *Cœlentérés.*

Si nous esquissons rapidement le type de la classe des cœlentérés, nous dirons que ces animaux sont caractérisés par la présence d'une cavité générale spacieuse, remplissant la plus grande partie du corps et communiquant avec l'extérieur, tantôt directement, tantôt par l'intermédiaire d'un tube ouvert à ses deux extrémités. L'ouverture qui se trouve ainsi formée à la surface du corps est la bouche. La cavité générale sert de cavité digestive, ou, si parfois il existe une cavité digestive spéciale, elle est en communication ouverte avec la cavité générale. C'est cette disposition du système digestif qui justifie le nom de *Cœlentérés.*

Or, cette définition des cœlentérés s'applique parfaitement aux infusoires, et, si l'on ne spécifie pas le type de la classe, il faut considérer les infusoires comme formant une simple subdivision des cœlentérés. Chez eux, en effet, on retrouve cette même cavité générale qui communique avec l'extérieur, tantôt directement, tantôt par l'intermédiaire d'un tube ouvert à ses deux extrémités.

La classe des cœlentérés proprement dits[1] se distingue cependant facilement de celle des infusoires. En effet, les cœlentérés ont une structure radiaire; les infusoires sont, au contraire, asymétriques ou bilatéraux; les cœlentérés n'ont pas d'ouverture anale, leur bouche sert à la fois d'ouverture d'ingestion et d'égestion; les infusoires, au contraire, ont toujours un anus distinct de la bouche. — Ces différences ne sont pas, du reste, aussi essentielles qu'elles le paraissent au premier abord. En effet, il existe des infusoires qu'on pourrait être tenté de regarder comme radiaires. M. Du-

1. Nous disons *cœlentérés proprement dits*, parce que d'après le sens strict du mot, le nom de *cœlentérés* devrait s'appliquer aussi aux infusoires.

jardin a déjà formé chez les infusoires deux sous-classes, l'une renfermant les infusoires symétriques, l'autre les infusoires asymétriques. La première est formée uniquement par le genre Coleps. Mais cette division de M. Dujardin repose sur une erreur. Si l'on peut, en effet, être tenté d'admettre chez le *Coleps hirtus* une distribution symétrique autour d'un axe longitudinal, c'est-à-dire une symétrie radiaire, l'examen d'autres espèces (*C. amphacanthus, C. uncinatus*) suffit à montrer que les Coleps possèdent, comme les autres infusoires, un côté dorsal et un côté ventral.— Les Prorodon, chez lesquels on pourrait aussi admettre une structure symétrique, sont loin de satisfaire tous aux conditions scrupuleuses d'une nature radiaire. Chez beaucoup d'entre eux, la bouche n'est pas placée exactement au pôle antérieur, mais sur l'un des côtés, et même chez ceux dont la bouche est réellement terminale, l'œsophage n'est point placé suivant l'axe théorique de l'animal, mais il incline d'un côté ou de l'autre. En somme, si quelques infusoires, en particulier les Prorodon et certaines Enchelys et Lacrymaires, semblent se rapprocher du type symétrique radiaire, on peut cependant se convaincre que ce n'est là au fond qu'une pure apparence. On trouvera, en général, soit dans la position de la bouche, de l'œsophage et de l'anus, soit dans la disposition de l'appareil circulatoire, des arguments parlant contre la symétrie supposée.

Si M. Dujardin veut parler chez les Coleps d'une symétrie bilatérale, cette symétrie se retrouve tout aussi bien chez d'autres infusoires, tels que les Holophrya, les Phialina, les Enchelys, les Prorodon, les Trachelophyllum, les Enchelyodon et bien d'autres. Mais ces genres-là sont, sous tous les rapports, trop proches parents d'autres genres à structure non symétrique, pour qu'on puisse les réunir dans une sous-classe à part.

La présence et l'absence de l'anus sont des critères d'une valeur encore moins absolne. En effet, M. le professeur Sars nous a montré à Christiania, en 1855, un polype de la Méditerranée, pourvu d'un anus. Ce polype était cependant un vrai cœlentéré et pas un bryozoaire. M. Leydig admet également l'existence d'un anus chez les Hydres.

L'analogie entre les infusoires et les cœlentérés s'étend encore au mode de reproduction. Beaucoup de cœlentérés possèdent, en effet, la propriété de se reproduire asexuellement par bourgeonnement ou par division. La même chose se voit chez les infusoires. Les individus qui ont été produits asexuellement chez les cœlentérés ont un sort divers : les uns se séparent plus ou moins rapidement de l'organisme-parent pour mener une vie indépendante et continuer à subsister isolément; les autres restent, au contraire, constamment unis à l'organisme qui les a produits, et, le bourgeonnement se répétant, il en résulte de véritables colonies ramifiées. C'est encore ce qu'on voit chez les infusoires. Nous n'avons, en effet, qu'à rappeler parmi ces derniers les colonies formées par un grand nombre de Vorticellines et d'infusoires flagellés ainsi que par certains Acinétiniens.

Les produits de la génération sexuelle se forment, chez les cœlentérés, dans les parois de la cavité générale. Ils arrivent par suite d'une déhiscence de la peau à l'extérieur, ou parfois aussi dans la cavité du corps. Les embryons des infusoires, qui sont formés aux dépens d'un organe propre (nucléus), adhérant aux parois de la cavité générale, subissent un sort analogue. Il est vrai qu'il n'est pas démontré que ces embryons se forment à la suite d'une fécondation.

D'un autre côté, les infusoires montrent quelque affinité avec certains vers, en particulier avec les Turbellariés. M. Oscar Schmidt a déjà signalé le fait que les téguments et le parenchyme des jeunes turbellariés ont une grande analogie avec les tissus correspondants des Paramecium et des Bursaria (Frontonia). M. Perty[1] a attribué cette opinion à une observation superficielle, mais bien à tort, selon nous. La structure celinleuse du parenchyme des turbellariés est sans doute incontestable, mais souvent les cellules sont excessivement difficiles à démontrer, témoin la réserve avec laquelle M. Schultze[2] s'exprime à cet égard. Celui-ci dit, en effet, que les éléments anatomiques (cellules) dont est sans doute composée originairement la peau des rhabdocèles, se fondent avec le temps en une masse unique semblable au sarcode, et il considère le parenchyme du corps comme formé par la même substance contractile que l'on rencontre chez les hydres. Or, à l'époque où écrivait M. Schultze, les idées courantes sur la substance contractile des hydres étaient celles que représentait surtout M. Ecker : on ne connaissait pas encore de cellules chez ces polypes. Qui sait si le temps ne fera pour les infusoires ce qu'il a fait pour les turbellariés et les hydres? Nous sommes fort disposés à le penser,

1. Perty, p. 50.
2. Beitræge zur Naturgeschichte der Turbellarien. Greifswald, 1851, p. 10 et 20.

et c'est aussi là l'avis de M. Leydig. — Quoi qu'il en soit, l'existence d'organes urticants à structure identique dans les tissus des infusoires et dans ceux des turbellariés ne fait qu'augmenter l'analogie. Nous croyons, en effet, que telle est la fonction à attribuer, soit aux trichocystes des infusoires, soit aux corpuscules bacillaires des turbellariés. On sait, à n'en pas douter, que les corpuscules bacillaires des Meckelia et du *Microstomum lineare* renferment, comme les trichocystes des infusoires, un filament dans leur intérieur, et M. Schultze rapporte quelque chose d'analogue au sujet des corpuscules de la *Convoluta Schultzii.*

L'affinité qui existe entre les infusoires et les turbellariés a déjà attiré l'attention de M. Agassiz[1]. Mais ce savant se laisse emporter beaucoup trop loin, lorsqu'il veut faire d'une simple analogie une parfaite identité. Il prétend, en effet, s'être convaincu, par une observation directe, que les Paramecium, les Bursaria et la plupart des infusoires ne sont que des vers d'eau douce, et il affirme avoir vu de ses yeux quelques espèces d'infusoires sortir d'œufs de Planaires récemment pondus. Nous ne nous arrêterions pas à réfuter une pareille manière de voir, si ce n'était l'autorité de celui qui l'a lancée dans le monde. Quiconque a observé avec quelque soin un Paramecium ou une Bursaria, saura distinguer ces infusoires d'un embryon de turbellarié. Aussi, rien de plus hasardé que l'assertion de M. Agassiz, par laquelle il déclare que la classe des infusoires doit être rayée du système, et que les êtres qu'on y a rangés jusqu'ici doivent être répartis entre les Arthropodes, les Mollusques (bryozoaires), les radiaires et les plantes (!).

M. Agassiz[2] s'appuyait sur l'analogie des embryons pour réunir les Planaires au groupe des Helminthes. M. Girard lui objecte que les embryons des Méduses ressemblent tout autant à un Paramecium que ceux des Turbellariés. M. Girard a raison sans doute ; mais nous eussions été encore plus de son avis, s'il se fût exprimé un peu différemment et s'il eût dit que les embryons des Planaires ressemblent aussi peu à des Parameciums que ceux des méduses. A-t-on jamais trouvé chez ces embryons l'œso-

1. The natural relations between animals and the elements in wich they live, by Agassiz. — Silliman's American Journal of Science and Arts, N° 27. May 1850.

2. Embryonic develepement of *Planocera elliptica*, by Charles Girard.— Journal of the Academy of natural Sciences of Philadelphia. IId. Series. Vol II, 1850—54.

phage, les vésicules contractiles, le nucléus des Paramecium? Du reste, chacun conviendra que les analogies dont M. Girard parle ne sont pas bien profondes. Des larves de Planocères[1], qu'il trouve ressembler tout-à-fait à des Colpoda, sont comparées, quelques pages plus loin, les unes à des dromadaires, les autres à des chameaux[2]. Qui eût jamais pensé qu'on irait comparer des Paramecium à des ruminants! D'autres larves, que M. Girard rapproche des Paramecium[3], sont, durant ce stade de leur développement, aplaties, munies de deux yeux et d'une longue épine en avant!

Nous sommes loin de songer à des rapprochements aussi peu fondés que ceux de MM. Agassiz et Girard. Nous croyons que la classe des infusoires doit subsister comme classe bien déterminée, mais que cette classe offre des points de contact nombreux avec deux classes voisines : celle des vers et surtout celle des cœlentérés. Quant aux rapports aussi incontestables qu'elle présente avec les rhizopodes, nous les exposerons en détail, dans la partie de ce Mémoire qui est consacrée à ces derniers.

Considérations sur la classification des Infusoires en général.

La répartition des infusoires en genres et en familles laisse, à l'heure qu'il est, encore bien à désirer. On peut même affirmer qu'une classification naturelle de ces animaux fait encore, pour ainsi dire, complètement défaut. Deux tentatives d'une répartition des infusoires dans des groupes naturels ont bien été faites par MM. Dujardin et Perty, mais ces tentatives ont été en somme peu fructueuses.

M. Whewell[4] remarque avec raison que toute science naturelle proprement dite commence par une période où règnent des connaissances dépourvues de toute espèce de systématisation, à laquelle succède une époque d'érudition mal comprise; puis commence la découverte de caractères déterminés; plus tard apparaissent divers systèmes, qui essaient tour à tour de se faire jour et qui amènent bientôt un combat soutenu

1. Voyez Girard, Pl. XXXII, fig. 94—103 et page 332.
2. Ibid., p. 320 et 323.
3. Ibid., p. 322, Pl. XXXI, fig. 57 à 65.
4. Geschichte der inductiven Wissenschaften nach dem Englischen von W. Whewell von Littrow. Stuttgart 1841, III Bd., p. 406.

entre le système artificiel et la méthode naturelle, combat dans lequel cette dernière prend peu à peu le dessus et tend toujours davantage à adopter un caractère entièrement physiologique. — L'histoire de la connaissance des infusoires a passé, elle aussi, par toutes ces phases. Les observateurs de la plus grande partie du dix-huitième siècle se contentaient d'accumuler des observations incohérentes, sans songer à fonder un système. Çà et là brillaient par instant comme des étincelles jaillissant dans l'obscurité, pour bientôt disparaître, les découvertes d'un Trembley ou d'un Gleichen, mais ce n'est qu'à partir d'Otto-Fr. Mueller que nous voyons formuler d'une manière positive le besoin d'une nomenclature philosophique, la nécessité d'un système. A cette première tentative en succédèrent bientôt plusieurs autres, telles que celles de Lamarck et de M. Bory de Saint-Vincent. Toutefois, il nous faut arriver jusqu'à M. Ehrenberg pour rencontrer une classification un peu claire des infusoires, une tentative un peu fructueuse d'apporter quelque peu d'ordre dans le désordre qui avait trôné jusqu'alors.

A l'époque où M. Ehrenberg travaillait à la classification des infusoires, on voyait partout, dans toutes les classes de la botanique et de la zoologie, la méthode naturelle triompher sur l'esprit de système tout artificiel qui avait longtemps régi la science. D'une part, Adanson, les Jussieu, de Candolle, réussissaient enfin à évincer Linné pour tout ce qui concernait les points trop artificiels des méthodes de l'illustre Suédois; de l'autre, les progrès que faisait l'anatomie comparée, sous la direction de Meckel et de Cuvier, assuraient également le triomphe de la méthode naturelle dans la zoologie. Il est curieux que, malgré cela, M. Ehrenberg n'ait pas tenté une classification naturelle des infusoires. Il semble qu'il ait dû courber aveuglément la tête devant la loi de progression qui régit le développement de toute science, et, au lieu de poser les bases de la classification définitive, se résoudre à construire seulement le pont provisoire qui devait y conduire. En effet, la classification de M. Ehrenberg porte dans toute son étendue, et autant que cela est possible, non pas le sceau d'une méthode naturelle, mais celui d'un système artificiel.

M. Ehrenberg divise d'abord ses infusoires *dits* polygastriques, selon qu'ils sont dépourvus d'intestin ou qu'ils en ont un, en *Anentérés* et en *Entérodèles*. Puis, il répartit les premiers en trois groupes, d'après l'absence, la présence et la forme des appendices ce qui lui permet d'établir trois ordres : *Gymnica*, *Pseudopoda* et *Epitricha*. Les Entérodèles sont subdivisés d'après la position relative de l'anus et de la bouche, ce qui permet la formation de quatre ordres : *Anopisthia*, *Enantiotreta*, *Allotreta* et *Catotreta*. Ces sept ordres se divisent ensuite en familles, et le principe qui sert à la distinction de celles-ci est celui de la présence ou de l'absence d'une cuirasse. Quelques autres caractères sont aussi accessoirement employés ; mais M. Ehrenberg finit par établir dix-huit groupes, alternativement cuirassés et non cuirassés, c'est-à-dire neuf qui sont munis de cuirasse et neuf qui en sont dépourvus. Quelques autres caractères additionnels étant également employés pour subdiviser quelques-uns de ces groupes, le nombre total des familles est porté à vingt-deux.

M. Ehrenberg a été plus loin : il a transporté sur les Rotateurs le principe de division qu'il avait adopté pour ses Polygastriques, et il parvient à établir ainsi chez eux huit familles, alternativement cuirassées et non cuirassées.

On conçoit facilement qu'en restant aussi parfaitement fidèle à un principe constant de division, M. Ehrenberg soit arrivé à établir des groupes peu naturels. En effet, quel garant avons-nous que la position de la bouche et de l'anus et que la présence ou l'absence d'une cuirasse soient des caractères réellement si importants ? Assurément aucun. Pour ce qui concerne la cuirasse en particulier, nous pouvons, *a priori*, affirmer que c'est là un caractère de trop peu de valeur pour qu'on puisse baser sur son absence ou sa présence toute une série alternative de dix-huit groupes. N'avons-nous pas l'exemple des Arions et des Limaces qui, bien que nus, sont des pulmonés, comme les Hélix, et inséparables d'elles? Ne voyons-nous pas de même les Tubifex être inséparables des Naïs, les Onuphis des Eunice? Ne savons-nous pas qu'une foule d'animaux sont munis d'un têt durant une certaine période de leur vie et en sont dépourvus pendant une autre : ainsi, les mollusques gymnobrancles, les phryganides, les psychides? qu'un des sexes peut être cuirassé et l'autre pas, comme les Argonautes et les psychides adultes? Tout cela montre qu'en thèse générale, la cuirasse n'est pas un organe d'une bien grande importance relative. D'ailleurs, pour ne pas quitter les infusoires, nous savons que les Stentors, par exemple, sont libres d'ordinaire, mais parfois aussi se sécrètent un tube gélatineux. Pour être conséquent, M. Ehrenberg aurait donc dû classer les Stentors d'une part parmi ses Vorticellines, et d'autre part parmi ses Ophrydines. Les Freia, inconnues, il est vrai, à M. Ehrenberg, sont dans le même cas. Toutes les Ophrydines de M. Ehrenberg sont susceptibles de quitter leur fourreau pour nager librement à travers les eaux, c'est-à-dire susceptibles de sauter à volonté de la famille des Ophrydines dans celle des Vorticellines. Les Peridinium et les Cryptomonadines peuvent également se débarrasser de leur têt. Il est probable que les Dinobryum peuvent en faire autant. — Nous citons tous ces exemples non pas pour dire que toutes les familles que nous venons d'énumérer soient mauvaises, mais seulement pour montrer que le caractère de la présence ou de l'absence d'une cuirasse n'a pas une grande valeur absolue.

Nous en dirons autant de la position de la bouche et de l'anus, surtout de celle de ce dernier. Nous voyons des animaux extrêmement voisins les uns des autres former une série dans laquelle la position terminale de l'anus passe peu à peu à une situation tout-à-fait latérale. Et, cependant, il serait fort peu naturel, d'après la constitution entière de ces animaux, de classer les uns dans une famille, les autres dans une autre. Souvent même il n'est pas possible de les répartir dans plusieurs genres. Nous voyons les Paramecium former une série de ce genre-là, à partir du *P. Aurelia* jusqu'au *Paramecium Colpoda*. Les Amphileptus en forment une autre, dans laquelle l'*Amphileptus Anaticula (Trachelius Anaticula* Ehr.), par exemple, a l'anus tout-à-fait terminal, et l'*Amphileptus gigas* l'a latéral. — La position de la bouche elle-même est sujette à des variations auxquelles on ne peut ajouter trop d'importance. Les Prorodon, pour satisfaire à la caractéristique du genre, doivent avoir la bouche terminale. Cependant, chez la plupart des espèces du genre, il n'en est pas ainsi. L'orifice buccal, au lieu d'être situé exactement au pôle antérieur, se trouve dévié quelque peu d'un côté, côté qu'on peut par suite nommer le côté ventral. Dès-lors, une grande partie des Prorodon pourraient à la rigueur passer dans le genre Nassula; et cependant, M. Ehrenberg a classé ces deux genres non seulement dans des familles différentes, mais encore dans des ordres distincts. Le principe de division qu'il suivait aveuglément le forçait à accorder une place aux Nassula parmi ses Allotreta, tandis qu'il était obligé de reléguer les Prorodon parmi ses Enantiotreta.

Quelque artificiel que soit le principe de division adopté par M. Ehrenberg, il faut cependant reconnaître que ce savant, guidé en quelque sorte par son instinct, a établi plusieurs groupes parfaitement naturels. Ainsi, son groupe des infusoires entérodèles peut être conservé tel quel, pourvu qu'on en exclut d'abord les Actinophrys et les Trichodiscus, qui sont des Rhizopodes, puis les Podophrya, qui doivent former nécessairement un ordre à part avec les Acineta, et enfin certaines prétendues espèces de Trachelius, qui sont des infusoires flagellés, et que M. Ehrenberg aurait dû, par conséquent, placer parmi ses anentérés. Toutefois, le nom d'*infusoires entérodèles* ne peut être conservé, puisqu'il est basé sur une théorie erronnée. On peut le remplacer avec avantage par celui d'*infusoires ciliés* (Ciliata), proposé par M. Perty.

La division des anentérés est, par contre, un fouillis contenant des êtres si hétérogènes, qu'il n'est pas possible de le laisser subsister. Des trois ordres que M. Ehrenberg distingue dans cette sous-classe, celui des Pseudopoda est seul un groupe naturel, dont nous fixons la place parmi les Rhizopodes. Les deux autres sont formés par des êtres qui ne sont unis entre eux par aucun lien naturel. Les Gymnica comprennent, d'une part, des végétaux tels que les Vibrions et les Clostériens, et, d'autre part, des animaux tels que les Monadines, les Cryptomonadines, les Astasiens et les Dinobryons, sans compter les Volvocinées, dont la position entre les deux règnes est encore douteuse, bien que nous penchions plutôt à leur accorder une nature animale. Enfin les Epitricha comprennent des êtres extrêmement hétérogènes, dont les uns, les Bacillaires (à l'exclusion des Acineta), sont sans doute des végétaux, tandis que d'autres, les Peridinæa, doivent former un ordre à part parmi les infusoires, et d'autres enfin, les Cyclidina, doivent, en partie tout au moins, être rapportés aux infusoires ciliés. — On le voit, M. Ehrenberg n'avait pas eu la main heureuse en réunissant en un seul groupe ses prétendus polygastriques anentérés.

Dans la division très-naturelle des infusoires ciliés (Entérodèles Ehr.), M. Ehrenberg a établi des subdivisions, dont quelques-unes sont fort naturelles et doivent être conservées. Ainsi, les Anopisthia, pourvu qu'on en retranche les Tintinnus, les Stentors, certaines Trichodines (*Halteria* Duj.), et peut-être les Urocentrum, forment un groupe très-naturel, correspondant à notre famille des Vorticellines. Les ordres des Enantiotreta, Allotreta et Catotreta sont, par contre, purement artificiels, bien qu'on doive conserver quelques-unes des familles que M. Ehrenberg y a établies. Ainsi, les Oxytrichina et les Euplotina (exclusion faite du genre Chlamydodon) forment une coupe parfaitement naturelle, surtout lorsqu'on les réunit en une seule famille et qu'on leur adjoint les Aspidiscina. M. Ehrenberg a certainement eu la main bien malheureuse en séparant ces derniers de leurs proches parents, les Oxytrichina et les Euplotina, par toute la famille des Colpodea. — Les Colepina forment aussi une famille naturelle.

Les autres familles établies par M. Ehrenberg chez les infusoires ciliés nécessitent forcément une réforme radicale. Les Trachelina (dont nous supposons que les Trachelius sont le type) ne peuvent pas être séparés des Amphileptus dont M. Ehrenberg fait des Colpodea, non plus que des Ophryocercina et d'une grande partie des Enchelia (Enchelys, Lacrymaria, Holophrya, Prorodon), tandis qu'il faut séparer d'eux plusieurs genres que M. Ehrenberg leur a associés au mépris de toutes les analogies, tels qu'une partie des Loxodes, les Bursaria, les Spirostomum, les Glaucoma. Les Amphileptus et les Uroleptus ne sont certainement pas à leur place parmi les Colpodea, tandis que les Cyclidium se rapprochent bien davantage de cette famille. Bref, toute cette partie de la classification nécessite une refonte générale.

M. Dujardin a bien compris tous les inconvénients d'un système aussi artificiel que celui de M. Ehrenberg, et il a été le premier à en tenter une réforme. On peut dire qu'il a réussi dans les traits généraux. En effet, les grands groupes esquissés par le savant de Rennes, dans ses *infusoires asymétriques,* sont fort naturels. Il reconnaît chez ces derniers quatre ordres. Le premier, celui des Vibrioniens, est formé par des êtres de nature végétale, probablement voisins des Oscillariées. Ce groupe n'a donc rien à faire avec les infusoires. — Le second ordre (exclusion faite des genres Acineta et Dendrosoma) est une coupe fort naturelle. Il comprend tous les animaux qu'on est convenu d'appeler aujourd'hui des Rhizopodes, et dont nous croyons devoir faire une classe distincte de celle des infusoires. Le troisième ordre est également un fort bon groupe, qui correspond à nos deux ordres des *infusoires ciliés* et *cilio-flagellés*. La réunion de ces deux ordres en un seul n'est point fautive, car les cilio-flagellés sont évidemment bien plus proches parents des flagellés que des infusoires ciliés ou des Rhizopodes. Enfin le quatrième ordre de M. Dujardin correspond aux Infusoires ciliés de M. Perty, c'est-à-dire à peu près exactement aux Entérodèles de M. Ehrenberg.

Si les grands traits de la classification de M. Dujardin sont bien dessinés, il n'en est pas de même des détails, et l'on peut dire qu'en général, ce savant n'a pas eu la main heureuse dans les modifications qu'il a tenté d'apporter aux familles de M. Ehrenberg. Il a bien compris que les Stentors n'avaient rien à faire avec les Vorticellines, et il a fondé pour eux la famille des Urcéolariens; mais il a transporté aussi dans cette dernière les Trichodines (Urceolaria Duj.), dont il a même fait le type de la famille, et les Ophrydium, bien que ces deux genres ne renferment que de vraies Vorticellines. M. Dujardin a rapporté avec raison à la famille des Euplotina (Plœsconiens Duj.) le genre Aspidisca, que M. Ehrenberg en avait séparé par toute la famille des Colpodea, mais il a fait une singulière méprise en réunissant d'une part les Chilodon (Loxodes Duj.) aux Euplotina, et les Haltéries (Trichodina Ehr. *pro parte*) aux Oxytrichina (Kéroniens Duj.).

Parmi les autres familles que M. Dujardin distingue chez les infusoires ciliés, il n'en est qu'une de vraiment naturelle, à savoir celle des Erviliens. La famille des Trichodiens ne comprend, il est vrai (à l'exception peut-être des Trichodes), que des infusoires pàrents les uns des autres; mais M. Dujardin n'aurait pas dû les éloigner de leurs proches parents les Amphileptus, Loxophyllum, Lacrymaria, Phialina, Chilodon, Nassula, Holophrya, Prorodon, dont ce savant fait des Paraméciens, et qui se trouvent, dans le système du savant de Rennes, séparés des Trichodiens par les familles des Kéroniens, des Ploesconiens, des Erviliens et des Leucophryens. Parmi les douze genres de la famille des Paraméciens, il n'y en a dans le fait que cinq (Pleuronema, Colpoda, Glaucoma, Paramecium, Panophrys) qui puissent rester dans une famille portant ce nom.

Enfin, M. Dujardin a été mal inspiré lorsqu'il a séparé de tous les infusoires les Coleps pour former, avec les Chætonotus, les Ichthydium et le genre douteux des Planarioles, son groupe des infusoires symétriques. Les Coleps sont évidemment des infusoires ciliés. Les Chœtonotus et les Ichthydium, à supposer même qu'ils ne soient pas des Rotateurs, ont, dans tous les cas, plus de droit à être classés parmi ces derniers (conformément à M. Ehrenberg) qu'à être considérés comme des infuseires.

A la tentative de réforme faite par M. Dujardin en a succédé une seconde, celle de M. Perty. La classification du professeur de Berne est, sous plusieurs points de vue, un pas rétrograde; sous d'autres, cependant, elle offre des avantages bien décidés. — M. Perty sépare, comme nous, les Rhizopodes des infusoires pour en former une classe à part, puis il divise les infusoires, ainsi restreints, en deux sous-classes : celle des *Phytozoïdia* et celle des *Ciliata*. La seconde correspond à peu près aux Entérodèles de M. Ehrenberg, et comprend deux subdivisions, dont l'une réunit des animaux munis de cils vibrants, et les autres des animaux munis de cils ou de filaments non vibrants et peu contractiles. Nous pensons qne M. Perty aurait mieux fait d'exclure complètement cette seconde subdivision de la sous-classe des *Ciliata*. Mais, comme à l'époque où M. Perty écrivait, l'organisation de ces animaux (Podophrya, Acineta, Actinophrys) n'était pas suffisamment connue, son erreur est compréhensible. Les appendices que M. Perty appelle des cils non vibrants et peu contractiles ne peuvent nullement être assimilés à des cils. Aussi restreignons-nous, tout en la conservant, l'expression de *Ciliata* aux infusoires de la première subdivision. — Quant à la sous-classe des *Phytozoïdia*, c'est une décharge qui n'a de rivale que dans le pêle-mêle des Anentera de M. Ehrenberg. Comme son nom l'indique, cette sous-classe a la prétention de ressusciter le règne psychodiaire de M. Bory, le chaînon intermédiaire entre le règne animal et le règne végétal. Malheureusement, elle a le tort de renfermer des êtres purement animaux, comme maintes Monadines et maintes Astasiées, dont l'appétit vorace ne s'accommoderait guère d'une nature végétale, et, d'autre part, des êtres tout-à-fait végétaux, comme les spores de toutes les algues zoosporées. Pour M. Perty, la spore d'une Vaucheria ou d'un Œdogonium doit porter le nom d'infusoire, nom qu'il ne confère pas à un Amœba. Une Vorticelle serait cependant plus disposée à reconnaître une sœur dans une Amibe que dans un Œdogonium, n'en déplaise à certain savant italien qui voulait voir dans les Vorticelles des organes des Characées.

Cependant, il est un groupe parmi les Phytozoïdes que M. Perty a bien su délimiter. C'est celui dont il fait ses Filigera, et qui correspond au troisième ordre de M. Dujardin. C'est aussi celui auquel nous donnons le nom de *Flagellata*, nom emprunté à M. le professeur Joh. Mueller, qui l'emploie dès longtemps, dans ses cours d'anatomie comparée, pour désigner le groupe en question.

Quant à ce qui concerne la manière dont M. Perty subdivise ses infusoires ciliés (tels que nous les avons délimités), elle n'est pas très-heureuse. Il distingue chez eux trois groupes : les *Spastica*, les *Monima* et les *Metabolica*.

Les Spastica sont les Anopisthia de M. Ehrenberg un peu modifiés. M. Perty, remarquant la grande parenté qui existe entre les Stentors et les Spirostomum, trouve avec raison que M. Ehrenberg a eu tort de les placer aussi loin les uns des autres; mais, au lieu de transporter les Stentors auprès des Spirostomum, ce qui aurait restreint sa division des Spastica à ses justes limites et en aurait fait une division vraiment naturelle, il place les Spirostomes au milieu des Spastica, où les Vorticelles ont l'air bien étonné de les rencontrer. Le groupe des Spastica de M. Perty n'est donc pas meilleur que celui des Anopisthia de M. Ehrenberg, et il a l'inconvénient de fouler au pied les affinités si naturelles des Spirostomes avec les Plagiotomes et les Bursaires.

Les Metabolica de M. Perty correspondent aux Ophryocercina de M. Ehrenberg et sont caractérisés par l'excessive contractilité de leur corps, qui est susceptible de se courber en tout sens par expansion et par contraction. L'idée de recourir à ce caractère est assez heureuse. Mais M. Perty n'est pas conséquent. Toute sa famille des Tracheliina, comprenant ses genres Trachelius, Harmodirus, Amphileptus, Loxophyllum, Dileptus, Pelecida, Loxodes (Chilodon Ehrenberg,) devait rentrer dans le groupe des Metabolica ainsi défini, tandis qu'il la place parmi les Monima. Il en est de même du genre Chilodon, que M. Perty classe parmi ses Decteria. Si M. Perty avait donné une pareille extension à son groupe des Metabolica, il en aurait fait une famille tout-à-fait naturelle. Tel qu'il l'a conçu, c'est un groupe qui n'a nulle raison d'être.

Le groupe des Monima, qui est censé être opposé à celui des Metabolica et contenir les infusoires ciliés à tissu non contractile, ne serait pas mal conçu en lui-même, si M. Perty avait été fidèle à son principe. Mais l'excessive contractilité qui distingue tous les genres de la famille des Trachelina est un soufflet donné à la caractéristique du groupe. Les familles qui composent le groupe des Monima ne sont pas toujours très-heureuses. L'une d'entre elles, celle des Tapinia, pourrait à bon droit être caractérisée comme comprenant les infusoires indéterminables; car, laissant de côté le *Cyclidium Glaucoma*, nous ne pensons pas que personne soit jamais assez audacieux pour se faire une idée exacte des êtres décrits par M. Perty dans les genres Acropisthium, Acomia, Trichoda, Bæontidium, Opisthiotricha, Siagontherium, Megatricha. On peut en dire à peu près autant de la famille des Apionidia, comprenant les genres Ptyxidium, Colobidium et Apionidium. — Les familles des Oxytrichina et des Euplotina, que MM. Ehrenberg et Dujardin avaient si sagement placées l'une à la suite de l'autre, sont, au mépris de toutes les analogies, séparées, dans la classification de M. Perty, par la famille des Cobalina. Cette dernière est elle-même un vrai chef-d'œuvre en fait de confusion systématique. Elle comprend des êtres probablement voisins des Oxytriques, les Alastor (Kerona Ehr.), des proches parents des Spirostomes, les Plagiotoma, et, enfin, des êtres privés de bouche, qui ne sont peut-être pas même des infusoires, les Opalines! — La famille des Paramecina de M. Perty est mieux composée que les familles correspondantes de M. Ehrenberg (Colpodea) et de M. Dujardin (Paraméciens). Toutefois, il faut en exclure les Blepharisma.

Toutes les classifications existant jusqu'ici sont donc loin de répondre aux exigences d'une méthode naturelle. Dans les pages qui suivent, nous offrons au public une tentative de répartir les infusoires d'une manière plus conforme aux vraies analogies. Sans doute cet essai offrira encore de nombreuses imperfections; cependant, nous espérons faire avancer la question d'un pas vers le but. — Après avoir exclu de la classe des infusoires, d'une part tous les Rhizopodes, dont nous pensons devoir former une classe à part, et d'autre part tous les êtres de nature végétale (Desmidiacées, Diatomacées, Vibrioniens, Sporozoïdia de M. Perty, etc.), nous divisons cette classe en quatre tribus : *Ciliata*, *Suctoria*, *Cilioflagellata* et *Flagellata*.

La première tribu, celle des infusoires ciliés, correspond exactement à celle que M. Perty a fondée sous ce nom, pourvu qu'on en retranche les Actinophrys, les Podophrya et les Acineta. Elle est caractérisée par la présence d'organes locomoteurs, en particulier de cils, même à l'époque de la vie où l'animal est en état de prendre de la nourriture. — L'ordre des infusoires suceurs est formé par les Acinétiniens qui, ainsi que Lachmann l'a démontré, sont munis d'un grand nombre de suçoirs rétractiles. Ces infusoires sont bien, à l'état embryonnaire, recouverts d'un habit ciliaire, mais ils en sont dépourvus dans la période de leur vie où ils sont en état de prendre de la nourriture. L'organisation si singulière de ces animaux justifie bien l'érection d'un ordre particulier. — Le troisième ordre, celui des infusoires cilio-flagellés, comprend des animaux dont les organes locomoteurs se composent de cils et d'un ou plusieurs flagellums. — Enfin, le quatrième ordre ne comprend que des infusoires à flagellum et dépourvus de cils. — Nous pensons que la succession des ordres ainsi établis répond assez bien au degré d'organisation des animaux qu'ils comprennent. Les infusoires ciliés occupent le haut de l'échelle, les infusoires flagellés en forment l'échelon inférieur.

Pour plus de clarté, nous résumons les caractères de ces quatre ordres dans le tableau suivant.

INFUSOIRES	Pas de flagellum	Des cils ou cirrhes, même à l'état adulte ; pas de suçoirs.	— Ordre Ier. **CILIATA.**
		Pas de cils à l'état adulte. Des suçoirs.	— Ordre II. **SUCTORIA.**
	Un ou plusieurs flagellum	Outre le ou les flagellum, encore des cils.	— Ordre III. **CILIOFLAGELLATA.**
		Pas de cils.	— Ordre IV. **FLAGELLATA.**

ORDRE Ier

INFUSOIRES CILIÉS.

Distribution des Infusoires ciliés en familles.

Dans nos considérations générales sur la classification des infusoires, nous avons montré combien les familles établies jusqu'ici parmi les infusoires ciliés sont, à quelques exceptions près, des groupes peu naturels. Nous nous dispenserons donc de revenir sur ce sujet, et nous nous contenterons de proposer notre classification nouvelle.

Nous avons déjà mentionné quelque part la circonstance que les infusoires ciliés peuvent se diviser en deux groupes distincts, sous le rapport de leur mode de déglutition. Les uns ont une bouche et un œsophage qui restent d'ordinaire parfaitement clos, mais qui, dans l'occasion, c'est-à-dire au moment de la préhension de la nourriture, sont susceptibles de se dilater au gré de l'animal d'une manière extrêmement considérable. Chez les autres, au contraire, l'animal n'a pas en son pouvoir de dilater sa bouche ni son œsophage, d'une manière appréciable, et les dilatations que ces organes peuvent éprouver sont toujours purement passives, jamais actives. En revanche, chez cette seconde catégorie, la bouche et l'œsophage restent continuellement béants. Un appareil de cils, souvent très-développé, soit sur la surface externe du corps, soit dans l'intérieur de l'œsophage, produit un vif tourbillon qui amène des particules étrangères dans la bouche. Les aliments sont donc, dans ce cas, conduits dans la bouche par les cils, et ne sont pas saisis à l'aide des lèvres, comme dans le cas précédent. Les infusoires à œsophage dilatable sont, en général, très-voraces et avalent parfois des objets aussi gros et plus gros qu'eux-mêmes, tandis que les autres ne se nourrissent que de particules relativement plus fines.

Nous croyons que la distinction de ces deux catégories parmi les infusoires ciliés est très-essentielle et donne lieu à deux groupes fort naturels. M. Lieberkühn nous a objecté, il est vrai, avoir vu un infusoire à œsophage dilatable, une Holophrya, entr'ouvrir la bouche et y faire pénétrer des particules étrangères à l'aide d'un tourbillon produit par les cils de la surface. Mais ce n'est là qu'une exception apparente. L'Holophrya conserve toujours la faculté de saisir les objets étrangers avec les lèvres, et c'est même là son mode habituel de prendre sa nourriture, faculté que ne possède jamais une Vorticelline, ni un Colpodien. D'ailleurs, il subsiste toujours un critère anatomique qui permet de distinguer les infusoires à œsophage dilatable des autres, à savoir l'absence de tout revêtement ciliaire de leur œsophage. Quiconque sera familiarisé avec les infusoires en général reconnaîtra la bonté d'un caractère qui nous permet de rapprocher les uns des autres les infusoires que nous réunissons dans nos familles des Dystériens, Trachéliens et Colépiens.

Nous ne justifierons pas ici l'établissement et la délimitation de chacune des familles en particulier. C'est un point qui sera suffisamment traité dans la partie générale qui précède la division de chaque famille en genres. — Disons seulement que la position des Vorticellines en tête de toute la série des familles ne nous paraît devoir être contestée par personne. Parmi tous les infusoires, les Vorticellines offrent la complication d'organisation la plus évidente. Les Oxytrichiens méritent également d'occuper un des échelons les plus élevés, vu la complication de leurs organes locomoteurs, la variété de leurs appendices. Pour ce qui concerne les autres familles, nous serions embarrassés de fixer une échelle de subordination bien justifiable. Nous n'avons donc déterminé l'ordre de ces familles que d'après celui des plus grandes affinités réciproques, sans vouloir prétendre que la dernière famille, celle des Haltériens, doive occuper le dernier rang, au point de vue de l'organisation, plutôt que celle des Tintinnodiens ou des Bursariens.

						Familles.
CILIATA.	Bouche et œsophage non dilatables, béants à l'état de repos. Œsophage cilié.	Bouche et anus dans une fosse commune. Spire buccale dexiotrope				1. **VORTICELLINA.**
		Bouche et anus non situés dans une fosse commune. Spire buccale læotrope.	Corps n'ayant, en fait de cils, que les cirrhes buccaux. Le reste du corps glabre.	Pas d'autres organes locomoteurs que des cirrhes buccaux		2. **UROCENTRINA.**
				Appendices locomoteurs différents des cirrhes buccaux. Infusoires marcheurs		3. **OXYTRICHINA.**
			Corps entièrem^nt cilié.	Corps ayant la forme d'une cloche sur le bord de laquelle les cirrhes buccaux forment plusieurs tours		4. **TINTINNODEA.**
				Spire buccale, ne formant, lorsqu'elle existe, jamais plus d'un tour avant d'atteindre la bouche.	Spire buccale formée par des cirrhes plus forts que les cils de la surface	5. **BURSARINA.**
					Pas de spire buccale formée par des cirrhes sur la surface externe	6. **COLPODEA.**
	Bouche et œsophage très-dilatables, en général clos à l'état de repos. Œsophage non cilié.	Corps entièrement ou en grande partie cilié.	Un pied			7. **DYSTERINA.**
			Pas de pied.	Pas de cuirasse		8. **TRACHELINA.**
				Une cuirasse		9. **COLEPINA.**
		Corps glabre, portant seulement une rangée de cirrhes autour de la bouche				10. **HALTERINA.**

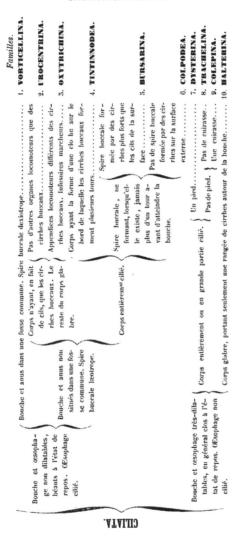

Ire Famille. — VORTICELLINA.

Les Vorticellines forment une famille des plus naturelles, et nous avons déjà eu l'occasion de voir qu'elle a été saisie dans ses grands traits par plusieurs des observateurs qui se sont occupés jusqu'ici des infusoires. On les a réunies, il est vrai, souvent avec divers animaux qui appartiennent à des familles très-différentes, et il est nécessaire de bien purifier le groupe de tous ces éléments étrangers. Cette purification n'a pas encore été faite d'une manière suffisante. Nous devons, il est vrai, à M. Stein des renseignements précieux, publiés dans un ouvrage qu'on pourrait nommer à bon droit une monographie très-soignée de la famille des Vorticellines. Mais M. Stein n'a fait que les premiers pas sur cette voie, et il reste encore une moisson abondante pour le glaneur qui suit ses traces. Ce savant a montré que la famille des *Ophrydines* de M. Ehrenberg ne pouvait subsister dans le système comme famille indépendante. Elle est, en effet, formée par de véritables Vorticellines habitant un fourreau. Or, le fourreau étant morphologiquement identique au pédoncule des Epistylis, par exemple, il est évident que M. Stein a eu parfaitement raison de ne pas vouloir reconnaître, dans la présence de ce fourreau, un caractère propre à justifier l'érection des Ophrydiens de M. Ehrenberg en une famille particulière. M. Stein[1] exclut, en outre, les Stentors de la famille des Vorticellines, et, en cela, il a parfaitement raison, puisque ces animaux offrent une constitution très-différente de celle des vraies Vorticellines. Ils sont, en effet, ciliés sur toute la surface de leur corps, tandis que les Vorticellines sont glabres; la spirale formée par leurs cirrhes buccaux présente une direction inverse de celle de ces dernières; leur anus est, ainsi que M. Lachmann l'a découvert, placé sur le dos, tandis que celui des Vorticellines est situé dans la même fosse où se trouve la bouche. Toutes les Vorticellines sont, durant la période de locomotion, munies d'une couronne ciliaire postérieure, organe qui fait toujours défaut aux Stentors. Bref, les différences sont si nombreuses qu'il ne peut venir aujourd'hui à l'esprit de personne de placer les Stentors dans la même famille que les Vorticelles.

Les Trichodines, par contre, doivent bien rester dans la famille des Vorticellines,

1. Loc. cit., p. 94.

dans laquelle elles forment un chaînon tout particulièrement intéressant, puisqu'elles représentent, d'une manière permanente, un état qui n'est que passager et provisoire chez les autres genres. Ce sont des Vorticellines libres qui conservent, leur vie durant, leur appareil locomoteur. Ceci n'est cependant vrai que des véritables Trichodines, et ne peut s'appliquer à certaines espèces que M. Ehrenberg avait à tort comprises sous cette dénomination et que M. Dujardin a eu raison de distinguer sous un nom générique propre, savoir celui de *Halteria*.

Les *Urocentrum*, qui n'ont pas été jusqu'ici étudiés d'une manière suffisante, devront aussi très-certainement former une famille à part.

Enfin, il est un genre qui a jusqu'ici été laissé par tout le monde auprès des Vorticellines, et qui doit en être bien décidément séparé. C'est celui des Tintinnus, qui s'éloigne du type de la famille pour le moins autant que celui des Stentors. M. Stein lui-même a laissé les Tintinnus à la place qui leur avait été assignée par M. Ehrenberg; mais cela ne peut lui être imputé comme une faute, car il ne paraît pas avoir étudié lui-même ces animaux.

Après avoir, dans les lignes qui précèdent, indiqué tout ce qui doit être éliminé de la famille des Vorticellines, afin de réduire celle-ci à ses limites naturelles, nous allons passer à l'étude anatomique de cette famille. — Pendant longtemps, bien des idées erronnées ont été en circulation au sujet de la constitution anatomique de ces animaux, et encore, à l'heure qu'il est, M. Agassiz[1] paraît être fidèle à l'opinion émise par lui en 1850, que les Vorticelles doivent être réunies aux Bryozoaires et placées à côté du genre Pedicellina. Cette idée ne mérite guère d'être discutée, malgré l'autorité du nom de celui qui l'a mise en avant. En effet, le caractère essentiel des Bryozoaires, à savoir l'existence d'un canal alimentaire continu, ouvert à ses deux extrémités, fait défaut aux Vorticellines, comme aux infusoires en général. Ce qu'il peut y avoir de fondé dans l'opinion de M. Agassiz, c'est seulement que certaines Pedicellina doivent être rapprochées des Vorticellines. En effet, il n'est pas improbable qu'on ait rapporté à ce genre des infusoires à fourreau, rentrant soit dans la famille des Vorticellines, soit dans celle des Acinétiniens.

1. The natural relations between Animals and the elements in wich they live. — Silliman's American Journal of Science and Arts. N° 27, May 1850.

M. Stein a consacré une attention toute particulière à l'étude des Vorticellines, et nous lui devons les meilleurs dessins qui aient été publiés sur ces animaux. Toutefois, ce n'est que de M. Lachmann[1] que date la connaissance complète que nous possédons aujourd'hui de leur structure, et si les quelques figures que ce dernier nous a données sont plus imparfaites que celles de M. Stein, au point de vue de l'art et du port naturel, parce qu'elles ont en elles quelque chose d'un peu trop schématique, elles leur sont bien supérieures au point de vue de l'exactitude théorique.

Le type abstrait de la famille présente la structure suivante : le corps a la forme d'une urne à parois plus ou moins épaisses, dont le bord est souvent un peu évasé, et porte le nom de *péristome*, proposé par M. Stein. Ce péristome est en général épais et il est susceptible de se contracter circulairement, à la manière d'un sphincter. En se contractant, il rétrécit l'ouverture de l'urne, qu'il peut même fermer complètement. — Lorsque le péristome est dilaté, l'ouverture de l'urne n'est point largement béante, mais elle est fermée par une espèce de couvercle, auquel nous conservons le nom d'*organe vibratile* (Wirbelorgan), que lui a donné M. Stein. Ce couvercle a, du reste, une forme cônique; la base du cône ferme l'ouverture de l'urne et son sommet pénètre dans l'intérieur. M. Stein nomme la base du cône le *disque* (Scheibe), et la pointe cônique qui pénètre dans l'intérieur de l'urne le *pédoncule* (Stiel) de l'organe vibratile. Le disque est susceptible de se mouvoir de haut en bas : il peut s'élever un peu au-dessus du péristome et s'abaisser assez profondément dans l'intérieur de l'urne. Ces mouvements s'opèrent grâce à la contractilité du pédoncule de l'organe vibratile. Le pédoncule ne se termine, du reste, point en une pointe aiguë dans l'intérieur de l'urne. C'est dans le fait un cône tronqué, creux à l'intérieur, et ayant pour base le disque vibratile. A partir de cette base, le cône descend, en diminuant de diamètre, jusqu'à une certaine profondeur dans l'intérieur de l'urne, puis ses parois se réfléchissent subitement en dehors et vont se perdre dans les parois de l'urne. Il existe, par suite, entre l'urne et l'organe vibratile, un sillon circulaire plus ou moins profond. C'est dans ce sillon que se trouve l'entrée du vestibule, dont nous parlerons tout à l'heure (la *bouche* de la plupart des auteurs). Si nous considérons la cuticule, nous la trouvons diversement repliée, en conséquence de cette disposition de l'organe vibratile. Elle revêt,

1. Müller's Archiv. 1856.

en effet, toute la surface externe de l'urne, puis, arrivée au péristome, elle s'infléchit pour descendre dans l'intérieur et venir tapisser la surface interne de l'urne jusqu'au fond du sillon qui sépare la paroi de l'urne de l'organe vibratile : là, elle s'infléchit en sens inverse, remonte de l'autre côté du sillon en revêtant le pédoncule de l'organe vibratile jusqu'au bord du disque, sur la surface duquel elle se replie pour la tapisser à son tour.

Dans le sillon qui sépare le péristome de l'organe vibratile se trouve, comme nous venons de le dire, une ouverture, que M. Stein et la plupart des auteurs nomment la *bouche,* mais à laquelle nous donnons de préférence le nom d'*entrée du vestibule,* qui a été proposé par M. Lachmann. C'est un orifice rond qui conduit dans une cavité assez spacieuse, que MM. Johannes Mueller et Lachmann ont nommée le *vestibule.* Cette cavité n'a pas, avant M. Lachmann, attiré d'une manière spéciale l'attention des observateurs. M. Stein seul l'a signalée comme existant chez quelques Operculaires, mais il la considère comme spéciale à ce genre, tandis qu'elle existe dans le fait chez toutes les Vorticellines. Il est vrai que le vestibule atteint, chez les Operculaires de cet auteur, un développement tout particulier, tandis que chez d'autres Vorticellines il n'est guère plus large que l'œsophage, mais il s'en distingue toujours anatomiquement par la présence de certains organes, qui vont nous occuper, tels que l'anus et la soie de Lachmann. — La partie inférieure du vestibule présente deux ouvertures, l'une constamment béante, et par suite facile à observer, l'autre ordinairement fermée, et ne pouvant, par conséquent, être vue que dans certaines circonstances. La première est la bouche proprement dite, qui conduit dans un œsophage membraneux recourbé ; la seconde, située tout auprès, est l'anus, qui ne s'ouvre qu'au moment où des matières fécales sont expulsées. L'œsophage est plus ou moins long, suivant les espèces, et sa partie inférieure, librement suspendue dans la cavité du corps, est légèrement renflée de manière à former le pharynx, dans lequel se moulent les bols alimentaires.

Jusqu'ici nous avons laissé complètement de côté l'appareil de cirrhes qui est destiné à conduire les aliments dans la bouche et jusqu'au pharynx. Il nous faut donc revenir sur nos pas pour le considérer en détail. Dans ce but, il est urgent de distinguer préalablement chez les Vorticellines un ventre, un dos, un côté gauche et un côté droit. Nous désignons sous le nom de *ventre* le côté de l'urne qui correspond à l'entrée du vestibule, et sous le nom de *dos* le côté opposé. Le côté droit et le côté gauche se trouvent donnés par la distinction du ventre et du dos. — Les cirrhes buccaux forment une spire continue dans laquelle on peut distinguer trois parties, à savoir la partie externe, qui est située en dehors de l'entrée du vestibule; la partie médiane, qui est logée dans le vestibule et qui s'étend jusqu'à la bouche, et enfin la partie œsophagienne, située dans l'œsophage. La partie externe de la spire est portée uniquement par l'organe vibratile, et il n'existe pas d'autres cirrhes dans cette région que ceux de la spirale elle-même. M. Ehrenberg, qui n'a, du reste, en général, pas bien délimité l'organe vibratile, place des cirrhes sur le péristome même. M. Stein, tout en reconnaissant bien que le tour supérieur de la spire est placé sur le bord du disque de l'organe vibratile, admet cependant que le péristome porte aussi un certain nombre de cirrhes. Chez les Operculaires seules, dit-il, le péristome est complètement glabre et dépourvu d'appendices vibratiles. Toutefois, les Vorticellines en général, se comportent à cet égard sans exception, comme les Operculaires. Chez aucune Vorticelline le péristome ne porte des cirrhes. Ce n'est pas à dire cependant que les figures dans lesquelles M. Stein représente, outre les cirrhes du disque, d'autres cirrhes qui s'infléchissent autour du bourrelet formé par le péristome, soient inexactes. Ces cirrhes existent bien réellement; seulement, leur point d'insertion n'est point, comme M. Stein l'a cru, sur le péristome lui-même, mais de l'autre côté du sillon, sur le pédoncule de l'organe vibratile. Ce sont les cirrhes du second tour de la spire buccale, laquelle a quitté le bord du disque pour descendre sur le flanc du pédencule.

Jusqu'à M. Lachmann, personne n'avait fait attention à la direction de la spire buccale. C'est bien lui qui, le premier, a reconnu exactement que les cirrhes sont disposés chez les Vorticellines d'une manière tout-à-fait particulière. Nous ne pouvons que confirmer ses observations de tous points. Le commencement de la spirale est placé sur le bord droit du disque, chez quelques espèces peut-être sur le bord dorsal, d'où elle passe sur le bord droit. Elle fait tout le tour du disque, passant du bord droit au bord ventral, puis au bord gauche, et enfin au bord dorsal. Là, elle quitte graduellement le bord du disque pour descendre peu à peu sur le flanc du pédoncule de l'organe vibratile; si bien que, lorsque le premier tour est complet, l'insertion des cirrhes buccaux ne se trouve plus exactement sur le bord droit du disque, mais un peu au-dessus de ce bord, sur le pédoncule. La spire continue à cheminer dans le même sens, en descendant sur le flanc du pédoncule, jusqu'à ce qu'elle arrive à l'entrée du vestibule. Elle ne fait, en général, qu'environ un demi-tour ou trois quarts de tour entre le point où elle quitte le bord du disque et celui où elle atteint l'entrée du vestibule, et, pendant ce parcours, elle est portée par une corniche saillante du flanc du pédoncule. Chez quelques espèces, cependant, la longueur de la spirale est plus considérable. Au lieu d'un tour et demi ou d'un tour et trois quarts, elle fait parfois jusqu'à trois tours ou trois tours et demi environ entre son point d'origine et l'entrée du vestibule. C'est le cas, par exemple, chez l'*Epistylis flavicans* et l'*Ep.* (*Opercularia*) *articulata*. La spirale pénètre ensuite dans le vestibule et continue sa marche dans l'intérieur. Puis, atteignant la bouche, elle descend dans l'œsophage et s'étend jusqu'au pharynx. Durant son parcours à travers le vestibule et l'œsophage, la spire modifie toutefois son pas : au dehors du vestibule, la direction de la spire était peu éloignée d'être perpendiculaire à l'axe de cette spire, mais cette direction devient beaucoup plus oblique par rapport à l'axe dans l'intérieur du vestibule et de l'œsophage. En d'autres termes, la spirale s'allonge, ses tours s'éloignent les uns des autres.

La partie de la spire qui est située en dehors de l'entrée du vestibule est toujours double, comme M. Lachmann a été le premier à le reconnaître. Sur le bord du disque et sur la corniche qui descend autour du pédoncule sont implantées deux rangées de cirrhes, qui, à partir de leur point d'insertion, vont en divergeant de manière à former sur la coupe une sorte de V. La plus interne de ces deux rangées est composée en général de cirrhes un peu plus longs que l'autre. Bien que personne n'eût, avant M. Lachmann, reconnu l'existence de ces deux rangées, on les trouve cependant indiquées sur les planches des anciens auteurs, tels que Rösel et Otto-Friederich Mueller. En effet, ces auteurs ne voyaient, en général, pas tous les cirrhes de la spire, mais seulement ceux qui se trouvaient à droite et à gauche de l'animal, c'est-à-dire ceux qui se trouvaient exactement au foyer du microscope. Ils représentaient donc, à droite et à gauche du péristome, deux soies divergeant comme les jambages d'un V. Ces deux soies n'étaient que l'expression de la double rangée de cirrhes, une coupe de cette double rangée par un plan parallèle à l'axe de l'animal. — On ne peut guère, sur les planches, représenter les deux rangées dans toute leur étendue sans rendre les figures confuses; aussi, nous sommes-nous contentés, en général, d'indiquer la rangée externe seulement sur la gauche et la droite des figures.

Il est difficile de déterminer si la spire continue, dans l'intérieur du vestibule et de l'œsophage, à être composée d'une double rangée de cirrhes. En effet, le peu de transparence des objets rend en général l'observation à ce point de vue très-difficile. Certaines Epistylis (Operculaires de M. Stein), chez lesquelles le vestibule est extrêmement spacieux et les cirrhes vigoureux, sont certainement les objets les plus propres à conduire à une solution de la question. Qu'il suffise de dire que nous n'avons pu, jusqu'ici, réussir à discerner une *double* rangée de cirrhes dans l'intérieur du vestibule et de l'œsophage.

On trouve dans l'intérieur du vestibule quelques appendices différents des cirrhes de la spire. Ce sont d'abord quelques soies plus fortes, qui sont placées dans le voisinage de la bouche et qui ne prennent pas part au tourbillon des cirrhes buccaux; elles trouvent leurs analogues dans les soies de la bouche et l'œsophage de beaucoup d'autres infusoires (Stylonychies, Pleuronema, Cyclidium, etc.). Puis, c'est une soie beaucoup plus longue et plus forte que les précédentes, qui a été signalée tout d'abord par M. Lachmann. Elle est implantée précisément sur l'espace très-étroit qui sépare la bouche de l'anus. Vu sa position et son immobilité habituelle, on ne réussit à la voir que chez des individus très-transparents. Cependant, on ne manquera presque jamais de la reconnaître dans les espèces où elle est assez longue pour saillir considérablement au-dessus du péristome. Chez le *Carchesium polypinum*, par exemple, on ne cherche presque jamais en vain à apercevoir la soie de Lachmann. Parfois, cette soie entre en mouvement, en particulier lorsque des excréments sont expulsés; et l'on pourrait être tenté de croire que la fonction de cette soie consiste précisément à favoriser l'expulsion des matières fécales. Cependant, il est difficile de déterminer si les mouvements en question sont purement passifs ou s'ils indiquent une activité réelle de cet organe. M. Lachmann paraît pencher pour la première alternative; mais les difficultés qui entourent ce genre d'observation ne nous permettent ni d'étayer ni de combattre cette opinion par des raisons suffisantes.

Telle est la structure, bien compliquée, on le voit, de la partie de l'appareil digestif qui est destinée à conduire les particules nutritives jusqu'au pharynx. Dans ce dernier se forment les bols alimentaires, qui sont ensuite expulsés dans la cavité du corps. Les contours de celle-ci représentent assez exactement, en petit, les contours de la surface du corps. En effet, la cavité digestive non seulement occupe la plus grande partie de l'urne, mais encore pénètre dans l'intérieur de l'organe vibratile. Le parenchyme du corps atteint d'ordinaire son maximum d'épaisseur dans la région postérieure. On ne voit, en effet, jamais les matières alimentaires pénétrer dans la partie postérieure de l'urne.

La distinction de l'orifice anal et de l'orifice buccal n'avait pas été faite d'une manière suffisante avant M. Lachmann. M. Ehrenberg fait, il est vrai, de ses Vorticellines des *Anopisthia*, c'est-à-dire des animaux dont la bouche et l'anus sont situés tous deux dans une fosse commune. Sa définition est même parfaitement exacte, si l'on considère le vestibule comme étant la fosse en question. Cependant, M. Ehrenberg n'a pas eu connaissance du vestibule. Dans toutes ses figures, l'orifice qui est indiqué comme étant la bouche n'est point celui que nous avons désigné sous ce nom, mais c'est l'entrée du vestibule. Si donc ce savant avait observé véritablement l'anus, il aurait dû, pour être conséquent, dire qu'il s'ouvre dans l'œsophage. Malheureusement, M. Ehrenberg n'indique pas, en général, l'anus dans ses figures de Vorticellines, et là où il l'indique, comme par exemple chez la *Vorticella Convallaria*, ce n'est pas à sa place réelle. L'orifice qu'il prend alors pour l'anus, est de nouveau l'entrée du vestibule.

M. Dujardin[1] n'a, lui, reconnu ni le vestibule, ni l'œsophage, ou du moins, s'il a vu ce dernier, il ne l'a considéré, *malgré les cils contenus à son intérieur*, que comme un canal accidentel, *dont les parois dépourvues de membranes sont toujours susceptibles de se souder, de manière à le faire disparaître entièrement* (!!) Quant à ce qui concerne l'orifice anal, M. Dujardin a bien vu que chez les Vorticellines les excréments sont expulsés dans le voisinage de la bouche; et il dit, à ce sujet, qu'on conçoit que cet orifice n'existe pas plus, d'une manière absolue, qu'un intestin permanent, mais que, si les substances d'abord ingérées dans le corps des Vorticelles peuvent en être

1. Dujardin. Loc. cit., p. 535.

expulsées par une ouverture temporaire, il est clair que ce ne peut être qu'à l'endroit même où la substance molle intérieure est en contact avec le liquide environnant, sans être protégé par le tégument (!).

M. Stein déclare n'avoir vu d'ouverture anale chez aucun infusoire[1], et, cependant, il reconnaît lui-même ailleurs avoir observé un anus chez l'*Opercularia berberina*[2]. Cette observation-ci est parfaitement exacte ; car M. Stein dit que cette ouverture est située dans le pharynx. Or, ce que cet auteur nomme le pharynx chez les Operculaires, c'est précisément le vestibule, organe qu'il a méconnu chez les autres Vorticellines. Chez toutes les autres espèces apartenant à cette famille, M. Stein paraît croire que la bouche et l'anus sont une seule et même ouverture[3], et ici de nouveau l'observation de M. Stein est tout-à-fait exacte, dès qu'on l'interprète convenablement. En effet, l'ouverture que ce savant a en vue n'est point la vraie bouche, ni le véritable anus, mais l'entrée du vestibule, et il est exact que les aliments passent par cet orifice pour arriver à la bouche, tout comme les matières fécales en ressortent après avoir été expulsées par l'anus.

Chez toutes les espèces de cette famille, la vésicule contractile est unique, et, en général, elle est placée très-près du vestibule : chez les unes, sur le côté ventral de cette cavité, c'est-à-dire dans la paroi de l'urne ; chez d'autres, au contraire, sur le côté dorsal, c'est-à-dire dans la paroi du côté auquel est fixé le pédoncule de l'organe vibratile. Chez certaines espèces enfin, comme chez les Gerda, la vésicule contractile est placée dans la partie postérieure du corps, fort loin du vestibule.

Chez la grande majorité des espèces, le nucléus a la forme d'un ruban diversement contourné ; toutefois, il n'est pas possible d'établir de règle à cet égard.

Une particularité singulière, que paraissent présenter toutes les Vorticellines, consiste dans les contractions subites et saccadées dont sont susceptibles, soit le corps lui-même, soit, chez certaines espèces pédicellées, tout ou partie du pédoncule. Ces contractions paraissent se manifester, en général, lorsque l'animal vient à être effrayé d'une manière quelconque. Chez les espèces non pédicellées ou à pédicule non

1. Stein. Loc. cit., p. 17.
2. Stein. Loc. cit., p. 101.
3. Ibid., p. 114.

contractile, on voit alors le corps se raccourcir, s'élargir, tandis que l'organe vibratile est rentré à l'intérieur de l'urne et que le péristome se contracte au-dessus de lui, comme un sphincter, de manière à fermer complètement l'ouverture de l'urne. Pendant que ce mouvement s'opère, la partie postérieure du corps forme, chez plusieurs espèces, des replis très-prononcés, comparables à l'invagination réciproque des différents éléments d'un tube de télescope. Chez les Vorticellines à pédicule contractile, le pédicule se contracte en même temps, son sommet se rapprochant brusquement de sa base. En considérant les planches de M. Ehrenberg, on trouve les contractions du pédoncule représentées de deux manières, à savoir comme des contractions en spirale, puis comme des contractions en zig-zag dans un plan vertical. Ce dernier mode de contraction n'est représenté qu'une seule fois, à savoir sur la planche XXXVI, fig. V, chez un individu rapporté par l'auteur au *Carchesium polypinum*. Dans le texte, M. Ehrenberg ne dit rien qu'on puisse rapporter à ce second mode de contraction, et aucun observateur, à l'exception de M. Czermàk, n'a fait attention à ce curieux dessin. M. Czermàk se contente, du reste, d'appeler l'attention des savants sur les courbures en zig-zag figurées par M. Ehrenberg; mais il déclare n'avoir jamais lui-méme rien vu de semblable, et il ne semble même pas éloigné de croire que le dessin repose sur une erreur. Pendant longtemps, nous avons cru aussi à une erreur de dessin dans la figure en question. Toutefois, nous avons dû changer d'opinion aprés avoir rencontré nous-mêmes, dans la mer du Nord, une espèce qui présente un mode de contraction parfaitement identique à celui que M. Ehrenberg figure dans son prétendu *Carchesium polypinum*. Cette espèce est le *Zoothamnium nutans* (V. pl. I, fig. 4). Chez aucune autre espèce nous n'avons vu se présenter un phénomène semblable. Nous avons, en particulier, toujours vu le *Carchesium polypinum* se contracter d'une manière normale, c'est-à-dire en hélice; aussi avons-nous été conduits à nous demander si la figure en question de M. Ehrenberg, représente bien réellement un *Carchesium polypinum*, et nous avons dû résoudre cette question par la négative. En effet, les individus γ, δ et ζ de la fig. 5 (Pl. XXXVI) de M. Ehrenberg, n'ont aucunement le port du *Carchesium polypinum*, et la colonie ζ, en particulier, est contractée à la manière d'un Zoothamnium, tous les individus, sans exception, étant contractés à la fois. Il est donc probable que les trois dessins γ, δ, ζ, ne représentent point le vrai *Carchesium poly-*

pinum, mais un Zoothamnium, dont le pédoncule est, comme celui du Z. *nutans*, susceptible de former des zig-zag dans un seul et même plan.

Des opinions fort diverses se sont fait jour relativement à l'élément auquel il faut attribuer la contractilité dans le pédicule des Vorticellines. M. Ehrenberg considérait le filament central comme un muscle strié transversalement, tandis que M. Dujardin cherchait le siège de la contractilité uniquement dans la substance corticale. Mais ces deux auteurs n'avaient pas fait une étude histologique suffisante du pédoncule contractile des Vorticellines, et ne pouvaient, par conséquent, étayer leurs opinions de preuves suffisantes. C'est M. Czermàk[1], l'auteur d'un travail très-remarquable sur le pédicule des Vorticellines, qui, le premier, a représenté d'une manière parfaitement exacte la structure de cet organe. MM. Ehrenberg, Dujardin et Eckhard se contentaient de considérer le pédicule comme un cylindre aplati, contenant une cavité où se logeait un muscle spiral. MM. Czermàk et Stein ont montré plus tard que le canal n'a pas une position parfaitement axiale, mais qu'il est lui-même excentrique et contourné en une hélice à tours allongés. Tandis que tous les auteurs n'avaient reconnu dans le pédoncule que deux éléments histologiques, à savoir le filament central (le muscle de M. Ehrenberg) et la substance corticale (improprement nommée *perimysium* [Muskelscheide] par M. Eckhard), M. Czermàk en a découvert encore un troisième chez le *Carchesium polypinum*. C'est une couche granuleuse intermédiaire, c'est-à-dire logée entre le filament central et la substance corticale. M. Leydig l'a décrite, depuis lors, comme étant la tunique du muscle. Cette couche granuleuse paraît exister non pas seulement chez le *Carchesium polypinum*, mais chez toutes les Vorticellines à pédoncule contractile. Il est vrai que, chez certaines espèces, en tête desquelles se trouvent le *Carchesium polypinum* et surtout le *Carchesium spectabile*, elle atteint un développement très-considérable.

Quant à M. Stein, il a bien aperçu, lui aussi, cette couche intermédiaire, mais il ne la considère pas comme un élément histologique particulier. Il n'en fait mention qu'une seule fois, en disant que la paroi du canal dans le pédoncule des genres Vorticella, Carchesium et Zoothamnium, est recouverte de fines granulations qu'on pourrait être tenté de prendre pour une membrane spéciale (p. 78).

1. Ueber den Stiel der Vorticellen. — Zeitschr. f. wiss. Zool., IV, p. 438.

Reste à savoir auquel de ces trois éléments il faut attribuer la propriété contractile. M. Czermàk s'est appliqué à démontrer, par une analyse approfondie, que la contractilité ne peut résider que dans le filament central. Nous ne reproduirons pas ici son argumentation remarquable avec laquelle nous sommes parfaitement d'accord, et nous renvoyons le lecteur à la démonstration exacte, donnée par cet auteur, de la nécessité que le pédoncule se contracte en spirale. Ce mode de contraction est, en effet, une conséquence immédiate de la structure anatomique du pédoncule.

M. Stein, qui, en dépit de M. Czermàk, veut soutenir l'opinion de M. Dujardin et enlever la contractilité au filament central pour en faire hommage à la substance corticale, n'appuie point son opinion, comme l'a fait son antagoniste, de preuves rigoureuses. Il base seulement sa manière de voir sur la circonstance que, lorsque le pédicule d'une Vorticelline est arraché de l'objet auquel il était fixé, il ne perd pas pour cela sa contractilité. Mais cette observation, qui est parfaitement exacte, ne justifie aucunement les conclusions que M. Stein voudrait en tirer. Les rapports du filament central à l'animal et à la substance corticale du pédicule ne sont nullement modifiés, lorsque ce pédicule se trouve fortuitement séparé de son point d'attache. En effet, comme M. Stein le sait du reste fort bien, chez aucune espèce, le filament central ne va s'attacher lui-même aux objets étrangers. La base du pédoncule est formée, dans toute son épaisseur, par la substance corticale, et le canal qui contient la substance granuleuse intermédiaire et le filament central ne commence jamais qu'à une certaine distance au-dessus du point d'attache du pédoncule. Il est vrai que, lorsque le pédoncule est coupé dans son milieu, la partie qui est attenante au corps de l'animal conserve encore sa contractilité. Mais ce fait-là, non plus, ne parle aucunement en faveur de M. Stein. Ce savant prétend que, si le filament central était un muscle, la contractilité du pédoncule devrait disparaître en semblable occurence. Nous ne voyons pas pourquoi. Cela serait exact, si le filament central était librement étendu dans le calibre du canal hélicoïdal, parce qu'alors le muscle, en se contractant, se raccourcirait dans l'intérieur de la cavité, sans pouvoir nullement agir sur la substance corticale. Or, il n'en est point ainsi. Le filament central est adhérent, par toute sa surface, à la substance granuleuse intermédiaire, et celle-ci adhère à son tour à la substance corticale. Les trois éléments histologiques du pédoncule sont donc solidaires les uns des autres dans leurs mouvements; et, si le filament central se contracte activement, la couche intermédiaire et la couche corticale doivent nécessairement se contracter passivement.

M. Czermàk pense trouver une preuve évidente de la contractilité du filament dans la circonstance que, partout où ce filament est détruit, le pédoncule perd la propriété de se contracter. Toutefois, cette preuve n'est pas suffisante; car, si l'on admet, avec M. Stein, que la substance corticale est seule contractile, et que le filament n'est que l'organe au moyen duquel l'animal exerce sa souveraineté sur cette substance corticale, le nerf moteur en quelque sorte, il est clair que la contractilité cessera aussi toutes les fois que ce filament conducteur de la volonté sera détruit. M. Czermàk donne un argument bien plus favorable à son opinion, lorsqu'il remarque qu'un pédoncule, bien qu'isolé de l'animal qui le surmontait, reste souvent contracté aussi longtemps que le filament central est intact; mais que, dès que celui-ci vient à être détruit par la macération, le pédoncule s'étend de nouveau. C'est là une preuve irrécusable de la contractilité du filament central et de l'existence d'un antagonisme passif (expansion par élasticité) dans la substance corticale.

Le filament central ou le muscle, comme nous le nommerons désormais, se continue dans l'intérieur du corps des Vorticellines. Déjà M. Ehrenberg aurait remarqué une prolongation de ce genre chez la *Vorticella Convallaria*. M. Eckhard a confirmé cette observation et l'a étendue à la *Vorticella nebulifera*, et M. Stein, au *Carchesium polypinum*. Ni M. Stein, ni M. Eckhard, ni M. Czermàk, n'ont cependant compris la modification que subit le muscle en passant du pédoncule dans le corps de l'animal. Tous trois prétendent que le filament central, en pénétrant dans le corps, se bifurque en deux branches divergentes, qui vont se perdre dans le parenchyme. Or, c'est là une erreur d'optique, comme nous avons déjà eu l'occasion de le dire ailleurs. Dans le fait, le muscle, en pénétrant dans la partie postérieure du corps, s'épanouit en une membrane conique, dont la section parallèle à l'axe, suivant le plan focal du microscope, donne la bifurcation en V, signalée par MM. Eckhard et Stein. — M. Stein refuse d'accorder la moindre importance à la bifurcation du muscle, ou, pour parler plus exactement, à son épanouissement conique. Il se méprend, décidément, sur ce point, car la partie postérieure du corps des Vorticellines prend part aux contractions saccadées du pédoncule, précisément jusqu'au point où la membrane conique disparaît pour se perdre dans le parenchyme. C'est même là une des meilleures preuves qu'on puisse donner de la contractilité du filament central du pédoncule et de la non-contractilité de la substance corticale. En effet, la contractilité existe partout où se trouve le filament central, même dans l'épanouissement conique de celui-ci, bien que la couche corticale n'existe pas autour de cet épanouissement.

Dans les Vorticellines non pédicellées ou pourvues d'un pédoncule non contractile, la partie du muscle que nous avons désignée sous le nom d'épanouissement en membrane conique subsiste néanmoins. Voilà pourquoi la partie postérieure du corps de ces animaux présente les mêmes contractions saccadées que la partie correspondante des espèces à pédoncule contractile[1].

Quant à ce qui concerne la direction de l'hélice du pédoncule, M. Czermàk dit qu'elle est variable, et qu'il a observé aussi bien des pédoncules læotropes que dexiotropes. Nous n'avons pas d'observations personnelles à cet égard.

M. Ehrenberg avait nommé le muscle du pédoncule des Vorticellines un muscle strié transversalement. Ses succésseurs n'ont pu retrouver les stries, à l'exception de M. Leydig, qui fait consister le muscle en une série de *particules primitives* cunéiformes, enchevêtrées les unes dans les autres. Sans vouloir contester l'exactitude de l'observation de M. Leydig, que nous n'avons cependant pas réussi à répéter, nous remarquons que, chez le *Zoothamnium alternans,* nous avons trouvé le muscle très-évidemment composé de fibrilles longitudinales. Chez un individu arraché à son point d'attache, le muscle, macéré dans la partie la plus voisine du point de rupture, s'était divisé en un grand nombre de fibres contournées en spirale. (V. pl. II, fig. 4.)[2]

1. M. Ehrenberg parait, du reste, avoir déjà remarqué cette membrane musculaire chez l'*Epistylis Galea*.

2. Nous remarquerons en passant que notre figure peut donner lieu à une autre interprétation et qu'on pourrait songer à ne voir dans ces fibres que l'expression des plis d'un sarcolemme. Tandis que cette feuille était à l'impression, je soumis le dessin en question à la Société de Biologie de Paris (séance du 27 Mars 1858). M. Rouget, professeur agrégé à l'Ecole de médecine de Paris, duquel je n'avais pas l'honneur d'être connu personnellement, était présent à cette séance et me déclara, sur l'inspection de mon dessin, que je ne pouvais avoir eu affaire à des fibres, mais seulement à des plis. Il ne pouvait, disait-il, y avoir de doute pour lui à cet égard, attendu qu'il savait, par ses observations sur toutes les autres classes d'animaux, que les stries longitudinales présentées par les éléments musculaires sont dues à des plis et non à des fibres. Je me contentai de répondre que c'était, dans le fond, un transport à la fibre musculaire du débat relatif au tissu conjonctif, dans lequel M. Reichert et son école appellent *plis* ce que d'au-

En résumé, nous considérons, avec M. Czermàk, le filament central du pédoncule des Vorticellines contractiles comme l'élément contractile, et nous pensons devoir chercher, comme lui, le siège de la force expansive antagoniste dans la substance corticale. Quant à la substance granuleuse intermédiaire, il est fort probable qu'elle est identique avec le parenchyme du corps. C'est la prolongation de ce parenchyme dans l'intérieur de la cavité du pédicule.

Les contractions saccadées, soit du corps des Vorticellines, soit du pédoncule de beaucoup d'entre elles, offrent un cachet si particulier, qu'on conçoit qu'il ait pu venir à l'idée de M. Perty de réunir dans une division commune, sous le nom de *Spastica*, tous les infusoires qui présentent des contractions semblables. Toutefois, cette division des *Spastica* est peu naturelle, puisqu'elle a conduit M. Perty à réunir aux Vorticellines les Stentors et les Spirostomes. D'ailleurs, il est d'autres infusoires qu'on serait obligé de faire rentrer dans cette division, bien que leurs affinités naturelles soient d'un côté tout différent. Ainsi, par exemple, l'*Oxytricha retractilis* devrait forcément compter parmi les Spastica, tels que les définit M. Perty, et c'est cependant une véritable Oxytrique.

Les Vorticelles, bien qu'étant, à l'exception des Trichodines, fixées durant la plus grande partie de leur vie, sont toutes susceptibles de mener momentanément une vie errante. Elles se munissent, dans ce but, d'une couronne de cils postérieure, se détachent de leur pédoncule et nagent librement dans l'eau, leur partie antérieure étant contractée et regardant en arrière. Dans ce passage de l'état fixe à l'état errant,

tres nomment *fibres*. — « Comment ! s'écria M. Rouget, je crois que vous vous permettez d'élever des doutes sur l'exactitude de mes observations ! » — « Non, Monsieur, répondis-je ; il ne s'agit point de l'exactitude des observations, mais seulement de l'interprétation de celles-ci : la preuve, c'est que nous acceptons tous deux ce dessin, mais que nous l'expliquons différemment. » — « Ah ! *Monsieur l'Allemand !* s'écria M. Rouget, lorsque je vous parle d'une observation, c'est qu'elle est de moi, et qu'elle est bien faite, et il n'y a que moi qui puisse le savoir ! Si donc vous vous permettez de conserver le moindre doute sur cette question, je vous donne à choisir entre une paire de soufflets et deux coups d'épée dans le ventre ! ! » — Je ne cite ces brutalités ridicules que pour montrer qu'en certain lieu on est moins disposé à résoudre les problèmes histologiques avec le scalpel de l'anatomiste qu'avec celui du spadassin. M. Rouget s'étant permis, dans l'étrange conversation à laquelle je viens de faire allusion, plus d'une parole offensante pour les savants allemands en général, je profiterai encore de l'occasion pour lui enseigner, ce qu'il parait ignorer, que la science est cosmopolite et ne reconnait aucune division territoriale ni linguistique. D'ailleurs, pour ce qui me concerne, je suis né sur le beau sol d'Helvétie, et je puis (comme citoyen, non comme savant) m'enorgueillir d'une pareille patrie ; mais si le sort m'eût fait naître Allemand, je me ferais une gloire de l'être.

E. C.

la Vorticelline change subitement de forme, et chaque espèce paraît adopter alors une forme déterminée. Malheureusement, on n'a pas jusqu'ici fait assez d'attention à ces formes libres, qui fourniraient, sans aucun doute, des caractères excellents pour la distinction des espèces. Les unes, en effet, se contractent en un cylindre long et étroit; d'autres se transforment en un disque aplati ou en une sphère; d'autres retirent la partie antérieure dans la partie postérieure, de manière à former une véritable invagination; d'autres présentent une invagination précisement inverse, la partie antérieure se retirant dans la partie postérieure; d'autres, enfin, nagent, le péristome ouvert, à l'aide de leur organe vibratile, et leur partie antérieure est alors dirigée en avant, pendant la natation, et pas en arrière, comme c'est la norme. Nous désirons attirer tout spécialement l'attention des observateurs sur ce point, attendu que la détermination des espèces, chez les Vorticellines, étant quelque chose de fort difficile, il serait très-utile de pouvoir étayer les diagnoses spécifiques de caractères aussi positifs que la forme de la Vorticelline errante.

Nous entrerons dans les détails relatifs aux espèces de beaucoup de Vorticellines d'une manière peu circonstanciée, parce qu'un grand nombre d'espèces ont été très-bien caractérisées par M. Stein, et nous nous contenterons de renvoyer le lecteur à l'ouvrage remarquable de ce savant. Nous ne nous arrêterons qu'aux espèces nouvelles ou à celles sur lesquelles nous avons quelque chose de neuf à dire.

Tableau de la répartition des Vorticellines en genres.

							Genres.
VORTICELLINA.	Privées de couronne ciliaire postérieure pendant la plus grande partie de leur vie.	Vorticellines nues. Ire sous-famille *Vorticellea*.	Un pédoncule.	Pédoncule contractile.	Non ramifié		1. VORTICELLA.
					Ramifié.	Chaque branche ayant son muscle spécial	2. CARCHESIUM.
						Un seul muscle, ramifié dans toutes les branches de la colonie	3. ZOOTHAMNIUM.
				Pédoncule non contractile			4. EPISTYLIS.
			Pas de pédoncule.	Partie postérieure présentant un bourrelet ou sphincter circulaire			5. SCYPHIDIA.
				Pas de bourrelet ou sphincter			6. GERDA.
		Vorticellines cuirassées. IIe sous-famille *Ophrydina*.	Pas de vraie coque. Le pédoncule va se perdre dans une masse gélatineuse				7. OPHRYDIUM.
			Une vraie coque.	Animal fixé au fond de sa coque	Coque fixée par l'extrémité postérieure		8. COTHURNIA.
					Coque fixée par le côté		9. VAGINICOLA.
				Animal librement suspendu dans sa coque			10. LAGENOPHRYS.
	Munies d'une couronne ciliaire postérieure pendant toute leur vie : Vorticellines libres. IIIe sous-famille *Trichodina*						11. TRICHODINA.

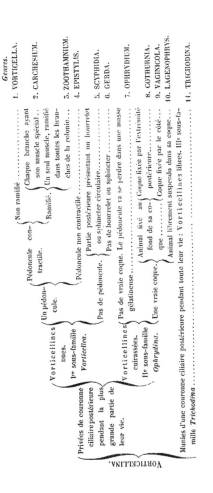

1er Genre. — VORTICELLA.

Les Vorticellines sont si clairement caractérisées par leur pédoncule contractile non ramifié, que nous n'avons pas à nous arrêter sur la diagnose générique. L'étude des espèces laisse, par contre, une vaste lice ouverte à la discussion, lice dans laquelle nous éviterons cependant de descendre. En effet, les espèces sont nombreuses et fort difficiles à caractériser d'une manière positive. M. Ehrenberg en a déjà établi toute une série nombreuse, et nous n'aurions le droit de recommencer son travail qu'avec la conviction que nous pouvons réellement faire mieux que lui. Or, nous ne pouvons pas avoir cette prétention. Les dessins que M. Ehrenberg donne de ses Vorticelles sont, il est vrai, très-imparfaits pour tout ce qui concerne les détails anatomiques, comme, par exemple, la forme du péristome et de l'organe vibratile, l'implantation des cirrhes buccaux, la forme du nucléus, etc.; mais ils sont assez exacts pour ce qui concerne la forme extérieure, et ils rendent assez bien l'habitus des animaux qu'ils sont destinés à représenter. C'est là le point essentiel, parce que les espèces de M. Ehrenberg sont basées précisément sur des différences dans le port de l'animal, bien plus que sur des différences anatomiques. Celles-ci sont, d'ailleurs, peu nombreuses, et se réduisent, en général, à quelques différences dans les dimensions du péristome et de l'organe vibratile ainsi que dans la forme du nucléus. Le nucléus affecte, chez toutes les espèces à nous connues, une forme de ruban, plus ou moins contourné, mais la longueur et les courbures du nucléus sont souvent différentes chez des espèces voisines. Le nucléus le plus contourné que nous ayons observé est celui de la *Vorticella Campanula*. Malheureusement, on ne peut dire que, sous le rapport de la longueur du nucléus, chaque espèce présente un type parfaitement constant. — On peut retrouver avec certitude presque toutes les espèces ehrenbergiennes, et cependant rien n'est plus difficile que d'établir leurs diagnoses. Personne, nous le croyons, ne serait en état de déterminer les espèces uniquement d'après les diagnoses de l'ouvrage de M. Ehrenberg, ni d'après les nôtres, si nous voulions remplacer celles-ci par de nouvelles. Il est donc urgent d'accompagner les descriptions de dessins fort exacts qui puissent rendre trèsparfaitement l'habitus de ces animaux. Nous n'avons malheureusement pas de dessins en nombre suffisant pour présenter à ce sujet un travail quelque peu complet; nous avons donc préféré éliminer toutes les figures de Vorticelles et nous en tenir à celles qui existent dans les ouvrages déjà existants. Il est, d'ailleurs, une méthode qui permet de déterminer avec assez d'exactitude la plupart des espèces ehrenbergiennes en n'ayant recours qu'aux dessins de M. Ehrenberg et à ses diagnoses; elle consiste simplement dans l'étude des localités où se trouvent les Vorticelles observées. M. Ehrenberg a toujours eu égard à ce point important, qui nous a avant tout servi de guide pour retrouver ses espèces.

Il y a, en effet, des formes qu'on ne trouve jamais que dans des eaux contenant des matières en putréfaction et répandant d'ordinaire une odeur assez fétide. Telles sont, par exemple, la *Vorticella microstoma* Ehr. et la *V. Convallaria* Ehr. La première de ces deux espèces, la plus commune de toutes, est, du reste, facile à distinguer de toutes les autres, grâce à l'étroitesse de son péristome. M. Stein en a donné des figures[1] bien plus exactes que celles de M. Ehrenberg, sous le rapport anatomique, mais ces dernières sont cependant supérieures au point de vue de l'habitus général.

De plus, M. Stein représente la *V. microstoma* comme étant parfaitement lisse, tandis que nous avons toujours vu sa cuticule présenter d'une manière très-évidente les stries que représente M. Ehrenberg : ces stries ne forment, toutefois, pas un seul système transversal, comme l'indiquent les dessins de cet auteur, mais deux systèmes croisés et obliques à l'axe, dont l'un est en général beaucoup plus évident que l'autre. M. Dujardin a déjà indiqué ces deux systèmes dans sa *Vort. infusionum* (Meyen), qui est identique avec la *V. microstoma* Ehr. — La seconde espèce, la *Vort. Convallaria,* ne se laisse pas caractériser plus facilement, et l'on pourrait la confondre facilement avec des formes voisines, par exemple avec la *Vort. nebulifera* Ehr., bien que celle-ci ait un port plus élancé et plus élégant. Mais les doutes disparaissent lorsqu'on a égard à la provenance des animaux. La *Vort. Convallaria* ne se trouve, en effet, que dans les bocaux qui contiennent des matières en décomposition, ou dans les eaux stagnantes très-sales, où elle se fixe sur des débris de tous genres. La *Vort. nebulifera*

1. Loc. cit. Pl. IV, Fig. 17—20.

ne se trouve que dans des eaux très-pures sur des Hottonies, des racines de Lemna et quelques autres plantes aquatiques. Lorsqu'on la transporte dans des bocaux peu spacieux, elle y périt très-promptement, à moins qu'on ne prenne des précautions pour qu'une végétation active empêche toute espèce de décomposition fétide dans l'eau.

Il est, du reste, plusieurs des espèces de M. Ehrenberg dont nous n'oserions garantir la valeur spécifique. Sa *Vorticella hamata* et sa *V. picta* nous sont inconnues. Nous avons, il est vrai, observé des Vorticelles de taille aussi petite que la *Vort. hamata,* mais elles ne présentaient pas le port tout particulier de cette dernière. La plupart paraissaient être de jeunes exemplaires de la *Vort. microstoma* et de quelques autres espèces. En général, les très-petites Vorticelles, et il n'est pas rare d'en rencontrer de plus petites encore que la *Vort. hamata* Ehr., sont extrêmement difficiles à déterminer, et c'est surtout l'examen de ces formes-là qui nous a convaincus que nous étions bien loin d'être au clair sur la question des espèces dans le genre des Vorticelles, comme dans la famille des Vorticellines en général.

Nous avons de la peine à croire que la *Vorticella chlorostigma* Ehr. soit une espèce indépendante. En effet, M. Ehrenberg la caractérise uniquement par sa couleur verte, ce qui n'est pas suffisant pour justifier l'établissement d'une espèce particulière, puisque nous savons que la plupart des infusoires sont susceptibles de devenir verts par suite de la formation d'un dépôt de chlorophylle dans le parenchyme de leur corps. Nous avons rencontré fréquemment dans les environs de Berlin, en particulier sur des prairies submergées, des Vorticelles qui nous ont semblé parfaitement identiques à la *Vort. chlorostigma* Ehr., mais nous n'avons pu reconnaître en elles que des *Vort. nebulifera*, à parenchyme verdi par de la chlorophylle.

Quant à la *Vort. citrina* Ehr., nous ne l'avons rencontrée que rarement dans les environs de Berlin, en général sur des Lemna et dans des eaux fort limpides. Nous n'osons affirmer que sa couleur soit constante, ni, par conséquent, que sa valeur spécifique soit bien réelle, lorsqu'on se contente de la caractériser par sa couleur de citron. Toutefois, son port, si élégant, paraît la distinguer des autres espèces établies par M. Ehrenberg. C'est de la *V. Patellina* qu'elle se rapproche au plus haut degré.

Parmi les autres espèces qui ont été établies depuis M. Ehrenberg, dans le genre Vorticella, nous n'en trouvons point qui puisse subsister réellement. La *V. lunaris* Duj. (Inf., p. 554, Pl. XIV, Fig. 12) est évidemment identique avec la *V. Campanula* Ehr., quelque détestable que soit la figure qu'en donne M. Dujardin. La *V. infusionum* Duj. est, comme nous l'avons dit, synonyme de la *V. microstoma*. La *V. fasciculata* de M. Dujardin n'est pas suffisamment connue, cet auteur ne l'ayant pas étudiée lui-même et ne la basant que sur la figure qu'Otto-Fr. Mueller donne de sa *V. nutans*. M. Ehrenberg considérant la *Vort nutans* Muell. comme identique à sa *V. Patellina*, il n'est pas improbable que la *V. fasciculata* doive être réunie à cette espèce. — La *V. ramosissima* Duj. est synonyme du *Carchesium polypinum* Ehr.; la *V. Arbuscula* Duj., du *Zoothamnium Arbuscula* Ehr. — La *V. polypina* Duj. (O.-F. Mueller) est un Zoothamnium marin.

2e *Genre*. — CARCHESIUM.

Les Carchesium sont des Vorticellines formant des colonies ramifiées, dans lesquelles chaque individu est muni d'un muscle pédonculaire spécial.

Ce n'est pas de cette manière-là que M. Ehrenberg a caractérisé son genre Carchesium. En effet, ce savant dessine chez les Carchesium un muscle unique et continu qui se ramifie dans toute la colonie, et il distingue ce genre des Zoothamnium, parce que tous les individus de la même colonie ont la même grosseur, tandis qu'on trouve çà et là sur les familles de Zoothamnium des individus plus gros que les autres. MM. Czermàk et Stein ont été les premiers à reconnaître que les dessins de M. Ehrenberg sont inexacts par rapport au muscle du *Carchesium polypinum*. Ils ont constaté que chaque rameau est muni d'un muscle spécial, qui ne s'unit jamais au muscle du rameau voisin, et M. Stein s'est servi avec avantage de ce caractère pour distinguer les Carchesium des Zoothamnium d'une manière plus positive que ne l'avait fait M. Ehrenberg. Lorsqu'un individu d'une famille de Carchesium se divise, l'un des nouveaux individus conserve pour lui l'ancien pédoncule et l'ancien muscle, tandis que l'autre se sécrète une branche nouvelle. Cette branche n'est point creusée d'un canal dès la base, mais elle est d'abord solide dans toute sa largeur, comme l'est la base commune de toute la colonie. Ce n'est que lorsque le pédoncule a atteint une certaine longueur, peu considérable, il est vrai, que le pédoncule se munit d'un canal central, d'un muscle et d'une couche intermédiaire. Aussi, lorsqu'un individu se contracte, il se contracte seul, à moins que ses voisins ne soient effrayés de ce mouvement et ne se contractent à leur tour. Il est cependant des individus dont la contraction exerce une influence plus grande sur la famille entière, à savoir ceux dont les muscles proviennent des rameaux principaux, en particulier celui dont le muscle se prolonge jusque dans le tronc commun de la famille. La contraction de cet individu-là entraîne, en général, la contraction plus ou moins complète de toute la famille.

ESPÈCES.

1° *Carchesium polypinum* Ehr. (Inf., p. 278. Pl. XXVI, Fig. V.)

DIAGNOSE. Carchesium en cloche, évasée à son ouverture, à cuticule lisse, et nucléus recourbé dans un plan longitudinal. Pédoncule non articulé.

Cette espèce, si répandue, est suffisamment connue par les figures et les descriptions de MM. Ehrenberg et Stein. Ce dernier a, en particulier, publié un dessin[1] qui rend très-bien la forme et le port de cette espèce. Nous ajouterons seulement que ce Carchesium se distingue par une longueur très-considérable de la soie de Lachmann, comme ce dernier l'a représenté dans son Mémoire.

2° *Carchesium spectabile* Ehr. (V. Pl. III, Fig. 1.)

DIAGNOSE. Carchesium en forme de dé à coudre, non évasé à son ouverture, à cuticule finement striée, et nucléus recourbé dans un plan longitudinal et présentant plusieurs sinuosités. Pédoncule non articulé.

Il est possible que nous nous trompions en rapportant le Carchesium dont nous donnons la figure à l'espèce que M. Ehrenberg a décrite sous le nom de *Carchesium spectabile*[2], sans en publier de dessin. Il est fort difficile de reconnaître un infusoire vorticellien sur une seule description, surtout lorsque celle-ci se restreint à une simple

1. Stein. Loc. cit. Pl. VI, Fig. 1.
2. Monatsbericht der Berliner Akademie, 1840, p. 198.

diagnose, comme celle de M. Ehrenberg : « *C. spectabile* = *Vorticella spectabilis.* Bory, *C. corpore conico campanulato, fronte dilatata, stipitis fruticulo spectabili, oblique conico, 2 lineas alto.* » — Quelque insuffisante que soit cette description, elle nous enseigne que les familles du *Carchesium spectabile* sont de taille considérable; et c'est bien là le cas pour notre espèce. Nous préférons donc conserver, à tout hasard, le nom de *C. spectabile,* plutôt que de former une dénomination nouvelle. Le *C. spectabile* se distingue du *C. polypinum*, non seulement par sa taille plus considérable, mais encore par un port plus solide et plus vigoureux, mais moins élégant. Le péristome n'est point largement renversé, mais seulement quelque peu évasé. Le disque de l'organe vibratile n'est pas élégamment recourbé, comme dans le *C. polypinum,* mais forme une surface simplement convexe. Le corps, dans l'état d'extension, a la forme d'un dé à coudre, presque partout de la même largeur. Il est seulement légèrement étranglé en arrière du péristome. La cuticule est très-finement striée en travers. Le nucléus présente, dans sa partie inférieure, plusieurs sinuosités très-caractéristiques.

Le pédoncule est assez semblable à celui du *C. polypinum;* il est seulement plus large et plus vigoureux, son muscle est plus fort; la couche granuleuse intermédiaire est plus développée.

Le *C. spectabile* atteint parfois une taille double de celle du *C. polypinum.* Nous l'avons toujours trouvé en abondance sur les murs d'un canal de dérivation de la Spree, qui traverse Berlin, en passant sous la place de l'Opéra et longeant le Kastanienwald : l'eau de ce canal est, en général, plus ou moins fétide.

3° *Carchesium Epistylis.* (V. Pl. I, Fig. 1.)

DIAGNOSE. Carchesium à corps très-étroit, lisse, muni d'un nucléus courbé en arc de cercle dans un plan transversal. Pédoncule très-distinctement articulé.

Ce Carchesium se distingue, dès le premier abord, des deux précédents par son port très-particulier, qui rappelle tout-à-fait celui de plusieurs Epistylis. Son péristome n'est pas plus largement évasé que celui du *C. spectabile,* mais son corps va en se rétrécissant vers la partie postérieure beaucoup plus que chez ce dernier. Le nucléus, au lieu d'affecter une position longitudinale, comme dans les premières espèces, est situé dans un plan perpendiculaire à l'axe de l'animal et forme, pour ainsi dire, tout autour du vestibule, un anneau qui est interrompu du côté ventral.

Le pédoncule est très-distinctement articulé, et les articulations correspondent presque toujours à une bifurcation. Le tronc simple, qui est placé au-dessous de l'articulation, se renfle d'ordinaire un peu pour former l'articulation, et c'est sur ce renflement que sont implantées les deux nouvelles branches. Le muscle du tronc passe de la partie inférieure à l'articulation, à la partie supérieure, sans subir de modification, et se continue dans l'une des branches.

Nous n'avons jamais vu cette espèce former des familles aussi nombreuses en individus que les deux précédentes. Rarement on trouve des familles de plus de cinq à six individus, et, chez celles-là, il arrive en général que le muscle et la couche granuleuse disparaissent dans les segments ou entre-nœuds inférieurs. Les branches sopérieures de la colonie conservent alors seules leur contractilité.

La longueur moyenne des individus est de 0,05^{mm}. C'est donc une espèce relativement petite.

Nous avons observé ce Carchesium, vivant, en parasite, soit sur le corps, soit sur le fourreau de larves de phryganides pêchées dans des étangs du Thiergarten de Berlin. M. Lachmann nous a communiqué une figure d'un Carchesium qu'il a observé sur des larves de cousin *(Culex pipiens)*. Nous regardons comme fort probable que cette espèce est la même que notre *C. Epistylis*. Sa forme s'en rapproche en effet beaucoup, et son pédoncule paraît être articulé. Les familles sont peu nombreuses en individus. Malheureusement, le dessin de M. Lachmann ne nous enseigne rien au sujet du nucléus. Les kystes de ce Carchesium sont, d'après M. Lachmann, ovales et chagrinés à leur surface.

L'espèce à laquelle M. Ehrenberg donne le nom de *Carchesium pygmæum* (Infusionsthiere, p. 291), et dont il n'a pas publié de figure, a été décrite d'une manière trop imparfaite pour qu'il soit possible de la reconnaître. Elle vit en parasite sur les Cyclopes et des larves d'Ephémères. M. Stein le rapporte avec doute à son *Zoothamnium Parasita*.

3e Genre. — ZOOTHAMNIUM.

Les Zoothamnium se distinguent clairement des Carchesium, par la circonstance qu'un muscle commun se ramifie dans toutes les branches de la famille, et que, par suite, les différents individus d'une même famille sont plus ou moins solidaires les uns des autres dans leur contraction.

Nous adoptons dans toute son étendue le genre Zoothamnium tel qu'il a été circonscrit par M. Stein. M. Ehrenberg lui avait donné des caractères bien différents, en ne différenciant les Zoothamnium des Carchesium que par la présence, sur les arbres zoothamniens, de quelques individus beaucoup plus gros que les autres et possédant une forme globuleuse, au lieu de la forme campanulaire ordinaire; ces individus devaient être distribués, çà et là, à l'aisselle des bifurcations de l'arbre. Si nous nous en tenions à cette définition de M. Ehrenberg, la plupart des espèces que nous allons énumérer dans le genre Zoothamnium devraient être reléguées parmi les Carchesium. C'est dire déjà que le caractère donné par M. Ehrenberg, bien qu'à notre avis insuffisant ou incommode pour caractériser un genre, a bien une valeur réelle. En effet, M. Stein a très-décidément tort, lorsqu'il suppose que les gros individus, dont M. Ehrenberg fait mention, n'appartiennent pas réellement à la famille sur laquelle on les rencontre, mais que ce sont de gros individus, de la même espèce, provenant d'une famille plus ancienne, qui, après s'être détachés de leur souche première, sont venus se fixer sur une famille plus jeune. Il existe sans aucun doute des Zoothamnium qui présentent, dans une même famille, les deux formes d'individus décrites par M. Ehrenberg. Nous n'avons, il est vrai, pas été assez heureux jusqu'ici pour rencontrer le *Zoothamnium Arbuscula*, la seule espèce observée par M. Ehrenberg (car nous ne pouvons compter le soi-disant Z. *niveum* d'Abyssinie, observé d'une manière si imparfaite, que le dessin ne permet pas seulement de reconnaître une Vorticelline); mais le *Zoothamnium alternans* de la mer du Nord nous a présenté les deux catégories d'individus en question. D'ailleurs, M. Dujardin lui-même, qui rejetait toutes les divisions génériques établies par M. Ehrenberg chez les Vorticellines à pédoncule contractile, distingue bien, chez sa *Vorticella Arbuscula* (*Zoothamnium* Ehr.), en outre des individus campaniformes, des corpuscules blancs, globuleux, beaucoup plus gros et fixés aux aisselles des rameaux.

M. Ehrenberg admet que les individus globuleux sont originairement semblables aux autres; mais, qu'au lieu de continuer à se diviser, ils deviennent plus gros, et finissent par se détacher. Tel est, en effet, le cas, car ces individus-là n'ont pas une forme essentiellement différente des autres; ils sont seulement contractés, l'organe vibratile étant retiré à l'intérieur, et on les voit se munir d'une couronne de cils vibratiles postérieurs. Par contre, nous n'avons pas vu d'individus de grosseur normale se munir d'une couronne semblable. Il paraît donc vraisemblable que ces gros individus sont dans la règle seuls susceptibles de se détacher pour devenir les fondateurs de nouvelles colonies. — M. Ehrenberg remarque déjà, chez son *Zoothamnium Arbuscula*, que les gros individus sont toujours situés à l'aisselle d'une bifurcation, et il explique la chose en admettant que, des deux individus issus de la division, l'un se divise aussitôt de nouveau et forme les deux branches de la bifurcation, tandis que l'autre, la *tante*, comme il le nomme fort justement, reste stationnaire, et ne subit aucune division spontanée. Chez le *Zoothamnium alternans*, les gros individus sont aussi placés à l'aisselle des bifurcations. Cependant, il n'est pas parfaitement exact que la *tante* ne subisse jamais de division spontanée. Nous avons vu jusqu'à trois gros individus globuleux fixés au même point, et ces trois individus résultaient évidemment de ce que la tante s'était immédiatement divisée en deux *cousines*, dont l'une s'était munie aussitôt d'une couronne ciliaire postérieure, tandis que l'autre s'était divisée de nouveau, sans sécréter de pédoncule, en deux *arrière-cousines*, qui s'étaient munies à leur tour d'une couronne ciliaire postérieure. Ainsi, dans ce cas, les trois gros individus étaient non pas les tantes des individus portés par la bifurcation voisine, mais ils représentaient deux générations, l'une étant une *cousine*, les deux autres des *arrière-cousines*.

Cette circonstance très-intéressante que, chez quelques Zoothamnium, certains individus déterminés sont, dans l'état normal, seuls destinés à fonder de nouvelles colonies, pouvait faire désirer l'érection de ces espèces-là en un genre particulier, qui coïnciderait avec le genre Zoothamnium proprement dit de M. Ehrenberg. Malheureusement, la présence de ces gros individus ne fournit pas un caractère zoologique suffisant. En effet, il est indubitable qu'on doit rencontrer fréquemment des familles qui ne portent que de petits individus, soit parce qu'elles n'en ont pas encore engendré de gros, soit parce que les gros qu'elles portaient se sont déjà détachés pour aller fonder ailleurs des familles nouvelles. Voilà pourquoi nous avons préféré adopter le genre Zoothamnium tel qu'il a été délimité par M. Stein, bien que la plupart de ses espèces se trouvent alors ne jamais former les gros individus en question.

ESPÈCES.

Jusqu'ici trois espèces de Zoothamnium ont été décrites, savoir :

1° Z. *Arbuscula*. Ehr. Infus., p. 289, Pl. XXIX, Fig. 11.

2° Z. *Parasita*. Stein. Infus., p. 84, Pl. III, Fig. 44.

3° Z. *affine*. Stein. Infus., p. 218, — 223. Pl. III, Fig. 46.

La première nous est inconnue. Les deux autres, qui ont été observées par M. Stein, sur de petits crustacés d'eau douce, ont été également revues par nous; mais, comme nous n'avons rien de neuf à dire sur elles, nous nous contentons de renvoyer aux descriptions et aux figures de cet auteur.

4° *Zoothamnium alternans*. (V. Pl. II, Fig. 1—4.)

DIAGNOSE. Famille à tronc et à branches très-épais et striés transversalement, mais non articulés. Individus très-évidemment striés et de deux grosseurs : les petits formant des branches très-régulièrement pennées, les gros placés çà et là aux aisselles des bifurcations.

Cette espèce se distingue par un port tout particulier. Tandis que les autres sont en général plus ou moins corymbiformes, celle-ci forme des arbres à branches courtes et très-régulièrement alternantes. La forme de ces familles a sa cause dans un arrêt de division spontanée qui frappe en général l'un des deux individus issus de chaque division. Lorsqu'un individu A se divise en deux individus B et B', l'un de ces deux, B par exemple, ne se forme qu'un pédoncule fort court et son développement reste stationnaire à partir de ce moment, tandis que l'autre, B', sécrète un pédoncule plus long, puis se divise en deux nouveaux individus, C et C', dont le premier, qui est toujours placé du côté de la branche opposé à celui où se trouvait l'individu B, ne forme qu'un pédoncule très-court et ne se divise pas davantage, tandis que B' forme un pédoncule plus long et se divise en deux individus D et D'. L'individu D ne se divise pas; mais D' se partage en E et E', et ainsi de suite. Le résultat final est que chaque branche de l'arbre est composée d'une série d'individus à pédoncule fort court, placés alternativement à droite et à gauche de la branche.

M. Ehrenberg remarque déjà que chez son *Zoothamnium Arbuscula* les pédoncules particuliers à chaque individu sont fort courts, mais il ne dit pas qu'ils aient une position aussi régulièrement alternante que chez le Z. *alternans*, et sa figure ne parle pas en faveur d'une telle alternance. Mais chez le *Zooth. Arbuscula*, la famille est portée par un tronc unique fort long qui se divise subitement en un nombre très-considérable de branches, ce qui n'est pas le cas chez le Z. *alternans*, dont les ramifications sont toutes dichotomiques.

Lorsque les individus sont contractés sur leur pédoncule, leur corps prend en général une forme un peu recourbée, parce qu'il se contracte d'un côté plus fortement que de l'autre. Le nucléus est recourbé en S et placé transversalement. Il a identiquement la même forme chez les gros individus que chez les petits.

Les gros individus (fig. 3) qui sont sur le point de se séparer de la famille ont une forme presque sphérique, et leur couronne ciliaire est placée très-peu en arrière de l'équateur. Aussi longtemps qu'ils n'ont pas encore atteint leur grosseur définitive et qu'ils ne possèdent pas encore de couronne ciliaire, ces gros individus ne sont pas contractés en sphère, mais conservent une forme de poire (Fig. 2).

Les gros individus atteignent un diamètre de 0^{mm}, 12. Les petits ont en maximum une largeur de 0^{mm}, 058. Le tronc principal de la famille mesure jusqu'à 0^{mm}, 040 en diamètre.

Nous avons observé seulement deux familles de cette espèce, arrachées toutes deux à leur point d'attache, dans la mer du Nord, près de Glesnæsholm (côte occidentale de Norwége).

5. *Zoothamnium glesnicum*. (V. Pl. II, Fig. 2.)

DIAGNOSE. Famille à tronc et branches minces, striés transversalement et présentant des articulations de distance en distance. Animaux lisses présentant une disposition alternative sur les branches de la famille.

Cette espèce est voisine de la précédente, bien que les individus qui forment chaque famille soient relativement beaucoup plus gros. Elle s'en distingue toutefois facilement par la présence d'articulations distinctes disposées sur toute la longueur du pédoncule. Ces articulations ne sont pas placées régulièrement au-dessous de chaque articulation, comme chez le *Carchesium Epistylis*, et ne sont pas non plus aussi nettement dessinées que chez celui-ci ; mais elles se trouvent çà et là, en général au nombre d'une ou quelquefois de deux entre chaque bifurcation. — Du reste, le tronc est beaucoup plus mince et par suite plus gracieux que celui du Z. *alternans*.

Nous avons négligé de mesurer les individus de cette espèce, mais, d'après nos dessins, nous pouvons estimer leur taille à environ une fois et demie ou deux fois celle du Z. *alternans*.

Nous avons trouvé plusieurs fois le *Zooth. glesnicum* dans la mer du Nord, près de l'îlot de Glesnæs (de là son nom), sur la côte de Norwége. Toutes les familles observées avaient été obtenues au moyen de la pêche pélagique, et elles étaient séparées de l'objet qui les portait naguère.

6° *Zoothamnium nutans*. (V. Pl. I, Fig. 3 et 4.)

DIAGNOSE. Familles peu nombreuses, composées en général d'un ou deux individus ; pédoncule lisse et articulé. Animaux penchés sur leur pédoncule.

Cette espèce se reconnaît au premier abord comme une espèce distincte ; mais on peut hésiter quelque temps sur sa position générique. Pendant quelque temps, en effet, nous l'avons considérée comme une Vorticelle, parce que tous les individus que nous avions rencontrés étaient isolés. Toutefois, nous ne tardâmes pas à en trouver d'autres réunis deux à deux et présentant d'une manière indubitable les caractères du genre Zoothamnium. Nous ne pouvons affirmer que le Z. *nutans* ne forme pas de familles plus nombreuses, mais jamais nous n'en avons rencontré qui comptassent un plus grand nombre de membres. Malgré cela, le pédoncule n'est point court comme celui du Z. *Parasita,* espèce dont les familles sont en général aussi peu nombreuses. Il est, au contraire, long et en outre grêle et tout-à-fait lisse. De distance en distance, le pédoncule est orné d'articulations très-évidentes, que le muscle traverse, comme chez toutes les espèces à rameaux articulés, sans subir de modification. Nous avons toujours vu une articulation presque immédiatement au-dessous de la bifurcation du pédoncule, mais le tronc commun en offre en outre constamment une ou deux autres.

Le corps est en général incliné sur sa tige, le côté dorsal tourné vers le bas. Le disque vibratile est très-aplati. La cuticule présente des stries obliques très-fines et très-difficiles à apercevoir, qui deviennent cependant plus évidentes lorsque l'animal se contracte (V. fig. 4).

La vésicule contractile est placée beaucoup plus haut que chez aucune des autres espèces. Elle se trouve immédiatement au-dessous du disque de l'organe vibratile.

C'est cette espèce dont le pédoncule présente les singulières contractions en zigzag, dont nous avons parlé ailleurs. C'est un infusoire marin, abondant dans le fjord de Bergen, en Norwége, où il paraît résider de préférence sur des floridées et autres algues.

7° *Zoothamnium Aselli.* (V. Pl. III, Fig. 9 et 9A.)

Diagnose. Famille à pédoncule non articulé, très-épais, portant des individus très allongés, qui ont tout à fait le port de l'*Epistylis plicatilis*.

Cette espèce ne nous est connue que par plusieurs dessins de M. Lachmann. Elle est caractérisée par un port beaucoup plus solide et plus vigoureux que les espèces précédentes. Cette vigueur est vraie non seulement du pédoncule, comme chez le *Z. alternans*, mais aussi des individus eux-mêmes. Ceux-ci sont, à l'état d'extension, cylindriques, bien que rétrécis en arrière, tout-à-fait comme la forme la plus fréquente de l'*Epistylis plicatilis*. Le péristome n'est pas écrasé et renversé en dehors, comme cela a lieu dans les autres espèces. Les individus libres ont la forme d'un disque très-épais, ou plutôt d'un sphéroïde très-aplati, portant la couronne ciliaire un peu au-dessous de son équateur.

Le nucléus est très-caractéristique, à en juger par les dessins que nous avons sous les yeux : il est fort petit, et se présente sous la forme d'un corps ovalaire situé tout auprès du vestibule. Tous les autres Zoothamniums ont, au contraire, un nucléus en forme de ruban.

M. Lachmann ne nous a pas communiqué la mesure des individus isolés, qui dépassent de beaucoup, sans aucun dente, la taille des autres Zoothamnium décrits. En revanche, il nous apprend que cette espèce forme des familles nombreuses, vivant, en parasites, sur l'*Asellus aquaticus*, et atteignant même une hauteur de deux lignes.

Nous avons déjà vu que le Z. *niveum* Ehr. ne peut être considéré comme une espèce suffisamment caractérisée. Il en est de même du Z. *flavicans* de M. Eichwald (*2ter Nachtrag zur Infusorienkunde Russlands*, p. 44, pl. VIII, Fig. 23.), qui, de l'aveu de cet observateur, ne possède pas de pédoncule contractile et ne montre même aucune trace de mouvement!

4me Genre. — EPISTYLIS.

Les Epistylis comprennent toutes les Vorticellines pédicellées à pédoncule non contractile.

D'après cette définition, notre genre correspond aux genres Épistylis et Opercularia de MM. Ehrenberg et Stein. En effet, nous ne voyons aucune raison suffisante pour séparer les Operculaires des Epistylis. M. Ehrenberg établissait entre ces deux genres la même différence qu'entre ses Zoothamnium et ses Carchesium, c'est-à-dire qu'il ne réservait le nom d'Opercularia qu'aux espèces qui portaient, aux aisselles des bifurcations, des individus plus gros que les autres. M. Stein a objecté à cette distinction que, pendant un laps de temps de cinq années, il a eu souvent l'occasion d'observer l'*Opercularia articulata*, la seule espèce du genre que M. Ehrenberg ait décrite, mais que jamais il n'a vu trace des gros individus en question. Notre propre expérience vient tout-à-fait à l'appui du dire de M. Stein. Ce dernier pense donc que M. Ehrenberg s'est trompé, et que les gros individus que ce savant a observés n'appartiennent point originairement à la famille qui les portait, mais qu'ils étaient venus fortuitement se fixer sur elle. — Sans approfondir jusqu'à quel point M. Stein peut avoir raison dans sa manière de voir, nous remarquerons que dans tous les cas la présence de ces gros individus ne peut fournir un caractère *zoologique* suffisant à l'établissement d'un genre particulier, et cela par des raisons que nous avons déjà énumérées à propos des Zoothamnium.

Les Operculaires de M. Stein sont caractérisées d'une manière tout aussi insuffisante que celles de M. Ehrenberg; leur caractère principal doit consister en ce que la membrane qui revêt intérieurement le péristome se prolonge au-dessus de celui-ci, comme une manchette délicate et transparente, qui forme une espèce de lèvre inférieure opposée à l'organe vibratile (lèvre supérieure) entouré par elle. Or, chez toutes les Operculaires à nous connues, la lèvre en forme de manchette n'est due qu'à une illusion d'optique. Ce n'est pas une membrane ondulante, mais c'est, comme M. Lachmann[1] l'a déjà remarqué, la rangée de cirrhes qui descend du bord du disque sur le flanc du pédoncule de l'organe vibratile pour se rendre dans le vestibule. Cette rangée de cirrhes existe aussi bien chez les Epistylis de M. Stein que chez ses Operculaires. La seule différence qu'il y ait entre ces dernières et les premières, c'est que le sillon qui sépare le péristome de l'organe vibratile est chez elles beaucoup plus large et plus profond. Chez les Epistylis, M. Stein a bien vu les cirrhes en question, et il a cru qu'ils étaient implantés, non pas sur le pédoncule de l'organe vibratile, mais sur le bord même du péristome. Chez ses Operculaires, c'est-à-dire chez les espèces où le sillon était largement béant, cette méprise n'était plus possible; aussi M. Stein a-t-il considéré, chez elles, la rangée de cirrhes comme étant une membrane ondulante distincte du péristome. C'est ce qui explique une seconde différence que M. Stein trouve entre ses Operculaires et toutes les autres Vorticellines. Les Operculaires, dit-il, sont le seul genre qui n'ait pas de cirrhes sur le péristome. M. Stein n'a donc vu, dans chacun des deux cas, qu'une moitié de la vérité, et en les combinant, on obtient un tableau exact de ce qui existe chez toutes les Vorticellines. En effet, chez toutes on voit surgir, entre le péristome et l'organe vibratile, des cirrhes (qui ont été reconnus comme tels par M. Stein, chez toutes, excepté les Operculaires), et ces cirrhes ne sont jamais implantés sur le péristome lui-même (ce que M. Stein ne reconnaît que chez les Operculaires), mais bien sur le pédoncule de l'organe vibratile. — La méprise de M. Stein provient essentiellement de ce que cet auteur a méconnu la disposition héli-

1. Müller's Archiv, 1856.

coïdale des cirrhes buccaux chez toutes les Vorticellines. Chez l'*Opercularia articulata,* par exemple, il dessine, sur le bord du disque vibratile, trois cercles concentriques de cirrhes. Or, ces prétendus cercles sont dans le fait trois tours de spire, placés presque dans le même plan. Si l'on continue à poursuivre l'hélice à partir de ce point, on voit que son inclinaison change considérablement et qu'elle descend rapidement autour du pédoncule de l'organe vibratile. Cette partie de l'hélice est la manchette ou lèvre de M. Stein.

Les autres différences que M. Stein cherche à établir entre ses Epistylis et ses Operculaires sont moins importantes et manquent, du reste, en grande partie de fondement. Le péristome des Operculaires, dit M. Stein, n'est pas renflé en forme de bourrelet, comme celui des Epistylis. Malheureusement, l'épaisseur du péristome n'est pas un caractère bien constant, même chez une espèce donnée. D'ailleurs, nous objecterons à M. Stein que son *Opercularia Lichtensteinii* a un bourrelet presque aussi accusé que son *Epistylis crassicollis*[1]. Puis M. Stein trouve chez les Operculaires une cavité spacieuse située entre la bouche et l'œsophage, cavité à laquelle il donne le nom de *pharynx* (Rachen). Or, cette cavité existe chez toutes les Vorticellines, comme M. Lachmann l'a démontré. C'est celle dont nous avons parlé sous le nom de *vestibule.* Enfin, d'après M. Stein, le pédoncule de l'organe vibratile prend naissance chez les Operculaires à une autre place que chez le reste des Vorticellines, mais il n'en est rien, et la différence apparente qu'a cru trouver cet auteur tient uniquement à ce qu'il a méconnu l'existence du vestibule chez toutes les Vorticellines autres que les Operenlaires.

En somme, les différences qui existent entre les Operculaires de M. Stein et les autres Epistylis sont de trop peu d'importance, à notre avis, pour servir de base à une distinction générique; aussi nous croyons-nous en droit de réunir complètement les Operculaires avec les Epistylis.

On pourrait, à meilleur droit, fonder un genre particulier pour les Epistylis, qui ne

1. Ce caractère du peu d'épaisseur ou du manque de réflexion du péristome serait le seul sur lequel on pourrait se baser pour maintenir le genre *Opercularia,* et peut-être fera-t-on bien par la suite de conserver les Operculaires comme un sous-genre des Epistylis. Dans ce cas, il faudrait former également un sous-genre pour les Zoothamnium qui, comme le *Z. Aselli*, ont un péristome non réfléchi.

forment pas de familles et qu'on trouve toujours isolées. Il y aurait alors entre ce genre et les Epistylis précisément la même différence qu'entre les Vorticelles, d'une part, et les Zoothamnium et Carchesium, d'autre part. Ce genre ne contiendrait pour le moment que l'espèce décrite plus loin sous le nom d'*Epistylis brevipes;* mais, comme il n'est pas encore parfaitement démontré qu'elle ne forme jamais de famille, nous avons préféré lui assigner provisoirement une place dans le genre Epistylis.

Nous retrouvons, à propos des Epistylis, la détermination des espèces entourées des mêmes difficultés que chez les Vorticelles. Une simple diagnose ne peut guère suffire à bien caractériser chaque forme. Il est donc urgent de posséder de bons dessins, et, en outre, d'avoir égard à la provenance des familles qu'on observe. Telle espèce vit de préférence sur les jambes de certains insectes, telle autre sur les appendices de divers crustacés, une troisième sur des coquilles de mollusques ou sur des plantes, et ainsi de suite. En ayant égard à ces circonstances, on parvient à reconnaître sans grand'peine à peu près toutes les formes décrites jusqu'ici. Il est vrai que nous n'oserions nous porter garants de la valeur spécifique de toutes ces formes-là. La suite démontrera, sans doute, s'il n'est pas possible qu'un changement du lieu d'habitation puisse amener certains changements dans le port général, le type de ramification du pédoncule, etc., changements qui obligeront peut-être à réunir sous un nom commun certaines formes considérées jusqu'ici comme spécifiquement différentes.

ESPÈCES.

Parmi les nombreuses formes décrites jusqu'ici dans le genre des Epistylis, les suivantes seulement peuvent prétendre à subsister comme espèces indépendantes :

1. *Epistylis plicatilis.* Ehr. Infus., p. 281. Pl. XXVIII, Fig. 1.—Stein. Infus. p. 11. Pl. I, Fig. 1.

2. *Epistylis branchiophila,* Perty. Zur Kennt., etc., p. 139. Pl. II, Fig. 6. — Stein, p. 123. Pl. I, fig. 10-11.

3. *Epistylis Galea.* Ehr. Infus., p. 280. Pl. XXVII, Fig. 1.

4. *Epistylis anastatica.* Ehr. Infus., p. 281. Pl. XXVII, Fig. 2. — Stein. Infus., p. 49.

5. *Epistylis digitalis*. Ehr. Infus., p. 283. Pl. XXVIII, Fig. 4. — Stein. Infus., p. 48.

6. *Epistylis crassicollis*. Stein. Infus., p. 233. Pl. VI, Fig. 25.

7. *Epistylis flavicans*. Ehr. Infus., p. 282. Pl. XXVIII, Fig. 2.

8. *Epistylis grandis*. Ehr. Infus., p. 282. Pl. XXVII, p. 3.

9. *Epistylis articulata* (*Opercularia* Ehr.). Infus., p. 287. — Stein (*Opercularia*). Infus., p. 7. Pl. II, Fig. 1, 7 et 24.

10. *Epistylis Leucoa*. Ehr., p. 283. Pl. XXVIII, Fig. 3.

11. *Epistylis berberiformis* Ehr. Monatsbcht. d. Berl. Akad., 1840, p. 199. — Stein (*Opercularia berberina*). Infus., p. 99. Pl. II, Fig. 10.

12. *Epistylis microstoma* (*Opercularia* St.). Stein. Infus., p. 229. Pl. VI, Fig. 24.

13. *Epistylis Lichtensteinii* (*Opercularia* St.) Stein. Infus., p. 225. Pl. V, Fig. 31.

14. *Epistylis stenostoma* (*Opercularia* St.). Stein. Infus., p. 74.

15. *Epistylis nutans*. Ehr., p. 284. Pl. XXIX, Fig. 1. — Stein (*Opercularia*). Infus., p. 10.

Plusieurs de ces espèces nous sont complètement inconnues. Ce sont : l'*E. Galea*, l'*E. crassicollis*, l'*E. grandis*, l'*E. Leucoa*, l'*E. microstoma*, l'*E. Lichtensteinii* et l'*E stenostoma*. Les autres ont été trop bien décrites par M. Ehrenberg, et surtout M. Stein, pour que nous nous arrêtions longtemps à elles. Une seule de ces espèces pourrait nous paraître douteuse, c'est l'*Ep. grandis* Ehr., proche voisine de l'*E. flavicans*. Toutes deux sont de fort grande taille et portées par un pédoncule extrêmement mince. L'*Epistylis grandis*, que nous ne connaissons pas, a cependant, à en juger par les figures de M. Ehrenberg, une forme de cloche plus élégante que l'*E. flavicans*. Les dessins de M. Ehrenberg rendent fort bien la forme générale de cette dernière, à laquelle nous n'avons jamais vu le péristome évasé qui paraît caractériser l'*E. grandis*. De plus, le pédoncule si mince de l'*E. flavicans* est bien décidément parcouru par un canal dans toute sa longueur, comme M. Ehrenberg l'a signalé, tandis que l'*E. grandis* paraît avoir un pédoncule solide. Une autre particularité intéressante de l'*E. flavicans*, c'est que la spire des cirrhes buccaux fait trois tours et demi environ avant d'atteindre l'entrée du vestibule. Malheureusement, M. Ehrenberg ne paraît pas s'en être aperçu ; il dit seulement, à propos de l'*E. grandis*, que la couronne des cils vibratiles que porte le front (disque de l'organe vibratile) paraît double, mais que cette apparence est due à une illusion d'optique. Sans vouloir préjuger la question, nous pensons que cette prétendue illusion a peut-être bien une base plus positive que ne le croit M. Ehrenberg, et que la spire des cirrhes buccaux a chez l'*E. grandis*, comme chez l'*E. flavicans* et l'*E. articulata*, un parcours plus long que chez la plupart des autres espèces du genre.

L'*Ep. flavicans* présente d'ordinaire dans son parenchyme de nombreux corpuscules à peu près réniformes, réunis, en général, deux à deux. Nous ne pouvons malheureusement retrouver parmi nos esquisses rien qui ait rapport à ces corpuscules problématiques.

Quelques particularités intéressantes relatives aux variétés de forme de l'*Ep. plicatilis* seront exposées dans la troisième partie de ce travail.

16° Epistylis invaginata. (V. Pl. I, Fig. 5-7.)

DIAGNOSE. Epistylis en forme dé à coudre, a péristome épais largement ouvert, munie d'un nucléus en forme de lame légèrement arquée et dirigée dans un sens tout-a-fait longitudinal. Disque non ombiliqué. Pédoncule lisse.

C'est à l'*Epistylis branchiophila* que cette espèce ressemble le plus par sa forme, bien qu'elle soit moins ventrue. Elle s'en distingue toutefois facilement par son pédoncule, qui n'est pas strié et dont les branches sont relativement beaucoup plus longues, ainsi que par la forme de son nucléus. Chez l'*Epistylis branchiophila* le nucléus est très-contourné et disposé transversalement. Chez l'*E. invaginata*, il se présente sous la forme d'une bande non contournée, mais simplement arquée, qui est placée tout-à-fait longitudinalement, et qui s'étend jusque sous le disque. Nous avons vu une fois un nucléus (Fig. 7.) dont l'extrémité postérieure était adjacente à un corpuscule pyriforme, de structure parfaitement semblable à celle du nucléus lui-même. C'était là évidemment un fragment de nucléus qui s'était détaché pour donner naissance à des embryons. On voyait, soit dans le corpuscule pyriforme, soit dans le nucléus lui-même, un certain nombre de granules grisâtres entourés chacun d'une auréole plus claire. Nous verrons, dans la troisième partie de ce travail, que le nucléus des infusoires prend, en général, une apparence analogue à l'époque qui précède immédiatement la formation des embryons.

L'*E. invaginata* adopte une forme tout-à-fait caractéristique lorsqu'elle quitte son pédoncule pour mener une vie errante. Elle se raccourcit et s'élargit de manière à prendre la forme d'un cylindre très-court, dont le quart postérieur s'invagine dans la partie antérieure à la manière d'un tube de télescope. La couronne ciliaire qui sert à la natation est implantée dans le sillon formé par le repli de l'invagination. Chez tous les exemplaires que nous avons observés, la partie postérieure était remplie de granules très-fortement réfringents, qui lui donnaient, sous le microscope, une couleur tout-à-fait noire. — Chez la forme libre, le péristome ne se contracte, en général, qu'à moitié, et les cirrhes buccaux font saillie à l'extérieur. Cependant, c'est bien la partie postérieure qui est dirigée en avant pendant la natation.

L'*E. invaginata* atteint une longueur d'environ 0^{mm}, 06, et ne forme pas de familles très-considérables. Elle vit sur les segments abdominaux de larves d'Hydrophiles.

17° Ep. umbilicata. (V. Pl. III, Fig. 7.)

DIAGNOSE. Epistylis à péristome peu large et non renversé. Disque de l'organe vibratile, muni en son centre d'un ombilic saillant. Pédoncule large et lisse.

Cette Epistylis, de petite taille, ne nous est connue que d'après des dessins qui nous ont été communiqués par M. Lachmann. Elle est de forme ovoïde, un peu rétrécie en avant, et son péristome, bien que séparé du corps par un léger étranglement, n'est point renversé. Le caractère le plus saillant de l'espèce est le petit mamelon en forme d'ombilic qui orne le centre du disque. — Les kystes de cette espèce (Pl. III, fig. 8.) sont ovoïdes et chagrinés.

L'*E. umbilicata* vit en parasite sur les larves du cousin *(Culex pipiens)*, et ne forme que des familles peu nombreuses.

18° Epistylis coarctata. (V. Pl. I, Fig. 8.)

DIAGNOSE. Epistylis à péristome non réfléchi, et extrêmement étroit. Disque très-étroit. Corps renflé en son milieu. Nucléus en lame arquée, placée transversalement. Pédoncule fort mince.

Cette Epistylis est si clairement caractérisée qu'elle ne se rapproche d'aucune autre, à l'exception de l'*Epistylis (Opercularia) stenostoma* Stein. Malheureusement,

M. Stein a négligé de donner une figure de cette dernière. La description qu'il en fait pourrait s'appliquer assez bien à notre espèce, et nous n'aurions pas hésité à considérer celle-ci comme la vraie *Ep. stenostoma*, si M. Stein n'avait pas l'air d'hésiter à séparer son *E. (Opercularia) stenostoma* de l'*Epistylis (Opercularia) articulata*. Or, il est impossible de songer au moindre rapprochement entre nos Epistylis et cette dernière. Aussi pensons-nous que l'*E. coarctata* est bien spécifiquement différente de l'*E. stenostoma*.

Cette espèce forme des familles peu nombreuses ; le plus souvent on ne trouve que des individus isolés, et ce n'est que de temps à autre qu'on rencontre des arbres portant trois ou quatre individus. — M. Stein dit de son *Opercularia stenostoma*, que le pédoncule est toujours si court que tous les individus d'une famille, dont le nombre ne dépasse pas quatre à six, semblent presque sessiles. Il n'en est pas de même de notre Epistylis, dont le pédoncule, sans devenir très-long, atteint cependant une longueur bien plus considérable. En revanche, il est très-étroit, bien plus étroit que celui de l'*E. (Opercularia) stenostoma*, à en juger d'après les termes dont se sert M. Stein.

L'*E. coarctata* atteint parfois une taille de $0^{mm},05$. La plupart des individus sont cependant un peu plus petits. Cette espèce se rencontre çà et là, soit sur des têts de mollusques, soit sur des débris de végétaux. Elle ne dédaigne pas les eaux croupissantes, et n'est pas rare aux environs de Berlin.

19° *Epistylis brevipes*. (V. Pl. II, Fig. 9.)

DIAGNOSE. Epistylis à corps long, cylindrique, susceptible de se plisser en arrière pendant la contraction. Nucléus ayant la forme d'un disque ovale. Pédoncule large, mais si court, que les animaux ont l'air sessiles.

Cette espèce rappelle, par sa forme, l'*Epistylis plicatilis*, mais elle s'en distingue par la forme de son nucléus et par la circonstance qu'elle ne forme pas de nombreuses familles en corymbe. Presque toutes les Epistylis ont un nucléus allongé, linéaire, souvent arqué ou contourné. L'*Epistylis brevipes* est, au contraire, munie d'un nucléus parfaitement ovale, analogue à celui que M. Stein figure chez l'*Epistylis (Opercularia) Lichtensteinii*.— Lorsque l'animal se contracte sur son pédoncule, la partie postérieure du corps se plisse en formant plusieurs invaginations, comme cela a lieu chez l'*Epistylis plicatilis*.

La longueur moyenne de l'*E. brevipes* est de 0^{mm},08 à 0,09. Elle forme des sociétés nombreuses sur diverses larves de diptères aquatiques. Les individus sont, en général, fixés très-près les uns des autres. Si cette espèce ne forme vraiment jamais de familles ramifiées, elle mériterait de former un genre à part. — Nous avons observé l'*E. brevipes* dans le parc (Thiergarten) de Berlin.

Il est possible qu'on doive rapporter au genre Epistylis les animaux décrits par M. Dujardin sous le nom de *Scyphidia rugosa* et de *Scyphidia ringens*. La première était sans doute une Vorticelline qui venait de se fixer et n'avait pas encore formé de pédoncule. Quant à la seconde, M. Dujardin dit lui-même qu'elle est munie d'un pédoncule fort court, ce qui suffit pour l'exclure du genre Scyphidia. — La *Scyphidia patula* et la *Sc. pyriformis* de M. Perty sont dans le même cas[1].

Quelques autres espèces, qui ont été décrites comme appartenant au genre Epistylis, doivent en être rayées ; ce sont : 1° l'*Epistylis vegetans* Ehr. (*Anthophysa Muelleri* Bory) qui est ou bien un organisme végétal, ou bien un infusoire flagellé; 2° l'*Ep. parasitica* Ehr., qui est probablement une Diatomée, et qui est, dans tous les cas, décrite d'une manière trop imparfaite pour pouvoir être reconnue; 3° et 4° l'*Ep. Botrytis* Ehr. et *Ep. arabica* Ehr., qui, toutes deux, ont été observées d'une manière trop incomplète.

5e *Genre*. — SCYPHIDIA.

Le genre Scyphidia est formé par les Vorticellines sessiles dont la partie postérieure est munie d'un bourrelet ou sphincter, agissant comme une ventouse, pour fixer l'animal aux objets étrangers.

1. Quant aux espèces que M. Ehrenberg a baptisées *E. Barba*, *E. euchlora* et *E. pavonica*, en se contentant d'en donner de simples diagnoses (Monatsbericht d. Berl. Acad. d. Wiss. 1840, p. 199 et 200), elles n'ont pas jusqu'ici été caractérisées d'une manière suffisante. La seconde est sans doute une *E. plicatilis* ou quelqu'autre espèce connue, rendue verte par un dépôt de chlorophylle.

Le genre Scyphidia a été créé par M. Dujardin pour les Vorticelles sessiles. Nous le circonscrivons encore davantage en introduisant le caractère du bourrelet qui sert à distinguer les Scyphidia des Gerda. M. Lachmann a déjà remarqué que le genre Scyphidia de M. Dujardin ne contient pas une seule véritable Scyphidia, et c'est lui qui, le premier, a découvert des animaux appartenant réellement à ce genre.

Les deux espèces de Scyphidia jusqu'ici connues vivent en parasites sur la peau de mollusques d'eau douce. Il est probable qu'elles sont, comme les autres Vorticellines, susceptibles de mener une vie errante, en se mouvant à l'aide d'une couronne ciliaire postérieure. Toutefois, elles ne sont pas encore connues sous cette forme.

ESPÈCES.

1° *Scyphidia limacina* Lachm. Muell. Arch., 1856, p. 348, Pl. XIII, Fig. 5.

SYN. *Vort. limacina* Otto-Fr. Mueller.

DIAGNOSE. Corps presque cylindrique, aminci à ses deux extrémités ; péristome non réfléchi ; Sphincter épais.

Nous nous contentons de renvoyer au Mémoire de M. Lachmann, dans lequel cette espèce est décrite et figurée. Elle vit sur de petites espèces de Planorbes.

2° *Scyphidia physarum* Lachm. Mueller's Arch., p. 349.

(V. Pl. III, Fig. 10-11.)

DIAGNOSE. Corps régulièrement cylindrique, non rétréci à ses deux extrémités ; péristome susceptible de se réfléchir ; Sphincter mince.

Cette espèce a beaucoup de rapport avec la précédente. Elle est, comme elle, annelée, et, chez toutes deux, le disque vibratile est muni d'un ombilic saillant en son milieu. Toutefois, le péristome de la *Sc. physarum* est beaucoup plus large et susceptible de se renverser en dehors. Sa partie postérieure n'est point rétrécie. Son nucléus est légèrement recourbé.

Elle habite aux environs de Berlin, sur la peau de la *Physa fontinalis*.

La *Scyphidia rugosa* Duj., la *Sc. ringens* Duj., la *Sc. patula* Perty et la *Sc. pyriformis* Perty ne sont pas de vraies Scyphidia, ainsi que nous l'avons déjà remarqué, mais des Vorticellines récemment fixées et imparfaitement observées.

6e *Genre*. — GERDA[1].

Les Gerda sont des Vorticellines sessiles comme les Scyphidia, dont elles se distinguent par l'absence du sphincter postérieur ou ventouse fixatrice.

Tandis que les Scyphidia sont des parasites vivant sur la peau des mollusques, les Gerda vivent dans l'eau, au milieu des conferves et de différentes plantes aquatiques. Nous n'avons jamais aperçu chez elles aucun organe qui pût leur servir à se fixer aux objets étrangers, mais nous les avons trouvées gisant entre des algues et reposant simplement sur elles. Toutefois les Gerda ne sont point des Vorticellines à vie toujours errante, comme les Trichodines. Elles présentent, au contraire, comme la plupart des genres de la famille, deux phases distinctes, à savoir : une phase immobile durant laquelle elles sont dépourvues de cirrhes locomoteurs, et une phase errante pendant laquelle elles sont munies d'une couronne ciliaire postérieure.

ESPÈCES.

Gerda Glans. (V. Pl. II, Fig. 5-8.)

DIAGNOSE. Corps allongé, cylindrique ou allongé en arrière en massue et susceptible de prendre, pendant la contraction, une forme de gland. Vésicule contractile, située dans la partie postérieure du corps, et se continuant en un long Vaisseau.

Lorsque la *Gerda Glans* est étendue, la partie postérieure de son corps forme une masse assez large, qui va s'amincissant en avant (Fig. 5) pour se confondre dans la partie antérieure. Celle-ci forme un long cylindre strié transversalement et susceptible de s'infléchir en sens divers. Lorsque l'animal est à demi contracté (Fig. 7), il prend une forme plus exactement cylindrique ; cependant on peut distinguer en lui deux parties de diamètre différent. Le tiers postérieur forme un cylindre large et court sur lequel le reste de l'animal repose comme un cylindre plus long et un peu plus étroit. C'est là le premier passage à la forme de gland que l'animal peut prendre dans certaines circonstances, comme nous allons le voir. Dans cet état de demi-con-

1. Nom tiré de la mythologie scandinave.

traction, la *Gerda Glans* laisse souvent apercevoir, à son extrémité postérieure, une espèce de petit ombilic saillant. Peut-être cet ombilic est-il destiné à permettre son adhérence aux corps étrangers. C'est ce que nous n'avons pu constater.

Lorsque la *Gerda Glans* passe à la phase errante, elle se contracte encore davantage, et la différence de largeur entre les deux cylindres que nous venons de mentionner devient beaucoup plus sensible. Ils se présentent alors sous la forme de deux éléments de longue-vue invaginés l'un dans l'autre ; seulement, c'est ici la partie antérieure qui est invaginée dans la postérieure. Les stries ou sillons transversaux deviennent en même temps plus évidents sur la partie antérieure, mais la partie postérieure reste lisse (V. Fig. 7). En effet, la partie qui s'étend du péristome au repli de l'invagination est la seule qui se contracte ; ce qui est au-dessous n'est pas sensiblement modifié par les mouvements de contraction. Cette partie lisse se munit d'un sillon circulaire transversal qui délimite une sorte de bourrelet situé à l'extrémité tout-à-fait postérieure. C'est dans ce sillon que sont implantés les cils de la couronne ciliaire postérieure. — Dans cet état, la Gerda peut se contracter encore davantage (Fig. 8), et sa forme devient alors très-comparable à celle d'un gland. La partie antérieure et fortement contractée paraît reposer sur la partie postérieure comme un gland sur sa cupule. Sous cette forme, l'animal nage librement à travers les eaux, le péristome à l'arrière.

Le disque de l'organe vibratile est très-étroit, et le péristome n'est pas réfléchi. Le vestibule et l'œsophage forment un canal très-allongé, mais qui, néanmoins, vu la grande longueur de la *Gerda Glans* ne s'étend guère que dans le tiers antérieur du corps (l'animal étant supposé à l'état d'extension). Le nucléus se présente sous la forme d'un long ruban un peu sinueux, qui, dans la partie postérieure du corps, se recourbe pour former une branche plus ou moins horizontale et sinueuse. Il arrive fréquemment que cette partie du nucléus se sépare du reste et se divise en un certain nombre de corpuscules ovalaires (Fig. 6 et 7), dont les propriétés optiques sont identiques à celles du nucléus. Ces fragments sont, sans aucun doute, le premier signe de la formation des embryons. Lorsque la Gerda se contracte, elle se raccourcit tellement, que le nucléus est obligé de se contourner pour trouver place.

La vésicule contractile de la *Gerda Glans* n'est point située dans le voisinage du vestibule, comme l'est celle de la plupart des Vorticellines, mais elle se trouve dans la partie tout-à-fait postérieure du corps. De cette vésicule part un vaisseau, toujours très-distinct, qui se dirige d'abord horizontalement, ou même incline vers l'arrière, pour se recourber bientôt vers la partie antérieure et remonter le long du nucléus jusque dans le voisinage du disque vibratile. Çà et là, on peut apercevoir des ramuscules extrêmement fins, partant du vaisseau principal. Une fois nous avons vu (Fig. 6) le vaisseau principal, arrivé au niveau de la partie inférieure de l'œsophage, se recourber pour former une branche descendante parallèle à la branche ascendante.

Dans son état d'extension, la *Gerda Glans* atteint jusqu'à 0,2^{mm} de longueur. Nous l'avons rencontrée à plusieurs reprises dans les tourbières de la Bruyère-aux-Jeunes-Filles (*Jungfernhaide*), près de Berlin. C'est la seule espèce du genre qui nous soit connue.

7e *Genre*. — OPHRYDIUM.

Les Ophrydium appartiennent à la subdivision des Vorticellines cuirassées. M. Ehrenberg avait même choisi ce genre comme type de sa famille des *Ophrydina*, caractérisée par la présence d'une cuirasse. Cependant les Ophrydium sont précisément le seul genre de cette famille qui n'ait pas de véritable cuirasse. La seule espèce connue, l'*Ophrydium versatile*, forme des masses gélatineuses, colorées en vert, que nous avons souvent trouvées, en grande abondance, dans les marais de Pichelsberg, près de Spandau. M. Ehrenberg admettait que ces masses, dont la grosseur dépasse souvent celle du poing, sont formées par une agglomération de fourreaux gélatineux. MM. Frantzius[1] et Stein ne partagent pas la manière de voir de M. Ehrenberg, et ils considèrent la substance gélatineuse comme formant une masse compacte sur laquelle les individus sont implantés, mais dans l'intérieur de laquelle ils ne peuvent jamais se retirer. Nous ne pouvons que nous ranger à l'avis de ces auteurs, sans toutefois vou-

1. Analecta ad *Ophrydii versatilis* historiam naturalem. Vratislaviæ MDCCCXLIX.

loir contester, comme M. Stein, l'analogie de la masse gélatineuse avec le fourreau d'une Cothurnia, par exemple.

Chaque Ophrydium est porté par un pédoncule non contractile, qu'on peut poursuivre pendant un certain temps dans l'intérieur de la masse gélatineuse, avec laquelle il finit bientôt par se confondre. M. Frantzius admet que les pédicules se continuent jusqu'au centre de la masse, ce qui n'est pas improbable, bien que nous n'ayons jamais réussi (pas plus que lui-même) à les poursuivre jusque-là. Cet observateur pense, de plus, que, lorsqu'un Ophrydium se divise, la division s'étend aussi au pédoncule. C'est là une manière de voir à laquelle nous ne pouvons pas nous associer. Le pédoncule des Ophrydium n'est certainement pas plus soumis à la division spontanée que celui des autres Vorticellines. Supposé qu'à l'aide de certains réactifs chimiques, on parvînt à démontrer dans l'intérieur de la masse gélatineuse des ramifications dichotomiques du pédoncule (et cela est fort probable, bien que cela ne nous ait pas encore réussi), cela ne prouverait point que ce pédoncule soit susceptible de division spontanée. Il est bien plus probable que les choses se passent ici comme chez les Epistylis et les autres genres à pédoncule ramifié.

M. Stein pense que le pédoncule des Ophrydium n'est qu'un produit artificiel (*Kunstproduct*), une condensation de la substance de la sphère gélatineuse dans une direction radiaire, condensation qui serait déterminée par les contractions fréquentes de l'animal sur son point d'insertion. Cette opinion se base sur ce que la masse gélatineuse, étant évidemment sécrétée par la partie postérieure du corps, doit être, elle-même, l'analogue du pédoncule des autres Vorticellines. Sans cela, dit-il, l'origine de cette substance serait complètement inexplicable.

Sur ce point, nous ne sommes pas d'accord avec M. Stein, et nous croyons que le pédoncule des Ophrydium a une existence anatomique aussi positive que celui des Epistylis. Sans doute le pédoncule et la masse gélatineuse sont tous deux sécrétés par la surface du corps, mais cela n'empêche point qu'ils soient, dès l'origine, distincts l'un de l'autre. Nous voyons plusieurs Cothurnies se former en même temps un pédoncule et un fourreau. La masse gélatineuse des Ophrydium est morphologiquement identique au fourreau des Cothurnies. Pédoncule et fourreau sont sans doute deux productions de même ordre; mais, puisqu'on les distingue chez les Cothurnies, il n'y a pas de raison pour les confondre chez les Ophrydium.

Nous ne décrirons pas en détail l'*Ophrydium versatile,* qui a été suffisamment étudié par MM. Ehrenberg, Frantzius et Stein. (Voyez surtout la figure publiée par ce dernier : Infus., Pl. IV, Fig. II).

8e *Genre.* — COTHURNIA.

Les Cothurnia sont des Vorticellines cuirassées possédant une véritable coque, fixée aux objets étrangers par sa partie postérieure.

M. Ehrenberg a caractérisé son genre Cothurnia d'une manière un peu différente que nous. Ses Cothurnia sont des Ophrydines à coque ou fourreau pédicellé, ce qui les distingue de ses Vaginicoles, dont la coque est sessile. M. Dujardin, remarquant avec raison que le fourreau de la *Vaginicola crystallina* Ehr. est souvent porté par un pédoncule très-court, refuse d'admettre le genre Cothurnia de M. Ehrenberg. M. Stein, qui nous a fait connaître plusieurs Cothurnia nouvelles, appuie également sur le fait que l'existence ou l'absence du pédoncule ne peuvent nullement servir ici à la distinction des genres. Pour ce qui nous concerne, nous avons non seulement trouvé la coque de la *Vaginicola crystallina* Ehr. portée par un pédoncule très-court, mais encore nous avons vu parfois l'animal muni lui-même d'un pédicule assez long et non contractile dans l'intérieur de la coque. C'est cette variété-là dont M. Eichwald a fait une espèce particulière, sous le nom de *Vaginicola pedunculata* (3ter Nachtrag z. Infusorienkunde Russlands. — Moscan, 1852, p. 124., Pl. VI, Fig. 12), et qu'il considère bien à tort comme un passage au genre Tintinnus. Chez la *Cothurnia nodosa,* nous avons toujours vu la coque pédicellée, mais l'animal lui-même était tantôt fixé directement au fond de celle-ci, tantôt porté lui-même par un pédicule assez long.

Il est donc impossible de conserver les deux genres *Vaginicola* et *Cothurnia* comme ils ont été établis par M. Ehrenberg. Il faut par suite, ou bien rayer complètement le genre *Cothurnia* de la nomenclature, comme l'a fait M. Dujardin, et alors il faut changer le nom générique des nombreuses Cothurnies qu'a décrites M. Stein, ou bien il faut restreindre le nom de Vaginicola à la *Vaginicola decumbens* Ehr., qui s'éloigne suffisamment des autres pour former un genre particulier ; et, dans ce cas, les deux autres espèces de Vaginicoles décrites par M. Ehrenberg deviennent des Cothurnies. Nous nous sommes décidés pour cette seconde alternative.

ESPÈCES.

Parmi les espèces de Cothurnies jusqu'ici décrites, celles qui ont le droit positif d'être considérées comme des formes indépendantes sont les suivantes :

1. Cothurnia crystallina = *Vaginicola crystallina* Ehr. Infus., p. 295, Pl. XXX, Fig. V. — Duj. (*Vaginicola*). Infus., p. 563, Pl. XVI *bis*, Fig. VI. — Stein (*Vaginicola*). Infus., p. 35 et suiv.

2. Cothurnia imberbis Ehr. Infus., p. 297, Pl. XXX, Fig. VII. — Stein. Infus., p. 85.

3. Cothurnia maritima Ehr. Infus., p. 298, Pl. XXX, Fig. VIII. — Stein. Infus., p. 223.

4. Cothurnia Pupa Eichwald. 2ter Nachtrag zur Infusorienkunde Russlands, p. 119, Pl. IV, Fig. 24.

5. Cothurnia Astaci Stein. Infus., p. 229, 231, Pl. VI, Fig. 20-22.

6. Cothurnia Sieboldii Stein. Infus., p. 229 et suiv., Pl. VI, Fig. 17-18.

7. Cothurnia curva Stein. Infus., p. 229, Pl. VI, Fig. 19.

8. Cothurnia tincta = *Vaginicola tincta* Ehr. Infus., p. 296, Pl. XXX, Fig. IV.

Quatre d'entre elles, savoir : la *C. maritima*, la *C. Pupa*, la *C. tincta* et la G. *curva*, nous sont complètement inconnues. Les autres sont trop bien connues, grâce surtout aux diligentes observations de M. Stein, pour que nous ayons besoin de nous arrêter à elles. Nous remarquerons seulement, à propos de la *Coth. Sieboldii*, que nous l'avons trouvée à Berlin, pour ainsi dire, sur chaque écrevisse fluviatile (sur les branchies), ce qui concorde tout-à-fait avec ce que M. Stein dit de la fréquence de cet animal.

9. *Cothurnia nodosa.* (V. Pl. III, Fig. 4-5.)

Diagnose. Cothurnia à coque incolore, cylindrique ou légèrement rétrécie en avant ; pédoncule muni d'un renflement ou bourrelet circulaire au niveau de la base de la coque.

Cette Cothurnia est évidemment très-proche parente de la *C. crystallina* et de la *C. maritima*. Les animaux de ces trois espèces ne présentent aucune différence saillante. Les signes distinctifs se bornent aux coques et aux pédoncules. Si l'on ne considère que la forme normale de chacune de ces trois espèces, on peut trouver dans le pédoncule un critère de distinction assez commode. En effet, chez la *C. crystallina* la coque est sessile et l'animal l'est aussi ; chez la *C. maritima*, l'animal est sessile dans sa coque, mais celle-ci est portée par un pédoncule ; enfin, chez la *C. nodosa*, ni l'animal ni la coque ne sont sessiles, et la partie du pédoncule, qui est à l'intérieur de la coque, est même, en général, plus longue que celle qui est à l'extérieur. Malheureusement, ces différences ne sont pas immuables, puisque, d'une part, on trouve des *C. crystallina*, dont la coque est portée par un pédoncule très-court, il est vrai, ou même dont l'animal est pédicellé à l'intérieur de la coque, et que, d'autre part, on trouve assez fréquemment des *C. nodosa* qui sont sessiles dans une coque pédicellée.

Une autre différence entre la coque de la G. *nodosa* et celle de ses deux voisines consiste en ce que sa surface n'est point parfaitement unie, mais présente une ou deux dépressions circulaires ou étranglements annulaires (V. Fig. 4). Toutefois, cette différence a aussi ses exceptions, car on rencontre des exemplaires chez lesquels ces étranglements sont si insignifiants qu'on peut les considérer comme nuls ou à peu près.

Enfin, il est une particularité que nous avons remarquée chez tous les individus, sans exception, de la *C. nodosa*, c'est la présence d'un renflement du pédoncule en forme de bourrelet circulaire. Ce renflement occupe une place variable : tantôt il est situé immédiatement au-dessous de la coque, qu'il semble soutenir, tantôt il est appliqué également contre le fond de la coque, mais à l'intérieur de celle-ci. Chez les individus dont le pédicelle se continue à l'intérieur de la coque, il n'est pas rare de trouver un second renflement, tout semblable, au point où le pédoncule est uni à la base de l'animal.

Nous n'aurions pas hésité à considérer notre *C. nodosa* comme la *C. maritima* de M. Ehrenberg, si M. Stein n'avait donné une description circonstanciée et des figures de celle-ci sans faire aucune mention du renflement circulaire. Il n'est pas admissible que cette particularité ait pu échapper à cet observateur, d'autant plus qu'il a étudié tout particulièrement le pédoncule de cette espèce dans le but d'y trouver de bons caractères spécifiques.

La taille de la *C. nodosa* est la même que celle de la *C. maritima*. C'est une forme marine que nous avons trouvée en abondance près de Vallöe, dans le fjord de Christiania, fixée sur des Ceramium et sur diverses espèces de Diatomacées.

10. *Cothurnia compressa*. (V. Pl. II, Fig. 2-3.)

DIAGNOSE. Cothurnia à coque incolore, dont la partie antérieure est comprimée de manière à ne présenter qu'une ouverture en forme de fente étroite.

L'animal, qui ne présente pas de particularité digne d'être notée, si ce n'est la profondeur du sillon qui sépare le péristome de l'organe vibratile, est porté par un pédoncule très-large et très-court, qui présente un renflement analogue à celui de la *Cothurnia nodosa*, mais beaucoup plus fort. Ce renflement est toujours logé à l'intérieur de la coque. La surface de celle-ci forme une courbe telle que, pour être parfaitement régulière, elle devrait se fermer au-dessus du renflement; mais, au lieu de cela, elle s'élargit de nouveau pour envelopper complètement celui-ci.

Vue de face, la coque présente une ouverture très-large, en arrière de laquelle elle est un peu étranglée. Vue de profil, l'ouverture est au contraire très-étroite. La compression concerne l'une des faces à un beaucoup plus haut degré que l'autre. Cette face-là paraît en conséquence fortement bombée en son milieu (Fig. 3).

La longueur de la coque est d'environ $0^{mm}, 14$.

La *C. compressa* est une espèce marine que nous avons trouvée assez fréquemment dans les environs de Glesnæsholm, près de Sartoröe (côte occidentale de Norwége). Elle habite sur des Bowerbankia et autres bryozoaires, sur des Ceramium et différentes autres espèces d'algues.

11. *Cothurnia recurva.* (V. Pl. IV, Fig. 9-10.)

DIAGNOSE. Cothurnia à coque pédicellée, ventrue, dont la partie antérieure est rétrécie, recourbée et munie d'une ouverture circulaire.

Cette espèce ne nous est connue que par des dessins qui nous ont été communiqués par M. le prof. Christian Boeck, de Christiania. La forme de sa coque la distingue suffisamment de toutes les espèces précédentes. Elle vit en parasite sur des Cyclopes marins qui s'ébattent au milieu des ulves. M. Boeck l'a observée à Sandefjord (côte méridionale de Norwége). Le rapport de sa longueur à sa largeur est de 315 : 127.

12. *Cothurnia Boeckii.* (V. Pl. IV, Fig. 11.)

DIAGNOSE. Cothurnia à coque transparente, verdâtre, cylindrique et ornée d'un sillon spiral. La partie postérieure de la coque est d'abord horizontale, puis elle se coude subitement pour prendre une position verticale.

Cette espèce ne nous est connue que par trois dessins de M. le prof. Boeck. Elle n'a de rapport avec aucune des espèces déjà décrites. Une impression spirale se voit sur chaque coque, courant depuis l'ouverture jusqu'à la région postérieure. Le bord de l'ouverture est largement réfléchi. M. Boeck ne nous a pas communiqué de dessin de l'animal lui-même, mais seulement de sa coque. Cependant la description des mouvements de cet animal, telle qu'elle est contenue dans ses notes, ne peut permettre de douter que ce ne soit réellement une Vorticelline. L'espèce rentre donc certainement dans le genre Cothurnie.

La *C. Boeckii* a été observée par M. Boeck, en 1843, près de Christiansund (côte occidentale de Norwége), sur la *Serpula Filograna* (*Filograna implexa* Berk.), recouvrant des valves de Mytilus.

L'animal, que M. Ehrenberg décrit sous le nom de *Cothurnia havniensis* (Infus., p. 298, Pl. XXX, Fig. IX), ne peut être une véritable Cothurnia, comme M. Stein l'a déjà remarqué. En effet, il est librement suspendu dans l'intérieur de sa coque, comme une Lagenophrys, ce qui n'arrive jamais chez les Cothurnies. Les dessins de M. Ehrenberg rappellent tout-à-fait un Acineta (*A. compressa*), très-commun dans la mer du

Nord, et nous lui aurions rapporté sans hésiter la prétendue *Cothurnia havniensis*, si M. Ehrenberg ne parlait du *tourbillon* produit par les *cils vibratiles* de cette dernière.

La *Cothurnia Floscularia* de M. Perty (Zur Kenntniss, etc., p. 137, Pl. II, Fig. 5) est trop imparfaitement observée pour qu'on puisse lui assigner une place dans le système. D'une part, sa coque est tellement semblable à celle de la *Cothurnia imberbis* qu'on serait tenté de la réunir à celle-ci, bien que M. Perty l'ait trouvée sur des Callitriche (la *Cothurnia imberbis* vit en parasite sur les *Cyclopsine*), et d'autre part, M. Perty donne de l'animal une description telle que, si l'on voulait la prendre au pied de la lettre, il faudrait rayer la *Cothurnia Floscularia* non seulement du genre Cothurnia, mais encore de la famille des Vorticellines. Quant à la *Cothurnia (?) perlepida* Bailey (Smithsonian Contr. to Knowledge. Nov. 1853), c'est un Tintinnus (*T. denticulatus* Ehr.).

9ᵉ *Genre.* — VAGINICOLA.

Les Vaginicoles sont des Vorticellines cuirassées dont le fourreau adhère aux objets étrangers par l'un des côtés, lequel se prolonge, en outre, au-delà de l'ouverture.

ESPÈCE.

Vaginicola decumbens Ehr. Infus., p. 296, Pl. XXX, Fig. 6.
(V. Pl. III, Fig. 6.)

DIAGNOSE. Coque brune à contour ovale; bord adhérent de l'ouverture se relevant et se réfléchissant vers l'intérieur.

Cette espèce, déjà bien figurée par M. Ehrenberg, se rencontre çà et là aux environs de Berlin, sur les racines des lentilles d'eau. L'animal est tout-à-fait semblable à celui des Cothurnies. Son nucléus, non encore décrit jusqu'ici, est une longue bande sinueuse, tout-à-fait analogue au nucléus de la *Cothurnia crystallina* et de l'*Ophrydium versatile*. Lorsque l'animal s'étend hors de sa coque, il se courbe presque à angle droit autour du bord non adhérent de celle-ci.

La *Vaginicola crystallina* Ehr. et la *V. tincta* Ehr. se trouvent maintenant placées dans notre genre Cothurnia.

La *Vaginicola grandis* Perty est simplement une grande variété mal observée de la *Cothurnia crystallina*, comme M. Stein l'a déjà remarqué. La *Vag. pedunculata* Eichw. (Dritter Nachtrag zur Infusorienkunde Russlands, p. 124) n'est que la variété pédicellée de cette même espèce. Enfin, la *Vagin. ovata* Duj. est un jeune individu de la même espèce, dont le fourreau n'est pas encore terminé.

La *Vag. Ampulla* de M. Ehrenberg n'a pas été observée par cet auteur lui-même. Elle ne repose que sur une figure (*Vorticella Ampulla*) d'Otto-Friederich Mueller. Cet animal appartient au genre Freia, et n'est donc point une Vorticelline.

La *Vag. subulata* Duj. et la *Vag. inquilina* Duj. ne sont point des Vorticellines, mais des Tintinnus.

10e *Genre*. — LAGENOPHRYS.

Le genre Lagenophrys a été établi par M. Stein, pour les Vorticellines cuirassées qui ne sont point fixées au fond de leur coque, mais librement suspendues à l'ouverture de celle-ci.

M. Stein, qui a étudié ce genre avec beaucoup de soin[1], nous a fait connaître trois espèces qui s'y rapportent, et auquel il donne les noms de *L. Vaginicola*, *L. Ampulla* et *L. Nassa*. La première, qui habite sur les extrémités et la queue de la *Cyclopsine Staphylinus*, n'est pas rare aux environs de Berlin (M. Stein l'a observée à Niemegk). Les deux autres, qui vivent sur des Gammarus, ne nous sont pas connues. Nous avons observé une quatrième espèce, sur des Cypris, à Jussy, près de Genève; malheureusement, les dessins qui se rapportent à elles se sont égarés sur la route de Berlin à Genève.

1. Voy. Stein. Die Infusionsthiere, etc., p. 88-95.

Nous nous contentons de renvoyer à l'ouvrage de M. Stein pour l'étude de ce genre intéressant, dont la constitution anatomique est parfaitement semblable à celle des autres Vorticellines.

11e *Genre.* — TRICHODINES.

Les Trichodines sont des Vorticellines, toujours libres, qui nagent dans les eaux au moyen d'une couronne ciliaire postérieure persistante, et dont la partie postérieure est munie d'un appareil fixateur, en forme de ventouse, composé d'un cercle résistant et d'une membrane délicate.

Les Trichodines connues seulement d'une manière superficielle, par les recherches de MM. Ehrenberg et Dujardin, ont été soumises à un examen minutieux par M. Stein, auquel nous devons une bonne description des deux espèces de genre jusqu'ici connues : la T. *Pediculus* Ehr. et la T. *Mitra* Sieb.

Nous ne reprendrons pas ici, *ab ovo,* un travail qui a déjà été fait par M. Stein, nous contentant de renvoyer le lecteur à son ouvrage, mais nous relèverons certains points où nos observations diffèrent des siennes.

M. Stein a reconnu à juste titre que, ce qu'il nomme chez les Trichodines la partie antérieure du corps, est l'homologue de l'organe vibratile des Vorticellines. Tout autour de cet organe, il dessine un sillon dans lequel est implanté le *cercle* des cirrhes buccaux. Ici M. Stein a vu les choses un peu plus exactement que chez les autres Vorticellines; car, bien qu'il ne parle que d'un *cercle,* il dessine, chez la *T. Pediculus* (V. Stein, Pl. VI, Fig. 54), une *spirale* bien évidente, qui descend dans le vestibule. Cette représentation est parfaitement exacte et ne pèche que parce que la spire n'est pas dessinée dans sa totalité. Il en manque la partie supérieure, qui n'est pas logée dans le sillon, mais qui est implantée sur une arête passant au-dessus de l'entrée du vestibule. M. Busch[1] a représenté d'une manière bien plus juste le parcours de la spirale des

1. Zur Anatomie der Trichodina. Müller's 1855, p. 357.

cirrhes buccaux chez cette même T. *Pediculus*. Toutefois, si ses descriptions sont justes, ses figures, un peu trop théoriques, laissent beaucoup à désirer. Chez la T. *Mitra*, M. Stein décrit la distribution des cirrhes d'une manière bien moins exacte. L'organe vibratile est, selon lui, bombé en forme d'une coupole, au pied de laquelle, sur le côté, est placée la bouche (entrée du vestibule). De l'ouverture buccale, M. Stein fait monter une rangée de cirrhes jusqu'au sommet de la coupole, puis il la fait redescendre, de l'autre côté, jusqu'à mi-hauteur de cette coupole. En outre, il décrit une seconde rangée de cirrhes, qui, partant également de l'entrée du vestibule, se dirige en sens contraire et descend sur le côté du corps, pour cesser après un parcours peu considérable. Ces deux rangées forment donc une zone de cirrhes verticale, perpendiculaire au plan de la couronne ciliaire postérieure, et cette zone doit correspondre « au cercle ciliaire horizontal » (spire buccale) de la T. *Pediculus*. — Nos observations ne s'accordent nullement avec ces données de M. Stein. Nous ne pouvons trouver aucune différence essentielle entre la spire buccale de la T. *Mitra* et celle de la T. *Pediculus* ou celle des autres Vorticellines. Nous représentons sur une de nos planches la T. *Mitra* (parasite de la *Planaria torva*) vue de profil (V. Pl. IV, Fig. 7). La forme que nous donnons à l'animal est celle qu'on a le plus souvent l'occasion d'observer : l'axe du corps est très-fortement incliné sur le plan de l'organe fixateur, tandis que le plan du disque vibratile est à peu prés parallèle à ce dernier : *a b* est la partie de la spire buccale qui est située sur la face ventrale et le côté gauche ; *b c* (non visible dans la figure) est la continuation de cette spire sur le dos et le côté droit; en *c* la spire reparaît sur la face ventrale et descend par l'entrée (o') du vestibule dans l'intérieur de celui-ci. Jamais nous n'avons pu voir d'autres cirrhes que ceux-là. En particulier, il n'en existe pas qui, partant de l'entrée du vestibule, descendent sur le côté du corps.

M. Stein nous a donné une description exacte de l'appareil fixateur des deux espèces déjà mentionnées, et il a constaté que leur organe moteur est une couronne de cils vibratiles et non une membrane ondulante, comme l'avait cru M. de Siebold. M. Busch a depuis lors émis une opinion intermédiaire. Il pense que les cils sont libres seulement près de leur pointe, mais qu'ils sont intimément unis les uns aux autres près de leur base. L'organe moteur serait donc une membrane ondulante dont le bord libre s'effilerait en cils. Nous pensons cependant que cette opinion n'est pas fondée, et que les cils sont indépendants les uns des autres, comme c'est l'opinion de M. Stein. Il est parfaitement vrai qu'on ne peut poursuivre en général chaque cil jusqu'à sa base, mais cela provient uniquement de ce que les cils, dans leurs mouvements, ne divergent pas autant à leur base qu'à leur pointe. M. Stein reproche à MM. Ehrenberg et Dujardin d'avoir méconnu les dents internes du cercle à apparence cornée de l'appareil fixateur chez la *Tr. Pediculus*. Toutefois, il existe bien réellement une espèce chez laquelle ces dents font défaut. Nous la dédions à M. Stein, et ces trois espèces se caractérisent par suite de la manière suivante :

1° *Trichodina Mitra*. Sieb. Vergl. Anat., p. 12.

DIAGNOSE. Trichodine à cercle de l'organe fixateur, dépourvu de dents.

(V. Stein. Die Infusionsthiere, p. 174 et suiv., pl. VI, fig. 57.)

2° *Trichodina Pediculus*. Ehr. Inf., p. 265, pl. XXIV, fig. IV.

(SYN. *Urceolaria Stellina* Duj. Inf., p. 527, pl. XVI, fig. 2.)

DIAGNOSE. Trichodine à cercle de l'organe fixateur dentelé, soit en dedans, soit en dehors.

(V. Stein. Die Infusionsthiere, p. 173 et suiv., pl. VI, fig. 53-56.)

3° *Trichodina Steinii*.

(V. Pl. IV, Fig. 6-7.)

DIAGNOSE. Trichodine à cercle de l'organe fixateur, dentelé seulement en dehors.

Nous avons observé cette espèce une seule fois, en 1855, mais en grande abondance. C'était, sauf erreur (car nous avons malheureusement négligé de noter ce point important), sur des Planaires.

Cette espèce nous a présenté une particularité intéressante. Lorsqu'on la considère d'en haut (V. Pl. IV, Fig. 6), c'est-à-dire perpendiculairement au plan du disque vibratile, on distingue plusieurs cercles concentriques, dont, tantôt les uns, tantôt les autres, deviennent plus distincts, selon qu'on élève ou qu'on abaisse le foyer du microscope. Le cercle le plus externe est formé par la périphérie du corps, et il est suivi de près par un autre (*d*), qui est le contour du disque vibratile (nous n'en avons pas dessiné les cirrhes afin de ne pas embrouiller la figure). Le cercle le plus interne (*c*) est le cercle à apparence cornée de l'organe fixateur. Parfois on peut aussi distinguer, chez les individus très-transparents, le cercle (*m*) qui correspond au bord libre de la membrane de cet organe. Enfin, on aperçoit un dernier cercle (*p*), situé immédiatement en dedans du contour du disque vibratile (*d*), cercle qui présente des dentelures ou pointes sàillantes en dedans. Ce cercle reste distinct pour des hauteurs très-différentes du foyer, ce qui montre qu'il ne représente que la coupe d'un cylindre vertical. Nous ne pouvons reconnaître dans ce cylindre cannelé que la limite interne des parois du corps. En dehors de ce cercle se trouve le parenchyme, en dedans est la cavité digestive. Si cette manière de voir est exacte, il est intéressant de noter l'existence des cannelures de cette paroi du corps, qui rappelle quelque peu les palis des polypes.

En considérant cette même figure, on peut s'assurer que la vésicule contractile (*v c*) n'est point placée aussi près du vestibule (*u*) ou de l'œsophage que chez la plupart des autres Vorticellines.

Le nombre des dents de l'appareil fixateur n'est point constant. En général, il varie entre 25 et 30, mais parfois aussi en dehors de ces limites.

Les Trichodines, qui vivent sur les branchies de la plupart de nos poissons, n'appartiennent certainement pas toutes à la même espèce. Nous signalerons, en passant, une espèce, fort petite et fort élégante, qui habite sur les branchies du *Cobitis Tænia*, près de Berlin, mais que nous n'avons pas étudiée suffisamment pour la décrire ici.

La *Trichodina Grandinella* Ehr. n'est point une Vorticelline, mais appartient à la famille des Halterina. Il en est de même de la T. *vorax* Ehr. et de la T. *Volvox* Eichw.

APPENDICE A LA FAMILLE DES VORTICELLINES.

1. Genre SPIROCHONA Stein.

Nous pensons devoir mentionner ici le genre Spirochona de M. Stein, dont la position nous paraît encore un peu douteuse. M. Stein le place sans hésitation parmi les Vorticellines, et il n'est, en effet, pas improbable que les véritables affinités des Spirochona se trouvent dans cette famille. Pour ce qui nous concerne, nous n'avons rencontré qu'une ou deux fois la *Spirochona gemmipara* Stein, sur des Gammarus des environs de Berlin, mais chaque fois dans des circonstances qui ne nous permettaient pas de les étudier; nous sommes donc obligés de nous en tenir à ce que M. Stein dit au sujet de ces animaux.

M. Stein dessine, soit chez la *Sp. gemmipara,* soit chez la *Sp. Scheutenii,* la spire buccale comme étant léotrope, tandis que, chez les Vorticellines, elle est toujours dexiotrope. Si donc les dessins de M. Stein ne renferment aucune erreur à cet égard, il n'est pas improbable que les Spirochones devront former une famille à part, d'autant plus qu'il n'est pas encore démontré qu'elles aient un organe vibratile semblable à celui des Vorticellines. — Cependant, nous ne pouvons ajouter, pour le moment, trop d'importance à cette circonstance, puisque M. Stein, n'ayant pas reconnu l'existence d'une *spire* buccale chez les Vorticellines, n'a pu avoir connaissance de la direction de cette spire, et n'a, par suite, pas mis trop d'importance à la direction de la spire des Spirochones. — La suite devra donc nous apprendre si les Spirochones sont, oui ou non, de vraies Vorticellines.

B. Genre TRICHODINOPSIS.

(V. PL. IV, FIG. 1-5.)

Nous formons le genre *Trichodinopsis* pour un animal fort singulier, dont la place dans le systéme semble encore être des plus douteuses. Par sa forme extérieure, cet infusoire est une vraie Trichodine munie de son appareil fixateur, mais sa surface entière est couverte d'un habit ciliaire très-développé. Une Vorticelline ciliée, c'est certainement quelque chose de très-nouveau. Un examen attentif de l'appareil digestif ne tarde pas à montrer, du reste, des différences importantes entre les Trichodinopsis et les Vorticellines. Il existe bien chez elles une spire buccale, portée par une espèce d'organe vibratile, et cette spire paraît bien avoir la direction normale, mais, à la place du vestibule et de l'œsophage accoutumés, on trouve un appareil tout spécial qui n'a d'analogie chez aucun infusoire connu.

La *Trichodinopsis paradoxa* (V. Pl. V, Fig. 1) habite par myriades l'intestin du *Cyclostoma elegans,* et se trouve parfois aussi dans la cavité pulmonaire du même mollusque. Son corps représente un cône tronqué, dont la base est légèrement excavée et entourée d'un épais bourrelet. La surface du corps est tapissée de longs cils, implantés de manière à ce que la pointe soit toujours dirigée vers la partie antérieure de l'animal. Ces cils ondulent d'une manière toute particulière, qui est propre à beaucoup d'autres infusoires parasites, en particulier à plusieurs Plagiotomes et Opalines.

L'animal se promène sur la muqueuse du Cyclostome, en tenant toujours son organe fixateur tourné contre elle. Cet organe (Fig. 2) se compose, comme chez les Trichodines, d'un cercle à apparence cornée et d'une membrane susceptible de se voûter en forme de cupule. La largeur totale de cet appareil est de 0^{mm}, 59; celle du cercle solide 0^{mm}, 48. Le cercle lui-même est épais de 0^{mm}. 026, et présente une sculpture tout-à-fait semblable à la torsion d'une corde. Des traces d'une torsion semblable se voient, du reste, aussi parfois chez les Trichodines. La surface plane, située à l'intérieur de ce cercle, est la seule partie de la surface du corps qui ne soit pas ciliée. A un très-fort grossissement, on y reconnaît un chagrin très-fin, mais très-régulier, et, en outre, des stries radiaires très-délicates, qui partent du bord du cercle et vont se perdant vers le centre. La couronne ciliaire est composée de cils plus vigoureux que ceux du reste du corps, et elle est implantée, comme chez les Trichodines, à l'extérieur de l'organe fixateur et tout autour de celui-ci.

La spire buccale est formée par des cirrhes plus forts que les cils de la surface du corps. Elle nous a paru avoir la même direction que celles des Vorticellines; mais, au lieu de descendre dans un vestibule constitué comme celui de ces dernières, elle conduit dans une espèce de canal compris entre deux cadres triangulaires, allongés (Fig. 3). Nous ne pensons du moins pas pouvoir décrire mieux l'apparence que nous a présentée ce singulier appareil, qu'en la comparant à celle de deux cadres triangulaires égaux, dont l'un des côtés serait beaucoup plus court que les deux autres. Ces deux triangles sont adjacents l'un à l'autre par l'un des longs côtés, de manière à former un angle dièdre. Ils ont, en un mot, une arête commune. Nous n'avons pas réussi à nous rendre compte d'une manière satisfaisante des fonctions de ce singulier appareil, ni de la distribution des cils qu'on aperçoit s'agitant dans son voisinage. Cette partie de l'organisation des Trichodinopsis nécessitera une révision scrupuleuse, et ce n'est qu'après cette révision qu'il sera permis de décider si ces animaux doivent, oui ou non, être placés auprès de la famille des Vorticellines.

L'observation de l'appareil buccal est d'autant plus difficile que cet appareil est à demi enveloppé par un large nucléus qui diminue la transparence. Ce nucléus est une plaque en général plus ou moins triangulaire et courbée en gouttière autour de l'appareil buccal. L'un des côtés de ce triangle, à savoir celui dont la direction se rapproche le plus d'un parallélisme complet avec l'axe du corps, est en général découpé en plusieurs lambeaux, souvent plus ou moins renflés (V. Fig. 4 et 5).

La vésicule contractile est unique et placée dans la partie supérieure du corps.

Lorsqu'on tue la *Trichodinopsis paradoxa* par l'acide acétique, on voit se dessiner d'une manière fort nette un organe, en forme de calotte solide, qui est immédiatement superposé à l'appareil fixateur (V. Fig. 1., *p.*). La fonction de cet organe nous est restée totalement inconnue. Est-ce peut-être une masse musculaire destinée à faire mouvoir cet appareil ?

La longueur totale de la *Trichodinopsis paradoxa* est d'environ 0^{mm}, 13 ; sa largeur, de 0^{mm}, 078.

Les Cyclostomes, dans l'intestin et la cavité pulmonaire desquels nous les avons rencontrés, ont été recueillis sur le coteau de Pinchat, prés de Genève.

IIe Famille. — UROCENTRINA.

La famille des Urocentrina est limitée, pour le moment, à l'*Urocentrum Turbo* Ehr. (Infus., p. 268, Pl. XXIV, Fig. VII), animal très-répandu, qui n'a pas été suffisamment étudié jusqu'ici. La rapidité excessive de cet infusoire en rend l'étude fort difficile ; et comme, de plus, nous avons égaré quelques esquisses que nous en avions faites, il y a déjà quelques années, nous ne pouvons pas dire grand'chose à son sujet. — Nous avons placé dans le tableau de classification les Urocentrina parmi les infuseires ciliés à spire buccale læotrope. Toutefois, nous n'oserions, vu la perte de nos esquisses, assurer qu'il n'y ait aucune erreur à ce sujet. La bouche n'est pas, dans tous les cas, placée là où la dessine M. Ehrenberg, mais elle est logée dans le sillon transversal médian que représente cet auteur. Ce sillon n'est, du reste, point exactement transversal, mais oblique. C'est la partie inférieure du sillon qui porte les cirrhes buccaux. La vésicule contractile est placée tout prés de l'extrémité postérieure du corps.

Quant à l'organe que M. Ehrenberg désigne sous le nom d'un *poinçon en forme de queue*, il est formé par de longs cils agglomérés en un faisceau.

La place de l'orifice anal ne nous est pas connue d'une manière positive, mais il n'est pas probable que cet orifice occupe, relativement à la bouche, la même position que chez les Vorticellines. M. Lachmann paraît même s'être convaincu qu'il est placé à l'extrémité postérieure.

IIIe Famille. — OXYTRICHINA.

La famille des Oxytrichiens, telle que nous l'avons délimitée, correspond à peu près exactement aux trois familles des *Aspidiscina*, *Oxytrichina* et *Euplotina* de M. Ehrenberg. La famille des *Aspidiscina* devait forcément disparaître, attendu qu'elle était basée sur un caractère erroné. Tandis, en effet, que M. Ehrenberg classait avec raison ses *Euplotina* et ses *Oxytrichina* dans son ordre des *Catotreta*, comme ayant la bouche et l'anus sur la face ventrale, il assignait à ses *Aspidiscina* une place parmi ses *Allotreta*, sous le prétexte que leur anus est terminal. Cependant l'anus est, chez eux, placé sur la face ventrale tout aussi bien que chez les deux autres familles. Quant à la distinction que M. Ehrenberg faisait entre ses *Euplotina* et ses *Oxytrichina*, elle est trop peu importante pour justifier la formation de deux familles. Dans la classification du savant Berlinois, les *Euplotina* sont munis d'une cuirasse, et les *Oxytrichina* en sont dépourvus, distinction très-claire sur le papier, mais qui l'est fort peu dans la pratique. En effet, la cuirasse des *Euplotina* n'est point un fourreau distinct du corps, comme celui des Cothurnies et des Vaginicoles, ni même une cuirasse exactement adhérente, mais bien distincte, comme celle des Dystériens. Elle n'a, dans le fond, pas d'existence réelle en tant qu'organe à part. C'est une pure apparence produite par une certaine raideur dans les téguments et dans le parenchyme. La cuirasse diffluе aussi rapidement que le reste du parenchyme. Il n'est donc pas possible de distinguer les genres cuirassés (*Euplotina* de M. Ehrenberg, *Plœsconiens* de M. Dujardin) des genres non cuirassés (*Oxytrichina* de M. Ehrenberg, *Kéroniens* de M. Dujardin). En effet, les premiers ne sont pas réellement cuirassés, mais n'ont qu'*une apparence de cuirasse*, comme dit M. Dujardin, et les derniers ne sont pas dépourvus de toute apparence semblable. Ce n'est que grâce à une raideur de téguments analogue à celle de la prétendue carapace des Euplotes, que les Stylonychia et les Oxytricha ont un *front* distinct du dos.

Plusieurs des genres qui ont été réunis jusqu'ici avec les Oxytrichiniens doivent en être éloignés comme troublant l'homogénéité de la famille. Tel est le genre Halteria, que M. Dujardin range, on ne sait pourquoi, parmi ses Kéroniens, et qui doit former une famille à part. Tel est encore le genre *Loxodes* Duj., qui contient uniquement des animaux appartenant au genre Chilodon de M. Ehrenberg et qui n'offre aucune affinité avec les Oxytrichiniens. — Le genre *Chlamidodon* Ehr. est fondé sur une espèce marine à nous inconnue (*C. Mnemosyne* Ehr., p. 377, Pl. XLII, Fig. VIII), mais qui n'a, bien certainement, rien à faire avec les Oxytrichiens. M. Lieberkühn, qui a eu l'occasion d'observer le *Chlamidodon Mnemosyne* dans la Baltique, près de Wismar, nous affirme que c'est un animal très-voisin des Chilodon : ce que nous sommes fort disposés à croire.. — Les genres *Discocephalus* Ehr. et *Ceratidium* Ehr. sont basés, par M. Ehrenberg, sur des êtres trop imparfaitement observés pour qu'il soit possible de leur accorder une place dans la nomenclature. Il en est de même des genres *Stichotricha* et *Mitophora* de M. Perty. Les genres *Kerona* Ehr. (*Alastor* Perty) et *Himantophorus* Ehr. nous sont malheureusement restés inconnus. Le premier se distingue des Stylonichies, et le second des Euplotes par l'absence des pieds-rames. Quant au genre *Urostyla* Ehr., nous aurons l'occasion d'en parler à propos des Oxytriques (V. O. *Urostyla*). La famille fort peu naturelle des Cobalina, que M. Perty intercale entre ses Oxytrichina et ses Euplotina renferme des genres très-hétérogènes, dont un seul, celui des *Alastor* Perty (*Kerona* Ehr.), est voisin des Oxytrichiens[1].

La famille des Oxytrichiens renferme tous les infusoires marcheurs. Les extrémités que présentent ces animaux peuvent se classer sous différentes rubriques que nous avons déjà eu l'occasion de mentionner ailleurs sous les noms de pieds-crochets, de pieds-rames, de pieds-cirrhes, de cirrhes marginaux, de soies. Les pieds-crochets ont été désignés par M. Ehrenberg sous les noms de *Haken, Hakenfüsse* et *uncini,* et par M. Dujardin, sous celui de *pieds corniculés.* Les pieds-rames sont les *styli* ou *Griffel* de la nomenclature de M. Ehrenberg. Nous préférons le nom de pieds-rames (*Ruderfüsse*) parce que les appendices dont il s'agit ne sont jamais pointus, comme le pourrait faire supposer le nom de *style,* mais larges et aplatis comme une rame. — Quant aux pieds-crochets, ils ne sont pas essentiellement différents des pieds-cirrhes. Les premiers se trouvent en particulier chez les Euplotes et les Stylonychies, et se meuvent comme de véritables pieds. Les seconds, qu'on trouve par exemple chez les Oxytriques, sont plus fins et s'agitent, dans des sens divers, d'une manière qui rappelle déjà les mouvements des cils d'autres infusoires.

Soit les pieds-rames, soit les pieds-crochets, ainsi que les pieds-cirrhes et les cirrhes marginaux, sont susceptibles, dans toute la famille des Oxytrichiens, de se fendre dans le sens de leur longueur et de se transformer ainsi en un faisceau de soies fines, dont chacune peut s'agiter pour son propre compte (V. Pl. VI, Fig. 1, A, B et C). On voit cette division des appendices se manifester toutes les fois qu'un Oxytrichien a trop peu d'espace pour circuler librement entre les deux plaques de verre du porte-objet. Aussi est-il souvent fort difficile de compter le nombre réel des appendices d'une Stylonychie, parce que ce nombre se trouve plus grand à la fin de l'observation qu'au commencement. Cependant, la cause de cette difficulté une fois connue, il est facile d'éviter les erreurs qui pourraient en résulter. — Les cirrhes dont est muni le bord antérieur de l'animal, cirrhes que M. Ehren-

1. Quant au parasite de l'intestin du *Julus marginatus*, que M. Leidy a décrit sous le nom de *Nyctitherus velox* (Proceedings of the Akademy of Natural Sciences of Philadelphia, vol. IV, p 253) et qu'il prétend être un infusoire proche parent des Euplotes, il n'est pas probable qu'il appartienne à la famille des Oxytrichiens. Toutefois, la description de M. Leidy ne nous permet pas de décider dans quelle famille il doit rentrer.

berg désigne sous le nom de *cirrhes frontaux*, ne paraissent pas être susceptibles de se diviser de la même manière.

Certains genres de cette famille (*Schizopus, Campylopus*) offrent, outre les appendices déjà mentionnés, des extrémités, dont le lieu d'implantation est très-remarquable. Ce sont de véritables *pieds dorsaux*, en ce sens que leur base n'est point fixée sur la face ventrale de l'animal, mais dans une excavation de la face dorsale. Ces pieds sont dirigés horizontalement, c'est-à-dire à peu près parallèlement à l'axe du corps, et ne servent pas à la marche. Ils sont susceptibles de se fendre longitudinalement jusqu'au bas, comme les appendices de la face ventrale.

Chez toutes les espèces jusqu'ici connues, la vésicule contractile est unique et l'anus est situé sur la face ventrale, du côté droit, non loin du bord postérieur. L'œsophage est toujours fort court.

Tableau des genres de la famille des Oxytrichiens.

OXYTRICHINA.	Des cirrhes marginaux.	Des pieds-cirrhes distribués en rangées régulières, longitudinales ou obliques.		Partie antérieure non prolongée en forme de col hérissé de soies	1. OXYTRICHA.
				Partie antérieure prolongée en forme de col hérissé de soies.	2. STICHOCHÆTA.
		Des pieds crochets non distribués en rangées régulières......			3. STYLONYCHIA.
	Pas de cirrhes marginaux.	Des cirrhes frontaux.	Des pieds crochets.	Pas de pieds dorsaux.	4. EUPLOTES.
				Des pieds dorsaux...	5. SCHIZOPUS.
			Pas de pieds crochets..................		6. CAMPYLOPUS.
		Pas de cirrhes frontaux..................................			7. ASPIDISCA.

1er Genre. — OXYTRICHA[1].

Les Oxytriques sont proches parentes des Stylonychies, dont elles ne se distinguent que par la présence de rangées longitudinales régulières de pieds-cirrhes sur la face ventrale.

1. Il est possible qu'une partie tout au moins des espèces décrites par M. Ehrenberg dans la famille des Enchelia, sous le nom de *Trichodes*, doivent rentrer dans le genre Oxytrique. En tout cas, les *Trichoda* de cet auteur ont tous été trop imparfaitement observés pour que la systématique actuelle en puisse rien faire.

Les autres caractères distinctifs dont on pourrait être tenté de se servir, tels que les pieds-rames ou les pieds-crochets, n'ont aucune valeur réelle. Les pieds-rames des Stylonychies se retrouvent en effet chez plusieurs Oxytriques, bien que dans un état en général rudimentaire, et les pieds-cirrhes des Oxytriques sont fréquemment susceptibles de se mouvoir d'une manière très-analogue à celle des pieds des Stylonychies.

MM. Ehrenberg, Dujardin et Perty ont décrit un grand nombre d'espèces appartenant à ce genre, dont la plupart ne sont malheureusement pas reconnaissables. Ces auteurs n'ont, en général, pas vu les rangées longitudinales de pieds-cirrhes, et, lorsqu'ils les ont aperçus, il ne leur ont accordé qu'une faible importance, négligeant d'en compter le nombre et d'en fixer la position. Or, ce sont précisément ces pieds-cirrhes qui fournissent les caractères les plus positifs pour la distinction des espèces. M. Dujardin caractérise les Oxytriques comme des animaux *sans téguments*, munis de cils vibratiles *épars*, entre lesquels sont d'autres cils plus épais, droits, flexibles, mais non vibratiles, ayant l'apparence de soies roides et de stylets. Il ajoute qu'une rangée régulière de cils obliques plus forts (les cils fronto-buccaux) se voit *ordinairement* en avant. Il n'est, dans le fait, pas une seule Oxytrique qui pût répondre à une semblable définition.

Il est utile de distinguer chez les Oxytriques, outre les cirrhes fronto-buccaux, deux espèces de cirrhes formant des rangées longitudinales, à savoir les pieds-cirrhes ou cirrhes ventraux, et les cirrhes marginaux. Ces derniers correspondent à ceux que nous désignerons, sous le même nom, chez les Stylonychies. Cette distinction est justifiée par le fait que les pieds-cirrhes forment des rangées assez exactement parallèles entre elles, tandis que les cirrhes marginaux (surtout la rangée gauche) s'éloignent souvent assez notablement de ce parallélisme pour suivre le bord de l'animal. De plus, chez les espèces qui portent en arrière des pieds-rames, les cirrhes ventraux ne dépassent jamais ces extrémités, tandis que les rangées de cirrhes marginaux se prolongent encore en arrière d'elles.

M. Ehrenberg, qui nous a donné jusqu'ici de beaucoup les meilleures figures d'Oxytriques, ne paraît pas s'être bien rendu compte de la configuration de la bouche. Tantôt il la représente comme une fente placée sur la ligne axiale du corps et bordée de cirrhes particuliers, tantôt il dessine, au contraire, les cirrhes fronto-buccaux comme se continuant dans les deux rangées de cirrhes marginaux.

Du reste, la conformation des Oxytriques est parfaitement identique à celle des Stylonychies, que nous étudierons plus en détail. Leur vésicule contractile est, comme chez ces dernières, toujours située du côté gauche. M. Ehrenberg parle, il est vrai, de deux ou trois vésicules contractiles chez l'*Ox. gibba;* mais cet animal ne paraît pas avoir été observé très-exactement par lui, et il ne faut pas oublier que la vésicule contractile se dédouble lorsqu'une division spontanée est près d'avoir lieu. — Le nucléus paraît être double chez toutes les espèces. M. Ehrenberg en indique, il est vrai, jusqu'à trois chez son *Ox. gibba,* mais il est possible qu'il ait eu affaire à un commencement de division spontanée. M. Dujardin se contente de dire que, *quelquefois,* on voit à l'intérieur des Oxytriques des corps ovales ou arrondis, blanchâtres, demi-transparents, que M. Ehrenberg a pris pour des testicules.

La cavité du corps est relativement plus grande chez beaucoup d'Oxytriques que chez les Stylonychies. Chez ces dernières, cette cavité ne pénètre jamais dans la partie postérieure du corps, et atteint à peine le niveau de la ligne d'implantation des pieds-rames. Chez la plupart des Oxytriques, au contraire, la cavité s'étend jusqu'à l'extrémité postérieure du corps, dont le parenchyme n'est pas plus épais dans cette région que partout ailleurs. Les Oxytriques munies de queue font cependant exception, en ce sens, que la cavité du corps ne s'étend pas, chez elles, au-delà de la base de la queue.

L'anus est placé un peu en avant de l'extrémité postérieure du corps, à droite de la ligne médiane, c'est-à-dire à la base des pieds-rames, chez les espèces qui en possèdent. C'est aussi là que se trouve l'anus chez les Stylonychies. Chez les espèces urodèles, l'anus est placé naturellement avant la queue.

Les Oxytriques se comportent, sous le rapport du nucléus et de la vésicule contractile, comme les Stylonychies (V. Genre *Stylonychia*).

ESPÈCES.

1° *Oxytricha Urostyla.* (V. Pl. V, Fig. 2.)

Diagnose. Sept rangées longitudinales de cirrhes sur la face ventrale, dont deux seulement se prolongent jusque sous l'arc frontal. Huit pieds-rames.

Cette espèce atteint une fort grande taille. Elle a, en général, une grandeur de $0^{mm},22$ et présente toujours une couleur brune intense, due à de petits granules pigmentaires disséminés dans le parenchyme de son corps. Son front est relativement élevé et séparé du dos par un sillon très-profond, dans lequel sont implantés les cirrhes frontaux. La fosse buccale est profondément excavée, et son bord droit forme une sorte de lèvre mince qui domine la fosse, comme le ferait un bord de toit. Sous cette lèvre sont implantés des cirrhes analogues à ceux que nous verrons chez les Stylonychies. Ceux de ces cirrhes qui sont le plus en avant forment un faisceau qui se recourbe en arc du côté de la rangée buccale. Cet arc limite la fosse buccale du côté du front. Il en existe un semblable chez plusieurs autres espèces.

La face ventrale présente sept rangées de cirrhes longitudinales, les marginales comprises. L'extrémité postérieure est munie de huit pieds-rames peu développés, ordinairement un peu infléchis du côté gauche, et compris entre les deux rangées marginales. La rangée marginale droite fait une sinuosité profonde en se rapprochant de la ligne médiane, sinuosité qui est répétée par les rangées ventrales, car celles-ci cheminent assez exactement parallèles avec la rangée marginale droite. — Le front se détache chez cette espèce toujours très-nettement de la face ventrale et laïsse complètement sur sa droite la partie antérieure de la rangée marginale droite et de la première rangée ventrale. La seconde rangée ventrale s'étend, depuis les pieds-rames jusqu'au niveau de la vésicule contractile, sans se continuer au-delà. La troisième et la quatrième, au contraire, s'étendent depuis les pieds-rames jusque sous l'arc frontal, en longeant le bord droit de la fosse buccale. Leur extrémité antérieure s'infléchit vers la gauche parallèlement au bord du front. L'origine de ces deux rangées se trouve donc séparée de la rangée marginale droite et de la première rangée ventrale par la moitié droite de l'arc frontal. La cinquième rangée ventrale commence à peu près au niveau de la bouche, un peu à gauche de celle-ci, et s'étend jusqu'aux pieds-rames. Enfin, la rangée marginale gauche prend son origine un peu plus en avant que la cinquième rangée ventrale et suit plus ou moins le bord gauche de l'animal, laissant la vésicule contractile sur sa droite.

Il n'est pas impossible que notre *O. Urostyla* soit l'*Urostyla grandis* de M. Ehrenberg (Inf., p. 369. Pl. XLI, Fig. VIII). Cet auteur décrit l'animal en question comme étant muni de rangées longitudinales de cils sur la face ventrale, et ayant une apparence jaunâtre lorsqu'il est vu sous le microscope. Il a cru remarquer, soit à la partie antérieure, soit à la partie postérieure, quelques soies plus longues placées entre les cils. A l'extrémité postérieure, il dit avoir vu une petite fente, indiquant sans doute l'anus, et bordée du côté gauche de cinq à huit styles. Ces styles sont peut-être les huit pieds-rames que nous avons décrits; mais nous n'avons rien vu qui ressemblât à une fente.

Malgré cela, la description de M. Ehrenberg pourrait, à la rigueur, s'appliquer à notre *Oxytricha Urostyla,* si ce savant n'attribuait à son *Urostyla grandis* un seul nucléns; or, notre Oxytrique en a toujours deux, comme les autres espèces du genre. Aussi n'est-ce qu'avec doute que nous citons l'*Urostyla grandis* comme synonyme de l'*Oxytricha Urostyla.*

2° *Oxytricha fusca.* Perty. Zur Kenntn., etc., p. 154, Pl. VI, Fig. 19.

DIAGNOSE. Forme de l'*O. Urostyla;* pas de pieds en rame.

Nous avons fréquemment rencontré une Oxytrique voisine de la précédente, mais atteignant parfois une taille encore plus grande qu'elle. Comme elle, elle est blanche à la lumière incidente, tandis qu'elle présente une teinte enfumée lorsqu'elle est vue par transparence. Elle se distingue de l'*O. Urostyla* par l'absence des huit pieds-rames. Nous n'avons pas réussi à compter jusqu'ici d'une manière certaine le nombre des rangées ventrales de pieds-cirrhes, bien que ce nombre nous ait paru être plus grand que chez l'espèce précédente. C'est sans doute cette espèce que M. Perty a décrite très-imparfaitement, sous le nom d'*Oxytricha fusca,* sans avoir mentionné les rangées de pieds-cirrhes.

3° *Oxytricha multipes.* (V. Pl. V, Fig. 1.)

Diagnose. Sept rangées de cirrhes sur la face ventrale, dont quatre se continuent jusque sous l'arc frontal. Huit pieds-rames. Pas de queue.

L'O. *multipes* ressemble beaucoup à l'*O. Urostyla.* Elle est un peu plus petite, n'atteignant qu'une longueur de 0^{mm},10 à 0,15, et un peu plus étroite. Elle est, comme les deux espèces précédentes, blanchâtre à la lumière incidente, mais foncée lorsqu'on l'observe par transparence. La teinte de cette coloration est un brun tirant en général d'une façon très-décidée vers le verdâtre. Le front est ordinairement moins saillant que chez l'*O. Urostyla.* Les rangées de pieds-cirrhes sont en nombre égal chez les deux espèces, c'est-à-dire qu'il y a chez l'une comme l'autre deux rangées marginales comprenant entre elles cinq rangées de cirrhes ventraux. Mais, tandis que chez l'*Oxytricha Urostyla* trois rangées ventrales seulement atteignent la partie antérieure du corps, et que deux d'entre elles seulement se prolongent jusque sous l'arc frontal, nous trouvons chez l'*O. multipes,* en outre de la rangée marginale droite, quatre rangées de pieds-cirrhes se prolongeant à peu près parallèlement avec le bord droit de la fosse buccale jusque sous l'arc du front. Le cirrhe qui, dans chacune de ces rangées, se trouve placé le plus en avant, atteint des dimensions beaucoup plus considérables que les autres et prend une apparence tout-à-fait semblable à celle des crochets des Stylonychies et des Euplotes. Le cirrhe placé immédiatement en arrière de chacun de ces quatre crochets est également plus fort que les suivants, sans atteindre la taille des précédents. Tous les cirrhes des quatre rangées qui sont placés plus en arrière, à peu près jusqu'au niveau de la bouche, se meuvent également à la manière des pieds-crochets des Stylonychies, bien qu'ils soient de taille relativement petite. Ce sont de véritables pieds-marcheurs. C'est là le caractère saillant de cette Oxytrique, qu'on reconnaît aussitôt à cette multitude de crochets en activité sur la moitié droite de l'animal et aux quatre crochets, bien plus forts, situés en avant des autres.

La partie postérieure de l'animal est munie de huit pieds-rames, comme cela a lieu chez l'*O. Urostyla.* Cependant ces pieds sont relativement beaucoup plus forts que chez cette dernière, et leur ligne d'implantation est moins rapprochée de l'extrémité postérieure. Les deux rangées de cirrhes marginales se continuent en arrière des pieds-rames, tandis que les rangées ventrales ne dépassent pas le niveau de ceux-ci.

Enfin, nous avons à noter que la vésicule contractile se continue, soit en avant, soit en arrière, en un vaisseau longitudinal, qui se montre d'une manière très-distincte au moment de la contraction de la vésicule, parce qu'il se trouve alors distendu par le liquide chassé dans son intérieur.

Nous avons trouvé cette Oxytrique dans diverses localités des environs de Berlin, en particulier dans les étangs du Grunewald, de Pichelsberg et de la Jungfernhaide.

4° *Oxytricha gibba.* (V. Pl. V, Fig. 8.)

DIAGNOSE. Seulement cinq rangées de pieds-cirrhes sur la face ventrale; pas de queue.

Nous conservons le nom d'*O. gibba* à l'espèce que nous avons figurée, Pl. V, Fig. 8, sans oser affirmer d'une manière bien positive que ce soit l'animal auquel M. Ehrenberg a donné ce nom (V. Ehr. Infus., p. 365, Pl. XLI, Fig. II). Mais les descriptions de cet auteur, qu'on pouvait taxer de soigneuses à l'époque où elles furent faites, sont tellement insuffisantes en face des progrès de la science actuelle, qu'il faut beaucoup de hardiesse pour en faire usage. La diagnose de M. Ehrenberg (O. *corpore albo, lanceolato, utrinque obtuso, ventre plano, setarum serie duplici insigni, ore amplo rotundato*) s'applique à notre Oxytrique, à l'exception de ce qui concerne les cirrhes et la bouche. Cependant nous ne pouvons guère nous arrêter au fait que M. Ehrenberg n'a compté que deux rangées de cirrhes, tandis que nous en trouvons six, les deux marginales comprises. En effet, tout ce qui a rapport aux pieds-cirrhes des autres Oxytriques est trop imparfait chez M. Ehrenberg, pour que nous puissions attacher grande valeur aux données relatives à ce cas particulier. M. Ehrenberg indique, d'ailleurs, que la rangée de cirrhes buccaux se continue directement dans les deux rangées ventrales, et que celles-ci se terminent par quatre ou cinq soies caudales plus allongées. Or, il est certain que chez aucune Oxytrique les cirrhes buccaux ne forment une rangée continue avec les cirrhes ventraux. Ce que M. Ehrenberg dit des soies caudales est, par contre, également vrai pour notre Oxytrique. — Une autre preuve que M. Ehrenberg n'a pas accordé une grande attention aux cirrhes ventraux, c'est que, dans les figures II_2 et II_3 (Pl. XLI), il n'a dessiné les pieds-cirrhes que du côté gauche.

Notre O. *gibba* a dans le fait, comme nous le disions, en outre des deux rangées marginales, quatre rangées de cirrhes ventraux. Trois d'entre elles, disposées à droite du bord droit de la fosse buccale, s'étendent depuis l'arc frontal jusqu'à l'extrémité postérieure. La quatrième commence seulement au niveau de la bouche environ, un peu à gauche de celle-ci, et s'étend, comme les précédentes, jusqu'à l'extrémité postérieure. Les deux rangées ventrales médianes sont très-rapprochées l'une de l'autre, et celle qui est la plus voisine du bord de la fosse buccale, c'est-à-dire la troisième à partir de droite, est formée par des cirrhes relativement un peu plus petits et plus grêles que ceux des autres rangées ventrales. Le cirrhe, placé le plus en avant dans chacune des trois rangées qui se continuent jusque sous l'arc du front, atteint des dimensions considérables et se meut constamment, comme les pieds-crochets des Stylonychies et des Euplotes. Les cirrhes suivants sont plus ou moins aptes à se mouvoir de temps à autre d'une manière analogue, mais ce n'est jamais là qu'un phénomène passager.

M. Ehrenberg indique chez son *O. gibba* deux ou trois vésicules contractiles placées sur autant de glandes sexuelles (nucléus). Il est possible, partant, qu'il ait eu affaire, soit au prélude d'une division spontanée, soit à la formation d'embryons. Notre O. *gibba* n'a, à l'état normal, qu'une vésicule contractile, qui n'est nullement placée sur l'un des deux nucléus, mais occupe la même place que chez toutes les autres Oxytriques et chez les Stylonychies.

Cette Oxytrique, que nous avons rencontrée plusieurs fois dans les eaux douces des environs de Berlin, atteint une longueur de 0^{mm},10 à 0,13.

5° *Oxytricha Pellionella*. Ehr. Inf. p. 364. Pl. XI, Fig. 10.

Le nom d'*O. Pellionella* doit être conservé à la plus commune des Oxytriques, quelque éloignée qu'elle soit de la description de M. Ehrenberg. Ce dernier n'a, en effet, vu ni les cirrhes marginaux, ni les rangées de pieds-cirrhes sur la face ventrale, qui existent cependant chez toutes les Oxytriques. Cette espèce, plus petite que les autres, est aussi d'une observation assez difficile. Nous préférons ne pas entrer dans des détails circonstanciés à son sujet, parce que nous ne l'avons pas étudiée d'une manière assez complète. M. Ehrenberg indique chez cette espèce que la division spontanée est précédée par la formation de quatre nucléus et la division de la vésicule contractile. Cette observation est très-exacte. Elle paraît être vraie de toutes les Oxytriques et Stylonychies.

6° *Oxytricha caudata*. Ehr. Inf. p. 365. Pl. XL, Fig. 11.

(V. Pl. V, Fig. 7.)

DIAGNOSE. Cinq rangées de cirrhes bien développés sur la face ventrale. Une queue non rétractile

L'Oxytrique à laquelle M. Ehrenberg donne ce nom paraît avoir été observée et figurée par lui d'une manière très-imparfaite. Ce savant indique, en effet, que la partie médiane de la face ventrale est dépourvue de cirrhes et ne présente qu'un large sillon longitudinal, disposition qui ne paraît exister chez aucune Oxytrique. M. Ehrenberg n'a vu des cirrhes chez son *O. caudata* qu'autour de la fosse buccale, et, en outre, il indique cinq soies caudales. La circonstance que la fosse buccale est, pour lui, un sillon sur la ligne médiane, cilié sur tout son pourtour, ne doit pas nous arrêter, puisque M. Ehrenberg dessine également souvent la bouche des Stylonychies de cette manière-là.

Nous croyons retrouver l'*O. caudata* Ehr. dans une Oxytrique assez fréquente, chez laquelle les cirrhes frontaux forment une rangée, qui, logée d'abord dans le sillon qui sépare le front du dos de l'animal, s'infléchit ensuite du côté gauche de manière à arriver sur la face ventrale, comme chez les autres Oxytriques. Cette espèce possède, en outre des deux rangées de cirrhes marginaux, trois rangées de pieds-cirrhes ventraux. Deux de celles-ci sont situées à droite de la fosse buccale, et s'étendent depuis l'arc frontal jusqu'à l'extrémité de la queue; celle qui est le plus rapprochée du bord de la fosse buccale est composée de cirrhes plus petits et plus grêles que l'autre. La troisième prend son origine un peu au-dessus du niveau de la bouche, et à gauche de celle-ci, pour s'étendre jusqu'à l'extrémité de la queue. — Les cirrhes marginaux du bout de la queue sont notablement plus longs et plus vigoureux que les autres, ce qui explique pourquoi ce sont les seuls qui paraissent avoir été vus par M. Ehrenberg.

Les deux nucléus sont très-allongés et plus rapprochés l'un de l'autre que dans la plupart des autres espèces.

L'O. *caudata* habite les eaux douces des environs de Berlin.

7° *Oxytricha crassa.* (V. Pl. VI, Fig. 7.)

DIAGNOSE. Oxytrique bossue, sans queue, mais rétrécie soit en avant, soit en arrière. Pieds-cirrhes beaucoup plus courts que chez toutes les espèces précédentes.

Cette espèce est facile à reconnaître à sa forme toute particulière. Elle est fort large dans son milieu et va s'amincissant graduellement vers les deux extrémités. L'extrémité antérieure s'infléchit en outre du côté gauche, et l'extrémité postérieure fait de même, quoique à un moindre degré. Il en résulte que la convexité du côté droit est beaucoup plus forte que celle du côté gauche. Le bord gauche n'est même convexe que dans son milieu et concave vers les deux extrémités. Le dos de l'animal est très-élevé, formant une bosse considérable, de sorte que le nom d'*O. gibba* conviendrait encore mieux à cette espèce qu'à celle que M. Ehrenberg a désignée sous ce nom. Le front ne fait pas saillie, comme dans les espèces précédentes, de sorte que les cirrhes frontaux sont implantés immédiatement sur la face inférieure et non pas dans un sillon fronto-dorsal. Les cirrhes frontaux descendent, du reste, beaucoup plus bas sur le côté droit que chez les autres espèces.

La fosse buccale est étroite et allongée. La bouche est située plus à gauche que chez la plupart des autres Oxytriques.

Les cirrhes ventraux sont grêles et courts. Nous en avons compté en tout cinq rangées, dont trois prennent leur origine à droite de la fosse buccale. Les cirrhes de l'extrémité postérieure sont plus longs que les autres et sont en général traînés passivement comme des pieds-rames.

Nous avons rencontré assez fréquemment cette Oxytrique au milieu de floridées, dans le fjord de Bergen, en Norwége. Elle nous a constamment offert une couleur brune jaunâtre, due, sans doute, à la nourriture qu'elle avait prise.

L'*O. crassa* atteint en général une taille de $0^{mm},15$.

8° *Oxytricha auricularis*. (V. Pl. V, Fig. 5-6.)

DIAGNOSE. Partie antérieure élargie. Pieds-cirrhes tout à fait rudimentaires. Une queue non rétractile.

Cette espèce se reconnaît facilement à sa forme, qui rappelle plus ou moins celle d'un cure-oreille, et aux soies rudimentaires des côtés de sa queue, qui sont trop brèves pour pouvoir servir à la marche ou à la natation, et qui ont l'air de petits bâtonnets courts implantés dans les téguments, ou de petites verrucosités.

Il n'y a chez cette espèce, pas plus que chez l'*O. crassa,* de front faisant une saillie prononcée, et, par conséquent, pas de sillon fronto-dorsal. Les cirrhes frontaux sont, par suite, implantés immédiatement sur la face inférieure de l'animal. La bouche est située plus en avant que chez la plupart des espèces du genre. Toute la face ventrale est ornée de pieds-cirrhes excessivement courts formant des lignes obliques, dont nous n'avons pu compter exactement le nombre. A la queue, nous avons compté cinq rangées longitudinales de cirrhes fort courts. Les rangées les plus rapprochées du bord et de chaque côté, sont réduites à l'état d'une ligne de simples verrucosités. La ligne médiane est composée de cirrhes un peu plus faibles que les deux lignes avoisinantes. Les cirrhes qui sont situés à l'extrémité même de la queue forment un faisceau de soies plus allongées.

L'*Oxytricha auricularis* atteint, en moyenne, une taille de $0^{mm},30$.

Nous avons observé cette espèce, soit dans le fjord de Bergen, soit aux environs de Glesnæsholm, près de Sartoröe, sur les côtes de Norwége. M. Lieberkühn nous a dit l'avoir trouvée également dans les eaux de la mer, à savoir dans la Baltique, près de Wismar.

9° *Oxytricha retractilis*. (V. Pl. V, Fig. 3-4.)

DIAGNOSE. Oxytrique à partie antérieure très-étroite ; une queue rétractile.

Cette espèce est très-facilement reconnaissable à la partie antérieure, qui est extrê-mement rétrécie, tandis que la partie médiane forme un renflement ovoïde et que la partie postérieure est prolongée en une espèce de queue rétractile. Nous n'avons pas pu compter d'une manière bien positive le nombre des rangées de pieds-cirrhes, mais l'espèce est bien suffisamment caractérisée sans cela. Les pieds-cirrhes sont fort courts, à l'exception de deux ou trois, au bout de la queue, qui sont comparables aux pieds en rame d'autres espèces. Le front est orné de cinq soies ou cirrhes considérablement plus longs que les cirrhes buccaux. Cette espèce est surtout remarquable par la circonstance que sa queue est rétractile. L'animal peut subitement, en faisant un soubresaut, la retirer presque jusqu'à disparition complète (V. Fig. 4).

L'*Oxytricha retractilis* atteint une longueur de $0^{mm},08$, la queue non comprise. Celle-ci peut s'allonger bien plus que nous ne l'avons représenté dans notre figure. Nous avons trouvé cette espèce dans le fjord de Bergen (Norwége).

M. Ehrenberg décrit encore diverses espèces d'Oxytriques, qu'il sera bien difficile de reconnaître d'après les figures qu'il en donne. Son *Oxytr. Cicada* (Inf., p. 366, Pl. XLI, Fig. IV), chez laquelle il n'a pu constater avec certitude ni la bouche, ni l'anus, ni le nucléus, et dont il n'a vu que fort imparfaitement les pieds (il dit simplement qu'il a vu des organes sétiformes à la face ventrale), pourrait fort bien n'être pas une Oxytrique, mais un Aspidisca.

L'O. *Lepus* Ehr. (Inf., p. 367, Pl. XLI, Fig. V) est observée d'une manière trop insuffisante pour qu'on puisse la reconnaître, puisque M. Ehrenberg dit lui-même n'avoir reconnu avec certitude ni bouche, ni anus, ni nucléus.

L'O. *Pullaster* Ehr. (Inf., p. 366, Pl. XLI, Fig. III) est aussi peu reconnaissable que les précédentes. M. Ehrenberg n'a vu, en fait d'extrémités, que les cirrhes de la bouche et une dizaine de soies caudales. Il dit lui-même qu'une partie de ses dessins sont quelque peu aventureux (*Abbildungen zum Theil abentheuerlich*).

L'O. *platystoma* Ehr. (Inf., p. 365, Pl. XLI, Fig. I) n'a pas été observée d'une manière plus complète que les précédentes. M. Ehrenberg ne sait lui-même si ce ne sont peut-être pas de jeunes individus de son *Urostyla grandis*. Relativement aux extrémités, il se contente de dire que la face ventrale est bordée de cils sur son pourtour, cils qui sont plus longs à la partie antérieure et à la partie postérieure que sur les côtés. Dans tous les cas, la fig. I_1 (Pl. XLI), qui doit représenter la face ventrale, est renversée.

L'*Ox. rubra* Ehr. (Inf., p. 364, P. XL, Fig. IX) est une espèce marine qui doit ressembler à l'*O. caudata*, si ce n'est cette espèce-là même. La couleur rouge ne peut être un caractère distinctif. C'est une couleur que prennent une grande partie des infusoires vivant sur les floridées, par suite de ce qu'ils avalent en grande quantité des débris de ces algues. M. Ehrenberg dessine chez cette espèce deux rangées de cirrhes longitudinales sur la face ventrale. S'il n'y en a réellement pas davantage, c'est un caractère qui, dans l'occasion, pourrait servir à faire reconnaître cette espèce. — L'animal que M. Dujardin désigne sous le nom d'*O. rubra* sera encore plus difficile à reconnaître, puisque cet auteur n'a su distinguer chez lui les deux rangées de cirrhes en question.

L'O. *incrassata* Duj. (Inf., p. 418, Pl. XI, Fig. 14) ne pourra jamais être retrouvée par personne. M. Dujardin n'a pas vu ses cirrhes ventraux, et la forme générale du corps n'offre aucun caractère saillant. Il en est de même de l'*O. Lingua* Duj. (Inf., p. 418, Pl. XI, Fig. II), dont on ne peut même affirmer que ce soit réellement une Oxytrique.

L'*Oxytricha radians* Duj. (Inf., p. 420, Pl. XI, Fig. 16) n'a, à en juger par le dessin de M. Dujardin, rien qui permette de la rapprocher des Oxytriques, ni d'aucun autre genre connu.

Les Oxytriques ont été, en général, bien maltraitées par M. Perty, comme tout le reste de la famille. Il est impossible de rien faire de son *Oxytricha ambigua* (Zur Kennt., p. 153, Pl. VI, Fig. 17-18), dont il n'a vu ni les pieds, ni la bouche. Son *O. gallina* (Zur Kennt., p. 154, Pl. IX, mittlere Abth., Fig. 7) ne peut réclamer un meilleur sort, car il n'en donne pas de description, et le dessin qui doit remplacer celle-ci est au-dessous de toute critique. La diagnose de l'*O. decumana* Perty (Zur Kennt., p. 154) est complètement insuffisante à caractériser une Oxytrique, et l'on n'a pas même ici le secours d'une esquisse aventureuse, car M. Perty annonce n'avoir pu faire de dessin de cette espèce.

Quant à ce qui concerne l'*O. protensa* Perty, il serait peut-être possible de la reconnaître à ce qu'elle est relativement beaucoup plus longue et beaucoup plus étroite qu'aucune des espèces connues. Mais il est fort douteux que M. Perty ait eu sous les yeux une Oxytrique. En effet, il dit que les cils, bien que toujours fort difficiles à voir, étaient cependant plus faciles à reconnaître sur la face supérieure que sur la face inférieure. Or, la face dorsale n'est pas ciliée chez les Oxytriques.

L'O. *plicata* Eichwald (Dritter Nachtrag z. Inf. Russl., p. 131, Pl. VI, Fig. 14) est un animal complètement indéterminable, qui n'appartient peut-être pas même à la famille des Oxytrichiens.

Il est fort possible qu'il faille, ainsi que M. Dujardin et Perty l'ont déjà fait, joindre tout ou partie du genre *Uroleptus* Ehr. aux Oxytriques. M. Ehrenberg range, il est vrai, ses Uroleptus parmi les Colpodéens, mais ces animaux n'ont évidemment été observés que d'une manière fort incomplète, par lui, comme cela ressort déjà du fait qu'il ne pût reconnaître leurs « organes sexuels » (nucléus et vésicule contractile), et qu'il est obligé de se borner à dire à ce sujet qu'O.-F. Mueller a vu une vésicule contractile chez l'*Uroleptus Piscis*. Du reste, la famille des Colpodea est basée, dans le système de M. Ehrenberg, sur la position de la bouche et de l'anus; et cet auteur paraît n'avoir pas reconnu bien positivement la position de ce dernier chez les Uroleptus. Il dit, en effet, qu'il n'a pu déterminer l'anus qu'avec une grande vraisemblance, mais cependant pas avec certitude (*Ich habe die Afterstelle nur mit grosser Wahrscheinlichkeit festgestellt.*)

M. Lieberkühn (d'après une communication verbale) paraît penser cependant qu'on ne peut pas assimiler indistinctement tous les Uroleptus aux Oxytriques. Il croit reconnaître dans plusieurs d'entre eux la *Plagiotoma lateritia*, ou des infusoires voisins de cette espèce. M. Lieberkühn pourrait bien avoir raison dans sa manière de voir, car M. Ehrenberg dit positivement que l'*Uroleptus Piscis* était cilié sur toute sa surface. Chez les autres espèces, M. Ehrenberg compte le nombre des rangées de cils qu'on trouve sur l'une des moitiés du corps (*Halbansicht*), d'où il semble ressortir que l'autre moitié est également ciliée. Dans tous les cas, il n'y a pas de doute que l'*Uroleptus Filum* n'est pas une Oxytrique, mais un infusoire très-voisin du *Spirostomum ambiguum*, et par conséquent aussi de la *Bursaria (Plagiotoma) lateritia* de M. Ehrenberg.

2me *Genre.* — STICHOCHÆTA.

Ce genre se rapproche des Oxytriques par l'existence de pieds-cirrhes sur la face ventrale et de cirrhes marginaux, mais il s'en distingue clairement par sa partie antérieure, qui est allongée en forme de col aplati, hérissé de soies longues et fines du côté gauche. Le nucléus est double comme chez les Oxytriques et les Stylonychies. Nous n'avons pas observé directement l'anus, mais il est probable qu'il est, comme chez les Oxytriques, situé à la partie postérieure du corps.

ESPÈCES.

Stichochæta cornuta. (V. Pl. VI, Fig. 6.)

DIAGNOSE. Partie antérieure armée d'un cirrhe vigoureux, long et pointu.

Cet animal, que nous avons trouvé plusieurs fois dans les environs de Berlin, soit à Pichelsberg, soit dans les tourbières de la Jungfernhaide et dans la Spree, a, en quelque sorte, la forme d'une bouteille à long col. Le corps proprement dit est ovale. Le col est aplati, plus long que le reste du corps, et, en général, infléchi du côté droit. Du reste, ce col est très-flexible et peut se mouvoir dans tous les sens, sinon avec autant de souplesse que celui d'une *Lacrymaria Olor*, du moins avec autant de souplesse que celui de plusieurs Amphileptus. L'extrémité antérieure du col est munie d'un cirrhe droit, fort et pointu, qui fait penser à la corne de la licorne. La rangée des cils buccaux part de ce cirrhe plus long et descend du côté gauche en se rapprochant de la ligne médiane. Elle conduit à la bouche qui est placée à la base du cou. Cette base est légèrement creusée en gouge, de manière à former une espèce de fosse buccale allongée. Un faisceau de longues soies sort de la bouche. Nous n'avons pas réussi jusqu'ici à déterminer la longueur de l'œsophage.

La rangée droite des cirrhes marginaux est comme chez les Oxytriques et les Stylonychies, plus longue que la rangée gauche, et s'étend sur toute la longueur du cou. Les rangées de cirrhes ventraux nous ont paru être au nombre de trois; cependant nous n'oserions affirmer qu'il n'y en ait pas une quatrième placée tout-à-fait en arrière. Les Stichochæta que nous avons eues sous les yeux étaient toujours si remplies de nourriture, et leur parenchyme était souvent si garni de grains de chlorophylle, que l'observation des pieds-cirrhes était fort difficile. Les rangées ventrales ont une direction oblique de droite à gauche, tout en étant courbées en S.

Les soies qui garnissent le côté gauche du cou sont excessivement fines, longues et roides, et par suite difficiles à voir. Elles restent immobiles pendant la natation; mais comme les Stichochæta sont des sauteurs très-vifs, il n'est pas impossible qu'il faille chercher dans ces soies les organes de la saltation.

La *Stichochaeta cornuta* nage très-fréquemment à reculons, *diastrophiquement*, comme dirait M. Perty, sans cependant changer notablement de forme pour cela. Son mouvement favori consiste à quitter les algues, au milieu desquelles elle cherche sa pâture, pour se retirer brusquement à reculons et en ligne droite jusqu'à une certaine distance; après quoi, elle regagne plus lentement la place qu'elle vient de quitter, pour reculer de nouveau brusquement, presque comme une flèche, et ainsi de suite.

La *Stichochaeta cornuta* atteint, en moyenne, une taille de $0^{mm},08$.

Nous avons rencontré parfois une Stichochæta un peu plus petite que la précédente, et dépourvue du cirrhe en forme de corne pointue, qui caractérise celle-ci; mais nous n'avons pu l'étudier d'une manière assez complète pour pouvoir dire si elle s'éloigne d'elle par d'autres caractères encore.

Il n'est pas impossible que la *Stichotricha secunda* de M. Perty (zur Kenntniss, etc., p. 153, Pl. VI, Fig. 15) doive être rapportée à ce genre. M. Perty caractérise son genre Stichotricha de la manière suivante : animalcules en forme de lancette ou de bistouri, allongés, étroits et aplatis en avant, et munis, sur l'un des côtés de la fente buccale, de cils disposés en travers. Ces cils, disposés en travers, ne sont pas, dans tous les cas, les longues soies caractéristiques dont sont armées les Stichochæta : ce sont simplement les cirrhes buccaux. M. Perty indique que sa *Stichotricha secunda* est fort sujette à la *diastrophie*, comme notre *Stichochaeta cornuta*; mais il ajoute qu'elle change alors notablement de forme, ce qui n'est pas le cas chez cette dernière.

Du reste, il est difficile de déterminer si M. Perty a bien réellement eu affaire à un animal appartenant à la famille des Oxytrichiens. M. Lachmann[1] a déjà émis l'idée que la *Stichotricha secunda* Perty pourrait appartenir au genre *Chætospira* Lachmann. M. Lieberkühn, qui connaît fort bien, soit les Chætospires, soit les Stichochæta, est d'avis que la *Stichotricha secunda* de M. Perty est une Chætospire, d'autant plus que, d'après ses observations, les Chætospires n'habitent point toujours leur fourreau, mais qu'on les rencontre fréquemment nageant libres dans l'eau.

3e *Genre.* — STYLONYCHIA

Le genre Stylonychia est caractérisé par la présence simultanée de véritables pieds-crochets et de cirrhes marginaux, ce qui le distingue d'une part des Euplotes, et d'autre part des Oxytriques. Les pieds-cirrhes de ces dernières étant toutefois susceptibles de se mouvoir à peu près de la même manière que de véritables pieds-crochets, on pourrait se trouver parfois embarrassé pour déterminer si tel animal appartient au genre Stylonychia plutôt qu'au genre Oxytrique. Pour rendre la distinction plus facile, nous dirons que le nom de Stylonychia doit être restreint aux espèces qui, outre les deux rangées de cirrhes marginaux, n'ont pas d'extrémités disposées en rangées *longitudinales régulières* sur la surface ventrale. Les pieds qu'on trouve en arrière de la bouche chez les Stylonychies, ne peuvent donner lieu à des confusions, attendu qu'ils sont toujours en petit nombre, et ne forment pas de rangées régulières. Toutes les espèces jusqu'ici connues sont munies de pieds en rames, au nombre de cinq, implantés non loin de l'extrémité postérieure de la face ventrale. Mais ce n'est pas là un caractère qui soit important pour distinguer ce genre des genres voisins, attendu que beaucoup d'Oxytriques présentent des pieds en rames analogues.

M. Ehrenberg n'a pas suffisamment distingué chez les Stylonychies les cirrhes marginaux des cirrhes fronto-buccaux. Chez la *Stylonychia Mytilus*, qu'il a étudiée avec

1. Müller's Archiv, 1856, p. 365.

un soin tout particulier, il dessine une seule rangée continue de cirrhes, qui borde le pourtour du corps, et qui, à la place où se trouve la bouche, forme une sinuosité de gauche à droite, donnant ainsi lieu à une figure plus ou moins comparable à celle d'un 8. Mais c'est là un état de choses qui ne se rencontre chez aucune Stylonychie. Les cirrhes marginaux de droite et de gauche ne forment jamais une rangée continue avec les cirrhes fronto-buccaux. Ces derniers forment, pour leur propre compte, une rangée qui commence un peu au-dessus de l'origine de la rangée des cirrhes marginaux droite, passe dans le sillon fronto-dorsal et redescend du côté gauche sur la face ventrale jusqu'à la bouche. La rangée gauche des cirrhes marginaux ne commence point à la bouche même, mais notablement plus haut, à gauche de la rangée des cirrhes buccaux, et se rend vers la partie postérieure de l'animal, en se rapprochant toujours plus du bord gauche. Cette disposition paraît tout-à-fait générale chez les Stylonychies et chez les Oxytriques. — M. Dujardin paraît l'avoir entrevue aussi peu que M. Ehrenberg; en effet, bien qu'il n'ait pas dessiné toujours les cirrhes marginaux du côté gauche, comme formant la continuation de la rangée buccale, il est loin de leur avoir assigné leur position normale, et de plus il a intercalé les pieds-rames dans la rangée des cirrhes marginaux, ce qui ne se voit jamais chez les Stylonychies. Les cirrhes buccaux sont toujours situés sur le côté gauche, comme dans tout le reste de la famille, et les pieds-crochets de la partie antérieure, sur le côté droit.

La fixation du nombre d'extrémités spécial à chaque espèce de Stylonychie est un travail qui exige beaucoup de patience. M. Ehrenberg est le seul qui se soit adonné jusqu'ici avec soin à cette étude. Il est le seul qui ait compris que la classification devait reposer sur la position et le nombre de ces extrémités. Il est vrai que sa tentative a été infructueuse, en ce sens qu'il s'est le plus souvent trompé dans son compte; mais il lui reste du moins le mérite d'avoir indiqué la véritable voie à suivre. M. Dujardin s'est rendu la tâche plus facile en contestant la constance du nombre des extrémités, et en en déduisant tacitement qu'il est inutile de les compter. Il dit [1], à propos de la *Stylonychia pustulata*, que les appendices qui la caractérisent sont très-variables, quant à leur nombre et quant à leurs dimensions; que quelquefois même on n'aper-

1. Dujardin. Infusoires, p. 424.

çoit que par instant, et dans certaines positions, les cornicules caractéristiques. La première assertion est tout-à-fait erronée ; le nombre des cirrhes marginaux et fronto-buccaux est, il est vrai, assez peu constant ; mais celui des pieds-crochets, des pieds-rames et des soies, est complètement invariable. Quant au fait, qu'on ne voit les pieds-crochets que par instants, cela rend, il est vrai, leur compte plus difficile à faire ; mais cela ne prouve rien quant à l'inconstance de leur nombre. Lorsque l'animal tourne sa face ventrale du côté de l'observateur, il arrive en effet souvent qu'on n'aperçoit pas les extrémités en question ; mais cela provient uniquement de ce que la face ventrale est en ce moment-là précisément au foyer de l'instrument. En élevant alors légèrement le tube du microscope, on amène au foyer les extrémités en crochets, à l'aide desquelles l'animal marche sur la plaque de verre qui recouvre la goutte d'eau en observation.

Un organe qui paraît être général chez les Stylonychies, mais qui n'a été aperçu par personne jusqu'ici, c'est une rangée de cirrhes longs et minces, placés sur le bord droit de la fosse buccale. Cette dernière est largement béante du côté du front, et va, se rétrécissant en arrière, de manière à se terminer en pointe à la place où est située la bouche. Les cirrhes du bord droit de cette fosse ont leur base dirigée vers la partie antérieure, tandis que leur pointe est dirigée vers la bouche. Ils ont pour fonction de retenir la proie qui est avalée par la Stylonychie. Il arrive en effet souvent que les vigoureux cirrhes fronto-buccaux font arriver dans la fosse buccale des infusoires déjà un peu trop gros pour pénétrer facilement dans le tube pharyngien, ainsi, par exemple, des *Cyclidium Glaucoma*, de petits *Paramecium Colpoda*, etc. Ces infusoires sont arrêtés au fond de la fosse, et tentent de s'échapper ; mais les cirrhes qui bordent le côté droit s'opposent à leur fuite et les compriment contre la bouche jusqu'à ce qu'ils pénètrent dans le pharynx, d'où ils sont expulsés dans la cavité du corps. — Un appareil de cirrhes, tout analogue, paraît exister chez beaucoup d'Oxytriques, peut-être même chez toutes les espèces. Chez les Euplotes, par contre, nous n'avons jusqu'ici rien vu de semblable.

Le pharynx est un tube fort court, courbé de gauche à droite, de même que chez les Euplotes et les Oxytriques. La cavité du corps est loin de remplir tout l'animal. Elle s'étend en arrière à peu près jusqu'à la base des pieds-rames. Tout ce qui est en arrière de ceux-ci est formé simplement par le parenchyme du corps. La partie antérieure de l'animal, là où se trouve la partie la plus large de la fosse buccale, n'est pas davantage occupée par la cavité du corps. Voilà pourquoi, soit l'extrémité antérieure, soit l'extrémité postérieure des Stylonychies sont toujours transparentes. C'est là surtout le cas chez la *Stylonychia Mytilus*. En 1781, le pasteur Eichorn [1] dessinait déjà la partie antérieure du corps de cet infusoire, comme étant séparée du reste par une ligne tranchée, sur laquelle il implantait, par erreur, une rangée de cils.

L'anus est toujours placé à la base des pieds natatoires. M. Ehrenberg l'a déjà constaté et indiqué sur ses planches[2]. M. Dujardin, fidèle à sa théorie, se contente de dire que les corps étrangers avalés par l'animal peuvent être excrétés ou expulsés au dehors, mais il ne parle pas d'un véritable anus. Il dit même, à propos des caractères généraux de la famille des Kéroniens (p. 423), qu'il a vu, par une ouverture *fortuite* du contour, une excrétion véritable des substances avalées et quelque temps retenues dans les vésicules ou vacuoles à l'intérieur du corps. Il se peut que M. Dujardin ait raison en parlant ici d'une ouverture *fortuite*, en ce sens que lorsque les Stylonychies sont pressées entre deux plaques de verre, une déchirure se forme fréquemment à un point quelconque du pourtour, pour livrer passage à une partie du contenu de la cavité du corps. Mais c'est là un accident tout pathologique; toute excrétion normale se fait par l'ouverture anale.

La vésicule contractile est placée constamment dans la paroi dorsale du côté gauche, à peu près au milieu de la longueur du corps. La position est la même chez les Oxytriques et les Stichochæta. M. Ehrenberg l'a déjà indiquée parfaitement exactement. M. Dujardin s'en est naturellement peu occupé. Il se contente de mentionner dans les caractères généraux de ses Kéroniens *une ou plusieurs* vacuoles plus grandes et plus visiblement extensibles que les autres, et contractiles spontanément. Or, aucun des infusoires qu'il rapporte à la famille des Kéroniens ne renferme plus *d'une* vésicule contractile.

Les nucléus sont toujours au nombre de deux, de forme ovalaire, et placés l'un dans la moitié antérieure, l'autre dans la moitié postérieure du corps. M. Dujardin

1. V. Beitræge zur Naturgeschichte der kleinsten Wasserthiere. Berlin und Stettin, 1781. Tab. V. E.

2. C'est sans doute par erreur que M. Ehrenberg l'indique à la base du dernier pied du côté gauche. Sur tous nos dessins, nous le trouvons, au contraire, noté à la base du dernier pied du côté droit.

parle chez la *Stylonychia pustalata* D'UNE partie ovalaire, en apparence moins molle et moins transparente que le reste, partie que M. Ehrenberg a voulu nommer le testicule. Or, M. Ehrenberg a déjà exactement constaté que le nucléus est *double* et non pas simple. En 1787, Köhler, et un peu plus tard Gruithuisen, savaient déjà mieux à quoi s'en tenir à ce sujet que M. Dujardin. — Lorsque l'animal est près de se reproduire par division transversale, les nucléus se partagent en travers, ce qui explique pourquoi l'on rencontre parfois des individus munis de quatre nucléus. Les deux nucléus de l'individu antérieur qui résulte de la division, sont alors formés par les deux moitiés du nucléus antérieur de l'individu-parent, tandis que ceux de l'individu postérieur sont formés par le nucléus postérieur de l'individu-parent. Cela suffit à démontrer que les deux organes sont de la même valeur, et qu'il n'est pas probable que l'un soit, par exemple, un ovaire et l'autre un testicule.

ESPÈCES.

1° *Stylonychia Mytilus*. Ehr. Inf., p. 370. Pl. XLI, Fig. 9.

(V. Pl. VI, Fig. 1.)

DIAGNOSE. Corps très-élargi en avant. Les trois soies de la partie postérieure non ramifiées.

M. Ehrenberg a pris avec raison, cette espèce comme type du genre, sa grande taille rendant l'étude de sa constitution anatomique relativement plus facile; la description et les figures de cet auteur sont cependant loin d'être exactes. Il est inutile de dire que nous n'avons pu retrouver le canal alimentaire ramifié qu'il dessine sur ses planches. La manière dont il représente la bouche n'est pas non plus très en harmonie avec la nature. Il la figure comme une simple ouverture sur le bord de la rangée des cirrhes marginaux gauche, mais il ne dessine pas la fosse buccale, dont le bord droit lui a entièrement échappé. M. Ehrenberg indique bien 3 soies à l'extrémité postérieure du corps, et 5 styles, nombres parfaitement exacts, mais il compte 18 pieds-crochets disposés par paires sur le côté droit. Ce dernier chiffre est erroné aussi bien que les données relatives au mode de distribution des pieds. Il y a dans le fait en tout 13 pieds-crochets qui ne sont nullement disposés par paires. Ils forment deux groupes, dont l'un se compose de 8 crochets placés à la partie antérieure du corps et à droite de la fosse buccale, et l'autre de 5, disposés sur les deux côtés de la ligne médiane, entre la bouche et les pieds-rames.

Si l'on tire une ligne de la bouche au pied-rame médian, ligne qui coïncide à peu près avec l'axe du corps, on trouve que trois de ces crochets ventraux sont implantés à droite de cette ligne, et deux à gauche.

On pourrait croire que nous avons eu sous les yeux une autre espèce que la *Stylonychia Mytilus* de M. Ehrenberg, et que c'est là la cause unique des différences relatives au nombre et à la position des extrémités, mais cela est improbable. En effet, la Stylonychie que nous décrivons est si commune, qu'il n'est pas possible d'admettre qu'elle ait échappé à M. Ehrenberg. Sa grande taille suffit à la distinguer dès l'abord de toutes les autres[1].

Immédiatement en arrière des pieds-crochets postérieurs se trouvent cinq pieds-rames, déjà vus par M. Ehrenberg, qui en dessine assez exactement la position. Le second, à partir de droite, est toujours implanté considérablement plus en arrière que les autres ; c'est l'inverse de ce qu'on voit chez les Euplotes, dont le second pied-rame, à partir de gauche, est implanté plus en arrière que tous les autres. Les trois pieds-rames suivants sont implantés chacun un peu plus en avant que celui qui le précède.

Les pieds-rames de la *St. Mytilus* paraissent être toujours dans l'état normal comme échevelés à l'extrémité. Cependant, les filaments qui les terminent ne forment pas un vrai pinceau terminal : les pieds sont tronqués obliquement du côté droit, et c'est ce côté-là seul qui se divise en filaments. Cela s'explique tout simplement, par le fait que ces extrémités sont composées de fibres disposées parallèlement à l'axe de l'extrémité même ; les fibres du côté gauche étant plus longues que les autres, s'étendent jusqu'à la pointe extrême du pied-rame. — Les pieds-rames ne sont du reste point cylindriques, mais larges et tout-à-fait plats.

Les trois soies roides qui sont placées à la partie postérieure du corps ont été déjà vues et figurées par M. Ehrenberg.

M. Dujardin se contente de dire que cette Stylonychie est munie d'appendices très-longs, formant une rangée de cils très-forts en avant (cirrhes frontaux), *une* seconde

1. D'ailleurs, M. Ehrenberg, dans ses démonstrations particulières, nous a montré, sous son propre microscope, cette même espèce comme étant sa *St. Mytilus* à lui.

rangée de cirrhes recourbés en crochet, et des styles nombreux en arrière. Il ne fait aucune mention des soies.

Les deux rangées de cirrhes marginaux sont de longueur très-inégale : celle de droite commence immédiatement au-dessous du front, tandis que celle de gauche ne prend son origine qu'un peu au-dessus du niveau de la bouche. La rangée gauche laisse la vésicule contractile sur la gauche; mais à mesure qu'elle s'avance vers la partie postérieure de l'animal, elle se rapproche du bord et elle cesse au moment où elle atteint la soie terminale gauche. Chez beaucoup d'individus la rangée droite cesse également au niveau de la soie terminale droite, mais chez d'autres, par exemple chez l'individu que nous avons représenté, elle passe outre et ne s'arrête qu'un peu plus loin. M. Ehrenberg, qui a confondu les rangées de cirrhes marginaux et de cirrhes fronto-buccaux en une seule rangée faisant le tour de l'animal, dit avoir compté le nombre total de ces cirrhes périphériques chez dix individus et en avoir trouvé 122 à 144. Tout ce que nous pouvons dire à ce sujet, c'est que le nombre de ces cirrhes est fort inconstant. L'individu que nous avons représenté avait environ soixante cirrhes marginaux du côté droit et une trentaine du côté gauche, nombres qui doivent correspondre à peu près à ceux de M. Ehrenberg. Mais il n'est pas rare de trouver les cirrhes marginaux et surtout les cirrhes frontaux beaucoup moins nombreux.

Tout le long des côtés droit et gauche se trouve sur la face dorsale une rangée de soies courtes et roides (*voir la planche*), dont nous devons la connaissance à M. Lieberkühn. Ces organes ne sont visibles que dans des conditions d'éclairage très-favorables.

Il est singulier que M. Dujardin ait nié l'existence des cirrhes marginaux de la *Stylonychia Mytilus*, cirrhes qui n'avaient pas même échappé à Eichhorn, quelque imparfaits que fussent les instruments du siècle dernier.

M. Ehrenberg estime à un cinquième de ligne la longueur des plus grands individus de cette espèce. C'est en effet là environ le maximum, mais on trouve des individus fort différents les uns des autres quant à la taille, tellement qu'on peut former comme une échelle depuis la *St. pustulata* jusqu'aux plus gros individus de la *St. Mytilus*, et qu'il est permis de se demander, comme nous le verrons plus loin, si ces deux espèces sont bien réellement différentes l'une de l'autre.

M. Perty, qui paraît n'avoir étudié les Stylonychies que d'une manière extrêmement imparfaite, prétend que le *St. Mytilus* se rapproche déjà des Cobalines. Or, la famille des Cobalines renferme, d'après M. Perty, des Plagiotomes (*Leucophra Anodontæ* Ehr.) et les Opalines. Il est vrai que M. Perty compte aussi parmi ses Cobalines le *Kerona polyporum* Ehr. (*Alastor* Perty), qui appartient sans doute au groupe des Stylonychies. C'est un groupe peu naturel qu'une famille renfermant un Kéronien, des Plagiotomes, et des animaux privés de bouche, dont on ne sait pas même avec certitude si ce sont des infusoires ou des larves de vers intestinaux.

2° *Stylonychia pustulata*. Ehr. Inf., p. 372. Pl. XLII, Fig. I.

(V. Pl. VI, Fig. 2.)

DIAGNOSE. Corps non élargi en avant. Soies non ramifiées.

Cet infusoire est un des plus connus vu sa fréquence dans toutes les eaux, mais néanmoins nous n'en possédons que des descriptions et des figures fort imparfaites. M. Ehrenberg compte sur la face ventrale trois soies, cinq pieds-rames et quatorze pieds-crochets. Ce dernier chiffre n'est pas tout-à-fait exact. La *Stylonychia pustulata* ne possède que treize pieds-crochets, exactement comme la *St. Mytilus*, et ceux-ci sont distribués parfaitement comme chez cette dernière. La plupart des figures de M. Ehrenberg sont peu en rapport avec sa description. Les unes ont moins de cinq pieds-rames, d'autres n'en ont même point du tout; celles-ci sont privées complètement de pieds-crochets, celles-là en ont moins de quatorze; d'autres n'ont pas de soies; chez un grand nombre, la fosse buccale est représentée comme une simple fente longitudinale sur la ligne médiane, tout-à-fait indépendante des cirrhes frontaux. Du reste, M. Ehrenberg lui-même dit que la plupart de ces figures sont de vieille date, et que les figures 1, 3, 4 et 16 sont seules récentes (Tab. XLII, I). Il aurait mieux fait de s'en tenir à ces dernières et de supprimer les autres. D'ailleurs, ces quatre figures-là sont elles-mêmes loin d'être exactes. La figure 16 n'a que quatre pieds-rames au lieu de cinq; les figures 1 et 3 sont indiquées comme représentant la face ventrale, mais la figure 3 est renversée, représentant la rangée de cirrhes buccaux du côté droit, tandis qu'elle est du côté gauche. Les pieds-crochets sont dans toutes les figures placés au hasard.

Les figures de M. Dujardin sont bien plus inexactes encore que celles de M. Ehrenberg. Il a confondu les pieds-rames et les soies avec les cirrhes marginaux. Dans la plupart des figures (Pl. VI, figures 10, 11, 14 et 18), il n'indique pas de pieds-crochets, et dans la seule où il les indique il en dessine beaucoup trop (Pl. 13, fig. 7), à savoir 19 au lieu de 13.

La distribution des extrémités est parfaitement la même chez la *St. pustulata* que chez la *St. Mytilus*. Le bord droit de la fosse buccale est bordé de la même manière par des soies peu nombreuses, longues et fines. La taille et la forme de cette Stylonychie varient à l'infini. Le nombre des cirrhes marginaux est de même excessivement variable. — La forme que nous avons représentée est l'une des plus fréquentes, mais on en trouve d'autres qui sont ou plus courtes, ou de largeur moins uniforme. Les extrémités proprement dites, savoir les pieds-crochets et les pieds-rames, présentent aussi de grandes variations, sinon quant à leur nombre, qui est parfaitement constant, du moins quant à leurs dimensions. Il arrive fréquemment que les trois pieds-crochets antérieurs sont gigantesquement développés, tellement que les autres n'apparaissent que comme accessoires. Les pieds-rames sont tantôt larges et courts ; tantôt minces et longs ; tantôt ils n'atteignent pas l'extrémité du corps, tantôt ils la dépassent considérablement. Des variétés analogues se voient chez les extrémités de la *Stylonychia Mytilus*. Parfois les pieds-rames de la *St. pustulata* sont échevelés à leur extrémité, parfois aussi ils offrent un contour parfaitement net.

En face de toutes ces variations, on peut se demander si la *Stylonychia Mytilus* et la *St. pustulata* sont bien réellement différentes l'une de l'autre en tant qu'espèces[1]. Nous ne le pensons pas. La seule différence objective qu'on puisse alléguer, c'est l'élargissement considérable de la partie antérieure dans la grande Stylonychie ; mais le degré de cet élargissement est excessivement variable, et il se retrouve du reste fréquemment chez de petites variétés (*St. Silurus*, Ehr. ?). On trouve, il est vrai, de légères différenees dans la position relative des huit pieds-crochets antérieurs chez les différentes Stylonychies, mais ces différences s'expliquent toutes par les variations de forme de

1. La *St. pustulata* possède sur sa face dorsale les mêmes petites soies marginales roides que nous avons mentionnées comme ayant été découvertes par M. Lieberkühn, chez la *St. Mytilus*.

la moitié antérieure de l'animal; le plan fondamental de la distribution de ces pieds reste toujours le même.

Il est bon de conserver les deux noms de M. Ehrenberg comme désignant deux types assez éloignés l'un de l'autre, mais il ne faut pas oublier que ces deux types sont réunis par toute une série de formes intermédiaires, et qu'on ne peut guère leur accorder une importance spécifique réelle.

La division spontanée, soit transversale, soit longitudinale, est connue dès longtemps chez la *Stylonychia pustulata*. M. Ehrenberg parle également d'un cas de bourgeonnement observé par lui. Ce cas semble pouvoir être rapporté, d'après la figure très-insuffisante qu'il en donne, à une division longitudinale, dont l'un des segments serait fort petit relativement à l'autre. Nous-même, nous avons vu un exemple de bourgeonnement un peu différent, qu'on peut rapporter à une division transversale, dans laquelle l'individu postérieur serait relativement fort petit. La nouvelle rangée de cirrhes buccaux s'était formée plus en arrière que d'habitude, de telle sorte que l'individu postérieur se trouva formé uniquement par la partie de l'animal qui est située entre les pieds-rames et le bord gauche. Lorsque le bourgeon se détacha (Voy. Pl. VI, fig. 3), il emporta avec lui les trois cirrhes marginaux gauches, qui étaient les plus rapprochés de l'extrémité postérieure, et l'animal-mère resta pendant quelque temps orné d'une profonde échancrure à cette place. Dans la division transversale proprement dite, l'individu postérieur emporte avec lui les pieds-rames et les soies de l'individu primitif. Dans le cas de bourgeonnement en question, des pieds-rames et les soies restèrent à l'individu-mère ; le bourgeon se sépara à un moment où il manquait totalement de soies et de pieds-rames, et où les cinq crochets ventraux situés en arrière de la bouche faisaient encore défaut. Les huit crochets antérieurs étaient par contre déjà formés : les trois premiers bien développés, les cinq autres encore rudimentaires. Les cirrhes marginaux du côté droit étaient formés, mais en petit nombre seulement.

3. *Stylonychia fissiseta*. (V. Pl. VI, Fig. 4.)

DIAGNOSE. Corps de la forme de la *Stylonychia pustulata*. Soies de la partie postérieure ramifiées.

Cette Stylonychie a une grande analogie de forme avec la précédente, cependant elle s'en distingue facilement par trois caractères : 1° Le groupe de pieds-crochets est plus considérable; 2° les pieds-rames sont ciliés à l'extrémité; 3° les trois soies terminales sont ramifiées à leur pointe.

Le groupe d'extrémités antérieures se compose de onze pieds-crochets, tandis qu'il n'en compte que huit chez la *Stylonychia pustulata*. Cette différence n'est cependant qu'apparente. En effet, nous trouvons huit crochets disposés exactement comme ceux de la *Stylonychia pustulata*, et, en outre, trois autres placés sur le bord droit. Or, ces trois crochets supplémentaires se trouvent précisément dans l'alignement des cirrhes marginaux. Ce sont, en effet, les trois premiers cirrhes marginaux du côté droit qui sont plus gros que les autres et qui, au lieu de se mouvoir de concert avec ceux-ci, cheminent en harmonie avec les pieds-crochets.

Les pieds-crochets situés en arrière de la bouche sont disposés précisément comme chez les espèces précédentes. Les pieds-rames sont de même disposés comme chez la *St. Mytilus* et la *St. pustulata*, mais leur extrémité est recouverte de cils très-fins. Ces cils ne sont pas l'analogue des fibrilles par lesquelles se terminent les pieds-rames de la *St. Mytilus*. Ce sont de véritables cils vibratils implantés sur la surface même du pied. — Déjà avant que nous connussions cette Stylonychie, M. Lieberkühn avait constaté, chez un animal appartenant à ce genre, l'existence de cils vibratiles sur les pieds-rames. Il paraît cependant que M. Lieberkühn a eu affaire à une autre espèce que la nôtre. En effet, il nous parle d'une Stylonychie de la grosseur de la *Stylonychia Mytilus*, et ne mentionne pas chez elle la division des soies, non plus que le nombre plus considérable des pieds-crochets.

Les soies sont fort longues et se divisent à leur extrémité en trois ou quatre filaments fort minces. — Les cirrhes marginaux sont courts, forts et peu nombreux. Chez un exemplaire de taille moyenne, nous en avons trouvé treize du côté droit (non compris ceux qui sont métamorphosés en crochets), et onze du côté gauche.

Le front est très-élevé, et les cirrhes frontaux peu nombreux. Les soies qui sont implantées sur le bord droit de la fosse buccale sont fort longues et plus faciles à distinguer que chez les autres Stylonychies.

La *Stylonychia fissiseta* correspond pour la taille tout-à-fait au type moyen de la *St. pustulata*. Nous l'avons trouvée une seule fois, mais en très-grande abondance, dans les tourbières de la Bruyère-aux-Jeunes-Filles (Jungfernhaide), prés de Berlin.

4° *Stylonychia echinata.* (V. Pl. VI, Fig. 5.)

DIAGNOSE. Corps plus étroit et plus allongé que celui des espèces précédentes et hérissé de soies sur son pourtour.

Cette Stylonychie se distingue facilement de toutes les autres, par les soies roides et fort longues dont son pourtour est hérissé. Cependant, comme cet animal est encore plus agile que les autres Stylonychies, sautant continuellement de çà et de là, ces soies ne ne sont pas trop faciles à apercevoir, et l'on arrive en général à reconnaître cette espèce avant d'avoir aperçu les soies. Elle se distingue en effet très-facilement des autres par sa forme étroite et allongée et par ses pieds-rames qui, bien qu'implantés comme chez les autres Stylonychies, se reconnaissent cependant immédiatement à ce que les deux premiers (à partir de droite), sont fortement inclinés à droite, tandis que leur pointe s'infléchit légèrement vers le côté gauche. Un examen plus attentif montre d'ailleurs bientôt d'autres différences. La rangée des cirrhes buccaux est fort courte et le corps étant très-allongé, il en résulte que la bouche se trouve placée relativement bien plus près du front que chez les autres espèces. La vésicule contractile, qui se trouve chez les autres Stylonychies à peu près au niveau de la bouche, est placée chez la *St. echinata* vers le milieu de la longueur du corps, c'est-à-dire bien en arrière de l'ouverture buccale. Les deux rangées de cirrhes marginaux sont beaucoup plus rapprochées de la ligne médiane que chez les autres espèces, si bien qu'elles ne comprennent entre elles qu'une bande étroite.

Le groupe des extrémités antérieures se compose de huit pieds-crochets, disposés comme chez la *Stylonychia pustulata* et la *St. Mytilus*. Quant à ce qui concerne les crochets placés en arrière de la bouche, nous ne sommes pas arrivés à un résultat parfaitement certain. Nous en avons dessiné cinq, comme chez les autres espèces ; mais nous n'oserions garantir ce nombre, non plus que la position que nous avons donnée à ces pieds ventraux. Du reste, l'espèce est, sans cela, si bien caractérisée, qu'il ne peut subsister aucun doute sur sa détermination. Les soies dont est hérissé tout le pourtour de la *Stylonychia echinata*, paraissent être de même ordre que les petites soies courtes et roides que nous avons mentionnées chez les *St. Mytilus* et *pustulata* ; mais elles sont incomparablement plus longues. Elles paraissent entrer en activité au moment où l'animal fait un bond. La *Stylonychia echinata* atteint, en moyenne, une longueur de 0^{mm},085.

Nous avons trouvé cette espèce en abondance dans les tourbières de la Jungfernhaide, près de Berlin; dans la Havel, à Pichelsberg près de Spandau, et dans les étangs du Thiergarten de Berlin.

M. Ehrenberg mentionne quelques espèces de Stylonychies que nous n'avons pas eu l'occasion d'observer, et sur la détermination desquelles nous croyons devoir élever des doutes nombreux.

La *St. Silurus* Ehr. (Inf., p. 372, Pl. XLII, Fig. II) a la forme d'une *St. Mytilus*, avec la différence qu'elle est plus petite et possède 8 crochets au lieu de 13. La différence dans le nombre des crochets est le seul caractère distinctif véritable avancé par M. Ehrenberg. Il suffirait, bien certainement, à lui seul, à distinguer deux espèces, si l'on pouvait ajouter une confiance absolue aux nombres de M. Ehrenberg. Ce n'est malheureusement pas le cas, puisque nous voyons ce dernier attribuer à la *St. Mytilus* 18 crochets, et à la *St. pustulata* 14, bien que toutes deux en aient 13. Il est vrai que M. Perty cite la *St. Silurus* parmi les infusoires qu'il a observés en Suisse; mais il ne nous dit pas à quoi il l'a reconnue. Ce n'est certainement pas au nombre des crochets, car nous pouvons bien affirmer que M. Perty ne s'est jamais laissé aller à compter les pieds d'une Stylonychie. Nous croyons donc devoir considérer la *St. Silurus* comme une espèce excessivement douteuse. Il en est de même de la *St. Histrio* Ehr. (Inf., p. 373, Pl. XLII, Fig. IV), bien que M. Ehrenberg lui donne des caractères très-positifs. Il attribue, en effet, à cette espèce 3 à 4 pieds-rames, 6 à 8 crochets et un manque absolu de soies. Cela suffirait à distinguer la *St. Histrio* de la *St. pustulata*, avec laquelle elle a une grande ressemblance. Mais la *St. Histrio* n'a été évidemment observée que d'une manière très-superficielle par M. Ehrenberg, comme cela ressort du fait qu'il hésite sur le nombre des extrémités, qu'il parle de *trois ou quatre* pieds-rames, de *six à huit* crochets, tandis qu'il est bien certain que le nombre de ces extrémités n'est pas soumis à de telles variations. Quant au manque de soies, nous ferons remarquer que M. Ehrenberg dénie aussi les soies à l'*Euplotes Charon*, qui en est cependant toujours pourvu, et qu'il néglige de les dessiner dans un grand nombre de ses figures de la *St. pustulata*. En somme, nous sommes fortement disposés à croire que la *St. Histrio* Ehr. n'est qu'une variété de la *St. pustulata* que nous avons rencontrée fort souvent, variété dans laquelle les pieds-rames sont, relativement, excessivement larges et comme serrés en un faisceau les uns contre les autres. Cette disposition se retrouve tout-à-fait de même dans les dessins que M. Ehrenberg donne de la *St. Histrio*. M. Perty cite également la *St. Histrio* parmi ses infusoires suisses; mais il néglige (et pour cause, sans doute), de nous dire à quel caractère il l'a reconnue.

La *St. appendiculata* Ehr. (Inf., p. 373, Pl. XLII, Fig. III), observée par M. Ehrenberg dans la Baltique, près de Wismar, n'est pas une Stylonychie. Elle est privée des cirrhes marginaux qui ne manquent chez aucune espèce de ce genre ; en outre, il est probable, à en juger par les planches, qu'elle est munie de pieds dorsaux. C'est sans doute un animal appartenant au genre Schizopus, ou très-voisin de ce genre.

La *Styl. lanceolata* Ehr., enfin, est un singulier animal, qui doit former un genre à part, si les observations de M. Ehrenberg sont exactes. Cet auteur lui attribue 5 pieds-rames et 3 à 5 (?) crochets. Mais, en outre, il prétend que le corps est cilié sur toute la surface. A en juger par la Fig. V_3 (Inf. Pl. XLII), le dos même serait cilié. Ce serait là une anomalie singulière, car l'habit de cils est étranger à tout le reste de la famille. Aussi est-il permis de se demander s'il n'y a pas eu là une erreur. — M. Perty cite, il est vrai, la *Styl. lanceolata*, comme les précédentes, au nombre de celles qu'il a observées en Suisse; mais c'est une preuve nouvelle du peu de valeur qu'il faut attacher aux données de ce savant sur la famille des infusoires marcheurs. Il dit, en effet, qu'il a trouvé à Gümligernoos, à Münchenbuchsee et à Egelmoos, des infusoires qu'on peut considérer comme étant la *St. lanceolata* Ehr. Il en a trouvé d'autres plus petits sur le Monte-Bigorio. Il ajoute que ce n'est là, peut-être, qu'une variété de la *Styl. pustulata !* Nous serions vraiment curieux de demander à M. Perty sur quel caractère il s'est fondé pour reconnaître la *Styl. lanceolata*, car si les animacules qu'il a eus sous les yeux étaient ciliés comme la *Styl. lanceolata* doit l'être, nous ne savons de quel droit on pourrait les réunir à la *Styl. pustulata*.

M. Dujardin, qui n'a pas vu plus que nous la *Styl. lanceolata*, trouve, d'après la description de M. Ehrenberg, qu'il est bien difficile de la distinguer de l'*Urostyla grandis*. Nous ne savons, il est vrai, pas d'une manière très-positive quel infusoire M. Ehrenberg a désigné sous ce dernier nom ; mais il est certain pour nous que les animaux qui ont servi de base à l'établissement de ces deux espèces étaient fort différents l'un de l'autre.

Quant à l'animal que M. Cienkowsky (Zeitschr. f. wiss. Zool. VI, Pl. XI, Fig. 6) désigne sous le nom de *St. lanceolata*, c'est, à en juger par les dessins, non pas une Stylonychie, mais une Oxytrique (peut-être l'*O. fusca* ou l'*O. Urostyla*).

4e *Genre.* — EUPLOTES.

Le genre des Euplotes est limité de la manière la plus naturelle, et ne paraît pas jusqu'ici présenter ces passages insensibles aux genres voisins qui rendent, par exemple, souvent la distinction des genres Stylonychie et Oxytrique quelque peu difficile.

Mais si le genre lui-même, tel qu'il est conçu par M. Ehrenberg, est fort bien défini, il n'en est pas de même des espèces qu'il renferme. Les Euplotes sont, comme tous les animaux de la famille qui nous occupe, des êtres excessivement vifs et agiles, qui semblent le plus souvent se faire un jeu de la patience de l'observateur. C'est là ce qui explique pourquoi ils ont été jusqu'ici fort mal étudiés. C'est à M. Ehrenberg que nous devons les données les plus exactes sur les Euplotes. Il a compris de suite qu'il devait baser ses distinctions spécifiques sur le nombre et la position des pieds et autres appendices qui se trouvent sur la face ventrale. Sans doute sa tentative est restée fort incomplète ; des erreurs nombreuses se sont glissées dans l'estimation du nombre des extrémités et la fixation de leur position relative, erreurs bien compréhensibles pour ceux qui ont essayé d'étudier avec exactitude un Euplote quelconque. — Les observateurs plus récents sont venus embrouiller la question. C'est là tout au moins le cas pour M. Dujardin, qui a surchargé le catalogue spécifique des infusoires d'une longue série de noms nouveaux, noms qui devront presque tous en être retranchés.

M. Dujardin ne s'est, en effet, pas rendu compte d'une manière bien exacte de la conformation de ses Ploesconiens. Ceux-ci sont, suivant ses propres paroles, « munis sur une des faces de cils épars, charnus, épais, en forme de soies roides ou de crochets non vibratiles et servant à la progression, portant, *sur l'autre face*, une rangée semi-circulaire, et en baudrier, ou en écharpe, de cils vibratils régulièrement espacés, dépassant le bord, et devenant plus minces à partir de la partie antérieure jusqu'à la partie postérieure où se trouve la bouche. » Or, la face qui porte les organes servant à la progression est la face ventrale. D'après la description de M. Dujardin, la bouche se trouverait donc sur la face dorsale, ce qui n'est jamais le cas. La cause de cette erreur gît dans la circonstance que la rangée des cirrhes frontaux et des cirrhes buccaux est placée obliquement par rapport au plan de section horizontal de l'animal. Le sommet de la rangée est bien réellement placé sur la face dorsale. Les cirrhes sont implantés dans le sillon qui sépare le front (*Stirn* Ehr.) du bord de la cuirasse. Ce sillon ou cette gouttière contourne le front en descendant sur le côté gauche de l'animal, si bien que les premiers cirrhes buccaux proprement dits[1] ne sont plus implantés sur le dos, mais bien sur le côté gauche. La gouttière conservant son obliquité, la fin de la rangée arrive sur la face ventrale, où se trouve la bouche.

M. Dujardin a surtout été frappé de l'irrégularité des Euplotes. Tout, dans leur forme, dit-il, manque de symétrie ou même de régularité. Il y a du vrai dans cette assertion; mais en jetant un coup d'œil sur les planches de M. Dujardin, on s'aperçoit bien vite que l'auteur a singulièrement exagéré ce manque de symétrie. Il a dessiné des extrémités, un peu au hasard, tantôt sur la face ventrale, tantôt sur la face dorsale de l'animal, et il en est résulté des formes fort diverses les unes des autres. Mais dans le fait, les Euplotes paraissent être tous construits sur un type commun. Lorsqu'on s'est familiarisé avec ce type, on n'est plus frappé par l'irrégularité de ces animaux. On s'habitue, au contraire, à considérer comme régulier tout ce qui est en harmonie avec ce type; mais alors les figures de M. Dujardin paraissent, par contre, fort irrégulières. M. Dujardin a bien eu une idée vague de ce type, ainsi qu'on peut s'en apercevoir lorsqu'il dit: « Les cirrhes de la face inférieure ou ventrale sont disposés très-irrégulièrement;

1. C'est-à-dire les premiers cirrhes de la rangée qui ne sont plus implantés dans le sillon fronto-dorsal.

on remarque néanmoins qu'ils sont plus abondants aux deux extrémités, et quelquefois ils forment comme une rangée vers le côté droit. » Mais ce n'est là, comme nous le disions, qu'une idée fort vague.

La rangée de cirrhes buccaux paraît être placée, chez tous les Euplotes, sur le côté gauche. Soit M. Ehrenberg, soit M. Dujardin, l'indiquent, dans certain cas, du côté droit, mais il n'est pas douteux que ce ne soit là une méprise. Les pieds-rames forment une rangée transversale sur la partie postérieure de la face ventrale. — La vésicule contractile se trouve, non loin de leur base, du côté droit de l'animal. M. Dujardin, toujours fidèle à sa théorie, la confond avec les vacuoles situées dans le chyme de la cavité du corps. Il se contente en effet de dire, à propos de ses Ploesconiens, qu'à l'intérieur on voit des vacuoles, les unes contenant des aliments, les autres ne contenant que de l'eau et se contractant plus rapidement ou disparaissant tout-à-fait.

L'anus est placé immédiatement au-dessous de la vésicule contractile. Il est vrai que M. Ehrenberg l'indique du côté gauche, précisément au-dessous de la bouche, mais c'est sans doute là une erreur de dessin.

Le nucléus est toujours unique, et point double comme chez les Oxytriques, les Stichochaetes et les Stylonychies.

ESPÈCES.

1° *Euplotes Patella*. Ehr. Inf., p. 378. Pl. XLII, fig. IX.

(V. Pl. VII, Fig. 1-2.)

DIAGNOSE. Euplotes à carapace ornée de lignes élevées très-faiblement marquées : neuf pieds-crochets, cinq pieds-rames et quatre soies, dont deux ramifiées.

Cette espèce est facile à reconnaître, quelque grossiers que soient les dessins qui en ont été donnés jusqu'ici. Cependant, il n'est pas aisé d'en donner les limites exactes, parce qu'elle varie de forme à l'infini, suivant les localités, la nature des eaux qui la renferment et d'autres circonstances non déterminées. Nous avons pris pour type (V. Fig. 1) la variété la plus large. Cette variété a la forme d'un rhombe un peu irrégulier et tronqué en avant. Au milieu du front commence une fosse profonde qui, d'abord étroite, s'élargit à mesure qu'elle s'étend sur la surface ventrale. A l'extrémité postérieure de cette fosse se trouve la bouche, qui conduit dans un œsophage court et cilié. Celui-ci a la forme d'un tube recourbé, dont la concavité est tournée vers l'avant de l'animal. L'œsophage a, par suite, une direction presque transversale. — La carapace est naturellement munie d'une ouverture qui permet à la nourriture d'arriver à la bouche. Mais la forme de cette ouverture ne coïncide point avec celle de la fosse que nous venons de mentionner. Le bord gauche de l'ouverture de la carapace suit exactement la ligne d'implantation des cirrhes buccaux sur la partie charnue de l'animal. Il se rapproche, par conséquent, beaucoup plus du bord gauche de l'animal que ne le fait le bord de la fosse; et une région charnue, de forme plus ou moins triangulaire, se trouve mise à découvert entre le bord gauche de la fosse buccale et le bord gauche de l'ouverture de la carapace. Il n'y a, comme on le voit, que la moitié inférieure de la rangée des cirrhes buccaux qui soit implantée immédiatement au bord de la fosse. Ces cirrhes-là sont considérablement plus courts que les autres. La moitié antérieure de la rangée est composée de cirrhes plus longs, qui affectent, en général, une position différente de celle des cirrhes de la moitié inférieure. Ils se relèvent en effet, en général, contre le bord de la carapace et se recourbent vers l'axe de l'animal. — La partie droite de la fosse buccale n'est point à découvert. Le bord droit de l'ouverture de la cuirasse fait saillie et la recouvre comme une espèce de toit. — Les cirrhes frontaux sont en général au nombre d'une douzaine.

M. Ehrenberg est le seul qui se soit donné la peine de compter les extrémités de l'*Euplotes Patella*. M. Dujardin s'est contenté de copier les nombres de M. Ehrenberg. Malheureusement, ces nombres sont loin d'être exacts. M. Ehrenberg compte quatre pieds-rames de longueur égale et situés dans un même plan. Dans le fait, il y en a cinq, de longueur assez inégale. En les comptant de droite à gauche, on trouve les trois premiers en général passablement plus courts que les deux derniers. Les points d'insertion de ces styles forment une ligne brisée. C'est le premier du côté droit qui est inséré le plus en avant. Les trois suivants sont insérés un peu plus en arrière et, de plus, en arrière les uns des autres. Le cinquième est, par contre, inséré un peu plus avant que celui qui le précède. Le plastron de l'Euplotes présente des côtes élevées qui séparent les bases des pieds-rames les unes des autres.

La vésicule contractile est immédiatement au-dessous et en arrière des deux styles de droite.

M. Ehrenberg compte huit crochets marcheurs. L'*Euplotes Patella* en a toujours neuf. Il n'est pas possible de déterminer, d'après les dessins du professeur de Berlin, lequel des crochets lui a échappé, car il a représenté un peu au hasard, sur ses dessins, la position des pieds qu'il avait comptés. — Trois crochets sont implantés sous la partie droite du front. Un quatrième est placé près de l'angle formé par la partie droite et antérieure de l'animal. Au-dessous de ces quatre crochets se trouve une rangée transversale de trois autres, celui du milieu étant placé plus en avant que les deux autres. Enfin, beaucoup plus en arrière, dans une région plus rapprochée des pieds-rames, se trouvent les deux derniers. — Outre les extrémités sus-mentionnées, l'*Euplotes Patella* présente quatre soies fines et roides, implantées chacune sur un petit bulbe avec lequel elles sont, pour ainsi dire, articulées. Deux d'entre elles sont placées sur le bord gauche de l'animal, non loin de son extrémité postérieure. M. Ehrenberg les a vues, et les désigne comme étant deux crochets placés en arrière et du côté droit. Cependant, ces soies fines n'ont rien à faire avec les crochets-marcheurs. Elles ne servent point à la progression ordinaire, et ne paraissent se mettre en mouvement que lorsque l'animal fait un saut. Un peu à droite de la pointe postérieure de l'animal se trouvent enfin deux autres soies, qui ont la particularité d'être ramifiées à leur extrémité. Nous ne savons si M. Ehrenberg a bien vu ces deux soies. Il parle de deux styles isolés, du côté droit, complètement à part des autres. Ce pourraient bien être là les deux soies en question, bien que la place qu'il leur assigne dans ses figures ne coïncide guère avec cette interprétation. En somme, M. Ehrenberg compte dix crochets et six pieds-rames, c'est-à-dire seize extrémités, ce qui ne s'éloigne guère du chiffre réel dix-huit.

M. Dujardin a déjà reconnu l'existence des soies ramifiées chez l'*E. Patella*, mais il a représenté sur sa planche huit soies, au lieu de quatre, et il en a doté trois de ramifications. Il dessine en tout vingt-huit extrémités, c'est-à-dire précisément dix de trop, et il en implante une justement dans la bouche (V. Duj., Fig. I, Pl. 8), quelque anormale que cette position puisse paraître. Du reste, les figures 1 et 4 de M. Dujardin sont renversées; elles représentent les cirrhes buccaux du côté droit et les crochets du côté gauche, tandis que c'est la position inverse qui se rencontre dans la nature.

Comme nous l'avons déjà mentionné, la forme de l'*Euplotes Patella* varie sensiblement, suivant les cas. Tantôt la cuirasse est fort large et anguleuse, tantôt elle est étroite et dépourvue d'angles saillants. Le nombre habituel des côtes élevées dont cette carapace est munie sur le dos, est de sept à huit; mais ce nombre diminue lorsqu'on a affaire à des individus étroits. Nous avons rencontré parfois, à Berlin, dans de l'eau douce, et dans la mer du Nord, près de Glesnæsholm, un Euplotes, que nous avons représenté (Pl. VII, Fig. 2), et que nous rapportons avec doute à l'*Euplotes Patella*. Il s'éloigne excessivement du type de l'espèce, pour ce qui concerne ses contours. Le bord droit et le bord gauche de la cuirasse sont devenus parallèles entre eux. L'animal est largement tronqué en avant. En revanche, le nombre et la position des crochets, des pieds-rames et des soies concorde parfaitement avec le type de l'*Euplotes Patella*, ou du moins, s'il se présente quelques différences dans la position relative, ces différences s'expliquent suffisamment par le rétrécissement général de l'animal. Les deux soies de droite sont aussi ramifiées. Il est possible qu'il faille considérer cet Euplotes comme une espèce particulière; mais c'est ce que nous n'osons faire en présence des nombreuses variations de forme que nous présente l'*E. Patella*. Nous croyons plutôt ne devoir trouver en lui qu'une race assez écartée du type primitif.

2° *Euplotes Charon*. Ehr. Inf., p. 378. Pl. XLII, fig. X.

(V. Pl. VII, Fig. 10.)

DIAGNOSE. Carapace sillonnée de côtes longitudinales granulées et très-marquées. Dix pieds-crochets, cinq pieds-rames et quatre soies non ramifiées.

Nous appliquons ce nom à une espèce qui ne répond que d'une manière bien insuffisante à la description que M. Ehrenberg a donnée de son *E. Charon*, et cependant, nous ne doutons pas que nous n'ayons eu sous les yeux le même animal que ce savant. Notre *Euplotes Charon* est excessivement commun, soit dans l'eau douce, soit dans la mer. C'est une espèce qui, vu sa fréquence, a aussi peu de chances d'échapper aux recherches de l'observateur, que le *Paramecium Aurelia,* par exemple, et cependant, ni M. Ehrenberg, ni M. Dujardin n'ont donné de descriptions ni de figures, dans lesquelles on puisse la reconnaître avec certitude. Il faut admettre forcément que ces auteurs ont bien vu l'Euplotes en question, mais ne l'ont représenté que d'une manière insuffisante. La diagnose que M. Ehrenberg donne de son *Euplotes Charon (E. testula minore, ovato-elliptica, antico fine oblique subtruncata, dorsi striis granulatis)*, s'applique fort bien à notre espèce. Ses figures concordent également, pour la forme générale, avec celle-ci. La plus grande différence entre l'*E. Charon* de M. Ehrenberg et le nôtre, consiste en ce que M. Ehrenberg déclare n'avoir point vu de soies chez le premier, tandis que nous en avons toujours trouvé quatre chez le second. Or, l'*E. Charon* de M. Ehrenberg doit être une espèce assez répandue, et nous n'avons cependant jamais vu, ni dans la mer ni dans les eaux douces, d'espèce analogue qui fût dépourvue de soies. Notre espèce étant, par contre, fort commune, et M. Ehrenberg ne l'ayant pas mentionnée, il semble bien permis d'en conclure que M. Ehrenberg n'a pas vu les soies de l'*E. Charon,* soies qui, vu leur finesse, sont en effet souvent fort difficiles à apercevoir, surtout lorsque l'animal se meut avec une certaine agilité.

M. Ehrenberg attribue à l'*Euplotes Charon* huit crochets-marcheurs, qui souvent se réduisent, en apparence, à sept (*oft scheinbar sieben*). En quoi peut consister cette réduction apparente? c'est ce que l'auteur ne dit pas et ce que nous ne savons expliquer. Dans le fait, l'*E. Charon* n'a pas huit crochets, mais bien dix, disposés comme nous l'indiquons dans notre figure. Les pieds-rames sont au nombre de cinq, comme M. Ehrenberg l'indique. Les soies sont placées de la même manière que dans l'*Euplotes Patella,* deux à droite et deux à gauche; mais elles ne sont jamais ramifiées.

M. Ehrenberg indique environ trente cirrhes frontaux et buccaux. Nous avons omis de les compter. L'anus est, comme chez les autres Euplotes, du côté droit, en arrière de la vésicule contractile, et non à gauche immédiatement au-dessus de la bouche, comme M. Ehrenberg l'indique. La carapace est munie, sur le dos, de six ou sept côtes longitudinales.

Il ne nous a pas été possible de déterminer si la *Ploesconia Charon* de M. Dujardin est identique avec notre *E. Charon*. Il lui attribue des cirrhes assez longs et droits, en arrière, mais point de cirrhes corniculés en avant. Plus loin, il dit que ces cirrhes droits sont distribués irrégulièrement vers l'extrémité postérieure et le long *du bord droit*. Par ces derniers mots, il veut évidemment désigner les cirrhes corniculés, soit crochets-marcheurs. La figure donnée par M. Dujardin ne nous donne pas de renseignements plus exacts; mais nous pouvons affirmer *à priori*, que, chez aucun Euplotes, les crochets et les styles ne peuvent être implantés d'une manière aussi anormale que dans la figure en question. M. Dujardin ayant en outre négligé de compter le nombre des appendices, il n'est pas possible de reconnaître l'animal qu'il a désigné sous le nom de *Plœsconia Charon*.

Il n'est pas douteux que les *Euplotes Charon* de la mer et ceux des eaux douces ne forment qu'une seule et même espèce. Il est vrai que, si l'on plonge subitement des Euplotes des eaux douces dans de l'eau de mer, ils périssent presque immédiatement. Mais nous avons trouvé qu'on peut les habituer graduellement à ce changement d'habitation sans qu'il en résulte d'inconvénient pour eux. C'est, du reste, ce que M. Cohn a déjà mentionné il y a quelques années[1].

3° *Euplotes longipes*. (V. Pl. VII, Fig. 3.)

DIAGNOSE. Pieds-crochets au nombre de 10; soies non ramifiées. Fosse buccale à bords à peu près parallèles entre eux. Carapace non striée.

Cette espèce ne nous est connue que d'après un dessin communiqué par M. Lachmann. Elle se rapproche beaucoup de l'*Euplotes Charon*, par les détails anatomiques; mais son habitus est tout différent. Le nombre des appendices est le même chez les deux espèces. Cependant, les pieds-crochets sont distribués d'une manière un peu différente, comme on peut s'en convaincre par l'examen des figures. — Le bord droit et le bord gauche du corps sont parallèles entre eux. La fosse buccale conserve à peu près partout la même largeur, tandis que chez l'*E. Charon* elle est notablement plus large en avant qu'en arrière. Soit les pieds-crochets, soit les pieds-rames, sont extrêmement longs et vigoureux. Enfin, le dos lisse empêche toute confusion avec l'*E. Charon*.

1. Entwickelungsgeschichte der mikroskopischen Algen un Pilze, p. 475.

Cette espèce a été observée par M. Lachmann, soit près de Vallöe, dans le fjord de Christiania, soit dans le fjord de Bergen.

4° *Euplotes excavatus*. (V. Pl. VII, Fig. 45.)

DIAGNOSE. Corps très-convexe sur le dos. Six pieds-crochets cinq pieds-rames et deux soies.

Cet Euplotes n'a point une forme aussi aplatie que les trois précédents. Il est, au contraire, très-bombé. Vu de dos, il rappelle quelque peu, par sa forme, un tatou. La face ventrale est profondément excavée en long, présentant une sorte de large gouttière, qui se rétrécit vers la partie postérieure de l'animal, tout en se détournant légèrement à gauche. C'est dans cette large gouttière que se trouvent logés les pieds-rames, les soies, la fosse buccale et les cirrhes buccaux. La fosse buccale a la forme d'un ovale allongé, placé, dans une direction diagonale de gauche à droite et d'avant en arrière, dans la gouttière ventrale. Sur le bord gauche de la fosse sont implantés les cirrhes buccaux, qui sont relativement assez fins, et qui se meuvent tous à la fois, de manière à simuler une membrane ondulante, ainsi que le fait la ceinture ciliaire des Trichodines. Les cirrhes frontaux sont longs et forts. Ils se meuvent avec énergie et sont presque continuellement en activité, tandis que les cirrhes buccaux restent le plus souvent à l'état de repos.

Les pieds-rames sont au nombre de cinq, larges et longs. Ils sont courbés dans le même sens que la gouttière ventrale, c'est-à-dire que leur concavité est tournée du côté gauche. Le premier, à partir de droite, est implânté plus en avant que les suivants; il est aussi notablement plus court qu'eux. Ces pieds-rames ne servent pas plus à la marche que ceux des espèces précédentes; mais lorsque l'animal s'arrête quelque part entre les algues pour pâturer, le mouvement des crochets s'arrête, tandis que les pieds-rames se redressant, prennent une position perpendiculaire au plan du corps et ils servent alors, pour ainsi dire, de support du corps de l'Euplotes. A gauche des pieds-rames, et un peu plus en avant qu'eux, se trouvent deux soies aiguës, fortes et roides. Celle qui est le plus rapprochée des pieds-rames est plus longue que l'autre.

Les crochets-marcheurs sont au nombre de six, disposés, tous, sur la moitié droite de la face ventrale. Les points d'insertion de quatre d'entre eux forment un quadrilatère assez régulier, immédiatement en arrière du front. Le cinquième est implanté environ au niveau d'une ligne transversale qui séparerait les deux tiers antérieurs de la fosse buccale du tiers postérieur. Le sixième, enfin, est placé immédiatement en avant de la base du premier pied-rame (en comptant à partir de la droite de l'animal).

La vésicule contractile ne se trouve pas comprise dans la large gouttière ventrale. Elle est refoulée tout-à-fait sur la droite, notablement en arrière de l'insertion des pieds-rames.

L'*Euplotes excavatus* a une longueur d'environ $0^{mm},10$.

Nous avons trouvé cette espèce dans la mer du Nord, savoir dans les eaux de Glesnæs, sur la côte occidentale de Norwége.

Ce sont là les seuls Euplotes que nous ayons rencontrés jusqu'ici. Un grand nombre d'autres espèces ont été décrites, soit par M. Ehrenberg, soit par M. Dujardin. Il nous reste à faire la critique de ces espèces et à déterminer celles qui, décrites d'une manière trop insuffisante, doivent être rayées du catalogue de la famille qu'elles ne font qu'encombrer.

L'*Euplotes striatus* Ehr. (Inf., p. 379, Pl. XLII, Fig. XI) n'a pas été observé suffisamment par M. Ehrenberg. Ce savant n'indique pas le nombre de ses appendices. Les figures qu'il donne sont à ce sujet en désaccord entre elles. La figure XI_1, (Tab. XLII). indique 5 pieds-rames et 3 crochets, c'est-à-dire en tout 8 extrémités; la Fig. XI_2, 5 pieds-rames et 4 crochets: en tout 9 extrémités; la Fig. XI_3, qui représente l'animal vu de profil, indique en tout 12 extrémités. Comme on le voit, il n'est pas possible de rien faire avec ces nombres. La rangée de cirrhes buccaux est indiquée du côté droit; mais c'est certainement là une erreur. M. Ehrenberg dit lui-même qu'il pourrait bien s'être trompé à cet égard. La seule chose qui pourrait permettre de reconnaitre cette espèce, c'est la circonstance qu'elle est privée de soies, et qu'au dire de M. Ehrenberg la partie antérieure du corps est dépourvue de crochets. Malheureusement les données de M. Ehrenberg sur le nombre et la position de ces organes n'offreut pas en général assez de certitude pour qu'on puisse leur accorder une grande confiance.

L'*E. appendiculatus* Ehr. (Inf., p. 379, Pl. XLII, Fig. XII) pourrait fort bien être un *Euplotes Charon* dont M. Ehrenberg a vu les soies postérieures. Toutefois, il n'attribue à cet animal que 3 crochets et 4 pieds-rames, tandis que l'*E. Charon* a 10 crochets et 5 pieds-rames. L'*E. appendiculatus* doit, en outre, se distinguer de l'*E. Charon* par le fait que sa bouche est du côté droit; mais c'est là probablement une méprise. —M. Stein (p. 157) cite bien l'*E. appendiculatus* comme ayant été trouvé par lui dans la Baltique; mais il faut, sans doute, rapporter l'animal qu'il a eu sous les yeux à notre *E. Charon*. M. Stein aura de préférence choisi le nom d'*E. appendiculatus*, parce que M. Ehrenberg attribue à celui-ci les quatre soies qu'il n'a pas vues chez l'*E. Charon*.

L'*E. truncatus* Ehr. (Inf., p. 379, Pl. XLII, Fig. XIII) doit être, de même que les deux précédents, très-voisin de l'*E. Charon*, dont il diffère par la présence de 7 crochets au lieu de 10. C'est encore une différence à laquelle nous ne pouvons accorder grande valeur, M. Ehrenberg n'ayant accordé que 8 crochets à l'*E. Charon*.

L'*Euplotes viridis* Ehr. (Monatsb. der Berl. Akad. d. Wiss. 1840, p. 200) n'est fondé que sur sa coloration verte. C'est peut-être un *E. Patella*, coloré par un dépôt de chlorophylle.

La *Plœsconia Vannus* Duj. (Inf., p. 436, Pl. X, Fig. X) de la Méditerranée doit être rayée du catalogue des Euplotes, attendu qu'il est complètement impossible de la reconnaître. M. Dujardin lui attribue 5 à 8 cirrhes en crochet, en avant, et 7 à 8 plus droits en arrière. Le nombre des crochets et des pieds-rames ne variant jamais chez une même espèce, il n'est pas possible d'utiliser des données si peu exactes.

La *Plœsconia balteata* Duj. (p. 437, Pl. X, Fig. 11) de la Méditerrannée est aussi peu reconnaissable. M. Dujardin se contente d'indiquer des *cirrhes faibles*, et peu nombreux. La figure qu'il donne (Pl. X, Fig. 11) est du reste renversée, le côté droit ayant été pris pour le côté gauche.

La *Plœsconia Cithara* Duj. (Inf., p. 437, Pl. X, Fig. 6) n'est pas mieux caractérisée que les précédentes. M. Dujardin dit qu'il aurait cru pouvoir affirmer que cette espèce n'a pas de cirrhes en crochets ou corniculés à la partie antérieure, s'il n'en avait aperçu deux ou trois (il en dessine 5; V. Pl. X, Fig. 6), très-difficilement, une seule fois. Il pense que ces appendices manquent souvent. Cette dernière hypothèse est tout-à-fait dénuée de fondement. Rien n'est plus constant que les appendices des Euplotes. Ou bien M. Dujardin a confondu deux espèces, l'une dépourvue, l'autre munie de crochets, ou bien, ce qui semble plus probable, il n'a pas toujours su distinguer ces organes. M. Dujardin indique en outre la rangée des cirrhes buccaux du côté droit, tout en ajoutant cependant lui-même qu'il n'a pas une entière certitude à ce sujet. Nous partageons ce doute de la manière la plus décidée. M. Dujardin dessine une douzaine d'appendices à la partie postérieure de sa *Plœsconia Cithara*. Malheureusement il n'est pas possible de déterminer lesquels sont des soies et lesquels sont des pieds-rames. En somme, il ne subsiste aucun caractère qui permette de caractériser la *Plœsconia Cithara*, en tant qu'espèce, car on ne peut pas considérer comme tel le grand nombre de côtes longitudinales de la carapace, d'autant plus que ce nombre n'est point spécifié par M. Dujardin.

La *Plœsconia affinis* Duj. (Inf., p. 441, Pl. VI, Fig. 7) serait impossible à reconnaître, si M. Dujardin ne disait pas qu'elle ne diffère guère de la *Pl. Charon* que par son habitation dans l'eau douce; en effet, il ne dit mot de ses appendices. Or, nous avons vu que l'*Euplotes Charon* habite, soit l'eau douce, soit l'eau salée. Si donc la *Plœsconia Charon* Duj. est identique à notre *Euplotes Charon* (ce que nous n'osons affirmer d'une manière positive, car il faut une hardiesse infinie pour reconnaître les Plœsconies de M. Dujardin), il est probable que la *Plœsconia affinis* n'en diffère pas davantage. M. Dujardin parle bien en outre d'une légère différence dans la forme, dans la largeur; mais ces différences-là n'ont pas de valeur spécifique chez les Euplotes. En tout cas, il est certain que le *Plœsconia affinis* ne peut pas subsister comme espèce indépendante.

La *Plœsconia subrotundata* Duj. (Inf., p. 441, Pl. XIII, Fig. 5) est encore une production malheureuse qui ne peut subsister un instant devant la faux de la critique. M. Dujardin lui-même déclare avoir de la peine à la distinguer de la *Plœsconia Charon* et de la *Pl. affinis*; nous en avons autant, et plus que lui. Les appendices de cet animal sont décrits par ce savant de la manière la plus laconique : « Des cils longs et minces aux deux extrémités. » Ceux de l'extrémité postérieure sont, sans doute, des pieds-rames (en partie aussi des soies?); mais il n'est pas possible de savoir si ceux de la partie antérieure sont des crochets ou des cils frontaux. D'après la figure, il paraîtrait plutôt que ce sont les cils frontaux, et, dans ce cas, l'auteur n'aurait pas vu les crochets. En somme, cette espèce est, comme on le voit, aussi méconnaissable que les précédentes. M. Dujardin avait déjà mis un point de doute devant le nom de *Plœsconia subrotundata*.

La *Plœsconia radiosa* Duj. (Inf., p. 442) est encore une espèce que M. Dujardin orne d'un point de doute. Or, lorsque ce savant met un tel signe devant une de ses Plœsconies, nous sommes obligés, pour notre compte, de le renforcer encore. M. Dujardin n'a pas figuré cette espèce, et il n'indique pas un seul caractère qui puisse servir à la distinguer des précédentes ; il serait sans doute bien embarrassé lui-même s'il devait la reconnaître aujourd'hui d'après sa propre diagnose.

La *Plœsconia longiremis* Duj. (Inf., p. 442, Pl. X, Fig. 9 et 12) ne nous semble pas mériter un sort meilleur que les précédentes, bien que ce soit celle que M. Dujardin ait dessinée avec le plus de soin. La figure 9[a] (Pl. 10) est, il est vrai, renversée, représentant la rangée de cirrhes buccaux du côté droit, tandis qu'elle est toujours du côté gauche (M. Dujardin la dessine du reste de ce côté dans la figure 9[b]) ; mais cette rangée est dessinée précisément telle qu'elle est chez beaucoup d'Euplotes, avec la bande diaphane qui l'accompagne au-dehors. M. Dujardin indique en outre sur la planche 5 pieds-rames, dans une position tout-à-fait normale, et trois soies. Malheureusement, les pieds en crochets ont été tout-à-fait négligés par lui. Dans la figure 9[a], il en représente 5 ; dans la figure 9[b], 3, et dans la figure 9[c], 4. En outre, ces crochets sont dessinés comme formant une ligne droite d'avant en arrière, disposition qui n'existe probablement chez aucun Euplotes. Il est possible, du reste, que la *Plœsconia longiremis* ait été tout simplement un *Euplotes Charon*. La longueur des styles n'est pas, en effet, un caractère spécifique ; cette longueur varie infiniment suivant les cas. M. Stein rapporte avoir trouvé dans la Baltique un Euplotes qu'il croit devoir rapporter à la *Pl. longiremis* Duj. Il est regrettable que cet auteur ne nous ait pas appris sur quoi il s'est fondé dans cette détermination.

M. Perty n'a décrit aucune espèce nouvelle de ce genre. Les Stylonychia et les Euplotes semblent être restés pour lui une sorte de Thulé, peu saisissable. Le genre Oxytrique est le seul de la famille qu'il ait osé aborder d'un pas. Néanmoins, M. Perty a cru retrouver en Suisse certaines espèces qu'il est, à notre avis, complètement impossible de reconnaître d'après les descriptions et les dessins qui en ont été donnés jusqu'ici, tels que l'*E. affinis* Duj., l'*E. subrotundus* Duj., l'*E. appendiculatus* Ehr., l'*E. truncatus* Ehr. Il est fâcheux que M. Perty ne nous ait pas appris sur quoi il s'est basé pour arriver à de telles déterminations. Cette omission ôte toute valeur à la citation de ces espèces parmi celles qui se trouvent en Suisse.

Voilà donc de nombreuses espèces d'Euplotes que nous croyons devoir rayer complètement du catalogue des infusoires, comme ayant été observées d'une manière insuffisante, et comme étant impossibles à reconnaître d'après les descriptions et les figures qui en ont été données.

Il nous reste encore quelques espèces à nommer, qui ont été décrites comme étant des Euplotes, mais qui appartiennent à d'autres genres ; ce sont les suivantes :

1° L'*Euplotes monostylus* Ehr. C'est un Dystérien.

2° *E. turritus* Ehr. Doit être rapporté au genre Aspidisca.

3° *E. aculeatus* Ehr. Doit être aussi, sans doute, rapporté au genre Aspidisca.

4° La *Plœsconia Scutum* Duj. Sous ce nom, M. Dujardin a confondu deux êtres fort différents. Le premier, celui qu'il a représenté Pl. 10, Fig. 7ᵃ, paraît être un très-bel Euplotes, de taille considérable, dont les pieds ont été dessinés au hasard ; le second (Fig. 7 b et c), doit, sans doute, être rapporté au genre Campylopus. M. Dujardin a considéré cette seconde forme comme résultant d'une mutilation de la première. Mais, si nous jugeons bien ses figures, il nous semble qu'elles indiquent des pieds dorsaux semblables à ceux des Campylopus. C'est là aussi l'avis de M. Stein. Celui-ci rapporte, en effet [1], avoir trouvé dans la mer Baltique la *Plœsconia Scutum* Duj. Il dit à ce sujet que cette espèce devra former un genre séparé, attendu qu'elle n'a pas seulement des pieds-rames à la face ventrale comme les Euplotes, mais encore à la face dorsale.

1. STEIN. Die Infusionsthiere, etc., p. 158.

5e *Genre.* — SCHIZOPUS.

Ce genre est suffisamment caractérisé lorsque nous disons qu'il est formé par des animaux constitués comme les Euplotes, mais ayant, en outre, des pieds dorsaux situés du côté droit. La cuirasse des Schizopus est moins accusée que ne l'est, en général, celle des Euplotes.

1° *Schizopus norwegicus*. (V. Pl. VII, Fig. 6-7.)

DIAGNOSE. Schizopus muni de trois pieds dorsaux, sept pieds-rames et sept pieds-crochets.

Cet infusoire rappelle tout-à-fait, par sa forme, l'*Euplotos-excavatus*. Sa face dorsale est bombée, tandis que la face ventrale présente un large sillon longitudinal, dans lequel sont logées les extrémités ventrales et la fosse buccale. Vu de dos, le Schizopus rappelle, par sa forme, un tatou ou un Glomeris étendu. Il présente à son extrémité postérieure, du côté droit, une excavation semi-lunaire, dans laquelle sont implantés les trois pieds dorsaux ; ceux-ci sont infléchis du côté gauche et divisés en filaments à leur extrémité. L'effilement de ses pieds est constant, et n'est point une suite des circonstances anormales dans lesquelles se trouve placé l'animal pendant l'observation.

Le côté droit présente, en avant, une échancrure assez prononcée.

Le bord antérieur est garni par des cirrhes frontaux vigoureux, dont nous avons malheureusement négligé de compter le nombre.

La face ventrale nous présente d'abord la fosse buccale, logée dans la partie antérieure du large sillon longitudinal. C'est une fosse ovale dirigée obliquement d'avant en arrière et de gauche à droite. La bouche se trouve, comme chez les autres genres de cette famille, à l'extrémité postérieure de la fosse. Tout le long du bord de la fosse sont implantés les cirrhes buccaux ; ceux-ci sont recourbés vers l'axe longitudinal du Schizopus, et se meuvent avec un ensemble tel, qu'on croit avoir devant soi, non pas une rangée de cirrhes, mais une membrane ondulante.

Les pieds-rames, ou styles, forment une rangée transversale dans la moitié postérieure. Il y en a cinq principaux, dont le premier (à partir de la droite de l'animal) est considérablement plus court que les suivants. En somme, ces pieds-rames sont relativement plus courts que chez la plupart des Euplotes, car au lieu de dépasser l'extrémité postérieure du corps, ils sont, au contraire, notablement dépassés par elles. Ceci provient, du reste, peut-être moins de la briéveté même de ces organes, que du fait qu'ils sont implantés assez en avant.—A gauche de ces cinq pieds-rames principaux, s'en trouvent deux autres plus courts et plus minces, mais pas assez minces pour mériter le nom de soies. Ils sont, du reste, implantés plus en avant que les autres. Enfin, notre Schizopus possède sept pieds en crochets, distribués, du côté droit, dans le sillon ventral. Les quatre antérieurs sont disposés de manière à ce que leurs bases forment un rhombe à peu près régulier; les trois autres sont rangés à peu près en ligne droite sur le bord droit du sillon.

La vésicule contractile est placée précédemment comme chez les Euplotes, c'est-à-dire du côté droit et un peu en arrière du point d'insertion des pieds en rame.

Nous avons malheureusement négligé de mesurer la longueur du Schizopus. Les deux figures que nous en donnons le représentent à un grossissement d'environ 300 diamètres.

Lorsque l'animal se divise spontanément, l'individu postérieur garde, non seulement les anciens pieds-rames, mais encore les pieds dorsaux. Les nouveaux pieds dorsaux, qui doivent appartenir à l'individu antérieur, se forment sur la face dorsale de l'animal-mère, à peu près dans le milieu de la longueur, un peu sur le côté droit.

Nous avons fréquemment rencontré le Schizopus enkysté. Les kystes étaient sphériques, à surface unie. Il était facile de reconnaître, au travers de leur paroi, soit les pieds-rames, soit les pieds-crochets, soit les cirrhes frontaux.

Nous avons trouvé le *Schizopus norwegicus* à Bergen, en Norwége, dans l'eau de mer; il vit entre les floridées et autres algues, qui abondent sur certains points de la côte. Nous lui avons, en général, trouvé une couleur jaunâtre, que nous avons rencontrée également chez l'*Euplotes excavatus* et chez quelques autres espèces. Il est probable que cette couleur provient de la nourriture avalée.

C'est sans doute au genre Schizopus qu'il faut rapporter un animalcule observé dans la Baltique, prés de Wismar, par M. Ehrenberg, et auquel celui-ci donne le nom de *Stylonychia appendiculata*. Cet infusoire ne peut, dans tous les cas, appartenir au genre Stylonychie, parce qu'il est dépourvu de cirrhes marginaux. Les appendices dont il est muni du côté droit, à l'extrémité postérieure, nous paraissent être de l'ordre des pieds dorsaux, ce qui rapprocherait tout-à-fait cet animal des Schizopus.

6me *Genre.* — CAMPYLOPUS.

Ce genre se distingue facilement du précédent par l'absence de pieds en crochets, mais il a comme lui des styles et des pieds dorsaux. Les Schizopus forment donc un passage tout naturel des Euplotes aux Campylopus. Les pieds dorsaux de ces derniers ne sont pas implantés directement sur la face dorsale de l'animal : ils sont encore recouverts par un mince prolongement de la cuirasse; mais comme leur base se trouve logée immédiatement au-dessous de cette mince lame, elle appartient plutôt à la région dorsale qu'à la région ventrale. Il est, du reste, une circonstance qui justifie notre manière de voir et qui montre que les pieds dorsaux des Campylopus sont bien assimilables à ceux des Schizopus. En effet, lorsqu'on trouve un Campylopus dans la division spontanée, on remarque bientôt que les pieds dorsaux qui appartiennent à l'individu antérieur, n'apparaissent point sur la face ventrale de l'animal-mère, mais dans une fosse qui part du côté droit de l'animal et qui s'enfonce vers la région dorsale, en n'étant recouverte que par un mince repli des téguments.

Les Campylopus sont des animaux fort singuliers dans leurs mouvements, et par suite excessivement difficiles à suivre et à observer. On les voit progresser pendant quelques instants, en ligne droite, comme par magie. Les nombreuses soies et autres extrémités dont ils sont pourvus restent, pendant ce temps, parfaitement immobiles : les cils frontaux sont seuls en mouvement ; mais comme l'attention se porte involontairement sur l'énergique appareil natatoire dont est doué l'animal, et que cet appareil reste parfaitement immobile, le mode de progression du Campylopus semble avoir quelque chose de mystérieux. Tout à coup l'animal disparaît, grâce à un bond, rapide comme l'éclair, qui l'emporte dans des régions fort éloignées du champ visuel, et il faut chercher d'ordinaire bien longtemps jusqu'à ce qu'un autre bond ramène par hasard le fugitif sous les yeux de l'observateur. Ces bonds se répètent fréquemment, mais avec une énergie telle, que les sauts des Stylonychies et des Euplotes ne peuvent en donner qu'une bien faible idée. Il résulte de la vélocité même de ce genre de mouvement, que nous ne pouvons pas indiquer la manière dont il se réalise. Il n'est pas douteux que les pieds-rames, les soies et les pieds dorsaux n'agissent, soit de concert, soit isolément, pour produire le bond : c'est du moins ce que rend fort probable la présence de ce puissant appareil de locomotion, dont nous ne saurions, sans cela, expliquer l'utilité.

1° *Campylopus paradoxus.* (V. Pl. VII, Fig. 8-9.)

DIAGNOSE. Campylopus ayant 6 soies et de plus 8 pieds tous postérieurs, dont six du côté droit et deux du côté gauche.

Cet infusoire a une forme plus ou moins vaguement elliptique; mais son axe est infléchi, en arrière, quelque peu du côté droit; il est muni d'une carapace semblable à celle des Euplotes, laquelle porte trois côtes longitudinales saillantes sur le dos, l'une médiane, les autres sur les deux côtés. La partie postérieure de la carapace est fortement échancrée du côté droit; le front est garni de cirrhes frontaux vigoureux; la face ventrale est plane, mais offre une large excavation longitudinale, la fosse buccale. Cette fosse n'est point dirigée, comme chez les Schizopus, obliquement de la gauche et de l'avant vers la droite et l'arrière, mais bien plutôt par rapport à l'axe de la droite et de l'avant à la gauche et à l'arrière. La bouche se trouve située à l'extrémité postérieure de cete fosse, c'est-à-dire quelque peu en arrière du milieu du corps. Au premier abord, on ne remarque pas de cirrhes buccaux, on distingue seulement dans l'intérieur de la fosse une ligne longitudinale peu éloignée du bord gauche de cette fosse. Bientôt on reconnaît que cette ligne est le bord libre d'une soupape d'apparence membraneuse, qui, de temps à autre, se soulève et s'abaisse alternativement et avec lenteur. Le bord opposé de cette espèce de soupape est fixé au bord gauche de la fosse buccale. Il paraît, du reste, qu'il ne s'agit point là d'une vraie membrane. Cette apparence est produite par la rangée des cirrhes buccaux, qui se meuvent avec un ensemble parfait et simulent, en conséquence, une membrane ondulante.

La partie postérieure de l'animal présente deux fosses ou excavations semi-lunaires, dans lesquelles sont logées les principales extrémités. Celle du côté droit est beaucoup plus large et plus profonde que celle du côté gauche. Ces deux fosses sont séparées l'une de l'autre par une espèce d'isthme charnu qui se prolonge jusqu'à l'extrémité postérieure de l'animal, et dans lequel pénètre la cavité du corps. Soit la fosse droite, soit la fosse gauche, sont recouvertes par une espèce de toit mince, formé par un prolongement de la carapace. Dans la fosse droite sont logées six extrémités. Lorsqu'on considère le *Campylopus paradoxus* par la face ventrale, on trouve l'ouverture béante de cette fosse remplie par trois pieds-rames à peu près droits; ces pieds sont forts, larges et divisés en un faisceau de filaments à l'extrémité : ces extrémités-là sont parfaitement analogues aux pieds-rames des Euplotes, des Schizopus et des Stylonychies. On remarque en même temps que ces pieds-rames recouvrent trois autres extrémités recourbées et fort larges; celles-ci ne se voient dans toute leur étendue que lorsqu'on considère le Campylopus par la face dorsale. Les extrémités recourbées sont, en effet, des pieds dorsaux, dont l'insertion est superposée à celle des pieds-rames. Les trois pieds dorsaux du coté droit sont considérablement plus larges et plus forts que les pieds-rames de la face ventrale. Leur extrémité est fortement infléchie du côté gauche et se divise également en un pinceau de fils. — La fosse gauche ne loge dans son intérieur que deux extrémités recourbées, qui sont fort larges à leur origine, mais qui vont en s'amincissant par degrés et finissent en pointe : ces pieds sont logés tout-à-fait dans le fond de la fosse, immédiatement au-dessous de la lame tectrice fournie par la carapace, de sorte qu'ils rentrent de droit dans la catégorie des pieds dorsaux. Ils sont divisés en filaments à l'extrémité, comme les précédents, et infléchis du côté droit.

Outre ces 8 pieds, le *Campylopus paradoxus* nous a encore présenté six soies effilées; quatre d'entre elles sont situées du côté droit sur la face ventrale; l'une est implantée immédiatement au bord antérieur de la fosse droite : c'est la plus longue et la plus forte des quatre. Un peu plus en avant et plus à droite se trouve une seconde soie plus courte. Celle-ci est suivie, dans la même direction, par une troisième, plus large qu'elle; puis par une quatrième, qui est, à son tour, plus courte encore. Du côté gauche sont deux soies, assez brèves, implantées tout-à-fait sur le bord ventral, en avant de la fosse gauche.

La vésicule contractile n'est point placée du côté droit, comme chez les Euplotes et les Schizopus, mais du côté gauche, immédiatement en avant des deux pieds dorsaux gauches.

Le plus gros individu que nous ayons rencontré atteignait une longueur de $0^{mm},10$; mais c'était un individu montrant déjà des signes de division. La plupart des Campylopus observés n'atteignaient que les deux tiers environ de la longueur de celui-là.

Nous avons trouvé le *Campylopus paradoxus* en grande abondance dans la mer, sur la côte de Norwége, soit à Vallöe, sur les bords du fjord de Christiania, soit à Christiansand, soit à Bergen et à Gleswær, près de Sartoröe. C'est un animal côtier qui erre entre les ceramiums, les ulves, les zostera et autres plantes marines.

C'est sans doute à ce genre qu'il faut rapporter l'animal décrit par M. Dujardin comme une *Plœsconia Scutum*, mutilée et figurée dans sa Pl. 10 (Fig. 7^b et 7^c). M. Stein rapporte avoir trouvé dans la Baltique un animal qu'il croit devoir rapporter à la *Pl. Scutum* [1], et il ajoute, à ce sujet, que cet animal devra dorénavant former un genre particulier, parce que la partie postérieure de son corps est munie de prolongements styliformes, non pas seulement du côté ventral, comme cela a lieu chez les Euplotes, mais encore du côté dorsal. M. Stein a négligé de dire si cet animal, qu'il a eu sous les yeux, possédait des pieds-crochets ou non; de sorte que nous ne pouvons savoir s'il a eu affaire à un Schizopus ou à un Campylopus. Cependant, la figure, dans tous les cas fort inexacte, de M. Dujardin, a plus d'analogie avec ce dernier genre qu'avec le premier. L'individu de la Fig. 7^c est représenté avec deux crochets; celui de la Fig. 7^b avec un seul. M. Stein propose de conserver le nom de Plœsconia pour

1. S. Stein. Infusionsth., p. 158.

ce genre; mais d'un côté nous ne savons pas précisément s'il a eu affaire à un Campylopus ou à un Schizopus, et de l'autre, le nom de Plœsconia étant encore très-employé en France pour désigner les Euplotes, peut donner lieu à des confusions. Aussi préférons-nous notre désignation de Campylopus.

M. Guido Wagener a observé dans la Baltique, à Wismar, un animal qui a une grande analogie avec notre *Campylopus paradoxus*. Nous ne pouvons taire ici la circonstance qu'il n'est pas tout-à-fait d'accord avec nous sur la manière dont est disposé l'appareil buccal. D'autres petites différences doivent être sans doute rapportées à une différence spécifique. Du reste, notre animal est trop bien caractérisé par ses pieds, ses soies et sa carapace, pour qu'il puisse régner quelque doute quant à sa détermination.

7e *Genre.* — ASPIDISCA

Les Aspidisca se distinguent facilement de tous les autres genres de la famille par l'absence des cirrhes frontaux.

M. Ehrenberg a caractérisé ce genre d'une manière bien différente, puisqu'il en forme une famille distincte parmi ses *Allotreta,* tandis que ses *Oxytrichina* et ses *Euplotina* sont, pour lui, des *Catotreta.* Nous avons déjà vu combien cette distinction est fictive. — La manière dont nous caractérisons notre genre Aspidisca, nous permet de faire rentrer sous cette rubrique l'espèce typique de M. Ehrenberg, son *Aspidisca Lynceus.* — Il est probable que le genre *Coccudina* de M. Dujardin repose, en grande partie tout au moins, sur quelques espèces du genre Aspidisca. Mais cet auteur a donné de ses Coccudines une caractéristique tout aussi imparfaite que la diagnose générique des Aspidisca Ehrenberg. En effet, le principal caractère qui doit servir à distinguer les Coccudines des autres Plœsconiens, c'est l'absence de la bouche. — Or, un Oxytrichien astome est déjà, *à priori*, quelque chose de fort invraisemblable, et il n'y a, pour nous, aucune espèce de doute que les Coccudines sont toutes munies d'un orifice buccal, mais que M. Dujardin n'a su le voir. La bouche des Aspidisca est en effet fort difficile à reconnaître, logée qu'elle est entre les deux valves de la carapace, mais elle occupe la même position que chez les Euplotes. — Du reste, s'il est incontestable que M. Dujardin a observé en général tous ses Plœsconiens d'une manière très-imparfaite, cela est vrai surtout de ses Coccudines, et ce serait un travail inutile et presque dérisoire que de s'arrêter aux diagnoses spécifiques qu'il a données de ces infusoires. Tout ce que nous pouvons dire à ce sujet, c'est que la *Coccudina costata* Duj. (Infus., p. 446, Pl. X, fig. 1) et la *C. polypoda* Duj. (p. 447, Pl. X, fig. 3) sont probablement des Aspidisca ; encore est-ce plus que douteux pour la seconde espèce, qui, à en juger par une des figures, paraîtrait avoir des cirrhes frontaux. Quant à la *C. crassa* Duj. (p. 446, Pl. X, fig. 2), c'est probablement un Euplotes, et pour ce qui concerne la *C. Cicada* Duj. (Pl. XIII, fig. 1), nous n'osons nous aventurer à émettre aucune opinion quelconque.

Les Aspidisca ont, comme les Euplotes, une cuirasse apparente formée par une espèce de raideur ou d'induration des téguments. Cette cuirasse se compose de deux pièces, une carapace et un plastron, entre lesquelles se trouve, du côté gauche, un sillon assez profond. C'est dans ce sillon que sont logés les cirrhes buccaux. Ils y sont si bien cachés que le plus souvent on a beaucoup de peine à les apercevoir. Le bord droit et antérieur de l'animal forme un arc continu qui atteint une grande épaisseur. Cet arc est tout-à-fait caractéristique pour le genre Aspidisca et permet de reconnaître sur-le-champ les espèces qui lui appartiennent. C'est l'extrémité gauche de cet arc que M. Ehrenberg désigne, chez l'*Aspidisca Lynceus,* sous le nom de front crochu ou de bec. Lorsque l'animal marche à l'aide de ses appendices, l'arc marginal forme comme une espèce d'avant-toit protecteur ou d'abat-jour qui descend bien plus bas que le niveau du plastron.

La vésicule contractile est située précisément comme chez les Euplotes et les Schizopus. Il est probable que l'anus occupe également une place identique.

ESPÈCES.

1° *Aspidisca turrita.* (V. Pl. VII, Fig. 11-12.)

SYN. *Euplotes turritus.* Ehr. Inf., p. 380. Pl. XLI, Fig. XVI.

DIAGNOSE. Aspidisca à carapace dépourvue de côtes, mais surmontée d'une épine longue et recourbée en arrière.

Cette espèce est évidemment la même que M. Ehrenberg a décrite sous le nom d'*Euplotes turritus*, tout en remarquant déjà qu'elle serait mieux placée dans le genre Aspidisca. Les individus représentés par cet auteur sont armés, il est vrai, d'une épine relativement plus mince et plus longue que les nôtres. Mais M. Ehrenberg ajoute que les exemplaires figurés ont été observés dans l'eau de mer, près de Wismar, et que ceux qu'il a rencontrés dans l'eau douce, près de Berlin, avaient une épine plus courte et tronquée. Les individus que nous avons observés habitaient de même les eaux douces des environs de Berlin; toutefois, leur épine était pointue. Peut-être s'agit-il de deux espèces différentes, mais très-voisines l'une de l'autre.

M. Ehrenberg compte chez son *Euplotes turritus* cinq pieds-rames et cinq pieds-crochets. Pour ce qui nous concerne, nous trouvons les premiers au nombre de cinq et les seconds au nombre de sept. Les pieds-rames sont placés immédiatement derrière le bord postérieur du plastron, et sont évidemment les analogues des pieds-rames des Euplotes, des Schizopus et des Campylopus. Toutefois, ils prennent une part beaucoup plus active que ces derniers à la marche de l'animal. Ils fonctionnent déjà presque comme de véritables pieds-crochets. Le plus souvent ils se divisent, sous le rapport de leurs mouvements, en deux groupes : les trois de gauche se mouvant de concert et les deux de droite agissant pour leur propre compte. Il n'y a cependant rien d'absolu dans cette règle.

Les pieds-crochets se répartissent en deux groupes : quatre d'entre eux sont placés immédiatement derrière la partie antérieure du rebord ou arc marginal. Les trois autres sont plus rapprochés du centre de la surface ventrale.

On voit l'*Aspidisca turrita* courir en sens divers sur des débris végétaux, dans des eaux pures; son agilité est extrême, comme en général celle des Aspidisca.

2° *Aspidisca Cicada*. (V. Pl. VII, Fig. 13-15.)

Diagnose. Aspidisca à carapace non épineuse, mais ornée de 6 à 8 côtes longitudinales très-marquées.

Cette espèce, dont la taille n'atteint guère, en longueur, que la moitié de celle de l'espèce précédente, est nettement caractérisée par les côtes de sa carapace. Il n'est pas impossible qu'elle soit identique avec l'*Oxytricha Cicada* Ehr. (Infus., p. 366, Pl. XLI, Fig. IV). Tout au moins regardons-nous comme fort probable que cette prétendue Oxytrique doive être rangée parmi les Aspidisca. M. Ehrenberg indique ses côtes comme étant dentelées, ce qui pourrait bien faire penser qu'elle est spécifiquement différente de notre *Aspidisca Cicada*.

Les appendices de l'*Aspidisca Cicada* sont au nombre de douze, comme chez l'*A. turrita*, et disposés parfaitement comme chez cette dernière.

Cette espèce est très-commune dans les eaux stagnantes des environs de Berlin. La petitesse de sa taille et l'agilité de ses mouvements est sans doute la cause du peu d'attention dont on l'a honorée jusqu'ici.

3° *Aspidisca Lynceus*. Ehr. Inf. p. 344. Pl. XXXIX, Fig. 1.

(V. Pl. VII, Fig. 16.)

DIAGNOSE. Aspidisca à dos lisse, dépourvu d'épine et de côtes.

Cette espèce est fort commune aux environs de Berlin, et c'est sans aucun doute sur elle que M. Ehrenberg a fondé son *Aspidisca Lynceus*. — Elle est de petite taille, comme l'*A. Cicada*; et, au point de vue du plastron et des appendices, elle est conformée parfaitement comme les deux espèces précédentes. Son dos lisse suffit donc à la caractériser.

L'*Euplotes aculeatus* Ehrenberg (Inf., p. 380, Pl. XLII, Fig. XV) de la mer Baltique, est très-probablement un Aspidisca muni d'une épine analogue à celle de l'*A. turrita*.

L'*Aspidisca denticulata* Ehr. (Inf., p. 344, Pl. XXXIX, Fig. II), est bien probablement un Aspidisca, mais observé d'une manière trop insuffisante pour qu'il soit possible de le retrouver.

Enfin, il est probable que, de même que certaines Coccudines de M. Dujardin, le *Loxodes plicatus* de M. Ehrenberg (Inf., p. 325, Pl. XXXIV, Fig. IV) a été établi sur une espèce du genre Aspidisca imparfaitement étudiée.

IVe Famille. — TINTINNODEA.

Les Tintinnodea sont des infusoires ciliés sur tout leur pourtour, et présentant une forme d'urne ou de campanule analogue à celle de la plupart des Vorticellines. Le bord de la cloche, soit péristome, porte des cirrhes vigoureux formant plusieurs rangées concentriques. La bouche est située excentriquement, et l'anus n'est pas exactement terminal, mais il est placé sur le côté, non loin de l'extrémité postérieure.

Les Tintinnus ont été classés par M. Ehrenberg dans la famille des *Ophrydina*, qui comprenait les Vorticellines cuirassées. Cette association n'était point naturelle. En effet, ces animaux n'ont de commun avec les Ophrydina que leur forme plus ou moins campanulaire et l'existence d'un fourreau protecteur. Les Ophrydina, comme toutes les autres Vorticellines, sont glabres et ne présentent pas d'autres appendices superficiels que la double rangée des cirrhes buccaux. Les Tintinnus sont, au contraire, ciliés sur toute leur surface. Il est vrai que leur habit ciliaire est formé par des cils fort courts, ce qui explique pourquoi il a échappé à M. Ehrenberg, mais il existe chez toutes les espèces.

La disposition de l'appareil destiné à conduire les aliments dans la bouche, est d'ailleurs fort différent chez les Tintinnus de ce qu'il est chez les Vorticellines. Ces dernières possèdent, comme nous l'avons vu, un disque pédonculé susceptible de s'élever et de s'abaisser, qui forme pour ainsi dire le couvercle de l'urne représentée par le corps de l'animal. Les cirrhes buccaux sont disposés en spirale sur ce disque ; le péristome lui-même ne porte aucun appendice ciliaire. Chez les Tintinnus le disque des Vorticellines fait défaut, et les cirrhes sont portés par le péristome même. A la place du disque mobile on trouve une dépression concave dont le sol va en se relevant vers le péristome et se confond avec lui. Il n'existe donc rien chez les Tintinnus qui puisse s'élever au-dessus du niveau du péristone, comme peut le faire le disque vibratile chez les Vorticellines. L'entrée de l'appareil digestif est, il est vrai, excentrique dans les deux familles, mais tandis que chez les Vorticellines elle est située dans un sillon profond qui court entre le disque vibratile et le péristome, elle est simplement placée, chez les Tintinnus, dans le plan de la dépression concave qui tronque le corps en avant. D'ailleurs, cette ouverture est, chez ces derniers, la véritable bouche qui conduit directement dans un œsophage cilié, tandis que l'ouverture dont nous venons de parler chez les Vorticellines n'est pas la bouche proprement dite, c'est un orifice qui conduit dans un espace large, que nous avons nommé ailleurs le vestibule, espace dans lequel se trouvent deux ouvertures placées l'une à côté de l'autre, savoir la bouche proprement dite et l'anus. Une semblable juxta-position de l'orifice buccal et de l'orifice anal n'existe point chez les Tintinnus. Dans cette famille, l'anus est toujours situé sur le flanc de l'urne, entre l'équateur de l'animal et son pôle postérieur. Malheureusement la vivacité de ces animaux nous a empêché de déterminer avec certitude quelle est la vraie position de cette ouverture, relativement à la bouche. Nous ne pouvons dire si elle est ventrale, dorsale ou latérale.

Chez les Vorticellines, la spire buccale se compose d'une double rangée de cirrhes qui ne fait en général qu'un tour et demi environ avant de pénétrer dans le vestibule. Chez l'*Epistylis flavicans et l'E. articulata* seulement, le nombre de ces tours de spire est plus considérable (environ 3 ou 4). Chez les Tintinnus, au contraire, les cirrhes buccaux implantés sur le péristome forment constamment, avant d'arriver à la bouche, plusieurs rangées concentriques. Ces rangées sont très-rapprochées les unes des autres et les cirrhes sont ou bien tranquilles et rabattus vers l'intérieur de l'urne, de manière à rendre impossible l'étude de leur disposition, ou bien en proie à un tourbillonnement tel, qu'il est également impossible de s'assurer d'une manière positive de leur mode de distribution. Aussi ne nous a-t-il pas été possible de déterminer avec certitude si ces cirrhes forment des cercles concentriques indépendants les uns des autres, ou bien une spire à tours très-rapprochés. L'analogie des autres infusoires rend cette dernière alternative de beaucoup la plus probable.

On peut se demander aussi si la spire buccale des Tintinnus présente une disposition aussi exceptionnelle que celle des Vorticellines, c'est-à-dire si elle est comme cette dernière une spire dexiotrope, ou bien si elle est lœotrope, comme celle de la plupart des autres infusoires. La vivacité des Tintinnus nous a également empêchés d'acquérir une certitude parfaite sur ce point. Toutefois, à en juger par la direction dans laquelle se produit le tourbillon, il est plus probable que la spire des Tintinnus est læotrope, c'est-à-dire inverse de celle des Vorticelles. Dans tous les cas, la spire des Tintinnus se distingue bien essentiellement de celle des Vorticellines par la circonstance que c'est son tour le plus interne qui pénètre dans la bouche, tandis que chez les Vorticellines, c'est au contraire le tour le plus externe qui pénètre dans le vestibule, et que le tour plus interne est celui qui couronne le sommet du disque vibratile.

D'après tout ce qui précède on voit évidemment que les Tintinnodes n'ont absolument rien à faire avec les Vorticellines, et qu'une apparence trompeuse a seule conduit M. Ehrenberg à les réunir, avec une partie de ces dernières, dans la famille des Ophrydina.

Et cependant, le rapprochement peu naturel fait par M. Ehrenberg ne paraît pas avoir trouvé jusqu'ici de contradicteurs. M. Stein (Stein, p. 36) semble avoir rangé les Tintinnus parmi les Vorticellines, mais il est possible qu'il n'ait pas observé ces animaux par lui-même et qu'il se borne à suivre les données de M. Ehrenberg. M. Dujardin, qui a vu lui-même des Tintinnus, s'est bien plus fourvoyé encore que M. Ehrenberg, puisque, non content de laisser ces infusoires dans la famille des Vorticellines, il se refuse encore, à l'exemple de Lamarck, à les considérer comme génériquement différents des Vaginicoles.

Après s'être convaincu que la prétendue parenté entre les Tintinnodes et les Vorticellines ne repose sur aucun fondement solide, on pourrait être tenté de se demander s'il ne serait pas plus conforme à la nature d'assigner aux Tintinnus une place à côté des Stentors. Il est certain qu'une telle classification choquerait moins les analogies que celle de M. Ehrenberg. Les Stentors, comme les Tintinnus, sont ciliés sur toute leur surface; les uns comme les autres sont dépourvus du disque vibratile des Vorticellines ; l'orifice anal est dans l'un et dans l'autre groupe fort distant de l'orifice buccal. Toutefois, nous pensons bien faire en ne réunissant pas les Stentors et les Tintinnus dans une seule et même famille. En effet, sans parler de la position de l'anus, car nous ne pouvons dire de l'anus des Tintinnodiens, s'il est dorsal plutôt que ventral ou latéral, la disposition des cirrhes buccaux offre, dans les deux groupes, des différences très-considérables. Tandis que la spire buccale ne forme chez les Stentors qu'un tour complet avant d'arriver à la bouche, elle en forme, chez les Tintinnodiens, un grand nombre, peut-être jusqu'à cinq ou six. De plus, le péristome des Stentors n'est point élevé au-dessus du niveau de la troncature antérieure, comme cela a lieu chez les Tintinnodiens.

Genre unique. — TINTINNUS.

Les animaux appartenant à ce genre offrent tous les caractères de la famille, et en outre ils sont caractérisés par la présence d'une cuirasse ou fourreau analogue au fourreau des Cothurnies. Le corps est muni d'un pédoncule plus ou moins long, qui va s'attacher au fond du fourreau. Le tout ressemble par suite à une cloche munie de son battant. — Le pédoncule est contractile, et tout Tintinnus est susceptible de se retirer brusquement au fond de son fourreau. Cependant, ce pédoncule n'offre pas la complication de celui des Vorticelles, des Carchesium et des Zoothamnium. Il n'est pas possible de distinguer dans son intérieur plusieurs couches de nature histologique différente. Le pédoncule des Tintinnus offre une apparence assez homogène : c'est un appendice formé par le parenchyme du corps, appendice dans lequel la cavité digestive ne pénètre pas.

Les Tintinnus nagent avec une impétuosité remarquable. On les voit traverser, comme la flèche, le champ du microscope, et leur poursuite demande beaucoup de patience et de prestesse dans les mouvements. Aussi, d'ordinaire, n'est-il possible de reconnaître un Tintinnus dans l'objet qui passe, en tourbillonnant, sous les yeux de l'observateur, que parce qu'aucun autre infusoire ne nagerait avec une vélocité semblable. Les Tintinnus sont, en effet, doués d'un appareil locomoteur très-développé : outre les cils de la surface du corps, ils possèdent des cirrhes buccaux plus longs et plus énergiques que ceux de la plupart des autres infusoires, et ces cirrhes forment plusieurs rangées concentriques. Ce n'est donc que dans des cas exceptionnels qu'on a l'heureuse chance de pouvoir étudier l'organisation interne des Tintinnus. Il serait difficile de trouver au premier abord, dans les animaux eux-mêmes, des différences susceptibles de permettre facilement l'établissement de caractères spécifiques : heureusement que les fourreaux suffisent parfaitement à l'établissement de ces caractères ; de plus, ils ont l'avantage de se conserver fort bien après la mort de l'animal, de manière à pouvoir permettre, encore longtemps après, une étude exacte de leur structure.

Les fourreaux pourront permettre, lorsqu'on le désirera, l'établissement de coupures assez tranchées dans le genre Tintinnus, tel que nous le comprenons maintenant. En effet, on pourra séparer des Tintinnus proprement dits, d'une part, les espèces qui, comme le T. *mucicola*, ont un fourreau purement gélatineux, et d'autre part, celles qui, comme le *T. Campanula* ou le T. *Helix*, collent à leur fourreau des particules étrangères. Pour le moment, l'établissement de ces coupures ne nous paraît pas absolument nécessaire, d'autant plus que les espèces agglutinantes collent quelquefois si peu de substances étrangères à leur fourreau, que celui-ci ne paraît composé que de la substance sécrétée.

La grande majorité des Tintinnus paraît vivre dans les eaux de la mer, où on les trouve fréquemment entre les algues du rivage. Cependant la plupart mènent une vie plus essentiellement pélagique. On les pêche en grande abondance à des distances assez considérables du rivage, où ils s'ébattent près de la surface des vagues avec les larves d'échinodermes et de mollusques et des myriades de petits crustacés. Les eaux douces ne sont, du reste, pas complètement dépourvues de Tintinnus. Nous avons, à plusieurs reprises, remarqué dans les eaux douces des environs de Berlin un Tintinnus très-voisin du T. *mucicola*, ou peut-être même identique avec lui.

ESPÈCES.

1° *Tintinnus inquilinus*. Ehr. Inf. p. 294. Pl. XXX. Fig. II.

SYN. *Vaginicola inquilina*. Duj. Inf. p. 561. Pl. XVI bis. Fig. 5.

(V. Pl. VIII, Fig. 2.)

DIAGNOSE. Tintinnus à fourreau cylindrique, homogène, atténué à sa partie postérieure, qui est brusquement tronquée.

Cette espèce a été déjà représentée d'une manière assez exacte par MM. Ehrenberg et Dujardin, pour ce qui concerne le fourreau. Cependant M. Ehrenberg représente ce fourreau comme arrondi en arrière, tandis qu'il est dans le fait brusquement tronqué, de manière à présenter un fond parfaitement plat. Sous ce rapport, la figure de M. Dujardin est plus exacte. Par contre, ce dernier, à en juger du moins par les exemplaires que nous avons observés, n'a pas tout-à-fait raison, lorsqu'il donne à ce fourreau la forme d'un cône tronqué, c'est-à-dire lorsqu'il le fait diminuer régulièrement de diamètre depuis son ouverture jusqu'à son extrémité postérieure. Le fourreau est, dans la plus grande partie de sa longueur, exactement cylindrique. La partie postérieure seule devient brusquement conique, mais la génératrice du cône est très-diversement inclinée, par rapport à l'axe, suivant les individus; en d'autres termes, le rapport de la hauteur du cône tronqué au rayon de sa base, est très-variable, suivant les exemplaires.

M. Ehrenberg rapporte avoir observé le *T. inquilinus* en 1830 et 1832, à Kiel, et en 1833, à Copenhague. Les exemplaires de Kiel étaient fixés sur des algues; ceux de Copenhague nageaient librement dans l'eau du port. Il n'y a pas de doute que ces derniers ne fussent réellement des Tintinnus. Quant à ce qui concerne les premiers, la question peut paraître douteuse. En effet, nous n'avons jamais vu de Tintinnus fixés sur des objets étrangers, et, dans tous les cas, il est difficile d'admettre qu'un Tintinnus, après avoir erré librement dans les eaux de la mer, puisse venir se fixer, par la partie postérieure de son fourreau, sur un fucus ou quelque autre plante marine[1]. En effet, le fourreau est le produit endurci d'une sécrétion de l'animal, et doit être considéré comme une partie privée de vie. — Ainsi donc, de deux choses l'une : ou bien les prétendus *T. inquilinus*, observés par M. Ehrenberg dans le port de Kiel, n'étaient pas des Tintinnus, mais des Cothurnies, ou bien c'étaient des Tintinnus dont le fourreau s'était accidentellement embarrassé dans des algues. Si les individus observés étaient nombreux, comme cela paraît avoir été le cas, c'est la première alternative qui est la plus probable. Cette opinion paraît être encore confirmée par la circonstance que la partie postérieure du fourreau chez les individus du port de Kiel, ressemble bien moins, d'après les dessins de M. Ehrenberg, à la partie correspondante du vrai *T. inquilinus* que celle des individus de Copenhague.

1. M. Eichwald se trompe dans tous les cas lorsqu'il considère comme un *caractère essentiel* du genre Tintinnus la large adhérence du fourreau aux objets étrangers.

La longueur du fourreau du *Tintinnus inquilinus* est, en général, de $0^{mm},08$ à $0^{mm},12$, et sa largeur de $0^{mm},025$. Mais on trouve fréquemment des individus qui, sans être plus longs, sont considérablement plus larges. Nous en avons vus qui, sur une longueur de $0^{mm},08$, avaient une largeur de $0^{mm},037$; chez ces individus-là, le corps même de l'animal est quatre ou cinq fois aussi gros que celui des individus ordinaires, et il remplit la plus grande partie du fourreau. La surface de celui-ci est alors moins lisse que d'habitude.

La vésicule contractile est unique ; le nucléus également.

Il n'est pas rare de rencontrer deux individus dont les fourreaux sont emboîtés l'un dans l'autre. Il est possible que ce soit là la suite d'une division spontanée. L'individu supérieur aurait, dans ce cas, construit son fourreau dans celui de l'autre.

Nous avons trouvé cette espèce en abondance dans la mer du Nord, soit dans le fjord de Bergen, soit dans les eaux de Gleswær, près de Sartoröe, sur la côte occidentale de Norwége.

2° *Tintinnus obliquus*. (V. Pl. IX, Fig. 1.)

DIAGNOSE. Tintinnus à fourreau cylindrique, très-étroit, homogène, atténué à sa partie postérieure, qui n'est point brusquement tronquée.

Cette espèce est voisine de la précédente ; mais son fourreau est beaucoup plus étroit et ne présente pas la troncature caractéristique. Il est, du reste, un autre caractère plus important qui justifie la séparation de ces deux espèces, c'est l'extrême obliquité du péristome chez le T. *obliquus*, par rapport à l'axe de l'animal. Chez le T. *inquilinus*, le plan du péristome est presque perpendiculaire à l'axe. Dans le dessin que nous a communiqué M. Lachmann, le pédoncule n'est point fixé au fond du fourreau, mais contre la paroi, à peu près à mi-hauteur. Ce n'est point, cependant, là un caractère spécifique, car il est fréquent de voir la même chose chez le *T. inquilinus* et chez beaucoup d'autres espèces.

Le *T. obliquus* a à peu près la longueur du T. *inquilinus*. Il a été observé par M. Lachmann dans la mer du Nord, près de Glesnæsholm.

3° *Tintinnus Amphora.* (V. Pl. VIII, Fig. 3.)

Diagnose. Tintinnus à fourreau incolore, homogène, en forme de vase allongé, un peu renflé au-dessous du milieu et évasé à son bord.

Le *Tintinnus Amphora* possède un fourreau d'apparence homogène, qui n'est jamais encroûté de substances étrangères; il est parfaitement incolore et diaphane; sa forme est celle d'un vase cylindrique élancé, un peu renflé au-dessous du milieu. Sa partie postérieure va s'amincissant en cône, sans cependant se terminer tout-à-fait en pointe. Le sommet du cône est, en effet, tronqué perpendiculairement à l'axe, et le fond du vase se trouve formé par un petit disque plane. L'ouverture du fourreau est légèrement évasée.

Dans les fourreaux dépourvus de leur habitant normal, on trouve souvent un kyste pédicellé comme celui que nous avons représenté. Tantôt le kyste renferme une masse granuleuse uniforme entourant un corps réfringent à apparence huileuse, tantôt il renferme plusieurs globules sphériques à apparence granuleuse, qui contiennent chacun une vésicule incolore. Jamais nous n'avons vu trace de contractions dans cette dernière. La membrane du kyste est mince. Chaque globule paraît lui-même être entouré d'une membrane propre. — Il ne nous a pas été possible de déterminer si ces kystes sont dus à une métamorphose du Tintinnus, ou bien s'ils sont de provenance étrangère. Aussi ne parlons-nous d'eux que pour attirer l'attention sur leur présence, vraiment fort fréquente, dans les fourreaux du *T. Amphora* et de quelques autres Tintinnus.

Nous avons observé le *T. Amphora* dans la mer du Nord, aux environs de Glesnæsholm, près de Sartorøe (Norwége). Sa longueur est, en moyenne, de $0^{mm},2$ à $0^{mm},3$.

4° *Tintinnus acuminatus.* (V. Pl. VIII, Fig. 4.)

Diagnose. Tintinnus à fourreau incolore, cylindrique, allongé, très-étroit, terminé en pointe à sa partie postérieure et évasé à son ouverture.

Le *Tintinnus acuminatus* est une des espèces les plus élégantes que nous ayons rencontrées. Son fourreau est homogène, très-diaphane, incolore et jamais encroûté.

Il est parfaitement cylindrique, et ne présente pas de renflement comme celui de l'espèce précédente. Sa partie postérieure se termine en pointe; toutefois, cette pointe n'est point en cône tronqué, comme chez le *T. Amphora,* mais c'est une vraie pyramide à pans parfaitement planes. L'ouverture du fourreau est largement évasée.

Ce Tintinnus a une forme très-élancée. Il n'a de rival à ce point de vue que dans le T. *subulatus*. Le rapport de sa largeur à sa longueur est en effet, en moyenne, celui de 1 : 15. La plupart des exemplaires observés par nous avaient environ une longueur de $0^{mm},30$ et une largeur de $0^{mm},024$.

Cette espèce a été trouvée, comme la précédente, dans la mer du Nord, aux environs de Glesnæsholm, près de Sartoröe (Norwége).

5° *Tintinnus Steenstrupii.* (V. Pl. VIII, Fig. 5.)

DIAGNOSE. Tintinnus à fourreau homogène, incolore, cylindrique, un peu renflé dans sa partie postérieure, qui présente quatre arêtes longitudinales ; ouverture largement évasée.

Le fourreau de cette espèce est, comme celui des précédentes, parfaitement diaphane et incolore, jamais encroûté. Sa forme se rapproche de celle du T. *acuminatus,* mais elle est relativement moins allongée; et sa partie postérieure, au lieu de se terminer en une pyramide élancée, est arrondie en un dôme qui représente une pointe mousse. Le tiers postérieur du fourreau présente quatre arêtes longitudinales, ce qui lui donnerait une forme tout-à-fait prismatique, si l'espace compris entre ces arêtes ne faisait saillie en forme d'ailes, comparables aux ailes dont est munie l'enveloppe chitineuse de beaucoup d'ascarides et d'oxyures. Ce sont ces ailes qui donnent à cette partie du fourreau une apparence de renflement. Lorsque le Tintinnus se contracte et se retire dans son fourreau, il en remplit toute la moitié postérieure et au-delà. Cependant, son corps ne pénètre jamais dans les saillies en forme d'ailes, dont la transparence n'est, partant, jamais troublée.

Cette espèce est, comme les précédentes, de Glesnæsholm, près de Sartoröe, dans la mer du Nord (côte de Norwége). Sa longueur est d'environ $0^{mm},2$.

6° *Tintinnus quadrilineatus.* (V. Pl. IX, Fig. 3.)

Diagnose. Tintinnus à fourreau homogène, incolore, largement évasé, se rétrécissant graduellement en arrière pour finir par une pointe obtuse, et orné de quatre cannelures, qui ne s'étendent pas jusqu'à l'ouverture.

La seule inspection de la figure suffit pour justifier cette espèce. Nous remarquerons seulement que la coque, à l'endroit où elle s'évase pour former l'ouverture, atteint une épaisseur beaucoup plus grande que partout ailleurs. — Le T. *quadrilineatus* a été observé par M. Lachmann, dans la mer du Nord, sur la côte de Norwége.

7° *Tintinnus denticulatus.* Ehr. Monatsbcht. Berl. Akad. 1840, p. 201.

Syn. *Cothurnia? perlepida* Bailey.

(V. Pl. VIII, Fig. 1 et 1 A.)

Diagnose. Tintinnus à fourreau de forme cylindrique, incolore, chagriné d'une manière tout-à-fait régulière, terminé en pointe à sa partie postérieure et dentelé à son bord antérieur.

M. Ehrenberg a décrit, en 1840, un Tintinnus, dont il n'a pas donné de figure, dans les termes suivants : « T. *lorica cylindrica, hyalina, punctorum seriebus eleganter sculpta, margine frontali acute denticulato et aculeo postico terminata. Magn.* $^1/_{18}$ *lin. In mari boreali.* »

Malgré la concision de cette description, nous ne croyons pas nous tromper en rapportant notre Tintinnus au *T. denticulatus* de M. Ehrenberg.

Le fourreau de cette espèce est incolore et diaphane, comme celui de toutes les espèces que nous avons vues jusqu'ici ; mais, au lieu d'être homogène, comme chez ces dernières, il offre une structure très-élégante qui frappe les regards dès l'abord. Le fourreau est chagriné par suite de la présence de petits champs circulaires, ou plutôt (vus à un très-fort grossissement) hexagonaux, disposés régulièrement à côté les uns des autres, comme le représente notre figure 1 A. Les champs ou facettes réfractent la lumière moins fortement que les espaces intermédiaires, sans doute parce qu'ils sont plus minces, si bien qu'on pourrait être tenté de croire le fourreau percé à jour et formé par un treillis extrêmement délicat. Mais ce n'est là qu'une apparence[1].

Lorsque le T. *denticulatus* est adulte, le bord de son ouverture présente une série de petites dentelures fort régulières, dont les pointes vont souvent en se renversant légèrement en dehors, de manière à former un léger évasement. Lorsque l'animal n'est pas adulte, ou, du moins, lorsque son fourreau est encore en voie de formation, le bord de celui-ci est également dentelé. Mais cette dentelure-là est différente de celle que nous venons de décrire. C'est, en effet, une apparence produite par les interstices plus épais des champs plus minces en voie de formation. Les dents sont, dans ce cas, un peu plus petites que celles du bord définitif.

Les facettes circulaires et amincies du fourreau n'ont point partout les mêmes dimensions. Dans le voisinage de l'ouverture, c'est-à-dire dans la partie du fourreau qui est formée en dernier lieu, le diamètre de ces facettes est beaucoup plus petit que dans les régions situées plus en arrière. Dans le quart antérieur du fourreau, on voit ces facettes diminuer de plus en plus, à mesure qu'on se rapproche du bord de l'ouverture.

Nous avons dit, dans la diagnose de l'espèce, que le fourreau est cylindrique et terminé en pointe en arrière. Telle est en effet la forme normale, mais cette forme est soumise à des variations assez nombreuses, quoique légères. Tantôt le fourreau représente un cylindre ayant partout le même diamètre, et se rétrécissant brusquement pour se prolonger en une pointe plus ou moins longue, comparable à un paratonnerre sur un dôme; tantôt le cylindre, après avoir conservé longtemps la même largeur, se transforme graduellement en un cône, qui se termine lui-même en une pointe souvent fort acérée. Dans quelques cas, exceptionnels il est vrai, le fourreau va en diminuant insensiblement depuis son ouverture jusqu'à la pointe. Il n'a plus alors la forme d'un cylindre terminé par une pointe, mais celle d'un cône très-allongé. Enfin, on rencontre parfois des individus dont le fourreau est renflé dans sa partie postérieure. Ce renflement est suivi en arrière d'un rétrécissement subit, qui se continue dans la pointe

1. M. Bailey, qui n'a vu que la coque de cette espèce et qui l'a prise pour celle d'une Cothurnia, en a donné une bonne figure. V. *Notes on new Species and localities of Microscopical Organisms, Smithsonian Contr. to Knowledge.* Nov. 1853, p. 13, fig. 27.

terminale. Dans toutes ces variétés de forme, la pointe terminale peut présenter des longueurs très-différentes, suivant les individus.

La longueur moyenne du T. *denticulatus* est de $0^{mm},14$ environ.

Nous avons trouvé cette espèce en abondance sur divers points de la côte de Norwége (fjord de Christiania, fjord de Bergen, environs de Glesnæsholm, près de Sartoröe). Parmi une série de dessins relatifs aux infusoires qui nous ont été communiqués par M. le professeur Christian Boeck, de Christiania, il s'en est trouvé une dizaine relatifs à cette espèce. Les dessins de M. Boeck sont très-exacts et répètent à peu près toutes les variétés de forme que nous avons observées nous-mêmes. Le *T. denticulatus* a été observé par M. Boeck, en 1839, dans la mer du Spitzberg, et, en 1843, dans le fjord de Christiania. M. Ehrenberg l'ayant observé aussi dans la Baltique, cette espèce paraît être assez répandue dans les mers du Nord.

8° *Tintinnus Ehrenbergii.* (V. Pl. VIII, Fig. 6-7.)

DIAGNOSE. Tintinnus à fourreau cylindrique très-épais, incolore, finement granuleux et terminé en arrière par une pointe mousse.

Cette belle espèce se distingue de suite des précédentes par sa grande taille et l'épaisseur très-considérable de son fourreau. Celui-ci est régulièrement cylindrique, et s'arrondit assez subitement à la partie postérieure pour se prolonger ensuite en une pointe obtuse et très-épaisse. Le bord antérieur n'est nullement évasé et ne présente pas de dentelures. A un fort grossissement, on reconnaît que le fourreau, du reste diaphane et incolore, présente une structure analogue à celle du fourreau du T. *denticulatus*. Seulement, les facettes sont ici infiniment plus petites; ce qui fait qu'on ne les aperçoit, à un grossissement de trois cents diamètres, que comme une fine granulation. Autant que nous en avons pu juger, cette structure est restreinte à la surface externe du fourreau : c'est une sculpture de cette surface. L'épaisseur même du fourreau nous a semblé exempte de structure.

L'habitant de ce fourreau est un des plus gros Tintinnus que nous ayons observés jusqu'ici. Le pédoncule qui le fixe dans son habitation est très-vigoureux. Les cirrhes du péristome déploient dans leur mouvement une énergie toute particulière. — Les vésicules contractiles sont au nombre de deux.

Nous avons dédié cette espèce à M. le professeur Ehrenberg.

Le *T. Ehrenbergii* a été observé par nous dans la mer du Nord, à Glesnæsholm, près de Sartoröe (Norwége).

9° *Tintinnus Lagenula*. (V. Pl. VIII, Fig. 10 et 11.)

DIAGNOSE. Tintinnus à fourreau en forme de petite bouteille ventrue, arrondie au fond et munie d'un col très-large et très-court.

Le T. *Lagenula*, bien caractérisé par sa forme, n'a pas un fourreau aussi diaphane que les six espèces précédentes. On peut distinguer chez les individus adultes deux parties nettement tranchées dans le fourreau, à savoir le ventre de la bouteille et le col. Le ventre est en général assez obscur, le col est incolore et très-diaphane. La ligne de séparation de ces deux parties est toujours nettement dessinée. Lorsqu'on ne considère ce fourreau qu'à un grossissement de 250 à 300 diamètres, on est tenté de considérer le col comme étant fraîchement ébauché et encore en voie de formation, et la partie ventrue comme terminée et incrustée de substances étrangères. Telle a été aussi pendant longtemps notre opinion. Toutefois, un examen de l'animal, à un grossissement de 6 ou 700 diamètres, montre qu'il n'en est pas ainsi. La partie ventrue n'est nullement incrustée, mais elle présente une structure très-régulière, structure qui fait entièrement défaut dans le col. Toute la région renflée et obscure est semée de petites verrues arrondies, présentant en leur centre une tache qu'on serait tenté de considérer comme une perforation dans le sens de l'axe de la verrue. Lorsqu'une fois on s'est assuré de l'existence de cette structure, on la reconnaît facilement à un grossissement moindre. Le col est, comme nous le disions, dépourvu de toute structure, et son bord se renverse en dehors chez les individus adultes. — Chez quelques exemplaires, ce col est plus long, et sur le milieu de sa longueur se voit une arête circulaire qui lui forme une espèce de collier en relief. Cette anomalie est due, sans doute, à ce que l'animal a subi, à une certaine époque de sa vie, un arrêt de croissance et a terminé sa demeure en l'ornant de son rebord définitif, et que, plus tard, il a recommencé sa croissance et a augmenté sa maison d'un étage. On voit souvent quelque chose d'analogue pour le péristome des Hélix. Chez les individus encore en croissance, le fourreau est dépourvu dans la règle de toute trace de rebord. Chez ceux qui sont encore fort jeunes, il manque même le col du fourreau.

Le T. *Lagenula* a une longueur moyenne de $0^{mm},03$.

Cette espèce est extrêmement abondante dans le fjord de Bergen et dans les eaux de Glesnæsholm, près de Sartoröe (mer du Nord).

10° Tintinnus subulatus. Ehr. Inf., p. 294. Pl. XXX, Fig. III.

Syn. *Vaginicola subulata.* Duj., p. 562.

(V. Pl. VIII, Fig. 15.)

Diagnose. Tintinnus à fourreau incolore, cylindrique, étroit et terminé en arrière par une pointe acérée. La partie antérieure du fourreau présente des stries transversales à intervalles réguliers.

Cette forme élégante est, avec le *T. acuminatus,* celle, de toutes les espèces jusqu'ici observées, dont le fourreau est le plus élancé. Le rapport de sa largeur à sa longueur est, en effet, en moyenne celui de 1 : 10 ou 12. Le fourreau est d'une extrême transparence. Dans sa plus grande longueur, il représente un cylindre parfaitement régulier; mais dans la partie postérieure, la génératrice du cylindre passe insensiblement à une génératrice de cône, et il en résulte que le fourreau se termine par une pointe allongée. L'inclinaison de la génératrice du cône, par rapport à l'axe, est du reste fort variable selon les individus, ou, en d'autres termes, la longueur de la pointe varie entre des limites assez considérables. A en juger par les dessins de M. Ehrenberg, la pointe n'était pas, chez les individus observés par ce savant, dans l'axe du fourreau, mais déjetée d'un côté. Les nombreux exemplaires que nous avons eus sous les yeux l'avaient cependant tous dans la ligne même de l'axe. La partie antérieure du fourreau présente des stries transverses, largement espacées, mais très-régulières. Leur nombre est très-variable. Souvent on en compte de quinze à vingt, souvent aussi davantage. Les stries postérieures sont en général moins évidentes que les antérieures. L'ouverture ne présente pas trace d'évasement.

La longueur moyenne des exemplaires observés est d'environ $0^{mm},22$; la largeur, de 0,021.

Cette espèce est abondante dans la mer du Nord. Nous l'avons trouvée en abondauce à Vallöe (fjord de Christiania), dans le fjord de Bergen, et à Glesnæs, près de Sartoröe.

11° *Tintinnus cinctus.* (V. Pl. VIII, Fig. 13.)

DIAGNOSE. Tintinnus à fourreau cylindrique, évasé à son ouverture, terminé en pointe peu allongée en arrière, et muni dans toute sa longueur de stries transverses très-espacées.

Ce Tintinnus est relativement beaucoup plus large que le précédent, dont il n'atteint pas tout-à-fait la longueur. Le fourreau n'est pas parfaitement incolore, mais comme troublé par une couche de poussière. Il est possible que cette apparence soit produite par une agglutination de particules étrangères fort minimes. Le fourreau est de forme cylindrique; il s'évase légèrement et presque insensiblement en avant. En arrière, il s'arrondit brusquement en un dôme surmonté d'une pointe peu allongée. Celle-ci est souvent infléchie d'un côté ou de l'autre. Des stries transversales, très-espacées, se voient dans toute sa longueur.

Le *T. cinctus* a été observé par nous dans la mer du Nord, près de Glesnæsholm (côte occidentale de Norwége).

12° *Tintinnus Helix.* (V. Pl. VIII, Fig. 8.)

DIAGNOSE. Tintinnus à fourreau grisâtre, cylindrique, présentant en arrière les traces d'un enroulement hélicoïdal et orné dans sa partie antérieure de stries transversales assez espacées.

Ce Tintinnus possède un fourreau bien distinct de tous les précédents. Il est relativement large, parfaitement cylindrique dans sa plus grande longueur, et dépourvu de toute trace d'évasement à son ouverture. Sa partie postérieure présente un sillon spiral, plus ou moins régulier et plus ou moins long, qui donne à cette partie l'apparence d'un enroulement en hélice turriculée. L'extrémité postérieure se termine en pointe souvent infléchie d'un côté ou de l'autre. La partie antérieure présente des stries transversales parfaitement semblables à celles que nous avons déjà signalées chez le T. *subulatus*. Toutefois, le T. *Helix* est bien distinct de cette dernière espèce, non seulement par l'enroulement hélicoïdal apparent, mais encore par sa largeur relativement bien plus considérable. En effet, tandis que le rapport de la largeur à la longueur est chez le *Tintinnus subulatus* celui de 1 : 10 ou 12, il n'est, chez le T. *Helix* que de 1 : 3 ou 4. D'ailleurs, le fourreau du T. *subulatus* est toujours incolore et parfaitement transparent, tandis que celui du T. *Helix* est constamment grisâtre et seulement translucide. Cette apparence est produite par un encroûtement, dû à l'agglutination de particules étrangères très-petites sur la surface. Il est même probable que cet encroûtement est la seule cause qui empêche de poursuivre les stries transversales jusqu'au commencement de l'enroulement hélicoïdal. En effet, chez les individus les plus transparents, on réussit à reconnaître des traces légères de ces stries sur toute la partie exactement cylindrique du fourreau.

Cette espèce a été observée dans la mer du Nord, près de Vallöe (fjord de Christiania). Sa longueur est d'environ $0^{mm},15$.

13° *Tintinnus annulatus*. (V. Pl. IX, Fig. 2.)

Diagnose. Tintinnus à fourreau encroûté, cylindrique, présentant dans sa partie postérieure plusieurs renflements circulaires et dépourvu de stries transversales dans sa partie antérieure.

Cette espèce se rapproche beaucoup de la précédente; mais, au lieu du sillon spiral, elle présente plusieurs étranglements circulaires, qui laissent entre eux des intervalles très-saillants. Sa partie antérieure, qui est exactement cylindrique, est en général, un peu moins large que la partie annelée. Cette espèce a été observée par M. Lachmann dans le fjord de Christiania, près de Vallöe.

14° *Tintinnus Campanula*. Ehr. Monatsb. der Berl. Akad. 1840, p. 201.

(V. Pl. VIII, Fig. 9.)

Diagnose. Tintinnus à fourreau encroûté, peu transparent, terminé en pointe en arrière et largement évasé en cloche en avant.

Nous espérons ne pas nous tromper en rapportant au T. *Campanula* de M. Ehrenberg les individus que nous avons observés dans le fjord de Christiania et sur lesquels nous basons notre diagnose. M. Ehrenberg n'a point donné de figure de son T. *Campanula*, et s'est borné à la décrire en ces termes : « *T. corpore hyalino, lorica late campanulata, fronte dilatata, postica parte acuminata. Magn.* $^1/_{21}$ *lin.* » — Cette description, un peu concise pour n'être pas accompagnée de figure, cadre assez bien avec les caractères de notre espèce. Le fourreau du *Tintinnus Campanula* a très-exactement la forme d'une cloche un peu allongée, munie d'un suspensoir un peu long, et très-largement évasée à son ouverture. Le diamètre de cet évasement est du reste très-variable, suivant les individus. Chez quelques-uns, l'élargissement s'opère si brusquement, que le passage de la partie à peu près cylindrique de la cloche à la partie évasée forme un angle très-sensible. Parfois la partie évasée est notablement plus longue que la partie cylindrique, mais c'est cependant l'exception. — Les parois du fourreau sont plus encroûtées que chez l'espèce précédente, ce qui les rend encore moins transparentes.

Longueur moyenne : $0^{mm},15$ à 0,20.

Provenance : eaux de la mer, près de Vallöe (fjord de Christiania).

15° Tintinnus ventricosus. (V. Pl. IX. Fig. 4.)

DIAGNOSE. Tintinnus à fourreau encroûté, ayant la forme d'une petite bouteille large se terminant en arrière par une pointe très-obtuse; panse très-large en avant et surmontée par un col plus étroit et fort court.

Cette espèce n'a de rapport de forme qu'avec le *T. Lagenula,* mais elle s'en distingue par son encroûtement prononcé de particules étrangères, et surtout par la forme de sa partie postérieure ainsi que par son col plus étroit, par rapport au corps de la bouteille. — Elle a été observée par M. Lachmann, dans la mer du Nord, sur les côtes de Norwége.

16° Tintinnus Urnula. (V. Pl. VIII. Fig. 14.)

DIAGNOSE. Tintinnus à fourreau cylindrique, large, court, transparent, mais à teinte légèrement enfumée, terminé en pointe en arrière et présentant une corniche circulaire non loin de son ouverture.

Le fourreau du T. *Urnula*, bien que transparent, est obscurci par une teinte enfumée, sans qu'on puisse affirmer que cette teinte soit due à un encroûtement par des substances étrangères. De toutes les espèces décrites jusqu'ici, c'est celle dont la largeur est relativement la plus considérable. En effet, le rapport de la largeur à la longeur est, en moyenne, celui de 1 : 1 $^1/_4$. Le bord antérieur est à peine évasé, mais forme un replat qui est bordé en dedans par un cerceau élevé, un peu plus étroit. En d'autres termes, ce bord forme un cercle à deux étages, dont chacun est finement dentelé, et à une petite distance, en arrière de l'ouverture, le fourreau présente une corniche circulaire faisant saillie à l'extérieur. Le calibre intérieur croît en diamètre, dans cette région, d'une quantité correspondant à la saillie de la corniche. Le bord de cette dernière est, en général, très-finement dentelé.

Du reste, le fourreau ne représente pas, abstraction faite de la corniche, un cylindre parfait, la génératrice de ce cylindre n'étant pas parfaitement rectiligne, mais légèrement ondulée.

L'animal n'a qu'une seule vésicule contractile.

La longueur moyenne du fourreau est de $0^{mm},14$, la largeur de $0^{mm},10$.

Le T. *Urnula* s'est trouvé en abondance dans la mer de Glesnæs, près de Sartoröe (côte de Norwége.)

17° *Tintinnus mucicola*. (V. Pl. VIII, Fig. 12.)

DIAGNOSE. Tintinnus à fourreau cylindrique, très-large, transparent et d'apparence gélatineuse; pas trace de pointe en arrière.

Le fourreau du *T. mucicola* est très-large, relativement à son habitant, lequel est porté par un pédoncule beaucoup plus long que celui des autres espèces. Ce fourreau a l'air fort délicat, et composé seulement d'une espèce de gelée. La surface en est irrégulière et paraît jouir, jusqu'à un certain point, de la propriété d'agglutiner des substances étrangères. Cependant les quelques individus que nous avons observés possédaient un fourreau transparent et incolore.

Le fourreau n'est point évasé à son ouverture; il conserve partout une largeur égale, et s'arrondit brusquement en dôme à son extrémité postérieure, sans trace de pointe.

Cette espèce a été observée par nous dans la mer du Nord (fjord de Bergen, en Norwége.)

Les eaux douces de Berlin renferment une espèce de Tintinnus assez rare, qui est très-voisine du *T. mucicola*. Malheureusement, nous n'en avons pas fait d'esquisse, et nous ne pouvons affirmer si elle est spécifiquement différente de l'espèce marine.

Le bref séjour que nous fîmes en Norwége, pendant l'été de 1855, nous a permis d'augmenter considérablement le nombre des Tintinnus connus [1]. Cela suffit à montrer qu'une étude approfondie de la faune infusorielle marine accroîtrait ce nombre encore bien davantage. Nous avons observé nous-mêmes plusieurs fourreaux, trouvés libres et dépourvus d'habitants, flottants à la surface de la mer, fourreaux qu'on peut rapporter, presque avec certitude, à des Tintinnus. Tel est, en particulier, celui que nous avons représenté dans la Fig. 16 de la Pl. VIII, et qui a été trouvé dans la mer de Glesnæsholm, près de Sartoröe (Norwége). — M. le professeur Straustrup, de Copenhague, a eu l'obligeance de nous remettre des Thalassicolles, pêchées par M. le capitaine Hygon, à différentes latitudes, dans l'Océan atlantique. Parmi ces Thalassicolles se sont trouvés des fourreaux vides qui ont appartenu, sans doute, à des infusoires, peut-être à des animaux de la famille des Tintinnus. Nous désirons attirer l'attention des observateurs sur ces fourreaux, qui se distinguent de ceux des Tintinnus et de ceux de tous les infusoires connus, par la circonstance qu'ils sont doubles. En effet, on voit les parois du fourreau, après avoir formé le bord de l'ouverture, se rabattre à l'intérieur et former un second fourreau dans l'intérieur du premier. Ces fourreaux sont donc parfaitement construits comme les casques à mèches dont tant de bourgeois européens aiment à coiffer leur chef pendant la nuit. Il serait fort intéressant de connaître, soit la nature des habitants de ces fourreaux, soit surtout le mode de genèse de ces singulières habitations. Nous avons représenté deux de ces fourreaux dans les Fig. 5 et 6 de la Pl. IX.

1. M. Ehrenberg a donné le nom de *T. Cothurnia* à une espèce dont il ne donne que la diagnose (Monatsb. d. Berl. Akad. d. Wiss., 1840, p. 201) et que nous croyons différente de toutes celles que nous avons décrites.

Vᵉ Famille. — BURSARINA.

Les Bursariens sont des infusoires ciliés à œsophage béant, qui possèdent une rangée de cirrhes buccaux, formant un arc du spiral læotrope. Ils se distinguent donc des Colpodiens par la présence d'une spire buccale, des Vorticellines par la direction inverse de cette spire et par la circonstance que leur bouche et leur anus ne sont jamais placés dans une fosse commune; enfin, ils se distinguent des Tintinnodiens par le fait que leur spire buccale ne forme jamais plusieurs tours concentriques.

La création de la famille des Bursariens remonte à M. Dujardin, qui y faisait rentrer les « animaux à corps très-contractiles, de forme très-variable, le plus souvent ovales, ovoïdes ou oblongs, ciliés partout, avec une large bouche entourée de cils en moustache ou en spirale. » Cette définition renferme déjà les traits les plus essentiels de la nôtre, et, dans le fait, les 5 genres que M. Dujardin classait dans sa famille des Bursariens doivent bien conserver la place qu'il leur avait assignée. Néanmoins, cette définition n'est pas très-exacte, surtout pour ce qui concerne la largeur de la bouche et la contractilité du corps. En effet, la bouche des Plagiotomes et des Spirostomes n'est rien moins que large, et quant à l'excessive contractilité du corps qui caractérise, en effet, les Spirostomes et les Kondylostomes, elle disparaît souvent complètement chez les autres genres, que M. Dujardin place dans la famille, savoir : les Plagiotomes, les Ophryoglènes et les Bursaires. Ces infusoires-ci offrent fréquemment une contraetilité du parenchyme aussi minime que les Paramecium.

Il est encore un genre que M. Dujardin, pour être fidèle à sa définition, aurait dû faire rentrer dans la famille des Bursariens, mais qu'il a néanmoins classé tout autre part, savoir parmi ses Urcéolariens. C'est le genre des Stentors. Cette inconséquence provient uniquement d'une inexactitude dans les termes dont s'est servi ce savant pour ses définitions. Il dit, en effet, et cela est parfaitement exact pour les Stentors, que les

Urcéolariens sont pourvus, à l'extrémité antérieure et supérieure, d'une rangée marginale de cils très-forts, disposés en spirale, *et conduisant à la bouche*, qui est située dans le bord même. Chez les Bursariens, au contraire, il trouve la *bouche large et entourée de cils* en moustache ou en spirale. Cependant, un simple coup-d'œil jeté sur un Leucophrys, un Spirostome ou un Plagiotome, enseigne immédiatement que ces infusoires se comportent, au point de vue de leur spire buccale, précisément comme les Stentors. M. Dujardin a, chez les Bursariens, confondu avec la bouche la dépression entourée par les cirrhes buccaux, que nous appelons *dépression* ou *fosse buccale*, dépression à l'angle inférieur de laquelle est situé l'orifice buccal, tandis que chez les Urcéolariens, il a soigneusement distingué la bouche de cette fosse buccale.

Les Stentors une fois détachés de la famille, peu naturelle, des Urcéolariens, pour être réunis à celle des Bursariens, celle-ci nous semble former un groupe bien délimité, et nous ne partageons point l'avis de M. Stein, qui reproche à M. Dujardin de n'avoir pas saisi les vrais caractères des Bursaires[1]. Ce reproche est surtout fondé sur ce que M. Dujardin a séparé certains infusoires du genre *Bursaria* de M. Ehrenberg, pour en former son genre Plagiotome. Or, n'en déplaise à M. Stein, nous ne saurions désapprouver une mesure qui a pour but de séparer génériquement deux animaux aussi différents entre eux que la *Bursaria truncatella* et la *Bursaria cordiformis (Plagiotoma)* de M. Ehrenberg. Pour ce qui nous concerne, nous aimerions mieux les placer dans deux familles différentes que de les laisser dans un même genre.

M. Perty, qui a adopté la famille si peu naturelle des Urcéolariens de M. Dujardin, a complètement démembré la famille, bien meilleure, des Bursariens, et, en agissant ainsi, il a procédé, comme d'habitude en pareil cas, sans dire pourquoi. En effet, sa famille des Bursariens ne se compose que de deux genres, *Lembadium* et *Bursaria*, dont le premier est de création nouvelle, si bien que la famille ne se trouve plus renfermer qu'un seul des cinq genres pour lesquels M. Dujardin l'avait formée. Les quatre autres sont relégués par M. Perty dans les familles qu'il baptise des noms de *Cobalina*, *Parameciina* et *Urceolarina*, et la famille des Bursariens se trouve réduite à une légitime des plus modiques, sans qu'il ait plu à l'auteur de nous en donner une diagnose.

1. Stein., loc. cit., p. 183.

Nul n'est donc en état de dire d'où est provenue la disgrâce qui, dans cette législation nouvelle, a frappé d'une manière si inattendue le groupe des Bursariens.

Nous ne nous dissimulons pas qu'en prenant ainsi sous notre égide M. Dujardin et ses Bursariens nous soulèverons plus d'une objection, car s'il est chez les infusoires ciliés quelques groupes (comme, par exemple, les Vorticellines, les Oxytrichiens, les Dystériens, etc.), si naturels, si nettement délimités, qu'il n'est, pour ainsi dire, pas possible d'élever le moindre doute sur les limites de leur circonscription, les Bursariens ne comptent certainement pas parmi ces groupes-là. En effet, la famille des Bursariens renferme des types si hétérogènes, qu'il est souvent bien difficile de suivre le fil caché qui les unit les uns aux autres. Il est facile de former dans son esprit une sorte de diagramme typique des Vorticellines, et ce diagramme, une fois bien compris, se retrouve immédiatement réalisé dans les genres de cette famille les plus distants les uns des autres, dans les Vorticelles, par exemple, et les Trichodines. Il en est tout autrement chez les Bursariens, et il n'est pas facile de faire cadrer, par exemple, une Freia, d'une part, et une Ophryoglène ou un Lembadium, d'autre part, avec un squelette typique commun. On pourrait même être tenté de revendiquer, pour les Ophryoglènes et les Frontonies, une affinité plus grande avec certains Colpodéens, comme les Paramecium, qu'avec les Freia et les Chætospira. Cependant, les Lembadium forment un chaînon naturel entre les Ophryoglènes et les Balantidium, et ceux-ci tendent la main, d'une part aux Bursaires, et d'autre part, par l'intermédiaire des Kondylostomes, aux Spirostomes, aux Stentors, et, par conséquent, aux Freia.

Peut-être aurait-on pu réunir les Bursariens et les Colpodéens en une seule et même famille, qui eut alors été clairement distincte de toutes les autres, mais cette manière de simplifier les choses n'eût été qu'un palliatif et pas un remède à la difficulté. Cette immense famille eût renfermé des types bien autrement hétérogènes que les Freia et les Ophryoglènes et n'eût été caractérisée que d'une manière purement négative. Elle aurait renfermé tout ce qui, parmi les *Ciliata*, à œsophage béant, n'appartient ni aux Vorticellines, ni aux Oxytrichiens, ni aux Tintinnodiens. Il était donc urgent d'établir une ou plusieurs coupures dans ce groupe si hétérogène; et, après un mûr examen, nous n'avons pu employer, dans ce but, de meilleur caractère que celui déjà proposé par M. Dujardin, savoir la présence ou l'absence d'une spirale de cirrhes buccaux. Ce caractère nous permet de former une famille des Bursariens, qui, sans former un tout aussi parfaitement homogène que celle des Vorticellines ou des Oxytrichiens, ou des Tintinnodiens, n'en forme pas moins un groupe clair, et, nous le croyons, naturel. Les Ophryoglènes et les Metopus seuls semblent n'être pas parfaitement satisfaits de la place qui leur est assignée, et rêver de leurs proches parents les Colpodéens.

On pourrait établir encore une coupure dans notre famille des Bursariens, comme l'a fait déjà M. Lachmann, en proposant une famille des Stentoriens. Cette famille serait caractérisée par la position de l'anus, qui est, chez les Bursariens proprement dits, situé à l'extrémité postérieure ou sur la face ventrale, tout près de cette extrémité, tandis qu'il est, chez les Stentoriens, placé sur le dos, peu en arrière de la spire buccale. Nous adoptons cette division de M. Lachmann comme une sous-famille, mais nous ne pensons pas devoir l'ériger en famille indépendante, afin de ne pas séparer les Stentors de leurs proches voisins les Leucophrys. En effet, la *Leucophrys patula* est un vrai Stentor, qui a l'ouverture anale terminale au lieu de l'avoir sous la spire buccale. Il est à remarquer, d'ailleurs, que les trois genres qui doivent rentrer dans le groupe des Stentoriens, tel que l'a défini M. Lachmann, savoir les *Chætospira*, les *Freia* et les *Stentor*, sont encore unis entre eux par une autre particularité toute spéciale. Ce sont, en effet, les seuls Bursariens qui jouissent de la propriété de se sécréter, tout au moins une partie de leur vie durant, une coque destinée à leur servir d'habitation. La position particulière de l'anus est même, ce nous semble, intimément liée à cette particularité-là. Si l'anus avait été placé, chez les Stentoriens comme chez les Bursariens proprement dits, à la partie postérieure de l'animal, les matières fécales une fois excrétées se seraient accumulées dans l'intérieur de la coque et l'auraient obstruée. Aussi, sans vouloir descendre à des considérations téléologiques sur ce sujet, nous ne pouvons nous empêcher de remarquer que, chez tous les Bursariens à coque, l'orifice anal est placé dans la partie de l'animal qui fait saillie au dehors de la coque.

La bouche et l'anus des Stentoriens, se trouvant placés tous deux dans la partie antérieure de l'animal, se trouvent forcément plus rapprochés l'un de l'autre que chez les autres Bursariens. Cependant, ce rapprochement ne va point jusqu'à faire de ces infusoires des Anopisthiens, dans le sens de M. Ehrenberg Chez ceux-ci, en effet, l'anus est situé, ainsi que la bouche, dans une fosse située en dedans de la spire buccale. Chez les Stentoriens, au contraire, il n'existe point de fosse commune pour la bouche et l'anus, comme le vestibule des Vorticellines, et l'anus est toujours situé *en dehors* de la spire buccale, sur le dos de l'animal, tandis que la bouche est placée *en dedans* de cette spire.

Répartition des Bursarieus en genres.

BURSARINA.

- Une coque tout au moins pendant une partie de la vie. Anus en avant. 1re *sous-famille* STENTORIENS.
  - Corps non tronqué en avant par une large surface.
    - Spire buccale, portée par un processus en forme de bande étroite .... 1. CHÆTOSPIRA.
    - Spire buccale, portée par une large expansion membraneuse bilobée ...... 2. FREIA.
  - Corps tronqué en avant par une large surface qui porte les cirrhes buccaux à son pourtour .... 3. STENTOR.
- Pas de coque. Anus situé à l'extrémité postérieure. 2de *sous-famille* BURSARIENS *proprements dits*.
  - Pas d'organe en verre de montre.
    - Pas de rangée de cirrhes dans l'*intérieur* de la fosse buccale.
      - Front ne formant pas de saillie.
        - Corps tronqué en avant par une surface oblique qui porte les cirrhes buccaux à son pourtour .... 4. LEUCOPHRYS.
        - Corps non tronqué en avant par une surface.
          - Fosse buccale sans faisceaux de cils en avant.
            - Dépourvue de cirrhes du côté droit.
              - Corps linéaire .... 5. SPIROSTOMUM.
              - Corps non linéaire ..... 6. PLAGIOTOMA.
            - Bordée de cirrhes aussi du côté droit.
              - Corps allongé ayant partout la même largeur .... 7. KONDYLOSTOMA.
              - Corps globuleux, aminci en avant ... 8. BALANTIDIUM.
          - Fosse buccale très-large, munie en avant de deux faisceaux de cils distincts des cirrhes buccaux .... 9. LEMBADIUM.
      - Front en saillie, dominant la fosse buccale.
        - Fosse buccale oblique .... 11. METOPUS.
        - Fosse buccale non oblique. 13. FRONTONIA.
    - Fosse buccale en entonnoir, portant à son intérieur une rangée de cirrhes très-forts .... 10. BURSARIA.
  - Un organe en forme de verre de montre sur le bord de la bouche .... 12. OPHRYOGLENA.

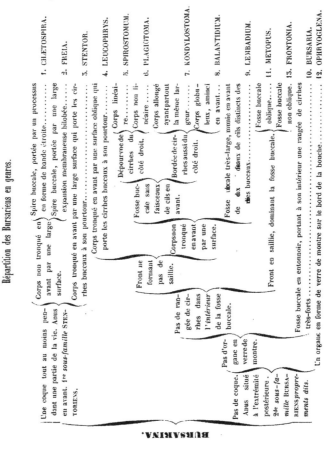

1er Genre. — CHÆTOSPIRA.

Le genre Chætospira, établi par M. Lachmann [1], est clairement caractérisé parmi les Stentoriens, par la circonstance que sa spire buccale est portée par un processus, en forme de bande étroite, à la base duquel se trouve la bouche. Les Chætospires habitent une coque, qu'elles peuvent cependant quitter, car M. Lieberkühn nous affirme les avoir souvent trouvées nageant librement dans l'eau. Le processus, qui porte les cirrhes buccaux, est susceptible de se contourner en une spirale læotrope; l'anus est situé à sa partie dorsale. M. Lachmann a souvent vu des masses de matières fécales, plus larges que le processus même, poursuivre cependant leur chemin jusqu'à l'anus en soulevant en saillie la paroi du corps, mais sans la déchirer.

Les deux espèces du genre jusqu'ici connues ont toutes deux été découvertes par M. Lachmann.

ESPÈCES.

1° *Chætospira Muelleri*. Lach. Muell. Arch. 1856, p. 364, pl. XIII, fig. 6-7.

DIAGNOSE. Chætospire à coque lagéniforme, endurcie, à apparence cornée. Processus formant à l'état d'extension plus d'un tour de spire.

Cette espèce se trouve aux environs de Berlin, où elle paraît loger toujours sa coque dans des cellules ouvertes de feuilles déchirées de *Lemna trisulca*. Les premiers cirrhes de la spire buccale sont un peu plus longs que les suivants, mais seulement d'une quantité à peine appréciable.

2° *Chætospira mucicola*. Lach. Muell. Arch. 1856, p. 364.

DIAGNOSE. Coque de nature gélatineuse; processus formant à l'état d'extension moins d'un tour de spire.

Cette espèce se distingue, en outre, de la précédente par la circonstance que les premiers cirrhes de la spire buccale sont naturellement plus longs que les suivants, et

1. Mueller's Archiv. 1856, p. 362.

que le premier de tous, en particulier, atteint une longueur et un diamètre à peu près double de la plupart des autres. — M. Lachmann remarque que cette espèce porte, comme les Stentors, de longues soies disséminées entre les cils de la surface du corps, mais qu'il n'a pas jusqu'ici réussi à en trouver de semblables chez la *Ch. Muelleri.*

Cette espèce a été observée, comme la précédente, aux environs de Berlin. Elle fixe sa coque entre les algues.

M. Lachmann se demande si la *Stichotricha secunda* Perty (Zur Kenntniss, etc., p. 153, Pl. VI, Fig. 15) n'est pas voisine des Chætospires. C'est possible ; mais nous avons déjà vu ailleurs qu'on peut tout aussi bien y voir un proche parent de nos *Stichochæta.* Il est, du reste, superflu de s'arrêter à des descriptions et des figures aussi insuffisantes que celles de la problématique *Stichotricha secunda.*

2e *Genre.* — FREIA [1].

Les Freia sont des Stentoriens dont la spire buccale est portée par un épanouissement membraniforme de la partie antérieure de l'animal. Chez les deux espèces les mieux étudiées de ce genre, cet épanouissement membraneux est bilobé et forme un calice infundibuliforme. L'échancrure qui sépare les deux lobes est très-profonde sur le côté ventral ; elle l'est bien moins sur le côté dorsal.

La spire buccale est implantée non pas sur le bord même de l'épanouissement ou calice, mais un peu en arrière de ce bord, à l'intérieur du calice. Elle commence sur la partie ventrale du lobe droit, se continue sur la partie dorsale, passe au lobe gauche, revient sur ce lobe gauche à la face ventrale et descend dans la profondeur du calice infundibuliforme en faisant encore un peu plus d'un tour avant d'arriver à la bouche. Celle-ci conduit dans un œsophage court et cilié sur toute sa surface.

1. Nom tiré de la mythologie scandinave.

La cavité du corps pénètre jusque dans l'intérieur des lambeaux, malgré la délicatesse de ceux-ci. En effet, l'anus est situé sur le dos du lobe gauche du calice.

Dans leur état normal, les Freia habitent une coque membraneuse fixée à des objets étrangers, mais elles n'y sont pas librement suspendues, comme les Lagenophrys dans leur fourreau. La partie postérieure de leur corps paraît être constamment fixée à la paroi de la coque. Pour peu que l'animal soit inquiété ou peu disposé à prendre de la nourriture, il se retire dans son habitation; les lambeaux de son calice se rétractent et se replient, et il devient difficile de soupçonner dans ce corps ramassé la forme gracieuse et élégante d'une Freia. Lorsque la cause d'effroi a cessé, l'animal s'allonge au dehors, son calice s'épanouit avec grâce et les cirrhes buccaux commencent à produire leur tourbillon dans l'eau.

Les coques des Freia étant adhérentes à des objets étrangers, il est, *à priori*, vraisemblable que leurs habitants doivent être susceptibles de mener, durant une partie de leur existence, une vie errante, comme tous les infusoires qui se trouvent dans des conditions analogues. En effet, nous avons été dans le cas d'observer des Freia dans leur phase errante, mais sous une forme bien inattendue. Nous avons à plusieurs reprises rencontré dans les eaux de la mer, soit dans le fjord de Bergen, soit à Gleswær, près de Sartoröe, sur la côte occidentale de Norwége, un infusoire de forme à peu près cylindrique, tronqué en avant et cilié sur toute sa surface (V. Pl. IX, Fig. 9). La troncature, souvent un peu oblique, portait des cirrhes vigoureux bien plus longs et plus forts que les cils de l'habit ciliaire. Mais jamais il ne nous fut possible de reconnaître d'orifice buccal à cette place, bien qu'il doive, sans aucun doute, s'en trouver un là. La cuticule présentait des stries longitudinales très-distinctes. Un nucléus ovale et de couleur claire se voyait constamment un peu en arrière du milieu de l'animal Le corps présentait en général une teinte d'un bleu verdâtre, semblable à celle qu'offre d'ordinaire la *Freia elegans*.

Immédiatement en arrière de la troncature se trouvait une tache sémilunaire d'un noir intense, rentrant évidemment dans la catégorie de celles que M. Ehrenberg nomme, chez les Ophryoglènes par exemple, un œil ou une tache oculaire. La signification de cette tache nous est restée complètement inconnue. Elle était le plus souvent beaucoup plus compacte que celle des Ophryoglènes, et parfois on distinguait derrière elle

(V. Fig. 9) un corpuscule très-transparent, qui faisait naître involontairement dans l'esprit l'idée d'un crystallin. Nous ne voulons cependant pas ajouter trop d'importance à cette idée, puisque les fonctions d'un appareil réfringent restent nécessairement problématiques, aussi longtemps que nous ne connaissons pas en arrière de lui un appareil nerveux susceptible de percevoir les impressions. L'animal s'agitait avec une grande vivacité dans l'eau. Il nageait fréquemment à reculons, *diastrophiquement*, comme dit M. Perty, à la manière des Stentors, et prenait alors une forme plus globuleuse, en se raccourcissant et s'élargissant (V. Pl. IX, Fig. 8). Sous cette forme, l'animal atteignait une longueur d'environ $0^{mm},085$. — Certes, nul n'aurait songé à reconnaître dans cet infusoire une Freia, errant en toute liberté dans les eaux de la mer. Et, cependant, telle était bien la nature de cet animal. Un jour, M. Lachmann en poursuivait un, qui ne tarda pas à se fixer sur une algue, où il se mit à sécréter une coque tout autour de lui. Cette coque avait une ressemblance de forme frappante avec celle de la *Freia elegans*. En même temps, la partie antérieure de l'animal commença à se développer en un épanouissement membraneux, qui, par sa forme, rappelait déjà, en petit, tout-à-fait le calice membraniforme des Freia. Nous n'avons pu, malheureusement, poursuivre cet animal jusqu'à la forme de Freia définitive. Cependant, nous en avons assez vu pour ne pas conserver de doute à l'égard de cette transformation. La tache oculaire devient de plus en plus diffuse, et peut-être finit-elle par disparaître complètement, puisque aucune des trois espèces que nous allons décrire ne possède de tache semblable. Nous croyons que, des trois espèces décrites ci-dessous, c'est la *Freia elegans* à laquelle il faut rapporter cette forme libre. Peut-être aussi cet animal est-il la phase errante d'une quatrième espèce, non encore observée dans son état définitif. — MM. Lieberkühn et Wagener, qui ont observé des Freia à Wismar, dans la Baltique, y ont aussi rencontré cette forme errante avec sa tache pigmentaire. Cependant, ils n'ont pas supposé la moindre parenté entre elle et les Freia.

ESPÈCES.

1° *Freia elegans*. (V. Pl. X, Fig. 1-4 et Fig. 7.)

DIAGNOSE. Coque en forme de bouteille couchée sur le flanc et à col recourbé vers le haut ; bord de l'ouverture échancré du côté gauche ; une valvule dans l'intérieur du col. Lobes du calice arrondis.

La forme de la coque est, chez cette espèce, très-caractéristique. C'est une bouteille couchée, dont le flanc est appliqué contre des Ceramium et autres algues marines ; le col est relevé et présente une ouverture évasée. Le bord de celle-ci est profondément échancré du côté gauche. La coque est en général très-transparente et incolore ; parfois, elle est légèrement teinte de brunâtre. Sa partie adhérente est entourée d'un encroûtement circulaire incolore, de même nature que la coque elle-même. Cet encroûtement se présente, dans la vue de profil, sous la forme d'une pièce triangulaire servant d'appui à la base du col, et d'un appendice pointu qui termine la partie postérieure de la coque. — Dans l'intérieur du col se trouve une valvule ou soupape, composée d'un nombre variable de lobes, et placée à une distance variable de l'ouverture. Lorsque l'animal s'allonge au dehors de sa coque, cette soupape cède devant lui et s'appuie contre les parois de son corps ; lorsqu'il se retire au fond de son habitation, la soupape se referme et empêche les objets étrangers de pénétrer à l'intérieur.

Nous avons plusieurs fois rencontré des individus dont la coque présentait en divers endroits des renflements creux renfermant des corpuscules verts ou bruns verdâtres (Pl. X, Fig. 4). Il n'est pas impossible que ces renflements soient le résultat d'une affection maladive due au développement d'un parasite végétal comparable aux Chytridium.

Les lobes du calice membraniforme sont arrondis à leur sommet (V. Fig. 7), et le bourrelet qui les borde n'est pas plus large à ce sommet que partout ailleurs.

La vésicule contractile est située dans la partie postérieure de l'animal, en arrière du nucléus.

Nous avons rencontré très-fréquemment la *Freia elegans* sur divers points de la côte de Norwége : à Vallöe, dans le golfe de Christiania ; à Christiansand ; dans le fjord de Bergen, et près de Glesnæsholm, non loin de Sartoröe.

2° *Freia aculeata.* (V. Pl. X, Fig. 5, 6 et 8.)

DIAGNOSE. Coque en forme de bouteille couchée sur le flanc et à col allongé, recourbé vers le haut; bord de l'ouverture non échancré; pas de Valvule dans l'intérieur du col; lobes du calice terminés par une pointe à leur sommet.

La coque de cette espèce ressemble à celle de la précédente; toutefois, elle s'en distingue aisément par son ouverture à peine évasée, dont le bord ne présente pas trace d'échancrure. La paroi du col est en outre légèrement ondulée, ce qui n'est pas le cas chez la *Freia elegans*.

Les lobes du calice sont relativement beaucoup plus étroits que chez la *Freia elegans*, ce qui provient de ce que l'échancrure dorsale est plus profonde que chez cette dernière. En outre, le bourrelet qui borde les lobes gagne en hauteur vers le sommet de chacun des lobes et se termine là en une pointe, qui est par conséquent extérieure, relativement aux cirrhes de la spire buccale (V. Pl. X, Fig. 8). Cette pointe est assez élevée pour dominer complètement les cirrhes implantés sur le bord inférieur du bourrelet. — Du reste, le nucléus et la vésicule contractile sont placés comme chez la *Freia elegans*.

Nous n'avons observé qu'un seul individu de cette espèce, à Glesnæsholm, près de Sartoröe, sur la côte occidentale de Norwége. Sa coque était fixée sur la concavité d'un tube de la *Serpula spirorbis* Lin. (*Spirorbis nautiloïdes* Lam.). Les dessins que nous en donnons sont faits d'après des esquisses de M. Lachmann.

3° *Freia Ampulla.*

SYN. *Vorticella Ampulla.* O.-F. Mueller. Anim. Inf., p. 283. Tab. XL, fig. 4–7.

(V. Pl. IX, Fig. 6-7.)

DIAGNOSE. Coque très-large, à col fort court, légèrement recourbé vers le haut; bord de l'ouverture non échancré. Pas de Valvule dans l'intérieur du col; lobes du calice dépourVus de pointe.

Nous n'avons observé qu'un seul individu de cette espèce, qui, retiré dans sa coque, n'est jamais venu déployer au dehors son épanouissement en calice. Cependant, cette espèce est suffisamment caractérisée pour que nous ne craignions pas de lui donner un nom.

En effet, elle se distingue clairement, soit de la *Freia elegans*, soit de la *F. aculeata*, par la forme beaucoup plus large de sa coque, et par son col excessivement court, muni d'une ouverture ronde relativement très-étroite. Le côté adhérent de la coque est entouré d'une zone circulaire de même substance que la coque elle-même, zone qui est destinée à assurer l'adhérence aux objets étrangers (algues marines). L'absence de l'échancrure du bord de la coque et des valvules de l'intérieur du col suffisent pour empêcher toute confusion avec le *F. elegans*. D'autre part, l'absence de la pointe qui surmonte les lobes du calice chez la *F. aculeata*, empêche toute confusion avec celle-ci. On peut, en effet, s'assurer d'une manière parfaitement certaine, même durant la rétraction, non seulement que les lobes de la *Freia Ampulla* sont mutiques, mais encore qu'ils sont beaucoup plus larges que ceux de la *Freia aculeata*.

Il n'est pas improbable qu'il faille rapporter à cette espèce la *Vorticella Ampulla*, observée par Otto-Friederich Mueller, dans de l'eau de mer. Cette prétendue Vorticelle est, dans tous les cas, bien décidément une Freia et non une Vaginicole, comme M. Ehrenberg avait cru devoir le supposer d'après les dessins de Mueller.

Chez l'individu observé, la partie postérieure du corps contractait avec le fond de la coque une adhérence beaucoup plus étendue que chez les autres Freia. En outre, on voyait une bride charnue se détacher de cette partie postérieure du corps pour venir s'attacher isolément à la paroi de la coque.

La *Freia Ampulla* a été observée dans le fjord de Bergen en Norwége.

3e *Genre*. — STENTOR.

Les Stentors sont caractérisés, dans la sous-famille des Stentoriens, par la circonstance que leur partie antérieure est tronquée par un plan convexe, qui porte les cirrhes buccaux à son pourtour. Ce plan est ce que M. Ehrenberg nomme, chez ces infusoires, *le front*.

M. Ehrenberg avait commis une erreur en assignant une place aux Stentors dans la famille des Vorticellines, erreur qui ne fut point corrigée par la fondation de la famille des Urcéolariens que tenta M. Dujardin, et il était réservé à M. Stein de démontrer le peu d'affinité que ces infusoires ont avec les Vorticelles. Néanmoins, les figures de M. Ehrenberg, relatives aux Stentors, sont en général admirablement exécutées, et on doit les placer parmi les meilleurs dessins d'infusoires que nous possédions.

Le corps des Stentors a, dans son état d'extension, la forme d'une trompette dont la large ouverture est bouchée par une surface convexe (le front), de manière à ne laisser subsister que sur son bord un orifice, qui est la bouche. La spire buccale commence sur le front, immédiatement à droite de la bouche, suit le bord du front et vient descendre dans l'entonnoir buccal, aprés avoir fait par conséquent un tour complet de spirale læotrope. Elle se continue dans l'intérieur de cet entonnoir, qui s'enfonce de la face ventrale dans la direction du dos, tout en se recourbant vers la partie postérieure et se changeant peu à peu en un véritable tube cylindrique. Ce tube, cilié sur toute sa surface intérieure, est l'œsophage, qui est, chez les Stentors, bien plus large que chez les Freia. La bouche et l'œsophage sont si largement béants, que les cirrhes buccaux y font entrer parfois des infusoires fort gros. La cavité digestive répète, par sa forme, à peu près exactement les contours extérieurs du corps. L'anus est placé sur le dos, immédiatement au-dessous de la spirale des cirrhes buccaux. M. Lachmann a remarqué qu'en général un certain nombre de masses fécales se rassemblent auprés de cette ouverture avant d'être expulsées, ce qui semble indiquer, dans cette région, comme un compartiment spécial de la cavité digestive, jouant le rôle de rectum.

La cuticule présente chez les Stentors, comme chez les Freia et beaucoup d'autres infusoires ciliés, des rangées longitudinales de petites élévations sur lesquelles sont implantés les cils. Sur le front, ces rangées courent parallèlement à la spire buccale. Parmi les cils sont semés des soies roides très-fines, découvertes par M. Lachmann, et comparables peut-être à celles qu'on connaît chez beaucoup de Planaires. Ces soies ont ceci de particulier, que parfois on cherche inutilement à les voir pendant des heures entières, puis que subitement elles apparaissent de la manière la plus évidente au moment où l'on y pense le moins. Aussi est-il permis de se demander si peut-être elles sont rétractiles, et ne font saillie que dans certains moments.

M. Ehrenberg a déjà mentionné, sous la cuticule des Stentors, des cordons longitudinaux qu'il nomme des muscles. L'existence de ces organes paraît avoir, depuis lors, été généralement révoquée en doute. Cependant, M. Lieberkühn les a revus dernièrement, et s'est convaincu qu'ils jouent bien réellement le rôle de véritables muscles. Nous n'avons pas encore eu l'occasion de répéter ces observations.

Dans l'état normal, les Stentors peuvent ou bien se fixer aux objets étrangers à l'aide de leur partie postérieure, que M. Ehrenberg nomme une ventouse, et ils prennent alors la forme de trompette caractéristique, ou bien nager librement dans l'eau en prenant une forme contractile plus courte et plus large.

Souvent les Stentors nagent à reculons, *diastrophiquement,* comme dit élégamment M. Perty, et, dans ce cas, la partie postérieure de leur corps se raccourcit beaucoup et les cirrhes buccaux se rabattent en dedans. On pourrait être tenté de penser que ce renversement de la direction normale de natation est une conséquence même de la direction que donne aux cils l'extrême raccourcissement du corps. Il est cependant plus probable que l'animal peut à volonté faire battre ses cils de manière à progresser en avant ou en arrière. En effet, on voit une foule d'infusoires, comme les Lembadium, les Paramecium et bien d'autres, nager à reculons sans modifier le moins du monde la forme de leur corps; et, d'ailleurs, les Stentors sont eux-mêmes susceptibles de nager en avant dans un état d'extrême contraction. La *diastrophie* des Stentors était déjà connue du pasteur Eichhorn, dans le siècle dernier.

Les Stentors, lorsqu'ils sont fixés en colonies sur des objets étrangers, se sécrètent parfois un fourreau gélatineux, sur lequel M. Cohn[1] a attiré l'attention, il y a quelques années, mais qui était déjà connu d'Eichhorn[2], d'Otto-Friederich Mueller[3], de Schrank[4] et de Schmarda[5]. M. Ehrenberg pense que les Stentors ne construisent ce fourreau que lorsqu'ils sont sur le point de périr; mais c'est une erreur, car on les voit y vivre durant des semaines entières. Ce fourreau est très-intéressant, puisqu'il indi-

1. Zeitschrift für wiss. Zoologie. IV, p. 253-280.
2. Beitræge zur Naturgeschichte kleinster Wasserthiere, 1781. Tab. III, Fig. A. R. S.
3. Animalcula infusoria, p. 303.
4. Fauna boica, 1803. III. 2te Abth., p. 313.
5. Kleine Beitræge zur Naturgeschichte der Infusorien. Wien, 1846, p. 53 et suiv.

que un rapport de plus entre les Stentors d'une part, et les Chætospira et Freia d'autre part. Mais nous voyons, dans le peu de persistance de cette coque, combien il serait peu naturel de fonder une famille à part pour les Bursariens cuirassés.

ESPÈCES.

1° *Stentor polymorphus*. Ehr. Inf. p. 263. Pl. XXIV, Fig. 1.

SYN. *St. Muelleri*. Ehr. Inf. p. 262. Pl. XXIII, Fig. I.
St. Rœselii. Ehr. Inf. p. 263. Pl. XXIV, Fig. II.
St. cæruleus. Ehr. Inf. p. 263. Pl. XXIII, Fig. II.

DIAGNOSE. Stentor à vésicule contractile située sur le côté gauche et un peu au-dessous du niveau de la bouche. Cette Vésicule donne naissance à un vaisseau longitudinal variqueux, et, de plus, elle est en communication avec un vaisseau circulaire placé sous les cirrhes du front.

Le vaisseau longitudinal du *Stentor polymorphus* a été découvert par M. de Siebold [1]; plus tard, son existence a été niée, bien à tort, par M. Eckhard [2]. Ce vaisseau s'étend, sur le côté gauche de l'animal, depuis la vésicule contractile jusque prés de l'extrémité postérieure du corps. Il se distingue de la plupart des vaisseaux des autres infusoires par la circonstance qu'il est visible même durant le moment de la diastole maximum de la vésicule. Cependant, son diamètre, et en particulier la longueur de ses varicosités, croissent notablement au moment de la systole. — Le vaisseau circulaire a été découvert par M. Lachmann [3]. Il fait tout le tour de la base du front, immédiatement au-dessous de la ligne d'implantation des cirrhes buccaux. Son diamètre est plus uniforme que celui de vaisseau longitudinal ; mais cependant il est troublé, ainsi que l'a reconnu M. Lachmann, par la présence de deux dilatations ou varicosités non contractiles, placées, l'une sur le dos, non loin de l'anus, et l'autre sur le ventre, tout prés de l'œsophage.

Les quatre espèces que M. Ehrenberg a décrites sous les noms de *Stentor polymorphus, St. Muelleri, St. Rœselii* et *St. cæruleus* doivent être, très-certainement, réunies en une seule. En effet, M. Ehrenberg base la distinction de ces quatre espèces sur des caractères qui n'ont ici pas l'ombre de valeur spécifique, savoir : la couleur de l'ani-

1. Handbuch der vergleichenden Anatomie, p. 21.
2. Wiegmann's Archiv, 1846, p. 237.
3. Mueller's Archiv, 1856, p. 376.

mal, la forme du nucléus et la présence ou l'absence d'une crête ciliaire longitudinale sur la face ventrale. Il donne le nom de *St. Muelleri* aux individus qui ont l'*ovaire* blanc (les granules disséminés dans le parenchyme sont, pour M. Ehrenberg, des œufs), la glande masculine (nucléus) en chapelet, la couronne de cils du front interrompue et la crête latérale distincte. Le *St. Rœselii* ne diffère du *St. Muelleri* que par la circonstance que sa glande séminale (nucléus) a, non la forme d'un chapelet, mais celle d'un ruban très-allongé et sans articulations. Le *St. cœruleus* doit avoir l'ovaire bleu, la glande en forme de chapelet, une crête latérale et la couronne ciliaire frontale continue. Enfin, le *St. polymorphus* doit avoir l'ovaire d'un beau vert, la glande en forme de chapelet, point de crête latérale et la couronne frontale interrompue.

Toutes ces différences sont parfaitement nulles. En effet, nous montrerons à satiété, dans la troisième partie de ce mémoire, que la forme en chapelet et la forme rubanaire du nucléus n'indiquent, chez les Stentors, aucune différence essentielle. Tout nucléus en chapelet a passé par une phase où il présentait une forme rubanaire, et son partage en un certain nombre d'articulations n'est qu'un travail préparatoire qui précède la formation des embryons. — Quant à la présence ou à l'absence de la crête, nous montrerons également dans la troisième partie de ce travail que ce ne sont point là des caractères spécifiques. La crête n'est que le premier indice d'une division spontanée en voie de s'opérer, comme Trembley l'avait déjà reconnu il y a plus d'un siècle. Aussi, bien que les figures de M. Ehrenberg, relatives aux Stentors, soient en général très-soigneusement exécutées, il en est une que nous devons peut-être taxer d'inexacte, parce qu'elle représente un Stentor dans le moment de la division spontanée, en accordant à chacun des nouveaux individus une crête latérale (ou plutôt ventrale). C'est la Fig. II, 4, de la Pl. XXIV. — La couleur du prétendu ovaire n'a pas plus de valeur que les deux caractères précédents, comme en général la couleur des infusoires. Le *Stentor polymorphus* Ehr. est, en particulier, fondé sur la simple présence d'un dépôt de chlorophylle dans le parenchyme.

De tous les caractères employés par M. Ehrenberg pour la distinction de ces quatre espèces, il n'en subsiste donc qu'un seul, à savoir l'interruption ou la non-interruption de la couronne frontale. Malheureusement celui-là n'existe que sur le papier. Chez tous les Stentors, la couronne frontale est interrompue, parce qu'elle n'est jamais un cercle, mais une spirale. Le texte de M. Ehrenberg contient donc évidemment une erreur à ce sujet, erreur qui n'a pas passé dans ses planches, où le *Stentor cœruleus* est représenté comme ayant une couronne frontale parfaitement identique à celle des autres Stentors.

Nous avons conservé à la réunion des quatre espèces de M. Ehrenberg le nom de *St. polymorphus*, comme étant le plus ancien (*Vorticella polymorpha*, O.-F. Mueller).

M. Ehrenberg décrit encore sous les noms de *Stentor niger* (Inf., p. 264, Pl. XXIII, Fig. III) et *St. igneus* (Inf., p. 264) deux autres espèces de Stentors, dont la valeur spécifique nous paraît encore un peu douteuse, attendu que ces espèces ne doivent différer du *St. polymorphus* que par leur taille, leur couleur et la forme de leur nucléus, qui est discoïdal. La couleur n'a certes pas grand'chose à dire. d'autant plus que M. Lachmann observa, durant l'automne de 1855, parmi des *St. polymorphus*, deux individus noirs comme l'encre, qui étaient munis, l'un d'un nucléus rubanaire, et l'autre d'un nucléus en forme de massue, mais point d'un nucléus discoïdal comme le *St. niger* Ehr. D'ailleurs, les *jeunes* Stentors de toutes les couleurs ont tous, sans exception, un nucléus discoïdal, qui, avec l'âge, s'allonge en forme de bande. Les *St. niger* Ehr. et *St. igneus* Ehr. pourraient donc, vu leur petite taille, n'être que de jeunes individus du *St. polymorphus*.

Nous avons cependant conçu, à l'égard du *St. niger*, quelques doutes qui nous empêchent de le réunir, d'une manière positive, au *St. polymorphus*. On trouve constamment cette forme en très-grande abondance dans les tourbières de la bruyère aux Jeunes Filles (Jungfernhaide), près de Berlin, où elle présente exactement tous les caractères qui lui sont attribués par M. Ehrenberg. Elle est parfois si abondante, que l'eau en paraît noirâtre. Ce Stentor n'atteint jamais, dans ces eaux-là, la taille du *St. polymorphus* ordinaire, et son nucléus reste discoïdal chez tous les exemplaires. De plus, nous n'avons jamais réussi à apercevoir chez lui ni le vaisseau longitudinal, ni le vaisseau circulaire, ce qui s'explique peut-être par le peu de transparence de l'animal. Quelquefois nous avons observé des individus jouissant de deux vésicules contractiles, et la présence de cet organe, en nombre double, ne paraissait point être le prélude d'une division spontanée, car la vésicule surnuméraire était placée du côté droit et non du côté gauche, comme cela aurait dû être si elle était résultée d'un dédoublement de la vésicule normale. Toutes ces raisons-là nous décident à conserver le nom de *St. niger* pour caractériser la forme en question. L'avenir nous apprendra s'il faut voir dans celle-ci une espèce réellement indépendante ou simplement une race du *St. polymorphus*. Cette forme paraît être sensible aux impressions lumineuses, car lorsqu'on remplit un bassin avec de l'eau de tourbière, on ne tarde pas à voir tous les Stentors se porter du côté d'où vient la lumière. Le *St. igneus* ne semble se distinguer du *St. niger* que par sa couleur.

On rencontre parfois dans de l'eau qui a séjourné dans de très-petites bouteilles un Stentor incolore et de taille excessivement petite. Il ne diffère en rien du *St. polymorphus* ordinaire, si ce n'est par la circonstance qu'il est cinq ou six fois plus court. On ne peut donc le considérer comme une espèce particulière, pas plus que la forme à laquelle M. Ehrenberg a donné le nom de *St. multiformis* (Monatsbericht der Berl. Akad. d. Wiss. 1840, p. 201), et qui ne paraît être caractérisée que par sa petite taille et son habitation marine.

4e *Genre.* — LEUCOPHRYS.

Les Leucophrys ne se distinguent anatomiquement des Stentors que par la circonstance que leur anus est situé à l'extrémité postérieure, et non pas sur le dos, immédiatement au-dessous de la spire buccale.

Le genre Leucophrys de M. Ehrenberg renferme des animaux très-hétérogènes, et un seul d'entre eux, le *L. patula*, peut conserver cette dénomination générique après la diagnose que nous avons posée. Le genre Leucophrys de M. Dujardin n'a rien à faire avec le nôtre, puisqu'il est formé pour des infusoires sans bouche, qui ne peuvent appartenir à la famille des Bursariens, et qui doivent rentrer dans le groupe des Opalines.

Les Leucophrys se distinguent, du reste, encore des Stentors par la bien moindre contractilité de leur corps, lequel n'est pas susceptible de s'allonger en forme de trompette. Ils ne jouissent pas, comme les Stentors, de la propriété de pouvoir se fixer, à l'aide de leur partie postérieure, sur des objets étrangers; mais ils mènent constamment une vie errante, et ne paraissent pas pouvoir jamais se sécréter de coque.

ESPÈCE.

Leucophrys patula. Ehr. Inf., p. 311. Pl. XXXII, Fig. 1.

SYN. *Spirostomum virens*. Ehr. Inf., p. 332. Pl. XXXVI, Fig. 1.
Bursaria patula. Duj. Inf. p. 510.
Bursaria spirigera. Duj. Inf. p. 511.
Bursaria virens. Perty. Zur Kennt., p. 142.

(V. Pl. XII, Fig. 2.)

DIAGNOSE. Leucophre obliquement tronqué en avant, muni à sa partie postérieure d'une vésicule contractile qui se continue de chaque côté en un vaisseau longitudinal.

Le *Leucophrys patula* rappelle tout-à-fait, par sa forme, un *Stentor polymorphus* contracté, avec cette différence qu'il est un peu comprimé et plus arrondi en arrière. Le plan du front forme aussi une troncature plus oblique, par rapport à l'axe, et moins convexe que chez le *St. polymorphus*. La spire buccale fait un tour complet autour du front et descend ensuite dans l'entonnoir buccal, qui se continue en un œsophage tubuleux. Celui-ci est d'abord dirigé d'avant en arrière, puis il se recourbe vers la partie postérieure. Il est relativement plus long que celui du *St. polymorphus*, mais cilié, comme lui, sur toute la surface.

L'habit ciliaire est formé par des cils disposés en rangées longitudinales, et parfois il nous a semblé apercevoir entre ces cils des soies très-fines semblables à celles des Stentors. Nous ne voudrions cependant pas garantir l'exactitude de cette observation.

La vésicule contractile est située à l'extrémité postérieure, tout auprès de l'anus. A droite et à gauche, elle donne naissance à un vaisseau variqueux qui s'étend jusque sous le front.

Le nucléus est petit et discoïdal.

Cette espèce n'est pas très-rare dans les étangs du parc (Thiergarten) de Berlin, où elle atteint, en moyenne, une longueur de $0^{mm},13$.

Notre description concorde assez bien avec celle de M. Ehrenberg, qui ne mentionne seulement pas les vaisseaux ni la compression du corps, mais qui, en revanche, parle d'un long intestin avec estomacs appendiculés! — Quant au *Spirostomum virens* Ehr., nous ne pouvons le différencier de notre *L. patula*, que nous avons rencontré, soit vert, soit incolore. Cet animal présente, en effet, d'après M. Ehrenberg, la compression du corps que nous avons toujours vue chez notre *L. patula*; et quant à son nucléus en ruban, il repose évidemment sur une erreur. M. Ehrenberg dit avoir observé une fois une rangée de cils qui partait de la bouche et descendait sur le ventre, à peu près comme la crête ciliaire des Stentors, mais que plus tard il s'est convaincu que cette prétendue crête ciliaire est une glande séminale (nucléus) de forme rubanaire. Il suffit, lorsqu'on connaît notre *L. patula*, de jeter un coup d'œil sur les figures de M. Ehrenberg pour se convaincre que ni l'une ni l'autre de ces deux interprétations n'est exacte. Le prétendu nucléus est tout simplement l'œsophage recourbé qui s'enfonce, à partir de la bouche, dans l'intérieur de la cavité du corps. — M. Ehrenberg trouve, il est vrai, une autre différence entre son *Leucophrys patula* et son *Spirostomum virens*, différence qui se réduit à ce que la bouche est, chez ce dernier, placée à l'extrémité de la spire, tandis que chez le premier, elle est formée par une grande fosse en entonnoir qui porte les cirrhes à son pourtour. Mais c'est là une pure logomachie. Ce que M. Ehrenberg nomme la bouche chez son Leucophrys est quelque chose de tout différent de ce qu'il nomme ainsi chez son Spirostome. Ce qu'il appelle la bouche chez le Leucophrys, c'est ce qu'il nomme le front chez les Stentors. Ne dit-il pas lui-même que la bouche du *Leucophrys patula* est ornée d'une grande *lèvre* qui a une grande ressemblance avec le *front* des Vorticelles? Quelle différence y a-t-il alors entre la *lèvre* des Leucophrys et le *front* du *Spirostomum virens*? Assurément aucune. — Le nom de *Bursaria spirigera* n'est employé par M. Dujardin que comme synonyme de *Spirostomum virens* Ehr. Ce savant n'a pas observé lui-même l'animal auquel il donne ce nom.

Le *Leucophrys spathula* Ehr. (Inf., p. 312, Pl. XXXII, Fig. II), qui est peut-être le même que le *Spathidium hyalinum* Duj. (Inf., p. 458, Pl. VIII, Fig. 10), ne nous est pas connu, et ne peut, dans tous les cas, appartenir au genre Leucophrys. La description et les dessins de M. Ehrenberg ne permettent pas de comprendre où est placée la bouche de cet animal, et M. Dujardin considère ses Spathidium comme astomes.

Le *Leucophrys sanguinea* Ehr. (Inf., p. 312, Pl. XXXII, Fig. III) n'est pas davantage un Leucophrys. Cet infusoire, que nous ne connaissons pas, devra peut-être former un genre à part, voisin des Kondylostomes.

Les *L. pyriformis* Ehr. (Inf., p. 312, Pl. XXXII, Fig. IV) et *L. carnium* Ehr. (Inf., p. 313, Pl. XXXII, Fig. V) appartiennent probablement, tout au moins le premier, à la famille des Colpodéens, et ne sont, en aucun cas, des Leucophrys.

Le *Leucophrys Anodontae* Ehr. (Inf., p. 313, Pl. XXXII, Fig. VI) est sans doute un Plagiotome.

Enfin, le *L. striata* Duj. (Inf., Pl. IX, Fig. 1-4, p. 459) et le *L. nodulata* Duj. (Inf., p. 460, Pl. IX, Fig. 5-9) sont des Opalines.

5e *Genre*. — SPIROSTOMUM.

Les Spirostomes sont des infusoires cylindriques ou aplatis, filiformes et ciliés sur toute leur surface. Une rangée de cirrhes assez forts conduit de l'extrémité antérieure jusqu'à la bouche. Cette rangée de cirrhes est logée dans un sillon qui ne marche point directement d'avant en arrière parallèlement à l'axe du corps, mais qui décrit un arc de spirale très-allongée, allant de l'avant et de la gauche à la droite et l'arrière. En un mot, la spirale des cirrhes buccaux suit ici la même direction que chez les Stentors et la plupart des autres infusoires, c'est-à-dire une direction inverse de la spirale des Vorticellines. Elle a tout-à-fait la même apparence que celle des Plagiotomes, avec lesquels les Spirostomes sont très-proches parents. L'anus est situé à l'extrémité postérieure du corps.

ESPÈCES.

1° *Spirostomum ambiguum*. Ehr. Inf., p. 332. Pl. XXXVI, fig. 2.

DIAGNOSE. Spirostome à corps linéaire, filiforme. Bouche située très en arrière du milieu du corps. Nucléus très-long et contourné.

Cette espèce a été bien suffisamment décrite et figurée par M. Ehrenberg, ce qui nous dispense d'en donner une figure nouvelle. Sa forme, très-allongée, et sa grande taille, a permis à la plupart des observateurs de la retrouver, et cependant M. Perty en donne une figure tout-à-fait méconnaissable. La spire des cirrhes buccaux est très-allongée, si bien qu'au premier abord on serait tenté de la prendre non pour un élément de spirale, mais pour une ligne droite. L'extrémité, cependant, de cette rangée de cirrhes se contourne très-évidemment en spirale au moment où elle pénètre dans la bouche. L'œsophage est court et tubuleux. — La vésicule contractile occupe la partie postérieure du corps, faisant dans la cavité générale une saillie si forte qu'elle en remplit, pour ainsi dire, tout le calibre. Aussi, pour arriver à l'anus, les excréments doivent-ils se glisser péniblement, pour ainsi dire, entre la paroi de la cavité du corps et celle de la vésicule contractile. Ils refoulent alors devant eux cette dernière, en faisant saillie dans la vésicule même, mais sans jamais pénétrer dans l'intérieur de cette vésirule, ce qui ne pourrait naturellement avoir lieu sans déchirement de la paroi. — De cette vésicule contractile naît un vaisseau, découvert par M. Siebold[1]. Ce vaisseau s'étend à peu près en ligne droite dans la paroi dorsale du corps jusqu'à l'extrémité antérieure. Soit la vésicule contractile, soit le vaisseau, ont été déjà figurés par M. Ehcenberg, qui n'en a cependant pas saisi la nature. En effet, le célèbre micrographe berlinois remarque expressément qu'il n'a pas encore réussi à voir la vésicule contractile. Il paraît avoir pris le vaisseau pour un intestin, et la vésicule contractile pour un élargissement du rectum, en forme de sac ou de cloaque.

Le nucléus est excessivement long et ordinairement en forme de chapelet, comme le remarque M. Ehrenberg. Les divisions du chapelet ne sont cependant pas toujours bien indiquées, ce qui se comprend facilement, puisqu'il est fort probable qu'elles ne se forment que secondairement, comme chez les Stentors, en vue de la formation des embryons. Le nucléus est souvent contourné sur lui-même, comme le représente M. Ehrenberg[2].

Nous avons trouvé cette espèce en abondance dans les eaux stagnantes des envi-

1. Vergl. Anat., II, p. 21.

2. Dans la diagnose française du *Sp. ambiguum*, M. Ehrenberg nomme cette espèce *Sp. vert* : c'est là sans doute un *lapsus calami* pour *Spirostome ambigu*. En effet, on rencontre bien parfois des *Spirostomum ambiguum* rendus verts par des granules de chlorophylle déposés dans leur parenchyme, mais c'est là le cas le plus rare.

rons de Berlin, et aussi dans la Suisse occidentale, non loin de Genève. MM. Ehrenberg, Dujardin, Perty et d'autres auteurs l'avaient déjà observé très-fréquemment en Allemagne, en France et dans la Suisse centrale. Cette espèce paraît donc être très-répandue.

2° *Spirostomum teres.* (V. Pl. XI, Fig. 1-2.)

DIAGNOSE. Spirostome à corps cylindrique, filiforme; bouche située vers le milieu de la longueur totale du corps ou un peu en avant de ce milieu; nucléus court et ovale.

Cette espèce, voisine de la précédente, s'en distingue facilement par la position de sa bouche et par son nucléus. Le sillon qui renferme les cirrhes buccaux est dirigé précisément comme chez le *Spirostomum ambiguum*, mais il s'arrête vers le milieu de la longueur du corps, et c'est là que se trouve la bouche, laquelle est située bien plus en arrière dans le *S. ambiguum*. L'œsophage est court et tubuleux, rappelant tout-à-fait celui du *Paramecium Aurelia*. Dans son intérieur, on voit s'agiter comme une forte soie, mais il est difficile de déterminer si c'est bien là une seule et unique soie ou bien un faisceau de soies discrètes les unes des autres. La vésicule contractile et le vaisseau sont parfaitement semblables à ceux de l'espèce précédente. On voit également ici les excréments refouler devant eux la paroi de la vésicule contractile pour se rendre à l'ouverture anale.

Le nucléus est court et ovale, placé entre la bouche et la vésicule contractile, mais un peu plus près de la bouche.

Cette espèce est très-abondante dans les environs de Berlin, surtout là où les Lemna abondent. Elle est notablement plus courte que le *Sp. ambiguum*. Sa longueur est d'environ $0^{mm},2$ à 0,3.

3° *Spirostomum Filum.*

SYN. *Uroleptus Filum.* Ehr. Inf., Pl. XL, Fig. 5.

Nous ne connaissons cet animal que d'après la description et les figures qu'en donne M. Ehrenberg. Ce savant le classe, avec des êtres bien différents de lui, dans son genre Uroleptus. M. Dujardin a déjà émis l'idée que ce devait être un Spirostomum, et nous sommes entièrement de son avis.

M. Perty a mentionné, sous le nom de *Spirostomum semivirescens*, une espèce dont on ne peut dire, ni si elle est réellement différente de celles que nous venons de décrire, ni si elle appartient au genre Spirostome plutôt qu'à un autre quelconque. Cet observateur n'en donne, pour ainsi dire, aucune description; et quant au dessin qui accompagne son ouvrage, c'est une ébauche malheureuse dans laquelle on ne peut distinguer ni spire buccale, ni vésicule contractile, ni vaisseau, ni nucléus; ni rien qui puisse faire reconnaître un Spirostome. Le nom de *Spirostomum semivirescens* doit donc être retranché sans aucune hésitation du catalogue des infusoires.

Le *Spirostomum virens* Ehr. ne peut plus faire partie du genre Spirostome tel que nous l'avons défini. Nous avons vu qu'il doit rentrer dans le genre Leucophrys. M. Dujardin avait déjà compris que son alliance avec les Spirostomes était peu naturelle. Il l'avait donc séparé de ceux-ci; mais, ne sachant plus qu'en faire, il l'avait relégué dans le fouillis des Bursaires.

M. Perty pense que les Spirostomes sont proches parents des Kondylostomes de M. Bory. En effet, selon M. Ehrenberg, les Kondylostomes de M. Bory-Saint-Vincent sont des Leucophres, lesquels ne s'éloignent pas beaucoup des Spirostomes. Les infusoires qui offrent l'affinité la plus grande avec les Spirostomes, sont les Plagiotomes. C'est déjà ce qu'avait entrevu M. Ehrenberg, car ce savant se demande si la *Bursaria cordiformis* ne serait pas mieux placée parmi les Spirostomes que parmi les Bursaires. Or, la *Bursaria cordiformis* est un vrai Plagiotome, et ce ne serait point une faute que de réunir les Plagiotomes et les Spirostomes en un seul et même genre.

6e *Genre*. — PLAGIOTOMA.

Les Plagiotomes ne se distinguent des Spirostomes que par leur forme non linéaire, quoique très-comprimée. Ils sont munis d'une rangée de cirrhes buccaux, logés, comme chez les Spirostomes, dans un sillon qu'au premier abord on est tenté de croire parfaitement droit, mais qu'on reconnaît bientôt, à l'aide d'une observation plus attentive, appartenir à une spirale courant de l'avant et de la gauche à l'arrière et la droite. L'anus est placé à l'extrémité postérieure.

Plusieurs de ces espèces, ou même la plupart, sont des parasites vivant, soit dans l'intestin de vertébrés et d'invertébrés, soit dans le mucus sécrété par des mollusques, soit enfin dans la cavité abdominale des lombrics. D'autres vivent tout-à-fait libres dans l'eau, et ne paraissent jamais mener la vie de parasites. Il n'est pas possible de trouver un caractère anatomique qui rende justifiable la répartition en deux genres des espèces parasites et non parasites.

ESPÈCES.

1° *Plagiotoma lateritia.*

SYN. *Bursaria lateritia*. Ehr. Inf., Pl. XXXV, Fig. 3. *Blepharisma persicinum* Perty.

(V. Pl. XI, Fig. 3-5.)

DIAGNOSE. Plagiotome en forme de lame à bords presque parallèles; œsophage court et droit; vésicule contractile à l'extrémité postérieure; habite les eaux douces.

La *Plagiotoma lateritia* est, en général, quatre ou cinq fois aussi longue que large, et striée en long. Elle est comprimée de manière à ce que le ventre et le dos soient réduits presqu'à l'état de simples arêtes, tandis que les côtés sont très-développés. La rangée de cirrhes buccaux s'étend en spire très-allongée, depuis l'extrémité antérieure jusqu'à la bouche, qui est située vers le milieu de la longueur totale du corps ou légèrement en arrière de ce milieu. L'œsophage est court et cylindrique, s'élargissant légèrement en cône à sa partie postérieure, sous laquelle on voit se former les bols alimentaires. Dans l'œsophage est implantée une soie qui vient faire saillie au dehors de la bouche. La vésicule contractile est grande et située tout-à-fait à l'extrémité postérieure. L'anus est tout auprès, mais il n'est pas cependant tout-à-fait terminal : il est situé un peu plus près du dos, précisément à la place où l'a indiqué M. Ehrenberg. Le nucléus, qui paraît n'avoir été vu par personne jusqu'ici, est un corps ovalaire situé un peu au-dessus du niveau de la bouche.

Les téguments de la *Plagiotoma lateritia* sont striés longitudinalement et colorés en général d'une teinte rappelant celle de la brique, ce qui explique le nom de *Bur-*

saria lateritia, qui lui a été donné par M. Ehrenberg. Il n'y a pas de doute que le *Blepharisma persicinum* de M. Perty ne soit la même espèce, bien que cet auteur ait cru devoir en faire une espèce entièrement nouvelle. Du reste, il n'est point rare de trouver des individus parfaitement incolores, qu'il faut nécessairement rapporter à la même espèce. — M. Ehrenberg représente, chez sa *Bursaria lateritia*, la bouche comme étant située bien plus en arrière que nous ne l'avons dit. On trouve, en effet, çà et là (V. notre Pl. XI, Fig. 5), des individus chez lesquels la bouche est située tout près de l'extrémité postérieure. Mais ces individus-là n'atteignant en général que la moitié de la longueur des autres, nous pensons pouvoir affirmer que ce sont des individus qui viennent d'être formés par une division transversale.

Nous avons trouvé cette espèce assez fréquemment dans les étangs du parc (Thiergarten) de Berlin, où elle atteint une longueur moyenne de $0^{mm},12$. L'individu représenté Fig. 5, n'était long que de $0^{mm},06$.

2° *Plagiotoma cordiformis.*

SYN. *Bursaria cordiformis*. Ehr. Inf., Pl. XXXV, Fig. 6. *Opalina cordiformis* Perty.

(V. Pl. XI, Fig. 8-9.)

DIAGNOSE. Plagiotome en forme de nautile ou d'ammonite, à œsophage très-long et recourbé vers la partie postérieure; nucléus réniforme.

Au premier coup d'œil, ce Plagiotome rappelle tout-à-fait la forme d'une coquille enroulée sur un plan, d'un nautile par exemple. Cette apparence est due à l'œsophage, qui est courbé dans l'intérieur de manière à former, pour ainsi dire, l'avant-dernier tour de la coquille. Le parcours du sillon qui porte les cirrhes buccaux est beaucoup plus difficile à reconnaître, comme élément de spire, que dans l'espèce précédente, ce qui provient de ce que la spire est beaucoup plus allongée que chez celle-ci et se rapproche, par suite, davantage de la ligne droite. Le bord droit du sillon est beaucoup plus élevé que le bord gauche. Aussi, lorsqu'on considère l'animal par le côté gauche, on voit le sillon à découvert, tandis qu'il est recouvert par une lame mince lorsqu'on observe le côté droit. La bouche est située à peu près au milieu de la longueur totale du corps ou un peu en arrière de ce milieu. Arrivée à la bouche, la rangée des cirrhes buccaux change subitement de direction pour se continuer dans l'œsophage. Elle se courbe à ce moment-là, à angle droit, pour former un peu plus loin, en même temps que l'œsophage lui-même, une seconde courbe, également à angle droit ou à peu près, mais en sens inverse de la première. L'œsophage est fort long et la spirale ciliaire est formée, dans son intérieur, par des cirrhes extrêmement forts. Aussi n'y a-t-il pas d'infusoire qui se prête mieux que celui-là à l'étude de l'œsophage Chose curieuse ! M. Ehrenberg a méconnu la bouche de ce Plagiotome, et n'a, par suite, pas pu reconnaître son œsophage. Il considère la rangée de cirrhes, qui est logée dans l'œsophage, comme étant à la surface du corps, et l'extrémité inférieure de l'œsophage a passé à ses yeux pour la bouche. Il en résulte que, pour M. Ehrenberg, le côté gauche de la *Plagiotoma cordiformis* devient la face ventrale et que l'animal a pour lui une forme très-*déprimée,* tandis qu'elle est, au contraire, très-*comprimée.* La cause de la méprise de M. Ehrenberg gît dans le fait même que l'œsophage est extrêmement facile à voir. Les cirrhes qu'il renferme sont si distincts qu'on est tenté de les supposer à la surface. M. de Siebold est le seul auteur qui, jusqu'ici, ait reconnu que ces cirrhes sont bien réellement logés dans un canal. Il dit, en effet[1], que l'œsophage de la *Bursaria* (*Plagiotoma*) *cordiformis* est long et courbé en arc. M. Perty réunit la *P. cordiformis* aux Opalines, qui sont, comme on sait, privées de bouche. Il a bien reconnu, chez quelques exemplaires, une échancrure ciliée, mais, néanmoins, il ne veut y voir qu'un sillon recourbé, et pas de bouche[2]. A cela nous n'avons qu'à répondre que le Pl. cordiforme n'est très-certainement pas une Opaline.

M. Stein[3] s'est déjà chargé de dire un peu rudement à M. Dujardin, qu'il n'avait pas bien saisi le type des Bursaires (c'était bien pardonnable, car le genre Bursaire d'Ehrenberg était pire que le labyrinthe de Crète !), puisqu'il en avait retranché la *Bursaria cordiformis* pour la réunir aux Opalines. En cela M. Stein fait très-décidément tort à M. Dujardin. Ce dernier n'a jamais rien dit de semblable. Il n'a pas observé, lui-même, l'animal en question[4]; il le décrit, sur la foi de M. Ehrenberg, comme

1. Vergl. Anat., p. 19.

2. L'Anguillula Ranæ temporariæ, que décrit M. Perty (p. 136) à propos de la *Bursaria cordiformis*, est, sans doute, l'*Ascaris acuminata*.

3. Stein, p. 183.

4. Duj., p. 513.

ayant une bouche *presqu'en spirale*, et il ajoute simplement qu'il habite dans l'intestin des grenouilles, avec les *Bursaria intestinalis*, *B. Entozoon*, *B. nucleus* et *B. Ranarum*, dont il a fait des Opalines. M. Dujardin ne parle donc que de la cohabitation avec des Opalines.

Les cirrhes de la rangée buccale deviennent beaucoup plus longs à mesure qu'on se rapproche de la bouche. A l'entrée de celle-ci est fixée une soie roide qui fait saillie au dehors, à peu près perpendiculairement au plan du ventre.

La vésicule contractile est située dans la partie postérieure, plus près du ventre que du dos. Elle se contracte à de très-longs intervalles. M. Ehrenberg signale chez la *Burs. cordiformis* trois vésicules contractiles, sans spécifier leur position. Pour ce qui nous concerne, nous avons bien trouvé en général chez la *P. cordiformis*, en outre de la vésicule contractile que nous venons de décrire, plusieurs vacuoles de dimension beaucoup plus petites, mais jamais nous n'avons aperçu, chez elles, la moindre trace de contractilité. Dans tous les cas, s'il y a plusieurs vésicules contractiles, il en existe une principale, qui est celle que nous avons décrite et figurée, et les autres sont forcément beaucoup plus petites.

Le nucléus est réniforme, allongé. Il est en général placé de manière à ce que sa plus grande courbure soit parallèle au bord dorsal de l'animal.

Les téguments de la *P. cordiformis* sont finement striés, bien que M. Ehrenberg paraisse n'avoir rien vu de semblable. L'animal nage en général en appliquant aux objets sa face gauche, qui est très-plate ou même un peu concave, tandis que la face droite est plutôt un peu bombée.

Cette espèce habite, comme l'ont déjà signalé la plupart des auteurs, dans la partie inférieure de l'intestin des grenouilles, des raînettes et de plusieurs crapauds. Longueur moyenne : $0^{mm},12$ à 0,13.

3° *Plagiotoma Lumbrici*. Duj. Inf. p. 504. Pl. IX, Fig. 12.

SYN. *Bursaria Lumbrici*. Stein. Die Infus., p. 184.

DIAGNOSE. Plagiotome en forme de lame, deux ou trois fois aussi large que longue; la bouche un peu en arrière de la longueur totale. Habitant dans les lombrics.

Cette espèce est figurée d'une manière assez reconnaissable par M. Dujardin. Aussi, n'en possédant qu'une esquisse imparfaite, nous nous dispensons de la figurer de nouveau. M. Dujardin décrit très-exactement la manière particulière dont battent les cils de cette espèce. Il compare avec assez de justesse l'apparence produite par le mouvement de ces cils à celle des dents d'une cremaillère qui seraient mues, de bas en haut, d'un mouvement uniforme assez lent. C'est, du reste, une apparence qu'on retrouve chez la plupart des infusoires parasites, par exemple chez la plupart des Opalines et des Plagiotomes, et chez la *Trichodinopsis paradoxa*. M. Dujardin explique ce phénomène avec assez de vraisemblance, par un effet d'optique résultant de la juxtaposition momentanée des cils qui, s'infléchissant les uns après les autres, se trouvent superposés et présentent, d'espace en espace, un obstacle mobile au passage de la lumière.

M. Ehrenberg réunit, sous le nom de *Paramecium compressum*, le Plagiotome des lombrics et un infusoire qu'il a trouvés dans le mucus d'Anodontes, pêchées, en 1829, dans l'Oural. Néanmoins, nous avons préféré le nom de M. Dujardin à celui de M. Ehrenberg. En effet, M. Ehrenberg n'a figuré que les Plagiotomes de l'Oural, et nous ne pouvons, avec la meilleure volonté du monde, faire concorder cette figure, du reste fort imparfaite, avec le Plagiotome du lombric. Il nous paraît probable, comme M. Dujardin l'a déjà admis, que M. Ehrenberg a compris sous un même nom deux espèces différentes, l'une desquelles seulement, à savoir celle du lombric, devra conserver le nom de *Plagiotoma lumbrici*, proposé par M. Dujardin, tandis que l'autre, lorsqu'elle aura été retrouvée, pourra porter le nom de *P. compressa* Ehr. Il ne serait pas impossible que cette dernière espèce fût identique avec la *Plagiotoma Concharum* de M. Perty. Toutefois, la description et les figures de ce dernier sont trop incertaines pour que nous nous permettions aucune conclusion à cet égard.

4° *Plagiotoma acuminata*. (V. Pl. XI, Fig. 6-7.)

DIAGNOSE. Plagiotome ovalaire, terminé en pointe obtuse aux deux extrémités ; œsophage recourbé en avant ; nucléus rond. Habitant le mucus des Tichogonia.

Cette espèce est clairement caractérisée par sa forme et par la disposition singulière de son œsophage. Le sillon buccal devient toujours plus profond, à mesure qu'il s'approche de la bouche, puis il se retourne brusquement en entrant dans celle-ci, de telle sorte que l'œsophage se trouve cheminer à peu près parallèlement à la partie externe de la rangée des cirrhes buccaux, mais en étant dirigé en sens inverse, c'est-à-dire d'arrière en avant. L'extrémité libre de l'œsophage est légèrement infléchie vers le dos. Si l'on nomme arête ventrale celle qui porte la rangée externe des cirrhes buccaux, la bouche n'est pas précisément sur cette arête ventrale, mais sur la face droite de l'animal, ainsi qu'on peut s'en convaincre en considérant la figure de profil. (Fig. 7.)

La vésicule contractile est située à peu près au centre de figure de l'animal ou un peu en arrière de celui-ci, mais nous avons omis de noter si elle se trouve dans la paroi droite ou dans la paroi gauche du corps.

Le nucléus est un corps rond, placé tout auprès de la vésicule contractile, un peu en avant de celle-ci et un peu plus près de l'arête dorsale.

Les téguments sont très-finement striés. Sur la face droite, ces stries sont disposées de telle façon qu'au-dessus de la bouche elles atteignent l'arête ventrale en formant avec elle à peu près un angle droit; au-dessous de la bouche, au contraire, elles cheminent à peu près parallèlement à cette arête.

Cette espèce se trouve en abondance dans les *Tichogonia Chemnitzii* Fér. (*Dreissena polymorpha* Van Ben.), dans les lacs de la Sprée et de la Havel. Elle vit dans la muscosité sécrétée par le manteau et les branchies de ces mollusques. Malheureusement, dans le moment où nous rédigeons ces lignes, nous n'avons pas de Tichogonia à notre portée, et nous devons renoncer à compléter nos observations sur ce Plagiotome. Nous avons négligé de mesurer ses dimensions, mais, d'après notre dessin, il doit atteindre à peu près la taille de la *Plagiotoma cordiformis* des batraciens.

5° *Plagiotoma Blattarum.*

SYN. *Bursaria Blattarum*. Stein. Die Infusionsth., p. 42.

Nous ne connaissons pas cette espèce, qui est mentionnée par M. Stein comme habitant l'intestin de la *Blatta orientalis* et de la *Blatta germanica*. Au dire de cet auteur, elle a une grande ressemblance avec la *Bursaria* (*Plagiotoma*) *cordiformis* Ehr., ce qui permet de la faire rentrer avec certitude dans le genre Plagiotoma.

6° *Plagiotoma Györyana.*

Nous ne donnons pas de diagnose de cette espèce, parce que nous ne l'avons observée que d'une manière très-insuffisante, et nous ne pouvons rien dire d'elle, si ce n'est qu'elle rentre dans le genre Plagiotome. Cependant, cette espèce est facile à retrouver, attendu qu'elle vit en abondance dans l'intestin de l'*Hydrophilus piceus*. Nous la dédions à M. Györy, qui a été le premier à la signaler (Sitzengsbericht der Wiener Akademie, XXI. Bd, 2tes Heft. 1856).

7° *Plagiotoma coli.*

SYN. *Paramecium coli.* Malmsten. Hygiæa.

(V. Pl. XI, Fig. 10.)

DIAGNOSE. Plagiotome à forme ovalaire; bouche tout près de l'extrémité antérieure; rangée des cirrhes buccaux très-courte. Habite l'intestin de l'homme.

Nous devons la connaissance de cette espèce aux observations très-scrupuleuses de M. Malmsten, professeur à Stockholm. Bien que nous n'ayons pas eu l'occasion d'observer par nous-mêmes le *Plagiotoma coli,* nous résumerons les données de M. Malmsten, attendu que la communication de cet auteur, étant écrite en suédois, n'est pas à la portée d'un public bien nombreux.

M. Malmsten décrit son *Paramecium coli* de la manière suivante : « Animal en forme d'ovale arrondi, un peu pointu en avant; long d'environ 0mm,1. Il change de forme, devenant tantôt plus large, lorsqu'il a pris beaucoup de nourriture, tantôt plus étroit, lorsqu'il s'agite dans le mucus intestinal, où il se tourne souvent avec vivacité autour de son axe. La peau est toute recouverte de cils disposés en rangées un peu obliques, sans qu'on puisse cependant reconnaître distinctement une distribution des cils en rhombes. En avant, non pas à l'extrémité de la pointe, mais à côté de celle-ci, se trouve l'ouverture buccale, munie de cils plus longs ; un œsophage assez long s'enfonce dans l'intérieur en s'élargissant et se courbant un peu. Dans le parenchyme intérieur une traînée plus sombre indique la voie suivie par les aliments avalés. A l'extrémité postérieure, un peu plus du côté du ventre, est située l'ouverture anale, qui tantôt fait saillie à l'extérieur, sous forme d'une petite papille; tantôt, au contraire, forme à

1. Infusorier såsom intestinaldjur hos menniskan. Hygiæa Stockholm, 1857.

la surface comme une petite fossette; tantôt, enfin, se présente sous l'apparence d'une ouverture munie de parois propres. Dans l'intérieur on voit l'organe désigné d'ordinaire sous le nom de nucléus, les vésicules contractiles, et des particules nutritives qui ont été avalées. Le contour du nucléus n'est que très-faiblement indiqué : c'est un corps oblong, elliptique. Parfois il est étranglé en son milieu, comme s'il commençait à se diviser. Les vésicules contractiles sont au nombre de deux. L'une, plus grande, est située en arrière non loin de l'ouverture anale; l'autre, plus petite, est logée dans la paroi dorsale, vers le milieu de la longueur totale. Les vésicules se contractent très-lentement et changent notablement de forme pendant la contraction. Chez quelques individus on les cherche en vain[1]. En outre, l'intérieur de ces animaux contient une masse plus ou moins considérable de matières étrangères qui ont été avalées : le plus souvent ce sont des cellules d'amylum plus ou moins altérées et des gouttelettes de graisse. »

A cette description nous n'avons que peu de chose à ajouter. Au premier abord on pourrait douter que les animaux vus par M. Malmsten appartiennent bien réellement au genre Plagiotoma. Cependant, nous ne conservons aucune espèce de doute à cet égard. La spire buccale n'est, il est vrai, pas très-évidente, mais ceci tient à la position de la bouche. Celle-ci étant placée très-près de l'extrémité antérieure, la place nécessaire à la rangée des cirrhes buccaux se trouve réduite à très-peu de chose. Cependant il suffit de considérer les dessins très-soignés qui accompagnent le Mémoire de M. Malmsten, et qui sont dus au crayon de M. Lovén[2], pour s'assurer que le sillon buccal existe, bien qu'il soit fort court et qu'il porte une rangée de cils plus longs que ceux qui recouvrent la surface du corps. Ces cils plus longs éloignent le *Paramecium coli* Malmsten des vrais Parameciums, et le rapprochent tout-à-fait des infusoires parasites appartenant au genre Plagiotome.

M. Malmsten a observé le *Plagiotoma coli* chez deux malades qu'il a soignés au lazaret de Stockholm. Dans les deux cas, leur présence était accompagnée d'une diarrhée chronique très-persistante, avec ulcération gangreneuse de la muqueuse intestinale.

1. Ce sont sans doute des individus remplis de substances alimentaires.

2. La Fig. 10 de notre Pl. IX est la reproduction de l'un d'entre eux.

Cependant, il ne paraît pas, suivant Malmsten, qu'il y eût un rapport de causalité entre la présence des infusoires et celle des ulcères. L'un des deux patients, Christina Lindström, décéda à l'hôpital. A l'autopsie, l'estomac et l'intestin grêle ne se trouvaient pas renfermer la moindre trace d'infusoires. Par contre, il s'en trouva en grande quantité dans le cœcum ainsi que dans le processus vermiforme, où la muqueuse avait une apparence tout-à-fait fraîche. On obtenait surtout des Plagiotomes en abondance en râclant la muqueuse avec la lame du scalpel. Le gros intestin était, çà et là, semé d'ulcères larges comme la pointe du petit doigt, ulcères qui avaient toujours pour centre un folicule solitaire. Au-dessus de la flexure sigmoïde, l'intestin était plein d'un liquide icoreux et puant. Soit ce liquide, soit la surface même des ulcères, présentaient bien des Plagiotomes, mais en nombre infiniment moins considérable que le mucus des parties saines de la muqueuse. Les glandes mésentériques étaient tuméfiées. Un examen exact montra qu'il n'y avait point d'infusoires au-dessus de la valvule du côlon.

Il est à désirer que l'attention des médecins se porte sur les relations probables de certaines diarrhées chroniques avec la présence de Plagiotomes dans l'intestin. Peut-être la présence de ces parasites est-elle plus fréquente qu'on ne le croit. Déjà à plusieurs reprises on[1] a mentionné l'existence d'infusoires ciliés dans l'intestin de divers mammifères domestiques. Personne, jusqu'ici, n'a donné de ces parasites une description suffisante pour qu'il soit permis de rien statuer sur leur position générique. Toutefois, il n'est pas improbable qu'il s'agisse aussi, dans ce cas, de véritables Plagiotomes.

7e *Genre*. — KONDYLOSTOMA.

Les Kondylostomes et le genre voisin des Balantidium sont caractérisés par la circonstance que leur fosse buccale est garnie, aussi bien sur le bord droit que sur le bord gauche, de cirrhes plus vigoureux que les cils de la surface du corps. Chez les genres voisins, les bords gauche et antérieur sont seuls garnis de cirrhes. Les Kondy-

1. En particulier MM. Gruby et Delafond.

lostomes ont une forme linéaire semblable à celle de beaucoup d'Oxytriques, ce qui sert à les distinguer des Balantidium.

Les Kondylostomes forment évidemment une variation du type des Bursariens, qui tend la main à celui des Oxytriques. La forme de ces animaux rappelle si bien celle de certaines Oxytriques, qu'on est tenté, au premier abord, de les rapporter à ce genre. Toutefois, un examen un peu approfondi montre qu'une pareille assimilation ne serait pas fondee. Les Kondylostomes sont ciliés sur toute la surface du corps, tandis que les Oxytriques ne présentent pas d'habit ciliaire proprement dit, mais sont munies de rangées de pieds-cirrhes sur le ventre. D'ailleurs, toutes les Oxytriques ont la vésicule contractile unique et placée dans la moitié gauche de la paroi dorsale du corps. Chez les Kondylostomes, elle peut, au contraire, être multiple et placée dans la moitié droite. L'anus est, chez ces derniers, exactement terminal, tandis que chez les Oxytriques il se trouve placé sur la face ventrale, un peu en avant de l'extrémité postérieure et du côté droit. La parenté avec les Oxytriques se réduit donc à une forme générale à peu près identique, et à une conformation analogue de la fosse buccale. — Par contre, un examen attentif montre une parenté bien plus grande entre les Kondylostomes et les Spirostomes. La conformation anatomique de ces deux genres est tout-à-fait la même, seulement la fosse buccale est beaucoup plus large et plus courte chez les Kondylostomes que chez les Spirostomes, et elle est, chez les premiers, garnie de cirrhes du côté droit, ce qui n'a pas lieu chez les seconds. Le corps des Kondylostomes est comprimé et non cylindrique. Les sillons obliques si profonds de la surface du corps et l'excessive contractilité du parenchyme des Spirostomes, se retrouvent chez les Kondylostomes.

M. Dujardin a donc bien saisi les vraies affinités des Kondylostomes en les plaçant avec les Spirostomes dans la famille des Bursariens.

ESPÈCES.

1° *Kondylostoma patens*. (V. Pl. XII, Fig. 3.)

DIAGNOSE. Kondylostome à fosse buccale triangulaire, très-large en avant et se terminant en pointe en arrière.

Cette espèce est caractérisée surtout par la forme de sa fosse buccale, qui est triangulaire. La base du triangle forme le bord antérieur de l'animal, et elle est à peu près égale à la largeur du corps. Le sommet, où se trouve la bouche, est placé à peu près à la fin du premier quart de la longueur totale, un peu plus près du bord gauche que du bord droit. Le bord antérieur et le bord gauche de la fosse buccale sont garnis de cirrhes vigoureux très-rapprochés les uns des autres, qui correspondent à la spire buccale des Spirostomes et des Plagiotomes. Ce sont les cirrhes buccaux proprement dits. Le bord droit est garni de cirrhes tout aussi vigoureux, mais ceux-ci, au lieu d'être serrés les uns contre les autres, sont très-espacés et s'agitent en général plus mollement que les cirrhes buccaux proprement dits.

L'œsophage est court et dirigé d'avant en arrière. On voit fort bien les bols alimentaires se former à son extrémité postérieure.

Les vésicules contractiles sont au nombre de huit et sont disposées en une rangée longitudinale placée près du bord droit.

Les sillons obliques de la cuticule sont largement espacés.

M. Dujardin décrit sous le nom de *Kondylostoma patens* (Duj. Inf., p. 516, Pl. XII, Fig. 2) un Kondylostome de la Méditerranée voisin du nôtre. Nous n'oserions cependant garantir l'identité spécifique de ces animaux, car, à en juger par le plus grand nombre des figures de M. Dujardin, l'infusoire observé par cet auteur avait une bouche bien plus étroite que le nôtre. et son corps était aminci en arrière. En outre, le caractère le plus saillant du Kondylostome de M. Dujardin, c'est la présence d'un long nucléus moniliforme placé du côté gauche. On pourrait penser que ce nucléus n'est pas autre chose que la rangée des vésicules contractiles, bien que celle-ci soit placée du côté droit, car M. Dujardin n'est, en général, pas très-scrupuleux relativement à la droite et à la gauche de ses infusoires. Mais, outre que le nombre des segments de ce nucléus en patenôtre est beaucoup trop nombreux (l'une des figures en représente jusqu'à 17) pour permettre un tel rapprochement, nous trouvons dans l'une des figures de M. Dujardin (Pl. 12, Fig. 2 *c*) sept corps ronds disposés en ligne le long du bord droit, lesquels sont sans aucun doute les homologues des huit vésicules contractiles de notre *Kondylostoma patens*.

Nous n'avons malheureusement pas réussi à découvrir le nucléus chez notre Kondylostome, ce qui nous défend de nous prononcer sur l'identité ou la non-idendité des deux formes. Dans tous les cas, nous conservons à notre espèce le nom de *Kondylostoma patens*, et s'il devait être démontré un jour que le Kondylostome de M. Dujardin en est spécifiquement différent, on pourra lui donner le nom de *Kondyl. marinum*. Tel est, en effet, le nom que M. Dujardin, par un *lapsus calami* sans doute, donne à cet animal dans l'explication des planches. — Quant à la *Trichoda patens* d'Otto-Frédéric-Mueller, il est difficile de dire si elle est synonyme de l'une de ces deux formes, plutôt que d'une autre espèce.

Notre Kondylostome est une espèce marine, observée dans fjord de Bergen en Norwége, où elle atteint une longueur d'environ $0^{mm},2$.

2° *Kondylostoma patulum*. (V. Pl. XII, Fig. 4.)

DIAGNOSE. Fosse buccale conservant la même largeur, à peu près dans toute son étendue.

Ce Kondylostome se distingue de l'espèce précédente par la forme de sa fosse buccale, qui est beaucoup plus étroite et dont les bords droit et gauche sont à peu près parallèles entre eux. Cette fosse est en outre beaucoup moins longue, relativement à la longueur totale du corps, que chez le *K. patens*, et son bord antérieur est bien moins large que l'animal lui-même. Du reste, la position des cirrhes buccaux est la même dans les deux espèces. L'œsophage est court et dirigé d'avant en arrière.

Les stries de la cuticule sont plus fines et plus rapprochées les unes des autres que dans le *K. patens*.

Le dessin que nous publions est fait d'après une esquisse de M. Lachmann. La vésicule contractile et le nucléus n'ont pas été observés.

Le *K. patulum* est, comme l'espèce précédente, un habitant des eaux de la mer (fjord de Bergen en Norwége).

Il est possible que l'animal que M. Ehrenberg observa en 1833 à Wismar, dans la Baltique, et qu'il décrivit sous le nom d'*Uroleptus patens*[1] ait été un Kondylostome. Son nucléus moniliforme le distingue, dans tous les cas, de la forme d'eau douce à laquelle il l'a réuni plus tard sous le nom d'*Oxytricha caudata*.

1. Dritter Beitrag zur Erkenntniss grosser Organisation in der Richtung des kleinsten Raumes. Berlin, 1834, p. 151.

8e Genre. — BALANTIDIUM.

Les Balantidium se distinguent des Kondylostomes par la forme de leur corps, qui est renflé en arrière et aminci en avant. Leur corps ne présente pas non plus un degré de contractilité aussi considérable et n'est pas comprimé.

Les Balantidium offrent, dans leur forme générale, une grande ressemblance avec les Bursaires, et M. Ehrenberg leur avait, en effet, assigné une place dans son genre Bursaria. Toutefois, leur fosse buccale ne forme pas un entonnoir pénétrant aussi profondément dans l'intérieur du corps que chez ces dernières, et elle ne renferme pas de crête ou corniche en saillie portant une rangée de cirrhes différents des cirrhes du bord de la fosse. Comme chez les Kondylostomes, les cirrhes du bord antérieur et du bord gauche de la fosse buccale sont serrés les uns contre les autres, et représentent la spire buccale des Spirostomes. Les cirrhes du bord droit sont plus rares et plus espacés.

L'anus est terminal.

ESPÈCES.

1° *Balantidium Entozoon.*

SYN. *Bursaria Entozoon.* Ehr. *pro parte.* Inf., p. 327. Pl. XXXV, Fig. 3.

(V. Pl. XIII, Fig. 2.)

DIAGNOSE. Fosse buccale étroite et longue, légèrement courbée en arc, dont la concavité regarde vers le côté gauche.

Cet infusoire, le seul du genre que nous connaissions, possède une cuticule finement striée en long. Son nucléus est ovale, son œsophage court. La vésicule contractile est située dans la partie postérieure du corps. Chez la plupart des exemplaires, nous en avons observé deux, à peu près au même niveau et situés l'une dans la paroi ventrale, l'autre dans la paroi dorsale. Il serait possible que cette espèce eût réellement toujours deux vésicules et que l'une d'elles nous eût échappé quelquefois par suite du peu de transparence du parenchyme.

Ce Balantidium, qui se trouve dans l'instestin rectum des grenouilles (*Rana escu-*

lenta et *R. temporaria*) avec le *Plagiotoma cordiformis*, bien qu'en moins grande abondance que cette dernière, a très-certainement été vu par M. Ehrenberg, mais il n'est pas facile de dire laquelle de ses Bursaires doit lui être rapportée. Ce savant distingue, dans l'intestin des grenouilles, cinq espèces de bursaires, qu'il nomme *Bursaria cordiformis*, *B. Ranarum, B. intestinalis*, *B. Entozoon*, et *B. Nucleus*. La première est synonyme de la *Plagiotoma cordiformis ;* la seconde est la grande Opaline comprimée[1] ; la troisième est l'Opaline cylindrique[2]. En procédant ainsi par voie d'exclusion, il ne reste plus que la *B. Entozoon* et la *B. Nucleus* qu'on puisse songer à assimiler à notre Balantidion. Les dessins de M. Ehrenberg s'éloignent tellement de celui-ci, qu'il est fort difficile de se prononcer. Toutefois, il nous paraît certain, si l'on s'en tient aux planches, que la *B. Entozoon* seule peut être un Balantidion et que la *B. Nucleus* est une Opaline comprimée. En tous cas, la dépression que M. Ehrenberg considère, à tort ou à raison, comme une bouche chez la *B. Nucleus*, ne peut, par sa position, correspondre à la fosse buccale de notre Balantidium, tandis que celle-ci peut bien trouver son analogue dans le sillon garni de cirrhes dont est ornée la *Burs. Entozoon*. L'examen du texte de M. Ehrenberg conduit à des résultats un peu différents et semble montrer que ce savant a compris sous le nom de *Bursaria Nucleus* aussi quelques individus appartenant à l'espèce de notre Balantidium. Il dit, en effet, qu'au moment où il met sous presse il vient d'observer des parasites de la grenouille (non figurés par lui), qu'il croit devoir rapporter à la *B. Nucleus ;* ces parasites ont, dit-il, un nucléus ovale, deux vésicules contractiles et un front triangulaire très-pointu. Cette description concorde parfaitement avec le *Balantidium Entozoon*, mais nullement avec les figures que M. Ehrenberg donne de sa *B. Nucleus*, figures que nous persistons à rapporter à la grande Opaline[3].

1. Moins cependant les individus représentés dans la Fig. VII 7 de la Pl. XXXV, qui appartiennent probablement au *Plagiotoma cordiformis*.

2. Tout au moins, les individus que M. Ehrenberg représente dans les Fig. IV, VII, VIII et IX de sa planche XXXV. Les individus des Fig. IV, 1 et 2, dans l'intérieur desquels sont représentés des objets étrangers, appartiennent peut-être à une autre espèce.

3. Nous avons trouvé dans l'intestin du *Triton tœniatus*, près de Berlin, une autre espèce de Balantidium, que nous n'avons toutefois pas assez étudiée pour la décrire ici.

9e Genre. — LEMBADIUM.

Les Lembadium sont des Bursariens aplatis, de forme ovale lorsqu'ils sont vus de face, dont la fosse buccale, large et profonde, atteint une longueur égale aux deux tiers de la longueur du corps. Cette fosse est bordée, du côté gauche, d'une rangée de cirrhes, qui s'agitent avec ensemble de manière à simuler une membrane ondulante. La partie antérieure de la fosse porte deux faisceaux de soies dont les extrémités libres convergent en avant.

Le genre Lembadium a été établi par M. Perty, et quelque détestable que soit la figure qu'il donne de son *Lembadium bullinum*, la description qui l'accompagne ne permet pas de douter qu'il ne s'agisse d'un animal très-voisin de celui que nous rapportons à ce genre.

Lorsque les Lembadion s'agitent dans l'eau dans un autre but que celui de prendre de la nourriture, ils progressent très-rapidement, en général en ligne droite, et, dans ce cas, ils tournent continuellement autour de leur axe longitudinal, leur extrémité postérieure étant dirigée en avant. Ce mouvement de progression offre une apparence toute particulière, parce que le corps de l'animal, n'étant pas un solide de révolution, présente alternativement sa face large et son profil très-comprimé. — Lorsque les Lembadium errent, au contraire, lentement au milieu des algues pour chercher leur nourriture, ils progressent dans un plan plus ou moins horizontal, sans jamais tourner autour de leur axe, et alors c'est leur partie antérieure qui va de l'avant.

ESPÈCE.

Lembadium bullinum. Perty. Zur Kenntn., p. 141. Pl. V, Fig. 14.

(V. Pl. XII, Fig. 5-6.)

DIAGNOSE. Corps ovale muni en arrière de deux longues soies flexibles; vésicule contractile placée sur le bord droit de la fosse buccale.

Le *Lembadium bullinum* est très-comprimé et de forme ovale. Son extrémité postérieure porte deux longues soies, qui sont par conséquent dirigées en avant lorsque l'animal nage rapidement à travers les eaux. Ce ne sont point là des soies saltatrices, car jamais nous n'avons vu les Lembadion faire de bonds. D'ailleurs, ces soies ne présentent aucunement la rigidité particulière aux soies saltatrices, et sont, au contraire, excessivement flexibles. Elles paraissent plutôt remplir la fonction d'organes du toucher, car on voit les Lembadion changer la direction de leur natation lorsque ces soies viennent à choquer des objets étrangers.

La fosse buccale est ovale, son bord droit est à peu près parallèle au bord droit du corps, et son axe croise, par conséquent, l'axe de l'animal. Chez quelques individus, son bord antérieur est tronqué un peu obliquement du côté gauche (Fig. 6). Dans la fosse buccale même se trouve une grande excavation ovale qui en occupe toute la partie inférieure et droite. C'est l'orifice buccal, dont les dimensions sont si considérables, qu'il donne passage à des Diatomées et d'autres objets dont la longueur est égale à la moitié de celle de l'animal. — Le bord gauche de la fosse se réfléchit vers l'intérieur de celle-ci et forme une bande étroite et transparente, qui recouvre et protége la ligne d'insertion des cils buccaux. Ceux-ci se meuvent avec un ensemble tel qu'on est tenté de prendre la ligne formée par leurs extrémités libres pour une soie parallèle au bord gauche de la fosse ou pour la limite d'une membrane ondulante. — Des deux faisceaux de soies qui ornent la partie antérieure de la fosse buccale, celui de droite est inséré un peu plus en arrière que l'autre.

La vésicule contractile est placée sur le côté droit de l'animal, tout auprès de la fosse buccale, à peu près vers le milieu de la longueur totale du corps.

Le nucléus est un corps arrondi, situé dans la partie postérieure du corps.

Les individus que nous avons observés ne dépassaient guère une longueur de $0^{mm},058$. Cette espèce se trouve, çà et là, aux environs de Berlin, surtout dans les tourbières de la Bruyère des Jeunes-Filles (Jungfernhaide).

Il est difficile de dire si le *Lembadium bullinum* de M. Perty est bien spécifiquement le même que le nôtre, M. Perty n'ayant observé ni sa vésicule contractile, ni son nucléus, ni les deux faisceaux de soies de la partie antérieure, ni les rapports de la bouche à la fosse buccale. Cependant, M. Perty remarque que les cils de la partie postérieure se prolongent quelquefois en une espèce de queue, ce qui semble indiquer que son espèce avait, comme la nôtre, les deux soies caudales. Toutefois, comme nous ne trouvons dans la description que M. Perty donne de son *Lembadium bullinum* rien qui ne puisse, à la rigueur, s'appliquer à notre Lembadium, nous avons cru devoir conserver à celui-ci le même nom spécifique. Les individus observés par M. Perty paraissent seulement avoir été un peu plus gros que les nôtres.

Quant au *Lembadium duriusculum* Perty (Zur Kenntniss, etc., p. 141. Pl. V, Fig. 15), il suffit de dire que M. Perty lui-méme fait suivre son nom générique d'un point d'interrogation, pour montrer que nul ne pourra décider si c'est un Lembadium ou autre chose.

Il est possible que la *Bursaria Pupa* Ehr. (Inf., p. 329. Pl. XXXIV, Fig. IX), que nous n'avons pas eu l'occasion d'étudier jusqu'ici, doive rentrer dans le genre Lembadium.

10e Genre. — BURSARIA.

Les Bursaires sont caractérisées par une vaste fosse buccale en forme d'entonnoir, qui est bordée de cils sur son pourtour, et dont la cavité renferme en outre une arête portant des cirrhes vigoureux. Les Bursaires se rapprochent donc, d'une part, des Lembadium par les grandes dimensions de leur fosse buccale, et, d'autre part, des Balantidium par la forme de cette fosse; mais elles se distinguent de ces deux genres par la présence de l'arête chargée de cirrhes.

Le genre Bursaire, ainsi défini, perd bien de l'étendue qu'il avait dans les classifications jusqu'ici en usage. Dans la nomenclature de M. Ehrenberg, il formait une espèce d'asile ou de refuge avec la porte ouverte à tout venant. En effet, parmi les nombreuses espèces que ce savant y admettait, nous trouvons des Bursariens de genres fort divers (Bursaria, Plagiotoma, Frontonia, Balantidium, Ophryoglena et, peut-être, Lembadium), et des êtres à nature douteuse, dont on ne peut pas même dire avec certitude que ce sont des infusoires (Opalines). M. Dujardin saisit déjà d'une manière un peu moins vague le type des Bursariens, et il en exclut les éléments par trop hétérogènes qu'y avait laissés M. Ehrenberg (Frontonies, Ophryoglènes, Opalines). En revanche, il réunit au genre Bursaire les Leucophrys, qui, bien que plus proches parents des vrais Bursaires que les Frontonia, et surtout que les Opalines, en doivent être néanmoins génériquement distingués. Il lui adjoint même, avec un point de doute il est vrai, un Colpodien: le *Paramecium Bursaria*.

Nous croyons rendre un véritable service à la science en séparant les uns des autres les éléments si hétérogènes qui ont été compris jusqu'ici sous le nom de Bursaria. On peut discuter la question de savoir si celui de ces éléments auquel nous avons réservé ce nom générique avait plus de droit de le porter que tel ou tel autre. Mais ce n'est là qu'une question secondaire, et le genre des Bursaires, tel que nous l'admettons, a du moins l'avantage d'être clairement délimité et distinct de tous les autres.

ESPÈCES.

1° *Bursaria decora*. (V. Pl. XIII, Fig. 1.)

DIAGNOSE. Bursaire en forme d'urne Ventrue, ayant un long nucléus contourné, et des vésicules contractiles très-nombreuses, disséminées dans tout le parenchyme.

Cette magnifique Bursaire est en général légèrement comprimée et représente une véritable urne, car sa fosse buccale forme une cavité infundibuliforme, un peu recourbée, qui pénètre jusque dans la partie postérieure du corps. Cet entonnoir est ouvert, en avant, par une troncature coupant la partie antérieure de l'animal; mais cet orifice se prolonge, en outre, en une longue fente ou échancrure sur le côté ventral du corps. Cette fente, qui s'étend jusque vers le milieu de la longueur totale et dont les bords sont à peu près parallèles entre eux, n'est pas exactement longitudinale, mais légèrement oblique par rapport à l'axe : elle se dirige de l'avant et de la gauche vers l'arrière et la droite. L'entonnoir, formé par la fosse buccale, est courbé de manière à tourner sa concavité du côté gauche, et la bouche, qui est placée au fond, se trouve être très-rapprochée de la partie postérieure. L'orifice de la fosse buccale présente, outre la longue fente ventrale, une légère échancrure du côté gauche. Soit le bord antérieur de l'animal, soit la partie supérieure de la fente ventrale, sont garnis de cils plus longs et plus forts que ceux du reste de l'habit ciliaire ; mais les cirrhes buccaux proprement dits sont bien plus vigoureux et forment à l'intérieur de la fosse infundibuliforme une rangée régulière, placée sur une corniche saillante, qui, prenant son origine du côté gauche, auprès de la petite échancrure latérale, descend en décrivant une courbe en S jusqu'au fond de l'entonnoir.

Le parenchyme présente une apparence cellulaire très-remarquable, analogue à celle du tissu de l'*Actinophrys Eichhornii*, mais formée par des éléments plus petits. Cette apparence est due à la présence d'une foule de cavités arrondies pleines de liquide, serrées les unes contre les autres, et séparées par une matière granuleuse intermédiaire. Dans toute l'étendue de ce parenchyme, aussi bien sur la face dorsale que sur la face ventrale, soit en avant, soit en arrière, sont disséminées de nombreuses vésicules contractiles, qu'on reconnaîtra dans notre figure à leurs contours plus marqués que ceux des cavités à apparence celluleuse du parenchyme.

Le nucléus est une longue bande étroite et contournée, qui est situé dans la moitié postérieure du corps.

Nous avons observé cette Bursaire à Berlin, où elle est loin d'être commune, mais où M. Lieberkühn nous a dit cependant l'avoir rencontrée aussi. Elle atteint en moyenne une longueur de $0^{mm},55$. Son parenchyme paraît offrir une certaine résistance à la putréfaction, car, dans une bouteille qui en renfermait un très-grand nombre, et se trouvait sans doute trop petite pour suffire à leurs ébats, nous trouvâmes, au bout de deux jours, les Bursaires mortes jonchant le sol, mais conservant encore parfaitement leur forme.

La *Bursaria truncatella* Ehr. (Inf., p. 326, Pl. XXXIV, Fig. V) doit être fort voisine de la précédente par sa forme. Elle possède aussi un nucléus en bande allongée, disposé, il est vrai, autrement que chez la *B. decora*. Cependant, M. Ehrenberg ne fait nullement mention chez elle des nombreuses vésicules contractiles, mais signale, au contraire, une grosse vésicule qui doit être constante, et qui, par suite, semble devoir être une vésicule contractile unique. Malgré cela, nous aurions rapporté notre *B. decora* à la *B. truncatella* Ehr., si M. Lieberkühn ne nous avait assuré qu'elles sont spécifiquement différentes. Cet observateur a, en effet, rencontré la véritable *B. truncatella*, et s'est assuré qu'elle est dépourvue des nombreuses vésicules contractiles qui caractérisent la *B. decora*.

Outre ces deux espèces, il en est encore une troisième qui devra peut-être être rapportée au genre Bursaria dans ses limites actuelles. C'est la *Bursaria Vorticella* Ehr. (Inf., p. 326, Pl. XXXIV, Fig. 6). Cet infusoire ne nous est pas connu, et M. Ehrenberg disant lui-même qu'il n'est pas bien sûr qu'il soit différent du *Leucophrys patula*, nous ne nous permettrons pas de rien exprimer sur la position probable de cet animal.

Les autres espèces qui ont été décrites sous le nom de *Bursaria* doivent être réparties comme suit: La *Bursaria cordiformis* Ehr. et la *B. lateritia* Ehr. sont des Plagiotoma; la *Burs. patula* Duj., la *B. spirigera* Duj. et la *Burs. virens* Perty sont des Leucophrys (*L. patula*); la *B. flava* Ehr. est une Ophryoglène; la *B. leucas* et la *B. vernalis* Ehr. sont des Frontonia (*F. leucas* Ehr.); la *B. Entozoon* est un Balantidium; la *B. Ranarum* Ehr., la *B. intestinalis* Ehr. et probablement aussi la *B. Nucleus* Ehr. sont des Opalines; la *B. Loxodes* Perty est un Paramecium (*P. Bursaria*); la *B. Pupa* Ehr. est probablement un Lembadium. Enfin, la position de la *B. aurantiaca* Ehr. et de la *B. vorax* Ehr. est encore douteuse. Si l'on s'en tient aux paroles de M. Ehrenberg, il n'est pas impossible que la première soit une Nassule, et la seconde pourrait bien être voisine des Kondylostomes.

11e Genre. — METOPUS.

Les Metopus sont munis d'une fosse buccale oblique très-allongée, analogue à celle des Paramecium, et dominée par un prolongement en coupole du front, soit de la partie antérieure du corps.

Les Metopus offrent une grande analogie avec les Paramecium et sont un des chaînons qui unissent d'une manière intime la famille des Bursariens à celle des Colpodéens. Mais ils s'éloignent des Paramecium par la circonstance que leur fosse buccale est bordée par des cils beaucoup plus vigoureux que ceux du reste de la surface du corps, et ce caractère leur assigne une place dans la famille des Bursariens. Toutefois, nous ne nous dissimulons pas que le genre Metopus, et, jusqu'à un certain point, les genres suivants, ceux des Ophryoglènes et des Frontonia, font une tache dans la famille des Bursariens et qu'ils tendent la main à leurs voisins les Colpodéens. Une circonstance qui distingue encore les Metopus des autres Bursariens, c'est que les cils plus vigoureux ne se bornent pas à former une rangée de cirrhes buccaux, mais qu'ils recouvrent toute la partie antérieure de l'animal, en particulier la proéminence que, pour rester en harmonie avec la terminologie habituelle de M. Ehrenberg, nous avons nommée *le front*.

ESPÈCE.

Metopus sigmoïdes. (V. Pl. XII, Fig. 1.)

DIAGNOSE. Corps aplati recourbé en forme de S ; bouche située à peu près vers le milieu de la longueur totale vésicule contractile près de l'extrémité postérieure.

Le *Metopus sigmoïdes* est déprimé et présente exactement la forme d'un S. L'inflexion supérieure de l'S est formée par le front, au-dessous duquel commence la fosse buccale ou sillon buccal. Ce sillon, large à son origine, traverse obliquement la face ventrale de l'animal en se rétrécissant graduellement et en décrivant une courbe dont la concavité regarde le côté gauche. Le sillon s'arrête non loin du bord droit dans la région médiane, et là se trouve l'orifice buccal qui conduit dans un œsophage fort court.

La cavité digestive répète parfaitement la forme extérieure du corps et pénètre jusque dans le front. Là se trouve constamment un amas de granules fortement réfringents, à signification encore problématique. Ces granules rappellent ceux qu'on trouve fréquemment chez le *Par. Aurelia* et chez certaines Nassules. — La position de l'anus ne nous est pas connue. Il est probable qu'elle est terminale.

La vésicule contractile est spacieuse et logée dans la courbe postérieure de l'S.

Le nucléus est un corps discoïdal placé au milieu du corps, immédiatement en arrière de la fosse buccale. Il a souvent une apparence granuleuse.

Nous avons rencontré à plusieurs reprises le *Metopus sigmoïdes* dans les étangs des environs de Berlin, où il est cependant loin d'être abondant.

12e Genre. — OPHRYOGLENA.

Les Ophryoglènes sont des infusoires ciliés à corps plus ou moins sphérique ou ovoïde, dont la bouche est assez distante du pôle antérieur. Elle est placée dans une fosse ayant la forme d'un croissant, dont la concavité serait tournée du côté droit. Sur le bord de cette fosse est placé un organe singulier, à fonction inconnue, dont la forme rappelle tout-à-fait celle d'un verre de montre. M. Lieberkühn a été le premier à signaler cet organe chez l'*Ophryoglena flavicans* et l'*O. flava*. Nous renvoyons au Mémoire de cet auteur[1], pour de plus amples détails sur cet organe, ainsi que sur le système vasculaire très-développé des deux espèces précitées; car le récit de nos propres observations ne serait qu'une répétition des observations antérieures de M. Lieberkühn.

La fosse buccale est bordée de cils plus longs que ceux de la surface buccale, et c'est ce caractère qui assigne aux Ophryoglènes une place dans la famille des Bursariens. Toutefois, ces cils sont loin d'atteindre la force des cirrhes buccaux de la plupart des genres précédents; ils ressemblent bien davantage aux cils de l'habit ciliaire, aussi ne les reconnaît-on d'ordinaire que lorsque l'animal est tourné de manière à ce que la bouche se trouve sur le bord. On voit alors clairement les cils buccaux dépasser notablement les autres en longueur. Nous croyons nous souvenir que ces cils plus longs ne bordent que le côté convexe ou gauche de la fosse buccale; cependant, M. Lieberkühn dit que la fente buccale (Mundfalte) porte des cils plus longs sur tout son pourtour. Il se pourrait donc que notre opinion soit erronnée. La bouche conduit dans un pharynx tubuleux qui renferme un groupe de cils (lambeau ciliaire, *Wimperlappen* de M. Lieberkühn) comparable à celui qu'on voit dans l'œsophage des Paramecium, mais bien plus développé.

Le caractère essentiel du genre Ophryoglène était, pour M. Ehrenberg, la présence d'une tache dite oculaire. M. Lieberkühn a suffisamment montré que la tache de pigment est souvent plus ou moins diffuse et ne peut, en aucun cas, compter dans la caractéristique du genre, puisque la *Bursaria flava* Ehr. est une véritable Ophryo-

1. Müller's Archiv., 1856.

glène, par sa conformation tout entière, bien qu'elle manque de tache pigmentaire. L'organe en verre de montre paraît être bien plus constant et plus propre à fournir un caractère générique. — Nous ne sommes pas éloignés de croire que le genre *Otostoma* de M. Carter[1] est fondé sur une Ophryoglène, bien que ce savant ne mentionne pas chez cet animal l'organe caractéristique.

M. Ehrenberg a décrit trois Ophryoglènes, sous les noms d'*O. flavicans* (Inf., p. 361, Pl. XL, Fig. VIII), *O. acuminata* (Inf., p. 361, Pl. XL, Fig. VII) et *O. atra* (Inf., p. 360, Pl. XL, Fig. VI). Nous avons plusieurs fois rencontré la troisième aux environs de Berlin, mais son peu de transparence la rend impropre à l'étude, et nous n'avons pu nous assurer jusqu'ici si elle est munie de l'organe en verre de montre. M. Lieberkühn paraît être dans le même doute à cet égard. Il est donc encore douteux que cet animal soit une véritable Ophryoglène. — L'O. *flavicans* est commune à Berlin, mais nous ne sommes pas bien sûrs que l'*O. acuminata* en soit spécifiquement différente. Quoi qu'il en soit, la véritable O. *flavicans* a été suffisamment étudiée par M. Lieberkühn, et nous n'avons à ajouter à son étude qu'une remarque au sujet de la tache pigmentaire. M. Lieberkühn place cette tache sur la face ventrale de l'Ophryoglène, près du bord concave de la fosse buccale. Telle est bien, en effet, la position qu'elle occupe souvent. Toutefois, il n'est pas rare de trouver des Ophryoglènes toutes semblables, dont la tache pigmentaire est placée sur la face *dorsale*, non loin du pôle antérieur. En général, on ne se trouve pas dans le cas d'observer à la fois des individus offrant des variations dans la position de la tache, parce que celle-ci paraît occuper une place constante chez tous les individus d'une même eau. Nous ne croyons cependant pas qu'on soit fondé à considérer ces différences comme ayant une valeur spécifique.

Une autre espèce d'Ophryoglène est, comme M. Lieberkühn l'a montré, la *Bursaria flava* Ehr. (Inf., p. 330, Pl. XXXV, Fig. II), qui devra, par suite, porter dorénavant le nom d'*Ophryoglena flava*. Cette espèce est très-commune aux environs de Berlin. Nous ne pouvons que confirmer entièrement à son égard les observations de M. Lieberkühn. Nous avons, il est vrai, cru à plusieurs reprises remarquer, au sujet

1. On the developpement from the cell-contents of the Characeæ. Annals and Mag. of Nat. Hist. II series XVII, 1856, p. 117.

de l'œsophage, quelques particularités non mentionnées par cet auteur ; mais ces observations ne sont pas assez mûres pour être relatées ici. L'O. *flava* se distingue facilement de l'*O. flavicans*, non seulement par les corpuscules singuliers dont elle est d'ordinaire farcie, mais encore par des différences dans son nucléole (signalées par M. Lieberkühn), par l'absence de tache pigmentaire, et, si notre mémoire ne nous trompe, par l'absence de trichocystes[1]. — Du reste, l'*O. flava* est très-variable de forme, à moins qu'il n'y ait peut-être plusieurs formes voisines, mais spécifiquement différentes. La forme-type est pyriforme, renflée en avant et terminée en pointe en arrière. Mais il arrive souvent qu'on trouve des Ophryoglènes de forme précisément inverse, c'est-à-dire terminées en pointe en avant et largement arrondies en arrière. En général, tous les individus d'une même eau affectent la même forme. Quelquefois, mais plus rarement, on trouve des individus arrondis aux deux pôles, et cette forme intermédiaire nous donne à croire que ce ne sont là que des variations d'une seule et même espèce.

Aux espèces ci-dessus nous pouvons en ajouter une autre, à laquelle nous donnons le nom de

Ophryoglena Citreum. (V. Pl. XIII, Fig. 3-4.)

DIAGNOSE. Corps en forme de citron ; pas de trichocystes ni de tache pigmentaire ; nucléus formant une longue bande arquée.

L'O. *Citreum* a tout-à-fait la forme d'un citron, et la cuticule est ornée de stries longitudinales fines et rapprochées. L'œsophage est court et tubuleux, et l'organe en verre de montre est, à proprement parler, appliqué contre la paroi de l'œsophage. La vésicule contractile est unique et située dans la partie dorsale et droite de la moitié postérieure du corps. Le nucléus n'est pas un corps ovale, comme chez l'*O. flava* et l'*O. flavicans*, mais une large bande arquée, dont la longueur est à peu près égale aux deux tiers de la longueur totale. Cette espèce ne peut se confondre avec aucune des précédentes. Nous n'avons pas remarqué chez elle les nombreux vaisseaux qui, chez ces dernières, partent de la vésicule contractile.

1. Les trichocystes de l'*O. flavicans* atteignent des dimensions très-considérables, aussi n'ont-ils pas échappé à M. Ehrenberg, qui les dessine très-distinctement dans l'une de ses figures. Les filaments décochés par ces trichocystes sont relativement bien plus longs encore. C'est ainsi que les filaments décochés par les trichocystes d'une Ophryoglène longue seulement de 0^{mm},062 atteignaient une longueur de 0^{mm},032.

L'O. *Citreum* est longue d'environ $0^{mm},11$. Nous l'avons trouvée dans les tourbières de la Jungfernhaide, près de Berlin.

Nous ne savons si l'*O. semivirescens* Perty (Z. K., p. 142, Pl. IV, Fig. 1) est bien réellement différente de l'*O. flavicans*. Quant à l'*O. Panophrys* Perty (Ibid., p. 142, Pl. III, Fig. 11), il n'est point démontré qu'elle soit une véritable Ophryoglène.

13e Genre. — FRONTONIA.

Les Frontonia se distinguent des Ophryoglènes par l'absence de l'organe en forme de verre montre. Leur fosse buccale est une fente longitudinale qui n'est pas en général courbée en croissant comme celle des Ophryoglènes. — Le nom de *Frontonia* a été créé par M. Ehrenberg, pour les infusoires de ce genre, dont il faisait un sous-genre des Bursaires, et c'est par erreur que M. Stein[1] veut faire rentrer sous cette dénomination certains Plagiotomes. La plupart des infusoires décrits par M. Dujardin, sous le nom de Panophrys, devront sans doute rentrer sous cette rubrique. Nous avons dû rejeter le terme de Panophrys, celui de Frontonia ayant incontestablement le droit de priorité. Les cirrhes buccaux sont ici, comme chez les Ophryoglènes, réduits à l'état de cils un peu plus longs que ceux du reste de la surface. Aussi pourrait-on être tenté de placer ce genre parmi les Colpodéens.

ESPÈCE.

Frontonia leucas. Ehr. Inf., p. 329. Pl. XXXIV, Fig. VIII.

SYN. *Paramecium leucas*. Perty. Zur Kenntniss, etc., p. 144.

DIAGNOSE. Frontonia à parenchyme armé de trichocystes; fosse buccale ovale, terminée en pointe en arrière; vésicule contractile unique.

Les figures que M. Ehrenberg donne de cette espèce sont très-suffisantes, bien qu'en général cet infusoire ne nous ait pas paru aussi parfaitement ellipsoïdal que cet auteur le représente. Il est plutôt ovoïde, la partie antérieure étant notablement plus large que la postérieure. Nous avons seulement à ajouter à la description de M. Ehrenberg

1. Die Infusionsthiere, page 183.

que le parenchyme est rempli de trichocystes de fortes dimensions, et que le nucléus est un corps ovale dont le grand axe est parallèle à l'axe du corps. Il est placé un peu en avant de l'équateur. La vésicule contractile est unique, comme la représente M. Ehrenberg, et logée dans la paroi dorsale. Longueur moyenne, $0^{mm},10$.

Cette espèce est rendue parfois complétement verte par un dépôt chlorophylle, et il n'est pas impossible que, sous cette apparence, elle ait reçu, de M. Ehrenberg, le nom de *Frontonia vernalis* (V. Inf., p. 329, Pl. XXXIV, Fig. VII). Nous n'avons, en tout cas, pas su distinguer de la *Frontonia leucas*, une Frontonia verte, fort commune dans les tourbières de la Bruyère aux Jeunes-Filles (*Jungfernhaide*), près de Berlin. — M. Ehrenberg indique une seule différence positive entre les deux espèces précitées. La *F. vernalis* a, selon lui, deux vésicules contractiles, tandis que la *F. leucas* n'en a qu'une. Il appartiendra aux observateurs futurs de décider, si, dans ce cas, un tel caractère a bien la valeur d'un caractère spécifique.

La *Panophrys Chrysalis* Duj. (Inf., p. 492, Pl. XIV, Fig. 7) paraît être une Frontonia marine, qui, à en juger par le dessin de M. Dujardin, doit être armée de trichocystes. — La *Panophrys rubra* Duj. (Inf., p. 492, Pl. XIV, Fig. 8) et la *P. farcta* Duj. (Inf., p. 492, Pl. XIV, Fig. 9) sont trop imparfaitement observées pour qu'on puisse leur assigner une place dans le système. M. Dujardin croit que cette dernière est synonyme de la *Frontonia leucas* Ehr., ou, peut-être, de l'*Ophryoglena flava*. Il est certain que l'animal que M. Perty désigne sous ce nom (*P. farcta*) est une *Ophryoglena flava*. Quant aux infusoires que M. Perty décrit sous les noms de *Panophrys conspicua*, *P. sordida*, *P. griseola*, *P. zonalis* et *P. paramecioïdes*, il n'est pas improbable qu'une partie d'entre eux, ou même que tous soient des Ophryoglènes insuffisamment observées.

VIe Famille. — COLPODINA.

Les Colpodéens comprennent tous les infusoires ciliés à œsophage béant et cilié, qui ne possèdent pas de rangée de cirrhes buccaux destinée à conduire les aliments à la bouche.

Cette définition s'écarte beaucoup de celle qu'avait donnée M. Ehrenberg, pour lequel un des caractères principaux des Colpodéens était d'être des *Infusoria allotreta*, c'est-à-dire des animaux chez lesquels ni la bouche, ni l'anus ne sont à l'une des extrémités du corps. Aussi, pour être conséquent avec son système, ce savant avait-il dû reléguer son *Loxodes Bursaria* dans la famille des Trachelina, bien que cet animal soit un véritable Paramecium, comme M. Focke le démontra en 1836 et comme Otto-Friederich Mueller l'avait déjà reconnu dans le siècle dernier. Nous verrons, en effet, à propos du genre Paramecium, combien la position de l'anus est ici un caractère peu important pour la distinction des familles.

La famille des Colpodéens de M. Ehrenberg se composait de cinq genres : Colpoda, Paramecium, Amphileptus, Uroleptus et Ophryoglena, dont les deux premiers seuls se retrouvent dans la nôtre. En effet, les Amphileptus n'ont rien à faire avec les Colpodéens, comme nous le montrerons en parlant de la famille des Trachéliens, et les Uroleptus sont des animaux imparfaitement observés, dont les uns sont probablement des Oxytriques et les autres des Spirostomes. Quant aux Ophryoglènes, elles sont placées, comme nous l'avons vu, sur la limite entre la famille des Bursariens et celle des Colpodéens, et, bien que nous ayons cru devoir les réunir à la première de ces deux familles, nous n'oserions accuser M. Ehrenberg d'avoir méconnu les analogies en les rapprochant des Paramecium et des Colpoda.

Les genres Cyclidium et Glaucoma, que nous rangeons parmi les Colpodéens, occupaient des places bien différentes dans le système des *Polygastriques*. M. Ehrenberg, qui n'avait su reconnaître la bouche des Cyclidium, séparait ces infusoires de tous les autres infusoires ciliés, pour en former une famille spéciale de ses *Anentera*, et les Glaucoma étaient relégués par lui au milieu des *Trachelina*, une des familles les moins naturelles de son système.

M. Dujardin assigna pour son compte une place à la plupart de nos Colpodéens dans sa famille des Paraméciens. Celle-ci était singulièrement définie, car ce savant en donne la diagnose suivante : « Animaux à corps mou, flexible, de forme variable, ordinairement oblong et plus ou moins déprimé, pourvu d'un tégument réticulé, lâche, à travers lequel sortent des cils vibratiles nombreux en séries régulières ; — ayant une bouche. » Cette définition est loin d'être inexacte, mais elle est fort insuffisante, car, sans y changer une syllabe, M. Dujardin aurait pu l'appliquer à ses familles des Urcéolariens, Bursariens, Trichodiens et Enchélyens. Aussi, la famille des Paraméciens Duj. renferme-t-elle des éléments appartenant à deux types parfaitement hétérogènes, savoir, d'une part, de vrais Colpodéens, comme les Pleuronema, Glaucoma, Kolpoda, Paramecium [1] ; et, d'autre part, des Trachéliens, comme les Lacrymaria, Phialina, Amphileptus, Loxophyllum, Chilodon, Holophrya et Prorodon. La famille des Enchélyens de M. Dujardin renferme, en outre, des Colpodéens mal décrits sous les noms d'Enchelys, Alyscum et Uronema.

La famille des Paramecina de M. Perty est mieux conçue que les familles correspondantes de MM. Ehrenberg et Dujardin, puisqu'elle se compose des genres Ophryoglena, Panophrys (Frontonia Ehr.), Paramecium, Blepharisma (Plagiotoma, *pro parte*) et Colpoda, dont l'avant-dernier seul trouble bien décidément l'homogénéité du groupe. Quant au genre Pleuronema, M. Perty en forme une famille à part sous le nom d'*Aphtonia*, famille que nous n'osons conserver à cause du passage évident qu'il y a de cette famille aux Paramecium et aux Colpodes par l'intermédiaire des Cyclidium.

Certains genres de la famille des Colpodéens sont ornés de soies vigoureuses qui,

1. Le genre Panophrys (Frontonia Ehr.) que renferme aussi cette famille est bien voisin de tous ces vrais Colpodéens ; cependant nous avons cru devoir lui assigner de préférence une place à la fin de la famille des Bursaires.

faisant saillie au dehors de la bouche, ont pour fonction de faciliter ou même d'opérer l'introduction des aliments dans cette ouverture. On pourrait être tenté de comparer ces organes aux cirrhes buccaux d'autres familles et de rapprocher, par conséquent, ces genres-là (Pleuronema, Cyclidium) de la famille des Bursariens. Toutefois, cette comparaison ne serait pas exacte, car ces soies ne fonctionnent jamais à la manière de cirrhes vibratiles, et elles sont bien plutôt comparables aux soies qui sont logées dans l'œsophage d'infusoires appartenant à différentes familles (chez certaines Plagiotoma, par exemple). Les Paramecium eux-mêmes ont à l'intérieur de l'œsophage quelques cils très-vigoureux, parfaitement comparables aux soies des Pleuronema, mais seulement trop courtes pour faire saillie à l'extérieur.

Répartition des Colpodéens en genres.

COLPODINA.	Pas de lèvres membraneuses.	Pas de soies faisant saillie hors de la bouche........................			1. PARAMECIUM.
		Des soies faisant saillie hors de la bouche.	Un faisceau de soies courtes formant comme une lèvre inférieure......................................		2. COLPODA.
			Des soies isolées et longues faisant saillie, par la partie supérieure de la bouche.	Pas de faisceau de soies sur le côté ventral............	3. CYCLIDIUM.
				Un faisceau de soies sur le côté ventral.................	4. PLEURONEMA.
	Bouche comprise entre deux lèvres membraneuses continuellement oscillantes..........				5. GLAUCOMA.

1er *Genre.* — PARAMECIUM.

Les Paramecium sont des infusoires ciliés sur toute leur surface et munis d'une bouche latérale qui n'est munie ni de lèvres membraneuses, ni de soies faisant saillie à l'extérieur. Souvent on voit des faisceaux de cils plus forts s'agiter à l'intérieur de l'œsophage, comme, par exemple, chez le *Par. Aurelia,* mais ces cils ne sont pas assez longs pour saillir à l'extérieur. Chez plusieurs espèces, la fosse buccale forme un sillon oblique, infundibuliforme, à l'extrémité duquel est situé l'orifice buccal. Les cirrhes qui tapissent ce sillon, sans être plus vigoureux que ceux du reste de la surface du corps, contribuent plus activement qu'eux à apporter les matières étrangères jusqu'à la bouche[1].

Le genre Paramecium, dans les limites que nous lui assignons, se trouve renfermer un infusoire que M. Ehrenberg plaçait non seulement dans un autre genre, mais encore dans une famille toute différente. C'est le *Par. Bursaria*, dont ce savant faisait un Loxodes, quelque minimes que fussent les analogies entre cet animal et le *Loxodes Rostrum*, auquel il se trouvait accouplé, sans doute à son grand étonnement. L'erreur évidente dans laquelle est tombé M. Ehrenberg relativement au *P. Bursaria*, a sa cause dans l'importance attachée par cet auteur à la position de l'anus. L'orifice anal est, chez le *P. Aurelia*, situé sur le côté ventral, tout auprès de la bouche, tandis que chez le *P. Bursaria* il est placé à l'extrémité postérieure. Il n'en fallait pas davantage pour éloigner complètement l'un de l'autre ces deux animaux dans le système des Polygastriques. Or, nous pouvons l'affirmer, cette différence dans la position de l'anus est, dans le cas spécial qui nous occupe, d'une importance fort minime. Rien n'est si peu constant que la place de cet orifice dans le groupe des Colpodéens. Elle présente même une grande variabilité chez les espèces que M. Ehrenberg classait dans son propre genre Paramecium. On peut établir dans le genre Paramecium toute une série d'espèces, dans laquelle on voit l'orifice anal passer graduellement, de la position toute ventrale qu'il affecte chez le *P. Aurelia*, à la position terminale que nous lui voyons chez le *Par. Bursaria*. Cette série est la suivante : *P. Aurelia*, *P. Colpoda*, *P. putrinum*, et *P. Bursaria*. En effet, l'anus qui, chez le *P. Aurelia*, est placé sur le ventre à une distance à peu près égale entre la bouche et l'extrémité postérieure, recule déjà un peu plus en arrière chez le *P. Colpoda*. Chez le *P. putrinum*, il n'est plus très-loin d'être terminal, et enfin chez le *P. Bursaria* il atteint une position exactement terminale.

1. Peut-être pourrait-on avec avantage conserver le nom de *Paramecium* à ces espèces-là seules (*P. Aurelia*, *P. Bursaria*, *P. putrinum*, *P. Colpoda*, *P. inversum*) et réunir les autres dans un genre spécial, auquel on pourrait transporter le nom de *Panophrys*, créé par M. Dujardin pour les Frontonia. En effet, la diagnose que ce savant donne de son genre Panophrys ne s'appliquerait pas mal à ces espèces-là.

ESPÈCES.

1° Paramecium Aurelia. Ehr., p. 350. Pl. VIII, Fig. 5-6.

SYN: *Paramecium caudatum.* Ehr., p. 351. Pl. VIII, Fig. 7.

DIAGNOSE. Corps très-allongé, peu comprimé; sillon buccal oblique, long, étroit et dirigé de gauche à droite; anus environ à égale distance de la bouche et de l'extrémité postérieure; nucléus ovale; des trichocystes.

Nous n'entrerons pas dans une description détaillée de cette espèce si connue, dont nous avons déjà signalé ailleurs les trichocystes et le faisceau de cils plus longs placés à l'extrémité postérieure. Le *P. caudatum* Ehr. n'en est certainement pas spécifiquement différent. C'est une simple variété qu'on pourrait même à bon droit considérer comme la forme typique de l'espèce.

2° Paramecium Bursaria. Focke. Isis, 1836, p. 786.

SYN. *Loxodes Bursaria.* Ehr. Inf., p. 324, Pl. XXXIV, Fig. 3.
Paramecium versutum. Perty. Zur Kennt., p. 144, Pl. IV, Fig. 9.

DIAGNOSE. Paramecium peu allongé, déprimé, à sillon extrêmement large dans sa partie antérieure et dirigé de gauche à droite; anus terminal; nucléus recourbé avec un nucléole adjacent; des trichocystes.

Cette espèce est aussi suffisamment connue, grâce surtout aux travaux circonstanciés que MM. Focke[1], Cohn[2] et Stein[3] nous ont donnés sur elle. Les figures de M. Stein sont en particulier parfaitement exactes, tandis que celles de M. Cohn renversent la direction du sillon buccal : elles l'indiquent comme allant de l'avant et de la droite à la gauche et l'arrière, tandis qu'il se dirige inversément de la gauche et de l'avant à la droite et l'arrière. — Cette espèce qui, comme l'on sait, n'est point toujours verte, mais qui est parfois entiérement incolore, paraît présenter constamment, dans la couche la plus interne de son parenchyme, des granules ronds que M. Ehrenberg considérait comme des œufs. Ce sont ces granules qui se colorent par un dépôt de chlorophylle chez les individus verts, en ne conservant qu'une tache claire en leur centre.

1. Isis, 1836, p. 786.
2. Zeitschrift für wissensch. Zoologie. Bd. III, 1851.
3. Die Infusionsthiere.

tache dont M. Werneck a voulu faire la vésicule germinative des prétendus œufs. Chez les individus incolores, ces granules existent également, mais sans dépôt de chlorophylle.

On sait que la rotation des aliments atteint un degré de rapidité tout particulier chez le *Par. Bursaria,* où elle fut découverte d'abord par M. Focke ; mais il n'est point exact que cette rotation n'existe pas chez les individus incolores. Telle est pourtant l'opinion de M. Stein.

3° *Paramecium putrinum.*

DIAGNOSE. Paramecium peu allongé, déprimé, à sillon extrèmement large dans sa partie antérieure et dirigé obliquement de gauche à droite ; anus subterminal ; nucléus recourbé avec un nucléole adjacent ; pas de trichocystes.

Cette espèce est très-voisine de la précédénte, dont elle reproduit à peu près exactement la forme. Son bord antérieur et gauche est, comme chez celle-ci, obliquement tronqué, et la partie antérieure du sillon buccal est fort large. Les différences sont surtout l'épaisseur bien moins grande du parenchyme, la position de l'anus et l'absence soit des trichocystes, soit des granules particuliers au *P. Bursaria.* Ces différenees peuvent paraître de bien peu d'importance, puisque nous savons que dans certaines circonstances les trichocystes peuvent disparaître chez des infusoires qui en sont pourvus à l'état normal, comme nous l'avons vu à plusieurs reprises chez le *P. Aurelia,* et que la portée physiologique des granules du *P. Bursaria* nous est inconnue. Toutefois, nous montrerons, dans la troisième partie de ce Mémoire, que les embryons du *P. putrinum* sont très-différents de ceux du *P. Bursaria.* C'est cette circonstance qui nous a engagés à donner une valeur spécifique aux caractères ci-dessus. D'ailleurs, nous devons dire que nous avons observé le *P. putrinum* souvent et en très-grande abondance, mais que jamais nous n'avons rencontré d'individu offrant trace de trichocystes. En outre, nous n'avons observé chez cette espèce qu'une seule vésicule contractile, placée dans la moitié antérieure de l'animal, tandis que le *P. Bursaria* en possède toujours une seconde, située dans la moitié postérieure.

Le *P. putrinum* ne paraît habiter que des eaux qui renferment des substances orga-

1. Nous donnerons également dans la troisième partie une figure de cette espèce.

niques en décomposition, au point de répandre une odeur fétide. Nous l'avons trouvé dans la Sprée, à Berlin.

4° *Paramecium Colpoda.* Ehr. Inf. p. 352. Pl. XXXIX, Fig. 9.

DIAGNOSE. Paramecium très-aplati, à sillon buccal court et étroit, incliné de gauche à droite; anus subterminal; nucléus ovale; pas de trichocystes.

Cette forme, très-commune, est trop connue pour que nous nous arrêtions à elle. Elle se distingue de toutes les espèces précédentes par la brièveté de son sillon buccal, qui fait que sa bouche est située beaucoup moins en arrière que chez ces dernières. Elle possède une vésicule contractile située dans la moitié postérieure du corps. C'est évidemment à tort que M. Dujardin veut la rapporter au *Colpoda Cucullus*.

Le *P. Colpoda* atteint souvent la taille du *P. Bursaria.* Nous avons trouvé cependant, parfois par myriades, un Paramecium au moins trois fois plus petit, dans des spongilles en putréfaction. La forme de ces infusoires était si semblable à celle du *P. Colpoda*, que nous avons cru devoir les rapporter à cette espèce.

5° *Paramecium inversum.* (V. Pl. XIV, Fig. 2.)

DIAGNOSE. Paramecium à corps peu aplati; sillon buccal large et court, incliné de droite à gauche; anus subterminal.

Ce Paramecium a ceci de fort singulier que son sillon buccal offre une direction exactement inverse de celle qu'on a observée chez toutes les autres espèces. Ce sillon est en effet dirigé de l'avant et de la droite à la gauche et l'arrière. Il est court et large, et la bouche se trouve placée, par suite, comme chez le *P. Colpoda*, beaucoup plus en avant que chez les autres espèces. La disposition anomale du sillon buccal fait que, chez le *P. inversum*, le côté droit est plus court que le côté gauche, tandis qu'il est, au contraire, plus long chez le *P. putrinum* et le *P. Bursaria.* L'anus est placé, comme chez le *P. Colpoda*, sur le côté ventral, à une distance peu considérable de l'extrémité postérieure. La vésicule contractile est unique et située dans le tiers postérieur du corps.

La cuticule du *P. inversum* est fortement et profondément striée, comme celle de la plupart des autres Paramecium. Sa longueur n'est que d'environ $0^{mm},04$. Nous l'avons trouvé en grande abondance dans de l'eau de Sprée, renfermant des spongilles en décomposition.

6° *Paramecium microstomum.* (V. Pl. XIV, Fig. 9.)

DIAGNOSE. Paramecium à parenchyme, dépourvu de trichocystes; pas de fosse buccale oblique; bouche excessivement petite, non située dans une dépression.

Cette espèce a la forme d'un cylindre à bases arrondies, et sa bouche est si petite qu'elle est fort difficile à percevoir, d'autant plus qu'aucune dépression de la surface du corps n'indique la place où elle se trouve. L'orifice buccal est situé entre le premier et le second tiers de la longueur totale, et conduit dans un œsophage tubuleux et court, qui est légèrement incliné vers la partie postérieure. La vésicule contractile est située un peu en arrière du milieu et sur le côté droit. Les quelques individus que nous avons rencontrés étaient colorés d'un brun jaunâtre. Longueur : 0mm,10.

Cette espèce est marine. Nous l'avons observée dans le fjord de Bergen, en Norwége.

7° *Paramecium glaucum.* (V. Pl. XIII, Fig. 5.)

DIAGNOSE. Paramecium à parenchyme armé de trichocystes; bouche située dans une dépression longitudinale et profonde de la surface; deux vésicules contractiles.

Cette espèce, que nous avons vue colorée d'un bleu verdâtre assez intense, ressemble, par sa forme générale, à la précédente, mais s'en distingue immédiatement par la profonde dépression dans laquelle est située la bouche. Cette dépression ne ressemble pas au sillon buccal des cinq premières espèces, qui est une dépression allongée oblique, large en avant et terminée en pointe en arrière. En effet, chez ces espèces-là, la bouche est placée à cette extrémité postérieure, ce qui n'est point le cas chez le *P. glaucum*, où elle est logée vers le milieu de la dépression.

Le seul individu de cette espèce que nous ayons observé était orné de deux vésicules contractiles étoilées, placées toutes deux dans la moitié postérieure du corps. Nous ne pouvons donc affirmer avec une parfaite certitude que ces deux vésicules soient constantes. Leur grand rapprochement permet de supposer qu'elles étaient dues à un dédoublement précurseur d'une division spontanée.

Longueur : $0^{mm},17$. Espèce marine, observée à Glesnæsholm, près de Sartorøe (côte occidentale de Norwége).

8° Paramecium ovale. (V. Pl. XIV, Fig. 1.)

DIAGNOSE. Paramecium sans fosse buccale oblique, à parenchyme dépourvu de trichocystes et bouche située non loin de l'extrémité antérieure.

Cette petite espèce est un peu comprimée, et, vue par son côté large, elle offre un contour parfaitement ovale. Le parenchyme de son corps est relativement très-épais et forme comme une zone transparente à la périphérie. La vésicule contractile est unique et située du côté droit; le nucléus, placé au-dessous, est un corps ovalaire, transparent, dont la longueur égale au moins la moitié de la longueur de l'animal. Longueur moyenne : $0^{mm},04$.

Observé, avec des spongilles, dans la Sprée, près de Berlin.

Nous avons trouvé, dans la mer du Nord, plusieurs petites espèces, dont l'une est très-vraisemblablement le *P. Milium* que M. Ehrenberg (V. Inf., p. 358, Pl. XXXIX, Fig. 13) observa dans la Baltique. Ces petites espèces rappellent tout-à-fait les Cyclidium, dont elles se distinguent par l'absence de soie buccale et par la circonstance qu'elles ne sautent pas. Toutefois, nous n'avons pas d'idées assez arrêtées sur les limites spécifiques de ces petites formes pour nous en occuper ici.

Le *P. Chrysalis* Ehr. est un Pleuronema. Le *P. compressum* Ehr. est probablement un Plagiotome parasite des vers de terre (*P. lumbrici?*). Le *P. griseolum* Perty (p. 144, Pl. IV, Fig. 11) et le *P. aureolum* Perty (p. 144, Pl. V, Fig. 4) ne sont pas assez bien déterminés pour qu'on puisse affirmer qu'ils appartiennent au genre Paramecium. Enfin, le *Par. sinaiticum* Ehr. est trop imparfaitement observé pour qu'on puisse songer à lui attribuer une place dans le système.

2e Genre. — COLPODA.

Les Colpoda se distinguent des Paramecium par la présence d'un faisceau de soies courtes qui est implanté sur le bord inférieur de la bouche et simule une espèce de de lèvre mobile. Leur corps est comprimé. L'anus est situé sur la face ventrale.

ESPÈCES.

1° *Colpoda Cucullus*. Ehr. Inf. Pl. XXXIX, fig. 5.

DIAGNOSE. Partie antérieure fortement recourbée en avant; vésicule contractile située à l'extrémité postérieure.

Cette espèce est suffisamment connue par les travaux de M. Stein[1]. Ce savant a seulement le tort de lui dénier tout orifice anal. Celui-ci existe bien réellement, ainsi que M. Ehrenberg l'avait reconnu. Soit M. Ehrenberg, soit M. Stein, considèrent l'animal comme étant en partie glabre. M. Stein, en particulier, restreint l'habit ciliaire à la partie antérieure et à l'arête ventrale. C'est une question difficile à décider, parce que les cils de cet animal sont souvent fort difficiles à percevoir. Si cependant on venait à reconnaître que le dos est réellement glabre, on pourrait former un genre à part pour l'espèce suivante.

M. Dujardin a confondu cet animal avec le *Paramecium Colpoda*.

2° *Colpoda parvifrons*. (V. Pl. IX, Fig. 3.)

DIAGNOSE. Partie antérieure non recourbée en avant; vésicule contractile non terminale.

Cette espèce est visiblement ciliée sur toute sa surface, et rappelle, par sa forme, le *Par. Colpoda;* seulement, sa partie antérieure est moins développée et ne se recourbe pas en avant, comme chez le *C. Cucullus*. Le faisceau de cils en forme de lèvre est plus vigoureux que chez ce dernier. L'œsophage est extrêmement court. Le nucléus est un corps ovale placé dans la région médiane. La vésicule contractile est unique et

1. Die Infusionsthierchen, p. 15.

placée dans la région postérieure, sans cependant être précisément terminale, comme chez le *C. Cucullus.*

La longueur moyenne de l'animal est de $0^{mm},039$. Nous l'avons trouvé dans la Sprée, à Berlin.

La *C. Ren* Ehr. et la *C. Cucullio* Ehr. sont des animaux de position encore incertaine, de l'aveu de M. Ehrenberg lui-même. Nous n'avons jamais vu d'infusoires que nous pussions leur rapporter avec quelque vraisemblance. Quant au *C. Ren* de M. Perty (Zur Kenntniss, etc., p. 145, Pl. V, Fig. 7), nous sommes singulièrement tentés d'y voir un *Paramecium Colpoda*. Le *C. Luganensis,* du même auteur, est un infusoire fort mal observé, mais n'est certainement pas un Colpoda.

3e Genre. — CYCLIDIUM.

Les Cyclidium sont des Paraméciens à corps comprimé, chez lesquels une ou plusieurs soies fort longues font saillie au dehors par la partie supérieure de la bouche.

Notre définition de ce genre n'a aucun rapport avec celle qu'en donnait M. Ehrenberg, car ce savant n'a pas eu connaissance des soies caractéristiques. Il rangeait ses Cyclidium dans la famille des Cyclidina, auxquels il refusait une ouverture anale et dont il faisait des Anentérés. Il ne les croyait point ciliés sur toute leur surface, mais seulement sur leur pourtour. Cependant il leur accordait bien une bouche. Aussi, M. Dujardin a-t-il fait très-décidément un pas en arrière en formant pour ces infusoires, et quelques autres aussi peu astomes qu'eux, la famille des Enchélyens, dont le principal caractère est d'être privés de bouche. Cet auteur anabaptise, du reste sans aucune raison, le genre Cyclidium. Il rejette, sans dire pourquoi, la dénomination proposée par M. Ehrenberg, et fonde, sous les noms d'Enchelys, d'Alyscum et d'Uronema, trois nouveaux genres qui n'ont fait que jeter de la confusion dans la nomenclature. En effet, il n'est point improbable que le même animal revienne sous trois noms différents dans chacun de ces genres. M. Stein a eu fort raison d'adresser à ce sujet une verte critique au savant de Rennes[1].

Quelque mauvaises que soient les figures de Cyclidium données jusqu'ici par les auteurs, il n'en est pas moins facile de reconnaître qu'elles se rapportent à des animaux de ce cenre, grâce aux descriptions qui les accompagnent. En effet, les Cyclidium présentent des mouvements si caractéristiques, qu'ils n'ont échappés à personne. Ils se meuvent par bonds saccadés, et, durant les intervalles, ils restent immobiles, leurs cils hérissés comme des aiguilles inflexibles. Ces mouvements sont dus à la présence d'une soie saltatrice.

ESPÈCES.

1° *Cyclidium Glaucoma*. Ehr. Inf., p. 245. Pl. XXII, Fig. 1.

SYN. *Uronema marina*. Duj. Inf., p. 392. Pl. VII, Fig. 13.
? *Alyscum saltans*. Duj. Inf., p. 391. Pl. VI, Fig. 3.
? *Enchelys triquetra*. Duj. Inf., p. 390. Pl. VII, Fig. 4.
? *Acomia Ovulum*. Duj. Inf., p. 383. Pl. VI, Fig. 7.

DIAGNOSE. Corps ovale, muni en avant d'une longue soie saltatrice.

Cette espèce, fort commune dans les eaux douces et dans la mer, est munie d'une bouche située un peu en arrière du milieu de la longueur. M. Ehrenberg indique la bouche à une place tout-à-fait inexacte, ce qui conduit M. Stein à supposer que ce savant prend la vésicule contractile pour l'ouverture buccale. La vésicule contractile est, en effet, placée à l'extrémité antérieure, un peu plus près du côté ventral que du côté dorsal, et se contracte beaucoup plus fréquemment que chez la plupart des autres infusoires. M. Stein lui-même n'a réussi à voir ni la bouche, ni la soie qui en sort. Celle-ci n'a été vue jusqu'ici que par M. Dujardin, chez les individus dont il a fait son *Alyscum saltans*, et il la considère comme multiple, tandis que nous n'avons réussi à reconnaître qu'une soie unique. Du reste, il est fort possible que cet Alyscum ne soit pas un Cyclidium, mais un Pleuronema, et les soies en question seraient alors le faisceau ventral qui caractérise ce genre.

1. V. Stein, p. 137.

Quant à la soie saltatrice, elle a été vue, par M. Dujardin, chez les individus marins dont il a fait son *Uronema marina;* mais elle existe également chez les formes d'eau douce, et sa présence ne peut donc justifier, comme cet auteur l'a cru, l'établissement d'un genre spécial, ni même d'une espèce à part pour les individus marins.

Le nucléus est un corps arrondi.

La taille du *Cyclidium Glaucoma* varie infiniment, suivant les localités. La longueur moyenne est d'environ $0^{mm},01$.

2° *Cyclidium elongatum.* (V. Pl. XIV. Fig. 5.)

DIAGNOSE. Corps très-étroit et très-long; soie buccale fort longue.

Cette espèce a été observée par M. Lachmann, dans le fjord de Christiania, près de Vallöe. A en juger d'après ses notes et ses dessins, la soie buccale aurait une direction inverse de celle que nous lui voyons chez le *Cyclidium Glaucoma;* elle serait recourbée vers l'extrémité antérieure, et la vésicule contractile serait placée près de l'extrémité postérieure. Aussi sommes-nous tentés de nous demander, si, ce que M. Lachmann nomme ici l'extrémité antérieure, n'est pas identique avec ce que nous appelons l'extrémité postérieure chez la précédente. L'animal s'arrête souvent immobile auprès de quelque amas de détritus, et forme, à l'aide du mouvement de ces cils, une espèce de fourreau irrégulier dans lequel il se précipite subitement la tête la première (c'est-à-dire la partie antérieure de M. Lachmann). Jusqu'ici il n'y a pas eu de soie saltatrice observée. L'anus est situé sur la face ventrale, tout près de la vésicule contractile.

Le *Cyclidium margaritaceum* Ehr. ne peut rester dans le genre Cyclidium tel que nous l'avons défini. Nous en ferons un Glaucoma. Les *C. planum* Ehr. et *C. lentiforme* Ehr. sont trop imparfaitement observés pour qu'on puisse dire s'ils appartiennent réellement au genre Cyclidium. Il en est de même des animaux auxquels M. Dujardin a donné les noms d'*Enchelys nodulosa, Enchelys subangulata, Acomia vitrea, Acomia Cyclidium,* et dont quelques-uns peut-être sont synonymes du *Cycl. Glaucoma,* tandis que d'autres n'ont rien à faire avec la famille des Colpodéens.

4e Genre. — PLEURONEMA.

Les Pleuronema sont très-voisins des Cyclidiums, dont ils se distinguent par la présence d'un faisceau de soies implantées sur le côté ventral et se dirigeant à la rencontre des soies qui sortent de la bouche. L'ensemble de ces soies forme une espèce de nasse dans laquelle viennent souvent se jeter imprudemment de petits infusoires. Ceux-ci, rencontrant de tous côtés des soies qui s'opposent à leur évasion, ne tardent pas à se jeter d'eux-mêmes dans la bouche du Pleuronema, sinon ils y sont amenés par une contraction des soies.

M. Dujardin, qui le premier a établi le genre, ne l'a fondé que sur les soies qui sortent de la bouche. Sa caractéristique conviendrait donc encore plus exactement à notre genre Cyclidium qu'à notre genre Pleuromena. Du reste, cet auteur a méconnu les véritables fonctions de l'orifice buccal, car il prétend ne pouvoir considérer comme une vraie bouche, servant à l'introduction des aliments solides, cette large ouverture latérale par laquelle sortent les filaments.

Comme les Cyclidium, les Pleuronèmes restent souvent immobiles dans l'eau, sans faire mouvoir le moins du monde les cils de la surface du corps, qui restent roides comme des aiguilles.

ESPÈCES.

1° *Pleuronema Chrysalis*. Perty. Zur Kenntn., etc., p. 146.

SYN. *Paramecium Chrysalis*. Ehr. Inf., p. 352. Pl. XXXIX, Fig. 8.
Pleuronema crassa. Duj., p. 474. Pl. VI, Fig. 1, et Pl. XIV, Fig. 2.
Pleuronema marina. Duj., p. 475. Pl. XIV, Fig. 3.

(V. Pl. XIV, Fig. 8.)

DIAGNOSE. Partie antérieure du corps munie d'une auréole de soies saltatrices très-fines.

Le *Pleuronema Chrysalis* a un corps comprimé ovale, dont le bord dorsal est plus convexe que le bord ventral. Au milieu de ce dernier est une fosse large dans laquelle se trouve la bouche, et qui se prolonge en arrière en une espèce de sillon très-marqué. C'est dans ce sillon que sont logées les soies ventrales caractéristiques du genre. Elles sont nombreuses, et leur pointe est dirigée en avant pour venir rencontrer la pointe d'une soie fort longue, qui, sortant de la bouche en se dirigeant en avant, ne tarde pas à se courber en arc pour revenir en arrière. Cette longue soie vibre continuellement. Aussi croit-on en voir ordinairement deux fort éloignées l'une de l'autre dans leur position arquée, mais confondues à leurs extrémités. Nous avons cru nous convaincre que ce n'est là qu'une pure illusion d'optique, et que la longue soie est unique. M. Dujardin compte, lui, huit à douze filaments infléchis en arrière, mais ce nombre si élevé provient de ce qu'il n'a distingué, ni dans sa description, ni dans ses figures, les soies du sillon ventral de celle qui sort de la bouche. La figure de sa *Pl. marina,* espèce qu'il base à peu près uniquement sur son habitation marine, est beaucoup plus exacte, et l'on y reconnaît distinctement deux faisceaux de soies allant à la rencontre l'un de l'autre, le faisceau antérieur représentant la longue soie buccale arquée, et le faisceau postérieur représentant les soies ventrales. M. Ehrenberg n'a pas non plus distingué les deux ordres de soies, et il nous paraît vraisemblable que le groupe de longs cils à apparence membraneuse qu'il dessine représente, dans quelques-unes de ses figures, les soies ventrales, et, dans d'autres, la soie buccale. Une seule de ses figures (Fig. VIII, 1) semble indiquer vaguement les deux groupes distincts. — Dans la partie supérieure de la fosse buccale se trouve, de plus, une soie moins longue que les précédentes, dont la pointe est dirigée contre la bouche. Cette soie facilite l'introduction des aliments dans l'orifice buccal.

Lorsque l'animal nage, il retire à lui toutes les soies de la nasse, qui viennent alors s'appliquer contre la surface du corps, dans le sillon ventral.

L'œsophage est un tube membraneux excessivement court.

La partie antérieure de l'animal est ornée d'une auréole de soies roides longues et extrêmement fines, qui n'ont été signalées, jusqu'ici, par aucun auteur. Ce sont elles qui confèrent à l'animal la propriété de faire des bonds subits et les mouvements saccadés qui lui sont particuliers, et qui ont été fort bien décrits par M. Perty.

La vésicule contractile est située dans la paroi dorsale, tout près de l'extrémité antérieure. Le nucléus est gros et rond, et logé dans la partie postérieure du corps.

Le *Pl. Chrysalis,* qui n'est pas rare aux environs de Berlin, atteint une longueur d'environ $0^{mm},085$.

2° *Pleuronema Cyclidium.* (V. Pl. XIV, Fig. 6.)

DIAGNOSE. Partie antérieure du corps munie d'une seule soie saltatrice très-longue.

Cette espèce ressemble extrêmement au *Cyclidium Glaucoma*, soit pour la taille, soit pour la forme, soit pour la position de la vésicule contractile, du nucléus et de la scie saltatrice. Elle ne s'en distingue que par la présence des soies ventrales propres au genre Pleuronema. — Cette grande ressemblance nous a conduits à nous demander si le prétendu *Cyclidium Glaucoma* ne serait pas au fond un véritable Pleuronoma. En effet. la petitesse de l'animal pourrait facilement expliquer le fait que les soies ventrales auraient échappé jusqu'ici aux observateurs. Cependant, nous avons eu beau examiner très-scrupuleusement une foule de Cyclidium dans des circonstances très-favorables, nous n'avons jamais pu découvrir chez eux les soies ventrales des Pleuronèmes. Nous considérons donc le *Pl. Cyclidium,* que nous avons rencontré à différentes reprises dans le Thiergarten de Berlin, comme distinct du *Cyclidium Glaucoma*. Il atteint une longueur de $0^{mm},010$.

3° *Pleuronoma natans.* (V. Pl. XIV, Fig. 7.)

DIAGNOSE. Corps dépourvu de soies saltatrices.

Cette espèce, dont la taille égale presque celle du *Pl. Chrysalis,* est relativement beaucoup plus large et munie d'une fosse buccale beaucoup plus spacieuse. La partie supérieure de cette fosse buccale présente une soie ondulée correspondant à la soie arquée du *Pl. Chrysalis,* mais beaucoup moins longue qu'elle, et, en outre, plusieurs autres soies plus courtes et point ondulées, dont la pointe est dirigée vers la bouche. La partie inférieure de la fosse buccale qui correspond au sillon ventral du *Pl. Chrysalis* est armée des soies caractéristiques du genre, qui sont longues et dirigées en avant. L'appareil buccal est donc parfaitement analogue à celui des deux espèces précédentes. En outre, le nucléus et la vésicule contractile sont placés à peu près comme chez le *Pl. Chrysalis;* la vésicule est seulement située plus exactement à l'extrémité antérieure.

Par tous ces caractères, le *Pl. natans* appartient évidemment au genre Pleuronème. Il se distingue cependant essentiellement des deux espèces précédentes par l'absence de soies saltatrices. Aussi ne présente-t-il point les mouvements brusques et saccadés qui caractérisent, soit le *Cyclidium Glaucoma,* soit le *Pleuronema Chrysalis* et le *Pl. Cyclidium.* Il nage tout simplement à la manière d'un Paramecium, sans faire de bonds.

Le *Pl. natans* a été observé par nous, dans les tourbières de la Bruyère aux Jeunes-Filles (*Jungfernhaide*), prés de Berlin.

5e *Genre.* — GLAUCOMA.

Les Glaucoma sont des Paraméciens plus ou moins déprimés, chez lesquels la bouche est comprise entre deux lèvres perpétuellement vibrantes.

ESPÈCES.

1° *Glaucoma scintillans.* Ehr. Inf., p. 335, Pl. XXXVI, Fig. 5.

Diagnose. Corps ovale; bouche située entre le bord antérieur et le milieu du corps; pas de dépression en forme de sillon.

Cette espèce est bien connue, grâce aux études de plusieurs savants, surtout de MM. Ehrenberg et Stein. Ce dernier est le seul qui ait reconnu l'existence de deux lèvres vibrantes. MM. Ehrenberg et Dujardin ne parlaient que d'une seule. La vésicule contractile qui est située dans la paroi dorsale présente souvent une forme étoilée, produite par le commencement des vaisseaux qui en partent.

2° *Glaucoma margaritaceum.*

SYN. *Cyclidium margaritaceum.* Ehr. Inf., p. 246. Pl. XXII, Fig. 2.
Cinetochilum margaritaceum. Perty, Z. K., p. 148.

(V. Pl. XIV, Fig. 4.)

DIAGNOSE. Corps ovale; bouche située entre le bord postérieur et le milieu du corps; une dépression en forme de sillon oblique allant de la bouche à l'extrémité postérieure.

Cette espèce, que M. Ehrenberg rapportait au genre Cyclidium, ne possède pas la soie buccale particulière à ce dernier ; en revanche, sa bouche est comprise entre deux lèvres tout-à-fait semblables à celles du *Glaucoma scintillans*, infusoire dont M. Perty l'a déjà rapproché à bon droit. Sa surface est profondément et obliquement striée et présente un sillon très-marqué qui s'étend obliquement de la bouche à l'extrémité postérieure. Aussi cette dernière paraît-elle échancrée. M. Ehrenberg a noté l'échancrure sans remarquer le sillon. — La vésicule contractile est placée dans la partie postérieure de l'animal, entre le sillon et le bord droit.

Le *Gl. margaritaceum* est muni à son extrémité postérieure d'une soie longue et fine, qui est implantée sur le bord gauche de l'échancrure terminale et qui est toujours inclinée vers la droite. Bien que cette soie rappelle tout-à-fait les soies saltatrices d'autres infusoires, en particulier celle des *Urotricha*, qui est inclinée de la même manière, nous n'avons pas remarqué que le *Gl. margaritaceum* soit un animal sauteur.

VIIe Famille. — DYSTERINA.

La famille des Dystériens a d'abord été établie par M. Dujardin, sous le nom d'Erviliens, et caractérisée d'une manière assez exacte. Plus tard, M. Huxley[1] retrouva des

1. Thom. Huxley. On Dysteria : a new genus of Infusoria. Quarterl. Jour. of micr. Science. January, 1857, p. 78.

animalcules appartenant au genre *Ervilia* Duj., mais il ne paraît pas s'être douté que le savant de Rennes les eût déjà connus, et il fonda pour eux un genre nouveau sous le nom de *Dysteria*. Nous conservons ce nom de préférence à celui donné par M. Dujardin, parce que le nom d'*Ervilia* a déjà trouvé son emploi dans le système.

M. Dujardin caractérise les Dystériens comme étant des animaux de forme ovale plus ou moins déprimée, revêtus en partie d'une cuirasse membraneuse persistante, et pourvus de cils vibratiles sur la partie découverte, avec un pédoncule court en forme de queue. Nous pouvons conserver cette caractéristique telle quelle, en en retranchant toutefois ce qui concerne la cuirasse. Celle-ci n'est en effet pas essentielle, car nous décrirons plus loin le genre *Huxleya*, qui en est dépourvu.

M. Huxley décrit très-exactement les mouvements de ces animaux, en disant qu'ils se fixent volontiers aux objets étrangers à l'aide de leur appendice en forme de pied, et que le corps entier tourne autour de ce support comme autour d'un pivot. C'est, en effet, là la position favorite des Dystériens.

M. Ehrenberg a déjà connu un Dystérien, savoir son *Euplotes monostylus*[1] de la Baltique, que M. Dujardin rangea avec raison parmi ses Erviliens. Il est curieux que, malgré l'absence complète d'analogie entre les Dystériens et les Euplotes, M. Huxley ait également cherché à rapprocher son genre Dysteria de ces derniers. « L'existence d'une sorte de coquille ou de cuirasse, dit-il, formée par la couche externe et sans structure de la substance du corps, la présence d'une fosse (*groove*) submarginale ciliée autour de la plus grande partie du corps, et l'inégalité des valves latérales, tout cela ne nous laisse pas d'autre alternative que de placer les Dysteria auprès de la famille des Euplotes ou bien dans cette famille même. » — Mais ceci est loin d'être exact. Les caractères en question ne sont point particuliers aux Euplotes. La cuirasse n'est rien d'essentiel dans la famille; d'ailleurs, la cuirasse des Dysteria est persistante, ce qui n'est pas le cas pour celle des Euplotes. La fosse ciliée est bien loin de montrer une parenté entre les Euplotes et les Dysteria, puisque les premiers n'ont jamais d'au-

1. M. Eichwald figure sous ce nom un Dystérien qui paraît être différent de celui pour lequel M. Ehrenberg avait créé cette dénomination. Sa partie antérieure paraît être ornée de deux taches pigmentaires noires. V. Eichwald, 2ter Nachtrag zur Infusorienkunde Russlands, p. 127, Pl. IV, Fig. 26.

tres cils que la rangée des cirrhes fronto-buccaux. Enfin, l'appendice-pivot des Dystériens n'a rien de commun ayee les extrémités marcheuses des Euplotes.

On a tenté un autre rapprochement, bien moins naturel que le précédent. M. Gosse[1] a voulu faire des Dystériens des Rotateurs. M. Dujardin avait déjà indiqué une certaine ressemblance entre ces animaux, mais il avait sagement décidé que cette ressemblance n'est qu'apparente (produite surtout par l'existence simultanée de la cuirasse et de l'appareil buccal) et que les Dystériens sont de vrais infusoires ciliés. M. Gosse tient l'affinité entre les Dystériens et les Rotateurs pour parfaitement réelle. Nous sommes parfaitement de son avis, aussi longtemps qu'il se contente de démontrer que les Dysteria n'ont rien à faire avec les Euplotes; qu'un animal excessivement *comprimé* est assez différent d'un animal très-*déprimé,* etc. Mais les arguments dont il se sert pour prouver la parenté qu'il croit avoir trouvée nous semblent de bien peu de valeur. La vésicule contractile n'a pas d'importance aux yeux de M. Gosse, vu qu'elle existe aussi bien chez les Rotateurs que chez les Infusoires. Nous ne sommes pas tout-à-fait de cette opinion, car nous croyons qu'on peut fort bien distinguer la vésicule contractile d'un rotateur de celle d'un infusoire. La première est en communication avec des vaisseaux pourvus d'appendices vibratiles, caractère distinctif de tout système circulatoire aquifère. Les vaisseaux qui sont en communication avec la seconde ne présentent, au contraire, jamais d'appendices semblables, ce qui est une nouvelle preuve que le système circulatoire des infusoires est un système sanguin et pas un système aquifère. La vésicule contractile des Dystériens se comporte, sous ce rapport, précisément comme celle des infusoires. Ajoutons qu'un grand nombre de Dystériens possèdent plusieurs vésicules contractiles, particularité fréquente chez les infusoires, mais entièrement étrangère au type des rotateurs. — En second lieu, M. Gosse croit que l'absence d'un canal alimentaire, chez les Dysteria, n'est point démontrée. Il pense même que ces animaux possèdent une cavité alimentaire réelle, limitée, mais très-ample. C'est fort juste. Mais c'est aussi le cas pour tous les autres infusoires, et si M. Gosse persiste à réunir, à cause de cela, les Dysteria aux Rotateurs, il faut qu'il se résigne à rayer du système toute la classe des infusoires. Une grande difficulté qui s'oppose à l'idée de M. Gosse, c'est

1. On the zoological position of Dysteria. V. Quarterly Journal of microscopical science. Avril, 1857, p. 138.

que M. Huxley a observé une reproduction par fissiparité, chez sa *Dysteria armata*. Or, nul n'a vu jusqu'ici de fissiparité chez les Rotateurs. M. Gosse s'est donc tiré de peine par le seul moyen restant encore à sa disposition : il a suspecté l'exactitude de l'observation de M. Huxley.

L'appareil buccal, auquel M. Gosse paraît attacher une grande valeur, s'éloigne fort des mâchoires des Rotateurs. Il n'opèro pas de mouvements de mastication comme ces dernières; c'est bien plutôt un appareil dégluteur comme celui des Nassula, des Chilodon, des Prorodon, etc.

Enfin, M. Gosse déclare trouver une grande parenté entre les Dysteria, d'une part, et les genres Monocerca et Mastigocerca, d'autre part; si bien qu'il assigne aux Dystériens une place dans la famille des *Monocercadæ*. Ceci est une grave erreur. Le pied des Dysteria n'a aucune espèce de rapport avec celui des Monocerques. Chez les Rotateurs, le pied est l'extrémité postérieure du corps. Ces animaux sont plus ou moins vaguement divisés en segments, et la segmentation en anneaux se retrouve dans le pied ou queue. En un mot, le pied des rotateurs n'est point un organe appendiculaire. Chez les Dystériens, il en est tout autrement. Ici le pied n'est pas terminal; ce n'est pas la continuation du corps; c'est un véritable appendice uni à la face ventrale de l'animal par le moyen d'une articulation.

A notre avis, les infusoires dont les Dystériens se rapprochent le plus sont les Chilodon, et surtout les Trichopus. Ils sont, comme les premiers, ciliés seulement sur leur face ventrale et possèdent un appareil dégluteur. Cependant l'affinité ne va pas plus loin, et nous rencontrons immédiatement des différences qui justifient suffisamment l'érection des Dystériens au rang d'une famille spéciale. C'est avant tout l'existence du pied, puis ensuite la compression latérale, qui donne à ces animaux une forme diamétralement opposée à celle des Chilodon, infusoires, comme l'on sait, tout-à-fait déprimés. La face ventrale ciliée est ici réduite à une bande étroite se montrant dans l'entrebâillement des deux valves du test. La face dorsale est également réduite à un mimimum d'étendue, étant parfois restreinte à un contour brusque unissant le côté gauche au côté droit. Ces deux derniers sont, par contre, excessivement développée. — L'affinité avec les Trichopus est, par contre, bien plus réelle, puisque la compression et la distribution des cils est la même chez les Dystériens et chez les Trichopus.

Ces derniers ne sont, du reste, pas encore suffisamment étudiés et leur position n'est pas parfaitement fixée. Toutefois, l'absence d'un véritable pied paraît les distinguer suffisamment des Dystériens.

Chez la plupart des espèces munies de cuirasse, et probablement même chez toutes, la valve gauche est plus étroite que la droite, et cette différence de largeur a lieu au détriment du bord ventral de la valve. La valve gauche est, en outre, en général, plus courte que la droite; elle est échancrée en avant. Lorsqu'on considère l'animal du côté gauche, on voit, par suite, la valve droite dépasser le bord de la valve gauche dans toute la région antérieure et ventrale. Dans l'intervalle entre les deux valves apparaît la cuticule ciliée de l'animal. Les cils sont d'une longueur fort différente, suivant les espèces. Chez quelques-unes, ils passent à l'état de cirrhes excessivement vigoureux dans la partie antérieure. A l'aide de ces cils, les Dystériens peuvent nager assez rapidement; leur pied reste inactif pendant la natation, et leur corps est durant la progression couché sur le côté, comme celui d'un Pleuronectes. Le pied est en général terminé en pointe et contient dans son intérieur une cavité, déjà signalée par M. Huxley.

La cuirasse offre des différences de forme très-considérables suivant les espèces, et comme cette famille paraît être fort nombreuse, on peut puiser avec avantage dans ces différences les caractères nécessaires à l'établissement des différents genres. Chez quelques-uns, les deux valves sont complètement séparées l'une de l'autre, formant d'une part une carapace bombée du côté droit, et d'autre part, un plastron aplati du côté gauche. Chez d'autres, elles sont réunies par une sorte de pont étroit placé immédiatement en arrière du pied, tandis que tout le reste du contour de l'animal présente un espace béant entre les deux valves. Chez d'autres, enfin, les deux valves sont unies l'une à l'autre dans toute la longueur du côté dorsal.

M. Dujardin supposait que le genre Urocentrum pourrait peut-être rentrer dans le groupe des Dystériens; mais il n'y a, dans le fait, pas de parenté réelle entre les Dysteria et les Urocentrum. — Enfin, le même auteur a établi le genre *Trochilia* pour des Dystériens à cuirasse striée obliquement et ouverte seulement en avant, c'est-à-dire dont les deux valves sont soudées l'une à l'autre sur leur pourtour presque complet, même sur le côté ventral, de manière à être transformées en une véritable gaîne. Jusqu'ici, nous n'avons pas eu l'occasion d'observer ce genre-là, et lorsqu'on considère le mode d'implantation du pied et la position de la bouche chez les Dystériens en général, son existence peut paraître douteuse.

Les Dystériens paraissent être très-nombreux dans la mer. Les espèces observées par MM. Dujardin[1], Ehrenberg (*Euplotes monostylus*), Eichwald, Huxley et Gosse provenaient toutes de l'eau de la mer. Nous en avons nous-mêmes observé un très-grand nombre dans la mer du Nord. Cependant, ce n'est point une famille exclusivement marine, car nous avons trouvé souvent en grande abondance, dans les eaux douces des environs de Berlin, un petit Dystérien appartenant au genre Ægyria. M. Lieberkühn nous a dit l'avoir rencontré aussi fréquemment.

Répartition des Dystériens en genres.

DYSTERINA.	Une cuirasse.	Deux valves complètement distinctes		1. IDUNA.
		Deux Valves soudées l'une à l'autre.	Les deux valves soudées seulement en arrière	2. DYSTERIA.
			Les deux Valves soudées dans toute la longueur du dos	3. ÆGYRIA.
	Pas de cuirasse			4. HUXLEYA.

1er Genre. — IDUNA[2].

Le genre Iduna est formé par les Dystériens cuirassés dont les deux valves sont parfaitement distinctes, c'est-à-dire ne sont soudées l'une à l'autre sur aucune partie de leur pourtour. Nous n'en connaissons jusqu'ici qu'une espèce.

1. Il serait possible toutefois qu'un animal trouvé par M. Dujardin dans de l'eau de Seine et décrit par lui sous le nom de *Gastrochæta fissa* (Duj. Inf., p. 385, Pl. VII, Fig. 8) dans sa famille des Enchélyens, fût un Dystérien.

2. Nom tiré de la mythologie scandinave.

Iduna sulcata. (V. Pl. XV, Fig. 1-3.)

DIAGNOSE. Iduna à valve droite, munie de quatre côtes longitudinales élevées ; valve gauche plane et lisse.

Cette espèce est au moins deux fois aussi longue que large et se termine en arrière par une pointe mousse. La valve droite présente des côtes longitudinales élevées, au nombre de quatre. La valve gauche, qui est plane, est munie d'une échancrure peu profonde à son bord, dans la région du pied. Celui-ci est mince et peu long relativement aux dimensions de l'animal. Le bord antérieur de celui-ci présente, entre les deux valves, quelques granules (ordinairement quatre) assez fortement réfringents qui semblent adhérer à la cuticule et dont la signification nous est inconnue.

L'appareil dégluteur est un tube peu long, mais coudé sous un angle assez fort. En effet, sa partie antérieure est inclinée vers le ventre, et sa partie postérieure vers le dos.

Les vésicules contractiles sont au nombre de deux, placées l'une dans la partie postérieure, non loin de la base du pied, l'autre dans la partie antérieure et dorsale.

L'*Iduna sulcata* est longue de $0^{mm},14$. Nous l'avons observée dans la mer du Nord, près de Glesnæsholm, sur la côte de Norwége.

2e Genre. — DYSTERIA.

Les Dysteria sont des Dystériens cuirassés dont les deux valves sont soudées à leur partie postérieure immédiatement derrière le pied. Le genre Dysteria, tel qu'il a été établi par M. Huxley, n'était pas restreint à des limites aussi étroites, mais correspondait plutôt à la famille des Dystériens tout entière. Toutefois, la seule espèce qu'il ait observée, la *D. armata*, a été décrite par lui d'une manière si exacte qu'on peut la prendre pour type du genre Dysteria tel que nous le définissons aujourd'hui.

ESPÈCES.

1° *Dysteria armata*. Huxley. Journ. of microsc. Science. Jannary, 1857, p. 78.

Cette espèce, à nous inconnue, se différencie de toutes les suivantes par plusieurs caractères, dont le principal est l'excessive complication de son appareil dégluteur. (Voir le Mémoire précité de M. Huxley.)

2° *Dysteria lanceolata.* (V. Pl. XV, Fig. 8-13.)

Diagnose. Dysteria à corps beaucoup plus étroit en arrière qu'en avant; valve droite lisse, sans dents ni arêtes; valve gauche munie d'une arête longitudinale.

Cette espèce se reconnaît facilement au simple contour de son corps qui, arrondi en avant, atteint sa plus grande largeur vers son premier tiers antérieur, pour aller en se rétrécissant graduellement à partir de ce point jusqu'à son extrémité postérieure. Les deux valves sont unies l'une à l'autre, immédiatement derrière le pied, sur une largeur très-peu considérable (Voir Fig. 9 et 10). La valve gauche est considérablement plus étroite que la droite, surtout dans sa partie postérieure. Son bord antérieur est profondément échancré, de manière à présenter comme deux pointes, l'une dorsale, l'autre ventrale, dont la première est plus proéminante que l'autre et s'infléchit autour de la partie antérieure de l'animal (V. Fig. 9). La valve droite ne présente pas d'échancrure correspondante. Une arête très-prononcée parcourt la valve gauche à partir de son épine dorsale antérieure jusque vers le point de soudure des deux valves, en restant à peu près parallèle au dos.

Les cils de la partie antérieure sont développés en cirrhes vigoureux. L'appareil dégluteur est long, droit et sans coudure. Son bord buccal est renflé (V. Fig. 12) et sa longueur égale la moitié de celle du corps. Le pied a la forme d'un fer de lance allongé et mince. Il est très-mobile, et sa base présente une cavité centrale qu'on retrouve, du reste, chez la plupart des Dystériens. Nous avons représenté le pied dans les principales positions qu'il est susceptible d'adopter (V. Fig. 8, 9, 10, 11 et 13).

Les vésicules contractiles sont au nombre de deux. Elles sont toutes deux ventrales et situées, l'une vers le milieu de la longueur de l'appareil dégluteur, l'autre beaucoup plus en arrière. — Le nucléus est rond et placé dans la région médiane, plus prés du dos que du ventre.

Cette espèce atteint une longueur d'environ $0^{mm},07$. Nous l'avons observée à Glesnæsholm, dans la mer du Nord, non loin de Sartoröe (côte occidentale de Norwége.)

3° *Dysteria spinigera.* (V. Pl. XV, Fig. 4.)

DIAGNOSE. Dysteria à largeur partout égale ; valve convexe munie de deux épines à son bord dorsal ; valve plane à bord dorsal mutique.

Dans le dessin que nous possédons de cette espèce, la valve plane et étroite est représentée comme étant la valve droite, et la valve large et convexe comme étant la valve gauche, tandis que c'est l'inverse chez la plupart des Dystériens, ou peut-être même chez tous. Or, quiconque a observé un animal de cette famille, sait combien il est difficile de distinguer la droite de la gauche, aussi longtemps qu'on ne l'a pas vu par une de ses arêtes. Cette difficulté résulte de la compression excessive du corps. Aussi n'osons-nous point garantir que notre dessin ne renferme pas d'erreur à cet égard.

La valve plane est beaucoup plus étroite que l'autre, et son bord antérieur est très-échancré, de manière à former deux prolongements spiniformes comme chez l'espèce précédente. L'échancrure est toutefois moins profonde que chez cette dernière. Cette valve présente une arête longitudinale saillante comme chez la *D. lanceolata* et la *D. aculeata*, mais beaucoup plus droite que chez ces deux espèces.

Le pied est long et très-étroit. Les vésicules contractiles, au nombre de deux, sont placées l'une près de la base du pied, l'autre vers la fin du premier tiers antérieur plus prés du dos que du ventre. — Nous avons négligé de prendre une mesure exacte de cette espèce, qui est plus petite que les précédentes dans la proportion indiquée par nos dessins.

Observée dans la mer du Nord, près de Glesnæsholm (côte de Norwége).

4° *Dysteria aculeata.* (V. Pl. XV, Fig. 20.)

DIAGNOSE. Dysteria à largeur à peu près partout égale ; Valve convexe munie de deux épines à son bord dorsal ; Valve plane ayant une seule épine à son bord dorsal.

Cette espèce est très-voisine de la précédente, dont elle a la forme générale et la taille, mais elle s'en distingue par la présence d'une épine saillante dans la partie postérieure du bord dorsal de la valve gauche (valve plane). En outre, l'arête que présente cette valve décrit en arrière un arc parallèle au bord postérieur, arc qui fait défaut chez la *D. spinigera.* — Les deux épines de la valve convexe sont aussi plus éloignées l'une de l'autre que chez cette dernière et disposées un peu différemment. En effet, leurs pointes ne sont pas dirigées perpendiculairement, mais parallèlement à l'axe longitudinal de l'animal.

L'appareil dégluteur est large et légèrement coudé.

Notre dessin a été fait d'après une esquisse de M. Lachmann, qui a observé cette espèce dans la mer du Nord, sur la côte de Norwége.

5° *Dysteria crassipes.* (V. Pl. XV, Fig. 17-19.)

DIAGNOSE. Dysteria à corps un peu plus large en arrière qu'en avant; valves lisses, sans dents ni arêtes.

Cette grande espèce est bien caractérisée par sa forme, par l'absence d'épines et d'arêtes et par la circonstance que la soudure des deux valves n'est pas restreinte, comme chez les quatre espèces précédentes, à une étroite région située immédiatement derrière le pied, mais s'étend à toute la moitié postérieure de l'arête dorsale. Sous ce point de vue, la *Dyst. crassipes* se rapproche du genre Ægyria. — Nos dessins sont faits d'après des esquisses de M. Lachmann, qui représentent la valve convexe tantôt comme étant la droite, tantôt comme étant la gauche. L'analogie permet de supposer que c'est réellement la droite.

Le pied atteint des dimensions vraiment colossales. Il renferme une vaste cavité et se termine en pointe acérée. Les vésicules contractiles, au nombre de deux, sont situées sur le côté ventral.

Cette espèce a été observée, comme les précédentes, dans la mer du Nord, sur la côte de Norwége.

3e *Genre.* — ÆGYRIA[1].

Les Ægyria se distinguent des Dysteria par la circonstance que les deux valves de leur cuirasse sont soudées non seulement en arrière, mais encore sur toute la longueur de l'arête dorsale.

1. Nom tiré de la mythologie scandinave.

ESPÈCES.

1° *Ægyria Legumen.*

SYN. *Ervilia Legumen*. Duj. Inf., p. 455. Pl. X, Fig. 15.

(V. Pl. XV, Fig. 16.)

DIAGNOSE. Ægyria très-large, à peine rétrécie en avant, munie d'une arête sur sa face aplatie et dépourvue de tache pigmentaire.

Cette espèce est très-large, surtout en arrière. La valve plane est plus courte en avant que la valve convexe, mais cependant à peine échancrée. L'arête ou côte dont elle est munie est rapprochée du bord dorsal et parfaitement droite. Le pied est court. L'appareil dégluteur est droit et sa paroi est épaissie à son bord buccal, de manière à former une saillie tranchante à l'intérieur. Les vésicules contractiles sont au nombre de deux. Toutes deux sont ventrales.

Nous ne croyons pas nous tromper en rapportant cette espèce à l'*Ervilia Legumen* observée par M. Dujardin dans la Méditerranée. Elle est, dans tous les cas, spécifiquement très-voisine de cette espèce.

Cette espèce paraît très-répandue dans la mer du Nord. Nous l'avons rencontrée dans le fjord de Bergen, dans le fjord de Christiania, dans le port de Christiansand et prés de Glesnæsholm.

2° *Ægyria angustata.* (V. Pl. XV, Fig. 21-23.)

DIAGNOSE. Ægyria très-large, mais à partie antérieure étranglée ; valves sans arêtes ; pas de tache pigmentaire.

Cette espèce, voisine de la précédente, s'en distingue facilement par le grand rétrécissement de sa partie antérieure et par l'absence de côte élevée sur sa face plane. — Nous décrivons cette espèce d'après des dessins et des notes de M. Lachmann, qui remarque expressément que la valve large et bombée est la gauche, tandis que la valve étroite et plane est la droite. Toutefois, les dessins ne sont pas parfaitement d'accord avec cette remarque, car si les figures 21 et 23 représentent en effet la valve droite comme étant étroite et plane, c'est le contraire dans la figure 22. L'analogie avec d'autres espèces nous fait supposer que cette dernière figure représente le véritable état de choses.

Les vésicules contractiles sont disposées précisément comme chez l'espèce précédente. — Cette espèce a été observée dans la mer du Nord, sur la côte de Norwége.

3° *Ægyria Oliva.* (V. Pl. XV, Fig. 14-15.)

DIAGNOSE. Ægyria à valves lisses; partie antérieure ornée d'une tache pigmentaire d'un noir intense.

Cette espèce est remarquable par son épaisseur, qui est si grande, qu'on peut à peine dire que le corps soit comprimé comme celui des autres Dystériens. Le dos n'est plus réduit à l'état d'une simple arête, mais forme un véritable cintre qui confond insensiblement l'une des valves avec l'autre. Il résulte de là que l'animal rappelle par sa forme extérieure les mollusques du genre Olive. Le sillon ventral qui sépare les deux valves de la carapace est ici d'une très-grande largeur, et, en outre, la carapace paraît n'être, chez cette espèce, qu'une apparence produite par une raideur de téguments, à peu près comme cela a lieu chez les Euplotes.

La partie antérieure est ornée d'un point noir intense, qui rappelle celui des Ophryoglènes, et qui est placé tout près du bord dorsal. — Le pied est situé moins en arrière que chez les autres espèces, et immédiatement derrière lui se trouve un faisceau de cils plus longs que les autres cils ventraux. L'appâreil dégluteur est étroit et court. Nous n'avons pu reconnaître ni nucléus, ni vésicule contractile.

Tous les individus que nous avons observés étaient colorés d'un rouge foncé, et si peu transparents, que l'étude de leur forme était assez difficile. Nous ne pensons cependant pas que cette couleur soit caractéristique. En effet, ces Dystériens paraissent se nourrir exclusivement de débris de Ceramiums, qui étaient sans doute la cause de leur couleur.

L'*Ægyria Oliva* atteint une longueur de 0^{mm},10. Nous l'avons observée dans la mer du Nord, à Glesnæsholm, près de Sartoröe.

4° *Ægyria pusilla.* (V. Pl. XV, Fig. 5-6.)

DIAGNOSE. Ægyria à corps étroit et valves dépourvues d'arêtes; pas de tache pigmentaire.

Cette fort petite espèce se distingue de toutes les précédentes par son peu de largeur et l'absence d'arêtes sur ses valves parfaitement lisses. Elle est épaisse et largement béante sur la face ventrale. Nous l'avons observée dans la mer du Nord, à Glesnæsholm, près de Sartoröe. Nous n'osons pas en distinguer spécifiquement une Ægyria de forme un peu différente, qui n'est pas rare dans la Sprée, près de Berlin, mais chez laquelle la petitesse des dimensions nous a empêchés, comme chez cette espèce-ci, de discerner l'appareil dégluteur.

4e *Genre.* — HUXLEYA.

Les Huxleya se distinguent de tous les autres Dystériens par l'absence de carapace. — Nous ne pouvons nous défendre de l'idée que les Trochilia de M. Dujardin, dont la carapace est censée fermée sur le ventre, ne soient de véritables Huxleya. Rien du moins n'indique, dans les figures que M. Dujardin donne de sa *Trochilia sigmoïdes* (Duj. Inf., Pl. 10, Fig. 15), que cet animal possède réellement une cuirasse.

1° *Huxleya sulcata.* (V. Pl. XIV, Fig. 14.)

DIAGNOSE. Corps très-comprimé; cuticule ornée de sillons obliques.

La cuticule de cette petite espèce est striée, comme celle de la plupart des infusoires ciliés, mais les cils vibratiles n'en sont pas moins restreints à la région ventrale. En avant, le corps se termine en une pointe obtuse ; en arrière, il est largement arrondi. Le pied est petit et tout-à-fait ventral. Vésicule contractile unique. Nous n'avons pas réussi à reconnaître l'appareil dégluteur.

La *H. sulcata* est longue d'environ 0mm,025. Elle a été observée dans le fjord de Bergen, en Norwége.

2° *Huxleya crassa.* (V. Pl. XIV, Fig. 11-13.)

DIAGNOSE. Corps à peine comprimé, presque aussi épais que large et présentant en arrière sa plus grande épaisseur; cuticule lisse.

La forme de la partie postérieure est tout-à-fait caractéristique chez cette espèce. Non loin du bord postérieur se trouve, soit sur le côté droit, soit sur le côté gauche, une corniche saillante, qui augmente considérablement l'épaisseur de cette région. — Le pied est situé à l'extrémité postérieure, mais plus près du côté dorsal que du côté ventral. La partie antérieure n'est point atténuée, comme chez l'espèce précédente, mais largement arrondie ou même tronquée. La vésicule contractile est unique. — Nous n'avons pas réussi à reconnaître l'appareil dégluteur.

La *H. crassa* est longue d'environ $0^{mm},035$. Nous l'avons observée dans le fjord de Bergen, en Norwége.

VIIIe Famille. — TRACHELINA.

La famille des Trachéliens est formée par des infusoires essentiellement dégluteurs, dépourvus de spire régulière de cirrhes buccaux, et manquant de pied. Ces infusoires sont en général remarquables par la contractilité excessive de leur parenchyme, contractilité qui atteint son maximum chez certains Amphileptus et surtout chez les Lacrymaires. Chez quelques genres, savoir les Prorodon, les Nassules, et peut-être les Urotricha, cette contractilité devient cependant à peu prés aussi nulle que chez un Paramecium ou un Pleuronema.

Nous considérons notre famille des Trachelina comme formant un groupe extrêmement naturel, aussi naturel même que celui des Vorticellines. La faculté que possèdent ces animaux de happer leur proie au passage, sans l'attirer à eux par un tourbillon produit à cet effet dans le milieu ambiant, se retrouve, il est vrai, au même degré chez les Dystériens et les Colépiens; toutefois, les Dystériens forment une famille trop bien caractérisée pour qu'on puisse élever des doutes sur sa circonscription naturelle, et le seul genre Trichopus, parmi les Trachéliens, offre une certaine affinité avec elle.

Quant aux Colépiens, on pourrait, au besoin, les réunir aux Trachéliens, mais ils sont si clairement caractérisés par leur cuirasse à jour que personne ne nous blâmera de les laisser dans une famille à part.

La famille des Trachéliens, quelque naturelle qu'elle soit, n'a pas été établie, avant nous, dans les limites que nous lui donnons. Elle n'a de commun que le nom avec la famille des *Trachelina* de M. Ehrenberg. Les infusoires qu'elle renferme étaient répartis, par le célèbre micrographe de Berlin, pêle-mêle avec les formes les plus hétérogènes, dans ses quatre familles des *Enchelya, Trachelina, Ophryocercina* et *Colpodea*. Lorsque nous passerons à l'étude des genres, nous aurons l'occasion de montrer combien ces associations étaient souvent peu en harmonie avec les exigences d'une classification naturelle. M. Dujardin n'a pas mieux entrevu que M. Ehrenberg le groupe des Trachéliens. Il répartit les animaux qui le forment dans ses familles des *Trichodiens*, des *Paraméciens* et même des *Plœsconiens*, où ils doivent souvent être étonnés de l'aspeet étrange des voisins qu'il leur donne. Quelques-uns paraissent avoir aussi trouvé place dans sa famille des *Enchélyens*. — Enfin M. Perty est bien certainement celui qui a le mieux saisi les affinités réciproques des Trachéliens. Il les répartit, il est vrai, dans quatre familles — *Holophryina, Decteria, Tracheliina, Ophryocercina,* — qu'il a eu tort de séparer les unes des autres par des groupes qui n'ont pas la moindre parenté avec elles, mais ces quatre familles ont du moins l'avantage d'être formées exclusivement par des Trachéliens, et, en général, les genres y sont bien groupés d'après leurs plus grandes affinités respectives.

Les tableaux synoptiques obligeant à caractériser les genres d'une manière un peu laconique, il en résulte souvent que ces tableaux renferment des données un peu iusuffisantes. C'est ce qui explique quelques imperfections du tableau qui va suivre. Les Phialines sont, par exemple, placées parmi les Trachéliens dont la bouche est située à l'extrémité antérieure, tandis qu'à prendre les choses au pied de la lettre, cette bouche est latérale, puisqu'elle se trouve à la base de l'appendice conique. Toutefois, on peut désigner cette bouche comme terminale à peu près à aussi bon droit qu'on appelle *terminal* l'orifice buccal des Prorodon, bien que cet orifice ne soit presque jamais exactement polaire. La bouche des Phialines n'est point latérale au même degré que celle des Amphileptus ou des Nassules, et toute confusion nous paraît impossible à cet égard. Nous avons dû passer par dessus cette imperfection, pour laisser les Phialines à côté des Lacrymaires, leurs parents naturels. — De même, nous avons placé les Amphileptus parmi les Trachéliens dépourvus d'appareil dégluteur, et cependant l'œsophage de l'*A. gigas* présente des plis longitudinaux qui rappellent singulièrement l'appareil des Chilodon. L'*A. gigas* est en effet un Amphileptus pur sang, et n'a rien à faire avec les Trachéliens à bouche non terminale, qui possèdent un appareil dégluteur (Chilodon et Trichopus). Les Chilodon sont extrêmement déprimés, tandis que les Amphileptus, lorsqu'ils sont aplatis, sont toujours comprimés et jamais déprimés. Quant aux Trichopus, qui sont comprimés, ils s'éloignent infiniment de l'*A. gigas* par leur faisceau de cils en forme de pied et par leur dos glabre. Ces imperfections, inévitables dans un tableau synoptique, seront suffisamment corrigées dans l'examen détaillé des genres et des espèces.

Tableau de la répartition des Trachéliens en genres.

TRACHELINA.	Bouche terminale.	Partie antérieure portant un appendice conique.	Corps plus ou moins cylindrique ; nage en tournant autour de son axe.	Bouche au sommet de l'appendice conique		1. LACRYMARIA.
				Bouche à la base de l'appendice conique		2. PHIALINA.
			Corps aplati ; nage sans tourner autour de son axe			3. TRACHELOPHYLLUM.
		Pas d'appendice conique.	Pas d'appareil dégluteur.	Pas de soie saltatrice.	Corps atténué en avant	4. ENCHELYS.
					Corps non atténué en avant.	5. HOLOPHRYA.
				Une soie saltatrice en arrière		6. UROTRICHA.
			Un appareil dégluteur.	Corps atténué en avant		7. ENCHELYODON.
				Corps non atténué en avant		8. PRORODON.
	Bouche non terminale.	Un appareil dégluteur.	Pas de faisceau de cils.	Corps jamais très-fortement déprimé.		9. NASSULA.
				Corps très-fortement déprimé		10. CHILODON.
			Un faisceau de cils simulant une espèce de pied			11. TRICHOPUS.
		Pas d'appareil dégluteur.	Une rangée de vésicules sphériques renfermant chacune un corpuscule très-réfringent			12. LOXODES.
			Pas de vésicules à corpuscule réfringent.	Pas de limbe.	Un intestin ramifié	13. TRACHELIUS.
					Pas d'intestin ramifié	14. AMPHILEPTUS.
				Un large limbe périphérique, formé par un parenchyme compact		15. LOXOPHYLLUM.

1er Genre. — LACRYMARIA.

Le genre Lacrymaria est formé par des infusoires non aplatis, dont la bouche est située, à l'extrémité d'un col plus ou moins long, sur un petit appendice conique entouré, à sa base, de cirrhes plus longs que les cils qui revêtent la surface du corps. Ce col est parfaitement comparable à celui d'une bouteille bouchée. L'appendice conique correspond au bouchon ; le sillon. qui l'entoure à sa base, trouve son analogue dans celui qui sépare le liège du bord du verre, et le col lui-même répond au col de la bouteille. — L'anus est terminal ou à peu près.

Le genre Lacrymaria, tel que nous l'entendons, comprend les genres *Lacrymaria* et *Trachelocerca* de M. Ehrenberg. Cet observateur n'a évidemment pas eu une idée très-claire des analogies et des différences réciproques qui existent entre les animaux qu'il a classés sous les noms de Lacrymaria, Trachelocerca et Phialina. Il basait ces genres essentiellement sur la position de la bouche et de l'anus. Il admettait que chez les Lacrymaria la bouche et l'anus étaient deux ouvertures terminales et opposées l'une à l'autre (*Enantiotreta*), tandis que chez les deux autres genres une seule de ces deux ouvertures était terminale (*Allotreta*), à savoir la bouche chez les Trachelocerca, et l'anus chez les Phialina. Il en résultait que, d'après la classification de M. Ehrenberg, ces animaux, si proches parents les uns des autres, étaient répartis dans trois familles différentes, les Lacrymaires se trouvant appartenir aux *Enchelia*, les Phialines aux *Trachelina*, et les Trachélocerques aux *Ophryocercina*. Nous avons déjà montré ailleurs de combien peu de valeur sont ces différences dans la position de la bouche et de l'anus, ce qui nous dispense d'y revenir maintenant. D'ailleurs, nous le répétons, M. Ehrenberg n'avait pas une idée très-claire des différences qu'il établissait. En effet, il n'a nullement reconnu la vraie position de la bouche chez ses Lacrymaires et ses Trachélocerques. Au lieu de la représenter comme étant exactement terminale, il la place dans le sillon qui sépare l'extrémité du cou de l'appendice conique, qui surmonte celle-ci, en d'autres termes il lui donne exactement la même position que chez les Phialines. On n'a qu'à prendre les figures que M. Ehrenberg donne de ses Lacrymaires, de ses Trachélocerques et de ses Phialines, et l'on s'assurera que chez toutes la bouche est située à la même place. Nous conseillons surtout comme point de comparaison la *Lacrymaria Proteus* Ehr. (Inf., Pl. XXXI, Fig. XVII, 1.o'), la *Trachelocerca viridis* Ehr. (Inf., Pl. XXXVIII, Fig. VIII, 1.o') et la *Phialina vermicularis* Ehr. (Inf. Pl. XXXVI, Fig. III, 3,o') comme présentant toutes les trois une position latérale de la bouche parfaitement identique. Et, cependant, d'après la classification de M. Ehrenberg, les Phialines seules devraient avoir la bouche située latéralement, tandis que les Lacrymaires et les Trachélocerques devraient avoir la bouche terminale. Comment expliquer cette contradiction évidente? M. Ehrenberg a-t-il peut-être reconnu la vraie position de la bouche chez les Lacrymaires et les Trachélocerques, et s'est-il simplement trompé en l'indiquant sur ses planches? — Non; M. Ehrenberg n'a jamais reconnu que chez ces animaux la bouche est placée au sommet de l'appendice conique qui surmonte le cou, et si, néanmoins, il appelle cette bouche terminale, bien qu'il l'appelle latérale chez les Phialines, cela provient d'une espèce de vague, d'un manque de détermination des expressions employées. M. Ehrenberg s'est, pour ainsi dire, laissé tromper par les termes mêmes dont il se servait. L'appendice conique qui surmonte le cou, et qui ressemble au bouchon d'une bouteille, est désigné, par lui, tantôt sous le nom de *front*, tantôt sous celui de *lèvre*. Chez les Phialines, il le nomme un *front*, et la bouche, se trouvant placée à la base de ce front, n'est pas terminale; elle est latérale. Chez les Lacrymaires et les Trachélocerques, il le nomme une *lèvre*, et la bouche se trouve, partant, terminale, seulement un peu dépassée par la lèvre supérieure! C'est là une étrange réaction des termes sur les idées. M. Ehrenberg serait bien embarrassé de trouver une différence essentielle entre ce qu'il nomme dans certains cas une lèvre et ce qu'il désigne ailleurs sous le nom de front. La partie du corps qui dépasse la bouche en avant chez les Amphileptus est parfois aussi longue que le reste du corps, ou même davantage. M. Ehrenberg la nomme néanmoins *une lèvre*. Sentant, du reste, toute la singularité de l'expression, il s'empresse de la spécialiser un peu plus en se servant du terme de *lèvre supérieure en forme de front* (stirnartige Oberlippe). Cependant, il y a certainement une ressemblance bien plus grande entre la *lèvre* d'une Lacrymaire et le *front* d'une Phialine, qu'entre la *lèvre* d'un Amphileptus et la *lèvre* d'une Lacrymaire!

La différence que M. Ehrenberg croit avoir observée dans la position de la bouche, chez ses différents genres, repose, nous le répétons, sur le vague des termes qu'il employait. C'est ainsi que, chez les Lacrymaires, il désigne l'appendice conique qui porte la bouche, comme étant une *bouche renflée en tête et munie d'une lèvre* (« Einen kopfartig angeschwollenen und mit Lippe versehenen Mund »), définition fort inexacte, puisque le même objet se trouve compris à la fois sous deux rubriques, à savoir sous celle d'*un renflement en tête* ou en bouton et sous celle d'une *lèvre*. Quelques lignes plus loin, il dit que la bouche n'est qu'à peine dépassée par une lèvre courte, en forme de trompe, et parfois distinctement articulée.

Aujourd'hui que nous connaissons plus exactement la vraie position de la bouche chez les animaux en question, il est bon de s'entendre sur la valeur des termes. Nous appelons Lacrymaria les espèces qui ont la bouche terminale, non pas dans le sens de M. Ehrenberg, mais réellement terminale, sans être surmontée par rien qu'on puisse appeler ni front, ni lèvre, tandis que nous réservons le nom de Phialina à celles dont la bouche est située à la base de l'appendice qui surmonte le cou, et que M. Ehrenberg nomme tantôt un front, tantôt une lèvre.

Le nom de Trachelocerca se trouve, par suite de ces circonstances, rayé de la nomenclature. Nous avons préféré conserver celui de Lacrymaria, qui a pour lui l'avantage de l'ancienneté. L'espèce dont M. Ehrenberg fait le type de son genre Trachelocerca, la *T. Olor*, avait été nommée précédemment, par lui, *Lacrymaria Olor*, et nous lui rendons son ancien nom. Le nom de Lacrymaria est, du reste, en lui-même préférable à celui de Trachelocerca, attendu que les espèces de ce genre ne sont pas toutes terminées en queue, ce qu'on semblerait cependant avoir le droit d'inférer de ce dernier nom.

M. Dujardin a déjà opéré la fusion des genres Lacrymaria et Trachelocerca, en se basant sur ce que M. Ehrenberg n'a distingué ces deux genres-là et le genre Phialina que d'après la position *supposée* d'une bouche et d'un anus. Ç'a été là un coup de main heureux de la part de M. Dujardin; mais il ne faudrait pas en conclure que cet observateur ait mieux compris les animaux en question que le savant de Berlin. Il s'est maintenu, au contraire, dans un vague d'expressions encore plus incertain que ce dernier. En effet, les Lacrymaires sont, pour lui, des animaux à corps allongé en manière de cou, avec *une apparence de bouche* indiquée par des cils près de l'extrémité.

De son côté, M. Perty a maintenu les genres Trachelocerca et Lacrymaria, mais il a réuni les Phialina aux Trachélocerques, il est vrai sans dire pourquoi. M. Perty n'a parlé nulle part de la position de la bouche.

M. Ehrenberg parle, soit de ses Phialines, soit de ses Trachélocerques et de ses Lacrymaires, comme étant complètement glabres. Il donne cependant, çà et là, à entendre qu'elles pourraient bien être ciliées sur toute leur surface, comme elles le sont en effet. M. Dujardin se contente de rapporter, à ce sujet, l'opinion de M. Ehrenberg; toutefois, il signale l'habit ciliaire chez sa *Lacrymaria tornatilis*.

ESPÈCES.

1° *Lacrymaria Olor*. Ehr. Abh. der Akad. d. Wiss. zu Berlin. 1830, p. 42.

SYN. *Trachelocerca Olor*. Ehr. Infus., p. 342. Pl. XXXVIII, Fig. VII.
Trachelocerca viridis. Ehr. Inf., p. 342, Pl. XXXVIII, Fig. VIII.
Trachelocerca linguifera. Perty. Zur Kenntniss., etc., p. 159. Pl. V, Fig. 17.
Trachelocerca biceps. Ehr. Inf., p. 343. Pl. XXXVIII, Fig. IX.
Lacrymaria Proteus. Ehr. Inf., p. 310. Pl. XXXI, Fig. XVII.

(V. Pl. XVI, Fig. 5-8.)

DIAGNOSE. Lacrymaire à col allongé, très-souple, munie de plusieurs vésicules contractiles et d'un nucléus double et nucléolé.

La *Lacrymaria Olor* est un infusoire très-répandu et très-variable quant à sa taille. Il s'agite avec élégance dans l'eau, contournant son col élancé avec beaucoup de grâce, l'allongeant et le rétractant avec une grande vivacité. Parfois il l'étend jusqu'à une longueur qui dépasse cinq ou six fois celle du corps, pour le retirer subitement au point de le faire disparaître en totalité. La *Lacrymaria Olor* est, en un mot, l'un des infusoires chez lesquels la contractilité du parenchyme atteint le degré le plus remarquable.

La cuticule est striée dans deux directions croisées, ce qui donne au corps de l'animal une apparence réticulée très-évidente, que M. Ehrenberg a représentée fidèlement dans sa *Lacrymaria Proteus*. Selon les mouvements de l'infusoire, l'un des systèmes de stries ressort d'une manière plus évidente, tandis que l'autre disparaît momentanément, pour ainsi dire, tout-à-fait. C'est ce qui explique pourquoi M. Ehrenberg n'indique, chez sa *Trachelocerca Olor* et sa T. *viridis*, qu'un seul système de stries.

Les cils fins, mais bien fournis, sont uniformément répandus sur toute la surface du corps.

L'appendice conique qui termine le cou est entouré, à sa base, d'une couronne de cirrhes, qui s'agitent d'ordinaire en tourbillon. Ces cirrhes sont susceptibles de se presser tous à la fois contre l'appendice conique en faisant converger leurs pointes vers le sommet de celui-ci, de manière à faire entrer de force de petits objets dans l'ouverture buccale. Cette dernière conduit dans un œsophage membraneux en forme d'entonnoir pointu, qui présente des stries longitudinales reconnaissables à un fort grossissement seulement. Nous n'avons pu décider d'une manière certaine si ces stries sont dues à l'existence de véritables baguettes semblables à celles des Chilodon, ou bien s'il ne faut y voir que l'expression de plis longitudinaux de la membrane. Les objets qui pénètrent dans cet œsophage descendent lentement dans le cou, où il est difficile de les poursuivre à cause de la prestesse des mouvements de celui-ci, et arrivent enfin dans la cavité spacieuse du corps. Celle-ci est limitée par des parois assez épaisses. L'anus est situé à l'extrémité postérieure du corps. Chez les individus dont la partie postérieure est arrondie, il est exactement terminal ou peu s'en faut. Lorsque cette partie postérieure est au contraire effilée, l'anus n'est jamais situé à l'extrémité même de la pointe. M. Ehrenberg, qui ne rangeait sous le nom de *Lacrymaria Olor* que les individus à extrémité postérieure effilée, a déjà reconnu que l'anus n'est pas exactement terminal, et il dit que celui-ci s'ouvre du côté dorsal. C'est là une question difficile à juger, parce qu'il n'est pas commode de discerner le ventre du dos chez un animal dont la forme est plus ou moins celle d'un solide de révolution, et dont le corps est souvent en proie à des mouvements de rotation autour de son axe. Sans donc vouloir contester l'exactitude de l'assertion de M. Ehrenberg, nous nous contentons de dire que l'anus s'ouvre, chez les individus à train postérieur affilé, non pas à l'extrémité, mais à la base de la pointe.

Nous avons trouvé les vésicules contractiles en général au nombre de trois. L'une d'elles est régulièrement située non loin de l'extrémité postérieure et les deux autres près du milieu, l'une un peu plus en avant que l'autre. Chez beaucoup d'individus, cependant, nous n'avons pas été en état d'en découvrir plus de deux. M. Ehrenberg n'a pas été heureux dans la recherche des vésicules contractiles chez ses Trachélocerques et ses Lacrymaires. La *Trachelocerca biceps* est la seule chez laquelle il en ait trouvé une. Il dit en effet que, chez cette espèce, la vésicule postérieure du corps lui paraît être une vésicule spermatique, attendu qu'il l'a vu disparaître. — Il n'y a, du reste, rien d'improbable à ce que le nombre des vésicules contractiles ne soit pas toujours le même chez la *Lacrymaria Olor*, car nous connaissons plusieurs infusoires (*Podophrya quadripartita, Ophryoglena flava*, etc.) chez lesquels le nombre de ces vésicules varie également.

M. Ehrenberg n'a constaté l'existence d'un nucléus chez aucune de ses Lacrymaires ni de ses Trachélocerques, et MM. Dujardin et Perty, qui n'attachent en général aucune importance à cet organe, ne nous ont naturellement pas renseignés plus exactement à cet égard. Nous avons trouvé, pour ce qui nous concerne, le nucléus de la *Lacrymaria Olor* composé de deux corps ovalaires unis ensemble, comme les deux moitiés d'un petit pain (V. Pl. XVI, Fig. 5 a). Sur la ligne de jonction de ces deux corps ovalaires se trouve appliqué un corpuscule arrondi, semblable à celui qu'on trouve adjacent au nucléus de plusieurs autres infusoires, et que l'école uni-cellulaire a baptisé du nom de nucléole.

Il nous reste à justifier maintenant l'anéantissement dont notre synonymie de la *Lacrymaria Olor* menace plusieurs des espèces établies par M. Ehrenberg. — La *Trachelocerca viridis* Ehr. ne peut très-certainement pas subsister comme espèce, attendu qu'elle est basée uniquement sur la présence « d'ovules verts. » Or, ce que M. Ehrenberg appelle des ovules verts, sont des granules de chlorophylle disséminés dans le parenchyme, granules dont nous ne connaissons pas la valeur physiologique, mais qui, dans certaines circonstances, sont susceptibles de se former chez toutes les espèces d'infusoires. Du reste, de toutes les figures de Lacrymaires qu'a publiées M. Ehrenberg, celles de la *Trachelocerca viridis* sont celles qui donnent l'idée la plus juste de la *Lacrymaria Olor*, que nous venons de décrire. M. Perty a, sans dire pourquoi, transformé le nom de *Trachelocerca viridis* en celui de *Trachelocerca linguifera*, qui n'a aucun droit de bourgeoisie dans la science.

La *Trachelocerca viridis* Ehr. est donc très-décidément synonyme de notre *Lacrymaria Olor*. On pourrait, par contre, conserver quelques doutes sur l'identité de celle-ci avec la *Trachelocerca Olor* Ehr. En effet, dans les figures que M. Ehrenberg donne de cette dernière, il ne dessine pas l'appendice conique qui termine le cou, appendice caractéristique des Lacrymaires telles que nous les avons définies. Mais les dessins de la *Trachelocerca Olor* portent évidemment, dans l'ouvrage de M. Ehrenberg, un cachet de moins grande exactitude que ceux de la *Trachelocerca viridis* ou de la *Tr. biceps*, et remontent probablement à une époque plus ancienne, où M. Ehrenberg ne s'était pas encore bien familiarisé avec l'organe qu'il appelle une *lèvre*. Cela est d'autant plus probable, que M. Ehrenberg, en signalant les différences qui peuvent servir à distinguer la *Lacrymaria Proteus* de la *Trachelocerca Olor* (distinction qu'il accorde être souvent fort épineuse), ne fait nullement entrer la *lèvre* en ligne de compte. Aussi ne pensons-nous pas nous tromper en considérant notre *Lacrymaria Olor* comme synonyme de la *Trachelocerca Olor* de M. Ehrenberg.

La *Trachelocerca biceps* Ehr., dont M. Ehrenberg n'a eu qu'un exemplaire, n'est très-certainement pas une espèce à part, mais une monstruosité, comme ce savant le supposait déjà, ou, ce qui est beaucoup plus probable, un commencement de division spontanée. M. Perty représente une *L. Olor* (*Trachelocerca linguifera* Perty) dans un état de division spontanée, qui est évidemment un degré un peu plus avancé de division que celui que figure M. Ehrenberg (cf. Perty. *Zur Kenntniss*, etc. Pl. V, Fig. 16). Nous-mêmes, nous avons observé un individu qui présentait une duplicité marquée, non pas en avant, comme dans les cas précités, mais en arrière. L'animal avait deux corps et un seul cou. C'était là, à notre avis, un commencement indubitable de division spontanée, et ce serait folie que d'y voir une espèce nouvelle.

Enfin, nous ne savons trouver, entre la *Lacrymaria Proteus* et la *Lacrymaria Olor*, qu'une seule différence, consistant en ce que l'extrémité postérieure est arrondie chez la première et effilée chez la seconde. Nous ne saurions accorder aucune importance réelle à cette distinction. L'individu que nous avons représenté a la partie postérieure effilée, et devrait, par conséquent, rentrer dans le genre Trachélocerque de M. Ehrenberg, mais nous l'avons trouvé pêle-mêle avec d'autres, dont plusieurs ne présentaient qu'un appendice caudal très-minime, et quelques-uns même en étaient complètement dépourvus. Déjà M. Perty remarque que la *Lacrymaria Proteus* est tantôt arrondie, tantôt effilée à l'extrémité (et il conserve néanmoins les genres Trachélocerque et Lacrymaire!). Il ajoute qu'il en est de même chez sa *Trachelocerca linguifera*. Il résulte, il est vrai, de là qu'il ne subsiste plus aucune différence appréciable entre la *Lacrymaria Proteus* et la *Trachelocerca linguifera;* mais M. Perty ne paraît pas s'en inquiéter beaucoup. Il y a plus : nous nous sommes assurés que le même individu peut avoir un appendice caudal, ou n'en point présenter du tout selon qu'il a peu mangé ou qu'il est distendu par une grande quantité de nourriture. Une fois que cet appendice a disparu, il est facile de croire l'anus situé exactement dans la prolongation de l'axe du corps, bien qu'il soit réellement quelque peu en dehors de cet axe. Nous croyons donc devoir réunir la *Lacrymaria Proteus* et la *Lacrymaria Olor*, aussi longtemps qu'il n'est pas démontré qu'il existe une Lacrymaire à extrémité postérieure arrondie, qui se différencie par quelque autre caractère positif de la vraie *Lacrymaria Olor*.

La taille de la *Lacrymaria Olor* varie, comme nous l'avons dit, très-considérablement. Les plus gros exemplaires que nous ayons rencontrés dans les eaux dormantes des environs de Berlin mesuraient $0^{mm},20$, le col non compris.

2° *Lacrymaria Lagenula.* (V. Pl. XVIII, Fig. 7.)

DIAGNOSE. Lacrymaire en forme de flacon à liqueur; col court et peu extensible; nucléus unique et ovale; vésicule contractile située près de l'extrémité postérieure; espèce marine.

Cette Lacrymaire est impossible à confondre avec la précédente, qu'elle est bien loin d'égaler dans l'élégance et la grâce des mouvements. Son col est très-court et même n'est point distinct, comme dans la *Lacrymaria Olor*. Le corps cylindrique s'amincit plutôt graduellement en avant, et porte un appendice conique tout semblable à celui qui surmonte le col de la *L. Olor*. La cuticule est profondément sillonnée par des stries obliques parallèles les unes aux autres. Nous n'avons pas constaté l'existence d'un second système de stries croisant le premier. Les cirrhes buccaux forment une couronne implantée dans le sillon circulaire qui sépare l'appendice conique du col de la Lacrymaire.

La vésicule contractile est située à l'extrémité postérieure de l'animal. L'anus est sans doute placé tout auprés. Pourtant nous n'avons pas observé d'excrétion. — Le nucléus est un corps ovale, plus ou moins allongé suivant les individus.

La *Lacrymaria Lagenula* atteint une longueur d'environ $0^{mm},07$. Nous l'avons trouvée entre des floridées dans les eaux du fjord de Bergen et à Gleswær, près de Sartoröe, également sur la côte de Norwége.

3° *Lacrymaria coronata.* (V. Pl. XVIII, Fig. 6.)

DIAGNOSE. Lacrymaire en forme de flacon étroit; nucléus en ruban; vésicule contractile terminale; appendice conique présentant un étranglement circulaire dans lequel est implantée la couronne de cirrhes buccaux; espèce marine.

Cette Lacrymaire est, par sa forme, très-semblable à la précédente, dont elle ne se différencie que par son nucléus allongé en ruban et parfois un peu sinueux, et par l'étranglement de son appendice conique. Soit chez la *Lacrymaria Olor*, soit chez la *L. Lagenula*, les cirrhes buccaux sont implantés à la base même de l'appendice conique. Chez la *L. coronata*, au contraire, ils sont portés par un sillon circulaire placé à mi-hauteur de cet appendice. Comme, de plus, les cils qui sont portés par le bord circulaire du col sont un peu plus longs que ceux qui forment le reste de l'habit ciliaire, la *L. coronata* semble ornée d'une double couronne de cirrhes buccaux.

La *Lacrymaria coronata* est striée obliquement comme l'espèce précédente. La taille est aussi à peu près la même. Toutefois, on rencontre des individus bien plus grands. Nous en avons eu qui atteignaient une longueur de $0^{mm},15$. Du reste, cette Lacrymaire est susceptible de s'allonger à volonté, de même que la *L. Lagenula*, mais à un degré bien moindre que la *L. Olor*.

Nous avons observé la *Lacrymaria coronata* dans le fjord de Bergen, en Norwége.

M. Ehrenberg décrit encore, dans son grand ouvrage, deux Lacrymaires sous les noms de *Lacrymaria Gutta* et *L. rugosa*. Toutes deux ne sont que très-imparfaitement observées, et il ne nous paraît pas même bien démontré que la seconde appartienne réellement au genre Lacrymaire. Rien ne semble indiquer que sa bouche soit plutôt à l'extrémité du col qu'à sa base, ni par conséquent que l'animal soit une Lacrymaire plutôt qu'un Amphileptus. — Plus tard, M. Ehrenberg donna une diagnose d'une espèce marine qu'il nomme *Trachelocerca Sagitta* (Monatsb. der k. preuss. Akad. zu Berlin. 1840, p. 202), mais il est impossible de se faire, d'après cette simple diagnose de deux lignes, une idée de l'animal auquel ce nom doit se rapporter.

M. Dujardin cite, sous le nom de *L. versatilis*, une Lacrymaire marine qui est très-proche parente de la *L. Olor* et qu'Otto-Friederich Mueller a décrite sous le nom de *Trichoda versatilis*.

Il est fort incertain que la *Lacrymaria tornatilis* de M. Dujardin (Duj. Inf., p. 471, Pl. XIV, Fig. 1) appartienne réellement au genre Lacrymaire, attendu que cet auteur n'a reconnu ni l'existence de la bouche, ni même celle d'un appendice conique à l'extrémité du col. Quant à l'infusoire que M. Dujardin figure dans sa planche VI sous le nom de *Lacrymaria farcta* et dont il ne donne aucune description dans le texte, nous ne mettons pas en doute que ce ne soit un Amphileptus voisin de l'*Amphileptus Anaticula*.

2e *Genre*. — PHIALINA.

Les Phialines ne se différencient des Lacrymaires que par la position de leur bouche, qui, au lieu d'être exactement terminale comme chez ces dernières, est placée dans le sillon circulaire qui sépare le col de l'appendice qui le surmonte. Nous avons déjà discuté suffisamment cette différence à propos du genre Lacrymaire, ce qui nous dispense d'y revenir maintenant. L'anus est terminal.

ESPÈCES.

1° *Phialina vermicularis*. Ehr., p. 334. Pl. XXXVI, Fig. 3.

(V. Pl. XVIII, Fig. 8.)

DIAGNOSE. Phialine à appendice cylindrique et large, couronné à son sommet d'une rangée de cirrhes; nucleus ovale; vésicule contractile placée à l'extrémité postérieure.

Cette Phialine, déjà observée par Otto-Friederich Mueller, est facilement reconnaissable par sa forme, comparable à celle d'une poire à poudre à très-large ouverture. M. Ehrenberg la compare très-heureusement à un Echinorhynchus. Cet auteur l'a figurée d'une manière assez exacte, seulement il l'a crue entièrement glabre, tandis qu'elle est réellement ciliée. Il est vrai que les cils sont fins et difficiles à percevoir.

L'animal est surmonté en avant par un appendice tout-à-fait analogue à celui que présentent les Lacrymaires. Cet appendice est cylindrique, court et large. Les cirrhes ne sont point implantés, comme chez la *Lacrymaria Olor*, dans le sillon qui environne la base de l'appendice; ils ne forment pas non plus, comme chez la *Lacrymaria coronata*, une couronne placée à mi-hauteur, mais ils sont disposés en verticille tout-à-fait au sommet. La manière dont ils s'agitent est assez différente du mouvement présenté par les cirrhes des Lacrymaires. En effet, la pointe des cirrhes est en général dirigée en arrière, comme M. Ehrenberg le dessine déjà sur sa planche.

Nous n'avons pas été heureux dans la recherche de la bouche qui, probablement, ne frappe les regards, comme chez plusieurs Amphileptus, qu'au moment où l'animal mange. Mais M. Ehrenberg dessine la bouche d'une manière si évidente dans le sillon lui-même, que nous le supposons avoir surpris la *Phialina vermicularis* dans le moment même où elle mangeait. D'ailleurs, la direction singulière que prennent les cirrhes pendant qu'ils produisent un tourbillon, semble s'expliquer tout naturellement par la position de la bouche telle que M. Ehrenberg la représente. Si la bouche était terminale comme chez les Lacrymaires, il serait bien difficile que les cirrhes pussent contribuer à lui amener les particules nutritives, qu'elle doit happer à leur passage.

La vésicule contractile est placée tout près de l'extrémité postérieure où elle a déjà été signalée par M. Ehrenberg, et même par O.-F. Mueller. M. Ehrenberg rapporte avoir remarqué chez quelques individus une seconde vésicule contractile, et il suppose, avec raison sans doute, que ces individus-là étaient sur le point de se multiplier par division spontanée. Nous avons vu en général la partie postérieure de la cavité du corps remplie de granules fortement réfringents qui soustrayaient parfois complètement la vésicule aux regards.

Le nucléus, qui ne paraît pas avoir été vu par M. Ehrenberg, est un corps ovalaire, unique, qui occupe en général une position un peu oblique à l'axe.

Nous avons rencontré çà et là la *Phialina vermicularis* aux environs de Berlin. M. Ehrenberg lui attribue une longueur de $^1/_{70}$ de ligne, ce qui coïncide tout-à-fait avec la taille des individus observés par nous.

M. Ehrenberg décrit sous le nom de *Phialina viridis* (Ehr. Inf., p. 334, Pl. XXXVI, Fig. 4) une Phialine qui pourrait bien n'être pas spécifiquement différente de la précédente. La couleur verte ne peut, on le sait, entrer en ligne de compte. Toutefois, les exemplaires figurés par M. Ehrenberg sont notablement plus rétrécis en avant que ne l'est la *P. vermicularis*.

3e *Genre.* — TRACHELOPHYLLUM.

Les Trachelophyllum rappellent, soit par leur forme, soit par leur bouche terminale, les Lacrymaires, mais ils s'en distinguent par leur forme très-aplatie. Cette différence pourrait, au premier abord, ne paraître pas très-essentielle, mais elle est reliée à une différence si grande dans le mode de natation, qu'il n'est pas possible de confondre un Trachelophyllum avec une Lacrymaire. En effet, les Trachelophyllum ne tournent pas autour de leur axe comme les Lacrymaires, mais glissent, pour ainsi dire, sur l'une de leurs faces à la manière des Loxophyllum ou des Chilodon. Aussi pourrait-on être tenté de les confondre au premier abord avec des Loxophylles, ou plutôt, comme le limbe transparent de ces derniers leur fait défaut, avec des Amphileptus. Toutefois, il est un critère qui peut toujours servir à les distinguer avec une certitude parfaite : les Trachelophyllum portent en avant un petit appendice comparable à celui que présente le col des Lacrymaires ; mais cet appendice n'est pas, comme chez ces dernières, entouré d'une couronne de cirrhes.

Le col des Trachelophyllum ne présente pas une élasticité aussi considérable que celui des Lacrymaires.

ESPÈCES.

1° *Trachelophyllum apiculatum.*

SYN. *Trachelius apiculatus.* Perty. Zur Kenntniss., etc., p. 151, Pl. VI, Fig. 15.

(V. Pl. XVI, Fig. 1.)

DIAGNOSE. Trachelophyllum à col allongé et très-mince, contenant un œsophage rectiligne qui se dessine comme une ligne obscure dans l'axe du col ; vésicule contractile située à l'extrémité postérieure ; nucléus multiples, arrondis.

Ce Trachelophyllum est figuré d'une manière assez reconnaissable par M. Perty, qui le décrit comme étant un Trachelius à forme élancée, aminci en avant et terminé à l'extrémité antérieure par une pointe arrondie. C'est cette pointe qui, très-exactement représentée par M. Perty, ne nous permet pas de douter que son *Trachelius apiculatus* ne soit synonyme de notre Trachelophyllum. Seulement, l'animal en question n'est pas un Trachelius, comme le croyait le professeur de Berne, car les Trachelius ont la bouche latérale, tandis que celle de l'animal en question est exactement terminale, c'est-à-dire sise à l'extrémité de la pointe signalée par M. Perty. L'œsophage est formé par une membrane résistante qui se dessine d'une manière aussi prononcée que l'appareil dégluteur des Chilodon ou des Dystériens, et c'est cette membrane qui, faisant saillie en avant (de la même manière que l'appareil des Chilodon peut saillir à l'extérieur), forme la pointe caractéristique. Cet œsophage est fort long et se dessine comme une ligne obscure dans toute la longueur du cou. Il paraît n'être pas cilié à l'intérieur, pas plus que l'œsophage des autres espèces appartenant à la famille. Il est sans doute susceptible de se dilater considérablement, à en juger par la grosseur des objets avalés qu'on rencontre dans la cavité du corps de l'animal. Toutefois, il n'est pas facile de saisir d'une manière distincte le moment de la déglutition, parce que l'animal, agitant son col en sens divers, il est rarement possible de conserver un instant celui-ci dans toute son étendue au foyer du microscope.

Le corps du *Trachelophyllum apiculatum* est recouvert de cils assez longs, mais seulement clair-semés, qui semblent s'agiter d'une manière peu régulière.

La vésicule contractile est une grosse vésicule située près de l'extrémité postérieure, où elle a déjà été signalée par M. Perty.

Les nucléus sont au nombre de deux. Ce sont des corps arrondis ou ovales, souvent difficiles à reconnaître à cause de l'abondance des substances avalées qui rendent le Trachelophyllum peu transparent. Chez certains individus qui se préparent sans doute à subir une division spontanée, les nucléus sont au nombre de quatre et disposés en carré (v. Fig. 7).

Les individus que nous avons observés prés de Berlin, où le *Trachelophyllum apiculatum* n'est pas rare, avaient une longueur moyenne d'environ $0^{mm},15$.

2° *Trachelophyllum pusillum.*

SYN. ? *Trachelius pusillus.* Perty, p. 151, Pl. VI, Fig. 12.

(V. Pl. XVI, Fig. 2.)

DIAGNOSE. Trachelophyllum à forme linéaire, sans col bien distinct; deux nucléus allongés; vésicule contractile terminale unique; taille petite.

Le *Trachelophyllum pusillum* est très-étroit, un peu plus large en arrière qu'en avant, mais sans col bien distinct. La partie antérieure présente un petit appendice, rappelant la saillie que fait l'œsophage chez l'espèce précédente; mais cet appendice est ici relativement plus large. Nous n'avons, il est vrai, jamais vu manger le T. *pusillum*, mais néanmoins nous ne mettons pas en doute que sa bouche ne soit placée à l'extrémité antérieure.

La vésicule contractile est placée, comme chez l'espèce précédente, tout près de l'extrémité postérieure. Elle est souvent voilée aux regards par les granules réfringents qui s'accumulent dans la partie supérieure de la cavité digestive.

Les nucléus sont au nombre de deux. Ils ont en général une forme linéaire, et sont placés l'un devant l'autre à peu près selon l'axe longitudinal de l'animal.

Le *Trachelophyllum pusillum* est assez fréquent dans les eaux stagnantes des environs de Berlin. Il atteint une longueur d'environ $0^{mm},04$.

Il nous a fallu un peu de hardiesse pour donner comme synonyme à notre Trachelophyllum un être aussi imparfaitement observé que le *Trachelius pusillus* de M. Perty. Ce savant n'a reconnu, chez son *Trachelius pusillus,* ni les cils de la surface du corps, ni la vésicule contractile, ni les nucléus. Cependant, la forme générale de ce prétendu Trachelius coïncide assez bien avec celle de notre Trachelophyllum. M. Perty signale, de plus, à l'extrémité antérieure de son Trachelius une ouverture ronde, qui, à en juger par les dessins, pourrait bien être l'appendice qui surmonte la partie antérieure et porte la bouche chez les Trachelophyllum. — Dans tous les cas, si la bouche du *Trachelius pusillus* de M. Perty est, comme ce dernier paraît le croire lui-même, placée à l'extrémité antérieure, l'animal en question ne peut appartenir au genre Trachelius, dans lequel la bouche n'est jamais terminale.

4e *Genre.* — ENCHELYS.

Les Enchelys sont des infusoires globuleux qui présentent toujours la forme d'un œuf un peu allongé, l'une des extrémités étant largement arrondie, tandis que l'autre se termine plus ou moins en pointe. C'est à l'extrémité la plus étroite que la bouche se trouve placée. L'anus lui est directement opposé. Les Enchelys sont évidemment très-proches parentes des Holophrya, dont elles ne se distinguent que par leur forme atténuée en avant. En effet, les Holophrya sont aussi larges en avant qu'en arrière et ne vont jamais en s'amincissant en pointe vers la bouche. Cette différence peut sembler bien peu essentielle pour fonder sur elle l'existence de deux genres; toutefois, c'est une différence facile à constater et qui nous permet de maintenir dans leur intégrité les deux genres Enchelys et Holophrya fondés par M. Ehrenberg. Les caractères que nous attribuons à ces deux genres sont, il est vrai, bien différents de ceux qui avaient été signalés par ce savant; mais, nous n'hésitons pas à le dire, les Enchelys sont caractérisées, par M. Ehrenberg, d'une manière tout-à-fait erronée. M. Ehrenberg classe, soit les Enchelys, soit les Holophrya, dans sa famille des Enchelia, mais il considère les premières comme étant parfaitement glabres, et les secondes comme ciliées sur tonte leur surface. Toutefois, les Enchelys sont bien réellement ciliées. M. Ehrenberg nous objectera peut-être que nos Enchelys ne sont pas les siennes, mais nous ne nous arrêtons pas à cette objection, parce que nous sommes convaincus qu'elle n'est pas fondée. Nous avons à choisir entre deux alternatives : ou bien nous devons nous en tenir strictement aux termes de M. Ehrenberg, et donner des noms nouveaux aux infusoires ciliés, que nous sommes convaincus être dans le fond les Enchelys prétendues glabres de M. Ehrenberg, et, dans ce cas, le genre Enchelys Ehr. se trouve anéanti de fait, ou bien il nous faut admettre que M. Ehrenberg a méconnu l'habit ciliaire de ses Enchelys, et, dans ce cas, nous devons maintenir tous les noms formés par cet auteur, mais modifier la caractéristique du genre Enchelys. C'est à cette dernière alternative que nous devons donner la préférence. Il est d'autant plus plausible d'admettre que

M. Ehrenberg a méconnu l'habit ciliaire des Enchelys, que les cils qui le forment sont en général fort courts, difficiles à percevoir et fort lents dans leur mouvement. La plupart des Enchelys ont l'air d'avoir de la peine à se mouvoir, comme si leurs cils n'étaient pas proportionnés à leur masse. Seuls les cils qui entourent la bouche sont un peu plus longs que les autres, et ceux-là ont été vus par M. Ehrenberg. Du reste, il ne faut pas oublier que, dans la même famille des Enchelia, M. Ehrenberg a également méconnu les cils chez un autre genre, savoir chez les Lacrymaires.

M. Dujardin n'a observé aucun infusoire appartenant au genre Enchelys, tel que nous l'avons défini. Les infusoires auxquels il attribue ce nom générique rentrent dans le groupe des Cyclidium. Toutes les Enchelys de M. Ehrenberg, au contraire, quelque différente de la nôtre que soit sa diagnose générique, rentrent dans notre genre Enchelys.

Nous aurions pu ajouter encore un trait à notre caractéristique du genre Enchelys. La plupart des espèces, ou peut-être même toutes, paraissent être obliquement tronquées en avant. Cependant M. Ehrenberg n'a pas remarqué cette particularité et ne l'a notée chez aucune de ses espèces, à l'exception de l'*E. nebulosa*. Nous ne savons, par conséquent, si l'*Enchelys Pupa* Ehr., que nous n'avons pas observée nous-mêmes, ne fait pas exception à cette règle. C'est ce qui nous a engagés à ne pas faire entrer l'obliquité de cette troncature dans les caractères du genre.

ESPÈCES.

1° *Enchelys Farcimen*. Ehr., p. 300, Pl. XXXI, fig. 2.

DIAGNOSE. Enchelys de petite taille, à vésicule contractile unique, terminale, située tout auprès de l'anus; nucléus ovale.

Cette Enchelys est souvent déformée, comme M. Ehrenberg le remarque, par les gros objets qu'elle avale. Ceux-ci sont, en effet, parfois de taille plus considérable que l'Enchelys elle-même. Les cils de la surface sont assez longs pour appartenir à une Enchelys; ceux qui entourent la bouche ne sont pas beaucoup plus longs que les autres. Ils sont peu abondants et distribués en rangées longitudinales assez écartées les unes des autres. L'extrémité antérieure est obliquement tronquée, cependant à un faible degré seulement. L'anus est exactement opposé à la bouche.

La vésicule contractile, qui n'avait été que soupçonnée par M. Ehrenberg, est située tout auprès de l'anus, non pas sur l'axe même du corps, mais à côté de cet axe. Le nucléus est un corps unique, de forme ovale, dont on ne peut guère reconnaître la présence que chez les individus dont la cavité digestive ne renferme pas d'aliments.

L'*Enchelys Farcimen* n'est pas rare aux environs de Berlin. Sa longueur la plus habituelle est seulement de $0^{mm},02$-0,03.

2° *Enchelys Pupa*. Ehr., p. 300. Pl. XXI, Fig. 1.

Cette espèce, que nous n'avons pas rencontrée jusqu'ici, paraît ressembler beaucoup à la précédente, mais sa taille est beaucoup plus considérable. Elle mesure, d'après M. Ehrenberg, jusqu'à un douzième de ligne.

3° *Enchelys arcuata*. (V. Pl. XVII, Fig. 4.)

Diagnose. Enchelys à cils très-courts; vésicules contractiles nombreuses disposées en arc longitudinal; nucléus oblong.

L'*Enchelys arcuata* présente à peu près la même forme que l'*E. Farcimen*, mais sa taille est plus considérable. Les cils qui recouvrent la surface sont fort courts, et l'infusoire semble avoir de la peine à exécuter, autour de son axe, les mouvements de rotation à l'aide desquels il progresse lentement en avant. La partie antérieure est obliquement tronquée et présente une fossette dans laquelle se trouve la bouche.

Les vésicules contractiles sont nombreuses. Le nombre normal nous a paru être celui de cinq. Elles sont disposées de manière à former une ligne arquée longitudinale. Le nucléus, qui présente une forme ovale allongée, est situé, en général, vers le milieu de la longueur du corps, obliquement à l'axe.

L'animal est toujours parfaitement incolore, ce qui est, du reste, aussi le cas pour l'*E. Farcimen*.

Nous avons trouvé l'*E. arcuata* dans les tourbières de la Bruyère aux Jeunes-Filles (*Jungfernhaide*), près de Berlin. Sa longueur est d'environ $0^{mm},08$.

L'*Enchelys infuscata* Ehr. a été observée par M. Ehrenberg d'une manière trop insuffisante pour qu'il soit possible de dire avec certitude si c'est bien réellement une Enchelys, plutôt qu'autre chose. Quant à l'*Enchelys nebulosa* Ehr., nous ne savons trop la différencier de l'*E. Farcimen*.

Les Enchelys de M. Dujardin sont, comme nous l'avons déjà dit, des Cyclidium.

5e *Genre.* — HOLOPHRYA

Les Holophryes sont des infusoires voisins, d'une part des Enchelys, et d'autre part des Prorodon. Elles se distinguent des premières par leur forme tout-à-fait globuleuse, en général pas amincie en avant, qui représente ou une véritable sphère ou un ellipsoïde. Si même parfois l'une des extrémités est un peu plus étroite que l'autre, c'est la postérieure. L'absence de l'appareil dégluteur les différencie, d'un autre côté, très-clairement du genre Prorodon. Un Prorodon privé de son appareil dégluteur, mais conservant la position de sa bouche à l'un des pôles et celle de l'anus à l'autre pôle, serait une vraie Holophrya.

Le genre Holophrya de M. Dujardin coïncide, quant aux espèces qu'il renferme, avec celui de M. Ehrenberg, et, par conséquent, avec le nôtre, bien qu'il ne soit caractérisé par ce savant que d'une manière insuffisante. « Nous ne pouvons, dit en effet M. Dujardin, admettre, chez ces infusoires non plus que chez d'autres, l'anus terminal et opposé à la bouche, que M. Ehrenberg leur attribue. » Néanmoins, il est incontestable que, sous ce rapport, le bon droit est du côté de M. Ehrenberg.

Pour ce qui nous concerne, nous aurions préféré réunir complètement le genre Holophrya au genre Enchelys, parce que nous ne voyons pas entre eux une différence bien essentielle, et que nous ne croyons pas qu'il soit possible de les distinguer exactement dans tous les cas, à moins qu'on ne fasse entrer d'une manière définitive l'obliquité de la bouche parmi les caractères des Enchelys. Si donc nous avons admis les deux genres comme distincts, c'est principalement pour ne pas être obligés de changer des noms devenus habituels.

ESPÈCES.

1° *Holophrya Ovum*. Ehr. Inf., p. 314. Pl. XXXII, Fig. VII.

(V. Pl. XVII, Fig. 5,)

Diagnose. Holophrya en forme d'ovoïde plus ou moins cylindrique ; lèvres formant une petite saillie ; vésicule contractile tout auprès de l'anus.

L'Holophrya que M. Ehrenberg a décrite sous le nom d'*Holophrya Ovum* est, d'après les données de ce savant, colorée d'un vert intense, teinte qui serait inhérente à l'ovaire. Nous ne pouvons attacher d'importance à ce caractère, car nous savons que M. Ehrenberg considère comme des ovules verts les granules de chlorophylle, qui, dans des circonstances non encore déterminées, paraissent pouvoir se déposer dans le parenchyme de tous les infusoires. Nous pensons donc que l'*H. Ovum* de M. Ehrenberg doit pouvoir se rencontrer tout aussi bien incolore que verte. L'infusoire que nous lui rapportons s'est toujours présenté à nous parfaitement incolore, ou diversement coloré par les matières qu'il avait avalées. Sa forme normale coïncide avec celle que M. Ehrenberg donne, dans ses planches, à l'*H. Ovum*. Elle représente un cylindre à bases bombées. La bouche est indiquée par une petite élévation circulaire formée par les lèvres contractées, comme le serait un sphincter. Cette bouche est susceptible de se dilater très-considérablement. Lorsque l'Holophrya a beaucoup mangé, les lèvres s'effacent si bien, qu'il n'est plus possible de reconnaître la position de la bouche, et le corps devient tout-à-fait sphérique.

La cuticule est striée obliquement, mais les stries ne sont bien visibles que lorsque l'animal n'est pas trop rempli de nourriture.

La vésicule contractile est située auprès de l'anus. Elle est, par conséquent, opposée à la bouche.

Le nucléus est unique et arrondi.

Nous avons trouvé l'*Holophrya Ovum* entre des conferves puisées dans les étangs du Parc (*Thiergarten*) de Berlin, La taille, d'un quarante-huitième à un dix-huitième de ligne, qu'indique M. Ehrenberg, correspond à peu près aux variations de longueur que nous avons observées.

L'*Holophrya discolor* Ehr. (Inf., p. 314, Pl. XXXII, Fig. VIII), que nous ne connaissons pas par nous-mêmes, paraît se distinguer de la précédente, surtout par l'amincissement de son pôle postérieur.

L'*H. brunnea* Duj. (Inf., p. 497, Pl. XII, Fig. 1) est une très-grosse espèce, que nous croyons avoir rencontrée quelquefois, mais que nous n'avons pas étudiée d'assez près pour entrer dans aucun détail à son sujet. Quant à l'*H. Coleps* Ehr. (Inf., Pl. XXXII, Fig. IX), il n'est guère possible de dire si elle appartient réellement au genre Holophrya, attendu que M. Ehrenberg n'indique ni la position de sa bouche, ni celle de son anus.

6e Genre. — UROTRICHA.

Les Urotricha sont des infusoires proches voisins des Holophrya, dont ils se distinguent par la présence d'une soie saltatrice, analogue à celle des Cyclidium, dont est armée l'extrémité postérieure. Nous n'avons, il est vrai, pas constaté la position de l'anus chez la seule espèce du genre jusqu'ici connue; mais il est probable que l'anus est, comme dans les genres précédents, directement opposé à la bouche.

ESPÈCE.

Urotricha farcta. (V. Pl. XVIII, Fig. 9.)

DIAGNOSE. Urotricha de forme plus ou moins ovoïde ou ellipsoïdale; lèvres formant une petite proéminence circulaire.

L'*Urotricha farcta* est un infusoire fort commun; aussi la petitesse de sa taille estelle, sans doute, la seule circonstance qui l'a fait échapper jusqu'ici aux investigations des observateurs. Cet animal se distingue dès le premier abord par le mouvement tout particulier des cils de sa surface, qui semblent s'agiter en désordre, sans rappeler aucunement le mouvement des cils vibratiles. L'*Urotricha farcta* s'agite, par suite de ce mouvement, en décrivant lentement des cercles d'un diamètre peu considérable. Parfois, elle fait un bond subit qui la transporte à une fort petite distance de son point de départ. Ce saut est produit par le mouvement de la soie saltatrice. Lorsque cette dernière est en repos, elle ne gît pas dans la prolongation de l'axe du corps, mais elle affecte une position oblique.

La bouche est située au pôle antérieur, c'est-à-dire à celui qui est dirigé en avant pendant la natation. Elle est d'ordinaire complètement fermée, mais les lèvres forment souvent une petite proéminence circulaire, qui, lorsqu'elle est très-prononcée, donne à l'animal l'apparence d'une bouteille munie d'un col très-court. — Cette bouche est susceptible de se dilater très-considérablement dans le but de saisir une proie. En effet, l'*Urotricha farcta* appartient à la catégorie d'infusoires qui peuvent avaler des proies aussi grosses qu'eux-mêmes.

La vésicule contractile est située tout près de l'extrémité postérieure. Quant au nucléus, nous ne l'avons pas reconnu d'une manière positive.

M. le professeur Johannes Mueller, qui a observé, comme nous, l'*Urotricha farcta*, pensait, à ce qu'il nous disait, devoir la rapporter au *Pantotrichum Lagenula* de M. Ehrenberg. Ce dernier observateur plaçait ses Pantotrichum dans sa famille des Cyclidina, groupe fort peu naturel, qu'il caractérisait simplement par l'absence d'un canal alimentaire (!) et la présence d'appendices en forme de cils. Pour ce qui concerne les Pantotrichum mêmes, il n'est pas possible de déterminer avec une parfaite certitude ce qu'ils sont réellement. Les uns (*P. Enchelys* Ehr.) sont peut-être fort voisins des Cyclidium; les autres, et parmi eux le *P. Lagenula* Ehr., en sont bien décidément fort différents. — M. Lieberkühn ne pense pas que le rapprochement tenté par M. Joh. Mueller, entre le *Pantotrichum Lagenula* et l'infusoire que nous venons de décriro sous le nom d'*Urotricha farcta*, soit bien fondé. Il croit plutôt retrouver le Pantotrichum en question dans un infusoire flagellé, à nous inconnu, hérissé sur toute sa surface de soies courtes et roides. C'est cette communication de M. Lieberkühn qui nous décide à ne pas assimiler le *Pantotrichum Lagenula* à notre Urotricha.

L'*Urotricha farcta* abonde aux environs de Berlin et apparaît souvent dans les infusions; elle offre en moyenne une longueur de $0^{mm},02$.

7e Genre. — ENCHELYODON.

Les Enchelyodon sont des animaux d'une forme parfaitement identique à celle des Enchelys, dont ils ne se différencient que parce que leur bouche et leur œsophage sont armés d'un appareil dégluteur comparable à celui des Prorodon ou des Dystériens. On pourrait penser que la place de ces animaux serait plus naturelle dans le genre Prorodon lui-même que dans un genre à part. Mais il suffit de les voir pour comprendre qu'ils ont, dans le fait, une plus grande affinité avec les Enchelys qu'avec les Prorodon. Cette affinité ne consiste pas seulement dans l'analogie de forme (les Enchelyodon sont rétrécis en avant comme les Enchelys, ce qui n'est pas le cas pour les Prorodon), mais encore dans l'identité de la manière de se mouvoir. Les Enchelyodon (tout au moins l'*E. farctus*) sont revêtus de cils fort courts, comme les Enchelys, et semblent, comme ces dernières, avoir de la peine à mouvoir leur corps, trop lourd pour leurs organes locomoteurs. Les Prorodon, au contraire, sont très-agiles dans tous leurs mouvements. Eu égard à la forme, on peut dire que les Enchelyodon sont des Enchelys à appareil dégluteur, tandis que d'un autre côté les Prorodon sont des Holophrya munies également d'un appareil dégluteur.

ESPÈCES.

1° *Enchelyodon farctus*. (V. Pl. XVII, Fig. 3.)

DIAGNOSE. Enchelyodon à appareil buccal étroit; nucléus en bande longue et arquée; vésicule contractile sise à l'extrémité postérieure.

L'*Enchelyodon farctus* varie assez considérablement de forme, selon qu'il a beaucoup mangé ou peu. Certains individus ont exactement la forme d'un œuf de pigeon. D'autres sont relativement bien plus allongés.

L'œsophage est muni de baguettes, ou peut-être seulement de plis simulant des baguettes, et pénètre très-avant dans la cavité du corps. Sa partie antérieure fait en général un peu saillie au-dessus du niveau de la surface du corps, comme le fait l'appareil du *Trachelophyllum apiculatum*.

La vésicule contractile est située tout-à-fait à l'extrémité postérieure. L'anus est tout auprès. Lorsque la vésicule se contracte, son contenu est chassé dans un sinus qui enveloppe cette vésicule de toutes parts, à l'exception du point qui est le plus voisin de la cuticule. Lorsque la vésicule est au milieu de la systole, on voit par suite sa membrane se dessiner comme un anneau tangent à la cuticule et environné de liquide de toute part. Cet anneau va se rétrécissant toujours davantage, tout en restant tangent à la vésicule, et finit par disparaître complètement. La systole est alors achevée et la totalité du liquide a passé dans le sinus. Bientôt la diastole commence; la vésicule reparaît d'abord comme un anneau infiniment petit, tangent à la cuticule. Cet anneau va grandissant par degré et finit par atteindre la grandeur primitive de la vésicule. La totalité du liquide a alors repassé du sinus dans la vésicule. Le jeu de la diastole et de la systole étant relativement lent, est d'une observation facile.

Le nucléus est une bande longue, arquée et étroite, disposée obliquement de l'avant et de la droite à l'arrière et la gauche.

Nous avons trouvé l'*Enchelyodon farctus* dans les tourbières de la Bruyère aux Jeunes-Filles (Jungfernhaide), près de Berlin.

Les plus gros exemplaires atteignaient une longueur de $0^{mm},2$.

2° *Enchelyodon elongatus*. (V. Pl. XIV, Fig. 16.)

DIAGNOSE. Enchelyodon à corps mince et allongé, muni d'un appareil buccal très-court; nucléus en forme de disque ovale.

L'appareil buccal de l'*E. elongatus* est fort court, et l'on ne réussit à y distinguer ni stries, ni baguettes. L'animal se tourne autour de son axe comme une Enchelys; parfois il recule brusquement pour s'avancer ensuite de nouveau. La vésicule contractile est située à l'extrémité postérieure, tout auprès de l'anus. — Cette espèce a été observée par M. Lachmann, soit dans le fjord de Christiana, soit dans celui de Bergen.

8e *Genre*. — PRORODON.

Les Prorodon sont des infusoires de forme plus ou moins ovoïde, ayant la bouche située à l'un des pôles et l'anus au pôle opposé. Sous ce rapport, ils sont semblables aux Holophrya, mais ils se distinguent de celles-ci par la présence d'un appareil dégluteur résistant, présentant, en général, une armure en baguettes. Ce genre a été établi d'une manière très-claire par M. Ehrenberg. Il paraît être composé d'espèces nombreuses, et cependant M. Dujardin n'en a vu aucune.

La bouche des Prorodon n'est pas située aussi mathématiquement au pôle antérieur que la diagnose semble l'indiquer. Au contraire, elle paraît chez la plupart des espèces, à l'exception peut-être du *Pr. niveus* Ehr. et du *Pr. teres* Ehr., ne pas répondre exactement à l'axe longitudinal du corps. Elle affecte en général, par rapport à cet axe, une position quelque peu latérale, et le côté vers lequel elle dévie pourrait, par suite, être considéré comme le côté ventral. La position extra-polaire de la bouche pourrait faire craindre un passage graduel du genre Prorodon au genre Nassula. Toutefois, nous n'avons pas jusqu'ici rencontré d'espèce dont la position pût paraître douteuse. La bouche des Prorodon, tout en ne répondant pas exactement à l'axe longitudinal, n'en est pas moins toujours située dans la région polaire. Chez les Nassula, la bouche est au contraire bien décidément latérale.

M. Ehrenberg fait consister essentiellement le caractère des Prorodon dans la présence des baguettes de l'appareil dégluteur. Nous avons préféré ne pas insister trop sur ce point et caractériser plutôt le genre par la présence d'un appareil dégluteur résistant. En effet, chez l'une des espèces (*P. edentatus*) nous n'avons jamais réussi à reconnaître l'existence de baguettes.

Les baguettes paraissent exister bien réellement chez plusieurs espèces et ne pas être une simple apparence produite par des plis de l'œsophage. Elles sont sans doute formées par des indurations linéaires de la cuticule.

Tous les Prorodon sont vifs et allègres dans leurs mouvements. Chez tous, la progression en avant est unie à un mouvement de rotation autour de l'axe longitudinal.

ESPÈCES.

1° *Prorodon niveus*. Ehr. Inf., p. 315, Pl. XXXII, Fig. 10.

DIAGNOSE. Prorodon de forme elliptique, comprimé; appareil dégluteur comprimé, large, court et composé de baguettes; nucléus formant une longue bande courbée en S; vésicule contractile terminale.

Cette grosse espèce (elle atteint environ $0^{mm},3$ de long) a été suffisamment bien figurée par M. Ehrenberg; aussi est-il inutile de nous en occuper en détail. La forme de son nucléus empêche de la confondre avec aucune des espèces suivantes. La bouche est à peu près exactement polaire.

2° *Prorodon teres*. Ehr. Inf., p. 316, Pl. XXXII, Fig. 11.

DIAGNOSE. Prorodon cylindrique; appareil dégluteur non comprimé, composé de baguettes; Vésicule contractile terminale.

Nous n'avons pas observé de Prorodon que nous pussions rapporter avec certitude à cette espèce. M. Stein, qui paraît l'avoir rencontrée plusieurs fois, nous apprend que son nucléus est muni d'une nucléole comparable à celui du *Paramecium Bursaria* (V. Stein. Die Infusionsthiere, etc., p. 243). A en juger d'après les figures de M. Ehrenberg, la bouche du *Prorodon teres* est exactement polaire, ou peu s'en faut.

3° *Prorodon griseus*. (V. Pl. XVIII, Fig. 3.)

DIAGNOSE. Prorodon cylindrique, à bouche subterminale; appareil dégluteur comprimé, large, et formé par des baguettes; nucléus oVale, présentant deux zones : l'une périphérique et incolore, l'autre centrale, granuleuse et munie d'un nucléole; Vésicule contractile à peu près terminale.

Le *Prorodon griseus* a la forme d'un cylindre à peu près deux fois ou deux fois et demi aussi long que large, et arrondi à ses deux bases. Sa surface présente des stries fines, longitudinales et très-rapprochées les unes des autres. C'est un animal en général assez transparent, qui présente une coloration grise lorsqu'il est vu par transparence, mais qui paraît blanchâtre à la lumière incidente.

La bouche est sub-polaire. C'est une fente large et étroite, qui occupe une position oblique par rapport à l'axe idéal de l'infusoire. Son bord est formé par l'extrémité des baguettes de l'appareil dégluteur. Les baguettes elles-mêmes deviennent toujours moins distinctes à mesure qu'on descend plus profondément dans l'œsophage et paraissent finir par s'évanouir complètement dans la cuticule qui tapisse cet organe. C'est, du reste, ce qu'on observe chez toutes les espèces à appareil en baguette. — L'appareil dégluteur n'est point droit comme chez le *Prorodon niveus,* mais légèrement courbé en arc.

La vésicule contractile est une très-grosse vésicule située à l'extrémité postérieure de l'animal, comme chez la plupart des Prorodon.

Le nucléus est un corps discoïdal un peu ovale, placé, en général, un peu en arrière de la mi-longueur de l'animal. Il est formé principalement par une masse centrale granuleuse, sur le centre de laquelle se trouve appliqué un petit corps pyriforme, que, d'après la malencontreuse nomenclature de l'école unicellulaire, on doit nommer *un nucléole.* Tout autour de cette masse centrale granuleuse se voit une couche périphérique, ou limbe transparent, à apparence assez homogène.

Le *Prorodon griseus* atteint une longueur de $0^{mm},10$.

Nous avons rencontré cette espèce dans un canal d'eau stagnante formé, dans le jardin de l'École vétérinaire de Berlin, par un affluent de la Sprée, nommé la Panke.

4° *Prorodon armatus.* (V. Pl. XVIII, Fig. 2.)

DIAGNOSE. Prorodon de forme globuleuse un peu comprimée; appareil dégluteur large, court et muni de baguettes; bouche sub-polaire; moitié antérieure du corps armée de trichocystes, qui vont en diminuant graduellement de longueur à mesure qu'on s'éloigne du pôle antérieur et qu'on marche vers l'équateur.

La forme normale de ce Prorodon est bien différente de celle de l'espèce précédente. Nous n'avons plus affaire à un cylindre, mais à un corps aplati, qui, vu de face, présente un contour à peu près circulaire, et, vu de tranche, offre une périphérie en ellipse plus ou moins allongée.

Le *P. armatus* se distingue facilement de toutes les autres espèces connues par la présence de trichocystes disposés, dans le parenchyme, perpendiculairement à la cuticule. Ces trichocystes sont fort longs dans la région polaire antérieure, mais ils vont en diminuant rapidement de longueur à mesure qu'on s'éloigne du pôle. La partie postérieure de l'animal paraît en être complètement dépourvue, et nous n'avons pas même pu suivre les trichocystes jusqu'à la ligne idéale et transverse, qu'on peut nommer l'équateur du Prorodon.

La bouche est sub-polaire et forme une fente allongée, oblique à l'axe, et bordée par les baguettes de l'appareil dégluteur. Celui-ci est relativement assez court.

La vésicule contractile est située au pôle postérieur, tout auprès de l'anus. Lorsqu'elle se contracte, on voit régulièrement apparaître, autour de la place qu'elle occupait, un groupe de trois ou quatre vésicules, qu'on doit considérer comme des sinus analogues à celui que nous avons décrit chez l'*Enchelyodon farctus*.

Le nucléus est relativement petit, elliptique.

Nous avons observé une seule fois cette espèce dans les environs de Berlin. Sa longueur était de $0^{mm},10$.

5° *Prorodon edentatus*. (V. Pl. XVIII, Fig. 4.)

DIAGNOSE. Corps en forme d'ellipsoïde allongé; bouche sub-polaire; appareil dégluteur étroit, dépourvu de baguettes, mais fort long, atteignant parfois la moitié de la longueur totale; nucléus ovale, allongé; vésicule contractile terminale.

Le *Prorodon edentatus* présente, à la surface, des stries longitudinales assez écartées. Les cils sont partout d'une longueur à peu près uniforme, sauf au pôle postérieur, où ils s'allongent considérablement, à peu près comme cela se voit chez le *Paramecium Aurelia*.

Le caractère distinctif de cette espèce consiste dans son appareil dégluteur étroit, formant un cône très-allongé, dont la base répond à la bouche et dont le sommet fait saillie dans la cavité du corps. Nous n'avons jamais réussi à reconnaître dans cet appareil la moindre trace de baguettes. Mais nous ne voyons pas dans cette circonstance une raison suffisante pour justifier l'érection de cette espèce et de la suivante en un genre particulier.

Le nucléus est un corps ovale très-allongé, placé obliquement à l'axe, et, en général, dans la moitié postérieure de l'animal. Il présente fréquemment une apparence mamelonnée.

Le *Prorodon edentatus* est l'espèce la plus commune aux environs de Berlin. Il est en général parfaitement incolore. Sa longueur habituelle est de $0^{mm},10$ à $0,15$.

6° *Prorodon marinus*. (V. Pl. XVIII, Fig. 5.)

DIAGNOSE. Prorodon cylindrique; bouche presque exactement polaire; appareil dégluteur très-étroit et très-court, sans baguettes; vésicule contractile terminale.

Le *Prorodon marinus* représente un cylindre environ deux fois ou deux fois et demie aussi long que large. Les quelques exemplaires que nous avons observés étaient tellement remplis de granules fins et fortement réfringents, qu'ils en paraissaient presque noirs, et qu'il était fort difficile de reconnaître leur organisation intérieure.

La bouche est à peu près exactement polaire, et conduit dans un appareil très-étroit et beaucoup plus court que chez aucune des espèces précédemment décrites. Nous n'avons pas réussi à reconnaître de baguettes. Chez un exemplaire (celui que nous avons figuré), la partie postérieure de la cavité du corps était occupée par une large vacuole, remplie par un liquide qui tenait en suspension de petits corpuscules bacillaires, qu'on aurait pu prendre pour des trichocystes d'infusoire. Il est possible, du reste, que telle fût bien réellement leur nature, et que ces corpuscules fussent les restes d'un infusoire digéré par le Prorodon. Le nucléus s'est donné à reconnaître vaguement, dans la masse peu transparente du corps, comme un disque ovale et clair.

La longueur du corps est d'environ $0^{mm},10$.

Nous avons observé cette espèce, en 1855, dans le fjord de Bergen.

3° *Prorodon margaritifer*. (V. Pl. XVIII, Fig. 1.)

DIAGNOSE. Prorodon cylindrique à bouche sub-polaire; appareil dégluteur muni de baguettes ; vésicules contractiles nombreuses, distribuées uniformément dans tout le parenchyme ; nucléus formé de deux corps elliptiques unis ensemble par un disque circulaire plus petit.

Ce Prorodon se distingue, à première vue, de toutes les autres espèces par ses vésicules contractiles. Tandis que, chez tous les autres Prorodon la vésicule contractile est unique et située tout auprès de l'anus, les vésicules sont, chez le *Prorodon margaritifer,* très-nombreuses et dispersées dans tout le parenchyme. Peut-être aurait-on pu voir dans cette circonstance une raison suffisante pour fonder un genre à part. Toutefois, comme nous n'avons pas, en général, ajouté d'importance au nombre ni à la position des vésicules contractiles, dans l'établissement des genres, nous avons préféré laisser notre infusoire dans le genre Prorodon, où il occupe une place toute naturelle.

La couleur du *Prorodon margaritifer* est (sous le microscope) un gris-brun analogue à celui du *Prorodon griseus*. Les vésicules contratiles offrent, par contre, la teinte rosée qui leur est habituelle chez la plupart des infusoires. Comme ces vésicules sont très-nombreuses, et que tantôt l'un, tantôt l'autre se contracte, le Prorodon présente, en tournant vivement autour de son axe, un aspect tout particulier. On croirait presque voir un ciel grisâtre, laissant cependant percer les étoiles.

Le *Prorodon margaritifer* est strié longitudinalement par des sillons fins et rapprochés. La bouche est sub-polaire et forme une fente allongée, étroite et oblique à l'axe. Elle présente sur son pourtour des baguettes nombreuses, mais courtes.

Le nucléus a une forme toute particulière. Il est composé de deux corps elliptiques disposés obliquement à l'axe, de manière à converger en arrière l'un vers l'autre. Ils ne se touchent cependant pas l'un l'autre, mais sont unis médiatement par un petit disque circulaire. Chacun des corps elliptiques est composé d'une zone centrale plus obscure et d'une zone périphérique plus transparente, qui forme une sorte de limbe incolore. Ce nucléus compliqué paraît être en général libre dans la cavité du corps. En effet, bien que l'animal tourne continuellement autour de son axe, le nucléus présente toujours la même apparence et semble rester parfaitement immobile. On est forcé, par suite, d'admettre que l'animal tourne autour de son nucléus, quelque peu vraisemblable que cela puisse paraître en soi-même. M. de Siebold a déjà prétendu que, dans certains cas, les infusoires tournent autour de leur nucléus, assertion qui, d'après M. Eckhard, serait basée sur une pure illusion d'optique. L'observation que nous venons de rapporter nous paraît parler en faveur de M. de Siebold, car nous avons pu nous convaincre que l'image que nous avions sous les yeux n'était pas une simple coupe du nucléus suivant le plan du foyer du microscope, mais qu'elle représentait bien la totalité du nucléus.

Le *Prorodon vorax* Perty (Perty. Zur Kenntniss, etc., p. 147, Pl. III, Fig. 9) doit se distinguer du *P. niveus* seulement par les baguettes plus délicates de son appareil dégluteur. Nous sommes disposés à croire que ce Prorodon est bien une espèce distincte, mais, malheureusement, M. Perty ne nous apprend rien sur son nucléus; c'est là une lacune regrettable, puisque le *Prorodon niveus* est caractérisé essentiellement par son nucléus en forme de bande courbée en S. Aucune autre espèce n'a présenté jusqu'ici de semblable nucléus.

Le *Habrodon curvatus* Perty (Zur Kenntniss, p. 147, Pl. V, Fig. 10) nous est resté inconnu jusqu'ici. Ce doit être un animal très-voisin des Prorodon, ou peut-être encore davantage des Enchelyodon. Les dessins de M. Perty semblent suffisants pour qu'on puisse reconnaître cette espèce dans l'occasion.

9e *Genre.* — NASSULA.

Les Nassula sont des infusoires dont la bouche est armée, comme celle des Prorodon, d'un appareil dégluteur; mais, tandis que la bouche est terminale chez ces derniers, elle est latérale chez les Nassula. Il est vrai, comme nous l'avons vu tout-à-l'heure, que la bouche des Prorodon est plus souvent encore sub-polaire que située exactement au pôle antérieur de l'animal, mais il ne peut cependant résulter de cette circonstance aucune incertitude dans la délimitation des deux genres. En effet, si chez certains Prorodon la bouche n'est pas exactement terminale, elle est du moins toujours située dans la région polaire, tandis que chez les Nassules elle est bien décidément latérale et dépassée en avant par une portion notable de la longueur du corps. A ce point de vue, les Nassules se rapprochent des Chilodon, mais elles s'en différencient par la circonstance qu'elles offrent une forme à peu près cylindrique, tandis que les Chilodon sont très-aplatis et même dépourvus de cils sur leur face dorsale.

Nous ne mettons ici, pas plus que chez les Prorodon, une grande importance aux baguettes de l'appareil dégluteur, parce que M. Stein nous a fait connaître une espèce de Nassule dont l'appareil paraît être parfaitement lisse.

Le genre Nassula, ainsi délimité, coïncide parfaitement avec celui de M. Ehrenberg, qui est basé sur les mêmes caractères. Il est vrai que nous y faisons rentrer le *Chilodon ornatus* de cet auteur. Mais c'est évidemment par une méprise que M. Ehrenberg classait cet animal parmi les Chilodon; il était en cela en contradiction avec lui-même. D'ailleurs, il remarque en propres termes que son *Chilodon ornatus* serait peut-être mieux placé parmi les Nassules.

L'appareil dégluteur paraît souvent faire une saillie assez prononcée au-dessus du niveau des téguments. M. Dujardin remarque avec raison qu'il diffue facilement à la mort de l'animal, et qu'il ne jouit pas par conséquent d'une consistance bien ferme.

Certaines Nassules paraissent avoir constamment, dans une région déterminée de la partie antérieure de leur corps, un amas de granules colorés d'un bleu violet. M. Ehrenberg veut voir dans cet amas un organe sécrétant un suc propre à la digestion, peut-être de la bile (*Saft- oder Gallorgan*). C'est là, jusqu'ici, une pure hypothèse. M. Stein a donné une toute autre explication de cette coloration. « La nourriture de ces animaux, dit-il[1], consiste essentiellement en Oscillariées; ils en avalent même parfois des fragments si longs que leur corps se trouve par suite allongé au-delà de la norme et déformé. Durant l'acte de la digestion, les éléments discoïdaux des Oscillariées se séparent les uns des autres, et prennent une couleur qui tire d'abord sur le vert-de-gris, puis passe au bleu sale et plus tard au brun de rouille, pour se dissoudre enfin en une masse finement granuleuse, qui donne à tout le corps une teinte jaune-rouille uniforme. Ce sont ces fragments d'Oscillariées colorés d'un rouge-bleu qu'Ehrenberg a vus chez les Nassula, les Chilodon et les autres infusoires vivant d'Oscillariées, et qu'il a considérés comme des organes sécrétant un suc utile à la digestion. »

Nous n'osons pas suivre M. Stein dans tous les détails de cette explication. Il est parfaitement vrai que les Nassula vivent en général d'Oscillariées, et que la couleur

1. Stein, p. 149.

vert-bleu qu'elles affectent parfois provient des débris des algues qu'elles ont avalées. Que la couleur jaune-rouille ou rouge de brique qu'elles présentent le plus souvent ait pour cause un stade plus avancé de la digestion des Oscillariées, c'est ce dont nous n'avons pas réussi à nous convaincre jusqu'ici. Mais, quant à l'accumulation constante de granules violets que présente, dans une région déterminée de sa partie antérieure, la Nassule que M. Ehrenberg nomme *Chilodon ornatus,* nous ne croyons pas qu'elle ait une origine semblable. Les granules dont elle se compose ne paraissent pas prendre part à la circulation des matières alimentaires. Sans donner notre assentiment à l'*organe biliaire* de M. Ehrenberg, nous croyons devoir considérer cet amas de granules violets comme un organe particulier à fonction encore inconnue.

M. Perty a fondé, pour une nouvelle espèce de Nassule, le genre *Cyclogramma.* La définition qu'il donne de ce genre nouveau convient parfaitement à tout le genre Nassule, et, comme il néglige de nous donner une définition de ce dernier, nous sommes fort embarrassés de dire par quoi M. Perty veut distinguer les deux genres l'un de l'autre. Il est vrai que M. Perty place sept à huit *soies* (baguettes) dans la bouche de ses Cyclogramma, et qu'on serait embarrassé de justifier ce nombre pour toutes les Nassules. Cependant, nous ne pensons pas qu'on puisse baser un genre sur le nombre des baguettes de l'appareil dégluteur, puisqu'il n'est pas même démontré que ce nombre soit constant chez une seule et même espèce. Nous avons, du reste, retrouvé le *Cyclogramma rubens* de M. Perty, et nous n'avons pu le différencier des Nassules jusqu'ici connues que par un seul caractère, savoir l'existence de trichocystes dans ses téguments. Cette différence ne nous semble pas assez importante pour justifier la conservation du terme générique proposé par M. Perty. En effet, nous ne nous sommes servis nulle part des trichocystes dans la caractéristique des genres, et nous pensons avoir bien agi en cela, puisque, dans certaines circonstances non encore déterminées, des espèces à trichocystes, tel que le Paramecium Aurelia, se trouvent entièrement dépourvues de ces organes.

ESPÈCES.

1° *Nassula flava.*

Syn. *Chilodon ornatus.* Ehr., p. 338. Pl. XXXVI, Fig. IX.

(V. Pl. XVII, Fig. 6.)

Diagnose. Nassule cylindrique. Appareil dégluteur renflé sphériquement à sa partie antérieure et composé de baguettes ; partie antérieure montrant une dépression dans la région dorsale, et dans la partie correspondante de la cavité du corps un amas de granules violets ; deux vésicules contractiles.

Cette Nassule est de forme cylindrique, en général trois ou quatre fois aussi longue que large ; cependant on trouve des exemplaires beaucoup plus gros que les autres, chez lesquels la proportion de la largeur à la longueur n'est pas plus que celle de 1 : 2 $^{1}/_{2}$ ou même 2. L'appareil dégluteur est assez long, et se distingue par le renflement sphérique de son extrémité buccale. A ce point de vue, cette Nassule se différencie du *Chilodon ornatus* de M. Ehrenberg, chez laquelle, d'après les dessins de ce dernier, l'appareil est linéaire, comme celui des Chilodon ou des Prorodon. M. Stein se demande déjà, à propos de sa *Nassula ambigua,* qui offre un renflement analogue, si le dessin que M. Ehrenberg donne de l'appareil dégluteur de son *Chilodon ornatus* est bien exact. Il est parfaitement vrai que l'appareil même du *Chilodon Cucullulus* est susceptible de prendre, dans l'occasion, une forme plus ou moins analogue à celle de l'appareil de notre Nassule, à savoir dans le moment même de la déglutition. La partie antérieure de l'appareil se resserre alors derrière l'objet saisi, tandis que la région placée immédiatement au-dessous se trouve dilatée par l'objet lui-même, ce qui produit dans la partie buccale de l'appareil dégluteur un renflement pyriforme. M. Ehrenberg a fort bien figuré cet acte de la déglutition. Mais le renflement que présentent la *Nassula flava* et la *N. ambigua* est de nature toute différente. Il n'est point passager, mais constant. Il n'est point le produit d'une activité momentanée de l'appareil, mais il représente, au contraire, son état de repos. D'ailleurs, l'appareil dégluteur de la *Nassula flava* est susceptible de se dilater considérablement, pendant la déglutition, comme celui des Chilodon.

La région que, par rapport à la position de la bouche, on peut nommer dorsale, présente en général, chez la *Nassula flava,* une dépression assez évidente, située à peu près sur le parallèle de la bouche. Cette dépression devient parfois méconnaissable chez quelques individus, surtout chez ceux qui ont beaucoup mangé et dont le corps se trouve par suite distendu. C'est immédiatement au-dessous de cette dépression que se trouve, dans la cavité du corps, l'amas de granules, tantôt violets, tantôt bleuâtres, que nous avons déjà signalé. Cet amas paraît être adhérent à la paroi du corps, ou du moins reste toujours en contact avec elle. M. Ehrenberg le signale comme une tache, vivement violette, *à la nuque,* expression qui désigne assez exactement sa position réelle.

Le nucléus est unique et arrondi; il est situé, en général, vers le milieu de la longueur du corps. Cependant, quelques individus le portent dans la partie antérieure, en avant du parallèle de la bouche, c'est-à-dire dans le *front* ou dans le *bec,* comme dirait M. Ehrenberg.

Les vésicules contractiles sont toujours au nombre de deux, et c'est là une circonstance qui, jointe à la forme de l'appareil dégluteur, empêche de rapporter avec une parfaite certitude le *Chilodon ornatus* Ehr. à la *Nassula flava.* En effet, le *Chilodon ornatus* n'a, au dire de M. Ehrenberg, qu'une seule vésicule contractile. Chez notre Nassula, l'une des vésicules est située un peu en arrière du premier tiers de la longueur totale, et l'autre dans le troisième tiers. Si l'on considère la génératrice du cylindre qui passe par la bouche comme divisant la face ventrale en deux moitiés symétriques, les vésicules contractiles sont toutes deux du côté droit, et en outre, si nous nous souvenons bien (nous avons négligé de noter cette circonstance), la vésicule postérieure est dans la paroi dorsale. On pourrait supposer que M. Ehrenberg n'a aperçu qu'une des vésicules de son *Chilodon ornatus,* mais c'est une supposition que nous n'esons pas faire, parce que la position attribuée par cet auteur à la vésicule contraetile ne coïncide exactement, ni avec celle de l'une des vésicules de notre Nassule, ni avec celle de l'autre. Elle est un peu trop en arrière pour être la vésicule antérieure de la *Nassula flava,* et beaucoup trop en avant pour être la vésicule postérieure. De plus, la vésicule contractile du *Chilodon ornatus* affecte, au moment de la contraction, une forme de rosette, causée sans doute par le gonflement des vaisseaux qui partent de cette vésicule, phénomène que M. Stein a aussi observé chez la *Nassula ambigua,* tandis que n'avons jamais rien observé de semblable chez la *Nassula flava.*

Ce sont ces différences qui nous ont empêché d'assimiler sans aucune hésitation le *Chilodon ornatus* à la *Nassula flava*. Nous n'aurions pu, du reste, conserver pour celle-ci le nom de *Nassula ornata*, parce que M. Ehrenberg l'a déjà employé pour une autre espèce.

Tous les exemplaires de la *Nassula flava* que nous avons rencontrés jusqu'ici présentaient une teinte jaune de rouille, ou plus souvent encore rouge de brique, couleur dont M. Ehrenberg veut trouver la cause, chez son *Chilodon ornatus*, dans la présence d'ovules dorés, et qui s'explique, chez notre Nassule, par une grande abondance de gouttelettes jaunâtres dans le contenu de la cavité du corps.

La *Nassula aurea* Ehr. (Ehr. Inf., p. 340, Pl. XXXVII, Fig. III) est aussi proche parente de notre *Nassula flava*, mais elle n'a, suivant M. Ehrenberg, qu'une seule vésicule contractile et ne possède pas l'amas de granules violets. Il se pourrait donc, à supposer que les granules violets ne fussent pas essentiels, que le *Chilodon ornatus* Ehr. et la *Nassula aurea* Ehr. formassent une espèce unique, mais différente de notre *Nassula flava*. Il est vrai que, d'après les figures de M. Ehrenberg, la *Nassula aurea* a une forme bien plus lourde que le *Chilodon ornatus*, mais c'est une différence de peu d'importance, car la *Nassula flava* présente des variétés de forme parfaitement correspondantes.

Nous avons trouvé la *Nassula flava* dans plusieurs localités des environs de Berlin. Sa longueur varie en général entre $0^{mm},11$ et 0,20.

2° *Nassula ambigua*. Stein. Inf., p. 248. Pl. VI, Fig. 42-44.

DIAGNOSE. Nassule en forme de cylindre court; appareil dégluteur sans baguettes, renflé en massue en avant; une seule vésicule contractile.

Cette Nassule, que nous ne connaissons pas nous-mêmes, a été bien décrite et figurée par M. Stein, dans son ouvrage sur les Infusoires. Son appareil dégluteur suffit à la distinguer de toutes les autres espèces.

3° *Nassula rubens.*

Syn. *Cyclogramma rubens.* Perty. Zur Kenntniss, etc., p. 146. Pl. IV, Fig. 10.

(V. Pl. XVII, Fig. 8.)

Diagnose. Nassule cylindrique, à appareil relativement gros et renflé dans la région buccale; parenchyme semé de trichocystes; une seule vésicule contractile.

Cette Nassule est environ trois fois aussi longue que large. Son parenchyme est rempli de trichocystes de taille vraiment colossale, relativement à la grosseur de l'animal. Ce sont ces organes qui nous permettent de rapporter avec quelque certitude cette espèce au *Cyclogramma rubens* de M. Perty. M. Perty n'a, il est vrai, connu les trichocystes chez aucun infusoire, mais il signale, chez son *Cyclogramma rubens,* un système de stries marginales concentriques (koncentrische Randstreifung) qu'il a aussi indiqué sur ses planches. Or, ce système de stries est, à n'en pas douter, l'apparence particulière produite par les trichocystes.

La bouche est située dans une dépression en général assez apparente. Il en existe, du reste, une semblable, mais moins évidente, chez la *Nassula flava.* L'appareil dégluteur fait une saillie assez prononcée; il n'est point droit, mais se courbe brusquement en arrière immédiatement après son renflement buccal. M. Perty ne l'a vu que fort imparfaitement; il le signale comme étant facilement reconnaissable chez certains individus, et absolument invisible chez d'autres. Parmi les sept figures qu'il donne de cette espèce, il n'en est qu'une (Fig. 10 *f*) sur laquelle l'appareil dégluteur soit indiqué, mais avec une direction renversée et sans trace de renflement.

La vésicule contractile est unique; elle est placée à peu près vers le milieu de la longueur du corps et à droite de la ligne médiane, celle-ci étant déterminée par la position de la bouche.

La couleur ordinaire de la *Nassula rubens* est un rouge de brique, tirant sur le rosé. Parfois cette couleur devient si pâle que l'animal en paraît presque incolore. Quelques individus sont aussi colorés d'un vert-bleu intense. Cette teinte paraît provenir d'Oscillariées à demi digérées.

Nous avons trouvé cette espèce dans les tourbières de la Bruyère aux Jeunes-Filles (Jungfernhaide), près de Berlin. Sa longueur moyenne est de $0^{mm},05$.

4e *Nassula lateritia.* (V. Pl. XVII, Fig. 7.)

DIAGNOSE. Nassule ovoïde, ayant une échancrure en avant et un peu sur la gauche; appareil dégluteur formé de baguettes et renflé dans la région buccale; deux vésicules contractiles; des trichocystes semés dans le parenchyme.

Cette espèce présente des trichocystes comme la précédente, dont elle se distingue à première vue par sa forme. La partie antérieure est en effet échancrée du côté gauche, à peu près comme la partie correspondante du *Paramecium Bursaria* ou du *P. putrinum*. Les trichocystes sont, du reste, relativement bien plus petits que ceux de la *Nassula rubens*.

L'appareil dégluteur est renflé dans la partie buccale, comme celui de toutes les espèces que nous avons déjà décrites.

Le nucléus est un corps discoïdal, situé dans la partie postérieure du corps.

Les vésicules contractiles sont au nombre de deux. Elles sont placées l'une et l'autre dans la moitié droite et dans la paroi dorsale du corps. L'une est située à peu près au niveau de la partie postérieure de l'appareil dégluteur, l'autre plus en arrière.

La couleur générale de la *Nassula lateritia* est un rouge de brique pâle, tirant sur le rosé. Le corps est strié longitudinalement.

Nous avons trouvé cette espèce dans les environs de Berlin. Sa longueur moyenne est de $0^{mm},05$.

Sous les noms de *Nassula ornata* et de *Nassula elegans*, M. Ehrenberg décrit deux espèces que nous ne croyons pas avoir rencontrées jusqu'ici, et dont les caractères ne nous semblent pas encore bien fixés. La *N. elegans* (V. Ehr. Inf., p. 339. Pl. XXXVII, Fig. 1) est proche voisine de notre *N. flava* et du *Chilodon ornatus* Ehr. Elle s'en différencie surtout par la couleur, caractère auquel nous ne saurions ajouter d'importance. D'un autre côté, elle possède, comme eux, l'amas de granules violets dans la *nuque,* pour s'exprimer avec M. Ehrenberg. Ce qui nous empêche principalement de réunir cette Nassule à notre *N. flava,* c'est la circonstance que M. Ehrenberg mentionne chez elle *trois* vésicules contractiles, et en outre une rangée de vésicules contenant un suc bleuâtre, laquelle s'étend de la *nuque* à l'anus. Nous ne savons trop ce que peuvent être ces vésicules-là. Peut-être s'agit-il d'organes analogues à ceux du *Loxodes Rostrum*.

La *N. ornata* (Ehr. Inf., p. 339. Pl. XXXVII, Fig. 2) est une espèce beaucoup plus grosse que toutes les précédentes, dont elle se distingue surtout par sa forme plus ou moins discoïdale. Elle n'a qu'une grosse vésicule contractile. Il est fort probable que cette espèce est la même que M. Dujardin décrit sous le nom de *Nassula viridis* (Duj. Inf., p. 495. Pl. XI, Fig. 18).

Il est possible que le *Chilodon depressus* de M. Perty (Zur Kenntniss, etc., p. 146. Pl. III, Fig. 7) soit une Nassula. C'est, du reste, peu important à décider, car cet infusoire a été observé d'une manière trop insuffisante pour qu'il soit jamais possible de le retrouver avec certitude. La circonstance que cet animal nageait en tournant autour de son axe, montre suffisamment que, malgré sa forme déprimée (d'après les figures de M. Perty, on croirait plutôt cet infusoire tout-à-fait cylindrique), ce n'était pas un Chilodon.

10e Genre. — CHILODON.

Les Chilodon sont des infusoires très-déprimés, chez lesquels la distinction d'une face ventrale et d'une face dorsale se fait toujours très-facilement. Ils rampent en appliquant leur face ventrale aux objets. La bouche est située entre le milieu et le bord antérieur de cette face ventrale, et elle est munie d'un appareil dégluteur en baguettes. La face dorsale est glabre ; par contre, la face ventrale est ciliée dans toute son étendue. Les cils du bord antérieur sont un peu plus longs que les autres. L'anus est terminal.

La cavité digestive ne remplit pas uniformément tout le corps, et lorsqu'on considère un Chilodon de face, on le voit entouré d'un limbe transparent, formé par une zone du parenchyme, dans laquelle la cavité du corps ne pénètre pas. Cette zone atteint son maximum de largeur en avant, où elle forme ce que M. Ehrenberg nomme une lèvre membraneuse ou une oreillette en bec latéral.

Le genre Chilodon, très-bien compris par M. Ehrenberg, a été méconnu et mutilé par M. Dujardin, qui n'en a pas saisi les caractères essentiels ni les analogies. M. Dujardin a divisé les Chilodon en deux genres, qu'il a répartis dans des familles différentes, et il nous semble même probable qu'il a décrit une seule et même espèce sous deux noms dans ces deux genres. Les uns, auxquels il conserve le nom de Chilodon, sont classés par lui dans sa famille des Paraméciens. Il les caractérise comme des animaux à corps ovale, irrégulier, sinueux d'un côté, lamelliforme, peu flexible, avec des rangées parallèles de cils à la surface et une bouche obliquement située en avant du milieu et dentée ou entourée d'un faisceau de petites baguettes. Les autres, auxquels il donne sans raison justifiable le nom de Loxodes, déjà employé par M. Ehrenberg pour des infusoires tout différents, sont rapportés par lui à la famille des Plœsconiens. Il les différencie des vrais Chilodon par la présence d'une enveloppe membraneuse ou cuirasse qui revêt leur corps aplati, et par la circonstance que les cils sont restreints au bord antérieur seulement. D'ailleurs, les Loxodes doivent être privés d'un appareil dégluteur. On voit donc que l'union monstrueuse des Chilodon-Loxodes avec les Euplotes dans la singulière famille des Plœsconiens, est basée essentiellement sur la prétendue existence d'une carapace chez les Loxodes de M. Dujardin. Or, cette carapace n'existe pas. M. Perty lui-même, bien qu'habitué à marcher aveuglément sur les traces de M. Dujardin, déclare n'avoir jamais pu la voir. D'ailleurs, M. Dujardin en personne, après avoir établi en principe l'existence de la cuirasse, paraît douter lui-même de ce caractère. Il dit, en effet[1] : « On distingue presque toujours le contour de la partie charnue vivante, au milieu d'une enveloppe plus transparente, *mais qui, cependant, n'est pas une membrane persistante,* comme le prouve la facilité qu'ont les Loxodes de s'agglutiner quand ils viennent à se toucher entre eux. » — C'est là, il faut en convenir, un singulier passage ! La prétendue cuirasse se trouve réduite à n'être pas même une membrane persistante ! Cette phrase contient, du reste, plus d'une inexactitude. Le « contour de la partie charnue vivante » est de fait le contour de la cavité du corps, et ce que M. Dujardin considère comme la *partie charnue vivante* est le contenu de cette cavité, le chyme, c'est-à-dire précisément ce qu'il y a de moins

1. Infusoires, p. 450.

charnu dans l'infusoire. Quant à l'enveloppe plus transparente qui entoure la prétendue partie charnue et que M. Dujardin appelle ailleurs une cuirasse, c'est au contraire la partie qui aurait à plus juste titre mérité la qualification de substance charnue; c'est le limbe formé par le parenchyme du corps. Les Loxodes de M. Dujardin sont de vrais Chilodon, entièrement dépourvus de cuirasse, à l'exception d'un seul peut-être, savoir le *L. marinus* Duj., qui pourrait bien être un Dystérien. Quant à ce qui concerne la bouche de ses Loxodes, M. Dujardin dit qu'elle est rarement visible, mais que les corps étrangers, tels que des Navicules, qu'on voit dans l'intérieur, n'ont pu y pénétrer que par une ouverture buccale. A notre avis, tous ces prétendus Loxodes ont un appareil dégluteur qui a échappé à l'investigation de M. Dujardin. Ce dernier dit, du reste, dans les généralités de son genre Chilodon[1] : « Quant à l'armure dentaire, on l'observe aussi, je crois, chez les vrais Loxodes, en même temps que chez divers genres de Paraméciens. » Tout cela indique évidemment une grande confusion dans la classification de M. Dujardin, et si cet observateur restreint les cils de ses Loxodes au bord antérieur (lèvre de M. Ehrenberg), cela provient de ce que les cils plus forts de cette région ont été seuls constatés par lui, tandis que les cils plus fins qui tapissent toute la face ventrale ont échappé à ses investigations. Nous ne pouvons donc que nous ranger du côté de M. Stein[2] lorsqu'il reproche à M. Dujardin d'avoir introduit un désordre complet dans le genre si naturel fondé sous le nom de Chilodon par M. Ehrenberg.

ESPÈCES.

1° *Chilodon Cucullulus*. Ehr. Inf., p. 336. Pl. XXXVI, Fig. 7.

SYN. *Chilodon Cucullulus*. Duj. Inf., p. 491. Pl. VI, Fig. 6.
Loxodes Cucullulus. Duj. Inf., p. 451. Pl. XIII, Fig. 9.
Loxodes dentatus. Duj. Inf., p. 453.

DIAGNOSE. Chilodon à corps oblong, arrondi aux deux extrémités, mais prolongé en avant et du côté gauche en une sorte de pointe obtuse et légèrement recourbée ; nucléus muni de nucléole; ordinairement trois vésicules contractiles, dont deux situées l'une à droite, l'autre à gauche de l'appareil dégluteur.

Cet infusoire a été fort bien dessiné par M. Ehrenberg, qui a eu le tort seulement de l'orner d'un canal alimentaire, comme l'exigeait sa théorie, c'est-à-dire muni de

1. Infusoires, p. 490.
2. Die Infusionsthiere, p. 131.

diverticules jouant le rôle d'estomac. Aussi comprend-on difficilement pourquoi M. Dujardin publie, quelques années plus tard, une figure bien plus imparfaite de ce même animal, en disant qu'elle a été dessinée avec toute l'exactitude possible. M. Ehrenberg avait très-exactement reconnu l'existence des trois vésicules contractiles, du nucléus et de l'orifice anal, tandis que M. Dujardin ne paraît pas avoir retrouvé ces organes. Chez son *Loxodes dentatus* seul, il paraît avoir vu le nucléus.

M. Stein a déjà relevé avec raison le fait que les exemplaires de petite taille du *Chilodon Cucullulus* ont été nommés par M. Dujardin *Loxodes Cucullulus*, lorsque ce savant ne savait pas distinguer l'appareil dégluteur, et *Loxodes dentatus*, lorsqu'il parvenait à le reconnaître.

La cavité digestive du *C. Cucullulus* ne pénètre pas dans la partie très-amincie que M. Ehrenberg appelle du nom de lèvre. Le canal intestinal n'existe pas sous la forme que ce savant lui attribue, mais cependant ce canal n'est point un produit de son imagination ; il est basé sur quelque chose de réel. L'œsophage est en effet un tube membraneux, à peu près rectiligne et fort long, qui s'étend jusque dans la partie postérieure de l'animal. En le prolongeant par la pensée un peu en arrière, de manière à lui faire atteindre l'anus et en le munissant de diverticules, on a l'intestin polygastrique de M. Ehrenberg. Malheureusement, ces modifications-là ne reposent sur rien. L'œsophage est purement tubuleux, et s'ouvre librement en arrière dans la cavité digestive. La partie antérieure de ce tube œsophagien est munie de baguettes disposées longitudinalement, de manière à former un appareil dégluteur semblable à celui des Prorodon et des Nassules.

Le nucléus est un corps ovale d'apparence très-variable. Il est constamment muni dans son centre de ce qu'on est convenu de nommer, conformément à la nomenclature de l'école unicellulaire, un *nucléole*. Le plus souvent ce nucléus est granuleux dans la plus grande étendue, présentant seulement une aire elliptique transparente et d'apparence homogène tout autour du nucléole. Tantôt le grand axe de cette aire elliptique coïncide avec le grand axe du nucléus, tantôt, au contraire, il lui est perpendiculaire. Parfois le nucléus est entouré, en outre, d'un limbe transparent à aspect homogène. Chez certains individus, le nucléus, finement granuleux, est semé sur toute sa périphérie de plaques plus homogènes que le reste de sa substance. C'est cette forme de nucléus que M. Dujardin a aperçue chez son *Lox. dentatus*, et qu'il appelle un disque granuleux à bord perlé (Duj. Explic. des planches, p. 11). Enfin, chez quelques-uns, le nucléus est rempli de faisceaux de corpuscules bacillaires, sur la signification desquels nous aurons à revenir dans la troisième partie de ce Mémoire. — La position du nucléus est extrêmement variable. Souvent il est détaché de la paroi du corps et flotte librement dans la cavité digestive.

M. Carter n'attribue au *Chilodon Cucullulus*, dans l'état normal, qu'une vésicule contractile à position latérale et subterminale. Il est possible que les Chilodon de l'Inde se comportent, à ce point de vue, différemment que ceux d'Europe. Tous ceux que nous avons observés possédaient au moins trois vésicules contractiles, comme M. Ehrenberg l'indique. Deux d'entre elles sont situées à peu près au même niveau : l'une à droite, l'autre à gauche de l'appareil dégluteur. L'autre est située beaucoup plus en arrière, dans la moitié droite de l'animal.

Nous avons dit que le *C. Cucullulus* possède *au moins* trois vésicules contractiles. C'est qu'en effet, il n'est pas rare de rencontrer des individus qui en présentent une ou deux de plus. Toutefois, il est à remarquer que les vésicules surnuméraires ne sont jamais très-éloignées par leur position de l'une ou de l'autre des vésicules normales; si bien, qu'on est tenté de songer à un dédoublement de ces dernières. Il se pourrait que tous les individus chez lesquels on trouve des vésicules surnuméraires fussent sur le point de se multiplier par division spontanée; mais, dans ce cas, il faudrait admettre qu'il n'y a pas de règle invariable dans l'ordre d'apparition des nouveaux organes, car c'est tantôt la vésicule postérieure, tantôt l'une des deux vésicules antérieures qui montre les premières traces de dédoublement.

M. Ehrenberg et M. Dujardin ne s'accordent pas sur le nombre des rangées longitudinales de cils que présente le *Chilodon Cucullulus*. Nous nous garderons bien de prendre parti pour l'un ou pour l'autre dans ce débat, car le nombre de ces rangées paraît varier, chez les Chilodon comme chez les autres infusoires, avec la grosseur des individus.

M. Ehrenberg fait varier la taille du *C. Cucullulus* entre un quatre-vingt-seizième et un douzième de ligne. Cet animal est en effet soumis à des variations de taille très-considérables, plus considérables encore que ne le ferait supposer la différence de grandeur attribuée, par M. Dujardin, à son *Loxodes Cucullulus* et son *Chilodon Cucullulus.*

2° *Chilodon uncinatus.* Ehr. Inf., p. 337. Pl. XXXVI, Fig. 8.

DIAGNOSE. Chilodon de la même forme que le Chilodon Cucullulus, mais de taille plus petite, avec limbe périphérique plus large et deux ou trois vésicules contractiles, dont une seule située auprès de l'appareil dégluteur.

M. Stein[1] a réuni le *Chilodon uncinatus* au *C. Cucullulus.* Il ne veut voir en lui qu'une forme jeune et à *lèvre* plus fortement recourbée, produite par une division longitudinale de ce dernier. Sans vouloir contester absolument l'exactitude de cette assertion de M. Stein, nous croyons cependant devoir conserver, jusqu'à plus ample information, le nom établi, pour cette forme, par M. Ehrenberg. En effet, il nous a semblé reconnaître une différence constante entre les deux formes dans la position des vésicules contractiles. Le *Ch. uncinatus* nous a présenté tantôt deux, tantôt trois vésicules contractiles. Nous ne parlons pas du premier cas, qui ne repose peut-être, vu la petitesse de l'objet, que sur une erreur d'observation. Mais, dans le second cas, nous avons trouvé non pas, comme chez le *Ch. cucullulus*, deux vésicules antérieures situées sur le même niveau et une seule vésicule postérieure située du côté gauche, mais une seule vésicule antérieure située du côté droit et deux vésicules postérieures situées à peu près sur le même niveau.

Le nucléus est rond, tantôt uniformément granuleux, tantôt perlé sur son bord.

Cette petite espèce est très-fréquente aux environs de Berlin, et nous l'avons trouvée très-fréquemment sans la précédente, ce qui ne paraît pas être arrivé à M. Stein.

Le *Chilodon aureus* de M. Ehrenberg (Ehr. Inf., p. 338, Pl. XXXVI, Fig. IX) paraît, vu sa forme globuleuse, appartenir au genre Nassule. Il en est de même du *Chilodon ornatus*, du même auteur, ainsi que nous avons déjà eu occasion de le voir. — Le *Ch. depressus* Perty (Z. K., p. 146, Pl. III, Fig. 7) est aussi proba-

1. Stein, p. 130.

blement une Nassule, à en juger par les figures de M. Perty et par l'indication que cet animal progresse en tournant autour de son axe.

Le *Loxodes reticulatus* Duj. (Duj., p. 453, Pl. XIII, Fig. 9 à 10) est un Chilodon mal observé. M. Stein suppose que c'est tout simplement un *Ch. Cucullulus.* Cela pourrait bien être.

Le *Loxodes Cucullulus* de M. Perty (Zur Kenntniss, etc., p. 152, Pl. VI, Fig. 9) est aussi un Chilodon mal observé, qui pourrait bien être, comme le précédent, un *Ch. Cucullulus.*

Quant au *Loxodes brevis* Perty (Zur Kenntniss, etc., p. 152, Pl. VI, Fig. 11), nul ne peut dire si c'est un Chilodon, plutôt qu'un autre infusoire quelconque.

11e Genre. — TRICHOPUS.

Le genre Trichopus se compose d'infusoires non pas déprimés comme les Chilodon, mais comprimés comme les Dystériens, et caractérisés par la présence d'un faisceau de longs cils implanté sur le côté ventral, non loin de l'extrémité postérieure. Ce faisceau, assez compacte, se meut d'une manière qui rappelle tout-à-fait le pied des Dystériens. Les Trichopus font donc un passage évident des Chilodon aux Dystériens. Le dos et la plus grande partie des côtés sont dépourvus de cils. C'est encore un caractère qui appartient également aux Dystériens. Les Trichopus ne sont cependant pas cuirassés.

ESPÈCE.

Trichopus Dysteria. (V. Pl. XIV, Fig. 15.)

Diagnose. Corps rétréci en avant et atteignant sa plus grande largeur un peu en arrière du milieu ; un appareil buccal en baguettes.

Le nucléus est un corps discoïdal placé à peu près au centre de figure de l'animal. La vésicule contractile est unique et placée près du bord dorsal et postérieur. — Cette espèce a été trouvée, par M. Lachmann, dans le fjord de Bergen.

12e Genre. — LOXODES.

Les Loxodes sont des animaux du groupe des Trachéliens caractérisés essentiellement par une rangée de vésicules claires contenant chacune un corps très-réfringent, et par une distribution plus ou moins arborescente du canal digestif. Ce genre ne renferme jusqu'ici qu'une espèce, contenue déjà dans le genre Loxodes de M. Ehrenberg, bien que ce genre coïncide fort peu avec le nôtre.

ESPÈCE.

Loxodes Rostrum. Ehr. Inf., p. 324. Pl. XXXIV, Fig. 1.

SYN. *Pelecida Rostrum.* Duj. Inf., p. 403. Pl. XI, Fig. 5.

(V. Pl. XVII, Fig. 2.)

DIAGNOSE. Corps recourbé en cimeterre ; sillon buccal et œsophage colorés d'un pigment brun ; une rangée de petits nucléus arrondis.

Le *Loxodes Rostrum* est recourbé en cimeterre, la pointe de celui-ci étant dirigé en avant. Le tranchant du cimeterre est l'arête dorsale ; le bord mousse, au contraire, correspond à l'arête ventrale. Le sillon buccal forme un arc de cercle à peu prés parallèle aux bords de la partie antérieure de l'animal. Il présente une coloration due à de petits granules bruns, coloration qui se retrouve dans les parois de l'œsophage. Ce dernier organe se présentant en général dans un état de collapsus complet, de même que chez les autres espèces de cette famille, n'apparaît que sous la forme d'une bande colorée étroite partant de la bouche et pénétrant dans le parenchyme. Cet œsophage est, comme on le voit par la figure, rectiligne et d'une longueur assez considérable. Parfois la teinte du sillon buccal et de l'œsophage est d'un brun foncé tirant sur le noir, parfois, cependant, elle est beaucoup plus claire. Il est, du reste, à remarquer qu'on rencontre des individus qui, dans leur entier, sont affectés d'une coloration brunâtre souvent assez intense, tandis que d'autres sont, à l'exception du sillon buccal et de l'œsophage, parfaitement incolores. Il n'est pas impossible que le degré de la coloration soit en rapport avec l'âge de l'animal. En effet, la taille du *Loxodes Rostrum* varie entre des limites très-considérables. Les individus les plus gros (dont la longueur dépasse notablement le maximum d'un cinquième de ligne indiqué par M. Ehrenberg), nous ont toujours présenté une teinte brunâtre de tout le parenchyme, et une coloration très-foncée du sillon buccal et de l'œsophage. Il est clair, toutefois, qu'on trouve des individus bien plus petits de taille et présentant néanmoins une coloration tout aussi intense. En effet, les individus qui résultent de la division spontanée d'un de ces gros exemplaires doivent forcément conserver la coloration de leur parent.

Le système digestif du *Loxodes Rostrum* présente une disposition toute particulière. La moitié postérieure du corps de cet animal se montre constamment occupée par une masse vésiculeuse, composée de grosses vésicules limpides et claires ne renfermant jamais de substances étrangères, et en outre d'une matière intervésiculaire. On trouve en général les Loxodes remplis de matières alimentaires qui, dans la partie qui avoisine immédiatement l'œsophage, remplissent à peu près uniformément toute la largeur du corps. Dans la partie postérieure du corps, ces matières alimentaires se comportent un peu différemment. Elles sont toujours logées dans les espaces intervésiculaires, et lorsqu'elles sont en circulation, elles progressent dans cette espèce de réseau trabéculaire, sans jamais pénétrer dans les vésicules elles-mêmes. Parfois, lorsqu'un gros objet, tel qu'un test de navicule, se meut dans ces espaces étroits, on voit bien cet objet faire fortement saillie dans une vésicule, mais sans cependant tomber dans sa cavité et en restant toujours séparé de celle-ci par une couche d'une substance incolore qu'on peut être tenté de considérer comme l'expression d'une membrane entourant la cavité.

Il n'est pas très-facile de se rendre compte, au premier abord, de la véritable structure anatomique de la partie postérieure du *Loxodes Rostrum*, d'autant plus que le système digestif et le système circulatoire paraissent enchevêtrés ici l'un dans l'autre, de manière à multiplier les difficultés de l'observation. Pendant longtemps nous avons cherché la vésicule contractile sans pouvoir parvenir à la trouver. Enfin, nous remarquâmes que la partie postérieure du corps, qui est en général assez tuméfiée, présente de temps à autre, on peut même dire rythmiquement, une contraction subite de toute sa masse. A ce moment-là, on voit cette partie postérieure s'affaisser et diminuer de volume, sans cependant que nous ayons pu reconnaître qu'aucune vésicule disparût à ce moment-là. Bientôt la partie postérieure se tuméfie de nouveau par degrés jusqu'à ce que tout à coup une nouvelle contraction intime s'opère. Nous sommes donc arrivés à la conviction qu'il y a dans cette région du corps un organe contractile, sans arriver cependant à déterminer avec certitude quel est cet organe. On peut cependant supposer sans trop d'invraisemblance que les vésicules qui occupent la partie postérieure du corps sont toutes en communication les unes avec les autres et forment comme un vaste appareil contractile, qui, à chaque contraction, chasse une partie de son contenu dans les canaux non encore reconnus de la partie antérieure du corps.

Nos observations sur le *Loxodes Rostrum* en étaient là, lorsque M. Lierberkühn nous annonça avoir reconnu chez cet animal un canal intestinal ramifié analogue à celui du *Trachelius Ovum*. C'est, en effet, là la manière la plus simple et la plus vraisemblable par laquelle on puisse expliquer la circulation des aliments dans les espaces intervésiculaires, et nous nous rangeons pleinement à la manière de voir de M. Lieberkühn. Mais reste à savoir ce que sont dans ce cas-là les vésicules elles-mêmes. Sont-elles, comme nous le supposions tout-à-l'heure, un système de vésicules contractiles? Ou bien peut-être sont-elles des espaces remplis d'une liqueur incolore, comparables à ceux qui se voient chez le *Trachelius Ovum* entre les branches du canal alimentaire, c'est-à-dire une cavité abdominale séparée de la cavité digestive? C'est ce que nous ne pouvons décider ici d'une manière parfaitement positive. Les contractions que présente la partie postérieure du corps ne parlent point exclusivement en faveur du système de vésicules contractiles. En effet, l'analogie avec le *Trachelius Ovum* rappelle à notre esprit une observation que M. Gegenbaur veut avoir faite chez ce dernier. Cet observateur croit avoir découvert une ouverture qui met en communication la cavité abdominale (c'est-à-dire celle dans laquelle l'intestin est suspendu) avec le monde extérieur. S'il existait quelque chose d'analogue chez le *Loxodes Rostrum*, les contractions de la partie postérieure du corps pourraient bien s'expliquer par l'expulsion d'une partie du liquide contenu dans la cavité abdominale. Il est tout au moins à noter que la partie postérieure du corps se tuméfie parfois très-considérablement, et que, par une contraction subite, on la voit s'affaisser d'une quantité très-appréciable, sans qu'on remarque qu'une tuméfaction de la partie antérieure se produise, ce à quoi l'on devrait cependant s'attendre, si le surplus du liquide était chassé de la partie postérieure dans la partie antérieure. Du reste, si les vésicules de la partie postérieure ne représentent que la cavité abdominale, la découverte de la vésicule contractile reste encore à l'état de désidératum, car nous ne croyons pas que M. Lieberkühn ait rien observé de plus que nous sur cet organe.

Nous avons à mentionner ici les organes singuliers dont nous avons déjà touché quelques mots à propos de la caractéristique du genre. Ces organes, découverts d'abord durant le cours de l'été 1856, par M. le professeur Johannes Mueller[1], sont des vésicules parfaitement limpides, contenant chacune dans son centre un corps globuleux fortement réfringent. On dirait autant de vésicules auditives avec un otolithe, mais otolithe privé de mouvement. On pourrait aussi les comparer aux vésicules du sécrétum (*Sekretblæschen*) des reins de mollusques, ou encore mieux à celles des cellules graisseuses de la peau des Clepsines. Ces vésicules forment une rangée parallèle au bord dorsal de l'animal, ou, si l'on aime mieux, au tranchant du cimeterre. Elles sont situées entre ce bord et la ligne longitudinale médiane, à peu près à une distance égale de l'un et de l'autre. Leur nombre est très-variable suivant les individus. Lorsque les Loxodes ont pris beaucoup de nourriture, la rangée des vésicules en question ne s'aperçoit pas immédiatement : c'est ce qui explique pourquoi de nombreux observateurs ont observé le *Loxodes Rostrum* sans reconnaître ces singuliers organes. Depuis que M. Johannes Mueller a attiré notre attention sur ces vésicules, nous les avons retrouvées chez chaque individu, pour peu que nous les cherchassions avec quelque soin. M. Lieberkühn les a également retrouvées dès-lors d'une manière constante.

Quant à la signification des vésicules de Mueller, elle est aussi complètement inconnue. Faut-il y voir un organe des sens, une sécrétion ou une excrétion ? Ce sont là des questions auxquelles nul ne peut répondre. La nature chimique des granules réfrin-

1. Monatsbericht der k. preuss. Akad. d. Wiss. zu Berlin, 1856, 10. Juli.

gents pourrait peut-être donner quelque éclaircissement sur cette question. Mais chacun sait les difficultés et l'incertitude qui accompagnent inévitablement l'étude chimique de particules aussi petites.

Les nucléus sont très-difficiles à reconnaître, parce qu'ils sont fort petits et que l'animal est rendu en général obscur par les substances avalées. Nous les avons cependant reconnus parfois sous la forme d'un assez grand nombre de corps arrondis à limbe clair, formant une ligne parallèle aux vésicules de Mueller. M. Lieberkühn les a également vus sous cette forme.

Maintenant nous avons à nous justifier d'avoir conservé le nom *Loxcdes Rostrum* à l'intéressant infusoire que nous venons d'étudier, car on pourrait supposer que M. Ehrenberg, n'ayant mentionné chez son *Loxodes Rostrum* aucune des singulières particularités énoncées plus haut, notre animal pourrait bien être différent du sien. Nous pensons d'une manière positive que notre Loxodes est bien celui d'Ehrenberg. Les particularités qui le distinguent ne sont pas du genre de celles qui sautent aux yeux dès l'abord. La forme du corps et celle du sillon buccal coïncident entièrement. Il suffit de considérer les dessins de M. Ehrenberg pour s'assurer que son *Loxodes Rostrum* était un animal du groupe des Trachéliens, et qu'il n'avait rien de commun avec le voisin étrange que lui donne M. Ehrenberg, savoir le *Loxodes Bursaria,* qui est un Paramecium. Ce savant remarque fort bien qu'on trouve souvent dans l'intérieur du corps du *Loxodes Rostrum* des Navicules, des Synedra, des Chlamydomonas, mais qu'on ne lui voit pas avaler de couleur. Or, c'est précisément ce qu'on peut dire de tous les Trachéliens.

M. Dujardin donne au *Loxodes Rostrum* le nom générique de Pelecida, parce qu'il transporte, sans raison bien valable, le nom de Loxodes à d'autres infusoires.

Le *Loxodes Rostrum* a été observé, par nous, comme par MM. Ehrenberg, Mueller et Lieberkühn, dans des eaux stagnantes des environs de Berlin.

On a attribué le nom de Loxodes à de nombreuses espèces qui doivent être retranchées du genre tel que nous l'avons délimité.

Le *Loxodes Bursaria* Ehr. est un Paramécien (*Paramecium Bursaria* Focke).

Le *Loxodes Cithara* Ehr. est un animal sur la position duquel nous ne nous permettons pas de décider. Nous n'avons jusqu'ici rencontré aucun infusoire que nous ayons pu lui rapporter avec quelque apparence de certitude. M. Dujardin croit pouvoir affirmer que le *Loxodes Cithara* Ehr. est un Bursarien ou un Paramécien, mais nous n'osons pas nous prononcer d'une manière aussi positive que lui.

Le *Loxodes plicatus* Ehr. est fort probablement un Aspidisca, comme M. Ehrenberg le donne déjà à entendre lui-même. C'est sans doute une des espèces que M. Dujardin a décrites dans son genre Coccudina.

Le *Loxodes Cucullulus* Duj. est un Chilodon, dont M. Dujardin n'a pas reconnu l'appareil buccal. C'est sans doute le *Chilodon Cucullulus* Ehr.

Il est difficile de dire ce qu'est le *Loxodes reticulatus* Duj., dont M. Dujardin lui-même fait précéder le nom d'un point d'interrogation. Il n'est pas probable qu'on puisse jamais le retrouver avec certitude, ni surtout en faire un Loxodes.

Le *Loxodes marinus* Duj. est peut-être un Chilodon marin ; mais, à en juger par la figure de M. Dujardin, nous serions encore plus tentés d'y supposer un Dystérien imparfaitement observé.

Le *Loxodes dentatus* Duj. est très-probablement le *Chilodon Cucullulus* Ehr., et, par suite, identique avec le *Loxodes Cucullulus* Duj. M. Dujardin dit lui-même que son *Loxodes dentatus* ne diffère du *Loxodes Cucullulus* que par un appareil buccal semblable à celui des Chilodon.

Le *Loxodes Cucullio* Perty est aussi fort probablement le *Chilodon Cucullulus* Ehr. Quant à la forme dont M. Perty fait, sous le nom de *Loxodes caudatus,* une variété de son *Lox. Cucullio,* nous n'oserions affirmer si c'est un Chilodon ou autre chose, et nous ne pensons pas que personne soit beaucoup plus heureux que nous.

Le *Loxodes brevis* Perty est, nous le craignons, une forme tout-à-fait indéterminable.

Le *Pelecida costata* Perty, qui devrait rentrer dans notre genre Loxodes, puisque le genre Pelecida de M. Dujardin est identique à notre genre Loxodes, est cependant probablement un Amphileptus. Les dessins de cette espèce, que donne M. Perty, semblent devoir se rapporter, les uns au *Loxophyllum Fasciola*, les autres au *Loxoph. Lamella*.

13e *Genre.* — TRACHELIUS.

Les Trachelius sont des animaux du groupe des Trachéliens, dont la bouche est située à la base d'un prolongement en forme de trompe, et conduit dans un canal alimentaire ramifié. Ce canal s'ouvre à l'extrémité postérieure du corps, à l'extérieur. C'est là que se trouve l'anus. Les Trachelius se rapprochent, par conséquent, beaucoup des Loxodes, mais ils s'en distinguent par l'absence de la rangée d'organes problématiques qui distingue ces derniers. Jusqu'ici, nous ne connaissons qu'une seule espèce rentrant dans le genre de Trachelius ainsi délimité.

ESPÈCE.

Trachelius Ovum. Ehr. Inf., p. 323, Pl. XXXIII, Fig. 13.

SYN. *Amphileptus Ovum.* Duj. Inf., p. 487.
Harmodirus Ovum. Perty. Zur Kenntniss, etc., p. 151.

DIAGNOSE. Corps globuleux prolongé en avant en un appendice en trompe très-mobile; vésicules contractiles nombreuses; nucléus en forme de ruban.

Nous n'entrons dans aucun détail circonstancié relativement à cette espèce, attendu que nous n'avons rien à ajouter qu'une confirmation entière à des communications orales qui nous ont été faites par M. Lieberkühn, il y a déjà quelques années, c'est-à-dire à une époque où nous ne connaissions pas encore le *Trachelius Ovum*. M. Lieberkühn n'a pas, il est vrai, fait connaître ses observations; mais M. Gegenbaur vient de publier récemment[1] une note sur le *Trachelius Ovum*, note qui se trouve coïncider, sur la plupart des points, avec les observations de M. Lieberkühn, et

1. Mueller's Archiv. Juni, 1857.

secondairement, par conséquent, avec les nôtres. Il est certain maintenant que l'organe ramifié que M. Ehrenberg représente chez le *Trachelius Ovum,* existe bien réellement, et qu'il est un intestin parfaitement incontestable, comme ce savant l'avait affirmé. C'est l'existence de cet organe qui nous détermine à distinguer génériquement le *Trachelius Ovum* des autres Trachelius de M. Ehrenberg. M. Perty avait déjà fondé pour lui le genre Harmodirus. Mais il est d'autant moins à regretter que ce nom ne soit pas conservé, que M. Perty fondait le genre Harmodirus non pas sur l'existence du canal alimentaire, qu'il n'avait pas su reconnaître, mais sur la présence d'un appendice en forme de trompe, oubliant que bien d'autres membres de la famille des Trachéliens sont munis d'un appendice semblable, tout en possédant, comme le *Trachelius Ovum*, un corps plus ou moins globuleux.

Nous avons déjà signalé ailleurs que M. Gegenbaur croit avoir trouvé une communication entre la cavité générale (distincte de l'intestin) du *Trachelius Ovum* et le monde extérieur. Nous n'avons pas eu jusqu'ici l'occasion de contrôler cette observation.

Les infusoires décrits par M. Ehrenberg, sous les noms de *Trachelius Anas, T. Meleagris*, T. *vorax*, T. *Anaticula,* rentrent dans le genre Amphileptus. Il en est probablement de même du *Trachelius Falx* Duj.[1]

Le *Trachelius Lamella* Ehr. et sans doute aussi le *Tr. strictus* Duj. sont des Loxophyllum. Quant au *Trachelius teres* Duj., il est trop imparfaitement observé jusqu'ici. Mais c'est aussi sans doute un Loxophyllum ou un Amphileptus.

Le *Trachelius apiculatus* Perty est un Trachelophyllum. Le *Trachelius noduliferus* et le *Tr. pusillus* Perty sont, autant qu'on peut en juger par les mauvaises figures qu'en a données leur auteur, ou des Lacrymaires ou des Trachelophyllum.

Enfin, le *Trachelius trichophorus* Ehr. et le *Tr. globulifer* Ehr. n'appartiennent très-décidément pas au groupe des Trachéliens et ne sont pas même des infusoires ciliés.

1. La diagnose que M. Ehrenberg donne de son *T? laticeps* de la mer du Nord (Monatsber. d. k. p. Akad. d. Wiss. Zu Berlin, 1840, p. 202) est trop insuffisante pour que nous puissions émettre une opinion sur les affinités de cet animal.

Le premier est un Astasien, auquel on peut donner le nom d'*Astasia trichophora.* M. Ehrenberg, qui ne le rapporte qu'avec doute au genre Trachelius et ne peut s'empêcher de relever son analogie avec les Astasies, convient lui-même qu'il n'a jamais pu s'assurer de l'existence de cils à la surface du corps. Le second, observé par M. Ehrenberg entre des conferves de l'Irtisch, pourrait bien, selon le savant de Berlin, être encore plus parent des Trachelomonas que des Trachelius, et, sur ce point, nous sommes parfaitement de son avis.

14e Genre. — AMPHILEPTUS.

Les Amphileptus sont des animaux du groupe des Trachéliens, munis d'une bouche placée à la base d'un prolongement plus ou moins long, souvent en forme de cou, et né présentant pas de distribution arborescente de la cavité digestive. Ce sont des animaux en général aplatis, mais susceptibles de se dilater excessivement et de devenir globuleux lorsqu'ils ont avalé beaucoup de nourriture. C'est un genre nombreux, dans lequel on pourra sans doute, plus tard, à la suite d'études plus approfondies, établir des coupes utiles. Ce genre comprend, comme nous l'avons déjà vu plus haut, presque tous les Trachéliens et les Amphileptus de M. Ehrenberg : les différences anatomiques par lesquelles ce savant avait cru pouvoir différencier ces deux genres n'existent réellement pas. Mais d'autres différences génériques plus certaines pourraient peut-être servir de base à d'autres distinctions. Chez certaines espèces, le prolongement en forme de col est très-long et étroit, et la cavité du corps ne paraît pas se prolonger dans son intérieur, tandis que chez d'autres cette cavité s'étend jusqu'à l'extrémité antérieure. Beaucoup d'espèces présentent, sur la partie du corps qui est en avant de la bouche, sinon une rangée de cirrhes buccaux, du moins une région présentant des cils plus forts que le reste de la surface du corps, région que M. Dujardin désigne assez heureusement sous le nom de crinière. C'est aussi dans cette région-là que sont logés, chez quelques espèces, des trichocystes. D'autres Amphilеptus ne laissent pas reconnaître de crinière proprement dite; mais, comme on trouve tous les passages possibles entre les Amphileptus à crinière et ceux qui en sont dépourvus, nous n'avons pas osé baser des coupes génériques sur un caractère aussi incertain.

Les diverses espèces d'Amphileptus présentent des différences très-nombreuses, quant au nombre des vésicules contractiles et des nucléus. Certaines espèces possèdent une seule vésicule contractile, placée chez les unes près de la base du col, chez les autres, au contraire, près de l'extrémité postérieure. D'autres en présentent un grand nombre. Dans ce cas, les vésicules sont souvent disposées linéairement le long du bord ventral ou du bord dorsal, ou même de tous les deux, et ce sont elles que M. Ehrenberg a considérées comme des réservoirs (*Saftblasen*) contenant un suc propre destiné à jouer un rôle dans la digestion. Du reste, il est aussi des espèces qui présentent une distribution uniforme des vésicules contractiles dans tout leur parenchyme. Le nucléus est tantôt simple, tantôt multiple. Chez plusieurs espèces, il se montre très-constamment en nombre double.

L'anus est situé, comme en général dans la famille, non loin de l'extrémité postérieure. Dans les espèces qui se terminent en pointe, il est placé à la base de la pointe et, à ce qu'il paraît, en général du côté dorsal.

Nous ne figurons qu'un petit nombre d'Amphileptus, soit parce que ces animaux sont très-souvent de grande taille, soit surtout parce que les dessins de M. Ehrenberg sont en général parfaitement suffisants. Ce genre paraît, du reste, être très-nombreux, et il n'y a pas de doute que la suite ne vienne à nous faire connaître beaucoup d'espèces non décrites jusqu'ici. Nous sentons vivement combien l'étude que avons faite de ce genre est encore superficielle, et combien tout ce qui tient à la délimitation des espèces laisse encore à désirer. Nous croyons toutefois rendre un service signalé à l'étude systématique des infusoires, et faire un premier pas vers une topographie raisonnée du groupe des Trachéliens en faisant tomber les barrières tout artificielles que MM. Ehrenberg et Dujardin avaient élevées entre les infusoires qu'ils répartissaient dans leurs genres Trachelius, Amphileptus, Dileptus, etc., et dans des familles éloignées les unes des autres.

ESPÈCES.

1° *Amphileptus Gigas.* (V. Pl. XVI, Fig. 3.)

Diagnose. Amphileptus à trompe formant un cinquième ou un sixième de la longueur totale ; œsophage muni de plis simulant des baguettes ; Vésicules contractiles semées dans tout le parenchyme ; crinière très-marquée.

Cet infusoire, un des plus grands qui peuplent nos eaux douces, s'est offert à nous, çà et là, dans les eaux de Berlin. Il n'a été décrit jusqu'ici, à notre connaissance, par aucun auteur. Il se promène majestueusement, glissant avec lenteur entre les algues, déployant toute la masse de son corps lorsqu'il vogue dans une eau libre, mais se repliant et se contournant bizarrement lorsqu'il rencontre des obstacles à sa progression. Son corps est en général assez renflé par les aliments qu'il contient, sans cependant devenir vraiment cylindrique. Sa trompe, plus aplatie que son corps, atteint environ un cinquième de la longueur de celui-ci ; elle est munie d'une crinière très-marquée. L'extrémité même de la trompe présente comme une espèce de papille. Dans la région qui correspond à la crinière depuis l'extrémité de la trompe jusqu'à sa base, c'est-à-dire jusqu'à la bouche, le parenchyme contient des trichocystes parfaitement semblables à ceux du *Paramecium Aurelia*. Les bords de l'ouverture buccale sont tuméfiés en manière de bourrelet, mais sont appliqués l'un contre l'autre lorsque l'animal ne mange pas, de manière à former deux lèvres fermées. L'œsophage est conique et présente une striure longitudinale, qui rappelle tout-à-fait l'appareil buccal des Chilodon, bien que les baguettes soient moins nettement indiquées. Il ne paraît cependant pas que la cuticule de l'œsophage présente chez cet Amphileptus de véritables indurations longitudinales en forme de baguettes; tout au moins, il n'y a pas de doute que les stries diffluent aussi rapidement que le reste du corps. Nous regardons donc comme probable que les stries présentées par l'œsophage ne sont que l'expression de plis de la cuticule. Lorsque l'Amphileptus avale un gros objet, les stries semblent disparaître, sans doute parce que les plis s'effacent par suite de la distension de l'œsophage.

Les vésicules contractiles sont très-nombreuses et distribuées à peu près uniformément dans tout le parenchyme. La trompe elle-même en possède plusieurs. Il ne nous a pas été possible d'estimer avec quelque exactitude le nombre de ces vésicules. Les gros exemplaires peuvent en avoir jusqu'à cinquante et au-dessus. On voit, du reste, se répéter ici un fait dont on peut se convaincre chez la plupart des infusoires doués d'un grand nombre de vésicules contractiles, à savoir que les petits exemplaires possèdent moins de vésicules que les gros.

Le nucléus est un corps unique courbé en S et un peu renflé à ses deux extrémités, souvent aussi dans son milieu.

Nous avons mesuré des individus dont la taille atteignait jusqu'à un millimètre et demi.

2° *Amphileptus Cygnus.* (V. Pl. XVII, Fig. 1.)

DIAGNOSE. Amphileptus à trompe flexible à peu près égale au corps en longueur, munie d'une crinière ou moustache développée; Vésicule contractile unique à la base du col.

Cette grande espèce ne s'est présentée que rarement à nous. Elle se reconnaît immédiatement à sa trompe très-longue et aplatie en lame, qui s'agite élégamment dans l'eau comme la corde d'un fouet. Cette trompe conserve partout une largeur à peu près égale, ce qui lui donne l'apparence d'une vraie lanière. Elle est munie d'une crinière fournie qui se termine à la base du col, dans une excavation où se trouve la bouche. Cette crinière produit dans l'eau, comme cela a lieu en général chez tous les Amphileptus qui en sont pourvus, un tourbillon qui amène vers la bouche les objets avoisinants. Cependant, ces objets ne sont jamais ingérés dans la bouche par la force du remous des cils. Les lèvres jouent toujours un rôle actif dans la préhension de la nourriture, et l'acte de préhension est suivi d'une véritable déglutition.

Le corps est comprimé à un degré moindre cependant que la trompe, et il va en diminuant rapidement de diamètre, de l'avant à l'arrière, pour se terminer enfin en pointe aiguë.

La vésicule contractile est grosse et unique. Elle est logée à la base de la trompe, tout en étant opposée à bouche. En un mot, elle se trouve très-rapprochée du dos.

Le dessin que nous avons conservé de cet animal ne nous indique malheureusement rien au sujet du nucléus.

Le corps atteint une longueur de $0^{mm},2$, la trompe et la queue non comprises.

Nous avons trouvé l'*Amphileptus Cygnus* dans de l'eau provenant du parc (*Thiergarten*) de Berlin.

3° *Amphileptus Anas.*

SYN. *Trachelius Anas.* Ehr. Infus., p. 433. Pl. XXXIII, Fig. VI.
? *Amphileptus viridis.* Ehr. Infus., p. 356. Pl. XXXVIII, Fig. II.

DIAGNOSE. Amphileptus à trompe allongée, munie de deux nucléus arrondis et d'une vésicule contractile unique située non loin de l'extrémité postérieure.

M. Ehrenberg donne une bonne figure de cet Amphileptus, dont il a reconnu le double nucléus. Il ne parle pas de la vésicule contractile; mais nous ne doutons pas que l'animal qu'il a eu sous les yeux n'ait eu une vésicule contractile unique, située non loin de l'extrémité postérieure, d'autant plus que ce savant dessine à cette place une vésicule qu'il considère comme une dilatation sphérique de l'intestin.

L'*Amphileptus Anas* a une assez grande ressemblance avec l'*Amphileptus viridis* Ehr. Malheureusement, cette dernière espèce n'a pas été assez suffisamment caractérisée par son auteur. Le seul caractère réellement distinctif qui soit indiqué est celui de la couleur. Or, nous savons qu'une coloration verte peut résulter, chez tous les infusoires, d'un dépôt de granules de chlorophylle. Il n'y a donc pas là de quoi fonder une espèce. M. Ehrenberg ne dit rien des ou du nucléus. La vésicule contractile est située vers l'extrémité postérieure. Nous aurions réuni sans hésitation l'*Amphileptus viridis* à l'*Amphileptus Anas,* n'était le prolongement caudal dont le premier paraît être muni. Peut-être, ce caractère aidant, parviendra-t-on un jour à retrouver le vrai *Amphileptus viridis.*

4° *Amphileptus vorax.*

SYN. *Trachelius vorax.* Ehr. Infus., p. 321. Pl. XXXIII, Fig. VI.

DIAGNOSE. Amphileptus à trompe de longueur moyenne, corps arrondi à l'extrémité postérieure; nucléus unique; probablement une seule vésicule contractile.

Cet Amphileptus, dont la description se trouve plus détaillée dans l'ouvrage de M. Ehrenberg, ne nous est pas connu. Mais il doit être facilement reconnaissable aux caractères indiqués, et se légitime parfaitement comme véritable Amphileptus.

5° *Amphileptus moniliger*. Ehr. Infus., p. 356. Pl. XXXVIII, Fig. 1.

DIAGNOSE. Amphileptus à trompe de longueur moyenne ; corps arrondi à l'extrémité postérieure ; un nucléus en chapelet.

Cet espèce, de M. Ehrenberg, ne nous est pas plus connue que la précédente. Mais elle sera toujours reconnaissable à son nucléus. En effet, si celui-ci n'est pas toujours en chapelet (car il est probable que c'est là une forme que le nucléus n'affecte qu'en vue de la reproduction), il doit être, dans tous les cas, très-allongé, à peu près comme celui de l'*Amphileptus Gigas*. Or, c'est là une forme qui ne se rencontre que rarement chez les Amphileptus. Il est regrettable que M. Ehrenberg n'ait rien pu nous apprendre sur la ou les vésicules contractiles.

6° *Amphileptus Anser*. Ehr. Infus., p. 355. Pl. XXXVII, Fig. 4.

SYN. *Dileptus Anser*. Duj. Inf., p. 407.

DIAGNOSE. Amphileptus à trompe allongée ; corps terminé en pointe et muni d'une seule vésicule contractile, située près de l'extrémité postérieure ; nucléus double.

Cet élégant infusoire a été suffisamment bien décrit par M. Ehrenberg, qui en a déjà reconnu exactement la vésicule contractile et les nucléus. Nous avons seulement à ajouter que l'œsophage présente des stries longitudinales, semblables à celles que nous avons décrites chez l'*Amphileptus Gigas* ; mais nous ne saurions dire si ces stries répondent à de simples plis de la cuticule ou à des indurations en baguette.

7° *Amphileptus margaritifer*. Ehr. Inf., p. 35. Pl. XXXVII.

DIAGNOSE. Amphileptus à trompe allongée ; corps terminé en pointe et muni d'une rangée de vésicules contractiles le long du dos.

Cette diagnose n'est qu'imparfaite, parce que nous ne sommes nous-mêmes pas parfaitement certains de l'animal auquel M. Ehrenberg a donné le nom d'*Amphileptus margaritifer*. Toutefois, nous ne doutons pas qu'une étude plus approfondie des Amphileptus ne fixe d'une manière parfaitement positive l'espèce même de M. Ehrenberg. Ce savant n'attribue à son *Amphileptus margaritifer* qu'une seule vésicule contractile, mais il décrit en outre une rangée de vésicules renfermant un suc destiné à jouer un rôle dans la digestion. Or, pour nous, il n'y a pas de doute que ces dernières vésicules ne soient les vraies vésicules contractiles; car nous trouvons les vésicules contractiles disposées ainsi chez plusieurs Amphileptus, proches parents les uns des autres, et dont l'un doit être très-certainement l'*Amphileptus margaritifer* de M. Ehrenberg. — Nous possédons différentes esquisses des Amphileptus en question, mais nous n'en communiquons aucune, parce que nous ne sommes pas encore en état de délimiter ici les espèces. Parmi les Amphileptus voisins de l'*Amphileptus margaritifer* de M. Ehrenberg, les uns ont l'extrémité postérieure terminée en pointe arquée, et l'anus situé à la base de cette pointe du côté du dos, tandis que les autres sont arrondis à l'extrémité et possèdent un anus tout-à-fait terminal, dans l'axe même du corps. Ceux-ci ont la trompe aplatie en lanière, ceux-là l'ont presque cylindrique. Tantôt la rangée des vésicules contractiles se prolonge très-avant dans la trompe, tantôt elle semble cesser à la base de celle-ci. Le nombre de ces vésicules est aussi très-variable. Chez beaucoup d'individus, on trouve, outre la rangée dorsale, quelques vésicules contractiles distribuées, çà et là, dans le reste du corps; quelques-uns présentent même une rangée ventrale parallèle à la rangée dorsale, mais, en général, formée d'un nombre moins considérable de vésicules. Parfois l'extrémité libre du col est surmontée d'une sorte de papille digitiforme. La bouche et le nucléus offrent aussi des différences. — Ce sont là tout autant de variations qui méritent d'être étudiées avec soin. Pour le moment, l'établissement de coupes spécifiques basées sur elles serait prématurée.

8° *Amphileptus Meleagris.*

SYN. *Trachelius Meleagris.* Ehr. Inf., p. 321. Pl. XXXIII, fig. 8.
(non *Amphileptus Meleagris.* Ehr. Inf.)

DIAGNOSE. Partie du corps située en avant de la bouche à peine rétrécie en forme de trompe; Vésicules contractiles distribuées sur tout le pourtour; nucléus double.

Nous n'osons affirmer d'une manière bien positive que notre *Amphileptus Meleagris* soit le *Trachelius Meleagris* de M. Ehrenberg, bien qu'il s'en rapproche à beaucoup d'égards. Le *Trachelius Meleagris* de cet auteur semble posséder une partie antérieure plus étroite que ne l'est le plus souvent la partie correspondante de notre

Amphileptus Meleagris. Toutefois, ce dernier étant soumis à des variations de forme plus considérables que tous les autres Amphileptus, nous n'ajoutons pas trop de valeur à ce détail. L'*Amphileptus Meleagris* est si commun dans la Sprée et les étangs des environs de Berlin, qu'il n'est pas probable qu'il ait pu échapper aux investigations de M. Ehrenberg; et, comme parmi les dessins de cet auteur il n'en est aucun qui concorde mieux avec cet animal que celui du *Trachelius Meleagris,* c'est une présomption nouvelle en faveur de l'identité de son Trachelius et de notre Amphileptus.

De tous les Amphileptus que nous connaissons, celui-ci est l'espèce chez laquelle la bouche est le plus difficile à reconnaître. Les lèvres s'appliquent si bien l'une contre l'autre qu'il est à peine possible de reconnaître la positition de l'ouverture buccale lorsque l'animal ne mange pas. Mais lorsque l'*Amphileptus Meleagris* est sur le point de saisir une proie, on voit la bouche s'ouvrir béante et engloutir tout à la fois l'objet désiré.

La partie antérieure du corps est à peine rétrécie en trompe, mais elle est très-aplatie, et la cavité digestive ne pénètre pas très-avant dans son intérieur.

Les vésicules contractiles sont nombreuses (douze à quinze environ) et disposées le long du bord, soit ventral, soit dorsal. M. Ehrenberg n'attribue, il est vrai, que deux vésicules contractiles à son *Trachelius Meleagris,* mais, comme chez l'*Amphileptus margaritifer,* il décrit le long du bord dorsal une rangée de vésicules contractiles contenant un suc utile à la digestion. Or, il n'y a pas de doute pour nous qu'ici, comme chez l'*Amphileptus margaritifer*, les soi-disant vésicules à suc digestif (*Saftblæschen*) ne soient la rangée des vésicules contractiles. Que M. Ehrenberg n'ait pas vu la rangée ventrale n'a rien d'étonnant, parce qu'elle n'est, en effet, pas toujours très-facile à reconnaître, surtout lorsque l'animal a pris beaucoup de nourriture. Pour peu qu'on fixe avec quelqu'attention la rangée de vésicules, on ne tarde pas à voir l'une des vésicules disparaître subitement, puis une seconde, puis une troisième, et ainsi de suite.

Les nucléus sont deux corps ronds ou ovales, déjà figurés par M. Ehrenberg.

La longueur moyenne de l'animal est d'environ $0^{mm},2$.

C'est sur cette espèce que nous avons fait les observations intéressantes qui seront rapportées dans la troisième partie de ce mémoire, à propos des kystes trouvés sur les pédoncules de l'*Epistylis plicatilis*.

L'*Amphileptus Meleagris* Ehr. n'est pas synonyme de notre *Amphileptus Meleagris*, mais du *Loxophyllum Meleagris* Duj., dont il sera question plus loin.

9° *Amphileptus longicollis.* Ehr. Inf., p. 357. Pl. XXXVIII, Fig. 5.

DIAGNOSE. Bouche plus rapprochée de l'extrémité postérieure que de l'extrémité antérieure; crinière très-prononcée; une rangée de 9 à 10 vésicules contractiles.

Cette espèce, qui nous est parfaitement inconnue, est clairement distincte de toutes les précédentes par la position de sa bouche. M. Ehrenberg lui attribue, comme à beaucoup d'autres espèces, une rangée de vésicules contenant un suc propre à la digestion, vésicules qu'il faut sans aucun doute considérer comme des vésicules contractiles.

10° *Amphileptus Anaticula.*

SYN. *Trachelius Anaticula.* Ehr. 3. Abh., p. 130.

(V. Pl. XVI, Fig. 4.)

DIAGNOSE. Amphileptus en forme de poire, à trompe s'élargissant peu à peu en un corps globuleux; vésicule contractile unique et terminale.

Cet Amphileptus, plus petit que tous les précédents, est une des espèces les plus communes. La bouche, située à la base d'une trompe ayant environ un tiers de la longueur du corps, est à peine reconnaissable sous la forme d'une légère dépression lorsque l'animal ne mange pas. Elle est susceptible d'une dilatation excessive, car l'*Amphileptus Anaticula* est une des espèces qui avalent les proies relativement le plus grosses. Aussi n'est-il pas rare de trouver des individus tout-à-fait déformés par un objet aussi gros que l'animal même qui l'a avalé. La vésicule contractile est située tout-à-fait à l'extrémité postérieure. C'est aussi là que se trouve l'anus.

Le nucléus est un corps unique, arrondi.

La trompe est revêtue de cils légèrement plus longs que ceux du reste de la surface du corps.

La longueur de l'*Amphileptus Anaticula* est d'environ 0^{mm},08 à 0,1.

L'animal que M. Dujardin figure dans sa planche 6 sous le nom de *Lacrymaria farcta* et dont il ne donne aucune description dans le texte, est un Amphileptus très-voisin de l'*Amph. Anaticula*, ou peut-être même identique avec lui.

Nous avons observé dans la mer, près de Bergen en Norwége, un Amphileptus proche parent de l'*Amphileptus Anaticula*, mais s'en distinguant par la position de sa vésicule contractile. Celle-ci, au lieu d'être terminale, était située près de la bouche, à la base du cou. Toutefois, comme nous n'avons observé qu'un individu de cette espèce, du reste peu saillante, nous n'avons pas pensé devoir forger pour lui un nom nouveau.

Le *Dileptus granulosus*[1] de M. Dujardin est très-certainement un Amphileptus, probablement voisin de notre *Amphileptus Cygnus*. Il est à regretter que M. Dujardin ne nous apprenne rien sur son nucléus ni sur sa ou ses vésicules contractiles.

L'*Acineria incurvata* Duj. est une espèce maritime qui appartient, nous le supposons, au genre Amphileptus.

Quant à l'*Acineria acuta* Duj. (Inf., p. 402. Pl. 6, fig, 15), il ne nous est guère possible de la différencier de l'*Amphileptus Anaticula*. Il est, du reste, à remarquer que le dessin que M. Dujardin donne de cette espèce est en opposition formelle avec la caractéristique du genre Acineria Duj.

Il est possible également qu'il faille rapporter au genre Amphileptus le *Trachelius Falx* Duj. (Duj., p. 400. Pl. 6, Fig. 8, 9 et 17), à moins que ce ne soit un Loxophyllum.

L'*Amphileptus papillosus* Ehr. (Inf., 357. Pl. XXXVIII, Fig. 5) n'est très-certainement pas un Amphileptus ; nous avons même de fortes raisons pour supposer que ce n'est pas un infusoire cilié. M. Ehrenberg doutait lui-même fortement que la place qu'il lui avait assignée dans son système fût la plus naturelle.

1. Le nom de *Dileptus granulosus* n'existe que dans l'explication de la planche 11 de M. Dujardin. Dans le texte (p. 409) l'auteur n'avait pas encore jugé à propos de donner un nom à cet animal, dont il ne touche un mot qu'en passant.

Enfin, l'*Amphileptus Fasciola* Ehr. doit rentrer dans le genre Loxophyllum, à propos duquel nous en ferons mention tout à l'heure.

15ᵉ Genre. — LOXOPHYLLUM.

Les Loxophyllum sont des Trachéliens excessivement aplatis, réduits en quelque sorte à l'état de feuille ou de lame mince. Ils sont, il est vrai, susceptibles de se gonfler considérablement comme tous les Trachéliens, par l'absorption d'une très-grande quantité d'aliments, mais leur corps n'en reste pas moins entouré d'un limbe aplati, laminaire, très-transparent, formé par une zone, dans laquelle ne pénètre pas la cavité du corps. L'existence de ce limbe permet de distinguer avec certitude les Loxophyllum des Amphileptus.

M. Dujardin, en fondant le genre Loxophyllum, le caractérisait d'une manière assez différente des lignes qui précèdent. Ce genre était formé, pour lui, par des animaux à corps très-déprimé, lamelliforme, oblique, très-flexible et sinueux ou ondulé sur les bords, ayant la bouche latérale et des cils en lignes parallèles écartées. — Cette définition avait l'inconvénient de ne pouvoir s'appliquer qu'au seul *Loxophyllum Meleagris*, et point du tout aux autres Trachéliens vraiment lamelliformes.

Le genre Loxophyllum, tel que nous l'entendons maintenant, a l'avantage de comprendre tous les Trachéliens essentiellement lamelliformes, qui ne se traînent jamais en tournant autour de leur axe, mais nagent, pour ainsi dire, constamment en conservant leur forme de lame étendue. Il y a bien, il est vrai, des Amphileptus qui nagent le plus souvent de cette manière, mais tous paraissent plus ou moins susceptibles d'un mouvement de rotation autour de leur axe longitudinal, tandis que les Loxophyllum se replient bien diversement, mais sans présenter de rotation semblable.

Tous les Loxophylles jusqu'ici connus ont une seule vésicule contractile placée près de l'extrémité postérieure, c'est-à-dire près de l'anus.

La partie du corps qui est située en avant de la bouche est tantôt très-rétrécie, de manière à figurer une espèce de lanière (*Loxophyllum Fasciola*), tantôt non (*L. Meleagris* et *L. armatum*).

ESPÈCES.

1° *Loxophyllum Meleagris*. Duj. Inf., p. 488. Pl. XIV, Fig. 6.

SYN. *Amphileptus Meleagris*. Ehr. Infus., Pl. XXXVIII, Fig. 4.

(V. Pl. XVI, Fig. 9.)

DIAGNOSE. Loxophyllum à bouche très-rapprochée de l'extrémité antérieure ; bord dorsal crénelé ; un long nucléus en ruban, ou une rangée de nucléus ovales et nombreux ; limbe faisant tout le tour du corps ; pas de trichocystes.

Cet infusoire nage élégamment et avec lenteur et frappe par son excessive transparence lorsqu'il ne renferme que peu de matières avalées. La surface est striée longitudinalement. Le bord dorsal présente une série de petits mamelons plus épais qui lui donnent une apparence crénelée déjà signalée par Otto-Friederich Mueller. M. Ehrenberg compte de sept à huit créneaux, mais le plus souvent il y en a davantage, et ce nombre est du reste très-variable suivant la grosseur des individus.

La bouche est située pas très-loin de l'extrémité antérieure, mais elle reste d'ordinaire complètement fermée, de sorte qu'elle est difficile à voir lorsque l'animal ne mange pas. Elle ne se montre alors que sous la forme d'une petite échancrure du bord ventral. Le limbe formé par le parenchyme est en général un peu plus large du côté du ventre que du côté du dos (côté crénelé). L'anus est situé non pas exactement à l'extrémité postérieure, mais sur le dos, entre cette extrémité et une grosse vésicule, qui est la vésicule contractile. M. Ehrenberg avait déjà remarqué avec justesse que l'anus est placé, non pas du même côté (longitudinal) que la bouche, mais du côté opposé. Et en effet, la place qu'il désigne comme étant l'ouverture anale (Ehr. Pl. XXXVIII, Fig. IV, 1a) est parfaitement exacte. Par contre, M. Perty est bien décidément dans l'erreur lorsqu'il affirme que l'anus est situé sur le même bord que la bouche. C'est, du reste, sur la position de cette dernière qu'il paraît s'être mépris, puisqu'il la place sur le bord concave, c'est-à-dire sur le bord crénelé.

La vésicule contractile n'a pas été signalée par M. Ehrenberg, et ce ne sont naturellement ni M. Dujardin, ni M. Perty qui ont comblé cette lacune. Néanmoins, elle est très-facile à reconnaître, étant excessivement grosse et jamais voilée par les aliments contenus dans la cavité du corps. Elle est située près du bord dorsal, non loin de l'extrémité postérieure. Il serait vraiment surprenant que cette vésicule eût échappé aux regards investigateurs de M. Ehrenberg, et, de fait, il n'en a point été ainsi. La vésicule se trouve clairement dessinée dans l'une des figures de M. Ehrenberg (Ehr. Pl. XXXVIII, Fig. IV, 4); mais il est probable que cette vésicule, étant placée tout auprès de l'anus, M. Ehrenberg l'a considérée comme une simple dilatation du canal alimentaire supposé. C'est du moins là une méprise qu'a faite souvent le savant berlinois. Il transforme, par exemple, également la vésicule contractile du Spirostome ambigu en une dilatation d'un rectum supposé, parce que cette vésicule est logée tout près de l'anus.

De la vésicule contractile part un vaisseau qui s'étend parallèlement au bord dorsal et tout près de ce bord jusqu'à l'extrémité antérieure de l'animal. A chaque contraction de la vésicule, on voit ce vaisseau se renfler, puis se vider de nouveau dans la vésicule elle-même pendant la diastole de celle-ci.

M. Ehrenberg paraît, lorsqu'on lit ce qu'il rapporte du *Loxophyllum Meleagris*, n'avoir rien vu du nucléus. Il ne parle du moins pas de glande séminale. Et cependant le nucléus ne lui a pas échappé, comme nous allons le voir tout à l'heure. Cet organe est en général multiple. Il se présente sous la forme d'une rangée de corps ovalaires, incolores, qui s'étend parallèlement au bord ventral dans la plus grande partie de la longueur de l'animal, c'est-à-dire environ de la bouche à la vésicule contractile. Ces nucléus sont parfois au nombre de 12 ou 15; parfois aussi il y en a moins. Souvent la ligne formée par eux n'est pas exactement parallèle au bord ventral du Loxophyllum, mais présente une allure un peu sinueuse. Dans certains cas, la rangée des corps ovalaires est interrompue par un corps en forme de ruban, équivalant, par sa longueur, à trois ou quatre corps ovalaires ordinaires. Enfin, nous avons rencontré une fois un *Loxophyllum Meleagris* chez lequel la rangée de nucléus ovalaires était remplacée par un long nucléus en ruban. Il est évident que nous avons ici affaire à quelque chose d'identique à ce que nous avons déjà vu chez les Stentors. Le nucléus est primitivement de forme rubanaire. Plus tard, il prend une forme de chapelet, puis enfin chaque élément du chapelet devient indépendant. C'est là un phénomène qui, sans doute, est en rapport avec la formation des embryons, comme nous aurons l'occasion de le montrer dans la troisième partie de ce travail. Les individus chez lesquels la rangée des nucléus ovalaires est interrompue par la présence d'un corps rubanaire, sont des individus chez lesquels le nucléus est en voie de division. Des fragments se sont déjà séparés de lui à ses deux extrémités, mais la partie moyenne forme encore un corps continu plus ou moins en forme de ruban.

Il serait étonnant, comme nous le disions, qu'un tel nucléus eût échappé aux investigations de M. Ehrenberg. Mais il n'en est rien. La plupart des observateurs paraissent avoir vu les nucléus, mais ils les ont diversement et en général faussement interprétés. Déjà Otto-Friederich Mueller dit de son *Kolpoda Meleagris* (*Loxophyllum Meleagris* Duj.) qu'il est orné près de son bord latéral postérieur (c'est-à-dire de son bord ventral, car il appelle le bord crénelé *le bord latéral antérieur*) de douze globules ou davantage, qui sont égaux entre eux, diaphanes et forment une rangée longitudinale droite ou ondulée suivant les mouvements de l'animal. Mais Mueller ne fait pas de supposition sur la valeur de ces globules. M. Ehrenberg remarqua, à la même place où Mueller décrit ses globules, huit ou dix taches claires et incolores, souvent difficiles à voir, qui sont, à n'en pas douter, les nucléus en question. Mais M. Ehrenberg avait malheureusement l'esprit préoccupé de ses idées théoriques sur la polygastricité. Il avait vu, chez divers Amphileptus (*A. margaritifer*, *A. longicollis*, *A.* [*Trachelius* Ehr.] *Meleagris*) une rangée de vésicules qu'il avait supposées remplies d'un suc propre à la digestion, bien qu'elles fussent en réalité des vésicules contractiles. Il s'imagina donc trouver dans ces taches claires du *Loxophyllum Meleagris* l'analogue de ces vésicules : il en fit des vésicules à suc digestif (*Saftblasen*).

M. Dujardin paraît n'avoir pas vu lui-même les nucléus. En revanche, M. Perty a su les trouver, puisqu'il dit que la seule trace d'organisation que lui aient offert même les plus grands exemplaires de *Loxophyllum Meleagris* consistait en une rangée irrégulière de vésicules elliptiques, dans lesquelles il pense devoir chercher des blasties. Or, ce que M. Perty nomme *blasties*, ce sont, suivant sa définition, des corps reproducteurs. M. Perty a donc été guidé ici par une sorte d'instinct heureux, car les nucléus étant réellement des corps reproducteurs, méritent bien le nom de *blasties* dans le sens de M. Perty. Mais il ne faut pas les paralléliser avec tous les objets hétérogènes que le savant professeur de Berne a fait entrer, bon gré, mal gré, sous cette rubrique.

Nous avons observé le *Loxophyllum Meleagris* dans des eaux stagnantes à Leszczyn, près de Rybnick en Haute-Silésie, et dans le Thiergarten de Berlin. La longueur moyenne des individus que nous avons observés était d'environ $0^{mm},3$.

2° *Loxophyllum Fasciola.*

SYN. *Amphileptus Fasciola.* Ehr. Inf., p. 356, Pl. XXXVIII, Fig. 3.
Dileptus Folium. Duj. Inf., p. 409. Pl. XI, Fig. 6.
? *Pelecida costata.* Perty. Zur Kenntniss, etc., p. 152, Pl. VI, Fig. 7.

DIAGNOSE. Loxophyllum à trompe allongée, en forme de lanière et formant à elle seule plus d'un tiers de la longueur totale; corps terminé en pointe plus ou moins obtuse; nucléus double; pas de trichocystes; bord dorsal non crénelé.

L'*Amphileptus fasciola* de M. Ehrenberg doit forcément rentrer dans le genre Loxophyllum, tel que nous l'avons défini. Les individus 1 à 4 de la figure III (Pl. XXXVIII) de cet auteur représentent l'animal d'une manière suffisamment exacte, et nous sommes dispensés par là de donner un dessin nouveau. Les autres individus représentés par M. Ehrenberg ne sont pas gravés aussi correctement, et nous doutons en particulier que ceux qui portent les numéros 9 à 14 appartiennent bien à la même espèce que les autres.

Le limbe transparent, dans lequel ne pénètre pas la cavité du corps, est proportionnellement moins large chez le *Loxophyllum Fasciola* que dans l'espèce précédente, bien que toujours facile à reconnaître. La zone centrale du corps, c'est-à-dire celle qui correspond à la cavité digestive, est souvent très-renflée par les aliments qu'elle contient. L'anus, comme M. Ehrenberg l'a déjà fort exactement remarqué, n'est pas situé à l'extrémité postérieure du corps, mais à la base de la pointe qui la termine. C'est pour cela que nous doutons un peu aujourd'hui que l'animal, représenté ailleurs par l'un de nous[1] sous le nom d'*Amphileptus Fasciola,* soit bien réellement identique à celui que M. Ehrenberg a désigné sous ce nom. En effet, la figure en question représente un animal à anus tout-à-fait terminal et dépourvu de tout appendice caudal. Il ne faut pas oublier cependant que la Lacrymaria Olor est tantôt arrondie, tantôt pointue en arrière.

1. Lachmann. Müller's Archiv., 1856. Tab. XIV, Fig. 12.

L'infusoire que M. Dujardin représente sous le nom de *Dileptus Folium*, nous semble parfaitement identique avec le *Loxophyllum Fasciola*. Seulement, M. Dujardin n'a pas reconnu les cils de la surface. Par contre, l'animal que le même auteur figure sous le nom d'*Amphileptus Fasciola* (Duj. Pl. XI, Fig. 17), nous paraît être distinct de l'*Amphileptus Fasciola* de M. Ehrenberg.

3° *Loxophyllum armatum*. (V. Pl. XIV, Fig. 17.)

DIAGNOSE. Loxophyllum dépourvu d'appendice en forme de trompe ; corps plus ou moins sémilunaire, n'ayant pas de limbe du côté droit ; bouche située sur le côté gauche, entre le premier et le second tiers de la longueur totale ; limbe armé de longs trichocystes.

La face ventrale du *L. armatum* est plane et ornée de sillons longitudinaux entre lesquels sont implantées des rangées de cils fort courts. La face dorsale (celle qui est représentée dans la figure) est, dans toute la partie circonscrite par le bord interne du limbe — c'est-à-dire dans la partie qui correspond à la cavité digestive — tantôt bombée, tantôt plane, selon la plus ou moins grande quantité de nourriture absorbée par l'animal. Elle est garnie de cils courts et fins. Du côté droit, c'est-à-dire du côté qui est dépourvu de limbe, le corps atteint son épaisseur maximum, tandis que, du côté gauche, l'épaisseur diminue graduellement à mesure qu'on se rapproche du limbe. Celui-ci forme une large ceinture autour des trois quarts de la périphérie totale environ, savoir en avant, à gauche et en arrière. Il est, sur sa face supérieure aussi bien que sur sa face inférieure, ornée de rangées de cils qui sont disposés à peu près parallèlement au bord périphérique. Le bord, tout-à-fait externe, de ce limbe est un peu renflé en bourrelet. Au point où la partie postérieure du limbe atteint le bord droit de l'animal, elle se recoquille vers le haut (Voyez la figure). Des trichocystes longs et fins sont disposés radiairement dans toute l'étendue du limbe, tout en étant un peu moins distincts dans la partie postérieure.

La bouche est située sur le bord du limbe, à peu près à la limite commune du premier et du second tiers de la longueur totale, c'est-à-dire au point où, dans notre figure, des trichocystes déchargent leur filament pour frapper un Cyclidium. L'anus est situé au point de recoquillement du limbe, sans que nous ayons pu déterminer avec certitude s'il est ventral ou dorsal. La vésicule contractile, située tout auprès, devient souvent étoilée, ou se divise en deux au moment de la contraction. L'animal nage lentement, comme en chancelant, et se tourne de temps à autre autour de son axe longitudinal. Lorsque l'arête du limbe vient à toucher un corps étranger, les filaments urticants sont décochés par les trichocystes et paralysent les petits infusoires qu'ils viennent à toucher. Si cette manœuvre n'apporte aucune proie au Loxophyllum, on le voit s'agiter avec inquiétude pendant quelques instants et en tous sens pour reprendre bientôt son mode de natation accoutumé. — Nous avons vu le *L. armatum* se reproduire par division spontanée transversale.

Cette espèce a été observée par M. Lachmann, dans de l'eau provenant de la Bruyère aux Jeunes-Filles (*Jungfernhaide*), près de Berlin.

4° *Loxophyllum Lamella.*

SYN. *Trachelius Lamella*. Ehr. Infus., p. 322. Pl. XXXIII, Fig. IX.

DIAGNOSE. Loxophyllum à forme linéaire, conservant à peu près partout le même nucléus double ; vésicule contractile unique ; bord dorsal non crénelé ; pas de trichocystes.

Les figures que M. Ehrenberg donne de cette petite espèce sont assez exactes, à la circonstance près que cet observateur n'a pas reconnu l'existence des cils (bien qu'il l'ait supposée). La partie antérieure du corps n'est pas rétrécie au même degré que chez le *Loxophyllum Fasciola,* mais la bouche est située à peu près à la même place. L'extrémité postérieure du corps est arrondie et l'anus exactement terminal. La vésicule contractile est située tout auprès, comme M. Ehrenberg le représente.

Les figures de M. Ehrenberg représentent toutes le *Loxophyllum Lamella* comme étant formé d'une masse centrale obscure et d'une substance marginale incolore. C'est parfaitement exact. La masse centrale obscure est la partie qui correspond à la cavité digestive pleine d'aliments. La substance marginale est le limbe formé uniquement par le parenchyme.

M. Ehrenberg suppose que le *Loxophyllum Lamella* pourrait bien n'être que l'état non adulte du *Loxophyllum Fasciola.* Nous croyons toutefois les deux espèces bien distinctes. Cependant les individus que M. Ehrenberg représente sous les numéros 9 à 14, de la figure III de la Pl. XXXVIII, comme étant de jeunes *Loxophyllum Fasciola*, nous semblent être de vrais *Loxophyllum Lamella*.

L'infusoire que M. Dujardin représente et décrit sous le nom de *Trachelius Lamella* n'est point identique avec le *Trachelius Lamella* Ehr. C'est une espèce marine qui, peut-être, appartient aussi au genre Loxophyllum, bien que nous ne puissions l'affirmer. M. Dujardin n'en indique, du reste, ni la bouche, ni la vésicule contractile, ni le nucléus, ni l'anus.

M. Ehrenberg attribue au *Loxophyllum Lamella* une taille d'un soixante-quinzième à un vingt-quatrième de ligne. Ce dernier chiffre correspond à peu près à la longueur des individus que nous avons observés dans les eaux douces de Berlin.

Il est probable que l'infusoire décrit par M. Dujardin, sous le nom de *Trachelius strictus* (Duj. Inf., p. 400, Pl. 7, Fig. 15), doit rentrer dans le genre Loxophyllum. Malheureusement, ce savant parait l'avoir observé aussi et plus imparfaitement peut-être que son *Trachelius Lamella*.

IXe Famille. — COLEPINA.

Les Colépiens sont des infusoires voisins des Trachéliens, mais ils s'en distinguent par la présence d'une cuirasse solide, formée par des bâtonnets solides disposés en treillis. Leur bouche et leur anus étant placés aux deux pôles opposés du corps, on peut dire que ce sont des Enchelys ou des Holophrya revêtues d'une cuirasse à jour. On pourrait sans inconvénient réunir cette famille à celle des Trachéliens; toutefois il est à remarquer que la cuirasse est ici un caractère de plus de valeur que chez le

Vorticellines cuirassées dont M. Ehrenberg formait sa famille des Ophrydines. En effet, les Vorticellines cuirassées peuvent à volonté quitter leur fourreau et se présenter complètement nues, comme les Vorticellines proprement dites. Les Colépiens, au contraire, ne peuvent se défaire de leur cuirasse et la conservent toute la vie. On rencontre, il est vrai, des individus dont une moitié du corps est nue, mais ces individus-là sont issus récemment d'une division spontanée. En effet, les deux individus résultant d'une division fissipare conservent l'un la moitié antérieure, et l'autre la moitié postérieure de la cuirasse primitive, et chacun forme une moitié de cuirasse nouvelle. Les deux moitiés de la cuirasse paraissent, du reste, ne jamais se souder complètement l'une à l'autre, et l'on aperçoit toujours la jointure. En effet, ces deux moitiés doivent plus tard se séparer l'une de l'autre, lorsque chacun des nouveaux individus se divisera à son tour. Parfois on reconnaît une jointure de la cuirasse, non seulement à l'équateur, mais encore entre le premier et le second tiers, ainsi qu'entre le second et le troisième.

M. Dujardin prétend que la cuirasse des Colépiens diffue aussi facilement que celle des Plœsconiens (Euplotes, etc.). Cela est exact lorsqu'il s'agit d'individus jeunes, chez lesquels cette cuirasse a une nature toute organique et très-délicate. Mais, chez les adultes, elle est consolidée sans doute par un dépot de sels minéraux, et résiste à une calcination soutenue; de plus, les acides concentrés n'ayant souvent aucune action sensible sur la cuirasse du *C. hirtus,* on serait tenté de lui supposer une nature silicieuse. Cependant, il ne faut pas oublier que l'épreuve chimique d'objet si minces est entourée de si grandes difficultés que toute conclusion positive paraît un peu hasardée.

Notre famille des Colepina est identique à celle pour laquelle M. Ehrenberg a créé ce nom, et ne renferme que le seul genre Coleps. — M. Dujardin a eu la malheureuse idée de réunir ce genre avec des animaux qui ne sont pas même des infusoires (les *Chætonotus*), dans sa division des infusoires symétriques.

ESPÈCES.

1° *Coleps hirtus*. Ehr. Inf., p. 317. Pl. XXXIII, Fig. 1.

DIAGNOSE. Corps étant un solide de révolution en forme de tonnelet allongé, arrondi en arrière, où il est muni de deux ou trois pointes. Bord antérieur régulièrement dentelé.

Cette espèce, qui paraît être très-répandue partout, est suffisamment connue. Nous remarquons seulement que M. Perty se trompe, lorsqu'il considère la cuirasse comme formée par des granules entre lesquels sortent les cils. Les prétendus granules sont précisément les jours de la cuirasse, et les prétendus intervalles sont, au contraire, la partie solide. Cette méprise avait déjà été faite par M. Dujardin, tandis que M. Ehrenberg a bien reconnu le véritable état de choses.

2° *Coleps uncinatus*. (V. Pl. XII, Fig. 9.)

DIAGNOSE. Corps ne formant pas un solide de révolution, mais représentant un ovoïde très-aplati d'un côté, qui se trouve être le côté ventral. Bord antérieur dentelé et présentant du côté ventral deux épines ou dents recourbées beaucoup plus fortes que les autres dentelures.

La forme si caractéristique de cette espèce résulte suffisamment de la diagnose. Les deux épines antérieures sont un peu recourbées en crochet. La partie postérieure est munie de quatre pointes acérées. Du reste, la cuirasse est constituée comme celle du *Coleps hirtus*, et paraît ne présenter guère que douze côtes longitudinales. — La vésicule contractile est située près de l'extrémité postérieure, et le nucléus est un corps discoïdal placé vers le milieu du corps. Ces deux organes sont disposés de même que chez le *C. hirtus*.

Nous avons observé cette espèce aux environs de Berlin. Sa longueur totale est de $0^{mm},067$.

3° *Coleps Fusus*. (V. Pl. XII, Fig. 7-8.)

DIAGNOSE. Corps formant un solide de révolution, régulièrement dentelé au bord antérieur, très-rétréci en avant et se terminant en cône pointu en arrière.

Cette espèce, observée par M. Lachmann, dans la mer du Nord (à Glesnæs, sur la côte de Norwége), se distingue suffisamment des précédentes par sa forme.

Nous en avons représenté, d'après des esquisses de M. Lachmann, un petit individu (Fig. 7) et un autre plus gros et sur le point de se diviser transversalement (Fig. 8). Les côtes longitudinales sont au nombre de seize environ.

La cuirasse du *Coleps Fusus* n'atteint pas tout-à-fait l'extrémité postérieure du corps, mais laisse saillir le parenchyme mol de l'animal, lequel forme la pointe terminale.

M. Ehrenberg décrit, sous le nom de *C. amphacanthus* (Inf., p. 318, Pl. XXXIII, Fig. IV), une espèce bien caractérisée, qui ne nous est pas connue. Il en est de même du *C. incurvus,* du même auteur (Inf., p. 318, Pl. XXXIII, fig. V). Quant au *C. viridis* Ehr. et au G. *elongatus* Ehr., nous ne les croyons pas différents du *C. hirtus*. La première de ces prétendues espèces est seulement basée sur des individus colorés par de la chlorophylle, et la seconde sur une variété un peu allongée. Le *C. inermis* Perty (Zur Kenntniss, etc., p. 158, Pl. VIII, Fig. IV) pourrait cependant être une espèce propre.

Xe Famille. — HALTERINA.

La famille des Halterina est composée d'infusoires à corps glabres, dont la rangée de cirrhes buccaux est le seul titre qui leur assigne une place parmi les infusoires ciliés. Ce caractère suffit pour les distinguer de toutes les familles autres que celle des Verticellines. Une confusion avec cette dernière est, de plus, complètement impossible, les Halterina ne possédant pas de disque vibratile.

Les Halterina sont des infusoires plus ou moins globuleux, dont la bouche est située au pôle antérieur et entourée d'une rangée de cirrhes vigoureux qui sont souvent les seuls organes locomoteurs présents, mais dont l'action est cependant parfois renforcée par celles de soies saltatrices. Tous les animaux de cette famille se meuvent avec une rapidité extrême et restent rarement immobiles. Aussi leur étude est-elle fort difficile, et nous ne sommes pas encore arrivés à déterminer avec une parfaite certitude si les cirrhes buccaux forment un cercle parfait ou un tour de spire. C'est la première alternative qui nous semble la plus probable. Les Halterina ont une bouche dilatable et avalent parfois d'assez gros objets. Aussi n'ont-ils pas d'œsophage cilié à sa surface.

Répartition des Haltériens en genres.

HALTERINA.	Des soies fines servant au saut; animaux sauteurs.....................	1. HALTERIA.
	Pas de soies servant un saut; animaux essentiellement nageurs...........	2. STROMBIDION.

1er *Genre.* — HALTERIA.

M. Dujardin a caractérisé ce genre comme étant formé par des animaux à corps presque globuleux ou turbiné, entouré de longs fils rétracteurs très-fins, qui, s'agglutinant au porte-objet et se contractant tout à coup, lui permettent de changer de lien brusquement et comme en sautant. Cette manière de saisir le rôle des soies saltatrices des Haltériens, est évidemment erronée. Ces soies forment une ceinture équatoriale, et si leurs extrémités venaient à s'agglutiner au porte-objet, une contraction des soies ne pourrait jamais avoir pour effet une projection de l'animal en avant. Le seul résultat possible serait un élargissement de l'animal dans sa région équatoriale et une pression de son corps contre le porte-objet. D'ailleurs, il est facile de se convaincre, en observant les Halteria dans un verre concave plein d'eau, que ces animaux sautent lors même qu'ils sont beaucoup trop distants du fond du réservoir pour que leurs soies puissent contracter une adhérence avec lui. Le saut est produit par un mouvement brusque des soies, et celles-ci prennent leur point d'appui, non pas sur des corps solides voisins, mais dans l'eau elle-même.

Les Haltéries observées par tout le monde n'ont été bien vues par personne. M. Ehrenberg les a réunies en un seul genre avec les Trichodines, qui ne leur ressemblent certes guère. M. Dujardin leur a assigné une place parmi ses Kéroniens. Cette étrange assimilation provient de ce que cet observateur a cru voir chez les Haltériens une rangée de cirrhes disposés obliquement en moustache comme les cirrhes buccaux des Oxytriques. Otto-Fr. Mueller représentait plus exactement le véritable état des choses lorsqu'il décrivait les cils comme étant répartis sur tout le contour d'une ouverture.

ESPÈCES.

1° *Halteria grandinella.* Duj. Inf., p. 415. Pl. XVI, Fig. 1.

SYN. *Trichodina grandinella.* Ehr. Inf., p. 267. Pl. XXIV, fig. V.

(V. Pl. XIII, Fig. 8-9.)

DIAGNOSE. Soies saltatrices longues et fines, non situées dans un étranglement circulaire. Pas de zone équatoriale formée par des filaments longs et arqués.

Cette espèce, fort commune dans la plupart des eaux douces, a été toujours fort mal figurée, au point d'être tout-à-fait méconnaissable. M. Dujardin est le seul qui ait aperçu ses soies saltatrices, mais il les a très-inexactement figurées et ne paraît pas s'être aperçu qu'elles sont implantées seulement sur l'équateur de l'animal. Dans l'état de repos, ces soies sont raides comme des aiguilles et légèrement inclinées les unes au-dessus, les autres au-dessous du plan équatorial. Quelquefois elles se portent toutes à la fois et brusquement en avant.

Le cercle des cirrhes buccaux présente une interruption correspondant à une légère échancrure du bord buccal, échancrure qui se retrouve peut-être chez tous les Haltériens.

Il est très à recommander de placer quelques Acinétiniens sur le porte-objet du microscope, lorsqu'on veut étudier des Haltéries. En effet, ces dernières ne tardent pas, au milieu de leurs bonds imprudents, à venir se jeter contre les suçoirs d'un Acinétinien, qui s'en empare aussitôt. L'Haltéria, ainsi fixée, peut être étudiée beaucoup plus facilement.

2° *Halteria Volvox.*

SYN. *Trichodina (Stephanidina) Volvox.* Eichwald[1].

(V. Pl. XIV, Fig. 10.)

DIAGNOSE. Soies saltatrices longues et fines, non situées dans un étranglement circulaire. Une zone équatoriale formée par des filaments longs et recourbés en arrière.

Nous n'avons observé qu'une seule fois cette espèce, au mois d'Avril 1855, à Berlin. Elle est parfaitement semblable à la précédente, si ce n'est que sa taille est un peu plus grosse et qu'elle présente une ceinture de longs cils recourbés en arrière, qui lui donnent une apparence fort élégante. Ces cils ne paraissent aucunement servir à la locomotion, du moins nous les avons toujours vus parfaitement immobiles. Ils sont bien plus longs que les cirrhes de la couronne ciliaire qu'on voit se former souvent à la partie postérieure de l'*Halteria grandinella*, un peu obliquement à l'axe, couronne qui paraît être un prélude de division spontanée et qui doit former plus tard la rangée buccale du nouvel individu.

Il faut un peu d'audace pour identifier cette espèce avec le T. *Volvox* de M. Eichwald, et quiconque comparera les figures que donne cet auteur et la nôtre aura de la peine à se figurer qu'elles représentent le même animal. Toutefois, la description de M. Eichwald concorde assez bien avec l'animal observé par nous. Il n'est, en partienlier, pas possible de méconnaître la ceinture ciliaire de notre Haltéria dans ce que M. Eichwald désigne sous le nom d'une *couronne de cils rayonnants qui simule des plis* (die faltenartigen Cilien des Strahlenkranzes).

3° *Halteria Pulex.* (V. Pl. XIII, Fig. 10-11.)

DIAGNOSE. Soies saltatrices courtes et fortes, implantées dans un étranglement circulaire.

Cette espèce est fort petite, sa taille ne dépassant pas $0^{mm},015$. Sa partie antérieure est fort étroite et ses cirrhes buccaux ne sont qu'en très-petit nombre. Elle saute parfaitement comme l'*Halteria grandinella*, dont elle se distingue facilement par la pré-

1. Dritter Nachtrag zur Infusorienkunde Russlands, Moscau, 1852, p. 123, Pl. VI, Fig. 10.

sence de l'étranglement circulaire. La petitesse de l'animal nous a empêchés de reconnaître la vésicule contractile et le nucléus.

L'*H. Pulex* est une espèce marine fréquente dans le fjord de Bergen.

Il est possible que l'animal dont M. Ehrenberg a donné une diagnose sous le nom de *Trichodina? Acarus* (Monatsb. d. k. p. Akad. d. Wiss. zu Berlin, 1840, p. 202) soit une Haltérie. Mais c'est ce que nul ne peut décider avec certitude en l'absence de toute figure. La *Trichodina vorax* du même auteur paraît appartenir également au genre Halteria.

2e *Genre.* — STROMBIDION.

Les Strombidion sont des Haltériens nageurs, dépourvus de tout organe propre au saut.

ESPÈCES.

1° *Strombidion sulcatum.* (V. Pl. XIII, Fig. 6.)

DIAGNOSE. Corps globuleux, un peu conique en arrière, orné dans sa partie postérieure de sillons dans la direction de la génératrice du cône.

Cette espèce a tout-à-fait la forme et la taille de l'*Halteria grandinella.* Sa couleur est en général d'un jaune brunâtre. Sa partie postérieure, légèrement conique, présente des côtes longitudinales en forme de bâtonnets rigides, laissant de larges sillons entre elles. Elle n'est pas très-rare dans le fjord de Bergen, mais elle progresse à travers l'eau de mer en tournant sur son axe avec une rapidité telle, qu'elle est bien difficile à poursuivre. Aussi n'avons-nous pu reconnaître ni son nucléus, ni sa vésicule contractile. Plusieurs fois, au milieu d'une course rapide, nous l'avons vue s'évanouir comme par enchantement en ne laissant que des globules épars. Chez aucun autre infusoire nous n'avons vu d'exemple d'une diffluence aussi rapide.

2° *Strombidium* Turbo. (V. Pl. XIII, Fig. 7.)

DIAGNOSE. Corps globuleux, à surface lisse non sillonnée.

C'est avec doute que nous rapportons cette espèce au genre Strombidium. En effet, la bouche n'est point située chez elle au centre de l'espace circonscrit par la rangée circulaire des cirrhes buccaux, mais tout-à-fait excentriquement, comme chez les Tintinnus. Aussi nous a-t-il semblé que la rangée de cirrhes ne forme point un cercle parfait, mais plutôt un élément de spirale. Le péristome est muni d'une échancrure comme chez l'*Halteria grandinella*. Chez le *Strombidium sulcatum*, au contraire, l'ouverture buccale nous a semblé être exactement centrale.

Cette espèce se rencontre çà et là aux environs de Berlin, où elle n'a pas échappé non plus aux recherches de notre ami M. Lieberkühn. Elle se reconnaît immédiatement à sa forme et à la vigueur de ses cirrhes buccaux, qui ne trouvent leurs rivaux que dans les cirrhes buccaux des Tintinnus. Sa longueur habituelle est d'environ $0^{mm},035$.

On rencontre aussi, aux environs de Berlin, une espèce très-voisine de celle-ci, mais qui a la forme d'un cylindre long de $0^{mm},10$ et large de $0^{mm},03$. On peut se convaincre encore plus facilement chez elle de la position excentrique de la bouche. Le premier indice d'une division spontanée qui se prépare, est, chez cette espèce, la formation d'un faisceau de cirrhes implantés en spirale, qui apparaît latéralement vers le milieu de la longueur du corps.

APPENDICE AUX INFUSOIRES CILIÉS.

OPALINES.

Nous ne pouvons quitter l'ordre des infusoires ciliés sans toucher quelques mots des organismes encore problématiques auxquels on est convenu, depuis Purkinje et Valentin, de donner le nom d'Opalines. Plusieurs auteurs récents, et en particulier un homme dont le nom fait autorité, M. Max Schultze[1], sont disposés à supposer dans ces êtres des larves ou des nourrices d'helminthes. Il n'est, en effet, point improbable que plusieurs des animaux décrits sous ce nom générique aient une telle signification. Nous nous permettrons cependant d'élever des doutes sur la nature larvaire de certaines Opalines qui, comme l'*Opalina polymorpha* Schultze, l'*Opalina uncinata* Schultze et l'*Opalina recurva* (décrite plus bas), possèdent des vésicules ou vaisseaux contractiles. Ces organes rappellent, en effet, entièrement les vésicules contractiles des infusoires, et semblent dénoter une parenté réelle entre ces espèces-là et les infusoires ciliés. Il est à remarquer, de plus, que ces mêmes espèces possèdent un nucléus parfaitement semblable au nucléus des infusoires. Ni le nucléus, ni l'organe contractile[2] n'ont échappé aux diligentes observations de M. Schultze. Ce savant parle des nucléus comme de vésicules ovoïdes, qui, d'abord claires et transparentes, se remplissent plus tard de granules obscurs, et prennent l'apparence d'un amas de corpuscules germinatifs propres à engendrer, par voie métagénétique, un animal morphologiquement différent du parent. Telle peut être, en effet, la signification de ces organes, mais rien ne s'oppose à ce qu'ils ne soient parfaitement identiques aux nucléus des infusoires et

1. Beiträge zur Naturgeschichte des Turbellarien. Greifswald, 1851, p. 70.

2. M. de Siebold a été le premier à mentionner le Vaisseau contractile de l'*O. Planariarum* (*O. polymorpha* Schultze). (V. Vergl. Anat., p. 15. Anmerkung.)

ne reproduisent des êtres semblables au parent. Quant aux organes contractiles, il est à remarquer qu'aucune nourrice d'helminthe n'en présente de semblables. M. Guido Wagener a bien reconnu déjà l'existence de rudiments de l'organe excréteur chez des embryons de Trématodes, mais chacun conviendra que les organes contractiles de certaines Opalines offrent bien plus d'analogie avec les vésicules contractiles des infusoires qu'avec le système excréteur des Cestodes et des Trématodes.

Nous pensons donc que la place provisoire des Opalines à réservoir contractile est plutôt auprès des infusoires qu'auprès des helminthes. Cette manière de voir ne préjuge cependant rien au sujet des espèces qui, comme l'*Op. Ranarum* Purk. et Val. (*Bursaria Ranarum* Ehr.), l'Opaline cylindrique des grenouilles[1] et tant d'autres, sont dépourvues de tout réservoir contractile.

L'*Opalina uncinata* Schultze n'habite pas seulement la *Planaria Ulvae*. Nous avons trouvé du moins en très-grande abondance, sur la côte de Norwége, dans une Planaire du genre Proceros, une Opaline que nous ne pouvons en différencier d'aucune manière. L'un des crochets était constamment plus petit que l'autre, comme chez les individus observés par M. Schultze. Le nucléus occupait toujours la place que M. Schultze lui assigne sous le nom de *tache claire* (heller Fleck).

Chez une autre Planaire marine, que nous avons trouvée en très-grande abondance à Vallöe, sur les bords du fjord de Christiania, et que nous croyons devoir rapporter à la *Planaria limacina* Fabr., habite une autre Opaline, voisine de l'*O. uncinata* Schultze. Nous lui donnons le nom d'*O. recurva*. On en trouve parfois jusqu'à trente ou quarante individus chez une seule et même Planaire. Ce parasite (V. Pl. XXI, Fig. 9) atteint, lorsqu'il est étendu, une longueur d'environ $0^{mm},20$. Il est rétréci en avant, et son extrémité antérieure est recourbée du côté droit. Là se trouve un crochet unique, très-semblable à l'un des deux crochets de l'*O. uncinata*. Un vaisseau contractile s'étend obliquement dans toute la longueur de l'animal, de l'avant et de la gauche à l'arrière et la droite. Cet organe a ceci de particulier, que, parfois, au lieu

1. Nous croyons que cette Opaline est spécifiquement différente de la grande Opaline aplatie (Op. Ranarum) qui habite souvent avec elle. C'est cette forme que nous croyons retrouver daus la prétendue *Bursaria intestinalis* de M. Ehrenberg.

de subir une contraction totale, il s'étrangle de distance en distance de manière à se transformer en une série de vésicules rondes, disposées, à la suite les unes des autres, comme les granules d'un rosaire. Le nucléus est un corps ovale situé à l'arrière.

Pendant notre séjour en Norwége, nous avons observé une très-belle Opaline, parasite d'un ver appartenant à la division des lombrics. Ce ver, très-abondant sur divers points de la côte, en particulier auprès de la ville de Bergen, n'a malheureusement pu être déterminé par nous, mais n'appartient pas au genre Naïs. L'Opaline qui l'habite paraît cependant être très-voisine de celle que M. Schultze a découverte chez la *Naïs littoralis*, et à laquelle il a donné le nom d'*O. lineata*[1]. Peut-être même est-elle identique avec elle. Cette Opaline est caractérisée par sa forme très-allongée, les stries fines et élégantes de sa surface et l'existence d'une double rangée de vésicules claires et transparentes (V. Pl. XXI, Fig. 7-8). Au premier abord, on pourrait être tenté de comparer ces organes à des vésicules contractiles; mais jamais nous n'avons aperçu chez eux la moindre trace de contractilité, et M. Lachmann, qui a étudié tout particulièrement cet animal, a remarqué que ces organes sont ornés d'un contour tellement marqué, que leur contenu doit être doué d'un degré de réfringence plus grand que celui du liquide contenu d'ordinaire dans les vésicules contractiles. M. Schultze ne mentionne pas ces organes chez son *O. lineata*, mais il les dessine exactement dans chacune de ses figures. Ce savant remarque que les fines stries de son *O. lineata* ne proviennent point de la distribution linéaire des cils de la surface, mais qu'elles ont leur siége beaucoup plus profondément, savoir sous la peau, et qu'elles paraissent appartenir à une cavité médiane, ou à un corps caché à l'intérieur. Nous avons, au contraire, considéré les stries de notre Opaline comme existant à la surface même. Malheureusement, nous ne connaissions pas, à l'époque de notre séjour en Norwége, la description de M. Schultze, de sorte que nous ne pouvons affirmer ne pas nous être trompés à cet égard. — M. Schultze représente, dans la figure 11 de sa planche VII, une *O. lineata* dans la division spontanée transversale. Si son Opaline est bien réellement la même que la nôtre, il y a plus dans ce phénomène qu'une simple division transversale ordi-

1. V. Schultze, loc. cit., p. 69, Tab. VII, Fig. 10-12.

naire. En effet (V. Pl. XXI, Fig. 7), on rencontre des individus traînant à leur suite toute une série de nouveaux individus produits par un commencement de division transversale multiple, ou, ce qui est bien plus probable, par une production successive de bourgeons à l'extrémité de l'individu antérieur, comparable à celle que nous connaissons chez les Syllis, les Naïs, les Microstomes, les Cestodes. Si l'espèce observée par M. Schultze est la même que la nôtre, ce savant n'a pas vu d'individus portant plus d'un bourgeon. Si elle en est différente, on pourra nommer la nôtre *Opalina prolifera*. Les jeunes individus isolés que nous avons observés concordent tout-à-fait avec les jeunes individus de l'*O. lineata* que figure M. Schultze.

A en juger d'après ses dessins, M. Schultze restreint les stries longitudinales à la surface du nucléus. Chez notre Opaline, il n'était pas possible de songer à une connexion quelconque entre ces stries et l'organe en question, attendu que le nucléus, toujours facile à rendre distinct au moyen de réactifs chimiques, se montrait contourné dans la partie antérieure de l'animal (Pl. XXI, Fig. 8), tandis que les stries couraient en ligne droite d'avant en arrière. Chaque bourgeon contenait son nucléus particulier.

ORDRE II.

INFUSOIRES SUCEURS.

L'érection des Acinétiniens en un ordre spécial est un fait nouveau dans la science, et, cependant, depuis que M. Lachmann nous a fait connaître l'organisation de ces infusoires, il est devenu impossible de les laisser parmi les infusoires ciliés, et leur transfert parmi les infusoires flagellés, ou cilio-flagellés, serait tout-à-fait injustifiable. Nous n'hésitons donc pas à former pour eux un ordre spécial, d'autant plus que les limites de cet ordre sont trop tranchées pour qu'il soit possible d'avoir les moindres doutes sur son étendue. Les Acinétiniens sont, en effet, des infusoires incapables de se mouvoir à l'état adulte, et se nourrissant au moyen de suçoirs nombreux et rétractiles. Aucun infusoire cilié ne peut se confondre avec des êtres semblablement organisés. Parmi les infusoires flagellés, il existe un seul être connu, qui semble faire un passage réel aux Acinétiniens. C'est la *Syncrypta Volvox* Ehr., ou un animal fort voisin d'elle, qui est muni d'une part d'un flagellum, et d'une autre part de suçoirs qui paraissent organisés de la même manière que ceux des Acinétiniens.

On a déjà observé, dès longtemps, que les alentours des Acinétiniens étaient une sorte de cimetière. Les infusoires qui arrivaient en contact avec les rayons de ces singuliers animaux semblaient comme paralysés. Ils restaient là immobiles, perdant visiblement leurs forces, et finissaient par périr. C'est déjà ce qu'a remarqué Otto-Friederich

Mueller. « Il n'est pas rare, dit M. Stein[1], que les infusoires, qui arrivent en contact avec une Actinophrys (*Podophrya fixa*[2]), restent prisonniers entre les tentacules de celle-ci, qui s'entrelacent confusément, pourvu, du moins, que ces infusoires ne soient pas assez forts pour vaincre ces entraves. Mais, lorsque leurs forces le permettent, comme c'est le cas, par exemple, pour le *Paramecium Aurelia* et la *Stylonychia pustulata*, ils s'enfuient en entraînant avec eux l'Actinophrys (*lisez:* Podophrya) qui reste suspendue à leur corps, et ils finissent par se débarrasser de cette charge incommode au moyen de contorsions et de secousses appropriées à ce but. Parfois aussi, après de vains et longs efforts, ils n'en restent pas moins la proie de l'Actinophrys (*lisez:* Podophrya); ils s'arrêtent et meurent[3]. » — Il ne faut cependant point croire que M. Stein veuille dire par là que l'infusoire soit dévoré ou sucé par la Podophrya. Tout au contraire. Ailleurs, il reproche à M. Ehrenberg de s'être figuré que les Acinétiniens sont susceptibles de sucer des corps étrangers à l'aide de leurs rayons. Ce reproche n'est, du reste, point fondé, car le passage de M. Ehrenberg est conçu en ces termes: « Aussitôt que la *Trichodina (Halteria) grandinella* vient à rencontrer les tentacules (*Fühlborsten*) de la Podophrya, et c'est ce qui arrive fréquemment, vu qu'on trouve très-ordinairement ces animaux ensemble, elle est à l'instant capturée. Elle cesse subitement de faire vibrer ses cils, rejette ceux-ci en arrière (opisthotonos), est attirée de plus en plus près du corps de la Podophrya et reste là suspendue fort longtemps, tandis qu'on remarque alors, à n'en pas douter, que le contenu diminue, après quoi la peau tombe[4]. »

Il est possible que M. Ehrenberg, en écrivant ces lignes, ait eu un vague pressentiment de la vérité, mais il n'a pas su la saisir dans toute son étendue. Il est impossible de se figurer, d'après sa description, de quelle manière il s'est représenté le phénomène. En effet, le mot de *Fühlborsten* (soies tactiles) qu'il emploie, ne peut servir qu'à désigner des organes du toucher et non des suçoirs. D'ailleurs, dans la description du genre Podophrya, il ne parle aucunement de semblables organes, et dé-

1. Stein: Die Infusionsthiere, p. 141.
2. Nous verrons plus bas que M. Stein n'a pas distingué les Podophrya des Actinophrys.
3. M. Perty s'énonce, au sujet du phénomène en question, d'une manière toute analogue.
4. V. Ehrenberg, Inf., p. 306.

clare avoir vu chez ces animaux une place claire qu'*il a considérée comme la bouche*. Cette place claire n'est pas autre chose que la vésicule contractile.

M. Ehrenberg et M. Stein ont donc été à deux doigts de la vérité, sans même l'entrevoir. Les Acinétiniens sont, en effet, bien réellement des animaux doués d'un grand nombre de suçoirs sétiformes rétractiles. Les renflements en bouton qu'on voit à l'extrémité de ces soi-disant soies, ne sont autre chose que des ventouses à l'aide desquelles ils sucent leur proie. De là, l'explication toute simple du fait que l'*Halteria grandinella* reste si souvent suspendue aux rayons des Acinétiniens. Ses sauts imprudents et brusques l'amènent plus fréquemment peut-être qu'aucun autre infusoire en contact avec ces animalcules suceurs. De là, l'explication du fait également parfaitement bien observé par M. Stein, qu'un Paramecium qui n'a pu se libérer d'une Podophrya attachée à son corps par ses ventouses, finit par se ralentir, s'arrêter et périr.

Lorsque quelque infusoire vient à rencontrer les suçoirs d'un Acinétinien, on voit ces organes, auparavant en apparence si raides, se recourber avec une grande célérité pour atteindre l'imprudent qui se hasarde dans leur voisinage. Cette manœuvre a-t-elle réussi, l'animal raccourcit ses suçoirs de manière à amener la capture à une distance peu considérable de son corps. Deux, trois ou quatre de ces suçoirs s'élargissent un peu en diamètre, surtout dans les espèces à rayons très-fins, comme l'*Acineta mystacina*, et l'on voit sans peine un courant s'établir au travers de ces tubes, de la proie à l'animal suceur. Les granules passent directement et d'ordinaire assez rapidement du corps de l'un dans celui de l'autre. Ces granules arrivés dans l'Acinétinien, continuent leur chemin, avec une rapidité assez notable, jusqu'à un point situé profondément dans le corps de l'animal. A partir de là, ils prennent part à la circulation lente du liquide contenu dans la cavité du corps de l'Acinétinien. — L'opération de la succion dure parfois plusieurs heures ; quelquefois aussi elle se termine plus tôt. On voit alors l'infusoire, dont l'Acinétinien a fait la proie, devenir de plus en plus incapable de mouvement ; la vésicule contractile présente des pulsations de plus en plus rares ; enfin, l'animal meurt, ses téguments s'affaissent et l'Acinétinien n'a plus, entre ses suçoirs, qu'une masse informe. Il abandonne alors la proie, étend de nouveau ses suçoirs au loin et attend paisiblement qu'un autre infusoire veuille bien venir lui servir de pâture.

Les Acinétiniens ont été jetés tantôt à droite, tantôt à gauche dans le système, et jusqu'ici leur position n'a pas été bien fixée, grâce à de nombreuses confusions avec des animaux qui n'ont rien à faire avec eux. Dans l'origine, M. Ehrenberg méconnut complètement les affinités réciproques, non seulement des différents genres de cette famille, mais encore des différentes espèces d'un même genre. En effet, sous les noms d'*Acineta* et de *Podophrya,* il fonda deux genres contenant des animaux qu'il n'est pas possible de distinguer génériquement les-uns des autres, et il relégua le premier parmi ses anentérés dans la famille des *Bacillaria* qui est formée à peu près exclusivement par des Diatomées, tandis qu'il assigna une place au second parmi ses infusoires entérodèles, dans la famille peu naturelle des Enchélyens (comprenant en outre des Podophrya, non seulement des Trachéliens et des Bursariens, mais encore des Rhizopodes, comme les Actinophrys et les Trichodiscus). Toutefois, il ne tarda pas à reconnaître, pendant l'impression même de son ouvrage, quelle entorse il avait donnée aux affinités naturelles, et il indiqua dans une note[1] que les Acineta devaient être réunis aux Podophrya et au nouveau genre Dendrosoma, pour former une famille à part, à laquelle il donna le nom d'*Acinetina*. Par cette modification, M. Ehrenberg avait circonscrit le groupe des Acinétiniens dans des limites parfaitement naturelles. C'était un coup de main heureux, mais, en quelque sorte, inconscient, puisque M. Ehrenberg n'avait qu'une idée bien vague de l'organisation des Acinétiniens et qu'il ne connaissait pas en particulier l'abîme qui les sépare des Actinophrys.

Les successeurs de M. Ehrenberg ont fait un pas en arrière en détruisant la famille naturelle des Acinétiniens. M. Dujardin en fait des Rhizopodes qu'il réunit aux Actinophryens; il fit même d'une Podophrya (*P. fixa* Ehr.) une Actinophrys proprement dite sous le nom d'*A. pedicellata* (v. Duj., Inf., p. 266). Cette confusion s'est, dès-lors, perpétuée, et nous la retrouvons, en particulier, dans les ouvrages de MM. Perty et Stein. Quelle distance, cependant, entre un Acinétinien armé de ses nombreux suçoirs portant chacun une ouverture buccale préformée et des Actinophrys susceptibles de prendre de la nourriture par un point quelconque de la surface de leur corps! M. Stein considère la Podophrya, qu'il tient à tort pour une phase du développement

1. V. Ehrenberg, Inf., p. 316.

de la *Vorticella microstoma* comme l'*Actinophrys Sol* Ehr. Mais c'est là une grande erreur. L'*Act. Sol* de M. Ehrenberg est un vrai Rhizopode, aussi bien que son *Act. Eichhornii.* Ce qu'il y a de curieux, c'est que M. Stein reconnaît à l'*Act. Eichhornii* une véritable bouche qui, dans le fait, n'existe pas. L'organe qu'il prend pour l'ouverture buccale est la vésicule contractile, ici tout-à-fait superficielle et faisant saillie à la surface de l'animal. M. de Siebold avait déjà, dans son Traité d'Anatomie, reconnu la vraie portée de cet organe, ce qui n'a pas empêché MM. Kœlliker et Stein de la méconnaître plus tard. M. Stein refuse d'un côté, à ses Acineta, la faculté de prendre directement de la nourriture, et en cela il a tort, tandis que d'un autre côté il les assimile à certaines Actinophrys *(A. Eichhornii)* chez lesquelles il admet l'existence d'une ouverture buccale. C'est ce qui s'appelle avoir la main malheureuse, puisque ces Actinophrys ne possèdent, de fait, pas cette ouverture buccale, tandis que les Acineta en ont un grand nombre. M. Stein est obligé, par suite de cette confusion, de faire deux divisions parmi ses Actinophrys : les unes mangeant comme l'*Act. Eichhornii,* et les autres ne mangeant pas comme son *Act. Sol,* qui n'est, en réalité, pas une Actinophrys, mais une Podophrya.

Les Acinétiniens, ainsi épurés des éléments étrangers qui jusqu'ici ont été confondus avec eux, forment un groupe trop compact pour que nous croyions nécessaire de le diviser en plusieurs familles. Nous allons donc passer de suite à l'examen des genres. Pour ce qui concerne les espèces, nous nous contenterons en général de donner de simples diagnoses, la troisième partie de ce travail devant renfermer les développements de ces diagnoses et les figures qui s'y rapportent.

Répartition des Acinétiniens en genres.

ACINETINA.	Suçoirs non portés par une trompe	Suçoirs non ramifiés	Pas de colonie ramifiée	Pas de coque	Un pédoncule		1. PODOPHRYA.
					Pas de pédoncule	libres	2. SPHÆROPHRYA.
						fixes.	3. TRICHOPHRYA.
				Une coque	Un pédoncule		4. ACINETA.
					Pas de pédoncule		5. SOLENOPHRYA.
			Animaux formant une colonie ramifiée				6. DENDROSOMA.
		Suçoirs ramifiés					7. DENDROCOMETES.
	Suçoirs portés par une longue trompe rétractile						8. OPHRYODENDRON.

ESPÈCES.

1° *Podophrya Cyclopum.*

SYN. *Acinete der Cyclopen.* Stein, Inf., p. 52-57, Pl. III, Fig. 38-41.
Acinete der Wasserlinsen. Stein, Inf., p. 60-64, Pl. III, Fig. 32-33.

DIAGNOSE. Corps plus ou moins oviforme, rétréci au bas, arrondi ou bosselé dans sa partie supérieure, où sont implantés de deux à quatre faisceaux de suçoirs. Une ou deux vésicules contractiles. Nucléus ovale. Pédoncule en général court. — Habite sur le *Cyclops quadricornis* et sur des lentilles d'eau.

V. la troisième partie de ce Mémoire.

2° *Podophrya quadripartita.*

SYN. *Acinetenzustand der Epistylis plicatilis.* Stein, p. 12, Pl. I, Fig. 10.

DIAGNOSE. Corps plus ou moins oviforme; rétréci au bas, portant dans sa partie postérieure quatre bosses sur chacune desquelles est implanté un faisceau de suçoirs. En général une ou deux vésicules contractiles (parfois jusqu'à 4 ou 6). Nucléus ovale. Pédoncule long. — Habite sur les familles d'*Epistylis plicatilis* ou sur des têts de Paludines et autres mollusques.

V. la troisième partie de ce Mémoire.

3° *Podophrya Carchesii.*

DIAGNOSE. Corps oviforme; rétréci au bas; arrondi dans sa partie postérieure et portant d'un seul côté un faisceau de suçoirs. Non loin de l'insertion de ce faisceau, une seule vésicule contractile. Nucléus ovale. — Habite sur les familles du *Carchesium polypinum.*

V. la troisième partie de ce Mémoire.

4° *Podophrya Pyrum.*

DIAGNOSE. Pédoncule large et assez long. Deux vésicules contractiles, placées l'une au sommet, l'autre latéralement. Trois faisceaux de suçoirs, dont l'un est implanté au sommet et les deux autres sur les côtés. — Habite sur la *Lemna trisulca.*

V. la troisième partie de ce Mémoire.

5° *Podophrya Lyngbyi.*

SYN. *Acineta Lyngbyi.* Ehr., Inf., p. 241, Pl. XX, Fig. VIII.

DIAGNOSE. Corps pyriforme ou globuleux. Pédoncule long, en général fort large. Suçoirs semés sur toute la partie supérieure. Deux vésicules contractiles. — Habite sur des floridées, des campanulaires, sertulaires, etc.

V. la troisième partie de ce Mémoire.

6° *Podophrya Trold.*

DIAGNOSE. Corps globuleux; suçoirs portés chacun individuellement sur une base cylindrique ou conique assez large et non rétractile. Ces suçoirs sont susceptibles d'une dilatation excessive. Pédoncule long. — Habite sur des Ceramiums.

V. la troisième partie de ce Mémoire.

7° *Podophrya cothurnata.*

SYN. *Acineta cothurnata.* Weisse. Bull. de l'Acad. imp. de St-Pétersbourg. Tome V, N° 15.
Die diademartige Acinete. Stein. Inf., p. 71. Pl. I, Fig. 6-8.

DIAGNOSE. Corps discoïdal, aplati, ovale ou réniforme. Pédoncule très-large et très-court. Suçoirs disposés en gloire sur le bord supérieur. Vésicules contractiles nombreuses, disposées en rangée régulière le long du bord. Nucléus en fer à cheval. — Habite sur différentes espèces de Lemna et sur des Callitriches.

V. la troisième partie de ce Mémoire.

8° *Podophrya Ferrum equinum*[1].

SYN. *Acineta Ferrum equinum.* Ehr. Monatsber. d. Berlin. Akad. 1840, p. 198.

DIAGNOSE. Corps aplati, réniformé, avec une saillie au sommet. Pédoncule large et très-court faisant une saillie convexe dans le corps de l'animal. Vésicules contractiles nombreuses, disposées en rangée régulière le long du bord. Nucléus en fer à cheval. — Habite à Berlin sur l'*Hydrophilus piceus.*

Cette espèce sera figurée dans la troisième partie de ce Mémoire.

9° *Podophrya elongata.* (V. Pl. XXI, Fig. 11.)

DIAGNOSE. Corps cinq à six fois aussi long que large, portant des suçoirs à son sommet, de même qu'à sa base, et en outre deux faisceaux opposés l'un à l'autre à son équateur. Nucléus en forme de longue bande. Vésicules contractiles nombreuses. — Habite sur des têts de *Paludina vivipara.*

Les vésicules contractiles sont nombreuses, mais presque toujours dans le voisinage des suçoirs. Près du sommet est une vésicule contractile ordinairement beaucoup plus grosse que les autres. Le pédoncule est fort large et strié soit longitudinalement, soit transversalement. Sa longueur ne dépasse pas en moyenne le tiers de la longueur du corps. On rencontre cependant des individus dont le pédoncule est deux fois aussi long que le corps. — Sous le nom d'*Acinete des Flusskrebses,* M. Stein (Inf., p. 234, Pl. VI,

1. M. Ehrenberg nous a montré, comme étant son *Acineta Ferrum equinum,* la Podophrya que nous décrivons ici, et qui est certainement différente de la *Podophrya cothurnata.*

Fig. 27-32) décrit une Podophrya voisine de celle-ci, mais qui parait cependant en être spécifiquement différente. Son nucléus n'a point la forme de longue bande qu'il affecte chez la *P. elongata*, et, en outre, les deux faisceaux de suçoirs manquent à l'équateur. On pourra lui donner le nom de *Podophrya Astaci*.

10° *Podophrya Steinii.*

SYN: *Acinetenzustand der Opercularia articulata*. Stein, Inf., p. 117, Pl. II, Fig. 2, et Pl. IV, Fig. 1.

DIAGNOSE. Corps pyriforme avec des suçoirs nombreux semés à sa surface, mais non réunis en faisceaux. Vésicules contractiles nombreuses. Nucléus ramifié. Pédoncule mince à sa base, mais très-large à son point d'union avec le corps.

Nous renvoyons, pour la description détaillée de cette espèce, à l'ouvrage de M. Stein.

11° *Podophrya Lichtensteinii.*

SYN. *Acinetenzustand der Opercularia Lichtensteinii*. Stein, p. 226, Pl. V, Fig. 32.

DIAGNOSE. Pédoncule mince à sa base, mais très-large à son point d'union avec le corps, comme chez la *P. Steinii*, mais suçoirs disposés en deux faisceaux, et nucléus ovale. — Habite sur des coléoptères aquatiques.

Cette espèce nous est inconnue, mais a été clairement décrite par M. Stein.

12° *Podophrya fixa*. Ehr. Inf., p. 306. Pl. XXXI. Fig. X.

SYN. *Actinophrys pedicellata*. Duj., Inf., p. 266.
Actinophrys Sol. Stein, Inf., p. 140-150.

DIAGNOSE. Corps globuleux portant des suçoirs disséminés sur toute sa surface ou parfois réunis en deux faisceaux plus ou moins distincts. Pédoncule mince, pas très-long. Vésicules contractiles au nombre d'une ou de deux. Nucléus réniforme. On trouve souvent des individus détachés de leur pédoncule on n'en ayant peut-être jamais formé.

M. Stein a étudié avec soin les nombreuses variations auxquelles est soumise cette espèce. V. Stein, Inf., p. 141 et suiv. — V. aussi la 3e partie de ce Mémoire.

L'*Actinophrys difformis* Perty (Zur Kennt., p. 160, Pl. VIII, fig. 8) et la *Podophrya libera* Perty (Ibid., p. 160, Pl. VIII, Fig. 9) ne sont que des individus privés de pédoncule de cette espèce.

L'*Acineta cylindrica* Perty (p. 160, Pl. VIII, Fig. 11) est une Podophrya qui nous est inconnue.

2e *Genre*. — SPHÆROPHRYA.

Les Sphærophrya sont des Podophryes libres et non pédicellées qui se laissent porter passivement par les eaux. La forme de la *Podophrya fixa*, que M. Stein appelle *Actinophrys Sol*, devrait donc, à proprement parler, rentrer dans ce genre. Toutefois, il est probable que cette forme n'est qu'accidentellement privée de son pédicule, dont elle a été détachée par accident. Le genre Sphærophrya est restreint aux espèces qui ne sont jamais portées par un pédicule.

ESPÈCE.

Sphærophrya pusilla.

Cette espèce est jusqu'ici la seule que nous connaissions. Elle se présente sous la forme d'une très-petite sphère large de $0^{mm},015$ et hérissée de suçoirs rares et très-courts.

Nous avons observé cet Acinétinien par myriades à Genève, dans une eau qui renfermait beaucoup d'Oxytriques. Un grand nombre de ces dernières présentaient, en divers points de leur surface, mais le plus fréquemment un peu à gauche de l'ouverture buccale, une petite saillie sphérique, dans laquelle on voyait battre une vésicule contractile. Nous crûmes avoir affaire à un bourgeonnement particulier. Pendant près d'une demi-heure, nous poursuivîmes une Oxytrique munie d'une semblable saillie, lorsque tout à coup ce prétendu bourgeon se détacha et resta immobile dans l'eau. Les pulsations régulières de la vésicule montraient que la petite sphère continuait à vivre malgré son immobilité. Quelques instants plus tard, une Oxytrique venant à raser ce petit corps, celui-ci fut entraîné et se trouva former, à la surface de cette seconde Oxytrique, une saillie parfaitement semblable à la première. Ce fut alors qu'examinant de plus près les prétendus bourgeons, nous reconnûmes leurs petits suçoirs. Les Sphærophrya sont donc des Acinétiniens qui attendent impassiblement dans l'eau qu'un animal vienne à passer auprès d'eux. A ce moment, elles s'attachent à lui et se laissent emporter au loin en suçant leur proie. — Notre dessin n'ayant plus pu être admis dans nos planches, nous le publierons dans la troisième partie de ce travail.

3e *Genre.* — TRICHOPHRYA.

Les Trichophrya se distinguent des Podophrya par la circonstance qu'elles sont complètement privées de pédoncule. La *Podophrya fixa* se rencontre, il est vrai, souvent sans pédoncule, mais il n'est pas prouvé que ce ne soit pas là le résultat d'un accident fortuit. D'ailleurs, les Trichophrya ne sont jamais libres, mais adhérentes à des corps étrangers.

ESPÈCES.

1° *Trichophrya Epistylidis.*

Diagnose. Corps long et étroit, avec un grand nombre de faisceaux de suçoirs disséminés sur son pourtour. Vésicules contractiles nombreuses. Nucléus en forme de bande longue et arquée. Le corps repose dans toute sa longueur sur des pédoncules d'*Epistylis plicatilis*.

Voyez la troisième partie de ce Mémoire.

Les Acinétiniens que M. Stein a décrits sous les noms d'*Acinetenzustand von Ophrydium versatile* (St. Inf., p. 247, Pl. IV, Fig. 5) et de *gefingerte Acinete* (Inf., p. 228, Pl. V, Fig. 19-22) nous sont inconnus, mais appartiennent évidemment à ce genre. On pourra leur donner les noms de *Trichophrya Ophrydii* (en mémoire de la fameuse théorie de la reproduction par phases acinétiformes!) et de *Trichophrya digitata*.

4e Genre. — ACINETA.

Nous restreignons le genre Acineta aux espèces qui ont à la fois un pédoncule et une cuirasse. On pourra peut-être subdiviser avantageusement ce genre en deux, alors que le corps de l'animal est adhérent à la cuirasse, ou qu'il est librement suspendu dans une coque.

ESPÈCES.

1° *Acineta mystacina*. Ehr. Inf., p. 242, Pl. XX, Fig. X.

DIAGNOSE. Corps librement suspendu dans la coque. Celle-ci est urcéolée et son bord se divise en cinq ou six lobes anguleux qui, se rabattant sur l'ouverture, forment au-dessus d'elle une espèce de toit.

M. Stein a donné de bonnes figures de cette espèce. V. Stein, Inf., p. 1, Fig. 14-20. V. aussi la troisième partie de ce Mémoire.

2° *Acineta patula*.

DIAGNOSE. Corps non adhérent à la coque. Celle-ci a la forme d'une coupe élégante, sur laquelle le corps repose comme un melon sur une assiette à fruit. Suçoirs répartis sur toute la surface libre. — Habite sur des floridées et autres algues marines.

V. la troisième partie de ce Mémoire.

3° *Acineta Cucullus*.

DIAGNOSE. Corps librement suspendu dans la coque; celle-ci a la forme d'un pain de sucre renversé, et son bord est fortement échancré d'un côté. Suçoirs réunis en deux faisceaux. — Espèce pélagique.

V. la troisième partie de ce Mémoire.

4° *Acineta compressa*. (V. Pl. XXI, Fig. 12-13.)

DIAGNOSE. Corps librement suspendu dans la coque; celle-ci est très-comprimée; sa face large est à peu près aussi large que haute et arrondie en arrière. Suçoirs réunis en deux faisceaux. — Habite sur des algues marines.

Cette espèce se distingue facilement de toutes les autres par son extrême compression. Les angles antérieurs de la coque sont obliquement tronqués, et l'espace compris entre les troncatures étant encore plus comprimé que le reste du corps, l'ouverture de la coque se trouve avoir une forme de 8. Le pédoncule est fort mince. Lorsque l'animal a beaucoup mangé, il peut remplir complètement sa coque, ce qui a lieu, du reste, chez toutes les autres espèces à corps librement suspendu. La coque est large d'environ $0^{mm},09$.

Nous ne sommes pas très-éloignés de croire que l'animal qui a été figuré sous le nom de *Cothurnia havniensis*, par M. Ehrenberg (Inf., p. 298, Pl. XXX, Fig. IX) et par Eichwald (Erster Nachtrag zur Infusorienkunde Russlands. Moscan, 1847, p. 46, Pl. VIII, Fig. 18) est identique avec cet Acinète.

Nous avons observé cette espèce à Glesnæsholm, sur la côte occidentale de Norwége.

5° *Acineta Cothurnia.*

SYN. *Acinetenzustand von Cothurnia maritima.* Stein, Inf., p. 224, Pl. III, Fig. 36.

DIAGNOSE. Corps librement suspendu ; coque en forme de Verre à pied, rappelant tout-à-fait celle de la *Cothurnia maritima*, mais tronquée en biseau en avant. Espèce marine.

Nous ne connaissons cette espèce que par la description de M. Stein, à laquelle nous renvoyons.

6° *Acineta tuberosa*. Ehr. Inf., p. 241. Pl. XX, Fig. IX.

DIAGNOSE. Corps adhérent à la coque. Celle-ci est comprimée, large en avant, rétrécie en arrière. Suçoirs réunis en deux faisceaux. Une seule vésicule contractile. Nucléus ovale ou réniforme. — Habite sur des floridées et d'autres plantes marines.

Nous avons trouvé cette espèce en abondance dans la mer du Nord (Vallöe, Christiansand, Bergen). Les figures qu'en donne M. Ehrenberg sont bonnes. M. Stein la figure également (Stein. Pl. III, Fig. 46-49), et paraît avoir observé que le corps peut se détacher de la coque. Pour ce qui nous concerne, nous avons vu toujours le corps adhérer au fond de celle-ci. Parfois l'animal se contracte, se raccourcit, et l'on voit alors le bord de la coque faire saillie au-dessus de la partie supérieure de l'animal, et chaque faisceau de suçoirs se condenser en colonne.

7° *Acineta linguifera.*

SYN. *Acinete mit dem zungenförmigen Fortsatze.* Stein, Inf., p. 103, Pl. II, Fig. 11-17.

DIAGNOSE. Corps comprimé, adhérent à la coque, dont le bord antérieur seul est libre, et forme comme deux lèvres entre lesquelles la partie antérieure du corps forme comme une languette rétractile. Vésicules contractiles multiples, logées dans la partie antérieure. Nucléus en forme de longue bande sinueuse. Suçoirs rassemblés en deux faisceaux. — Habite sur divers coléoptères aquatiques.

Nous n'avons rien à ajouter à la description très-circonstanciée que M. Stein a donnée de cette espèce.

8° *Acineta Notonectæ.*

DIAGNOSE. Corps adhérent à la coque. Celle-ci a la forme d'un cornet conique, ouvert en haut. Suçoirs portés par deux tubérosités. Nucléus ovale. — Habite sur la *Notonecta glauca.*

V. la troisième partie de ce Mémoire.

Comme nous avons déjà eu l'occasion de le mentionner, les espèces décrites sous les noms d'*Acineta Lyngbyi* Ehr. et d'*Ac. cylindrica* Perty, appartiennent au genre Podophrya.

5e *Genre.* — SOLENOPHRYA.

Il existe entre les Solénophryes et les Acinètes la même différence qu'entre les Trichophryes et les Podophryes. Les Solénophryes sont, en effet, des Acinètes sessiles. Nous ne connaissons jusqu'ici qu'une seule espèce.

ESPÈCE.

Solenophrya crassa. (V. Pl. XXI, Fig. 10.)

DIAGNOSE. Coque ayant la forme d'un bassin ovale peu profond, dont le fond est à peu près aussi large que l'ouverture. Suçoirs réunis en plusieurs faisceaux.

La coque est une boîte ovale, de couleur jaune et de consistance membraneuse, quoique solide, qui est adhérente par le fond à des objets étrangers (racines de *Lemna minor*). Le corps, qui a la forme d'un sphéroïde (ou parfois d'un hémisphéroïde) très-aplati, repose sur le fond de la boîte sans être adhérent aux côtés. Sa surface est hérissée d'un certain nombre (quatre à six) de faisceaux de suçoirs. Tous les individus que nous avons eus sous les yeux étaient tellement opaques, que nous n'avons pu compter les vésicules contractiles, qui paraissent cependant être nombreuses. La même difficulté s'est opposée à la recherche du nucléus, que nous n'avons pu rendre visible, même au moyen d'acide acétique. — Le plus long diamètre de la coque est d'environ $0^{mm},16$. Nous avons trouvé cette espèce dans un étang du Thiergarten de Berlin.

6e *Genre.* — DENDROSOMA.

Ce genre, si clairement caractérisé par la formation de colonies ramifiées qu'on pourrait en faire une famille à part, ne comprend qu'une seule espèce, le *D. radians* Ehr. (Inf., p. 316), dont il sera donné une figure et une description dans la troisième partie de ce Mémoire.

7e *Genre.* — DENDROCOMETES.

Ce genre a été établi, par M. Stein, pour un parasite des branchies du *Gammarus Pulex,* auquel il a donné le nom de *D. paradoxus* (V. Stein. Inf., p. 211). Bien que nous ayons eu quelquefois l'occasion de rencontrer ce singulier animal à Berlin, nous ne l'avons pas étudié assez en détail pour pouvoir rien ajouter aux observations de M. Stein. Nous ne pouvons pas même dire avec une parfaite certitude si cet infusoire appartient réellement à la famille des Acinétiniens, personne ne s'étant assuré jusqu'ici que ses bras ramifiés soient des suçoirs. Cela nous semble cependant fort probable.

8e *Genre*. — OPHRYODENDRON.

Les Ophryodendron ne peuvent être rapportés qu'avec quelque doute à la famille des Acinétiniens, attendu que nous ne les avons pas vus jusqu'ici prendre de nourriture. Ces animaux sont munis d'une trompe fort longue, portant à son sommet un faisceau de soies flexibles, qui ressemblent aux suçoirs des Acinétiniens. L'animal peut, à son gré, étendre la trompe au dehors ou la retirer entièrement à l'intérieur du corps.

ESPÈCE.

Ophryodendron abietinum.

DIAGNOSE. Corps tantôt vermiforme, tantôt plus ou moins ovoïde. Trompe placée près du sommet, mais pas exactement sur ce sommet lui-même. Vit en parasite sur des Campanulaires, dans la mer du Nord.

Cette espèce sera étudiée en détail dans la troisième partie de ce Mémoire.

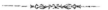

ORDRE III.

INFUSOIRES CILIO-FLAGELLÉS.

Les infusoires cilio-flagellés forment un chaînon intermédiaire entre les infusoires ciliés et les infusoires flagellés, bien qu'ils soient certainement plus proches parents des derniers que des premiers. Plusieurs auteurs sont indécis sur leur nature, et M. Leuckart en particulier veut en faire des végétaux. Cette opinion ne paraît cependant reposer sur aucune base solide, et comme personne n'a reconnu jusqu'ici de phase purement végétative dans le cycle d'évolution de ces êtres, nous pensons devoir nous ranger à l'opinion la plus généralement accréditée, c'est-à-dire à celle qui considère ces êtres comme des animaux.

Le corps des infusoires cilio-flagellés présente un contenu d'apparence fort variable, sans qu'on ait réussi à s'assurer jusqu'ici que des objets de nature évidemment étrangère en fassent partie. Nous avons fait toutefois, sur des Ceratium marins, une observation qui semble indiquer la possibilité de l'existence d'une ouverture buccale chez ces animaux. On voit parfois le long flagellum des Ceratium disparaître instantanément par une contraction subite. Unexamen attentif enseigne que la cause de cette disparition gît dans l'existence d'une cavité sphérique placée auprés du point d'insertion du flagellum, cavité dans laquelle ce flagellum peut venir se loger par rétraction. Peut-être que les mouvements brusques du flagellum sont destinés à amener dans cette cavité des particules étrangères propres à la nutrition. Nous n'avons pu cependant nous en assurer.

Les infusoires cilio-flagellés sont trop peu nombreux et s'éloignent trop peu du type commun, pour que nous songions à en former plusieurs familles. L'ordre entier comprend donc une seule famille, celle des Péridiniens, caractérisée par la présence d'un ou de plusieurs flagellums et d'un sillon transversal en ceinture, dont le bord antérieur porte une rangée de cils vibratiles. Le genre Prorocentrum seul paraît s'éloigner un peu du reste de la famille par la disposition des cils, et devra peut-être un jour former une famille spéciale.

Les Péridiniens sont, en général, munis d'une cuirasse. On trouve cependant, soit dans les eaux douces, soit dans la mer, une foule de formes tout-à-fait nues. Ces formes ne paraissent point constituer autant d'espèces différentes, mais semblent n'être que des phases de développement d'espèces cuirassées. Aussi éliminerons-nous de ce chapitre toutes les formes dépourvues de test, nous réservant de nous en occuper dans la troisième partie de ce Mémoire.

Les genres Chætotyphla et Chætoglena, que M. Ehrenberg classe dans la famille des Péridiniens, doivent en être écartés, parce qu'ils sont dépourvus de la ceinture de cils vibratiles qui caractérise la famille. Ce sont de véritables infusoires flagellés.

La cuirasse de tous les Péridiniens (les Prorocentrum exceptés) se compose de deux moitiés, l'une antérieure, l'autre postérieure, séparées l'une de l'autre par le sillon cilié. La face ventrale de la moitié postérieure présente constamment une ouverture ou petite échancrure qui est comme la continuation de celle de la moitié antérieure. Le sillon transversal n'est point circulaire, mais forme en quelque sorte un élément de spire dextrogyre. Il commence sur la face ventrale du côté gauche, et c'est à ce point qu'il est le plus rapproché de la partie antérieure, puis il passe sur le côté gauche, se continue sur le dos et revient à droite sur la face ventrale à un niveau plus rapproché de l'extrémité postérieure que ne l'était son point de départ.

Chez aucun Péridinien on n'a reconnu jusqu'ici l'existence de vésicules contractiles. En revanche, ils contiennent des corps de formes diverses qu'on peut considérer comme des nucléus.

M. Bailey[1] croit qu'une partie des êtres décrits comme étant des Péridiniens sont

1. Note on new Species and localities of Microscopical Organisms, by J. W. Bailey. — Smithsonian Contributions to Knowledge. Novembre 1853.

des phases embryonnaires d'Annélides. Cette opinion repose sur une prétendue analogie existant entre ces infusoires et les embryons de Néréides décrits par M. Lovén. Toutefois, cette analogie n'est qu'apparente. Ce n'est qu'une ressemblance de forme qui existe dans les gravures, sur le papier bien plus que dans la nature. Les embryons d'Annélides n'ont rien qui ressemble à la cuirasse des Péridiniens.

Répartition des Péridiniens en genres.

PERIDININA.	Un sillon transversal.	Les deux moitiés de la cuirasse de longueur à peu près égale.	Cuirasse armée de prolongements en forme de cornes..........................	1. CERATIUM.
			Cuirasse sans prolongement............	2. PERIDINIUM.
		Les deux moitiés de la cuirasse très-inégales.	Bords de l'échancrure relevés en lame	3. DINOPHYSIS.
			Bords de l'échancrure non relevés..	4. AMPHIDINIUM.
	Pas de sillon transversal. Cils sur le bord antérieur..............................			5. PROROCENTRUM.

1e Genre. — CERATIUM.

Les Ceratium sont des Péridiniens dont le corps est orné de prolongements en forme de cornes.

MM. Michaëlis et Ehrenberg attribuent à beaucoup d'espèces de ce genre la propriété de pouvoir luire pendant la nuit. Des expériences répétées sur ce sujet (surtout avec le *C. tripos*) ne nous ont conduits qu'à des résultats négatifs.

ESPÈCES.

1° *Ceratium cornutum.*

SYN. *Peridinium cornutum.* Ehr. Inf., p. 255, Pl. XXII, Fig. 17.
Ceratium Hirundinella. Duj. Inf., p. 377, Pl. V, Fig. 2.

(V. Pl. XX, Fig. 1, 2.)

DIAGNOSE. Corps comprimé, quadrilatéral, convexe sur le dos, concave sur le ventre. Moitié antérieure, portant deux cornes non recourbées en arrière; moitié postérieure en portant une seule.

Cette espèce, de forme très-bizarre, a déjà été observée par différents auteurs, qui en ont donné des figures en général peu exactes. Les meilleures sont encore celles de M. Ehrenberg. Longtemps nous avons cru d'une manière positive qu'elles ne possédaient qu'un seul flagellum. Cependant, à plusieurs reprises, nous avons conçu des doutes à cet égard, et M. Lieberkühn nous affirme qu'en effet le flagellum est double. Si ce fait devait se confirmer, le *C. cornutum* devrait former un genre à part. Dans tous les cas, l'un des flagellums est fort long, dépassant le double de la longueur du corps; M. Ehrenberg ne lui accorde cependant que la moitié de la longueur de celui-ci, et M. Dujardin ne le représente guère plus long. Il est, en effet, difficile de percevoir le flagellum dans toute son étendue, parce qu'étant fort long et fort mince et s'agitant sans cesse dans l'eau, il ne se trouve jamais que partiellement au foyer du microscope. L'échancrure ventrale de la carapace est fort profonde et fort large : elle s'étend du bord antérieur jusque fort près de l'extrémité postérieure; aussi la lacune de la carapace est-elle à peu près aussi grande dans la moitié postérieure que dans la moitié antérieure. Le flagellum est implanté sur la face ventrale, tout près du bord droit de la carapace; et si M. Dujardin dessine un fouet sur le dos, c'est une erreur manifeste.

Le corps de l'animal, vu de face, est un quadrilatère qu'on peut presque taxer de parallélogramme et dont trois angles sont prolongés en cornes. Le sommet du quatrième angle est formé par le point où passe le sillon transversal sur le côté droit. La plus longue des trois cornes est celle qui termine la moitié postérieure. Elle est fortement recourbée et tourne sa concavité du côté gauche. La seconde, qui est un peu plus courte, est en quelque sorte la continuation du bord droit au-delà du niveau du bord antérieur; elle est inclinée et un peu recourbée vers la gauche. La troisième, enfin, est beaucoup plus courte et se comporte relativement au côté gauche de l'animal, comme la seconde relativement à son côté droit. M. Dujardin n'indique aucunement cette troisième corne dans ses figures, ce qui pourrait faire supposer qu'il a eu une autre espèce sous les yeux. Toutefois, comme il la mentionne dans sa description comme un tubercule oblique plus ou moins saillant, il n'est pas douteux que ses figures ne renferment une erreur à cet égard. Le sillon transversal forme une ligne sinueuse qui contourne le bord gauche à la base même de la troisième corne, c'est-à-dire tout près du bord antérieur, puis descend obliquement sur le dos en formant deux sinuosités, dont la première tourne sa convexité vers l'avant, et la seconde vers l'arrière, et finit par atteindre le bord droit de l'animal à une distance moindre de la corne postérieure que de la grande corne antérieure. De là, elle revient sur la face ventrale, où elle atteint le bord de l'échancrure opposé à celui où elle était partie. Les cils vibratiles sont implantés comme chez tous les vrais Péridiniens, sous le bord antérieur du sillon transversal et non le long des deux bords, comme l'indiquent les dessins de M. Ehrenberg.

Nous ne croyons pas qu'il soit possible de distinguer spécifiquement du *C. cornutum* un Ceratium observé par M. Bailey, à Grahamville, dans la Caroline du Sud, et désigné par ce savant sous le nom de *Peridinium Carolinianum*[1]. La corne postérieure de ce Péridinien paraît être un peu plus longue que celle de la plupart des individus que nous avons observés jusqu'ici, mais ces appendices sont, chez les Péridiniens, sujets à de trop grandes variations pour qu'on puisse baser là-dessus une distinction d'espèce.

Le test est élégamment guilloché. A un fort grossissement sa structure se résout en une foule de petits champs polygonaux séparés les uns des autres par des intervalles plus élevés. — Le *Ceratium cornutum* est en général coloré d'un brun un peu verdâtre. Nous l'avons trouvé en abondance dans la mare comme sous le nom de Saupfuhl, près du Friederichshain, aux environs de Berlin.

2° *Ceratium tripos*. Nitsch. Beiträge zur Infusorienkunde. 1857.

SYN. *Peridinium tripos*. Ehr. Inf., p. 255, Pl. XXII, Fig. XVIII.
Peridinium macroceros. Ehr. Monatsber. d. Berl. Akad. 1840, p. 201.
Peridinium arcticum. Ehr. Monatsber. d. Berl. Akad.
Peridinium longipes. Bailey. Smiths. Contr. to Knowledge. Nov. 1853, p. 12, Fig. 35.

(V. Pl. XIX, Fig. 1-4.)

DIAGNOSE. Corps armé de trois longues cornes, dont deux portées par la moitié antérieure du corps se dirigent en avant pour se recourber bientôt en arrière, tandis que la troisième.

Cette espèce, qui fourmille dans la mer du Nord, présente des variétés de forme réellement innombrables. M. Ehrenberg distingue trois espèces : *P. tripos*, *P. macroceros* et *P. arcticum*, dont il n'a figuré que la première, et qui ne sont très-certainement que les trois principaux types de variation d'une seule et même espèce. Nous

1. Microscopical Observations made in South-Carolina, Georgia and Florida, by J. W. Bailey. — Smithsonian Contributions to Knowledge. Déc. 1850, Plate 3, Fig. 4—5.

avons donné des figures de ces trois types principaux, auxquels on peut conserver les noms de M. Ehrenberg.

Var. α. *Per. macroceros* Ehr. (V. Pl. XIX, Fig. 1). Cette forme est caractérisée par la longueur et la minceur de ses cornes, ce qui lui donne un aspect d'une gracilité extrême. La corne droite se prolonge beaucoup plus en avant que la corne gauche, avant de se recourber en arrière. Elles divergent après s'être recourbées en arrière, et adoptent alors une direction presque rectiligne. Les trois cornes présentent à leur base des arêtes longitudinales anguleuses assez saillantes, qui sont nettement dentelées. Les deux cornes latérales sont en général aussi longues et souvent bien plus longues que la corne postérieure.

Var. β. *Per. tripos* Ehr. (Pl. XIX, Fig. 2). Cette forme est déjà beaucoup moins gracile que la précédente. Les cornes sont, en effet, un peu plus épaisses et beaucoup plus courtes. Les deux cornes latérales sont en particulier très-brèves, et, au lieu de diverger en ligne droite en arrière, elles sont, au contraire, courbées en arc, de manière à se rapprocher à leur extrémité. Les dentelures et les arêtes qui les portent sont en général moins marquées que chez la forme précédente.

Var. γ. *Per. arcticum* Ehr. (V. Pl. XIX, Fig. 3). Cette forme est la moins gracile des trois. Les cornes atteignent chez elle, surtout à leur base, une épaisseur énorme. Les dentelures sont devenues des épines extrêmement fortes. Les deux cornes latérales divergent à un très-haut degré.

Tels sont les trois types principaux; mais, entre eux, il est possible de trouver des myriades de formes intermédiaires. La longueur des cornes est des plus variables, et paraît même, chez le *Cer. macroceros,* être indéfinie. En effet, la partie de la carapace qui recouvre les extrémités des trois cornes est toujours chez lui très-délicate, incolore, et comme en voie de formation. L'angle sous lequel les deux cornes latérales s'éloignent de l'axe est extrêmement variable, suivant les individus. Chez les uns ces cornes affectent une direction à peu près parallèle à l'axe, chez d'autres, surtout chez la *var.* γ., elles sont à peu près perpendiculaires sur lui. La corne postérieure est en général rectiligne, mais il n'est pas rare de la trouver courbée du côté gauche; parfois, mais rarement, du côté droit.

Il ne faut cependant pas s'attendre à observer toutes les formes à la fois dans une même localité. Les nombreuses variétés de cette espèce que nous avons rencontrées dans le fjord de Christiania, près de Vallöe, se rapprochaient en général du type du *Cer. tripos*. Aux environs de Bergen et de Glesnæsholm, sur la côte occidentale de Norwége, les formes voisines du type *macroceros* prédominaient de beaucoup. Enfin le type *arcticum* est, comme son nom l'indique, plus spécialement propre aux mers polaires. M. le Prof. Boeck, de Christiania, nous a communiqué plusieurs esquisses d'individus appartenant à cette forme et observés par lui près du Spitzberg. C'est d'après une de ces esquisses que nous donnons un dessin de ce type remarquable.

Afin de donner une idée de la variabilité de forme de cette espèce, nous avons mesuré les longueurs et les ouvertures d'angles les plus importants de divers Ceratium observés, le même jour, près de Glesnæsholm. Ces individus ont été choisis parmi des milliers d'exemplaires formant tous les passages possibles entre le type *tripos* et le type *macroceros*. Nous avons indiqué sur une figure au trait (Pl. XIX, Fig. 1A) les lettres destinées à expliquer les lettres relatives aux longueurs collationnées dans le tableau suivant. Les majuscules A, B. . . . . G, indiquent les sept individus mesurés. La longueur *ah* est, dans chaque individu, prise pour moitié.

	A	*A'*	*B*	*B'*	*ab*	*ah*	*ad*	*ad'*	*d'g*	*dh*	*ai*	*gk*
A	8,50	7,87	5,00	4,12	4,12	1,00	3,38	2,50	1,12	2,50	1,87	0,25
B	9,77	8,88	7,88	6,11	7,77	1,00	3,33	2,88	1,44	2,33	1,88	0,83
C	6,83	7,75	3,41	3,33	7,91	1,00	2,91	2,08	1,00	1,91	1,25	0,25
D	5,85	5,77	2,77	3,33	6,44	1,00	2,11	1,55	0,44	1,11	1,55	
E	3,22	4,55	2,77	2,44	4,44	1,00	2,11	1,33	0,22	1,11	1,88	
F	2,75	2,62	2,87	2,62	6,75	1,00	2,25	1,62	0,37	1,25	1,50	0,00
G	3,38	3,88	2,44	2,33	1,44	1,00	1,55	1,55	0,22	0,55	2,00	0,00

Si nous avions fait entrer dans ce tableau quelques formes du type *arcticum*, les variations de chiffres auraient été encore bien autrement considérables.

Dans tous les cas, il est certain que les trois types sus-mentionnés ne peuvent aucunement être considérés comme spécifiquement distincts les uns des autres. Le *Peridinium longipes* de M. Bailey se rapproche, par son port gracile, du *C. macroceros*, mais sa corne postérieure est fortement recourbée, ce qui n'a pas lieu d'ordinaire dans la forme typique que nous avons décrite. M. Bailey dit que ses cornes sont ciliées, mais ces prétendus cils ne sont évidemment que les dentelures, sans doute très-effilées du têt. On doit donc conserver à ces formes le nom commun de *Cer. tripos*. Toutes les variétés de cette espèce ont la particularité que le sillon transversal change subitement de niveau pendant son parcours sur le dos. Il subit une dislocation comparable à celle que subissent les deux moitiés d'une couche géologique dans une faille. Cette dislocation est cependant plus ou moins saillante, suivant les individus.

La carapace, vue à un fort grossissement, présente une structure assez élégante (V. Pl. XIX, Fig. 4).

Jusqu'ici, nous n'avons vu cette espèce que dans l'eau de mer. Cependant, M. le docteur Pringsheim nous a affirmé l'avoir trouvée dans de l'eau douce, prés de Berlin.

3° *Ceratium Furca*.

SYN. *Peridinium Furca*. Ehr. Inf., p. 256, Pl. XXII, Fig. XXI.
Peridinium lineatum. Ehr. Monatsber. d. Berl. Akad. 1854. p. 258.

(V. Pl. XIX, Fig. 5.)

DIAGNOSE. Corps armé de trois longues cornes, dont deux plus courtes portées par la moitié antérieure du corps et dirigées en avant, et une troisième plus longue et située à l'extrémité postérieure.

M. Ehrenberg a déjà représenté correctement cette espèce, dans son grand ouvrage, en indiquant, comme cela est en effet toujours, que la corne antérieure droite est plus longue que la gauche. Plus tard, il a décrit, sous le nom de *Per. lineatum*, une forme tirée de la mer, près de Terre-Neuve, forme qui ne doit se distinguer du *Cerat. Furca* que par sa taille un peu plus petite et par les lignes longitudinales ponctuées de sa carapace. Comparant la figure que l'auteur donne de cette prétendue espèce, dans sa Microgéologie, avec des individus vivants du *Ceratium Furca*, nous ne pouvons nous résoudre à admettre une différence spécifique entre les deux formes. En effet, tous les *Ceratium Furca* (espèce très-abondante dans la mer du Nord) présentent la structure de la carapace, que M. Ehrenberg considère comme propre au *Per. lineatum*, et si la figure du *Cer. Furca*, que ce savant a publiée dans son ouvrage sur les Infusoires, n'indique pas cette structure, c'est que M. Ehrenberg ne l'avait pas encore reconnue en 1838.

Chez cette espèce, comme du reste aussi chez la précédente et chez plusieurs autres, le flagellum s'agite souvent dans l'eau, de manière à décrire une espèce de cône, dont le sommet est au point d'insertion. Le mouvement étant fort rapide, on croit par suite voir deux flagellums divergents, ce qui n'est dans le fait qu'une illusion d'optique produite par les deux génératrices du cône qui se trouvent dans le plan focal.

M. Werneck[1] rapporte avoir trouvé le *Cer. Furca* dans de l'eau *douce*, près de Salzburg (Salzkammergut). Nous ne l'avons jamais trouvé que dans la mer (Vallöe, Christiansand, Bergen, Gleswær).

4° *Ceratium Fusus.*

SYN. *Peridinium Fusus.* Ehr. Inf., p. 256, Pl. XXII, Fig. XX.

(V. Pl. XIX, Fig. 7.)

DIAGNOSE. Ceratium à deux cornes fort longues, dirigées l'une en avant, l'autre en arrière.

Ce Ceratium a dans le fond trois cornes, comme les deux espèces précédentes, mais l'une est si petite qu'on ne l'a pas aperçue jusqu'ici. L'échancrure ventrale de la carapace est très-étroite, bien que profonde, et c'est la corne placée sur son bord droit qui est développée à un si haut degré. La corne gauche est comme atrophiée ; souvent elle est réduite à l'état d'un simple mammelon ; mais, souvent aussi, elle est développée en une épine peu longue, trois ou quatre fois aussi haute que large. Le flagellum prend naissance, comme chez toutes les espèces, sur le bord droit de l'échancrure. La carapace présente une structure analogue à celle que nous avons décrite chez le *Ceratium Fusus.* Les cornes sont en général recourbées en arrière.

Observé à Vallöe, dans le fjord de Christiania.

5° *Ceratium biceps.* (V. Pl. XIX, Fig. 8.)

DIAGNOSE. Ceratium à trois cornes longues, dont deux dirigées en avant et comme accollées l'une à l'autre.

Cette espèce rappelle le *Ceratium Furca,* mais s'en distingue facilement par le rapprochement excessif des deux cornes antérieures l'une de l'autre. La corne droite

1. Monatsbericht der Berliner Akademie. 18. Februar 1841.

l'emporte considérablement sur la gauche. Sur le dos de l'animal, on voit un sillon profond, partant de l'intervalle qui sépare les deux cornes, descendre directement sur la moitié postérieure en coupant à angle droit le sillon transversal.

Le *C. biceps* a la taille du G. *Furca* environ. Nous l'avons observé à Vallöe, dans le fjord de Christiania.

6° *Ceratium divergens.*

SYN. *Peridinium divergens.* Ehr. Monatsber. d. Berl. Akad. 1840, p. 201.
? *Peridinium depressum.* Bailey. Smiths. Contrib. to Knowledge. 1853, p. 12, Fig. 33-34.

DIAGNOSE. Ceratium à trois cornes courtes, dont deux portées par la partie antérieure, droites, pointues et armées à leur base d'une forte dent, placée du côté interne.

Cette espèce s'éloigne tout-à-fait des précédentes par la largeur excessive qu'elle présente dans sa région équatoriale. Les cornes dont elle est ornée n'atteignent plus un aussi grand développement en longueur; en revanche, elles sont fort larges à leur base et se terminent en pointe. La grande prépondérance que prenait, chez la plupart des autres espèces, la corne antérieure droite sur la corne antérieure gauche, subsiste encore ici, mais à un degré à peine sensible. La corne droite est, en effet, en général légèrement plus longue que la gauche, et surtout un peu plus large sur ses bases. La dent dont elle est armée à sa base est aussi en général un peu plus forte. — L'échancrure ventrale est réduite à une fente étroite, dont la largeur reste à peu près partout la même, et qui affecte à peine la moitié postérieure de la carapace. Celle-ci forme un rebord très-proéminent de chaque côté du sillon transversal, et ce rebord est orné de soies raides ou d'épines courtes. On trouve cependant des variétés entièrement dépourvues de ces épines. La coupe équatoriale de ce Ceratium est exactement réniforme.

Cette espèce est très-voisine du *Peridinium Michaelis* observé par M. Ehrenberg dans l'eau de la Baltique (Inf., p. 256. Pl. XXII, Fig. XIX). Cependant, M. Ehrenberg ne parle pas des dents caractéristiques placées à la base des cornes, et, de plus, il représente ces dernières comme des cylindres épais et tronqués, tandis que chez tous les *Ceratium divergens* observés par nous, ces cornes sont pointues. Toutefois, il est à remarquer que M. Ehrenberg n'a eu qu'un petit nombre d'exemplaires de son *P. Michaelis* sous les yeux, puisqu'il déclare lui-même n'avoir pu décider quelle était la partie antérieure de l'animal, et qu'il dessine les cils vibratiles précisément sur celui des bords du sillon transversal où ils ne sont pas. La diagnose que M. Ehrenberg donne de son *Peridinium divergens*, et le dessin qu'il en a publié dans sa Microgéologie, concordent, par contre, tout-à-fait avec notre Ceratium. Du reste, il est certain que le *Ceratium divergens* est soumis à de nombreuses variations, ainsi que nous avons pu nous en assurer soit par nos propres observations, soit par l'examen de nombreux dessins relatifs à cette espèce qui nous ont été communiqués par M. le professeur Chr. Boeck, de Christiania. Quant à la structure de la carapace, M. Ehrenberg la fait consister, sur la moitié antérieure de la carapace de son *Perid. divergens*, en une simple rugosité produite par de petits points élevés, tandis que sur la moitié postérieure il constate en outre l'existence de veines longitudinales lâchement réticulées qui convergent vers la corne postérieure[1]. Ces veines sont les lignes de juxta-position des différentes pièces polygonales dont se compose la cuirasse, mais elles existent aussi bien dans la moitié antérieure que dans la moitié postérieure.

Le Peridinium figuré par M. Joh. Mueller dans son Mémoire sur le *Pentacrinus Medusæ*[2] est le *Cer. divergens*. Il en est fort probablement de même du *Peridinium depressum* de M. Bailey, qui n'en diffère que par une obliquité probablement toute individuelle.

Le *Ceratium divergens* est abondant dans la mer du Nord, sur la côte de Norwége.

Le Ceratium que M. Perty décrit sous le nom de *Ceratium macroceras* (Zur Kenntniss, etc., p. 161. Pl. VII, Fig. 13), et auquel il avait donné antérieurement le nom de *C. longicorne* (Mittheil. d. Bern, naturf. Gesells. 1849, p. 27), est une fort belle espèce que nous n'avons pas eu l'occasion de rencontrer jusqu'ici. Elle n'a rien à faire avec le *Peridinium macroceros* Ehr., et il faut lui conserver le nom de *Ceratium longicorne* Perty. — Sous le nom de *Peridinium tridens* (Monatsb. d. Berl. Akad. d. Wiss. 1840, p. 201), M. Ehrenberg donne une diagnose d'un Ceratium qui doit être très-

1. Monatsbericht der Berliner Akademie. 1854. p. 238.
2. Abhandlungen der Akademie der Wissenschaften zu Berlin. 1841. Pl. 6. Fig. 7.

voisin du *C. divergens* et du *C. Michaelis*, mais dont ce savant n'a pas publié jusqu'ici de figure.

2e *Genre.* — PERIDINIUM.

Les Peridinium sont constitués exactement comme les Ceratium, dont ils ne se distinguent que par l'absence des prolongements en forme de corne. Nous restreignons donc le genre Peridinium tel que l'avait conçu M. Ehrenberg, en en excluant les Ceratium, mais, en revanche, nous lui rendons de l'étendue en lui restituant les espèces que M. Ehrenberg plaçait dans son genre Glenodium. Ce genre était en effet basé uniquement sur la présence d'une tache rouge, c'est-à-dire d'un prétendu point oculaire. Or, ce caractère ne pouvant suffire même à caractériser des espèces, ne peut, *a fortiori*, avoir aucune valeur générique. L'œil des Glenodinium n'est qu'une goutte d'huile colorée, qui varie infiniment d'un individu à l'autre, soit par la position, soit par la forme, soit par la grosseur, soit même par le nombre. La même espèce peut ou bien être munie de l'œil prétendu, ou en être dépourvue. Aussi est-il fort probable que l'espèce décrite par M. Ehrenberg sous le nom de *Peridinium cinctum*, n'est qu'un *Glenodinium tabulatum* dépourvu de tache rouge. C'est, du reste, là un point que nous reprendrons plus en détail dans la troisième partie de ce travail.

ESPÈCES.

1° *Peridinium tabulatum.*

SYN. *Glenodinium tabulatum.* Ehr. Inf., p. 257, Pl. XXII, Fig. XXIII.
Peridinium cinctum. Ehr. Inf., p. 253, Pl. XXII, Fig. XIII.

DIAGNOSE. Peridinium ovale, comprimé, à carapace composée de grandes pièces polygonales à structure réticulée. Sillon transversal peu oblique à l'axe. Pas d'épines, ni de soies.

M. Ehrenberg parle, il est vrai, de deux pointes au front de son *Gl. tabulatum*, mais il suffit de considérer ses figures pour voir qu'il n'entend par là que la saillie formée par les bords de l'échancrure. Cette espèce est, du reste, parfaitement caractérisée par la forme de la partie inférieure de l'échancrure ventrale. Cette partie inférieure est une lacune rectangulaire du bord de la moitié postérieure de la carapace, lacune comprise entre trois des pièces polygonales dont se compose celle-ci. Le bord gauche de cette lacune est plus long que le bord droit. — M. Ehrenberg remarque déjà lui-même qu'il existe des individus dépourvus de tache rouge, ce qui le conduit à supposer qu'il existe un PERIDINIUM *tabulatum* différent du GLENODINIUM *tabulatum*. Nous sommes aussi fort portés à croire que son *Perid. cinctum* doit être réuni à cette espèce. Si l'on s'en tient exclusivement au texte, la réunion de ce *Perid. cinctum* au *Glenodinium cinctum* semblerait encore plus justifiée. Toutefois, l'examen des planches nous fait supposer qu'il s'agissait plutôt d'un *Peridinium tabulatum* anophthalme, chez lequel le peu de transparence a empêché de reconnaître la structure de la carapace.

Cette espèce est abondante aux environs de Berlin.

2° *Peridinium apiculatum.*

SYN. *Glenodinium apiculatum.* Ehr. Inf., p. 258, Pl. XXII, Fig. XXIV.

DIAGNOSE. Peridinium ovale, comprimé, à carapace composée de grandes pièces polygonales à structure réticulée, à bord hérissés de petites soies roides, et séparées les unes des autres par des intervalles lisses.

Cette espèce, que nous avons rencontrée çà et là aux environs de Berlin, est trop bien caractérisée pour que nous ayons besoin de nous arrêter à elle.

3° *Peridinium cinctum.* (Non Ehrenberg.)

SYN. *Glenodinium cinctum.* Ehr. Inf., p. 257, Pl. XXII, Fig. XXII.

DIAGNOSE. Peridinium ovoïde, à carapace parfaitement lisse, homogène, non composée de pièces distinctes, complètement mutique.

Ce Peridinium est une des espèces les plus communes aux environs de Berlin. Sa taille est un peu plus petite que celle des espèces précédentes, et sa carapace se compose de deux moitiés parfaitement lisses. Nous l'avons trouvé le plus souvent dépourvu de la tache rouge que M. Ehrenberg lui attribue comme un caractère constant.

4° *Peridinium acuminatum.* Ehr. Inf., p. 254, Pl. XXII, Fig. XVI.

DIAGNOSE. Peridinium ovoïde, à carapace lisse, homogène, terminée en pointe en arrière.

Ce Peridinium a été représenté assez exactement par M. Ehrenberg, qui l'avait observé dans la Baltique. Nous l'avons retrouvé dans le fjord de Bergen, et M. Chr.

Boeck nous a communiqué le dessin d'un individu de la même espèce trouvé par lui à Sondefjord. Les individus que nous avons observés étaient fort petits, ne dépassant guère $0^{mm},03$ à 0,04 en longueur.

5° *Peridinium reticulatum.* (V. Pl. XX, Fig. 3.)

DIAGNOSE. Peridinium ovoïde, à carapace formée par des champs polygonaux fort petits. Sillon transversal, très-oblique à l'axe; pas de pointes.

La petitesse et la régularité des pièces polygonales dont se compose la carapace chez cette espèce, lui donnent l'apparence d'une enveloppe de tulle. L'obliquité du sillon spiral transversal est plus grande que chez aucune des espèces précédentes, et ce sillon décrit un peu plus d'un tour complet. L'échancrure ventrale est très-étroite. Le parenchyme est coloré en brun, comme chez la plupart des autres espèces.

Le *P. reticulatum* est marin. Nous l'avons observé dans le fjord de Bergen. Sa longueur est de $0^{mm},03$.

6° *Peridinium spiniferum.* (V. Pl. XX, Fig. 4-5.)

DIAGNOSE. Peridinium ovoïde, un peu atténué à l'extrémité postérieure. Caparace composée de grandes pièces polygonales. Sillon transversal, formant une spire à pas allongé. Deux épines en avant.

Le sillon transversal présente chez cette espèce une obliquité à l'axe beaucoup plus grande que chez aucune des espèces précédentes. Chez le *P. reticulatum*, le sillon est, il est vrai, très-oblique; mais cette obliquité est comparable à celle de l'écliptique sur la sphère céleste, et, au premier abord, on serait tenté de prendre le sillon non pas pour une hélice, mais pour un cercle. Chez le *P. spiniferum*, au contraire, la marche hélicoïdale du sillon est beaucoup plus accusée, car le sillon transversal, après être parti du bas de l'échancrure ventrale, fait le tour de l'animal et reparaît sur la face ventrale, bien en arrière de son point de départ. Ce sillon fait un peu plus d'un tour complet, et ses deux extrémités sont réunies l'une à l'autre par une fente étroite et oblique de la carapace, qui garde partout une largeur égale.

Le *Peridinium spiniferum* a une longueur d'environ $0^{mm},04$. Nous l'avons observé dans la mer du Nord, près de Glesnæsholm, sur la côte occidentale de Norwége.

Le *P. fuscum* Ehr. (Inf., p. 254. Pl. XXII, Fig. XV) ne nous est pas connu. Quant au *P. Pulvisculus* Ehr. (Inf., p. 253. Pl. XXII, Fig. XIV), au *P. Monas* Ehr. (Monatsb. d. Berl. Akad. 1840, p. 201) et aux espèces que M. Perty décrit sous les noms de *P. Corpusculum, P. planulum, P. oculatum, P. monadicum,* ce sont ou des Peridinum fort petits, ou des Peridinium nus, sur la valeur spécifique desquels il n'est pas encore possible de se prononcer maintenant. Il est fort probable qu'ils appartiennent au cycle de développement d'autres espèces. Nous reviendrons d'ailleurs sur les Peridinium nus dans la troisième partie de ce Mémoire. — Le *Glenodinium cinctum* de M. Perty est sans doute une simple variété du *P. tabulatum*. — Quant au *Gl. triquetrum* Ehr., il nous est impossible de nous en faire une idée d'après la simple diagnose que M. Ehrenberg en a donnée (Monatsber., 1840, p. 200[1]).

3e *Genre*. — DINOPHYSIS.

Le genre Dinophysis a été établi en 1839 par M. Ehrenberg, qui crut d'abord devoir le placer parmi les Ophrydiens, mais qui ne tarda pas à reconnaître ses véritables affinités en lui assignant une place dans sa famille des Péridiniens[2]. L'analogie avec les Péridiniens ne saute, il est vrai, pas aux yeux, mais elle ne peut échapper à un examen approfondi. Les Dinophysis sont en effet organisés précisément comme les Peridinium. La forme normale de ces animaux peut être comparée à celle d'un pot à lait. muni de son anse et d'un couvercle. Reste à démontrer dans cette forme les caractères essentiels des Péridiniens, savoir le sillon transversal et l'échancrure ventrale. Chez les genres que nous avons considérés jusqu'ici, le sillon transversal était placé à peu près dans la région équatoriale de l'animal. Ici, il est, au contraire, repoussé jusqu'auprès de l'une des extrémités. C'est, en effet, ce sillon qui sépare le corps du pot à lait

1. Depuis la rédaction de ces lignes, M. Carter a décrit, sous le nom de *P. sanguineum*, un Péridinien marin de Bombay. V. Annals and Mag. of Nat. History. April 1858, p. 258.

2. Ueber noch jetzt lebende Thierarten der Kreidebildung. — Denkschriften der Berliner Akademie der Wissenschaften. 1839.

de son couvercle. Les deux moitiés de la carapace des Péridiniens se retrouvent donc chez les Dinophysis, mais elles sont fort inégales ; l'une d'elles est réduite à un simple rudiment. Quant à l'échancrure ventrale, elle trouve son analogue dans l'anse du pot. En effet, la carapace présente à cette place une fente longitudinale dont les bords, se relevant perpendiculairement à la surface du pot, simulent l'anse. L'anse se compose donc de deux lames parallèles, entre lesquelles se trouve comprise l'échancrure ventrale. On voit déjà par là que le corps du pot correspond à la moitié antérieure des autres Péridiniens, et le couvercle à la moitié postérieure. Cette homologie est confirmée par l'examen de la position du flagellum et des cils. Les cils sont, en effet, placés dans le sillon qui sépare le pot du couvercle, mais immédiatement sur le bord du pot ; de même que chez les autres Péridiniens, ils sont implantés tout le long du bord supérieur soit antérieur du sillon. Quant au flagellum, il sort de la fente comprise entre les deux lames de l'anse, et sa pointe est dirigée du côté opposé au couvercle.

On ne remarque chez les Dinophysis pas plus de vésicule contractile que chez les autres Péridiniens. On distingue à leur intérieur des granules très-variables et des gouttes à apparence huileuse, ainsi qu'une substance colorante qui leur donne en général une couleur brunâtre. Dans nos dessins, nous avons en général négligé ces détails afin de rendre plus visibles les détails de la carapace.

La position des Dinophysis, dans le système, est maintenant aussi nettement fixée que possible, grâce à l'observation positive des cils et du flagellum, organes dont M. Ehrenberg admettait déjà l'existence par suite des mouvements de ces animaux, mais qu'il n'avait pas observés directement.

ESPÈCES.

1° *Dinophysis norwegica.* (V. Pl. XX, Fig. 20.)

DIAGNOSE. Chagrin de la carapace très-grossier. Moitié postérieure réduite à l'état d'une simple plaque concave. Corps comprimé, bordé par un limbe strié.

Cette espèce varie peu de forme : elle présente toujours son maximum de largeur en son milieu, et sa moitié antérieure (le fond du pot) se termine en faîte pointu. En revanche, le chagrin, toujours fort régulier de la surface, varie beaucoup de grosseur suivant les individus, tout en restant toujours fort grossier. Le limbe qui entoure le corps du pot sur son arête de compression, est moins large du côté qui porte l'anse que du côté opposé. Souvent il est dentelé sur son bord. Les deux lames parallèles qui forment l'anse présentent chacune trois places épaissies. Ces trois places épaissies, qui ressemblent à des contreforts destinés à donner plus de solidité aux lames minces, se retrouvent, du reste, chez toutes les espèces suivantes.

La longueur de la *D. norwegica* est d'environ $0^{mm},06$. Nous l'avons rencontrée soit dans le fjord de Bergen, soit dans la mer, près de Glesnæsholm (environs de Sartoröe).

2° *Dinophysis ventricosa*. (V. Pl. XX, Fig. 18-19.)

DIAGNOSE. Chagrin de la carapace très-grossier. Moitié postérieure réduite à l'état d'une simple plaque concave. Corps comprimé, dépourvu de limbe.

Cette espèce est très-voisine de la précédente, dont elle a exactement la forme, mais elle est dépourvue du limbe qui caractérise celle-ci. Çà et là on rencontre des individus qui se terminent en pointe beaucoup plus aiguë que les autres (V. Pl. XX, Fig. 18). C'est la forme la plus fréquente dans la mer du Nord, aux environs de Bergen et de Glesnæsholm. Elle atteint, comme la précédente, une longueur d'environ $0^{mm},06$.

3° *Dinophysis acuminata*. (V. Pl. XX, Fig. 17.)

DIAGNOSE. Chagrin de la carapace très-fin. Moitié postérieure réduite à l'état d'une simple plaque concave. Pas de limbe. Sommet de la moitié antérieure armé d'une dent.

Chez cette espèce, le bord ventral, c'est-à-dire celui qui porte l'anse, est beaucoup moins bombé que le bord dorsal, et la moitié antérieure (le corps du pot), au lieu de se terminer en un faîte pointu situé dans l'axe du corps, est arrondie à son sommet, mais munie d'une dent qui est plus rapprochée de la région ventrale que de la région dorsale. En outre, la moitié postérieure ou rudimentaire est beaucoup plus étroite que chez les espèces précédentes.

Nous avons observé la *D. acuminata* dans la mer du Nord, prés de Glesnæs (côte occidentale de Norwége). Sa longueur est d'environ $0^{mm},044$.

4e *Dinophysis rotundata.* (V. Pl. XX, Fig. 16.)

Diagnose. Chagrin de la carapace grossier. Moitié postérieure développée en une calotte bombée. Pas de dents.

Cette Dinophysis est comprimée, comme les précédentes; mais, vue de face, elle a la forme d'un ovale parfait. Le sillon transversal n'est pas repoussé tout-à-fait aussi en arrière que chez les trois espèces ci-dessus, d'où résulte une disproportion moins considérable entre les deux moitiés de la carapace.

Longueur : $0^{mm},052$. Observée dans la mer du Nord, près de Glesnæsholm.

5o *Dinophysis ovata.* (V. Pl. XX, Fig. 14-15.)

Diagnose. Chagrin de la carapace très-fin. Moitié postérieure développée en une calotte bombée. Sommet armé de deux dents.

Cette espèce a identiquement la même forme que la précédente, mais s'en distingue facilement par la finesse de son chagrin et par la présence de petites dents ou épines, qui sont placées sur le sommet de la moitié antérieure. Sa longueur est de $0^{mm},04$. Nous l'avons observée dans la mer du Nord, près de Glesnæsholm.

6o *Dinophysis lævis.* (V. Pl. XX, Fig. 13.)

Diagnose. Carapace lisse, sans trace de chagrin. Moitié postérieure développée en une calotte légèrement bombée. Pas de dents.

Cette Dinophysis a exactement la forme des deux espèces précédentes, mais sa carapace est parfaitement lisse. La disproportion entre les deux moitiés de la carapace est en outre un peu plus grande, et les lèvres qui comprennent le sillon transversal sont un peu plus développées que chez la *D. ovata* et la *D. rotundata.* Nous avons rencontré cette espèce, soit dans le fjord de Bergen, soit dans la mer près de Glesnæsholm. Sa taille est variable. Les plus grands individus atteignaient une longueur de $0^{mm},06$.

Les deux espèces que M. Ehrenberg a décrites sous les noms de *D. acuta* (Lebende Thierarten der Kreidbildung, 1839, p. 125, Pl. IV, Fig. XIV) et *D. Michaelis* (synonyme de la *D. limbata* du même auteur) ne nous sont pas connues. Il ne nous est du moins pas possible des identifier avec aucune des espèces précédentes, d'après les seules figures de M. Ehrenberg.

4e Genre. — AMPHIDINIUM.

Les Amphidinium présentent, comme les Dinophysis, une inégalité excessive entre la moitié antérieure et la moitié postérieure de la carapace, et c'est aussi la moitié postérieure qui est chez eux, pour ainsi dire, atrophiée. Le sillon transversal est repoussé presque à l'extrême limite postérieure. La forme typique du genre est celle d'un vase comprimé et fermé par un couvercle (le vase étant la moitié antérieure et le couvercle la moitié postérieure), et non plus celle d'un pot à lait. En effet, l'anse des Dinophysis manque totalement. L'échancrure qui donne issue au flagellum existe bien, comme chez les autres Péridiniens, mais sa position est difficile à reconnaître, parce que ses limites ne sont accusées par aucun changement de niveau de la surface. Les Amphidinium se différencient donc des Dinophysis, parce que la carapace ne forme pas de lame saillante à droite et à gauche de l'échancrure ventrale.

Les Amphidinium sont très-comprimés, et l'échancrure de la carapace est située sur l'une des deux larges faces produites par la compression. Elle est placée, non pas au milieu de cette face, mais près de l'un des bords, et ne paraît pas s'étendre jusqu'au sillon transversal, comme cela a lieu chez tous les genres précédents.

ESPÈCE.

Amphidinium operculatum. (V. Pl. XX, Fig. 9-10.)

DIAGNOSE. Moitié antérieure ovalaire, un peu aplatie d'un côté. Moitié postérieure réduite à l'état d'une plaque mince, comparable à un opercule.

L'*A. operculatum* est coloré d'un brun assez foncé. Son centre est en général occupé par un corpuscule arrondi plus foncé, d'où rayonnement des raies irrégulières également foncées. L'une des arêtes latérales de compression est fortement convexe. L'autre l'est à peine. Le sillon qui sépare le corps proprement dit (l'analogue de la moitié antérieure des Peridinium) de l'opercule porte une rangée de cils placée immédiatement sur le bord antérieur. Ces cils sont beaucoup plus faciles à percevoir que le flagellum placé à l'extrémité opposée. Aussi avons-nous pendant longtemps méconnu ce dernier.

L'*A. operculatum* est long d'environ 0mm,05. C'est un animal marin que nous avons rencontré en assez grande abondance sur divers points de la côte de Norwége (Vallöe, Christiansand, fjord de Bergen, Glesvær).

La mer du Nord nous a fourni d'autres formes d'Amphidinium qu'on devra peut-être rapporter à des espèces différentes. Il se pourrait cependant qu'il ne s'agisse que de phases de développement d'une seule et même espèce. Nous avons représenté deux de ces formes différentes du type normal. L'une (Fig. 12) est à peu près discoïdale, et mesure 0mm,047 en diamètre; l'autre (Fig. 11) est beaucoup plus petite (0mm,024), et munie d'une échancrure grande et marquée. Toutes deux sont à peu près incolores.

5e *Genre.* — PROROCENTRUM.

Les Prorocentrum s'éloignent des autres infusoires flagellés par l'absence du sillon transversal. Aussi devra-t-on peut-être former pour eux une famille spéciale, distincte de celle des Péridiniens. M. Ehrenberg les a placés dans sa famille des Thécamonadines, tout en remarquant qu'ils seraient peut-être mieux à leur place parmi les Péridiniens. Ce savant ne connaissait chez ces animaux qu'un seul organe moteur, le flagellum. Mais l'existence de cils vibratiles, que nous avons constatée depuis lors, nous a décidés à séparer complètement ces animaux des Thécamonadiens. M. Ehrenberg assure que les Prorocentrum luisent dans l'obscurité. Nous n'avons rien observé de relatif à cette particularité.

ESPÈCE.

Prorocentrum micans. Ehr. Inf., p. 44. Pl. II. Fig. XXIII.

(V. Pl. XX, Fig. 6-8.)

DIAGNOSE. Corps très-comprimé, tronqué et armé d'une dent en avant; terminé en pointe en arrière.

Nous considérons l'animal observé par nous comme identique avec le *P. micans* de M. Ehrenberg, bien que ce savant donne à la dent caractéristique une position un peu différente de celle que nous lui avons trouvée. Le corps est très-fortement comprimé. Vu par son côté large, il présente un bord presque rectiligne et l'autre très-convexe. La dent est placée sur la troncature antérieure, à l'angle que celle-ci forme avec le bord convexe. Peut-être pourrait-on considérer cette dent comme étant morphologiquement identique avec la moitié postérieure de la carapace des Péridiniens, déjà si rudimentaire chez les Dinophysis et les Amphidinium; et, dans ce cas, l'anomalie que présentent les Prorocentrum relativement à la disposition des cils vibratiles, disparaîtrait.

On voit à l'intérieur du *P. micans* de gros granules et des vésicules, mais nous n'avons pas constaté de vésicules contractiles. M. Ehrenberg indique la cuirasse comme étant parfaitement lisse. Toutefois les cuirasses isolées par la macération présentent des stries de points élégantes et très-distinctes (Fig. 8).

Le *Prorocentrum micans* est long de $0^{mm},032$. Nous l'avons trouvé dans le fjord de Bergen et près de Glenæsholm. M. Werneck (Monatsb. der Berl. Akad. d. Wiss., 1841, p. 109) dit l'avoir trouvé, à Salzbourg, dans de l'eau douce. MM. Michaëlis et Ehrenberg l'ont observé dans la Baltique.

DEUXIÈME PARTIE[1].

ANATOMIE ET CLASSIFICATION DES RHIZOPODES.

Considérations anatomiques sur les Rhizopodes.

Les Rhizopodes ont à juste titre attiré, durant ces dernières années, l'attention d'une foule d'observateurs, et cependant nous devons avouer que, malgré les travaux diligents que nous devons à ceux-ci, nous ne savons que bien peu de chose relativement à la structure de ces singuliers animaux. M. Ehrenberg s'appliqua dans divers travaux, publiés entre les années 1830 et 1840, à décrire chez divers Rhizopodes une organisation compliquée. Il leur attribua en particulier un système digestif construit sur un plan qui n'a pu être constaté par personne depuis lors. Chez les uns, il prétendait trouver de nombreux estomacs unis par un intestin. C'était le cas pour les Amœba, les Arcelles, les Difflugies, dont il faisait de vrais Polygastriques. Chez les autres, il crut retrouver les caractères des Bryozoaires; et, dans son système, il assigna aux Polythalames une place à côté des Flustres et des Alcyonelles.

Quelque précieuses que soient pour la science les observations de M. Ehrenberg sur les Rhizopodes, en particulier sur les Polythalames, on ne peut se dissimuler que ce savant se soit laissé emporter un peu trop loin par des idées préconçues, en ce qui concerne le système digestif de ces animaux. Une exagération quelconque en soulève toujours une opposée. C'est aussi là ce qui eut lieu. M. Ehrenberg trouva un contradicteur ardent dans M. Dujardin, qui, à notre avis, alla, de son côté, trop loin dans un sens opposé à celui dans lequel M. Ehrenberg s'était fourvoyé. C'est sans

1. Nous abordons de suite cette seconde partie sans traiter l'ordre des *infusoires flagellés*, dont nous n'avons fait qu'une étude trop insuffisante, pour pouvoir en entreprendre la réforme avec chances de succès.

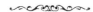

aucun doute à M. Dujardin que nous devons les progrès les plus sensibles dans la connaissance des phénomènes vitaux présentés par les Rhizopodes, et son nom restera comme la date d'une ère nouvelle dans l'histoire de ces animaux. Mais cet observateur s'est appliqué à simplifier l'idée qu'il se faisait de la constitution de ces animaux, à un point réellement extraordinaire, tellement qu'il est bien difficile à la raison humaine de se représenter des animaux vivants et doués de fonctions physiologiques variées, tout en restant confinés dans un degré d'organisation qu'on ose à peine taxer d'organisation véritable. Les idées de M. Dujardin on fait leur chemin dans le monde, parce qu'elles contenaient réellement beaucoup de vrai. Elles ont trouvé de nombreux champions, dont les plus décidés sont MM. Perty et Schultze. Ce dernier s'est tout particulièrement approprié la théorie de M. Dujardin. Il l'a modifiée, refondue et présentée sous une forme plus simple encore s'il est possible. Il a fait d'une Amœba, par exemple, un simple amas de sarcode, sans différenciation de tissus aucune, ce qui justifie bien l'expression pathétiquement douloureuse de M. Ehrenberg, lorsqu'il s'écrie[1] que toute la peine qu'il a employée depuis 1830 à bannir de la science la gelée primordiale *(der thierische Urschleim)* s'est montrée sans effet vis-à-vis de M. Max Schultze.

M. Perty met, lui, la vie psychique des Rhizopodes bien au-dessous de celle des infusoires. Nous n'avons pas le droit de le contredire, cependant on nous permettra de croire que nos connaissances dans la psychologie de ces animaux ne sont pas beaucoup plus avancées que notre connaissance de leur constitution anatomique!

Les idées de M. Ehrenberg, sur les Rhizopodes, ne trouvant pour ainsi dire plus aucun écho dans le monde savant, nous pourrions les laisser complètement de côté. Mais elles viennent de relever encore la tête, leur auteur les ayant tout récemment défendues de nouveau avec vigueur[2]. D'ailleurs, nous devons à M. Ehrenberg des découvertes si importantes dans l'anatomie des Polythalames, que son nom aura toujours un grand poids dans l'histoire physiologique et anatomique des Rhizopodes. D'autre part, ses adversaires lui ont souvent donné beau jeu dans ses attaques contre la

1. Ueber den Grünsand und seine Erläuterung des organischen Lebens. Berlin, 1856, p. 122.
2. Ueber den Grünsand, etc.

théorie de la « gelée primordiale. » Aussi, les idées de M. Ehrenberg ont-elles droit à une discussion approfondie.

M. Ehrenberg s'élève avant tout contre le groupe irrationnel des Rhizopodes qui contient, suivant lui, les animaux les plus divers, en particulier des « infusoires polygastriques » comme les Arcella, les Difflugies, les Amœba, et, d'autre part, des animaux très-différents, tels que les Polythalames et les Gromies, qu'il pense devoir rapprocher des Bryozoaires. « Celui qui veut réunir tous les Rhizopodes en un seul groupe, s'écrie-t-il[1], est obligé d'y faire entrer aussi une partie des Bacillariées, les Acineta, les Actinophrys et bien d'autres, et il a, dans ce cas, fabriqué un groupe comparable à celui que formerait un botaniste en classant ensemble tous les végétaux à feuilles pennées, ou un zoologiste, en réunissant en une seule classe tous les animaux à carapace, ou bien tous ceux qui sont munis d'une trompe, ou encore tous ceux qui sont ailés ! » M. Ehrenberg va trop loin dans sa verve. La classe des Rhizopodes, telle qu'elle a été définie par M. Max Schultze, ne pourra jamais renfermer des Diatomées, ni des Acinétiniens. Mais, néanmoins, il n'en reste pas moins vrai que M. Ehrenberg n'a peut-être pas complètement tort dans son blâme. La classe des Rhizopodes renferme des animaux fort divers les uns des autres, et l'avenir nous apprendra peut-être qu'on a tort de les réunir. M. Ehrenberg est certainement dans l'erreur, lorsqu'il fait des Amœba, des Arcelles et des Difflugies des infusoires *polygastriques*, ou bien lorsqu'il revendique pour les polythalames une organisation analogue à celle des bryozoaires[2]. Mais se trompe-t-il réellement lorsqu'il veut séparer complètement les Polythalames, les Gromies, les Ovulines, etc., du groupe des Amœba et des Arcelles? C'est une question que nous n'osons trancher d'une manière positive, ni dans un sens, ni dans l'autre.

Les Polythalames et animaux voisins sont bien clairement caractérisés par un phénomène singulier et bien difficile à comprendre, à savoir la fusion des expansions fili-

1. Grünsand, 128.

2. Nous ne voulons pas combattre ici les arguments par lesquels M. Ehrenberg a voulu justifier le rapprochement des polythalames et des bryozoaires. Ces arguments ont été déjà suffisamment réfutés par M. Williamson (On the structure of the shell and soft animal of Polystomella crispa; with some remarks on the zoological position of the foraminifera, by W. C. Williamson of Manchester. Transact. of the micr. Soc. Vol. II, 1849, p. 159).

formes qu'elles émettent. Lorsque ces expansions, ou pseudopodes, se rencontrent, elles se fondent ensemble, comme M. Dujardin a été le premier à le constater, et comme M. Max Schultze l'a développé plus en détail. M. Ehrenberg s'élève, il est vrai, vivement contre cette manière de voir. Les expansions ne peuvent pas, suivant lui, se foudre de manière à n'en former plus qu'une seule, mais elles s'entortillent les unes dans les autres, se comprimant mutuellement si bien, qu'on ne peut plus reconnaître les lignes de démarcation qui les séparent. Cette opinion est, *a priori*, bien plus séduisante, bien plus en harmonie avec toutes nos idées physiologiques, que celle qu'on lui oppose. Cependant, nous sommes obligés de céder devant l'évidence des faits. Une observation scrupuleuse des pseudopodes des polythalames enseigne jusqu'à l'évidence que ces organes sont bien réellement doués des propriétés singulières qui leur sont attribuées par l'école Dujardin-Schultze. Les granules qu'on voit circuler dans ces expansions passent au point de fusion de l'une dans l'autre avec la plus grande facilité, ce qui ne pourrait avoir lieu si ces expansions étaient simplement enchevêtrées les unes dans les autres. La même chose a lieu dans les pseudopodes des Gromia, des Lieberkuehnia, etc.

Les Amœba, les Difflugies, les Arcelles, se comportent d'une manière bien différente, si du moins nous ne comprenons dans le genre Amœba qu'une partie de celles qui ont été décrites sous ce nom, si nous en excluons par exemple l'*Amœba porrecta* Schultze. Ces animaux n'émettent pas un grand nombre d'expansions effilées, excessivement fines comme les Polythalames ou les Gromies, mais des pseudopodes relativement larges, épais, arrondis à l'extrémité, ou terminés en pointe mousse, et ne présentant pas la circulation de granules si caractéristique des polythalames. Jamais nous n'avons vu les expansions des Amœba, des Arcelles ou des Difflugies se souder les unes avec les autres. Ce caractère essentiel des Polythalames et des Gromies paraît leur être complètement étranger. Une seule fois nous avons rencontré une *Arcella vulgaris* présentant deux expansions unies en une seule à leur extrémité. Mais nous n'avons pas vu que ces deux expansions eussent été précédemment séparées l'une de l'autre dans toute leur étendue, et cette séparation ne s'effectua pas non plus pendant que nous observâmes l'animal. Il est donc fort possible que nous ayons simplement eu affaire à une monstruosité.

Les Rhizopodes que M. Ehrenberg a classés parmi ses Polygastriques offrent certainement une affinité bien plus grande avec les infusoires que les autres. Soit les Arcelles, soit les Difflugies, soit les Amœba, paraissent être tous munis d'une ou de plusieurs vésicules contractiles et d'un ou plusieurs organes identiques à ce qu'on est convenu d'appeler le nucléus des infusoires. Or, jusqu'ici ces organes-là n'ont été trouvés ni chez les Polythalames, ni chez les Polycystines[1], qui, elles aussi, doivent être maintenant considérées comme des Rhizopodes. Cette circonstance, jointe à la différence dans la manière dont se comportent les expansions, pourrait déjà justifier la séparation des rhizopodes amœbéens du reste de ce groupe.

Mais il y a plus. Il est fort probable que toutes les Polythalames, les Gromies, les Lieberkuehnies, etc., sont douées sans exception de la faculté de prendre de la nourriture à une place quelconque de leur corps, ou du moins à toute place d'où naissent des pseudopodes. C'est un fait constaté par la plupart des observateurs que les polythalames, par exemple, enveloppent de leurs expansions des objets étrangers, tels que des diatomées ou des infusoires. Les expansions qui ont contribué à la capture de la proie se soudent les unes aux autres, et l'objet étranger, quel qu'il soit, se trouve emprisonné dans un amas de substance glaireuse. Nous ne savons pas positivement ce qu'il advient alors de lui. Il se peut que dans certains cas il soit amené jusque dans l'intérieur de la coquille, puisque nous savons par MM. Ehrenberg et Williamson[2] qu'on trouve parfois des diatomées dans l'intérieur des chambres des polythalames, et M. Schultze a observé lui-même comment des diatomées enveloppées par les bras des polythalames sont attirées dans l'ouverture de la coquille[3] ; il se peut aussi que lorsque les objets sont trop gros pour pouvoir être introduits dans l'intérieur de la coquille, ils soient digérés par les expansions elles-mêmes. M. Williamson[4] émet déjà l'opinion que les pseudopodes des Polystomella servent à l'absorption de la nourriture, et cette opinion semble plus probable que celle de M. William Clark[5], qui veut en faire des or-

1. Max Schultze décrit cependant des corps comparables aux nucléus des infusoires, chez les Gromies et chez une Ovuline. (V. Schultze, über den Organismus der Polythalamien (Foraminiferen) nebst Bemerkungen über die Rhizopoden im Allgemeinen, p. 22. Leipzig, 1854.)

2. Transact. of the micr. Soc. 1852. V. III, p. 169.

3. Loc. cit., p. 17.

4. Transact. of the micr. Soc. Vol. II, p. 159.

5. Observations on the recent Foraminifera. Annals and Mag. of nat. Hist. III. 49, p. 350.

ganes branchiaux. — Or, il est fort douteux que cette faculté d'absorber de la nourriture à un point quelconque de la périphérie se retrouve chez les Rhizopodes amœbéens. Les expansions des Rhizopodes polythalames et gromiens ont quelque chose de déchiré, de non délimité dans leurs contours ; celles des Rhizopodes amœbéens, au contraire, sont toujours nettement dessinées, douées de contours bien limités. Il est, par suite, fort possible que ces animaux soient doués d'une seule ouverture buccale constante, dont les lèvres seraient exactement appliquées l'une contre l'autre comme chez les Amphileptus, pour ne s'ouvrir qu'au moment de la déglutition. C'est là une question difficile à trancher, parce qu'on ne peut pas facilement décider, lorsqu'on voit manger une Amœba, si l'ouverture par laquelle pénètre la nourriture existait déjà auparavant, ni s'il peut s'en former une semblable sur un autre point quelconque du corps. Il se présente dans tous les cas certains Rhizopodes qui paraissent posséder bien certainement une ou plusieurs ouvertures déterminées pour l'introduction de la nourriture. C'est là le cas, par exemple, pour l'animal auquel nous avons donné le nom de *Podostoma filigerum*.

En présence de tous ces faits, nous aurions été disposés à suivre l'exemple de M. Ehrenberg et à séparer complètement les Amœbéens des autres Rhizopodes. Malheureusement, nous rencontrons un groupe d'animalcules qui s'oppose à cette séparation et qui vient de nouveau embrouiller nos idées sur la délimitation de la classe des Rhizopodes. Ce groupe est celui des Actinophrys. Les Actinophrys ne peuvent certainement pas être séparées des Acanthomètres, des Polythalames, des Gromies, des Polycystines. Ce sont, pour ainsi dire, des Acanthomètres nues, dépourvues de squelette siliceux. Leurs pseudopodes ne sont point larges et arrondis comme ceux des Rhizopodes amœbéens, mais minces et effilés comme ceux des Polycystines; ils ne se soudent pas les uns avec les autres avec une évidence aussi grande que chez les Polythalames ou les Gromies, c'est-à-dire qu'on ne voit pas chez les Actinophrys, comme chez ces derniers animaux, dix ou quinze expansions ou même davantage se fondre en une masse unique et glutineuse, bien qu'il soit assez fréquent de voir deux ou trois de leurs pseudopodes se souder bien réellement et indubitablement ensemble. De plus, ces pseudopodes montrent une circulation de granules qui n'est certainement pas comparable pour la vitesse à celle qu'on observe chez les Polythalames et les

Gromies, mais qui ne peut cependant échapper à une observation attentive. Nous savons d'ailleurs que la circulation des granules est bien moins rapide chez certains Rhizopodes, chez les Acanthomètres par exemple, que chez les Polythalames, et l'on trouve parfois des Actinophrys chez lesquelles ce phénomène est aussi évident que chez les Acanthomètres. — Enfin il ne faut pas omettre de consigner ici que les Actinophrys sont susceptibles d'envelopper des objets étrangers d'une substance glaireuse et de les attirer dans l'intérieur de leur corps, et cela à un point quelconque de leur périphérie[1]. Il est cependant possible que cette absorption n'ait pas lieu à un point *quelconque*, mais bien à certaines places déterminées en nombre multiple. Toutefois, il n'est pas possible de rien voir qui puisse faire reconnaître ces ouvertures préexistantes, si elles existent. — Somme toute, les Actinophrys offrent une parenté si évidente avec les Polycystines, les Polythalames, les Gromies, qu'il n'est pas possible de les en séparer.

D'autre part, ces mêmes Actinophrys offrent une affinité non méconnaissable avec les Rhizopodes amœbéens. Elles sont, comme eux, munies d'une ou de plusieurs vésicules contractiles, semblables à celles des infusoires. Certaines d'entre elles (*Act. Eichhornii*, etc.) sont aussi indubitablement munies d'un nucléus.

Les Actinophrys semblent donc tendre la main, d'une part aux Acanthomètres, aux Polycystines, aux Polythalames, aux Gromies, et d'autre part aux Rhizopodes amœbéens; et si l'on considère, en outre, que nous avons vu une Amœba prendre de la nourriture précisément de la même manière qu'une Actinophrys, l'unité de conformation anatomique de tous les Rhizopodes semblera peut-être au-dessus de toute espèce de doute. Malheureusement, cette Amœba était une de celles qui rentrent dans le groupe de l'*Amœba porrecta* Schultze, c'est-à-dire une Amœba à pseudopodes minces, effilés et comme déchirés sur leur contour. Ces animalcules devraient être complètement rayés du genre Amœba. Ce sont, dans le fait, ou bien des Actinophrys qui, au lieu d'avoir des pseudopodes sur toute leur surface, n'en émettent que sur leur pourtour, ou bien des Gromides dépourvus de coque. Mais ici, de nouveau nous sommes arrêtés par les degrés intermédiaires, car on rencontre parfois des Amœba munies

1. V. Kölliker : Ueber *Actinophrys Sol.* Zeitschr. f. wiss. Zool. 1849. — Claparède : Ueber *Actinophrys Eichhornii.* Müller's Archiv. 1854, p. 398. — Lieberkühn : Ueber Protozoen. Zeitschr. f. wiss. Zool. VIII. Bd. 2. Heft. 1856, p. 308.

d'expansions ou de pseudopodes, dont il est bien difficile de dire s'ils rentrent dans la catégorie des pseudopodes des Amœbéens proprement dits, ou bien des Actinophrys..

S'il est possible que l'avenir donne raison à M. Ehrenberg, dans la séparation qu'il a tentée des Polythalames et des Rhizopodes amœbéens, il est par contre certain qu'il lui donnera toujours tort, quant à l'esquisse que ce savant nous a donnée de l'organisation interne de ces animaux. Toutefois, nous croyons devoir nous ranger de son bord, lorsqu'il revendique en faveur des Rhizopodes une organisation plus compliquée que celle qu'on est habitué à leur assigner aujourd'hui. M. Dujardin a été le premier à se déclarer pour l'homogénéité du corps des Rhizopodes. MM. Williamson, Carter et Schultze ont suivi ses traces; le dernier de ces savants a en particulier développé cette idée. M. Ehrenberg[1] lui reproche vivement de décrire le corps d'un Amœba précisément comme si c'était un fluide. Il y a quelque chose de vrai dans ce reproche-là. « Des organes déterminés, dit M. Schultze[2], ne peuvent exister dans un corps dont toutes les parties sont une valeur si parfaitement identique, que chacun de leurs granules peut à chaque instant échanger sa place avec un autre. » Cette identité des parties est loin d'être aussi grande que M. Schultze la représente. Déjà, *a priori*, il est bien difficile de se représenter un animal constitué comme l'*Amœba-type* de ce savant; aussi ce dernier ajoute-t-il instinctivement que ce n'est pas la place de discuter si un tel être peut exister ou s'il est même licite de concevoir sa possibilité. A notre avis, la chose est discutable et doit être discutée. Nous pensons aussi qu'il est impossible qu'un être ainsi constitué puisse sécréter un test à structure finement régulière, comme l'est celui d'une Arcella. Quoi de plus compliqué que la coquille d'une polythalame avec son siphon, ses cloisons, sa multitude d'ouvertures? Cette complication ne s'arrête pas là. MM. Carter[3] et Williamson[4] sont venus nous décrire tout un système compliqué de canaux dans l'épaisseur des cloisons des coquilles des Polythalames; il les a même injectés avec du carmin. M. Ehrenberg a retrouvé ces mêmes canaux admirablement

1. Grünsand, 122.
2. Schultze, loc. cit., p. 7-8.
3. On the form and the structure of the shell of Operculina arabica, by H. J. Carter, esq. of Bombay. Annals, serie II. Sept. 1852.
4. On the minute structure of the calcareous shells of some recent species of Foraminifera, by W. C. Williamson, prof. of nat. Hist in Owen's College Manchester. Transact. of the micr. Soc. of London. Vol. III. 1852, p. 105.

conservés dans les tests fossiles. Cette coquille à structure si incroyablement compliquée serait sécrétée par une masse de gelée informe et à peine organisée? C'est, ce nous semble, une absurdité. L'animal qui sécrète le test calcaire d'une Polystomella ou l'élégante charpente siliceuse d'une Podocyrtis, ne peut pas être une masse de sarcode. L'existence même de ces tests si compliqués nous enseigne que lorsque nous ne savons rien reconnaître en fait d'organisation dans les parties molles de l'animal, nous ne devons en accuser que notre méthode et nos moyens d'observation. Où en serait l'anatomie microscopique du système nerveux central sans l'acide chromique et les autres agents analogues? Le sarcode des Rhizopodes n'a pas encore trouvé son acide chromique.

M. Dujardin a classé les éponges parmi les Rhizopodes. M. Carter et d'autres ont imité son exemple. Les parties molles de ces êtres devaient être parfaitement semblables aux Amœba ; elles devaient n'offrir aucune structure appréciable, aucune organisation reconnaissable. C'était du sarcode dans sa plus pure essence, de la gelée primordiale (l'*Urschleim* des philosophes de la nature). Aujourd'hui, il en est bien autrement. Grâce aux recherches soigneuses et approfondies de M. Lieberkühn, nous savons que les parties molles des éponges sont un tissu formé par des cellules nucléées, qu'elles sont munies d'organes générateurs (des œufs et des capsules dans lesquelles se forment des zoospermes) et d'un appareil digestif assez compliqué : elles ont des ouvertures d'ingestion en nombre plus ou moins considérable, des cônes d'égestion ciliés à l'intérieur, un système de canaux parcourant toute la substance du corps, etc. En un mot, M. Lieberkühn nous a fait connaître chez les éponges une structure si compliquée, que ce serait ridicule de chercher encore chez elles les caractères de la nature rhizopodique, tels qu'ils ont été conçus par M. Dujardin. Nous devons, par conséquent, écarter complètement les éponges du groupe des Rhizopodes. Mais cette séparation pourra-t-elle se maintenir à l'avenir? C'est fort douteux. Qui sait si les autres Rhizopodes mieux connus ne nous dévoileront pas un jour une organisation qui nous forcera à en faire autre chose que des Rhizopodes dans le sens actuel. Cela nous paraît probable. Les Thalassicolles, en particulier, avec leur charpente de spicules, font toujours penser instinctivement aux Spongilles et aux Halichondries. On reconnaîtra peut-être un jour qu'elles sont unies à ces animaux par des liens autres que ceux d'une affinité apparente purement extérieure. S'il est vrai que les jeunes Spongilles soient munies d'un grand nombre de vésicules contractiles, comme le prétend M. Carter[1], c'est une raison de plus pour croire à une affinité réelle entre les éponges et les Rhizopodes amœbéens.

Du reste, nous pouvons dire déjà à l'heure qu'il est que l'amœba-type de M. Schultze ne concorde pas parfaitement avec les Amibes de la nature. M. Ehrenberg a raison de douter que les Amœba soient un simple fluide. Lorsqu'on considère avec attention une Amœba en mouvement, on reconnaît bientôt qu'il faut distinguer en elle deux zones, l'une périphérique, l'autre centrale. C'est une distinction que M. Schultze a négligé de faire. M. Auerbach[2] et M. Carter[3] sont, pour ainsi dire, les seuls écrivains qui aient distingué bien clairement ces deux zones, dont l'extérieure est nommée par M. Anerbach la couche externe ou l'auréole (*der Hof*). Cet observateur a reconnu que les granules qu'on voit circuler vivement dans le corps de l'Amœba lorsqu'il se meut, appartiennent à la couche interne et ne pénètrent jamais dans le sarcode de l'auréole, ce qui est parfaitement exact. Il a constaté que chez un grand nombre d'espèces, les granules ne pénètrent jamais dans les pseudopodes; que ceux-ci ne sont, par conséquent, formés que par la substance de l'auréole : observation également parfaitement juste. C'est aussi ce qu'on voit chez les Arcelles et les Difflugies. Il n'y a que les Amœba qui cheminent à l'aide d'expansions excessivement larges, comme l'*Amœba princeps*, chez lesquelles on voit les granules et les substances étrangères avalées par l'animal, pénétrer dans ces expansions, et même dans ces cas, la couche externe est-elle relativement fort épaisse à l'extrémité de l'expansion[4]. Toutefois, M. Auerbach ne paraît pas s'être bien rendu compte de la nature de ces deux zones. Il paraît admettre qu'elles ne sont pas séparées d'une manière bien tranchée l'une de l'autre. Il pense tout au moins que le même sarcode qui forme les pseudopodes et l'auréole transparente existe aussi entre

1. V. Note on the Freshwater Infusoria of the Island of Bombay. Annals, II. series. 18. 1856, p. 132.

2. Ueber die Einzelligkeit der Amœben. Zeitschr. f. wiss. Zool. VII. Bd. 1855.

3. H. J. Carter, note on the Freshwater Infusoria of the Island of Bombay. Annals of n. H. II. series. 1857, p. 116.

4. M. Carter désigne la zone externe sous le nom de *diaphane*. Il a reconnu avec raison que la matière trouble (turbid material) qui remplit le centre des Actinophrys ne pénètre jamais dans les rayons et que le bord des Amœba est toujours transparent.

les granules de la zone centrale [1]. Ceci est, à notre avis, inexact. Les granules de cette zone se meuvent parfois avec une rapidité telle, qu'ils semblent ne rencontrer aucun obstacle devant eux, rapidité qui ne peut s'expliquer que par la circonstance qu'ils sont en suspension dans un liquide d'une densité peu considérable. Si le *sarcode* de la soi-disant auréole était de la même nature que la substance intergranulaire de la zone centrale, ce serait bien un liquide excessivement fluide. Mais il n'en est pas ainsi, comme le montre déjà la circonstance que jamais un granule ne pénètre dans la couche externe. Dans le fait, la couche externe, l'auréole sarcodique de M. Auerbach, constitue à elle seule le corps de l'Amœba; la zone centrale représente la cavité du corps, qui est en même temps, comme chez les infusoires, la cavité digestive. Cette opinion a déjà été émise par M. Carter [2]. Les objets avalés, tels que des diatomées, des desmidiacées, des fragments d'algues, des pierres, parfois même des entomostracés, circulent avec le chyme dans l'intérieur de cette cavité, jusqu'à ce que les parties digestibles soient digérées. On objectera sans doute qu'on ne reconnaît pas une limite aussi tranchée du parenchyme du côté interne que du côté externe. Ceci est parfaitement naturel. Ce parenchyme réfractant la lumière beaucoup plus fortement que l'eau, son contour externe, qui est plongé dans ce liquide, doit se dessiner d'une manière parfaitement distincte. Le contour interne, par contre, n'est point en contact avec de l'eau, mais avec le chyme, c'est-à-dire avec un liquide qui contient une foule de substances en dissolution et en suspension, et dont la densité est par conséquent bien plus considérable que celle de l'eau pure, et plus voisine de celle du parenchyme du corps de l'Amœba; aussi ce contour interne se dessine-il bien moins nettement.

M. Williamson, sans être entré dans des détails bien circonstanciés sur la structure des Amœba, est certainement, après M. Carter, l'auteur qui paraît avoir le mieux compris ces animaux, ainsi que les Rhizopodes en général. Il dit, à propos des Polystomella [3] : « L'extension de leur estomac, s'il est permis de nommer ainsi la cavité gélatineuse qui remplit l'organisme, rappelle soit les Amœba, soit les formes les plus simples des polypes hydraires. » Cette comparaison ne manque pas de justesse.

1. V. Loc. cit., p. 396.
2. Loc. cit., p. 119.
3. Transact. of the micr. Soc., 1849, p. 174.

La vésicule contractile est, comme on peut s'en assurer par l'observation, toujours logée dans la couche externe, ce qui est bien naturel, cette couche étant seule le parenchyme du corps. D'après M. Auerbach [1], le nucléus est placé dans la zone centrale et change sa position relative pendant les mouvements de l'animal. Ceci n'est pas parfaitement exact, en ce sens que le nucléus est, dans l'état normal, adhérent à la paroi du corps, mais il fait saillie dans la cavité digestive, et, à ce point de vue, on comprend que M. Auerbach ait pu le placer dans la zone centrale. Ni les vésicules contractiles, ni les nucléus, ne sont susceptibles de changer de place. C'est là une chose difficile à constater, mais bien positive. Aussi M. Auerbach se méprend-il lorsqu'il parle d'un changement de place *relatif* du nucléus. Ce changement de place n'est pas possible. Chez une Amœba qui modifie rapidement sa forme, il faut beaucoup d'attention pour parvenir à constater ce fait, mais on peut y parvenir. Le parenchyme n'est en effet, même pour nos instruments, pas parfaitement homogène. Il renferme des taches, des granules transparents, qui ne circulent pas avec le contenu de la cavité du corps. Lorsqu'on fixe un de ces points de repère situé non loin de la vésicule contractile, on peut s'assurer que celle-ci, après s'être contractée, reparaît toujours précisément à la même place. On peut de la même manière constater que le nucléus a une place parfaitement constante. Il peut arriver parfois, surtout lorsque le Rhizopode se trouve anormalement comprimé entre deux plaques de verre, que le nucléus se détache de la paroi du corps, comme cela arrive aussi chez les infusoires, mais c'est toujours là un phénomène anormal.

On trouve des *Arcella vulgaris,* comme nous le verrons plus loin, ayant un grand nombre de vésicules contractiles, parfois jusqu'à dix ou douze. Ces individus ont en général plusieurs nucléus, parfois jusqu'à sept ou huit. Les vésicules contractiles sont arrangées sur tout le pourtour du corps, formant comme une ceinture. Les nucléus forment comme une seconde ceinture, plus étroite, en dedans de la première. Il est facile de constater que les vésicules contractiles conservent constamment leur position relativement aux nucléus voisins.

Les vésicules contractiles des Rhizopodes sont, comme nous l'avons dit, sembla-

1. Loc. cit., p. 397.

bles à celles des Infusoires. C'est une circonstance à laquelle peu d'auteurs seulement ont fait attention. M. de Siebold, cependant, mentionne déjà la vésicule contractile chez l'*Actinophrys Sol.* M. Lieberkühn en a également fait mention chez les Actinophrys et les Amœba, et M. Carter chez tous les Rhizopodes amœbéens. A une époque antérieure, la vésicule contractile avait, du reste, été déjà mentionnée par MM. Ehrenberg et Focke. Néanmoins, l'idée de M. Dujardin, qui ne voulait voir dans les vésicules contractiles que des vacuoles susceptibles de se former spontanément dans une partie quelconque du corps pour disparaître ensuite subitement et se reformer ailleurs; cette idée, disons-nous, paraît avoir dominé vaguement dans l'esprit de beaucoup d'observateurs. M. Auerbach lui-même, auquel nous sommes redevables d'observations si soignées sur les Amœba, n'a pas su se défaire complètement du patronage de M. Dujardin, et il confond plus ou moins les vésicules contractiles avec les cavités remplies de liquide qu'on rencontre dans chyme dont est remplie la cavité du corps. « Les vacuoles qu'on observe en nombre variable dans les Amœba, dit-il[1], ne peuvent pas être autre chose, à mes yeux, que des cavités dans la substance fondamentale, cavités qui sont remplies par un liquide aqueux de faible densité, quoique impur. Elles se forment par suite de ce que le liquide dont est imbibé le sarcode se réunit provisoirement en gouttes à certains points; mais ces gouttes disparaissent bientôt, le sarcode se contractant concentriquement autour d'elles, et résorbant de nouveau le liquide entre ses molécules. Chez les individus qui ne renferment ces vacuoles qu'en petit nombre, on en voit ordinairement une ou deux, dont l'apparition et la disparition se répètent alternativement de temps en temps à la même place. Elles répondent aux vésicules contractiles d'autres infusoires et servent sans doute à une espèce de circulation diffuse des liquides du corps. Il arrive souvent qu'une vacuole renferme un corps étranger dans son intérieur, etc. » On voit par cette citation que M. Auerbach ne fait pas de différence essentielle entre les vacuoles du chyme qui peuvent renfermer des objets étrangers et les vésicules contractiles qui n'en renferment jamais. Aussi n'accorde-t-il pas une attention particulière à ces dernières. Il n'en mentionne pas, par exemple, chez son *Amœba bilimbosa*, qui en possède toujours une, non plus que chez

1. Auerbach, loc. cit., p. 423.

l'*Amœba princeps*, qui n'en manque jamais. Il décrit cependant bien la vésicule contractile de l'Amœba que M. Perty désigne sous le nom d'*A. Guttula* (*A. Limax* Auerb.), ainsi que celles de l'*Amœba actinophora* Auer. Ailleurs, M. Auerbach dit que toutes les vacuoles sont susceptibles de changer leur position relative, ce qui est exact des vraies vacuoles, c'est-à-dire des vacuoles du chyme, mais pas des vésicules contractiles. La confusion qu'a faite M. Auerbach provient de ce qu'il place toutes les vacuoles dans la zone granuleuse, c'est-à-dire dans la cavité du corps, tandis que les vésicules contractiles sont dans le fait toujours situées dans la zone périphérique, c'est-à-dire dans le parenchyme. Cependant, M. Auerbach[1] remarque déjà lui-même que les deux vésicules contractiles de l'*Amœba actinophora* sont logées très-près de la surface, et un peu plus loin il dit que parfois, mais rarement, une vésicule se montre dans le limbe transparent. Cette vésicule était sans doute une vésicule contractile.

M. Lieberkühn a étudié en détail des animaux amœbéides qui rentrent dans l'évolution des Grégarines. Il n'est point encore suffisamment démontré que ces animaux doivent être assimilés aux Amœba. M. Lieberkühn ne les a jamais vu prendre de nourriture; il ne paraît pas non plus qu'il ait jamais reconnu chez aucun d'eux la présence d'une vésicule contractile, organe qui paraît être général chez les vrais Amœba. On trouve, il est vrai, parfois libres dans l'eau et surtout vivant en parasites dans l'intestin des grenouilles et des tritons, des Amœba de petite taille, qui ne possèdent pas de vésicule contractile. Mais nous n'avons jamais vu ces êtres renfermer de la nourriture, et il est fort possible qu'ils rentrent dans la catégorie des animaux amœbéides observés par M. Lieberkühn.

Le parenchyme du corps est, chez certains Amœba, tellement mince, qu'on serait tenté de croire que, chez ces espèces-là, la distinction entre le parenchyme et la cavité du corps n'est pas possible, ou bien, dans tous les cas, que la vésicule contractile est logée dans la masse du chyme. Cependant, les Amœba dont nous parlons sont constitués comme les autres. Le parenchyme de leur corps ne forme qu'une couche fort mince, il est vrai, et la vésicule contractile, logée dans son intérieur, fait une forte saillie, soit à l'extérieur, soit dans la cavité du corps.

1. Loc. cit., p. 394.

Nous avons observé quelquefois une espèce d'Amœba jusqu'ici non décrite, mais à laquelle nous ne voulons pas donner de nom, parce que nous avons pour principe de ne dénommer aucune Amœba, la distinction des espèces étant, pour le moment, du moins, trop difficile dans ce genre singulier. Cette Amœba est de grande taille et ressemble à l'*Amœba princeps,* dont elle se distingue surtout par son nucléus, qui est beaucoup plus grand, granuleux et dépourvu de nucléole. Le parenchyme de son corps est extrêmement mince et sa vésicule contractile très-grosse. Celle-ci fait saillie à l'extérieur, précisément comme la vésicule contractile de l'*Act. Eichhornii* ou de l'*Act. Sol.* Lorsqu'elle se contracte, elle disparaît complétement pour reparaître bientôt comme une vésicule excessivement petite, tout-à-fait sur le bord de l'animal, c'est-à-dire dans l'épaisseur même du parenchyme. Peu à peu cette vésicule, si minime, grossit et reprend enfin ses dimensions primitives en faisant une forte saillie à l'extérieur. D'ordinaire, on voit, peu après la contraction, plusieurs vésicules, en général quatre ou cinq, parfois jusqu'à sept ou huit, se former sur divers points de l'animal, souvent assez loin de la vésicule contractile. Lorsque ces vésicules ont atteint une certaine dimension, elles se mettent en mouvement du côté de la vésicule contractile à laquelle elles vont s'unir, c'est-à-dire dans laquelle elles se déversent. Ce fait ne peut s'expliquer, ce nous semble, que par l'existence de vaisseaux, ou, si l'on aime mieux (afin de ménager la pudeur histologique de certains esprits qui pourraient s'offenser en entendant parler de vaisseaux dans une Amœba), de *canaux* préexistants dans lesquels le liquide de la vésicule contractile est chassé au moment de la contraction. Le liquide se rassemble dans les principaux canaux, qu'il dilate de manière à former une espèce de vacuole; puis, ce canal se contractant successivement de la périphérie vers le centre, pousse son contenu jusqu'à la vésicule contractile.

Cette même espèce d'Amœba nous a offert un exemple très-curieux d'irrégularité dans les pulsations de la vésicule contractile. Frappés de la différence de longueur des intervalles qui séparaient les contractions, nous poursuivîmes chez un individu, montre en main, le jeu de la vésicule contractile. Nous trouvâmes entre quatre pulsations successives les trois intervalles fort inégaux : de cinquante minutes, de trois minutes et d'une minute et demie. La longueur du premier intervalle montre combien il faut être circonspect avant de dénier à un Rhizopode la possession d'une vésicule contractile. Chez aucun infusoire cilié, nous n'avons observé d'irrégularités semblables, bien que des irrégularités de pulsations se présentent aussi chez eux dans des limites beaucoup plus restreintes. Nous devons, du reste, remarquer qu'il n'est pas probable que la circulation reste interrompue pendant un intervalle aussi long que le premier de ceux que nous avons cités. Nous avons constàté chez l'Amœba en question que, pendant les longs intervalles, la vésicule contractile variait excessivement de volume, offrant alternativement un diamètre moindre et plus grand. Elle passait évidemment par des contractions lentes et incomplètes, pendant lesquelles elle se vidait partiellement pour reprendre ensuite, peu à peu, son volume primitif. M. Carter[1] a, du reste, déjà mentionné le fait, que la vésicule contractile de certaines Amœba varie de formes et de dimensions sans se contracter complètement.

Nous avons encore à dire quelques mots sur l'unicellularité des Rhizopodes. Ces animaux, ayant été généralement réunis aux Infusoires, leur histoire a passé par les mêmes phases que celle de ces derniers. De même qu'une grande partie d'entre eux avaient dû devenir polygastriques sous le microscope de M. Ehrenberg, de même ils ont dû, bon gré, mal gré, s'accommoder de l'état de cellules entre les mains des adeptes de l'école unicellulaire. M. Kölliker, bien que partisan du sarcode de M. Dujardin, a surtout combattu en faveur de l'unicellularité des Rhizopodes amœbéens et des Actinophrys. Il dénie[2] à ces animaux toute membrane enveloppante, et pourtant il veut en faire des cellules. Nous avons déjà combattu ailleurs cette manière de voir. On peut discuter beaucoup et longtemps sur l'idée théorique d'une cellule; on peut alternativement faire disparaître la membrane, le contenu et le nucléus de la cellule; on peut donner le nom de *cellule* à toute unité organique élémentaire ayant un nucléus pour centre d'action; mais il ne faut cependant pas pousser les subtilités trop loin, afin de ne pas tomber dans des exagérations analogues à celles de la théorie des substitutions en chimie, à laquelle on reprochait d'en venir à remplacer successivement par du chlore tous les équivalents des corps premiers qui entrent dans le coton, et de finir par avoir un coton conservant en somme les propriétés du coton ordinaire,

1. Note on the Freshwater Infusoria of the Island of Bombay. Annals, II. series 18, 1856, p. 120.
2. Ueber Act. Sol. Z. f. w. Z., 1849.

mais composé uniquement de chlore. M. Perty a déjà combattu l'idée de l'unicellularité des Rhizopodes. Mais il se place à un point de vue assez différent du nôtre. « La masse animale primordiale, dit-il[1], et il entend sous cette dénomination la substance dite contractile, le vitellus, la substance moléculaire des cellules du chorion, etc., n'a jamais de cellules, et ces dernières sont déjà le produit d'une activité organisante plus élevée. On ne peut dire d'une Amœba, ni que c'est un être unicellulaire, ni qu'elle est composée de cellules; en effet, il lui manque les caractères essentiels de la cellule : le nucléus et l'enveloppe. La théorie cellulaire ne peut s'appliquer à des animaux qui ne sont pas composés de cellules, mais d'une substance fondamentale amorphe. » M. Perty est encore, pour ce qui concerne les Rhizopodes, un partisan de cet *Urschleim* contre lequel M. Ehrenberg s'est escrimé avec tant d'énergie.

M. Auerbach, le second champion de l'unicellularité des Rhizopodes en question, n'est pas un représentant aussi absolu de l'école cellulaire que M. Kölliker. Pensant aux infusoires, il recule un moment devant l'idée des cellules mangeantes. Des cellules qui sont munies d'une bouche, d'un pharynx, d'une cavité digestive, d'un anus; des cellules qui mangent, sentent et veulent; des cellules qui nagent, qui rampent et qui courent; tout cela lui semble pour le moins « baroque. » Il hésite donc encore à se ranger à l'idée de l'unicellularité des infusoires, mais il fait une exception pour les Amœba, dans lesquelles il croit trouver tous les critères de la cellule. Les cellules de M. Auerbach sont, du reste, beaucoup plus normales que celles de M. Kölliker; il leur trouve une membrane, un nucléus et un contenu. M. Auerbach ajoute en particulier une grande importance à la découverte du nucléus, et il a raison. Il est, en effet, le premier qui ait montré que le nucléus se trouve chez toutes les vraies Amœba, et c'est une découverte de valeur. Malheureusement c'est elle qui l'a converti à la théorie de l'unicellularité. C'est là une conversion bien rapide, conversion qui n'a été opérée que par un mot mal compris. L'école unicellulaire ayant en quelque sorte fait donner dans la science le droit de bourgeoisie au nom de nucléus, pour désigner un certain organe chez les infusoires, et M. Auerbach trouvant cet organe chez les Amœba, ce serait là une raison pour voir dans ces animaux de simples cellules? Non, certainement point.

1. Zur Kenntniss der kleinsten Lebensformen, p. 182.

S'il nous prenait fantaisie de nommer le foie, par exemple, un nucléus, nous pourrions tout aussi bien rabaisser l'homme au rang de simple cellule, ayant une membrane (la peau), un contenu et un nucléus. Si, au lieu de la malencontreuse désignation de nucléus, on eût employé habituellement dans la science des Infusoires et des Rhizopodes le nom d'embryogène ou celui de glande sexuelle, il est probable que M. Auerbach ne se serait pas converti à la théorie cellulaire. Nous avons déjà démontré que le contenu de la soi-disant cellule n'est point aussi homogène que M. Auerbach le pense, que la zone périphérique se compose de ce qu'on est convenu d'appeler du *sarcode,* et que la zone centrale est une cavité remplie de liquide. La vésicule contractile est un organe bien embarrassant à loger dans une simple cellule, surtout si, comme cela est possible, elle est en communication avec un système vasculaire. Les scrupules que M. Auerbach exprimait dans l'origine, à propos des cellules mangeantes, rampantes, douées de sentiment et de volonté, nous les avons toujours en présence des Amœba. Nous nous contentons de penser que notre connaissance de ces animaux est aussi imparfaite que celle que nous aurions de l'homme, lorsque nous ne connaîtrions de son intérieur que le foie, le canal digestif et le cœur.

Quant à la question de la membrane des Amœba, il est certain que M. Auerbach a parfaitement raison dans la description de l'*Amœba bilimbosa,* chez laquelle on aperçoit une couche extrêmement épaisse, distincte du reste du parenchyme. Nous n'avons cependant pas pu nous assurer que les autres Amœba soient bien réellement munies d'une membrane enveloppante. Dès l'abord nous devons dire que nous n'avons aucune idée de l'organisation histologique du parenchyme du corps. A l'aide de nos moyens d'observation actuels, nous ne pouvons pas reconnaître de membrane externe distincte. Nous croyons donner une idée plus exacte du véritable état de choses en disant que le parenchyme du corps des Amœba paraît augmenter de densité vers la périphérie. Sa surface est par suite formée par une couche plus dense. Si cette couche venait à se séparer par une démarcation tranchée du reste du parenchyme, ce serait la membrane de M. Auerbach; mais il nous semble plutôt qu'elle se continue, perdant insensiblement de sa densité, dans ce parenchyme lui-même, et qu'il n'est pas possible de dire où la couche plus dense finit et où le parenchyme proprement dit commence.

DE LA CLASSIFICATION DES RHIZOPODES.

On est habitué aujourd'hui à répartir les Rhizopodes en Polythalames, Monothalames et Athalames, et nous nous empressons de reconnaître combien cette classification a l'avantage d'être claire et facile à saisir dans ses traits généraux. Mais un examen un peu approfondi enseigne rapidement que ces trois groupes ne peuvent subsister dans une classification naturelle, aujourd'hui surtout qu'il est démontré que les groupes des Polycystines, des Thalassicolles et des Acanthomètres sont des membres effectifs de la classe des Rhizopodes. En effet, le groupe des Monothalames se trouve renfermer des êtres qui, comme les Difflugies et les Arcelles, ont une parenté intime avec les Athalames, les Amœba, tandis que d'autres, comme les Gromies, se rapprochent considérablement, par leur organisation, des Polythalames. M. Max Schultze, qui a mis ces trois grandes divisions à la base de sa classification des Rhizopodes, a dû bien certainement être frappé de ce défaut capital, et nous pensons que, si le travail était à refaire, aujourd'hui que les Polycystines, les Thalassicolles et les Acanthomètres viennent compliquer la question, ce savant partirait d'une base toute différente. Nous avons suffisamment montré, dans le chapitre précédent, en quoi les différents groupes naturels de Rhizopodes diffèrent les uns des autres, pour qu'il soit inutile de revenir ici sur les nombreux défauts des deux groupes artificiels des Monothalames et des Polythalames.

Tout récemment, M. Johannes Mueller[1] a proposé une nouvelle répartition des Rhizopodes en ordres : il distingue les rhizopodes polythalames, les rhizopodes radiaires, puis enfin les infusoires rhizopodes, c'est-à-dire ceux qui sont munis d'une

1. Geschichtliche und kritische Bemerkungen über Zoophyten und Strahlthiere. — Müller's Archiv, 1858, p. 104.

vésicule contractile et qui, peut-être, ont une organisation toute différente des vrais Rhizopodes. Les Rhizopodes radiaires sont formés par les Thalassicolles, les Acanthomètres et les Polycystines. Cette classification est très-certainement fort heureuse dans ses grands traits, et sépare les trois grands types qui existent incontestablement chez les Rhizopodes. Mais le zoologiste ne tardera pas à se heurter contre des difficultés nombreuses, lorsqu'il s'agira de poursuivre ces grandes coupes jusque dans leurs détails. Les pseudopodes des Actinophrys, par exemple, sont identiques avec ceux des Acanthomètres et des Thalassicolles, et s'éloignent, par contre, notablement de ceux des Amœba, des Difflugies ou des Arcelles. De plus, les Actinophrys présentent une symétrie radiaire incontestable. Il semble donc que les Actinophrys doivent être placées parmi les *Rhizopoda radiaria;* mais voici une malencontreuse vésicule contractile qui se met à battre et qui vient nous dire qu'un Infusoire rhizopode peut, lui aussi, affecter une structure radiaire, si bon lui semble. D'ailleurs, les Difflugies et les Arcelles ne s'éloignent pas plus du type radiaire que les Gromies, et cependant personne ne fera de celles-ci des INFUSOIRES-*rhizopodes* (par opposition aux VRAIS Rhizopodes). Ce sont des Rhizopodes pur sang, qui semblent étonnés de ne pas posséder la coquille à loges des Polythalames!

Si donc nous reconnaissons que la classification proposée par M. Joh. Mueller fixe trois coupes naturelles dans la grande classe des Rhizopodes, nous ne la trouvons pas suffisante pour écarter toutes les difficultés de détail. Nous serons par suite obligés de lui faire subir quelques modifications et adjonctions.

Nous conserverons naturellement le groupe des Polythalames admis, sous un nom ou sous un autre, par tous les auteurs. Peut-être devra-t-on préférer pour lui un autre nom, comme celui de *Foraminifères,* qu'employait M. d'Orbigny, afin de pouvoir y faire rentrer les familles des Orbulinida et des Cornuspirida, que M. Schultze a placées, dans sa famille des Monothalames, avec les Gromies, les Difflugies, les Arcelles, etc., genres qu'il comprend sous le nom de Lagynida. L'ordre des Foraminifères comprendrait alors deux sous-ordres : les Polythalames et les Monothalames, ces derniers correspondant aux Monothalames de M. Schultze, moins les Lagynides.

Le second groupe, que M. Johannes Mueller nomme *Rhizopoda radiaria,* doit être aussi adopté tel quel. Le nom seul pourrait en être changé avec avantage, puisque des Rhizopodes appartenant à d'autres groupes, comme les Actinophrys parmi les Proteina, ou les Orbulina parmi les Foraminifères, semblent présenter aussi plus ou moins un type radiaire. Ce groupe est caractérisé par la présence excessivement fréquente de spicules siliceuses (quelques Thalassicolles seulement paraissent en être dépourvues) et par l'existence dans leurs téguments de cellules jaunes particulières, à signification encore inconnue. Cet ordre comprend les trois grands groupes des Polycystines, des Thalassicolles et des Acanthomètres. On pourrait bien lui donner le nom d'Echinocystida.

A ces deux groupes, nous en ajouterons deux autres : l'un, celui des Gromida, est formé par les Rhizopodes dépourvus de vésicule contractile, qui ne rentrent dans aucun des groupes précédents, mais qui, comme les Polythalames, sont munis d'une foule de pseudopodes qui se fondent avec une grande facilité les uns avec les autres. — L'autre groupe, celui des Proteina, renferme des rhizopodes dont les pseudopodes ne se fondent que rarement les uns avec les autres, et qui sont en général munis d'une ou de plusieurs vésicules contractiles. Quiconque a étudié des animaux appartenant à ces deux ordres, sait que ces caractères ont plus de poids qu'on ne pourrait le croire au premier abord. Çà et là on voit bien un pseudopode d'une Actinophrys se souder avec un autre, mais ce n'est qu'un phénomène exceptionnel, tandis que les soudures de pseudopodes s'observent à chaque instant chez les Gromies. L'ordre des Proteina correspond aux Infusoires rhizopodes de M. Joh. Mueller. Mais il est indubitable pour nous qu'une partie d'entre eux, tout au moins les Actinophrys, sont de véritables Rhizopodes, et qu'à ce point de vue le nom d'INFUSOIRES-*rhizopodes* leur convient aussi peu qu'aux Foraminifères. Rien n'empêche de prendre une Actinophrys pour type de la classe des Rhizopodes.

Pour plus de clarté, nous réunissons ici ces différentes divisions dans un tableau synoptique.

				Ordres.	Familles.
RHIZOPODES.	Pas de têt calcaire, pas de loges multiples et poreuses.	Pseudopodes ne formant que rarement des soudures.	Pas de spicules siliceux. Pas de cellules jaunes.	**PROTEINA.**	1. AMŒBINA. 2. ACTINOPHRYNA.
			Des spicules siliceux. Des cellules jaunes.	**ECHINOCYSTIDA.**	1. ACANTHOMETRINA. 2. THALASSICOLLINA. 3. POLYCYSTINA.
		Pseudopodes formant des soudures très-nombreuses.		**GROMIDA.**	GROMIDA.
	Un têt ordinairement calcaire; le plus souvent divisé en plusieurs loges; même lorsque la loge est unique, ses parois sont percées d'une multitude de pores.			**FORAMINIFERA.**	1. MONOTHALAMIA. 2. POLYTHALAMIA.

Nous restreindrons notre étude systématique des Rhizopodes au seul ordre des Proteina, que son abondance dans les eaux douces a mis plus à notre portée que les autres ordres. Nous joindrons à cette étude la description de quelques nouvelles espèces appartenant aux ordres des Echinocystides et des Gromides.

L'ordre des Proteina doit être subdivisé en deux familles, auxquelles nous donnons le nom d'Amœbiens et d'Actinophryens. La première est celle à laquelle pourrait convenir le nom d'Infusoires-Rhizopodes, proposé par M. Joh. Mueller. Elle ne se compose, en effet, que d'animaux dont l'affinité avec les Rhizopodes pourrait bien, ainsi que nous l'avons vu dans le chapitre précédent, n'être qu'apparente. Les pseudopodes des Amœbiens sont de larges expansions à *apparence sarcodique,* qui paraissent ne jamais pouvoir se souder les unes avec les autres, sauf dans les cas de conjugaison de plusieurs individus, et qui ne montrent jamais à leur surface la circulation de granules, qui est si caractéristique pour les autres Rhizopodes. Ces animaux marchent ou rampent sur leurs expansions élargies. Les Actinophryens ont, au contraire, des pseudopodes minces, effilés, souvent bifurqués, qui sont susceptibles de se souder les uns aux autres, comme chez les Foraminifères et les Gromides, bien que les soudures se montrent chez eux sur une moins grande échelle que chez ces derniers. Les Actinophryens ne progressent point en rampant sur une expansion élargie, mais ils reposent sur la pointe de leurs pseudopodes et se meuvent lentement à l'aide de ces extrémités.

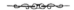

ORDRE Ier

PROTEINA.

1re Famille. — AMŒBINA.

La famille des Amœbéens, telle que nous la comprenons, se différenciant de celle des Actinophryens, surtout par son mode de locomotion, il importe de bien se rendre compte par quel procédé se meuvent les animaux qui en font partie. Ce n'est point là une étude facile, et la plupart des auteurs, bien que frappés de l'étrangeté des mouvements des Rhizopodes amœbéens, ne sont point entrés dans l'étude de leur mécanisme. On s'est d'ordinaire contenté de dire que les Amœbéens progressent en émettant des expansions sarcodiques ; on a bien aussi donné à ce mode de progression le nom de reptation, mais on n'est guère allé au-delà. Il y a cependant deux manières bien distinctes de comprendre le mouvement de ces animaux. D'une part, il se pourrait que les Amœbéens roulassent sur eux-mêmes, sans qu'il y eût chez eux aucune opposition d'une surface ventrale ou reptatrice et d'une surface dorsale. Toutes les parties du corps arriveraient dans ce cas successivement en contact avec le sol. D'autre part, il est admissible qu'il y ait chez ces animaux une opposition constante entre une face ventrale ou reptatrice et une face dorsale, tout-à-fait inapte à produire la locomotion.

L'examen de certaines espèces d'Amœba semble parler tout-à-fait en faveur de la première hypothèse. Lorsqu'on considère attentivement l'*Amœba Limax* Auerb. (*A. Guttula* Perty) ou l'*A. quadrilineata* Carter, on croit positivement voir l'animal rouler sur lui-même. Aussi comprend-on que M. Perty caractérise la progression des Amœbéens comme « une espèce de reptation ou *plutôt de lente roulade* (eine Art sehr langsames Kriechen, oder besser Fortwälzen[1]). » Toutefois, il est déjà, *à priori*, précisément chez ces espèces-là, fort difficile de comprendre comment un roulement du corps sur lui-même peut avoir lieu. Ces deux espèces ont une forme à peu près semblable. Elles sont élargies en avant et se terminent en pointe en arrière. C'est la partie large qui progresse d'une manière active et semble rouler toujours sur elle-même ; la partie postérieure paraît être traînée d'une manière purement passive. De plus, l'*Amœba quadrilineata* présente sur sa surface supérieure des côtes élevées longitudinales, qui ont été figurées par M. Carter[2] et M. Focke[3]. Ces côtes vont mourir insensiblement dans la partie antérieure, où leur niveau vient se confondre avec celui de la surface générale. La surface supérieure de l'animal ressemble parfaitement à une main humaine, dont les doigts sont écartés les uns des autres et vont s'atténuant à l'extrémité. Si l'Amœba roule réellement sur elle-même, on est obligé d'admettre que les côtes élevées s'effacent continuellement au bord antérieur et se reforment également sans cesse dans la partie postérieure. Aucun point donné de la surface du corps ne fait alors partie d'une manière constante d'une côte ou d'un intervalle intercostal, mais l'image que présente la face supérieure de l'animal, reste néanmoins perpétuellement la même. Dans cette hypothèse, la constance de forme de la surface supérieure de l'Amœba pourrait être comparée à la constance de la courbe d'une cascade. En effet, la cascade présente toujours le même aspect, bien que les éléments qui la composent disparaissent constamment pour faire place à d'autres. Le témoignage des sens paraît parler tout-à-fait en faveur de cette manière de voir, et bien qu'un pareil phénomène paraisse étrange, il ne présente rien d'impossible en lui-même. Toutefois, il est une autre circonstance qui nous défend d'accorder ici pleine et entière confiance au témoiguage de nos sens. C'est la persistance de la vésicule contractile à la même place. Cette vésicule est située un peu en avant de l'extrémité postérieure. Pendant la progression de l'Amœba elle subit de légers déplacements en avant, en arrière, à droite ou à gauche, mais ces déplacements ne sont jamais bien considérables, et l'on peut

1. Perty, zur Kenntniss, etc., p. 184.
2. Notes on the Freshwater Infusoria of the Island of Bombay. Annals and Mag. of Nat. Hist. 2. Series. XVIII, 1856, p. 247.
3. Gustav Woldemar Focke : Physiologische Studien, 2. Heft. Bremen, 1854, Pl. IV, Fig. 27.

dire hardiment que la position de la vésicule contractile reste constamment à l'arrière. Or, il n'est pas possible de concevoir que le corps de l'Amœba roule sur lui-même et que néanmoins la vésicule contractile, située dans l'épaisseur du parenchyme, ne prenne pas part à cette rotation. On ne pourrait expliquer le phénomène qu'en admettant que la vésicule contractile n'est que la coupe par le plan focal d'un vaisseau circulaire longitudinal qui ferait tout le tour de l'animal. Nous nous sommes assurés qu'il n'en est rien et qu'il n'existe pas de vaisseau semblable.

Il n'est donc théoriquement pas possible d'admettre que l'*Amœba quadrilineata* roule sur elle-même, et l'on en vient à se demander si ce roulement apparent ne serait pas une pure illusion d'optique. C'est bien aussi là notre opinion. Les granules contenus dans la cavité du corps sont soumis à un mouvement réel, et nous transportons involontairement ce mouvement à toute la masse du corps. On peut s'assurer qu'il en est bien ainsi, en fixant, non pas un granule de la cavité digestive, mais un granule du parenchyme. Il est vrai qu'il n'est pas toujours facile d'y réussir, car le plus souvent le parenchyme, vu même à de très-forts grossissements, se montre d'une homogénéité désolante. On trouve cependant çà et là des individus plus propres que d'autres à ce genre d'observation, et l'on peut s'assurer chez eux que la face dorsale est permanente et que l'animal ne se roule point sur lui-même. Notre ami M. Lieberkühn, dont l'attention a été, comme la nôtre, attirée tout spécialement par une espèce aussi favorable à l'étude que celle-là, est arrivé aux mêmes conclusions que nous. Il s'est convaincu que l'*A. quadrilineata* rampe sur sa face ventrale[1].

L'*Amœba Limax* Auerb. (*A. Guttula* Perty) peut servir de sujet à des recherches tout-à-fait analogues. En effet, sa vésicule contractile occupe une place constante non loin de l'extrémité postérieure, et chez elle aussi le roulement du corps sur lui-même n'est qu'apparent. D'autres espèces offrent des particularités anatomiques qui permettent également de s'assurer que les Amœbéens ne roulent pas sur eux-mêmes. Telle est, par exemple, une Amœba, dont l'extrémité postérieure est hérissée de petites épines

1. Nous devons cependant dire que notre collaborateur, M. Lachmann, n'est pas tout-à-fait du même avis. Il croit s'être assuré que l'*A. quadrilineata* roule sur elle-même. Si son opinion était fondée, il serait complètement impossible d'expliquer maintenant la permanence de position de la vésicule contractile.

et qui a été figurée par M. Lieberkühn[1]. Telle est encore une grosse espèce voisine de cette dernière, mais qui, au lieu des petites épines, porte une agglomération d'appendices renflés en massue.

Il est donc avéré pour nous que les Amœbéens, rampant sur une surface de reptation qui est toujours la même, et qui, elle seule, est chargée d'émettre et de retirer les expansions destinées à produire le mouvement. C'est un fait qui était déjà hors de doute pour les Arcelles et les Difflugies, mais qui est vrai même des Amœba proprement dites.

Nous ne savons pas d'une manière positive si les Amœbéens peuvent, comme les Actinophrys et les autres Rhizopodes, absorber de la nourriture à une place quelconque de leur corps, et, dans le cas contraire, nous ne savons pas s'ils sont monostomes ou polystomes. Les Podostomes paraissent cependant parler en faveur d'ouvertures buccales préexistantes en nombre multiple.

Répartition des Amœbéens en genres[2].

AMŒBINA.	Pas de coque.	Pseudopodes ne s'étendant pas à leur extrémité en feuilles minces.	Une seule sorte de pseudopodes....		1. AMŒBA.
			Deux espèces de pseudopodes; les uns larges et servant à la locomotion, les autres en forme de fouet et servant à la nutrition....		2. PODOSTOMA.
		Pseudopodes cylindriques s'étalant à leur extrémité en feuilles minces..			3. PETALOPUS.
	Une coque.	Flexible..........			4. PSEUDOCHLAMYS.
		Solide, non flexible.	Non incrustée de substances étrangères..........		5. ARCELLA.
			Incrustée par des substances étrangères agglutinées.	Ornée de prolongements tubuleux ouverts......	6. ECHINOPYXIS.
				Sans prolongements tubuleux........	7. DIFFLUGIA.

1er Genre. — AMŒBA.

Notre intention n'est pas d'entrer ici dans une discussion détaillée de toutes les espèces qui ont été établies dans ce genre. En effet, nous ne pensons pas avoir en

1. Evolution des Grégarines. — Académie de Belgique. Mémoires des savants étrangers. Tome XXVI, Pl. XI, Fig. 10.
2. Le genre *Cyphidium* Ehr. (Inf., p. 135) ne nous est pas connu jusqu'à ce jour.

main les matériaux suffisants pour tenter une réforme systématique des Amœba, et nous aimons mieux ne rien faire que mal faire. Jusqu'ici nous n'avons pas de caractères positifs, tranchés, anatomiques, qui nous permettent de séparer clairement les différentes espèces les unes des autres. On est toujours réduit à les distinguer par leur mode de progression vif ou lent, rectiligne ou sinueux, par la forme qu'elles présentent le plus habituellement, et autres caractères aussi peu certains. M. Auerbach a essayé dans une monographie d'éclaircir la question d'espèce dans le genre Amœba[1], et il est incontestable que son travail a fait faire à la science un pas en avant; mais ce n'est qu'un premier pas. Il faut souvent un peu d'audace pour donner un nom à telle ou telle espèce d'Amœba qu'on croit nouvelle, et cette audace n'a fait défaut ni à M. Dujardin, ni même à M. Auerbach. Combien souvent n'arrive-t-il pas qu'on poursuit une Amœba en lui voyant conserver, durant des heures entières, la forme étoilée si caractéristique que M. Ehrenberg nomme *A. radiosa*, puis tout à coup le même individu s'étale, sons le regard de l'observateur surpris, en une feuille mince, à contours irréguliers, à laquelle M. Ehrenberg appliquerait immédiatement le nom d'*Amœba diffluens*. La forme à laquelle M. Auerbach donne le nom d'*A. actinophora* peut, elle aussi, s'étaler en *A. diffluens*. Quel garant avons-nous donc que l'*A. actinophora* et l'*A. radiosa* ne soient pas une seule et même espèce? Il est sans doute des formes qui sont si positives et si constantes qu'il ne peut régner aucun doute sur leur valeur spécifique. Telles sont l'*A. quadrilineata* Carter, et l'*A. bilimbosa* Auerb.[2]; telles sont encore l'Amœba figurée par M. Lieberkühn, dans la figure 10 de la planche XI de son « Evolution des Grégarines » et plusieurs autres non décrites jusqu'ici. D'autres sont également fort reconnaissables comme formes typiques. Ce sont l'*A. princeps* Ehr., l'*A. verrucosa* Ehr., l'*A. radiosa* Ehr., l'*A. Limax* Auerb., l'*A. Guttula* Auerb.[3]. Mais il est bien difficile de fixer leurs limites. L'*A. Gleichenii* Duj. et l'*A. multiloba* Duj. sont singulièrement difficiles à séparer de l'*A. Limax* Auerb., bien qu'on rencontre çà et là des formes

1. Auerbach : Ueber die Einzelligkeit der Amœben. Zeitschrift f. wiss. Zoologie, VII. Bd., 4. Heft, 1855.

2. Cette dernière devra peut-être former un genre à part, genre qui devra porter le nom de *Corycia*, car il ne nous paraît point douteux que l'animal décrit sous ce nom par M. Dujardin, soit identique (génériquement tout au moins) avec l'A. bilimbosa. V. Ann. des Sc. nat., 1852, p. 241.

3. Nous n'oserions affirmer que ces deux dernières soient les mêmes que celles pour lesquelles M. Dujardin avait créé ces noms.

qui répondent beaucoup mieux à la description que M. Dujardin donne de son *A. multiloba* qu'à celle que M. Auerbach donne de son *A. Limax*. Une foule d'autres prétendues espèces, comme l'*A. polypodia* Schultze, l'*A. lacerata* Duj., l'*A. crassa* Duj., l'*A. brachiata* Duj., l'*A. longipes* Ehr.[1], l'*A. punctata* Eichw.[2], sont autant de protées qui se permutent à volonté les uns dans les autres ou dans quelqu'une des formes précédemment citées.

Il est évident que des actions extérieures ont une grande influence sur la forme, la taille et l'énergie des mouvements des Amœbéens. Il sera, en particulier, intéressant d'étudier l'influence exercée par la concentration des liquides. Tant que les limites de ces actions ne seront pas connues, la discussion des espèces du genre Amœba restera assez aride.

Il est toutefois quelques espèces qui présentent des caractères anatomiques positifs, comme nous l'avons remarqué à propos de l'*A. quadrilineata* Carter, et de quelques autres. Nous attirerons en particulier l'attention des observateurs sur les espèces à vésicules contractiles nombreuses, espèces qui n'ont pas été étudiées jusqu'ici. On trouve fort fréquemment aux environs de Berlin une forme, excessivement petite, qui possède trois ou quatre vésicules contractiles. Une autre, beaucoup plus grande, et qui adopte en général la forme d'une feuille très-mince, en possède une vingtaine, toutes de dimensions fort petites.

Remarquons enfin, comme nous l'avons dit ailleurs, qu'il faut exclure du genre Amœba toutes les formes à pseudopodes pointus et déchirés, à la surface desquels on voit circuler des granules, comme chez les Gromies et les Polythalames. Ces formes-là doivent être rangées dans la famille des Actinophryens. Quelques-unes seront peut-être encore mieux placées auprès des Gromies. Parmi ces espèces à exclure du genre Amœba, nous nommerons l'*Amœba porrecta* Schultze[3], observée par M. Max Schultze, dans la mer Adriatique, et qui devra être placée dans la famille des Gromides. Aux environs de Berlin, on trouve parfois une espèce hérissée de pseudopodes irréguliers sur toute sa surface, qui est un véritable Actinophryen.

1. Monatsb. d. Berl. Akad., 1840, p. 198.
3. Dritter Nachtrag zur Infusorienkunde Russlands. Moscau, 1852, p. 92.
3. Ueber deu Organismen der Polythalamien von Max Siegmund Schultze. Leipzig, 1854, p. 8, Pl. VII, Fig. 18.

Quant à l'*Amœba globularis* Schultze[1], elle ne nous est pas connue ; mais nous ne serions pas éloignés de croire qu'elle doit former, dans la famille des Amœbéens, un genre à part.

2e *Genre.* — PODOSTOMA.

Nous croyons devoir fonder un genre particulier pour une Amœba, observée à Berlin par M. Lachmann, et qui s'écarte singulièrement des Amœba proprement dites par la présence d'organes préhensibles spéciaux. Cette espèce, à laquelle nous donnons le nom de *Podostoma filigerum* (V. Pl. XXI, Fig. 4-6), peut se présenter sous une forme tout-à-fait amœbéenne, et il n'est pas possible alors de la distinguer d'Amœba proprement dites. Elle change sa forme avec rapidité ; on la voit passer d'une forme sphérique, et presque complètement dépourvue d'expansions, à une forme étoilée comme l'*Amœba radiosa*, ou laminaire comme l'*A. diffluens*. Mais le Podostome est susceptible de développer des expansions toutes particulières, qui ne servent point à la progression. Ce sont des prolongements larges, courts et épais, se terminant en un long filament ou fouet qui s'agite dans l'eau en tous sens, comme le flagellum d'un infusoire flagellé. Ce fouet se courbe, s'agite en tous sens et avec vivacité. Parfois, l'animal le retire subitement à lui, et, dans ce cas, on voit l'organe se contracter en spirale (Fig. 6). On voit les corpuscules étrangers qui arrivent au contact du fouet, tourner autour de lui, sans qu'il ait été possible de constater si ce mouvement provient de l'agitation même du fouet ou d'une autre cause. Le fouet se raccourcit alors en entraînant un corpuscule, et finit par disparaître complètement dans l'expansion qui le porte. Le corpuscule se trouve à ce moment en contact avec l'extrémité arrondie de l'expansion, dans laquelle on voit se former une excavation en forme de cuiller. Le corpuscule pénètre dans l'excavation, et, de là, dans un canal qui se prolonge à l'intérieur de l'expansion ; puis celle-ci se retire, se contracte, et le corpuscule est amené dans l'in-

1. Loc. cit., Pl. VII, Fig. 20.

térieur du corps. La figure 6A représente cette absorption de nourriture à un fort grossissement.

Le *Podostoma filigerum* s'est trouvé en grande abondance dans un verre renfermant des algues et des infusoires. Son nucléus est identique à celui de la plupart des autres Amœbéens : il est circulaire et bordé à la périphérie d'une zone plus transparente que le ventre. La vésicule contractile est unique. Sa taille est extrêmement variable.

3e *Genre*. — PETALOPUS.

Le genre Petalopus est formé par des Rhizopodes qui, à certain point de vue, se rapprochent des Actinophryens. En effet, leurs pseudopodes sont filiformes, et comme d'autre part, ces pseudopodes ne partent que d'un seul point de la surface, ces animaux ont une ressemblance frappante avec les Plagiophrys. Ils s'en distinguent toutefois, parce que ces pseudopodes sont susceptibles de s'étaler à leur extrémité en une nappe mince, à peu près comme s'étalerait une Amœba de la forme de l'*A. diffluens*. Puis, cette nappe peut se ramonceler sur elle-même en un globule à apparence sarcodique, et le pseudopode est retiré à l'intérieur du corps. Si donc les pseudopodes des Petalopus ont, par leur forme, de l'analogie avec ceux des Actinophryens, ils se modifient pendant la reptation d'une manière qui rappelle tout-à-fait les pseudopodes des Amœbéens. Nous n'avons, du reste, pas remarqué à leur surface la circulation de granules qu'on voit chez les Actinophrys. Nous ne connaissons jusqu'ici qu'une seule espèce de ce genre.

Petalopus diffluens. (V. Pl. XXI, Fig. 3.)

Le corps de cette espèce est arrondi en arrière et brusquement tronqué en avant. Sa forme est assez constante, bien qu'il n'y ait pas de carapace. Les pseudopodes naissent parfois en grand nombre de la partie tronquée, parfois aussi il n'existe qu'un seul pseudopode qui se ramifie en plusieurs branches. Nous n'avons pas observé de nucléus.

Cette espèce a été observée à Berlin par M. Lachmann.

4e *Genre.* — PSEUDOCHLAMYS.

Les Pseudochlamys forment le passage entre les Amœbéens nus et les Amœbéens cuirassés. Ce sont des Amœba revêtues d'un bouclier mol qui protège leur surface dorsale, à peu près comme la coquille d'une Patelle ou le bouclier d'une Casside protégent l'animal placé dessous. Ce bouclier a l'apparence d'une membrane dure et résistante, mais il suffit de poursuivre un moment les mouvements extrêmement lents de l'animal pour s'apercevoir qu'il n'en est rien et que le bouclier se plie avec la plus grande facilité à toutes les exigences du corps et change sa forme de toutes les manières possibles. Nous n'en connaissons qu'une seule espèce.

Pseudochlamys Patella. (V. Pl. XXII, Fig. 5.)

Chez cette espèce, le bouclier présente une couleur brune qui rappelle la teinte ordinaire de la substance à laquelle M. Nægeli a donné le nom de *diatomine*. Le corps lui-même est incolore et affecte le plus souvent une forme discoïdale. Des vésicules contractiles, en général au nombre de six à dix, sont distribuées à intervalles réguliers sur tout le pourtour; le nucléus est unique. Les pseudopodes sont des expansions larges, arrondies et peu allongées.

Une fois nous avons rencontré une Pseudochlamys qui émettait du centre de sa face inférieure trois longs pseudopodes rubanaires parfaitement semblables à ceux d'une Arcelle ou d'une Difflugie (V. Pl. XXII, Fig. 6). Elle possédait jusqu'à quinze vésicules contractiles. Peut-être était-ce là une espèce différente de la *P. Patella* qui, dans les circonstances habituelles, ne paraît émettre de pseudopodes que sur son pourtour. Il est toutefois à remarquer que l'individu en question était renversé sur le dos, et qu'il allongeait ses trois pseudopodes en les agitant en tous sens pour chercher à se retourner. Peut-être que le développement excessif de ces organes n'était qu'un état momentané provenant de la position anormale.

La *Pseudochlamys Patella* est commune aux environs de Berlin, surtout dans les étangs de la Jungfernhaide. Sa grosseur est très-variable. Son diamètre le plus habituel paraît être d'environ $0^{mm},04$.

5e *Genre*. — ARCELLA.

Les Arcelles sont des Rhizopodes à coque solide, et nous les distinguons des Echinopyxis et des Difflugies par la circonstance que cette coque n'est jamais incrustée par des substances étrangères. M. Ehrenberg s'est servi d'un autre caractère distinctif. Les Arcelles ont pour lui une coque déprimée en bouclier, tandis que le têt des Difflugies est sphérique ou oblong. Cette différence de forme n'est point suffisante pour servir de critère générique. En effet, la coque de l'espèce typique du genre Arcelle (*A. vulgaris*) varie beaucoup de forme, et s'il est vrai que cette coque soit en général déprimée en bouclier, il n'en est pas moins certain qu'on rencontre çà et là des individus appartenant à la même espèce, dont la coque est plus haute que large. M. Dujardin, qui s'est servi du même caractère que M. Ehrenberg pour distinguer les Arcelles des Difflugies, essaie de trouver une seconde différence dans la forme des pseudopodes qu'il représente comme aplatis chez les premières et comme cylindriques chez les secondes. Ce second caractère a encore moins de valeur que le premier, car il est impossible de trouver une différence constante dans la forme de ces expansions, qui sont, en général, aplaties chez les deux genres.

ESPÈCES.

1° *Arcella vulgaris*. Ehr. Inf., p. 133, Pl. IX, Fig. V.

DIAGNOSE. Coque très-finement facettée, aplatie sur sa face ventrale, qui offre une ouverture circulaire en son centre.

Cette espèce est trop bien connue pour que nous entrions dans une étude détaillée de tous ses caractères. Nous appuierons cependant sur quelques détails anatomiques qui ont été peu remarqués jusqu'ici, et sur les variations de forme nombreuses auxquelles est sujette cette espèce. — Le nombre des vésicules contractiles est chez cette Arcella très-variable, et paraît être d'autant plus grand que l'individu atteint une taille plus grosse. Ces vésicules sont disposées sur toute la périphérie. Les nucléus sont dans le même cas et forment un cercle intérieur à celui des vésicules contractiles. Souvent on trouve des individus qui ne possèdent qu'un seul nucléus; mais il n'est pas rare de voir les nucléus au nombre égal à celui des vésicules contractiles, parfois jusqu'à douze ou quinze. M. Auerbach a été le premier à constater cette multiplicité des nucléus chez les Arcelles. Du reste, ces nucléus sont parfaitement semblables à ceux de la plupart des autres rhizopodes amœbéens. Ce sont des disques transparents portant au centre un nucléole plus obscur.

La coque varie beaucoup de forme. Souvent elle représente une calotte hémisphérique parfaitement régulière, fermée par un plan horizontal percé d'un trou en son centre; mais, plus souvent encore, elle est ornée d'une ou de plusieurs ceintures de dépressions concaves, qui lui donnent un aspect très-élégant. Parfois ces dépressions forment de larges facettes sur toute la surface de la calotte hémisphérique. Ces variétés ont été séparées de l'*A. vulgaris*, par M. Ehrenberg, sous le nom d'*A. dentata* (V. Inf., p. 134, Pl. IX, Fig. VII). M. Perty s'est emparé de cette prétendue espèce et l'a, à son tour, divisée en trois, sous les noms d'*A. Okeni*, *A. angulosa* et *A. dentata* (V. Perty. Zur Kenntniss, etc., p. 186), et il a, en outre, créé deux noms nouveaux, *A. hemisphærica* et *A. viridis*, pour deux variétés, de la même espèce, à calotte dépourvue de dépressions concaves. — Il est certain que toutes ces formes ne sont que des variétés d'une seule et même espèce. Les passages nombreux d'une forme à l'autre sont déjà une preuve convaincante, mais nous pouvons en donner une plus positive encore. Les Arcelles changent plusieurs fois de coque durant le cours de leur vie. Lorsqu'elles sont devenues trop grosses pour la coque qu'elles habitent, elles s'en construisent une nouvelle. On voit alors l'Arcelle sortir presqu'entièrement de sa coque ancienne et former une grosse masse à apparence sarcodique devant l'ouverture, tandis que la surface de son corps sécrète la coque nouvelle. On voit, dans ce cas, deux coques d'Arcelles appliquées l'une contre l'autre par leur face ventrale, ouverture contre ouverture. L'une est épaisse et obscure, l'autre est mince; d'abord parfaitement incolore, plus tard légèrement jaunâtre. La première est la coque ancienne, l'autre la coque nouvelle. L'Arcelle passe alternativement de l'une des coques dans l'autre, laissant cependant toujours une partie de son corps dans la coque ancienne. Enfin, lorsque l'habitation nouvelle a pris assez de consistance, l'Arcelle y passe tout entière, et, dans

1. M. Weisse avait déjà donné précédemment à cette variété le nom d'*A. uncinata*. (V. Bull. de l'Acad. de St-Pétersbourg, Tome IV, No 8 et 9.)

la séparation violente qui s'opère en ce moment entre les deux coques, la coque ancienne se fend le plus souvent. Nous avons constaté qu'une Arcelle de la forme que M. Ehrenberg appelle *A. vulgaris*, se construit parfois une coque nouvelle de l'une des formes auxquelles M. Perty donne les noms d'*A. angulosa*, *A. dentata* et *A. Okeni*. Il ne peut donc régner aucun doute sur l'identité spécifique de ces différentes formes.

L'apparence granuleuse du têt de l'*A. vulgaris* est due, comme M. Ehrenberg l'a déjà reconnu, à la présence d'une multitude de petites facettes hexagonales très-régulières. C'est à dessein que nous disons des *facettes* et non pas des *pores*. En effet, la coque, bien qu'amincie dans ces champs hexagonaux, n'est point percée. Dans les coques abandonnées qui ont longtemps macéré dans l'eau, il arrive fréquemment que les facettes sont transformées en véritables pores, par la destruction des parties amincies. Le têt forme alors un réseau à jour très-élégant.

2° *Arcella patens*. (V. Pl. XXII, Fig. 7.)

DIAGNOSE. Coque hémisphérique, incolore, ouverte dans toute la largeur de sa base.

La coque de cette espèce représente exactement un verre de montre très-convexe, sous lequel le corps de l'Arcelle est abrité comme sous un bouclier. Le corps est fixé à la coque par des pseudopodes en forme de brides minces, comme chez l'*A. vulgaris*. La vésicule contractile et le nucléus sont uniques. Le diamètre de la coque est d'environ $0^{mm},05$. Nous avons trouvé cette espèce dans la Sprée, près de Berlin.

Nous ne savons si l'espèce décrite par M. Ehrenberg, sous le nom d'*Arcella? hyalina* (V. Inf., p. 134, Pl. IX, Fig. VIII) est bien réellement une Arcelle. Nous avons observé, à Berlin, un Rhizopode dont la coque est tout-à-fait semblable, mais qui paraît devoir rentrer plutôt dans la famille des Actinophryens[1]. Quant à l'*Arcella aculeata* Ehr., elle appartient à notre genre Echinopyxis[2].

1. Depuis la rédaction de ces lignes, M. Fresenius a étudié en détail cet animal (Abhandlungen der Senckenbergischen Gesellschaft. Frankfurt a. M. 1858, p. 219. Tab. XII, fig. 1-21) et il ressort clairement de cette étude que l'*Arcella hyalina* Ehr. doit appartenir à notre groupe des Actinophryens, et être par conséquent exclue du genre Arcella.

2. M. Ehrenberg ne paraît pas avoir jamais donné de diagnose de l'espèce qu'il mentionne sous le nom d'*Arcella disphæra*, du Labrador. (V. Monatsb. d. Berl. Akad. d. Wiss., 1841, p. 205.)

6ᵉ *Genre.* — ECHINOPYXIS.

Le genre Echinopyxis est caractérisé par une coque qui est munie non seulement d'une ouverture ronde donnant passage aux pseudopodes locomoteurs, mais encore de prolongements tubuleux ouverts à leur extrémité. Par chacun de ces prolongements peut saillir un pseudopode mince, qui ne paraît cependant pas pouvoir être d'aucune utilité pour la locomotion.

ESPÈCE.

Echinopyxis aculeata.

Syn. *Arcella aculeata.* Ehr. Inf., p. 133. Pl. IX, Fig. 6.
Difflugia aculeata. Perty, zur Kenntniss, etc., p. 186.

Diagnose. Coque oblongue. Ouverture excentrique comme la bouche d'un Spatangue.

Cette espèce est suffisamment connue. M. Ehrenberg remarque que son têt est formé par des fibres courtes ressemblant à de la paille menue. Cette apparence est en général due à des Scenodesmes agglutinés à la coque. Vésicule contractile et nucléus sont uniques.

Il n'est pas impossible que l'animal décrit par M. Perty, sous le nom de *Difflugia Bacillariarum* (Zur Kenntniss, etc., p. 187), doive rentrer dans ce genre.

7ᵉ *Genre.* — DIFFLUGIA.

Nous limitons ce genre aux espèces dont la coque est incrustée par des substances étrangères, comme M. Perty paraît l'avoir déjà fait tacitement. Les Difflugies se distinguent des Echinopyxis par l'absence des prolongements tubuleux. Les espèces de ce genre sont caractérisées par la forme de leur coque et sont par suite faciles à distinguer. Nous n'avons rien à ajouter relativement aux espèces déjà décrites. La *D. proteiformis* Ehr. (Inf., p. 131, Pl. IX, Fig. I), la *D. acuminata* Ehr. (Inf., p. 131,

Pl. IX, Fig. III) et la *D. pyriformis* Perty (Zur Kenntniss etc., p. 187, Pl. IX ob. Abth. f. 9) sont communes aux environs de Berlin. Probablement que la *D. oblonga* Ehr. (Inf., p. 131, Pl. IX, Fig. II) n'est qu'une *D. pyriformis* Perty, dépouillée de substances incrustantes. — La *D. Helix* Cohn (Zeitsch. f. wiss. Zool., Bd. IV, p. 26) ne nous est pas connue, mais il est probable qu'elle ne diffère pas de la *D. spiralis*[1], dont M. Ehrenberg s'est contenté de donner une diagnose (Monatsb. d. Berl. Akad. d. Wiss. 1840, p. 199), et qu'elle-même est peut-être identique avec l'espèce pour laquelle M. Bailey a créé le même nom de *D. spiralis* (Microsc. Obs. made in South-Carolina, etc. Smithson. Contr. to Knowl. 1850, p. 41). — La *D. Bacillariarum* Perty ne nous est pas connue non plus. La *D. depressa* et la *D. gigantea* Sch. (Schlumberger. Sur les Rhizopodes. Ann. des Sc. nat., 1845, p. 255) sont caractérisées d'une manière trop insuffisante pour pouvoir être reconnues. La *D. Ampulla*, à en juger par la simple diagnose qu'en a donnée M. Ehrenberg (Monatsb. d. Berl. Akad., 1840, p. 198), pourrait bien être une Euglypha. Enfin, la *D. Enchelys* Ehr. est un Trinema[2].

IIe Famille. — ACTINOPHRYINA.

Les Actinophryens ne sont susceptibles que d'une progression excessivement lente, et on peut dire que les plus lents des Amœbéens changent rapidement de place, comparativement aux Actinophryens. On a souvent voulu dénier toute locomobilité à certains genres de cette famille, aux Actinophrys, par exemple. Cependant, il suffit de considérer attentivement ces animaux pendant quelque temps pour constater chez eux des déplacements qu'on ne peut regarder comme purement passifs. Les Urnula seules ne peuvent changer de place, leur coque étant fixée à des objets étrangers. Il

1. Telle est aussi l'opinion de M. Fresenius dans son Mémoire récent, intitulé : Beiträge zur Kenntniss microscopischer Organismen. Loc. cit., p. 224.

2. Quant à la *D. Lagena* Ehr. (Monatsb. d. Berl. Akad. d. Wiss., 1841, p. 205) nous ne croyons pas que M. Ehrenberg en ait jamais donné de diagnose.

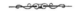

paraît probable que la locomotion a lieu au moyen de la fixation de l'extrémité de quelques pseudopodes à des objets étrangers, suivie d'un raccourcissement de ces pseudopodes.

Le mode d'absorption de la nourriture chez les Actinophryens, en particulier chez le genre Actinophrys, est suffisamment connu aujourd'hui, grâce aux observations de M. Kölliker[1], aux nôtres[2] et à celles de M. Lieberkühn[3]. Nous avons si fréquemment observé le phénomène de l'absorption de la nourriture chez ces animaux, qu'il est incontestable que toute partie de la surface d'un Actinophryen de laquelle naissent des pseudopodes est susceptible de se transformer en une bouche provisoire.

Répartition des Actinophryens en genres.

ACTINOPHRYINA.	Pas de coque.	Pseudopodes naissant de tous les points de la surface			1. ACTINOPHRYS.
		Pseudopodes ne naissant pas de tous les points de la surface	disposés en ceinture sur le pourtour		2. TRICHODISCUS.
			naissant en faisceaux d'un seul côté		3. PLAGIOPHRYS.
	Une coque.	Coque libre	incrustée de substances étrangères		4. PLEUROPHRYS.
			non incrustée ; forme oblongue.	Ouverture latérale	5. TRINEMA.
				Ouverture terminale	6. EUGLYPHA.
		Coque fixée à des objets étrangers			7. URNULA.

1er Genre. — ACTINOPHRYS.

Les Actinophrys sont des Actinophryens nus qui sont susceptibles d'émettre des pseudopodes de tous les points de la surface de leur corps. La plupart des espèces ont la forme d'un sphéroïde aplati ; mais elles peuvent modifier beaucoup leur forme et même prendre, dans certaines circonstances, surtout au moment où elles mangent, une forme extrêmement irrégulière. On voit des granules continuellement en mouvement sur leurs pseudopodes, comme sur ceux des Gromides et des Polythalames ; toutefois, leur circulation est beaucoup plus lente et ne peut être reconnue qu'à l'aide

1. Ueber *Actinophrys Sol.* Zeitschrift für wiss. Zoologie, 1849.
2. Ueber *Actinophrys Eichhornii.* Müller's Archiv, 1854, p. 398.
3. Ueber *Protozoen.* Zeitschrift für wiss. Zoologie, VIII. Bd., 1856, p. 308.

d'une attention soutenue et de forts grossissements. Nous nous contenterons de donner une courte diagnose des espèces jusqu'ici décrites, et d'exposer leur synonymie assez embrouillée.

ESPÈCES.

1° *Actinophrys Sol.* Ehr. Inf., p. 303, Pl. XXXI, Fig. VI.

SYN. *Actinophrys difformis.* Ehr. Inf., p. 304, Pl. XXXI, Fig. VIII.
Actinophrys Eichhornii. Clap. Müller's Archiv, 1854, p. 398–418.
Actinophrys Sol. Clap. Müller's Archiv, 1854, p. 419.

DIAGNOSE. Une ou deux Vésicules contractiles faisant fortement saillie à la surface du corps. Parenchyme n'offrant pas d'apparence celluleuse régulière.

Nous renvoyons, pour l'étude spéciale de cette espèce, au Mémoire que nous avons publié en 1854, sous le titre : *Ueber Actinophrys Eichhornii* (Mueller's Archiv, 1854, p. 398).

M. Stein a confondu cette espèce, comme nous avons déjà eu l'occasion de le dire, avec une Podophrya.

2° *Actinophrys Eichhornii.* Ehr. Monatsb. d. Berl. Akad., 1840, p. 197.

SYN. *Actinophrys Sol.* Kœlliker. Zeitschr. f. wiss. Zool., 1849.
Actinophrys Eichhornii. Stein. Die Infusionsthierchen, p. 148.
Actinophrys Eichhornii. Clap. Müller's Archiv, 1854, p. 418.

DIAGNOSE. Une ou deux Vésicules contractiles faisant fortement saillie à la surface du corps. Parenchyme offrant une apparence celluleuse plus ou moins régulière.

Cette espèce a été étudiée avec soin par M. Kölliker et M. Stein. Cependant, le premier a complètement méconnu les vésicules contractiles, et le second les a prises pour des organes destinés à faciliter l'introduction de la nourriture. — L'*Actinophrys Eichhornii* est extrêmement commune aux environs de Berlin, où elle atteint souvent une taille de $0^{mm},5$, et au-dessus.

3° *Actinophrys brevicirrhis.* Perty. Zur Kenntn., p. 157, Pl. VIII, Fig. 7.

DIAGNOSE. Une seule Vésicule contractile ne faisant pas saillie à la surface; parenchyme à structure non celluleuse; pseudopodes en général fort courts et fort nombreux.

Notre diagnose se rapporte à une espèce assez fréquente aux environ de Berlin, et qui pourrait fort bien être identique avec l'*Act. brevicirrhis* de M. Perty. Ses pseudopodes sont extrêmement nombreux, mais n'atteignent pas en général la moitié de la longueur du corps. A des intervalles assez réguliers sont cependant placés des pseudopodes très-minces, dont la longueur est au moins double de celle des autres. Chez l'un des exemplaires figurés par M. Perty, on voit aussi des pseudopodes de deux longueurs. Souvent cette Actinophrys est incolore; souvent aussi elle est colorée en vert et en rosâtre, comme l'indique M. Perty. La vésicule contractile est petite et ne fait pas saillie à la surface ; elle se trouve située plus près du centre que du bord, lorsque l'animal tourne son côté large du côté de l'observateur, tandis que chez les deux espèces précédentes elle apparaît toujours sur le bord même lorsque l'animal est placé de cette manière.

Son diamètre est de $0^{mm},03$ environ.

4° *Actinophrys tenuipes.* (V. Pl. XXII, Fig. 4.)

DIAGNOSE. Pas de Vésicule contractile faisant saillie à la surface; parenchyme à structure non celluleuse; pseudopodes rares, minces et en général fort longs.

Cette petite espèce renferme constamment une espèce d'écaille de la couleur brunâtre de la diatomine, qui rappelle tout-à-fait la fausse carapace de la *Pseudochlamys Patella*. Cette écaille, bien qu'offrant l'apparence d'une certaine consistance, n'est point solide, mais change de forme en même temps que la partie incolore du parenchyme. Le nucléus est un gros disque toujours fort distinct. Jamais nous n'avons réussi à reconnaître de vésicule contractile. La plupart des exemplaires présentaient bien une vésicule sphérique pleine de liquide, mais dans laquelle nous n'avons jamais vu trace de contractions. — Nous avons trouvé l'*A. tenuipes* par myriades dans le Thiergarten de Berlin, au printemps de 1856. Son diamètre est seulement de $0^{mm},02$ environ.

L'*Act. oculata* Stein (Die Inf., p. 157) pourrait fort bien être tout simplement l'*Act. Sol*, bien que M. Stein n'ait pas constaté l'existence de la vésicule contractile. Il est cependant à remarquer que son nucléus est, au dire de M. Stein, très-facile à voir, tandis que chez l'*Act. Sol* nous n'avons jamais réussi à le reconnaître avec certitude[1]. L'*Act. oculata* Stein est une forme marine, mais nous avons observé, dans la mer du Nord, par myriades, une Actinophrys que nous ne savons pas distinguer clairement de l'*Act. Sol* des eaux douces, et qui coïncide tout-à-fait avec la figure que M. Stein donne de son *Act. oculata.* — L'*Act. viridis* Ehr. (Inf., p. 304, Pl. XXXI, Fig. VII) n'est peut-être qu'un *Act. brevicirrhis* colorée par de la chlorophylle. — M. Dujardin donne le nom d'*Act. marina* à une forme marine parfaitement semblable à l'*Act. Sol,* mais un peu plus petite et un peu plus rapide dans ses mouvements. Il n'est pas probable que ce soit une espèce particulière. Nous avons observé nous-mêmes en grande abondance dans le fjord de Christiania, près de Vallöe, une Actinophrys d'une petitesse extrême ($0^{mm},010$) que nous n'osons séparer de l'*Act. Sol*, dont elle ne diffère que par la taille, et par la circonstance que la vésicule contractile peut s'enfler au point d'atteindre un diamètre à peu près égal à celui du corps. Une autre Actinophrys, de taille aussi petite, a été trouvée par nous dans le fjord de Bergen; sa vésicule contractile se comportait exactement comme celle de l'*A. brevicirrhis;* en revanche, les pseudopodes étaient rares et fort longs. L'*Act. digitata* Duj. (Inf., p. 264, Pl. I, Fig. 19, et Pl. III, Fig. 4) ne nous est pas connue, mais paraît bien être un Rhizopode. Par contre, l'*Act. pedicellata* Duj. est une Podophrya (*P. fixa*), et nous ne sommes pas éloignés de croire que l'*A. stella* Perty (Zur Kennt., Pl. VIII, Fig. 5) est un œuf de rotateur!

2e Genre. — TRICHODISCUS.

Les Trichodiscus ne se distinguent des Actinophrys que par la circonstance que les pseudopodes, au lieu de naître de tous les points de la surface, forment uue seule rangée ou ceinture sur l'équateur du sphéroïde aplati. Nous ne connaissons qu'une seule espèce appartenant à ce genre, le *Trichodiscus Sol* Ehr. (Inf., p. 305, Pl. XXXI, Fig. IX), qui a reçu de M. Dujardin le nom d'*Actinophrys discus*. Les individus ob-

1. M. Lieberkühn n'a pas été plus heureux que nous à cet égard. Chez l'*Act. Eichhornii* le nucléus est au contraire toujours facile à reconnaître.

servés par nous à Berlin concordent parfaitement avec les figures IX_1, IX_2 et IX_3 de M. Ehrenberg. Nous n'avons pas réussi à reconnaître chez eux de vésicule contractile. Les Fig. IX_4 et $_5$ de M. Ehrenberg paraissent se rapporter à un animal différent, à une Actinophrys dont tous les pseudopodes n'étaient pas étendus, ou peut-être à une Pleurophrys. En 1830, M. Ehrenberg disait qu'on peut suivre les pseudopodes du T. *Sol* dans l'intérieur du corps, jusqu'auprès du centre. Cette particularité se rapporte sans doute à ces individus, dont la parenté ave le T. *Sol* nous paraît douteux. Les Trichodiscus sont en tous cas encore trop imparfaitement étudiés pour que ce genre puisse être considéré comme définitif.

3e Genre. — PLAGIOPHRYS.

Les Plagiophrys sont des Actinophryens non cuirassés, munis de nombreux pseudopodes, qui naissent en faisceau d'un seul et même point de la surface du corps. Ces Rhizopodes sont aussi lents dans leurs mouvements que les Actinophrys proprement dites. Les pseudopodes laissent voir à leur surface la circulation de granules caractéristique, qui est toutefois fort lente.

ESPÈCES.

1° *Plagiophrys cylindrica* (V. Pl. XXII, Fig. 1.)

DIAGNOSE. Corps cylindrique, à peu près trois fois aussi long que large.

Le corps de la *Plagiophrys cylindrica* est recouvert d'une peau à deux contours bien distincts, qu'il n'est cependant pas possible de confondre avec une carapace adhérente. En effet, cette peau est extrêmement flexible, et, par son aspect, rappelle encore plus l'enveloppe externe de la *Corycia* de M. Dujardin (*Amœba bilimbosa* Auerb.) que la cuticule des infusoires. A la base du cylindre cette peau s'amincit et disparaît même complètement, si bien que cette base paraît tout aussi dépourvue de membrane limitante que la surface d'un Actinophrys. Elle est mamelonnée, et c'est d'elle seulement que naissent les pseudopodes. Malgré un examen très-attentif, nous n'avons réussi à reconnaître ni vésicule contractile, ni nucléus. Si cette absence complète de vésicule contractile se confirme, la *P. cylindrica* formerait un passage évident des Actinophryens aux Echinocystidées.

Nous avons vu cette espèce prendre de la nourriture, et cela précisément de la même manière que le ferait une Actinophrys. Une Astasie (*Trachelius trichophorus* Ehr.) s'étant approchée imprudemment des pseudopodes y resta agglutinée. Les pseudopodes se raccourcirent, tout en s'étalant de manière à former une enveloppe autour de la proie, tandis qu'une partie de la substance du Rhizopode venait au-devant d'elle pour l'envelopper d'une manière plus intime encore, et l'Astasie finit par être attirée dans l'intérieur même du corps. La proie continua à s'agiter, pleine de vie, pendant près d'une heure, à l'intérieur de la Plagiophrys. L'individu que nous avons représenté renferme à son intérieur une Astasie et une Chroococcacée.

La *Pl. cylindrica* atteint une longueur d'environ 0^{mm},13. Nous n'en avons rencontré qu'une seule fois quelques exemplaires, à Berlin, dans une petite bouteille renfermant de l'eau et des algues de provenance inconnue.

2° *Plagiophrys sphærica.* (V. Pl. XXII, Fig. 2.)

Diagnose. Plagiophrys à corps exactement sphérique.

Cette espèce est suffisamment caractérisée par la diagnose. C'est une boule d'un point de laquelle naît un faisceau de pseudopodes. Ceux-ci sont beaucoup moins nombreux que dans l'espèce précédente ; nous avons constaté chez eux la possibilité de se souder les uns aux autres. Nous avons reconnu l'existence d'une vésicule contractile. — Diamètre du corps, 0^{mm},03-0^{mm},04. Observée dans la Sprée, à l'Unterbaum (Berlin).

4e *Genre.* — PLEUROPHRYS.

Les Pleurophrys sont chez les Actinophryens ce que sont les Difflugies chez les Amœbéens. Elles sont revêtues d'une coque munie d'une seule ouverture et formée par des substances étrangères agglutinées au moyen d'un ciment organique.

ESPÈCE.

Pleurophrys sphærica. (V. Pl. XXII, Fig. 3.)

DIAGNOSE. Coque sphérique, formée par des particules siliceuses.

La *Pleurophrys sphærica* ne se distingue de la *Plagiophrys sphærica* que par la présence de la coque. La forme de ces deux Rhizopodes est parfaitement la même. Le peu de transparence de la coque ne nous a pas permis de reconnaître l'organisation intérieure. Diamètre, $0^{mm},02$. Dans les tourbières de la Bruyère aux Jeunes-Filles (Jungfernhaide), près de Berlin.

5e *Genre.* — TRINEMA.

Le genre Trinema a été établi, par M. Dujardin, pour des Actinophryens sécrétant une coque membraneuse, diaphane, ovoïde, allongée; plus étroite en avant, où elle présente, sur le côté, une large ouverture oblique par laquelle sortent des expansions filiformes aussi longues que la coque, au nombre de deux ou trois. — Cette caractéristique est excellente; seulement, le nombre des pseudopodes est très-variable.

ESPÈCE.

Trinema Acinus. Duj. Ann. des Sc. nat., 1836.

SYN. *Difflugia Enchelys.* Ehr. Inf., p. 132. Pl. IX. Fig. IV.
Euglypha pleurostoma. Carter, Annals and Mag. of Nat. Hist. July 1857.

DIAGNOSE. Trinema munie de trois vésicules contractiles formant une rangée transversale à l'équateur de l'animal, en avant du nucléus.

Nous pensons devoir rendre à cette espèce le nom spécifique qui lui avait été donné par M. Dujardin, et qui a la priorité sur les noms proposés par M. Ehrenberg et par M. Carter. Ce dernier est le seul qui jusqu'ici ait reconnu le nucléus et les vésicules contractiles. Il se contente d'indiquer celles-ci en nombre multiple; le fait est qu'elles sont constamment au nombre de trois, comme l'indique du reste la figure de M. Carter. De tous les dessins publiés jusqu'ici de cette espèce, celui de M. Carter est de beaucoup le meilleur[1].

Il est à remarquer que l'ouverture n'est latérale que chez les individus adultes. Tant que l'animal n'a pas atteint sa taille définitive, elle est terminale et aussi large que la coque elle-même.

L'animal chez lequel M. Schneider a étudié un prétendu bourgeonnement, et qu'il désigne sous le nom de *Difflugia Enchelys*[2], n'est point le *Trinema Acinus*, puisque le caractère du genre, l'ouverture latérale de la coque lui fait défaut. Cet animal est peut-être le même que M. Ehrenberg a décrit sous le nom d'*Arcella hyalina*.

6e *Genre.* — EUGLYPHA.

Les Euglypha sont des Actinophryens à coque membraneuse oblongue et munie d'une ouverture terminale, même chez l'adulte. M. Dujardin a donné à ce genre le nom d'*Euglypha*, parce que les espèces à lui connues avaient une coque élégamment sculptée. — Il est possible que les genres décrits par M. Schlumberger sous les noms de *Cyphoderia* et de *Pseudo difflugia*[3] soient basés sur des espèces d'Euglypha[4]. Malheureusement, M. Schlumberger n'a pas donné de figures des Rhizopodes observés par lui, et il est bien difficile de déterminer d'une manière positive, d'après ses seules descriptions, ce qu'il a eu sous les yeux.

Nous ne connaissons qu'une seule espèce d'Euglypha, savoir l'*E. tuberculata* Duj. (Inf., p. 251, Pl. 2, Fig. 7-8), sur laquelle nous n'avons pas grand'chose à remar-

1. V. On the Structure of Spongilla and additional Notes on Freshwater Infusoria, by H. J. Carter, Esq. Bombay. Annals and Mag. of Nat. Hist. July 1857, Vol. XX.

2. Beiträge zur Naturgeschichte der Infusorien. Müller's Archiv, 1854, p. 204, Pl. II, Fig. 17-21.

3. Sur les Rhizopodes. Annales des sciences naturelles, III. 3. 1845, p. 255.

4. Depuis la rédaction de ces lignes M. Fresenius a décrit et figuré (loc. cit., p. 225. Pl. XII, fig. 28-36) un fort beau rhizopode qu'il rapporte à la *Cyphoderia margaritacea* Schl. Nous ne pouvons toutefois séparer cet animal du genre Euglypha. Quant à la *Lagynis baltica* Schultze (loc. cit., p. 56. Tab. I, fig. 7-8), elle ne paraît se distinguer génériquement des Euglypha que par l'absence de facettes à la coque, à moins qu'elle n'appartienne décidément au groupe des Gromides.

quer, sinon qu'elle est munie d'un nucléus situé au sommet de l'animal, et d'une seule vésicule contractile placée immédiatement au-dessous. Nous avons de la peine à croire que l'*E. alveolata* Duj., l'*E. lævis* Perty et l'*E. setigera* Perty soient réellement des espèces distinctes de l'*E. tuberculata*.— Quant à l'*E.? curvata* Perty (Zur Kennt., p. 187, Pl. VIII, Fig. 21), elle nous est tout-à-fait inconnue. C'est peut-être le même animal que M. Schlumberger a décrit sous le nom de *Lecquereusia jurassica* (Ann. des Sc. nat. 1845, p. 255), et qui est peut-être un Rhizopode du groupe des Gromies, puisque M. Schlumberger remarque que les pseudopodes se ramifient en se contractant.— Il ne ressort du reste aucunement de la description de M. Perty que la coque de son *Euglypha? curvata* appartienne réellement à un Rhizopode. Quant à l'*E.? minima* Perty (Zur Kenntniss, p. 187, Pl. VIII, Fig. 20), nous croyons devoir doubler le point d'interrogation dont M. Perty a fait précéder son nom.

7e *Genre.* — URNULA.

Les Urnula sont des Rhizopodes habitant une coque membraneuse qui n'est point libre comme celle des espèces précédentes, mais fixée par sa partie postérieure sur des objets étrangers. Nous n'en connaissons jusqu'ici qu'une seule espèce.

ESPÈCE.

Urnula Epistylidis.

Diagnose. Coque urcéolée, rétrécie soit à sa partie postérieure, soit près de son ouverture. Animal librement suspendu dans sa coque.

Cette espèce, qui n'est pas rare à Berlin dans la Sprée, vit en parasite sur les colonies d'*Epistylis plicatilis* qui recouvrent les Paludines vivipares. — Nous l'étudierons en détail dans la 3e partie de ce Mémoire.

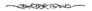

ORDRE II.

ECHINOCYSTIDA.

Famille des ACANTHOMETRINA.

Notre dessein n'est point d'entrer dans l'étude circonstanciée de cette famille, qui nous est aujourd'hui bien connue, grâce aux travaux de M. Joh. Mueller. Nous nous contenterons de décrire trois espèces, dont nous avons déjà publié les diagnoses il y a quelques années sans en donner de figures.

Genre. — ACANTHOMETRA.

Le genre Acanthometra a été établi par M. Joh. Mueller pour des Echinocystides dépourvus de coque en treillis, mais armés de spicules siliceux qui viennent se réunir au centre de l'animal, sans que ce centre soit occupé par un nucléus. Pendant notre séjour en Norwége en 1855, nous nous sommes de plus assurés que chaque spicule est percé à l'intérieur d'un canal dans lequel est logé un pseudopode. Les pseudopodes des Acanthomètres sont donc, les uns parfaitement libres, comme ceux des Actinophrys, les autres enfermés dans une gaîne siliceuse. Les pseudopodes nus s'appuient volontiers sur la surface des spicules, mais souvent aussi ils sont libres dans toute leur étendue. Ils sont comme ceux des Actinophrys susceptibles de se bifurquer et de se souder les uns aux autres. La circulation des granules sur leur surface, sans être aussi rapide que chez les Gromides et les Polythalames, est cependant plus intense que chez les Actinophrys. — Le corps des Acanthomètres paraît être limité par une membrane bien dessinée, qui est enveloppée elle-même d'une couche de mucosité de même nature que la substance des pseudopodes. Il est toutefois à remarquer que cette membrane n'est pas de nature bien consistante, car on remarque souvent que les pseudopodes la percent de part en part et se continuent dans une direction radiaire à l'intérieur de la surface du corps sans se confondre avec celle-ci. Peut-être pourrait-on admettre l'existence de trous préformés dans la membrane, trous qui livreraient passage aux pseudopodes ; cependant nous n'avons pas réussi à reconnaître une seule ouverture.

Les observations que nous fîmes en 1855 à Bergen sur la nature rhizopodique des Acanthomètres fut confirmée sur place par M. Joh. Mueller, qui, l'année suivante, les étendit à une foule d'espèces de la Méditerrannée. Nous renvoyons, pour de plus amples détails, au Mémoire si riche en observations que ce célèbre observateur a publié sur ce sujet[1]. On y trouvera les diagnoses d'un grand nombre d'espèces d'Acanthomètres de la Méditerrannée[2].

ESPÈCES.

1° *Acanthometra echinoïdes*. Clap. Monatsb. d. Akad. d. Wiss. zu Berlin, 1855, p. 674.

(V. Pl. XXIII, Fig. 1-5.)

DIAGNOSE. Spicules au nombre de vingt environ, sans appendices, et de longueur uniforme. Couleur d'un beau rouge.

C'est chez cette espèce que nous avons pour la première fois remarqué que les spicules sont creusés d'un canal. Ce sont des prismes à quatre arêtes qui conservent partout une largeur identique. Leur extrémité libre est en général fendue, tantôt très-légèrement, tantôt sur une grande longueur (Fig. 4-5), et c'est par cette fente qu'on voit sortir le pseudopode intraspiculaire. Sur toute la longueur des prismes on aperçoit des ouvertures rhomboïdales qui mettent le canal central en communication avec l'extérieur (Fig. 3-5). Nous n'avons cependant jamais vu de pseudopodes sortir par ces ouvertures

1. J. Mueller : Ueber die Thalassicollen, Polycystinen und Acanthometren des Mittelmeeres. — Monatsbericht der k. Akad. d. Wiss. zu Berlin. 13. Nov. 1856.

2. Depuis la rédaction de ces lignes la mort de Joh. Mueller a laissé dans la science un vide irréparable. Sa mort a été suivie de la publication de son bel ouvrage intitulé : Ueber die Thalassicollen, Polycystinen und Acanthometren des Mittelmeeres. Berlin, 1858. On y trouvera une foule de planches admirablement dessinées.

latérales. Au centre de l'Acanthomètre, chaque spicule se termine en forme de fer de lance et présente une ouverture oblique rhomboïdale (Fig. 2) par laquelle les pseudopodes entrent dans le canal. Les spicules sont tous unis les uns aux autres par les bords de leur épanouissement en fer de lance, si bien que la substance molle de l'Acanthomètre est contenue dans des pyramides siliceuses creuses, dont les sommets convergent tous au centre du corps. La longueur des spicules est excessivement variable. Chez certains individus les prismes ne dépassent pas les contours de la partie molle, dans laquelle ils restent noyés. Chez d'autres, ils sont considérablement plus longs que dans l'individu figuré par nous. Leur nombre paraît être d'environ vingt. M. J. Mueller a démontré en 1856 que les spicules des Acanthomètres sont disposés avec une régularité mathématique. A l'époque où nous fîmes nos observations, cette découverte était encore à faire, mais nous ne doutons pas que chez l'*A. echinoïdes* les spicules ne soient disposés comme chez les autres Acanthomètres à vingt épines qu'a observées M. Mueller.

Les cellules jaunes renfermées dans la substance du corps sont toujours grosses et nombreuses, munies d'une couche périphérique épaisse et d'une cavité centrale. Elles présentent des réactions chimiques analogues à celles que M. Mueller a constatées chez les organes correspondants des Thalassicoles : la teinture d'iode les rend brunes, et l'adjonction subséquente d'acide sulfurique les rend noires, tandis que le reste du corps se colore en jaune foncé. L'acide chlorhydrique colore les cellules jaunes en vert.

A l'œil nu, l'*A. echinoïdes* se présente sous la forme d'un point rouge cramoisi. Le microscope montre que cette couleur est due à un pigment granuleux amassé dans la partie centrale du corps. Vu par transparence, ce pigment n'est plus cramoisi, mais rouge-pourpre.

L'*A. echinoïdes* paraît être un habitant de la haute mer. De temps à autre, lorsque le vent venait de l'Ouest, on la voyait apparaître en assez grande abondance dans le fjord de Bergen, pour disparaître lorsque le vent avait cessé. Mais à Glesnæsholm, dans une contrée plus rapprochée de la haute mer, nous l'avons trouvée par tous les temps et dans une abondance réellement extraordinaire, flottant à la surface des vagues. Son diamètre est d'environ $0^{mm},15$ sans les spicules.

2° *Acanthometra pallida.* Clap. Monatsb. d. Berl. Akad. d. Wiss., 1855, p. 675.

(V. Pl. XXIII, Fig. 6.)

DIAGNOSE. Spicules sans appendices, au nombre de vingt, dont quatre beaucoup plus grands que les autres et disposés en croix.

Cette espèce s'est trouvée mélangée avec la précédente, soit dans le fjord de Bergen, soit dans la mer de Glesnæs, mais toujours isolée. Elle est incolore, sphéroïdale, et se reconnaît immédiatement à ses quatre grands spicules, dont les arêtes sont moins accusées que chez l'*A. echinoïdes*. Les autres spicules, qui sont au nombre de seize environ, sont non seulement fort courts, mais encore minces, et nous n'avons pas réussi à constater s'ils sont, comme les quatre principaux, creux à l'intérieur. Les cellules jaunes sont moins nombreuses que chez l'espèce précédente. L'*A. pallida* atteint un diamètre d'environ $0^{mm},08$ sans les spicules.

Genre. — PLAGIACANTHA.

Les Plagiacanthes se distinguent des Acanthomètres par la circonstance que les spicules, qui sont ramifiés et dépourvus de canal central, ne viennent point se rencontrer au centre du corps, mais se soudent les uns aux autres de l'un des côtés du corps de manière à former une sorte de charpente silicieuse ou d'échafaudage sur lequel repose le corps mol de l'animal. Les pseudopodes s'appuient sur les spicules, qu'ils quittent, soit à leur extrémité, soit sur divers points de leur longueur, pour se prolonger en filaments minces et délicats. Des rameaux pseudopodiques forment également des espèces de ponts de l'un des spicules à l'autre, et ces ponts émettent à leur tour des pseudopodes fort délicats. On ne connaît jusqu'ici qu'une seule espèce appartenant à ce genre.

ESPÈCE.

Plagiacantha arachnoïdes. Clap. Monatsb. d. Berl. Akad. d. Wiss., 1856, 13 Nov.

SYN. *Acanthometra arachnoïdes.* Clap. Monatsb. d. Berl. Akad., 1855, p. 675.

(V. Pl. XXII, Fig. 8-9.)

DIAGNOSE. Spicules au nombre de trois qui se trifurquent tous à une petite distance de leur point de réunion.

Le corps de la *Plagiacantha arachnoïdes* ressemble tout-à-fait à une cellule jaune isolée d'une Acanthomètre. C'est une sphère d'une substance jaunâtre, limitée par une membrane bien dessinée et présentant à son intérieur une cavité excentrique, également sphérique, remplie par un liquide peu réfringent. Le diamètre du corps est d'environ $0^{mm},04$. Cette sphère repose sur un trépied très-surbaissé, formé par trois spicules minces, qui ne tardent pas à se diviser chacun en trois branches. Parfois on rencontre des monstruosités chez lesquelles la trifurcation de l'une des branches est deux fois répétée (V. Fig. 9). Chez les exemplaires où les spicules sont fort minces, les branches latérales de la trifurcation ne sont pas toujours soudées à la branche centrale. Ce sont probablement là de jeunes exemplaires chez lesquels les spicules sont en voie de formation. Chez les individus à spicules épais, c'est-à-dire sans doute chez les adultes, les spicules ne sont pas seulement unis les uns aux autres par des ponts de substance pseudopodique, mais par des ponts siliceux solides (V. Fig. 9) soutenant des pseudopodes. M. Joh. Mueller remarque avec justesse que ces individus-là forment un passage entre les Acanthomètres et les Polycystines. C'est le premier rudiment d'un réseau à mailles siliceuses, comme celui des Haliomma, Podocyrtis, etc.

Nous avons rencontré une fois une *Plagiacantha arachnoïdes* ne se composant que du squelette siliceux et des pseudopodes (Fig. 9). Le corps proprement dit manquait complétement. Il est possible que son absence fût simplement la suite d'un accident. Les pseudopodes n'en continuaient pas moins à se mouvoir et à montrer la circulation de granules habituelle, bien que la couche de substance organique qui recouvrait les spicules fût d'une épaisseur à peine perceptible. Un examen plus attentif permettait cependant de reconnaître, tout autour du centre de la charpente, une lame fort mince d'une substance glaireuse si transparente, qu'il était, pour ainsi dire, impossible d'en fixer les limites. On voit, du reste, souvent un épanouissement semblable de la substance pseudopodique chez les individus normaux.

ORDRE III.

GROMIDA.

Genre. — LIEBERKUEHNIA.

Nous établissons le genre Lieberkuehnia pour des Gromides dépourvus de carapace proprement dite, mais chez lesquels les pseudopodes partent néanmoins d'un seul point de la surface du corps. Ces pseudopodes s'étendent au loin, se ramifient et se soudent les uns aux autres de manière à former un véritable réseau. La circulation des granules est rapide, comme en général chez les Gromides, et paraît atteindre son maximum d'intensité à la surface des pseudopodes. Il est, du reste, incontestable qu'une partie tout au moins des granules circulants est formée par des matières étrangères. Non seulement nous avons vu dans le courant des granules de chlorophylle, qui paraissent d'origine tout-à-fait étrangère, mais encore nous nous sommes assurés que des corpuscules qui gisaient sur le porte-objet venaient parfois à être entraînés par un pseudopode voisin et remontaient jusque dans le corps du Rhizopode. Nous avons même vu un gros infusoire (*Stentor polymorphus*) être capturé par les pseudopodes dont il s'était imprudemment approché. Les pseudopodes s'étalèrent autour de lui en se fondant les uns avec les autres de manière à l'emprisonner dans une enveloppe glaireuse. Toutefois, le Rhizopode ne réussit pas à l'amener jusqu'à lui ; il retira ses pseudopodes en abandonnant sa proie et la partie de sa propre substance qui avait servi à la capturer.

L'animal que M. Bailey a observé dans un Aquarium, à West-Point, et décrit sous le nom de *Pamphagus mutabilis*[1], est sans doûte un Gromide peu éloigné de notre genre Lieberkühnia. Malheureusement l'auteur a négligé d'en donner une figure, et sa description ne peut suffire à donner une idée claire de l'animal.

ESPÈCE.

Lieberkuehnia Wageneri. (V. Pl. XXIV.) .

DIAGNOSE. Corps ovoïde entouré d'une membrane qui s'épaissit autour de l'origine des pseudopodes en une espèce de forte gaine.

Bien que cet animal ne possède pas de coque ou carapace, sa peau se prolonge en une espèce de tube membraneux autour de l'expansion rhizopodique, qui est susceptible de s'étaler au loin. Nous avons trouvé son corps rempli par une masse granuleuse et par un certain nombre de grosses vésicules pleines d'un liquide homogène. Chez aucune de ces vésicules nous n'avons pu trouver trace de contractilité. Toute tentative de découvrir un nucléus a été infructueuse. A ce point de vue, la *Lieberkuehnia Wageneri* se rapproche des Gromies, chez lesquelles on n'a constaté non plus, jusqu'ici, ni nucléus, ni vésicule contractile. Il serait possible que les grosses vésicules sus-mentionnées fussent identiques avec celles que M. Max Schultze a décrites chez la *Gromia oviformis;* cependant, nous n'avons jamais pu reconnaître dans leur intérieur les éléments morphologiques que M. Schultze a figurés chez cette dernière.

La longueur du corps de notre Lieberkuehnia est d'environ $0^{mm},16$, mais les pseudopodes peuvent s'étendre à une distance vraiment surprenante. Il faut se les représenter trois fois aussi longs que nous les avons figurés sur notre planche. Nous n'avons rencontré qu'une seule fois ce Rhizopode, à Berlin, dans une petite bouteille qui renfermait de l'eau de provenance inconnue. Nous l'avons conservé durant plusieurs jours sur une plaque de verre, et nous avons cru remarquer que la lumière exerçait une influence marquée sur lui. Toutes les fois que nous tirions la plaque de l'obscurité pour la placer sous le microscope, nous trouvions les pseudopodes de la

1. American Journal of Science and Arts, Vol. XV.

Lieberkuehnia splendidement étalés ; mais, au bout de quelques instants, l'animal les retirait à lui : on les voyait couler rapidement comme autant de fleuves qui vont se jeter dans une mer commune, et bientôt il devenait impossible de reconnaître un rhizopode dans la masse obscure immobile sous le microscope.

Depuis lors, M. Lieberkühn a eu l'occasion de retrouver un autre exemplaire de ce Rhizopode, dont M. Wagener a fait un dessin très-analogue au nôtre. Ces deux savants n'ont pas réussi à constater l'influence de la lumière que nous avions cru remarquer. Ils n'ont, du reste, pas été plus heureux que nous dans la recherche de la vésicule contractile et du nucléus. L'individu qui a fait le sujet de leurs observations paraît avoir étendu ses pseudopodes encore plus au loin que le nôtre.

REMARQUE.

M. le professeur Cohn nous donne avis que M. Strethill a récemment décrit sous les noms de *Lagotia viridis*, *L. hyalina*, et *L. atropurpurea*, trois infusoires appartenant à notre genre Freia (V. Edinburgh Philosophical Journal, 1858, page 256). Nous n'avons pu malheureusement jusqu'ici nous procurer le Mémoire de M. Strethill. D'ailleurs, nous ferons remarquer que nous avons déjà mentionné ce genre en 1856[1], et que nous en avions donné une diagnose sous le nom de Freia dans notre Mémoire déposé en 1855 à l'Académie des Sciences de Paris, Mémoire qui a été couronné par cette Académie en Février 1858. Nous ne rappelons ces faits que pour faciliter la synonymie. Dans le même Mémoire, M. Strethill décrit deux autres infusoires nouveaux, savoir une Cothurnia à laquelle il donne le nom de *Vaginicola valvata*, et qui est caractérisée par la présence d'une valvule pouvant clore le fourreau, et un animal fort curieux (*Ephelota coronata* St.) qui appartient peut-être au groupe des Acinétiniens, et qui vit sur des Paludicelles.

1. Müller's Archiv, 1856, p. 256.

TABLE DES MATIÈRES.

EXPLICATION DES PLANCHES.

N. B. Dans toutes les figures, les lettres suivantes ont la même signification :

n. nucléus.
o. bouche.
v. vaisseau.
v. c. vésicule contractile.
ω anus.

Lorsqu'il n'y a pas d'indication spéciale, le grossissement est de 300 à 350 diamètres.

PLANCHE I.

Fig. 1. Une famille du *Carchesium Epistylis.* — *o'* entrée du vestibule.

Fig. 2. Fragment d'une famille du *Zoothamnium glesnicum.*

Fig. 3. Fragment d'une famille du *Zoothamnium nutans.*

Fig. 4. Un individu isolé du *Zooth. nutans* dans le moment de la contraction.

Fig. 5. Fragment d'une colonie de l'*Epistylis invaginata.*

Fig. 6. Individu libre de la même espèce dans le moment de la natation.

Fig. 7. Nucléus du même.

Fig. 8. Une colonie de l'*Epistylis coarctata.*

PLANCHE II.

Fig. 1. Famille complète du *Zoothamnium alternans*, portant des individus de trois grosseurs.

Fig. 2. Individu de taille moyenne plus fortement grossi.

Fig. 3. Individu de grande taille à l'état de liberté.

Fig. 4. Tronc de la colonie du *Z. alternans,* pour montrer l'apparence fibreuse du muscle à un fort grossissement.

Fig. 5. *Gerda Glans* dans l'état de demi-extension.

Fig. 6. *Gerda Glans* à l'état de demi-contraction durant la phase mobile. Le nucléus est divisé.

Fig. 7. *Gerda* allongée à l'état de repos, avec division du nucléus.

Fig. 8. *Gerda* à l'état de contraction complète.

Fig. 9. *Epistylis brevipes* à péristome contracté.

PLANCHE III.

Fig. 1. *Carchesium spectabile,* fragment de colonie. — *o'* Entrée du vestibule.

Fig. 2. *Cothurnia compressa*, la coque vue de face.

Fig. 3. La même, la coque vue de profil.

Fig. 4. (Le numéro a été omis sur la planche.) *Cothurnia nodosa* pédonculée dans la coque.

Fig. 5. Autre forme de la même espèce, non pédonculée dans la coque.

Fig. 6. Coque de *Vaginicola decumbens* dont l'habitant s'est divisé.

Fig. 7. *Epistylis umbilicata*, fragment de colonie.

Fig. 8. Un kyste de la même; 8ª paroi du kyste vue à un fort grossissement.

Fig. 9. *Zoothamnium Aselli*, fragment de colonie.

Fig. 9ª. Un individu de la même espèce dans la période de natation.

Fig. 10. *Scyphidia Physarum*, à demi-contractée.

Fig. 11. La même, plus étendue.

Planche IV.

Fig. 1. *Trichodinopsis paradoxa*. *p* Organe rendu visible par l'action de l'acide acétique.

Fig. 2. Organe fixateur de la *Trichodinopsis paradoxa*, vu par-dessus.

Fig. 3. Le cadre solide de l'appareil buccal de la même.

Fig. 4 et 5. Nucléus de la même.

Fig. 6. *Trichodina Steinii*, vue par la partie supérieure.

Fig. 7. *Trichodina Mitra*, vue de profil.

Fig. 8. Appareil fixateur de la même espèce, vu en dessous.

Fig. 9. *Cothurnia recurva*, coque vue de profil.

Fig. 10. *Cothurnia recurva*, coque vue de face.

Fig. 11. *Cothurnia Boeckii*.

Planche V.

Fig. 1. *Oxytricha multipes*, vue par la face ventrale.

Fig. 2. *Oxytricha Urostyla*, vue par la face ventrale.

Fig. 3. *Oxytricha retractilis*, allongée et vue par la face ventrale.

Fig. 4. La même, contractée.

Fig. 5. *Oxytricha auricularis*, vue par la face ventrale.

Fig. 6. La même, vue de profil.

Fig. 7. *Oxytricha caudata*, vue par la face ventrale.

Fig. 8. *Oxytricha gibba*, vue par la face ventrale.

Planche VI.

Fig. 1. *Stylonychia Mytilus*, vue par la face ventrale.

Fig. 1ª. Pied marcheur de la même, divisé anormalement en un groupe de fibres.

Fig. 1ᵇ. Pied-rame de la même dans l'état normal.

Fig. 1ᶜ. Pied-rame divisé anormalement en un faisceau de fibres.

Fig. 2. *Stylonychia pustulata*, vue par la face ventrale.

Fig. 3. Jeune individu issu par bourgeonnement de la même espèce.

Fig. 4. *Stylonychia fissisetа*, vue par la face ventrale.

Fig. 5. *Stylonychia echinata*, vue par la face ventrale.

Fig. 6. *Stichochæta cornuta*, fortement grossie, vue par la face ventrale.

Fig. 7. *Oxytricha crassa*, vue par la face ventrale.

Fig. 8. La même, vue de profil.

Planche VII.

Fig. 1. *Euplotes Patella*, vue par la face ventrale. Forme type.

Fig. 2. Variété de la même espèce.

Fig. 3. *Euplotes longipes*, vu par la face ventrale.

Fig. 4. *Euplotes excavatus*, vu par la face ventrale.

Fig. 5. Le même, vu par la face dorsale.

Fig. 6. *Schizopus norwegicus*, vu par la face ventrale.

Fig. 7. Le même, vu par la face dorsale.

Fig. 8. *Campylopus paradoxus*, vu par la face ventrale.

Fig. 9. Le même, vu par la face dorsale.

Fig. 10. *Euplotes Charon*, vu par la face ventrale.

Fig. 11. *Aspidisca turrita*, vu par la face ventrale.

Fig. 12. Le même, vu de profil.

Fig. 13. *Aspidisca Cicada*, vu par la face ventrale.

Fig. 14. Le même, vu de dos.

Fig. 15. Le même, vu par derrière.

Fig. 16. *Aspidisca Lynceus*, vu par la face ventrale.

Planche VIII.

Fig. 1. Coque du *Tintinnus denticulatus*.
Fig. 1ª. Fragment de la coque, très-fortement grossi.
Fig. 2. *Tintinnus inquilinus*, animal et coque.
Fig. 3. Coque du *Tintinnus Amphora*, renfermant un kyste d'origine inconnue.
Fig. 4. Coque du *Tintinnus acuminatus*.
Fig. 5. *Tintinnus Steenstrupii*, animal contracté dans sa coque.
Fig. 6. *Tintinnus Ehrenbergii*, avec l'animal étendu et faisant vibrer ses cirrhes.
Fig. 7. Le même, contracté au fond de sa coque.
Fig. 8. Coque du *Tintinnus Helix*.
Fig. 9. *Tintinnus Campanula*, animal retiré au fond de sa coque.
Fig. 10. *Tintinnus Lagenula*, vu à un fort grossissement.
Fig. 11. Le même dans la division spontanée, à un grossissement de 300 diamètres.
Fig. 12. *Tintinnus mucicola*, dans sa coque.
Fig. 13. Coque du *Tintinnus cinctus*.
Fig. 14. *Tintinnus Urnula*, dans la première période de la division spontanée.
Fig. 15. Coque du *Tintinnus subulatus*.
Fig. 16. Coque appartenant probablement à un Tintinnus inconnu.

Planche IX.

Fig. 1. *Tintinnus obliquus*, dans sa coque.
Fig. 2. Coque du *Tintinnus annulatus*.
Fig. 3. Coque du *Tintinnus 4-lineatus*.
Fig. 4. Coque du *Tintinnus ventricosus*.
Fig. 5 ª et ᵇ. Deux coques à doubles parois appartenant à des infusoires inconnus.
Fig. 6. *Freia Ampulla*, contractée dans sa coque.
Fig. 7. La même, demi-étendue.
Fig. 8. *Freia elegans*, à l'état libre, contractée.
Fig. 9. *Freia elegans*, à l'état libre, étendue.

Planche X.

Fig. 1. *Freia elegans*, dans sa coque, avec le calice développé.
Fig. 2. La même, retirée dans sa coque, le calice replié.
Fig. 3. Une coque vide de la même.
Fig. 4. Coque de la même, présentant des excroissances dues à un parasite.
Fig. 5. *Freia aculeata*, retirée dans sa coque.
Fig. 6. La même, avec le calice déployé.
Fig. 7. Sommet d'un des lambeaux du calice de la *Freia elegans*.
Fig. 8. Même partie de la *Freia aculeata*.

Planche XI.

Fig. 1. *Spirostomum teres*, vu par la face ventrale et droite.
Fig. 2. Le même, vu par la face dorsale et gauche.
Fig. 3. *Plagiotoma lateritia*, vu du côté droit.
Fig. 4. Le même, vu du côté droit.
Fig. 4. Le même, vu du côté gauche.
Fig. 5. Individu de la même espèce, récemment issu d'une division spontanée.
Fig. 6. *Plagiotoma acuminata*, vu par l'arête ventrale.
Fig. 7. Le même, vu par le côté droit.
Fig. 8. *Plagiotoma cordiformis*, vu par le côté droit.
Fig. 9. Le même, vu par le côté gauche.

Planche XII.

Fig. 1. *Metopus sigmoides*, vu par la face ventrale.
Fig. 2. *Leucophrys patula*, vu par la face ventrale.
Fig. 3. *Kondylostoma patens*, vu par la face ventrale.
Fig. 4. *Kondylostoma patulum*, vu par la face ventrale.
Fig. 5. *Lembadium bullinum*, vu par la face ventrale.
Fig. 6. Variété de la même espèce, échancrée en avant.
Fig. 7. *Coleps Fusus*, petit exemplaire.
Fig. 8. *Coleps Fusus*, gros exemplaire, dans la division spontanée.
Fig. 9. *Coleps uncinatus*, vu de profil.

PLANCHE XIII.

Fig. 1. *Bursaria decora*, vue par la face ventrale. Les cercles à trait plus accusé indiquent les vésicules contractiles.

Fig. 2. *Balantidium Entozoon*, vu par la face ventrale.

Fig. 3. *Ophryoglena Citreum*, vue de profil, par le côté gauche.

Fig. 4. La même, vue de face.

Fig. 5. *Paramecium glaucum*, vu par le côté droit.

Fig. 6 a. *Strombidium sulcatum*, vu de côté. 6b Le même, vu par devant.

Fig. 7. *Strombidium Turbo.*

Fig. 8. *Halteria Grandinella.*

Fig, 9. La même, avec ses soies saltatrices rabattues en avant.

Fig. 10 et 11. *Halteria Pulex.*

PLANCHE XIV.

Fig. 1. *Paramecium ovale*, vu par le côté gauche.

Fig. 2. *Paramecium inversum*, vu par la face ventrale et gauche.

Fig. 3. *Colpoda parvifrons*, vu par la face ventrale et gauche.

Fig. 4. *Glaucoma margaritaceum*, vu par la face ventrale.

Fig. 5. *Cyclidium elongatum.*

Fig. 6. *Pleuronema Cyclidium*, vu par la face ventrale et droite.

Fig. 7. *Pleuronema natans*, vu par la face ventrale et droite.

Fig. 8. *Pleuronema Chrysalis*, vu par la face ventrale et droite.

Fig. 9. *Paramecium microstomum*, vu par le côté droit.

Fig. 10. *Halteria Volvox.*

Fig. 11. *Huxleya crassa*, vue par le côté droit.

Fig. 12. La même, vue par le dos.

Fig. 13. Contour de la même, vue par l'arrière.

Fig. 14. *Huxleya sulcata*, vue par le côté droit.

Fig. 15. *Trichopus Dysteria*, vu par le côté gauche.

Fig. 16. *Enchelyodon elongatus.*

Fig. 17. *Loxophyllum armatum*, vu par la face dorsale au moment où il décharge quelques trichocystes sur un Cyclidium.

PLANCHE XV.

Fig. 1. *Iduna sulcata*, vue par le côté droit.

Fig. 2. La même, vue par l'arête dorsale.

Fig. 3. La même, vue par le côté gauche.

Fig. 4. *Dysteria spinigera*, vue par le côté droit.

Fig. 5 et 6. *Aegyria pusilla*, vue par le côté gauche.

Fig. 7. La même, vue par la face ventrale.

Fig. 8. *Dysteria lanceolata*, vue du côté droit.

Fig. 9. La même, vue de dos.

Fig. 10. La même, vue du côté gauche.

Fig. 11. Partie postérieure de la même, vue par le ventre, le pied rabattu vers le haut.

Fig. 12. Partie antérieure de la même, vue par le ventre, pour montrer l'appareil dégluteur.

Fig. 13. Partie postérieure de la même, vue par le côté gauche, le pied rabattu vers le haut.

Fig. 14. *Aegyria Oliva*, vue par le dos.

Fig. 15. La même, vue par la face ventrale.

Fig. 16. *Aegyria Legumen*, vue par le côté gauche.

Fig. 17. *Dysteria crassipes*, vue du côté gauche.

Fig. 18. La même, vue de dos.

Fig. 19. Pied de la même.

Fig. 20. *Dysteria aculeata*, vue par le côté gauche.

Fig. 21. *Aegyria angustata*, vue par la valve plane.

Fig. 22. Partie postérieure de la même, vue de dos.

Fig. 23. La même, vue par le côté ventral.

Fig. 24. Squelette macéré de Dysterien.

PLANCHE XVI.

Fig. 1. *Trachelophyllum apiculatum*, vu de dos.

Fig. 2. *Trachelophyllum pusillum.*

Fig. 3. *Amphileptus Gigas*. Les cercles indiquent les vésicules contractiles.

Fig. 4. *Amphileptus Anaticula*, contenant un Péridinien dans la cavité digestive.

• Fig. 5. *Lacrymaria Olor*. Fig. 5ª. Le nucléus de la même.

Fig. 6. Partie antérieure de la même, avec les cirrhes rabattus sur la bouche.

Fig. 7. Partie antérieure de la même, fortement grossie.

Fig. 8. *Lacrymaria Olor*, très-allongée et faiblement grossie.

Fig. 9. *Loxophyllum Meleagris*.

PLANCHE XVII.

Fig. 1. *Amphileptus Cygnus*.

Fig. 2. *Loxodes Rostrum*, vu par le côté droit.

Fig. 3. *Enchelyodon farctus*.

Fig. 4. *Enchelys arcuata*.

Fig. 5. *Holophrya Ovum*.

Fig. 6. *Nassula flava*, vue par la face ventrale.

Fig. 7. *Nassula lateritia*, vue par la face ventrale.

Fig. 8. *Nassula rubens*, vue par le côté droit.

PLANCHE XVIII.

Fig. 1. *Prorodon margaritifer*, vu par la face ventrale. Les cercles indiquent les vésicules contractiles.

Fig. 2. *Prorodon armatus*, vu par la face ventrale.

Fig. 3. *Prorodon griseus*, vu par la face ventrale.

Fig. 4. *Prorodon edentatus*.

Fig. 5. *Prorodon marinus*.

Fig. 6. *Lacrymaria coronata*.

Fig. 7. *Lacrymaria Lagenula*.

Fig. 8. *Phialina vermicularis*.

Fig. 9. *Urotricha farcta*.

PLANCHE XIX.

Fig. 1. *Ceratium tripos*, variété *macroceros*, vu par la face ventrale.

Fig. 2. La même, variété *tripos* proprement dite, vue par la face ventrale.

Fig. 3. Le même, variété *arcticum*, vu par la face dorsale.

Fig. 4. Fragment de test du même, à un fort grossissement.

Fig. 5. *Ceratium Furca*, vu par la face ventrale.

Fig. 6. Portion de test désarticulée, du même.

Fig. 7. *Ceratium Fusus*, vu par la face ventrale.

Fig. 8. *Ceratium biceps*, vu par la face dorsale.

PLANCHE XX.

Fig. 1. *Ceratium cornutum*, vu par la face ventrale.

Fig. 2. Le même, vu par le côté droit.

Fig. 3. *Peridinium reticulatum*, vu par le côté droit.

Fig. 4. *Peridinium spiniferum*, vu par la face ventrale.

Fig. 5. Carapace vide du même, vue par le côté droit.

Fig. 6. *Prorocentrum micans*, vu de face.

Fig. 7. Le même, vu de profil.

Fig. 8. Carapace vide du même.

Fig. 9. *Amphidinium operculatum*.

Fig. 10. Le même, vu de profil.

Fig. 11 et 12. Variétés (?) du même.

Fig. 13. *Dinophysis lævis*, vue du côté droit.

Fig. 14. *Dinophysis ovata*, vue du côté droit.

Fig. 15. La même, vue par la face ventrale.

Fig. 16. *Dinophysis rotundata*, vue par le côté gauche.

Fig. 17. *Dinophysis acuminata*, vue par le côté droit.

Fig. 18. *Dinophysis norwegica*, vue du côté droit.

Fig. 19 et 20. Deux variétés de la *Dinophysis ventricosa*.

PLANCHE XXI.

Fig. 1. *Petalopus diffluens*, avec expansions filiformes.

Fig. 2. Partie antérieure du même avec expansions globuleuses.

Fig. 3. Le même, avec pseudopodes étalés en feuilles.

Fig. 4. *Podostoma filigerum*, ramassé sur lui-même.

Fig. 5. Le même, développant ses filaments préhensiles.

Fig. 6. Le même, retirant à lui l'un de ses filaments préhensiles.

Fig 6ª. Extrémité d'un filament préhensile de Petalopus au moment où la nourriture est saisie.

Fig. 7. *Opalina lineata.*
Fig. 8. La même, avec son nucléus.
Fig. 9. *Opalina recurva.*
Fig. 10. *Solenophrya crassa,* dans sa coque.
Fig. 11. *Podophrya elongata.*
Fig. 12. *Acineta compressa,* vue de face.
Fig. 13. La même, vue de profil.

PLANCHE XXII.

Fig. 1. *Plagiophrys cylindrica.*
Fig. 2. *Plagiophrys sphærica,* vue par-dessus.
Fig. 3. *Pleurophrys sphærica,* vue par-dessus.
Fig. 4. *Actinophrys tenuipes.*
Fig. 5. *Pseudochlamys Patella,* vue par dessous.
Fig. 6. Variété de la même, vue par dessous.
Fig. 7. *Arcella patens,* vue de profil.
Fig. 8. *Plagiacantha arachnoïdes.*
Fig. 9. La même, dépourvue du corps globuleux.

PLANCHE XXIII.

Fig. 1. *Acanthometra echinoïdes.*
Fig. 2. Partie du noyau du squelette de la même.
Fig. 3, 4 et 5. Extrémités de spicules.

PLANCHE XXIV.

Fig. . *Lieberkuehnia Wageneri,* avec ses pseudopodes développés.

N. B. Les pseudopodes devraient, proportion gardée, être dessinés deux fois aussi longs que la grandeur de la planche a permis de les représenter.

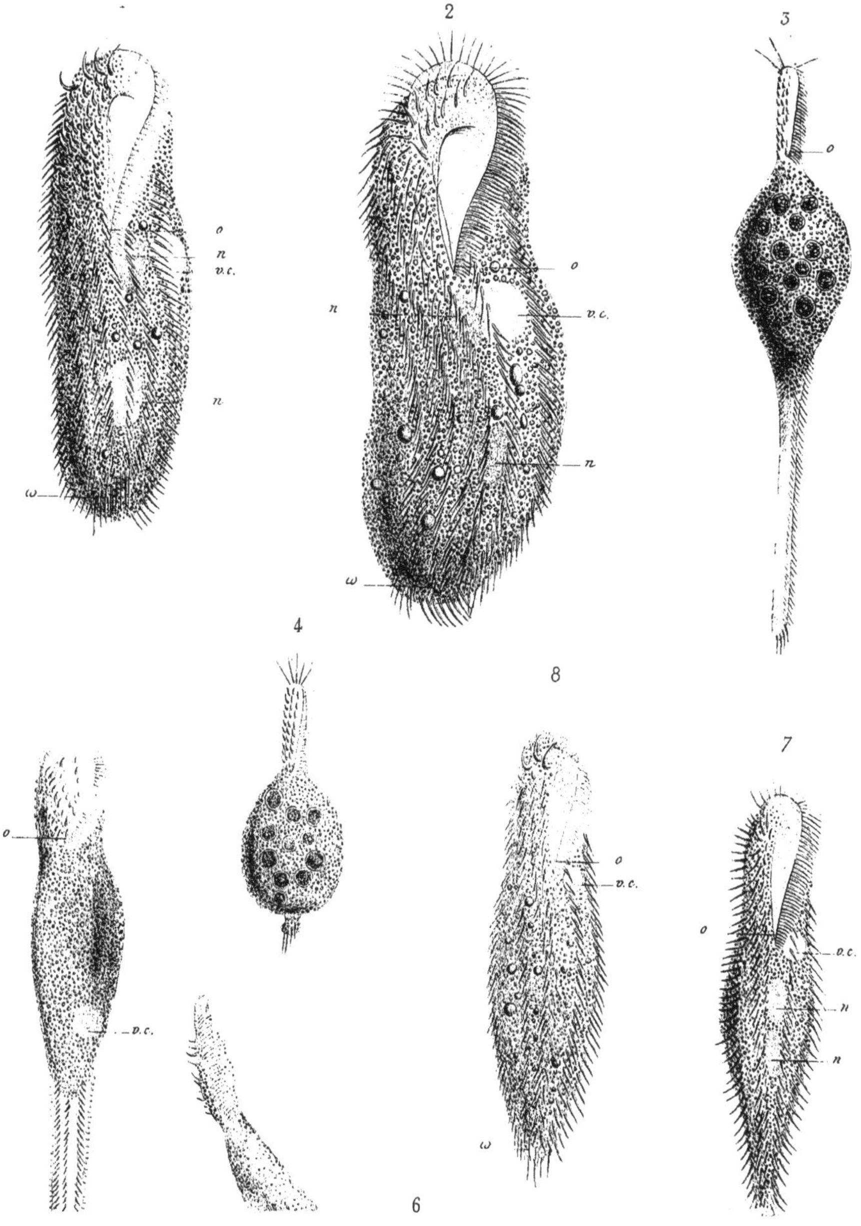

2
3
o
n
v.c.
o
n
v.c.
n
n
ω
ω
4
8
7
o
o
v.c.
o
v.c.
v.c.
n
n
ω
6

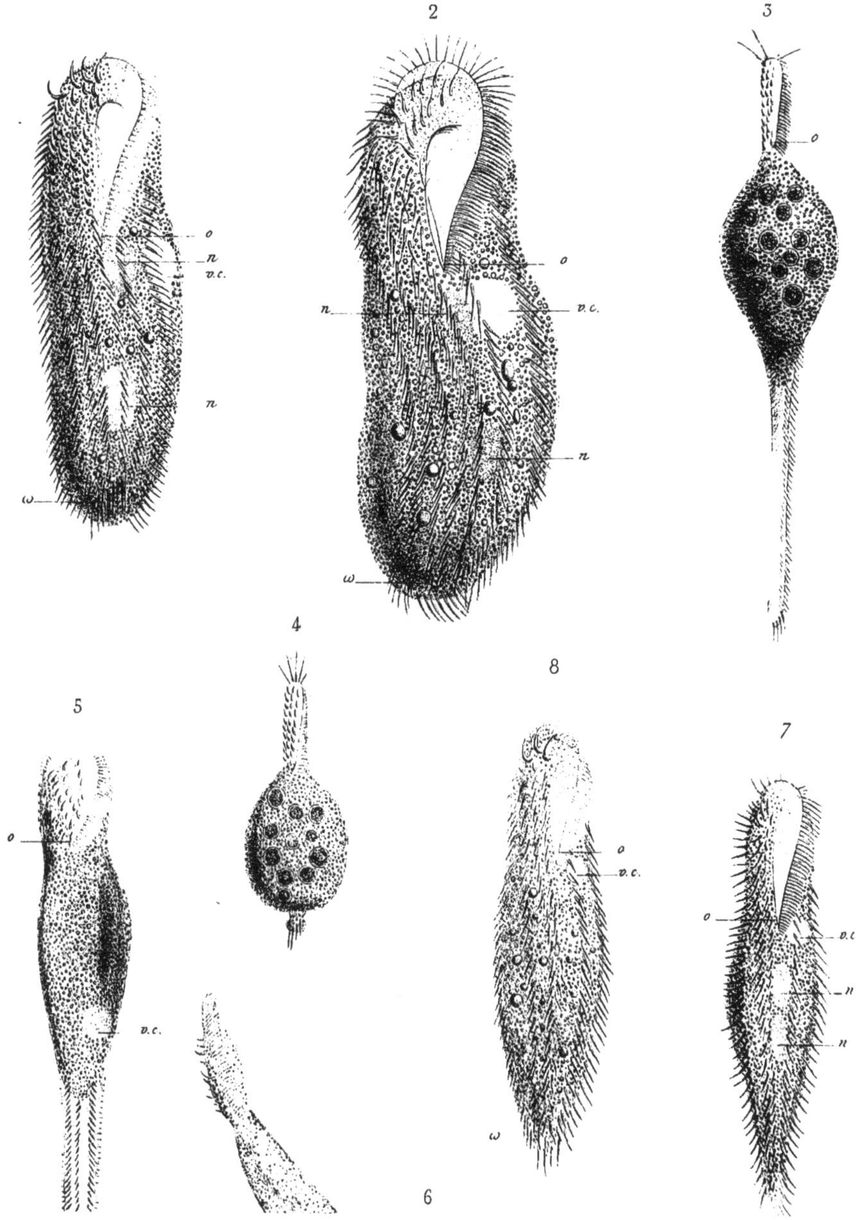

2
3
o
n
v.c.
ω
4
5
6
7
8

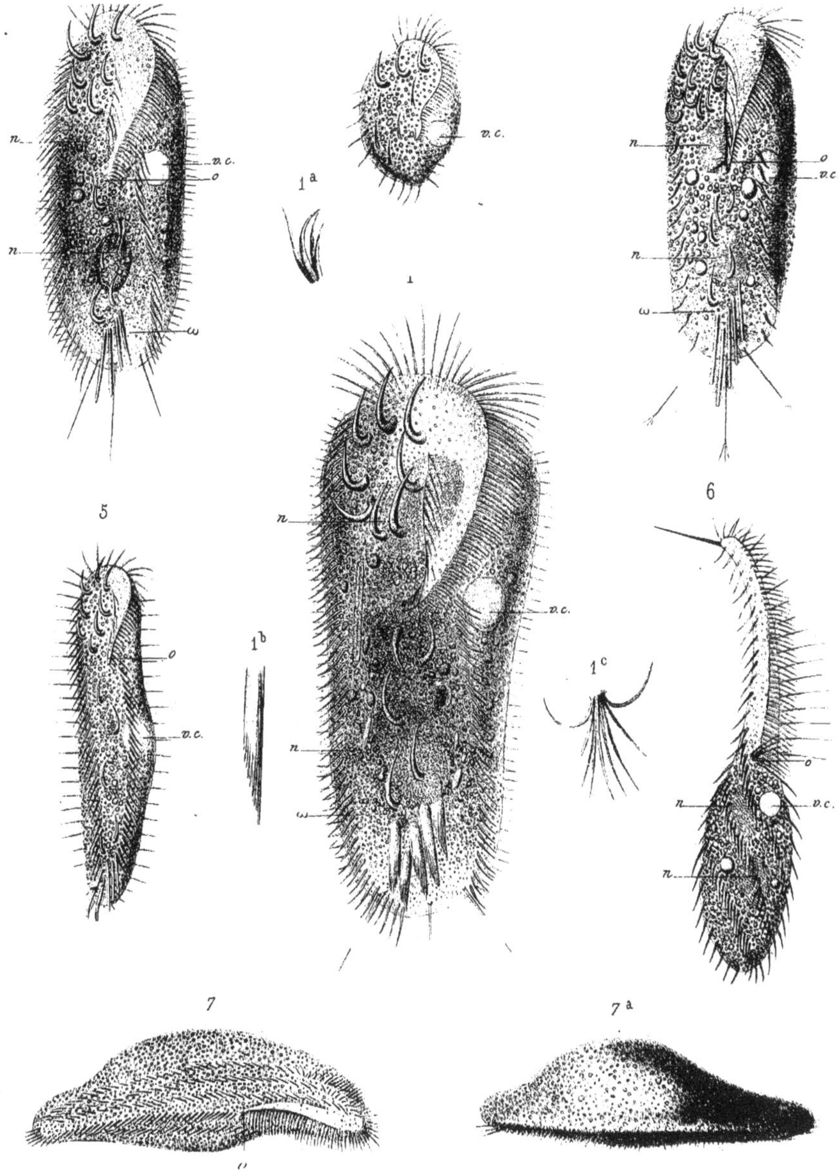
1
1a
1b
1c
5
6
7
7a
n
v.c.
o
ω

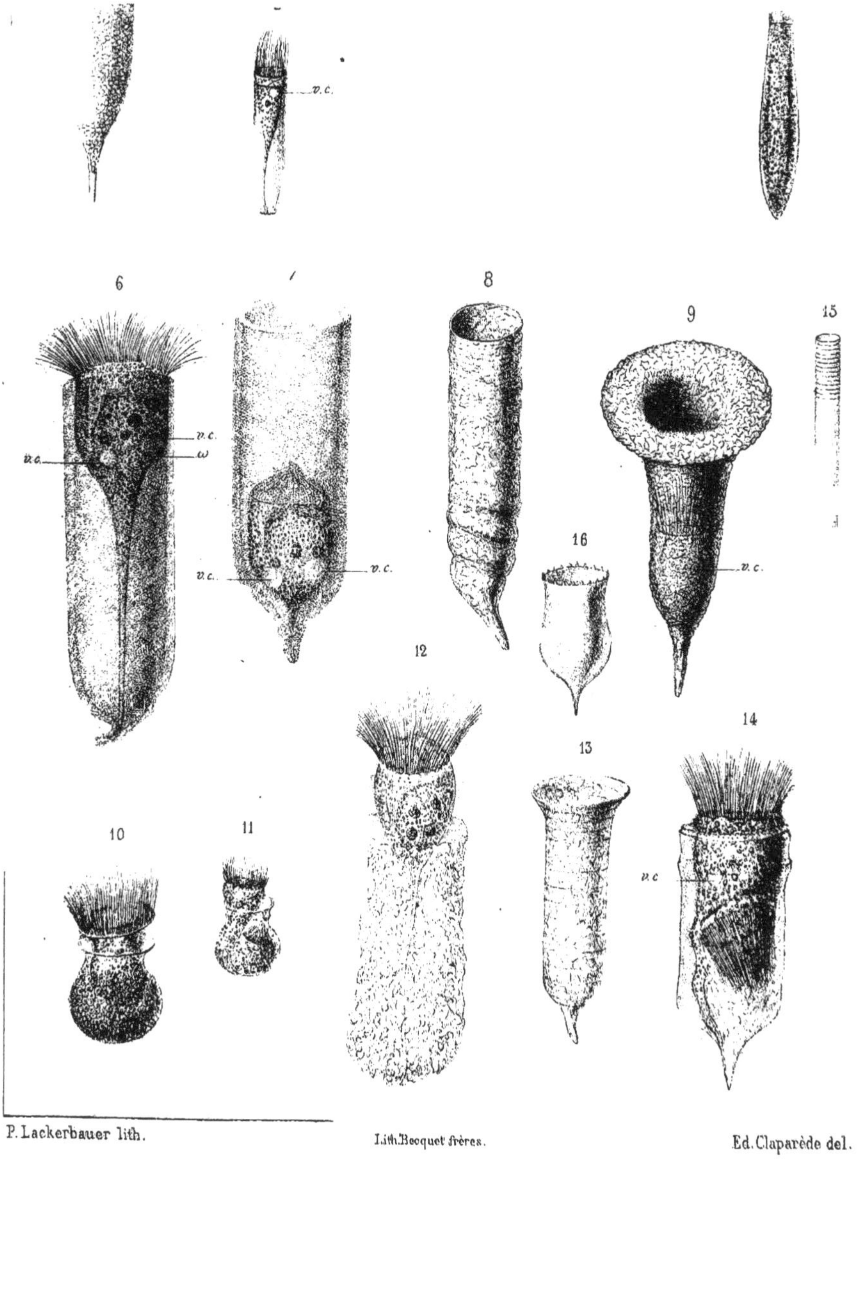

P. Lackerbauer lith. Lith. Becquet frères. Ed. Claparède del.

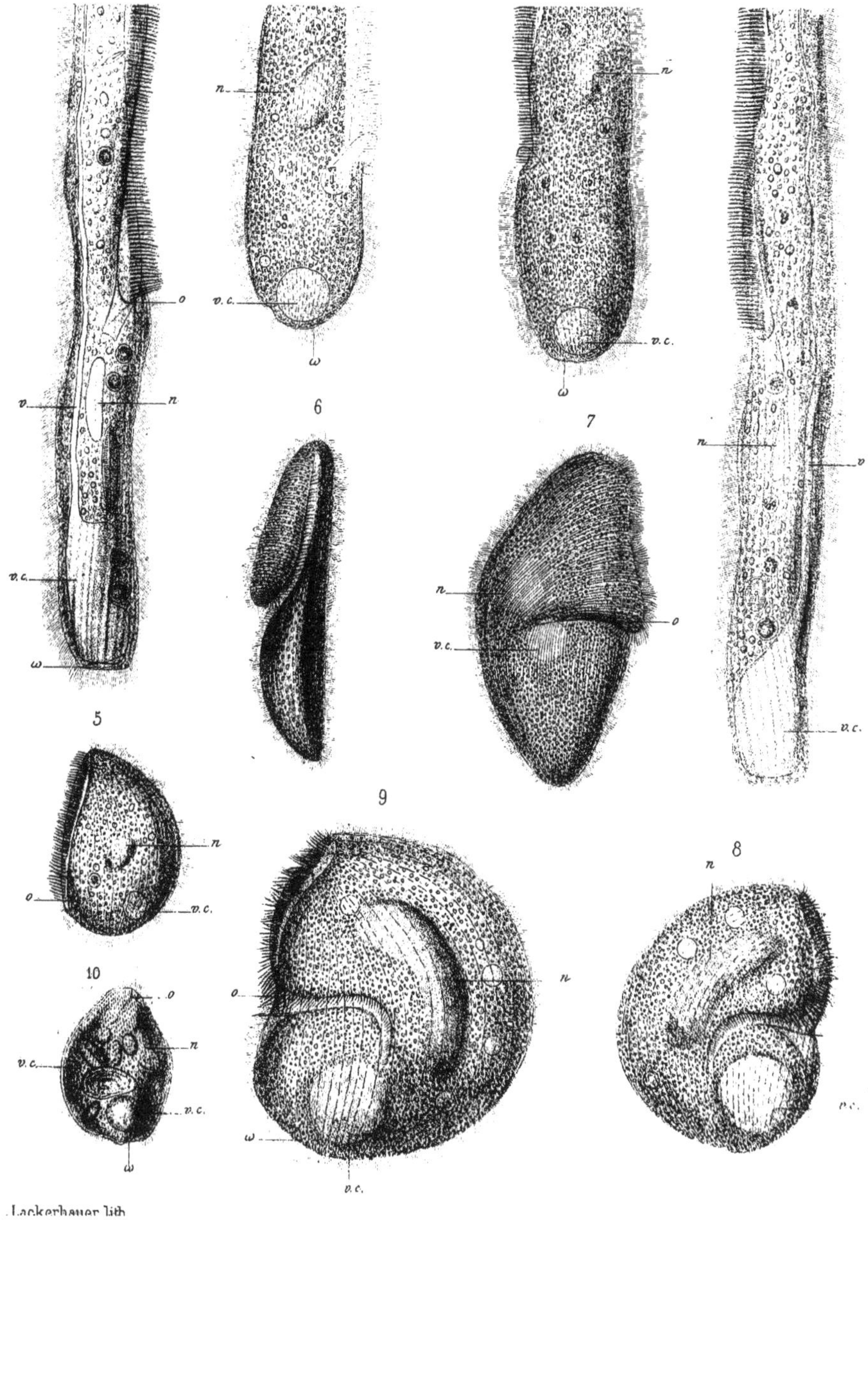

Lackerbauer lith

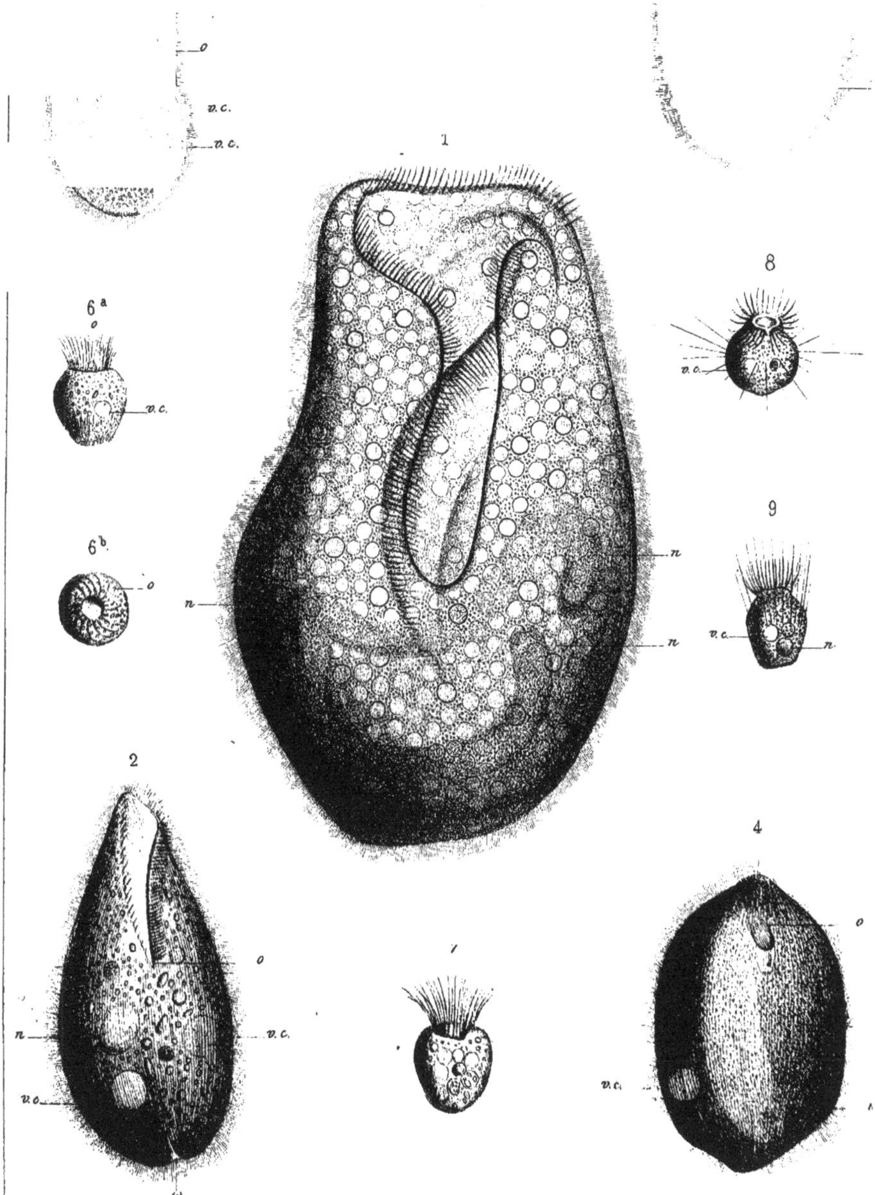
1
2
4
6a
6b
7
8
9
o
v.c.
n
ω

P. Lackerbauer lith.

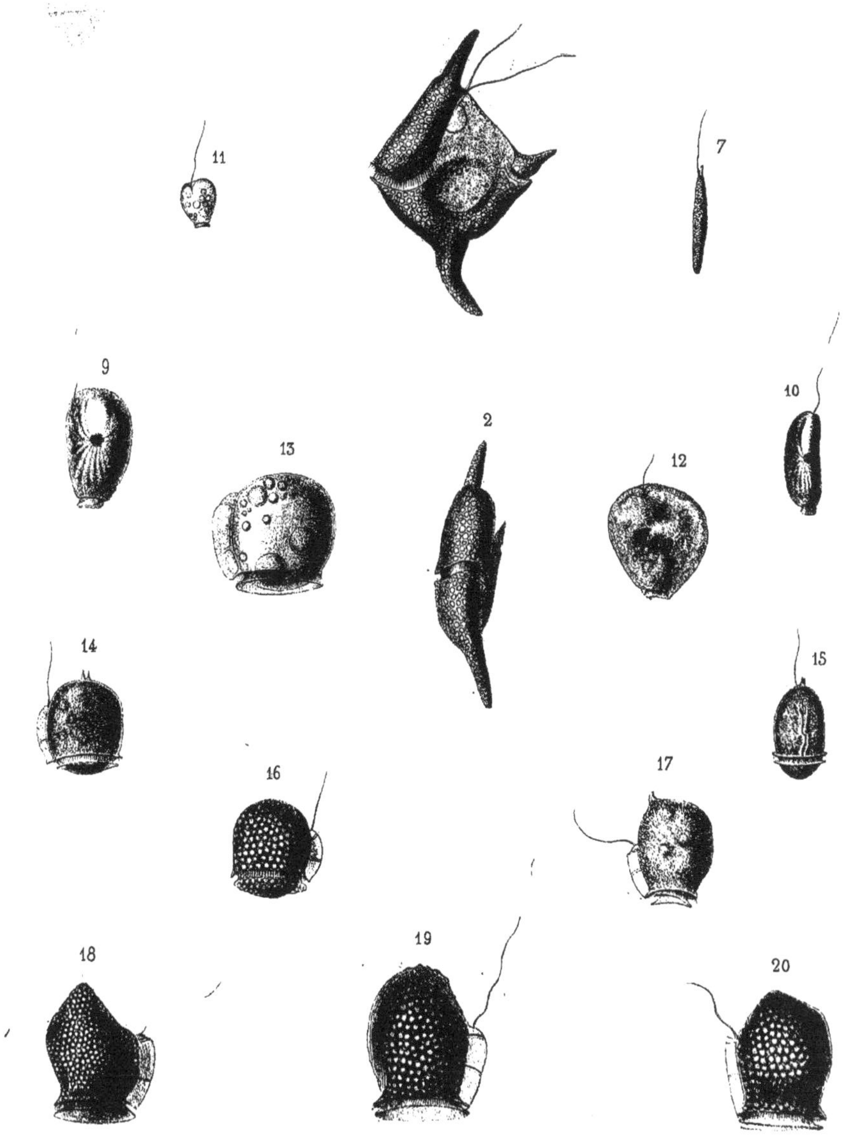

P. Lackerbauer lith. Lith. Becquet frères. Ed. Claparède d.

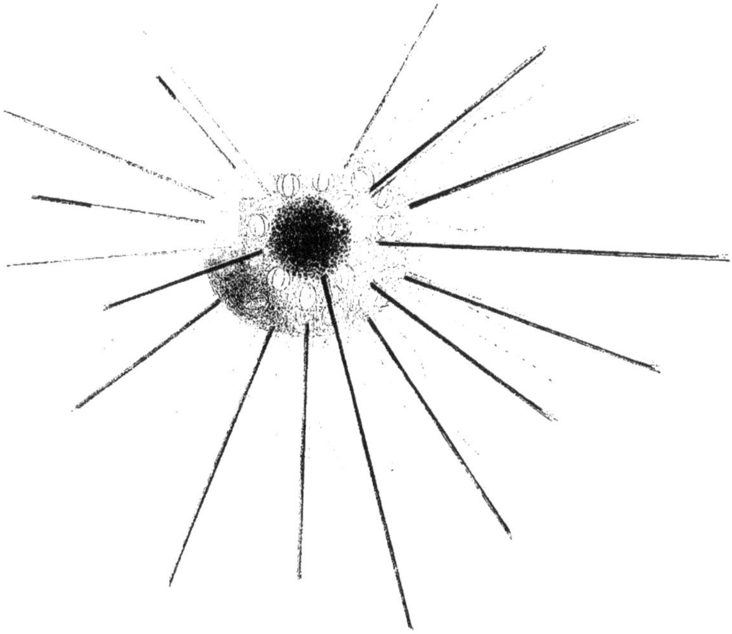

5

6

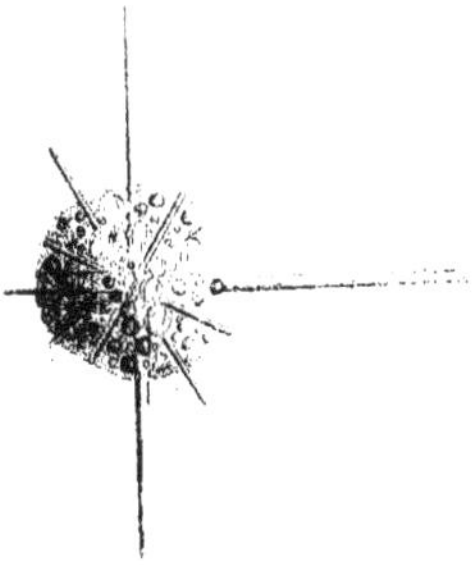

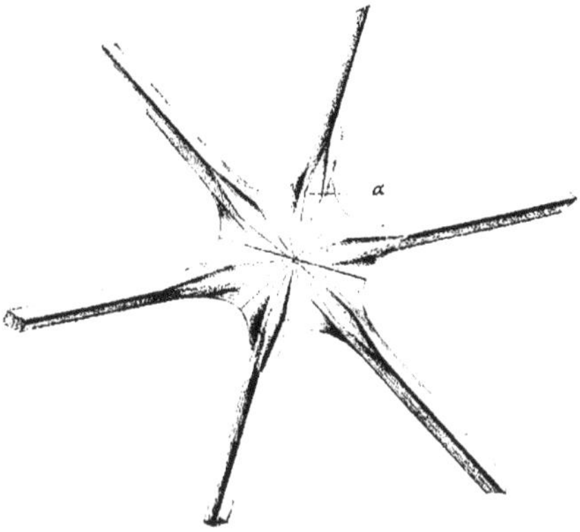

r lith. · Lith. Bacquet frères. · Ed. Claparède del.

ÉTUDES

SUR

LES INFUSOIRES ET LES RHIZOPODES

PAR

Édouard CLAPARÈDE

ET

JOHANNES LACHMANN.

AVANT-PROPOS.

Diverses circonstances ont retardé la publication de cette troisième et dernière partie de nos *Etudes sur les Infusoires*. Cependant, c'est la partie de notre travail dont la rédaction remonte à l'époque la plus ancienne, puisqu'elle forme le Mémoire envoyé en 1855, par M. Lachmann et moi, à l'Académie des Sciences de Paris. Pendant l'intervalle, la science a marché, des découvertes saillantes et nombreuses ont enrichi le domaine de nos connaissances, et, par suite, il eût été peut-être à désirer que ce Mémoire fût refondu dans quelques-unes de ses parties. Toutefois, la permission qui nous a été accordée par l'Académie de Paris de publier le présent travail, nous imposait le strict devoir de publier le texte même que sa commission avait eu sous les yeux. Je me suis conformé à cette exigence morale; mais j'ai suppléé aux lacunes par quelques notes insérées au bas des pages, notes que j'ai toujours soigneusement distinguées des autres, en indiquant d'une manière expresse leur date récente. Les seules modifications que j'aie fait subir à notre rédaction primitive ont consisté dans quelques corrections de style et dans la suppression de certains passages, rendus inutiles par la publication des deux premières livraisons de nos *Etudes*. J'ai dû aussi, pour mettre plus d'harmonie dans notre travail, remplacer, lorsque cela était nécessaire, les noms de l'ancienne nomenclature par des dénominations conformes à la classification nouvelle que nous avons proposée.

Je ne puis terminer ces quelques lignes préliminaires sans signaler au lecteur l'ouvrage remarquable que M. Stein publie en ce moment, sous le titre: *Der Organismus der Infusionsthiere nach eigenen Untersuchungen bearbeitet,* ouvrage dont la première livraison vient de paraître à Leipzig. L'organisation des infusoires a été étudiée à nouveau par M. Stein avec un soin scrupuleux; et je suis heureux de dire que les résultats essentiels auxquels il est arrivé, concordent parfaitement avec ceux que nous avons fait connaître dans les deux premières parties de nos *Études.* Sans doute il existe encore bien des divergences sur certains points de détail; mais, en somme, une heureuse concordance dans les résultats caractérise nos recherches, bien qu'elles aient été faites d'une manière parfaitement indépendante, sans même qu'il existât aucune relation quelconque entre nous. C'est là un fait heureux en regard des différences fondamentales qui séparaient jusqu'ici les appréciations de l'organisation des infusoires, publiées par divers auteurs. Nous aurons l'occasion de revenir sur certains points des nouvelles recherches de M. Stein dans quelques notes de ce Mémoire.

Ed. CLAPARÈDE.

Genève, janvier 1860.

ÉTUDES

SUR

LES INFUSOIRES ET LES RHIZOPODES.

TROISIÈME PARTIE.

DE LA REPRODUCTION DES INFUSOIRES.

Mémoire auquel l'Académie des Sciences de Paris a décerné le grand Prix des Sciences physiques en février 1858.

GENERATIO ÆQUIVOCA.

La croyance à une génération spontanée a toujours été pleine d'attraits pour certains esprits. Elle a de tous temps eu des défenseurs, et ne cessera pas de trouver des représentants dans l'avenir. Nous ne sommes plus à l'époque où le grand Aristote lui-même pouvait supposer que les anguilles naissent de débris en pourriture, parce qu'il n'avait su leur trouver trace d'ovaires; ni à celle où Virgile, dans ses *Géorgiques*, pouvait faire naître des abeilles de la chair en décomposition d'un bœuf; mais les phénomènes d'une génération équivoque, pour être repoussés chaque jour dans le domaine d'animaux plus petits, n'en perdent nullement en importance aux yeux de ceux qui y ajoutent foi. — En effet, à mesure que les principes d'une saine physiologie faisaient reculer d'un pied cette théorie favorite des philosophes de la nature, elle regagnait du terrain de l'autre par la découverte d'animalcules plus minimes encore que ceux qu'on avait connus jusqu'alors. D'ailleurs, ses défenseurs trouvaient une arme dans l'aveu de leurs adversaires, qui concédaient forcément qu'il y avait eu un moment où une génération équivoque devait avoir eu lieu, à savoir l'époque de transition de l'état inhabité à l'état habité par lequel a dû passer notre globe. Pourquoi, demandaient les partisans d'une génération équivoque, pourquoi ce mode de naissance a-t-il cessé tout à coup? Rejetée peu à peu par l'expérience sur les animaux tout à fait inférieurs, cette théorie a dû nécessairement s'unir à celle de la métamorphose par générations successives, métamorphose lente, graduelle, mais qui, au bout d'un espace de temps prolongé, devait produire des résultats bien plus singuliers que ceux que Chamisso, et, plus tard, M. Sars et M. Steenstrup nous ont appris à connaître d'abord : le premier, chez les Salpes; les seconds, chez les Hydroïdes, les Trématodes, etc., etc., et qui sont connus sous le nom de *génération alternante*.

L'invention du microscope, en nous initiant aux profondeurs de la science des infiniments petits, ne devait nullement contribuer à renverser la théorie de la génération équivoque ou spontanée. Leuwenhœck (1680), qui tendait cependant à trouver dans ses vibrions une organisation assez compliquée, pensait que les animaux et les végétaux ne retournent point à la poussière après leur mort. Ils se décomposent, suivant lui, en molécules organiques, qui possèdent un certain degré de vitalité, et ne sont autre chose que des animaux fort simples. Ces animalcules peuvent jouer le rôle de germes d'autres êtres plus compliqués, ou concourir à la formation de quelque autre animal, pour repasser ensuite à l'état de liberté après la mort de celui-ci, et recommencer à son origine ce cycle de permutations, transmutations et combinaisons. On se croirait aux beaux jours de la philosophie antique. M. Dujardin suppose que Leuwenhœck avait été entraîné à cette idée par la vue du mouvement moléculaire décrit par Brown, mouvement auquel ne manquent pas de céder les particules désagrégées d'une plante ou d'un animal. — Cette opinion n'est point invraisemblable.

Spallanzani (1766), qui entretenait avec le philosophe genevois Ch. Bonnet, une correspondance très-intime, s'était peu à peu imbu des idées bien connues de celui-ci sur l'emboîtement des germes. Il fit des expériences qui, au premier abord, semblaient parler directement en faveur de la génération spontanée; mais il sut, au contraire, en tirer des arguments contre elle. C'est ainsi qu'il fit bouillir des infusions de substances organiques dans des vases à son avis tout à fait hermétiquement fermés, et qu'il vit se former néanmoins des animalcules dans le liquide refroidi. Il en tira la conclusion singulière que les infusoires sont produits par des germes capables de résister à la température de l'eau bouillante. Il distingua cependant les infusoires à organisation simple, susceptibles de supporter une pareille épreuve, des infusoires à organisation plus compliquée, dont les germes se trouvaient détruits par l'expérience.

Gleichen [1] rejeta les vues de Spallanzani et prétendit que les infusoires sont produits par le principe créateur de toutes choses, qui est le *mouvement*. Ce principe, agissant sur la substance première, laquelle est contenue dans toutes les eaux, même les plus pures, y produirait un mouvement de molécules. Celles-ci s'attireraient les unes les autres, s'organiseraient autour de certains centres, et il en résulterait des animaux.

Même le savant qui a le plus de droit à notre reconnaissance, à cause de ses travaux consciencieux sur les infusoires, Otto-Friederich Müller, n'a pas su se défaire entièrement de ces idées sur la génération équivoque [2], bien qu'il admît la présence d'œufs chez un grand nombre d'infusoires.

Ces idées, commentées par les uns, attaquées par les autres, qui voulaient voir avec O.-F. Müller des œufs chez les infusoires, ont fait les frais de disputes oiseuses jusqu'au commencement de ce siècle, où elles n'ont pas moins fleuri que dans des temps moins scientifiques.

On vit Gruithuisen [3] vouloir faire naître des infusoires des substances les plus di-

1. Abhandlung über Samen- und Infusionsthierchen. Nürnberg, 1778.

2. *Partes nempe animales et vegetabiles*, dit O.-F. Müller, *per decompositionem resolvuntur in pelliculas vesiculares, quarum vesiculæ, seu globuli, æque ac globuli fungorum crystallini, in objecta per series excurrentes, telamque araneosam fingentes, sensim e massa communi laxati reviviscunt, et animalcula infusoria et spermatica agunt.* (O.-F. Müller. Animalcula infusoria fluviatilia et marina. Hafniæ, 1786, Præfatio XXIV). Cependant il est loin d'admettre ce mode de génération pour tous les infusoires. Il le restreint aux formes inférieures, ses *Infusoria*; tandis que les autres, ses *Bullaria*, produisent des œufs. Aussi continue-t-il immédiatement: *Hæc ex moleculis brutis et quoad sensum nostrum inorganicis facta animalcula simplicissima et minutissima, a reliquis microscopicis, quæ cum iis confundunt auctores gravissimi* SUBSTANTIA ET ORGANISATIONE DIVERSA, etc.

3. Gruithuisen : Beiträge zur Physiologie und Eautognosie. 1812.

verses, comme par exemple d'infusions de granite et de calamine, de calcaire, de coquilles, etc., quoique cependant il refusât à certaines autres matières, par exemple au verre, au fer, au laiton, au cuivre, au plomb, aux cyanhydrates doubles, au chlorure de sodium, etc., le pouvoir de leur donner naissance.

Fray [1] l'imita, mais il alla bien plus loin encore, en faisant surgir de certaines substances inorganiques non seulement des infusoires, mais encore des lombrics, des mollusques, etc. De pareilles rêveries font paraître relativement raisonnables et sensées des affirmations comme celles de Treviranus [2], qui se contentait de faire naître des infusoires différents, selon les plantes qu'il choisissait pour son infusion.

Toutes ces erreurs provenaient d'un seul oubli, à savoir qu'il est bien difficile de distinguer ce qui est *naissance première* de ce qui est *simple développement.* Ce dernier phénomène fut malheureusement souvent confondu avec la production originaire elle-même. Une fois la science lancée sur une pareille voie, Oken [3] pouvait bien afficher, dans sa *Philosophie de la nature*, les principes suivants:

« 3181. Les animaux les plus inférieurs commencent avec l'eau qui est à peine devenue une espèce de gelée. Ce ne sont que des grains, des vésicules qui nagent librement; ce sont les protozoaires, les infusoires. »

« 3182. Les infusoires correspondent à la semence mâle; ils forment la semence animale de la planète. C'est l'animal désagrégé; la production des ruisseaux ne peut commencer plus bas. »

« 3536. Les monades sont la semence du règne animal dissoute dans la mer, ou plutôt produite par elle. »

« 3537. Le corps animal n'est qu'un édifice de monades. »

« 3538. La putréfaction n'est autre chose que la désagrégation des monades, le retour à l'état premier du règne animal. »

Après les travaux de MM. Ehrenberg et Dujardin, on pouvait espérer qu'une plus saine philosophie aurait pénétré dans la science. L'usage du microscope devenait plus familier en France, en Angleterre, surtout en Allemagne. Et cependant les erreurs qu'on

1. Fray. Essai sur l'origine des corps organisés et inorganisés. Paris, 1817.
2. Treviranus. Biologie oder Philosophie der lebenden Natur. Göttingen, 1802.
3. Oken. Lehrbuch der Naturphilosophie; zweite Auflage. Iena, 1831.

pouvait pardonner autrefois, vu l'imperfection des instruments et le tourbillon pseudo-philosophique qui tournait les têtes, sont bien loin d'avoir disparu aujourd'hui de l'horizon scientifique. Qu'on nous permette de nous arrêter quelques instants auprès de ces productions bizarres, qui n'ont pas reculé devant la lumière du XIXe siècle.

Nous passons sous silence plusieurs observations peu importantes, et nous voulons en venir de suite aux observations réellement merveilleuses que M. Gros a adressées, il n'y a que quelques années, à l'Académie des sciences de Paris elle-même [1]. Les Euglènes sont pour lui des protocellules [2] par excellence qui enjambent les deux règnes, car, pense-t-il, elles peuvent, d'un côté, donner naissance à des animaux, de l'autre à des végétaux. Les Euglènes peuvent, d'une part, arriver à produire des conferves, des mousses; de l'autre, à donner des Rotateurs, des Nématoïdes, des Tardigrades, etc., en raison de leur taille et des circonstances, c'est-à-dire en raison de la qualité et de la quantité des substances qu'elles ont assimilées. « Sur le chemin de leurs métamorphoses, elles sèment *comme des hors-d'œuvre* (!) des Clostériens, des Diatomiens, des Zygnémiens et presque tous les infusoires utriculaires ci-devant polygastriques (11). »

M. Gros va plus loin; il sème des Euglènes et récolte les êtres les plus divers. Récolter des animaux produits par semence! L'idée n'est point si neuve qu'on le croit. M. Gros l'a empruntée à Deucalion et à Pyrrha. De la marne grise, prise à vingt pieds de profondeur, dit-il, fut ensemencée d'Euglènes et recouvert d'un disque de verre. Les Euglènes se mirent à se parifisser et donnèrent, les unes des animalcules qui moururent, les autres des cellules qui se convertirent en Navicules, les troisièmes des conferves, des mousses, etc. — C'est, du reste, aussi M. Gros qui, dans un article sur la génération équivoque [3], fait naître des vers intestinaux (Tetrarhynchus, Bothryocéphales) dans un organe particulier, une *glandule entozoopare* (!) située auprès de l'estomac d'une sépia. Nous aurons, à l'occasion des Volvox, l'occasion de reparler de ces étranges aberrations.

MM. Nicolet [4] et Pineau [5] ont publié, à l'appui de la génération spontanée, diverses

1. Voyez les comptes-rendus de l'Académie des sciences, Séance du 24 Septembre 1849.
2. Annales des Sciences naturelles, IIIe Série, tome 17. 1852.
3. Bulletin de la Société des Naturalistes de Moscou. 1847. II, p. 517.
4. Comptes-rendus de l'Académie des Sciences de Paris. 1848, nº 3, p. 114.
5. Annales des Sciences naturelles, 3e Série, tome 3, p. 186 et tome 9, p. 99.

observations dont nous reparlerons ailleurs. Aussi passerons-nous de suite à l'une des excentricités scientifiques les plus singulières que ces dernières années aient vu éclore, et l'on peut dire aussi que le monde ait jamais vu naître. Nous voulons parler d'un ouvrage de M. Laurent, qui a paru en 1854, à Nancy, sous le titre: « Etudes physiologiques sur les animalcules des infusions végétales, comparés aux organes élémentaires des végétaux, par Paul Laurent, inspecteur des forêts, professeur à l'Ecole Impériale forestière, ancien élève de l'Ecole polytechnique. Tome Ier. » — En présence de ce volume in-4°, imprimé en caractères de luxe et sur beau papier, le lecteur se sent saisi d'un certain respect, qui s'amoindrit cependant lorsqu'on jette un coup d'œil sur les planches grossières qui accompagnent cet ouvrage, et s'évanouit complètement à l'étude des doctrines de l'auteur. M. Laurent sait *faire* les infusoires. La méthode est fort simple; en voici la recette[1] : « Il faut prendre pour cela de l'eau de fumier, très-étendue d'eau de fontaine. Du purin ordinaire, ou de l'eau de fumier concentrée et sortie des étables à vaches, filtrée à travers un papier gris double et mise dans une bouteille bien bouchée, peut servir longtemps à cet usage. Il suffit d'en jeter dans de l'eau de fontaine la quantité nécessaire pour donner à celle-ci une couleur de topaze claire. Par ce procédé, et à une température convenable, j'ai obtenu des infusoires capables de grossir pendant longtemps, à tel point qu'on peut finir par les apercevoir à l'œil nu. » M. Laurent se procure par ce moyen des infusoires quatre fois aussi gros que ceux que l'on a d'ordinaire; de sorte qu'avec un grossissement de 300 diamètres, il jouit des mêmes avantages que tel autre observateur qui en emploie un de 1,200, et il n'a pas l'inconvénient de la perte de lumière (!). Du reste, M. Laurent dispose de procédés multiples pour engendrer ses infusoires: tantôt c'est une « infusion de tiges de *Cucurbita Pepo;* tantôt une *dite* de graines de chou; ici, ce sont des gousses de catalpa; là, des graines de carotte; ailleurs, une tige de *Solanum tuberosum*, etc. » On serait tenté de sourire si l'auteur ne nous déclarait que son ouvrage est le produit de *vingt années* de labeurs. Qu'on nous pardonne de citer textuellement quelques fragments du résumé des chapitres.

« L'infusoire (p. 145) qui, comme femelle, a reçu le dépôt des jeunes germes que le

1. Laurent. Etudes physiologiques sur les infusoires, p. 18.

mâle lui a transmis, adopte presque toujours ces germes, et les nourrit jusqu'à ce qu'ils aient assez grossi pour lui devenir tellement à charge que, jouant à son tour le rôle de mâle, il les confie à un autre animalcule. »

« Il y a des infusoires qui repoussent l'accouplement et qui, immédiatement après avoir reçu les germes du mâle, s'en débarrassent en les confiant à un autre ou en les lançant dans le liquide d'infusion. »

« La fidélité semble fort rare chez les infusoires; leurs unions durent généralement peu. »

« Planche XXII, fig. 1, p. 171 (Infusion de baies de tomates). Grand ouvrage exécuté par onze tribus d'infusoires, réunies en corps de nation. Chaque tribu a fait ici son travail particulier, séparé des travaux voisins par un mur de refend. Des ouvertures permettent de communiquer de la face supérieure à la face inférieure. »

« Des inspecteurs, tels que les individus représentés dans les n°s 6, 7 et 8, surveillent les ouvriers, et souvent aussi les fécondent en passant. Ils leur montrent même, ainsi que le fait le n° 6, comment il faut travailler, et quelquefois ils vont jusqu'à punir, à coups de leur extrémité antérieure, les travailleurs négligents ou inhabiles. »

« D'autres infusoires, n°s 2 et 5, plus puissants, circulent dans les espaces liquides qui entourent les travaux, et, parmi ces inspecteurs généraux, on en voit, comme celui du n° 3, qui voyagent fort longtemps accouplés. »

« Les gros polypes représentent l'aristocratie de la nation, et le plus fort de tous en est peut-être le roi. »

On reconnaît les tendances d'inspecteur; mais on se douterait peu que de semblables folies s'impriment en plein 19e siècle.

Ailleurs, M. Laurent s'apercevant que M. Ehrenberg est attaqué de tous côtés par les micrographes actuels, croit de son devoir de ne pas rester en arrière. Cela fait penser involontairement à la mouche du coche, pour ne pas dire qu'en bon français, nous serions tentés de nommer cela le coup de pied de l'âne.

Mais, c'en est assez, car nous craignons qu'on nous reproche d'avoir pris au sérieux cet ouvrage singulier, d'avoir ajouté foi aux « aventures galantes » des infusoires amoureux, et de croire avec M. Laurent que les petits cailloux et cristaux qu'il a trouvés dans une infusion de radis, et figurés sur sa planche XVIII, sont réellement des infusoires pétrifiés.

Nous ne voulons pas entreprendre de réfuter ici la génération spontanée des infusoires. Les expériences faites à ce sujet sont nombreuses et bien connues. Nous renvoyons donc ceux qui en seraient curieux aux travaux de MM. Schultze[1], Schwann[2] et Morren[3], qui résument au fond toutes les expériences. Les observations plus modernes, telles que celles de M. Gautier de Claubry, n'ont rien ajouté de plus à ce sujet[4].

1. Poggendorf's Annalen. 1837, p. 487.
2. Isis. 1837, p. 524.
3. Essais pour déterminer l'influence qu'exerce la lumière dans la manifestation et le développement des végétaux et des animaux, dont l'origine aurait été attribuée à la génération directe, spontanée ou équivoque. — Observateur médical belge, 1834, et Annales des Sciences naturelles, 2e Série, t. 3 et 4. 1835.
4. Depuis la rédaction de ces lignes, en 1855, nous avons vu, en 1859, la question de la génération spontanée donner lieu à de nouveaux et vifs débats au sein de l'Académie des Sciences de Paris, à la suite de recherches soutenues de M. Pouchet, de Rouen. M. Pouchet, en refaisant les expériences de MM. Schultze et Schwann, est arrivé à des conclusions diamétralement opposées à celles de ces savants. Bien qu'en thèse générale un résultat positif ne puisse être infirmé par un résultat négatif, nous ne sommes point persuadés que les procédés de M. Pouchet aient suffi à éliminer toute erreur. Nous regrettons cependant qu'on ait, de certain côté, essayé de réfuter M. Pouchet, en insistant particulièrement sur le caractère peu orthodoxe et biblique de ses résultats. Ceux qui, comme MM. Doyère, de Quatrefages, Milne Edwards, Payen, ont cherché à réfuter des arguments sérieux par d'autres d'un poids égal ou supérieur au point de vue scientifique, ont seuls suivi la bonne voie. En somme, malgré le débat académique auquel nous venons de faire allusion, on peut dire, en 1860 comme en 1855, que nulle preuve suffisante n'a été donnée en faveur de la génération spontanée. L'ouvrage remarquable de M. Darwin (on the Origin of Species. London, 1859), en donnant peut-être la clé de la formation des espèces, a même diminué l'importance de cette génération équivoque dans les époques géologiques qu'a traversées notre globe. Son admission ne paraît plus nécessaire que pour la première apparition des êtres organisés à la surface de la terre. Nous ne pouvons pas non plus passer ici sous silence un Mémoire publié par M. Cienkowski, sous le titre : *Zur Genesis eines einzelligen Organismus*, Mémoire dans lequel l'auteur pensait pouvoir donner des preuves évidentes en faveur de la génération primaire ou équivoque. Les observations de ce célèbre micrographe peuvent se résumer de la manière suivante : Un grain de fécule, abandonné à lui-même dans l'eau, s'entoure bientôt d'une enveloppe qui, d'abord exactement adhérente à la surface, se dilate ensuite de manière à laisser un espace libre entre elle et lui. Cette enveloppe produit souvent des prolongements tubuleux. Le grain de fécule se dissout graduellement de la phériphérie au centre, et à sa place se forme une matière mucilagineuse qui remplit l'enveloppe. Des granules se précipitent bientôt à l'intérieur de ce mucilage et s'organisent en monades armées de deux flagellum ; celles-ci percent la membrane enveloppante et vont s'agiter au dehors. Dans ce Mémoire, M. Cienkowski considérait l'enveloppe comme un organisme unicellulaire, et les corps monadiniformes comme des zoogonidies reproductrices.

Le nom seul d'un observateur aussi consciencieux que M. Cienkowski devait forcément attirer l'attention des savants même les plus sceptiques. D'ailleurs, ces observations furent répétées et confirmées de tous points par M. Regel, M. Merklin, et l'un des micrographes les plus distingués de l'époque actuelle, M. Nægeli. La doctrine déjà défaillante de la génération spontanée commençait à rebattre d'une aile.

Toutefois, M. Cienkowski lui-même (*Ueber meinen Beweis für die Generatio primaria*. Bulletin de la classe physico-mathématique de l'Acad. de St-Pétersbourg, tome 17. 1858), vient de nous donner la clé de ces singuliers phénomènes. La membrane qui enveloppe le grain de fécule est bien un organisme unicellulaire ; mais cet organisme ne s'est point formé de toutes pièces autour du granule. Il a précédemment vécu de la vie de monade. M. Cienkowski, en poursuivant de petites monades, a vu fréquemment comment l'une d'elles venait s'accoler à un grain d'amylum, pour diffluer en quelque sorte et s'étendre en couche mince tout autour de celui-ci. La petite monade enveloppe le grain de fécule, dont la grosseur est relativement gigantesque, précisément de la même manière qu'un rhizopode enveloppe sa proie. La provenance de la membrane qui entoure le granule se trouvant ainsi expliquée, le reste du phénomène n'offre plus rien d'anormal. (*Note de* 1860).

PRÉTENDUE ALTERNANCE DE PHASES VÉGÉTALES ET DE PHASES ANIMALES.

A. Spores végétales.

Un ordre de faits d'un haut intérêt a, durant ces dernières années, occupé tout spécialement les micrographes, et jeté un jour tout nouveau sur les affinités réciproques des végétaux et des animaux. Ce sont les faits qui ont rapport aux zoospores ou zoogonidies des végétaux, espèces d'embryons doués de mouvements qui sont souvent bien difficiles à distinguer de ceux d'un infusoire. Ce sont ces faits qui peuvent justifier cette phrase, énoncée par M. Dumas, dans son *Traité de statique chimique des êtres organisés* : « Ainsi donc, à de certaines époques, dans certains organes, la plante se fait animal. » Depuis la découverte des gonidies des Conferves, par Mertens [1], en 1805, et par Trentepohl [2], en 1807, plusieurs algologues distingués, en particulier, durant ces dernières années, MM. Unger, Kützing, Alex. Braun, Nægeli, Thuret, Decaisne, Pringsheim, Cohn, Derbès, Solier, etc., ont puissamment contribué à étendre nos connaissances dans ce chapitre tout nouveau de la science.

Mertens, disions-nous, fut le premier à découvrir des germes doués de mobilité chez une conferve, la *Draparnaldia plumosa* Agdh (*Conferva mutabilis* Roth). Il constata que les gonidies remplissant les cellules s'échappaient en montrant des mouvements qui ne cessaient qu'au bout d'un quart d'heure. Peu de temps après, Treutepohl voyait des phénomènes tout semblables se passer chez une Vauchérie (*Conferva dichotoma* Lin). Ces observations ne tardèrent pas à être confirmées par Nees d'Esen-

1. Weber und Mohr's, Beiträge zur Naturkunde. I. 1805, p. 345.
2. Roth's Botanische Bemerkungen und Beobachtungen. 1807, p. 185.

beck. Dans son ouvrage sur les algues d'eau douce [1], il décrit au long la formation et l'émission des germes d'ectospermes, germes auxquels il donne, sans plus ample formalité, le nom d'*infusoires.* Il va même jusqu'à prétendre reconnaître des viscères dans l'intérieur du jeune embryon, avant qu'il ait complètement quitté la cellule qui l'a vu naître. — Néanmoins, ces observations trouvèrent peu d'écho dans le monde savant. Les instruments d'optique n'avaient pas encore atteint la perfection qui les distingue aujourd'hui, et l'on n'avait pas encore grande foi au microscope, qu'on accusait même souvent avec sang-froid de ne faire voir que des jeux de lumière. Il est de fait que l'imperfection des instruments d'optique d'alors, doit nous faire excuser les erreurs qu'une imagination peut-être un peu vive firent commettre à Nees von Esenbeck sur ce point-là. Bory de Saint-Vincent [2] fut à peu près le seul à accueillir avec avidité les découvertes de Mertens et de Trentepohl, où il trouvait matière abondante à ses spéculations, qui touchaient, comme l'on sait, à une philosophie de la nature fort avancée.

En 1814, c'est-à-dire la même année où Nees von Esenbeck publiait ses observations, Treviranus [3] observa un corpuscule (zoogonidie) de la *Draparnaldia plumosa* Agdh, dont il suivit avec étonnement, pendant un certain temps, les mouvements rotatoires et pour ainsi dire dansants. Il le vit passer bientôt à l'état de repos. Deux ans plus tard, en 1816, il vit le contenu des cellules d'une conferve (*C. compacta*) s'échapper par des ouvertures sous la forme d'un nuage, lequel était formé par une matière d'un vert foncé. Ce nuage se résolut bientôt en une accumulation de petits corps arrondis ou ovales, comparables à un essaim de monades s'agitant en tumulte et par millions. Cette observation s'écartait des précédentes et passa longtemps inaperçue, jusqu'à ce que les travaux de M. Alex. Braun, sur les microgonidies des algues, vinssent leur donner un degré de vraisemblance qu'on ne leur soupçonnait pas.

A côté de cette observation de Treviranus vient se ranger celle de Bory Saint-Vincent et de M. Gaillon, qui virent les cellules d'une conferve (*C. conoïdes* Dillw.) éclater et mettre ainsi en liberté des myriades de petits corpuscules bruns, qui s'en allèrent en nageant dans toutes les directions comme des infusoires. Les parois qui séparaient les

1. Nees von Esenbeck. Die Algen des Süssen Wassers nach ihrer Entwicklung dargestellt. Bamberg, 1814.
2. Encyclopédie méthodique. — Histoire naturelle, tome 2.
3. L.-C. Treviranus. Beiträge zur Pflanzenphysiologie. — Vermischte Schriften. IIter Bd., p. 79.

cellules éclataient, d'après eux, les unes après les autres, et créaient ainsi une issue au contenu, qui s'échappait dans l'eau sous la forme d'animalcules. Mais le récit de MM. Bory de Saint-Vincent et Gaillon ne trouva pas non plus grande créance, pas plus que les observations analogues de Gruithuisen [1], faites sur le *Leptomitus (Saprolegnia) ferax*, ni que les recherches de Goldfuss, qui avaient pour objet les gonidies mobiles de l'*Ulva lubrica*, bien que ces recherches fussent confirmées par Agardh [2].

En 1827, M. Unger [3] examina avec exactitude le procédé par lequel les zoogonidies se forment dans la conferve que Vaucher désignait sous le nom d'*Ectosperma clavata* (*Vaucheria clavata* Agdh.). Il vit les extrémités des rameaux de cette algue d'eau douce, qui se compose, comme on sait, d'une longue cellule diversement ramifiée; il vit, disons-nous, l'extrémité de ces rameaux se tuméfier en forme de massue et prendre une teinte d'un vert sombre. Le contenu semblait en même temps subir des modifications particulières. Et, en effet, par une déhiscence de la partie terminale et arrondie de l'utricule, ce contenu sortit de sa prison, faisant, pour ainsi dire, des efforts pour passer au travers de l'ouverture étroite, et se présenta alors sous la forme d'un ellipsoïde, dont la partie antérieure était douée d'une couleur moins sombre que la partie postérieure. Cet ellipsoïde nageait dans l'eau comme un infusoire.

Une heure environ s'était écoulée lorsque M. Unger vit cesser ces mouvements; le corps ellipsoïdal s'arrondit, prit une couleur uniforme, et enfin germa sur place en développant de petites radicules. Au bout de peu de jours, ce germe était devenu une Vauchérie parfaitement semblable à la plante-mère.

Quelquefois, du reste, le phénomène ne s'accomplit pas aussi régulièrement que nous l'avons décrit. Il peut arriver que la zoogonidie germe sans quitter la plante-mère, et il en résulte des formes bizarres, décrites par M. Thuret [4]. Ce phénomène avait déjà été vu par Vaucher [5] chez d'autres algues, quoique M. Thuret ne paraisse pas en avoir eu connaissance. Vaucher décrit, en effet, dans ses *Conjugués à tubes intérieurs* (*Mougeotia*

1. Acta Academica Cæs. Leop. naturæ Curiosorum. 1821.
2. Agardh. Icones algarum Europæarum. Liv. 2, nº 15.
3. Acten der Academie der Naturforscher. Vol. 13, p. 11.
4. Recherches sur les organes locomoteurs des Algues, par M. Gustave Thuret. Annales des Sciences naturelles. 2e Série, tome 19. 1843.
5. Vaucher. Histoire des conferves d'eau douce. Genève, 1803. p. 79, pl. 8.

de l'algologie moderne) la production de filaments allongés à plusieurs cellules qui sortent des utricules anciens. C'était là, sans aucun doute, le développement de spores restées par hasard dans la cellule-mère.

Peu de temps après M. Unger, Meyen [1] observa aussi la formation de zoogonidies dans la *Vaucheria clavata*, et la décrivit à peu près comme le premier.

M. Agardh fils [2] vint corroborer ces observations, qui étaient jusqu'alors restées isolées, et que bien des savants n'osaient honorer que d'un coup d'œil de doute. Il raconta en particulier comment les granules verts qui tapissent à l'intérieur la paroi des cellules dans la *Conferva aërea* se détachent de celle-ci pour s'agglomérer en une masse elliptique ou ronde, et se séparer de nouveau en montrant un mouvement très-actif. En même temps, il vit la membrane de la cellule faire saillie en un certain point, former là une espèce de tumeur, qui finit par s'ouvrir et par livrer passage aux granules. Ceux-ci, auxquels il donne le nom de *sporules*, ont une forme allongée. L'une des extrémités (le rostre) est incolore et amincie; l'autre, l'extrémité postérieure, est colorée d'un vert sombre. Le rostre est toujours dirigé en avant, de sorte que M. Agardh supposait que le mouvement provient de cils vibratiles placés à l'avant des sporules, bien qu'il n'eût jamais réussi à les apercevoir. Il voyait seulement les granules comme entourés d'un bord hyalin, apparence présentée aussi par les infusoires lorsqu'on emploie un grossissement trop faible pour reconnaître leurs cils. Ces sporules continuaient à se mouvoir avec une grande rapidité dans l'eau, pendant l'espace d'une ou deux heures, cherchant autant que possible à gagner les places à l'ombre, phénomène que Treviranus [3] avait déjà constaté chez les spores de la *Conferva compacta*. Parfois elles semblaient s'arrêter dans leur progression et se reposer, mais n'en faisaient pas moins vibrer leur rostre en cercles rapides. Elles ne tardèrent pas à se fixer au fond du vase qui les contenait et à germer.

M. Agardh fit des observations analogues sur des conferves marines (*Ectocarpus tomentosus* et *E. siliculosus*), ainsi que sur deux ulvariées (*Ulva clathrata* et *Bryopsis arbuscula*). En 1837, les zoogonidies de la *Draparnaldia tenuis* lui donnaient l'occasion de faire des observations toutes semblables.

1. Nova acta Acad. Caes. Leop. naturæ curiosorum, v. 19, Pars 2.
2. Annales des Sciences naturelles. 2e Série. 1836.
3. Treviranus. Vermischte Schriften. Beiträge zur Pflanzenphysiologie.

Les observations de M. Agardh portaient en elles-mêmes un cachet de vérité et d'exactitude. En effet, si les deux flagellum qui, comme on l'a reconnu plus tard, sont portés par le rostre des zoogonidies d'Ectocarpus, ont échappé à sa vue, c'est la faute des instruments d'alors. Il fallait bien se résoudre à l'évidence, et voir dans les mouvements des spores des algues, nonobstant les diverses variations qu'ils pouvaient présenter, un phénomène jouant un rôle important dans la nature. L'attention s'éveillait, et le moment était devenu propice pour lancer dans le monde, ainsi que M. Unger le fit alors, un opuscule dont le titre ne promettait rien moins que la démonstration de la transformation des végétaux en animaux [1].

Oken [2] s'était, il est vrai, déjà élevé contre cette idée, pensant que des corpuscules organiques qui germent aussi rapidement doivent posséder en eux des mouvements vitaux, et croyant que dans de telles conditions il n'est pas possible d'admettre, malgré leur nature végétale, qu'ils puissent se comporter tranquillement dans l'eau, aussi longtemps du moins qu'ils possèdent un poids spécifique égal à celui du liquide ambiant. Mais, en 1843, moment où M. Unger publia son opuscule, le monde savant semblait devoir être disposé à accueillir favorablement ces idées de métamorphoses. En effet, l'intérêt général avait été suscité, durant les années précédentes, par les belles observations de M. Lovén sur les Campanulaires, et de M. Sars sur les Méduses et les Cyanées. M. Lovén [3] avait reconnu que les embryons de la *Campanularia geniculata* sont des corps allongés, plus ou moins cylindriques, espèces de sacs formés par une membrane couverte de cils à sa surface. Il vit ces embryons infusoriformes se mouvoir avec agilité dans l'eau, se dirigeant en tous sens à peu près comme le ferait un Paramecium ou un ver turbellarié. Mais il constata que bientôt ces embryons s'arrêtent, se fixent sur une plante marine, et se développent en présentant peu à peu la forme et l'organisation d'une Campanulaire. M. Sars [4] avait également vu les œufs de la *Medusa aurita* donner naissance à de jeunes embryons infusoriformes, animalcules ovoïdes, privés de bouche, se mouvant dans l'eau à l'aide de cils vibratiles. Il constata que ces

1. Unger. Die Pflanze im Moment der Thierwerdung. Wien, 1843.
2. ISIS, 1822. 2. Heft.
3. Wiegmann's Archiv für Naturgeschichte, 3. Jahrgang; 1. Bd., 1837.
4. Wiegmann's Archiv. 7. Bd., 1841.

animalcules vont, au bout de quelque temps, se fixer sur un corps étranger, et que là, chaque individu, prenant un aspect cupuliforme et s'allongeant par degrés, finit par offrir l'aspect d'un polype hydraire.

M. Unger trouva naturellement, dans ces observations de M. Lovén et de M. Sars, ample matière à comparaison. Pour lui, il n'y avait de la planule d'une Méduse à la zoogonidie d'une Vauchérie qu'un pas facile à franchir. Toutes deux n'étaient-elles pas ciliées sur toute leur surface? N'offraient-elles pas une grande analogie dans leurs mouvements? D'ailleurs la planule n'a qu'une existence fort brève sous forme de planule; elle va se fixer quelque part et développe un prolongement tubuliforme qui, dans l'origine, pour un esprit un peu prévenu. se distingue à peine essentiellement de celui que la spore d'une algue produit pendant la germination : la planule entre alors dans la seconde phase de sa vie, l'état de polype, comme la zoogonidie entre dans la vie végétative. L'analogie ne peut-elle pas au besoin être poussée plus loin encore? L'état de polype n'est-il pas lui-même un état végétatif, lorsqu'on le compare à la vie errante d'une planule nageuse? — Ces comparaisons sont certes séduisantes. et il ne faut par conséquent pas s'étonner que M. Unger se soit laissé entraîner à déclarer que les zoogonidies mobiles de la *Vaucheria clavata* et de diverses autres algues sont dans le fait des embryons doués d'animalité, et qu'ils ne se distinguent de l'embryon d'un animal que par leur provenance et leur destinée, par leur passé et par leur futur.

M. Unger croyait que les zoogonidies des Vauchéries se distinguent des spores ordinaires par la constitution de leur épiderme, dans lequel il prétendait reconnaître les caractères d'une membrane animale et non ceux d'une membrane végétale. Aussi lui donnait-il de préférence le nom d'*épithélium*. D'un autre côté, les mouvements de ces zoogonidies lui semblaient une preuve irrécusable de leur animalité. Il lui semblait qu'elles savaient éviter avec beaucoup d'adresse les obstacles qu'elles rencontraient sur leur passage. Il les voyait trouver admirablement leur route au milieu du labyrinthe de filaments formés par les utricules des Vauchéries, et les zoospores elles-mêmes semblaient éviter de s'entrechoquer.

Il est de fait que les mouvements des zoogonidies végétales sont un phénomène des plus difficiles à expliquer. On ne peut songer à invoquer, pour en rendre compte, le mouvement moléculaire de Brown, bien que M. William Harvey [1] croie pouvoir le faire dans certains cas, ni la seule endosmose, comme voudrait le faire M. Nægeli [2]. En théorie, on a beaucoup parlé de la différence des mouvements des infusoires et de ceux des zoogonidies. Les premiers, a-t-on dit, sont incontestablement soumis à la volonté de l'animal ; les autres sont évidemment le résultat de lois purement mécaniques. Mais il n'est dans le fait aucunement possible de faire une distinction semblable, et lorsqu'on considère un zoospore d'algue dans ses évolutions, il est permis de s'abandonner à l'illusion d'une volonté logée dans cette cellule végétale, illusion qui cède à peine devant le raisonnement.

M. Unger décrit avec beaucoup de vie la mort de la *plante animée*, mort provisoire, car la zoogonidie est pour lui un phénix qui renaît de ses cendres. Elle quitte la vie animale pour ressusciter dans la vie végétale ; c'est la palingénésie des algues, ou ce que d'autres nomment moins poétiquement la *germination*.

Mais c'est en vain que M. Unger a voulu faire cette application de l'aphorisme d'Oken, qui disait que le règne végétal est l'utérus du règne animal. Nous ne pouvons voir dans les zoogonidies que des germes de plantes, doués, momentanément il est vrai, de mobilité, mais néanmoins de nature essentiellement végétale. Nous ne nous permettrons pas de juger sévèrement un savant aussi distingué que M. Unger ; loin de là, car nous savons que sans la connaissance du fait que la zoogonidie d'une Vauchérie est produite par une algue, et retourne elle-même plus tard à la forme d'algue, nous n'aurions pas plus de droit de lui refuser une place dans la série animale qu'à la planule d'un polype ou qu'à certaines Opalines. Ces êtres sont, en effet, comme elle, un simple sac dépourvu de vésicule contractile et de bouche. La toute jeune larve d'un mollusque est dans le même cas.

En 1843, M. Unger faisait connaître des observations analogues aux premières, mais relatives cette fois à l'*Achlya prolifera* (*Saprolegnia ferax* Kützing) [3], algue qui a été étudiée d'abord par M. Carus [4], et à laquelle M. Nees von Esenbeck a donné le

1. Nereis borealis americana, dans les Smithsonian Contributions to Knowledge. Washington, 1853.
2. Carl Nægeli. Gattungen einzelliger Algen. Zürich, 1849, p. 22.
3. V. Linnæa. 1843, p. 129.
4. Nova acta Academiæ Caes. Leopold. naturæ curiosorum. Vol. 11. Pars 2.

nom que nous venons d'employer. C'est un végétal parasite ; on le rencontre sur les animaux morts qui se trouvent accidentellement dans l'eau, ainsi que sur divers animaux aquatiques vivants, chez lesquels il détermine des maladies et même souvent la mort. M. Unger a vu les zoogonidies se former dans l'intérieur des utricules. Ceux-ci finissent par se rompre, et la gonidie supérieure en sort. Elle est bientôt suivie par une seconde, une troisième, etc., jusqu'à ce que tout l'utricule soit évacué. Ce n'est qu'à l'égard des gonidies qui sortent les premières qu'on pourrait se demander si elles ne sont pas plutôt poussées passivement au dehors que sorties spontanément, car leur succession est si rapide, que la première vient à peine de quitter l'ouverture que la seconde s'y engage déjà. Mais la sortie des autres, surtout des dernières, semble bien montrer que c'est là un phénomène tout spontané. Ce fait est, il est vrai, contesté par M. Braun [1]. Suivant lui, la cellule est distendue par la pression intérieure. qui va en augmentant graduellement par suite d'endosmose, et elle réagit en conséquence. Sans contester l'exactitude de ce fait, nous pensons devoir admettre en outre un mouvement spontané, comme le prouve du reste la suite de la vie libre.

M. Unger considère ces zoogonidies comme recouvertes d'un épithélium vibratile, à la manière des zoogonidies des Vauchéries : mais M. Thuret [2] reconnut qu'elles sont, au contraire, munies de deux longs cils flagelliformes placés sur le rostre, disposition que M. Thuret avait déjà décrite et figurée [3] chez deux conferves (*C. glomerata* et *C. crispata*) et qu'il constata chez diverses autres algues [4].

D'après M. Unger, la vie animale dure chez les zoogonidies de l'*Achlya prolifera* moins longtemps que chez celles des Vauchéries. Les phénomènes de la mort se manifestent bientôt. L'*agonie* se laisse reconnaître aux *mouvements convulsifs* de la sporidie, et la faculté motrice s'éteint à jamais. La vie de la plante commence. — Cependant il arrive parfois, selon M. Unger, que la vie animale se prolonge au-delà des limites

1. Alexander Braun. Ueber die Erscheinung der Verjüngung in der Natur. Leipzig, 1851, p. 174.

2. Gustave Thuret. Note sur les Spores de quelques algues. Annales des Sciences naturelles, 3e série, t. 3. 1845.

3. G. Thuret. Recherches sur les organes locomoteurs des algues. Annales des Sc. nat., 2e Série, t. 19. 1843, p. 266, pl. X.

4. MM. Pringsheim et Cohn ont fait sur l'*Achlya prolifera* des observations qui diffèrent de celles de M. Thuret, en ce sens qu'ils n'ont pu apercevoir qu'un seul cil flagelliforme chez les zoogonidies (V. Cohn. Untersuchungen über die Entwiklungsgeschichte der Algen und Pilze, 1853, p. 150). M. Alexandre Braun paraît être dans le même cas (Ueber die Erscheinung der Verjüngung, p. 198).

habituelles. On voit alors la zoogonidie modifier sa forme ; ses mouvements changent de nature, et ressemblent tellement à ceux de beaucoup d'infusoires ciliés, qu'il devient difficile de distinguer cette zoogonidie, issue d'une Achlya, d'un *Cyclidium Glaucoma* Ehr. (? ?). M. Unger avoue que l'idée lui vint qu'il avait peut-être confondu sa zoogonidie avec un véritable infusoire, et c'est ce que nous croirions aussi volontiers, si le célèbre botaniste n'avait eu l'idée de donner une figure de ce soi-disant Cyclidium. Or, nous devons ajouter qu'il faut posséder une imagination des plus vives pour trouver quelque rapport entre cette spore contractée et les infusoires du genre Cyclidium.

M. Fresenius [1], dont les observations ont porté principalement sur les Chætophora, se refuse à voir avec M. Unger des animaux dans les zoogonidies végétales. Il reconnaît que ces zoogonidies ne se distinguent par aucun caractère essentiel de certains vrais infusoires de M. Ehrenberg, soit pour ce qui touche à leur organisation, soit pour ce qui concerne leurs mouvements ; mais il se demande si, dans ce cas, il ne serait pas plus rationnel d'exclure ces infusoires de la série animale et de les considérer comme des végétaux.

M. Kützing est aussi du nombre de ceux qui ont voulu faire produire des animaux par des plantes [2]. En 1842, il observait une Ulothrix (*U. zonata* Kütz.) et vit que les corpuscules verts mobiles, soit dans l'intérieur des utricules, soit en dehors de ceux-ci, étaient munis d'un point oculaire. Il prétendit même reconnaître chez eux une bouche et ne pouvoir les distinguer d'une monade de M. Ehrenberg, la *Microglena monadina*. Ces prétendues monades finirent par se fixer quelque part à l'aide de leur *trompe* (flagellum) et se développèrent en Ulothrix. « Il était ainsi démontré, s'écrie M. Kützing, qu'il existe des germes mobiles d'algues, que M. Ehrenberg lui-même a déclaré être des infusoires ! [3] »

M. Kützing avait fait preuve dans cette observation d'une finesse d'organe visuel vraiment inouïe jusqu'alors. Tout le monde n'a pas, en effet, été favorisé au point de voir ainsi du premier coup les bouches des monades. Beaucoup contestent même (à

1. Fresenius. Zur Controverse über die Verwandlungen von Infusorien in Algen. Frankfurt-a.-Mein, 1847.

2. Ueber die Verwandlungen der Infusorien in niedere Algenformen, von Dr Friederich Traugott Kützing. Nordhausen, 1844.

3. Ueber die Verwandlungen, etc., page 3.

tort, il est vrai, pour certaines espèces) leur existence. M. Ehrenberg, en personne, ne concluait en général à leur présence, que parce qu'il voyait des matières colorées de provenance étrangère dans les soi-disant estomacs de ces prétendus polygastriques. M. Focke [1] a, en conséquence, cru de son devoir de réfuter un peu vivement M. Kützing; mais il s'est, de son côté, avancé un peu inconsidérément, en mettant un point de doute devant le *point oculaire* que le fameux algologue disait avoir observé chez les zoogonidies d'Ulothrix. M. Focke, en effet, qui est d'accord avec M. Ehrenberg pour voir dans le point rouge qu'offrent beaucoup de monades et de volvocinées un organe visuel, aurait bien de la peine à établir une différence valable entre cet œil prétendu et le point rouge qu'on trouve dans diverses zoogonidies d'algues [2]. Si l'on adopte la dénomination de *point oculaire* dans l'un des cas, il faut l'admettre aussi forcément dans l'autre; mais que cette tache soit liée à des fonctions visuelles, c'est une question plus que douteuse. M. Fresenius [3] remarque déjà que la présence d'une tache pigmentaire rouge, non plus que l'existence d'organes locomoteurs en forme de cils, ne peuvent être des caractères d'animalité d'un être quelconque. Ces soi-disant yeux sont sans doute tout simplement des gouttes d'une huile colorée, à en juger par leur ressemblance avec les points rouges et oranges qu'on trouve chez les Polyedrium, et que M. Nægeli [4] considère comme des gouttelettes d'huile. Ce qui semble confirmer cette manière de voir, c'est un fait rapporté par M. Morren [5]. Ce savant remarque que la tache pigmentaire des genres *Lagenella, Cryptoglena* et *Trachelomonas* ne peut être un œil. En effet, suivant ses observations, le rouge peut s'étendre de la tache pigmentaire sur tout le corps, et l'on n'admettra cependant pas que l'animal entier puisse se transformer en un œil. M. Focke [3] lui-même a montré que la *Pandorina Morum* et d'autres

1. Physiologische Studien, von Gustav Waldemar Focke. Erstes Heft. Bremen, 1847.

2. « Si, dit M. Focke, M. Kützing avait comparé le prétendu point oculaire d'une gonidie d'Ulothrix avec le vrai point oculaire d'une Chlamydomonas, il y aurait trouvé une différence dans le genre de celle qui distingue le bleu d'une violette de celui d'un myosotis. » L'argument est certes encore plus faible que cette différence !

3. Zur Controverse über die Verwandlung von Infusorien in Algen. Frankfurt-a.-Mein, 1847.

4 Nægeli. Gattungen einzelliger Algen. Zürich, 1849, p. 9.

5. Ch. Morren. Recherches sur la rubéfaction des eaux et histoire de la Trachelomonas. — Mémoires de l'Académie des Sciences et des Lettres de Bruxelles. 1841.

6. Bericht über die Versammlung der Naturforscher und Aerzte zu Mainz, Sept. 1842, p 217.

organismes flagellés, changent de couleur suivant la saison et la température, et passent au rouge [1].

M. Kützing ne se contente, du reste, pas de donner à une plante une progéniture animale ; il fait encore naître des végétaux d'un organisme considéré en général comme bien et dûment animal, la *Chlamydomonas Pulvisculus* [2]. Celle-ci donne en effet naissance, d'après lui, au *Stigeoclonium stellare* et à d'autres algues. C'est, comme on le voit, toujours la même idée qui domine M. Kützing. Nous en toucherons quelques mots encore à propos du mode de reproduction des Protococcus, et, à notre avis, ces observations ne prouvent pas grand' chose, si ce n'est qu'elles dévoilent les tendances de M. Kützing. Nous croyons à peine devoir réfuter ce qu'il dit des transformations de la *Chlamydomonas Pulvisculus*. La meilleure réponse qu'on puisse lui faire, c'est un court exposé du mode réel de propagation de cet organisme, ainsi qu'il a été étudié par M. Alex. Braun, exposé que nous nous proposons de donner dans le chapitre suivant.

Après les divers travaux dont nous avons parlé, l'existence des zoogonidies était un fait acquis à la science. Nombre de botanistes se mirent à l'œuvre pour enrichir le catalogue des genres où le phénomène était constaté. M. Nægeli nous fit connaître les zoogonidies des Cystococcus [3], des Characium [4] ; M. Agardh celles des Bryopsis ; M. Crouan celles des Ectocarpus [5] ; M. Braun celles des Chytridium [6] genre d'algues parasites, voisin des Saprolegnia ; M. Solier [7] celle des Derbesia, etc., etc. Dans l'im-

1. M. Alex. Braun dit avoir observé le soi-disant œil de M. Ehrenberg chez les gonidies d'*Hydrodictyon*, *Ulothrix zonata*, *Ul. Braunii* Kütz., *Hormidium variabile* Kütz., dans diverses espèces de *Draparnaldia*, de *Chætophora*, de *Stigeoclonium*, dans le *Coleochæte pulvinata* et la *Cladophora glomerata*, indépendamment des organismes à position douteuse : *Volvox*, *Pandorina*, *Botryocystys Morum?* Kütz. ; ainsi donc dans des familles très-diverses d'algues indubitables (Verjüngung, p. 223).

2. Nous verrons, il est vrai, que M. de Siebold et quelques autres en font un végétal.

3. Carl Nægeli. Gattungen einzelliger Algen. Zürich, 1849, page 84.

4. Ibid. p. 86.

5. Annales des Sciences naturelles, 2e Série. 1836, p. 194.

6. Verjüngung, 1851, p. 198.

7. Mémoire sur deux algues zoosporées. Annales des Sciences naturelles, 3e Série, t. 7. 1847.

possibilité où nous nous trouvons d'entrer dans les détails, nous renvoyons aux ouvrages récemment couronnés de M. Thuret [1] d'une part, et de MM. Derbès et Solier [2] de l'autre.

C'est à M. Braun que nous devons la connaissance du fait singulier que certaines algues produisent deux formes de ces cellules mobiles destinées à la reproduction, formes qui offrent toutes deux de grandes analogies avec les infusoires flagellés, par la manière dont elles se comportent. Ce sont ces deux formes qu'il a distinguées sous les noms de *macrogonidies* et de *microgonidies*. Leur histoire détaillée fut d'abord exposée par lui chez l'*Hydrodictyon utriculatum*, plante qu'on avait jusqu'alors réunie, à tort, aux zygnémacées, et qui, par son mode de développement, semble se rapprocher tout à fait des Protococcacées et surtout des Pediastrum.

Un Hydrodictyon a, comme on sait, l'aspect d'une espèce de réseau, formé par des cellules toutes semblables entre elles. Cependant, ces cellules offrent des différences notables quant à la production des gonidies.

Chez les unes, on voit se former un nombre de zoogonidies qui, d'après l'estimation de M. Al. Braun [3], va de 7,000 à 30,000 ; ce sont les macrogonidies. Elles ont la forme de corps sphériques, à contenu vert et granuleux, amoncelé dans la partie postérieure ; elles se meuvent à l'aide de deux cils. Leur mouvement n'atteint jamais du reste un haut degré, c'est plutôt une simple espèce de tremblement. Les macrogonidies restent dans l'utricule-mère, où elles passent, au bout d'une demi-heure environ, à l'état de repos. Elles s'unissent par groupes de trois ou quatre, pôle contre pôle, s'entourent d'une membrane de cellulose et reproduisent ainsi un Hydrodictyon, qui se trouve bientôt libéré par la déchirure et la décomposition de la cellule-mère.

Chez les autres cellules, les zoogonidies qui se forment sont plus petites et plus nombreuses. Leur nombre doit varier, suivant M. Braun, de 30,000 à 100,000 par utricule : ce sont les microgonidies. Elles ont un point oculaire comme une monade,

1. Un extrait de ce Mémoire a paru dans les Annales des Sciences Naturelles, 3e Série, t. 14, p. 244.
2. Un extrait de ce Mémoire a paru dans le même Volume des Annales des Sciences Naturelles. (Depuis lors, le Mémoire lui-même a paru dans le Supplément aux Comptes-rendus de l'Académie des Sciences).
3. Braun's Verjüngung, p. 147.

une forme plus allongée que celle des microgonidies, et quatre longs cils flagelliformes. Bientôt la cellule-mère éclate et les zoogonidies se trouvent libres. D'après M. Cohn [1] le nombre de ces cils varie de deux à quatre, et les microgonidies ne sont point libres au moment où elles quittent la cellule-mère, mais enveloppées dans une grande cellule commune, à consistance gélatineuse et très-transparente, ce qui explique pourquoi elles continuent pendant un certain temps à s'agiter en une seule masse. Cette vésicule, qui n'est probablement que le vaisseau primordial de la cellule-mère, ne tarde pas à se dissoudre et les microgonidies s'éloignent dans toutes les directions. — D'après M. Braun, les microgonidies s'agitent pendant trois heures environ, avec beaucoup de vivacité, dans les alentours de la cellule qui leur a donné naissance, puis passent à l'état de repos, prennent une forme sphérique qui les fait ressembler à des Protococcus, végètent ainsi pendant quelque temps et finissent par périr sans se reproduire. Ce serait par conséquent une génération toute stérile.

M. Braun nous a enseigné à connaître des phénomènes analogues chez beaucoup d'autres algues d'eau douce (*Draparnaldia*, *Stigeoclonium*, *Oedogonium*, *Bulbochate*, *Pediastrum*, etc.,) et les observations de M. Thuret sur les algues marines, rendent de même très-vraisemblable l'existence de microgonidies chez un grand nombre de Fucacées et autres algues. Il décrit par exemple chez les Algues phéosporées deux espèces de zoogonidies, contenues dans deux genres de sporanges différents, et désignés par lui, en raison de leur forme, sous les noms d'oosporanges et de trichosporanges [2].

En soi-même, il était déjà peu probable que toute cette descendance de 30,000 à 100,000 individus par utricule, n'eût aucun autre but dans la nature que de végéter quelque temps sous forme d'une petite plante composée d'une ou de deux cellules et de périr sans se reproduire. Mais de récentes observations sont venues jeter un jour tout nouveau sur ces singulières gonidies infusoriformes de second ordre.

Déjà depuis plusieurs années on a reconnu, comme on sait, dans les anthéridies de beaucoup de cryptogames la présence de corpuscules plus ou moins filiformes, parfois ciliés à leur surface, que, vu leur analogie avec les zoospermes des animaux, on a con-

1. Ferd. Cohn. Beiträge zur Entwicklungsgeschichte der microscopischen Algen und Pilze. 1853, p. 220 et suiv.
2. Gustave Thuret. Recherches sur les zoospores des algues. Ann. des Sc. nat., 3e Série, t. 14, p. 231.

sidérés comme des phytospermes ou spermatozoïdes végétaux, des *anthérozoïdes*, pour parler avec MM. Derbès et Solier. Pour ne citer qu'un exemple vulgaire, chacun a vu ceux des Characées. MM. Nægeli, Henfrey, Leszczyc-Suminski, Hofmeister, Itzigsohn, etc., ont surtout contribué à étendre nos connaissances sur ce terrain. En 1845, MM. Thuret et Decaisne[1] faisaient connaître chez les Fucoïdées de petits corpuscules doués de mouvement, munis de deux cils: l'un court, dirigé toujours en avant pendant la natation, l'autre long et traîné passivement en arrière. En un mot, ces corpuscules avaient une grande analogie de forme avec les Amphimonas et les Heteromita[2] de M. Dujardin. MM. Thuret et Decaisne les considéraient déjà comme des spermatozoïdes, bien que leur forme différât de tous ceux connus jusqu'alors. M. Thuret fit plus tard des observations qui lui démontrèrent, qu'en effet, un contact de ces corpuscules, engendrés par les anthéridies, avec les spores des fucacées, était nécessaire pour que la fécondation s'opérât[3]. M. Pringsheim, de son côté[4], ne tarda pas à découvrir chez les Vauchéries des corpuscules tout semblables, et parvint même à les suivre jusque dans l'intérieur des sporanges, où ils vont opérer la fécondation. Il n'y a donc plus de doute sur leur véritable valeur physiologique. M. Pringsheim fit en même temps connaître une observation des plus intéressantes. Il s'agissait de la seconde espèce de zoogonidies des Bulbochaete et des Œdogonium, qui existe en outre des spores immobiles et des zoogonidies ordinaires, en un mot, des microgonidies de M. Braun. Ces microgonidies qui, abstraction faite de la taille, ont tout à fait la même conformation que les macrogonidies, mettent fin à leur phase errante en se fixant, chose singulière, toujours sur le sporange ou dans son voisinage. Là, elles éclatent,

1. Thuret et Decaisne. Recherches sur les anthéridies et les spores des fucacées. Annales des Sciences naturelles, 3e Série, t. 3. 1845.

2. Comme on a beaucoup parlé de ce rapport de forme, et que néanmoins, abstraction faite de la taille, la distance qui sépare ces infusoires des phytospermes est, à notre avis, fort grande, nous avons cru devoir donner une figure d'un animal qui doit rentrer dans le genre *Heteromita* Duj. Nous avons observé cet infusoire sur la côte occidentale de Norwége, dans de l'eau de mer puisée sur les rives du fjord de Bergen. Cet Heteromita (pl. IX, fig. 1) possède une vésicule contractile (*c v*) dont les pulsations sont parfaitement régulières. Tous les *Cercomonas*, *Amphimonas* et *Heteromita* que nous avons observés jusqu'ici étaient munis de cet organe, en nombre simple ou multiple, suivant les espèces. Cela suffira, pensons-nous, pour qu'on nous épargne des théories sur ces phytospermes de taille colossale. La longueur de notre Heteromita = 0mm,218, les flagellum non compris.

3. Mémoires de la Société d'Histoire naturelle de Cherbourg. 1854.

4. Monatsbericht der Berliner Akademie der Wissenschaften. Maerz 1855.

tantôt immédiatement, tantôt après avoir développé une ou deux cellules fort petites et déversent leur contenu. M. Pringsheim a constaté également que les sporanges des Œdogonium sont munis d'un petit pertuis, d'une sorte de micropyle comparable au micropyle des œufs d'animaux, et que, par conséquent, l'émission du contenu des microgonidies a toujours lieu dans le voisinage de ce micropyle, de manière à pouvoir facilement arriver au contact de la future spore. Le même résultat est atteint chez les Bulbochaete, au moyen de la production d'une fissure dans la membrane du sporange.

Voilà donc la signification de ces pseudo-animalcules à peu près éclaircie. Les microgonidies sont probablement des espèces de machines destinées à transporter le suc fécondateur, des spermatophores comparables à ceux des Céphalopodes ou des Insectes. On n'a pas reconnu jusqu'ici, il est vrai, de spermatozoïdes dans leur intérieur, comme dans les spermatophores des animaux, mais on n'en connaît pas davantage dans le pollen des phanérogames, et il n'est pas prouvé que la substance fécondante doive toujours affecter la forme de filaments mobiles [1].

Ces faits sont confirmés par les intéressantes observations de M. Cohn [2] sur la reproduction de la *Sphæroplea annulina*. Cette conferve engendre dans ses utricules des spores qui offrent une analogie de forme étonnante avec les spores étoilées qu'on trouve dans le *Volvox stellatus* de M. Ehrenberg. Ces spores restent immobiles pendant tout l'hiver dans l'intérieur des cellules-mères, et, lorsque celles-ci se décomposent, elles restent libres sur le sol, sans apparence de vie, si ce n'est que leur contenu, d'abord vert, passe peu à peu au rouge-brun. Au printemps, le contenu de ces spores se divise et donne naissance à des zoogonidies munies de deux cils flagelliformes, qui ressemblent tout à fait au *Chlamydococcus* (*Protococcus*) *pluvialis*. Ces zoogonidies se

1. Monatsbericht der Berliner Akademie der Wissenschaften. Mai 1855, p. 335-351.

2. Depuis la rédaction de ces lignes, les observations remarquables de M. Pringsheim sur le développement des Vauchéries, et surtout des Œdogoniées et des Saprolégniées se sont multipliées. Nous sommes obligés, ne pouvant entrer ici dans des détails, de renvoyer aux intéressants Mémoires, publiés par ce savant botaniste dans le journal édité par lui sous le nom de *Jahrbücher der wissenschaftlichen Botanik*. Toutes ces observations concourent à montrer de la manière la plus évidente que les microgonidies sont des plantules engendrées par voie agamogénétique, mobiles dans leur jeune âge, et destinées à jouer le rôle d'anthéridies par rapport aux hypnospores des oogonies. On peut se demander si une partie des organismes décrits sous le nom de Characium par M. Alex. Braun, ne sont peut-être pas des microgonidies de diverses algues (*Note de 1860*).

fixent bientôt et germent. M. Cohn a observé que lorsque les cellules de Sphæroplea s'apprêtent à la formation des spores, il se forme à certaines places de leur membrane de petits trous, au nombre de deux à six. Tandis que ces cellules donnent ainsi naissance à des spores, et jouent par conséquent le rôle de sporanges, on voit d'autres cellules subir des modifications d'un genre différent. Il se forme dans leur intérieur, non pas des spores, mais des myriades de petits corpuscules en forme de bâton, qui s'agitent vivement à l'aide de deux cils, dirigés l'un en avant, l'autre en arrière, comme dans les spermatozoïdes des Fucoïdées et des Vauchéries. Ce sont, au fond, de véritables microgonidies. Les cellules qui les renferment laissent bientôt aussi reconnaître une ou plusieurs ouvertures ; les microgonidies en profitent pour sortir, se trouvent libres et se meuvent rapidement dans l'eau. Elles s'approchent des cellules où se forment les spores immobiles, et pénètrent dans l'intérieur par les étroites ouvertures dont elles sont munies. Elles s'accolent aux jeunes hypnospores, et là, se transforment en un liquide gélatineux. Ainsi s'opère la fécondation.

Si nous jetons un coup d'œil rétrospectif sur les faits que nous venons de passer en revue, la première remarque qui se présente à notre esprit, c'est la grande parenté qui existe entre le règne animal et le règne végétal, parenté qui se montrera encore plus évidente à nos yeux lorsque nous examinerons de près les organismes dont nous nous occuperons dans le paragraphe suivant. Nous avons vu M. Unger se laisser entraîner à considérer les spores végétales comme douées de volonté, et M. Kützing le suivre sur cette voie glissante. Il nous faut avouer que nous comprenons encore mieux cette hallucination, jusqu'à un certain point justifiable, que l'explication du mouvement des zoogonidies qu'a imaginée M. Nægeli. Le célèbre botaniste ne veut voir dans les mouvements des cils de ces dernières, qu'un produit du courant engendré dans le milieu ambiant par les actions diosmotiques et par le mouvement de la cellule elle-même [1]. Pour corroborer cette assertion, il ajoute que l'immobilité et la roideur de la

1. Gattungen einzelliger Algen. 1849, p. 22.

cellule végétale sont une loi générale et sans exception. A notre avis, les mouvements des spores prouvent précisément l'exception en dépit de la loi. Nous ne croyons pas davantage devoir nous ranger à l'avis de M. Wenham [1], qui semble ne vouloir faire du mouvement ciliaire chez les végétaux qu'une variété du mouvement moléculaire.

Que quelques-uns prétendent trouver dans les mouvements des zoogonidies quelque chose qui fasse l'impression de l'obéissance à une force aveugle, c'est un sentiment tout subjectif, qui n'aura certainement rien de général. Il subsiste toujours un fait inexplicable : ce sont les observations de M. Cohn sur les microgonidies de la *Spharoplea annulina*. Les microgonidies de cette algue s'agitent dans un grand bassin d'eau, souvent fort loin de la cellule-femelle dans laquelle elles doivent pénétrer. L'entrée de celle-ci ne leur est permise qu'au travers d'une ouverture à peine plus large que le diamètre de leur propre corps, et cependant, d'après les observations de M. Cohn, elles gouvernent en ligne droite sur la petite ouverture et pénètrent, en général, du premier coup dans l'intérieur. Parfois, mais rarement, il leur arrive de manquer le but, et alors elles tentent un nouvel essai [2].

D'autres considérations peuvent rendre l'idée de M. Unger encore plus séduisante. C'est, par exemple, la division spontanée qu'on observe dans de certaines circonstances chez les zoogonidies végétales. Nous n'avons pas seulement en vue ici ces formes doubles ou triples décrites par M. Braun [3] et M. Cohn [4], formes qui ressemblent, les premières du moins, à un infusoire dans le moment de la division fissipare. C'est là un état qui s'explique tout naturellement par un arrêt dans le développement des zoogonidies. Il s'agit d'un autre fait : M. Alex. Braun [5], par exemple, rapporte avoir vu plusieurs fois des zoogonidies de *Vaucheria clavata* éprouver de la peine à sortir par l'ouverture de déhiscence de la cellule. Etranglées par le milieu, en cherchant à se

1. Wenham. On the circulation of the sap in the leaf-cells of Anacharis. — Quarterly Journal of microscopical Science. July 1855, p. 283.

2. Sans doute tous ces phénomènes doivent avoir leur source dans la combinaison de certaines lois physiques ; mais il nous faut reconnaître que ces lois sont encore mystérieuses aujourd'hui (Note de 1860).

3. Verjüngung, p. 286

4. Entwicklungsgeschichte der mikroskopischen Algen und Pilze, p. 225.

5. Verjüngung, p. 174.

libérer [1], elles finissaient par se partager en deux : l'une des moitiés continuait sa course vagabonde, l'autre restait prisonnière dans la cellule. La même chose se présenta à lui chez le *Stigeoclonium subspinosum*. L'une des moitiés de la spore finit par se séparer de l'autre, avec laquelle elle n'était plus unie que par un long filament. Celui-ci finit également par se briser, et la partie libérée de la spore continua sa route comme si rien ne lui était arrivé. M. Cohn [2] a observé un phénomène tout semblable chez une Vauchérie : l'une des moitiés de la zoogonidie s'échappa, l'autre germa dans l'intérieur de la cellule-mère. M. Thuret [3] a constaté le même fait également chez une Vauchérie, et il croit devoir en tirer la conclusion que les zoogonidies sont dépourvues de membrane [4].

Ceci nous a rappelé un fait curieux : Un Acinétinien avait capturé une *Stylonychia Mytilus* Ehr. et était occupé à la sucer. L'opération de la succion est toujours assez longue et dure parfois plusieurs heures. La Stylonychia vivait toujours, mais, peu soucieuse de se laisser ainsi sucer jusqu'au bout, elle n'imagina rien de mieux, pour échapper à ce malheureux sort, que de se diviser en deux, opération qui, chez ces animaux, exige souvent moins d'une heure. L'une des moitiés se sauva par ce moyen et échappa ainsi à une mort presque inévitable. Nous n'osons décider si la coïncidence de la division spontanée et de cette position critique était purement fortuite ou non. Si la seconde alternative est la plus juste, ne serait-on pas presque tenté de voir dans la zoogonidie de la Vauchérie un instinct analogue de conservation personnelle ?

On a voulu chercher aussi à distinguer les mouvements des spores végétales de ceux des animaux par la constance de leur direction. La rotation des zoogonidies des Vauchéries est, par exemple, toujours dirigée de droite à gauche ; chez les zoogonidies d'Œdogonium, cette direction est inverse ; mais on trouve des exemples tout semblables chez plusieurs de ces êtres à position douteuse, qui offrent en outre d'autres caractères par lesquels ils semblent se rapprocher au contraire du règne animal. Ainsi

1. C'est là la meilleure preuve que la sortie des spores est bien active, et non purement passive comme M. Braun paraît l'admettre ailleurs.

2. Beiträge zur Entwicklungsgeschichte der Infusorien. — Zeitschrift für wiss. Zoologie, 4 ter Bd. 1853.

3 Recherches sur les zoospores des algues. Annales des Sciences naturelles, 3e série, t. 14, p. 244.

4. Nous avouons que nous ne pouvons pas très-bien nous représenter des cils vibratiles implantés simplement sur un vaisseau primordial, qui n'aurait que la consistance d'une gelée.

les familles de Pandorina nagent, d'après M. Braun, toujours de gauche à droite ; les Chlamydococcus, de droite à gauche, et ainsi de suite. Il est même certains infusoires ciliés qui paraissent toujours soumis à une loi analogue.

On a également voulu voir quelque chose de tout végétal dans la particularité qu'offrent les zoogonidies de n'apparaître qu'à certaines heures. Déjà Treutepohl doit, au dire de Meyen, avoir constaté chez la *Vaucheria clavata* que la tuméfaction de l'extrémité de la cellule s'opère de nuit, et que les zoogonidies s'échappent le matin suivant. M. Unger [1] appuie également sur le fait que les *accouchements* des Vauchéries ont presque toujours lieu entre huit et neuf heures du matin. M. Thuret [2] relève aussi le fait que c'est le matin qu'on trouve le plus grand nombre de spores de conferves en mouvement. M. Fresenius [3] a observé la même chose. Enfin, M. Braun [4] dit que si l'on veut observer les gonidies d'Hydrodictyon, il faut s'y prendre de bonne heure : les macrogonidies forment de nouveaux réseaux peu après le lever du soleil, c'est-à-dire à quatre ou cinq heures du matin pendant le gros de l'été, et entre six et huit heures sur la fin de la saison chaude. Parfois, dans les jours sombres de l'automne, le phénomène se prolonge jusqu'à dix heures. Les microgonidies quittent leurs cellules un peu plus tard, à savoir entre sept et neuf heures en été, et entre dix et deux heures en automne.

Si ces faits sont intéressants en ce qu'ils montrent le rôle important que joue la lumière dans l'économie de la nature, ils ne disent rien dans la question de l'animalité des êtres. Ne savons-nous pas combien les animaux aussi sont liés aux influences climatériques de toute espèce ?

En somme, il n'existe pour nous qu'une seule différence objective bien constante entre les animaux et les végétaux inférieurs. C'est la présence chez les infusoires et les rhizopodes amœbéens d'une ou de plusieurs vésicules contractiles [5]. Jusqu'ici rien de semblable n'a été observé chez aucune spore végétale, tandis qu'il semble probable que

1. Unger. Die Pflanze im Moment der Thierwerdung. Wien. 1842, p. 27.
2. G. Thuret. Note sur les organes locomoteurs des algues. Ann. des Sc. nat. 1843, p. 268.
3. Georg Fresenius. Zur Controverse über die Verwandlung der Infusorien in Algen. 1847, p. 4.
4. Braun. Ueber die Erscheinung der Verjüngung, p. 237-238

5. Depuis la rédaction de ces lignes, M. le professeur de Bary a publié un travail remarquable sur l'évolution des organismes connus sous les noms de *Myxomycètes* et de *Myxogastres* (*Die Mycetozoen*, Zeitschrift f. wiss. Zoologie

cette vésicule est présente chez tous les infusoires sans exception. Nous avons constaté sa présence chez les Heteromita et les Cercomonas ; mais nul, que nous sachions, n'a pu la voir chez des microgonidies ou des phytospermes, malgré l'analogie de forme de ces différents organismes. Tant qu'il en sera ainsi, nous aurons le droit de considérer comme appartenant plutôt au règne animal, tout être muni de cet organe. Une autre différence plus capitale encore, mais moins générale, est celle relative à l'intussusception. Partout où l'on rencontre une ouverture buccale, l'on a à faire à des animaux. Mais ce n'est pas là un caractère absolu, car, bien que certains auteurs ne veuillent voir dans les *Astoma* de M. de Siebold que des plantes, il n'en restera pas moins des organismes, dépourvus soit d'ouverture anale, soit d'ouverture buccale, soit d'appareil digestif dans toute l'étendue du terme, organismes qui devront néanmoins toujours être rangés parmi les animaux. Telles sont, par exemple, les Opalines, les seuls des *Astoma* de M. de Siebold auxquels on ait épargné le déménagement perpétuel d'un règne dans un autre. Tels sont également les Helminthes cestoïdes, les Acantocéphales [1], les Grégarines, etc. Ce caractère faisant donc défaut, la vésicule contractile nous reste seule, et nous nous y tenons.

x. 1859). Ces êtres jusqu'ici classés parmi les champignons, présentent des phénomènes de reproduction analogues à ceux des algues zoosporées. Leurs zoogonidies jouissent en outre de la particularité de posséder une *vésicule contractile* animée de pulsations plus ou moins rhythmiques. Plus tard, ces zoogonidies passent à un état parfaitement identique aux Amœba. Durant cette phase, les Myxomycètes vivent d'une véritable vie de rhizopode et donnent naissance à des corps reproducteurs, sporanges ou sporocystes, qui, par leur conformation, paraissent entièrement semblables au péridium des champignons gastéromycètes. M. de Bary pense voir là des raisons suffisantes pour éliminer ces organismes du règne végétal et les classer, sous le nom de *Mycétozoaires*, dans le règne animal. Il est certain que si nulle erreur ne s'est glissée dans les résultats de ce savant observateur, l'affinité des Mycétozoaires avec les Rhizopodes est évidente. Toutefois, il nous semble également impossible de les éloigner des Gastéromycètes. Et pourtant personne ne voudra considérer un Lycoperdon ou un Bovista comme un animal, car alors quelle est la plante qui ne risquerait d'être accusée d'animalité ? C'est là une preuve nouvelle en faveur de l'opinion défendue par nous que la distinction entre un règne dit animal et un règne dit végétal est purement artificielle Cela nous semble incontestable au point de vue pratique, cela nous semble même évident d'une manière absolue. On nous objectera peut-être qu'il y a une différence principielle philosophiquement nécessaire entre l'animal et la plante. L'animal étant sensible, par opposition à la plante qui ne l'est pas, pas même le Mimosa ; le mouvement de l'animal étant volontaire, et celui de la plante ne l'étant pas, il semble que l'animal le plus inférieur, ayant déjà un élément de liberté, se différencie bien de la plante qui ne l'a pas. Cette distinction est plus spécieuse que réelle. Nous voyons la sensibilité décroître par degrés dans la série animale et finir par s'éteindre complètement. Il en est de même des facultés intellectuelles ou dites instinctives, si bien que nous arrivons à des animaux dont la vie n'est plus qu'une espèce de rêve : de cette vie à peine consciente, nous passons graduellement à celle qui est purement automatique, et nous voguons alors en pleine végétabilité (*Note de 1860*).

1. Depuis que ces lignes étaient écrites M. David Weinland a décrit un canal alimentaire chez un Echinorhynchus américain. Toutefois, cette découverte n'a été confirmée par aucun observateur (*Note de 1860*).

Nous croyons donc devoir rayer les zoogonidies végétales du règne animal en général, et de la classe des infusoires en particulier, nous contentant de voir chez elles des plantes qui revêtent, pour un court laps de temps, une forme pseudo-animale. C'est là un phénomène analogue à celui qu'on observe chez les polypes hydro-médusiens, par exemple. Ces derniers sont, dans leur jeune âge, des pseudo-infusoires ciliés (planula); les zoogonidies d'algues sont des pseudo-infusoires flagellés, parfois aussi ciliés. Dans les deux cas, la ressemblance avec les infusoires est purement extérieure et superficielle. On nous accordera du reste, sans peine, que les infusoires flagellés, tout en étant des animaux, ne sont pas plus éloignés des algues, dans la série des êtres, que les hydro-méduses ne le sont des infusoires ciliés.

B Desmidiacées, Diatomacées, Volvocinées, Protococcacées, Euglènes et autres organismes à position douteuse.

On s'étonnera peut-être de nous voir amener ici en cause les Desmidiacées et les Diatomacées, pensant que nous aurions dû les laisser de côté, comme rentrant incontestablement dans le règne végétal. Cependant, la place naturelle de ces organismes est loin d'être décidée. M. Ehrenberg ne cesse pas de les considérer comme des animaux polygastriques dépourvus d'intestins (*Polygastrica anentera*). M. Focke, dont les observations sur ces deux groupes dénotent un si grand degré d'exactitude, laisse dans le doute si les premiers sont des animaux ou des végétaux, et accorde aux seconds l'animalité et des organes locomoteurs rétractiles en forme de pieds. N'a-t-on même pas voulu voir, durant ces derniers temps, en Angleterre, que les Navicules se meuvent à l'aide de cils, etc. [1]. La question est donc loin d'être décidée. Pour ne citer que les

1. M. Hogg, l'auteur de cette découverte réelle ou prétendue, prétend même que les Diatomées peuvent faire cesser à volonté les mouvements de ces cils. (Voyez Hogg: Cilia in Diatomacea. Quarterly Journal of microscopical Science April 1855, p. 235.) — Ces cils sont toutefois pour nous encore très-problématiques, pour ne pas dire davantage.

Closterium, ont-ils cessé d'être ballottés entre les deux règnes? Aprés qu'Otto-Fr. Mueller et Nitzsch en eurent fait des animaux, Lyngbye n'y voulut voir que des algues. Bory de Saint-Vincent les restitua au domaine de la zoologie ; mais bientôt M. Turpin revint à l'idée de Lyngbye et Agardh suivit son exemple. M. Ehrenberg, dans ses divers travaux sur les infusoires, attribue aux Closterium une bouche et des organes digestifs que nul, il est vrai, n'a prétendu retrouver depuis lors. Et si les observateurs plus récents, MM. Morren, Ralfs, Smith, Jenner, Nægeli, Braun, etc., ont paru faire pencher la balance du côté de la végétabilité de ces organismes, M. Focke [1] ne paraît pas tout à fait sûr que ce ne soient pas des animaux [2]. Un des grands botanistes de l'époque actuelle, M. Schleiden [3], les exclut même très-positivement du domaine de la botanique. Aussi, bien que nous penchions plutôt à accorder à ces organismes une nature végétale, croyons-nous devoir donner ici un bref exposé de leur mode de reproduction.

D'un autre côté, il est une autre division de la classe des infusoires, telle que l'admettait encore M. Dujardin, qu'on a voulu retrancher, en majeure partie tout au moins, du règne animal, pour la rejeter dans le règne végétal, c'est celle des infusoires flagellés. M. de Siebold, par exemple, dans son Manuel d'anatomie comparée, exclut complétement de la série animale toute la famille des monades, et bien des savants semblent partager aujourd'hui ses vues. Le groupe des Volvocinées est également rejeté, presque d'un commun accord, dans le domaine des algues. Les Euglènes, les Dinobryons, sont considérés par beaucoup comme formant un groupe d'êtres douteux, que chacun se renvoie ou bien s'arrache, suivant les dispositions de caractère.

1. Focke. Physiologische Studien. Erstes Heft. Bremen, 1847, p. 37 et 61.

2. M. Focke a, comme l'on sait, découvert chez le *Closterium Lunula* des cils vibratiles (Loc. cit., p. 54), dont l'existence a été depuis lors fort contestée. Toutefois, M. Osborne (On Economy of *Closterium Lunula*. — Quaterly Journal of microscopal Science. Oct. 1854, p. 55) les a décrits de nouveau avec une grande exactitude. Il a même voulu observer un courant, pénétrant de l'extérieur dans l'intérieur du Closterium, par une ouverture placée à chaque extrémité de celui-ci. Nos observations concordent parfaitement avec celles de MM. Focke et Osborne pour ce qui concerne les cils; mais nous n'avons pu voir les courants, ni même l'ouverture décrits par ce dernier, bien qu'une ouverture semblable nous paraisse exister réellement chez d'autres espèces, comme par exemple chez le *Closterium Dianæ* Ehr., et probablement aussi chez les *Tetmemorus* Ralfs. — Nous avons observé le mouvement des cils vibratiles chez plusieurs espèces de Closterium. M. Herbert Thomas (Quarterly Journal of microscopical Science. Oct. 1854, p. 36) soupçonne un mouvement ciliaire analogue chez le *Cosmarium margaritiferum*. Toutefois, c'est en vain que nous avons cherché à le constater chez cette Desmidiacée et chez d'autres espèces voisines.

3. Schleiden. Grundzüge der wissenschaftlichen Botanik. Erster Theil. Leipzig, 1849, p. 316.

M. de Siebold admettait encore, sous le nom d'*Astoma*, certains organismes flagellés parmi les infusoires : c'étaient les Peridinium et les Astasies. Mais M. Leuckart[1] range, soit les Péridiniens, soit les Astasiées (Euglènes comprises) dans le règne végétal.

Nous avons maintenant des matériaux en main, qui semblent montrer que tous ces êtres, ou tout au moins une grande partie d'entre eux, doivent rentrer bien réellement dans la série animale. Ceci est important, car chacun se souvient du célèbre Mémoire de M. Unger, que nous avons déjà souvent mentionné, Mémoire dans lequel ce savant distingué défendait l'idée de la métamorphose des plantes en êtres animés. Il est incontestable que l'animalité des monades une fois démontrée, les partisans de M. Unger prétendront au premier abord pouvoir y trouver un appui immense en faveur de leur théorie. En effet, la distance qui sépare une monade de la spore d'un *Chytridium* paraît n'être pas grande. Les zoogonidies des algues appartenant aux genres *Cladophora*, *Ectocarpus*, *Chœtophora*, *Ulothrix*, *Draparnaldia*, etc., semblent offrir une grande analogie avec divers genres de la famille des Monadiniens, et cependant nous avons vu qu'on ne peut guère les considérer que comme de vraies plantes. — Nous croyons néanmoins qu'il est possible de tout concilier, de laisser les zoogonidies de Chytridium, de Cladophora, d'Ectocarpus, etc., être ce qu'elles sont bien réellement, c'est-à-dire des êtres végétaux doués de mouvement, issus de végétaux, et devant rester végétaux ; et, d'un autre côté, de laisser aux Monadines, aux Euglènes, aux Dinobryons, aux Volvocinées même, leur caractère d'animalité. Il est en effet une grande différence entre ces deux catégories d'êtres. Nous savons, il est vrai, que le mouvement n'est point une propriété caractéristique des animaux, puisqu'il a été constaté chez un fort grand nombre de plantes, et que la distinction entre mouvement volontaire et inconscient n'est pas possible au point de vue objectif. Mais il est, comme nous avons déjà eu l'occasion de l'indiquer, d'autres caractères qui, jusqu'ici, n'ont été observés que chez des animaux, et dont la présence devra toujours, ce nous semble, décider de l'animalité des êtres qui les possèdent. Tels sont, par exemple, l'existence d'un cœur et l'ingurgitation spontanée et directe de substances dans l'intérieur du corps par une ouverture buccale. Or, nous avons vu dans la partie anatomique de ce travail, que la

1. Bergmann und Leuckart. Vergleichende Anatomie und Physiologie. Stuttgart, 1852, p. 132.

vésicule contractile des infusoires doit être considérée comme l'analogue d'un cœur. Peu importe, d'ailleurs, qu'on préfère avec MM. Schmidt, Gray [1], Carter, Leuckart, etc., considérer cet organe comme le centre d'un système aquifère ou excréteur [2], il n'en reste pas moins vrai que c'est un organe purement animal, dont l'analogue n'existe pas, ou n'est du moins pas connu jusqu'ici dans le règne végétal. Or, une Euglène, par exemple, possède, comme nous le verrons, une vésicule contractile, et ce simple fait suffit à l'éloigner considérablement d'une zoogonidie quelconque. Les monades paraissent également toutes avoir une où plusieurs vésicules contractiles, et partout où nous trouverons un semblable organe, nous pencherons à admettre l'animalité de l'être qui le possède.

Cela posé, passons à l'étude de la propagation dans les différents groupes, à commencer par les Desmidiacées.

C'est surtout à MM. Morren, Ralfs, Nægeli, Smith et Alex. Braun que nous devons la connaissance du mode de reproduction des Desmidiacées. Les travaux remarquables de MM. Nægeli [3] et Alex. Braun [4] nous ont tout particulièrement fourni des données intéressantes à ce sujet. Ces deux savants ont cherché à démontrer chez ces organismes la présence d'une espèce de génération alternante. M. Nægeli admet chez les Desmidiacées des séries successives de génération par fissiparité. Ces séries sont séparées les unes des autres par une génération de transition, où une copulation soit conjugaison a lieu entre deux individus. En d'autres termes, une suite de générations a lieu par simple division spontanée; la dernière génération de cette série au lieu de se diviser se copule et produit ainsi la première génération de la série suivante. Ces cycles vont se répétant à l'infini. Tantôt les cellules ou individus appartenant à chacune de ces séries restent unis ensemble (*Desmidium*, *Didymoprium*, *Hyalotheca*), tantôt ils végètent

1. Silliman's American Journal. Mars 1853. M. Gray veut avoir observé chez le *Paramecium Aurelia* un canal, partant de la vésicule contractile et allant s'ouvrir dans l'œsophage. Nous ne croyons pas que personne puisse retrouver ce canal.

2. Nous devons dire que l'un de nous, M. Lachmann, paraît pencher récemment pour l'opinion qui fait du système circulatoire des infusoires un système aquifère ou excréteur (*Note de* 1860).

3. Nægeli. Gattungen einzelliger Algen. Zürich, 1849.

4. Al. Braun. Ueber die Erscheinung der Verjüngung in der Natur. Leipzig, 1851.

isolés, chacun pour leur propre compte (*Micrasterias*, *Euastrum*, *Closterium*). — M. Braun, qui admet les idées du grand botaniste suisse, considère les générations fissipares comme des générations végétatives, par opposition à celles qui sont destinées à la copulation. C'est là quelque chose d'analogue à ce qu'on voit chez les Zygnémées, où l'on peut admettre une série de générations végétatives ou multiplication des cellules de la même algue, série que clôt une copulation destinée à la production des spores.

Tantôt la conjugaison ou copulation a lieu entre deux individus parallèles (*Closterium*, *Tetmemorus*, *Penium*), tantôt entre deux individus disposés en croix (*Micrasterias*, *Euastrum*, *Cosmarium*, *Xanthidium*, *Staurastrum*). Chez les Closterium, la conjugaison donne naissance à un ou parfois deux corps, que M. Morren désignait par le nom de *séminules* [1], et auxquels M. Ralfs donne celui de *sporanges* [2], tandis que M. Braun croit plus convenable de les nommer *spores* ou *cellules reproductrices*. Ces cellules reproductrices se recouvrent, dans certains genres, d'espèces de prolongements parfois bifides, parfois multifides, ce qui leur donne de l'analogie avec des Xanthidium. Leur contenu devient rouge, et si nous comparons ce fait avec les observations de M. Nægeli sur la transformation de la chlorophylle en une huile orange, celles de M. Cohn sur les changements de couleur des spores de la *Sphærophа annulina*, etc., nous n'y verrons qu'un acheminement vers un développement ultérieur. Il n'est pas prouvé que ces cellules reproductrices soient destinées à reproduire toujours un seul individu, bien que M. Focke [3] ait observé une fois quelque chose de semblable chez un Closterium. En effet, dans ce cas, on aurait à faire non point à un mode de multiplication, mais à un *mode de raréfaction* (*Verminderungsart*) de l'espèce, comme M. Focke le dit pittoresquement, M. Nægeli [4] remarque également qu'un tel mode de propagation mènerait tout droit à l'anéantissement de l'espèce [5]. Du reste, M. Jenner [6] prétend

1. Ch. Morren. Mémoire sur les Clostéries. Annales des Sciences naturelles, 2e série, t. 5, 1836.
2. Ralfs. British Desmidicæ. 1849
3. Physiologische Studien. Erstes Heft. p. 55.
4. Gattungen einzelliger Algen. p. 103.
5. La même chose pourrait se dire de la copulation des Diatomées. Aussi est-il évident que si la copulation a pour but la conservation et la reproduction de l'espèce, la *multiplication* tombe entièrement à la charge des générations fissipares (Note subséquente).
6. Dans les « British Desmidieæ » de M. Ralfs. 1849, p. 11.

que les cellules reproductrices des Closterium se distendent et produisent une espèce de mucilage dans leur intérieur, mucilage au sein duquel se développent une foule de petits Closterium. Ceux-ci finissent par percer l'enveloppe commune et restent libres au dehors.

Il est des cas où la conjugaison de deux Closterium donne naissance à deux cellules reproductrices et non pas à une seule. C'est ce que M. Morren avait déjà vu, mais interprété faussement, comme étant de prime abord une copulation de *quatre Clostéries à cônes inégaux*. M. Smith [1] montra que lorsque deux *Closterium Ehrenbergii* (*Cl. Lunula Ehr.*) se conjuguent, ils commencent par s'envelopper d'une substance gélatineuse commune. Chacun se divise alors spontanément en deux, et la membrane interne (vaisseau primordial de Mohl) faisant saillie à la place où la déhiscence a lieu, donne naissance à ce que M. Morren nommait des Clostéries à *cônes inégaux*. Les sacs délicats (*vaisseau primordial*) qui renferment l'endochrôme, sortent alors de chacun des demi-Closterium. Chacun des sacs provenus de la division d'un des individus fonctionne comme un vrai Closterium, et s'unit avec l'un des sacs provenus de la division de l'autre. Les deux masses ainsi formées s'arrondissent en deux corps sphériques : ce sont les cellules reproductrices. M. Braun [2], qui a vu également la production de deux cellules reproductrices chez le *Closterium lineatum*, y a constaté des faits semblables. Là aussi, il y a une division préalable de la membrane interne de chaque Closterium et de son contenu, de sorte que, lorsque la déhiscence a lieu, il y a de fait quatre individus en présence.

Cette esquisse du développement des Closterium peut servir de type à celui de toutes les Desmidiacées, les Pediastrum exceptés. M. Braun [3] a, en effet, tout dernièrement montré que ces derniers trouvent leurs affinités réelles non pas chez les Desmidiacées, ni chez les Diatomacées, mais chez les algues proprement dites. Ils ont des zoogonidies (macrogonidies), découvertes d'abord par Turpin [4] et par Meyen [5].

1. Smith. Observations on the conjugation of *Closterium Ehrenbergii*. Annals and Magazine of Natural History. 1856.
2. Verjüngung. p. 312-313.
3. Algarum unicellularium genera nova et minus cognita, auctore Al. Braun. Lipsiæ, MDCCCLV.
4. Mémoires du Muséum d'Histoire naturelle. t. 16, 1827, p. 320.
5. Acta Acad. Cæs. Leopoldin. naturæ curiosorum. Vol. 14. Pars 2. 1829, p. 772.

M. Braun vient également de décrire leurs microgonidies [1]. Or, on ne rencontre ni les unes ni les autres chez les Desmidiacées, pas plus que chez leurs proches parentes les Zygnémées, ni chez les Diatomées. M. Braun croit, par conséquent, devoir rapprocher les Pediastrum des Hydrodictyon. Ce fait ne semble guère en faveur de l'animalité des Pediastrum, encore soutenue à l'heure qu'il est par M. Ehrenberg. Le rapprochement fait d'un autre côté entre les Zygnémées et les Desmidiées, est également peu favorable aux opinions de ce savant relativement à ces dernières. M. Nægeli dit positivement que la seule différence entre ces deux groupes consiste en ce que les individus de l'un sont unicellulaires, et ceux de l'autre multicellulaires [2].

Il est cependant des faits qui semblent permettre de supposer que les Desmidiacées offrent d'autres modes de génération, par lesquels elles se rapprocheraient des Pediastrum et des autres algues. — M. Morren rapporte, en effet, avoir observé chez le *Closterium Lunula* ce qu'il nomme une *reproduction par propagules* [3]. Ces Closterium sont produits dans l'intérieur d'un Closterium isolé non copulé. Lorsqu'ils sont formés, on voit se dessiner un trait non-circulaire, qui délimite exactement la base des deux cônes dont le Closterium se compose. Ce trait est l'indice de la déhiscence qui s'opérera plus tard. Cette déhiscence a lieu en effet : les propagules percent la membrane commune (endochrôme, vaisseau primordial, etc.) qui les enveloppe et se trouvent libres. Ils s'allongent peu à peu, et suivant M. Morren, prennent la forme de vrais Clostérium. — M. Ralfs [4] mentionne également la production d'une foule de petites zoogonidies chez les Desmidiacées, en ajoutant que ce phénomène n'est pas fort rare, et il est probable que les prétendus animalcules que M. Ehrenberg trouva dans un Closterium, et qu'il baptisa du nom de *Bodo viridis*, n'étaient pas autre chose que de telles zoogonidies. Nous-mêmes, nous avons observé une fois un *Closterium Lunula* dont le contenu était remplacé par des corpuscules verts, arrondis, munis chacun d'un seul cil flagelliforme et d'un point rouge. Ces corpuscules s'agitaient vivement dans l'intérieur du Closterium ; toutefois, nous n'avons pu observer leur sortie.

1. Algarum unicellularium, etc , p. 66.
2. Ou, en d'autres termes, que dans l'un les individus restent enchaînés en familles, et que dans l'autre ils vivent isolés.
3. Mémoire sur les Clostéries. Ann. des Sc. nat. 2e Série. 1836.
4. Ralfs. British Desmidieæ. 1849, p. 9.

D'autre part, M. Morren rapporte avoir vu une cellule reproductrice, produite à la suite d'une copulation de ce même *Closterium Lunula*, s'agiter pendant vingt minutes en tous sens, comme une zoogonidie, puis passer à l'état de repos et prendre la forme d'un Closterium.

Il est encore à noter que M. Braun [1] mentionne des corps analogues à des infusoires, qu'on voit se former dans les cellules d'algues vertes (Spirogyra, Œdogonium, etc.) qui sont près de périr. Ces corps se distinguent des zoogonidies normales par leur forme irrégulière, leurs mouvements plus lents et leur contenu brunâtre entouré d'une gelée. M. Braun a vu de telles pseudo-gonidies se former dans les mêmes cellules où naissent les zoogonidies normales, et pense qu'on les a souvent confondues avec celles-ci. Ce fait conduit involontairement à songer à ces corps ronds, immobiles, analogues à des cellules reproductrices que Meyen [2] a observé chez de vieux Closterium non copulés. M. Cohn [3] décrit chez une conferve, la *Sphæroplea annulina*, des pseudo-gonidies analogues à celles sur lesquelles M. Braun a attiré l'attention. On les trouve dans les cellules qui jouent le rôle d'authéridies et ont formé des phytospermes. Ce sont des parties du contenu des cellules qui n'ont pas été utilisées, et qui montrent néanmoins des mouvements propres. Peut-être, suppose M. Cohn, ces corps sont-ils produits par une fusion de plusieurs spermatozoïdes, à peu près comme M. Meissner [4] admet que les zoospermes non utilisés (et les autres aussi du reste) chez les animaux, se transforment en gouttes d'huile [5]. Des globes mobiles analogues se trouvent également dans les cellules de la Sphæroplea, qui jouent le rôle de sporanges. Enfin, M. Cohn a rencontré dans ces utricules, en outre des productions pathologiques douées de mouvement, de vrais infusoires (*Trachelius trichophorus* [6] Ehr.) avec lesquels il faut bien se garder de les confondre.

1. Braun. Verjüngung, p. 300.
2. Meyen. Pflanzenphysiologie III, pl. X. fig. 24.
3. Monatsbericht der Königl Akademie der Wissenschaften zu Berlin. Mai 1855, p. 345.
4. Beobachtungen über das Eindringen der Spermatozoen in das Ei.–Zeitschrift für wissensch. Zoologie. 6. Band.
5. Depuis lors, cette doctrine de la transformation des zoospermes en graisse a été singulièrement ébranlée. Voyez Claparède : Ueber Eibildung und Befruchtung bei den Nematoden. — Zeitschrift für wiss. Zoologie. 9 Bd, p. 106 et suiv. — De la formation des œufs chez les Nématodes, in-4°, Genève, 1859. (*Note de* 1860).
6. Nous avons vu ailleurs (tome 1er, p. 346) que ce prétendu Trachelius est un infusoire flagellé du genre des Astasies (*Note de* 1860).

Les Diatomées se rapprochent très-sensiblement des Desmidiées par leur mode de reproduction. Leur conjugaison fut découverte d'abord par M. Thwaites [1] dans l'*Eunotia turgida* Ehr. Cette découverte fit sensation, attendu qu'elle semblait décider la question de l'animalité ou de la végétabilité de ces organismes. L'analogie de ce mode de reproduction avec celui des Desmidiacées, va en effet à peu près jusqu'à l'identité, et la position des Desmidiacées parmi les algues, semblait moins douteuse que celle des Diatomacées. La conjugaison des Eunotia consiste, d'après M. Thwaites, dans l'union de l'endochrôme de deux frondes voisines. La masse qui résulte de cette fusion se recouvre d'une membrane propre, et devient ainsi ce que M. Thwaites, probablement par analogie avec les Desmidiacées, nomme le *sporange*. Mais ce nom ne paraît pas justifié, comme M. Braun le fait remarquer [2], car ces corpuscules passent *immédiatement* à l'état de cellules végétatives, de frondes nouvelles en un mot, ce qui n'a pas lieu chez les Desmidiacées, où les cellules reproductrices passent un long temps à l'état de repos. — Peu de temps après, M. Thwaites [3] constata des faits tout à fait semblables chez les *Gomphonema* et les *Cocconema*, ainsi que chez les *Fragilaria*. Il reconnut que les cellules reproductrices deviennent semblables aux frondes-mères, et se multiplient même par fissiparité longitudinale. Pendant la conjugaison, les frondes conjuguées se divisent en général en deux moitiés, pour laisser échapper l'endochrôme qu'elles renferment; mais cependant, dans certains cas, comme dans le *Gomphonema minutissinum* et la *Fragilaria pectinalis*, l'endochrôme s'échappe par une fente, située à l'extrémité de la fronde.

Ici donc nous retrouvons une alternance de générations du même genre que chez les Desmidiacées. La copulation des cellules a toujours lieu à la suite d'une série de générations par fissiparité, et a pour but la production directe ou indirecte de cellules reproductrices, destinées à être des espèces de générations de transition à un cycle végétatif nouveau [4].

1. On conjugation in the Diatomaceæ by G.-H.-K. Thwaites, Lecturer on Botany at the Bristol medical School. Annals and Mag. of Nat. History Vol. 20. 1847, p. 9.
2. Verjüngung, p. 141.
3. On conjugation in Diatomaceæ. — Annals and Mag. of Nat. History. Vol. 20. 1847, p. 343.
4. Voyez Braun's Verjüngung, p. 302.

Chez les *Melosira*, les choses se passent, d'après M. Thwaites [1], un peu différemment que chez les autres Diatomacées. On voit l'endochrôme de chaque cellule subir pour son propre compte des modifications particulières, se concentrer vers le centre de la cellule, et donner lieu à ce que M. Thwaites nomme un *sporange* (cellule reproductrice), lequel produit une fronde nouvelle. C'est, au fond, le même résultat qu'a la copulation des autres Diatomacées, seulement ce résultat est réalisé ici sans copulation.

De même que nous avons vu chez les Desmidiacées, chez les Closterium tout au moins, quelques indices de la formation de corpuscules doués de mouvement (zoogonidies), de même M. Nœgeli [2] a vu parfois des corps mobiles naître dans l'intérieur de quelques Diatomacées. On voit alors la substance colorante s'amonceler sur les parois suivant certains centres, donnant ainsi probablement naissance à des vésicules. Celles-ci se détachent parfois de la paroi et s'agitent comme des zoogonidies dans l'intérieur du têt siliceux (ainsi dans le *Melosira varians* Agdh.).

M. Focke [3], de son côté, a vu se former dans diverses Diatomées non copulées (*Surirella bifrons*, *Navicula viridis*, *Navicula fulva*) des globes enveloppés d'une membrane transparente, qui semblent devoir jouer le rôle de spores. M. Focke avait du reste observé le même phénomène chez les Closterium [4].

Si nous avons considéré d'abord les Desmidiacées et les Diatomées, c'était afin de laisser dans le voisinage le plus prochain possible des infusoires un groupe d'organismes qui semble passer insensiblement aux *Astoma* (Astasies, Euglènes,) de M. de Siebold. Le premier des organismes qui se présente à nous est le célèbre *Protococcus pluvialis*, connu également sous les noms génériques d'*Hœmatococcus*, *Chlamydococcus*, etc., synonymie que nous laisserons de côté, parce qu'elle nous entraînerait trop loin. C'est surtout à de Flotow [5] que nous devons l'étude de ce curieux organisme. M. Cohn [6] a répété ses observations et les a en grande partie confirmées et étendues.

1. Further Observations on the Diatomaceæ by Thwaites. Annals and Magaz. of Nat. History. 1848, p. 162-173.
2. Gattungen einzelliger Algen. p. 10.
3. Physiologische Studien. 2 Heft. Bremen, 1854.
4. Physiologische Studien. 1 Heft. Bremen, 1847, p. 54.
5. Acta Academiæ Cæs. Leopold. naturæ Curiosorum. T. 20. Pars 2. 1844.
6. Nachträge zur Naturgeschichte der *Protococcus pluvialis*. 1850 (Nova acta Acad. nat. curios.).

D'après ces documents, le *Protococcus pluvialis* est une *plante* soumise à la génération alternante, c'est-à-dire que l'idée d'espèce ne se trouve réalisée chez elle que par l'ensemble d'une suite de générations. Les individus de chacune de ces générations peuvent donner naissance à une descendance nouvelle. Les cellules qui appartiennent à une même génération sont toujours semblables entre elles, mais elles peuvent être tantôt semblables à leur organisme-mère, tantôt non. La reproduction se manifeste d'abord par une division du contenu des cellules, division en deux, ou suivant une puissance de deux. A partir de ce moment peuvent se présenter divers cas :

1° Chaque individu peut s'envelopper, dans la cellule-mère même, d'une tunique de cellulose et devenir par là une spore immobile. C'est ce qui n'a lieu que lorsque la cellule-mère était elle-même une spore immobile.

2° Chaque individu peut devenir libre sous forme de cellule primordiale et nager ainsi dans les eaux. Ce n'est que plus tard qu'il se forme autour de cette cellule une enveloppe de cellulose, lorsqu'elle a quitté la vie errante pour passer à l'état de repos.

3° Les individus peuvent passer directement à la phase de zoogonidies ou spores mobiles en s'enveloppant d'une membrane roide, mais très-délicate, et ces individus là ont le pouvoir de se reproduire par division en donnant naissance à des individus d'ordinaire semblables à eux-mêmes. En outre, ces cellules sont susceptibles de sécréter une seconde membrane de cellulose beaucoup plus épaisse, tandis que la première est résorbée, et de passer ainsi à l'état de repos.

D'après M. Cohn, ce sont les influences extérieures qui décident si les cellules primordiales résultées de la scission du contenu de la cellule-mère quittent immédiatement cette dernière pour mener une vie errante, ou bien si elles s'enferment immédiatement dans une capsule de cellulose et restent à l'état de repos dans l'intérieur même de la cellule-mère.

L'application de ce principe ne se borne pas au *Protococcus pluvialis*, M. Cohn l'étend à toutes les algues zoosporées. Il croit que toute cellule primordiale résultant du vaisseau primordial [1] possède la faculté ou du moins la possibilité de devenir libre en

1. S'il est permis du moins d'employer ce terme. M. Pringsheim dénie en effet au vaisseau primordial de M. Hugo

tant que cellule primordiale avant d'avoir sécrété de membrane résistante ; qu'elle peut se munir de cils vibratils et nager librement dans l'eau. Ce ne seraient donc que des actions étrangères, peu favorables à la phase errante, qui détermineraient une cellule primordiale à sécréter immédiatement une membrane de cellulose sans avoir passé par aucune phase mobile. Par contre, M. Cohn pense que sans une scission préalable du contenu de la cellule en plusieurs, aucune forme immobile ne peut passer à l'état mobile [1].

En regard de ces intéressantes observations de M. Cohn, nous croyons à peine devoir mentionner celles de M. Kützing, faites en 1840 sur ces mêmes organismes. Cet algologue distingué s'est malheureusement laissé trop facilement entraîner dans une direction qui se ressent encore de l'école des philosophes de la nature du commencement du siècle. Dans un ouvrage qui a été couronné par la Société hollandaise des sciences de Haarlem [2], M. Kützing défend la thèse que les plantes cellulaires inférieures sont des parties élémentaires des plantes à organisation plus élevée dans l'état de liberté. Il n'entend point parler ainsi à un point de vue typique ou idéal, mais il prend son assertion à la lettre et prétend par conséquent que les plantes à organisation élevée ne sont *bien réellement* que des agglomérations de plantes inférieures. Partant de ce point de vue, il attribue aux Protococcus la propriété de donner naissance aux végétaux les plus différents. Dans un autre mémoire [3] il déclare qu'on a autant de droit de considérer ces organismes comme des animaux que comme des végétaux. Il admet donc un point de contact intime entre les deux règnes organiques, et le passage immédiat de l'un à l'autre, au moyen de phases de développement de certains êtres. En principe, M. Kützing ne reconnaît aucune différence absolue entre l'animal et la plante. Les animaux inférieurs passant immédiatement aux végétaux inférieurs, il fait

de Mohl la qualité de vaisseau. Il croit que l'apparence de membrane que présente celui-ci, est due aux réactifs qu'on emploie, et qui font contracter la substance. A l'aide de réactifs suffisamment faibles, on n'obtient, suivant lui, qu'une masse mucilagineuse qui n'a rien de membraneux (Voy. Pringsheim. Grundlinien einer Theorie der Pflanzenzelle. Berlin, 1854).

1. Il est clair que ces considérations ont une couleur encore très-théorique.

2. Kützing. Die Umwandlung niederer Algenformen in höhere etc, dans Naturkundige Verhandlingen van de Hollandsche Maatschapij der Wetenschappen te Haarlem. 1841.

3. Kützing. Ueber die Verwandlung der Infusorien in niedere Algenformen. Nordhausen, 1844.

vivre les Diatomées d'une vie aussi animale que végétale ; il permet aux algues de se transformer en infusoires et vice-versà [1].

Les Protococcus ont eu du reste le sort d'être confondus avec des organismes de tous genres. On a prétendu, par exemple, qu'il était impossible de distinguer le *Protococcus vulgaris* (*Lepra viridis* des auteurs) des gonidies libres de certains lichens, de la *Parmelia parietina*, par exemple. Mais M. Alex. Braun [2] a montré que les différences sont assez grandes : dans les unes, les gonidies des lichens, la multiplication s'effectue au moyen d'une division interne et *simultanée* du contenu de la cellule en un nombre de parties qui varie de 4 à 8 ; dans les autres, les Protococcus, au contraire, la multiplication a toujours lieu au moyen de la *répétition successive* d'une division *binaire*, comme MM. de Flotow et Cohn l'ont démontré. De plus, les gonidies des lichens ont, d'après M. Braun, un nucléus qui fait défaut au Protococcus.

Reste à savoir si le développement remarquable des Protococcus, tel que de Flotow et M. Cohn nous ont appris à le connaître, est celui d'une plante ou celui d'un animal. Certaines formes de *Protococcus pluvialis* sont, d'après M. Cohn, impossibles à distinguer d'une *Chlamydomonas Pulvisculus* [3]. M. Dujardin [4] qui, sans raison valable, donne à la *Chlamydomonas Pulvisculus* Ehr. le nom de *Diselmis viridis*, et qui la considère comme un animal, lui attribue un mode de développement assez semblable à celui que M. Cohn a constaté chez les Protococcus. D'un autre côté, certaines formes, certains états du *Protococcus pluvialis* ressemblent à s'y méprendre à la *Pandorina Morum* dont M. Ehrenberg fait un animal, classé par lui dans la famille des Volvocinées. M. Kützing fait par contre d'un organisme, qui semble être fort voisin de cette Pandorina, ou qui est peut-être même identique avec elle, une Palmellacée sous le nom de *Botryocystis Morum*. M. de Siebold range de même la *Chlamydomonas Pulvisculus* parmi les algues. Aussi fût-il démontré que ces êtres ne sont qu'une seule et même espèce, il n'y aurait rien de prouvé quant à l'animalité ni à la végétalité des Protococcus. Si M. de Siebold fait des Chlamydomonas des plantes, cela tient uniquement à ce

1 Voyez une réfutation de Kützing dans Karl Nægeli : Neue Algensysteme, page 96 et suiv.

2. Algarum unicellularium genera nova et minus cognita. 1855.

3. Beiträge zur Naturgeschichte des Protococcus. Nov. act. Acad. nat. cur. 1850, p. 731.

4. Histoire naturelle des Infusoires, p. 340.

qu'elles ont une enveloppe raide et non contractile. Mais la contractilité de la cellule (nous ne parlons pas bien entendu de pulsations rythmiques) est-elle bien un caractère essentiel du règne animal et inversément l'absence de contractilité un caractère du règne végétal ? Le protoplasma des plantes, la substance azotée des cellules végétales, le vaisseau primordial de M. Hugo von Mohl, en un mot, paraît lui aussi susceptible de contractilité. Le *Protococcus pluvialis* qui a tant d'affinité avec les Chlamydomonas à membrane raide, offre du reste aussi, sous une certaine forme de son développement, une grande ressemblance avec d'autres êtres doués d'une grande contractilité, à savoir les Euglènes. — La même chose peut se dire d'un autre intéressant organisme qu'on peut rapporter sans aucun doute au genre *Cryptoglena* de M. Erhenberg, et que nous avons eu souvent l'occasion d'observer. C'est une cellule remplie de chlorophylle, munie d'un seul flagellum et enveloppée d'une coque résistante (cellulose ?) en forme de flacon (v. pl. XII, fig. 23). Il vient un moment où la Cryptoglène se détache de cette coque qu'elle remplissait auparavant exactement ; elle perd son flagellum, et se met à tourner à l'intérieur, comme pour chercher à en sortir (Pl. XII, fig. 18). C'est ce qui a lieu au bout d'un certain temps, l'enveloppe venant à se fendre et tombant par morceaux (fig. 19-20). La Cryptoglène, nue dès-lors (fig. 21), se meut comme une Euglène qui a perdu son flagellum en rampant au moyen de lentes contractions de son corps [1]. Il est fort probable que toutes les Cryptomonadines de M. Ehrenberg sont susceptibles de se présenter sous ces deux formes [2]. Une partie des Euglènes, celles dont

1. M. Perty (Zur Kenntniss der kleinsten Lebensformen. Bern 1852, p. 81-82) rapporte quelque chose d'analogue de la *Chonemonas hispida* ou *Chonemonas Schrankii*, qui est peut-être le même organisme que la *Cryptoglena volvocina* Ehr., bien que M. Perty indique deux flagellum chez les Chonemonas, et que nous n'en avons jamais vu qu'un seul chez notre Cryptoglène. — Une seule fois, nous avons observé une division du contenu d'une Cryptoglène dans l'intérieur même de l'enveloppe (Pl. XII, fig. 22). Les nombreux globules qui en résultèrent ne montrèrent pas trace de mouvement.

2. Déjà M. Weisse a observé quelque chose de semblable chez la *Trachelomonas nigricans*. Il arrive souvent d'après lui, que chez cet organisme la cuirasse se brise : la partie postérieure tombe et l'animal nage en portant encore un morceau de la cuirasse ou enveloppe résistante (cellulose ?) comme une calotte sur la partie antérieure, où se trouve le soit disant œil de M. Ehrenberg. On voit alors à ce fragment, d'une manière très-évidente, le trou par lequel sort le cil flagelliforme, à l'aide duquel la *Trachelomonas* se meut. Une fois, M. Weisse trouva un individu qui venait de se débarrasser de la partie antérieure de cette enveloppe résistante, tandis que le flagellum passait encore au travers. Celui-ci s'agitait pour chercher à se débarrasser de la dépouille incommode. La Trachelomonas dépourvue de son enveloppe était alors parfaitement semblable à la *Microglena monadina* Ehr., et M. Weisse considère par conséquent la Trachelomonas comme étant la nymphe (*Puppe*) de la Microglena. (Voyez Weisse : Notiz in

M. Dujardin a formé le genre Phacus, sont en général si peu contractiles, qu'une comparaison entre elles et le *Protococcus pluvialis* n'aurait rien d'étonnant. Du reste, ce dernier paraît pouvoir se présenter parfois sous la forme d'un corps très-contractile, muni d'un flagellum et d'un point rouge à sa partie antérieure, ce qui permet fort bien de le rapprocher des Euglènes à forme changeante.

M. Cohn a d'ailleurs étudié aussi le développement d'une Euglène, l'*Euglena viridis* [1] et l'a trouvé très analogue à celui des Protococcus. Meyen ainsi que M. Kölliker, et M. Perty, en avaient déjà constaté quelques phases isolées. — Les Euglènes ne sont pas toujours mobiles. Elles présentent dans de certaines circonstances un état de repos comme le *Protococcus pluvialis*. Elles se roulent en boules et s'enkystent dans une capsule incolore, résistante. Il est alors impossible de les distinguer d'un Protococcus à l'état de repos. Sous cette forme les Euglènes paraissent avoir eu le sort de devenir des algues entre les mains de M. Kützing, qui leur a assigné une place dans le genre *Microcystis*. Dans ce kyste s'opère une multiplication fissipare, suivant la série 2, 4, 8, 16, 32, etc., parfaitement comme chez les Protococcus. Les nouveaux individus sont semblables à leur parent lorsqu'ils sont en petit nombre, ils s'en écartent lorsque le nombre qui indique le résultat de la division binaire est porté à une puissance élevée. Ce sont alors de très-petits corps pyriformes avec un nucléus. On voit donc que cette multiplication a lieu d'après le même type que celle des Protococcus [2].

Bezug auf Metamorphosen der sogenannten polygastrischen Infusorien. Dans les Bulletins de la classe physico-mathématique de l'Académie de Saint-Pétersbourg. 1851, nº 4.

1 Cohn. Beiträge zur Entwicklungsgeschichte der Infusorien. — Zeitschrift für wissenschaftliche Zoologie, et le Mémoire sur le Protococcus.

2. Les Euglènes paraissent du reste posséder encore d'autres modes de reproduction. C'est ainsi que nous avons vu un exemple de division transversale chez une *Amblyophis viridis* non enkystée. Cette espèce est si voisine de l'*Euglena viridis* que M. Focke (Physiologische Studien. Erstes Heft, p. 11) ne veut voir dans l'*Amblyophis viridis*, l'*Euglena sanguinea*, l'*E. hyalina*, l'*E. Deses*, l'*E. viridis* et l'*E. spirogyra* qu'une seule et même espèce M. Perty (Zur Kenntniss der kleinsten Lebensformen. Bern, 1852, p. 78) rapporte également avoir vu un exemple de division spontanée chez une *Euglena viridis* non enkystée. Chez l'*Euglena Pleuronectes* nous avons vu le contenu de la membrane s'ordonner autour de certains centres de manière à former des globes, tandis (Pl. XII, fig. 13) que l'Euglène se mouvait encore. Cela rappelle ce qu'on voit chez les Chlorogonium. Parfois aussi (fig. 12), le mouvement de l'individu parent avait cessé auparavant. — M. Perty dit avoir constaté, comme M. Cohn, que les Euglènes sont susceptibles, dans leur état d'enkystement, de se diviser en un nombre énorme de petites parties (« blasties »), comparables à la masse des microgonidies de certaines algues. Si chacun des individus ainsi formés peut se développer en une Euglène, ce qui est probable, cela expliquerait leur multiplication parfois si incroyablement rapide. Nous attirons aussi l'attention sur ces corpuscules singuliers qui remplissent souvent les Euglènes, et que M. Ehrenberg

A la suite de ces considérations et de diverses autres, M. Cohn en vient à admettre que la substance contractile des animaux et le protoplasma des plantes sont des produits essentiellement analogues. Il en déduit que cette substance est, à vrai dire, chez les plantes, enveloppée d'ordinaire dans une membrane résistante de cellulose, qui manque chez les animaux, mais que cependant certaines plantes, des algues, par exemple, peuvent passer par des phases où le protoplasua vit d'une manière indépendante, sans être protégé par aucune membrane résistante, et enfin, qu'il est certains animaux, les Euglènes par exemple, chez lesquels la substance contractile peut s'entourer d'une membrane résistante épaisse et non contractile. Les zoogonidies des algues se comporteraient dans ce cas, quant au type, comme des animaux unicellulaires (?), et les Euglènes enkystées, à l'état de repos, comme des plantes de la plus simple organisation.

A ce point de vue, les phénomènes vitaux présentés par les *Protococcus pluvialis* s'expliqueraient au moyen d'un alternance de génération. Une forme végétale donnerait naissance à une autre forme, qui, par son organisation et son genre de vie se comporterait d'une manière analogue à celle dont se comporte certain autre groupe, savoir le groupe des infusoires flagellés réputés astomes et anentères. Cette phase dans laquelle le Protococcus présente certains caractères d'animalité passe bientôt à une autre évidemment végétale. On pourrait alors considérer le développement des Euglènes comme analogue quoique inerte. Ce serait un animal qui pendant un certain temps mènerait une vie en apparence végétale.

Cette manière de voir, fort intéressante du reste, pourrait se ramener au fond très-facilement aux cycles de MM. Naegeli et Braun, bien que ces cycles n'offrissent peut-être pas la même régularité que chez les Diatomées et les Desmidiées.

Des organismes très-voisins des Protococcus sont les *Glœococcus*, dont M. Braun nous a fait connaître le développement [1]. Ces cellules oviformes vertes et à rostre in-

considérait tantôt comme des corps crystallins, tantôt comme des organes générateurs, tandis que d'autres, comme M. Focke, ne veulent y voir que des grains de paramylum. Leur forme de bâton est surtout très-développée chez l'*Euglena Acus* (Pl. XII, fig. 15). On les trouve parfois en nombre fort considérable. Peut-être y aurait-il quelque chose de commun entre ces corps et la reproduction.

1. Alex. Braun. Verjüngung. p. 169.

colore se multiplient par une division binaire simple ou deux fois répétée. Les cellules ainsi produites forment des familles enveloppées d'une espèce de gelée. On peut admettre ici comme chez les Diatomées et les Desmidiacées, etc., des séries de générations successives, séparées les unes des autres par une génération de transition. Chez les Desmidiacées et les Diatomacées la génération de transition qui sépare deux cycles de générations par fissiparité; c'est la génération où l'on observe une copulation. Chez les Gloeococcus, cette dernière trouverait son remplaçant dans la génération binaire double (division en quatre) qui se présente toujours au bout d'un certain nombre de générations par division binaire simple (division en deux). Toutes les générations appartenant au cycle de division binaire simple sont, leur vie durant, munies de deux cils flagelliformes. La génération de transition, au contraire, n'en offre pas. Les dernières générations de chaque cycle quittent la famille, et chaque individu s'en va pour son propre compte, nageant librement dans les eaux, chercher une place où il passe à l'état de repos et forme ainsi la cellule de transition à un autre cycle [1].

Aux Protococcacées se trouve intimement uni le groupe des Volvocinées proprement dites, et nous avons à passer maintenant aux phénomènes reproductifs qui le caractérisent. C'est peut-être le groupe le plus intéressant de tous les organismes à place incertaine qui font le sujet de ce chapitre. Considérés toujours comme des animaux jusqu'à ces dernières années, c'est M. de Siebold [2] qui a été le premier à les réclamer au profit du règne végétal, et aujourd'hui nombre d'algologues distingués, entre autres MM. Cohn [3] et Braun [4] se sont rangés à son avis. La question est cependant, comme nous le verrons par la suite, fort loin d'être décidée.

Les Volvox proprement dits, et, parmi ceux-ci le *Volvax globator* sont les premiers êtres de cette famille dont on ait découvert un des modes de développement. Déjà les

1. Ici viennent se ranger toutes les Palmellacées dont les analogies avec les Protococcacées sont immenses. Mais leur nature étant d'un commun accord reconnue pour végétale, nous les laisserons de côté, afin de ne pas nous laisser entraîner trop loin.

2. Th. de Siebold. De finibus inter regnum animale et vegetabile. Erlangen, 1844, p. 12, et Ueber einzellige Pflanzen und Thiere. Zeitschr. f. wiss. Zoologie. 1 ster Bd. 1849, p. 270.

3. Untersuchungen über die Entwicklungsgeschichte der Algen und Pilze, 1853.

4. Zeitschrift für wissenschaftliche Zoologie, 4 ter Bd. p. 77 et suiv.

anciens observateurs avaient considéré comme des embryons les grosses boules vertes qu'ils voyaient dans l'intérieur du Volvox. M. Ehrenberg qui eut l'honneur de constater le premier que ces organismes sont des colonies d'individus, montra que chacun de ces soi-disant embryons, est une jeune famille produite par la division spontanée et rapidement répétée d'un de ces individus. Ce procédé de multiplication est, comme M. Stein[1] l'a montré, le résultat d'une division *binaire* multiple, comme c'est aussi le cas chez d'autres Volvocinées, de sorte que le nombre des individus d'une famille doit toujours répondre à une puissance de 2. Chaque nouvel individu se munit de deux cils flagelliformes, et la famille engendrée sort de la famille-mère par une déchirure.

Mais ce n'est point là le seul mode de reproduction des Volvox. M. Busk[2] nous a mis sur la voie qui devait nous en faire connaître un autre. M. Stein[3], de son côté, sans avoir aucune connaissance des travaux de M. Busk, fut conduit à des résultats à peu près parfaitement semblables. Le second mode de reproduction rappelle un peu ce qui se passe chez beaucoup d'autres organismes inférieurs. Parfois certains individus d'une famille deviennent excessivement gros, aussi gros que de jeunes familles, sans que cependant on aperçoive chez eux la moindre trace de division. Bientôt ces sphères s'entourent d'une substance gélatineuse, présentant des pointes côniques diversement découpées, ce qui fait qu'une coupe d'une de ces sphères présente un aspect étoilé, parfaitement comme les spores que M. Cohn nous a fait connaître chez la *Sphæroplea annulina*. M. Ehrenberg avait fait du *Volvox globator*, dans cet état, une espèce particulière, le *Volvox stellatus*, caractérisée par l'apparence stelliforme des jeunes colonies[4]. Mais ces jeunes colonies sont de fait des *kystes*, suivant l'expression de M. Stein. Un partisan de la végétabilité des Volvox, dirait des *spores* ou des *sporanges*. M. Busk les nomme des *spores d'hiver*, et M. Stein pense dans le fait comme lui, que leur rôle est de résister à la saison froide, comme du reste aussi aux époques de chaleur excessive, où les étangs sont à sec. Nous nous contenterons de les nommer des

1. Die Infusionsthierchen auf ihre Entwicklung untersucht. Leipsig, 1854, p. 44.

2. Busk. Some observations on the structure and developement of *Volvox globator* and its relations to other unicellular plants. — Quarterly Journal of microscopical Science, 1853, p. 31-33.

3. Loc. cit. p. 42-48.

4. M Focke considérait déjà comme probable que le *Volvox stellatus* n'est pas spécifiquement différent du *V. globator* (Physiologische Studien. Erstes Heft. 1847).

corps reproducteurs. Leur contenu, primitivement vert, passe peu à peu au rouge brun. La famille-parente meurt et se décompose de sorte que les corps reproducteurs gisent libres dans l'eau. Ni M. Busk, ni M. Stein ne les ont poursuivis plus loin. Il est à supposer cependant qu'ils reproduisent plus tard des germes mobiles.

Nous avons évidemment là à faire à un cycle périodique semblable à ceux que MM. Nægeli et Braun nous ont fait connaître chez les Desmidiacées, les Diatomacées, les Gloeococcus, etc. Nous avons une suite de générations par fissiparité, où les familles sont mobiles, puis vient une génération de transition immobile, laquelle reproduit sans doute la première génération mobile du cycle suivant [1].

D'après M. Busk [2] on doit encore faire rentrer dans le cycle d'évolution du *Volvox globator*, la *Sphærosira Volvox*, Ehr., bien que les individus (zoospores, pour parler avec M. Busk) qui la composent, n'aient qu'un flagellum au lieu de deux. Si ceci se confirmait, le Volvox deviendrait un Protée presque insaisissable comme le *Protococcus pluvialis*. En effet, les individus qui composent une Sphærosira se multiplient par une division binaire répétée, donnant lieu à des grappes, ou colonies de monades, qui se

1 Depuis la rédaction de ces lignes, notre connaissance de la reproduction des Volvox a été considérablement modifiée et augmentée par les recherches de M. Cohn, confirmées en grande partie par M. Carter. D'après M. Cohn (Comptes-rendus de l'Acad. des Sc., 1er déc. 1856. — Annales des Sc. nat. 1857), les Volvox possèdent deux modes de reproduction : le premier est une simple multiplication par scissiparité. Il n'y a dans chaque famille qu'un nombre restreint d'utricules qui soient chargés de ce mode de reproduction. Le second mode de génération exige un concours sexuel; il ne se présente que chez certains individus, dont les utricules composants sont plus nombreux que d'ordinaire. Ces individus ou familles sont monoïques, portant des utricules mâles et des utricules femelles : la plupart des utricules sont cependant neutres. Les utricules femelles deviennent plus gros que les autres, et s'allongent vers le centre du Volvox, sans qu'il y ait partage de leur endochrôme. Les utricules mâles se divisent en une multitude de petits corpuscules linéaires, munis de deux longs cils en arrière de leur partie moyenne et d'un long rostre en forme de cou de cygne. M. Cohn considère ces corpuscules comme des spermatozoïdes. Ils se répandent dans la cavité du Volvox, s'amassent autour des utricules femelles et s'incorporent peu à peu à eux. A la suite de cette fécondation, les utricules femelles se munissent d'un tégument à saillies côniques et pointues, et leur chlorophylle fait place à de l'amidon ainsi qu'à une huile de couleur rouge ou orangée. Dans cet état, le *Volvox globator* est identique d'abord avec le *V. stellatus*, puis avec le *V. aureus* de M. Ehrenberg. A ce sujet, l'opinion de M. Cohn concorderait avec celle de M. Busk, que nous mentionnerons plus loin. M. Cohn s'accorde aussi avec M. Busk pour faire rentrer la *Sphærosira Volvox* dans l'évolution du *V. globator*. M. Carter (*Annals and Mag. of nat. History* Janvier, 1859) n'est point d'accord avec eux sur ce point. Il pense que ces auteurs ont confondu deux espèces de Volvox, et, en cela, ses opinions pourraient être rapprochées de celles de M. Stein, qui lui sont restées inconnues. D'ailleurs, M. Carter décrit la fécondation des Volvox à peu près comme M. Cohn. — Un mode de reproduction très-semblable à celui des Volvox a été découvert et décrit par M. Carter, chez les Endorina et les Cryptoglena (*Annals and Mag. of nat. History*. October 1858). La similitude est même telle que nous pouvons nous dispenser de tous détails à cet égard (*Note de* 1860).

2. Busk. Loc. cit. p. 39-40.

détachent de l'organisme-parent et nagent de concert dans les eaux sous une forme qui rappelle les Uvella ou les Syncrypta de M. Ehrenberg.

Le *Volvox aureus* Ehr. est, d'après M. Stein, une autre espèce de Volvox (*V. minor* Stein) observé dans le moment où les corps reproducteurs ont pris une teinte rouge dorée. D'après M. Busk ce ne serait qu'une forme de *Volvox globator* [1].

M. Cohn [2] nous a cependant fait connaître chez les Stephanosphæra, genre excessivement voisin des Volvox, un mode de reproduction qui semble indiquer que ceux-ci pourraient bien se reproduire encore d'une autre manière [3]. Ici également on trouve la division binaire, ce procédé de multiplication si fréquent chez les animaux inférieurs. Chaque Stephanosphæra se compose normalement de huit individus, associés en famille dans une enveloppe gélatineuse commune. Une triple division binaire s'effectue chez chaque individu, de manière à ce que l'enveloppe commune se trouve renfermer huit groupes de chacun huit individus. Chacun de ces groupes sort par une déchirure de l'enveloppe commune et forme une nouvelle famille. — Parfois aussi les individus quittent isolément la famille et mènent chacun pour son compte une vie errante. On ne peut guère alors les distinguer des Chlamydomonas. Nous verrons plus bas quelle est la destinée probable de ces individus.

Dans d'autres cas, la division binaire poursuit sa marche de sorte que le nombre des individus appartenant à chaque groupe ne se restreint pas à 8, mais se multiplie

1. Nous savons à peine si nous devons mentionner ici une note de M. le docteur Gros, sur le développement du *Volvox globator* (Bulletin de la Société des naturalistes de Moscou. 1845, 1, p. 380). M. Gros donne de cet organisme une description du reste assez confuse. Il donne aux individus qui composent une famille adulte le nom de *polypiers de premier ordre*. Les jeunes familles contenues dans l'intérieur du Volvox sont pour lui des *polypiers de second ordre*, et les individus de ces jeunes familles des *vésicules vésiculées de troisième ordre*. M. Gros a puisé dans un étang un verre plein de Volvox. Ce verre le suit partout et gèle même en voyage; après quoi M. Gros se met à l'observer avec soin, depuis le mois de février jusqu'au mois d'octobre, où il trouve que les vésicules mères sont toutes détruites, et que les vésicules de troisième ordre ont seules survécu. Une partie de celles-ci sont à l'état de repos, entourées de gelée. Malheureusement, M. Gros ne sait pas distinguer ces *vésicules* d'œufs de rotateurs qui se trouvent par hasard dans son verre. Il voit ces rotateurs se développer tout naturellement dans leurs œufs, et M. Gros se met en voyage, allant proclamer par le monde qu'il a vu un *Rotatoire philodiné* issu d'un *Volvox*. Il en conclut à une alternance de génération chez les Rotateurs, « car, dit-il, ce serait un rotatoire issu de la couvée d'un polygastrique (!) »

C'est du reste le même M. Gros qui nous apprend ailleurs (Bulletin de la Société des Naturalistes de Moscou, 1845, p. 387) que les spores végétales deviennent des bacillariées, et que les cellules végétales « couvent aussi d'autres infusoires. »

2. Ueber eine neue Gattung aus der Familie der Volvocinen. Zeitsch. f. wiss. Zoologie, 4 ter Bd. p. 77.

3 Cette prévision s'est trouvée réalisée dans l'intervalle, par la découverte faite par M. Cohn lui-même, des spermatozoïdes des Volvox, ainsi que nous l'avons exposé dans la note de la page précédente (*Note de* 1860).

en 16, 32, 64, 128, et ainsi de suite. L'enveloppe commune se trouve finalement remplie de myriades de petits êtres munis chacun de quatre cils flagelliformes. Ces petits êtres fusiformes quittent l'enveloppe commune et nagent librement dans l'eau. Personne ne méconnaîtra l'analogie de ces corpuscules avec les microgonidies des algues.

Ces observations de M. Cohn se trouvent complétées par celles de M. Alex. Braun[1] sur les Chlamydomonas elles-mêmes. L'analogie de ces petits êtres avec les Volvox avait déjà été reconnue par M. Ehrenberg, ce qui n'a pas empêché M. Dujardin de les éloigner de ces derniers, et, sans aucune raison valable, de les anabaptiser du nom de Diselmis. — Les Chlamydomonas apparaissent d'ordinaire en masses énormes au printemps, puis disparaissent subitement, sans qu'il soit possible d'en trouver un seul individu pendant l'été. M. Braun a éclairci ce mystère par l'étude du développement de la *Chlamydomonas obtusa* Br. Dans l'état que l'on regarde d'ordinaire comme leur état normal, M. Braun considère les Chlamydomonas comme des zoogonidies. Elles se multiplient sous cette forme par une division binaire simple ou deux fois répétée. Cependant il arrive de temps à autre que la division binaire se répète un plus grand nombre de fois. Elle donne alors lieu à 16 ou 32 microgonidies dont la forme est différente de celle des macrogonidies. — La même chose a lieu chez une autre espèce, la *Chlamydomonas tingens* Br. Au printemps on voit les générations de macrogonidies se succéder très rapidement, et les microgonidies apparaître aussi çà et là. Mais au bout de quelques semaines on ne trouve plus un seul individu en mouvement. Les cellules précédemment allongées, ont pris une forme parfaitement sphérique, et ont passé à l'état de repos. Leur contenu, primitivement vert, se colore peu à peu en rouge brun et l'on voit l'intérieur parsemé de gouttes d'huile. Dans cette espèce d'état de sommeil, les Chlamydomonas persistent tout l'été, et ce n'est qu'en décembre ou janvier qu'on voit apparaître de nouveau des individus mobiles. Leur couleur repasse alors peu à peu du rouge au vert, et les phénomènes de division recommencent.

L'apparition des microgonidies chez les Chlamydomonas et les Stephanosphères

1. Al. Braun. Ueber Die Erscheinung der Verjüngung in der Natur. p. 320 et Suiv.

rend leur existence, chez les autres Volvocinées, fort probable [1], et lorsqu'on songe à l'importance acquise récemment à ces singuliers êtres, par la découverte de M Pringsheim [2], qui a reconnu que leur destination réelle est de jouer le rôle d'anthéridies, ou même directement de spermatozoïdes, on en concluera que nous ne sommes peut être pas loin du moment où l'on trouvera des sexes chez les Volvox, comme on en a découvert récemment chez les Vauchéries, les Fucoïdées et beaucoup d'autres algues. Les individus des Stephanosphæra que nous avons rapporté se détacher isolément d'une famille, seraient alors des macrogonidies, et leur but serait probablement, en se détachant de la famille, de passer bientôt à l'état de repos.

Nous voyons du reste quelque chose de semblable se passer chez les Gonium, autre genre de Volvocinées, dont une espèce, le *Gonium pectorale*, a été étudiée par M. Cohn sous le point de vue de son développement [3]. Le *Gonium pectorale* se compose, comme on sait, de 16 individus réunis en famille sous une forme tabulaire, dans une enveloppe gélatineuse. La reproduction s'opère au moyen d'une division binaire quatre fois répétée, d'où il suit, qu'après une semblable division, la famille primitive se trouve composée d'un nombre d'individus égal au carré de 16 et répartis en 16 groupes. Chacun de ces groupes forme une nouvelle famille. Il se présente naturellement parfois des irrégularités. C'est ainsi qu'il n'est pas rare de rencontrer des familles de huit individus. Comme la famille n'est point distribuée en échiquier, mais suivant certaines lois dont M. Cohn a fait l'étude particulière, ces familles anormales semblent au premier abord manquer de symétrie. Mais ce sont dans le fait de véritables hémiédries. — De même que chez les Stephanosphæra, il arrive parfois aussi chez les Gonium que les individus, appartenant à une famille, la quittent isolément, probablement pour passer bientôt à l'état de repos. Il faudra encore des observations suivies pour savoir si l'idée des cycles, séparés par une génération de transition (Nægeli et Braun), trouve ici son application. Mais nous en doutons à peine.

1. On peut voir par la note de la page 51 que cette prévision s'est réalisée. L'existence de sexes chez les Volvocinées en général, est aujourd'hui parfaitement démontrée (*Note de* 1860).

2. Monatsbericht der Berliner Akademie der Wissenschaften. März 1855.

3. Untersuchungen über die Entwicklungsgeschichte des mikroskopischen Algen und Pilze. p. 180 et suiv.

Aux yeux de M. Cohn [2] les familles de Gonium formeraient le pendant des Pediastrum, mais en sens inverse. Chez les Pediastrum, ce sont les individus isolés qui sont doués de mobilité, tandis que les familles vivent à l'état de repos. Chez les Gonium ce sont, au contraire, les familles qui mènent une vie errante, tandis que les individus se détachent isolément pour passer à l'état de repos. Les microgonidies n'ont pas été observées jusqu'ici, mais l'analogie des Stephanosphæra et des Chlamydomonas permet de supposer qu'on viendra à les découvrir.

Les Pandorina, les Botryocystis, etc., offriront sans nul doute des phénomènes analogues.

D'après tout ce qui précède, on s'attend probablement à ce que nous considérions les Volvocinées comme des végétaux. Toutes leurs analogies semblent être de ce côté là. Le mode de division est tout végétal ; la présence de macrogonidies et de microgogonidies comme chez un Pediastrum ou un Hydrodictyon ne parle guère en faveur de l'animalité, sans compter que les corps reproducteurs (probablement destinés à reproduire des macrogonidies) du *Volvox globator* ressemblent à s'y méprendre aux spores de Sphæroplea, et subissent comme celles-ci, pendant leur état de repos, un passage de la couleur verte à la couleur brune. Voir des animaux dans de tels organismes, c'est, semble-t-il, vouloir violer toutes les analogies.

Et cependant nous flottons dans le doute, et même, si nous sommes obligés de nous prononcer d'une manière positive, nous croirons devoir faire pencher la balance plutôt du côté de l'animalité. Ce ne sont pas les mouvements qui nous guident dans cette manière de voir, bien qu'on pût se laisser séduire à adopter cette opinion, uniquement par la description que Turpin fait de la manière « dont on voit les Gonium se balancer avec grâce, pirouetter, se tourner en avant, en arrière, se ployer majestueusement ; comment ils forment une chaine qui se promène en décrivant toutes sortes de figures, si bien qu'on croirait, dans une goutte d'eau animée par ces émeraudes étincelantes, assister à un bal magnifique, masqué et paré... Une petite féerie ! » Ce ne sont pas non plus les points rouges fréquents chez beaucoup d'entre eux, mais c'est la présence d'un organe important, la vésicule contractile.

2. Loc. cit., p. 192.

Le premier qui signala une vésicule contractile chez les Volvocinées, fut M. Ehrenberg, qui attribue aux Volvox « une vésicule claire, située entre deux testicules. » Dans le *Gonium pectorale* [1] il mentionne également un organe semblable qui, suivant lui, se distingue par sa grande lucidité du testicule plus mat, logé comme lui dans la masse du corps. Dans la *Chlamydomonas Pulvisculus* il signale également une vésicule contractile, mais toutefois avec un point de doute [2]. Néanmoins, on eut peu d'égard à ces données de M. Ehrenberg. Tacitement on parut croire que ce savant n'avait parlé de ces vésicules (vésicules séminales à ses yeux) que par amour pour la théorie, de la même manière qu'il était poursuivi par le fantôme des estomacs et des intestins de ses polygastriques. Aussi nul ne songeait plus à soupçonner l'existence de ces organes, lorsque M. Cohn en refit la découverte en l'année 1853, soit chez le *Gonium pectorale*, soit chez la *Chlamydomonas Pulvisculus*.

Le *Gonium pectorale* possède deux, parfois trois de ces vésicules, qui sont situées dans le voisinage du point d'insertion du flagellum. Un repos parfait de la famille est indispensable pour qu'on puisse constater les pulsations rhythmiques, car il est nécessaire pour cela de ne pas perdre de vue les petites vésicules. On voit alors d'après la description de M. Cohn [3], deux vésicules (M. Cohn dit vacuoles) peu éloignées l'une de l'autre dans chaque individu. Il n'existe pas de communication visible entre elles. Elles sont toutes deux de grosseur égale et parfaitement claires. Bientôt l'une d'elles *a* s'obscurcit et devient moins distincte, comme si son contenu n'était plus si différent qu'auparavant de la substance verte qui remplit la cellule. Tout d'un coup cette vésicule *a* se contracte et disparaît si complètement, qu'on ne reconnaît pas même la place où elle se trouvait primitivement. La vésicule *b* reste au contraire large et claire. Au bout de quelques instants on voit apparaître un point transparent à la place où le vésicule *a* était naguères. Ce point va croissant peu à peu en dimensions, et la vésicule est bientôt là dans toute son intégrité primitive. A cet instant la vésicule *b* se contracte.

1. Infusionsthiere. 1838, p. 51.
2. Ibid. p. 64.
3. Cohn's Mikroskopische Algen und Pilze. 1853, p. 194.

On voit par là que l'observation de M. Ehrenberg était parfaitement exacte, car, quoiqu'il ne consigne qu'une seule vésicule contractile chez les Gonium, on reconnaît par l'examen de sa planche[1] qu'il les a vues toutes deux ; seulement il a considéré l'une comme testicule, l'autre comme vésicule spermatique.

Chez les Chlamydomonas [2] les deux vésicules contractiles sont disposées parfaitement comme chez les Gonium, et le phénomène est au fond parfaitement le même.

Nous avons répété les observations de M. Cohn sur le *Gonium pectorale* et la *Chlamydomonas Pulvisculus*, et nous les avons trouvées parfaitement exactes.

Il y a plus : Nous avons reconnu que les Volvox sont dans le même cas que les Gonium et les Chlamydomonas. Ce n'est pas que nous prétendions que l'observation de M. Ehrenberg fût parfaitement juste à leur égard, car la description de la vésicule contractile, comme étant « une vessie claire, située entre deux testicules » ne peut guère s'appliquer à la disposition réelle telle qu'elle existe dans la nature. On sait que les individus d'une famille de *Volvox globator* sont réunis les uns aux autres par des espèces de cordons[3] signalés par M. Ehrenberg, et dont M. Dujardin[4] a tort de révoquer l'existence en doute. La vésicule contractile est toujours située au point où l'un de ces cordons part d'un individu, et cela dans une position telle qu'on la croirait, en général, non pas dans le corps même de l'individu, mais à côté de lui sur ce cordon, ce qui s'explique tout simplement, puisque ces cordons ne sont qu'une expansion de la

1. Infusionsthiere. 1838, pl. III, fig. 13.

2. Mikroskopische Algen und Pilze. p. 202.

3. M. Cohn (Mikroskopische Algen und Pilze. p. 176) a montré que ces cordons sont, chez les Gonium, produits par des prolongements en pointe de chaque individu. La membrane des cellules développe en effet des espèces de prolongements plus ou moins coniques qui lui donnent une apparence étoilée, et chacun de ceux-ci vient s'appliquer bout à bout contre un prolongement semblable, émané d'une cellule voisine. Le contenu de la cellule, le contenu vert du moins, ne pénètre pas dans ces cônes membraneux. — Chez les Volvox, il en est un peu différemment : ici, les individus sont placés au centre des cellules d'enveloppe qui sont polyédriques et parfois très-difficiles à reconnaitre. M. Williamson (Further elucidations on the structure of *Volvox globator*, by prof. Williamson. — Quarterly Journal of microscopal Science. 1853, p. 45) a été le premier à les reconnaître, et sa description concorde parfaitement avec nos propres observations. De chaque individu partent, dans l'état normal, des filaments (connecting threads de M. Williamson) qui vont en rayonnant jusqu'à la paroi de la cellule. Ils atteignent celle-ci à un point qui correspond parfaitement à celui qu'atteint un filament dans la cellule voisine, d'où résulte l'apparence de fils continus, allant d'un individu à l'autre. D'après M. Williamson, ces filaments sont, du reste, des prolongements d'une membrane fort délicate (*protoplasmatic membrane*), qui se trouve toujours entre le protoplasma de chaque individu et la membrane de sa cellule. C'est à l'origine d'un de ces prolongements remplis de protoplasma que se trouve la vésicule contractile.

4. Dujardin. Histoire naturelle des Infusoires. Paris, 1841, p. 313.

substance des individus mêmes. Nous n'avons constaté que la présence d'une seule de ces vésicules. — Nous nous étions déjà convaincus de ces faits, lorsque nous nous aperçûmes que M. Busk[1], en Angleterre, avait déjà vu et figuré la vésicule contractile chez le *Volvox globator*. Consultant alors sa figure et sa description, nous vîmes que la place indiquée par cet excellent observateur coïncide parfaitement avec celle que nous avons trouvée. — La présence d'une ou de plusieurs vésicules contractiles paraît donc être un phénomène répandu chez les Volvocinées.

M. Cohn, il est vrai, a cherché inutilement une vésicule contractile chez les Stephanosphæra et les Chlamydococcus (Protococcus), mais ce n'est pas à dire qu'elle n'existe pas et, dans tous les cas, cela ne détruit pas le fait de son existence chez d'autres Volvocinées.

Après avoir vu M. Cohn découvrir la vésicule contractile chez les Gonium et les Chlamydomonas, on s'attend à ce qu'il descende dans la lice pour défendre l'animalité des Volvocinées. Mais tout au contraire, parce que, suivant son opinion, si l'on fait des Gonium et des Chlamydomonas des animaux, il faut nécessairement déclarer les Stephanosphæra et les Chlamydococcus (Protococcus), membres intégrants de la grande phalange animale. Si l'on consent à cela, pense-t-il, les genres Pediastrum et Hydrodictyon devront suivre la même route, et alors il n'y aura plus de raison pour refuser le même titre d'animal aux spores de Cladophora et de Tetraspora, ni à toute la cohorte des zoogonidies végétales.

Cette objection est spécieuse. Il est certain que les Stephanosphères devront suivre partout les Volvox, dût-on même ne jamais découvrir de vésicule contractile chez elles. Il est certain que les Volvocinées offrent dans leur mode de développement (Stephanosphæra, Chlamydomonas[2]) une grande affinité avec les Hydrodictyon et les Pediastrum, mais, d'un autre côté, elles en sont cependant assez éloignées pour former un groupe à part bien distinct. M. Cohn reconnait que la vésicule contractile d'une Volvocinée ne se distingue en rien de celle d'un Rhizopode amœbéen ou d'un Infusoire. Mais il admet que cet organe (qui est probablement, à nos yeux, la première apparition d'un cœur dans

1. Busk. Some observations on the structure and developement of *Volvox globator* and its relations to other unicellular plants. Quarterly Journal of microscopical Science. 1853, p. 31-33.
2. Aujourd'hui l'on peut ajouter aussi *Volvox*, grâce à M. Cohn (*Note de* 1860).

la série des êtres) n'est pas un caractère d'animalité. Nous reconnaissons, il est vrai, qu'il est possible qu'un jour on arrive à constater la présence d'une vésicule contractile dans un organisme indubitablement végétal ; car, pourquoi n'en serait-il pas de cet organe comme de toutes les autres barrières qu'on a cherché à établir entre le règne végétal et le règne animal ? Elles sont à peu près toutes tombées les unes après les autres. Nous savons que lorsque MM. Valentin et Purkinje firent en 1831 la découverte de l'épithélium vibratile, ils y virent le caractère distinctif le plus sûr entre les animaux et les plantes. Les études de M. Unger, sur les zoogonidies des Vauchéries, devaient bientôt renverser cet édifice tout factice. Le second mode de motilité qu'on rencontre chez les infusoires, à savoir la natation au moyen de cils flagelliformes, s'est également retrouvée d'une manière inattendue chez les plantes. Mais, dans tous les cas, c'est un fait constant que *l'existence d'une vésicule contractile de la nature de celles des Rhizopodes amœbéens et des infusoires* fait défaut dans tout organisme appartenant avec certitude au règne végétal [1]. C'est là le seul caractère objectif qui reste à notre disposition pour distinguer les deux règnes dans les organismes inférieurs. On ne sait à tout prendre quelle est la différence réelle et fondamentale entre les organismes qui sont situés sur les derniers rayons de l'échelle des deux règnes organisés, et si l'on admet l'opinion de la majorité, à savoir, par exemple, qu'une Euglène soit un animal, tandis qu'une gonidie de Cladophora ou même une Volvocinée, serait un végétal, il n'en restera pas moins vrai que la différence entre un tel animal (à supposer qu'il soit réellement astome) et un tel végétal, sera moins grande que celle qui distance cet animal, l'Euglène, du groupe animal le plus voisin, celui des infusoires ciliés [1].

1. Depuis que ces lignes ont été écrites, M. de Bary a décrit une vésicule contractile dans les zoogonidies des Myxogastres ou Myxomycètes, organismes que chacun considérait jusqu'ici comme des végétaux bien caractérisés. Mais en même temps M. de Bary, pour cette raison et pour beaucoup d'autres, comme nous l'avons vu plus haut, pense devoir affecter à ces organismes le nom de *Mycétozoaires* et les faire passer dans le règne animal. Du reste, cette découverte, en montrant toujours plus combien la distinction tranchée entre un règne animal et un règne végétal est peu fondée sur les faits, diminue bien l'importance de la recherche d'un critère objectif de distinction entre ces deux règnes (*Note de* 1860).

2. Du reste, lorsque nous rapprochons les Volvocinées et organismes voisins du règne animal, nous avons pour nous l'opinion d'un des botanistes les plus illustres de l'époque actuelle, M. Gustave Thuret : « Les *Diselmis* (Chlamydomonas), dit-il, *Gonium*, *Pandorina*, *Volvox*, *Protococcus pluvialis*, présentent des caractères d'animalité trop prononcés pour qu'il soit possible de les réunir au règne végétal. » Il pense qu'il conviendrait de les placer avec tous les infusoires (*flagellés* sans doute) colorés en vert en un même groupe, qu'on pourrait désigner sous le nom de

Mais, puisque nous amenons les Euglènes sur le tapis, et que M. Leuckart [1] les tient pour des plantes, nous dirons quelques mots de la place où se trouve leur vésicule contractile. Il paraîtra curieux, sans doute, que nul n'ait vu jusqu'ici cet organe. Mais c'est une conséquence toute naturelle de sa position. Les Euglènes ont, comme l'on sait, la forme d'un sac ou utricule dont les parois sont colorées par de la chlorophylle. Elles sont munies d'un long flagellum à la partie antérieure. Dans le voisinage de l'insertion de ce flagellum se trouve un point rouge considéré par M. Ehrenberg et d'autres auteurs comme un œil. Auprès de celui-ci est une place d'un blanc mat, que M. Ehrenberg suppose appartenir au centre nerveux et qu'il désigne par suite sous le nom de *ganglion* (Markknoten), nom que nous conservons provisoirement, sans vouloir cependant prétendre à soutenir l'opinion du savant professeur Berlinois. — Dans les espèces d'Euglènes chez lesquelles nous avons reconnu l'existence de la vésicule contractile, savoir l'*Euglena viridis* (Pl. XII, fig. 14, c. v.), l'*Euglena Acus* (fig. 15, c. v.), l'*E. Pleuronectes* (fig. 11, c. v.), cette vésicule se trouve placée précisément sur le dit ganglion [2]. La vésicule par elle-même offre à peu près la même coloration que l'organe sous-jacent, et il est par suite difficile de l'apercevoir. Mais, lorsqu'on parvient à la fixer, on ne tarde pas à s'apercevoir qu'elle est douée d'un mouvement de systole et de diastole qui se répète à des intervalles déterminés. Il est inutile de chercher à répéter cette observation sur une Euglène en mouvement. C'est un sujet délicat qui exige avant tout que l'objet observé soit dans un repos parfait. Si nous n'avons pu constater l'existence de cette vésicule chez d'autres Euglènes, telles que l'*Euglena Pyrum* et l'*E. Spirogyra*, cela tient uniquement à l'opacité des individus que nous avons observés. Mais nous ne doutons pas qu'on ne finisse par la trouver également chez toutes les autres Euglènes (les Phacus de MM. Nitzsch et Dujardin compris), les Chlorogonium, etc.

Chlorozoïdes (V. G. Thuret. Recherches sur les zoospores des Algues. — Annales des Sc. nat., t. 14, p. 249). Ce serait toutefois, ce nous semble, accorder une importance trop grande à la présence de la chlorophylle, puisqu'il est avéré que certains infusoires peuvent être tantôt incolores, tantôt colorés en vert par un dépôt de chlorophylle dans leur parenchyme.

1. Bergmann und Leuckart. Vergleichende Anatomie und Physiologie.

2. Depuis la rédaction de ces lignes, la vésicule contractile des Euglènes a été décrite par M. Carter, et nous voyons avec plaisir que ses observations concordent sur ce point entièrement avec les nôtres. (V. *Annals and Mag. of nat. History* (*Note de* 1860).

Nous savons que les botanistes ont plusieurs raisons à faire valoir pour faire rentrer les Euglènes dans leur domaine. Déjà le fait de la présence d'une très-forte proportion de chlorophylle dans le parenchyme de ces organismes, semble parler en faveur d'une nature végétale. Toutefois il suffit de nommer le *Paramecium Bursaria* Focke, et bien d'autres infusoires ciliés pour montrer que la chlorophylle n'est plus une substance exclusivement végétale. M. Angström [1] a dernièrement montré que la chromule végétale, extraite par l'alcool des plantes phanérogames, donne trois raies lumineuses dans le spectre, tandis que l'extrait d'*Euglena viridis* n'en donne que deux, l'une dans le vert, l'autre dans le rouge [2]. Or, chose curieuse, trois algues que M. Angström a soumises à des expériences comparatives, savoir le *Conferva glomerata*, une Zygnema et une Vaucheria ont montré des phénomènes parfaitement identiques à ceux qu'avaient offerts les Euglènes, et différents des résultats donnés par les plantes phanérogames. Ces résultats sont fort intéressants, mais montrent seulement une parenté entre la chlorophylle des algues et celle des Euglènes, parenté que chacun considérait déjà comme une véritable identité. Dans tous les cas nous croyons que la physique se montrera aussi impuissante que la chimie à donner une véritable pierre de touche propre à différencier le règne animal du règne végétal. Nous avons vu la cellulose et l'amylum revendiquer ce titre, et, malgré cela, la cellulose, ce principe éminemment végétal, n'en forme pas moins l'enveloppe des Salpes et des Ascidies [3] et l'on veut la retrouver aujourd'hui dans certaines circonstances ainsi que son proche parent l'amylum [4], jusque dans les reins ou dans le cerveau humain lui-même [5].

1. Voy. Poggendorf's Annalen. Tome XCIII.

2. M. Brewster a démontré que la chlorophylle donne aussi des rayons rouges.

3. M. Schacht a montré il est vrai que dans le manteau des Cynthia, ce n'est pas la membrane dans toute l'étendue du terme qui est colorée en bleu par l'action de l'acide sulfurique et de l'iode. C'est, d'après lui, la substance intercellulaire seule qui est formée par de la cellulose. La membrane celluleuse elle-même appartient à la série des corps dits protéiniformes (V. Muellers's Archiv. 1851). Mais, peu importe, il n'en reste pas moins constant que la cellulose peut former une partie constituante des animaux.

4. Depuis lors, M. le professeur Virchow s'est assuré il est vrai que le résultat final de la dégénération amyloïde n'est ni de la vraie cellulose, ni du véritable amylum, mais une substance particulière très-proche parente des deux, surtout de la cellulose. La découverte du glycogène dans le foie, par M. Claude Bernard et M. Victor Hensen parait démontrer du reste l'existence d'une sorte d'*amidon animal* chez les animaux à l'état physiologique. M. Schiff s'est même assuré que cet amidon animal existe sous la forme de granules d'une constitution organique particulière (*Note de* 1860).

5. M. Nægeli semble accorder à ce point de vue une grande importance aux diverses substances colorantes qu'il

A notre avis la question ne gît point dans une constitution chimique, ni dans un certain arrangement moléculaire des corps. Si l'on veut à toute force voir une plante dans les Euglènes, il faut commencer par trouver une vésicule contractile dans la spore d'une algue. Les trois algues, ou plutôt prétendues algues, chez lesquelles on connaît des vésicules contractiles, savoir le *Volvox globator*, la *Chlamydomonas Pulvisculus* et le *Gonium pectorale* n'appartiennent pas avec plus de certitude au règne végétal que les Euglènes elles-mêmes. Pour décider la question en faveur de la végétabilité de ces organismes à position douteuse, il faudrait encore trouver cet organe dans les spores des Vauchéries, des Fucoïdées ou d'autres algues bien caractérisées. Jusque là la métamorphose d'une plante en un animal, si ingénieusement décrite par M. Unger, se réduira à la production de gonidies mobiles chez des végétaux, et nous devons par conséquent nous refuser à admettre l'existence de toute génération alternante ou de métamorphose dans ce sens là. Par contre nous comprenons difficilement que ceux qui, en présence des faits que nous avons exposés plus haut, soutiennent la végétabilité des Volvocinées et des Euglènes, n'abondent pas dans le sens de M. Unger.

A côté des Euglènes viennent se ranger les Chlorogonium, qui offrent avec elles une grande parenté de forme. Le développement du *Chlorogonium euchlorum*, qui a déjà été étudié par M. Weisse et par M. Stein[1], est très-intéressant, en ce que, s'éloignant de celui de l'*Euglena viridis*, il offre une assez grande ressemblance avec celui de la *Polytoma Uvella*, organisme flagellé dont l'animalité n'a pas été aussi souvent révoquée en doute que celle des Euglènes. Chez ces Chlorogonium on voit le contenu de la membrane s'ordonner suivant un certain nombre de centres spéciaux, par un procédé qui ne semble point être un partage binaire régulièrement répété comme celui d'un œuf qui se segmente, ou d'une Chlamydomonas qui se divise. Souvent l'une des moitiés du corps est déjà divisée en petits globules que l'autre n'offre encore rien de

admet chez les algues unicellulaires: la chlorophylle, le phycochrôme l'erythrophylle, la diatomine (Gattungen einzelliger Algen. p. 5 et Suiv.) Mais nous avons déjà fait remarquer qu'il suffit de nommer le *Paramecium Bursaria* et bien d'autres infusoires ciliés, ainsi que, sans doute, l'*Hydra viridis*, pour montrer le peu d'importance de la chlorophylle dans cette question, et il en est probablement de même pour ce qui touche à ces autres substances.

1. Bulletins de la classe physico-mathématique de l'Académie des Sciences de Saint-Pétersbourg. VI, nº 20, et Troschel's Archiv für Naturgeschichte. 1848.

2. Die Infusionsthiere, p. 189.

semblable. L'organisme finit par prendre l'apparence d'une framboise recouverte d'une pellicule [1]. Pendant ce temps, le Chlorogonium n'est point à l'état de repos comme le serait une Chlamydomonas au moment de la multiplication. Les deux flagellum continuent à s'agiter gaiement dans l'eau. Cependant leurs mouvements ne tardent pas à se ralentir, pour finir par cesser tout à fait, et l'on voit alors les jeunes individus, issus de la division, s'agiter confusément, ce qui produit cnmme un mouvement d'ondulation dans l'enveloppe, désormais privée de vie, de l'organisme-parent. Cette enveloppe est bientôt déchirée par suite de la pression qu'exercent sur elle les jeunes individus en mouvement, et ceux-ci s'éloignent dans toutes les directions. M. Weisse avait cru voir dans l'*Uvella Bodo*, qui nage sous forme de familles réunies en grappes, comme les autres Uvella, une phase du développement du *Chlorogonium euchlorum*, et M. Ehrenberg lui-même [2] paraissait déjà ne pas être éloigné de cette idée. Toutefois M. Stein [3] a montré que chaque individu, appartenant à un groupe d'*Uvella Bodo*, possède plusieurs (quatre ou cinq) cils flagelliformes implantés sur un rostre fort court. Les véritables Uvella n'ayant que deux flagellum, ces grappes ne rentrent pas dans ce genre et ne peuvent pas davantage être rapportées au *Chlorogonium euchlorum*.

La reproduction des Chlorogonium trouve son analogue chez les Polytoma, dont la division est cependant régulièrement binaire et ordinairement deux fois répétée, mais où l'enveloppe continue à vivre pendant le partage [4]. Les Polytoma offrent encore la particularité, déjà reconnue par M. Ehrenberg, d'avoir deux directions de division spontanée, perpendiculaires l'une sur l'autre [5].

Il est un autre organisme qui a eu également le sort d'être jeté d'un règne à l'autre,

1. Nous avons, du reste, déjà indiqué que nous avions observé quelque chose d'analogue chez l'*Euglena* (*Phacus*) *Pleuronectes*.

2 Die Infusionsthierchen. 1838, p. 267.

3. Infusionsthiere. p. 190.

4. Voyez surtout sur ce sujet les intéressantes observations de M. A. Schneider : Beiträge zur Naturgeschichte der Infusorien. Muller's Archiv. 1854, p. 191.

5. Nous devons cependant dire que M. Cohn, se basant sur les analogies que ce mode de reprodction offre avec celui des Chlamydomonas, classe le *Polytoma Uvella* parmi les plantes (Mikroskopische Algen und Pilze, p. 157.) Contre cette manière de voir, nous nous contenterons de rappeler que cette Polytoma possède deux vésicules contractiles, et qu'une division binaire, deux fois répétée, se présente chez un infusoire cilié et muni de bouche, le *Kolpoda Cucullus*.

sans qu'on sache bien encore quelle place lui assigner aujourd'hui. C'est celui qu'Otto Friederich Mueller nommait *Volvox vegetans*, et auquel Bory de St.-Vincent a donné le nom d'*Anthophysa Muelleri*, en le reléguant dans sa création favorite, *le règne psychodiaire*, le chaînon qui devait unir l'animal à la plante. Cet organisme se présente sous la forme d'un pédoncule ramifié, dont les branches portent à leurs extrémités des groupes d'individus conformés en apparence comme des monades. Souvent ces groupes se détachent de leur tige et nagent librement dans l'eau, tout en restant unis en une grappe commune. Il est fort difficile de les distinguer alors du genre qui, dans la classification de M. Ehrenberg, porte le nom d'Uvella. M. Kützing considère le tout comme un champignon auquel il donne le nom de *Stereonema* : la tige ramifiée du *Volvox vegetans* de Mueller serait par conséquent un mycelium, et ses grappes de monades, des faisceaux de zoogonidies. — Cet être à position douteuse a eu encore la destinée singulière d'être placé par M. Ehrenberg parmi les Epistylis, avec un point de doute, il est vrai. C'est l'*Epistylis vegetans* Ehr. — M. Dujardin a dans tous les cas mieux reconnu les analogies, en le classant parmi les monadines, sans lui enlever pour cela le nom d'*Authophysa Muelleri*, qui l'avait désigné dans la salle d'attente : le règne psychodiaire de Bory de St.-Vincent. — M. Cohn [1] se range du côté de M. Dujardin et considère l'Anthophyse comme un infusoire. A son avis, le pédoncule ramifié doit être formé par de la chitine et n'est point la partie primaire, mais bien la partie secondaire de l'organisme, c'est-à-dire que le groupe d'individus monadiniformes engendre le pédoncule et non vice-versâ. Pour nous, nous avons trouvé très-fréquemment ce que M. Kützing appellerait « le mycelium du Stereonema dépourvu de spores. » Toutefois il serait possible que les prétendues spores en eussent été détachées par accident, comme M. Cohn le suppose. M. Cohn prétend que les groupe d'êtres monadiniformes que porte l'Anthophyse rentrent dans le genre *Uvella* Ehr. S'il en était ainsi, son opinion sur la nature des Anthophyses nous semblerait plus probable que celle de M. Kützing, qui veut voir dans le pédoncule la partie primaire de l'organisme, car nous ne pensons pas qu'un seul et même être puisse être sous une forme un Stereonema, c'est-à-dire un cryptogame, et sous l'autre un animal aussi décidé que le sont

1. Entwicklungsgeschichte der mikroskopischen Algen und Pilze, 1853.

les espèces du genre Uvella. Il faut dire cependant que soit l'*Uvella Uva*, à laquelle M. Cohn veut assimiler l'*Anthophysa Muelleri*, soit cette dernière elle-même, n'ont qu'un seul flagellum. Cette circonstance les différencie notablement des autres Uvella qui en ont deux.

M. Cohn, lui-même, parut une fois tenté de se laisser séduire par l'idée de M. Kützing et de faire de l'Anthophyse une véritable plante. Il étudiait un petit parasite végétal vivant sur des spores de Pilularia en pleine germination. Ce parasite se composait de petits filaments terminés chacun par un petit bouton semblable à une tête d'épingle. Ce bouton se transforma peu à peu, par accumulation de protoplasma dans son intérieur, et par division répétée, en un grand nombre de gonidies. Le tout ressemblait alors à une famille d'Uvella immobile sur un pédoncule (ou à un Stereonema *Kütz.*). Bientôt toutes ces gonidies commencèrent à s'agiter, et, au bout de peu de temps se détachant de leur pédoncule, elles se mirent à nager librement dans l'eau. M. Cohn nourrit quelques temps l'idée qu'il avait à faire là à une espèce d'Anthophyse; mais se basant sur ce qu'il n'avait jamais vu végéter le pédoncule de l'*Anthophysa Muelleri* pour son propre compte, et sur ce que les gonidies monadiniformes de son parasite se détachaient isolément de leur point d'attache, et non point sous forme de grappe, il se décida à considérer l'*Anthophysa Muelleri* comme un animal, et le parasite en question comme un végétal voisin des Achlya et des Chytridium, auquel il donna le nom de *Peronium aciculare* [1]. Si cette distinction est réellement fondée, c'est ce que nous ne nous permettrons pas de décider.

Parmi les autres infusoires polygastriques de M. Ehrenberg chez lesquels on a voulu voir des plantes, restant, pour ainsi dire, leur vie durant, à l'état de spores, nous mentionnerons encore les Dinobryons, non pas que nous ayons rien observé sur leur reproduction, mais uniquement pour montrer qu'eux aussi doivent bien rentrer dans le règne animal. Le *Dinobryon Sertularia* possède en effet une vésicule contractile relativement assez facile à voir (V. Pl. XII, fig. 16, c. v.) et offrant des pulsations rhythmiques. De plus on observe chez cet organisme, en outre de la natation, des mouvements tout particuliers du corps. On voit parfois un individu se contracter de manière à ce

1. MikroSkopiSche Algen und Pilze, p. 59.

que la tache rouge (point oculaire de MM. Ehrenberg et Focke) décrive un arc de cercle et vienne prendre une place inférieure à celle qu'elle occupait d'abord, sans que cependant il soit possible de voir grand changement dans la forme du corps. Nous ne pouvons affirmer d'une manière certaine que les familles de *Dinobryon Sertularia* soient bien engendrées par le procédé de génération que décrit M. Ehrenberg. — Ajoutons que M. Focke mentionne déjà chez cet organisme la présence d'une vésicule contractile [1], dont il a cependant négligé de fixer la position réelle.

Enfin nous pouvons ajouter que plusieurs des monades de M. Ehrenberg offrent en outre de la vésicule contractile (au nombre d'une ou de plusieurs) un autre caractère d'animalité encore plus incontestable. Plusieurs, en effet, prennent directement de la nourriture par une ouverture buccale [2].

Nos conclusions seront brèves, car elles se sont fait sentir tout naturellement à chaque pas.

Dans la plus grande partie de ces organismes à position douteuse, qui flottent sans place certaine, comme le règne psychodiaire de M. Bory de St.-Vincent, on semble pouvoir admettre certains cycles réguliers de génération. Chaque cycle se compose d'une série de générations, issues les unes des autres par division spontanée. La dernière génération d'un cycle donne naissance (dans beaucoup de cas, à la suite d'une copulation) à des corps reproducteurs qui restent en général un certain temps à l'état de repos et forment la première génération du cycle suivant. Telle est l'esquisse générale, indépendamment de toutes les variations que nous avons signalées plus haut.

Y a-t-il là une génération alternante *dans le sens de M. Steenstrup*? C'est-à-dire y a-t-il là une alternance d'une ou plusieurs générations asexuelles successives avec une ou plusieurs générations sexuelles? c'est ce qu'il ne nous est pas permis de décider encore. Cependant, d'un côté le fait de la présence des microgonidies chez les Chlamydomonas et les Stéphanosphères (peut-être aussi chez les Euglènes?) et de leur existence probable chez les Diatomacées (*Melosira*, suivant M. Nægeli) et les Desmi-

1. Physiologische Studien, 2. Heft. Bremen 1854, p. 15.
2. Nous renvoyons pour le développement de ce point à la première partie de ce travail.

diacées (d'après les observations de M. de Morren et de nous-mêmes sur les Closterium), et, d'un autre côté, le rôle d'organes fécondants que jouent les microgonidies chez les algues, permettent de présumer qu'on en viendra à trouver un jour des sexes chez ces organismes. Peut-être alors les cycles générateurs établis par MM. Nægeli et Braun répondront-ils à une alternance de générations dans le sens de M. Steenstrup.

Nous rencontrons dans tous les cas beaucoup d'exemples où nous sommes incertains sur la vraie nature des organismes auxquels nous avons à faire, et nous nous joignons à M. Nægeli [1] pour regretter qu'on n'ait point jusqu'ici d'observations sur le développement de beaucoup d'espèces et même de beaucoup de genres d'algues unicellulaires connus, et autres organismes voisins, et que par suite, non seulement leur place dans le système, mais encore leur qualité d'algues unicellulaires reste douteuse.

D'un autre côté nous pouvons dire avec M. Cohn [2] que si les infusoires ciliés s'éloignent extrêmement du règne végétal, les infusoires flagellés sont construits (à beaucoup d'égards tout au moins) sur un type analogue aux zoogonidies de certaines algues et de certains champignons (surtout lorsqu'on comprend parmi ces derniers les genres Achlya, Chytridium, etc.) et qu'ils semblent se multiplier suivant les mêmes lois. Nous disons un type *analogue* et en cela nous différons de M. Cohn qui dit *le même* type. Mais nous ne voulons pas insister sur ce point qui nous entraînerait dans une discussion oiseuse. Nous pensons avec M. Cohn qu'il n'y a pas de différence *absolue* entre un règne animal et un règne végétal, sans cependant nous laisser entraîner pour cela dans tout le dédale de transformations que patronne M. Kützing.

Il en est, à notre avis, du règne animal en général, comme de plusieurs de ses classes, de celle des poissons, par exemple, en particulier. Rien ne semble au premier abord plus clair que l'idée de poisson. Il paraît très-facile de définir ce type au moyen des branchies, du cœur, du cerveau. Cependant on connaît d'un côté des poissons avec les rudiments d'une paroi longitudinale dans le cœur et avec des poumons (les Lepidosiren), et d'un autre côté un poisson sans cœur, proprement dit, sans différenciation objective du cerveau et de la moelle épinière, et même sans vertèbres (Branchiostoma). De là

1. Gattungen einzelliger Algen, p. 12.
2. Mikroskopische Algen und Pilze, p. 206.

une difficulté immense dans la fixation des limites. Cela vient de ce que les groupes tranchés n'existent pas réellement dans la nature, mais qu'ils sont une création de la tendance systématique de notre esprit.

Mais quoique nous niions l'existence d'une différence *absolue* entre les deux règnes organisés, nous croyons devoir considérer, comme plus voisin du type animal, tout organisme qui possède une vésicule contractile, parce qu'aucun organe de ce genre n'a été aperçu jusqu'ici chez un être appartenant bien décidément à la série végétale. Dans l'état actuel de la science, nous devons donc considérer les vraies monades, les Volvocinées, les Astasiées (Euglènes comprises), les Dinobryons comme des animaux; par contre nous devons laisser les Diatomacées et les Desmidiacées parmi les végétaux.

Nous ne savons si l'avenir nous donnera raison. Lorsque M. Unger découvrit en 1843 les cils vitratiles des zoogonidies de Vauchéries, il en conclut que ces zoogonidies étaient des animaux. M. Mohl [1] ne vit dans cette découverte qu'une preuve que les cils vibratiles peuvent exister aussi bien chez les plantes que chez les animaux. Aujourd'hui, l'on s'est familiarisé avec ce phénomène, les passions du moment se sont calmées, et, le monde pouvant juger la question de sang froid, semble donner raison à M. Mohl.

La découverte des vésicules contractiles chez les Volvox, les Gonium, les Chlamydomonas, les Euglènes, les Dinobryons, etc., nous fait pencher à considérer ces organismes comme plus voisins des animaux que des végétaux. M. Cohn veut n'y voir qu'une preuve que les vésicules contractiles peuvent exister aussi chez les plantes. L'avenir décidera peut-être s'il doit donner raison à M. Cohn, comme à M. Hugo von Mohl.

1. Dans une critique qui fut alors insérée dans la *Botanische Zeitung*.

DES DIVERS ÉTATS DES PÉRIDINIENS

ET DE

LEURS KYSTES [1]

Les Péridiniens sont des êtres de nature un peu douteuse. M. Leuckart les a relégués parmi les plantes, mais sa manière de voir ne paraît pas avoir trouvé grand écho jusqu'ici. Dans le fait on ne connaît encore rien dans la construction organographique de ces êtres qui fasse pencher la balance d'une manière positive, ni en faveur de leur animalité, ni en faveur de leur végétalité. Leurs organes locomoteurs, à savoir leur ceinture ciliaire et leur flagellum, trouvent des analogies aussi bien dans le règne végétal que dans le règne animal. Nul n'a su jusqu'à l'heure qu'il est reconnaître dans leur intérieur la présence d'une vésicule contractile.

Toutefois nous avons fait sur divers Péridiniens de la côte Norwège (*Ceratium Fusus, Ceratium Tripos* et *Ceratium Furca*), quelques observations qui semblent rendre probable l'existence d'une ouverture buccale chez ces animaux, ce qui trancherait la question en faveur de l'animalité [2].

1. Ce chapitre a été envoyé en Supplément à l'Académie des Sciences de Paris au printemps de l'année 1857. Nous l'intercalons ici. (Note de 1860).

2. Depuis lors nous avons eu l'occasion de développer ailleurs ce point important. Nous renvoyons donc pour de plus amples détails à la 1re partie de ces Études. Tome Ier, p. 392. (Note de 1860).

Il n'y a eu jusqu'ici qu'un petit nombre de Péridiniens décrits. Les eaux de la mer paraissent cependant en renfermer un grand nombre. Du reste, soit les espèces, soit les genres, n'ont été fixés que d'une manière insuffisante. M. Ehrenberg, par exemple, a distingué le genre Glenodinium du genre Peridinium par l'existence d'un œil chez le premier et son absence chez le second. Mais cet œil prétendu n'est qu'une goutte d'huile colorée, dont la position, la forme et la grosseur varient d'un individu à l'autre, comme on peut s'en assurer en comparant entre elles les figures 3, 4, 6, 9, 13, 14, 16 et 18 de notre planche XIII. Parfois un seul et même individu présente plusieurs de ces taches (fig. 5 et 17). La même espèce peut, tantôt être munie de l'œil prétendu (fig. 3), tantôt en être dépourvue (fig. 1 et 2)[1].

Une circonstance qui rend la détermination des Péridiniens fort difficile, c'est l'abondance des formes nues, c'est-à-dire privées de cuirasse. Il est fort probable, en effet, qu'il ne faut par voir dans ces Péridiniens nus des espèces particulières. Ce ne sont sans doute que des états particuliers de Péridiniens cuirassés. Ces formes nues se rencontrent, soit dans les eaux douces (fig. 5), soit dans la mer (fig. 21). Elles sont, du reste, munies comme les autres de cils vibratiles et d'un flagellum.

En outre, on trouve une foule de Péridiniens à l'état de repos. Ils ont perdu leur flagellum et leur ceinture ciliaire, et ne sont plus susceptibles d'aucun mouvement. Ces Péridiniens à l'état de repos peuvent se présenter sous trois formes : les uns sont encore revêtus de leur cuirasse habituelle, d'autres sont nus; d'autres enfin sont enfermés dans un kyste particulier.

Parfois le Péridinien à l'état de repos ne se distingue du Péridinien mobile que par l'absence des cils et du flagellum; la forme de l'animal est restée la même; le sillon transversal est là comme naguères. Nous avons représenté dans la figure 6 de la planche XIII, un Péridinium sous cette forme. Nous ne savons malheureusement le rapporter avec certitude à aucune des espèces décrites. Il a été trouvé dans un étang du parc (Thiergarten) de Berlin. Les figures 7, 8 et 9 représentent le *Peridinium cinctum nob.* (*Glenodinium cinctum* Ehr.); les figures 7 et 8 n'ont pas le soi-disant œil et devraient, même

1. Nous avons vu ailleurs, qu'il est par suite fort probable que l'espèce décrite par M. Ehrenberg sous le nom de *Peridinium cinctum* n'est pas autre chose qu'un *Glenodinium tabulatum* sans tache rouge. (Note de 1860.)

d'après M. Ehrenberg, rentrer dans le genre Peridinium) à l'état de repos et conservant encore sa forme habituelle. Dans la figure 8 on voit tomber les deux moitiés de la cuirasse, entre lesquelles le Péridinien reste nu et immobile. — Dans d'autres cas, le Péridinien se contracte en boule dans l'intérieur de la cuirasse et ne laisse plus rien reconnaître du sillon circulaire. C'est ce qu'on voit fréquemment chez le *Peridinium tabulatum* (*Glenodinium tab.* Ehr.) (fig. 2 et 3) et chez beaucoup d'aûtres espèces. La figure 24 de la planche XIII représente cet état chez un Peridinium marin de la côte de Norwège, qu'il faut sans doute rapporter au *Ceratium divergens* (*Peridinium* Ehr.). (La fig. 23 représente cette même espèce à l'état mobile; les figures 24 et 25 indiquent les détails du têt.)

Il est toujours possible de déterminer les Péridiniens immobiles, tant qu'ils sont renfermés dans leur cuirasse, mais dès que celle-ci vient à disparaître, la détermination devient impossible. Les figures 10 et 11 représentent des Péridiniens nus et immobiles des eaux douces des environs de Berlin, que nous ne saurions pas rapporter à une espèce plutôt qu'à une autre. Il est très-fréquent de trouver le *Peridinium cinctum* (*Glenodinium* Ehr.) coiffé encore d'une des moitiés de son têt (fig. 8), ce qui permet encore de le reconnaître.

Il ne nous est pas possible de dire d'une manière positive ce qu'il advient des Péridiniens une fois qu'ils ont perdu leurs organes locomoteurs et rejeté leur cuirasse. Il est cependant probable qu'ils ne tardent pas à s'envelopper d'une membrane particulière. On retrouve en effet ces mêmes Péridiniens dans des kystes fort singuliers. — Les premiers kystes que nous observâmes furent pêchés dans la mer du Nord, prés de Bergen en Norwège. Ils avaient la forme d'un croissant incolore et transparent et renfermaient un seul gros Péridinien privé de flagellum et de ceinture ciliée (fig. 19). Au premier abord, cette trouvaille nous sembla de signification un peu problématique. En effet, il était bien difficile de se représenter comment le Péridinien était venu se loger dans une pareille demeure, et comment il avait pu former ce kyste [1], muni de deux prolongements tubuleux, recourbés et complètement vides. Bientôt nous trouvâmes des kystes tout semblables qui ne renfermaient plus un seul gros individu, mais un grand nombre de petits (fig. 20). Il paraissait probable qu'une division spontanée de l'habitant du

1. La forme du kyste rappelle tout à fait celle d'un *Closterium Lunula* Ehr.

kyste avait eu lieu dans ce cas-ci. De retour à Berlin, nous dirigeâmes notre attention sur les Péridiniens d'eau douce, et nous ne tardâmes pas à trouver en assez grande abondance des kystes qui rappelaient tout à fait ceux de la mer du Nord. Ils avaient plus ou moins la forme d'un croissant (fig. 15 et 16), et renfermaient chacun un gros Péridinien de forme un peu allongée et recourbée. Les uns possédaient une tache rousse ou même plusieurs; les autres en étaient dépourvus. Les deux extrémités du kyste se terminaient en pointe assez aiguë. Ça et là se trouvaient des kystes dans lesquels il n'était plus possible de reconnaître le Péridinien (fig. 17 et 18) : le kyste entier était rempli par une matière granuleuse, renfermant une ou plusieurs gouttelettes d'huile colorée.

Il paraissait toujours difficile de se rendre compte de la manière dont les Péridiniens forment leurs kystes. Cependant nous ne tardâmes pas à trouver quelques formes intermédiaires qui semblent fournir quelques renseignements à cet égard. On rencontre en effet des Péridiniens enfermés dans une enveloppe membraneuse qui se moule parfaitement sur la surface de l'animal, montrant parfois encore un sillon transversal comme celui de la cuirasse primitive (fig. 4 et 9), mais qui est parfois aussi parfaitement lisse, sans dépression ni sillon aucun (fig. 12). D'autres individus ont pris une forme plus allongée, et le kyste, qui se moule sur eux, s'allonge en proportion (fig. 13). Enfin nous avons rencontré quelques individus dont l'une des moitiés était prolongée en pointe un peu recourbée (fig. 14). La membrane d'enveloppe avait pris la même forme, et il n'était pas difficile de reconnaître dans cette pointe l'une des extrémités du croissant formé par le kyste définitif. Il est probable que lorsque l'une des extrémités du croissant est formée, l'autre moitié du Peridinium s'allonge également et se recourbe en pointe pour former la seconde; après quoi l'animal revient à la forme premiére. — Ces changements de forme n'ont en tous cas lieu que d'une manière excessivement lente, de sorte que les Péridiniens paraissent toujours jouir du repos le plus absolu dans leurs kystes.

Le kyste de la figure 20, trouvé dans la mer du Nord, semble indiquer que dans certains cas l'enkystement des Péridiniens a pour but la reproduction par division, ou tout au moins que leur multiplication par division a parfois lieu dans l'intérieur des kystes. Nous n'osons cependant point prétendre que le phénomène de la formation du kyste ait toujours pour but la multiplication de l'espèce. En effet nous n'avons pas encore été assez heureux pour trouver dans les eaux douces des kystes analogues à celui de la figure 20. Il est certain, dans tous les cas, que la division spontanée des Péridiniens n'exige point forcément la formation d'un kyste. M. Ehrenberg a déjà observé un cas de division spontanée chez son *Peridinium Pulvisculus*. Nous avons nous-mêmes rencontré plusieurs fois des Péridiniens occupés à se diviser longitudinalement. La fig. 22 représente un petit Péridinien marin dans ce cas-là. Toutefois, nous n'avons jamais vu cette division se manifester que chez des individus sans cuirasse et de taille fort petite.

OBSERVATIONS FAITES JUSQU'A CE JOUR SUR LE DÉVELOPPEMENT

DES

INFUSOIRES CILIÉS ET DES RHIZOPODES.

Les données que nous avons jusqu'ici sur le développement des infusoires ciliés se bornent à bien peu de chose. Un mode de reproduction est connu dès lougtemps chez ces animaux : c'est la reproduction aussi bien longitudinale que transversale. Les meilleures observations que nous possédions sur ce sujet sont même fort anciennes : ce sont celles que Trembley fit déjà vers la fin de la première moitié du siècle dernier sur les Vorticellines et les Stentor [1]. La connaissance de la multiplication des gemmes remonte aussi jusqu'au siècle dernier. Ce fut en effet Spallanzani qui, en 1776, fit connaître les gemmes des Vorticelles. Depuis cette époque jusqu'à nos jours, la science n'a pas fait grand progrès sous ce rapport, car, jusqu'ici, les observations sur la formation des

1. Letter from M. Abraham Trembley with Observations on Several newly discovered Species of Fresh-water Polypi. — Philosophical Transactions of the Royal Society. Number 474, p. 175. Anno 1744.

gemmes se restreignent à la famille des Vorticelliens. On verra plus loin que nous avons retrouvé le même phénomène chez des Acinétiniens. — Nous ne nous étendrons pour le moment pas davantage sur la fissiparité et la gemmiparité, parce que nous comptons leur consacrer des chapitres spéciaux. Qu'il nous suffise de dire que la première a été constatée chez tous les groupes, ou peu s'en faut.

Parfois on a vu surgir dans la science l'idée d'une parenté des végétaux, non seulement avec les infusoires flagellés, mais encore avec les infusoires ciliés. M. Unger ne se laissait-il pas bercer par l'idée de voir sortir un *Cyclidium Glaucoma* de la spore d'une Saprolegnia?

Croirait-on que les Vorticelles, elles-mêmes, ces animaux si vifs, si alègres, aient dû, elles aussi, se soumettre au sort d'être jetées pêle-mêle avec d'autres organismes inférieurs d'un règne à l'autre? C'est cependant ce qu'à fait Bory de St-Vincent[1]. « *Simples végétaux* durant une partie de leur vie, dit-il, elles produisent, à de certaines époques de leur développement des boutons, qui, au lieu de s'épanouir en fleurs, deviennent de véritables animaux communiquant leur faculté vitale aux rameaux qui les produisent. Devenus adultes ou mûrs, car ces deux expressions conviennent également ici, ces animaux-fleurs se détachent de leur pédoncule au temps qui leur est prescrit pour jouir enfin d'une liberté absolue. »

Évidemment Bory de St-Vincent a commis là une erreur grave en méconnaissant ce qui est la partie primaire dans une Vorticelle adulte. Tout observateur qui a suivi ces animaux avec quelque peu d'attention sait aujourd'hui que ce n'est pas le pédoncule qui végète d'abord pour son propre compte et qui produit plus tard l'animal; il sait aussi qu'on ne voit jamais de gemmes se développer sur ce pédoncule comme des bourgeons qui apparaîtraient sur une branche d'arbre, mais il sait que c'est l'animal campaniforme qui existe d'abord et qui sécrète plus tard son support; il sait que les gemmes naissent toujours sur le corps même de l'animal-parent et jamais sur son pédicule. Si Bory de St-Vincent avait fait attention à cette circonstance, il aurait évité de faire ainsi bourgeonner des animaux sur un végétal, phénomène jusqu'ici sans exemple dans la nature. Mais on revient avec peine de son étonnement, lorsqu'on voit Bory

1. Dictionnaire classique d'histoire naturelle, tome X, p. 545. — 1826.

écrire, comme une vérité apodictique, les lignes suivantes · « Nous n'essaierons pas de contester que les *Vorticella cyathina*, *putrina* et *patellina*, par exemple, ne vivent d'une manière animale très-décidée à certaine époque de leur durée, et dans toute l'étendue du mot *vivre;* mais comme il nous est démontré que le développement du pédicule y précède le globule animé (?), et qu'avant que celui-ci ait apparu, ce pédicule constitue un véritable filet byssoïde végétant, nous ne voyons pas à quel titre on rayerait plutôt ces Vorticelles du règne végétal que du règne animal. »

Les faits, trop faciles à observer pour que nous nous y arrêtions, parlent d'une manière trop décidée contre M. Bory pour que personne songe aujourd'hui à classer les Vorticelles parmi les plantes, ni dans ce *règne psychodiaire*, où tout organisme se sentait mal à l'aise. Par contre, les idées les plus hétérogènes se sont fait jour sur la reproduction de ces animaux. Elles ont pour représentants MM. Ehrenberg, Pineau, Pouchet, etc.

M. Ehrenberg est, on le sait, partisan des différences sexuelles chez les infusoires. Son idée retrouvera sans doute des adhérents un jour; mais M. Ehrenberg eut l'imprudence d'émettre son opinion comme un axiôme à une époque où il ne pouvait l'étayer de preuves suffisantes. Il admit, sans qu'on puisse trop se représenter pourquoi, que certains organes devaient fonctionner comme vésicules spermatiques, d'autres comme testicules, d'autres comme ovaires. Dans ses premiers travaux, publiés dans les Mémoires de l'Académie de Berlin, M. Ehrenberg ne fait encore consister l'appareil mâle que dans la vésicule spermatique, et, tentative singulière, il essaie de chercher cet organe dans la vésicule contractile, bien que Wiegmann émît déjà à cette époque l'idée que c'était l'analogue d'un cœur. Ce ne fut qu'en 1836, peu de temps avant la publication de son grand ouvrage sur les infusoires, qu'il compléta l'appareil mâle par l'adjonction de la glande spermatique. L'organe auquel il donna ce nom est le même que l'école unicellulaire a nommé depuis lors *le nucléus*, terme assez peu approprié, mais dans tous les cas, vu le vague de sa signification, bien préférable à la dénomination adoptée par M. Ehrenberg. Ce système spermo-poétique était du moins basé sur des organes réels, susceptibles d'être retrouvés par chacun. Les ovaires, au contraire, étaient traités moins généreusement. M. Ehrenberg était obligé de les chercher dans des granules divers, qui, dans bien des cas du moins, étaient tout simplement une partie des aliments. Ces granules constituaient pour lui ni plus ni moins que des œufs. On s'attendait à ce que M. Ehrenberg, pour vérifier son hypothèse, observât attentivement ces corpuscules et cherchât à en découvrir le sort véritable ; mais persuadé *a priori* de l'exactitude de ses vues, il ne sembla pas en sentir le besoin. Dans plusieurs passages de ses différents travaux, on le voit dire avec assurance que le développement des infusoires, au moyen d'œufs, a été démontré par lui d'une manière suffisante. Mais c'est en vain qu'on parcourt tous les Mémoires de M. Ehrenberg : les passages désirés se réduisent à un seul, et encore celui-ci est-il des moins probants [1].

Le seul exemple de développement qu'on trouve rapporté au long par M. Ehrenberg, est en effet celui de la *Vorticella Convallaria* Müll. Le premier stade de ce développement consiste, suivant lui, dans la formation de myriades de petits corpuscules de 0,001 de ligne en diamètre, qu'il a vu amoncelés autour des pédicules d'individus adultes. Ces corpuscules tremblent continuellement [2], sans cependant s'éloigner les uns des autres, ce qui fait que M. Ehrenberg les suppose attachés à des pédoncules invisibles. Plus tard, dit-il, les animalcules sont déjà plus gros et laissent reconnaître, soit des pédoncules, soit de petits capitules ; on reconnaît même dans l'eau un tourbillon (produit sans doute par les cils). M. Ehrenberg croit reconnaître dans ces petits êtres les infusoires qui ont été décrits par Schrank sous le nom de *Vorticella monadinica*. M. Ehrenberg n'a jamais vu le pédoncule de ces soi-disant jeunes Vorticelles se contracter comme celui des adultes. Ce n'est que plus tard, lorsque ces individus ont atteint une taille plus considérable, que cette contractilité se manifeste. « Il ne me manque, dit M. Ehrenberg, que d'avoir vu l'acte de la ponte lui-même pour avoir le cycle complet du développement. » M. Ehrenberg représente les pédicules de ses *Vorticella Convallaria* comme unis ensemble au moyen d'une souche ou racine rampante et commune. Cette souche lui semble être l'ovaire qui a crû avec les animaux eux-mêmes, en formant une espèce de réseau. Les pédicules des Vorticellines pourraient donc, pense-t-il, n'être que le développement du support d'œufs pédicellés.

En somme, c'est là le seul fait sur lequel M. Ehrenberg se base pour soutenir

1. Beitrage zur Kenntniss der Organisation der Infusorien und ihrer geographischen Verbreitung. — Abhandlungen der Berliner Akademie der Wissenschaften, p. 79. — 1830.

2. Mouvement brownien ?

l'existence d'œufs chez les infusoires, et il n'a pas même vu sortir ces jeunes individus d'œufs quelconques. Il paraît, il est vrai, avoir renoncé plus tard à l'existence de la souche commune qui lui semblait d'abord unir la base des pédicules de ses Vorticelles. Mais alors quel point de repère avons-nous pour nous convaincre que ces jeunes animaux fussent bien sortis des œufs, puisque cette souche commune devait être une métamorphose de l'ovaire de l'animal mère, et que, la souche n'existant plus, il n'existe plus rien de commun entre les pédicules et l'ovaire qui devait les avoir produits?

Ces prétendues jeunes Vorticelles sont probablement des animaux d'un tout autre genre. Nous avons rencontré souvent des infusoires pédicellés (mesurant 1/300 de ligne de diamètre) dont les pédicules n'étaient pas contractiles, et qui se trouvaient tantôt isolés, tantôt fixés entre des Vorticelles. Mais ils ne possédaient pas les cirrhes buccaux de ces dernières. Un long appendice, assez semblable à un flagellum, se trouvait à leur partie antérieure et restait le plus souvent immobile. Le corps, plus ou moins triangulaire, renfermait *trois* vésicules contractiles, fait qui suffit déjà à démontrer que ces animaux ne sont pas des Vorticelles. D'autres animaux analogues se trouvent parfois sur les racines de Lemna. Ils ont en général de plus deux cils épais, terminés en bouton à l'extrémité, et paraissent s'écarter tout autant des Vorticelles que les premiers.

Tout cela n'empêche pas M. Ehrenberg de parler à chaque instant des œufs d'infusoires comme d'une chose démontrée. « Les résultats de mes observations, dit-il par exemple quelque part[1], rappellent vivement l'ancien aphorisme physiologique *Omne vivum ex ovo*. Après une observation suivie pendant douze années, je n'ai jamais vu une seule fois la production subite d'un infusoire par un mucilage ou une cellule végétale. Par contre, j'ai vu un nombre de fois innombrable la ponte des œufs et l'éclosion des plus gros de ceux-ci. » M. Ehrenberg confond sans doute ici ses Infusoires polygastriques et ses Rotateurs sous le même nom général d'*infusoires*, et pense que parce qu'il a prouvé l'existence d'œufs chez les derniers, il en résulte que les premiers doivent être ovipares. Mais ce n'est là qu'un jeu de mots.

M. Ehrenberg a trouvé d'abord un contradicteur acharné dans M. Dujardin, qui se sentait un rôle facile dans son attaque, dès qu'il s'agissait, soit des estomacs, soit des

1. Abhandlungen der Akademie, p. 59. — 1830.

organes sexuels des infusoires. La croyance aux théories de M. Ehrenberg, à ses ovaires, ses vésicules spermatiques, déjà ébranlée par lui, fut complètement renversée par d'autres, comme MM. de Siebold, Kœlliker, Cohn, Stein, et aujourd'hui M. Ehrenberg reste sur la scène à peu près seul représentant de ses idées. Nous croyons donc inutile de les combattre plus au long, car nous ne ferions que reproduire les arguments des savants que nous venons de nommer. La théorie de la reproduction, telle que M. Ehrenberg l'a esquissée, appartient complètement au passé. Ce n'est qu'un chapitre intéressant de l'histoire.

En procédant par ordre chronologique, nous arrivons maintenant à M. Nicolet, qui a étudié le développement d'un Rhizopode, une Actinophrys[1]. Suivant cet observateur, les Actinophrys se reproduisent, soit par scissiparité, soit par œufs. Les œufs sont au nombre de 50 ou 60, et paraissent être pondus par une décomposition subite de l'animal. L'Actinophrys, au moment de l'éclosion, se présente sous une forme bien différente de celle de l'animal-mère. C'est l'*Halteria grandinella* Duj. [2]. Elle reste sous cette forme jusqu'à ce qu'elle ait atteint un certain volume; alors ses cils locomoteurs s'affaissent et s'accollent à la surface inférieure de son corps. Ses rayons se projettent dans tous les sens en ligne droite, et l'Actinophrys est formée.

Tel serait le premier exemple du développement d'un Rhizopode, et la chose mériterait d'être examinée de près. Toutefois la suite de la description ouvre une porte à la méfiance dans l'esprit de l'observateur. L'Actinophrys qui engendre des Haltéries naît, selon M. Nicolet, de germes déposés ou *préexistants* (?) dans le *Rotator* (*Rotifer?*) *inflatus*, et se développant à la mort de celui-ci. Le cadavre se remplit de granules et prend un aspect mamelonné. Chaque mamelon se transforme plus tard en une épine. Si l'on ouvre alors le corps du rotateur, on reconnaît que chaque mamelon s'est développé en un tube aveugle irrégulier, affectant diverses formes. Bientôt l'extrémité de ces épines s'ouvre pour donner passage à la matière qu'elles renferment. Celle-ci forme sur chacune de ces épines un corps globuleux, doué de mouvement, et par conséquent

1. Comptes-rendus de l'Académie des Sciences de Paris, p. 114. — 1848.

2. Cette malheureuse *Halteria Grandinella*, dont on a donné jusqu'ici de si mauvaises figures qu'il n'est guères possible de la reconnaître, semble ne pouvoir réussir à légitimer son indépendance spécifique. Nous verrons que M. Stein a voulu la faire naître d'une Podophrya.

de vie, auquel il pousse des cils locomoteurs[1] C'est encore une Halteria qui s'en va en sautant et qui, ayant déjà tout son accroissement, se transforme presque immédiatement en Actinophrys. Quelquefois, par une cause inconnue à M. Nicolet, la transformation de l'Halteria en Actinophrys s'opère avant même que l'animal se soit détaché du cadavre, et si l'épine est simple et qu'elle ne porte qu'un seul animal, celui-ci prend le nom d'*Actinophrys pedicillata* Müll.[2]. Quand l'épine est ramifiée et que plusieurs Actinophrys y restent attachées, l'ensemble devient le genre *Dendrosoma* Ehr. — Nous remarquerons en passant que le développement d'une Actinophrys qui sort d'un œuf dure, d'après M. Nicolet, plusieurs jours. On pourrait presque regretter que cet auteur ne nous ait pas indiqué par quel moyen il a cherché à se mettre à l'abri des erreurs durant ce laps de temps. Nous croyons que ces observations n'ont pas besoin d'être commentées.

Comme M. Nicolet, M. Pouchet[3] a adopté l'idée de la sexualité des infusoires. Reconnaissant pourtant l'impossibilité de voir dans une vésicule régulièrement contractile une vésicule spermatique, il en a fait avec raison le centre du système circulatoire. Il a cru constater, durant ses études sur les animalcules des infusions, que quelques-uns de ceux-ci sortent de l'œuf en offrant déjà la forme qu'ils auront plus tard, ainsi les Kerona (Oxytrichiens) et les Vorticelles; que d'autres au contraire, comme les Kolpodes et les Dileptes doivent, durant leur développement, subir des métamorphoses tellement considérables, qu'on a fait souvent rentrer la forme jeune et la forme adulte dans deux genres différents. C'est ainsi que le *Glaucoma scintillans* ne serait qu'une phase fœtale ou état imparfait du *Kolpoda Cucullus* Müll.

Les œufs des Vorticelles ont, d'après M. Pouchet, un diamètre de $0^{mm},04$ (*sic*). Cet observateur prétend avoir constaté une rotation du vitellus comme chez un mollusque. Il reconnaît l'évolution du fœtus à la formation de la vésicule contractile, l'appareil

1. Il est à peine douteux pour nous que cette partie de l'histoire du développement des Actinophrys soit basée sur l'observation de la germination d'un Chytridium dans l'intérieur d'un Rotateur. Les prétendues Haltéries, seraient alors les zoogonidies du Chytridium. (Note de 1860).

2. L'*Actinophrys pedicillata* Müll. est une Podophrya (*P. fixa* Ehr.), qui n'a rien de commun avec les Actinophrys.

3. Comptes-rendus de l'Académie des Sciences, 1849. Note sur le développement et l'organisation des infusoires.

cardiaque ce *punctum saliens* de tout embryon. Lorsque l'embryon a atteint son développement complet, son mouvement de rotation fait place à des contractions du corps entier du jeune animal, lequel cherche à briser la coquille de l'œuf.

Il est facile de se rendre compte de ce qu'a vu M. Pouchet. Il ne s'est pas inquiété de ce que ces œufs étaient aussi gros que les Vorticelles elles-mêmes. Ce sont tout simplement des kystes que M. Pouchet a pris un peu à la légère pour des œufs. Du reste on ne peut s'empêcher de nourrir quelque méfiance à l'égard des observations de M. Pouchet, lorsqu'on le voit décrire chez les Vorticelles un appareil respiratoire particulier, dont les fonctions avaient jusqu'alors échappé à tous les observateurs. Cet appareil n'est en effet pas autre chose que le vestibule, la bouche et l'œsophage de la Vorticelle. On voit des cils s'agiter dans son intérieur, et c'est là, pense M. Pouchet, ce qui a conduit quelques observateurs à *hasarder* l'idée de la formation de vacuoles dans le corps de ces animaux. — Nous ne savons trop laquelle des deux opinions est la plus hasardée.

En outre de la reproduction par division spontanée et par gemmation, il existe, tout au moins chez certains infusoires, une production d'embryons internes, plus ou moins semblables à l'animal parent. Un certain nombre d'exemples de ce mode de reproduction ont été décrits jusqu'à ce jour, dont plusieurs toutefois ont passé inaperçus. Le premier qui ait découvert ce fait important, est M. de Siebold, dont les observations ont porté sur l'un des infusoires ciliés parasites de l'intestin de la grenouille. Ces observations remontent à l'année 1835, où elles furent insérées en passant au milieu d'un travail helminthologique. Elles se trouvaient là en compagnie des intéressantes découvertes que M de Siebold venait de faire au sujet de la reproduction du *Monostomum mutabile*. Mais tandis que ces dernières faisaient leur chemin par le monde et agitaient les hautes sphères de la science, les autres passaient inaperçues comme un fait sans importance et dormaient oubliées de chacun, même de M. de Siebold, à ce qu'il paraît.

Vu leur importance, soit intrinsèque, soit historique, nous citerons les paroles mêmes de M. de Siebold[1] :

1. Th. v. Siebold : Helminthologische Beiträge. — Wiegmann's Archiv für Naturgeschichte, I. Bd. 1835, p. 75. — C'est M Lieberkühn qui le premier attira notre attention sur ce passage.

« Je ne puis, dit-il, passer sous silence le fait que j'ai déjà fort souvent, en particulier au printemps, trouvé dans le canal alimentaire des grenouilles une grande quantité d'animaux microscopiques que je ne puis pas considérer autrement que comme des animaux polygastriques. Un tel infusoire, doué d'une teinte gris-clair, se trouve dans le cloaque de la *Rana temporaria* en quantité inouïe. Un autre, qui appartient à une autre espèce[1], et dont la couleur est blanche, se trouve dans le même organe. On rencontre également des animalcules semblables dans l'intestin. Tous sont couverts de cils qui vibrent avec vivacité. Dans le corps de l'une des espèces, je vis de la manière la plus certaine plusieurs taches transparentes (des estomacs vides[2]), et dans l'extrémité caudale une cavité diaphane (utérus) dans laquelle un grand nombre de jeunes individus s'agitaient très-vivement. Je vis plusieurs de ces derniers quitter cette résidence pour nager avec agilité dans l'eau comme leurs mères[3]. »

M. de Siebold laissa là cette intéressante observation. Il n'a pas approfondi la manière dont ces embryons s'étaient formés, et paraît même avoir complétement perdu de vue cette découverte qu'il ne mentionne pas dans son traité d'Anatomie comparée. L'honneur lui en reste cependant tout entier, dût-il rester avéré qu'il a admis autrefois l'utérus de M. Ehrenberg. Ce n'est du reste là qu'une question de termes peu importante. Si la cavité dans laquelle les embryons se développent n'ést pas un utérus proprement dit, elle en joue, jusqu'à un certain point, le rôle.

Une seconde observation de ce genre, mais très-imparfaite, est due à MM. Eckhard[4] et Oscar Schmidt[5]. Nous aurons l'occasion d'en reparler à propos des Stentor.

1. On sait en effet qu'on trouve dans le cloaque et l'intestin des grenouilles des infusoires appartenant à des genres fort divers

2. Les parenthèses et leur contenu appartiennent à M. de Siebold lui-même.

3. Il est intéressant, au point de vue de l'histoire de la zoologie, de constater que M. Siebold était, à cette époque, si bien imbu des idées de M. Ehrenberg, qu'il se pose la question si ces infusoires ne pourraient pas être de jeunes Trématodes semblables à la grande nourrice du *Monostomum mutabile*, et qu'à cette question il répond que « la structure, bien plus parfaite de ces animaux (les infusoires), *qui sont munis d'organes digestifs et générateurs*, permettront à tout observateur attentif de les distinguer de jeunes helminthes. » On se serait peu douté alors que M. de Siebold serait un de ceux qui contribueraient le plus à renverser les théories de M. Ehrenberg, et qu'il finirait par considérer les infusoires comme de simples cellules.

4. Eckhard : Die Organisationsverhältnisse der polygastrischen Infusorien — Erichson's Archiv f Naturgescht. 1847.

5. O. Schmidt : Einige neue Beobachtungen über die Infusorien. — Schleiden und Froriep's neue Notizen aus dem Gebiete der Natur- und Heilkunde 1849.

Puis vint M. Focke[1], qui découvrit les embryons du *Paramecium Bursaria* Focke (*Loxodes Bursaria* Ehr.), observation qui fut répétée plus tard par M. Cohn[2] et par M. Stein[3]. C'est à ce dernier que nous devons les découvertes les plus intéressantes et les plus nombreuses sur le domaine du développement des infusoires. Il nous a fait surtout connaître les embryons d'une foule d'Acinétiniens. Nous passons rapidement sur ces découvertes, parce que nous aurons l'occasion d'y revenir, avec beaucoup de détails, lorsque nous traiterons du développement de ces différents groupes en particulier.

Quelques mots seulement en passant sur la reproduction du *Chilodon Cucullulus*, afin de ne pas être obligé de revenir ailleurs sur ce sujet. M. Stein[4] a observé l'enkystement de cet infusoire. Le but de cet enkystement est, suivant lui, la production d'embryons. On voit bientôt dans l'intérieur du Chilodon enkysté un corps recouvert de cils sétiformes, à surface évidemment striée. Ce corps s'agite autour de son axe, et il n'est pas possible d'y voir autre chose qu'un embryon. M. Stein n'a pas observé directement son expulsion au dehors de la cavité du parent. Il l'a toujours fait sortir artificiellement par pression, et il lui a reconnu la forme d'un infusoire qu'il croit être le *Cyclidium Glaucoma* Ehr. ou *Enchelys nodulosa* Duj. Lorsque cet embryon a atteint le développement voulu, il perce les parois du corps de la mère et les parois assez peu résistantes du kystes pour passer à l'état de liberté. Puis l'ouverture se referme, soit dans le kyste, soit dans le parenchyme du parent. M. Stein pense qu'un second embryon se forme alors, et ainsi de suite, jusqu'à l'extinction totale de la substance du Chilodon prolifique. Parfois le Chilodon sort de son kyste par l'ouverture qui a servi au passage de l'embryon, ou même il le quitte avant la sortie de l'embryon pour reprendre sa vie errante. La manière dont M. Stein décrit les mouvements de l'embryon de même que sa forme, coïncide parfaitement avec le *Cyclidium Glaucona*, qui ne serait point alors une forme indépendante, mais simplement une phase embryonnaire du *Chilodon Cucullulus*[5].

1. Amtlicher Bericht der Naturforscherversammlung zu Bremen, p. 115.
2. Zeitschrift f. wiss. Zoologie. III. Bd. p. 277.
3. Die Infusionsthierchen auf ihre Entwicklung untersucht. Leipzig, 1854, p. 238.
4. Die Infusionsthierchen, etc. Heterogonie des *Chilodon Cucullulus*, p. 126-138.
5. Il y a toutefois à objecter à cette manière de voir qu'on trouve très-souvent des eaux renfermant des myriades

M. Cohn [1] enfin a observé dans un animal qu'il considère comme l'*Urostyla grandis* Ehr. [2] la formation de globules particuliers assez nombreux. Ayant écrasé un animal de cette espèce, il vit la plus grande partie de ces globules rester immobiles, mais d'autres se munirent de cils, et l'un d'eux s'écarta à la nage.

Il conviendra peut-être, en terminant ce chapitre, de dire quelques mots de la théorie de M. Perty sur la reproduction des infusoires. Ce savant croit avoir reconnu chez les infusoires ciliés une certaine classe de vésicules ou de corpuscules qui servent à la reproduction. Ce seraient là des germes comparables aux spores des végétaux inférieurs. M. Perty leur donne le nom de *blasties*. Il reconnait ces blasties à ce qu'elles se présentent comme des corps indépendants lorsqu'on écrase l'animal ou que celui-ci se décompose [3]. Il avoue n'avoir jamais vu trace de mouvement dans aucun de ces corps. — Chacun reconnaîtra que c'est là une manière de voir des plus hasardées, et tout aussi peu justifiée que l'admission des ovaires et des testicules de la théorie de M. Ehrenberg. En effet, toute substance douée d'nn certain degré de consistance, et susceptible de se présenter sous la forme d'un corps à contours nets au moment de la dissolution de l'infusoire, pourrait passer pour une blastie. Lorsque nous entrerons dans une description plus exacte de la formation des embryons internes, il pourra sembler au premier abord que M. Perty ait entrevu la vérité; mais il l'a plutôt pressentie qu'entrevue. Il comprenait, comme beaucoup d'autres, que les infusoires devaient posséder un mode de reproduction autre que la division spontanée : c'est ce qui l'a conduit à sa théorie. A notre avis, on ne peut reconnaître un embryon, une *blastie*, pour parler le langage de M. Perty, qu'à des manifestations vitales, comme la présence d'un vésicule contractile, ou de l'ondulation de cils vibratiles. Tout jugement qui ne repose pas sur de pareilles bases est pour le moins prématuré.

de *Cyclidium Glaucoma*, et pas un seul Chilodon. De plus, M. Stein n'a point reconnu de bouche chez son prétendu Cyclidium. Or, les soies buccales étant précisément les caractères distinctifs du genre Cyclidium, nous croyons qu'il est fort permis de douter que les embryons en question soient réellement identiques avec le *Cyclidium Glaucoma* (Note de 1860).

1. Zeitschrift für wiss. Zoologie. III[ter] Bd.

2. Il est bien difficile de déterminer quel était l'animal que M. Ehrenberg désignait sous ce nom. Peut-être était-ce notre *Oxytricha Urostyla*. Dans tous les cas, le dessin de M. Cohn est beaucoup trop imparfait pour qu'il soit permis de décider si l'animal observé par lui était une Oxytrique, un Kondylostome ou autre chose. (Note de 1860).

3. Zur Kenntniss der kleinsten Lebensformen. Bern, 1852, p. 67.

Aussi M. Perty a-t-il été entraîné par sa théorie dans une longue suite d'erreurs. Les granules du *Paramecium Bursaria* Focke (*Par. versutum* Perty) sont par exemple à ses yeux des blasties[1]. Or, nous verrons à propos du mode de reproduction de cet animal, que ses véritables *blasties* sont produites par une segmentation du nucléus et non par les granules porteurs de la chlorophylle[2].

Telle est à notre connaissance tout ce qu'on a fait connaître d'important jusqu'ici sur le développement des infusoires ciliés et des Rhizopodes. C'est une base bien peu large, et nul ne peut s'attendre à ce que, avec un pareil point de départ, on en vienne à lever tout d'un coup le voile tout entier. Nous serons heureux si l'on nous concède qu'à ces différents traits nous en avons ajouté quelques autres qui donnent à l'esquisse quelque chose de plus ferme et de plus décidé.

1. Zur Kenntniss, etc., p. 68.

2. Sous le titre *Observations sur les métamorphoses et l'organisation de la Trichoda Lynceus*, Jules Haime fit paraître, en 1853, dans les Annales des Sciences Naturelles des recherches sur les métamorphoses de l'*Aspidisca Lynceus*. Dans son jeune âge, cet animal serait, selon cet auteur, identique à l'*Oxytricha gibba*, et ce n'est qu'après avoir passé par une phase de *Loxodes*, que cette Oxytrique deviendrait un Aspidisque. Il y a évidemment là une série de confusions dont le résultat a été le rapprochement d'organismes qui n'ont absolument rien à faire les uns avec les autres. *(Note de 1860)*.

THÉORIE DE M. STEIN SUR LA REPRODUCTION

PAR

PHASE ACINETIFORME.

Réfutation de cette théorie [1].

Nous sommes redevables à M. Stein d'une foule d'observations sur la reproduction des infusoires. Publiées d'abord dans plusieurs recueils scientifiques [2], ces observations ont été réunies et développées dans un ouvrage spécial [3]. Dans ce volume sont amalga-

1. M. Stein ayant depuis la rédaction de cet ouvrage considérablement modifié sa théorie de la reproduction par phases acinétiformes, nous aurions pu à la rigueur supprimer une partie de ce chapitre. Si nous le publions en entier, ce n'est point pour l'amour de ferrailler en vrais don Quichotte contre des moulins à vents. C'est surtout dans le but de convaincre quelques observateurs qui, comme M. Carter et M. d'Udekem, paraissent pencher pour la théorie, aujourd'hui ancienne, de M. Stein, au moment où la foi de ce dernier commence cependant à s'ébranler d'ailleurs. Les objections que nous avons publiées ailleurs ont déjà fait chanceler M Stein; mais ce savant conserve encore un reste d'attachement bien naturel pour la théorie qu'il a lancée dans le monde. Nous considérons donc comme un devoir de produire aujourd'hui nos arguments dans toute leur force. M. Stein est un homme trop dépourvu de tous préjugés personnels, il a trop à cœur la marche de la Science vers le but qu'elle poursuit, pour ne pas abandonner immédiatement une opinion que nous démontrerions, sans réplique, être erronée. Déjà il concède aujourd'hui que jamais une Vorticelline ne se transforme en Acinète, ce qui est au fond le renoncement complet à sa théorie première. Toutefois il hésite encore à croire que les Acinétiniens soient des êtres indépendants du cycle de développement d'autres infusoires. Nous reviendrons ailleurs sur ce point, que nous n'accordons point à M. Stein. Dans tout les cas, le présent chapitre, dont l'intérêt est, désormais avant tout, historique, ne pouvait être supprimé ici, puisque c'est certainement à lui que nous devons en grande partie la distinction que l'Académie de Paris a bien voulu nous conférer. (*Note de 1860*).

2. Zeitschrift für wissenschaftliche Zoologie et Archiv für Naturgeschichte.

3. Die Infusionsthierchen auf ihre Entwicklungsgeschichte untersucht, von Dr Fr. Stein. Leipzig, 1854.

mées une foule de données de valeurs fort diverses; les unes peuvent être considérées à bon droit comme des conquêtes dont la science doit s'enorgueillir; les autres, propres à séduire le lecteur par leur caractère apparent d'exactitude, menacent de fausser singulièrement nos connaissances dans le domaine des infusoires. M. Stein a le grand mérite d'avoir été le premier à découvrir que les Acinétiniens donnent naissance dans leur intérieur à des germes ou embryons, qui, lorsqu'ils ont atteint une certaine grosseur, quittent l'organisme-parent et nagent dans les eaux sous une forme qui n'est point semblable à celle de ce dernier. Tandis que les Acinétiniens adultes sont des animaux immobiles, sans organes locomoteurs, les uns pédicellés, les autres sessiles, mais tous fixés sur des corps étrangers, les embryons qu'ils mettent au jour possèdent au contraire des organes locomoteurs. Enfin, les Acinétiniens sont armés de prolongements sétiformes, munis d'un bouton à l'extrémité, prolongements que nous avons vus ailleurs être des suçoirs, tandis que leurs embryons offrent une surface unie, non hérissée de suçoirs, mais recouverte en tout ou en partie de cils locomoteurs très-fins. On peut répartir ces embryons, découverts par M. Stein, en deux groupes, les uns ciliés sur toute leur surface, les autres n'offrant de cils que sur une face déterminée de leur corps.

Cette découverte, déjà fort intéressante en elle-même, prit une importance bien autrement grande, lorsque M. Stein annonça que ces embryons étaient destinés à devenir non point des Acinétiniens comme les organismes qui leur avaient donné le jour, mais des Vorticellines.

M. Pineau[1] avait déjà émis l'idée d'une parenté entre les Vorticellines et les Acinétiniens. Cependant un hasard singulier seul a fait que M. Pineau a mis les Acinètes en cause, car ses observations méritent à peine d'être prises au sérieux, et ne sont par conséquent point comparables à celles de M. Stein. M. Pineau est un partisan de la génération spontanée. Il met pourrir des lambeaux de chair dans de l'eau; il voit les fibres musculaires entrer en décomposition et prendre une apparence granuleuse. Chacun des granules, d'abord immobile, s'anime peu à peu, et bientôt le globule sphérique, ex-partie intégrante d'un faisceau musculaire, nage dans le liquide sous la forme

1. Annales des Sciences Naturelles, 3e Série, T. III, 1845.

de la *Monas Lens !* Cela semble tout naturel à M. Pineau. Burdach, le grand Burdach, n'a-t-il pas vu, lui aussi, cette matière granuleuse qui précède toujours l'apparition des infusoires, tant animaux que végétaux?

Ailleurs, c'est avec de la colle de poisson que M. Pineau veut faire surgir des vies du néant. Les globules deviennent cette fois non point des Monades, mais des Enchelys. Encouragé par ce succès, M. Pineau se tourne vers les infusions de plantes, et maintenant les globules sphériques, ces premiers indices d'organisation, ne tardent pas à développer des bras, puis un pédicule : c'est l'*Actinophrys pedicillata* de M. Dujardin (un Acénitinien, la *Podophrya fixa* Ehr. et point une Actinophrys), qui se forme sous ses yeux. Les bras de l'Actinophrys (Podophrya), d'abord raides et immobiles, commencent à montrer des mouvements; les mouvements vont gagnant rapidement en célérité; une bouche se creuse dans la partie supérieure de l'animal; le pédicule, d'abord inerte, se pourvoit bientôt d'un muscle et se contracte avec énergie; la Podophrya est transfigurée en Vorticelle ! [1]

Comme on le voit, les observations de M. Pineau n'ont rien à faire avec celles de M. Stein. Ces dernières sont quelque chose de tout nouveau dans la science et méritent partant d'attirer tout spécialement notre attention. Afin d'en faire comprendre toute l'étendue et la portée, nous allons narrer brièvement comment M. Stein décrit le mode

1. M. Pineau ne s'en est pas tenu là. Dans un autre Mémoire (Observations sur les animalcules infusoires par M. J. Pineau. Annales des Sciences Naturelles, 3e Série, T. IX, 1848), il fait parcourir aux Vorticelles un tout autre cycle de développement. Il expérimentait avec des Vorticelles *nées* d'une infusion d'*Aconitum Napellus*, pour nous servir de termes en harmonie avec ses idées. Ces Vorticelles se transformèrent en globules oviformes, s'enkystèrent en un mot. Ces kystes ne tardèrent pas à croître en dimensions, et M. Pineau attendit avec anxiété ce qui allait en sortir. Dans le liquide, on ne trouvait, en outre des Vorticelles et d'un certain nombre d'Oxytriques, rien que des infusoires de petite taille, des Monades, des Amibes. Des Oxytriques résultant d'une transformation des Vorticelles? M. Pineau n'en voulait rien croire. Cependant, au milieu de ses doutes, il finit par découvrir au milieu d'un amas de corps oviformes des globules égaux en diamètre aux kystes des Vorticelles devenus gros. Les globules étaient munis de cils gros et rares, qui rappelaient tout à fait ceux des Oxytriques, sauf que leurs mouvements étaient plus lents. Enfin, par la comparaison de toute une série de ces corps, il se trouva arriver insensiblement à la forme d'Oxytriques parfaites. « Alors, dit M. Pineau, il ne me parut plus douteux que ces animalcules ne tirassent leur origine des Vorticelles, malgré la différence de leur configuration. »

M. Pineau ne se souvient plus qu'il a décrit ailleurs la transformation des Podophrya en Vorticelles, ou tout au moins cela ne l'embarrasse pas. — Ces observations s'expliquent du reste fort simplement. Il avait dans le même liquide des kystes de Vorticelles et des kystes d'Oxytriques. Il a pris ces derniers pour les premiers, devenus plus gros, et les Oxytriques, *qu'il n'a pas même vu en sortir*, lui ont semblé par suite provenir des Vorticelles. Le fait que M. Pineau conclut de la présence simultanée de kystes et de corps oviformes ciliés dans un même liquide, que ces derniers sont sortis des premiers, ne témoigne certes pas d'une critique bien raisonnée.

de propagation de la *Vorticella microstoma* Ehr. Nous pouvons en effet le regarder comme prototype du mode de reproduction des Vorticellines dans la théorie de M. Stein.

La Vorticelle, après avoir vécu un certain temps comme telle sur son pédoncule contractile, se contracte en une boule, dans l'intérieur de laquelle on peut distinguer encore la vésicule contractile, le vestibule, l'œsophage et le nucléus. Le corps ainsi contracté sécrète sur toute sa surface une substance qui s'endurcit de manière à former une capsule, un véritable kyste, dans lequel la Vorticelle se trouve enfermée. L'animal s'est préalablement détaché de son pédoncule, et le kyste gît sur le sol au fond de l'eau, sous la forme d'un globe isolé. Parfois la Vorticelle s'enkyste sur le pédicule lui-même. L'œsophage et la bouche disparaissent complètement par suite d'une résorption complète, et l'on n'aperçoit plus dans l'intérieur du kyste qu'une masse homogène enveloppant le nucléus allongé et la vésicule contractile. Cette dernière paraît avoir perdu la faculté de se contracter. Cette masse homogène subit peu à peu des modifications intimes; elle se transforme en gros grains obscurs, dont l'opacité dissimule bientôt le nucléus aux yeux de l'observateur. Les kystes peuvent rester ainsi, gisant au fond l'eau, durant des jours, des semaines, et peut-être même plus longtemps. Le contenu de cette *vésicule-mère* (c'est ainsi que M. Stein nomme la vésicule enkystée dès qu'elle ne laisse plus distinguer d'organes dans son intérieur) paraît en proie à un travail intestin, à une sorte de *fermentation*. Peu à peu le kyste reprend une certaine transparence; on voit la vésicule contractile exécuter des pulsations rhythmiques. Un nucléus ovale ou réniforme laisse apercevoir vaguement ses contours au travers des granules petits et gros qui l'enveloppent de toutes parts[1]. De la masse du corps de l'animal partent de fins prolongements, en forme de fils, qui percent les parois du kyste et viennent faire saillie au dehors. Ces filaments déliés sont munis d'un petit bouton à l'extrémité. En un mot, le kyste de la Vorticelle est devenu une *Actinophrys*, comme dit M. Stein; mais c'est de fait un véritable Acinétinien, la *Podophrya fixa* Ehr.[2].

1. M. Stein figure des kystes ornés de plis circulaires, qu'il considère comme des kystes de *Vorticella microstoma*, pathologiquement altérés et sur le point de passer à l'état de Podophrya. Or, M. Cienkowsky a démontré que ce sont là des kystes de *Podophrya fixa* (V. Bulletins de l'Académie de St-Pétersbourg, T. XIII, p. 397). Il n'est pas étonnant que M. Stein les ait vu devenir des Podophrya!

2. Nous avons déjà insisté ailleurs sur la confusion que M. Stein introduit dans la Science en assimilant les uns aux autres des êtres aussi hétérogènes que les Actinophrys et les Podophrya.

—Cet Acinétinien se trouve sous deux formes, tantôt il est pédicellé, et dans ce cas c'est la *Podophrya fixa* Ehr. (*Actinophrys pedicillata* Duj.), tantôt il est sessile ou privé de pédicule, et c'est alors que M. Stein le désigne à tort sous le nom d'*Actinophrys Sol.* M. Stein explique la formation de ces deux variétés de la manière suivante : « Parfois le kyste est parfaitement isolé; son contenu est alors, dans son expansion, libre d'exercer contre les parois une pression égale dans tous les sens, puisque nul obstacle ne s'y oppose; il peut donc étendre ses prolongements (ses suçoirs) dans toutes les directions. Dans ce cas, le kyste se transforme en une prétendue Actinophrys; parfois au contraire un obstacle s'oppose au développement égal dans toutes les directions, obstacle qui peut résulter par exemple de ce que le kyste est accolé à quelque objet dur. Dans ce cas, la Vorticelle enkystée se transforme en Podophrya à pédicule plus ou moins long. » — Nous avouons franchement n'avoir pu comprendre cette explication.

Telle est la première phase dans le cycle de développement de notre Vorticelle. Elle est devenue une Podophrya. Bientôt on remarque dans l'intérieur de son corps une petite vésicule contractile et même des cils en mouvement. C'est un jeune embryon qui, lorsqu'il a atteint un certain degré de développement, quitte sa mère pour mener au dehors une vie errante. Cet embryon, après avoir circulé un certain temps en liberté, passant presque aussi rapidement que l'éclair dans le champ du microscope, ce qui par parenthèse rend sa poursuite très-difficile pour l'observateur, cet embryon, disons-nous, cherche au milieu des lentilles d'eau une place qui lui paraisse convenable, afin de s'y fixer et d'y vivre d'une manière plus tranquille. Cette place une fois trouvée, il s'attache à la plante, sécrète un pédicule, se pourvoit d'une bouche, d'un œsophage, d'un nucléus contourné et, en un mot, devient une Vorticelle semblable à ce qu'était son parent, la Podophrya, dans ses jeunes ans. La Podophrya, de son côté, ne perd pas son temps. La déchirure par laquelle était sorti l'embryon se referme, se cicatrise, et un second embryon se forme. Il sort à son tour de l'asyle que lui offrait le corps de son parent et se livre dans les eaux, comme son frère aîné, à des exercices rapides, après quoi il se transforme également en Vorticelle sédentaire. Un troisième embryon lui a déjà succédé dans le corps de la Podophrya, et ainsi de suite jusqu'à l'épuisement complet de celle-ci.

Cette histoire de la *Vorticella microstoma* peut passer pour celle de toutes les Vorticellines dans la théorie de M. Stein, car, sauf de légères différences, c'est toujours ce même type de développement qui revient. M. Stein décrit dans son ouvrage les Acinètes [1] de la *Cothurnia maritina* Ehr., de l'*Epistylis branchiophila* Perty, de l'*E. crassicollis* St., de l'*E. plicatilis* Ehr., de l'*Opercularia articulata* Ehr., de l'*O. berberina* St., de l'*O. Lichtensteinii* St., de l'*Ophrydium versatile* Ehr., de la *Spirochona gemmipara* St., de la *Vaginicola crystallina* Ehr., de la *Vorticella microstoma* Ehr., de la *V. nebulifera* Ehr., du *Zoothamnium affine* St. et dû *Zoothamnium parasita* St.

Voilà donc un pas important de fait dans la science ; tout un nouveau type de reproduction, *la génération par Acinètes*, comme on peut le nommer. M. Stein a constaté ce mode de reproduction chez un trop grand nombre de Vorticellines pour qu'on se refuse à en admettre la généralité dans cette famille. Nous venons donc sans idée préconçue, admirant ce grand résultat conquis à la science, et tout disposés à répéter, le microscope en main, des observations aussi intéressantes. — Et cependant, après une étude consciencieuse, nous sommes obligés de nous déclarer contre la théorie de M. Stein. Nous n'avons pu voir la métamorphose d'aucune Vorticelline en Acinète, ni réciproquement d'aucun embryon d'Acinète en Vorticelline, pas plus que M. Stein ; car, nous devons le dire, *M. Stein lui-même n'a jamais vu semblable métamorphose.* Il n'est pas étonnant qu'il n'y soit pas parvenu, puisque, selon nous, cette métamorphose n'existe pas dans la nature. Les embryons d'Acinètes deviennent des Acinètes, et les Vorticellines, ainsi que aurons l'occasion de le montrer plus loin à propos de l'*Epistylis plicatilis*, offrent un mode de développement tout différent de celui qui leur est attribué par M. Stein.

Peut-être s'étonnera-t-on lorsqu'on nous entendra dire que M. Stein n'a jamais observé la transformation d'une Vorticelline en Acinète ; mais nous prendrons à cœur de prouver ce que nous avançons. M. Stein est un observateur de talent : son ouvrage en fait foi ; ses planches sont les meilleures qui aient paru jusqu'ici sur les infusoires, et le fait même que nous voulons prendre un soin tout particulier à le réfuter, montre que nous savons estimer le prix de ses recherches. C'est qu'en effet tout ce qui est

1. Nous employons ici, conformément à l'habitude générale, le terme Acinète pour signifier un animal de la famille des Acinétiniens, sans avoir en vue le genre *Acineta* proprement dit.

observation dans son ouvrage porte le cachet de l'exactitude. On y reconnaît l'observateur persévérant et attentif qui pénètre jusque dans les détails, détails qui peuvent paraître à d'autres des minuties, mais qui sont d'une importance énorme aux yeux d'un micrographe. Ses observations sur la structure des Vorticellines laissaient, il est vrai, encore quelque chose à désirer; mais quelle distance déjà entre ses descriptions et ses figures d'une part, et d'autre part, celles de MM. Ehrenberg et Dujardin, qui souvent n'avaient guère mieux fait que leur devancier du siècle dernier, le grand O. F. Mueller. Nous devons également à M. Stein des connaissances approfondies sur le groupe des Acinétiniens. Avant lui, cet ordre ne se composait que d'un nombre d'espèces très-limité, nombre qui s'est accru rapidement sous son œil diligent. C'est lui qui nous a fait le premier connaître la formation des embryons chez les Acinétiniens et la manière dont ces embryons se comportent immédiatement après leur sortie du sein de leur parent. Mais si nous devons des éloges à M. Stein pour les connaissances dont nous lui sommes redevables relativement à ces deux séries d'êtres, les Vorticellines d'une part, et les Acinétiniens de l'autre, nous ne pouvons taxer d'idée heureuse les rapports qu'il a cherché à établir entre ces deux groupes.

Selon M. Stein, les Acinètes seraient donc à tout prendre moins des animaux parfaits que des *nourrices* dans le sens de M. Steenstrup. Ce seraient des espèces de poches élevées à l'état de vie indépendante, de sacs animés, dans lesquels se développeraient les jeunes Vorticelles. Elles seraient en un mot comparables aux *vers jaunes* de Bojanus, ou mieux encore aux Rédies d'autres trématodes. Une différence est toutefois à noter. Un trématode femelle dépose des œufs, et de ces œufs sortent des nourrices. Dans l'intérieur de celles-ci se forment, par un procédé de gemmation interne, de jeunes cercaires, qui se transforment plus tard en distomes, par exemple. Il y a alors deux générations bien distinctes : 1° les nourrices; 2° les cercaires, qui se transforment en trématodes parfaits. Quelquefois il y en a même davantage. Il y a là l'alternance voulue par M. Steenstrup : une génération sexuelle, puis une ou plusieurs générations asexuelles, puis une génération sexuelle et ainsi de suite jusqu'à l'infini. — Si les observations de M. Stein étaient justes, il n'en serait pas moins vrai que l'existence d'une génération alternante chez les infusoires ne serait point du tout démontrée. D'après ce savant, en effet une Vorticelline n'engendre point un ou plusieurs

Acinètes, mais se transforme elle-même, et dans son entier, en Acinétinien. Ce n'est point une *génération*, mais bien une *métamorphose*. Voilà pourquoi M. Stein a échangé le nom d'Acinète contre celui d'*état acinétiforme* (*Acinetenzustand*) des Vorticellines. Supposant toujours que la théorie de M. Stein soit exacte, c'est un résultat auquel il fallait s'attendre *a priori*. En effet, toute alternance de génération, jusqu'ici exactement connue chez les animaux, est formée, comme nous le disions, par la combinaison d'une génération asexuelle et d'une génération sexuelle. Or, nous ne connaissons pas jusqu'ici avec évidence de sexualité chez les infusoires, et par conséquent pas de combinaison entre une reproduction par fécondation et une reproduction par gemmes chez ces animaux, ou, en d'autres termes, les éléments nécessaires pour constater ici une génération alternante font encore défaut à l'heure qu'il est.

Ce qui est observation dans l'ouvrage de M. Stein, disions-nous, se distingue par son exactitude; mais il en est autrement de ce qui n'est pas observation, et sous ce dernier chef vient se ranger la métamorphose des embryons des Acinétiniens en Vorticellines. Il est vraiment regrettable que ce savant ait fait de cette métamorphose le point capital, la question de cabinet, pour ainsi dire, de son livre; car, nous le répétons, elle n'existe pas : c'est une pure erreur. M. Stein *n'a jamais vu* cette métamorphose; c'est à la suite d'un raisonnement tout théorique qu'il a *conclu* que cette métamorphose était probable. Par suite d'un fâcheux oubli, M. Stein n'a pas eu présent à l'esprit la distance énorme qui sépare une probabilité apparente de la réalité. Il s'est trouvé par là entraîné dans une longue suite d'erreurs. Une fois sur la fausse route, il a continué à cheminer, sans s'apercevoir qu'il avait pris à l'origine une fausse direction.

Nous avons affirmé que M. Stein n'avait jamais observé directement la transformation d'une Vorticelline en Acinétinien, non plus que celle d'un embryon d'Acinète en Vorticelline. Il nous reste à prouver la vérité de notre assertion. Pour cela, nous céderons la plume à M. Stein, et nous le laisserons juger lui-même la question. Nous allons donc passer en revue les diverses Vorticellines dont M. Stein croit avoir observé l'*état acinétiforme* et citer chaque fois, aussi exactement que la traduction le permettra, les paroles qu'il emploie lorsqu'il vient à parler de la métamorphose :

Commençons par l'*Epistylis plicatilis*. Après avoir raconté comment il avait trouvé fréquemment des Acinètes (*Podophrya quadripartita*) au milieu de colonies d'*Epistylis plicatilis*, M. Stein continue[1] : « Devais-je ne voir qu'un simple jeu du hasard dans la réunion de ces deux formes d'infusoires, qui offraient du reste tant d'affinités réciproques? » Non, d'autant plus que M. Ehrenberg lui-même avait rencontré fort souvent des corps acinétiformes sur des colonies d'*Opercularia articulata*, et cela même si fréquemment, qu'il inclinait à considérer ces corps comme une seconde forme essentielle des Operculaires. M. Ehrenberg[2] s'exprime à ce sujet comme suit : « .... Mais » il est fort surprenant qu'entre les individus ordinaires, et particulièrement à l'aisselle » des ramifications, on en rencontre d'autres isolés, beaucoup plus gros, et d'autres » enfin de dimensions encore plus considérables, en forme d'œuf. Ces derniers sont » quatre ou cinq fois aussi gros que les autres, et sont munis de poils qui présentent » un renflement à l'extrémité. Ils n'ont qu'une petite ouverture sans cils vibratiles. Ces » derniers individus pourraient bien être des parents, ce qui n'est pas le cas pour les » autres. » Plus loin[3], il dit : « Il me semble même que les poils munis de boutons, » que présentent ces individus jusqu'ici inconnus, sont susceptibles d'être complètement » rétractés par l'animal. Aussi se pourrait-il que nous eussions ici à faire à une Acinète » parasite. » Cette manière de voir devait gagner encore en vraisemblance, lorsque M. Ehrenberg trouva un jour ces corps pyriformes munis de poils seuls et en grande abondance sur un coléoptère aquatique. Le fait que M. Ehrenberg pensait néanmoins que ces corps acinétiformes pourraient bien n'être qu'un état particulier de l'Operculaire en vue de la reproduction, ressort de la circonstance qu'il remarque en passant n'avoir pas observé leur transformation en colonie d'Operculaires.

» M. Ehrenberg avait été par conséquent conduit par ses observations à la même pensée à laquelle les miennes m'ont conduit. Malheureusement il paraît n'avoir pas donné suite plus tard à cette idée. En effet, il déclara dans une séance de la Société des Amis naturalistes de Berlin (Gesellschaft der naturforschenden Freunde), en 1850, que les corps pyriformes et velus qu'il avait observés sur les Operculaires étaient des Acineta parasites qui n'avaient aucune relation physiologique avec les Operculaires. »

1. Loc. cit., p. 14.
2. Infusionsthiere, p. 287.
3. Infusionsthiere, p. 288.

Telle fut la première observation de M. Stein sur les métamorphoses des Vorticellines : on le voit, une pure hypothèse. M. Ehrenberg fut plus prudent en se refusant à voir dans ces corps pyriformes autre chose que des parasites. Il est regrettable que M. Stein n'ait pas imité cette défiance salutaire; cela lui aurait épargné bien des méprises. C'était du reste de sa part conclure un peu à la légère, car les grandes affinités qu'il mentionne entre les Epistylis et les Acinètes consistent simplement dans la forme de poire allongée que toutes deux peuvent plus ou moins affecter et dans le fait que la *Podophrya quadripartita* habite avec les Epistylis. Les différences sont par contre nombreuses et importantes : le nucléus des uns (les Epistylis) a la forme d'une bande contournée; celui des autres est un noyau elliptique ou arrondi; les uns ont un pédicule large, les autres un pédicule mince[1]; les unes possèdent une bouche et un œsophage, les autres de nombreux suçoirs; les unes ont des organes vibratiles, les autres n'en ont pas, etc.

Ailleurs, M. Stein[2] revient à l'*Epistylis plicatilis* et à son soi-disant état acinétiforme. Il y est dit : « Le corps des gros Acinètes mesurait 1/24 de ligne en long et 1/20 de ligne dans sa plus grande largeur. Celui des plus petits individus mesurait 1/50 de ligne, soit en long, soit en large. La longueur des pédoncules variait entre 1/48 et 1/70 de ligne. Les plus gros individus de l'*Epistylis plicatilis* que j'ai eu l'occasion d'observer mesuraient 1/14 de ligne en longueur. *Pour ce qui concerne la taille, les Acinètes pouvaient par conséquent fort bien être une phase postérieure du développement d'Epistylis*, qui se seraient détachées de la colonie-mère et seraient venues se fixer sur les ramifications d'une autre colonie. Sur la coquille de la Paludine on ne pouvait réussir à trouver nulle part un seul Acinète, tandis qu'on en trouvait en abondance sur les arbres d'Epistylis ou tout au moins dans leur voisinage immédiat. »

Il nous faut convenir que M. Stein se laisse entraîner un peu loin par les analogies. Une similitude de taille n'est certes pas un argument de grand poids. Puis nous ne trouvons rien d'étonnant à ce que l'Acinète en question ne se trouve que sur les Epistylis. N'est-ce pas un fait reconnu que nombre de parasites épizoaires et autres se trouvent

1. Voyez Pl. VI, fig. 7 une Epistylis portant une Podophrya dont le pédoncule est bien plus mince que le sien.
2. Loc. cit., p. 96.

exclusivement sur un certain animal, même lorsqu'on ne peut comprendre l'avantage qu'ils en retirent. Les Claviger et nombre d'autres Psélaphides, par exemple, résident exclusivement dans des nids de fourmis, sans que personne ait songé jusqu'ici à trouver un rapport génétique entre eux et les Hyménoptères dont ils habitent les demeures.

Nous verrons d'ailleurs que les Acinètes font très-souvent des Epistylis leur pâture, ce qui dénoterait des habitudes de cannibales peu communes chez les infusoires. De plus, les Podophryes ne sont point les seuls animaux qui vivent exclusivement sur les Epistylis. On rencontre également en grande abondance sur les colonies d'*Epistylis plicatilis* un rhizopode vivant dans une coque à forme urcéolaire (V. Pl. VI, fig. 2, A.), rhizopode que nous avons décrit ailleurs sous le nom d'*Urnula Epistylidis*[1]. Jusqu'ici nous n'avons rencontré cet animal nulle part ailleurs que sur ces Vorticellines. Il donne naissance à des embryons doués d'organes locomoteurs, que M. Stein aurait aussi bien le droit de considérer comme une phase du développement des Epistylis que les embryons de la *P. quadripartita*. — On trouve également vivant en parasite sur les pédoncules d'Epistylis une autre espèce d'Acinétinien (V. Pl. IV, fig. 14 et 15) fort différente de la première, et décrite ailleurs par nous sous le nom de *Trichophrya Epistilidis*[2]. Nous ne voyons pas pourquoi elle aussi ne pourrait pas faire valoir ses droits sur l'*Epistylis plicatilis*. — On rencontre enfin, souvent en grande abondance, de petites Amœba qui se promènent lentement sur les pédicules d'*Epistylis plicatilis* (V. Pl. VI, fig. 2, B.) entre les *Podophrya quadripartita*, les *Trichophrya Epistylidis* et les *Urnula Epistylidis*. Ces Amœba sont munies tantôt d'une, tantôt de deux vésicules contractiles. Nous ne voulons pas prétendre que ce parasite soit spécial à cette Epistylis ; mais nous mentionnons son existence pour montrer que les cas de parasitisme ne sont pas rares chez les infusoires, et que, du fait que deux espèces vivent l'une sur l'autre, il ne faut pas conclure à un rapport génétique entre elles.

Nous avons observé d'autres parasites encore sur les Epistylis, et tous pourraient donner lieu, à aussi juste titre que la *Podophrya quadripartita*, à des conjectures analogues à celles que M. Stein a faites sur cette dernière. Nous avouons nous-mêmes que

1. Voy. le Tome Ier de ces Études, p. 457.
2. Ibid., p. 386.

nous avons cru, pendant un certain temps, avoir à faire dans l'*Urnula Epistylidis* à un état particulier des Epistylis. C'est qu'en effet, lorsque ces animaux s'apprêtent à la reproduction, ils s'enkystent dans leur coque, dont l'ouverture reste béante vers le haut (V. Pl. X, fig. 5). Cette coque urcéolaire offre une grande analogie de forme avec une Epistylis, et nous croyions, pendant un certain temps, n'avoir à faire là qu'avec la cuticule d'une Epistylis à péristome ouvert, admettant que le parenchyme du corps de l'animal s'était séparé des téguments pour s'arrondir et s'enfermer dans un kyste, en profitant de l'ancienne enveloppe comme d'un abri contre les attaques extérieures. Mais bientôt nous eûmes l'occasion de voir d'autres *Urnula Epistylidis* étendre leurs bras au loin, puis se reproduire de diverses manières, et nous dûmes renoncer à notre hypothèse.

La seconde Vorticelline chez laquelle M. Stein crut observer une transformation en Acinète était une Cothurnie, la *Cothurnia* (*Vaginicola*) *crystallina* Ehr. Nous tenons à attirer tout spécialement l'attention sur la description que ce savant donne du phénomène; car plus tard il la cite comme le compte-rendu d'une observation *directe*, la *seule* qui, par conséquent, se trouverait rapportée sur ce sujet dans son livre. On verra qu'il s'agit ici de rien moins que d'une observation. Laissons donc de nouveau parler M. Stein[1] :

« Trois jours après avoir fait une provision de Vaginicoles, dit-il, je trouvai un grand nombre d'individus métamorphosés d'une manière surprenante en une Acinète, que je reconnus bientôt être celle que M. Ehrenberg a décrite dans son ouvrage sur les infusoires sous le nom d'*Acineta mystacina*, et qu'il a observée quelquefois sur des conferves aux environs de Berlin. Que les Acinètes n'étaient pas, comme on pourrait être tenté de le croire, de nouveaux arrivés dans la colonie infusorielle, c'est ce qui ressort avec plus de certitude encore de l'observation suivante : J'avais de suite, dans les premiers jours, afin de pouvoir les produire dans un cours, mis à part un certain nombre de filaments de conferves, qui étaient peuplés de Vaginicoles avec une richesse toute particulière, et je les avais jetés dans un verre rempli d'eau de fontaine parfaitement pure. Je dus différer la production de mes animalcules pendant quelques jours, et lors-

1. Loc. cit., p. 58 et 59.

que je voulus les montrer, je ne fus pas peu étonné de ne trouver au lieu de Vaginicoles presque rien que des Acineta.

» La transformation des Vaginicoles en Acinètes était déjà démontrée par ce qui précède (!). Dans l'Acinète on pouvait reconnaître, de manière à ne pouvoir s'y méprendre (?), l'enveloppe transparente comme du cristal de la *Vaginicola crystallina*, ainsi que son corps lui-même. Ce dernier était encore librement suspendu dans l'enveloppe. Il avait cessé d'être attaché au fond de celle-ci et s'était avancé vers la partie antérieure, où il s'était contracté en globe et s'était transformé en une vésicule fermée. Les bords de l'ouverture du fourreau, ou enveloppe, s'étaient inclinés, sur tout leur pourtour, vers l'axe central, et formaient ainsi au-dessus du corps contracté un abri en forme de toit, muni de lucarnes qui se présentaient comme des fentes allongées. Ce toit conservait sa forme, grâce à une substance gélatineuse qui l'unissait au corps contracté de la Vaginicole et qui était sécrétée en grande abondance surtout par la partie antérieure de ce dernier. Les extrémités en pointe de cette sorte de couvercle tectiforme faisaient souvent saillie au-dessus de la couche gélatineuse. J'obtenais l'image la plus claire de cette transformation du fourreau ouvert de la Vaginicole, en fourreau fermé de l'Acineta, lorsque le filament de conferve était tourné de manière à ce que l'Acineta s'élevât verticalement entre le filament de conferve et l'œil de l'observateur. Le fourreau de l'Acineta présentait alors un contour polygonal, d'ordinaire à six pans, résultant des six champs triangulaires, inclinés sur le corps qui était enfermé dans l'intérieur du fourreau, et alternant avec un nombre égal de fentes.....

» La dérivation[1] de nos Acinètes des Vaginicoles ressortait également des rapports de grosseur. Les conferves ne portaient en effet que des Vaginicoles dont le fourreau atteignait une longueur oscillant entre 1/60 et 1/24 de ligne ; dans le plus grand nombre, cette longueur était de 1/40 à 1/30 de ligne sur 1/70 de large. La hauteur des fourreaux d'Acinètes variait de 1/60 à 1/32 de ligne, et leur largeur n'était jamais que légèrement inférieure à la hauteur. »

On le voit, cette prétendue observation est fort loin de mériter ce nom. M. Stein n'a réuni l'*Acineta mystacina* à la *Cothurnia crystallina* que par suite d'un raisonnement à

1. Loc. cit., p. 40.

base fort peu solide. Nous laisserons de côté les dernières données relatives à la grosseur, données qui, comme on le comprend fort bien, ne prouvent rien, et pourraient même donner lieu à des objections sérieuses, puisque dans leur partie large les fourreaux d'Acineta sont relativement et constamment plus larges que ceux des Cothurnies. D'ailleurs M. Stein raconte lui-même ailleurs[1] avoir trouvé des *Acineta mystacina* infiniment plus grosses que les premières ; mais nous considérerons le point capital, l'apparition d'une foule d'Acinètes dans un liquide censé n'en pas contenir précédemment, apparition coïncidant avec une diminution du nombre des Cothurnies qui peuplaient originairement le liquide. Or, est-il permis de conclure de là à une affinité quelconque entre les deux formes? M. Stein, comme tout ceux qui s'occupent d'infusoires, a fait très-certainement l'expérience journalière qu'au bout de peu de jours un liquide donné se trouve peuplé d'infusoires tout différents de ceux qu'il contenait d'abord. Les causes de ces modifications dans la population infusorienne des eaux renfermées dans de petits réservoirs, modifications dans lesquelles on peut être tenté au premier abord, mais seulement au premier abord, de voir une espèce de périodicité, ces causes, disons-nous, sont toutes physiques ou chimiques; elles dépendent de la température, très-souvent du degré de concentration de l'eau, modifié constamment par l'évaporation, de la présence ou de l'absence de matières en décomposition, etc., etc. L'oubli de ce fait ne s'explique que par l'attachement exagéré de M. Stein à son idée favorite, la découverte de métamorphoses chez les infusoires. Si l'on se laissait aller à ce mode de raisonnement, on en viendrait bientôt à ne voir chez les infusoires que des passages perpétuels d'une forme à l'autre, sans loi, sans règle aucune que le bon plaisir de l'observateur. Comme il finit presque toujours par s'établir au bout d'un certain temps dans un vase de petite dimension un certain degré de putréfaction, circonstance qui paraît tout particulièrement favorable au développement de l'*Euplotes Charon* et du *Paramecium Aurelia*, il est fort habituel de trouver qu'au bout d'un laps de temps, plus ou moins long, la plus grande partie de la population d'un petit réservoir consiste en Euplotes, en Paramecium et autres animaux vivant dans de semblables circonstances. Un esprit un peu trop porté aux spéculations aventureuses pourrait par suite chercher dans ces formes-là les prototypes des

1. Loc. cit., p. 64.

infusoires, les formes dans lesquelles viendrait se résoudre le monde microscopique.

L'analogie entre la *Cothurnia* (*Vaginicola* Ehr.) *crystallina* et l'*Acineta mystacina* est-elle bien réellement aussi grande que M. Stein le prétend ? Non certes, bien loin de là ; l'*A. mystacina* (V. Pl. I, fig. 11 et 12) offre, suivant lui, une grande ressemblance avec une Cothurnie contractée. Mais on n'a qu'à considérer la figure que nous donnons d'une Cothurnie à l'état libre, contractée et nageant dans les eaux à l'aide d'une couronne ciliaire postérieure, pour estimer ce rapprochement à sa juste valeur (V. Pl. I, fig. 14). Chacun reconnaîtra que sous cette forme, qui se rapproche de celle d'une boule, la Cothurnie peut se comparer à tout animal plus ou moins globuleux, mais pas plus à l'*Acineta mystacina*, qu'à maint et maint autre infusoire. Il suffit de comparer les figures que nous donnons de cette Acinète (Pl. I, fig. 1 et 2) avec une *Cothurnia crystallina*, sous sa forme habituelle (Pl. I, fig. 4), pour s'assurer que le seul rapport consiste en ce que toutes deux sont munies d'une coque ou fourreau, fourreau dont la forme s'écarte toutefois singulièrement chez l'une de ce qu'elle est chez l'autre. Il est bon nombre d'autres Acinétiniens qui vivent dans une coque : toutes les espèces du genre Acineta, par exemple, et cette coque est fort loin, dans ces espèces, d'offrir la moindre analogie avec des coques de Cothurnies, de Vaginicoles, ni d'aucune Vorticelline ou autre infusoire connu. Chez la *Cothurnia crystallina* le fourreau est largement béant vers le haut ; chez l'*Acineta mystacina*, il est fermé par un espèce de toit pyramidal, dont les différentes pièces laissent entre elles des fentes permettant aux suçoirs (puisque telle est la nature des prétendus poils ou soies des Acinétiniens) de faire saillie au dehors. La Cothurnie a un nucléus très-allongé en forme de bande contournée (fig. 4) ; l'Acinète a un nucléus à peu près rond (fig. 2). En somme, il nous semble à peu près totalement impossible pour un observateur impartial de ramener la gaine ou fourreau d'une *Cothurnia crystallina* à la coque de l'*Acineta mystacina*. Comme on le voit par la planche I, fig. 4, la première est une espèce de cylindre à peu près partout d'égale largeur, tandis que la seconde (fig. 1 et 2), qui varie du reste à l'infini, est toujours très-rétrécie à sa base. Ce rétrécissement va même d'ordinaire jusqu'à transformer la partie inférieure de la coque en un véritable pédiculé creux. Comment expliquer ce rétrécissement ? Comment admettre que la Cothurnie puisse modifier de cette manière une coque déjà formée ?

M. Stein a bien reconnu lui-même cette difficulté, et il avoue [1] que c'est là une objection qui pourrait bien s'opposer réellement à ses déductions. Il cherche en conséquence à la renverser en supposant qu'au moment où la Cothurnie va se métamorphoser en Acinète elle se détache de la partie postérieure de sa gaîne, se porte vers la partie antérieure et presse violemment, à l'aide de son corps contracté, contre cette partie, tout en tendant à se porter en avant. Cette pression devrait être si énergique, que les parois de la gaîne, cédant à l'action dans la partie postérieure, se rapprocheraient de l'axe en produisant ainsi une forme pédicellée. — On le voit, M. Stein une fois sur la voie des hypothèses ne s'arrête plus; il est entraîné sur la pente. Les hypothèses sont bien permises, jusqu'à un certain point, lorsqu'on a une base fixe comme point de départ, mais lorsque ce point de départ est déjà lui-même une hypothèse, et qu'on cherche à le justifier par de nouvelles hypothèses qu'on en déduit, il n'y a pas chance de rester dans le vrai.

En somme, l'*Acineta mystacina* reste pour nous un Acinétinien, c'est-à-dire un animal muni d'un grand nombre de suçoirs, à l'aide desquels il prend sa nourriture, suçoirs qui conduisent directement dans la cavité générale du corps [2], tandis que la *Cothurnia crystallina* est un animal tout différent, une Vorticelline munie d'un vestibule et d'une seule bouche, d'où part un œsophage qui conduit la nourriture dans la cavité du corps. M. Stein, qui refuse aux Acinètes la faculté de prendre directement des aliments [3], admet, lui, qu'une Cothurnie ou tout autre Vorticelline qui se transforme en Acinétinien perd ses organes digestifs. A l'entendre, le vestibule et l'œsophage seraient résorbés et il n'en resterait plus trace.

Après avoir lu ce qui précède, on est réellement stupéfait lorsqu'on arrive à la page [4] où M. Stein parle de l'*Acineta linguifera* (Acinete mit dem zungenförmigen Fortsatz), qu'il cherche à relier à l'*Opercularia berberina* St., et qu'on l'entend s'exprimer comme suit :

« Il n'est pas nécessaire, dit-il, d'avoir recours à des métamorphoses plus considé-

1. Loc. cit., p. 68.

2. La diminution des Cothurnies dans le vase où M. Stein les renfermait s'explique fort simplement; elles ont été sans doute exterminées en grande partie par les Acinètes, animaux vraiment très-voraces.

3. M. Stein a, depuis que ces lignes furent écrites, reconnu la véritable nature des suçoirs des Acinètes. (*Note de 1860*).

4. Loc. cit., p. 108.

rables que celles que nous venons de suppposer (M. Stein vient de décrire h
quement les métamorphoses que devrait subir l'embryon de l'Acineta, s'il le
Acinète semblable à l'animal-parent), si nous considérons notre Acineta
phase du développement de l'*Opercularia berberina*. Or, comne nous avo
connaître plusieurs faits qui montrent la relation intime existant entre des V
et certaines formes d'Acinètes, et comme *nous avons vu même une form*
résulter DIRECTEMENT *de la métamorphose d'une Vaginicola crystallina* (
derons la préférence à l'idée que l'Acinète à appendice en languette app
de développement de l'*Opercularia berberina*. »

On le voit, M. Stein outrepasse ses prémisses en prétendant *avoir vu*
phose *directe* d'une Cothurnie en Acineta, puisqu'il avoue lui-même qu
bout de plusieurs jours qu'il a trouvé un grand nombre d'Acinètes dans l
mait originairement ses Cothurnies. N'est-il pas imprudent lorsque, s'ap
considérations, sur une certaine ressemblance de forme (qu'il sera du
blement seul à reconnaître), sur la présence d'un fourreau ou gaîne s
tation à l'animal dans l'un et l'autre cas, etc., il conclut à une parenté
les Acinètes et les Cothurnies? Il faut bien se dire que lorsque M. Stein
métamorphose d'une Vorticelline en Acinète qu'il ait réellement *vue*, il s'
de ses observations sur la *Cothurnia crystallina*, et *rien que de celles-l*
avons scrupuleusement rapportées. C'est à chacun de juger si les conclusions
micrographe sont bien fondées.

Dès ce moment, M. Stein ne recule plus dans la hardiesse de ses combinais
rien, la présence simultanée d'une Vorticelline et d'un Acinétinien sur la coquil
même mollusque ou bien sur les pattes ou sur les élytres d'un même insecte suffit p
faire admettre un rapport génétique entre deux êtres appartenant à des groupes
différents. C'est ainsi que nous le voyons, à propos de l'*Epistylis* (*Opercularia*)
lata, s'exprimer de la manière suivante [2] ·

1. Und da wir Sogar eine Acinetenform direct aus der Metamorphose der *Vaginicola crystallina* herVorgehen
Loc. cit., p. 108.
2. Loc. cit., p. 109.

J'ai toujou· ·vé dans sa compagnie la forme d'Acinète que j'avais rencontrée
l· l· ›is, ce qui suffit déjà à faire conclure qu'il existe un rapport
· es d'infusoires. » (!)

t aussi rapidement à l'existence d'une parenté entre la *Podo-*
›othamnium Parasita St. (*Carchesium pygmæum* Ehr.) parce que
les Cyclopes.

qui habite sur les Cyclopes, dit-il, offre tellement de rapport avec
urt des lentilles d'eau (la Podophrya que M. Stein considère
ement de la *Vorticella nebulifera*), soit pour ce qui tient
ce qui concerne les embryons ciliés, qu'on doit sup-
e toujours fort court, ne répond point au pédoncule
ttre qu'il est formé de la même manière que
dophrya fixa) et des Acinètes de la lentille
ît également solide dans sa partie infé-
pourrait appartenir qu'au Zoothamnium
Ehrenberg nomme Carchesium pyg-
rnier infusoire présente les mêmes
crois pas me tromper en rap-
a l'*Epistylis digitalis*, avec

n peu valable que M. Stein
on *Zoothamnium Parasita*,
c'est qu rustacé. Mais ce ne sont
pas là les bre d'autres infusoires,
même des Vortic ssi l'*Epistylis anas-*
tatica. On pourrait d hrya du Cyclope
est une phase du dévelop En effet, les
arguments que M. Stein tire · sa Podophrya n'appartient pas à une Epi nsidère

2. Loc. cit., p. 146.

rables que celles que nous venons de suppposer (M. Stein vient de décrire hypothétiquement les métamorphoses que devrait subir l'embryon de l'Acineta, s'il devenait une Acinète semblable à l'animal-parent), si nous considérons notre Acineta comme une phase du développement de l'*Opercularia berberina*. Or, comne nous avons déjà fait connaître plusieurs faits qui montrent la relation intime existant entre des Vorticellines et certaines formes d'Acinètes, et comme *nous avons vu même une forme acinétaire résulter* DIRECTEMENT *de la métamorphose d'une Vaginicola crystallina* (?) [1], nous accorderons la préférence à l'idée que l'Acinète à appendice en languette appartient au cycle de développement de l'*Opercularia berberina*. »

On le voit, M. Stein outrepasse ses prémisses en prétendant *avoir vu* une métamorphose *directe* d'une Cothurnie en Acineta, puisqu'il avoue lui-même que ce n'est qu'au bout de plusieurs jours qu'il a trouvé un grand nombre d'Acinètes dans l'eau qui renfermait originairement ses Cothurnies. N'est-il pas imprudent lorsque, s'appuyant sur ces considérations, sur une certaine ressemblance de forme (qu'il sera du reste probablement seul à reconnaître), sur la présence d'un fourreau ou gaine servant d'habitation à l'animal dans l'un et l'autre cas, etc., il conclut à une parenté probable entre les Acinètes et les Cothurnies? Il faut bien se dire que lorsque M. Stein parle d'une métamorphose d'une Vorticelline en Acinète qu'il ait réellement *vue*, il s'agit toujours de ses observations sur la *Cothurnia crystallina*, et *rien que de celles-là*. Nous les avons scrupuleusement rapportées. C'est à chacun de juger si les conclusions de l'illustre micrographe sont bien fondées.

Dès ce moment, M. Stein ne recule plus dans la hardiesse de ses combinaisons. Un rien, la présence simultanée d'une Vorticelline et d'un Acinétinien sur la coquille d'un même mollusque ou bien sur les pattes ou sur les élytres d'un même insecte suffit pour lui faire admettre un rapport génétique entre deux êtres appartenant à des groupes tout différents. C'est ainsi que nous le voyons, à propos de l'*Epistylis* (*Opercularia*) *articulata*, s'exprimer de la manière suivante [2] :

1. Und da wir sogar eine Acinetenform direct aus der Metamorphose der *Vaginicola crystallina* hervorgehen sahen... Loc. cit., p. 108.

2. Loc. cit., p. 109.

« J'ai toujours trouvé dans sa compagnie la forme d'Acinète que j'avais rencontrée avec elle la première fois, ce qui suffit déjà à faire conclure qu'il existe un rapport intime entre ces deux espèces d'infusoires. » (!)

Ailleurs[1] il conclut tout aussi rapidement à l'existence d'une parenté entre la *Podophrya Cyclopum* et le *Zoothamnium Parasita* St. (*Carchesium pygmæum* Ehr.) parce que tous deux habitent sur les Cyclopes.

« L'être acinétaire qui habite sur les Cyclopes, dit-il, offre tellement de rapport avec l'Acinète à pédoncule court des lentilles d'eau (la Podophrya que M. Stein considère comme une phase du développement de la *Vorticella nebulifera*), soit pour ce qui tient à la forme de son corps, soit pour ce qui concerne les embryons ciliés, qu'on doit supposer que son pédoncule, lequel reste toujours fort court, ne répond point au pédoncule d'un Epistylis. Il faut au contraire admettre qu'il est formé de la même manière que celui des Podophrya (c'est-à-dire de la *Podophrya fixa*) et des Acinètes de la lentille d'eau (*Podophrya Lemnarum*), car celui-ci paraît également solide dans sa partie inférieure. Dans ce cas, l'*Acinète des Cyclopes ne pourrait appartenir qu'au Zoothamnium qu'on trouve constamment dans sa société, et que M. Ehrenberg nomme Carchesium pygmæum* (*Zoothamnium Parasita* St.). Or, comme ce dernier infusoire présente les mêmes variations de taille que les Acinètes en question, je ne crois pas me tromper en rapportant ces derniers à ce Zoothamnium, plutôt qu'à l'*Epistylis digitalis*, avec laquelle j'avais cru d'abord lui trouver une parenté. »

La conclusion est au moins hasardée. La seule raison un peu valable que M. Stein mette ici en avant pour relier la Podophrya du Cyclope avec son *Zoothamnium Parasita*, c'est qu'on les trouve fréquemment ensemble sur le même crustacé. Mais ce ne sont pas là les seuls parasites des Cyclopes. On trouve sur eux nombre d'autres infusoires, même des Vorticellines, comme l'*Epistylis digitalis* et peut-être aussi l'*Epistylis anastatica*. On pourrait donc à tout aussi bon droit soutenir que la Podophrya du Cyclope est une phase du développement de l'une ou de l'autre de ces Epistylis. En effet, les arguments que M. Stein tire de la constitution du pédicule pour prouver que sa Podophrya n'appartient pas à une Epistylis n'ont pas une grande valeur; lui-même considère

2. Loc. cit., p. 146.

comme phase possible de l'*Epistylis branchiophila* Perty une Podophrya dont le pédicule est tout aussi court que celui de la Podophrya du Cyclope. On aurait donc droit à s'attendre de la part de M. Stein à une grande défiance quand à la justesse de son rapprochement; et cependant c'est en se basant sur cette prétendue affinité de la Podophrya du Cyclope et du *Zoothamnium Parasita*, qu'il déduit sans plus ample préambule la parenté d'une autre Podophrya avec une seconde espèce de Zoothamnium[1] :

« Soit à Tharand, soit à Niemegk, dit-il, je rencontrai fréquemment, en société du *Zoothamnium affine* St., sur les pattes de la crevette des étangs (*Gammarus Pulex*) une Acinète qui se trouvait d'ordinaire cachée sous les articulations, particulièrement entre les articles les plus ténus des extrémités. Il n'est pas rare d'observer six à huit de ces Acinètes, situées les unes à côté des autres, sur une même articulation; elles possèdent un pédicule fort court, souvent à peine appréciable, mol et extensible et un corps qui, soit dans ses contours, soit dans la position de ses tentacules, est parfaitement semblable à l'Acinète du Cyclope que nous avons figurée. (Voy. Stein, Pl. III, fig. 38 et notre Pl. II, fig. 5 et 6). *Or, comme nous pouvions rapporter cette dernière* (ici M. Stein renvoie le lecteur au passage que nous venons de citer à propos de la Podophrya du Cyclope et du *Zoothamnium Parasita) au Zoothamnium qui vit sur les Cyclopes, nous devrons considérer également l'Acinète qu'on rencontre sur les pattes du* Gammarus *Pulex comme une phase du développement du Zoothamnium affine*[2]. »

Les hypothèses se suivent rapidement. De ce qu'il a supposé que la Podophrya du Cyclope pouvait bien être un état du développement du Zoothamnium qui vit sur ce même Cyclope, M. Stein déduit que la Podophrya de la crevette *doit* appartenir au Zoothamnium qui vit sur cette même crevette. Mais ici encore nous devons nous demander si l'on ne rencontre pas sur les Gammarus d'autres infusoires auxquels on pourrait s'amuser aussi à rapporter cette même Podophrya. Très-certainement, quand ce ne serait que ces Lagenophrys (*L. Ampulla* St.), ces élégants animalcules de la famille des Vorticelles, dont nous devons la connaissance à M. Stein lui-même, qui nous a bien fait connaître chez eux un mode de gemmiparité des plus intéressants, mais

1. Loc. cit., p. 219.
2. Loc. cit., p 219.

qui n'a point su leur trouver d'état acinétiforme, ou bien la Spirochona, cette autre forme si élégante que M. Stein a été également le premier à signaler. Il est vrai qu'il a su lui trouver une phase acinétiforme aussi élégante que la Spirochona elle-même, à savoir le Dendrocometes.

Puisque nous nommons les Spirochona (*S. gemmipara* St.) et les Dendrocometes (*D. Paradoxus* St.), et que M. Stein fait grand bruit de la circonstance qu'il ne les a jamais trouvés l'un sans l'autre sur les Gammarus, nous remarquerons en passant que pendant deux ans, soit à Würzburg, soit à Göttingen, l'un de nous a en vain cherché la *Spirochona gemmipara*, bien qu'il trouvât bon nombre de Dendrocometes. Depuis lors nous les avons trouvés tous deux ensemble à Berlin, localité où M. Stein les avait également observés. Pourrait-on en déduire que les Spirochona de Berlin ont pris l'habitude de se transformer temporairement en Dendrocometes, tandis que celles de Würzburg et de Göttingen passent toute leur vie à l'état de Dendrocometes?

Du reste nous n'avons pas de raison pour chercher tous les infusoires auxquels on pourrait rapporter la Podophrya du *Gammarus Pulex* à aussi bon droit qu'au *Zoothamnium affine*, puisque en nous demandant, la main sur la conscience, si nous voyons la moindre raison pour rapporter un Acinétinien à un autre infusoire qu'à lui-même, nous devons répondre par la négative. Nous ne connaissons aucune observation, ni de nous, ni de M. Stein, qui nous autorise à un rapprochement quelconque entre une Vorticelline et une Acinète.

Nous ne pensons pas devoir pousser plus loin nos citations, car nous croyons avoir suffisamment montré par celles qui précèdent que l'ingénieuse combinaison imaginée par M. Stein pour expliquer la propagation jusqu'ici inconnue des Vorticellines, nous croyons, disons-nous, avoir suffisamment montré que cette combinaison manque de tout fondement solide. Nous laissons aux faits le soin d'achever cette réfutation. Nous décrirons plus loin ce qu'il advient des embryons des Acinétiniens et nous exposerons le véritable mode de reproduction des Epistylis. Ce sera, pensons-nous, la meilleure réponse à faire à M. Stein.

Bien des personnes se sont déjà laissé séduire par la manière attrayante dont M. Stein a représenté ce développement, un peu trop théorique, et par l'exactitude qui caractérise les observations proprement dites de ce savant micrographe ; toutefois nous sommes convaincus que tout observateur impartial qui se donnera la peine de répéter ces recherches, le microscope en main, arrivera au même résultat que nous[1].

Quand l'imagination prend les devants, la raison ne se hâte pas comme elle et la laisse souvent aller seule, a dit quelque part, Jean-Jacques Rousseau, le philosophe de Genève[2].

1. M. Cienkowsky, qui a cherché à répéter les observations de M. Stein sur une Podophrya (probablement la *P. Cyclopum*), a observé comme nous le retour des embryons à l'état de Podophrya et non leur transformation en Vorticellines. — V. Bulletins de la classe physico-mathématique de l'Académie de St-Pétersbourg, 1854.

2. Plus de quatre années se sont écoulées depuis la rédaction de ces lignes, et nos objections à la théorie de M. Stein n'ont fait que se corroborer; mais pendant ces quatre années aussi, nous avons pu nous convaincre tous les jours davantage que notre critique n'attaque que la théorie et pas les *observations* de M. Stein. Celles-ci dénotent toujours le savant scrupuleux. Loin donc de notre pensée toute attaque contre le mérite du micrographe, car quel est l'homme qui ne s'éprendrait d'amour pour une théorie qui semble expliquer dans tous les détails des phénomènes jusqu'alors enveloppés d'un voile mystérieux? Dans l'intervalle, du reste, M. Stein (V. Tagblatt der 32. Versammlung deutscher Naturforscher und Aerzte in Wien im Jahre 1856, nº 3, et der Organismus der Infusionsthiere .Leipzig 1859.) a reconnu toute l'importance des objections élevées par M. Cienkowski et par nous contre la théorie de la reproduction par phases Acinétiniennes. Il a reconnu, avec une franchise digne d'éloges, qu'il est devenu peu probable, à la suite de ces objections motivées, que les Vorticellines se transforment jamais elles-mêmes en Acinétiniens. Toutefois il hésite encore à considérer les Acinétiniens comme des êtres indépendants du cycle d'évolution d'autres infusoires. Ses doutes sont surtout basés sur le fait que les embryons des Paramecium et des Oxytrichiens sont munis de petits suçoirs semblables à ceux des Acinètes, suçoirs à l'aide desquels ils peuvent se fixer à des corps étrangers pour les sucer.

Nous avouons ne pouvoir partager les doutes de M Stein, sans contester cependant l'exactitude des observations sur lesquelles ils reposent. Nous avons nous-même constaté, comme les observateurs qui nous ont précédés (MM. Focke, Cohn, Stein), l'existence des petits filaments, terminés par un bouton, qui s'élèvent sur la surface des embryons du *Paramecium Bursaria*, et bien que nous n'ayons pas vu ces embryons faire usage de ces filaments comme de suçoirs, nous sommes volontiers disposés à croire qu'ils fonctionnent comme tels. Les embryons de Stylonychia et d'Urostyla, que M. Stein a décrits en 1856 et 1859, ceux de la *Nassula elegans*, que M. Cohn a fait connaitre en 1857 (Zeitschrift f. wiss. Zool. IX, p. 143), ont tous les caractères de notre *Sphærophrya pusilla* (V. Études, Tome Ier, p. 385, et Tome II, Pl. I, fig. 11 et 12), tellement que nous ne sommes pas éloignés de croire que cette *Sphærophrya* était l'embryon d'une Oxytrique (Pl. I, fig. 14), abondante dans la même eau. Il est vrai que nous avons vu plusieurs fois ces Sphærophrya s'accrocher à des Oxytriques passant près d'elles et se laisser emporter par elles pour les sucer; mais il n'y a rien d'impossible à ce que les enfants sucent la mère. Toutefois tout cela ne prouve point que les Acinétiniens ne soient point des êtres indépendants; il en résulte seulement qu'ils sont un type inférieur de la classe des infusoires, et que certains types supérieurs présentent, durant la période embryonnaire, quelques caractères qui les en rapprochent. Du fait que divers arthropodes se rapprochent à certains égards, durant leur jeune âge, du type des vers, on n'oserait conclure que les vers ne sont pas des individus indépendants. D'une part, ni nous, ni M. Stein (il le reconnait lui-même maintenant), ni M. d'Udekem, sur les observations duquel nous reviendrons ailleurs, ni personne d'autre, n'a vu de Vorticellines se transformer en Acinétiniens; d'autre part, nous voyons tous les jours se multiplier les exemples d'embryons d'Acinétiniens devenant des Acinétiniens, sans qu'on ait cité un seul exemple d'une Acinète qui se soit transformée en quelque autre infusoire. En face de ces faits, n'est-ce pas vouloir nager à pleine voile dans l'*a priori* et même l'improbable que de refuser aux Acinétiniens une existence indépendante?

Il est vrai que M. Stein admet maintenant que les embryons acinétiformes des Paramecium se développent en Podophryes après s'être fixés quelque part; si bien que les Podophryes, après avoir dû rentrer dans le cycle d'évolution des Vorticellines, s'en trouvent arrachées pour être transplantées dans celui des Paramecium. A cette nouvelle

Il nous reste maintenant à montrer quel est le véritable cycle de développement des Acinétiniens et des Vorticellines. C'est ce que nous prendrons à tâche de faire dans les pages qui suivent.

théorie, nous objecterons les observations récentes de M. Balbiani (*Journal de la Physiologie*, 1858, p. 347), qui a pu suivre ces embryons assez longtemps, après qu'ils se furent détachés du corps maternel, et se convaincre qu'après avoir perdu leurs suçoirs, s'être entourés de cils vibratiles et avoir obtenu une bouche qui commence à se montrer sous la forme d'un sillon longitudinal, ils revêtent définitivement la forme de la mère, sans avoir subi de plus profondes métamorphoses.

M. Stein nous a montré l'abnégation scientifique du véritable savant, de l'observateur scrupuleux, en abandonnant sa première théorie de la reproduction par phases acinétiformes, dès qu'il a reconnu le peu de solidité des bases sur lesquelles il l'avait établie. Nous ne doutons pas qu'il n'abandonne de même un jour la seconde. (Note de 1860).

REPRODUCTION DES ACINÉTINIENS.

(PODOPHRYA, ACINETA, DENDROSOMA.)

A. PODOPHRYA CYCLOPUM.

Cette espèce, découverte d'abord par M. Stein, est extrêmement abondante, surtout au printemps, sur le Cyclope des étangs (*Cyclops quadricornis*). On peut la rencontrer sur toutes les parties du corps de ce crustacé; mais elle semble rechercher avant tout les places où elle est le plus à l'abri des injures extérieures. C'est ainsi qu'on la trouve de préférence entre les pattes du Cyclope ou à la base des antennes. Il n'est pas rare non plus de la trouver entre les appendices pennés qui ornent la partie postérieure de l'animal. Elle est ordinairement dans la société de l'*Epistylis digitalis*, cet autre parasite du Cyclope, dont Rösel avait déjà constaté la présence sur ce crustacé. Cette Podophrya (Pl. II, fig. 5) présente un corps globuleux, ou plutôt oviforme, aminci vers le bas. Sa partie supérieure est parfois arrondie (fig. 2); parfois aussi elle est munie de deux, trois ou quatre bosses qui laissent entre elles une dépression (fig. 5). C'est de cette partie supérieure que partent les suçoirs. Ceux-ci sont d'ordinaire réunis en plusieurs faisceaux, dont chacun est implanté sur l'une des bosses en question. Il résulte de là une grande ressemblance de forme avec la *Podophrya quadripartita* dont nous aurons à parler plus loin; mais elle s'en distingue cependant facilement par la brièveté de son pédicule. Celui-ci dépasse en effet rarement le tiers de la longueur totale de l'animal, tandis qu'il est fort long chez la *Podophrya quadripartita*, dont il atteint parfois jusqu'à trois ou quatre fois la longueur totale.

Nous avons toujours vu le corps de cette Podophrya rendu tout à fait opaque par l'accumulation dans son intérieur de particules ou gouttelettes qui faisaient songer à une émulsion oléagineuse. M. Stein paraît, lui aussi, avoir toujours trouvé cette même apparence.

Parfois, lorsque la partie supérieure est simplement arrondie et non bosselée, les suçoirs sont dispersés sur toute la surface sans former de faisceaux (fig. 6). Au travers de la substance à apparence oléagineuse, on voit percer, lorsqu'on observe avec attention, les contours mal définis d'un nucléus ovale, noyé dans le parenchyme de l'animal. Une vésicule contractile est toujours présente.

M. Stein prétend avoir toujours trouvé une immobilité complète dans cette Podophrya et semble vouloir lui dénier toute espèce de mouvement actif. Mais nous avons vu son corps se contracter, au point de se rider assez profondément à sa surface, et les suçoirs s'agiter d'une manière fort marquée.

C'est dans cette espèce que M. Stein a vu pour la première fois l'embryon d'un Acinétinien. « Lorsque je voulus, dit-il[1], déterminer la forme exacte du nucléus, j'aperçus avec étonnement à la place de celui-ci, dans la partie antérieure de l'animal, un corps à peu prés cylindrique, arrondi, soit en avant, soit en arrière, et assez profondément étranglé dans son milieu. Ce corps tournait avec assez de vitesse au milieu de la substance qui remplissait le corps de l'Acinète. Au bout de fort peu de temps, il était parvenu à s'avancer jusqu'à la paroi antérieure du corps de l'Acinétinien, et il se mit à presser avec tant d'énergie contre celle-ci, qu'elle finit par rompre. A peine un tiers de l'animal était-il sorti par cette ouverture, que je le vis mettre tout à coup en jeu une ceinture de cils vibratiles que je n'avais pu distinguer jusqu'alors. Quelques coups de ces cils suffirent pour mettre l'embryon en liberté, tandis que la déchirure du corps de l'Acinète se referma sans laisser de blessure. »

1. Loc. cit., p. 53.

Nos observations sur la *Podophrya Cyclopum* concordent avec celles de M. Stein. Seulement, tandis que ce savant n'a observé que des embryons excessivement petits, équivalant à peine peut-être à 1/10 de la masse de l'animal-parent, nous avons vu presque constamment de gros embryons, qui souvent n'étaient pas inférieurs en taille à la moitié du corps de l'organisme-parent. C'est du reste là, ainsi que nous le verrons chez d'autres espèces, un fait sans grande importance. — L'embryon possède déjà un nucléus et une vésicule contractile. — Une fois même nous avons trouvé ce dernier organe double (Pl. II, fig. 6), l'une des vésicules étant au-dessus de la ceinture de cils vibratiles, tandis que l'autre, beaucoup plus petite que la première, se trouvait au-dessous.

Une fois nous avons remarqué qu'après la sortie d'un embryon par une déchirure de l'organisme-parent, le nucléus, qui était d'abord simple et unique, se partagea en deux. Il est fort probable, comme le montrera la suite de nos observations, que cette division spontanée du nucléus n'était que le prélude de la formation d'un embryon nouveau. Nous ne pûmes toutefois poursuivre cette Podophrya jusqu'au moment où l'une des parties du nucléus dût prendre les caractères d'un nouvel embryon.

Sur les racines de la *Lemna minor*, nous trouvâmes plusieurs fois, et en grande abondance, des Podophrya (Pl. II, fig. 7, 8 et 9), que nous crûmes d'abord appartenir à l'espèce que M. Stein a désignée sous le nom d'*Acinète de la lentille d'eau* (Acinete der Wasserlinse). Mais en les comparant attentivement avec la *Podophrya Cyclopum*, nous sommes convaincu qu'elles concordent parfaitement avec cette dernière, de sorte que nous les considérons comme identiques. Parmi ces Podophrya, les unes n'avaient qu'une seule vésicule contractile, tandis que d'autres en avaient deux. Les embryons de ces dernières avaient également deux vésicules contractiles, comme leurs parents. Par contre, les individus, beaucoup plus rares, qui n'en avaient qu'une, renfermaient des embryons munis comme eux d'une seule vésicule contractile.

Nous avons vu très-fréquemment l'acte de la parturition. Une fois même l'embryon avait contracté une adhérence intime avec la paroi interne de la cavité qui le renfermait dans son parent, et lorsqu'il fut mis au monde, il en résulta une procidence de cette membrane paroi (V. Pl. II, fig. 8), ensuite de laquelle le corps de la Podophrya s'affaissa considérablement.

Nous eûmes plusieurs fois l'occasion de poursuivre jusqu'au bout le développement des embryons de ces Podophrya. Afin de pouvoir faire nos observations avec plus de sûreté, nous choisissions une Podophrya renfermant un embryon qui se livrait déjà à un mouvement de rotation très-animé, et nous la placions dans une goutte d'eau, après nous être assuré que celle-ci ne renfermait ni Acinétinien, ni Vorticellien, ni embryon d'Acinétinien. Nous vimes ainsi plusieurs fois l'embryon quitter le corps de son parent, et à l'aide d'un faible grossissement, nous pûmes poursuivre, sans trop de difficulté, ses mouvements saccadés et rapides. Une fois, au bout d'une demi-heure, nous vîmes ses mouvements devenir plus lents. Bientôt il devint parfaitement immobile; sa ceinture de cils disparut, et peu de temps après, il étendit assez rapidement plusieurs suçoirs au dehors. L'embryon était devenu une Podophrya semblable à son parent.

Quelques autres essais furent plus difficiles, quant à l'exécution, parce que les embryons nageaient avec énergie pendant près de deux heures avant de passer à l'état de repos. Notre figure 10 (Pl. II) représente un embryon muni de deux vésicules contractiles, que nous voyons (fig. 9) quitter le corps de son parent. La figure 11 représente le même embryon au moment où il fait saillir ses suçoirs. Enfin dans la figure 13, nous voyons une jeune Podophrya, munie d'une vésicule contractile, qui est issue de la métamorphose de l'embryon de la figure 12.

M. Cienkowsky [1] a fait connaître quelques observations qui ont probablement rapport à la même Podophrya qui nous occupe maintenant. Lui aussi a vu quelquefois un embryon engendré par une Podophrya se transformer de nouveau en Podophrya [2].

1. Bulletins de la classe physico-mathématique de l'Académie de St-Pétersbourg, 1855.

2. Chez la *Podophrya fixa*, chez laquelle M. Ciekowsky a également observé la formation d'embryons, ce savant a vu se former un kyste des plus intéressants. Ce kyste, qui nous est du reste bien connu, présente des plis circulaires très-réguliers, et a été décrit par M. Weisse (Bulletins de la classe physico-mathématique de l'Acad. de St-Pétersbourg, 1845, Tome V, p. 223) comme un infusoire particulier, sous le nom d'*Orcula Trochus*. M. Stein, qui a également rencontré ces kystes, a supposé qu'ils appartenaient à la *Vorticella microstoma*. Ce ne serait, suivant lui, qu'une modification pathologique des kystes de ce cette Vorticelline. Il a pris, comme M. Cienkowsky l'a montré, le moment où la *Podophrya fixa* commence à former son kyste pour celui où le kyste de *Vorticelle* devient une Podophrya. Or, comme l'opinion de M. Cienkowsky, qui voit dans l'*Orcula Trochus* un kyste de *Podophrya fixa*, repose sur une observation *directe et continue* de tout le phénomène d'enkystement, l'hypothèse de M. Stein sur le passage des kystes de la *Vorticella microstoma* à l'état de *Podophrya fixa* se trouve privée de toute base solide.

Des mesures prises sur des individus appartenant à la *Podophrya Cyclopum*, et trouvés sur des racines de *Lemna minor*, nous ont donné les résultats suivants :

Longueur et largeur des adultes	0^{mm}, 05
Longueur de l'embryon à l'état de liberté.	0, 03
Largeur.........................	0, 013
Largeur de la toute jeune Podophrya.....	0, 017
Longueur du pédicule................	0, 013

B. PODOPHRYA CARCHESII.

Le 2 décembre 1855, nous avions été puiser un verre plein de Callitriches dans un étang du parc de Berlin, bien que ce bassin fût déjà à peu près complétement revêtu d'une couche de glace assez épaisse. Les feuilles et les tiges de la plante étaient recouvertes d'une masse énorme de *Carchesium polypinum* qui avaient fixé là leur résidence. La colonie se composait, en majeure partie, d'individus isolés, et ceux-ci atteignaient, pour des *Carchesium polypinum*, une taille vraiment surprenante. Outre cette gracieuse Vorticelline, nous trouvâmes sur les feuilles de Callitriche plusieurs autres espèces appartenant à la même famille, douées de pédicules contractiles, en particulier la *Vorticella Campanula*, tandis qu'une foule d'autres infusoires s'agitaient à l'entour. Nous ne mentionnerons parmi ceux-ci que de magnifiques exemplaires du *Trachelius Ovum* et de la *Lacrymaria Olor*, quelques individus appartenant au *Paramecium Bursaria*, les uns colorés par de la chlorophylle, les autres non, puis des *Pleuronema Chrysalis*, des *Paramecium Aurelia*, des *Glaucoma scintillans*, des *Euplotes Patella*, des *Stylonychia pustulata*, des *Stentor polymorphus*, etc. Ceci soit dit en passant pour prouver que la vie infusorielle ne s'éteint point avec l'arrière-saison et que quelques espèces du moins montrent à cette époque de l'année un développement considérable et une grande fécondité.

Sur les familles de Carchesium, où nous n'avions jusqu'alors, à l'exception d'une fois [1], jamais trouvé de parasites, et qui semblent en effet, vu la grande contractilité de leur pédicelle, devoir rester à l'abri d'hôtes incommodes, sur ces familles, disons-nous, nous trouvâmes une espèce d'Acinétinien jusqu'alors inconnue. Ce serait donc là, d'aprés M. Stein, l'état acinétiforme du *Carchesium polypinum*. Aussi, en mémoire de la célèbre théorie de ce savant, et en considération de ce que nous n'avons trouvé jusqu'ici ce parasite que sur des Carchesium, nous lui avons donné le nom de *Podophrya Carchesii*. Ces Podophrya atteignaient une taille à peu près égale à la moitié de la longueur des Carchesium sur les pédicules desquels elles avaient fixé leur demeure. Quelques-unes n'atteignaient pas même une taille égale à la moitié du diamètre de l'organe vibratile de ces Vorticellines. A l'aide d'un pédicule (V. Pl. IV, fig. 6, 7 et 8) court et épais, qui paraissait être formé par une simple prolongation des téguments, elles étaient fixées sur les pédicules, bien plus gros, des Carchesium. Il n'est pas besoin d'ajouter que les pédicules des Podophrya ne possédaient pas la moindre trace de la contractilité qui caractérise ces derniers. Le corps avait la forme d'un ovoïde allongé, dont la pointe était dirigée vers le bas, et il se distinguait immédiatement de la Podophrya des Cyclopes et des lentilles d'eau par le fait qu'un faisceau de suçoirs peu dense naissait toujours *d'un seul côté* de l'animal, côté que nous désignerons par suite comme étant le côté ventral. En raison de cette circonstance, ces Podophrya paraissent être munies d'une espèce de bosse qui atteint surtout un développement fort grand chez les individus renfermant un embryon. C'est à cette place qu'a lieu la déchirure par laquelle ce dernier quitte le corps de son parent. Le corps de ces Podophrya est d'un gris pâle. Leur aspect varie du reste beaucoup, comme cela se comprend, suivant la masse de nourriture qu'elles ont prises. Elles cherchent fréquemment leur pâture dans ces Carchesium que, dans la théorie de M. Stein, on serait à coup sûr tenté de considérer comme des membres de leur propre famille. Dans l'intérieur de la bosse, se trouve une assez grosse vésicule contractile, et à peu près vers le milieu du

1. Nous en toucherons quelques mots plus loin à propos des kystes de l'*Epistylis plicatilis*.

corps, le nucléus gros et granuleux. Chez un individu, nous vimes ce dernier organe comme partagé en deux par un étranglement. C'était là probablement, comme nos observations sur d'autres infusoires le rendront tout à fait vraisemblable, le premier indice de la formation d'un embryon[1].

Le corps (nous ne parlons pas du pédicule) de cette Podophrya est très-contractile : il se resserre souvent en produisant de profondes rides à sa surface, et change parfois subitement de forme par une contraction vive. Les suçoirs, dont la longueur atteint en général une fois et demie celle du corps, ne sont que très-faiblement renflés à leur extrémité et s'agitent vivement en sens divers.

Chez plus de la moitié de nos Podophrya, l'on voyait un embryon contenu dans la bosse déjà mentionnée. Il dépassait en grosseur le nucléus placé à côté de lui (Pl. IV, fig. 6). Tel était du moins le cas dans tous ceux de ces corps chez lesquels on reconnaissait avec évidence les caractères d'un embryon, c'est-à-dire dans tous ceux qui possédaient déjà une vésicule contractile et un nucléus, et qui étaient déjà susceptibles de se mouvoir. D'autres, qui étaient peut-être issus seulement depuis quelque temps d'une division du nucléus, et qui n'étaient pas encore bien caractérisés en tant que jeunes individus, ne dépassaient pas la grosseur de ce nucléus lui-même. Lorsque les embryons s'étaient retournés pendant longtemps dans la cavité qui les renfermait, le sommet de la bosse se déchirait, et les jeunes individus commençaient à se faire voir par l'ouverture. Dès que la couronne ciliaire dont est muni chaque embryon arrivait au dehors, celui-ci s'aidait de ses vibrations, et l'accouchement était bientôt terminé. Les Podophrya conservaient leurs suçoirs étendus pendant toute la durée de l'opération.

L'embryon, une fois né, se distingue, au premier coup d'œil, de ceux des espèces voisines. Ces derniers (par exemple celui de la *Podophrya Cyclopum*) possèdent bien en effet une ceinture ciliaire, mais ils sont cylindriques, tandis que les embryons de la *Podophrya Carchesii* sont discoïdaux, ou, pour parler plus exactement, ont la forme d'une calotte (Pl. IV, fig. 9 et 10). Le côté qui est situé en avant de la ceinture ciliaire est en effet plane ou même quelque peu concave, tandis que le côté opposé est légèrement voûté. L'embryon possède naturellement, comme son parent, une vésicule con-

1. Nous avons déjà mentionné un fait analogue à propos de la *Podophrya Cyclopum*.

tractile. Ses mouvements ne sont pas très-rapides, et semblent toujours comme chancelants, si bien qu'il nous fut facile d'en poursuivre un pendant longtemps, même à un grossissement de 300 diamètres. Cette poursuite dura une demi-heure, mais malheureusement au bout de ce temps, l'embryon devint plus lent dans ses mouvements, et ne tarda pas à périr, de sorte qu'il ne nous fut pas possible d'observer ses métamorphoses subséquentes.

Des mesures micrométriques nous on donné, pour la *Podophrya Carchesii*, les résultats suivants :

Longueur du corps	0^{mm},026 à 0,07
Longueur du pédicule	0,013
Embryon vu de face	0,025
Embryon mesuré d'avant en arrière	0,018

Il peut paraître intéressant, comme contre-partie des déductions que M. Stein base sur la taille des Acinétiniens et des Vorticellines qu'il leur rapporte, de comparer (cf. fig. 11) les dimensions des énormes Carchesium sur lesquels se trouvaient ces Podophryes avec celles de ces Podophryes elles-mêmes.

Longueur du corps des Carchesium	0^{mm},109
Largeur maximum	0, 09
Épaisseur du pédoncule en dessous de la base du corps	0, 017

C. PODOPHRYA QUADRIPARTITA.

Cette espèce fut d'abord découverte par Baker[1], puis retrouvée par M. Stein sur l'*Epistylis plicatilis*, dont ce dernier crut qu'elle était une phase de développement. M. Weisse[2] l'a aussi observée, en la nommant *Acineta tuberosa*, par suite d'une confusion avec l'*Acineta* (*Podophrya*) *tuberosa* de M. Ehrenberg, espèce toute différente qui vit exclusivement dans les eaux de la mer[3].

Il n'est pas rare de rencontrer des familles d'Epistylis qui portent ce parasite en nombre vraiment incroyable. Il se fixe tantôt sur le tronc commun de l'arbre épistylien, tantôt sur les branches, mais toujours à une place où, dans le type d'édification des Epistylis, on ne devrait pas trouver d'individu. Le corps de la *Podophrya quadripartita* est tantôt une espèce de pyramide renversée, tantôt un ovoïde renversé, porté par un pédicule de longueur variable. M. Stein dit que ce pédicule atteint parfois une longueur égale à deux fois celle du corps de l'animal. Nous l'avons vu souvent trois ou quatre fois aussi long. Il est pourvu de stries longitudinales, à peu près comme le pédicule de l'Epistylis, mais, en revanche, il est considérablement plus mince. Le sommet de cette Podophrya forme en général une surface quadrangulaire, à chaque angle de laquelle s'élève un mamelon arrondi (V. Pl. III, fig. 1), sur lequel sont implantés des suçoirs. Ceux-ci sont relativement peu longs, dépassant rarement une

1. Baker: The microscope made easy. — Cf. Beitrage zum nützlichen und vergnügenden Gebrauch des Mikroskopes. Augsburg, 1754, p. 442, Pl. XIII, fig. X-XII.

2. Bulletins de la classe physico-mathématique de l'Académie de St-Pétersbourg, IV, 1845, p. 143.

3. La *Podophrya quadripartita* est cependant bien la vraie *Vorticella tuberosa* d'O. F. Mueller. M. Ehrenberg, qui paraît n'avoir jamais observé la *Podophrya quadripartita*, rapporte la *Vorticella tuberosa* Müll. à une Podophrya marine fort commune, qu'il a baptisée en conséquence du nom d'*Acineta tuberosa*. Cependant O. F. Müller dit expressément qu'il a trouvé cette espèce *in paludoso* et non dans la mer. Voy. Animalcula infusoria fluviatilia et marina, p. 308, Pl. XLIV, fig. 8 et 9.

fois, ou tout au plus une fois et demie la longueur de l'animal. La forme du corps est du reste extrêmement variable; parfois il n'y a que trois bosses portant des suçoirs, parfois seulement deux, ou même une seule. Souvent aussi l'on ne voit pas d'inégalités à la surface du corps, et des faisceaux de suçoirs, dont le nombre varie de deux à quatre, s'élèvent au-dessus des téguments à une place qui ne se distingue du reste par rien de particulier. Quelquefois le corps est très bizarrement contracté, offrant des bosselures irrégulières et de profonds sillons. Ces différences dépendent surtout de la quantité de nourriture qu'a prise l'animal et de la présence ou de l'absence d'un embryon dans l'intérieur de son corps. Une vésicule contractile, est toujours présente, mais sa situation est variable suivant les individus. Il n'est pas rare du reste d'en trouver deux au lieu d'une, et parfois, mais plus rarement, jusqu'à trois. Le nucléus est ovale, allongé, et présente toujours une apparence granuleuse très-nettement prononcée, apparence qu'on reconnaît déjà dans le nucléus des embryons. M. Stein n'a pas remarqué ce fait, et dit avoir trouvé des nucléus recourbés faisant à ses yeux un passage au nucléus en forme de bande contournée des Epistylis. Il est probable que M. Stein a vu dans ce cas des nucléus étranglés dans leur milieu, ce qui est un prélude de la division de l'organe, un acheminement vers la formation d'un embryon.

Nous avons reconnu chez la *Podophrya quadripartita* trois modes de propagation :

D'abord une reproduction par bourgeons, fait intéressant, puisque les gemmes externes, proprement dites, n'étaient connues jusqu'ici, parmi les infusoires, que chez les Vorticellines et le *Dendrosoma radians*. Ehr. — Nous avons trouvé une fois à la base d'une *Podophrya quadripartita* (V. Pl. VI, fig. 7) un processus allongé, recourbé et muni d'une vésicule contractile. Ce processus, dans lequel nous n'avons pu reconnaître de nucléus, présentait déjà quelques suçoirs fort courts. Nous n'avons pu malheureusement le poursuivre jusqu'au moment de sa séparation de l'organisme-parent. C'est le seul cas de gemmation observé jusqu'ici chez une Podophrya, et nous n'osons affirmer que ce ne soit pas un phénomène anormal.

En second lieu nous avons constaté la formation de gros embryons internes. M. Stein n'avait pas connu les embryons de cette espèce. Le jeune individu, qui se forme isolément, est logé dans une grande cavité située au-dessus du nucleus de l'animal parent.

Il atteint des proportions vraiment énormes avant d'être mis au monde. Chez une Podophrya dont la longueur était de $0^{mm},08$, nous avons trouvé un embryon long de $0^{mm},057$, et lorsqu'on considère que la position de cet embryon est ordinairement transversale et que la Podophrya est moins large que longue, on voit que la cavité embryopare occupait à peu près toute la largeur de l'animal. Dans un autre cas où nous avons malheureusement négligé de prendre des mesures micrométriques, la taille de l'embryon se rapprochait encore plus de celle de son parent (V. Pl. III, fig. 7 et 8). L'embryon était, contre la règle, dans une position longitudinale, son axe étant dans la même ligne que l'axe du parent. Le rapport de l'axe du premier à celui du second pouvait être celui de 7 à 9, ou même de 4 à 5. Cette Podophrya offrait encore ceci d'anormal qu'elle possédait deux vésicules contractiles au lieu d'une. L'une d'elle était repoussée tout à fait vers le bas, de même que le nucléus, par l'énorme embryon. Ce dernier possédait également deux vésicules contractiles (fig. 7) ; de sorte qu'on peut se demander si ce n'était pas là une anomalie heréditaire[1]. L'embryon se tournait avec beaucoup de véhémence autour de son axe. Le corps du parent, de son côté, se contractait violemment comme pour tenter de se débarrasser de cette progéniture incommode. A chaque contraction, les suçoirs, dirigés d'abord vers le haut, s'abaissaient énergiquement comme des leviers dont l'hypomochlion aurait été au point d'insertion des suçoirs. L'embryon se trouva dans le fait poussé en avant par ces mouvements, et l'on vit une partie du corps du parent former alors une espèce de hernie (fig. 8) à la partie supérieure. Enfin une contraction plus énergique que les autres fit déchirer cette partie supérieure, l'embryon sortit lentement, déploya au dehors sa ceinture de cils vibratiles, et s'éloigna bientôt à grande vitesse. Il est peu probable, ce nous semble, qu'après une parturition aussi laborieuse, qui entraîne la perte de plus de la moitié de la substance du parent, celui-ci passe immédiatement à la formation d'un nouvel embryon. Une seconde opération semblable le réduirait à néant. Il est probable que ce parent, qui,

1. Nous avons déjà vu que les individus de la *Podophrya Cyclopum*, qui ont une seule vésicule contractile, produisent d'ordinaire des embryons à une seule vésicule, tandis que ceux qui en ont deux, donnent le jour à des embryons qui en ont également deux. Il est intéressant de retrouver ces phénomènes d'anomalies héréditaires jusque chez les infusoires.

Depuis lors nous avons trouvé des colonies entières de *Podophrya quadripartita* qui, au lieu d'une seule vésicule contractile, en possédaient quatre et même six. (*Note de 1860*).

immédiatement après sa délivrance, a l'air assez misérable, et reste complètement affaissé sur lui-même, ne tarde pas à sucer tout ce que ses tentacules peuvent atteindre pour réparer une pareille perte, et ce n'est sans doute qu'après avoir atteint de rechef ses dimensions primitives, qu'il continue l'œuvre de la multiplication en formant un nouvel embryon.

L'embryon de la *Podophrya quadripartita* ressemble à celui de beaucoup d'autres Acinétiniens : c'est un corps ovoïde étranglé dans son milieu, ou bien un peu plus prés de l'une de ses extrémités que de l'autre. Il est pourvu d'un nucléus ovale, déjà granuleux, comme celui de son parent et de sa ou de ses vésicules contractiles. Dans le sillon circulaire produit par l'étranglement se trouve une ceinture de cils locomoteurs, composée de plusieurs rangées de cils superposés. (V. Pl. III, fig. 4).

Il est intéressant de mentionner ici que nous avons réussi à constater le passage de l'embryon de la *P. quadripartita* à l'état de Podophrya, tandis que, suivant la théorie de M. Stein, cet embryon devrait se transformer en *Epistylis plicatilis*. C'était un embryon assez gros, qui, comme d'ordinaire, occupait dans son parent une position transversale. (V. Pl. III, fig. 2). Les suçoirs de ce dernier étaient à peu près tous rétractés, et l'animal finit même par rétracter complètement ceux qu'on apercevait encore, comme cela arrive souvent chez les Acinétiniens dans le moment qui précède la délivrance. Il vint un moment (c'était en juillet, à 11 h. 5 m. du matin) où l'embryon se retourna et adopta une position longitudinale. En même temps la partie antérieure du parent se déchira, et le jeune individu commença a faire lentement son entrée dans le monde. Il s'arrêta quelques instants à moitié chemin (Pl. III, fig. 3), ce qui nous permit d'adapter rapidement un faible grossissement à notre microscope. Bientôt, la ceinture de cils vibratiles étant devenue libre, l'embryon se trouva en un instant hors de la cavité de son parent (Pl. III, fig. 4), dont l'ouverture se referma et les parois s'affaissèrent. Tout à coup il partit comme la flèche, si bien que c'était tout un travail que de suivre ses évolutions. Heureusement cette période de natation surexcitée ne dura pas longtemps : déjà au bout de cinq à six minutes, nous vîmes le jeune animal ralentir ses mouvements, en s'arrêtant volontiers sur les pédoncules d'Epistylis. Ces temps d'arrêt étaient cependant fort courts ; l'animal reprenait bientôt sa course vagabonde, la place ne lui convenant probablement pas. Enfin il choisit un pédicule d'Epistylis, sur lequel nous le vimes passer à un état de repos plus permanent. Ne voyant au bout de quelques minutes plus de mouvements chez lui, nous changeâmes notre système objectif contre un grossissement plus fort. Nous reconnûmes alors que l'embryon, tout en offrant sa forme primitive, avait déjà perdu sa ceinture vibratile. Par contre, des suçoirs très-courts, mais déjà munis de leurs ventouses, faisaient saillie en deux points. (V. Pl. III, fig. 5). Il n'est guère possible d'admettre que ces organes se fussent formés aussi rapidement. Il est au contraire fort probable qu'ils préexistaient à la période de natation. Le jeune embryon paraît donc être déjà dans l'intérieur de son parent une Podophrya toute formée, seulement ses suçoirs restent rétractés pendant la période où il est muni de la ceinture vibratile. C'est là quelque chose d'analogue à ce que nous voyons chez les Vorticellines, où le péristome reste également contracté aussi longtemps que l'animal jouit d'une couronne de cils postérieure. — La jeune Podophrya commenca aussitôt à sécréter un pédicule, et son corps se trouvant par suite éloigné du pédicule de l'Epistylis, on put voir le point par lequel elle était fixée sur celui-ci. La sécrétion de ce pédicule s'exécute avec une rapidité réellement surprenante. L'embryon avait passé, à 11 h. 12 m. environ, à l'état de repos. Le même jour, à 4 h. de l'après midi, son pédicule était déjà une fois et demie aussi long que son corps. (V. Pl. III, fig. 6).

On voit par là que l'embryon d'un Acinétinien n'est point une Vorticelline contractée comme M. Stein se l'est figuré. Il est bien et dûment un Acinétinien et n'a qu'une légère métamorphose à subir pour devenir semblable à son parent, à savoir la perte de la ceinture ciliaire provisoire et, dans les espèces pédicellées, la sécrétion d'un pédicule. La perte de la ceinture vibratile a lieu au bout d'un temps plus ou moins long suivant les individus. Cela dépend probablement aussi beaucoup des circonstances extérieures. Un embryon qui trouve de suite des conditions favorables à son développement, passe sans doute plùs rapidement qu'un autre à l'état de repos.

Nous avons maintenant quelques mots à dire du troisième mode de propagation, ou reproduction par embryons multiples. Nous eûmes une fois l'occasion d'observer une *Podophrya quadripartita* qui contenait non pas un seul embryon, mais un grand nombre. Ces embryons étaient fort petits. Dans un organe pâle (V. Pl. III, fig. 11), ressemblant au nucléus d'un *Paramecium Bursaria* renfermant un embryon, on distinguait un grand nombre de segments, les uns ronds, les autres ovales. Les uns renfermaient déjà une vésicule contractile, les autres n'en laissaient point encore apercevoir. Il était facile de reconnaître dans quelques-uns de ces segments une cavité renfermant un petit embryon de Podophrya. Le nombre de ces nouveaux germes pouvait aller de 16 à 24 et nous eûmes bientôt le plaisir de voir une partie d'entre eux quitter, les uns après les autres, le corps du parent. Ils sortirent par le sommet de la Podophrya, entre les quatre faisceaux de suçoirs. Abstraction faite de la taille, ils étaient parfaitement semblables aux embryons ordinaires de cette espèce[1].

Si la production d'embryons chez les infusoires, telle que nous apprendrons à la connaître chez un grand nombre de familles, dans la suite de notre exposition, est le résultat du concours de deux sexes, cette formation d'individus petits et nombreux que nous constaterons aussi ailleurs (Voyez *Stentor*, *Urnula Epistylidis*, *Paramecium*) est des plus intéressantes. A la place d'un seul embryon, nous voyons s'en former un grand nombre, dont la somme équivaut en masse à un embryon ordinaire. Nous aurons l'oc-

1. Durant le printemps, l'été et l'automne 1856, nous fûmes fréquemment dans le cas de revoir la *Podophrya quadripartita* et d'observer différents stades de la formation de ses embryons. Ces Acinétiniens étaient fixés fort souvent, non pas seulement sur les arbres épistyliens, mais directement aussi sur le têt des Paludines. Un grand nombre d'entre eux atteignaient une taille considérable; ainsi par exemple ceux que nous avons représentés sur la Planche III, qui étaient fixés immédiatement sur les Paludines. Il arrivait souvent que les quatre proéminences qui portent les faisceaux de suçoirs avaient disparu par suite d'un état de tuméfaction du corps de l'animal. Souvent aussi le corps était très-allongé, en forme de cône renversé, parfois même presque cylindrique, mais seulement chez les individus qui ne renfermaient pas d'embryons. Le nombre des vésicules contractiles variait entre 1 et 4. Il était facile de voir la circulation du chyme dans la cavité du corps, circulation qui devenait parfois extrêmement active, surtout au moment de l'expulsion des embryons.

L'individu *a* (Pl. III, fig. 10) laisse apercevoir une division du nucléus en trois parties, division encore en voie de s'opérer. — Nous eûmes souvent l'occasion d'observer la parturition d'un seul gros embryon. La place à laquelle la sortie de celui-ci avait eu lieu se montrait fréquemment, et pendant un temps assez long, sous la forme d'un canal conduisant dans l'intérieur de la Podophrya (b). — Une rencontre singulière mérite d'être consignée ici. Nous trouvâmes une fois un individu (c), dans l'intérieur duquel se voyait une grande cavité renfermant une Podophrya bien développée, munie de son pédoncule et de ses faisceaux de suçoirs. Cette Podophrya avait à peu près la taille des gros embryons. Son pédoncule était recourbé; le corps lui-même semblait comme replié. — Évidemment il faut admettre ici que la naissance de l'embryon avait été empêchée par une cause ou par une autre, et que celui-ci avait pris la forme d'Acinète dans l'intérieur même du corps de son parent. Le pédoncule qu'il s'était formé n'ayant pas trouvé d'espace suffisant, avait dû se recourber, si bien que la jeune Podophrya était repliée deux fois sur elle-même.

Nous revîmes aussi plusieurs fois la formation simultanée d'un grand nombre de petits embryons. Nous avons représenté un individu (Pl. III, fig. 11) renfermant six corps pâles et arrondis (fragments tuméfiés du nucléus). Quelques-uns de ceux-ci offraient dans leur centre une apparence granuleuse, comme cela a déjà été constaté chez plusieurs espèces et plusieurs genres d'infusoires. Plusieurs d'entre eux renfermaient de petits embryons, dont quelques-uns étaient déjà munis d'une vésicule contractile et d'une ceinture de cils. Du reste ces embryons se comportaient parfaitement comme ceux que nous avons déjà décrits plus haut. (Note supplémentaire envoyée à l'Académie au printemps de l'année 1857).

casion de revenir sur ce fait, lorsque nous parlerons de la production des embryons en général.

Nous avons encore à mentionner le fait que nous avons trouvé plusieurs fois la *Podophrya quadripartita* dans la conjugaison. Cette conjugaison s'opérait parfois de manière à ce que l'un des individus fût obligé de prendre une position forcée sur son pédicule (Voir Pl. I, fig. 9). Nous reviendrons plus tard sur ce fait, dans un chapitre particulier que nous consacrerons aux phénomènes de conjugaison.

Nous donnons, en terminant, quelques mesures relatives au développement de la *Podophrya quadripartita*.

Longueur moyenne des adultes..............	0mm,08 — 0,10
Longueur d'un embryon ordinaire............	0, 03 — 0,05
Longueur des embryons de la petite variété....	0,01
Diamètre des globules qui les renfermaient....	0,037
Diamètre de la Podophrya à embryons multiples	0,065

D. PODOPHRYA PYRUM.

Sur la fin de l'automne 1854, nous trouvâmes, fixée sur des lentilles d'eau (c'était la *Lemna trisulca*) une très-belle espèce de Podophrya de grandeur extraordinaire, dont nous fûmes assez heureux pour récolter un grand nombre. Cette Podophrya (V. Pl. II, fig. 1) possède un pédicule large et en général assez long. Son corps a la forme d'une poire ; de là le nom que nous lui avons donné. Sa couleur est d'un brun grisâtre. Les vésicules contractiles sont au nombre de deux, placées, l'une précisément au sommet du corps pyriforme, en opposition par conséquent avec le point d'insertion du pédicule, et l'autre latéralement. Les suçoirs, munis de ventouses fort appréciables, atteignent une longueur égale au diamètre longitudinal du corps, et sont disposés en trois faisceaux, dont l'un se trouve situé sur le sommet de la poire, et les deux autres sur lés côtés. Un gros nucléus ovale se voit dans la région médiane, toutefois on ne peut en général l'apercevoir que vaguement, par suite du peu de transparence de l'animal. — Chez deux individus nous trouvâmes quatre embryons renfermés dans une cavité commune, sise au milieu du corps. Ces embryons se livraient déjà à un mouvement de rotation autour de leur axe et semblaient posséder une ceinture de cils autour de leur corps ovale. Cependant nous ne réussîmes pas à les voir quitter le sein du parent.

Ces Podophrya offrent un intérêt tout particulier par la circonstance que nous observâmes une conjugaison de deux individus qui fut suivie de la formation d'embryons. Nous trouvâmes un corps arrondi, sans rayons (les suçoirs étaient retractés) et reposant sur deux pédoncules dont l'un était plus long que l'autre (V. Pl. II, fig. 2). D'un côté l'apparence générale de ce corps et le fait qu'il se trouvait en compagnie d'autres *Podophrya Pyrum*, et de l'autre les observations que nous avions déjà eu l'occasion de faire sur la conjugaison des Acinétiniens nous permettaient de conclure hardiment que ce corps était le résultat de la conjugaison de deux individus de cette espèce. La présence de quatre vésicules contractiles et de deux nucléus venait du reste confirmer cette manière de voir. Il s'était bien opéré, dans ce cas, une fusion de deux individus en un seul.

Le lendemain matin, lorsque nous eûmes donné de l'eau fraîche à notre individu conjugué, il se contracta vivement sur ses deux pédoncules et étendit au dehors deux faisceaux de suçoirs (fig. 3). Voyant cela, nous ajoutâmes au liquide une gouttelette d'une eau qui fourmillait de Paramecium, et plusieurs de ceux-ci ne tardèrent pas à être saisis par la Podophrya et à lui servir de pâture. Nous n'avons pu décider si, à ce moment-là, les deux nucléus étaient séparés ou confondus en un seul.

Le soir, un changement des plus remarquables s'était opéré dans notre Podophrya, résultée de la fusion de deux individus. En effet, on voyait alors dans son intérieur une grande cavité renfermant huit embryons, munis chacun d'une vésicule contractile.

Il ne nous fut malheureusement pas possible de poursuivre plus loin cette curieuse observation.

Suivent quelques mesures relatives au développement de la *Podophrya Pyrum* :

Longueur du corps. . .	0^{mm},	149
Largeur maximum. . . .	0,	087
Longueur du pédicule.	0,	196
Longueur des embryons	0,	026—0, 035

E. PODOPHRYA COTHURNATA.

C'est à M. Stein que nous devons la plus grande partie de ce que nous savons sur cette belle espèce, qu'il nomme l'*Acinète en diadème* (die diademartige Acinete). Il n'en trouva jamais que des exemplaires isolés en examinant des racines de *Lemna minor* recueillies dans le parc de Berlin. C'est dans la même localité que nous l'avons trouvée en abondance extraordinaire pendant l'hiver de 1854 à 1855, aussi bien que pendant l'automne précédent et le printemps qui suivit. Elle était fixée à l'aide de son pédicule court et épais, sur le côté inférieur des tiges discoïdales de la *Lemna minor*, de la *L. polyrrhiza* et de la *L. trisulca*, ainsi que sur des plantes de Callitriche.

Le corps de cette Podophrya est discoïdal (V. Pl. IV, fig.1) aplati, ordinairement ovale ou réniforme. Le pédicule, ainsi que M. Stein l'a déjà fort justement remarqué, est strié en long et souvent aussi en large. Le corps de l'animal est entouré d'une membrane épaisse, que M. Stein croit devoir considérer comme une couche gélatineuse, analogue à un kyste. Les suçoirs qui ornent comme une gloire le bord de cette belle et grande Podophrya sont d'ordinaire à peu près de la longueur du corps, parfois deux fois aussi longs. Il ne nous est pas possible de nous ranger à l'avis de M. Stein, lorsqu'il dit que les suçoirs ne sont pas pourvus d'un bouton distinct à l'extrémité. Nous avons au contraire toujours trouvé ce bouton (la ventouse) bien développé. Il s'élargit surtout considérablement lorsque la Podophrya a saisi, à l'aide de quelques-uns de ses suçoirs, un autre infusoire et s'occupe à le sucer (V. Pl. I, fig. 7). Il n'est pas possible d'observer l'acte de cette succion chez un autre Acinétinien quelconque mieux que chez cette Podophrya, soit à cause de la grosseur et de l'aplatissement de son corps, soit surtout à cause de la largeur extraordinaire de ses suçoirs, dans lesquels on voit facilement les sucs granuleux circuler de la proie au carnassier suceur. Lorsque ces suçoirs se rétractent, on remarque souvent chez eux une apparence particulière (V. Pl. I, fig. 7 et Pl. IV, fig. 1 et 2), qui tantôt paraît due à ce qu'ils sont courbés en zig-zag[1], tantôt se présente sous la forme d'une spirale enroulée autour d'un axe central, tantôt enfin, et c'est probablement là le cas réel, semble n'être qu'un résultat du ridement superficiel de l'organe.

Près des bords aplatis se trouve une série de nombreuses vésicules contractiles. Dans l'intérieur on aperçoit facilement un nucléus en forme de fer à cheval, parfaitement semblable à celui de la *Podophrya Ferrum equinum*. Ce nucléus a une apparence claire et homogène, qui le distingue de la masse granuleuse du corps. Il n'est pas rare de le voir émettre une branche tantôt à l'une de ses extrémités, tantôt à son centre[2]. Nous

1. C'est ainsi que M. Stein s'est représenté la chose, comme sa description et ses figures en font foi. M. Weisse rapporte et figure quelque chose de tout semblable d'une autre Podophrya, qu'il range à tort dans le genre Actinophrys, sous le nom d'*Actinophrys ovata* Weisse. Nous avons eu plusieurs fois l'occasion d'observer cette *Podophrya ovata*, d'un jaune pâle, avec sa peau très-mince, son nucléus réniforme et plusieurs vésicules contractiles aux deux extrémités de son corps, également réniforme. Parfois nous avons vu ses suçoirs s'étendre jusqu'au point de dépasser 8 ou 10 fois la longueur du corps, et davantage. Il n'est pas possible d'admettre, ainsi que M. Weisse l'a fait, que ces zig-zags des suçoirs soient un caractère spécifique. En effet, ce phénomène ne se restreint point à cette espèce, mais se rencontre chez tous les Acinétiniens à suçoirs rétractiles, et ce n'est dans tous les cas qu'un état passager de ces organes.

2. M. Stein dit qu'on voit le nucléus prendre une forme de T par la formation d'une branche accessoire au point médian.

devons nous ranger à l'opinion de M. Stein, lorsqu'il pense que ce phénomène a pour but la formation d'un embryon. Seulement nous croyons que dans ce nucléus en T, c'est la ramification formant le tronc médian qui se transforme en embryon, et non pas la branche horizontale comme le pense M. Stein. Cette manière de voir se base sur le fait, que dans tous les individus qui renferment un embryon, nous avons trouvé un nucléus en fer à cheval, et que c'est ce fer à cheval qui tient lieu de la branche horizontale dans la figure en T du nucléus (V. Pl. IV, fig. 2).

Les figures 1 et 4 de la Planche IV montrent deux Podophrya dont le nucléus s'était augmenté d'une manière un peu différente. Dans la figure 1 c'est une des extrémités qui s'est prolongée jusque dans la partie centrale de l'animal. Dans la figure 4 on retrouve le nucléus en T déjà décrit par M. Stein et en outre deux petits appendices.

Nous avons rencontré un grand nombre d'exemplaires de la *Podophrya cothurnata* qui renfermaient chacun un seul embryon. Celui-ci occupait une position transversale dans le corps du parent et couvrait la partie horizontale du nucléus. Souvent on voyait, déjà un quart d'heure avant le moment de la parturition une fente se dessiner dans les téguments du parent au-dessus du jeune individu (V. Pl. IV, fig. 2) et l'on pouvait voir au travers onduler les cils de ce dernier. — Au momont où l'embryon quitte la cavité de son parent et se trouve libre au dehors, il se contracte d'une manière toute particulière. Il en résulte qu'au premier abord on serait tenté de croire chez lui à l'existence d'une ouverture buccale (Pl. IV, fig. 3). Il est en outre d'ordinaire si peu transparent qu'on peut à peine distinguer le vésicule contractite et son nucléus.

L'embryon de cette Podophrya après avoir erré quelque temps dans les eaux, se fixe comme celui de la *Podophrya Cyclopum* et de la *Podophria quadripartita* et devient comme lui semblable à son parent, sans jamais se transformer en Vorticelle. Nous devons dire, il est vrai, que nous ne pûmes le poursuivre dans toutes ses évolutions vagabondes, ni dans sa transformation définitive. Mais nous avons eu soin de ne jamais placer dans une goutelette d'eau pure qu'un seul individu, renfermant un embryon qui se livrait déjà à des mouvements évidents et, comme au bout de quelques temps, nous retrouvions d'un côté une grosse Podophrya sans embryon, et de l'autre une seconde Podophrya encore toute petite, mais pas trace de Vorticelline, nous pensons avoir bien le droit de conclure de ces faits que la petite Podophrya était le résultat d'une métamorphose de l'embryon sorti de la grande. Une fois nous trouvâmes la jeune Podophrya fixée immédiatement devant son parent, ce qui permet de supposer qu'elle n'avait peut-être point mené de vie errante[1]. — Nous poursuivîmes un jour un de ces embryons revêtus de cils sur toute leur surface pendant près d'une heure entière. Il finit enfin par passer à l'état de repos sur un fragment d'une tige de Lemna. Obligés de nous absenter pendant un quart d'heure et revenant au bout de ce temps à notre microscope, nous trouvâmes une jeune Podophrya précisément à la place où nous avions laissé notre embryon cilié. La Podophrya avait déjà fait saillir quelques suçoirs.

Nous fîmes aussi plusieurs expériences de cette nature en grand. Pour cela, nous enfermions un certain nombre de *Podophrya cothurnata* dans un petit tube de verre, après nous être assurés, aussi exactement que possible, qu'il n'y avait pas de Vorticellines dans l'eau, et nous conservions le verre avec soin pendant longtemps. La nourriture que nous donnions à ces Podophrya consistait en infusoires, parmi lesquels nous avions constaté l'absence de Vorticellines. Ces expériences nous confirmèrent dans notre opinion, qu'il n'y a pas de rapports génétiques entre les Acinétiniens et la famille des Vorticellines. En effet, dans trois expériences nous trouvâmes bien une ou deux Vorticellines dans le tube de verre, mais chaque fois elles appartenaient à des espèces différentes, et il est trop facile de laisser passer une Vorticelline inaperçue dans l'examen de l'eau qu'on emploie, pour qu'on veuille voir dans la présence de ces animaux autre chose qu'un simple accident. De plus, dans d'autres expériences du même genre, nous ne trouvâmes point trace de Vorticellines, pas même au bout de plusieurs semaines, comme nous nous en assurâmes une fois, et néanmoins le nombre de Podophrya avait augmenté visiblement.

Quelques mesures relatives à la *Podophrya cothurnata* nous ont donné les résultats suivants :

Longueur de l'animal (pédoncule non compris)..	$0^{mm},10$
Largeur	0, 113
Longueur moyenne des suçoirs...............	0, 179

1. Voyez des exemples de métamorphose directe sans passage par une vie errante sous les chefs *Podophrya Lyngbyi* et *Acineta patula*.

Longueur des embryons.	0^{mm}, 054
Largeur des embryons.	0, 032

F. PODOPHRYA TROLD[1].

Le 17 septembre 1855, nous trouvâmes à Glesnäs, près de Sartor-Oe, île située sur les côtes de Norwège, à la latitude de Bergen environ, une Podophrya marine d'assez grosse taille. Elle était fixée sur un fragment de Ceramium et présentait une couleur d'un gris brunâtre. Des suçoirs de forme singulière partaient en rayonnant de différents points de la surface. Ils étaient long de 0^{mm}, 017 environ ; leur base, très-épaisse semblait formée par une membrane d'une résistance notable. Tout à coup ses suçoirs s'allongèrent et se montrèrent sous la forme ordinaire des tentacules de Podophrya (Pl. IV, fig. 5). Ils étaient en général un peu plus long que le corps de la Podophrya lui-même. Lorsqu'ils venaient à être rétractés, l'épaisse partie basale continuait à faire saillie au dehors et se terminait par une espèce de disque élargi en assiette (fig. 5), au centre duquel on pouvait remarquer l'ouverture du canal dont les suçoirs sont munis. Cette Podophrya ne saisissait point les infusoires, qui lui servaient de proie, de la même manière que les Acinétiniens que nous avions observés jusqu'alors.

1. *Trold* et *Troll* signifient, dans les langues scandinaves, un monstre, un être surnaturel ou enchanté.

En effet, ses suçoirs étaient susceptibles de s'élargir énormément jusqu'au point de livrer passage à un *Tintinnus denticulatus* tout entier, et d'engloutir ainsi cet animal. Deux suçoirs saisirent à la fois le Tintinnus, infusoire relativement fort gros, et l'arrachèrent du fond de sa coque élégamment chagrinée. Chacun de ces suçoirs se dilata de manière à aspirer l'infortuné Tintinnus, qui, incapable de résister à cette double sollicitation, finit par se déchirer. L'une des moitiés continua son chemin au travers de l'un des suçoirs jusque dans le corps de la Podophrya; l'autre suivit sa route à travers le second vers le même but.

L'exemplaire de la *Podophrya Trold,* que nous eûmes l'occasion d'observer, était fixé sur un pédicule assez long et assez large. Il contenait deux embryons, dont nous vîmes les cils onduler un certain temps dans le sein de leur parent. Ils ne tardèrent pas à quitter la cavité qui les renfermait, mais ils s'arrêtèrent sur le corps même de leur parent, où nous les vîmes agiter leurs cils encore pendant quelques minutes. Cependant ces mouvements devinrent par malheur toujours plus lents, et au bout de peu de temps, les deux embryons avaient péri. Ils étaient tous deux repliés de manière à présenter une sorte de canal ou gorge. Chacun d'eux possédait une seule vésicule contractile et était cilié sur toute sa surface.

Nous avons pris sur la *Podophrya Trold* les mesures suivantes :

Diamètre du corps.	0^{mm},074
Longueur de la partie renflée à la base des suçoirs	0, 017
Longueur des suçoirs.	0, 087
Longueur des embryons.	0, 054

G. PODOPHRYA LYNGBYI.

La *Podophrya Lyngbyi* paraît être très-abondante dans les mers du Nord. M. Ehrenberg l'a observée dans la Baltiqué, et nous l'avons retrouvée en grande abondance dans le fjord de Christiania, à Christiansand, à Glesnäsholm, sur les côtes de Sartor-Oe et dans le fjord de Bergen. Ce n'est point un caractère essentiel de l'espèce que de présenter un pédicule aussi épais que celui qui a été figuré par M. Ehrenberg. Nous n'en avons même jamais vu de pareille épaisseur. Il est certain que cette Podophrya (Pl. I, fig. 8) est en général munie d'un pédicule de largeur relativement très-considérable ; mais il n'est pas très-rare cependant de rencontrer des exemplaires dont le pédicule n'est pas plus épais que celui de l'*Acincta tuberosa* Ehr., sa compagne constante dans la mer du Nord. La *Podophrya Lyngbyi* possède toujours deux vésicules contractiles. Sa couleur est de ce brun jaunâtre qui caractérise beaucoup d'infusoires marins, sans être cependant d'une teinte aussi foncée que l'*Acineta tuberosa*. Les suçoirs sont très-épais et le plus souvent comme mamelonnés à leur surface, de manière à former comme un fragment de rosaire. Cette apparence est due à un état de semi-rétraction.

Nous avons rencontré une fois une *Podophrya Lyngbyi* qui renfermait plusieurs embryons (Pl. I, fig. 9). Ceux-ci, au nombre de cinq, étaient de grosseurs différentes et munis chacun d'au moins une vésicule contractile. Il ne nous a pas été possible de nous assurer qu'ils en possédassent deux comme leur parent. Nous n'avons malheureusement pu épier le moment de la parturition, et nous devons, par conséquent, laisser indécis si ces embryons sont ciliés sur toute leur surface où seulement sur une partie de celle-ci.

Nous avons eu de plus l'occasion d'épier une *Podophrya Lyngbyi* peu de temps après que l'expulsion d'un embryon avait eu lieu de son sein. L'embryon paraissait avoir passé immédiatement à l'état de Podophrya devant, ou plutôt sur son parent lui-même. Ce dernier était affaissé sur lui-même et semblait ne plus donner de signes de vie. (Pl. I, fig. 10).

Longueur de la *Podophrya Lingbyi*, 0^{mm}, 050.

Nous avons rencontré cette Podophrya aussi bien sur des Algues marines que sur des Campanulaires et des Sertulaires.

H. TRICHOPHRYA EPISTYLIDIS.

Lorsque nous étions occupés à étudier l'*Epistylis plicatilis* dans l'espoir d'y vérifier les rapports génétiques qui devaient exister entre elle et la *Podophrya quadripartita*, nous eûmes l'occasion de découvrir un Acinétinien dépourvu de pédoncule qui vit en parasite sur les arbres d'Epitylis. Le fait que son corps est complètement dépourvu de coque et de pédoncule, semble nous autoriser à former pour lui un genre à part. Nous l'avons en conséquence nommé Trichophrya Epistylidis.

Le corps de cet Acinétinien est allongé et aplati. Il repose en général dans toute sa longueur sur le pédicule d'une Epistylis. En divers points de son pourtour, points qui sont en nombre variable, suivant les individus, saillissent des faisceaux de suçoirs (V. Pl. IV, fig. 14 et 15). Les vésicules contractiles sont nombreuses, mais toujours très-variables quant à leur nombre. Lorsque l'animal est vu par sa face dorsale (fig. 14), elles apparaissent toutes sur le bord. Le nucléus est une bande allongée et un peu recourbée en fer à cheval (fig. 15). Il a toujours une consistance granuleuse. Les petits exemplaires semblent avoir constamment un nombre de suçoirs inférieur à celui des gros individus. Il serait donc possible qu'à mesure que l'animal croît en longueur, il produise de nouveaux faisceaux de ses organes.

Sur la reproduction de cette espèce, nous n'avons que fort peu de chose à dire, attendu que nous n'avons aperçu qu'une seule fois, et cela très-vaguement (fig. 14), les contours d'un embryon chez un individu rendu tout à fait opaque par la réplétion de la cavité digestive.

Par contre, cette Podophrya est très-intéressante, en ce qu'elle nous fournit un argument de plus contre la théorie de M. Stein. Nous avons déjà relevé la facilité un peu prématurée avec laquelle ce savant ose conclure à une parenté entre deux formes par suite de la simple circonstance que ces deux formes, un Acinétinien et une Vorticelline se trouvent souvent ensemble. M. Stein aurait certainement ici tout autant de droit de soupçonner une parenté entre la Trichophrya Epistylidis et l'*Epistylis plicatilis*, qu'entre cette dernière et la *Podophrya quadripartita*. L'un comme l'autre de ces deux Acinétiniens semble en effet mener sa vie de parasite à peu près exclusivement sur les arbres d'Epistylis.

La longueur maximum de la Trichophrya Epistylidis est de $0^{m},24$.

1. ACINETA MYSTACINA.

Cette Acineta a été décrite par M. Ehrenberg dans son grand ouvrage sur les infusoires. Depuis lors, M. Stein en a donné de très-bonnes figures et l'a considérée comme issue d'une métamorphose de la *Cothurnia crystallina*, ainsi que nous avons déjà eu l'occasion d'en faire mention dans un des chapitres précédents. Le corps de cette Acinète (Pl. I, fig. 1, 2 et 3) est renfermé dans une coque qui a été très-bien décrite par M. Stein. Cette coque se rétrécit en arrière de manière à former une sorte de pédicule creux et se ferme du côté opposé au moyen d'un certain nombre de plaques triangulaires, scalénoïdes, dont les sommets convergent vers le haut. L'Acinète fait saillir ses suçoirs au travers des fentes qui subsistent entre ces triangles. Ces organes peuvent s'allonger parfois d'une manière vraiment incroyable. Nous avons vu des cas où ils atteignaient $0^{mm},14$ de long et davantage, tandis que le corps de l'animal ne dépassait pas $0^{mm},034$. La vésicule contractile et le nucléus arrondi ont été déjà observés par M. Stein.

L'*Acineta mystacina* remplit, suivant les cas, une partie très-variable de sa coque. Il n'est pas rare de voir une grande coque, pour ainsi dire vide, ne renfermer qu'un corps excessivement petit. Mais il arrive souvent que cette petite Acinète venant à trouver une nourriture abondante dans quelque gros infusoire, double de volume dans l'espace d'une heure et remplisse alors sa coque précédemment à peu près vide.

Nous ne pouvons ajouter que peu de chose aux observations de M. Stein, si ce n'est que nous avons observé trois fois la division spontanée de l'*Acineta mystacina*. Ceci est cependant un point digne de remarque, attendu que, si l'on fait exception d'une observation de M. Cienkowsky relative à la *Podophrya fixa*, l'on n'avait pas observé jusqu'ici d'exemple de fissiparité dans la famille des Acinétiniens. D'ailleurs cette division spontanée présente des particularités tout exceptionnelles.

Chez une Acinète qui avait mangé en abondance, nous remarquâmes la présence d'une seconde vésicule contractile. Bientôt un sillon se dessina entre les deux vésicules et ce sillon alla pénétrant toujours plus profondément, jusqu'au point d'opérer une division totale. L'une des moitiés se glissa alors entre les deux plaques qui fermaient l'ouverture de la coque et resta immobile à côté de cette coque même. Elle étendit bientôt ses suçoirs au dehors. Malheureusement, il se trouvait sur un amas de débris divers qui rendaient l'observation si difficile qu'il ne nous fût pas permis de décider si la *gemme fissipare* (*Theilungssprœssling*, dirait ici M. Stein) était cilié sur sa surface ou non. Dans un second cas, nous crûmes reconnaître avec certitude des cils sur toute la surface du corps.

Depuis lors nous avons eu l'occasion de constater avec une parfaite certitude que l'une des moitiés résultant de la division est bien réellement munie de cils vibratiles et s'éloigne à la nage. C'est là une variété du phénomène de fissiparité qui est des plus intéressantes. Nous verrons du reste que ce n'est point un fait isolé. L'*Urnula Epistylidis* nous fournira un exemple tout à fait analogue.

M. Stein a observé de un à six petits corps ovales munis chacun d'une vésicule contractile, placés sur la coque de l'*Acineta mystacina* et enveloppés chacun pour son compte dans une espèce de gelée. Il les considère comme des embryons qui, de bonne heure, et avant d'être parvenus à màturité, auraient été expulsés en dehors de la coque par le parent. Quelques-uns de ces corps ovales montraient d'un côté une fossette dans laquelle paraissait se trouver des cils. Ces animalcules, ciliés sur leur surface, s'agitaient parfois dans leur enveloppe gélatineuse. M. Stein a observé également trois coques d'*Acineta mystacina* qui, au lieu de contenir un corps d'Acinète avec un nucléus, une vésicule contractile et un contenu granuleux, ne renfermaient plus qu'une enveloppe munie de prolongements en cœcum. Cette enveloppe contenait six corps ovales, munis chacun d'une vésicule contractile. Chez deux de ces corps ovales il crut reconnaître un enfoncement cilié comme chez ceux qu'il avait observés dans la gelée à l'extérieur de la coque. Il incline par suite à les considérer comme des embryons ciliés, résultés d'une division du corps entier, division qui aurait été probablement inaugurée par une division du nucléus[1]. — M. Stein ayant observé un nucléus d'*Acineta mystacina* allongé et étranglé dans son milieu, il est probable que les embryons résultent en effet d'une division du nucléus.

Les mesures suivantes ont été prises par nous sur une Acineta mystacina pendant la division spontanée :

Longueur totale de la coque pédicellée...	0mm,015
Longueur de la partie ventrue de la coque	0, 06
Largeur maximum de la coque.........	0, 056
Diamètre de la gemme fistipare.........	0, 045

K. ACINETA PATULA.

Sur divers points de la côte de Norwège, soit à Christiansand, soit à Bergen, soit à Glesnæsholm près de Sartor Oe, nous rencontrâmes fréquemment sur diverses espèces d'algues marines et sur des Zostera une très-jolie espèce d'Acinète dont le corps repose sur une espèce de coupe, à peu près comme une grosse pomme ou un melon sur une assiette à fruits (Pl. V, fig. 12 à 15). La coupe se termine en pointe à la partie inférieure et cette pointe repose sur un pédicule long et mince qui s'effile lui-même en pointe vers le haut. Il en résulte que le point d'union de la coupe et du pédicule est formé par une sorte d'hyperboloïde à deux nappes, ou, si l'on aime mieux, par deux cônes dis-

1. Il s'agit probablement là, comme M. Stein l'a reconnu depuis lors, du développement d'un Chytridium. *(Note de 1860).*

posés sommet contre sommet (Pl. V, fig. 12-17), à peu près comme dans une horloge de sable. La coupe elle-même est plus ou moins profonde suivant les cas, et les bords forment souvent un léger méplat également fort variable dans ses dimensions. Le corps de l'Acinète n'est fixé qu'au bord même de la coupe. Le milieu de la face inférieure est librement suspendu au-dessus de la cavité de la coupe ou de l'assiette. Il n'est pas rare de voir le corps se rétrécir immédiatement au-dessus du point d'attache (fig. 14) et dans ce cas il est souvent fort loin d'atteindre en hauteur le diamètre de la partie supérieure de la coupe. C'est probablement là une suite de ce que l'animal a jeûné pendant longtemps. Par contre il est assez fréquent de trouver des individus dont le corps est deux fois aussi haut que le diamètre de la coupe et même davantage. Dans ce cas le corps est plus uniformément sphérique ou ellipsoïdal, sans présenter d'élargissement au point de contact avec la coupe (fig. 12). Le corps est orné d'une seule vésicule contractile, d'un nucléus granuleux et contient ordinairement des granules brunâtres. Du côté libre on voit surgir des suçoirs très-graciles, en général assez nombreux et pourvus de boutons fort distincts. Pendant la rétraction, ces boutons continuent d'ordinaire à faire saillie au dehors, tandis que le corps même du suçoir rétracté forme comme un second bouton au-dessus du premier. L'Acinète présente par suite un aspect tout particulier (V. fig. 15).

Nous avons observé une fois chez cette Acinète un commencement de conjugaison (V. fig. 13) de deux individus qui avaient complètement rétracté leurs suçoirs et s'étaient inclinés l'un vers l'autre au moyen d'une flexion des coupes sur leurs pédicules.

Chez un individu appartenant à cette espèce, nous avons été témoin de la parturition d'un embryon. Celui-ci était contenu isolément dans la cavité du parent. Nous n'avons malheureusement pas pu reconnaître avec une parfaite certitude s'il était cilié sur toute la surface ou bien s'il ne possédait qu'une ceinture de cils. Cependant nous avons cru reconnaître que le premier cas était le vrai. Le mouvement des cils de l'embryon était excessivement faible. Le jeune animal ne s'éloigna point de l'organisme parent, mais se transforma en Acinète alors qu'il reposait encore sur le corps de ce dernier. Les suçoirs commencèrent à se déployer avant qu'il eût perdu tous les cils (fig. 17). Cet embryon renfermait des granules brunâtres, une vésicule contractile et un nucléus parfaitement comme son parent.

Dans un autre cas nous trouvâmes une *Acineta patula*, renfermant trois corps sphériques qui paraissaient être des embryons. Comme cependant nous n'avons pu reconnaître de mouvements ni de vésicules contractiles dans leur intérieur, nous ne pouvons rien dire de certain à ce sujet (V. Pl. V, fig. 16).

Il n'est pas rare de rencontrer une foule d'individus appartenant à cette espèce, entourés d'une auréole due à une enveloppe gélatineuse, qui est peut-être l'analogue du kyste d'autres infusoires.

Suivent quelques mesures relatives aux rapports de grandeur entre l'Acinète adulte et son embryon :

Hauteur moyenne de l'assiette ou coupe	0^{mm},30 à 0,043
Largeur de la coupe................	0, 055
Longueur moyenne de l'animal........	0, 035 à 0,054
Longueur de l'embryon figuré........	0, 024
Largeur........................	0, 017

L. ACINETA CUCULLUS.

Un jour que nous nous étions livrés à la pêche pélagique dans les environs de Bergen, dans le but de recueillir des animaux de la haute mer, comme des larves d'échinodermes, des Appendiculaires, des Acanthomètres, etc., nous trouvâmes dans l'eau recueillie à l'aide de notre petit filet, une magnifique Acineta. Sa coque régulièrement conique, reposait par la pointe sur un pédicule très-long et très-mince. Ce dernier

était libre. Sans doute le filet l'avait détaché violemment de quelque Zostera ou de quelque algue. La relation entre le diamètre de la base du cône et sa hauteur était à peu près celle qui existe dans un pain de sucre ordinaire. La base du cône, c'est-à-dire l'ouverture de la coque était fortement échancrée d'un côté. La surface de cette coque dont la forme ressemblait donc assez à celle d'un casque à mèche, était recouverte de petits cils ou plutôt de petites épines courtes, roides mais très-fines (V. Pl. IV, fig. 12). Peut-être n'était-ce là qu'une production étrangère, un végétal parasite. Cependant l'excessive régularité de ce ce revêtement d'épinules semble parler contre cette hypothèse.

Le corps de l'animal était lui-même cônique, bien qu'il ne remplît pas exactement l'intérieur de la coque qui restait vide dans le bas et n'était en contact avec le corps de l'Acinète que dans sa partie supérieure. Les suçoirs étaient disposés en deux faisceaux, un de chaque côté de l'échancrure. Leur longueur ne dépassait pas celle de la coque elle-même. Le corps de l'animal remplissait la coque jusqu'à son bord, mais ne s'élevait pas au-dessus de celui-ci. Dans sa partie supérieure il présentait une grande cavité dont le fond répondait assez bien au contour de l'échancrure du têt. Cette cavité renfermait six embryons, relativement assez gros, dont chacun était déjà muni d'une vésicule contractile. Plusieurs d'entre eux s'agitaient déjà dans l'intérieur de la cavité. Quant à l'Acinète elle-même, il ne nous fut pas possible de reconnaître sa vésicule contractile, ce dont il ne faut accuser que le peu de transparence de l'objet. Nous restâmes dans une incertitude tout aussi grande à l'égard du nucléus.

Nous réussîmes à épier le moment où le premier de ces embryons sortit de la cavité et gagna le large. Sa forme rappelait celle de plusieurs embryons d'Acineta déjà connus. C'était un cylindre ou plutôt un ovoïde, muni d'une vésicule contractile (V. Pl. IV, fig. 13). La partie antérieure est parfaitement nue. La partie postérieure est ornée de plusieurs ceintures vibratiles superposées les unes aux autres et insérées chacune dans un sillon particulier.

Largeur de la coque de l'Acineta Cucullus...... $0^{mm},26$

M. ACINETA NOTONECTÆ.

Nous n'amenons cette espèce sur le tapis que comme un argument de plus contre la théorie de M. Stein. Ce savant eût en effet été embarrassé de trouver une Vorticelline propre à lui être rapportée. Cette Acinète habite entre les poils qui ornent les pattes ou rames de la *Notonecta glauca*. Sa coque est allongée, en forme de cornet et ouverte vers le haut (V. Pl. II, fig. 14). Le corps de l'animal, dont la couleur est d'un vert jaune très-vif, la remplit assez exactement. Les suçoirs sont portés par deux tubérosités et paraissent peu mobiles. Le nucléus est ovale. Nous laissons à M. Stein le soin de trouver une Vorticelline douée d'une coque semblable.

Longueur de la coque de l'*Acineta Notonectæ*...	0^{mm},14
Largeur maximum........................	0^{mm},048
Longueur moyenne des suçoirs..............	0^{mm},04.

N. DENDROSOMA RADIANS.

Ce bel animal a été décrit par M. Ehrenberg le 11 décembre 1837 dans le *Monatsbericht der K. Akademie der Wissenschaften zu Berlin*, mais ce savant n'en a jamais publié de figures. Nous en avons trouvé malheureusement un seul exemplaire (V. Pl. II, fig. 15) durant l'hiver de 1854-1855 [1]. Cet individu était d'une grosseur réellement extraordinaire, dépassant un millimètre en longueur, si bien que nous n'avons pu le représenter sur notre planche qu'à un grossissement de 150 diamètres.

La Dendrosoma se présente sous la forme d'une espèce de buisson ou d'arbuscule, dont les branches deviennent plus minces vers l'extrémité. La couleur générale du corps est brunâtre; celle de l'extrémité des branches est rougeâtre ou même incolore. Parfois ces branches se renflent en une tête terminale un peu plus épaisse que le reste. De ce renflement partent des suçoirs plus ou moins nombreux, munis chacun d'un bouton à leur extrémité. M. Ehrenberg croyait que dans chaque branche se trouvait une vésicule contractile isolée. Comme il n'avait pas reconnu la vraie nature des suçoirs, la vésicule contractile (*vésicule spermatique* à ses yeux) lui semblait être le seul organe spécialisé dans chacun des membres de son individu composé. Il avait en effet reconnu que le nucléus s'étend comme un ruban continu dans le tronc tout entier. Mais la vésicule contractile, centre du système circulatoire, n'est point particulière à chacun des capitules terminaux du Dendrosoma. On trouve en effet encore d'autres

1. Depuis lors, nous en avons retrouvé un autre, mais muni d'un nombre de ramifications beaucoup moins considérable.

vésicules contractiles semées dans tout l'arbuscule, et de plus ces différentes vésicules sont reliées les unes aux autres par un vaisseau qui envoie des rameaux dans chaque branche du Dendrosoma.

Le seul procédé de multiplication que nous ayons constaté jusqu'ici chez les Dendrosomes, est la formation de gemmes ou de stolons, qui ne contribuent qu'à augmenter l'arbre acinétinien, la famille en un mot, mais qui ne peuvent engendrer directement d'autres familles distinctes. Nous trouvâmes en effet sur le tronc du Dendrosoma de petites verrucosités, dont la plupart portaient déjà quelques suçoirs. Sur l'une d'elles cependant, on n'en voyait encore aucun. Il n'est guère possible de douter que ces verrucosités munies de tentacules ne se développent peu à peu en branches (individus). Sur le tronc commun, nous trouvâmes aussi un gros stolon, qui, à en juger par son sommet simplement arrondi et dépourvu de toute espèce de renflement ou capitules, n'avait probablement jamais porté de suçoirs, mais qui était probablement destiné comme les stolons des polypes, des Campanulaires, par exemple, à croître un certain temps avant de se munir des appendices caractéristiques [1].

Nous ne nous permettons pas de décider si les premières ramifications de notre Dendrosoma s'étaient également formées par une véritable gemmation. A en juger par leur distribution exactement dichotomique, on pourrait être tenté de croire qu'elles s'étaient développées par fissiparité longitudinale.

Epaisseur du tronc principal	$0^{mm},06$
Epaisseur des ramifications	$0^{mm},17$
Longueur de la famille entière	$1^{mm},2$.

1 M. Stein (Der Organismus der Infusionsthiere. Leipzig, 1859, p. 93) se refuse à considérer le *Dendrosoma radians* comme une famille d'individus aggrégés. Ce n'est pour lui qu'un seul et unique individu. Nous n'ajoutons pas une plus grande importance à l'une des manière des manières de voir qu'à l'autre, car cet évidemment un cas où la question est aussi difficile, ou même impossible à trancher que dans une éponge, où l'on a aussi maintes raisons pour admettre la multiplicité des individus, sans pouvoir cependant déterminer les limites de chacun d'eux. (*Note de 1860*).

Il est probable que si l'on vient à connaître un jour les embryons de tous les Acinétiniens, le mode suivant lequel les cils sont distribués à leur surface, donnera les caractères les plus sûrs pour diviser cette famille en genres, ou du moins pour établir des sous-genres dans les genres déjà existants. En effet, chez les uns, les embryons sont munis d'une simple zone ou ceinture de cils vibratils (pouvant former cependant plusieurs rangs) [1], chez d'autres, ils portent une espèce de calotte ciliée à l'une de leurs extrémités [2]; chez d'autres enfin, la surface entière est ciliée [3].

Dans la plupart des Acinétiniens connus, dont nous n'avons pas spécialement traité, la forme des embryons n'est qu'inexactement ou même pas du tout connue. Ainsi parmi les Acinétiniens, dont nous devons une étude exacte à M. Stein, nous n'avons aucune notion sur les embryons de la Podophrya qui vit en parasite sur l'*Epistylis branchiophila* Perty et de celle [4] que M. Stein croit être la phase acinétiforme de *Zoothamnium affine*. Nous ne connaissons pas davantage les embryons de la *Podophrya digitata*, ni ceux de la Podophrya qui vit en parasite sur l'*Ophrydium versatile*. Les Acinétiniens que M. Stein considère comme des phases du développement de l'*Opercularia articulata* Ehr. et de l'*Opercularia Lichtensteinii* St. paraissent avoir des embryons ciliés sur toute leur surface. L'embryon du *Dendrocometes paradoxus*, observé par M. Stein, a la forme d'un coussin muni de franges (les cils vibratiles) sur tout son pourtour. Chez la *Podophrya* (*Actinophrys* Weisse) *ovata*, ainsi que chez l'*Acineta Notonectæ*, la forme de l'embryon est encore totalement inconnue. Chez l'*Acineta patula*, la *Podophrya Lyngbyi* et la *Trichophrya Epistylidis*, il est à désirer qu'on la constate plus exactement.

1. Sous ce premier chef viennent se ranger, par exemple, les embryons des espèces suivantes : *Podophrya fixa*, *P. Cyclopum*, *P. quadripartita*, *P. Carchesii*, *P. Pyrum*.

2. Ainsi, par exemple, l'*Acineta Astaci* (*Acinete des Flusskrebses* de M. Stein), et peut-être aussi l'*Acineta Cucullus*, quoiqu'on pût aussi ranger cette dernière dans la division précédente.

3. Ainsi la *Podophrya cothurnata*, la *P. linguifera* (*Acinete mit dem zungenförmigen Fortsatz* de M. Stein), la *P. Trold* (auxquelles on peut ajouter aussi la *P. Ferrum equinum*. — 1860).

4. M. Stein croit devoir rapporter cette Acinète à l'*Acineta tuberosa* Ehr., bien que celle-ci soit, à proprement parler, une espèce marine.

REPRODUCTION DES ACINÉTINIENS.

(OPHRYODENDRON ABIETINUM.)

Durant les mois de septembre et d'octobre 1855, nous nous trouvions à Glesnäsholm, sorte d'écueil isolé de la mer du Nord, non loin de Sartor-Œ, île voisine des côtes de Norvège et située à peu près à la latitude de Bergen. La mer abonde en Zostera dans ces contrées et ces plantes sont ordinairement couvertes d'une foule d'animalcules marins, de Campanulaires en particulier. Sur ces polypes, nous découvrîmes un parasite singulier, que nous allons décrire ici en détail, car nous pensons devoir le considérer comme un infusoire et nous avons eu le plaisir d'étudier diverses particularités relatives à son développement. Nous avons en effet observé chez lui soit une gemmiparité externe, soit la production d'embryons internes.

Les premiers de ces animaux auxquels nous eûmes à faire avaient la forme de vers, surtout d'hirudinées (V. Pl. V, fig. 2). Tantôt ils se trouvaient sur les polypes eux-mêmes, et dans ce cas ils semblaient choisir de préférence la surface externe des cellules du polypier pour y fixer leur résidence, tantôt ils étaient fixés sur des algues parasites qui croissaient sur les Campanulaires.

L'extrémité antérieure de ces espèces de vers présentait une espèce d'enfoncement spécial, que nous crûmes d'abord devoir considérer comme une bouche ou comme une ventouse de succion, mais que nous reconnûmes bientôt n'être qu'une fossette indiquant l'ouverture d'une cavité dans laquelle était logé un long organe rétractile que nous aurons à décrire plus loin.

L'extrémité antérieure était assez transparente, tandis que la partie postérieure était en général beaucoup plus sombre et opaque. Cette extrémité antérieure s'agitait d'une manière toute particulière et en tous sens, à peu près comme le bras d'un aveugle qui cherche avec inquiétude quelque chose à tâton. Le corps tout entier pouvait se contracter, de manière à produire de profondes rides à sa surface. Dans l'intérieur de l'animal on apercevait ordinairement de petits corpuscules tout à fait semblables aux organes urticants des Campanulaires. Ils étaient dispersés dans toutes les parties du corps. Ces corpuscules étaient du reste extrêmement variables quant à leur nombre. Parfois, et c'était le cas le plus rare, ils manquaient totalement; parfois aussi ils remplissaient le corps de l'animal au point de lui enlever toute transparence.

Nous ne réussissions en général à découvrir aucun organe chez cet animal singulier, à l'exception d'un corps obscur, dont on pouvait apercevoir parfois vaguement les contours. C'était probablement le nucléus. Çà et là l'on rencontrait des individus plus transparents, dans lesquels on pouvait distinguer une place relativement claire, dans laquelle il ne nous fut cependant pas possible de reconnaître avec certitude des contractions.

En compagnie de cet animal à forme de ver, s'en trouvaient d'autres dont le corps était pour ainsi dire plus trapus, offrant l'apparence d'un œuf dont la pointe serait tournée vers le bas. Quelquefois aussi l'on rencontrait des individus, qui, tout en présentant également une forme ovoïde étaient cependant plus allongés, si bien qu'on trouvait tous les passages possibles de la première forme que nous avons décrite à la seconde. Chez les exemplaires de forme ovoïde, on remarquait un enfoncement situé un peu sur le côté, non loin du sommet de l'extrémité libre. A cette place, l'animal pouvait faire saillir un long organe comparable à une trompe (V. Pl. V, fig. 7). Lorsque cet organe était complètement retiré dans l'intérieur du corps, on ne pouvait le discerner que comme un corps ridé, en forme de massue, qui s'étendait jusqu'à l'enfoncement, ou fossette, que nous venons de mentionner. Faisait-il au contraire, saillie au dehors, sa longueur égalait celle du corps ou même était parfois double et davantage. Cette sorte de trompe allait s'amincissant graduellement vers son extrémité. Dans sa partie libre, sur une longueur, qui, dans le moment de la plus grande extension, équivalait à un tiers environ de la longueur de l'animal, elle présentait 15 à 40 petits ramuscules qui s'écartaient d'elle sous un angle plus ou moins aigu. Ces ramuscules surtout lorsque la trompe était dans son état d'élongation maximum, présentaient un mouvement des plus vifs, s'élevant et s'abaissant à peu près comme les piquants d'un oursin. Cela formait un spectacle des plus intéressants. En somme cet organe singulier présentait quelque analogie avec un sapin implanté sur un rocher. De là le nom d'*Ophryodendron abietinum* que nous avons donné à notre animal. — La trompe était intérieurement munie de stries longitudinales et sa surface externe présentait des rides profondes, qui se marquaient surtout dans le moment de la contraction. La partie du corps de l'animal qui formait comme une espèce de bosse au-dessus du point d'insertion de la trompe était parfois comme excavée, ou même rejetée en arrière (Pl. V, fig. 1 et 6).

Il n'était pas rare non plus de trouver un individu fixé sur le dos d'un autre (Pl. V, fig. 4) et dans ce cas il arrivait fréquemment qu'un individu appartenant à la première forme que nous avons décrite fût fixé sur un individu appartenant à la seconde. On pouvait facilement se laisser aller à supposer que l'un était issu de l'autre au moyen d'un bourgeonnement. Si c'était bien réellement le cas pour ces individus là, c'est ce que nous ne saurions affirmer positivement, mais néanmoins c'est un fait certain que nos animaux étaient susceptibles de produire des bourgeons.

Chez quelques-uns, en effet, on remarquait sur l'espèce de bosse déjà mentionnée une sorte d'excroissance. Chez d'autres individus, cette excroissance possédait déjà une trompe rétractée, impossible à méconnaître (V. Pl. V, fig. 7). Enfin, on en voyait aussi quelques-uns où cette trompe faisait saillie au dehors, tandis que le corps de la gemme était dans un état de communication organique continue avec le corps de l'animal-mère.

C'est en vain que nous nous efforçâmes de surprendre nos Ophryodendron dans le moment où ils prenaient leur nourriture. Ces animaux singuliers avec leur trompe en forme de sapin dépourvu de branche dans la partie inférieure, dressaient le tronc de cet organe droit et raide, tandis que les ramuscules s'agitaient avec grâce, ou bien ils le raccourcissaient ou même le rétractaient complètement. Parfois ils le recourbaient et semblaient chercher quelque chose à tâtons autour d'eux, mais jamais nous ne pûmes les voir saisir de proie, ni prendre d'aliments d'aucune espèce.

Dans l'origine, nous pensions que les corpuscules fusiformes décrits précédemment dans le corps de l'*Ophryodendron abietinum*, n'étaient pas autre chose que les organes urticants de Campanulaires qui auraient été dévorés par notre animal. Mais nous dûmes bientôt laisser tomber cette hypothèse. En effet, à cette manière de voir s'opposait déjà le fait qu'on trouvait un nombre vraiment extraordinaire de ces corpuscules dans des individus réunis au nombre de trois à six sur la loge d'une Campanulaire qui n'en vivait pas moins parfaitement intacte et qui ne paraissait nullement en souffrance. De plus, nous découvrîmes plus tard que les jeunes embryons de l'*Ophryodendron abietinum* renferment déjà, tandis qu'ils sont encore renfermés dans le corps de leur parent deux ou trois de ces corpuscules. Ceux-ci sont alors contenus dans une ou deux vésicules spéciales.

Il nous paraît fort probable que les branches mobiles de la longue trompe abiétiniforme de l'Ophryodendron, sont analogues aux rayons des Acinètes et fonctionnent partant comme des suçoirs. Cet animal aurait par conséquent ses plus grandes affinités avec le groupe des Acinétiniens.

Chez quelques individus nous eûmes l'occasion d'observer la formation d'embryons internes. Le corps sombre dont nous avons déjà fait mention et que nous considérons comme le nucléus contenait parfois une grosse boule, composée, à ce qu'il nous sembla, de petites cellules. Cette boule remplissait à peu près complètement l'intérieur du nucléus et se partageait bientôt en deux (V. Pl. V, fig. 9). Chez certains individus on pouvait distinguer dans cette grosse boule deux genres de corps différents : d'abord les petites cellules qui la composaient d'ordinaire, puis deux corps vésiculiformes plus gros (V. Pl. V, fig. 5), dont chacun renfermait de deux à douze de ces corpuscules déjà plusieurs fois mentionnés, et ressemblant aux organes urticants des Campanulaires.

Chez d'autres Ophryodendron on trouvait quatre de ces corps vésiculiformes au lieu de deux. Ils étaient un peu allongés et enveloppés dans une membrane. L'une des moitiés de leur surface était ciliée, et à l'aide de ces cils ils se tournaient assez vivement autour de leur axe. C'étaient évidemment là des embryons, nés dans l'animal qui les contenait, comme chez les Acineta. Il arrivait ordinairement que ces embryons, doués d'un mouvement de rotation, se divisaient spontanément chacun en deux. Nous les obligeâmes artificiellement à sortir de la cavité de leur organisme parent, au moyen d'une pression qui fit éclater celui-ci, et ces embryons (V. Pl. V, fig. 10) se montrèrent sous la forme d'animaux ovales ou allongés, dont l'une des faces était assez aplatie et l'autre légèrement convexe. La face aplatie était couverte de cils, qui se trouvaient être plus longs aux deux extrémités de l'animal qu'à son milieu. Dans l'intérieur de l'embryon on remarquait déjà le corps à apparence cellulaire qui enfermait les vésicules. Du côté cilié se trouvaient deux taches claires, qui ne se contractaient cependant pas. Les embryons ne résistèrent du reste pas à ce mode de parturition un peu anormal, et ils ne tardèrent pas à périr.

Chez quelques individus de l'*Ophryodendron abietinum*, nous trouvâmes un nombre d'embryons beaucoup plus grand, qui pouvait bien varier de 16 à 20, et même davantage. Lorsqu'on venait à écraser l'un de ces individus, on voyait ces embryons, devenus libres , s'agiter dans l'eau pendant une demi-heure, ou même une heure entière. Cependant leurs mouvements, d'abord très-vifs, ne tardaient pas à devenir plus lents, et les animacules finissaient par périr. Leur forme était semblable à celle des embryons déjà décrits, seulement ils étaient, comme cela s'entend de soi-même, notablement plus petits. On pouvait souvent reconnaître chez eux, avec une parfaite évidence, l'existence d'*une* vésicule contractile. Toutefois, nous ne saurions garantir qu'il n'y en eût pas davantage.

Avant d'avoir observé ces embryons, nous pouvions être encore dans l'incertitude à l'égard de la véritable place à assigner à notre Ophryodendron dans la série animale. L'absence de tout organe visible nous faisait cependant présumer, avec une grande vraisemblance, que nous avions à faire à un infusoire. Mais la présence d'embryons munis d'une vésicule contractile, associés à l'existence d'une gemmiparité externe, venait nous enlever toute espèce de doute à cet égard. L'*Ophryodendron abietinum* ne pouvait être qu'un infusoire. On connaît, il est vrai, des embryons ciliés appartenant à d'autres classes d'animaux, tels que les Planula des Polypes, la grande nourrice du *Monostomum mutabile*, etc. ; mais aucun de ces embryons ne possède de vésicule contractile. C'est là un caractère purement infusoriel.

S'il en est ainsi, les Ophryodendron devront bien prendre place dans le système à côté des infusoires. Les corpuscules particuliers qu'ils renferment sont peut-être comparables aux trichocystes d'autres infusoires.

Nous regrettons vivement que la saison froide nous ayant forcés de quitter les côtes de Norwège peu après avoir découvert cet intéressant animal, il ne nous ait pas été possible de poursuivre plus loin le développement de ces embryons et de constater si, une fois devenus libres, ils vont se fixer sur une Campanulaire pour s'y développer immédiatement en Ophryodendron, ainsi que l'analogie avec les autres Acinétiniens permet de le supposer [1].

Nous faisons suivre quelques mesures relatives à l'*Ophryodendron abietinum*.

Longueur des individus vermiformes	0mm,	131-0, 166
Largeur	0,	030-0, 044
Longueur moyenne des individus ovoïdes avec ou sans embryons.	0,	083-0, 131
Largeur	0,	039-0, 059
Longueur de la trompe	0,	09-0, 16
Longueur d'un des plus gros individus renfermant des embryons..		0, 227
Largeur du même		0, 092
Longueur de la trompe		0, 481
Longueur des ramuscules de la trompe	0,	021-0, 023
Longueur des corpuscules (organes trichocystes?)	0,	006-0,0087
Longueur d'un embryon de la grosse variété		0, 043
Largeur du même		0, 028
Diamètre des globules (cellules?) dans cet embryon		0, 004
Diamètre des cellules renfermant les corpuscules		0, 006
Longueur d'un embryon de la petite variété	0,	022-0, 026
Diamètre transversal du même	0,	008-0, 012
Diamètre d'avant en arrière (du dos au ventre) chez le même		0, 013

1. *L'Ophryodendron abietinum* a été observé depuis nous par M. Strethill Wright, qui lui a donné le nom de *Corethria Sertulariæ* (V. Edinburgh new Philosophical Journal, new Series, July 1859). Le nom d'Ophryodendron ayant décidément la priorité, nous n'avons pas hésité à le conserver. (Note de 1860.)

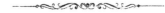

KYSTES DE L'EPISTYLIS PLICATILIS

ET DU

CARCHESIUM POLYPINUM.

(Cas divers de parasitisme.)

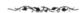

Nous avons vu dans la tentative de M. Stein de faire des Acinétiniens un état particulier des Vorticellines, ayant pour but la production des jeunes, combien il est facile de se laisser entraîner dans un labyrinthe d'erreurs, lorsqu'on cherche trop ardemment à pénétrer le mystère qui a entouré jusqu'ici le mode de propagation des infusoires. Il ne faut procéder qu'avec une circonspection extrême sur ce chemin scabreux, où l'on ne voit souvent pas bien où l'on va. Un exemple de la facilité extrême avec laquelle on peut être entraîné dans des combinaisons erronnées se présente à nous dans les observations que nous avons été appelés à faire sur une Epistylis (*E. plicatilis* Ehr.) durant l'été de l'année 1855. Nous avons longtemps flotté dans le doute, ignorant la manière dont nous pouvions interpréter les phénomènes singuliers que nous avions sous les yeux, et nous voyant entraînés, bien malgré nous, dans un dédale de métamorphoses bien autrement embrouillé et compliqué que celui que M. Stein nous a dépeint. Mais tout à coup la lumière s'est faite, le fil conducteur s'est retrouvé, le labyrinthe s'est évanoui, et nous n'avons plus eu à faire qu'à un phénomène fort simple, mais des plus intéressants par sa simplicité même.

Dans le commencement du mois de juillet 1855, nous dirigeâmes nos observations sur quelques colonies d'*Epistylis plicatilis*, que le hasard nous avait fait rencontrer sur une Paludine (*Paludina achatina* Brug). Ces colonies ou familles portaient, comme c'est souvent le cas, plusieurs individus de la *Podophrya quadripartita*, dont M. Stein a fait une phase du développement de cette Epistylis. Ces individus variaient infiniment dans leur forme et leur grosseur, comme cela arrive habituellement. Mais nous ne fûmes pas peu surpris de trouver plusieurs rameaux des arbres épistyliens qui, au lieu de supporter chacun une Epistylis, portaient une grosse boule, enveloppée d'une membrane à contour très-net, un kyste en un mot. Le contenu de ces kystes était fort opaque, comme du reste aussi nos Epistylis elles-mêmes, qui trouvaient une nourriture abondante dans le vase où nous les tenions renfermées. Aussi ne parvînmes-nous à distinguer ni la vésicule contractile, ni le nucléus de l'animal enkysté. Le kyste offrait l'aspect d'une coque ellipsoïde pleine d'une substance granuleuse uniforme. (V. Pl. VIII, fig. 5).

Celà était un phénomène tout nouveau. Jusqu'ici personne n'a mentionné de kystes semblables chez ces Epistylis. M. Stein décrit bien des kystes formés par les *Epistylis plicatilis*[1] au moment où, suivant lui, elles vont se transformer en Podophrya. Il a vu les Epistylis se munir d'une couronne ciliaire postérieure, se détacher de la colonie, nager un certain temps librement dans l'eau, puis venir se fixer sur la coquille de la Paludina, non loin de la famille dont elles faisaient partie naguères. A leur extrémité postérieure, se produit alors un nouveau pédoncule, qui reste excessivement court; la couronne ciliaire postérieure ondule lentement pendant quelque temps encore, sans cependant que l'Epistylis fasse saillir au dehors son organe vibratile (*le front* dans la nomenclature de M. Ehrenberg). Avant même que la sécrétion du pédicule soit achevée, le corps prend une forme ovoïde et se couvre, sur toute sa surface, d'une couche gélatineuse qui s'épaissit par suite d'un nouveau dépôt de matière sur sa surface interne.

1. Loc. cit., p. 97-98.

Cette substance s'endurcit de manière à former un kyste épais, dans lequel on voit pendant longtemps l'Epistylis se contracter et s'étendre [1]. Mais ces kystes vus par M. Stein conservent toujours une apparence pyriforme répondant à la forme extérieure de l'Epistylis, et sont toujours portés, *isolément*, sur des pédicules très-courts. Nos kystes étaient au contraire ou parfaitement sphériques, ou parfaitement ellipsoïdaux, et se trouvaient sur les ramifications d'arbres d'Epistylis entièrement développés.

Cette découverte nous plongea un moment dans le doute. Nous avions acquis, déjà depuis longtemps, la conviction qu'aucune relation génétique n'existe dans la nature entre les Acinétiniens et les Vorticelliens; mais cette conviction semblait devoir s'ébranler. M. Stein avait admis qu'outre les kystes à pédicules courts, observés par lui, il devait en exister d'autres, destinés à devenir les *Podophrya quadripartita* à long pédoncule. Or, nous avions devant nous des kystes dans lesquels il n'était plus possible de reconnaître la moindre trace de l'organisation d'une Epistylis, ni péristome, ni vestibule, ni bouche, ni œsophage, ni muscle postérieurs. N'était-ce peut-être pas là ces kystes prédits par M. Stein, le passage de l'Epistylis à la phase acinétaire?

Il y avait cependant quelque chose qui s'opposait à cette manière de voir. Les *Podophrya quadripartita* ont toujours, comme nous l'avons vu, un pédicule beaucoup plus mince que celui des Epistylis sur lesquelles on les trouve (V. Pl. VI, fig. 7), et occupent constamment une place qui trouble la régularité de la famille. L'arbre d'Epistylis présente toujours des ramifications dichotomiques parfaitement régulières, et les pédicules des Podophrya se trouvent, sans exception, fixés sur ces ramifications à une place où, dans le type de la ramification, il ne doit pas se trouver de branches. Le mode d'union de ces pédicules avec l'arbre indique du reste toujours que les Podophrya sont des étrangères (V. Pl. VI, fig. 7), relative-

1. Il est bon de noter en passant que M. Stein avoue n'avoir jamais vu ces kystes dans un état de développement plus avancé, c'est-à-dire plus voisin de la forme acinétaire. Il reconnait lui-même qu'il n'est guère possible de voir dans ces kystes les futures *Podophrya quadripartita* qu'on rencontre sur les Epistylis, puisque ces kystes ont un pédoncule excessivement court (1/300 de ligne) et très-large, et que de plus on les trouve toujours sur les Paludines mêmes, mais jamais sur les Epistylis, tandis que les Podophryes se trouvent toujours sur les Epistylis et possèdent un pédicule très-long et très-mince. M. Stein se trouve par suite amené à supposer l'existence de deux espèces de kystes chez les Epistylis. Toutefois les kystes de la seconde espèce, c'est-à-dire ceux qui devraient, à proprement parler, se transformer en Podophrya n'ont jamais été vus par lui.

ment des nouvelles venues dans la colonie, et l'on voit clairement que leurs pédicules ne répondent point à une bifurcation d'un rameau déjà existant.

Nos kystes se trouvaient au contraire toujours sur des branches qui appartenaient évidemment à l'arbre épistylien (Pl. VI, fig. 7), branches dues à la bifurcation d'un rameau plus ancien et offrant la même largeur que toutes les autres. D'ailleurs la branche sœur résultant de la même bifurcation, portait, elle aussi, parfois un kyste, mais le plus souvent une Epistylis normale. Nous dûmes donc renoncer bientôt à l'idée d'avoir là devant nous la première phase de la transformation des Epistylis en Podophrya qu'avait prédite M. Stein.

Une autre observation ne tarda pas à venir nous confirmer dans notre opinion que nous avions à faire à toute autre chose qu'à une future Podophrya. Nous trouvâmes en effet quelques-uns de ces kystes, dont le contenu se livrait à un mouvement de rotation des plus accélérés, se tournant tantôt de droite à gauche, tantôt de gauche à droite, puis dans une direction oblique à celle qu'il suivait d'abord, en un mot se livrant à tous les mouvement dont est susceptible une boule animée enfermée dans un globe creux qu'elle remplit exactement. D'abord nous ne pouvions voir par quel moyen ce mouvement était effectué, mais bientôt nous trouvâmes des exemplaires où le contenu ne remplissait pas assez exactement le kyste pour qu'on ne pût apercevoir des cils s'agitant dans l'intervalle qui subsistait entre l'animal et la paroi. (V. Pl. VIII, fig. 5).

Nous étions ainsi arrivés sur la trace d'un ordre de phénomènes tout autre que celui qu'avait indiqué M. Stein. A supposer que nous eussions réellement à faire à un kyste d'Epistylis, ce qui semblait plus que vraisemblable, cette Epistylis n'était point en voie de se transformer, directement du moins, en Podophrya, puisque ces Acinétiniens ne sont pas ciliés. L'animal n'était en tous cas plus une Epistylis, car les téguments des Vorticellines sont également dépourvus de cils, si l'on en excepte l'organe vibratile.

Nous suivîmes nos kystes avec attention pendant plusieurs heures, sans arriver à aucun résultat. Nos *cysticoles* tournaient autour d'un axe idéal avec une constance désespérante, si bien que nous dûmes interrompre nos observations sans avoir fait un pas de plus.

Désirant cependant étudier un sujet qui semblait promettre de devenir intéressant, nous nous mîmes en quête d'Epistylis.—Deux espèces de Paludines, distinguées, à tort ou à raison, par les conchyliologistes, la *Paludina vivipara* Linn. et la *P. achatina* Brug. se trouvent en grande abondance dans les environs de Berlin, aussi bien dans la Sprée que dans les lacs et toutes les flaques d'eau. Nous les prîmes pour but de nos recherches, puisque l'*Epistylis plicatilis* paraît dans ces contrées, résider presque exclusivement sur ces deux mollusques et un petit nombre d'autres. Notre chasse dans les étangs ne fut pas productive : les Paludines y étaient bien couvertes de divers infusoires, mais ne présentaient que quelques arbres d'Epistylis isolés. Dans la Sprée, au contraire, presque chaque Paludine était enveloppée d'une espèce de nuage blanchâtre et cotonneux, dû à une véritable forêt d'Epistylis. Une petite portion de ce revêtement blanchâtre si délicat, prise au hasard et portée sur la platine du microscope, nous montra que nos arbres d'Epistylis étaient richement chargés de kystes. Le matériel ne faisait donc pas défaut.

Avant de passer plus loin, nous dirons quelques mots des caractères essentiels de l'*Epistylis plicatilis*, puisqu'il est nécessaire qu'il n'y ait pas d'équivoque sur les animaux dont nous étudions la reproduction. L'*Epistylis plicatilis* se distingue avant tout par sa taille, qui varie en général entre $0^{mm},08$ et 0,16. Certains individus atteignent parfois une taille vraiment colossale (pour des Epistylis, s'entend). Nous avons vu des familles dont les membres atteignaient une longueur de $0^{mm},21$. Cette Epistylis forme des familles arborescentes dont les ramifications sont fort régulièrement dichotomiques Celles-ci croissent toutes avec une rapidité parfaitement identique, et les individus sont par suite tous et toujours portés à la même hauteur, de manière à se trouver dans un même plan horizontal. Il résulte de là qu'une famille d'Epistylis présente une forme comparable à ce qu'on nomme, en botanique, une *inflorescence en corymbe*. La régularité de la dichotomie semble parfois devoir être troublée, puisqu'on trouve, dans quelques cas, à l'extrémité d'une branche, un individu qui se divise, non pas simplement en deux, mais en quatre et même en huit. On trouve alors quatre ou huit Epistylis, serrées les unes contre les autres, à l'extrémité d'une même branche. Toutefois, il est relativement fort rare que chacun de ces individus se forme un pédoncule particulier. Nous n'en avons vu qu'un seul exemple. En général, les individus produits ainsi par une fissiparité multiple, développent une couronne ciliaire postérieure, se détachent du pédicule commun, et vont fonder ailleurs une autre colonie. Le pédicule de l'*Epistylis plicatilis* présente des stries longitudinales très-fines de haut en bas. La partie inférieure des pédicules et en particulier le tronc commun croissent en dimensions proportionnellement à l'extension que prend la famille, en sorte qu'on est obligé d'admettre que le suc nourricier peut parvenir depuis les individus dans toutes les parties de la tige, jusqu'à la base même de l'arbre. Les rameaux sont solides, mais lorsque l'arbre a atteint une certaine dimension, il se forme dans le centre du tronc et la base des branches une espèce de canal (Pl. VI, fig. 5 et 6), rempli d'un liquide, ou tout au moins d'une substance dont la densité est beaucoup plus faible que celle de la matière même qui constitue le tronc. L'existence de ce canal paraît avoir déjà été constatée par M. Ehrenberg, et c'est à tort que M. Stein[1] la conteste. Le tronc présente alors un assez grand nombre de plis transversaux (fig. 6).

L'appareil digestif est construit chez l'*Epistylis plicatilis* sur le même plan que chez les autres Vorticellines. Son nucléus a la forme d'une bande contournée qui embrasse, pour ainsi dire, l'œsophage (V. Pl. VI, fig. 7, Pl. VII, fig. 14, etc.), où l'on aperçoit ce nucléus par transparence. Il est adhérent au parenchyme du corps. — Dans la partie postérieure du corps, on reconnaît la membrane musculaire cônique que nous avons dit ailleurs être générale ou à peu près dans la famille des Vorticellines. C'est à cet organe que sont dues les secousses spasmodiques que présente l'animal sur son pédicule. Le sommet du cône membraneux est fixé au pédicule (V. Pl. VI, fig. 7, h). Sa base va s'attacher aux parois du corps (i). Au moment de la contraction, ce cône membraneux se raccourcit, et les parois du corps de l'Epistylis, qui, entre les points h. et i. ne sont pas adhérents au cône membraneux, sont obligées de se plisser en embrassant le sommet du pédicule (V. Pl. VII, fig. 1).

Cela posé, revenons à nos kystes. Nous les retrouvâmes parfaitement les mêmes que la première fois. Dans les uns, on ne voyait qu'une masse à apparence homogène, sans trace de mouvement (Pl. VIII, fig. 4); dans d'autres, le contenu cilié à sa surface se livrait à un mouvement rapide de rotation (Pl. VIII, fig. 5); quelques-uns renfermaient non pas un seul de ces cysticoles problématiques, mais deux. La division que nous

1. Loc. cit., p. 11.

voyions dans ce cas au travers des parois du kyste était bien réelle, et pas une simple apparence produite par les replis d'un animal enroulé sur lui-même. C'est ce qui ressortait avec évidence du fait que l'un des individus tournait souvent de droite à gauche, tandis que l'autre se mouvait de gauche à droite. Plusieurs fois même nous vimes un cysticole, d'abord unique, se scinder en deux sous nos propres yeux. Tout ce que nous pûmes constater sur la constitution de cet animal, c'est qu'il possédait plusieurs vésicules contractiles (fig. 5), circonstance qui l'éloignait toujours plus, soit de l'*Epistylis plicatilis*, soit de la *Podophrya quadripartita*. La première n'a jamais en effet qu'une seule vésicule contractile, et la seconde n'en a également qu'une ou, dans de rares exceptions, deux, et extrêmement rarement trois [1]. Le cysticole en contenait constamment un nombre plus considérable, au moins quatre ou cinq, et même bien davantage, comme nous pûmes nous en assurer plus tard. La rotation perpétuelle de l'animal faisait qu'il était fort difficile de s'assurer de la contractilité de ces vésicules.

En même temps que ces kystes, s'en présentaient d'autres sur nos familles d'Epistylis. Nous en avons déjà touché quelques mots ailleurs. C'étaient des corps ronds ou ovales un peu aplatis et enveloppés d'une membrane. Ils ne laissaient reconnaître aucun signe apparent de vitalité, et semblaient dans un état de repos parfait. Ces kystes étaient enfermés chacun dans une espèce d'urne rétrécie en arrière en forme de pédicelle. Leur position sur l'arbre épistylien nous sembla d'abord répondre assez exactement à celle des véritables Epistylis. En particulier, il n'était point rare d'en rencontrer deux à l'extrémité d'un pédoncule d'Epistylis dans une position telle qu'on était facilement sollicité d'y voir le résultat de la scission d'une de ces Vorticellines en deux, scission qui aurait été suivie de l'enkystement immédiat des nouveaux individus (V. Pl. X, fig. 5). On pouvait facilement se représenter la chose en supposant que chaque individu se fût séparé de ses téguments, comme par une espèce de mue, et se fût enkysté, tandis que ces téguments auraient subsisté sous forme d'urne enveloppante.

Cependant nous étions loin de nous laisser aller à cette idée sans en avoir de preuves plus directes. D'ailleurs nous fûmes promptement conduits à la considérer comme tout

1 Il est vrai que nous avons constaté dès lors qu'on trouve parfois des *Podophrya quadripartita* à vésicules contractiles nombreuses. Ce fait a toutefois ici peu d'importance, comme on le verra. (Note de 1860).

à fait improbable. Les deux urnes fixées à l'extrémité d'un pédicule d'Epistylis laissaient en effet toujours entre elles un petit espace (V. Pl. X, fig. 5), qui semblait indiquer qu'une Epistylis avait été là jadis, mais qu'elle avait fini par se détacher et s'en aller au loin et nos urnes semblaient par suite être des étrangères sur le pédoncule épistylien, des geais se parant des plumes du paon.

Nous n'avions du reste vécu dans l'incertitude que parce que les premiers arbres épistyliens que nous avions examinés ne présentaient qu'un fort petit nombre de ces urnes. Nous en rencontrâmes bientôt d'autres, qui en portaient un nombre fort considérable et nous nous assurâmes que ces urnes peuvent être fixées à une place quelconque de la colonie, les unes à l'aisselle d'une bifurcation, les autres dans l'espace qui sépare deux embranchements successifs, en un mot à des places, où dans le type d'édification de l'*Epistylis plicatilis*, il ne doit pas y avoir d'individus. Nous en conclûmes par conséquent que ces kystes et leurs urnes n'appartenaient point aux Epistylis, mais à d'autres êtres vivant en parasites sur leurs tiges. Cette conclusion ne tarda pas à se trouver justifiée. Nous trouvâmes d'abord quelques unes de ces urnes, puis un grand nombre renfermant au lieu du kyste l'animal qui les forme vers une certaine époque de sa vie en vue de sa reproduction. Ce parasite fut reconnu être un Rhizopode, auquel nous avons donné le nom d'*Urnula Epistylidis* (V. Pl. VI, fig. 2, a).

D'autres kystes encore plus petits se trouvaient aussi sur les familles épistyliennes (V. Pl. VI, fig. 1, f et f''). Leur contenu se divisait souvent en deux, puis en trois ou en quatre. Chacune des parties aussi formées était pourvue d'un nucléus et d'une vésicule contractile. Dans quelques cas (V. Pl. VI, fig. 1, f'') on pouvait voir des cils s'agiter sur certains points de la surface de ces individus. Il ne nous a pas été possible de déterminer à quels infusoires ces kystes appartenaient ; mais il est certain qu'ils n'appartiennent point aux Epistylis. Ils sont, en effet, beaucoup trop petits et se trouvent toujours près de la base d'une Epistylis, sans répondre exactement à la place où devrait se trouver un nouvel individu.

Mais il en était tout autrement des gros kystes à forme sphérique ou ellipsoïdale dont nous parlions d'abord. Ceux-là étaient toujours à une place, où dans le type de l'arbre épistylien, il devait y avoir *nécessairement* une Epistylis. Les cysticoles se tournaient dans leur intérieur avec une constance toujours plus désespérante, sans que nous pussions jamais parvenir à en voir un seul quitter son étroite cellule. En conséquence, nous nous décidâmes un jour à la seule chose praticable en pareille occurence, à savoir à faire le guet. Nous fixâmes un certain nombre de kystes dans le champ du microscope, bien décidés à ne pas les perdre de vue jusqu'au moment où leurs habitants se décideraient à venir s'ébattre au dehors. Il était dix heures du matin lorsque nous commençâmes cette œuvre de patience. Six heures du soir avaient sonné à l'horloge, lorsqu'il plut enfin à un cysticole de cesser ses monotones mouvements de rotation et de regarder ce qui se passait au dehors. Le kyste s'ouvrit et l'animal sortit lentement de sa cachette. Notre étonnement fut grand, en reconnaissant en lui un infusoire cilié sur toute sa surface, muni d'un grand nombre de vésicules contractiles et appartenant au genre Amphileptus ou au genre Trachélius de M. Ehrenberg[1]. Le même jour nous eûmes l'occasion de voir encore trois ou quatre cysticoles quitter leur résidence et nager librement dans les eaux. Tous affectaient également une forme d'Amphileptus. Depuis lors nous avons été fréquemment dans le cas de répéter cette observation.

De toutes les figures d'Amphileptus jusqu'ici données c'est peut-être celle du *Kolpoda ochrea* dans l'ouvrage d'Otto Friederich Müller[2] qui offre le plus d'analogie avec notre Trachélien. M. Ehrenberg considère ce *Kolpoda ochrea* comme synonyme de son *Amphileptus longicollis*[3], ce qu'il n'est certainement pas. La figure de M. Ehrenberg qui concorde le mieux avec notre Amphileptus est certainement celle de son *Trachelius Meleagris*[4], et nous croyons, en effet, devoir le considérer comme étant le véritable *Amphileptus* (*Trachelius* Ehr.) *Meleagris*[5].

Quelques-uns de nos Amphileptus étaient gros et assez opaques (Pl. VIII, fig. 10). D'autres (Pl. VIII, fig. 11) étaient plus petits, plus plats et plus transparents, différence qui

1. Depuis lors nous avons discuté ailleurs (V. Tome Ier de ces Études) et fixé les limites de ces deux genres, et nous devons par suite nommer cet animal un Trachélien appartenant au genre *Amphileptus*. (Note de 1880).

2. Animalcula infusoria fluviatilia et marina, p. 95, Tab. XIII, fig. 9 et 10.

3. Infusionsthiere, p. 357, Tab. XXXVIII, fig. 1, 2, 3.

4. Infusionsthiere, p. 321, Tab. XXXIII, fig. VIII. En outre des estomacs, M. Ehrenberg distingue chez ce Trachélien une rangée de cellules rougeâtres situées sur le dos, « et renfermant probablement le suc digestif ou la bile. » Il n'est guère douteux que ces cellules aient été les vésicules contractiles, bien que M. Ehrenberg distingue en outre des vésicules contractiles au nombre de deux.

5. Différent de l'*Amphileptus Meleagris* Ehr., qui est synonyme du *Loxophyllum Meleagris* Duj. Voyez à ce sujet la première partie de ce mémoire. (Note de 1860).

provenait sans doute uniquement de la quantité de nourriture que l'animal avait dans le corps au moment où il s'était enkysté. Elle pouvait dépendre aussi du fait que le cysticole s'était scindé en deux ou trois dans son kyste. Les individus plats et transparents étaient surtout très-propres à l'étude. On reconnaissait chez eux un très-grand nombre de vésicules contractiles (plus de 10) disposées sur le pourtour du corps (fig. 10 et 11). Les cils étaient distribués en rangées longitudinales à la surface, comme cela a lieu d'ordinaire chez les infusoires ciliés. Le nucléus rond et clair était en général double (fig. 9 et 10). Parfois cependant il était unique. Nous avons cru remarquer quelquefois que, lorsque le cysticole s'était divisé en deux dans le kyste, chacun des Amphileptus qui résultait de la division ne possédait qu'un seul nucléus, tandis que l'Amphileptus qui sortait d'un kyste qu'il avait rempli à lui seul, sans se diviser, en possédait deux. Toutefois nous nous gardons de vouloir avancer ceci comme un fait général.

Nous avions fait un pas en avant dans la connaissance de nos kystes. Nous savions tout au moins maintenant que le cysticole rotateur et cilié n'était autre chose qu'un Trachélien du genre Amphileptus. Nous avions de fortes raisons pour croire que cet animal provenait de la métamorphose d'une Epistylis. Toutefois, pour acquérir une conviction à cet égard, il fallait ou bien voir directement cette métamorphose, ou bien constater le retour soit de cet Amphileptus lui-même, soit, ce qui semblait plus probable, de sa progéniture, à l'état d'Epistylis. Nous avions déjà une base qui semblait plus solide que celle sur laquelle M. Stein avait bâti tout son édifice de génération par phases acinétiformes. Et cependant, si, dans notre for intérieur, nous rêvions de la vraisemblance d'une génération alternante, dont l'un des termes aurait été une Epistylis et l'autre un Amphileptus, nous n'osions pas encore exprimer tout haut cette pensée.

Nous fîmes alors ce qui se présentait tout naturellement à l'esprit. Nous suivîmes avec attention, pour voir ce qu'il ferait, un Amphileptus qui venait de quitter son kyste. Il semblait vouloir se dédommager du long emprisonnement auquel il avait été condamné, et nous tenait en haleine par la célérité avec laquelle il circulait sur la plaque de verre placée sous le microscope. Cependant au bout de quelques minutes son activité se ralentit, sa forme se modifia, se rapprochant toujours plus de celle d'une sphère parfaite, et notre Amphileptus, devenu méconnaissable, commença à tourner sur place avec un mouvement tout particulier des cils qui recouvraient la surface de son corps. Ce mode de mouvement, nous le connaissions déjà. On l'observe chez la plupart des infusoires ciliés au moment où ils sécrètent un kyste. En effet, un contour très-délié se manifesta bientôt tout autour de l'animal, et ce contour devint de plus en plus net. Il n'y avait plus de doute : l'Amphileptus sécrétait un kyste. Deux ou trois autres individus, qne nous poursuivîmes de la même manière, suivirent l'exemple du premier. Au bout d'un quart d'heure environ, ils étaient enkystés.

Nous fûmes d'abord surpris de ce phénomène. On ne peut, en effet, guère comprendre pourquoi un animal quitte un kyste, nage quelques minutes dans l'eau, sans y prendre de nourriture, ni se reproduire et s'enkyste de nouveau. Cependant nous reconnûmes bientôt que les Amphileptus que nous isolions dans un verre de montre ou dans une petite coupe de verre contenant une quantité d'eau suffisante et convenablement protégés contre l'évaporation, nous reconnûmes, disons-nous, que ces Amphileptus restaient plusieurs jours de suite à l'état de liberté sans sécréter de kyste. Il est probable donc que l'observation sous le microscope agissait comme une cause déterminante de l'enkystement. C'était probablement la rapide évaporation de l'eau qui amenait ce résultat, car Guanzati nous a appris que c'est là une circonstance qui cause fréquemment l'enkystement de certains infusoires [1].

Il était important de savoir si d'autres Vorticellines offriraient des phénomènes semblables, car la répétition d'observations analogues sur d'autres espèces devait, semblait-il, venir appuyer les quelques indices de métamorphose ou même de génération alternante qu'on pouvait trouver dans la succession de faits que nous venons de décrire. Nous nous mimes donc, le 16 juillet 1855, en quête d'autres espèces de Vorticellines qui pourraient se trouver sur nos Paludines, dans l'espérance qu'elles porteraient aussi des kystes. Nous ne tardâmes pas à trouver un assez grand nombre de familles appartenant au *Carchesium polypinum* Ehr., cette élégante Vorticelline, qui, au moindre sujet d'effroi, contracte son pédoncule avec une énergie toute particulière. Après en avoir passé en vain un très-grand nombre en revue, nous eûmes enfin le plaisir

1. Observazioni e sperienze intorno ad un prodigioso animaluccio delle infusioni, di Luigi Guanzati, dans les Opuscoli Scelti sulle Scienze e Sulle arti, Tom. XIX, Milano, 1796, p. 3-21, et une traduction dans la Zeitschrift f. wiss. Zoologie VIter Bd., 1855, p. 432.

de trouver quelques kystes égrenés portés par des pédoncules de *Carchesium* (V. Pl. VIII, fig, 1), et dans leur intérieur, on voyait des cysticoles, les uns immobiles, les autres en proie à un mouvement de rotation. Les rameaux qui portaient les kystes paraissaient avoir perdu leurs propriétés contractiles, car s'ils semblaient parfois se raccourcir, c'était une illusion produite par la contraction d'un individu dont le muscle descendait jusque dans les régions inférieures de l'arbre et entraînait passivement d'autres branches dans son mouvement.

Nous recourûmes de suite au moyen efficace pour reconnaître la vraie nature du cysticole de nos Carchesium. Nous fixâmes un kyste, et nous ne le perdîmes plus de vue. Son habitant tournait avec énergie autour de lui-même, et l'on pouvait distinguer facilement au travers des parois du kyste que la surface du corps était profondément striée, comme c'est souvent le cas chez les infusoires ciliés (V. Pl. VIII, fig. 2). Le cysticole nous tint plus longtemps encore en suspens que celui des Epistylis, car nous ne pûmes le perdre de vue depuis 10 heures du matin jusqu'à 8 heures du soir environ. Enfin, le kyste éclata, et nous en vimes sortir de nouveau un Amphileptus (Pl. VIII, fig. 3). Celui-ci, muni d'un double nucléus et d'une dizaine de vésicules contractiles, n'était pas susceptible d'être distingué des Amphileptus sortis des kystes d'Epistylis.

Ce résultat était à la fois intéressant et inquiétant : intéressant, en ce qu'il paraissait confirmer l'existence d'une relation particulière entre diverses Vorticellines et certains Trachéliens, mais d'un autre côté, inquiétant, en ce que l'identité complète des cysticoles chez les deux espèces semblait répondre peu aux différences qui séparent l'un de l'autre les genres Epistylis et Carchesium. Nous nous disions, il est vrai, que les embryons de divers Acinétiniens offrent souvent entre eux une similitude tout à fait étonnante, bien qu'appartenant à des espèces différentes ; mais ces embryons sont de petits êtres dont il est difficile de bien voir l'organisation, tandis que les Amphileptus sont de gros infusoires, relativement faciles à observer.

Désireux de pousser plus loin ces observations, nous avions établi dans un bassin toute une colonie de Paludines chargées d'arbres d'Epistylis. A l'aide de siphons, nous avions institué un courant qui amenait toujours de l'eau fraîche dans le réservoir. Quelques Lemna à la surface empêchaient la putréfaction de s'établir. Dans ces conditions favorables, le nombre des kystes s'accrut avec une immense rapidité. Nous eûmes bientôt des arbres de ces Vorticellines sur lesquels le nombre des kystes dépassait de beaucoup celui des Epistylis. Il était parfois quintuple ou sextuple.

Parmi ces kystes, nous en trouvâmes bon nombre qui offraient une image très-différente de ceux que nous avions observés d'abord. Le premier de ces kystes singuliers fut découvert par M. le professeur Johannes Müller, qui suivait avec intérêt nos observations, et s'était jusque là assuré par ses propres yeux de leur exactitude. Dans ce kyste (Pl. VIII, fig. 8), on voyait le cysticole ordinaire, l'Amphileptus se livrant à son mouvement de rotation habituel et remplissant exactement la cavité du kyste. Mais dans l'intérieur de l'Amphileptus, on voyait sans peine un second individu qui, entraîné par ses mouvements, tournait avec lui. Dès le premier abord, on reconnaissait dans ce second individu une Epistylis sans pédoncule. Le disque vibratile, le vestibule et l'œsophage se laissaient facilement reconnaître ; la vésicule contractile présentait ses pulsations rythmiques, et l'on apercevait obscurément le nucléus dans l'intérieur. De plus, de temps à autre, l'Epistylis se contractait spasmodiquement, comme le fait une Epistylis sur son pédicule lorsque quelque objet étranger vient à la toucher ou qu'elle est effrayée par une autre cause quelconque. On voyait alors la membrane cônique musculaire, que nous avons déjà signalée, se raccourcir et les téguments se plisser profondément dans la partie postérieure du corps.

C'était là un singulier phénomène, en apparence bien difficile à expliquer. L'opinion qui semblait la plus probable, c'était que l'Epistylis était engendrée par l'Amphileptus, car, dans l'hypothèse inverse, on eût été forcé d'admettre que l'Epistylis avait formé le cysticole, extérieurement à elle-même, sur toute la surface de son corps. Un animal sécrété par un autre.... ce serait assurément là une idée fort peu en harmonie avec une saine physiologie. Supposé que l'Amphileptus fût engendré d'une manière quelconque par l'Epistylis, probablement au moyen d'une métamorphose de cette Vorticelline dans son kyste, il était loisible de s'attendre à ce que cet Amphileptus donnât à son tour naissance à des Epistylis. C'était là sans doute le but que devaient atteindre les cysticoles qui quittaient leurs kystes pour vivre librement de la vie d'Amphileptus. Ils devaient, semblait-il, reproduire tôt ou tard, soit par gemmation externe, soit par production de gemmes internes des Epistylis ou des individus destinés à se métamorphoser en Epistylis. N'était-ce pas tentant d'admettre que nous avions là sous les yeux précisément ce phénomène de la reproduction d'une Vorticelline dans l'intérieur d'un Amphileptus? Ce serait quelque chose d'analogue à certaines particularités du développement du *Protococcus pluvialis* que M. Cohn[1] nous a fait connaître. Suivant ses observations, toute nouvelle cellule produite par la division d'un Protococcus est typiquement destinée à se munir de deux flagellum et à vivre un certain temps d'une vie errante, semblable à celle d'une monade, avant de passer à l'état de repos. Mais il arrive souvent que les circonstances extérieures en décident autrement. Les nouvelles cellules enjambent alors la phase errante, passant ainsi directement à l'état de repos dans l'intérieur de la cellule-mère, sans avoir jamais vécu de la vie de zoogonidies. — Ce serait aussi là quelque chose d'analogue à ce que nous voyons chez les Trématodes, où, pour nous servir de la nomenclature de M. Steenstrup, le ver passe d'ordinaire par une ou plusieurs phases de nourrice, une phase de cercaire et une phase de Trématode parfait. Ces phases ont, il est vrai, des valeurs diverses, puisque le passage de l'état de cercaire à celui de trématode parfait est une simple métamorphose, tandis que les autres termes du cycle sont séparés les uns des autres par une génération. Mais peu nous importe ici. Nous voulons seulement remarquer que chez les Trématodes aussi il arrive souvent qu'une de ces phases est enjambée. C'est ainsi que le *Loncochloridium paradoxum* des succinées engendre directement des distomes, lesquels n'ont, par conséquent, pas besoin de passer par l'état de cercaire. — Il ne nous semblait donc pas impossible que le cysticole que nous avions sous les yeux passât sa vie d'Amphileptus à un état *quasi latent*, emprisonné dans le kyste, et qu'il y reproduisît des Epistylis sans avoir jamais mené de phase errante. N'avions-nous pas présent à l'esprit l'exemple de nombre d'Acinétiniens qui n'engendrent qu'un seul embryon à la fois, ce qui n'empêche point leur multiplication, puisque le parent, une fois délivré de son embryon, en produit un second, puis un troisième et ainsi de suite?

Notre attention une fois attirée sur ce sujet, nous ne manquâmes pas de trouver un plus grand nombre de ces kystes singuliers. Mais parmi eux, il s'en rencontra bientôt toute une série qui paraissait ne pouvoir se soumettre que bien difficilement à l'expli-

1. Nachträge zur Naturgeschichte des *Protococcus pluvialis* Kütz. Nova acta Akademiæ CæS. Leop. naturæ curiosorum, 1850.

cation que nous avions tentée. Dans quelques-uns, le cysticole se livrait à son mouvement de rotation, en n'ayant dans son intérieur qu'une boule sans organisation apparente (Pl. VIII, fig. 6). Lorsque, dans cet état, il venait à se scinder en deux, la boule se partageait également, et les deux individus, ainsi formés, contenaient chacun une boule semblable à la première, seulement plus petite (Pl. VIII, fig. 7). Ceci n'était pas une difficulté pour la théorie que nous avions ébauchée, avec doute en nous-mêmes, car cette boule pouvait être le premier rudiment d'une Epistylis. En revanche, il était difficile, pour ne pas dire impossible, d'admettre un semblable mode de formation pour certains kystes (Pl. VIII, fig. 9) où l'Epistylis était parfaitement bien constituée, très-vivace, se contractant fréquemment avec énergie, et laissant reconnaître une vésicule contractile à pulsations tout à fait normales, mais où cette Epistylis était *fixée sur le pédoncule,* bien qu'entourée par l'Amphileptus, lequel se présentait sous la forme d'une mince bordure tout à l'entour. Ce dernier laissait apercevoir un grand nombre de vésicules contractiles, et sa surface était ciliée, de sorte qu'il n'y avait pas de doute sur sa véritable nature d'Amphilepte. En face d'un pareil kyste, notre théorie retournait subitement dans le néant. Nous y renonçâmes sans hésiter, bien que nous ne sussions trop comment la remplacer. L'Epistylis était évidemment l'organisme primaire. C'était la même Epistylis qui avait sécrété le pédoncule sur lequel se trouvait le kyste, pédoncule avec lequel elle contractait encore son mode d'union normal. Mais alors d'où venait l'Amphileptus? Etait-ce lui peut-être qui était un produit secondaire, résultant d'un bourgeonnement de l'Epistylis? Dans ce cas, il n'y avait qu'une seule manière de se représenter une production de l'animal enveloppant par l'animal enveloppé : l'Amphileptus, né d'abord comme un bourrelet à la base l'Epistylis, avait cru peut-être peu à peu de manière à l'envelopper complètement. — Cette seule interprétation plausible nous semblait plus que hasardée et même fort improbable.

L'Amphileptus, dans ces kystes problématiques, se livrait à son mouvement ordinaire de rotation. Seulement l'union de l'Epistylis avec son pédoncule l'empêchait de s'y abandonner avec toute la facilité ordinaire. Il faisait donc un demi-tour de gauche à droite, puis, revenant sur lui-même, il faisait un demi-tour de droite à gauche, puis de nouveau un demi-tour de gauche à droite, et ainsi de suite. Nous eûmes de nouveau recours à notre système d'observation suivie sur un seul et même individu, bien décidés à ne pas abandonner le kyste choisi avant de voir ce qu'il advenait de ces deux êtres singuliers. Nous poursuivîmes de cette manière bon nombre de kystes, et toujours nous arrivâmes au même résultat. Au bout de fort peu de temps, les demi-rotations de notre cysticole gagnaient en excursion. Le mouvement de rotation atteignait bientôt une étendue de trois-quarts de tour, un tour entier, et même davantage, avant de revenir sur lui-même. Le point d'union de l'Epistylis et de son pédoncule subissait évidemment une torsion prononcée, tandis que l'Epistylis elle-même se contractait avec énergie. Le résultat était facile à prévoir. Il arrivait un moment où l'excursion du mouvement de rotation devenait telle, que l'Epistylis était arrachée à son pédicule. L'Amphileptus, délivré dès-lors des entraves qui s'opposaient auparavant à ses inclinations, se mettait à tourner autour de lui-même avec sa célérité habituelle. Pendant ce temps, l'Epistylis perdait évidemment de sa vivacité. Ses contractions devenaient plus rares ; les pulsations de sa vésicule contractile ne se répétaient qu'à de plus longs intervalles ; elles finissaient même par cesser tout à fait. La forme d'Epistylis devenait de plus en plus méconnaissable, et bientôt l'on ne pouvait plus distinguer qu'une boule sans organisation apparente dans l'intérieur de l'Amphileptus. Au bout de quelques heures, cette boule avait diminué de volume, et le kyste était alors parfaitement semblable à ceux que nous avons mentionnés plus haut, en disant qu'ils renfermaient un cysticole ayant dans son intérieur une boule sans organisation appréciable (Pl. VIII, fig. 6). Cette boule elle-même finissait par disparaître complètement, et le kyste ne semblait plus renfermer qu'une matière granuleuse homogène. Le cysticole se reposait de sa longue activité et nous avions ainsi sous les yeux un kyste parfaitement semblable au premier de ceux qui avait attiré notre attention.

On pouvait se demander si telle était bien la succession normale des phénomènes. Nous avions appris à nous défier des conditions anormales qui résultent pour les infusoires de l'observation prolongée sous le microscope dans une quantité d'eau fort minime. Nous avions soin de n'ajouter que de l'eau distillée, lorsque la goutte venait à s'évaporer trop rapidement, afin d'éviter une trop grande concentration du liquide, concentration qui n'aurait pas manqué de se manifester rapidement si nous avions ajouté un liquide aussi chargé de sels que l'eau de fontaine ordinaire. C'est là une précaution indispensable en été, où l'évaporation de l'eau est si rapide et où l'on doit par conséquent ajouter très fréquemment du liquide. Sans cette mesure prophylactique, les infusoires ne tardent pas à périr par suite de la trop grande abondance de sels qui s'accumule dans la goutte d'eau. Mais malgré cela, les conditions dans lesquelles se trouvaient nos Epistylis sous nos microscopes étaient loin d'être normales et l'on pouvait se demander si la mort et la dissolution des Epistylis dans les kystes ne provenaient pas d'influences extérieures.

C'était une chose possible, mais cependant fort improbable. En effet, la majeure partie des kystes trouvés sur les arbres épistyliens offraient dès l'abord la même apparence que finissaient par présenter, au bout de quelques heures, ceux qui avaient renfermé, au moment où l'observation avait commencé, une Epistylis et un Amphileptus emboîtés l'un dans l'autre, c'est-à-dire, l'apparence d'un contenu homogène, dans lequel on finissait cependant, avec un peu d'attention, par découvrir çà et là une vésicule contractile noyée dans la substance.

Une idée nouvelle commença alors à surgir dans notre esprit. Peut-être n'y avait-il aucune espèce d'affinité entre l'Amphileptus et l'Epistylis; peut-être n'existait-il aucun rapport génétique entre ces deux êtres d'ailleurs si différents; peut-être n'avions nous sous les yeux qu'un cas de parasitisme fort singulier. N'était-il pas possible que l'Epistylis eût été tout simplement dévorée par l'Amphileptus?

Toutefois plusieurs objections semblaient s'opposer à cette manière de voir, et tout d'abord la masse énorme de kystes présentés par nos Epistylis, masse telle que les Epistylis avaient fini par devenir l'exception sur les arbres formés par elles, ou même par disparaître à peu près complètement. Cela s'expliquait fort bien en admettant un enkystement normal. Ne voit-on pas des milliers de *Vorticella microstoma*, par exemple, s'enkyster simultanément dans une même infusion, probablement par suite de circonstances défavorables à leur vie active dans ce liquide? Le fait que le nombre des kystes de nos Epistylis semblait être relativement beaucoup plus considérable dans le vase à courant continu où nous conservions nos Paludines que dans la Spree, semblait parler ici en faveur de quelque chose d'analogue. D'un autre côté nous savions que des kystes renfermant des Amphileptus se trouvaient aussi sur les Carchesium de notre réservoir. Or, il est difficile de comprendre comment un Amphileptus peut parvenir à dévorer un Carchesium. Ces élégantes Vorticellines sont en effet si craintives, que, au moindre mouvement dans leur voisinage, elles se contractent avec une énergie toute spéciale. Lorsqu'un individu se livre ainsi à des contractions répétées, ses voisins, inquiétés par la secousse, l'imitent et toute la colonie finit souvent par se contracter à la fois, presque aussi simultanément qu'une famille de Zoothamnium. Au milieu de ces secousses saccadées il est difficile de se représenter comment un Amphileptus pourrait réussir à s'emparer d'un Carchesium et à l'avaler, car un Carchesium semble être déjà une grosse bouchée pour un Amphilepte. Quant à ce qui concerne les Epistylis, il en est autrement. Leur pédicule n'étant pas contractile, ces animaux n'ont d'autre moyen de défense que les contractions de leur corps, moyen fort peu efficace.

Enfin, le mystère s'éclaircit. Nous observions un jour, dans l'espoir de voir ce qu'il adviendrait de lui, un Amphileptus qui rampait lentement sur une colonie d'Epistylis. La manière dont il s'approchait de ces Vorticellines, les palpant pour ainsi dire, en les enserrant à moitié de son corps souple, pouvait déjà paraitre suspecte. Enfin, il s'attaqua directement à un individu, par la partie supérieure de celui-ci. Il ouvrit sa large bouche, qu'on ne réussit jamais à voir que lorsque l'animal mange (telle est l'exactitude avec laquelle se ferment ses lèvres aussi souples que son corps) et il se glissa lentement sur l'Epistylis, comme un doigt de gant qu'on enfile sur le doigt. Nous vimes les bords ce cette ouverture buccale, susceptibles d'une dilatation vraiment merveilleuse, passer avec lenteur d'abord sur le péristome, puis sur le corps de la proie, et venir se resserrer autour du point où celle-ci était fixée à son pédicule [1]. Les cils qui recouvraient la surface de l'Amphileptus se mirent à s'agiter de ce mouvement particulier qu'on aperçoit toutes les fois qu'un infusoire cilié sécrète un kyste. En effet, au bout de quelques instants on vit apparaître tout autour de l'animal un contour délié, qui alla s'épaississant, de manière que le kyste fut bientôt formé. L'Amphileptus commença ses mouvements de rotation de gauche à droite, puis de droite à gauche et ainsi de suite. Nous avions devant nous un de ces kystes renfermant une Epistylis et un Amphileptus emboîtés l'un dans l'autre, qui nous avaient tellement intrigués précédemment [2].

1. Il est pittoresque, en présence de ces faits, de rappeler que M. Dujardin dénie aux Trachélies (Amphileptus) toute espèce de bouche.

2. Nous avons eu depuis lors l'occasion de répéter plusieurs fois ces observations, et nous avous pu nous assurer à nouveau de leur complète exactitude. Dans l'intervalle, elles ont été répétées de plusieurs côtés. Ainsi M. d'Ude-

La montagne était en quelque sorte accouchée d'une souris ; néanmoins le résultat ne manque pas d'un intérêt réel au point de vue de la connaissance physiologique des infusoires. Nous apprenons par là à nous défier de toute espèce de kyste dont nous n'avons pas vu la formation de nos propres yeux. Il n'est, en effet, point probable que les kystes dans lesquels les Amphileptus s'enferment pour opérer commodément leur digestion ne se trouvent que sur les colonies d'Epistylis. Nous les avons déjà rencontrés sur les Carchesium, et il est probable qu'on les rencontrera aussi ailleurs et dans d'autres circonstances.

Le phénomène est en somme des plus simples. Un Amphileptus s'approche d'une Epistylis, la dévore et s'enkyste sur place, tandis que la proie est encore fixée sur son pédicule. Il cherche alors à arracher l'Epistylis à son point d'attache par des mouvements de torsion ; lorsqu'il y a réussi, il opère sa digestion et parfois se partage occasionnellement en deux dans le kyste même. Pendant la fin de cette digestion il se repose un certain temps, puis commence à tourner de nouveau dans son kyste, dans le but de chercher à s'en débarrasser. Comment il arrive à ce résultat, c'est ce que nous ne pouvons pas très bien expliquer. Il est de fait seulement qu'au bout d'un certain nombre d'heures le kyste éclate. L'Amphileptus sort et va chercher au loin une nouvelle proie.

On comprend facilement maintenant pourquoi le nombre relatif des kystes croissait si rapidement dans notre réservoir. Nous y avions mis à la fois les Epistylis et les

kem (Mémoires de l'Académie de Belgique, Tom. XXX, 1857, et Annales des Sciences naturelles, p. 321-334) a reconnu l'Amphileptus dans les kystes, seulement il pense que cet Amphileptus est le résultat d'une métamorphose de l'Epistylis. M. Fr. Wilh. Engelmann (Zeitschr. f. wiss. Zool. X, 1859, p. 277), qui a observé des kystes d'Amphileptus sur les familles de Carchesium polypinum, se range au contraire de notre côté, et combat l'hypothèse de M. d'Udekem. Seulement M. Engelmann, qui ne connaît nos observations que par le bref compte-rendu que nous en avons publié, en 1858, dans les Annales des Sciences naturelles, paraît ignorer que nous avons *vu* de nos propres yeux l'Amphileptus manger l'Epistylis et s'enkyster ensuite. Il croit à une simple hypothèse de notre part, hypothèse qu'il juge du reste fort vraisemblable. — Mais ce sont surtout les observations de M. Cienkowski (Ueber meinen Beweis für die Generatio primaria. — Bulletin de la classe phys.-math. de l'Académie de St-Pétersbourg, Tom. XVII, 9/21 Avril 1858) que nous tenons à mentionner ici, parce qu'elles furent faites à une époque où l'auteur ne pouvait avoir encore eu connaissance des nôtres. M. Cienkowski a vu les kystes d'Amphileptus sur les colonies d'*Epistylis plicatilis* ; il a cru par suite, comme nous, au premier abord, que l'Amphileptus rentre dans le cycle d'évolution de l'Epistylis ; mais bientôt il s'est convaincu que l'Amphileptus n'est qu'un ennemi vorace qui avale l'Epistylis pour s'enkyster ensuite sur son pédoncule. Il insiste, comme nous, sur le danger qu'il y aurait eu à construire des théories aventureuses sur des faits, au premier abord extrêmement complexes, mais qui deviennent des plus simples et des moins extraordinaires dès qu'on en a la clef. — La même chose est arrivée à M. le prof. Filippo de Filippi à Turin, comme nous le tenons de sa propre bouche (Note de 1860).

Amphileptus. Ceux-ci trouvaient par conséquent, réunies dans un fort petit espace, une immense quantité d'Epistylis, condition des plus favorables à leur développement et leur multiplication. La nourriture ne leur manquait pas. Aussi avions-nous été frappés de ce que les kystes étaient dans les derniers temps devenus beaucoup plus gros que les premiers observés.

Les Carchesium offrant aux Amphileptus une proie beaucoup plus difficile à saisir que les Epistylis, il est tout simple que les kystes fussent relativement rares sur les familles de ces Vorticellines. Il est même à supposer que dans les circonstances normales ces kystes doivent être excessivement rares sur les arbres carchésiens. Mais, nous l'avons dit, nos Carchesium se trouvaient dans un bassin fourmillant d'Amphileptus, et les Epistylis avaient fini par diminuer au point qu'on trouvait plus de kystes que d'Epistylis sur les arbres épistysliens. Il est naturel que dans ces circonstances les Amphileptus se soient, faute de mieux, attaqués aux Carchesium.

C'est ainsi que nous avons vu s'évanouir le fantôme de la génération alternante et des métamorphoses des Vorticellines, qui nous avait poursuivis pendant quelque temps comme M. Stein. Heureusement pour nous que nous avons attendu, pour livrer nos observations au public, d'avoir suivi pas à pas et mûrement pesé, le microscope en main, ces phénomènes singuliers dans toutes leurs phases successives.

REPRODUCTION

DE

L'EPISTYLIS PLICATILIS.

Nos recherches sur les kystes d'Epistylis et les différents parasites qu'on rencontre sur ces Vorticellines nous avaient fait passer en revue un nombre considérable d'arbres épistyliens durant le mois de juillet 1855. Parmi ceux-ci nous avions été frappés de l'existence de deux types très faciles à distinguer l'un de l'autre, bien que nous pensions devoir rapporter tous deux à l'*Epistylis plicatilis*. Certaines Epistylis sont en effet grosses et grandes, bien développées en tous sens, présentant en quelque sorte une image de force dans tout leur être. Les autres ont au contraire un port tout-à-fait grêle, étant longues et minces. Ces formes sont toutes deux communes, bien que la forme épaisse se soit présentée plus fréquemment à nous que la forme grêle et gracile.

Un jour nous fûmes frappés par une anomalie que présentaient à peu près tous les individus d'une famille d'Epistylis. Cette famille appartenait à la forme grêle. Sur le flanc de presque chaque individu, à une place variable, on apercevait une espèce de tumeur, dont le sommet semblait ouvert (V. Pl. VII, fig. 1). On peut, pour bien faire saisir cette particularité, la comparer à un furoncle au moment de la suppuration, en un mot à un abcès ouvert. La généralité du phénomène était digne d'attirer notre attention. Quelques individus présentaient même deux de ces tumeurs.

Au premier abord nous croyions avoir à faire à une affection pathologique. Bientôt cependant nous aperçumes dans la cavité du corps d'une Epistylis un petit corpuscule arrondi (fig. 1) dont le pouvoir réfringent était à peu près le même que celui du nucléus. Une place plus lucide se laissait apercevoir dans son intérieur. Au bout de quelques instants cette place lucide avait disparu. Mais ce n'était pas pour longtemps. Elle se laissa promptement voir de nouveau, sous la forme d'un petit point, qui alla grossissant jusqu'à ce que la vésicule (car c'en était une) eût atteint son volume primitif. C'était une vésicule contractile dont nous pûmes constater les pulsations rhythmiques. Nous avions vu là pour la première fois un embryon d'Epistylis.

Avec un peu d'attention, nous nous assurâmes bientôt que toutes les Epistylis qui présentaient la tumeur distinctive renfermaient un ou deux embryons, parfois même trois, quatre ou cinq. Chacun était muni de sa vésicule contractile et paraissait logé dans une cavité particulière pleine de liquide, au milieu du chyme plus dense qui remplissait la cavité générale du corps de l'Epistylis. Quelques-uns se tournaient, quoique pas très rapidement, autour de leur axe. On pouvait distinguer la présence des cils qui produisaient ce mouvement, sans pouvoir cependant décider s'ils tapissaient *toute* la surface ou bien s'ils n'en revêtaient qu'une partie.

Nous étions naturellement fort désireux de voir sous quelle forme nos embryons deviendraient libres, car il n'y avait pas à douter que ce ne fussent là des vrais embryons. Nous les voyions en effet s'agiter depuis si longtemps dans leur loge, qu'il n'y avait pas possibilité d'admettre que ce fussent de petits infusoires avalés par les Epistylis. Ils auraient dû être digérés depuis longtemps. D'ailleurs, la nourriture prise par ces Vorticellines ne se compose jamais que de particules excessivement fines. L'analogie avec la manière dont les embryons des Acinétiniens sont enfermés dans le corps de leur parent ne pouvait guère nous laisser de doute sur la véritable signification de ces petits êtres.

Nous prîmes le plus droit chemin pour arriver à notre but. Nous eûmes de nouveau recours à la pratique qui nous avait été déjà si utile lorsque nous désirions arriver à découvrir quels étaient les cysticoles des Epistylis. Nous choisîmes un des plus gros embryons, et, le plaçant dans le centre du champ visuel du microscope, nous ne le perdîmes plus de vue jusqu'à ce qu'il se décidât à quitter l'abri que lui offrait le corps de l'animal parent. L'embryon se livrait toujours à un mouvement plus ou moins lent de rotation, tout en se rapprochant de la tumeur, dont l'ouverture devait jouer le rôle d'*os uteri*. Enfin au bout de cinq ou six heures d'attente, l'acte puerpéral eut lieu. L'embryon se trouva libre, n'étant plus réuni au corps de son parent que par un filament d'apparence muqueuse. Il continua à tourner sur place pendant un temps assez long, cherchant évidemment à se débarrasser de cette entrave, ce qui finit par lui réussir. Une fois libre, il se comporta durant les premiers instants d'une manière assez tranquille, comparativement à l'impétuosité avec laquelle les embryons d'Acinétiniens font en général usage de leur faculté locomotrice pour inaugurer leur entrée dans la vie libre. Toutefois il ne tarda pas à commencer sa course vagabonde, et, vu sa petitesse, nous l'eûmes bientôt perdu de vue sous les conferves qui, par malheur, se trouvaient dans son voisinage.

Cet embryon (Pl. VII, fig. 2) atteignait une taille de $0^{mm},0131$. Il était muni d'une seule vésicule contractile. Son corps à peu près cylindrique, un peu étranglé vers son milieu en horloge de sable, rappelait la forme des embryons de beaucoup d'Acinétiniens[1], ou, si l'on veut, d'une *Vorticelle microstoma* à l'état contracté, lorsqu'elle est munie d'une couronne ciliaire postérieure et nage librement dans l'eau. — Il n'était point cilié sur toute sa surface, mais ne présentait qu'une zône de cils, située dans l'étranglement équatorial du corps. Nous n'avons pu statuer avec certitude si cette zône se composait de plusieurs rangées de cils, comme la zône vibratile de beaucoup d'Acinétiniens. Nous avons cru cependant n'en reconnaître qu'une seule.

Nous eûmes bientôt l'occasion de rencontrer un certain nombre d'arbres d'Epistylis prolifiques. Toujours ils se présentaient avec les mêmes circonstances. Dès que nous apercevions un individu présentant la tumeur caractéristique, nous pouvions être sûrs qu'une grande partie, ordinairement même la plus grande partie des individus appartenant à la même famille étaient affectés d'une particularité identique. Nous devons

1. Il ne faut pas que ce fait surprenne le lecteur. N'a-t-on pas ailleurs l'exemple d'embryons d'animaux très-divers qui offrent de grandes ressemblances les uns avec les autres? Ainsi, par exemple, les Planula de divers Hydroïdes.

mentionner le fait que les Epistylis prolifiques que nous avons rencontrés appartenaient toutes sans exception à la forme grêle de l'*Epistylis plicatilis*. Si cette forme est constamment en rapport avec le phénomène de la propagation, si les Epistylis ne la présentent que lorsqu'elles forment des embryons, ou bien lorsqu'elles s'apprêtent à en former, c'est ce que nous n'osons décider. Il est seulement de fait que jusqu'ici nous n'avons jamais vu d'Epistylis prolifique appartenir à la forme épaisse.

Parfois les embryons au lieu d'être dispersés isolément dans le corps du parent étaient réunis au nombre de deux à trois dans une cavité commune (Pl. VII, fig. 12). Parfois aussi leur nombre était beaucoup plus considérable (fig. 13). Toutefois ces embryons là offraient une forme parfaitement identique à celle des premiers.

Les embryons de l'*Epistylis plicatilis* doivent leur origine première à une division spontanée du nucléus. Cet organe est chez la plupart des Vorticellines un corps allongé en ruban, en général assez contourné, moins peut-être chez l'*Epistylis plicatilis* que chez toute autre (V. Pl. VII, fig. 4, un nucléus isolé). La formation d'un embryon se manifeste d'abord par un étranglement dans ce nucléus (fig. 5). Cet étranglement devenant toujours plus profond, l'extrémité du nucléus se trouve séparée du reste et semble former pendant un certain temps comme un second nucléus à côté du premier. Cependant il ne tarde pas à se former dans son intérieur une petite vésicule dont les contractions régulières sont le premier indice de vie de l'embryon. Il est probable que les nombreux embryons qu'on rencontre parfois en même temps dans une cavité commune, sont issus également d'une division simultanée du nucléus en plusieurs fragments. C'est du moins ce que l'analogie d'observations que nous avons faites sur d'autres infusoires nous permet de présumer.

On doit se demander maintenant ce qu'il advient de ces embryons à ceinture ciliée une fois qu'ils ont parcouru un certain temps les eaux sous cette forme. Vu leur petitesse, il ne nous a malheureusement jamais été possible de les poursuivre bien longtemps Restent-ils peut-être sous cette forme particulière et ne sont-ce que les individus auxquels ils donnent eux-mêmes naissance qui sont appelés à reproduire des Epistylis ? C'est possible, mais cependant peu probable. N'avons-nous pas l'analogie des Acinétiniens donnant naissance à des embryons qui vagabondent un court espace de temps dans les eaux, puis se fixent quelque part pour se transformer eux-mêmes en Acinétiniens? Ces embryons paraissent même être déjà des Acinétiniens dans le corps de leur parent. Ils semblent y être déjà munis de leurs suçoirs : ces organes sont seulement rétractés et nous savons que tout Acinétinien peut les rétracter à volonté. Le jeune embryon étale parfois ses suçoirs avec une rapidité telle qu'on est obligé d'admettre leur préformation. Un organe rétractile compliqué (c'est un tube creux à parois contractiles et armé d'une ventouse à son extrémité) ne peut pas surgir subitement comme une Pallas du cerveau de Jupiter. A notre avis il est donc vraisemblable que nos embryons se transforment directement en Epistylis ou même qu'ils en ont peut-être la forme dès l'origine, étant simplement des Epistylis contractées, avec une couronne ciliaire postérieure, et qu'il suffit au jeune animal de se fixer quelque part, d'ouvrir son péristome et de mettre en jeu son organe vibratile pour ressembler parfaitement à son parent [1].

Nous ne pouvons, il est vrai, présenter cette vue que comme une hypothèse à laquelle nous sommes toutefois disposés à accorder une grande probabilité. Qu'une alternance de génération soit ici possible, c'est ce que nous n'avons nullement la prétention de contester. Nous savons par exemple fort bien que les polypes du groupe des hydroméduses se présentent en général sous deux formes différentes, l'une hydraire et l'autre médusienne, qui sont entre elles dans les rapports de parent à produit et que néanmoins un polype, qu'on pourrait du reste considérer comme le type des hydres appartenant à ce groupe, à savoir la célèbre hydre de Trembley fait précisément exception à cette alternance de génération. Une semblable anomalie est par conséquent possible aussi chez les infusoires. Mais jusqu'ici nous ne connaissons chez les infusoires à animalité non contestée rien qu'on puisse interpréter comme une génération alternante proprement dite. Le seul développement complet d'un embryon que l'on connaisse jusqu'ici, à savoir celui des embryons d'Acinétiniens, observé une fois par M. Cienkowski et mainte et mainte fois par nous [2], nous a fait connaître dans la famille d'infu-

1. Depuis que nous avons fait connaître les traits essentiels du développement de l'*Epistylis plicatilis* (Annales des Sciences naturelles, 1858), M. Stein (Der Organismus der Infusionsthiere, Leipzig, 1859, p. 101) a décrit chez l'*Epistylis crassicollis* St. et la *Vorticella nebulifera* Ehr. quelques points isolés de la formation des embryons qui semblent indiquer un parallélisme avec les phénomènes étudiés par nous chez l'*Epistylis plicatilis*. M. Fr. W. Engelmann (Zeitschrift f. wiss. Zoologie, X, p. 277) décrit aussi d'une manière concordante les premiers stades de la formation des embryons chez l'*Epistylis crassicollis* (*Note de 1860*).

2. Depuis lors aussi par M. d'Udekem. (Note de 1860).

soires en question une génération fort simple : le parent y produit des individus qui n'ont besoin de subir qu'une métamorphose peu importante pour devenir semblables à lui. Nous n'avons donc jusqu'ici aucune raison de supposer qu'il en soit autrement chez les Vorticellines.

Il ne faut pas chercher une objection au passage direct de l'embryon à la forme d'Epistylis dans la petitesse de cet embryon. Il est en effet très fréquent de rencontrer des Vorticellines d'une petitesse excessive, dont la taille ne dépasse souvent pas de beaucoup celle de nos embryons. Il n'est malheureusement pas possible de distinguer à quelles espèces ces petites formes appartiennent, car elles se ressemblent toutes plus ou moins. Il n'est dans tous les cas pas probable qu'on doive les considérer comme spécifiquement différentes des Vorticellines connues jusqu'ici.

En outre de cette reproduction par embryons internes, les Epistylis offrent d'autres modes de multiplication déjà connus depuis longtemps, savoir la gemmiparité externe et la fissiparité. La fissiparité est le phénomène le plus fréquent. C'est par ce moyen que l'arbre épistylien se développe, qu'il se ramifie. Voici en peu de mots comment la chose se passe :

Une Epistylis se divise longitudinalement en deux, de sorte qu'un seul rameau de l'arbre se trouve porter deux individus. Chacun de ceux-ci prolonge le rameau ou pédicule pour son propre compte, ce qui donne lieu à une bifurcation, et après être arrivé à une certaine distance de cette bifurcation il se divise à son tour. Une nouvelle bifurcation est ainsi formée sur chacune des branches issues de la première et ainsi de suite. Il en résulte, comme nous l'avons déjà fait remarquer un type d'édification purement dichotomique. En outre les rameaux croissent avec une vitesse qui est toujours la même pour tous et ils élèvent par suite toutes les Epistylis au même niveau. De là une sorte d'inflorescence en corymbe.

Il arrive parfois que deux individus résultés de la division longitudinale d'un seul se divisent de nouveau chacun pour leur compte avant d'avoir sécrété un pédoncule spécial. Il en résulte un bouquet de quatre Epistylis à l'extrémité d'une même branche. Parfois la répétition de la division va plus loin encore et chacun de ces quatre individus se divise de nouveau en deux suivant un plan médian longitudinal. On a alors un bouquet de huit Epistylis serrées les unes contre les autres à l'extrémité d'un même rameau. Les individus, résultant de cette division binaire trois fois répétée, sont naturellement bien plus petits que les autres membres de la famille. Lorsque les divers individus du bouquet se forment chacun un pédicule particulier, il en résulte une irrégularité dans le type dichotomique de l'arbre. Mais ce n'est là qu'une rare exception. Nous n'en avons rencontré jusqu'ici, comme nous l'avons déjà indiqué, qu'un seul exemple. En général les petites Epistylis qui forment le bouquet se munissent d'une couronne ciliaire postérieure, se détachent de l'arbre et vont fonder ailleurs d'autres colonies.

La production des gemmes a déjà été signalée chez l'*Epistylis plicatilis* par M. Ehrenberg. Elle a lieu le plus souvent, comme c'est en général le cas chez les Vorticellines, à la base de l'animal, vers son point d'attache sur le pédicule. Mais ce n'est point là exclusivement la place où les bourgeons paraissent prendre naissance. Nous les avons constatés en diverses parties du corps de l'animal (V. Pl. VII, fig. 14, 15 et 16). Parfois ces gemmes se détachent alors qu'elles ne sont pas plus grosses qu'un embryon.

Comme nous l'avons déjà indiqué les Epistylis, et on le sait, toutes les Vorticellines [1], peuvent se trouver aussi bien libres que fixées. Elles quittent leur pédicule en général après une division, ou bien, si ce sont des gemmes, elles se détachent du corps du parent. Lorsque cette séparation a lieu, on voit se former comme un sillon circulaire dans la partie postérieure de l'animal et dans ce sillon on commence au bout de quelque temps à apercevoir des cils, sans qu'on puisse bien voir comment ils ont été formés (Pl. VII, fig. 17). Ce sont probablement des excroissances des téguments. Les cils se mettent à s'agiter d'abord très lentement, mais leur motion devient de plus en plus accélérée et finit par produire un vrai tourbillon. Enfin vient un moment où le corps de l'animal se détache du pédicule, la place de déhiscence restant parfaitement nette et comme coupée. L'Epistylis nage alors librement. Sous cette forme elle est complètement méconnaissable. Elle est contractée d'avant en arrière sous la forme d'un large disque (fig. 18). Le péristome est fermé et l'organe vibratile complétement rétracté dans l'intérieur, où, grâce à la transparence de l'animal, on peut encore l'apercevoir.

1. Les Trichodines seules sont libres toute leur vie durant.

L'Epistylis nage ainsi avec une excessive rapidité, tantôt tourbillonnant, tandis que la couronne ciliaire (partie postérieure) est tournée vers le bas, et alors elle fait l'impression d'un disque cilié sur son pourtour, tantôt se portant en avant et dans ce cas le disque affecte une position oblique par rapport à la verticale, la partie postérieure de l'animal étant dirigée vers le bas et l'avant. L'Epistylis ne reste qu'un temps assez bref sous cette forme. Elle va bientôt se fixer quelque part pour sécréter un pédicule et rentrer dans la vie sédentaire.

Une seule fois nous avons eu l'occasion d'observer un cas de conjugaison chez l'*Epistylis plicatilis*, et, chose curieuse, cette conjugaison avait lieu entre une gemme encore attenante à l'organisme parent et un individu adulte (V. fig. 14). Nous en reparlerons plus tard.

Avant de quitter les Epistylis, nous voulons signaler quelques particularités de forme que nous avons rencontrées plusieurs fois chez ces Vorticellines, sans que nous soyons en état de faire la moindre supposition sur leur signification réelle. Quelques individus (Pl. VII, fig. 19, 20, 21) présentaient un sillon circulaire extrêmement profond, qu'on aurait pu interpréter au premier abord comme une exagération du sillon qui précède l'apparition de la couronne ciliaire postérieure. Mais outre que nous ne pûmes jamais voir apparaître de cils dans cet étranglement, celui-ci était, chez beaucoup dindividus, placé infiniment trop prés du péristome pour avoir une semblable signification. On pouvait songer plutôt au commencement d'une division transversale ; parfois même la vésicule contractile était allongée en forme de biscuit, présentant le même étranglement que les téguments, ce qui semblait indiquer chez elle une tendance à se diviser. Mais ce n'était là probablement qu'un résultat de la profondeur du sillon extérieur. D'ailleurs nous ne vîmes jamais ces individus là se diviser réellement, bien que nous les ayons observés pendant plusieurs heures consécutives. De plus on trouvait des individus munis de deux ou trois sillons transversaux semblables (Pl. VII, fig. 24), ce qui n'est guère en faveur de la probabilité d'une division, car on ne connaît pas jusqu'ici de division spontanée multiple et *simultanée* chez les infusoires. Nous n'aurions pas ajouté grande importance à ces anomalies, si l'on ne trouvait des familles, chez lesquelles la grande majorité des membres sont affectés de cette particularité singulière. L'avenir décidera s'il y a là-dessous un phénomène physiologique de quelque importance.

Les mesures suivantes ont rapport au développement de l'Epistylis plicatilis.

Longueur des plus petits individus observés	0mm,039
Largeur	0, 013
Longueur habituelle de la variété grêle	0, 118—0, 14
Largeur	0, 035
Longueur des embryons	0, 011—0,013
Longueur maximum de la variété épaisse	0, 18
Largeur	0, 07
Largeur du peristome	0, 054
Diamètre de la gemme représentée fig. 16 (Pl. VII)	0, 055
Diamètre de la gemme conjuguée (fig. 14)	0, 021

Supplément aux deux chapitres précédents [1].

1. KYSTES DES EPISTYLIS.

Au printemps de l'année 1856, nous eûmes l'occasion de faire une série d'observations qui viennent jeter une lumière nouvelle sur le cycle de développement de l'*Epistylis plicatilis*.

Vers le milieu d'Avril, les parties du lit de la Sprée qui avoisinent le rivage s'étaient repeuplées çà et là des Paludines vivipares. Au lieu de continuer notre étude des épi-

1. Ce Supplément a été envoyé à l'Académie au printemps de l'année 1857 *(Note de 1860)*.

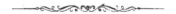

zoaires de ce mollusque, nous prîmes un certain nombre de Paludines, dont les unes étaient déjà couvertes de colonies épistyliennes, tandis que les autres ne paraissaient porter encore aucun parasite sur leur têt. — Nous espérions obtenir quelques renseignements sur les petits embryons, à supposer que ceux-ci hivernassent sous leur forme embryonnaire. Dans tous les cas il était intéressant de scruter de quelle manière les Epistylis échappent au danger qui les menace vers la fin de l'automne lorsque les Paludines gagnent le fond des eaux et s'enfoncent dans la vase. En effet, les colonies d'Epistylis courent le risque d'être à ce moment là détachées par le frottement contre les particules boueuses et de périr abandonnées. Il semblait donc déjà *a priori* que ces intéressants animalcules dussent avoir recours à un moyen tutélaire quelconque qui leur permît de passer sans avaries la saison rigoureuse.

Nous ne réussîmes point à acquérir de données nouvelles sur le sort des embryons, bien que plus d'un fait nouveau vînt se présenter à nous et confirmer l'opinion, déjà émise naguères que les embryons se forment aux dépens d'une partie de l'organe connu sous le nom de nucléus. Nous reprendrons plus bas ce sujet. Par contre nous eûmes le plaisir de pouvoir nous assurer du mode d'hibernation des Epistylis et de faire quelques observations nouvelles sur les kystes observés par M. Stein[1]. Nous avons déjà vu ailleurs que ces kystes sont essentiellement différents de ceux que nous avons décrits comme formés par des Amphileptus sur les colonies d'Epistylis. Chacun d'eux est isolé pour son propre compte, muni d'un pédoncule large et court et renferme une Epistylis contractée bien reconnaissable. Nos Paludines portaient un nombre considérable de ces kystes (Pl. VI, fig. 1). Çà et là se trouvaient sur le têt des mollusques d'anciennes colonies d'Epistylis, datant évidemment de l'année précédente, jaunâtres, sales et couvertes de petits filaments d'algues incolores. Pas un seul de ces arbres épistyliens, dont la grosseur était souvent fort considérable, ne portait de Vorticellines. C'étaient là évidemment des colonies abandonnées et mortes, aussi leurs branches étaient-elles le plus souvent brisées. En outre nous trouvâmes des familles plus petites, à fraîche apparence, qui portaient des Epistylis très allègres dans leurs mouvements. Nous reconnûmes bientôt qu'une grande partie de ces familles étaient portées par un tronc dont la base était

1. Loc. cit., p. 57-58.

notablement plus large et plus jaunie que celle du reste de l'arbre (Fig. 4). Il n'était pas rare de trouver cette partie basilaire couverte d'algues parasites et montrant en un mot tous les caractères des anciennes colonies dépouillées de leurs habitants, que nous venons de mentionner. Ce fut alors qu'en raclant avec soin la surface de nos Paludines nous en détachâmes un certain nombre de kystes décrits et figurés par M. Stein, que nous avons déjà cités dans notre mémoire (V. plus haut).

M. Stein suppose que ces kystes servent à la reproduction d'embryons. Ceux que nous observâmes (Pl. VI, fig. 1) étaient sans exception munis d'un pédoncule court et large, strié en long. Leur membrane était épaisse ; leur forme ovoïde. Soit le kyste, soit le pédoncule présentaient la couleur jaunâtre des colonies épistyliennes qui avaient hiverné sur les Paludines. Chaque kyste renfermait un corps ovale, dans lequel on pouvait parfois supposer ou plutôt deviner une Epistylis immobile, grâce aux vagues contours du nucléus contourné et à la tache claire qui indiquait la place de la vésicule contractile. Dans d'autres kystes parfaitement identiquement formés, la tache claire disparaissait et reparaissait à intervalles réguliers, trahissant par ses pulsations la vie de l'animal ; chez d'autres enfin il était facile de reconnaître le disque cilié retiré dans l'intérieur de l'Epistylis et mouvant ses cils. — Nous ne tardâmes pas à rencontrer quelques kystes vides et dépourvus de leur calotte supérieure. Celle-ci avait été évidemment brisée, de sorte qu'il ne restait plus du kyste qu'une espèce de coupe portée par un large pied. Du fond de la coupe s'élevait un arbre épistylien (Pl. VI, fig. 2), dont la base était plus mince, parfois considérablement plus mince que le pied de la coupe. L'arbre était encore jeune, incolore, transparent et non encore sali par des algues ou autres parasites. Le nombre de ses ramifications était plus ou moins considérable suivant les cas.

Il n'est pas douteux que ces coupes formant le piédestal d'une famille d'Epistylis ne fussent le reste des kystes précédemment mentionnés. C'est ce que démontrait jusqu'à l'évidence la présence d'un certain nombre de coupes munies d'un couvercle à demi soulevé pour laisser passer le tronc de l'Epistylis (Pl. VI, fig. 3). Ce couvercle n'était rien autre que la calotte du kyste. Enfin on trouvait çà et là quelques kystes encore fermés, dans lesquels l'Epistylis avait déjà commencé à former son nouveau pédoncule, moins large que celui du kyste lui-même.

L'enkystement avait donc eu pour but dans ce cas-ci de servir de protection à l'Epistylis durant la saison rigoureuse. Au printemps, les dangers de l'hiver une fois passés, l'animal perce son kyste, tout en conservant sa forme primitive et se forme un nouveau pédoncule dans le kyste même. Chez la plupart des exemplaires observés par nous, les restes des kystes étaient devenus méconnaissables, souvent déformés et couverts de petites algues parasites, souvent aussi brisés, de sorte qu'il n'en restait plus que de petits fragments adhérant à la place où le jeune tronc était fixé sur l'ancien pied du kyste (Pl. VI, fig. 4). Dans d'autres cas enfin il ne restait plus absolument rien du kyste lui-même. Le tronc de la jeune colonie était implanté sur la base plus large qui avait été naguères le support du kyste et qui se distinguait facilement du tronc récemment formé, soit par sa plus grande largeur, soit par sa couleur jaunâtre.

Nous ne pouvons affirmer que tous les kystes de l'*Epistylis plicatilis* aient pour but de protéger l'animal durant les rigueurs de l'hiver. Nous ne le pensons même pas, car nous avons trouvé des kystes semblables durant le cours de l'été et il n'est guère probable que l'Epistylis passe près d'une année entière à l'état de repos. Néanmoins ce n'est pas là une raison pour nous ranger à l'hypothèse de M. Stein, qui admet que ces kystes sont destinés à produire des embryons. D'une part la connaissance de la formation d'embryons chez les Epistylis sans enkystement préalable, et d'autre part nos observations sur les causes d'enkystement chez un grand nombre d'autres infusoires, nous forcent à ne voir dans la formation de ces kystes qu'un moyen employé par l'Epistylis pour se soustraire temporairement à des influences extérieures nuisibles.

Les individus qui ont fait le sujet de ces observations, appartenaient tous à la variété grêle de l'*Epistylis plicatilis*.

On voit par là que des deux espèces de kystes dans lesquels on pourrait être tenté de voir des stades de développement de l'*Epistylis plicatilis*, l'une se trouve sur les branches même des arbres épistyliens et appartient toujours à des Amphileptus, tandis que l'autre se trouve isolée et ne paraît jouer à l'égard de l'animal qu'elle renferme, que le rôle protecteur reconnu déjà à la fin du siècle dernier par Guanzati pour les kystes des Trachéliens. Ni les uns ni les autres de ces kystes ne se transforment en Acinétiniens, transformation qui devrait forcément avoir lieu, si la théorie de M. Stein était juste. Il ne paraît pas non plus que les kystes isolés servent jamais à la production d'embryons.

2. EMBRYONS DES EPISTYLIS.

Au printemps de l'année 1856, nous eûmes l'occasion de faire une nouvelle série d'observations sur la formation d'embryons dans l'intérieur des Epistylis. — Nous rencontrâmes des individus chez lesquels le nucléus était dans un état de tuméfaction semblable à celui que nous connaissions déjà chez les Stentor et les Acinétiniens. Dans certains cas le nucléus était divisé en plusieurs fragments ; dans d'autres cas, soit le nucléus lui-même dans son entier, soit des corps qu'à leur apparence on était tenté de considérer comme des fragments de nucléus, se trouvaient fortement tuméfiés et arrondis. Le centre de ces corps à consistance plus ou moins granuleuse était entouré d'une large zône uniforme et pâle. (La fig. 6 de la planche VII représente un nucléus non divisé dans cet état de tuméfaction. — La figure 11 représente un nucléus dont l'une des moitiés renferme une place granuleuse, tandis que l'autre contient des embryons dans un stade de développement plus avancé.) Il n'était pas rare de trouver des nucléus ou des fragments de nucléus renfermant des corpuscules sphériques ou ovoïdes de couleur obscure (fig. 7), dont quelques-uns étaient munis d'une tache claire. Parfois on rencontrait des individus chez lesquels cette tache disparaissait et reparaissait alternativement. Quelques-uns de ces corpuscules ovales, renfermés dans une cavité commune et munis d'une vésicule contractile, laissaient distinguer une ceinture de cils vibratils (fig. 10 et 11). Un cas intéressant est celui que nous avons représenté dans la fig. 8. Un corps allongé et recourbé (a) de la forme d'un nucléus ordinaire d'Epistylis, renfermait un certain nombre de corpuscules ovales dont plusieurs étaient munis d'une tache claire. A côté de lui se trouvait un autre corps arrondi, fortement renflé et de couleur pâle dont l'une des moitiés répondait parfaitement au stade que nous avons décrit plus haut : son centre était granuleux ; son pourtour clair et plus uniforme. L'autre moitié renfermait dans une cavité plusieurs embryons, munis d'une tache claire, qui, chez quelques-uns était déjà susceptible de contraction. Une partie de ces embryons possédaient déjà la ceinture de cils à l'aide de laquelle ils nagent lorsqu'ils sont devenus libres.

REPRODUCTION

DES STENTORINÉES.

Le premier mode de reproduction qui se présente à nous, chez les Stentors, est une fissiparité longitudinale des plus curieuses. Il est connu depuis fort longtemps, puisque nous en devons une description au célèbre observateur genevois, Ab. Trembley, description d'une exactitude remarquable pour l'époque (1744). Depuis lors, ce mode de division des Stentors est tombé complètement dans l'oubli jusqu'à ces derniers temps, où nous avons eu de nouveau l'occasion de l'observer et de confirmer ce qu'avait dit Trembley. Il est regrettable que M. Ehrenberg n'ait pas lu avec plus d'attention le mémoire de ce dernier, ce qui lui aurait évité d'établir parmi les Stentors des espèces sans valeur, et lui aurait donné de ce genre une idée beaucoup plus exacte que celle qu'il s'est formée. En effet, la crête sur la présence ou l'absence de laquelle M. Ehrenberg base ses distinctions d'espèces chez les Stentors, est, ainsi que Trembley l'a reconnu, tantôt présente, tantôt absente chez le même individu. Il en résulte, comme nous avons déjà eu l'occasion de l'indiquer dans la première partie de ce travail, que l'un des caractères essentiels sur lesquels M. Ehrenberg base sa distinction des *St. polymorphus*, *St. Muelleri*, *St. cœruleus*, *St. Röselii*, perd toute valeur. Du reste, nous allons rapporter textuellement la manière dont Trembley décrit la division spontanée de ses *Tunnel-like Polypi* (*Stentor polymorphus*) [1].

1. Letter from M. Abraham Trembley with observations on several newly discovered species of Fresh-water Polypi. — Philosophical Transactions of the Royal Society; Number 474, p. 186. London, 1744.

« Les *Tunnel-like Polypi*, dit-il, se multiplient également par une division spontanée, mais ils se divisent autrement que les *Clustering-Polypi* (*Epistylis Anastatica*). Ils ne se divisent jamais longitudinalement, ni transversalement, mais toujours suivant une direction oblique. De deux *Tunnel-like Polypi*, qui viennent d'être produits par la division spontanée d'un seul, l'un a la vieille tête et une nouvelle partie postérieure, l'autre a la partie postérieure ancienne et une tête nouvelle.

« Je nommerai celui qui a la vieille tête, le *Polype supérieur*; et celui qui a la vieille extrémité postérieure, le *Polype inférieur*.

« La première particularité observable chez un *Tunnel-like Polypus*, qui s'apprête à se diviser, ce sont les lèvres [1] du Polype inférieur. Je veux parler de ces bords (*edges*) transparents qui sont si faciles à voir dans le Polype tout formé. Les nouvelles lèvres apparaissent d'abord sur le corps du Polype qui va se diviser, à partir du point situé un peu au-dessous des vieilles lèvres jusqu'à environ deux tiers de la longueur totale du Polype, calculée depuis la tête. Ces nouvelles lèvres ne sont pas disposées en ligne droite, suivant la longueur du Polype, mais s'étendent en ligne contournée, faisant à peu près un demi tour. On reconnaît ces lèvres au mouvement qui les agite, mouvement d'abord tout à fait lent. La portion du corps du Polype, qui correspond à ces nouvelles lèvres, se dessine plus nettement, par rapport au reste, en se condensant en une masse distincte (*gather up itself*); les nouvelles lèvres se rapprochent insensiblement et se ferment. On voit alors, au côté du Polype, une tumeur qu'on reconnaît bientôt n'être autre chose que la tête du nouvel individu appartenant aux lèvres déjà signalées. Avant que cette tumeur ait atteint un développement bien considérable, on commence à reconnaître les deux Polypes qui se forment et lorsqu'elle a acquis des dimensions plus considérables on voit que les deux Polypes ne sont plus unis l'un à l'autre que par une portion très étroite. Le polype supérieur n'adhère plus au polype inférieur que par son extrémité postérieure qui est encore fixée au côté de ce dernier. Le polype supérieur commence alors à se livrer à des mouvements qui tendent évidemment à le séparer de l'autre; et, en effet, au bout d'un court espace de temps, il se détache de lui, s'éloigne à la nage et va se fixer quelque part. J'en ai vu venir se fixer tout à côté du polype inférieur dont ils venaient de se détacher. Le polype inférieur

1. C'est-à-dire la rangée des cils buccaux.

reste fixé à la même place où se trouvait le polype primitif, polype dont il formait une partie intégrante, avant que la division eût pris place. »

A cette description de Trembley nous n'avons, au fond, que peu de chose à ajouter. La crête dont M. Ehrenberg se sert pour distinguer les espèces, n'est, en effet, que le premier indice de la division spontanée qui s'apprête, ainsi que l'observateur genevois l'avait déjà constaté, il y a plus d'un siècle. Ceci se passe aussi bien chez les individus verts que chez les incolores, chez les individus dont le nucléus est simplement ovale ou en ruban, que chez ceux où il affecte la forme de rosaire. La première apparition de la crête, qui est d'abord tout à fait droite, se manifeste sous la forme d'une légère ondulation. On ne sait si l'on doit rapporter celle-ci à une espèce de membrane, ou à des cils déjà formés, incertitude dans laquelle on se trouve également plongé au sujet de la première apparition de la couronne ciliaire postérieure des Vorticellines. Puis, l'extrémité de la crête, qui est la plus éloignée de la bouche, commence à se courber du côté du ventre (Pl. IX, fig. 3). A cette place, il se forme un enfoncement, ou fossette, dans les téguments, et la crête semble y descendre. Peu à peu cette fossette se creuse davantage, formant un entonnoir dans lequel la rangée de cirrhes (crête) forme deux tours de spire; c'est la bouche du nouveau Stentor. Plus tard l'enfoncement pénètre plus profondément encore, modifie sa forme primitive et forme ainsi l'œsophage qui se revêt de cils sur toute sa surface. Cet organe est, dans l'origine, terminé en cul-de-sac, et jamais nous n'avons vu de nourriture pénétrer dans son intérieur, aussi longtemps que la séparation des deux individus n'est pas complète.

Avant même que la nouvelle bouche soit formée, on voit immédiatement au-dessous de la place qu'elle occupera plus tard, une des varicosités du vaisseau longitudinal s'enfler et présenter des contractions spontanées. C'est là la première apparition de la vésicule contractile du jeune Stentor [1]. Une fois la bouche formée, la crête, jusqu'alors droite depuis son origine jusqu'à ce point-là, s'infléchit par degrés en une ligne courbe, et les lignes produites sur la surface ventrale par les élévations pyramidales des téguments, subissent une modification toute semblable. Pendant ce temps, les stries du

1. M. Ehrenberg n'a observé de division spontanée que chez son *Stentor Roeselii* et son *St. polymorphus*. Mais il rapporte avoir trouvé son *Stentor Muelleri* avec deux vésicules contractiles, ce qu'il considère comme un prélude de division spontanée

côté dorsal, et surtout celles qui sont situées entre les cils buccaux du nouvel animal et le dos de l'ancien, s'allongent, et même il s'en forme de nouvelles. La suite de l'acte de division est parfaitement conforme à la description de Trembley, avec cette adjonction que la courbure des stries, sur la partie de la surface ventrale de l'ancien individu qui est destinée à former le *front* (Ehr.) du nouveau, va toujours en augmentant, et finit par former des espèces de cercles ou d'ellipses concentriques. Ces cercles ou ellipses ne sont point cependant fermés, mais l'extrémité gauche de chaque strie frontale, se prolonge directement en une strie longitudinale de la surface du corps. Ce n'est que lorsque la séparation des deux individus est déjà très avancée, ou même presque terminée, que le nucléus se divise. Le nouvel individu reçoit pour son compte, une partie de ce dernier, partie dont les dimensions sont très variables suivant les cas (Voyez Pl. IX, fig. 4, la représentation d'une division spontanée dans le milieu de son exécution).

La durée totale du phénomène est extrêmement variable. Parfois il suffit d'un peu plus d'une demi-heure pour que la division soit complète. Souvent, cependant, on voit des Stentors déjà munis de la crête, premier indice de la division qui commence à s'opérer, nager pendant des heures entières ou rester un temps tout aussi long fixés à la même place, sans qu'on aperçoive le moindre progrès dans la marche de la division. Parfois même l'on rencontre des Stentors dont la division est déjà tellement avancée, que le disque frontal du nouvel individu est déjà complétement formé, et qui ont néanmoins besoin de plusieurs heures encore pour arriver au moment de la séparation définitive.

M. Ehrenberg donne la figure d'un Stentor occupé à se diviser [1], qu'il rapporte à son *St. Rœselii*, et il représente les deux *gemmes fissipares*, comme ayant chacune une crête latérale, bien que la division n'en soit qu'au moment où le nouveau disque frontal se forme. Si ce n'est pas là une erreur, il faut peut-être admettre que la séparation complète des deux individus s'était trouvée tellement retardée, que chacun d'eux était déjà occupé à subir une seconde division spontanée, bien qu'ils eussent encore un seul et même nucléus commun.

1. Infusionsthiere. Taf. XXIV, Fig. II, 4.

En outre de cette intéressante division spontanée, nous avons eu l'occasion d'observer chez les Stentors la production d'embryons internes. Déjà, en 1845, M. Eckhard [1] mentionnait l'existence d'embryons chez le *Stentor cœruleus* et le *Stentor polymorphus* de M. Ehrenberg. Il les vit résulter de globes arrondis qu'il observait dans l'intérieur de ces infusoires. M. Eckhard n'a fait qu'une étude très superficielle et excessivement fautive des Stentors [2], auxquels il va jusqu'à refuser l'existence du vaisseau longitudinal, déjà décrit par M. de Siebold. Les boules qui, suivant lui, sont le premier indice des embryons sont, d'après sa description, d'abord peu granuleuses, mais prennent plus tard une consistance grenue. Il ne se demande pas d'où elles ont pu provenir. Sur leur surface un certain nombre de granules s'arrangent en ligne et forment un organe glanduleux qui, au bout d'un certain temps, donne naissance à une rangée de cils. C'est là évidemment la bouche, dit M. Eckhard.

Si ces observations sont exactes, c'est ce que nous ne pouvons nier avec certitude, mais nos propres observations, faites sur un nombre d'individus peu considérable [3], les rendent peu probables [4].

Nous vîmes, en effet, chez quelques individus, le nucléus, à apparence granuleuse peu définie, se renfler à l'une de ses extrémités, et cette partie renflée en ovoïde ou en boule se détacher du corps de ce nucléus (V. Pl. IX, fig. 5). Chez d'autres individus nous constatâmes un nombre plus considérable de ces renflements, dont les uns étaient déjà complètement séparés du nucléus, tandis que les autres étaient encore intimément unis avec lui.

1. Wiegmann's Archiv. 1846, p. 227.

2. Les figures que M. Eckhard donne de diverses Vorticellines sont également de la plus grande inexactitude. Il représente bien le disque comme entouré de cirrhes sur tout son pourtour, mais il dessine un canal alimentaire dont l'ouverture anale et l'ouverture buccale sont fort éloignées l'une de l'autre, sur les bords du disque, à peu près aux deux extrémités d'un même diamètre.

3. Depuis lors nous avons vu la formation des embryons chez un plus grand nombre d'individus, sans que les données de M. Eckhard aient gagné pour nous en vraisemblance.

4. Parmi plusieurs centaines de Stentor, nous n'en avons trouvé que cinq, durant le mois de novembre 1855, qui renfermassent des embryons déjà pourvus chacun d'une vésicule contractile. Par contre, nous avons observé bien plus fréquemment les modifications du nucléus, dont nous allons parler, ainsi que la division spontanée. Malheureusement il paraît que les conditions anormales où se trouvent les infusoires sous le microscope retardent considérablement la marche de leur développement, soit qu'on observe sous une petite plaque de verre, soit qu'on enlève celle-ci. Les Stentor en particulier, vu leur grosseur, paraissent souffrir tout spécialement de l'insuffisance du liquide dans lequel on les observe.

Chez quelques-uns, une partie du nucléus était simplement en forme de ruban, tandis que le reste présentait plusieurs étranglements, de manière qu'on pouvait trouver tous les passages possibles, depuis le nucléus en ruban jusqu'au nucléus en patenôtre, sur lesquels M. Ehrenberg s'est basé pour différencier des espèces. Chez d'autres, enfin, le nucléus était entièrement partagé en un certain nombre de fragments (au nombre de deux à huit), dont les uns étaient encore plus ou moins allongés, les autres ovales ou sphériques. Une fois, nous vîmes l'un de ces fragments s'allonger peu à peu jusqu'au point d'acquérir une longueur double de celle qu'il possédait d'abord. Sans doute, il était en voie de reproduire un nucléus aussi long que cet organe l'est d'ordinaire. D'autres, au contraire, grossissaient bien, mais, au lieu de s'allonger, se rapprochaient toujours plus de la forme d'une sphère.

Une fois nous rencontrâmes un individu dont le nucléus dans son tiers inférieur (c'est-à-dire celui qui est dirigé vers la pointe de l'animal) offrait l'apparence d'un ruban uniforme comme d'ordinaire; la partie supérieure, voisine de la bouche, n'offrait non plus rien d'anormal; le centre au contraire était renflé en boule et se détacha, pendant la durée même de l'observation, de la partie supérieure. Entre cette boule centrale et le commencement du tiers inférieur, le nucléus se trouvait interrompu (Voy. Pl. IX, fig. 2) et dans l'intervalle se voyait une énorme sphère de $0^{mm},065$ de diamètre, dont le contenu offrait une apparence toute autre que celle du nucléus. Elle renfermait en effet quatre petits globes à couleur plus claire, mesurant $0^{mm},035$ en diamètre, globes dont la périphérie offrait une apparence claire et uniforme, tandis que le centre, sur un diamètre équivalant à peu près au tiers du diamètre total, paraissait grossièrement granuleux et un peu plus sombre. Dans l'un de ces petits globes on remarquait une petite vésicule douée de contractions qui présentaient un rhythme régulier. Au bout de peu de temps une vésicule semblable se montra aussi chez les autres. Plus tard on put reconnaître des cils sur toute leur surface. Ces cils en général très fins se montraient plus forts à une certaine place. Enfin ces petits globes commencèrent à tourner autour de leur axe. Parfois ils se contractaient, de manière à ce que leur surface se ridât, présentant des bosselures et des enfoncements. A ce moment là les cils étaient beaucoup plus faciles à reconnaître. Il n'était guère possible de douter que nous eussions à faire là à de vrais embryons[1], car on ne peut admettre que des animalcules qui auraient été avalés par le Stentor, commenceraient seulement alors à se munir d'une vésicule contractile et de cils. Ils devraient bien plutôt cesser peu à peu de se mouvoir et leurs contours devraient devenir de plus en plus indistincts. Trois de nos jeunes individus ne donnaient au contraire dans l'origine aucun signe de vie; le troisième ne donnait à reconnaître son existence individuelle que par les contractions de sa vésicule contractile et durant une observation prolongée pendant plusieurs heures, nous vîmes des signes de vie se manifester chez eux avec une évidence toujours croissante.

La position de la grosse sphère entre les deux moitiés du nucléus semblait montrer que les embryons s'étaient développés dans un fragment de ce dernier, fragment qui s'était séparé par un acte de division spontanée de l'organe. Cette hypothèse devait gagner singulièrement en vraisemblance par les observations que nous fîmes depuis lors au sujet des modifications du nucléus et que nous avons déjà rapportées. Malheureusemeut il ne nous fut pas possible de constater tous les passages d'un fragment du nucléus à la sphère renfermant les embryons. Une fois seulement nous vîmes une portion renflée du nucléus qui, tout en étant encore unie à ce dernier, semblait former un degré intermédiaire. Ce fragment était en effet granuleux à l'intérieur, comme le contenu des embryons. Ce centre était entouré d'une masse plus claire, rappelant la formation analogue que nous avons mentionnée chez les embryons, tandis que la périphérie fort mince offrait la même apparence que le nucléus lui-même. Immédiatement à côté de cette partie renflée du nucléus se trouvait un globe encore plus gros, contenant un corps qu'on pouvait déjà reconnaître pour un embryon. Celui-ci ne tarda pas en effet à laisser voir une vésicule douée de pulsations rhythmiques.

Il n'y a pas lieu de s'étonner que nous n'ayons pu observer un nombre plus considérable de formes intermédiaires, car c'est toujours un hasard, lorsque l'individu qu'on prend pour sujet de ses observations appartient à l'une de ces phases. Les modifications grossières du nucléus se laissent bien en effet reconnaître sans qu'il soit besoin de procéder à un nouvel examen très minutieux, mais les fins détails de structure nécessi-

1. M. Ehrenberg a prétendu que les embryons que M. Eckhard croyait avoir observés chez les Stentor, n'étaient que des Vorticelles avalées.

tent une grande attention et une lumière favorable. Cependant chez les individus incolores, grâce à leur plus grande diaphanéité, on reconnaît facilement la présence d'embryons déjà bien développés. Il est peu probable qu'on arrive facilement à constater tous les passages ; en effet sur plusieurs centaines de Stentor que nous avons examinés, nous n'en avons trouvé que cinq qui continssent des embryons déjà formés, c'est-à-dire une proportion d'à peine un pour cent. Peut-être la formation d'embryons est-elle plus fréquente au printemps, car c'est dans cette saison que M. Eckhard l'observa. M. Oscar Schmidt[1], qui dit avoir vérifié les données de M. Eckhard, n'indique pas l'époque de l'année à laquelle il fit ses observations[2].

Chez deux autres Stentor nous vîmes un nombre d'embryons moins considérable que chez le premier : l'un n'en contenait qu'un seul, l'autre deux, enfermés chacun dans un corps sphéroïdal particulier. Chez l'un de ces individus le nucléus était normal, c'est-à-dire en forme de bande, seulement un peu renflé à l'une de ses extrémités, chez l'autre il possédait plusieurs renflements. Enfin dans un cinquième nous observâmes un Stentor renfermant environ douze embryons dont quatre étaient contenus dans une sphère commune. Deux autres corps sphéroïdaux en contenaient chacun deux. Les autres embryons remplissaient chacun pour leur propre compte une sphère isolée.

La grosseur des embryons est très variable. Ceux du dernier Stentor mentionné, dans lequel ils étaient contenus en grand nombre étaient relativement peu gros. Leurs dimensions étaient un peu inférieures à celles des quatre embryons enfermés dans une sphère commune que nous avons mentionnés tout d'abord. Chez les trois Stentor qui ne renfermaient chacun qu'un seul embryon, celui-ci atteignait une grosseur bien autrement considérable. Le plus gros que nous ayons observé mesurait $0^{mm},057$ en diamètre.

Nous retrouvons donc ici le même phénomène que chez l'*Epistylis plicatilis* et la *Podophrya quadripartita*. Un fragment du nucléus se sépare du reste et donne naissance tantôt à un seul embryon, tantôt à plusieurs.

Dans deux des cas observés, le Stentor qui renfermait des embryons était en même

1. Froriep's Notizen. 1849, p. 8.

2. Depuis lors nous avons été dans le cas d'observer la formation des embryons chez les Stentor dans toutes les saisons de l'année indifféremment. (Note de 1860).

temps occupé à se multiplier par division. Chez l'un nous suivîmes même la marche du phénomène depuis la formation de la crête latérale jusqu'au moment où le disque frontal du nouvel individu fut complétement formé. L'embryon se trouvait logé précisément à côté de la vésicule contractile de ce dernier. Malheureusement la nuit tombante nous força d'interrompre notre observation et le lendemain nous ne pûmes retrouver notre Stentor.

Nous n'avons pu réussir à épier le moment où les embryons des Stentor quittent leur parent, et les essais que nous avons tentés dans le but de produire une parturition artificielle ne furent point couronnés de succès. M. Eckhard et M. Oscar Schmidt disent avoir observé plusieurs fois la sortie des embryons, sortie qui aurait lieu pendant la natation de l'animal-parent. Ce que M. Eckhard rapporte au sujet des embryons tout formés nous a semblé fort peu clair. Il s'attendait, dit-il, à ce que la coque des germes devenus libres éclatât, si bien qu'il paraîtrait que les embryons qu'il observa avaient été mis au monde avec le corps sphéroïdal qui les contenait dans la cavité du corps du parent. Il considère la rangée de cils plus forte, qu'il croit avoir vue, comme la bouche. Du reste il ne sait pas que faire de cette observation ; il ne sait comment il doit l'interpréter et il se demande s'il a peut-être eu devant lui le commencement d'un phénomène de gemmation, attendu, dit-il, que ces corps se trouvaient précisément à la place où les bourgeons apparaissent d'ordinaire. Or, il est assez curieux de noter que personne n'a observé jusqu'ici de gemmation proprement dite chez les Stentor et nul ne peut par suite comprendre les paroles de M. Eckhard. Il ajoute du reste lui-même que cette hypothèse n'est pas admissible et que c'est plutôt là un mode de reproduction particulier, analogue à la formation des germes chez les vers intestinaux.

M. Oscar Schmidt s'exprime d'une manière encore plus indécise que M. Eckhard. « Moi aussi, dit-il, j'ai vu de jeunes individus de forme sphérique ou conique sortir des Stentor. » Il ajoute qu'il serait possible que la formation de ces corps fût liée à la forme en patenôtre du nucléus. On est du reste bien plus incertain encore sur la valeur réelle de ces observations, lorsqu'on entend M. Schmidt dire que les Stentor doivent leur origine à des germes très petits trouvés libres dans l'eau, et qu'on peut suivre toutes les phases du développement de ces animaux depuis la larve transparente qui ne présente qu'une légère teinte bleuâtre, qui est munie de longs cils et chez laquelle la spirale ciliaire ne se développe que plus tard, jusqu'à la forme de l'animal adulte. Quels sont ces petits germes? Quelle est cette larve? D'où sont-ils venus? Il est vraiment regrettable que M. Schmidt ne nous ait pas donné de détails à cet égard, car ces données ne nous suffisent pas à décider si cet observateur a réellement vu là la véritable postérité des Stentor.

A l'époque où nous étudiions la reproduction des Stentor, nous trouvâmes, une ou deux fois[1], libres dans de l'eau qui contenait une foule de Stentor, des animalcules qui étaient probablement des embryons sortis de ces derniers. Le plus petit d'entre eux (Pl. IX, fig. 7) n'avait que $0^{mm},039$ de diamètre, taille qui tient à peu près le milieu entre celle des plus gros et celle des plus petits embryons observés dans le corps du parent. C'était un animal ovale, terminé en pointe d'un côté et portant du côte opposé une ligne arquée, formée par des cils plus forts que ceux qui couvraient le reste du corps. Le centre était granuleux et représentait peut-être le nucléus. Au dessous de la ligne de cils plus forts se trouvait la vésicule contractile. Il ne nous fut pas possible de constater l'existence de la bouche. Durant l'espace d'une demi-heure la rangée de cils s'allongea quelque peu et se courba de manière à former au bout de ce temps un demi-cercle complet. — Nous trouvâmes plus tard un autre animalcule dont la forme était la même que celle offerte par le premier au moment où nous le quittâmes. A l'extrémité gauche de la rangée de cils (en nommant dos le côté contre lequel était dirigée la convexité de l'arc formé par celle-ci) commençait à se former une espèce d'enfoncement, dans lequel cette rangée de cils descendait. A partir de cette phase nous trouvâmes tous les passages désirables, jusqu'à la forme et la taille des Stentor adultes. Le plus grand nombre des petits Stentor étaient contractés de la même manière que les gros le sont aussi souvent pendant la natation. Les plus petits de ceux qui possédaient déjà une ouverture buccale et une spirale de cils enroulée à gauche, comme celle des adultes, mesuraient environ $0^{mm},075$ en diamètre. Le moins gros de ceux que nous vîmes nager sans être contractés était large d'environ $0^{mm},035$ en maximum et long de $0^{mm},13$. Il possédait ainsi que tous les individus plus petits et beaucoup plus gros que lui, un nu-

1. Depuis lors nous avons fréquemment eu l'occasion d'observer des jeunes formes de Stentor (Note de 1860).

cléus ovale. Cet organe était même chez quelques-uns tout à fait sphéroïdal. Comme terme de comparaison nous ajouterons que les individus adultes à demi contractés comme celui de la fig. 2 (Pl. IX) étaient longs d'environ 0mm,35 et larges de 0mm,14. Cependant on en trouvait de plus gros encore. Lorsqu'ils étaient allongés, ils pouvaient atteindre une longueur de 0mm,52.

La plupart des jeunes exemplaires étaient incolores ; quelques-uns renfermaient déjà quelques grains de chlorophylle isolés. Parfois nous pouvions aussi reconnaître chez eux les soies plus longues qui sont semées à intervalles réguliers entre les cils des Stentor, d'autres fois nous ne réussissions pas à les distinguer, ce qui tenait peut-être uniquement aux conditions d'éclairage.

On voit donc que l'embryon des Stentor n'a pas besoin de subir de métamorphoses bien considérables pour devenir semblable à son parent et nous ne croyons pas qu'il ait été ni figuré ni décrit par aucun auteur comme devant former un animal à part[1].

1. Depuis la rédaction de ces lignes, M. Balbiani (Journal de la Physiologie, 1860, p. 77 et 85) a publié d'intéressantes observations sur la fissiparité des Stentor. Ces observations concordent avec celles de Trembley, et par conséquent avec les nôtres. Cependant M. Balbiani mentionne en outre un fait qui nous aurait complétement échappé. Suivant cet auteur, au moment où la division d'un Stentor ou d'un Spirostome commence, on voit la longue chaîne des grains ovariques (segments du nucléus en forme de rosaire) se contracter lentement et se retirer graduellement des extrémités du corps vers le centre et, par la cocclescence de tous les grains entre eux, ne former bientôt plus qu'une petite masse ovoïde et compacte. Cette masse, après être restée quelque temps stationnaire, reprend peu à peu sa forme primitive en repassant par toutes les apparences qu'elle avait revêtues dans le premier stade de son évolution. Elle finit ainsi par atteindre et même par dépasser de beaucoup sa longueur première, en présentant, à mesure qu'elle s'accroît, des flexuosités de plus en plus nombreuses et prononcées, pour se loger dans le corps de l'animal en voie de fissiparité. Puis le partage a lieu. Telle est la description de M. Balbiani. Quelque surprenant et énigmatique que paraisse ce phénomène, il faut bien l'admettre, s'il a été exactement observé. Toutefois, malgré l'exactitude qui caractérise généralement les belles observations de M. Balbiani, nous doutons encore, car jamais nous n'avons rien vu de semblable et à moins que M. Balbiani n'ait poursuivi toute cette évolution sur un seul individu, il pourrait bien avoir été induit en erreur par des rapprochements un peu précipités. (Note de 1860).

Les premières observations sur la formation d'embryons internes, chez le *P. Bursaria*, sont, ainsi que nous l'avons déjà indiqué ailleurs, dues à M. Focke [1]. Le parenchyme du corps de cet infusoire est semé, comme on sait, de trichocystes fusiformes. — Sur la face interne des parois du corps, ou parfois assez profondément dans le parenchyme lui-même, se trouvent des corpuscules bien connus, sur lesquels il n'y a pas grand'chose à dire, si ce n'est que M. Ehrenberg les considère comme des œufs, opinion qui ne repose sur aucune base quelconque [2]. Tantôt ils sont d'un gris pâle, ou tout à fait incolores; tantôt verts en tout ou en partie. D'ordinaire, on voit un certain nombre de granules tout semblables, qui circulent avec les aliments dans la partie digestive.

1. Amtlicher Bericht der Naturforscherversammlung in Bremen, 1844, p. 110.
2. M. Werneck nomme, sans plus amples formalités, le noyau plus clair de ces granules une *vésicule germinative*.

Il est probable qu'ils ont été détachés des parois du corps. Il ne paraît pas possible d'admettre une distinction d'espèces, basée seulement sur la présence ou l'absence de la chlorophylle, bien que les individus incolores prennent en général une forme un peu différente de celle des autres. Les individus verts nagent, en général, de manière à ce que la face aplatie de leur corps soit exactement leur face ventrale, si bien que la bouche se trouve alors au milieu de la face inférieure, et que les vésicules contractiles sont situées sur la face dorsale médiane. Les individus incolores, au contraire, aplatissent leur corps d'une manière un peu différente, de sorte que la face aplatie ne correspond plus exactement au côté ventral, et que leur bouche se trouve placée du côté droit de leur ligne médiane, tandis que les vésicules contractiles sont repoussées tout à fait du côté gauche. Cependant, on rencontre aussi de temps à autre des individus verts qui affectent la forme d'individus incolores, comme, par exemple, celui que nous avons représenté sur notre planche (Pl. X, fig. 20), et vice versâ.

M. Focke croyait avoir trouvé les embryons dans le nucléus, qu'il qualifie par suite, ni plus ni moins que d'utérus. M. Cohn [1] éleva des doutes contre cette manière de voir, parce qu'ayant écrasé des *Paramecium Bursaria*, renfermant des embryons, il avait trouvé le nucléus à côté de ceux-ci. M. Stein arriva par la même expérience au même résultat, et s'appuyant sur des observations faites par lui, au sujet de la *Podophrya fixa*, il pense que les embryons se forment à côté du *nucléole*, mais sans participation immédiate de celui-ci. Nous-mêmes, nous n'avons observé chez ce Paramecium que des embryons déjà tout formés et renfermés dans une cavité spéciale, tandis que le nucléus se trouvait en outre toujours présent. Les premiers stades de développement nous ayant donc échappé, ce n'est que par analogie que nous pouvons nous faire une idée du mode de formation des embryons chez le *Paramecium Bursaria*. Il est peu probable que nous soyons conduits par là sur une fausse voie, car nous avons fait des observations très intéressantes et assez complètes sur la première origine de l'embryon de deux autres espèces appartenant à ce même genre Paramecium. Ces observations nous ont conduits à un résultat auquel ne s'oppose aucun fait connu, et qui concorde parfaitement avec le mode de développement que nous avons eu l'occasion d'observer chez les Stentors et les Epistylis.

1. Zeitschrift für wissenschaftliche Zoologie, III^ter Band.

Nous rapporterons brièvement que les premiers stades de développement des embryons, observés par M. Stein, répondaient à une époque où ceux-ci sont déjà munis de vésicules contractiles. Nous avons vu, nous-mêmes, des embryons enfermés dans une cavité particulière, et possédant déjà une vésicule contractile et un nucléus. Au commencement de notre observation, sa surface ne présentait pas encore de cils distincts, mais peu à peu nous les vîmes apparaître plus clairement. Dans un autre cas, nous trouvâmes quatre embryons de diverses grosseurs, enfermés dans une cavité commune. L'un d'eux était cilié dès l'origine ; chez les autres, nous vîmes les ondulations des cils commencer à se manifester plus tard seulement. Chacun possédait déjà son nucléus et sa vésicule contractile. Nous eûmes la satisfaction d'assister cette fois là à l'acte même de la parturition. Il se forma derrière la bouche un canal, au travers du parenchyme du corps de l'animal-parent. Le canal vint s'ouvrir à la surface, et les embryons s'échappèrent. Deux d'entre ceux-ci sortirent immédiatement, l'un après l'autre, puis vint une pause de plus d'une demi-heure. Au bout de ce temps, le troisième embryon gagna l'extérieur et, dix minutes plus tard, le dernier suivit son exemple. M. Cohn dit que les embryons sortent d'ordinaire à une certaine place déterminée, qui coïncide parfaitement avec celle observée par nous. Cependant il vit une fois deux embryons sortir en même temps, à deux places différentes du corps. M. Stein n'a jamais vu le moment de la parturition; cependant il a observé l'embryon peu de temps après que celui-ci eut quitté le sein de son parent.

Les trois observateurs qui ont étudié avant nous la formation des embryons chez le *Paramecium Bursaria*, savoir : MM. Focke, Cohn et Stein s'accordent assez entre eux dans la description qu'ils font de ces derniers, et, en effet, leurs données concordent parfaitement avec nos propres observations. L'embryon est un corps ovale, allongé, presque cylindrique (Pl. X, fig. 23 et 24) et légèrement aplati. Sa surface, entièrement ciliée, présente deux ou trois petits processus terminés en bouton. Ceux-ci ne sont pas toujours présents, au dire de M. Cohn, qui les considère, de même que M. Stein, comme des filaments gélatineux éphémères. MM. Focke et Cohn attribuent à cet embryon deux vésicules contractiles. M. Stein dit qu'il en possède une ou deux. Quant à nous, il nous a été impossible d'en voir plus d'une. Comme MM. Cohn et Stein, nous n'avons vu que des embryons parfaitement incolores. M. Focke, au contraire, prétend en avoir observé qui contenaient déjà des granules de chlorophylle. Il est fort possible, selon nous, que les embryons en renferment en effet quelquefois, de la même manière que nous avons vu souvent, chez l'*Ophryodendron abietinum*, certains embryons renfermer les corpuscules particuliers à cet animal, bien que d'autres n'en continssent point.

Personne n'a malheureusement réussi jusqu'à ce jour à observer directement quel est le sort qui attend les embryons des *Paramecium Bursaria*. M. Stein émet l'idée, assez vraisemblable à nos yeux, que ces jeunes individus se munissent d'une bouche, organe qui leur fait défaut au moment de leur naissance, et que, subissant une légère modification, ils deviennent semblables à leur parent[1].

Les mesures suivantes, ayant rapport au développement du *P. Bursaria*, sont peut-être susceptibles d'offrir quelque intérêt.

Longueur des embryons observés par nous...	0mm,040—0,052
Epaisseur du côté mince..................	0, 013—0,017
Epaisseur du côté large..................	0, 018—0,026

Les embryons observés par M. Cohn semblent avoir été plus petits que les nôtres. Il donne, en effet, les mesures suivantes :

Longueur (1/125 — 1/70 de ligne).....	0mm,017—0,039
Largeur (1/200 — 1/166 de ligne)	0, 010—0,016

Comme point de comparaison, nous donnerons encore les mesures suivantes :

Longueur des plus gros *P. Bursaria* observés par nous... .	0mm,180
Largeur maximum............................... ..	0, 070

1. Cette hypothèse de M. Stein a trouvé récemment une confirmation complète dans les recherches de M. Balbiani (Journal de la Physiologie, 1858, p. 247), qui a vu les jeunes embryons perdre les petits filaments terminés en bouton, acquérir une bouche et devenir en peu de temps semblables à leurs parents. Il est vrai que M. Stein a, dans l'intervalle (Tageblatt der Versammlung der Naturforscher und Aerzte zu Wien, 1856, nº 3, et der Organismus der Infusionsthiere, Leipzig, 1859), abandonné son hypothèse, puisqu'il admet que ces embryons, gardant les petits filaments terminés en bouton et perdant leur revêtement ciliaire, se fixent sur quelque corps étranger pour s'y transformer en Podophrya.

Les plus petits exemplaires du *Paramecium Bursaria*, déjà munis de bouche, qui aient été observés par M. Stein, étaient longs de 1/43 de ligne; leur grosseur correspondait donc à peu près à celle des plus gros embryons que nous avons observés.

B. PARAMECIUM PUTRINUM.

Nous avons été assez heureux pour observer chez cette espèce la formation des embryons, d'une manière assez complète. Le nucléus atteint en moyenne une longueur de $0^{mm},030$; il a une apparence assez homogène, et il est, en général, réniforme. Nous avons observé souvent, dans cet organe, une division spontanée; nous avons vu le nucléus entier se renfler, ou bien, dans d'autres cas où le nucléus était étranglé, la tuméfaction se restreindre à l'une des moitiés de l'organe. Parfois, aussi, c'étaient des fragments déjà complètement séparés du nucléus, mais offrant la même apparence que la substance de celui-ci, qui subissaient les modifications suivantes. Dans ces parties renflées nous aperçûmes souvent un nombre plus ou moins considérable de petits globules, dont le diamètre ne dépassait pas $0^{mm},003$ à $0^{mm},010$. Lorsque l'observation se prolongeait un certain temps, nous en voyions grossir quelques-uns. Dans les plus gros on pouvait voir une tache, qui paraissait plus ou moins claire, selon que l'objet était plus ou moins exactement au foyer. Cette tache paraissait et disparaissait alternativement avec une grande régularité, de sorte qu'on ne tardait pas à reconnaître en elle une vésicule contractile avec son rhythme normal. Chez de plus petits individus, la tache était également présente, sans qu'on pût cependant constater chez elle l'existence de contractions (Voy. Pl. X, fig. 17 et 18, deux nucléus renfermant des globules).

Les petits globules représentaient évidemment diverses phases du développement des embryons. Ceux-ci paraissaient donc se développer, tantôt dans le nucléus même, tantôt dans un fragment séparé de celui-ci par une division spontanée.

Chez d'autres *Paramecium putrinum*, nous observâmes un état plus avancé du développement des jeunes individus. Ces Paramecium renfermaient, en effet, de jeunes embryons déjà tout formés, munis d'une vésicule contractile, et couverts de cils fort longs. La longueur de ces embryons variait entre $0^{mm},008$ et $0^{mm},013$, tandis que leur longueur oscillait entre $0^{mm},006$ et 0,008. Ils correspondaient donc parfaitement, pour ce qui tient à la grosseur, aux plus gros des embryons encore dépourvus de cils. Ils étaient renfermés chacun isolément dans une cavité spéciale (Pl. V, fig. 19) qui n'était probablement qu'une goutte liquide au milieu du chyme plus épais remplissant la cavité digestive du parent. Ils s'agitaient vivement dans cette étroite prison, et prenaient part avec elle à la circulation générale des matières contenues dans la cavité digestive du parent. Nous ne pûmes malheureusement réussir à épier le moment même de la parturition. Par contre, on voyait dans l'eau un assez grand nombre de petits animalcules dont la forme correspondait exactement à celle des embryons. — On nous objectera, sans doute, qu'il est alors fort possible que nous n'ayons eu à faire qu'à de petits êtres précédemment avalés par les Paramecium, mais cela n'est pas possible, car nous les avons observés durant des heures entières, et, pendant cet espace de temps, toute espèce de particule nutritive aurait dû être entièrement digérée. Nos animalcules, au contraire, continuaient à s'agiter avec une vivacité extrême. Nous n'avons, du reste, jamais vu de Paramecium avaler d'animalcules de cette taille, surtout lorsque ceux-ci sont aussi alertes que ces petits embryons.

La forme des embryons du *Paramecium putrinum* s'écarte notablement de celle des embryons du *P. Bursaria*. Outre qu'ils sont passablement plus petits de taille, ils se distinguent tout particulièrement par leur forme ovoïde un peu plus mince à l'une des extrémités qu'à l'autre, de la forme presque cylindrique des seconds. Nous avons déjà dit que leurs cils sont relativement fort longs. En effet, non-seulement ils atteignent souvent une longueur égale à celle du corps, mais encore ils la dépassent. On peut même dire hardiment que ces cils sont, absolument parlant, bien plus longs que ceux des embryons du *Paramecium Bursaria*, quoi que ceux-ci soient beaucoup plus gros.

Nous avons encore à mentionner un fait curieux : Chez les *Paramecium putrinum* qui ne sont pas dans le moment de la formation des embryons, le nucléus occupe d'ordinaire une place déterminée dans la moitié postérieure du corps. Chez les individus qui produisent des embryons internes, au contraire, ce nucléus se trouvait tantôt ici, tantôt là, sans règle fixe, et même sa position variait chez le même individu d'un moment à l'autre. De même, lorsque les embryons étaient formés non pas dans le nucléus lui-même, mais dans un fragment détaché de celui-ci, ce fragment pouvait tantôt se trouver à côté du nucléus, tantôt s'en éloigner considérablement.

La longueur des *Paramecium putrinum* que nous avons observés oscillait entre $0^{mm},087$ et 0,122. Ils étaient à peu près deux fois aussi longs que larges.

C. PARAMECIUM AURELIA.

Comme chez la plupart des autres Paramecium, on a constaté chez le *Paramecium Aurelia* une fissiparité, soit longitudinale, soit transversale. Lorsqu'une division transversale est sur le point de s'effectuer, on voit se former d'abord deux nouvelles vésicules contractiles. L'une d'elles apparaît devant l'une des deux anciennes vésicules, l'autre devant l'autre. Chaque nouvel individu se trouve posséder par suite une vésicule nouvelle et une ancienne. La vésicule ancienne est celle qui se trouve dans la partie postérieure du corps ; celle de la partie antérieure est de formation nouvelle. — Une fois les nouvelles vésicules contractiles formées, le nucléus s'allonge d'ordinaire quelque peu, cependant il ne se partage ordinairement en deux que lorsque la division du corps est déjà très avancée. M. Ehrenberg rapporte avoir toujours vu le prélude de la division spontanée consister en un étranglement de la *glande sexuelle* (nucléus). Ce n'est que dans les cas de division longitudinale qu'il a constaté la formation de nouvelles vésicules contractiles, tandis que nous avons souvent observé ce phénomène de la manière indiquée dans les cas de division transversale.

Nous n'avons malheureusement que peu de chose à dire sur la reproduction par embryons du *P. Aurelia*. Nous avons vu le nucléus [1] se diviser sans qu'il en résultât une scission du corps lui-même. Nous avons également constaté une intumescence considérable de ce nucléus, suivie de la formation de corpuscules globuliformes dans son intérieur. Plusieurs de ceux-ci renfermaient une tache claire et dans deux des plus gros, nous reconnûmes à cette tache des propriétés contractiles. Il n'y pas à douter que ce ne fussent là de jeunes embryons, mais malheureusement nous n'avons pas pu jusqu'ici poursuivre plus loin leur développement [2].

Comme conclusion nous communiquons les mesures relatives à la formation des embryons du *P. Aurelia* :

Longueur moyenne du nucléus ovale du *Par. Aurelia*	$0^{mm},04$
Largeur moyenne du nucléus ovale du *Par. Aurelia*	0, 02
Nucléus tuméfié en disque arrondi (prélude de la formation des embryons)	0, 065
Petits globules (jeunes embryons) de l'intérieur du nucléus.........	0, 004—0,014

Toutes les observations faites par nous sur la reproduction des Parmecium au moyen d'embryons ont eu lieu durant le mois de novembre et dans le commencement de décembre. M. Focke a étudié également les embryons du *Parmecium Bursaria* dans l'arrière-saison. M. Stein les a observés durant le mois de mai.

1. Nous avons trouvé dans le *Paramecium Aurelia*, à côté du nucléus, un soi-disant *nucléole*, particularité que M. Stein dit n'avoir pas observée.

2. Depuis cette époque, nous avons vu fréquemment des *Par. Aurelia*, chez lesquels le nucléus s'était divisé en un grand nombre de corps ovales et tuméfiés (15 ou 20), qui remplissaient presque toute la cavité du corps. La formation de ces corps vient d'être décrite très en détail par M. Stein dans son bel ouvrage : Der Organismus der Infusionsthiere, Leipzig, 1859. (*Note de 1860*).

REPRODUCTION

DU

DICYEMA MUELLERI.

Durant notre séjour à Vallöe, sur les bords du fjord de Christiania, au commencement du mois d'août 1855, nous eûmes l'occasion d'étudier un parasite des plus intéressants. Il appartient à cette classe d'animalcules qui ont été décrits sous le nom de *filaments veineux des Céphalopodes*, et qui ont été étudiés particulièrement par M. Erdl [1], puis plus tard par M. Koelliker. Ce dernier a créé pour eux le nom générique de Dicyema [2].

L'espèce observée par nous, et à laquelle nous donnons le nom de *Dicyema Muelleri*, est un animal qui, par sa forme extérieure, semblerait au premier abord devoir se

1. Prof. Erdl : Ueber die beweglichen Fäden in den Venenanhängen der Cephalopoden. — Erichson's Sous Archiv, 1843, p. 162.

2. Berichte von der Königlichen Zootomischen Anstalt zu Würzburg. — Bericht für das Schuljahr. 1847-1848. Leipzig, 1849.

ranger parmi les vers, mais un examen un peu attentif de sa structure fait bientôt reconnaître que ses affinités véritables sont d'un tout autre genre. Il est cilié sur toute sa surface, et, dans son intérieur, il n'est pas possible de reconnaître aucun organe particulier. Nous n'avons pas même réussi à constater, chez cet être singulier, la présence d'une ouverture buccale. En somme, les Dicyema possèdent probablement leurs plus proches parents parmi les Opalines.

Nous avons trouvé ces animalcules dans les mêmes organes où M. Erdl et M. Kölliker les avaient signalés, à savoir, dans les reins d'un Céphalopode, l'*Eledone cirrhosa*, Lam. M. Erdl n'indique pas dans quelle espèce il observa les *filaments mobiles*, mais il paraît en tous cas que c'était un Octopus.

L'animalcule observé par M. Erdl était, d'après ses descriptions un long filament cilié sur toute sa surface, terminé à sa partie antérieure, par un disque glabre, dans le centre duquel se trouvait une ouverture. Celle-ci était, peut-être, au dire de M. Erdl, une bouche. M. Kölliker n'a point vu d'ouverture semblable chez son *Dicyema paradoxum*, pas plus que nous chez le *Dicyema Muelleri*.

En revanche, la partie antérieure du *Dicyema Muelleri* est munie d'une armure très-singulière (V. Pl. XI, 1 — 3 et 5 — 6). Elle a été reconnue d'abord par M. Joh. Mueller, qui se trouvait avec nous à Vallöe. Cette armure se compose de deux ou trois rangées de plaques, juxtaposées à peu près comme les écailles sur une carapace de tortue. Les plaques de la rangée antérieure sont des triangles sphériques, scalénoïdes, dont les sommets se réunissent pour former l'extrémité antérieure de l'animal. Les plaques de la seconde et de la troisième rangée sont des espèces de trapèzes ajustés immédiatement derrière les triangles de la premiére rangée. La forme même de l'animal est très variable. Tantôt c'est un long filament, à peu près partout d'égale largeur ; tantôt sa partie antérieure est fort large, relativement à la partie postérieure qui est mince et très allongée, tellement que l'animal ressemble alors au têtard d'un batracien (Pl. XI, fig, 1) ; tantôt, enfin, le corps est pour ainsi dire contracté, relativement court et large. Nous regrettons vivement que des circonstances diverses nous ayant forcés d'interrompre nos observations, nous ne puissions pas indiquer exactement le nombre total des plaques de l'armure sur la face dorsale ; chaque rangée est formée par deux plaques.

La consistance du corps de l'animal rappelle tout à fait celle du corps des Opalines et de beaucoup d'autres infusoires ciliés. Les plaques elles-mêmes ne semblent point formées par une substance particulière. C'est plutôt une simple apparence, produite par une rigidité locale des téguments, comparable à la rigidité des téguments des Euplotes.

Le *Dicyema Muelleri* présente dans son intérieur une cavité qui reproduit assez exactement la forme extérieure du corps. Ces parois sont d'une épaisseur assez variable (comparez, par exemple, la fig. 1 et la fig. 3). Elle renferme un contenu tout à fait diaphane et seulement un peu granuleux.

Chez certains individus, on trouve cette grande cavité remplie de son contenu ordinaire, et renfermant en outre un nombre très-variable de globules sphériques (Pl. XI, fig. 2), à structure homogène et de couleur très claire. Ces globules sont distribués indifféremment dans toutes les régions de cette cavité. Chez d'autres individus, on trouve ces globules, à consistance homogène, associés à d'autres dans lesquels se montre une tache obscure. Lorsque l'on considère attentivement ces derniers, on s'aperçoit que ce sont des corpuscules munis de cils et renfermés chacun dans une enveloppe spéciale (Pl. XI, fig. 3). On ne tarde même pas à en trouver un certain nombre qui s'agitent vivement dans leur étroite cellule. Ce sont là les embryons du Dicyema, résultés probablement de modifications dans les globules précédemment mentionnés.

On peut facilement faire sortir artificiellement ces embryons de leur parent, au moyen d'une pression adroitement exercée. Mais il n'est aucunement nécessaire de recourir à ce moyen, car ces jeunes individus se trouvent en abondance à l'état de liberté dans les reins de l'*Eledone cirrhosa*, au milieu des adultes. Leur forme est notablement différente de celle de ces derniers. Les embryons ont, en effet, assez exactement la forme d'une toupie (Pl. XI, fig. 4). Le sommet en est parfaitement glabre. La partie qui s'amincit en pointe, est, au contraire, munie de cils excessivement longs, relativement beaucoup plus longs que ceux de l'adulte. Le contenu est identiquement le même chez tous. C'est, d'une part, une espèce de nucléus assez fortement réfringent, enfermé dans une espèce de grande cellule ou cavité, et, d'autre part, une accumulation de globules doués également de propriétés très réfringentes, et qui font l'impression de gouttelettes huileuses. C'est sans doute là une provision de matière plastique, destinée à servir au développement ultérieur du jeune animal. Enfin, au-dessus de la cellule qui renferme le nucléus réfringent, se trouve une vésicule claire qu'on serait tenté, au premier abord, de prendre pour une vésicule contractile. Nous n'avons jamais pu cependant observer de contractions chez elle.

M. Erdl a étudié également le développement de ces Dicyema. Il a constaté la présence de ces mêmes globules dont nous avons parlé, seulement ils sont, suivant lui, rassemblés dans la partie postérieure du corps. Les embryons se trouvaient, au contraire, dans la partie antérieure, et il était facile de suivre toutes les phases de leur formation, depuis l'arrière jusqu'à l'avant de l'animal. A une certaine place du corps de ce dernier, se trouvait un élargissement en forme de sac, renfermant une substance granuleuse, et ce n'était qu'à partir du moment où les œufs (c'est ainsi que M. Erdl nomme les globules) arrivent dans ce sac, qu'ils commençaient à se développer. M. Erdl attribue, en conséquence, à ce sac les fonctions d'organe fécondant, de testicule en un mot.

Chez notre Dicyema, les choses ne paraissent pas se passer ainsi. Nous n'avons vu chez lui aucun organe en forme de sac, pouvant jouer le rôle de testicule. D'ailleurs, nous n'avons jamais vu les globules, non développés en embryons, accumulés dans la partie postérieure du corps. Ils sont, au contraire, disséminés indifféremment dans toute la cavité. Il en est de même des embryons ciliés (Pl. XI, fig. 3), bien que d'après la description de M. Erdl, ils ne dussent se trouver que dans la portion antérieure.

M. Erdl a pu suivre plus complétement que nous la formation des embryons dans ses différentes phases. Les *œufs* (nos *globules*) possèdent, suivant lui, un nucléus qui se résout en une masse granuleuse. Celle-ci s'accroît de manière à devenir bien plus grosse que le nucléus primitif, puis les granules dont elle se compose, se réunissent pour former trois ou quatre petites boules homogènes. Plus tard, ces œufs se transforment en embryons, en se munissant de longs cils. Ces petites boules qu'on trouve dans les embryons ne sont point de nature graisseuse, au dire de M. Erdl. Elles lui semblent être dures, cornées, et lui ont laissé apercevoir sur leur équateur une espèce de sillon qui rappelle tout à fait les ventouses d'autres animaux.

Cette partie de la description de M. Erdl concorde peu avec ce que nous avons vu. Ces ventouses ne sont probablement pas autre chose que l'amas de globules, dont nous avons déjà parlé, comme d'une agglomération de substance plastique. Mais nous n'y avons jamais vu la moindre trace du sillon en question. Leur nombre était du reste beaucoup plus considérable que celui des corpuscules cornés que mentionne M. Erdl. Cependant la petite figure qu'il donne de l'embryon, dans cet état, concorde beaucoup mieux avec la nôtre que celle de l'animal adulte.

Nous ne doutons pas que ces embryons ne prennent assez rapidement une forme parfaitement semblable à celle de leur parent. Nos observations ont été de trop courte durée pour nous permettre de poursuivre ce développement. M. Erdl a du reste constaté tous les passages de la forme embryonnaire à la forme adulte de son animalcule, il est donc probable que la même chose a lieu pour le Dicyema de l'*Eledona cirrhosa*.

Nous avons rencontré un grand nombre de Dicyema qui, outre les globules déjà mentionnés, ou premiers rudiments des embryons, renfermaient encore d'autres corps allongés (fig. 2). Ceux-ci n'étaient jamais fort nombreux : quatre ou cinq au plus dans le même individu ; souvent ils étaient isolés. Dans ce cas, leur taille était fréquemment assez considérable. Chez de petits individus, ils atteignaient quelquefois une longueur égale à environ deux tiers de la longueur totale du corps (fig. 5). Chacun d'eux était enveloppé d'une membrane spéciale (fig. 7). Leur consistance paraissait assez homogène. A un fort grossissement on distinguait dans leur intérieur des granules à contours fort nettement dessinés (fig. 7). Nous n'avons pu constater chez ces corps singuliers aucune espèce de mouvement, ni autre signe de vitalité propre.

Nous regrettons de ne point pouvoir donner de mesures exactes, relativement à ces parasites et à leurs embryons, mais, comme nous l'avons dit, nous fûmes obligés d'interrompre brusquement nos observations, et, depuis lors, nous n'avons pas retrouvé d'Eledone. Cependant nous pouvons estimer à environ 3/4 de millimètres la longueur des adultes. Lorsqu'on coupe ou qu'on déchire un rein d'Eledone, on voit s'en écouler un liquide trouble et jaunâtre qui fourmille de petits filaments blancs. Ces filaments s'agitent vivement, comme on le reconnaît déjà à l'œil nu. Ce sont les Dicyema. Notre figure 3 (Pl. XI) donne assez exactement le rapport de grosseur des embryons aux adultes. L'embryon de la fig. 4 est beaucoup plus fortement grossi que les autres figures de la planche[1].

1. Depuis la publication de ces lignes, nous avons publié une description du *Dicyema Muelleri*, dans un recueil allemand (V. Müller's Archiv, 1857, p. 355), comme supplément à un excellent mémoire de notre ami M. Guido Wagener sur le genre Dicyema. Nous renvoyons pour une foule de détails, soit au mémoire de M. Wagener, soit à celui de M. Kölliker, que nous n'avions pas encore pu nous procurer à l'époque de notre rédaction. Nous remarquerons seulement que, soit M. Kölliker, soit M. Wagener, distinguent dans les espèces de Dicyema qu'ils ont observées deux espèces d'embryons, dont l'une présente la même forme que les embryons décrits par nous, tandis que les autres sont allongés, *vermiformes* (*wurmförmige Embryonen* Kölliker). Il est fort possible (ou même probable) que les corps allongés que nous avons signalés chez certains Dicyema Muelleri ne soient que le premier rudiment de cette seconde forme d'embryons. (Note de 1860).

Sur les troncs et les branches des familles d'*Epistylis plicatilis* nous avons trouvé en grand nombre un animalcule vivant dans une coque ou urcéole en forme de bouteille (V. Pl. I, fig. 2, a, et Pl. X, fig. 1). Cette coque s'amincit en pointe vers son extrémité inférieure; elle est fixée latéralement au moyen d'un petit disque d'encrassement sur l'arbre épistylien (Pl. X, fig. 1). La partie qui avoisine son ouverture est rétrécie et en particulier comprimée sur les côtés, de sorte que cette ouverture forme comme une espèce de fente. La face ventrale de l'urcéole est rapprochée du pédoncule de l'Epistylis, de manière à ce que l'axe du parasite forme un angle très aigu avec ce pédoncule. Son ouverture est toujours tournée du côté de l'Epistylis.

Dans cet urcéole se trouve toujours, tantôt plus ou moins librement suspendu dans l'intérieur, tantôt retiré dans le fond, un animal sur les affinités duquel on peut rester longtemps dans le doute, mais que nous croyons maintenant avoir des raisons suffisantes pour classer parmi les Rhizopodes. Cet animal a la forme d'un œuf un peu allongé. Sur son côté ventral, c'est-à-dire sur celui qui regarde le pédoncule de l'Epistylis on remarque d'ordinaire une petite échancrure. C'est de ce point que partent les expansions variables qui caractérisent notre animal en tant que Rhizopode. Ces expansions ordinairement au nombre de deux à cinq seulement sont très minces, filiformes et s'agitent d'ordinaire très vivement. L'animal les retire souvent complétement dans son urcéole et les étend de nouveau au dehors. Parfois elles sont terminées en bouton ce qui fait qu'on serait tenté de les prendre pour les suçoirs d'un Acinétinien. Cependant la consistance de ces expansions paraît s'opposer à cette manière de voir. Elles sont semées de petits granules comme les pseudopodes d'une Actinophrys, d'une Acanthomètre ou d'une Gromie ; elles peuvent non-seulement se rétracter, mais encore se diviser et prendre des formes irrégulières qui rappellent tout à fait ce qu'on voit chez les Actinophrys et d'autres Rhizopodes (V. Pl. VI, fig. 2, a). Les granules sont continullement en mouvement comme dans les pseudopodes des Rhizopodes. On les voit couler pour ainsi dire, tantôt dans un sens, tantôt dans un autre. Nous n'avons cependant pas encore observé de fusion entre deux de ces expansions filiformes comme on le voit fréquemment chez d'autres Rhizopodes. La vésicule contractile est située du côté dorsal, à peu près dans son milieu.

La manière dont l'*Urnula Epistylidis* se reproduit est un phénomène des plus intéressants. En effet, on ne connaît jusqu'ici aucun exemple de reproduction d'un Rhizopode, si l'on fait abstraction de la fissiparité observée par M. Schneider[1] chez la *Difflugia Enchelys* (?) Ehr. M. Schneider vit deux individus résulter de la division d'un seul. L'un d'eux sécréta une coque nouvelle tandis qu'il était encore intimément uni avec l'autre. M. Schneider nomme ce phénomène une gemmation *(Knospung)*, mais on peut aussi bien le caractériser par l'expression de division spontanée, ou si l'on aime mieux de *gemmation fissipare*, puisque les deux individus avaient une taille égale. Les termes n'ont du reste ici qu'une importance tout à fait secondaire. — M. Schneider a vu également plusieurs individus (trois à cinq) ayant chacun leur coque distincte, unis par une expansion commune et il croit pouvoir interpréter la chose par une division semblable. S'il s'agissait là d'une conjugaison ou bien d'une scission, c'est ce qu'il est difficile de décider. Par contre M. Schneider croit devoir refuser le nom de conjugaison au phénomène déjà observé par M. Cohn[2] et par M. Perty[3] et constaté également par

1. Müller's Archiv, 1854, p. 205.
2. Siebold's und Kölliker's Zeitschrift für wissenschaftliche Zoologie. IVter Bd. p. 261.
3. Zur Kenntniss der kleinsten Lebensformen. Bern, 1852.

lui-même, de la réunion de deux Arcelles, accolées l'une à l'autre, ouverture (du têt) contre ouverture. Nous avons observé souvent le même phénomène et comme, de même que ces observateurs paraissent l'avoir déjà vu, nous avons toujours trouvé l'un des têts ancien et opaque et l'autre nouveau et transparent, nous pensons devoir donner pleinement raison à M. Schneider [1].

Notre Rhizopode forme un nouveau genre caractérisé par une coque ou têt, fixée au moyen d'une espèce de pédicelle. Ce têt consiste de même que celui des Arcelles en une substance organique qui n'est point encroûtée de substances étrangères comme la coque des Difflugies. Les pseudopodes sont peu nombreux, ordinairement filiformes, et naissent tous d'une place déterminée de la surface du corps.

Nous avons observé chez l'*Urnula Epistylidis* non-seulement une multiplication par fissiparité, mais encore une reproduction au moyen de petits embryons.

La division spontanée présente chez ce Rhizopode des particularités remarquables. On voit d'abord naître à la partie dorsale de l'animal, entre le milieu et la partie postérieure une seconde vésicule contractile. La partie antérieure commence à montrer des stries qu'on reconnaît bientôt être dues à la formation de cils très fins (Pl. X, fig. 2). Un sillon circulaire oblique se dessine à la surface et produit un étranglement qui finit par opérer une division complète (fig. 3). A l'aide de ses cils, l'individu cilié gagne le dehors de l'urcéole. Il a alors la forme d'un corps ovale (fig. 4) profondément strié et couvert de cils sur toute sa surface. Sa transparence est assez considérable. Dans la partie qui, pendant la natation, est dirigée en avant, on remarque un nucléus de consistance granuleuse. Nous n'avons pu voir chez ce nouvel individu rien qui pût faire songer à l'existence d'une ouverture buccale. Malheureusement il ne nous a pas été possible de poursuivre l'animal nouvellement formé jusqu'au moment où il passe à l'état de repos. Mais nous regardons comme probable qu'il gagne quelque branche d'un arbre épistylien, qu'il s'y fixe et forme un urcéole nouveau tout en perdant son enveloppe ciliée.

Ce mode de division fissipare est des plus intéressants, en ce sens que les deux individus qui en résultent présentent un aspect tout différent l'un de l'autre. Nous avons

1. Depuis lors, nous avons été dans le cas de nous convaincre que souvent cet accollement de deux coques n'indique point la présence de deux Arcelles, mais qu'il a rapport à un changement de coque d'un seul et même individu. Voyez le Tome Ier de ces Études. (Note de 1860).

du reste déjà eu l'occasion de voir un cas semblable chez l'*Acineta mystacina*. — L'un des nouveaux individus, bien qu'issu d'un Rhizopode dépourvu de toute espèce de cils revêt une enveloppe ciliée et s'éloigne à la nage comme un infusoire cilié. Cependant on ne peut point dire que l'individu cilié soit un embryon, ni une simple gemme produite par l'animal primitif. En effet, l'individu cilié garde pour son propre compte l'ancienne vésicule contractile, tandis que l'autre reste dans l'urcéole, conserve sa forme de Rhizopode et se munit d'une nouvelle vésicule.

Chez l'*Acineta mystacina* les choses se passent tout à fait de la même manière. Nous avons vu l'une des moitiés de l'Acineta se recouvrir de cils et s'écarter à la nage. Dans l'un des cas observés ce nouvel individu se fixa immédiatement devant l'ancienne coque et se développa en Acineta. Cette observation se trouve du reste corroborée par la circonstance que M. Cienkowsky[1] a vu quelque chose de tout semblable se passer chez la *Podophrya fixa*.

Un second mode de reproduction dont nous avons également constaté l'existence chez notre Rhizopode est encore plus intéressant que le premier à plus d'un point de vue. Dans le premier stade de préparation à ce mode de reproduction, l'on voit l'Urnula rétracter ses pseudopodes et prendre la forme d'un corps ovale, allongé, chez lequel les pulsations de la vésicule contractile deviennent de plus en plus lentes (Pl. X, fig. 5). Peu à peu l'on voit apparaître dans l'intérieur de son corps un ou plusieurs noyaux assez gros (Pl. X, fig. 6). Si ce noyau est identique avec le nucléus primitif, ou bien, lorsqu'il y en a plusieurs, s'ils sont résultés d'une division spontanée du nucléus, c'est ce que nous n'avons malheureusement pas pu observer d'une manière directe, attendu que le nucléus est, dans la plupart des cas, fort difficile à apercevoir. Mais, s'il est permis de tirer une conclusion des observations nombreuses que nous avons faites en pareil cas sur divers infusoires ciliés et d'appliquer cette conclusion à un Rhizopode, nous serons tentés de croire à une relation intime entre ces corps et le nucléus primitif. Chez les Epistylis, en effet, et le *Paramecium Bursaria* par exemple, c'est tantôt le nucléus entier, tantôt une partie seulement du nucléus, qui, lorsque ces animaux se préparent à se reproduire, subit des modifications tout à fait analogues à celles que nous allons décrire chez l'Urnula Epistylidis.

1. Bulletins de l'Académie impériale de St-Pétersbourg. 1855.

Une fois que les corps sus-mentionnés ont fait leur apparition, ils augmentent de grosseur pendant quelque temps, et une cavité se forme à leur intérieur. Chez beaucoup d'individus, cette cavité laisse bientôt voir, dans son intérieur, une foule de petits corpuscules en proie à une vive agitation. Nous ne nous permettrons pas de décider si ce n'est là qu'un simple mouvement moléculaire, ou bien s'il faut y voir quelque chose d'analogue à l'agitation des zoospermes chez les animaux supérieurs (V. Pl. X, fig. 7 et 8). Il est seulement certain que dans un grand nombre d'individus chez lesquels ces corps ovoïdes ont atteint un certain degré de développement, jusqu'au point de remplir complétement la cavité formée par les téguments de l'individu primitif, ces corps subissent des modifications très-profondes.

On voit de petits corpuscules, semblables à ceux dont nous venons de parler, s'agiter avec vivacité dans leur intérieur pendant un certain temps, sans qu'il nous ait été possible de déterminer s'ils se forment dans la cavité même, ou bien si, engendrés dans d'autres, ils pénètrent de l'extérieur dans ceux où nous les avons observés. — Bref, leur agitation finit par cesser, et la substance qui forme les corps ovoïdes présente alors des modifications importantes. Ces corps se montrent d'abord sous la forme d'une cavité limitée par une paroi épaisse et uniforme. Bientôt cependant on commence à distinguer une différenciation dans la substance. Il s'y forme de petits globules, dont les contours gagnent graduellement en évidence, de sorte que la paroi finit par ne plus consister qu'en une couche de ces globules (fig. 9), tapissant la membrane externe. Plus tard, cette membrane développe un ou plusieurs prolongements tubuleux et terminés en cœcum, jusqu'au point d'atteindre les parois de l'urcéole ou têt du rhizopode primitif, et ces prolongements finissent même par percer cette paroi (fig. 10). En même temps une partie des globules se détachent de la paroi du corps ovoïde, et se meuvent dans le liquide qui remplit la cavité. Une déhiscence ou déchirure ne tarde pas à s'effectuer à l'extrémité du tube aveugle qui a percé l'urcéole, phénomène qui se trouve probablement accéléré par la pression exercée par les corpuscules en mouvement. Ces petits êtres sortent alors, les uns après les autres, par l'ouverture et gagnent le large (fig. 9). Vu leur petitesse, il ne nous a malheureusement pas été possible de déterminer s'ils possédaient une vésicule contractile ou non. L'agitation perpétuelle dans laquelle ils se trouvaient était un obstacle de plus à cette détermination.

Cependant nous avons cru une ou deux fois pouvoir distinguer un organe de ce genre.

Nous nous abstenons de faire des hypothèses sur le sort de ces petits êtres et sur les métamorphoses qu'ils subissent avant de revenir à la forme normale de l'*Urnula Epistylidis*. En effet, au bout d'une observation soutenue pendant une durée d'une heure à une heure et demie, nous avons toujours fini par les perdre de vue au milieu du labyrinthe de pédoncules d'Epistylis et de petites monades en mouvement[1].

Nous fîmes ces observations de la mi-juillet au commencement d'août 1855.

1. En relisant ces observations cinq années après l'époque de leur rédaction première, nous sommes frappés de la ressemblance que ce second mode de développement offre avec l'évolution des Chytridium. Nous sommes amenés par suite à nous demander si ce second mode de prétendue reproduction ne doit pas être interprété comme un phénomène rentrant dans l'évolution d'un organisme végétal destructeur de l'*Urnula Epistylidis*.

Jusqu'ici nous n'avions fait connaître l'*Urnula Epistylidis* que par une diagnose dans la première partie de ces *Études* et par une courte mention dans les Annales des sciences naturelles (1858). M. Stein, dans le bel ouvrage qu'il vient de publier (Der Organismus der Infusionsthiere. Leipzig, 1859), croit pouvoir admettre que l'être auquel nous avons donné le nom d'*U. Epistylidis* n'est que le résultat d'une métamorphose de l'*Epistylis plicatilis* et point un organisme spécial. Il ne serait pas loyal de notre part de combattre sérieusement cette assertion, qui n'a pu être avancée que parce que nous n'avions pas encore publié de figure ni de description détaillées de cet animal, qui n'a très-certainement rien à faire avec l'*Epistylis plicatilis* ni avec aucune autre Vorticelline. (*Note de 1860*).

ENKYSTEMENT

DES INFUSOIRES.

La découverte de l'enkystement des infusoires, ce procédé par lequel ces animalcules s'enveloppent d'une coque résistante, fermée de toutes parts, n'est point une chose nouvelle. Déjà, dans le siècle passé, Otto Friederich Müller paraît avoir eu connaissance de l'enkystement du *Colpoda Cucullus*, sans en avoir cependant bien saisi la signification, car il paraît n'y voir qu'une espèce de mue, opinion qui, de nos jours, devait retrouver un représentant dans la personne de M. Ehrenberg. *Hinc decorticationem*, dit Müller, *sive cutis mutationem uti in insectis apteris et nonnullis amphibiis suspicari licet.* Mais le premier qui ait consacré à ce phénomène une attention réelle, et qui l'ait décrit d'une manière exacte, est Luigi Guanzati [1], en l'an 1796. L'animal sur lequel il a fait ses expériences, et auquel il donna le nom de Protée, paraît être l'*Amphileptus moniliger*, Ehr. Comme sa description est réellement très exacte, nous tenons à la reproduire ici : « Peu avant cette métamorphose, dit-il, le corps entier de l'animal paraît complètement transparent, et sa forme semble plus longue et plus étroite qu'auparavant. On ne remarque plus alors ces places plus sombres qu'on apercevait naguères. Quant à ce qui concerne ses mouvements, l'animal paraît se contour-

1. Osservationi e sperienze intorno ad un prodigioso animaluccio delle infusioni, di Luigi Guanzati, dans les Opusculi Scelti sulle scienze e sulle arti. Tom. XIX. Milano, 1796, p. 3-21. — Une traduction de ce mémoire rare dont il a beaucoup été parlé dans ces derniers temps, a paru récemment dans la Zeitschrift für wissensch. Zoologie. VIter Bd. 1855, p. 432.

ner plus souvent que d'ordinaire : il change constamment de place, jusqu'à ce qu'il s'arrête enfin, contracte son corps allongé, et il se raccourcit peu à peu de manière à prendre enfin la forme d'un globule. Il se met alors à tourner sur lui-même sans changer de place. Peu de temps après on voit apparaître, tout autour du globule, un anneau plus transparent que le globule lui-même, et cet anneau n'est, comme j'eus l'occasion de m'en assurer plus tard, qu'une coque ou enveloppe autour de l'animal transformé en boule. On voit ce dernier continuer à tourner avec une grande régularité à l'intérieur de cette coque. La direction de ce mouvement de rotation change à chaque instant, car on voit l'animalcule tourner tantôt de droite à gauche, tantôt de gauche à droite, puis d'avant en arrière ou d'arrière en avant. Ces changements de direction ne s'opèrent qu'insensiblement, et sans que le globule tournant change jamais de place. »

Tel est le passage qu'on a dit n'avoir pas été interprété très exactement par M. Ehrenberg [1], lorsqu'il disait que Guanzati avait déjà décrit, comme un retour à l'état d'œuf, un simple phénomène de mue. Le fait est que Guanzati n'a vu dans cet enkystement, ni une mue, ni un retour à l'état d'œuf. Il a beaucoup mieux saisi l'essence de ce phénomène que M. Ehrenberg lui-même. Nous lisons, en effet, plus loin les lignes suivantes :

« Tandis que je réfléchissais sur cette circonstance, il me vint à l'esprit de chercher à me procurer par ce moyen (la dessication) ce spectacle singulier, afin de pouvoir l'étudier mieux, car il ne m'arrivait que rarement de surprendre un Protée dans le moment où il se préparait à cette métamorphose. Je fis, par suite, diverses téntatives, et celles-ci furent couronnées d'un succès complet. J'acquis en effet bientôt la conviction que, s'il est jusqu'à un certain point dans notre puissance de faire revivre le Protée, lorsqu'il est mort, nous possédons aussi le pouvoir de le soumettre à volonté à cette transformation. Pour cela, il suffit de laisser évaporer le liquide, dans lequel l'animal nage, jusqu'au point que celui-ci ne puisse plus se bouger, et de laisser tomber alors sur lui une gouttelette d'eau. Par ce procédé j'ai réussi à atteindre le but désiré. Il est besoin, cependant, dans cette expérience de beaucoup d'exercice et d'habileté, car, si l'on ne

1. Ueber die Formbeständigkeit und den Entwicklungskreis der organischen Formen. — Monatsbericht der k. preussischen Akademie zu Berlin, 1852.

fait pas tomber la goutte d'eau précisément au moment voulu, mais un peu trop tôt, c'est à dire lorsque l'animal est encore trop vif, l'expérience est manquée; la même chose a lieu lorsqu'on laisse tomber la goutte un instant trop tard, c'est à dire lorsque le Protée a cessé tout mouvement et probablement aussi perdu la vie. En effet, dans le premier cas, l'animal reprend toute sa vivacité première, sans subir aucune modification; dans le second cas, il reste immobile et se dissout sans donner signe de vie. »

A ces observations de Guanzati nous n'avons de fait que fort peu de chose à ajouter, car il est certain que la plupart des kystes d'infusoires ciliés qu'on rencontre sont dûs à l'influence d'agents extérieurs, qui ont rendu la vie incommode à ces animaux. Parmi ces agents l'évaporation de l'eau vient se ranger en première ligne, comme l'observateur italien l'avait déjà reconnu. Au nombre des infusoires qui s'enkystent avec le plus de facilité en pareil cas, sont précisément les Amphileptus et nous avons vu que le Protée de Guanzati appartient à ce genre. A chaque instant on rencontre par hasard sous le microscope un Amphileptus occupé à continuer son kyste. Souvent ce kyste est à peine achevé, que l'animal en sort pour en construire immédiatement un nouveau, comme si sa première construction lui avait déplu. Les partisans des instincts aveugles devraient placer dans le sensorium de cet animalcule l'image d'un kyste, image qui ne le quitterait pas et qu'il s'efforcerait constamment de réaliser. — Inversément on le voit fréquemment sortir de son kyste pour y rentrer immédiatement, comme nous l'avons souvent vu chez des Amphileptus logés sur une famille d'Epistylis. Mais le fait même qu'on voit si fréquemment ces animaux occupés à s'enkyster s'explique probablement par les circonstances anormales dans lesquelles ils se trouvent en général sous le microscope, n'ayant qu'une très faible quantité d'eau à leur disposition. Une fois ainsi enkystés les infusoires paraissent pouvoir supporter parfaitement la dessication, être transportés au loin par les vents et ne revenir à la vie active que lorsque leur kyste vient à tomber dans l'eau. Nous avons souvent desséché des kystes de Vorticelles et de Kolpoda et toujours nous avons, au bout d'un certain temps, trouvé leurs habitants parfaitement vivants.

M. Stein[1] rapporte avoir trouvé de petites taches rouges sur des feuilles de bouleau

1. Die Infusionsthierchen, p. 225.

au milieu de l'Erzgebirge, dans une localité sans eau, à une hauteur de 2000 pieds au-dessus du niveau de la mer. Ces taches étaient surtout abondantes à l'aisselle des bourgeons, sur les cicatricules etc. L'observation microscopique y fit reconnaître le rotateur *(Philodina roseola)* qui colore souvent la neige en rouge, les œufs de ce rotateur, puis le *Macrobiotus Hufelandi* et enfin une grande quantité de *Kolpoda Cucullus* Ehr. enkystés. Soit ces kystes, soit le Rotateur et le Tardigrade ne pouvaient avoir été apportés là que par le vent et tous plongés dans l'eau, revinrent très promptement à la vie.

A côté de cette cause d'enkystement découverte par Guanzati, vient, selon M. Stein, s'en ranger une seconde : la préparation à la reproduction.

La reproduction des infusoires ciliés dans des kystes a surtout été étudiée par M. Stein. L'exemple le plus intéressant qu'on puisse citer est celui du *Colpoda Cucullus*, connu dès longtemps par le singulier moyen qu'on doit employer pour l'obtenir. Il suffit en général, à ce qu'il parait, de préparer une infusion avec du foin sec pour obtenir cet animal en abondance. Ce fait, fort propre à être exploité par les partisans d'une génération spontanée, s'explique parfaitement par la facilité avec laquelle le *Colpoda Cucullus* s'enkyste. A l'époque des grandes pluies, où nombré de prairies sont submergées, il se développe en abondance ; puis, la saison sèche venant, il s'enkyste jusqu'à ce qu'une occasion favorable le reporte dans l'eau, ou bien il attend philosophiquement que les pluies reviennent. Les prairies sont par suite toutes remplies de ces kystes qu'on emmagasine dans les granges avec le foin.

Lorsque les Colpoda veulent se diviser [1], ils se mettent à tourner sur place parfaitement de la manière indiquée par Guanzati chez son Protée. Un sillon se montre à la surface de son corps et pénètre toujours plus profondément. Ce n'est qu'à ce moment-là qu'on réussit à apercevoir les contours du kyste. Souvent on voit se former un sillon perpendiculaire au premier, de manière qu'il se forme quatre nouveaux individus. Avant que leur séparation soit complétement terminée, ils sécrètent également un kyste commun. Dans d'autres cas, le Colpoda s'enkyste d'abord et se divise en deux, puis en quatre. Il n'est pas rare que la division se répète encore une fois, et que des quatre jeunes individus, il en résulte huit. Ces jeunes individus, soit au nombre de

1. Stein : Die Infusionsthierchen, p. 21.

quatre, soit au nombre de huit, peuvent sécréter chacun un kyste spécial dans le kyste commun. Ce dernier peut alors se fendre, et les kystes spéciaux deviennent libres.

Nous avons vu, comme M. Stein, la division des Colpoda dans leurs-kystes, sans cependant la poursuivre jusqu'au moment de la formation des kystes spéciaux. Par contre, nous avons eu une fois l'occasion d'observer dans une infusion des myriades de petits kystes qui ressemblaient infiniment aux petits kystes spéciaux figurés par M. Stein. La plus grande partie d'entre eux offraient la forme un peu triangulaire que M. Stein indique dans l'une de ses figures. Mais durant l'espace de quatre mois, pendant lequel nous observâmes régulièrement ces kystes, nous ne pûmes y apercevoir aucun changement.

M. Stein [1] a également observé la reproduction par enkystement d'une Vorticelle (*Vorticella microstoma.* Ehr.). On voit d'abord, d'après sa description, le contenu devenir granuleux et se transformer à peu près complètement en un liquide gélatineux, homogène, limpide comme du crystal. Le nucléus, jusqu'alors resté intact, laisse voir un grand nombre de corpuscules discoïdaux dans son intérieur; ceux-ci s'accroissent à ses dépens et finissent par se séparer de lui sous forme de jeunes embryons. La membrane interne du kyste (probablement formée par les téguments de l'ex-Vorticelline) développe à une ou plusieurs places des prolongements aveugles et tubuleux, qui percent la paroi du kyste, s'ouvrent et laissent sortir le liquide avec les jeunes individus qu'il contient. Ceux-ci sont fort petits (1/285 de ligne environ), ce qui n'a pas permis à M. Stein de reconnaître leurs cils. Il a cru constater une grande analogie entre eux, et les *Monas Colpoda* et *scintillans* [2].

Nous n'avons malheureusement pas eu jusqu'ici l'occasion de répéter ces intéressantes observations, qui sont une preuve de plus du rôle important que joue le nucléus dans la reproduction des infusoires. Nous tenons seulement à faire remarquer combien ce phénomène offre d'analogie ave le mode de reproduction par embryons internes que

1. Ueber die Entwicklung der Vorticellen. — Zeitschrift f. wiss. Zool. 1851, et Infusionsthierchen, p. 94 et suiv.

2. Depuis lors, M. Stein s'est convaincu que ces faits doivent être rapportés à l'évolution non pas de la *Vorticella microstoma*, mais d'un végétal voisin des Chytridium et parasite de ces Vorticelles. Il est possible, comme nous l'avons déjà dit plus haut, que les faits observés par nous chez l'*Urnula Epistylidis* aient aussi rapport à un organisme voisin des Chytridium. (*Note de 1860*).

nous avons étudié chez l'*Urnula Epistylidis*. Chez cette dernière aussi, nous avons vu cette formation de prolongements aveugles et tubuleux, qui venaient percer les parois de l'urcéole pour s'ouvrir au dehors. — Les observations de M. Stein sur l'*Acineta mystacina*, que nous avons déjà eu l'occasion de rapporter ailleurs, pourraient peut-être rentrer dans la même catégorie de phénomènes[1].

La division dans des kystes, sans tenir compte ici des infusoires flagellés, a été observée chez un grand nombre d'infusoires ciliés, par exemple chez le *Glaucoma scintillans*, par M. Stein[2], chez une Nassula et chez la *Stylonychia pustulata* par M. Cienkowsky de Jaroslaff[3], chez les Amphileptus, où nous l'avons déjà mentionnée, etc.

Cependant il est toujours permis de se demander si c'est à bon droit que M. Stein veut voir dans l'enkystement une préparation normale à l'acte de la reproduction. La chose nous paraît encore douteuse, pour les infusoires ciliés tout au moins. Que les Colpoda et d'autres infusoires ciliés se divisent spontanément dans leur kyste, c'est un fait avéré, mais il n'est point démontré qu'il y ait entre les deux phénomènes, la division spontanée d'une part et l'enkystement de l'autre, une relation de cause à effet. Nous avons vu les Amphileptus se diviser fréquemment dans leurs kystes sur les arbres d'Epistylis, et cependant il est certain que ce n'était point là le but dans lequel ils avaient construit ces kystes. Même chez le *Colpoda Cucullus*, il est possible que la réunion des deux phénomènes soit purement accidentelle, car si l'on voit des Colpoda se diviser dans leurs kystes, il n'en est pas moins fréquent d'en trouver qui se divisent en deux, et puis en quatre à l'état de liberté. M. Stein rapporte en effet lui-même qu'on voit un sillon se former à la surface de ces animaux et pénétrer toujours plus profondément, jusqu'à ce que la division en deux soit à peu près opérée. A ce moment-là, se dessine un second sillon perpendiculaire au premier, sillon qui se creuse toujours plus profondément et finit par donner lieu, conjointement avec le premier, à une division en quatre. Avant que celle-ci soit complètement terminée, on voit ordinairement l'animal occupé à se diviser, se sécréter un kyste. Mais il est fort possible que ce cas *ordinaire* soit précisément l'exception. Au moment, en effet, où l'on place une goutte d'eau

1. Il est reconnu aujourd'hui par M. Stein que ces observations concernent le développement d'un Chytridium (Note de 1860)..

2. Die Infusionsthierchen, etc., p. 250.

3. Ueber Cystenbildung bei den Infusorien. Zeitschrift für wiss. Zoologie. VIter Bd. 1855. p. 301.

sous le microscope, celle-ci se trouve renfermer des Colpoda en voie de se diviser à l'état de liberté. Après un laps de temps fort court, la position devient gênante pour ces animalcules par suite de l'évaporation, si bien que pour échapper à une mort imminente, ils se mettent à sécréter un kyste, suivant leur habitude bien connue. C'est là une chose difficile à décider, puisqu'il n'est guère possible d'observer les Colpoda sous le microscope, sans les transporter dans ces conditions anormales. Toutefois, il est fort possible, ce nous semble, que la reproduction par enkystement, telle que la représente M. Stein, ne soit qu'une division fissipare ordinaire, dans des circonstances, où, suivant les observations de Guanzati, l'infusoire doit s'enkyster.

La reproduction des infusoires ciliés dans des kystes, qu'elle soit ou non accidentelle, est d'une haute importance, en ce qu'elle nous montre combien il faut se tenir sur ses gardes avant de conclure du mode de reproduction d'un organisme flagellé, que cet organisme doit être classé parmi les algues et point parmi les infusoires. Les plus grandes raisons que M. Cohn[1] fasse valoir pour ranger les Gonium, les Polytoma, les Chlamydomonas, etc., parmi les plantes, malgré la présence de vésicules contractiles chez ces organismes, c'est qu'ils se multiplient par une division spontanée, binaire et répétée, comme les Palmellacées et d'autres algues. M. Cohn est, du reste, peu conséquent dans sa manière de voir, car, ailleurs[2], il considère comme des animaux les Euglènes, chez lesquelles il vient de décrire un mode de reproduction tout semblable. Il est impossible d'établir une distinction essentielle entre le mode de division du *Colpoda Cucullus*, dans son kyste, et celui des Chlamydomonas, des Protococcus, etc. C'est, dans les deux cas, un enkystement suivi d'une division spontanée, suivant la série 2, 4, 8, 16, etc. Seulement, dans l'un des cas, il sort du kyste des individus flagellés, dans l'autre, des individus ciliés. Cette reproduction, par division spontanée dans le kyste, offre même chez le *Colpoda Cucullus*, une apparence encore plus végétale, puisqu'on veut la nommer ainsi, que celle du *Chlorogonium euchlorum*, par exemple, ou que celle de la *Polytoma Uvella*, où l'organisme parent, dont l'enveloppe tient lieu de kyste, présente des phénomènes de vitalité parfaitement indépendants de ceux des nou-

1. Entwicklungsgeschichte der mikroskopischen Algen und Pilze. 1853.
2. Ueber *Protococcus pluvialis* Kütz. Nova Acta Academ. Cæs. Leop. nat. Curiosorum 1849.

veaux individus, jusqu'au moment où la division est terminée. La division du *Colpoda Cucullus* a donc encore plus d'analogie que celle de ces organismes avec celle d'une Chlamydomonas, et cependant M. Cohn a déclaré que la *Polytoma Uvella* est une plante, uniquement par suite de l'analogie de son développement avec celui d'une Chlamydomonas. Il ne viendra cependant à l'idée de personne de réclamer les Kolpoda au nom du règne végétal !

De Flotow [1], qui considère le *Protococcus pluvialis* comme une plante, veut voir la différence entre les plantes inférieures et les animaux, dans le fait qu'on peut dessécher les premières sans leur nuire, ce qui, dit-il, n'est pas possible lorsqu'on a à faire à des animaux. M. Braun, dans son ouvrage sur l'Anabiose [2], a déjà montré que de Flotow avait été trop loin, en ce sens que le Protococcus ne peut supporter la dessication qu'à l'état de repos, c'est à dire à l'état qui correspond à l'enkystement des infusoires, et nous avons vu, comme Guanzati l'avait déjà constaté, que ces derniers restent à sec sans inconvénient dans cet état. Certains animaux (des Rotateurs et des Tardigrades) poussent donc plus loin encore que les Protococcus la faculté de revivre après la dessication, puisqu'ils n'ont pas même besoin de s'enkyster pour cela.

Jusqu'ici l'on ne connaissait que ces deux causes d'enkystement chez les infusoires, savoir, d'une part, l'influence de l'évaporation de l'eau et autres circonstances analogues, et, d'autre part, la préparation à la reproduction, cette dernière cause n'étant même pas parfaitement certaine. Nous pouvons encore en assigner une troisième, à savoir la protection contre les injures extérieures pendant la digestion. C'est là le cas de l'enkystement de l'*Amphileptus Meleagris* sur les colonies d'Epistylis, auquel nous avons consacré suffisamment de temps plus haut. Ici, il ne peut être question d'une combinaison de l'acte de la digestion avec l'évaporation de l'eau sous le microscope, puisque l'enkystement a lieu chaque fois que le Trachélien avale une Vorticelline, dans la Sprée aussi bien que sous le microscope.

Le simple enkystement (sans division spontanée) a été observé chez un grand nombre d'infusoires ciliés ; ainsi par exemple, par M. Cohn, chez les *Lacrymaria Olor*, le *Tra-*

1. Acta Acad. Cæs. Leop. Naturæ curiosorum. XX, 1844.
2. Ueber die Erscheinungen der Verjüngung in der Natur.

chelius Ovum, le *Prorodon teres*, l'*Holophrya Ovum*[1] et l'*Amphileptus Fasciola*[2]; par M. Stein, chez l'*Epistylis plicatilis*[3] et diverses autres Vorticellines, par M. Auerbach, chez le *Chilodon uncinatus*[4] et l'*Oxytricha Pellionella*[5]; par M. Cienkowsky, chez la *Stylonychia lanceolata* (?), la *Bursaria truncatella*, la *Plagiotoma lateritia*, la *Podophrya fixa*[6], la *Leucophrys Spathula* (?), l'*Holophrya brunnea*[7], etc. Nous-mêmes, nous avons observé ce phénomène chez un grand nombre de ces espèces et en outre chez des Spirostomes, des Enchelys, des Euplotes, des Schizopus, etc. En somme, il n'y a guère de doute que ce ne soit là un phénomène général et que tout infusoire ne soit, dans de certaines circonstances données, susceptible de s'enfermer dans un kyste.

1. Beiträge zur Entwicklungsgeschichte der Infusorien. — Zeitschr. f. wiss. Zool. IVter Bd. 1853.
2. Ueber Encystirung von Amphileptus Fasciola. — Zeitschr. f. wiss. Zool. Vter Bd. 1854, p. 434.
3. Loc. cit., p. 93-94.
4. Dans Cohn's Beiträge zur Entwicklungsgeschichte der Infusorien. — Zeitschr. f. wiss. Zool. 1853.
5. Ueber Encystirung von Oxytricha Pellionella. Zeitschr. f. wiss. Zool. Vter Bd. 1854, p. 430.
6. C'est ce kyste de la *Podophrya fixa* qu'on rencontre assez fréquemment dans les eaux, et que M. Stein, ainsi que nous l'avons déjà dit, avait cru être un kyste anormal de la *Vorticella microstoma*. Une telle méprise n'était guère propre à lui faire ouvrir les yeux sur les relations réelles des Vorticellines et des Acinétiniens, ou plutôt sur la non-existence de ces relations.
7. Cienkowsky; Ueber Cystenbildung bei den Infusorien. — Zeitschr. f. wiss. Zool. 1855.

DE LA

CONJUGAISON OU ZYGOSE

DES

RHIZOPODES ET DES INFUSOIRES CILIÉS.

Il est un phénomène qui, si l'avenir lui démontre une certaine généralité, sera peut-être appelé à jouer un grand rôle dans la physiologie des infusoires. C'est celui qui a été désigné sous le nom de *conjugaison* ou de *zygose*. Découvert d'abord par M. Kölliker [1], il a été revu par MM. Cohn, Stein et Perty, ainsi que par nous. Sa signification est encore inconnue. Il consiste en ce que deux ou plusieurs individus se rapprochent réciproquement et, non-seulement s'accolent les uns aux autres, mais encore s'unissent d'une manière si intime, qu'on peut admettre que de cette espèce de fusion (*Verschmelzungsprocess* des Allemands) il résulte un seul animal. Peut-être arrivera-t-on un jour à le relier à la propagation.

La conjugaison a été surtout fréquemment observée, parmi les Rhizopodes, chez les

1. Ou peut-être, pour parler plus exactement, par Leclerc, qui vit déjà en 1805 deux Difflugies (*Difflugia Helix* Cohn) accolées ensemble. M. Cohn, qui a répété cette observation, tient ce phénomène pour une conjugaison. Cependant les observations de M. Schneider (Müller's Archiv, 1854, p. 205) sur la Scissiparité de la *Difflugia Enchelys* (?) Ehr., et les nôtres sur les changements de coque de l'*Arcella vulgaris* permettent des doutes à cet égard.

Actinophrys et, parmi les infusoires, chez les Acinétiniens, et même, pour parler plus exactement, elle n'avait été vue jusqu'à nous que chez ces deux groupes.

Chez un Rhizopode, comme l'est une vraie Actinophrys, on comprend qu'une conjugaison s'effectue plus facilement que chez tout autre animal. Le parenchyme du corps consiste, en effet, chez ces êtres, en une substance gélatineuse, glutineuse, dans laquelle nos instruments ne nous permettent en général de reconnaître qu'une base homogène, renfermant des granules en mouvement. La surface du corps parait, chez un grand nombre tout au moins, n'être recouverte d'aucune membrane, puisqu'on voit les pseudopodes des Polythalames, des Gromies et des Actinophrys se souder ensemble, phénomène qu'on essaierait en vain, nous l'avons vu, d'expliquer avec M. Ehrenberg, par un simple entrelacement. — M. Dujardin, qui avait été le premier à signaler cette fusion de deux expansions chez les Rhizopodes, et qui y trouvait un grand appui pour sa théorie du sarcode, se demandait avec inquiétude pourquoi deux Amœba, qui se rencontrent, ne se soudent pas. M. Peltier[1] avait, en effet, relevé le fait que deux Arcelles qui se rencontrent, se touchent sans se souder. M. Dujardin[2] avoue qu'à ce *pourquoi*, comme à tous ceux qui portent sur l'essence de la vie dans les animaux, il serait fort embarrassé de faire une réponse satisfaisante. Il constate seulement, comme un fait, qu'on n'a jamais observé d'une manière positive une soudure organique entre deux individus primitivement séparés.

Aujourd'hui M. Dujardin éviterait l'embarras de chercher une réponse à une question qu'il n'est plus obligé de se poser, car deux Rhizopodes, savoir deux Actinophrys, qui (dans de certaines circonstances du moins et sous certaines conditions seulement, nous le supposons) viennent à se rencontrer, se soudent, et ce n'est pas là le cas seulement pour deux individus, mais aussi pour trois, quatre et davantage. M. Stein[3] chez son *Actinophrys oculata* et M. Perty[4] chez une autre espèce qu'il nomme *A. brevipilis* (*Act. brevicirrhis?* Perty) ont même observé la fusion de sept individus[5]. Il est dans

1. L'Institut. 1836. N° 164, p. 209.
2. Histoire naturelle des Infusoires, p. 28.
3. Die Infusionsthiere, etc., p. 160.
4. Zur Kenntniss, etc., Bern. 1852.
5. Depuis lors, nous avons vu également des conjugaisons de 7 et 8 individus chez l'*Act. Sol.* et l'*A. Eichhornii*. (Note de 1860).

tous les cas très habituel de voir des conjugaisons de deux, trois et quatre Actinophrys. Il est certain, il est vrai, que du fait qu'on rencontre une Actinophrys d'une constitution évidemment multiple, il ne faut pas conclure immédiatement à l'existence d'une conjugaison. Un individu en forme de biscuit peut, en effet, résulter aussi bien d'une division spontanée qui commence que d'une fusion qui vient de s'opérer. Mais, dans tous les cas, c'est un fait indubitable, que les exemples de conjugaison sont, chez les Actinophrys, plus fréquents que ceux de division (V. Pl. XII, fig. 10, un exemple de conjugaison de trois *Actinophrys Eichhornii* Ehr.).

Lorsque deux Actinophrys se rencontrent et se préparent à se conjuguer, leurs rayons s'entrelacent étroitement et chaque individu cherchant à retirer les siens, il en résulte un lent rapprochement des deux corps, rapprochement qui finit par aller jusqu'au contact. Il s'établit alors une commissure d'union qui gagne peu à peu en largeur, à mesure que la fusion devient plus intime. Parfois, lorsque trois ou quatre Actinophrys sont conjuguées, leurs corps sont bien distincts et unis seulement par une substance intermédiaire, comme l'a déjà fait remarquer M. Stein. Cette substance est sans doute formée par la fusion des pseudopodes les uns avec les autres et finit par disparaître à mesure que l'union devient plus étroite. La conjugaison a lieu en effet souvent d'une manière beaucoup plus profonde que le savant micrographe ne se le figure. « Quelle que soit du reste la manière dont cette conjugaison ait lieu, dit-il [1], à propos de son *Actinophrys oculata*, cette union n'a jamais lieu jusqu'à la fusion de plusieurs individus en un seul et unique individu, dont la grosseur répondrait à la masse des individus composants. On voit au contraire, que, la conjugaison une fois opérée, les individus restent complétement séparés et ne sont unis ensemble que par leurs couches tout à fait périphériques. La conjugaison des Actinophrys n'est donc, à proprement parler, qu'une réunion organique de deux ou plusieurs individus en une société analogue à un polypier. »

L'union va cependant souvent beaucoup plus loin que ces paroles de M. Stein ne le font pressentir. La fusion est telle que la cavité du corps de l'un des individus communique directement avec celle de l'autre. On voit le contenu de l'une passer dans l'autre

1. Loc cit., p. 160.

et vice-versâ. Il n'y a en réalité plus qu'une seule cavité. La marche de cette fusion est d'abord excessivement lente, de sorte qu'il est difficile de la poursuivre jusqu'au moment où le nouvel individu résulté de la fusion de deux ait repris une forme ronde, dans laquelle on ne reconnaisse pour ainsi dire plus de trace de sa double origine. Mais nous avons vu cette fusion arriver jusqu'à un point tel que nous ne pouvons douter que ce moment n'arrive. D'ailleurs M. Kölliker[1] raconte qu'il réussit sans peine, mais avec une grande dépense de patience à poursuivre deux individus, primitivement séparés, jusqu'à leur fusion complète en un seul aussi gros que la somme des deux composants et dans lequel il n'était plus possible de reconnaitre les éléments des deux individus.—Il est, du reste, à remarquer que soit l'*Actinophrys Sol* Ehr., soit l'*Actinophrys Eichhornii* Ehr. ont une seule vésicule contractile, placée immédiatement sous la surface, de manière à former une forte saillie dans le moment de la diastole[2]. Les individus en forme de biscuit[3], qui résultent de la fusion de deux Actinophrys, ont naturellement deux vésicules contractiles. Mais en outre on trouve de temps à autre des individus parfaitement sphéroïdaux, qui en possèdent également deux. Il serait fort possible que ces individus-là fussent le résultat d'une conjugaison complétement terminée. Dans tous les cas une conjugaison plus intime que celle qu'admet M. Stein existe trés décidément dans la nature. L'été dernier (1855) nous avons trouvé dans la mer du Nord, sur les côtes de Norwège, un grand nombre d'Actinophrys, que nous ne pouvons différencier spécifiquement de l'*A. Sol* Ehr. Les cas de conjugaison de deux et de trois individus étaient des plus fréquents et là aussi nous avons constaté le passage des vacuoles (bols) de M. Dujardin de l'un des individus à l'autre.

C'est là un phénomène tout semblable à celui que M. Alex. Braun[4] a décrit chez

1. Da gelang es mir bald, dit M. Kölliker, ohne Mühe, aber mit viel Zeitaufwand in einem Falle zwei anfangs völlig getrennte Individuen, successiv bis zu ihrer vollständigen Verschmelzung in ein grösseres einfaches Thier zu verfolgen (Kölliker : Das Sonnenthierchen. — Zeitschr. f. wiss. Zoologie. 1849, p. 207-208).

2. C'est par erreur que M. de Siebold considère le nombre de deux vésicules contractiles comme normal chez l'*Act. Sol.* (V. Handbuch der vergleichenden Anatomie, p. 22.)

3. C'est sur ces individus en forme de biscuit, résultant de la fusion de deux, que M. Ehrenberg a fondé son *Actinophrys difformis* (Ehrenberg : Infusionsthiere, Pl. XXXi, fig. VIII, 12), comme M. Alex. Braun (Ueber die Erscheinungen der Verjüngung, p. 304) l'a déjà fait remarquer. A en juger par la figure de M. Ehrenberg, il semble même que ce savant ait eu sous les yeux des individus chez lesquels le degré de fusion était déjà plus avancé que celui qu'indique M. Stein. — L'*Actinophrys difformis* Dujard. est un rhizopode essentiellement différent de celui de M. Ehrenberg. Quant à l'*Act difformis* Perty, c'est la *Podophrya fixa* Ehr.

4. Braun's Verjüngung, p. 145.

une Palmellacée du genre Palmoglœa. En effet chez les Desmidiacées et les Zygnémacées, la dernière génération d'un cycle végétatif produit une cellule reproductive, qui forme la génération suivante ou génération de transition à un cycle nouveau. Cette cellule est formée par le contenu de deux cellules conjuguées qui se détache de la membrane de ces cellules. La cellule reproductive se forme alors librement entre les deux cellules-mères. Chez la Palmoglœa au contraire la dernière génération d'un cycle végétatif passe directement à l'état de cellule reproductive : les deux cellules qui se copulent s'unissent dans leur totalité, c'est-à-dire que non-seulement leurs contenus se mêlent pour former un corps nouveau, mais encore que les membranes elles-mêmes suivent le contenu dans cette fusion. C'est la même chose que lorsque deux gouttes d'eau se rencontrent et n'en forment plus qu'une seule.

Tandis que M. Stein avait fait ces observations sur l'*Actinophrys oculata*, M. Cohn en fit d'analogues sur l'*A. Eichhornii*, chez laquelle M. Kölliker avait constaté déjà auparavant une conjugaison. Pour nous, nous avons revu plusieurs fois le phénomène en question sur ces deux espèces, ainsi que chez l'*Actinophrys Sol.* M. Cohn[1] rapporte qu'il trouva un jour une grande quantité d'Actinophrys sous une Draparnaldia dans le bassin d'un puits artésien à Breslau. Il vit plusieurs fois deux individus voisins se rapprocher lentement l'un de l'autre et leurs rayons s'entrelacer en formant une espèce de réseau. Puis des expansions vésiculaires se développèrent de part et d'autre ; ces expansions se confondirent réciproquement ; les deux animalcules finirent par s'aplatir au point de contact et parurent ne plus former qu'un seul corps. M. Cohn ne se prononce pas d'une manière plus claire sur le résultat de la conjugaison. Mais il semble cependant, que malgré son *parurent* il vit aussi une union plus intime que celle que décrit M. Stein, car on ne pourrait dire des figures données par ce dernier, qu'elles ne paraissent représenter qu'un seul corps. Elles représentent bien plutôt plusieurs corps accolés ensemble. Toutefois M. Cohn paraît bien avoir toujours pu reconnaitre les éléments de deux individus composants dans le corps résulté de la conjugaison

Bien que M. Stein déclare que la fusion de deux ou plusieurs individus ne concerne

1. Dans un article de M. de Siebold sur la conjugaison du *Diplozoon paradoxum*. Zeitschrift für wiss. Zoologie. III, p. 266.

jamais que les parties superficielles et ne touche jamais le vrai foyer de l'individualité[1], il rapporte, lui-même, avoir trouvé fort souvent la substance intermédiaire pleine de vacuoles contenant des aliments. La nourriture s'accumule même, suivant lui, beaucoup plus volontiers dans la commissure que dans le reste des deux corps. Mais il ne dit point comment il interprète ce fait. Il ne dit pas si, au milieu de cet amas de nourriture, il admet une ligne médiane la séparant en deux parties, dont l'une appartiendrait à l'un des individus et l'autre à l'autre. Il n'en est certainement pas ainsi. Le chyme circule librement d'un individu à l'autre. Une des meilleures preuves que dans les conjugaisons en général, l'union des cavités des deux corps est bien réelle, c'est la conjugaison de la *Podophrya Pyrum*, que nous avons déjà mentionnée ailleurs. L'individu mixte, résulté de cette conjugaison, présentait 8 embryons renfermés dans une seule et même cavité, qui n'appartenait pas moins à l'un qu'à l'autre des individus composants.

Par suite de ses vues sur le peu d'intimité de la conjugaison, M. Stein considère la zygose des Actinophrys comme un fait purement accidentel. Cette opinion résulte aussi en partie de ce que cet observateur refuse à ces Rhizopodes toute espèce de faculté locomotrice. Ce sont donc pour lui des circonstances tout à fait extérieures et fortuites qui amènent deux Actinophrys en contact et occasionnent leur fusion. Ce serait partant la réalisation complète du phénomène dont M. Dujardin regrettait la non-existence, lorsqu'il constatait avec M. Peltier que deux Arcelles se rencontrent sans s'unir. Cependant les Actinophrys sont bien susceptibles de se mouvoir réellement, quoique avec une excessive lenteur et par un mécanisme peu apparent. L'opinion la plus vraisemblable est celle de M. Cohn[2], qui prétend que les mouvements des Actinophrys s'opèrent à l'aide des rayons ou pseudopodes que ces animalcules allongent en ligne droite, jusqu'à ce qu'ils rencontrent un point où ils puissent s'agglutiner. Ils raccourcissent alors ces rayons, et, l'extrémité de ceux-ci étant fixée, c'est le corps lui-même qui se trouve mis en mouvement[3].

1. Il est vrai que nous ne savons où placer ce foyer, chez un Rhizopode encore moins que chez un infusoire.
2. Zeitschrift für wiss. Zoologie, III[ter] Bd., p. 66.
3. M. Bothwell dit avoir vu sauter les Actinophrys (Quarterly Journal for microscopical Science, 1853), mais nous sommes tentés de croire qu'il les a confondues, comme M. Nicolet, avec des Haltéries.

M. Stein a été le premier à découvrir la conjugaison des Acinétiniens, savoir chez son *Actinophrys Sol* et sa *Podophrya fixa*, qui, ainsi que nous l'avons montré ailleurs [1], ne sont qu'une seule et même espèce, à laquelle nous conservons le nom de *Podophrya fixa*, déjà donné par M. Ehrenberg. Peut-être que si M. Stein n'eût point confondu les Acinétiniens et les Actinophrys, l'existence de la zygose chez ces deux groupes d'animaux si différents, l'eût engagé à voir dans ce phénomène autre chose que le résultat d'une rencontre purement fortuite. Il est bien difficile pour nous de voir dans la zygose un phénomène aussi simple. Que deux individus, pourvus de téguments aussi évidents que le sont ceux d'un Acinétinien, puissent venir à se souder par accident, uniquement parce qu'une circonstance fortuite les a rapprochés l'un de l'autre, à peu près comme le feraient deux gouttes d'un liquide visqueux, c'est ce qui nous parait peu probable. Il y a nécessairement ici une résorption préalable des téguments, résorption qui est aussi, dans ce cas, suivie d'une soudure beaucoup plus intime que celle qu'admet M. Stein. Ici, également, nous avons constaté le passage des particules de la cavité du corps d'un des individus primitifs dans celle de l'autre. L'exemple déjà mentionné des deux *Podophrya Pyrum* (Pl. I, fig. 4), donnant lieu à un individu mixte qui renferme huit embryons dans *une seule* cavité, est d'ailleurs sans réplique. M. Stein relève avec beaucoup d'insistance la circonstance que l'individu résulté de la fusion, contient toujours un nombre de nucléus égal à celui des individus composants, ce qui est une preuve, suivant lui, du peu d'intimité de la conjugaison. Mais il ne nous semble, *à priori*, point nécessaire que les nucléus se soudent pour qu'une fusion réelle de deux ou plusieurs individus en une seule, ait lieu. Si nous savions que le *moi* des infusoires ait sa source dans le nucléus, il en serait autrement. Mais ce n'est là qu'une hypothèse gratuite. Chez un infusoire cilié, qui se prépare à produire des germes internes, le nucléus se divise en plusieurs fragments, mais l'infusoire n'en reste pas moins *un* individu malgré cette pluralité de nucléus, aussi bien que la femelle d'un vertébré, quoiqu'elle ait des ovules dans ses ovaires. Du reste, nous savons qu'il est des genres d'Infusoires et de Rhizopodes chez lesquels la multiplicité des nucléus est normale.

M. Stein a vu et figuré une conjugaison de la *Podophrya fixa* avec sa prétendue

1. Voyez le premier Volume de ces Études.

Actinophrys Sol (Podophrya sans pédicule), ce qui montre d'une manière encore plus évidente que d'autres arguments, l'identité des deux formes, identité que M. Stein reconnaît, du reste, lui-même, bien qu'il emploie d'ordinaire les deux noms.

Une des meilleures preuves que les conjugaisons ne sont pas le résultat de rencontres purement accidentelles, c'est que souvent elles ont lieu dans des cas où l'un des individus a dû prendre une position forcée pour atteindre l'autre. Tel est le cas, par exemple, de la conjugaison de deux *Podophrya quadripartita* que nous avons représentées dans la figure 9 de la Planche III. L'un des individus est évidemment tiré anormalement vers le bas, de manière a être obligé de fléchir et de s'incliner sur le point d'attache. Ici la conjugaison s'est probablement opérée de manière que les deux individus, s'étant d'abord saisis mutuellement à l'aide de leurs suçoirs, puis, retirant ceux-ci, se soient peu à peu trouvés rapprochés l'un de l'autre, jusqu'à un contact immédiat. Dans un cas semblable, il n'est pas besoin de poursuivre le phénomène dès son origine pour s'assurer que l'on a bien à faire à une zygose, et pas à un simple cas de division spontanée. En effet, la présence des deux pédoncules montre que dans l'origine les deux individus étaient indépendants. On ne connaît pas d'exemple qu'un pédoncule se divise dans un cas de reproduction par fissiparité, chez un infusoire pédicellé quelconque. D'ailleurs, si la division du pédicule avait précédé celle du corps, les points d'attache des bases des deux pédoncules seraient adjacents l'un à l'autre. Or, il est fort habituel de trouver que les bases de ces deux pédoncules sont situées très-loin l'une de l'autre, et qu'elles sont même fixées sur des rameaux différents d'un arbre d'Epistylis.

Parmi les diverses conjugaisons d'Acinétiniens que nous avons observées, nous devons encore mentionner celle de deux *Acineta mystacina*. C'est un cas intéressant par la particularité que le corps de l'un des individus abandonne sa coque, et passe dans la coque de l'autre.

Nous avons enfin constaté l'existence de la conjugaison chez une toute autre famille d'infusoires, à savoir chez les Vorticellines. C'est la *Vorticella microstoma* qui nous a donné d'abord et à maintes reprises l'occasion de poursuivre ce curieux phénomène. Il est néanmoins certain que la zygose n'est point très-fréquente chez cet animal. Elle ne se présente, sans doute, que dans de certaines circonstances non encore déterminées. Ce qui parle en faveur de cette manière de voir, c'est que, dès qu'on voit un exemple de conjugaison dans un infusoire, on peut être sûr d'en trouver un grand nombre d'autres. La conjugaison devient alors, pour ainsi dire, épidémique. On reconnaît promptement les Vorticelles conjuguées, à ce qu'elles accusent par leur forme une composition multiple, tout en possédant plusieurs pédicules. Nous avons déjà dit, à propos des Podophrya et des Acineta pédiculés, qu'une telle conformation ne peut jamais s'expliquer au moyen d'une division spontanée. D'ailleurs, dans une infusion, où les conjugaisons des Vorticelles étaient très-fréquentes, nous avons eu l'occasion, durant l'été de 1854, de poursuivre le phénomène dès sa première origine.

Lorsque deux (ou plusieurs) Vorticelles s'apprêtent à se conjuguer, on les voit d'abord simplement accollées l'une à l'autre, sans remarquer d'union organique entre elles; toutefois, les contractions de leurs pédoncules ont lieu synchroniquement, la contraction de l'un semblant entraîner celle de l'autre. Une espèce de pont ou de commissure ne tarde pas à s'établir entre les deux individus. L'union n'a d'abord lieu qu'à un seul point, mais va bientôt en s'étendant progressivement. La fusion marche, en général, dans les parties postérieures, plus rapidement que dans les parties antérieures. Pendant ce temps, les individus en conjugaison se contractent très-fréquemment et avec énergie (V. Pl. XII, fig. 5). Lorsque les parties postérieures se sont si bien soudées qu'on n'y reconnaît plus les traces de l'origine multiple, le *zygozoïte* (c'est ainsi que nous désignerons l'individu résulté de la conjugaison) se munit d'une couronne de cils postérieurs (Pl. XII, fig. 6). Les contractions des pédoncules deviennent de plus en plus rares, de moins en moins énergiques, et enfin vient un moment où le zygozoïte se détache (Pl. XII, fig. 7) se détache de son pédicule et se met à nager à grande vitesse. Pendant tout le temps où la division s'opère, les Vorticelles retirent leur organe vibratoire à l'intérieur, et contractent plus ou moins leur péristome (fig. 1, 2, 5 et 6). Parfois la fusion ne va pas aussi loin, et l'union n'a lieu que par les parois latérales du corps; les extrémités postérieures restent alors aussi bien séparées que les antérieures. Le zygozoïte se munit par suite de deux ou trois couronnes ciliées postérieures (fig. 2 et 3), ou même, peut-être, parfois davantage, suivant le nombre des individus composants.

Au moment où le zygozoïte se détache de ses pédoncules, sa forme change comme par une secousse, aussi rapidement que l'éclair. Il s'allonge de manière à former un cylindre, comme le fait une Vorticelle au moment où elle entre dans la vie libre (fig. 3 et 7). La partie du zygozoïte qui était fixée sur les pédoncules, c'est-à-dire celle qui s'est munie de la couronne ciliaire postérieure, est, pendant la natation, dirigée en avant, comme c'est ordinairement le cas chez les Vorticelles libres, tandis que le péristome contracté est tourné en arrière.

Le zygozoïte nage avec une excessive rapidité en ligne droite, puis, tout à coup, il se retourne brusquement pour se lancer également en ligne droite, dans une direction toute opposée, ce qui fait qu'il est fort difficile de le poursuivre. Cependant, lorsqu'on y parvient, on voit qu'il ne reste pas longtemps en liberté. Au bout d'un quart d'heure ou de vingt minutes, quelquefois même lorsque quatre à cinq minutes se sont à peine écoulées, il va se fixer quelque part; la partie qui est munie de la couronne ciliaire natatoire, sert à la fixation, et l'animal rentre dans la vie sédentaire. Toutes les fois que nous avons poursuivi un zygozoïte, jusqu'au moment de la fixation, une circonstance ou une autre nous a empêchés de pousser cette poursuite jusqu'au bout. Il arrive souvent qu'après être resté fixé un certain temps, le zygozoïte se détache de nouveau et recommence à se mouvoir avec agilité, palpant pour ainsi dire les objets qui se présentent à lui, à l'aide de sa partie postérieure (c'est-à-dire postérieure, par rapport à la position des bouches; c'est, en réalité, la partie qui est dirigée en avant pendant la natation, l'animal nageant toujours à reculons). On voit que, mécontent de sa première place, il en cherche une préférable. Probablement que les circonstances anormales dans lesquelles il se trouve, sous le microscope, le gênent dans la suite de son développement.

Une fois nous vîmes un zygozoïte se fixer, après avoir circulé un certain temps, puis se contracter peu à peu en boule, de manière à ce qu'on ne pût plus reconnaître la limite des deux individus qui le constituaient primitivement. Nous ne prétendons cependant point dire qu'une fusion des péristomes eût eu lieu, ni que l'un ou l'autre des péristomes ni l'organe vibratile correspondant eussent été résorbés. Au bout de quelque temps nous vimes se former un contour d'abord faible, puis plus marqué tout autour de l'animal. Le zygozoïte formait un kyste. Que ce soit là la marche normale du phénomène, que chaque zygozoïte vorticellien après s'être mû librement pendant un certain temps finisse par s'enkyster, c'est ce que nous pouvons affirmer. On sait par les expériences de Guanzati et par l'observation journalière que, parmi les circonstances extérieures qui déterminent l'enkystement des infusoires, le manque d'une quantité d'eau suffisante joue un grand rôle. Or, c'est là, nous le savons, une circonstance qui ne manque jamais de se trouver réalisée sous le microscope, d'autant plus qu'à l'époque où nous fîmes ces observations nous n'avions pas encore eu l'idée d'ajouter une goutte d'eau distillée sur notre plaque de verre toutes les fois qu'un manque de liquide se faisait sentir et que la concentration de la liqueur devenait trop considérable. C'est là une des principales raisons qui nous ont empêchés de poursuivre plus loin nos zygozoïtes, car, dès que nos observations se prolongeaient au-delà d'une certaine limite, les infusoires que nous avions sous le microscope ne tardaient pas à devenir plus lents dans leurs mouvements et finissaient par périr.

Chez les Vorticelles conjuguées, de même que chez les Actinophrys et les Acinétiniens, nous avons constaté la communication de la cavité du corps de chacun des individus composants avec celle de ses collègues. Les bols alimentaires qui sont encore en circulation et les autres particules qui se trouvent dans la cavité digestive passent librement de l'un des composants à l'autre. Une fois même que dans une conjugaison assez superficielle de trois Vorticelles, le côté de l'une d'elles qui se trouvait uni à sa voisine était le côté où se trouve la vésicule contractile, une fois même, disons-nous, nous avons vu la vésicule contractile de cet individu occuper une position tout à fait mitoyenne, et à chaque diastole prendre une forme allongée en biscuit. Les nucléus, dans les cas où nous avons pu nous en assurer, restent séparés.

Jamais nous n'avons suivi de zygozoïtes jusqu'à la fusion complète des régions buccales. La fusion totale des parties postérieures a lieu d'ordinaire pendant que les animaux sont encore sur leurs pédicules, mais la fusion des parties antérieures semble continuer à devenir de plus en plus intime pendant la période de liberté.

Nous avons également constaté l'existence de la conjugaison chez d'autres Vorticellines, en particulier chez une espèce qui, quoique n'étant pas rare, n'a pas été décrite jusqu'ici. C'est une Epistylis à pédoncule très court qui forme des familles peu nombreuses[1].

1. Depuis lors, nous avons décrit cette espèce sous le nom d'*Epistylis brevipes*.

(Pl. VIII, fig. 23). La conjugaison s'opère chez cette Epistylis précisément comme chez les Vorticelles (Pl. VIII, fig. 24 et 25).

Chez le *Carchesium polypinum* nous avons également constaté des cas de conjugaison (Pl. XII, fig. 8 et 9) qui ne nous ont rien offert de particulier. Chez l'*Epistylis plicatilis* enfin nous avons vu une gemme encore attenante au corps de son parent s'unir par conjugaison au corps d'une Epistylis voisine (Pl. VII, fig. 1).

Quelle est la signification de la conjugaison chez les infusoires? Nous savons que chez les Vorticellines et les Acinétiniens, une semblable copulation n'est point nécessaire à la formation de germes intérieurs. D'un autre côté, il est peu probable que la fusion n'ait lieu qu'en vue de cette fusion elle-même, puisqu'il n'en résulterait qu'une diminution du nombre des individus, une *raréfaction*, comme dit M Nægeli à propos des Closterium. M. Ehrenberg qui a reconnu, lui aussi, l'existence de la conjugaison, n'y veut voir qu'une *corroboration de l'espèce* (Kräftigung der Species) [1] conception originale, mais dont nous ne comprenons pas très-bien la portée. Cependant M. Ehrenberg pourrait appuyer son opinion de l'idée déjà émise ailleurs que la copulation des Diatomacées a lieu dans le but de maintenir la taille de ces organismes à un certain niveau. Les Diatomacées, a-t-on dit, en se reproduisant par fissiparité, donnent naissance à des individus toujours plus petits, de sorte qu'on pourrait craindre de les voir dégénérer en véritables atomes, dans toute la signification étymologique et théorique du mot [2]. Mais il vient un moment où, d'après les observations de M. Thwaites [3], deux frondes se conjuguent pour donner naissance à un (parfois peut-être deux) individu (*sporange* de M. Thwaites) qui se développent jusqu'à atteindre des dimensions beaucoup plus considérables que celles de leurs parents. Ces grandes frondes se divisent plus tard en deux pour produire des individus plus petits ; ceux-ci font de même, et ainsi de suite, jusqu'à ce qu'enfin deux frondes de fort petite taille se copulent pour reproduire le géant de l'espèce. Mais si l'on comprend qu'une telle disposition soit nécessaire chez

1. Ueber die Formbeständigkeit, etc. Monatsbericht der Berliner Akademie. 1850.

2. Voyez sur ce sujet Alex. Braun : Ueber die Erscheinung der Verjüngung in der Natur. Leipzig, 1851, p. 145. Note. — Thwaites : Further Observations on Diatomacea. Annals and Mag. of Natural History. 1848. — G. Thuret : Recherches sur les Zoospores des Algues. Annales des Sc. naturelles. IIIe Série, T. XIV. — Smith : On the determination of Species in the Diatomaceæ. Quarterly Journal of micr. Science. January, 1855, p. 130.

3. Annals and Mag. of Natural History. Vol. XX. 1847, p. 99 et 343.

les Diatomacées où la présence d'une carapace siliceuse empêche l'accroissement au-delà d'une certaine limite, une fois que cette carapace est formée, il en est tout autrement chez les rhizopodes nus et les infusoires ciliés, qui n'ont pas de raison pour cesser de croître. D'ailleurs nul n'a remarqué jusqu'ici que les infusoires qui se conjuguent pour former un zygozoïte soient d'une taille inférieure à la taille moyenne des individus de leur espèce.

M. Cohn est disposé à voir dans le phénomène de la conjugaison de l'*Actinophrys Eichhornii* quelque chose d'analogue à une fécondation. Il a même remarqué souvent, au point de réunion de deux individus, un corps particulier qu'il pense pouvoir bien être le premier rudiment d'un embryon [1]. C'était une vésicule claire, montrant une enveloppe très fine, parfois aussi grosse qu'une Actinophrys isolée, et contenant un corps plus petit, plus dense, comparable à un nucléus. M. Stein, qui a vu aussi quelque chose d'analogue, n'y veut reconnaître qu'un corps étranger, englouti par l'Actinophrys. Nous-mêmes nous avons vu fréquemment une vésicule plus ou moins grosse à la place signalée par M. Cohn, mais nous n'avons jamais pu, comme M. Stein, y reconnaître autre chose qu'un bol alimentaire. Jusqu'ici nul n'a vu d'embryons dans une Actinophrys ni isolée, ni conjuguée. Nous savons de plus que les infusoires sont déjà capables d'engendrer des embryons sans copulation aucune. Toutefois il serait toujours possible que les embryons résultant d'une copulation fussent à certains égards différents des autres.

M. Cohn, sachant que le célèbre ver à deux corps (*Diplozoon paradoxum*), découvert par M. Alex. von Nordmann [2] sur les branchies de la brème (*Abramis brama*), n'est autre chose que l'état de copulation de deux helminthes appartenant au genre *Diporpa* de M. Dujardin, se sentait naturellement disposé à voir ici quelque chose d'analogue. Nous serions tentés de l'imiter, si diverses circonstances ne semblaient s'opposer à cette manière de voir. D'abord la conjugaison ne s'opère pas seulement entre deux individus, mais souvent entre trois, quatre, et même sept, ainsi que l'ont vu MM. Stein et Perty. Il est vrai que nous avons l'exemple de certaines Lernées et de certains Rhizopodes de la tribu des Bopyrides, chez lesquels les mâles ont des dimensions si minimes relativement

1. Loc. cit., p. 67.
2. Beiträge zur Naturgeschichte der wirbellosen Thiere. Berlin. 1832.

aux femelles, qu'on les prendrait au premier abord pour des parasites de ces femelles, et où ces mâles vivent vraiment comme des parasites, soit sur les branchies, soit sur les organes génitaux des femelles, plusieurs coopérant simultanément à la fécondation. Il existe donc des cas déjà constatés où plusieurs mâles sont actifs à la fois dans une copulation avec une seule femelle. Mais il semble cependant difficile d'admettre quelque chose d'analogue chez les infusoires en face du cas, déjà souvent cité, de la *Podophrya Pyrum*, qui, dans l'état normal, ne produit que quatre embryons, tandis que les deux individus que nous avons vus se conjuguer produisirent un zygozoïte renfermant huit embryons. On a peine à penser que chacun de ces individus ait joué le rôle de mâle vis-à-vis de l'autre, bien que cela ne soit pas impossible.

La conjugaison de la gemme d'une Epistylis avec une Epistylis adulte semble aussi peu en faveur avec l'idée d'une fécondation, la gemme ne pouvant guère être considérée comme un individu arrivé à mâturité.

En somme, nous devons nous déclarer indécis sur le rôle physiologique à attribuer à ce singulier phénomène, et nous laissons aux philosophes le soin de raisonner sur ce qu'il advient du moi, de son unité et de son identité en pareille occurence.

Nous avons conservé à cette espèce de fusion le nom de conjugaison, qu'on lui a donné par analogie avec ce qui se passe chez beaucoup d'algues. Chez ces dernières, ce phénomène est toujours en rapport avec une production de gonidies, de sorte que pour ne pas préjuger la question, le nom de *zygose*, ordinairement employé par M. Ehrenberg, serait peut-être préférable. Le mot a le même sens, il est vrai, mais il est employé plus rarement pour désigner la copulation des algues.

DE LA REPRODUCTION

PAR

GEMMES.

La reproduction par gemmes est fort loin d'avoir été constatée chez tous les infusoires. Elle parait au contraire se restreindre à quelques familles isolées et présente, en tous cas, dans cette classe d'animaux un développement bien moins considérable que dans une classe voisine, celle des polypes. Chez les Rhizopodes, on n'a constaté jusqu'ici aucune formation de bourgeons, si l'on en excepte les observations de M. Schneider sur la *Difflugia Enchelys?* Ehr. que nous avons déjà mentionnées ailleurs. Mais les phénomènes présentés par cette prétendue[1] Difflugia se laissent, ainsi que nous l'avons fait remarquer, aussi bien interpréter comme une division fissipare, que comme une gemmation. Il est en tous cas fort difficile de dire ce qu'est une gemme chez un Rhizopode, à cause des modifications perpétuelles que subit la forme du corps de ces animaux. Il n'est de plus pas possible, en général, de tirer une ligne de démarcation tranchée entre la fissiparité et la gemmiparité. C'est là un sujet sur lequel nous reviendrons lorsque nous aurons pénétré un peu plus profondément dans l'essence de la gemmation. Nous passerons donc immédiatement à l'étude détaillée de ce mode de multiplication.

1. Nous avons vu ailleurs que cet animal n'est point une Difflugie, mais probablement une Arcelle. *(Note de 1860).*

La production des gemmes chez les Vorticelles est connue dès longtemps. Spallanzani la décrivait déjà en 1776. Toutefois, les anciens observateurs ont fréquemment commis l'erreur de faire naître les bourgeons sur le pédoncule même de ces animaux, ce qui n'a jamais lieu réellement. Chez les Vorticellines à pédoncule roide (Epistylis), le pédicule ne paraît être qu'une sécrétion endurcie de la partie postérieure de l'animal. La même chose peut se dire, sinon du pédoncule entier, du moins de la couche corticale dans les genres où cet organe est contractile (Vorticella, Carchesium, Zoothamnium). Le pédicule ne s'allonge que par apposition de parties nouvelles à l'extrémité qui est attenante au corps de l'animal. Il y a pourtant des cas où il semble pouvoir augmenter en épaisseur dans sa région basale, bien qu'il soit déjà fort long. C'est ainsi par exemple que dans les Epistylis le tronc commun de la famille acquiert souvent des dimensions beaucoup plus considérables que celles des branches. Chez les Vorticellines cuirassées, que M. Ehrenberg classait dans la famille des Ophrydiens, le pédicule se prolonge vers le haut en une enveloppe qui entoure l'animal de toutes parts, ne laissant que sa partie supérieure libre. Parfois, cette enveloppe seule est présente, tandis que le pédicule proprement dit manque. La production de cette enveloppe ou coque s'explique tout simplement par le fait que les Ophrydines sécrétent vers une certaine époque de leur vie et sur toute la surface de leur corps une substance gélatineuse analogue à celle qui, chez les autres Vorticellines, n'est produite qu'à la base de l'animal, c'est-à-dire à la place où doit se former le pédicule. La sécrétion de la coque ne se fait du reste en général pas sur la surface entière du corps à la fois, mais commence par la partie qui avoisine le point fixé de l'animal et avance graduellement vers la partie antérieure. La forme caractéristique de la coque de chaque espèce se trouve réalisée par la circonstance que la partie de l'animal qui, à un moment donné, sécréte une partie donnée de la coque, adopte, pour le temps de la sécrétion, la forme que doit prendre cette région de la coque. Dans certains cas, chez les Cothurnies par exemple, la sécrétion de la coque se fait d'abord simultanément, sur une certaine étendue, pendant que l'animal est contracté. A partir de ce moment là, ce n'est plus que la partie voisine du péristome qui sécréte la substance de la coque, et pendant que cette sécrétion s'opère, l'animal s'étend peu à peu, si bien qu'au bout de fort peu de temps, l'édification est terminée.

S'il est bien vrai que la coque soit tantôt une prolongation du pédoncule, tantôt, tout au moins, un analogue de ce dernier, ce qu'il est à peine permis de révoquer en doute, on comprend facilement que ni l'un ni l'autre de ces corps (surtout chez les genres à pédicules non contractiles) ne puisse produire des bourgeons. Ce sont des sécrétions endurcies, dépourvues de facultés vitales. Les anciennes observations ont toutes été faites avec des instruments excessivement imparfaits, et nous ne pouvons par conséquent nous étonner des nombreuses erreurs dans lesquelles sont tombés des observateurs du reste attentifs. Aujourd'hui les moyens meilleurs dont nous disposons nous permettent d'apporter une saine critique dans l'examen des observations d'autrefois et de contredire sans scrupule toutes les prétendues formations de bourgeons sur le pédicule des Vorticellines qui furent cataloguées naguère dans la science. Nous pouvons même, jusqu'à un certain point, donner une explication rationnelle de quelques-unes de ces erreurs ou de ces méprises. Il n'est pas improbable, par exemple, qu'on ait pris pour des gemmes les petits Amœba qui vivent en parasites sur les pédoncules de l'*Epistylis plicatilis*, et que nous avons déjà eu l'occasion de signaler ailleurs (V. Pl. VI, fig. 2, B). Venait-on ensuite à reconnaître, sur les pédoncules des Vorticellines, de petits animalcules, eux-mêmes pédicellés, dont la grosseur répondait assez bien à celle des Amœba en question, on y voyait une phase plus avancée du développement de la jeune gemme. Mais nous avons vu que ces êtres pédicellés, bien loin d'appartenir à la division des infusoires ciliés, sont des organismes flagellés, dont les uns répondent peut-être à la *Cercomonas truncata* Duj., et les autres forment des espèces voisines d'elle. Tous ces infusoires flagellés sont munis d'une ou plusieurs vésicules contractiles. — On trouvait ensuite une phase plus avancée du développement des gemmes pédonculaires dans de jeunes Vorticellines qui étaient venues fixer leur demeure sur le pédicule de Vorticellines adultes et s'étaient formé là leur pédicelle propre. Il faut convenir, du reste, qu'avec des instruments aussi insuffisants que ceux dont on se servait il y a peu d'années encore, il n'était guère possible de distinguer s'il y avait là bourgeonnement ou bien parasitisme. Aujourd'hui la différence est facile à reconnaître. Toute jeune Vorticelline qui vient se fixer sur le pédicule d'une autre déjà adulte, y assujettit son propre pédicule au moyen d'une espèce de disque d'encroûtement facile à reconnaître et plus large que sa base. Les Acinétiniens et autres infusoires pédicellés font du reste de même (V. Pl. IV, fig. 1,4; Pl. II, fig. 7; Pl. III, fig. 11; Pl. I, fig. 1; Pl. V, fig. 1, etc.)

La gemmation proprement dite n'a jamais lieu que sur le corps de l'animal lui-même, dans le tiers inférieur de ce dernier. Néanmoins, les bourgeons peuvent se produire aussi dans la partie supérieure, voire même immédiatement au-dessous du péristome, comme nous l'avons indiqué dans une figure de la *Cothurnia crystallina* (V. Pl. I, fig. 4). Vraisemblablement ce phénomène s'étend à toute la famille des Vorticelles. Nous l'avons constaté chez diverses Vorticelles (*Vorticella microstoma*, *V. Convallaria*, *V. nebulifera*), chez le *Carchesium polypinum*, le *Zoothamnium Arbuscula*, le *Zooth. Parasita* (chez lequel M. Stein l'avait déjà mentionné), chez l'*Epistylis plicatilis*, (M. Stein en fait aussi mention chez l'*E. branchiophila* Perty), chez la *Cothurnia crystallina*, et chez l'*Epistylis brevipes*. M. Stein a observé plusieurs fois chez la *Vorticella microstoma* deux bourgeons à la fois, fait que nous avons aussi vu à plusieurs reprises. Nous avons même rencontré une fois deux bourgeons ayant une base commune, tellement, qu'on pouvait se représenter que la gemme née d'abord simple, s'était plus tard divisée en deux. Chez la *Cothurnia crystallina* nous avons observé aussi un double bourgeonnement à la fois, l'un à la base, l'autre sous le péristome.

Nous avons étudié plus spécialement la formation des gemmes chez l'*Epistylis plicatilis* et le *Carchesium polypinum*. On trouvera sur notre planche VII quelques figures se rapportant à ce phénomène chez la première de ces deux espèces (fig. 14, 15 et 16). De même que chez les Polypes, le premier indice de la formation d'un bourgeon est ici la présence d'une sorte de sac attenant à la cavité du corps. On voit, en effet, celle-ci se prolonger à une certaine place, de manière à former un espèce d'enfoncement, tandis que le parenchyme du corps cède devant elle et forme comme une bosse ou une hernie à la partie extérieure. La cavité du corps de la gemme n'est donc, dans l'origine, comme chez les polypes, qu'une partie de la cavité du corps du parent. Même chez des bourgeons déjà très gros, on voit le contenu du sac nourricier, le chyme, passer librement de la cavité du corps du parent dans celle de la gemme, et *vice versâ*.

L'organe connu sous le nom de nucléus n'a aucune part quelconque à la formation des gemmes. Une fois que le bourgeon a acquis une certaine grosseur, sa cavité devient distincte de celle du parent. Cette séparation peut s'effectuer de deux manières. Dans l'un des cas, il se forme extérieurement un sillon circulaire qui pénètre plus profondément entre la gemme et son parent, en formant une ligne de démarcation tranchée. Par suite, le canal de communication, entre la cavité générale du parent et celle du bourgeon, devient toujours plus étroit et finit par s'oblitérer. (V. Pl. VII, fig. 5). Dans l'autre cas, il se forme à l'intérieur du parenchyme du parent une démarcation entre les tissus de celui-ci et ceux du bourgeon (Pl. VII, fig. 21), de sorte que le bourgeon est, en fait, bien plus gros qu'on ne serait tenté de le croire au premier abord, en ne considérant que la protubérance extérieure. Cette ligne de démarcation enserre naturellement une partie du chyme qui reste dans la cavité du jeune individu. Lorsqu'on aperçoit pour la première fois une gemme de cette seconde espèce, on est tenté d'y voir, non point un véritable bourgeon, mais un embryon interne, sur le point d'être mis au monde. Il semble du reste, en effet, que cette singulière gemme doive être libérée par une sorte de parturition. On voit la cuticule et le parenchyme du parent se différencier de ceux de la gemme, tout autour de celle-ci, qui se trouve alors logée comme dans une excavation du corps de l'adulte. Malheureusement, il ne nous a pas été donné de poursuivre jusqu'au bout ce curieux phénomène, qui parait être relativement assez rare. La gemme ainsi formée possède déjà une vésicule contractile, un petit nucléus et, à sa partie antérieure, une fossette munie de plis, qui rappelle l'apparence d'une Epistylis toute formée, à l'état de contraction.

Le sort qui attend les gemmes ordinaires, c'est-à-dire celles qui appartiennent à la première espèce décrite, est connu depuis longtemps. Après s'être pourvues d'un nucléus, d'un œsophage, d'une bouche, d'un disque vibratile, d'une vésicule contractile, etc. (le *comment* est, il est vrai, encore une énigme), on les voit se munir, à leur partie postérieure, d'un sillon circulaire dans lequel se développent des cils. Pendant ce temps, la partie qui unit la gemme à son parent, devient de moins en moins large, et, les cils aidant, la jeune gemme se sépare de son parent pour naviguer avec pétulance dans les eaux. Elle ne tarde pas à se fixer quelque part, où elle perd sa couronne de cils locomoteurs, sécrète son pédicule, épanouit son péristome, et alors elle se trouve ressembler parfaitement à son parent, avec la différence que sa taille est plus petite. A l'état de liberté, la jeune Vorticelle répond au genre Rinella de Bory St-Vincent.

Nous voyons donc, chez les Vorticelles, la gemmation donner naissance à des individus qui ne sont d'abord qu'un appendice au sac de la cavité du corps de leur parent, et qui se munissent peu à peu des organes qui leur seront nécessaires pour mener une vie indépendante. Le nucléus du parent ne participe aucunement à la formation du nouvel individu, tandis qu'on admet généralement qu'un partage de cet organe a lieu dans toute division fissipare, et, en effet, nous verrons que c'est bien là réellement ce qui a lieu dans la fissiparité proprement dite. On pourrait donc être tenté de voir là le critère distinctif qui permettrait de séparer avec netteté, l'un de l'autre, les deux modes de reproduction végétative des infusoires. Cependant il faut examiner les choses avec prudence, avant de rien décider à cet égard. Nous trouvons, en effet, chez un Acinétinien, le *Dendrosoma radians* Ehr., un mode de gemmation bien évident, où les choses paraissent se passer autrement que dans la reproduction par bourgeons des autres infusoires. Nous avons déjà eu ailleurs l'occasion de décrire les bourgeons de cet animal, destinés comme ceux des polypes à rester, en tant que membres de la colonie, toujours attachés au corps du parent. Il n'y a pas de doute qu'ils ne se forment originairement comme eux, et comme ceux des Vorticelles, au moyen d'un élargissement en sac d'un point de la cavité du parent. Seulement ils ont, dès l'origine, la largeur qu'affectent tous les capitules de la famille. Ils ne tardent pas à étaler des suçoirs en dehors, et à se munir d'une vésicule contractile qui se relie au vaisseau commun du tronc. Or, le nucléus d'une colonie de Dendrosoma nous a paru être ramifié (M. Ehrenberg déclare même catégoriquement qu'il en est ainsi), et il faut admettre, par conséquent, que le nucléus de chaque bourgeon n'est point né d'une manière indépendante, mais qu'il a été produit par le nucléus central. C'est là une différence notable entre la gemme d'un Dendrosoma et celle d'une Vorticelle.

Nous voyons donc disparaître de nouveau la limite tranchée que nous cherchions à établir entre la gemmiparité et la fissiparité, et cela par suite d'une observation faite sur un animal chez lequel le premier de ces modes de multiplication végétative se présente à un haut degré de développement.

Outre les cas que nous venons de mentionner, la production déjà citée d'une gemme, chez la *Podophrya quadripartita*, et les observations incomplètes que nous avons faites sur l'*Ophryodendron abietinum*, nous ne croyons pas qu'on ait constaté de gemmiparité chez les autres infusoires. Nous ne nous permettons pas de décider si les observations de M. Ehrenberg, au sujet de la *Stylonychia Mytilus*, avaient bien rapport à une gemmation [1], ou bien s'il faut y voir la parturition d'un embryon interne, ou bien, enfin, si M. Perty a raison en ne voulant reconnaître dans ce phénomène que l'effluence d'une goutte de sarcode.

Avant de passer au mode de génération par fissiparité, qui nous fournira encore plus d'un renseignement sur la véritable essence des gemmes, nous voulons encore mentionner le fait que nous avons vu une fois chez la *Vorticella microstoma*, une gemme déjà fort petite elle-même, qui en portait une seconde encore plus petite. La *gemme-parente* se munit d'une couronne de cils natatoires, se détacha de son parent et s'éloigna en emportant la seconde gemme avec elle.

1. Nous avons depuis lors, en effet, constaté l'existence d'une espèce de gemmation chez la *Stylonychia pustulata*. Voyez la Ire partie de ces Études. (Note de 1860).

La reproduction fissipare est bien plus répandue dans la classe des infusoires que la multiplication par gemmes, dont nous venons de nous occuper. C'est le seul mode reproducteur connu chez beaucoup d'infusoires, même chez le plus grand nombre. Il paraît exister chez tous, ou, du moins, il a été constaté dans toutes les familles des infusoires ciliés, chez les Acinétiniens, les infusoires cilio-flagellés et flagellés. Jusqu'à M. Stein, on ne connaissait, chez les Acinétiniens, aucun moyen de multiplication quelconque. Ce savant décrivit leurs embryons, et depuis lors, la fissiparité a été également constatée par M. Cienkowski [1] (chez la *Podophrya fixa*), et par nous (chez l'*Acineta mystacina*).

Le grand développement de la fissiparité chez les infusoires, et le rôle important que ce phénomène joue dans leur reproduction, est un trait caractéristique spécial à cette classe d'animaux. M. Ehrenberg s'est laissé par suite entraîner à chercher dans la fissiparité un critère propre à distinguer les infusoires des plantes, bien que la fissiparité soit fort répandue parmi certains végétaux inférieurs, et que les Oscillariées, dont

1. Bulletins de l'Académie impériale de St-Pétersbourg. 1855.

M. Ehrenberg lui-même fait des plantes, ne possèdent aucun mode de reproduction connu autre que la division du filament multicellulaire dans ses éléments, les cellules isolées.

La fissiparité des infusoires est connue depuis longtemps, et les meilleures observations que nous ayons à ce sujet, remontent à Abr. Trembley. Nous avons déjà eu l'occasion de mentionner les observations, réellement admirables pour l'époque, qu'il fit sur les Stentors. Il en fit d'analogues sur les Vorticelles. Ce sont réellement le seules qu'on ait eues jusqu'ici, car les auteurs qui sont venus après lui les ont tous plus ou moins copiées ou répétées.

« Le tronc ou pédicule d'un polype, qui est encore simple et vient seulement de se fixer, dit l'observateur genevois, est d'abord court, mais il s'allonge dans un espace de temps assez bref. Puis le polype (*clustering polypus*, qui répond à l'*Epistylis anastatica* Ehr.) se multiplie, c'est-à-dire qu'il se divise longitudinalement en deux. On voit d'abord les lèvres (le disque vibratile) se retirer dans le corps, la partie antérieure (le péristome) se fermer et s'arrondir. On peut distinguer cependant encore dans l'intérieur, en regardant avec un peu d'attention, un léger mouvement, lequel dure aussi longtemps que le polype reste fermé (ce sont les cils qui s'agitent dans l'œsophage). La partie antérieure du polype s'aplatit alors par degrés et s'élargit en proportion, de sorte que l'animal devient plus large qu'il n'est long. Puis il se divise graduellement, suivant sa longueur, depuis le milieu de la tête jusqu'au point où la partie postérieure est fixée sur le pédicule. On voit à ce moment deux corps distincts, unis ensemble à l'extrémité du pédicule, qui n'en portait naguère qu'un seul.

« La partie antérieure de ces corps s'ouvre alors par degrés, et en même temps qu'elle s'entr'ouvre, on voit les lèvres du nouveau polype, de plus en plus distinctement. C'est là l'instant opportun pour observer ces lèvres avec attention, afin de se former une idée claire, soit de leur véritable forme, soit de leur motion, dont nous avons déjà parlé précédemment. Ce mouvement est d'abord très-lent, mais il s'active à mesure que le polype s'ouvre davantage, et une fois que celui-ci est entièrement épa-

1. Letter from M. Abraham Trembley with Observations upon Several newly discovered species of Fresh-water Polypi. — Philosophical Transactions of the Royal Society. Numb. 474. London, 1744, p. 175.

noui, il devient aussi rapide que celui qu'on observait sur les lèvres du polype simple, avant qu'il eût commencé à se diviser. Le nouveau Polype peut alors être considéré comme étant complétement formé.

« Dans le commencement, les deux polypes sont moins gros que celui qui leur a donné naissance, mais ils atteignent en fort peu de temps une taille égale à la sienne.

« Un polype emploie environ une heure à se diviser. »

Avant et après Trembley, divers auteurs, tels que Leuwenhœck, Beccaria, etc., observèrent différents exemples de scissiparité, mais, moins clairvoyants que lui, ils crurent souvent avoir affaire à une copulation. Aussi, jusqu'à ces derniers temps, la question ne fit-elle pas de grands progrès. Quelques-uns disaient avoir vu que la fissiparité est toujours précédée par une division du nucléus, et les autres, surtout les disciples de l'école unicellulaire, le répétaient aveuglément. D'un autre côté, M. Ehrenberg avait remarqué que lorsqu'un infusoire était sur le point de se diviser, le nombre de ses vésicules contractiles se doublait. C'était même cette circonstance qui avait engagé Meyen et d'autres à voir dans cet organe, non une vésicule spermatique, mais un cœur. C'est là tout le butin que notre siècle nous a livré sur ce phénomène. On voit qu'il n'est pas bien considérable.

Nous avons consacré une grande attention à l'étude du phénomène de la fissiparité dans divers groupes d'infusoires, et nous avons, en particulier, toujours essayé de tirer au clair comment la vésicule contractile et le nucléus se comportent pendant sa durée. On voudra donc bien nous permettre de nous étendre dans quelques détails à ce sujet, d'autant plus que nous avons eu à constater, dans plus d'un cas, des faits très-curieux et d'un degré de complication inattendu.

Tantôt la division des infusoires se fait suivant un plan longitudinal, tantôt suivant un plan transversal, tantôt suivant une direction oblique. Il n'est pas rare d'observer la division longitudinale et la division transversale chez une seule et même espèce, comme c'est le cas chez beaucoup de Colpodéens. M. Cohn, qui observa ce fait chez le *Paramecium Bursaria*[1], attira l'attention sur la circonstance que les individus qui résultent de la

1. Zeitschrift für wiss. Zoologie. III[ter] Bd., p. 270.

division longitudinale sont beaucoup plus courts et plus longs que les autres, et que leur bouche n'est pas tout à fait située à la place normale. C'est là une remarque parfaitement juste, et qu'on peut étendre à beaucoup d'autres infusoires.

En général, les infusoires se divisent sans perdre pour cela de leur vivacité pendant la durée du phénomène : ils nagent, s'agitent en tous sens, et mangent même comme si de rien n'était. Quelquefois, cependant, ils passent auparavant à un état de repos plus ou moins durable. Les Vorticellines, par exemple, commencent par fermer leur péristome et se contracter en forme de poire ; mais cet état n'est point suivi, comme M. Stein l'a cru, d'une résorption de l'organe vibratile et du péristome. M. Stein pensait que les deux bouches et les deux appareils digestifs se forment à nouveau, mais il n'en est point ainsi. L'appareil buccal et digestif se divise jusqu'à un certain point, en ce sens que l'un des nouveaux individus garde le vestibule, la bouche, l'œsophage et le bulbe formateur des bols alimentaires de l'ancien, tandis qu'une partie de la spirale des cirrhes buccaux échoit en partage à l'autre. La partie de cette spirale que le premier conserve pour son compte, reste dans ses relations précédentes avec l'ancienne bouche et l'ancien œsophage. L'autre partie se prolonge, et à son extrémité se forment, sans doute par degrés, un nouveau vestibule, une nouvelle bouche et un nouvel œsophage, de la même manière que nous avons vu les organes correspondants se former dans la division fissipare des Stentors.

Les observations de M. Stein s'écartent, comme on le voit, considérablement des nôtres. Cet observateur distingué les rappelle à plusieurs reprises. Nous ne pouvons attribuer cette différence dans les résultats obtenus, qu'à une insuffisance dans l'observation de M. Stein. En effet, admettre que les choses se passent, tantôt comme nous les avons vues, tantôt comme ce savant les a décrites, est, ce nous semble, chose peu praticable. Nous avons trop souvent étudié ce phénomène, constatant chaque fois les mêmes phases, pour ne pas être certains de ce que nous avançons. Nous avons commencé notre étude dès l'origine première. Nous avons vu des Vorticelles agiter leurs cils gaîment dans l'eau, puis se contracter, fermer leur péristome et procéder à leur division de la manière indiquée. Constamment, le nouvel œsophage s'est formé avant que la division de l'organe vibratile fût parachevée, et ce n'est qu'après la formation de ces organes internes que les premiers indices de division se manifestent à l'extérieur.

C'est en effet toujours postérieurement à la formation de l'appareil buccal nouveau et de la vésicule contractile nouvelle (ces deux phénomènes marchent ordinairement de pair), qu'on aperçoit la première trace de division extérieure, et cela dans la partie antérieure du corps (Pl. VIII, fig. 14). A ce moment là, le nucléus, quoiqu'un peu tuméfié, ne se partage point encore, et se trouve intact dans la partie médiane du corps. Ce n'est qu'au moment où la division est sur le point de s'achever qu'on voit cet organe se scinder en deux. Chez les Vorticelles et les Carchesium, la division, dans la partie postérieure du corps, marche un peu obliquement. Il en résulte que l'un des individus garde le muscle du pédicule tout entier pour lui, et que l'autre n'en conserve pas la moindre parcelle. Chez les Zoothamnium, au contraire, la division se fait exactement suivant la ligne médiane, et chacun des nouveaux individus se trouve posséder la moitié du muscle. Tous deux se trouvent, par conséquent, immédiatement unis au muscle du tronc commun. De là les contractions synchroniques d'un arbre de Zoothamnium tout entier. La ligne, ou plutôt le plan de partage a une direction toujours constante, si bien que les bouches des nouveaux individus sont, sans exception, tournées en sens opposé l'une de l'autre.

Parfois les individus résultés de la division, prolongent chacun pour leur compte le pédicule primitif. C'est le cas chez les Vorticellines qui forment des familles arborescentes (Carchesium, Zoothamnium, Epistylis), parfois aussi chacun d'eux se munit d'une couronne de cils postérieure, se détache du tronc commun et s'écarte à la nage. Dans le genre Vorticelle proprement dit, les Cothurnies, les Vaginicoles, etc., l'un des individus ne manque jamais de se détacher du pédicule, comme cela arrive aussi dans certains cas chez les Vorticellines sociales, tandis que l'autre reste d'ordinaire à sa place.

Nous avons déjà touché ailleurs les relations de la division spontanée avec l'enkystement, ce qui fait que nous ne voulons pas reprendre ce sujet. Il en est de même de ce qui concerne la reproduction des infusoires flagellés.

Dans tous les exemples de division spontanée d'infusoires ciliés que nous avons observés, nous avons vu les vésicules contractiles se former toujours de fort bonne heure. Chez les Stentor, le nouvel organe contractile paraît résulter simplement d'un ectasie du vaisseau longitudinal déjà existant. Chez les infusoires qui ne sont pas ciliés uniformément sur toute leur surface, mais qui possèdent des groupes de cils ou de cirrhes plus développés que les autres, comme par exemple les Stentor et les Vorticelles, nous avons observé la manière dont ces derniers se forment à nouveau avant que la division extérieure se manifeste. Il en est de même des organes moteurs des infusoires marcheurs (Oxytrichiens). Ce n'est en général que fort tard que la divion du nucléus a lieu.

Considérons plus spécialement la manière intéressante dont la division spontanée s'opère chez les Euplotes et quelques autres Oxytrichiens.

Chez l'*Euplotes Patella*, le premier indice de la division spontanée consiste en ce que l'extrémité postérieure de la fosse buccale, c'est-à-dire la partie de cette fosse qui se trouve immédiatement en avant de la bouche, se prolonge vers la partie postérieure de l'animal, formant ainsi une fossette dans laquelle commencent à se montrer de gros cirrhes semblables à ceux qui sont implantés sur le bord de la fosse buccale elle-même.

Cette fossette se prolonge en un canal qui, sur une certaine étendue, est parfaitement fermé de toutes parts, recouvert qu'il est par les téguments ventraux. La partie postérieure cependant est à nu, ne formant plus un canal tubulaire, mais seulement un demi-canal en gouge, véritable *calamus scriptorius*. C'est le commencement du sillon buccal (ou fosse buccale) qui doit conduire à la bouche de l'individu postérieur en voie de se former. En effet, ce sillon se prolonge toujours plus en arrière, en formant une ligne arquée, tandis que la bouche et l'œsophage se creusent. Pendant ce temps, des cils se forment sur son parcours. L'appareil buccal de l'individu postérieur se trouve ainsi complétement formé. Il se sépare alors de l'appareil buccal ancien par l'oblitération de la partie tubulaire du canal déjà mentionné. C'est seulement à ce moment-là qu'apparaissent les appendices moteurs, connus sous les noms d'onglets (pieds-crochets ou *uncini*), de pieds-rames (ou style) et de soies. Les pieds-crochets de l'ancien individu s'agitent vivement, tandis que les pieds-rames sont, comme d'ordinaire, traînés passivement. Entre ces deux systèmes d'extrémités ou d'appendices, on voit se former un certain nombre de protubérances. Celles qui sont situées le plus en avant, sont destinées à devenir les pieds-rames de l'individu antérieur, c'est-à-dire de celui qui garde la bouche et les pieds-crochets de l'individu ancien. Immédiatement derrière ces organes apparaissent les quatre soies fines et articulées à leur base qui doivent trouver à l'extrémité postérieure de la face ventrale de ce même individu. Derrière ces organes, qui doivent appartenir à l'individu antérieur, se montrent encore plusieurs protubérances qui sont destinées à devenir les pieds-crochets de l'individu postérieur, c'est-à-dire de celui qui se munit d'une bouche nouvelle et de cirrhes frontaux nouveaux, mais qui garde les pieds-rames de l'individu ancien, ainsi que ses soies postérieures. L'individu postérieur conserve l'ancienne vésicule contractile, l'individu antérieur en reçoit une nouvelle.

Chez les Schizopus, qui sont du reste si proches parents des Euplotes, l'ordre d'apparition des organes qui caractérise la division fissipare ne paraît pas être exactement le même que chez ces derniers. Les premiers indices de la division semblent consister, du moins chez le *Schizopus norwegicus*, non point dans l'apparition d'un nouvel appareil buccal, mais dans celle de nouveaux pieds marcheurs. On voit alors de petits mamelons côniques se former, suivant une ligne oblique qui se dirige du dernier pied marcheur de l'animal primitif vers l'avant et la gauche (Pl. X, fig. 20). Nous n'avons malheureusement pas pu suivre toutes les phases intermédiaires jusqu'à l'état représenté dans la figure 26, où toutes les extrémités des deux individus sont formées, et nous ne pouvons dire avec certitude si le dernier pied-marcheur (pied-crochet) de l'individu primitif passe bien réellement à l'individu postérieur, tandis que tous les autres resteraient à l'individu antérieur. C'est cependant ce qui nous a paru probable. Dans tous les cas, l'individu postérieur se munit d'un appareil buccal entièrement nouveau et d'au moins six pieds-marcheurs nouveaux, tandis qu'il conserve les cinq extrémités en rames, les deux soies ventrales et les trois extrémités dorsales multifides de l'individu primitif, ainsi que peut-être son dernier pied-crochet, lequel formerait alors aussi son dernier pied-crochet à lui-même. L'individu antérieur au contraire garde la bouche primitive, ainsi que les cils frontaux et au moins six des pieds-marcheurs anciens. Les cinq pieds-rames et ses deux soies se forment à nouveau, suivant une ligne oblique qui prend naissance à la bouche et se dirige vers la droite et l'arrière. Quant à ce qui concerne les extrémités dorsales de cet individu, on les voit apparaître du côté droit sur le dos de l'animal, à peu près au milieu de la longueur de celui-ci (V. fig. 26).

L'Oxytrichien marin, que nous avons décrit ailleurs sous le nom de *Campylopus paradoxus*, offre un mode de division spontanée tout à fait analogue. Toutefois, l'absence de pieds-crochets dans le genre Campylopus rend le détail du phénomène un peu moins complexe. En effet, l'individu antérieur conserve les anciens cirrhes frontaux et l'appareil buccal ancien, mais se munit de quatorze extrémités nouvelles, consistant, du côté droit, en trois pieds-rames, quatre soies et trois pieds dorsaux, et du côté gauche, en deux pieds dorsaux et deux soies, ainsi que d'une vésicule contractile nouvelle, tandis que l'individu postérieur conserve les 14 extrémités anciennes et la vésicule contractile ancienne, mais se munit d'un appareil buccal et de cirrhes frontaux nouveaux (V. Pl. X, fig. 27). Il se forme alors au-dessus de la fosse postérieure droite une seconde fosse plus petite, dans laquelle apparaissent les pieds dorsaux droits de l'individu antérieur. Les pieds-rames sont dans l'origine purement ventraux et assez éloignés de la fosse. Les extrémités gauches apparaissent immédiatement auprès des cirrhes frontaux de l'individu postérieur.

Qu'il nous soit permis de citer encore un exemple de division spontanée qui pourra intéresser en ce sens qu'il est tout nouveau. Il s'agit de la division d'un Tintinnus, le *T. Urnula* (V. Tome Ier, Pl. VIII, fig. 14). Lorsque l'animal est sur le point de se diviser, on voit un nouveau péristome se former sur le côté. Il apparaît d'abord sous la forme d'une bosse ou proéminence, qui pourrait faire croire qu'on a à faire à une gemme. Peu à peu, et à mesure que les cirrhes buccaux se forment, ce nouveau péristome est repoussé toujours plus vers l'arrière, de manière à finir par être complètement opposé au premier. Le pédicule est par contre repoussé tout à fait sur le côté du nouveau péristome. Celui-ci déploie alors ses cirrhes et les agite vivement. Le Tintinnus offre à ce moment l'apparence d'un cylindre, dont les deux bases seraient formées chacune par un péristome cilié. Ce n'est qu'à partir de ce moment qu'il se forme un sillon circulaire indiquant la place où la division transversale aura lieu plus tard. Il est probable qu'une fois la division complètement opérée, l'individu postérieur garde l'ancienne coque et le pédicule ancien, tandis que l'individu antérieur s'écarte à la nage pour se former plus tard une coque grisâtre de la forme qui caractérise son espèce. Cependant on trouve fréquemment deux Tintinnus dont les coques sont emboîtées l'une dans l'autre, chez d'autres espèces au moins, et il est probable, par suite, que l'individu antérieur peut aussi former sa coque nouvelle dans l'intérieur de la coque ancienne.

Nous voyons donc que dans toute espèce de division spontanée chez les infusoires, chacun des individus produits garde certains organes déterminés de l'individu primitif, tandis qu'il est obligé de former les autres à nouveau. Le nucléus paraît cependant se partager constamment[1]. Les deux individus résultés de la division sont donc, au point de vue morphologique, assez dissemblables, et ils offrent quelquefois un aspect assez différent l'un de l'autre, ce que nous avons vu en particulier avoir lieu chez l'*Urnula Epistylidis* et l'*Acineta mystacina*. L'individu privilégié, qui conserve la plus grande partie des organes de l'ancien, doit cependant toujours reformer à nouveau certaines parties essentielles que l'autre emporte avec lui. Quelquefois, il est vrai, il n'a guère à compléter qu'une partie du nucléus, comme nous l'avons vu chez les Stentors, où l'individu postérieur est obligé de former tous les organes à nouveau, à l'exception d'un fragment de nucléus qu'il reçoit de l'individu primitif. Plus encore que chez les Stentors, c'est là le cas chez les Lagenophrys, dont M. Stein nous a fait connaître la fissiparité oblique[2].

Ici, la fissiparité touche de bien près à la reproduction par gemmes, et la seule différence qu'on puisse établir entre ces deux modes de reproduction, c'est que dans le premier, l'individu le moins favorisé reçoit du moins une partie *préexistante* du nucléus, tandis que dans le second, la gemme doit former un nucléus nouveau. Chez les Dendrosoma même, c'est une branche *nouvelle* du nucléus ancien qui devient le nucléus du bourgeon. Toutefois cette différence est bien peu essentielle.

1. Chez les genres d'Oxytrichiens qui ont deux nucléus, comme les Stylonychies et les Oxytriques, le nucléus antérieur se partage pour former les deux nucléus de l'individu antérieur, tandis que le nucléus postérieur se divise en deux moitiés, qui deviennent les nucléus de l'individu postérieur.

(Depuis la rédaction de ces lignes, nous devons, soit à M. Stein, soit à M. Balbiani, de nouvelles recherches sur la fissiparité. M. Balbiani, en particulier (Journal de la physiologie, Janv. 1860), décrit, chez plusieurs espèces, des modifications de forme très-curieuses du nucléus, qui doivent accompagner le phénomène de la division spontanée. (*Note de 1860.*)

2. Loc. cit., p. 89. — M. Stein n'a pas observé le moment où le gros individu libre quitte l'étroite coque en forme de bouteille. Nous avons plusieurs fois assisté à ce curieux phénomène. C'est un travail pénible pour l'animal, vu le peu de largeur du col de la coque. Souvent il périt au milieu de ses efforts. Dans tous les cas, c'est une opération qui ne dure jamais moins d'un quart d'heure à une demi-heure.

REPRODUCTION

PAR EMBRYONS.

Ce n'est que dans ces dernières années qu'on a constaté ce mode de propagation, lequel, si l'on n'a pas encore le droit de le qualifier de sexuel, paraît cependant devoir être considéré comme le mode de reproduction essentiel, par opposition à la fissiparité et à la gemmiparité, qui ne sont que des modes de reproduction plus ou moins végétatifs.

Chacun sentait dès longtemps qu'il est à supposer que les infusoires possèdent une autre manière de se reproduire qu'une multiplication toute végétative, aussi ne manquait-on pas de chercher chez eux, soit des œufs, soit des germes quelconques. Gleichen [1] croyait déjà avoir reconnu quelque chose de semblable chez les Vorticelles. A une époque plus récente, M. Ehrenberg croyait devoir considérer comme des œufs différents granules colorés qu'il voyait se former chez certains infusoires, et dont la grosseur lui semblait répondre assez exactement à celle des plus petits individus appartenant à ces espèces. M. Perty, guidé par de semblables instincts, imagina sa théorie des *blasties*, sortes de germes auxquels il ne veut pas donner le nom d'œufs, parce qu'il est décidé, *a priori*, à ne voir chez les infusoires qu'une constitution trop imparfaite pour pouvoir rendre une différenciation sexuelle possible chez eux. Ces

1. Gleichen : Abhandlung über die Samen- und Infusionsthierchen. Nürnberg, 1778, p. 153.

différentes théories étaient justifiables aussi longtemps qu'on ne savait rien de positif sur la formation d'embryons chez les infusoires, mais aujourd'hui que nous connaissons cette formation chez un certain nombre de familles, ces théories perdent toute espèce de valeur et doivent rentrer dans l'ombre.

Nous avons déjà dit que la première observation [1] faite sur la formation d'embryons chez un infusoire, passa complétement inaperçue. En revanche, celle de M. Focke [2], sur le *Paramecium Bursaria*, n'en fit que plus d'éclat, et fut bientôt confirmée par plusieurs observateurs. M. Eckhard [3] n'eut pas autant de succès dans ses observations sur les Stentors, non plus que M. Oscar Schmidt [4]. Ce ne furent, dans le fait, que les intéressantes découvertes de M. Stein [5], sur les Acinétiniens et le *Chilodon Cucullulus*, qui conquirent, à la reproduction des infusoires par embryons, une place définitive dans la science.

L'existence d'embryons chez les infusoires et en particulier chez toute une famille, celle des Acinétiniens, était donc démontrée. Mais on ne savait pas encore de quelle manière ces embryons (*Schwärmsprösslinge* de M. Stein) se forment, bien que M. Stein eût émis l'idée que leur naissance était reliée d'une manière quelconque à l'organe connu sous le nom de nucléus, opinion qu'il étaya de preuves puisées dans des observations nombreuses. Cependant les idées de M. Stein étaient loin d'être fixées sur ce sujet. Dans l'origine, il croyait que le nucléus entier se transformait en un jeune individu. Toutefois il ne tarda pas à abandonner cette manière de voir pour adopter l'idée que l'embryon ne devrait sa formation qu'à une partie de l'organe. Mais il ne resta pas même fidèle à cette opinion là, supposant en dernier lieu [6] que le nucléus du parent développait une excroissance destinée à devenir le nucléus du produit.

M. Cohn, dont les observations sur le développement des embryons du *Paramecium Bursaria* font foi d'une grande exactitude, se refuse cependant à admettre que le nucléus donne naissance aux embryons. En effet, la présence fréquente, ou même, comme

1. Faite par M. de Siebold.
2. Amtlicher Bericht der Naturforscherversammlung zu Bremen. 1844, p. 110.
3. Wiegmann's : Archiv für Naturgeschichte. 1846.
4. Froriep's Notizen 1849.
5. Wiegmann's Archiv, 1849. — Zeitschrift für wiss. Zool. IIIter Bd. — Die Infusionsthierchen, etc. Leipzig, 1854.
6. Loc. cit, p. 199.

il se le figurait à tort, constante de plusieurs de ces germes enfermés simultanément dans la cavité de la mère, parlait suivant lui contre une telle idée, et s'opposait complétement à son admission.

Cependant nous avons démontré avec certitude chez certains infusoires (*Epistylis plicatilis* et *Paramecium putrinum*) et chez beaucoup d'autres, avec une probabilité qui touche de bien près à la certitude elle-même, que les embryons se développent aux dépens du nucléus. Nous avons reconnu que le partage préalable de ce nucléus est une circonstance tout à fait accessoire. Tantôt il se divise, tantôt non, mais dans tous les cas les embryons se forment, ou bien dans le nucléus tout entier, ou bien dans l'un des fragments de cet organe. L'idée énoncée dans l'origine, par M. Focke, se trouve donc confirmée.

Il se présente ici trois hypothèses : ou bien le nucléus est réellement un utérus dans lequel les embryons se développent, ainsi que M. Focke l'a prétendu, ou bien c'est un ovaire dans lequel les œufs se développent avant de le quitter; ou bien, enfin, c'est un embryogène avec ou sans relation, avec des fonctions sexuelles. En présence de ces diverses suppositions, nous devons nous déclarer neutres. Le rôle à attribuer au soi-disant nucléole, lorsque cet organe existe, est également incertain.

Parfois un seul embryon se développe dans le nucléus ou dans un fragment de cet organe, mais parfois aussi, et cela dans les mêmes espèces, il s'en développe un nombre plus grand, ou même souvent fort considérable. On ne peut toutefois rien voir dans ce fait qui annule de prime abord la possibilité de l'existence d'ovules chez les infusoires.

Les données des autres observateurs peuvent facilement se mettre d'accord avec nos propres observations, avec l'exception toutefois d'un cas rapporté par M. Stein, cas dans lequel ce savant crut devoir admettre que l'embryon se formait *autour* d'une partie du nucléus. Il observa en effet un corps qu'il considérait comme un embryon, et dont il vit la masse interne unie au nucléus du parent. On peut se demander, toutefois, si ce n'était pas là tout simplement une division spontanée du nucléus. Cela ne nous semble point improbable.

Nous avons toujours vu les embryons ainsi formés se recouvrir de cils sur tout ou partie de leur surface, et s'écarter à la nage. C'est là ce qui a lieu même chez les espèces qui, à l'état adulte, sont glabres et dépourvues d'organes locomoteurs.

Nous avons maintenant à ajouter quelques mots sur les phénomènes observés par M. Stein chez la *Vorticella microstoma* et la *Vorticella nebulifera*, par M. Cienkowsky chez la *Nassula viridis*, et par nous chez l'*Urnula Epistylidis*. Chez ces différents animaux, il se forme, dans certains cas du moins, une multitude de forts petits embryons, dont la naissance entraîne la mort du parent.

Rapportons d'abord brièvement les observations de M. Cienkowsky, qui se trouvent complétées et expliquées par celles de M. Stein et par les nôtres. Cet observateur trouva un certain nombre de kystes de la *Nassula viridis*, dont le contenu devint indistinct, tandis que la vésicule contractile disparaissait, et que dans l'intérieur se formaient des cercles clairs, séparés les uns des autres par des intervalles plus obscurs. Ces cercles développèrent de petits prolongements tubuliformes qui percèrent les parois du kyste, s'ouvrirent à l'extérieur et livrèrent passage à une foule de petits êtres ressemblant à des monades.

On voit que ce phénomène concorde parfaitement avec nos observations sur l'*Urnula Epistylidis*. Malheureusement nous n'avons, pas plus que M. Cienkowsky, pu déterminer quelle était l'origine première des corps ovales que nous vîmes apparaître dans nos Urnula. L'hypothèse la plus probable, c'est qu'ils étaient résultés d'une division du nucléus. Ceci semble encore plus vraisemblable, lorsqu'on se rappelle les observations de M. Stein sur la *Vorticella microstoma*, où ce savant vit un phénomène tout semblable commencer par la division du nucléus en un grand nombre de petits corpuscules. Nous avons vu une division toute semblable du nucléus chez la *Vorticella microstoma* et aussi chez la *V. nebulifera* non enkystée. M. Stein vit ces petits êtres monadiniformes (auxquels on n'a cependant pas encore réussi à trouver de flagellum), produits dans le nucléus, grossir aux dépens du contenu du kyste dans lequel la Vorticelle s'était préalablement enfermée, et finir par le remplir exactement. Ils quittèrent plus tard le kyste de la manière déjà indiquée. S'il en est bien réellement ainsi, ce ne serait qu'une variété de la reproduction d'embryons par le nucléus[1].

1. Nous avons déjà vu que les observations de M. Stein, comme ce savant l'a reconnu, ont rapport au développement d'un Chytridium. Il en est évidemment de même de celles de M. Cienkowski et peut-être aussi des nôtres relatives à l'Urnula Epistylidis. (*Note de 1860*).

La production d'embryons internes est donc démontrée chez un nombre fort considérable d'infusoires, et paraît résulter toujours d'une modification du nucléus entier ou d'une de ses parties. Jusqu'ici elle a été constatée dans les groupes suivants :

A. **Infusoires flagellés** (?) :

Peut-être faut-il en effet ranger ici le développement du *Chlorogonium euchlorum* étudié par M. Weisse.

B. **Infusoires suceurs :**

A savoir, chez un grand nombre d'Acinétiniens appartenant aux genres *Podophrya* et *Acineta*, par MM. Stein et Cienkowsky, ainsi que par nous, et de plus chez l'*Ophryodendron abietinum*, dans lequel nous avons aussi vu se former des embryons.

C. **Infusoires ciliés :**

Les embryons ont été constatés dans les familles suivantes :

1° COLPODÉENS, savoir chez trois espèces de Paramecium (*Paramecium Bursaria*, *P. putrinum* et *P. Aurelia*), par MM. Focke, Cohn, Stein et par nous.

2° TRACHÉLIENS, savoir, chez le *Chilodon Cucullulus*, par M. Stein, et chez la *Nassula viridis*[1] par M. Cienkowski.

3° BURSARIENS, savoir chez le *Stentor polymorphus*, par nous et peut-être déjà auparavant par M. Eckhard et O. Schmidt.

4° OXYTRICHIENS. A supposer du moins que l'animal chez lequel M. Cohn dit avoir observé des embryons, et qu'il considère comme l'*Urostyla grandis* Ehr. appartienne bien à cette famille.

5° VORTICELLINES, à savoir chez l'*Epistylis plicatilis*, par nous, ainsi que chez la *Vorticella microstoma* et la *V. nebulifera*, par M. Stein.

6° OPALINES, savoir chez les Dicyema, par MM. Erdl et Kölliker et par nous[2].

1. Ces observations de M. Cienkowski doivent être rayées de cette énumération, puisqu'il s'agit, comme nous l'avons vu, du développement d'un Chytridium parasite. (*Note de 1860*).

2. Depuis lors, nous devons la constatation de la formation d'embryons à M. Stein chez l'*Urostyla grandis* Ehr. St. (*Oxytricha fusca* Nob.), la *Stylonychia Mytilus* et la *Bursaria truncatella*, et à M. Cohn chez la *Nassula elegans*. M. Stein a observé aussi quelques stades de la formation première des embryons chez l'*Epistylis crassicollis* (confirmé par M. Engelmann) et chez la *Vorticella nebulifera* (*Note de 1860*).

D. **Rhizopodes.**

Savoir chez l'*Urnula Epistylidis* [1].

Par suite du nombre déjà considérable de faits constatés, nous croyons pouvoir admettre que la formation d'embryons est un phénomène général parmi les infusoires.

1. Ce cas doit être cité avec un point de doute, puisque, comme nous l'avons vu, il s'agit peut-être du développement d'un végétal parasite. (*Note de 1860*).

DE LA

POSSIBILITÉ DE L'EXISTENCE

DE

ZOOSPERMES CHEZ LES INFUSOIRES[1].

Au commencement de l'année 1856, nous fîmes diverses observations qui semblent promettre la réalisation de l'espoir, déjà exprimé dans notre mémoire, de la découverte d'organes sexuels chez les infusoires.

Ce fut d'abord chez les Stentor que nous trouvâmes de longs filaments mobiles enfermés en grand nombre dans une cavité spéciale au milieu du contenu de la cavité générale du corps. Ces filaments s'agitaient d'une manière évidente et rappelaient par leur forme certains longs vibrions ou, si l'on aime mieux, les zoospermes filiformes de divers mollusques. L'idée que nous pouvions avoir à faire là à des zoospermes d'infusoires se présenta de suite à notre esprit. Cependant il n'était pas possible d'accorder trop de valeur à cette hypothèse. Il se pouvait en effet que ces filaments fussent des vibrions avalés par les Stentor ou bien vivant en parasites dans le corps de ces infusoires. Diverses circonstances parlaient contre la première de ces possibilités. D'abord,

1. Ce chapitre a été envoyé, comme Supplément au présent Mémoire, à l'Académie des Sciences de Paris au printemps de l'année 1857. Nous l'intercalons ici. (Note de 1860).

l'agglomération des filaments en une seule masse[1], puis le fait que leurs mouvements ne cessaient point quelque longtemps qu'on les observât. De plus, lorsqu'on mettait ces filaments en liberté, en écrasant le Stentor, leurs mouvements cessaient dès qu'ils arrivaient au contact de l'eau. Il semble résulter de ce dernier fait, que ce ne sont point des vibrions destinés à vivre en liberté dans l'eau. Mais la possibilité que ces êtres fussent des parasites n'en subsiste pas moins, et nous ne connaissons aucun fait qui puisse prouver le contraire. Une fois même, nous fîmes une observation qui semble parler tout à fait en faveur du parasitisme de ces filaments. L'un d'eux, en effet, se trouva être renfermé dans la vésicule contractile, et au moment de la contraction, il fut chassé dans le vaisseau longitudinal, décrit par M. de Siebold. On voit par là qu'il n'est pas possible d'affirmer, avec quelque probabilité, que ces filaments là soient formés par le Stentor.

Peu après notre attention fut attirée par d'autres filaments que nous rencontrâmes chez le *Chilodon Cucullulus*. Mais ces filaments avaient cette fois-ci plus d'importance, en ce sens qu'ils paraissaient appartenir bien décidément à l'animal qui les renfermait. Ils étaient en effet contenus dans le nucléus. Leur forme était celle de petits bâtonnets droits et éparpillés en sens divers. Jamais nous ne réussîmes à reconnaître chez eux la moindre trace de mouvement.

Durant le cours de l'été 1856, M. le prof. Johannes Müller, qui ignorait nos observations sur ce sujet, trouva des bâtonnets analogues dans le nucléus du *Paramecium Aurelia*[2], et nous communiqua sa découverte. Nous ne tardâmes pas à en reconnaître nous-mêmes l'exactitude. Depuis lors, nous avons à diverses reprises, soit durant l'été et l'automne 1856, soit au printemps de 1857, trouvé des Paramecium dont le nucléus renfermait les bâtonnets en question[3]. La figure 13 de la planche XI représente un *Paramecium Aurelia*, dont le nucléus est rempli de bâtonnets. Le plus souvent ceux-ci sont arrangés d'une manière parfaitement régulière, parallèlement les uns aux

1. Cette objection n'est toutefois pas de grande valeur, puisqu'on trouve souvent des vibrions agglomérés en masses considérables dans l'eau.

2. Monatsbericht der k. preussischen Akademie der Wissensch. zu Berlin. Sitzung des 10ten Juli 1856.

3. M. Lieberkühn en trouva également dans le nucléole d'un infusoire voisin du *Colpoda Ren* Ehr. V. Monatsbericht der preuss. Akad. d. Wiss Juli 1856.

autres (fig. 13 et 17). Parfois ils offrent une apparence plus ou moins ondulée (fig. 14). En général ils remplissent le nucléus en entier, mais il arrive quelquefois cependant qu'ils ne se forment que dans le nucléole. Nous avons représenté ce dernier cas dans la figure 14. La fig. 16 représente un nucléus qui ne contient encore qu'un petit nombre de bâtonnets. La figure 15 est celle d'un nucléus qui a été traité par l'acide chrômique. Le contenu de l'organe s'est détaché de la membrane enveloppante, et a pris une consistance granuleuse.

Il est enfin à noter qu'on rencontre des Paramecium chez lesquels les bâtonnets sont épars en tous sens dans le nucléus, et d'autres enfin, où une partie d'entre eux a quitté cet organe et s'est répandue dans la cavité du corps. Nous avons vu une fois un amas de bâtonnets dans la partie tout à fait postérieure de cette dernière ; une traînée de bâtonnêts contournait l'œsophage et mettait cet amas en communication immédiate avec le nucléus. Chez un autre individu, les bâtonnets étaient, au contraire, emmagasinés dans la partie antérieure du corps.

Dans aucun cas nous n'avons observé de mouvement chez les bâtonnets du *Paramecium Aurelia.*

Tels sont les résultats principaux de nos recherches sur la formation des bâtonnets dans le nucléus des infusoires. Ce serait un peu prématuré que de vouloir reconnaître dans ces corps baculiformes l'équivalent des zoospermes des autres animaux. Il suffit d'attirer l'attention sur la possibilité d'une comparaison entre ces corpuscules et les zoospermes d'animaux plus haut placés dans la série. Nous savons en effet que l'organe connu sous le nom de nucléus, chez les infusoires, joue un rôle important dans la fonction de la reproduction. Dans l'état ordinaire, c'est un embryogène. Mais, supposé que dans certaines circonstances, des individus sexués apparaissent, comme cela a lieu chez les Rotateurs, par exemple, il est possible que cet organe prenne alors une autre signification, et qu'il joue chez certains individus le rôle de testicule, et chez d'autres celui d'ovaires. C'est là un sujet qui touche de trop près à l'hypothèse, pour qu'il nous soit permis de nous y arréter longtemps. Toutefois ces faits sont dignes d'attirer l'attention des observateurs futurs. Ils sont peut-être le premier pas vers la solution définitive du problème de la génération chez les infusoires.

Supplément de 1860.

Depuis l'époque de la rédaction de ces lignes, nous sommes redevables à M. Balbiani et à M. Stein de très-intéressantes recherches sur la formation de ces bâtonnets. M. Balbiani les reconnut, pour la première fois, dans le *nucléole* du *Paramecium Bursaria*(V. Comptes-rendus de l'Académie des Sciences, 30 Août 1858; Journal de la Physiologie, 1855, p. 71); depuis lors il les a retrouvés toujours dans le *nucléole* de plusieurs autres espèces, telles que le *Paramecium Aurelia*, le *Chilodon Cucullus*, plusieurs Vorticellines et Oxytrichiens. Il pense pouvoir affirmer que ces corpuscules sont bien des zoospermes, et que le nucléole doit, par suite, être considéré comme un testicule, et le nucléus comme un ovaire. Ces conclusions nous paraissent parfaitement fondées.

Dans une note de son dernier mémoire sur ce sujet, M. Balbiani (Journal de la Physiologie, Janvier 1860, p. 80) s'exprime de la manière suivante : « Ce n'est pas la « première fois, d'ailleurs, qu'il est question dans la science des corpuscules sperma- « tiques des infusoires. Déjà, avant nous et à plusieurs reprises, quelques auteurs ont « cru avoir démontré leur existence chez plusieurs animaux de cette classe. Les faits « sur lesquels ils ont cherché à appuyer cette démonstration nous sont bien connus, « et se sont souvent présentés à notre observation. Nous nous proposons, dans un « travail prochain, de les soumettre à une discussion attentive, et nous essaierons alors « par la comparaison avec ceux qui résultent de nos recherches personnelles, de leur « restituer leur signification véritable. Nous croyons cependant opportun de déclarer « dés ce moment, qu'aucun des faits dont il s'agit ne nous paraît présenter ces carac- « tères qui imposent la conviction, et que toutes les fois que nous avons pu reconnaître

« nous-mêmes, dans une espèce, un développement de zoospermes, ces corps ne res-
« semblaient en rien, ni pour la forme, ni pour le volume, ni pour l'organe, siège de
« leur développement, aux prétendus filaments spermatiques, dont on avait indiqué
« l'existence chez ces mêmes espèces, tandis que tout démontrait, au contraire, que
« ceux qui les ont observés se trouvaient en présence d'une simple production para-
« sitique. »

Telle est la manière dont M. Balbiani mentionne, *pour la première fois*, les observations de Johannes Müller, celles de M. Lieberkühn et les nôtres, qui, toutes cependant, furent déjà publiées en juillet 1856 dans les Bulletins de l'Académie de Berlin. Si M. Balbiani eût continué, comme par le passé, à taire ces observations, nous ne prendrions pas en ce moment la plume, car les questions de priorité sont de peu d'importance au point de vue scientifique ; mais lorsque M. Balbiani s'avance et prétend frapper de nullité ces observations, jusqu'alors systématiquement passées sous silence, il est de notre devoir de rétablir les faits.

Ce fut en juillet 1856 que les observations de Joh. Müller, de M. Lieberkühn et de nous-mêmes, relatives à la formation de filaments, *peut-être* spermatiques chez les infusoires, furent communiquées à l'Académie de Berlin. Au printemps de l'année 1858, l'un de nous, M. Claparède, dans une séance de la Société de Biologie de Paris, à laquelle assistait M. Balbiani, communiqua les principaux résultats de nos recherches relatives à la reproduction des infusoires, signala en particulier la formation de filaments, supposés spermatiques, chez les Paramecium, et fit circuler les dessins relatifs à ce sujet qu'on trouve à la fin de ce volume. Ce ne fut que plusieurs mois plus tard que M. Balbiani fit sa première communication à l'Académie des Sciences de Paris, sans mentionner, ce qui n'était point nécessaire nous en convenons, les observations analogues publiées, plus de deux années auparavant, dans les Bulletins de l'Académie de Berlin.

Nous ne mentionnons ces faits que pour montrer que si M. Balbiani suspecte aujourd'hui l'exactitude de nos observations, ce n'est pas pour les connaître d'une manière aussi imparfaite que s'il n'avait lu que la brève analyse que nous en avons publiée au printemps de 1858, dans les annales des sciences naturelles. Il a pu établir une comparaison entre nos dessins et les résultats de ses propres observations, faites du reste, nous en avons la conviction, d'une manière parfaitement indépendante, car nous repoussons complétement l'intention de l'accuser ici d'un plagiat. Or, maintenant que nous avons les publications de M. Balbiani sous les yeux, et que nous y voyons quelques figures si concordantes avec les nôtres, qu'on pourrait les échanger les unes avec les autres, nous ne comprenons pas comment ce savant peut dire que les corps observés par nous ne ressemblent en rien, ni pour la forme, ni pour le volume, ni pour l'organe, siège de leur développement, aux filaments spermatiques trouvés par lui. Tous ceux qui voudront se donner la peine de faire cette comparaison, trouveront qu'il y a identité complète, soit dans la forme, soit dans le volume, soit dans l'organe, siège de leur développement. Si donc M. Balbiani réussit à nous montrer, comme il l'annonce — et ce n'est point dans le domaine des impossibilités,— que nos prétendus filaments spermatiques sont des parasites, il aura par le même coup démontré la nature parasitique des siens.

Nous disons que l'identité s'étend jusqu'à l'organe, siège du développement, car, si nous avons signalé l'existence de filaments ou bâtonnets dans le nucléus, nous l'avons aussi mentionnée dans le *nucléole* du *Paramecium Aurelia* (V. Pl. XI, fig. 14, dessin envoyé en 1857 à l'Académie de Paris) et M. Lieberkühn avait aussi signalé ces filaments dans le *nucléole* d'un infusoire voisin du *Colpoda Ren* de M. Ehrenberg.

Le mérite des recherches de M. Balbiani est incontestable, il a confirmé la découverte de filaments, sans doute spermatiques, faite plus de deux années auparavant par Joh. Müller, par M Lieberkühn et par nous. Il a fait plus, il a étendu ses observations à plusieurs espèces nouvelles, et ce sont ses travaux qui ont le plus contribué à établir que le nucléole est très-vraisemblablement le testicule des infusoires.

Ce rôle du nucléole a été rendu encore plus vraisemblable par les beaux travaux de M. Stein (Der Organismus der Infusorien, Leipzig, 1859, p. 95 à 100), qui a fait faire un pas de plus à la question que M. Balbiani, en constatant (comme Johannes Müller et nous-mêmes nous l'avions déjà fait auparavant) que les bâtonnets ou filaments supposés spermatiques, se trouvent non-seulement dans le nucléole, mais encore dans le nucléus. C'est un fait dont nous avons été nous-mêmes dans le cas de nous assurer de nouveau à plusieurs reprises. Selon M. Stein, les zoospermes se développeraient dans le nucléole et le quitteraient ensuite pour pénétrer dans le nucléus, organe femelle, et le féconder. C'est cette fécondation qui amènerait l'énorme tuméfaction des nucléus qu'on trouve remplis de filaments. La fécondation une fois opérée, ces zoospermes disparaîtraient, et le nucléus se diviserait suivant un mode comparable à la segmentation de l'œuf en un certain nombre de segments, ou corps reproducteurs, destinés à donner chacun un embryon, comme nous l'avons représenté pour divers Paramecium (V. Pl. X, fig. 13 à 18, et Pl. XI, fig. 10 — 12). Cette opinion de M. Stein nous paraît extrêmement vraisemblable.

Les infusoires seraient donc androgynes. Mais ici deux questions se présentent. Peuvent-ils se féconder eux-mêmes, ou bien sont-ils nécessairement soumis à une fécondation réciproque? M. Stein se déclare pour la première alternative, M. Balbiani pour la seconde. Celui-ci a même décrit le phénomène de la copulation. M. Stein rejette cette prétendue copulation, et pense que M. Balbiani n'a eu à faire qu'à une simple division spontanée. Ici nous devons donner raison à M. Balbiani, en ce sens, du moins, que le phénomène observé par lui n'est très-certainement pas un cas de division spontanée. Cette prétendue copulation nous est connue depuis bien des années chez les Paramecium, les Oxytriques, les Stylonychies, les Euplotes et bien d'autres genres où on l'observe très-fréquemment. Dans cet acte, peut-être comparable à la conjugaison d'autres infusoires, les deux animaux s'accolent bouche à bouche, position qui ne se rencontre jamais dans la division spontanée, et adhérent si fortement l'un à l'autre, qu'il semble qu'il y ait une véritable soudure de téguments. M. Stein a lui-même observé ce fait, puisqu'il figure (Der Organismus der Infusionsthiere, Pl. IV, fig 9) deux *Euplotes Patella* dans la position que nous indiquons et qu'il remarque expressément (p. 136), qu'une pareille position relative des deux individus ne peut s'expliquer par une division spontanée, mais doit sans doute être interprêtée comme un phénomène de conjugaison. S'il s'agit là d'une conjugaison, elle est, dans tous les cas, beaucoup moins intime que celle des Vorticellines, car on ne remarque point de fusion des deux cavités du corps. Deux Paramecium Aurelia ainsi réunis, que nous avons isolés dans un verre de montre, se sont trouvés séparés de nouveau le lendemain.

Depuis longtemps nous supposions que cette espèce de conjugaison des infusoires pouvait avoir quelques relations avec la reproduction, et déjà en 1855 nous dirigions avec soin notre attention sur ce sujet. Mais toujours nous avons constaté que les nucléus des deux infusoires réunis ne présentaient aucune modification qui pût faire croire à la proximité de la reproduction. Ils n'étaient ni renflés, ni remplis de filaments supposés spermatiques, ni divisés en corps reproducteurs. Nous sommes donc arrivés à cet égard à un résultat complétement négatif. M. Balbiani paraît avoir été plus heureux dans ses recherches, mais nous n'avons pas dirigé de nouveau notre attention sur ce sujet depuis la publication de ses observations.

Nous ne sommes donc point tout à fait aussi sceptiques que M. Stein à l'endroit de la copulation que M. Balbiani prétend avoir observée chez le Paramecium Bursaria, bien que nous soyons obligés de reconnaître que la marche des phénomènes qu'il décrit est, dans tous les cas, exceptionnelle. Selon lui, en effet, c'est pendant la durée de l'accouplement que les filaments spermatiques se formeraient chez les deux individus, que la fécondation réciproque s'opèrerait, et que les embryons se formeraient. Si les choses se passaient toujours ainsi, on ne trouverait pas de Paramecium isolés, ayant leur nucléole et souvent leur nucléus remplis de filaments spermatiques, sans qu'on aperçoive encore la moindre trace de formation des embryons, et c'est cependant ce qui arrive fort fréquemment. D'ailleurs, si dans le cas de copulation observé par M. Balbiani, chaque individu fonctionnait réellement à la fois comme mâle et femelle, il est évident que la copulation n'est plus un désidératum, rien ne s'opposant à ce que le nucléus soit fécondé par les zoospermes du même individu. Tout donc semble montrer que dans beaucoup de cas, sinon dans la règle, la fécondation s'opère sans accouplement, de la manière décrite par M. Stein.

COUP D'OEIL RÉTROSPECTIF

ET

CONCLUSIONS GÉNÉRALES.

Si maintenant nous jetons un coup-d'œil rétrospectif sur toute la série des phénomènes que nous venons de passer en revue, nous sera-t-il possible d'esquisser un plan général du mode de reproduction des infusoires? C'est ce que nous allons tenter de faire en sentant nous-mêmes, par avance, combien notre ébauche laisse à désirer, par suite des lacunes qui restent encore à combler par l'observation.

Nous avons, en somme, constaté trois modes de reproduction dans la classe des infusoires : fissiparité, gemmiparité et production d'embryons internes. Le premier seul peut jusqu'ici élever des prétentions à une généralité incontestable. Observé dans tous les groupes, il est peu probable qu'aucune espèce s'y soustraie. Le second n'avait été observé jusqu'ici que chez les Vorticellines, nous en avons également trouvé des exemples chez les Acinétiniens. Nous avons vu, du reste, l'impossibilité de poser des limites tranchées entre la fissiparité et la gemmiparité. Ce n'est en somme qu'une différence du plus au moins : ce sont deux variétés de la division spontanée. Nous trouvons par suite que deux grands modes seulement de reproduction essentiellement différents, sont répandus chez les infusoires. L'un, la division spontanée, se trouve partout; l'autre, la formation d'embryons internes, a été constaté dans un nombre de familles très-considérable (Acinétiniens, Colpodéens, Trachéliens, Oxytrichiens, Bursariens, Vorticellines, Opalines, et même en dehors des infusoires, chez un Rhizopode). De plus, les modifications que nous avons vu naître dans le nucléus de beaucoup d'autres infusoires, permettent de supposer que la formation des embryons n'est pas restreinte seulement à ces groupes-là. Il est même probable qu'il s'agit là d'un phénomène très-général chez les infusoires. Ces embryons résultent toujours d'une division du nucléus, qui, à ce point de vue, mériterait d'être considéré comme un *embryogène*.

Une fois ces deux grands modes de reproduction bien constatés, indépendamment de leurs variétés, il est permis de se demander quelles relations existent entre eux. Existent-ils l'un à côté de l'autre parfaitement indépendants de relations réciproques? Un individu donné peut-il à loisir se multiplier par division spontanée, ou bien engendrer des embryons, selon que la fantaisie lui en prend? C'est là une supposition peu probable. Il est plus loisible d'admettre que ces deux modes de génération reviennent à tour de rôle, à des périodes distinctes. Nous avons même un cas dans lequel nous pouvons dire qu'une espèce de périodicité existe, à savoir celui des Epistylis. Jusqu'ici, en effet, nous n'avons trouvé d'individus prolifiques que sur des arbres bien et dûment développés. Un individu, sorti d'une Epistylis, sous forme d'embryon, va sans doute se fixer quelque part, où il se métamorphose en Epistylis et produit par division spontanée une famille toute entière. Une première génération fissipare donne naissance à un arbre à deux branches; une seconde, à une famille de quatre individus; une troisième, à une famille de huit, et ainsi de suite, jusqu'à ce que l'arbre ait pris son développement définitif, et, dans ce cas, cet arbre forme chez une *Epistylis plicatilis* un corymbe dont tous les individus appartiennent à une génération de même rang. Ce n'est qu'à ce moment là que de nouveaux embryons paraissent pouvoir être engendrés, et, à ce point de vue là nous avons déjà une alternance, sinon dans la forme des individus adultes, du moins dans le mode générateur.

Mais il y a plus. Tout arbre d'Epistylis qui est arrivé à sa croissance définitive, ne produit pas forcément des embryons. Bien au contraire : les familles prolifiques sont relativement rares, et forment jusqu'ici, pour ainsi dire, l'exception. Dans le cas ordinaire, lorsqu'une famille a atteint un certain degré de développement, ses membres se munissent d'une couronne de cils postérieurs, s'éloignent vers tous les points de l'horizon, et vont, chacun pour son compte, donner naissance à une nouvelle famille, à un nouvel arbre, par division fissipare. Il est fort possible que les individus de cette famille, lorsqu'elle est complétement développée, puissent devenir prolifiques, mais il est plus probable qu'il y a, en général, répétition du même phénomène que la première fois, et fondation de familles fissipares de troisième ordre par les individus qui formaient les familles de second ordre, lorsque celles-ci se sont dissoutes. Y a-t-il une certaine régularité dans la répétition de ce phénomène, une loi qui la régisse ? C'est là une question que nous ne pouvons trancher, mais nous serions plus tentés d'y répondre par l'affirmation que par la négation. Il est en effet assez probable que les familles produites par la division d'individus détachés de la famille précédente, doivent se succéder un certain nombre de fois avant d'arriver à produire des individus prolifiques. En un mot, il est probable que l'alternance offre un certain degré de régularité.

Mais quels sont, au fond, les caractères qui distinguent l'un de ces modes de génération de l'autre ? Jusqu'ici nous ne pouvons en produire qu'un seul. Les embryons, en effet, naissent par une sorte de gemmiparité *interne*, tandis que dans l'autre cas nous avons à faire à une fissiparité, ou à une gemmiparité *externe*. De plus, un bourgeon *externe* semble pouvoir se former à une place quelconque du corps ; le plus souvent, il est vrai, chez les Vorticellines, à la base du corps, mais aussi parfois en d'autres points de sa surface, même au péristome. La production d'embryons internes est, au contraire, liée à un organe déterminé, le nucléus, organe que M. Ehrenberg, par un hasard singulier, avait déjà relié à la génération, en le considérant comme une glande spermagène, à côté dè laquelle il voulait, il est vrai, trouver encore un ovaire. Ce nucléus est donc un *embryogène*, une espèce de glande génératrice. Si donc la production d'embryons internes est un phénomène tout asexuel, c'est dans tous les cas un mode de gemmiparité d'un tout autre ordre que la productions de bourgeons externes. Il y a ici une localisation déterminée.

Mais il est fort possible que ces embryons soient produits autrement que par une simple gemmation, et voilà pourquoi nous avons préféré le nom général d'*embryon* à celui de *gemme interne*. On se récriera peut-être lorsqu'on nous entendra soutenir l'hypothèse de l'existence de sexes chez les infusoires. M. Ehrenberg a eu tellement à souffrir pour s'être laissé aller à les créer avant d'avoir des preuves de leur existence !.. Mais nous ne partons pas du même point de vue que M. Ehrenberg. Nous ne pensons pas *à priori* devoir retrouver chez les animaux inférieurs les organes des animaux supérieurs, et nous ne défendrons d'une manière positive l'existence des sexes chez les infusoires, que lorsque nous aurons trouvé des individus mâles et que nous les aurons vus fonctionner comme tels. Cependant, en face des faits connus jusqu'ici chez les animaux radiaires, des helminthes, des tuniciers, des insectes, où il existe deux modes de générations, et où l'un de ces modes offre un caractère de sexualité incontestable, tandis que l'autre est asexuel, en face de ces faits, disons-nous, n'est-il pas permis de songer à la possibilité de trouver un jour des infusoires sexués? Nous pouvons même relever en passant la circonstance déjà mentionnée, que, chez certains individus appartenant à l'*Urnula Epistylidis*, on voit se former des cavités globuleuses, remplies de petits corpuscules en proie à une vive agitation. Mais nous ne nous sommes pas permis de décider si ce n'était là qu'un mouvement bronnien, ou bien s'il fallait y voir quelque chose d'analogue aux zoospermes des animaux supérieurs. Une décision basée sur ce seul fait serait par trop hasardée, nous désirons seulement attirer l'attention des observateurs sur ce point.

Qu'on nous permette de citer l'exemple des Rotateurs, où l'on a longtemps nié l'existence de sexes distincts, parce qu'on croyait que tous les individus portaient des œufs, et chez lesquels, cependant, les observations attentives de MM. Brightwell, Dalrymple et Leydig nous ont fait connaître des mâles pleins de zoospermes. Ces mâles n'apparaissent probablement qu'à une seule époque de l'année, suivant certaines circonstances, à la conclusion d'un certain cycle : de là leur rareté et le fait qu'ils avaient jusqu'à MM. Brightwell et Dalrymple, échappé à tous les observateurs. Nous ne regardons point comme improbable que les infusoires soient appelés à nous offrir un second exemple de ce fait.

Nous devons encore, dans le cours de ces considérations, mentionner le fait singulier, découvert d'abord par M. Kölliker, ou peut-être par M. Leclerc, et dont nous avons parlé sous le nom de conjugaison ou de zygose. Ce phénomène avait été constaté par divers observateurs chez deux espèces d'Actinophrys, chez la Difflugia Helix et chez la *Podophrya fixa* Ehr ; nous avons reconnu son existence chez plusieurs autres Acinétiniens, une Vorticelle, un Carchesium et deux Epistylis. Il est probable, par conséquent, qu'on lui découvrira un jour une extension plus considérable encore. Quelles sont les relations qui existent entre cette zygose et la génération? C'est ce que nous ne pouvons dire. Nous ne pouvons pas même affirmer qu'il y en ait de bien certaines. En faveur de ces relations nous ne pouvons citer jusqu'ici que la formation de huit embryons dans un zygozoïte résulté de la conjugaison de deux *Podophrya Pyrum*. Il est possible qu'il n'y eût là au fond que la réunion, dans une cavité commune, de quatre embryons de chaque individu composant, embryons formés tout à fait indépendamment de la zygose. Mais c'est fort douteux, et il n'est en tous cas pas possible d'admettre, avec M. Stein, que la zygose de deux infusoires soit un fait purement accidentel. Il est certain, toutefois, que ni les Acinétiniens, ni les Vorticellines n'ont besoin d'une zygose pour engendrer des embryons internes, et que si l'on devait jamais reconnaître, dans la zygose, l'analogue d'une fécondation, il faudrait nécessairement distinguer deux espèces d'embryons : les uns produits asexuellement par une division du nucléus, les autres engendrés par le concours des sexes. Nous n'avons malheureusement pu observer les embryons de la *Podophrya Pyrum* en dehors de leurs parents conjugués, et nous ne savons, par conséquent, s'il existe une différence objective entre les embryons issus d'un individu non conjugué, et ceux qui sont engendrés par un zygozoïte [1]. Mais c'est du reste peu important. Ces embryons seraient parfaitement semblables de forme entr'eux, qu'ils se distingueraient suffisamment les uns des autres par leur mode d'origine. En effet, dans le sens de M. Steenstrup, il n'est point nécessaire, pour satisfaire aux conditions de la génération alternante, que les différents termes de la série qui séparent deux termes identiques dans le développement d'une espèce, offrent des différences extérieures de forme. Il suffit que les uns soient produits sexuellement et les autres asexuellement.

1. Remarquons en passant qu'il est des cas où nous connaissons deux espèces d'embryons internes : des *macrogonidies* et des *microgonidies animales*, s'il était permis d'employer ici les termes de M. Alex. Braun. Nous en avons vu des exemples chez la *Podophrya quadripartita*, l'*Ophryodendron abietinum*, le *Stentor polymorphus*, et probablement aussi chez les Vorticellines, l'*Urnula Epistylidis*, etc. Dans l'un des cas, les embryons sont gros et isolés, ou en fort petit nombre; dans l'autre, ils sont petits et fort nombreux. Nous n'avons cependant rien vu jusqu'ici qui pût nous faire supposer avec vraisemblance qu'il y eût une différence dans le mode suivant lequel ces deux genres d'embryons sont produits. Il est dans tous les cas aujourd'hui évident que les petits embryons ne peuvent être assimilés à des microgonidies, c'est-à-dire à des éléments mâles. (*Note de 1860*).

Nous ne pouvons malheureusement rien dire de positif à cet égard, et le fait que la conjugaison n'a pas lieu seulement entre deux individus, mais aussi entre trois, quatre, cinq, six, sept et peut-être davantage, vient nous avertir de procéder avec circonspection avant de nous décider à voir dans ce phénomène une copulation dans toute l'étendue du terme. Nous avons cependant déjà vu ailleurs que ce n'est pas là une difficulté insurmontable. — La zygose d'un bourgeon d'Epistylis, encore attenant à son parent, avec un individu adulte, semble aussi peu en faveur avec les idées de fécondation, car il semble difficile d'admettre qu'une gemme à demi formée ait déjà atteint sa maturité sexuelle. D'un autre côté, nous avons vu des Stentors occupés à se diviser, renfermer déjà des embryons, et la fissiparité de ces animaux ressemble singulièrement à une production de gemmes. C'est une circonstance qu'on pourrait exploiter en sens inverse.

Quoi qu'il en soit, l'existence de sexes chez les infusoires, bien que rendue plus probable que précédemment, n'est pas encore reconnue, et l'existence d'une génération alternante, comme l'entend M. Steenstrup, est encore à démontrer. Il est seulement certain que chez les Epistylis un certain cycle de développement existe. Probablement quelque chose de tout analogue se trouve chez les autres infusoires. Nous regardons par exemple comme probable qu'un Stentor, né sous la forme d'embryon interne, n'engendre pas immédiatement de nouveaux embryons internes, mais doit auparavant se multiplier par une division spontanée répétée un certain nombre de fois. La même chose peut se dire des Paramecium, etc. Une exception serait formée par les Acinétiniens, chez lesquels la division spontanée paraît être relativement fort rare, et où un individu né sous la forme d'embryon doit reproduire aussi probablement des embryons. Nous remarquerons en passant que, soit chez les Acinétiniens, soit chez les Actinophrys, où la division spontanée est relativement rare, la zygose est au contraire très-fréquente. L'avenir décidera s'il y a une liaison quelconque entre ces deux circonstances.

Il existe donc des cycles générateurs chez les infusoires ciliés, et sans doute aussi chez les Rhizopodes, cycles comparables à ceux que l'on connaît chez les algues et chez les infusoires flagellés. Chez beaucoup d'algues et d'infusoires flagellés, on trouve, en effet, une série de générations par simple division, à la suite de laquelle vient une génération de transition, parfois produite par une conjugaison, comme chez les Zygnémées, les Desmidiées, les Diatomées, parfois aussi sans conjugaison, comme chez les Volvocinées ou les Euglènes, et cette génération de transition inaugure un cycle nouveau[1]. Chez les infusoires ciliés, et peut-être aussi les Rhizopodes, nous pouvons de même admettre un cycle formé par une série de générations fissipares, dont la dernière donne naissance à une génération de transition (celle des embryons), laquelle devient le premier terme d'un cycle nouveau. Peut-être sera-t-il permis d'admettre un jour deux espèces de cycles : 1° Un grand cycle, dont les générations seraient produites par la zygose de deux ou de plusieurs individus, donnant sexuellement naissance à des embryons; 2° dans ce grand cycle, des cycles de second ordre composés de générations fissipares, dont les générations de transition seraient caractérisées par la production asexuelle (sans zygose) d'embryons (gemmes) internes. La chose est encore douteuse, et il n'est même pas improbable qu'on vienne à reconnaître un jour un caractère de sexualité à toute production d'embryons[2].

Arrivés à la fin de ce travail, nous croyons devoir poser brièvement les conclusions auxquelles nous avons été conduits :

1° Parmi les organismes flagellés qu'on a voulu faire rentrer dans le règne végétal, il en est un grand nombre qui paraissent devoir être bien réellement considérés comme des animaux, à savoir tous ceux qui possèdent une vésicule contractile semblable à celle des infusoires ciliés et des Rhizopodes. Tels sont, par exemple, les Volvox, les Gonium, les Chlamydomonas, les Euglènes, les Dinobryons, les Cercomonas, les Heteromita, les Monades proprement dites, etc.

2° On trouve chez les infusoires ciliés, et aussi chez certains Rhizopodes, deux grands modes de reproduction :

A. *Division spontanée*, dans laquelle on peut distinguer deux sous-variétés ;

1. Nous remarquons en passant que chez les Algues soumises à la conjugaison comme les Zyguémées, les Desmidiées et les Diatomées, on n'a pas pas plus reconnu de différences sexuelles entre les individus conjugués que chez les infusoires ciliés et les rhizopodes, et que cependant leur conjugaison est nécessaire à la propagation de l'espèce.

2. Cette supposition est devenue de plus en plus vraisemblable après la découverte de filaments supposés spermatiques chez les infusoires, découverte que nous communiquâmes à l'académie en 1857. (Voy. le chapitre précédent). Nous pouvons même dire que les recherches plus étendues de MM. Balbiani et Stein, qui sont venues s'ajouter à celles de Joh. Müller, de M. Lieberkühn et aux nôtres, ont mis la sexualité des infusoires hors de doute. (Note de 1860).

a. Fissiparité, soit longitudinale, soit transversale ou oblique, constatée chez la plupart des infusoires ciliés et chez quelques rhizopodes, et donnant lieu d'ordinaire à des individus semblables au parent, ou bien parfois à des individus (*Acineta mystacina*, *Podophrya fixa*, *Urnula Epistylidis*), dont l'un est différent du parent.

b. Gemmiparité externe, constatée chez les Vorticelliens et les Acinétiniens.

B. *Production d'embryons internes*. Ces embryons sont toujours formés *par* ou *dans* l'organe connu sous le nom de *nucléus*, organe qui est par conséquent un véritable embryogène[1]. — Dans une seule et même espèce, ces embryons peuvent être tantôt gros et en petit nombre, tantôt nombreux, et alors ils sont très-petits.

3° L'existence d'une conjugaison ou zygose entre deux ou plusieurs individus a été constatée chez les Actinophrys, les Acinétiniens, les Vorticelles, les Carchesium et les Epistylis. Il est permis de supposer que ce phénomène jouit d'une certaine généralité chez les infusoires, mais il ne nous a pas été permis de découvrir avec certitude ses véritables relations avec la génération.

4° On peut admettre chez les infusoires ciliés et certains rhizopodes des cycles générateurs, unis ensemble par des générations de transition, cycles analogues à l'alternance de génération qui a été décrite chez certaines algues par MM. Nägeli et Braun, et qui se retrouve également chez beaucoup d'infusoires flagellés.

5° L'existence d'une génération alternante dans le sens de M. Steenstrup, c'est-à-dire l'alternance de générations sexuées et de générations asexuées, n'a pas jusqu'ici été constatée avec certitude chez les infusoires ni les rhizopodes.

6° Il n'est pas improbable que la découverte définitive de différences sexuelles chez les Infusoires et les Rhizopodes vienne ramener un jour les cycles mentionnés plus haut à une véritable génération alternante, dans le sens de M. Steenstrup[2].

1. Aujourd'hui il est même permis de dire que c'est un véritable ovaire, et que le testicule, d'après les recherches concordantes de plusieurs observateurs, parmi lesquels il faut nommer surtout MM. Balbiani et Stein, est un ovaire. (Note de 1860).

2. Aujourd'hui cette découverte est faite, comme nous l'avons indiqué à plusieurs reprises plus haut, et cette alternance de générations, dans le sens de M. Steenstrup, se trouve donc un fait parfaitement établi. (Note de 1860).

JOHANNES LACHMANN,

NÉ LE 1er AOUT 1832, MORT LE 7 JUILLET 1860.

La dernière page de ce livre est aussi le dernier jour d'une vie. Le 7 Juillet 1860 voyait s'éteindre celui qui fut mon collaborateur et mon ami, laissant derrière lui une jeune femme éplorée et deux enfants à peine assez âgés pour conserver un souvenir de celui qui aurait dû être leur protecteur; un troisième même, au jour de sa naissance, sera salué du triste nom d'orphelin. En face de l'abîme de douleur dans lequel cette famille est plongée, la science ose à peine dire ce qu'elle a perdu. Qu'on lui permette cependant de parler un instant par la bouche de celui qui fut l'ami, le compagnon d'études du jeune savant trop tôt enlevé à ses recherches; de celui qui partagea longtemps ses travaux, qui fut à ses côtés à la table de microscopie, dans la chaloupe battue par la tempête sur les vagues de l'Océan, au milieu de la tourmente de neige sur les âpres rochers de la vieille Scandinavie. Amis par le cœur, frères par l'étude, nous avons longtemps été agités des mêmes espérances, nous avons longtemps savouré à longs traits et en commun la coupe de l'enthousiasme en face de la belle et grandiose nature, cherchant la clef de ce mystère qu'on appelle *la vie*. Aujourd'hui, une tombe renferme pour l'un à la fois la recherche et la réponse, et l'autre, laissé seul, vient lui murmurer ici un adieu tardif.

Le nom de *Lachmann* s'est acquis une célébrité universelle et impérissable, grâce à l'illustre philologue qui porta ce nom. Nul doute que l'éclat dont il brille n'eût été largement doublé un jour, si la mort impitoyable ne fût venu moissonner la jeune étoile surgissant à l'horizon. Johannes Lachmann, neveu de Karl Lachmann, naquit le 1er Août 1832 à Brunswick, où son père exerce encore avec distinction la profession de docteur en médecine. Dès sa plus tendre enfance, il montra une grande propension à scruter tout ce qui a vie dans la nature. Les fleurs et les coléoptères étaient surtout l'objet de sa prédilection, et de bonne heure, grâce aux conseils d'un père, versé lui-même dans les sciences naturelles, ses recherches perdirent le caractère superficiel qu'on serait en droit de leur supposer. Après avoir terminé ses études préparatoires dans le gymnase de sa ville natale, il poursuivit l'étude des sciences naturelles et médicales, d'abord au Carolinum de Brunswick, puis successivement dans les universités de Berlin, de Würzbourg, de Gœttingue. En 1855, il obtint à Berlin le grade de docteur en médecine à la suite d'une brillante dissertation inaugurale sur la structure des infusoires. Immédiatement après sa promotion au doctorat, il obtint, sur la recommandation de Johannes Müller, la place d'aide au Musée d'anatomie, laissée vacante par la retraite de M. le professeur du Bois-Reymond. Sous l'égide du plus illustre des physiologistes modernes, il poursuivit pendant deux années ses recherches dans les différentes branches de l'anatomie et de la physiologie, dans l'intention de se vouer plus tard à l'enseignement académique dans l'Université même de Berlin. Toutefois, son mariage avec l'une des filles de M. le prof. Passow, lui ayant fait désirer rapidement une position fixe, il postula, en 1857, la place de professeur des Sciences naturelles à l'Institut royal d'agriculture de Poppelsdorf (Prusse rhénane). Cette place lui fut accordée, grâce surtout à l'appui de son protecteur, Joh. Müller, et il l'a remplie avec zèle jusqu'au moment où un anthrax est venu l'arracher à sa famille, à ses amis, à ses élèves.

La jeunesse même de Lachmann, et l'activité pratique des trois dernières années de sa vie, expliquent pourquoi le nombre de ses productions a été peu considérable [1]. Tous ceux qui ont joui de son intimité, qui ont été témoins de son activité infatigable, qui ont vu son coup-d'œil clair, rapide et sûr, sa rare pénétration ; tous ceux qui ont pu apprécier l'exactitude et le caractère de justesse dont ses observations les plus délicates étaient empreintes; tous ceux-là, dis-je, comprendront pourquoi et comment la mort de Lachmann est une perte pour la science. L'avenir était à lui, s'il eût vécu. Les disciples de Johannes Müller savent combien ce grand homme était avare d'éloges. Toujours prêt à aider ses élèves avec affection, toujours fier de leurs succès, lorsqu'ils en obtenaient, il pensait avec raison qu'il est plus funeste de prodiguer des paroles louangeuses que de les retenir. L'approbation silencieuse de Müller, jaillissant de son œil d'aigle, électrisait plus d'un disciple dans son laboratoire. Il fallait des circonstances toutes exceptionnelles, et aussi des talents hors de ligne, pour que Müller fît lui-même l'éloge des forces nouvelles qui germaient, bien petites encore, à l'ombre de son grand nom. Mais une de ces circonstances et un de ces talents entrèrent en scène lorsque Müller dût, en 1855, demander au ministre des Cultes et de l'Instruction publique, M. de Raumer, de pourvoir à la place d'aide au Musée d'anatomie, laissée vacante par la retraite de M. du Bois-Reymond. Il désigna, sans hésiter, Lachmann, comme l'homme le plus apte à remplir ces fonctions, et le plus digne d'être aidé à parvenir à une chaire académique. « Derselbe (Dr Lachmann), écrivait Müller, dans une lettre à M. de Raumer, ist ein Talent von den grössten Hoffnungen, den bedeutendsten wissenschaftlichen Kräften. Seine Inauguralschrift *de infusoriorum imprimis vorticellarum structura, Berol.* 1855 enthält eine Reihe wichtiger und glücklicher Beobachtungen aus dem schwierigsten Theile der feinern Anatomie und Physiologie, und weiss ich nicht manche Beispiele einer so frühen Auszeichnung in der Schärfe der Beobachtung und Reife des Urtheiles bei den reichsten Kenntnissen. Dr Lachmann empfiehlt sich nicht minder durch den Ernst seiner Bestrebungen, die Gewissenhaftigkeit seiner Arbeiten und seinen zuverlässigen Character..... » Dans une autre lettre, écrite deux ans plus tard à M. de Raumer, pour appuyer la candidature de Lachmann à la chaire d'Histoire na-

1. V. De infusoriorum inprimis Vorticellarum Structura. Berol. 1855. — Ueber die Organisation der Infusorien, besonders der Vorticellen (Müller's Archiv, 1856, p. 340). — Ueber Knorpelzellen (Müller's Archiv, 1857, p. 15) ... Enfin, différentes notes dans les Verhandlungen des naturwissenschaftlichen Vereins für die Rheinlande et dans les Landwirthschaftliche Mittheilungen der Poppelsdorfer Akademie.

turelle, vacante à l'Académie d'agriculture de Poppelsdorf, Müller s'exprimait comme suit : « Dr Lachmann ist eines der ausgzeichnetsten jüngeren Talente auf dem Felde der Naturwissenschaften, insbesondere sowohl für die naturhistorischen Wissenschaften, als für Anatomie und Physiologie der Naturkörper. Er ist in speciellster Weise in allen dahin einschlagenden Zweigen der Naturwissenschaften theoretisch und practisch ausgebildet und ist mit den glücklichsten Anlagen und ganz bedeutenden Kräften für die Cultur der Wissenschaft und ihren Unterricht ausgestattet, so dass sich die grössten Hoffnungen an ihn knüpfen. »

Ces paroles de celui qui fut notre maître vénéré et notre ami dévoué, disent mieux que je n'aurais pu le faire tout ce que la science avait à espérer de Lachmann. Après cet éloge si justement senti, je n'ai plus qu'à me taire, livrant au monde ces Études comme un monument élevé à la mémoire de mon ami, et lui jetant mon dernier adieu :

Och när jag till Slut blir gammal och grå
och årorna sjunka ur tröttnande hand
så kommer väl bättre färjeman då
och hjelper mig öfver till andra Strand
uti qvällen.

(Böttiger. Nyare Sånger. Upsala, 1855.)

Genève, Octobre 1860.

Dr Ed. CLAPARÈDE.

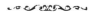

TABLE DES CHAPITRES.

TABLE PAR ORDRE ALPHABÉTIQUE.

EXPLICATION DES PLANCHES.

Planche I.

FIG. 1. *Acineta mystacina*, avec suçoirs étendus, variété à coque brièvement pédicellée.

FIG. 2. *Acineta mystacina* suçant une proie capturée par ses suçoirs.

FIG. 3. *Acineta mystacina* dans l'acte de la division spontanée. *a* Individu cilié résulté de la division, prêt à s'éloigner à la nage.

FIG. 4. *Cothurnia crystallina* (*Vaginicola crystallina* Ehr.) dans sa coque, afin de montrer combien celle-ci s'éloigne par sa forme de celle de l'Acineta mystacina. *a* Individu contracté résulté de la division spontanée de l'habitant de la coque; *b* bourgeon produit au-dessous du péristome.

FIG. 4 A. *Cothurnia crystallina* libre, pendant la période de natation.

FIG. 5. *Podophrya Ferrum equinum*. *a* Embryon cilié dans une cavité de la Podophrya; *b* Fente des téguments du parent à travers laquelle l'embryon commence à faire saillie.

FIG. 6. Partie inférieure de la même, vue de profil.

FIG. 7. *Podophrya cothurnata* occupée à sucer une *Halteria grandinella* qu'elle a capturée. *a* Courants de granules ingérés par les suçoirs et pénétrant très-avant dans l'animal; *b* Apparence présentée par les suçoirs lorsqu'ils se rétractent.

FIG. 8. *Podophrya Lyngbyi*, les suçoirs à l'état de demi contraction.

FIG. 9. *Podophrya Lyngbyi*, vue par le sommet, renfermant six embryons.

FIG. 10. *Podophrya Lyngbyi* contractée après l'émission d'un embryon qui a développé ses suçoirs sur place.

FIG. 11. *Sphærophrya pusilla* fixée à une Oxytrique.

FIG. 12. Deux individus de la même flottant librement dans l'eau.

Planche II.

FIG. 1. *Podophrya Pyrum*, avec suçoirs étendus, renfermant 4 embryons.

FIG. 2. Conjugaison de deux *Podophrya Pyrum*. Les deux Acinétiniens sont contractés; leurs suçoirs sont rétractés.

FIG. 3. Les deux mêmes Podophrya conjuguées dans une autre position, avec suçoirs étendus.

FIG. 4. Les deux mêmes Podophrya conjuguées renfermant 8 embryons. Les suçoirs sont rétractés.

FIG. 5. *Podophrya Cyclopum* (à une vésicule contractile) trouvée sur une lentille d'eau (*Lemna minor*).

FIG. 6. Autre *Podophrya Cyclopum* renfermant un gros embryon placé transversalement.

FIG. 7. *Podophrya Cyclopum* (à deux vésicules contractiles) trouvée sur un Cyclops quadricornis. Elle renferme un embryon placé suivant l'axe.

FIG. 8. Autre *Podophrya Cyclopum* au moment où elle émet un embryon *b*; *a* Membrane de la cavité formant un prolapsus.

FIG. 9. Autre individu de la même espèce, l'embryon commençant à sortir.

FIG. 10. Embryon, à deux vésicules contractiles, du même.

FIG. 11. L'embryon fixé et étalant ses suçoirs.

FIG. 12. Embryon d'une *Podophrya Cyclopum* à une vésicule contractile.

FIG. 13. Le même fixé et étalant ses suçoirs.

FIG. 14. *Acineta Notonectæ*.

FIG. 15. *Dendrosoma radians* (quatre fois moins grossi que les autres figures de la planche); *a* vaisseau contractile.

Planche III.

FIG. 1. *Podophrya quad.*, forme habituelle. Le sommet seulement du long pédoncule est indiqué.

FIG. 2. Autre individu de la même renfermant un embryon en rotation.

FIG. 3. Le même au moment de l'émission de l'embryon.

FIG. 4. L'embryon en liberté nageant dans les eaux.

FIG. 5. L'embryon se fixant sur un pédoncule d'*Epistylis plicatilis* et développant ses suçoirs.

FIG. 6. Le même, au bout de quelques heures, ayant sécrété un pédoncule.

FIG. 7. *Podophrya quadripartita*, variété à deux vésicules contractiles; individu renfermant un embryon de taille colossale. En *a*, on voit bien l'ouverture par laquelle l'embryon doit sortir.

FIG. 8. Le même individu se contractant énergiquement pour expulser l'embryon.

FIG. 9. Conjugaison ou zygose de deux *Podophrya quadripartita*.

FIG. 10. Groupe de quatre individus de la *Podophrya quadripartita* trouvé sur une Paludine. Ils appartiennent à la variété à deux vésicules contractiles. *A* Individu allongé renfermant en *a*, *a'* *a''* des corps globuleux provenus du nucléus et renfermant le premier stade de formation des embryons; *B* Individu ayant ses suçoirs rétractés et présentant à son sommet une ouverture ou dépression; *C* Gros individu, dans une cavité *a* duquel un embryon *b* s'est déjà transformé en Podophrya munie de suçoirs et de pédoncule (d) recourbé; *D* Grosse Podophrya renfermant des corps globuleux *a*, *a'*, *a''*, *a'''* *b* et *b'* issus de la division du nucléus. Deux d'entre eux, *b* et *b'*, renferment des embryons en voie de formation.

FIG. 11. *Podophrya quadripartita* renfermant un grand nombre d'embryons en voie de formation, ou déjà tout formés dans son nucléus; *a* Embryon en liberté.

FIG. 12. *Podophrya quadripartita* renfermant un grand nombre d'embryons en voie de formation ou déjà tout formés, dans plusieurs corps globuleux provenant de la division spontanée du nucléus; *a* Embryon mis en liberté.

Planche IV.

FIG. 1. *Podophrya cothurnata* à nucléus très-contourné, suçoirs dehors.

FIG. 2. *Podophrya cothurnata* renfermant un embryon qui recouvre le nucléus. Une partie des suçoirs sont en mouvement de rétraction.

FIG. 3. Embryon cilié en liberté.

FIG. 4. *Podophrya cothurnata* dont le nucléus présente un processus en son milieu.

FIG. 5. *Podophrya Trold* portant deux embryons déjà sortis de l'intérieur.

FIG. 6. *Podophrya Carchesii* fixée sur un pédoncule du *Carchesium polypinum*. L'animal est vu de profil et renferme un embryon.

FIG. 7. Autre individu ne renfermant pas d'embryon. Il est vu par le côté dorsal, c'est-à-dire celui qui est opposé à la face d'où naît le faisceau de suçoirs.

FIG. 8. Autre individu de la même espèce, vu de profil, et ne renfermant pas d'embryon.

FIG. 9. Embryon de la *Podophrya Carchesii*, nageant en liberté, vue de profil.

FIG. 10. Le même vu de face.

FIG. 11. *Podophrya Carchesii* fixée sur un *Carchesium polypinum*. Cette figure a pour but de montrer les rapports de taille du parasite et de son hôte.

FIG. 12. *Acineta Cucullus*, renfermant plusieurs embryons, dont l'un est près de faire son émergence.

FIG. 13. Embryon du même en liberté.

FIG. 14. *Trichophrya Epistylidis* fixée sur un pédoncule de l'*Epistylis plicatilis*.

FIG. 15. Autre individu de la même espèce, vu de profil.

Planche V.

FIG. 1. *Ophryodendron abietinum* avec sa trompe entièrement étendue. Six embryons en formation dans l'intérieur.

FIG. 2. *Ophryodendron abietinum* avec la trompe rétractée.

FIG. 3. Autre individu, id.

FIG. 4. *Ophryodendron abietinum* avec trompe à demi étendue et portant un bourgeon entièrement développé.

FIG. 5. Autre individu avec des embryons en voie de formation dans l'intérieur.

FIG. 6. Autre individu, à trompe étendue, sans embryons.

FIG. 7. Ophryodendron, avec un bourgeon, en voie de développement. Les trompes sont rétractées.

FIG. 8. Autre individu à trompe presque entièrement rétractée, mais suçoirs étalés.

FIG. 9. Autre individu à trompe complètement rétractée et contenant des embryons dans le premier stade du développement.

FIG. 10. Deux embryons de grande taille.

FIG. 11. Trois embryons de petite taille.

FIG. 12. *Acineta patula*, gonflé par la nourriture qu'il a prise.
FIG. 13. Deux *Acineta patula*, se conjuguant.
FIG. 14. *Acineta patula*, maigre, tous les suçoirs dehors.
FIG. 15. Autre individu avec ses suçoirs presque entièrement rétractés.
FIG. 16. Autre individu, avec embryons en voie de formation dans l'intérieur.
FIG. 17. *Acineta patula* émettant un embryon qui étend immédiatement ses suçoirs.

Planche VI.

FIG. 1. Kyste d'*Epistylis plicatilis*.

FIG. 2. Jeune colonie d'*Epistylis plicatilis* (variété grêle) provenant de la division répétée d'un individu dont le kyste s'est ouvert. Cette colonie porte déjà plusieurs parasites, savoir : en a une *Urnula Epistylidis*, en b et b' de petits Amœba, en f et f' des kystes de provenance inconnue.

FIG. 3. Base d'une jeune colonie édifiée du fond d'un kyste, dont le couvercle est seulement soulevé et légèrement déplacé.

FIG. 4. Base d'une jeune colonie portant encore les traces du kyste d'où elle est sortie.

FIG. 5. Base du tronc d'une colonie de grande taille, non issue d'un kyste. On distingue le canal axial.

FIG. 6. Première bifurcation d'une colonie de grande taille. On distingue encore le canal axial.

FIG. 7. Portion d'une colonie d'*Epistylis plicatilis* (variété épaisse). La branche figurée porte deux parasites, savoir : un kyste d'Amphileptus, et une *Podophrya quadripartita*, ayant elle-même un bourgeon.

Planche VII.

FIG. 1. Portion d'une colonie prolifique d'*Epistylis plicatilis* (variété grêle). Chaque individu renferme plusieurs embryons et présente à sa surface un tubercule jouant le rôle d'*os uteri*.

FIG. 2. Jeune embryon muni de sa couronne de cils vibratiles, nageant en liberté.

FIG. 3. Un individu prolifère isolé. On distingue dans son intérieur deux masses globuleuses, provenant de la division du nucléus. L'une d'elles renferme trois embryons dans un stade déjà avancé de leur développement.

FIG. 4. Nucléus d'*Epistylis plicatilis*, renflé à l'une de ses extrémités.

FIG. 5. Nucléus, dont le renflement, déjà devenu plus considérable, est sur le point de se séparer au niveau de l'étranglement.

FIG. 6. Renflement du nucléus, détaché de celui-ci, et se présentant sous la forme d'une masse ovalaire; au centre de celle-ci se voit un amas granuleux aux dépens duquel les embryons se forment.

FIG. 7. Masse globuleuse provenue du nucléus et renfermant plusieurs embryons dans les premiers stades de la génèse.

FIG. 8. Masse globuleuse, ou plutôt discoïdale (b), dans laquelle des embryons se forment, et le nucléus (a) d'où cette masse s'est détachée.

Fig. 9. Masse tuméfiée issue d'un nucléus et commençant à se diviser.

Fig. 10. Masse globuleuse renfermant un embryon déjà tout formé.

Fig. 11. Masse globuleuse renfermant plusieurs embryons dans un stade avancé de leur développement.

Fig. 12. Masse globuleuse renfermant trois embryons.

Fig. 13. Masse globuleuse renfermant un grand nombre d'embryons.

Fig. 14. Deux *Epistylis plicatilis* présentant chacune un bourgeon peu développé. Le bourgeon de l'individu de gauche s'est conjugué avec l'individu de droite.

Fig. 15. Bourgeon d'*Epistylis plicatilis* près de se séparer de son parent par un étranglement.

Fig. 16. Bourgeon d'*Epistylis plicatilis* se circonscrivant dans l'intérieur même des tissus du parent.

Fig. 17. *Epistylis plicatilis* contractée, munie d'une ceinture postérieure de cils vibratiles, et sur le point de se détacher du pédoncule.

Fig. 18. La même détachée et nageant librement. Elle est contractée sous forme de disque et vue par sa surface supérieure.

Fig. 19 — 22. Formes anormales de l'*Epistylis plicatilis*.

Fig. 23. *Epistylis brevipes* munie de la ceinture de cils postérieurs, et près de se détacher de son pédoncule.

Fig. 24. Deux *Epistylis brevipes* conjuguées et sur le point de se détacher.

Fig. 25. Zygozoïte, produit des précédentes, détaché et nageant librement.

Planche VIII.

Fig. 1. Portion d'une colonie de *Carchesium polypinum* portant trois individus et un kyste parasite d'Amphileptus.

Fig. 2. Kyste d'Amphileptus parasite d'un Carchesium, isolé, représentant l'Amphileptus en proie au mouvement rotatoire dans l'intérieur.

Fig. 3. *Amphileptus Meleagris* sorti du kyste précédent.

Fig. 4. Kyste d'*Amphileptus Meleagris* parasite de l'*Epistylis plicatilis*.

Fig. 5. Autre kyste semblable, dans lequel on aperçoit quelques-unes des vésicules contractiles et le revêtement ciliaire de l'Amphileptus.

Fig. 6. Autre kyste semblable. Dans l'intérieur de l'Amphileptus on aperçoit une masse noire, résidu de l'Epistylis à demi digérée.

Fig. 7. Kyste dans lequel l'Amphileptus s'est spontanément divisé.

Fig. 8. Autre kyste, dont l'Amphileptus, en proie à un mouvement de rotation, renferme dans son intérieur l'Epistylis encore bien distincte et vivace.

Fig. 9. L'Amphileptus au moment où il vient de sécréter son kyste, et où, par son mouvement de rotation, il s'efforce d'arracher à son pédoncule l'Epistylis contractée.

Fig. 10. *Carchesium polypinum* contracté et se préparant à la division spontanée ; *p* œsophage ou pharynx.

Fig. 11. Le même dans le premier stade de la division spontanée; *p* et *p'* les deux œsophages.

FIG. 12. Le même dans un stade plus avancé; *p* et *p'* les deux œsophages; *o* et *o'* les deux organes vibratiles; *v c* et *v' c'* les deux vésicules contractiles; *n* le nucléus déjà étranglé en son milieu.

Planche IX.

FIG. 1. *Heteromita* Duj. de la mer du Nord.

FIG. 2. *Stentor polymorphus* contracté pour la natation; *a* cloaque où se rassemblent les excréments avant d'être expulsés par l'anus; *n* nucléus; *N* renflement du nucléus; N, autre renflement renfermant plusieurs embryons; *p* œsophage; *v c* vésicule contractile; *v* vaisseau circulaire; *v'* vaisseau longitudinal.

FIG. 3. *Stentor polymorphus* fixé dans sa coque et se préparant à la division spontanée; *o* bouche; *o'* place de la bouche future de l'individu postérieur, en voie de formation: *c* crête vibratile, ou spire buccale de l'individu postérieur en voie de formation; *v' c'* dilatation du vaisseau longitudinal qui deviendra la vésicule contractile de l'individu postérieur. — Les autres désignations comme dans la figure précédente.

FIG. 4. *Stentor polymorphus* dans un état plus avancé de la division spontanée. Désignations comme ci-dessus.

FIG. 5. Fragment de nucléus du *Stentor polymorphus*, avec deux renflements reproducteurs.

FIG. 6. Masse renflée, isolée d'un nucléus.

FIG. 7. Jeune *Stentor polymorphus* non encore pourvu de bouche, ni d'œsophage.

FIG. 8. Stentor jeune de la même espèce, muni de bouche et d'œsophage.

FIG. 9. Jeune Stentor trouvé nageant dans l'eau.

Planche X.

FIG. 1 et 2. *Urnula Epistylidis* à l'état ordinaire.

FIG. 3. *Urnula Epistylidis* dans la division spontanée.

FIG. 4. Individu cilié provenant de la division d'une Urnula Epistylidis.

FIG. 5. Deux *Urnula* contractées et se préparant à la reproduction.

FIG. 6. Division d'une *Urnula Epistylidis* en plusieurs masses distinctes.

FIG. 7. Formation de granules dans un kyste de l'*Urnula Epistylidis*, vu de face.

FIG. 8. Même stade chez une *Urnula* divisée en un grand nombre de parties.

FIG. 9 et 10. Formation de corpuscules mobiles dans les kystes de l'*Urnula Epistylidis*.

FIG. 11. *Paramecium putrinum* vu par la face ventrale; *p* œsophage.

FIG. 12. Le même vu de profil; *p* œsophage.

FIG. 13 et 18. Différentes modifications du nucléus du même, en vue de la formation des embryons; *n'* nucléole.

FIG. 19. Embryon s'agitant dans une cavité du *Paramecium putrinum*.

FIG. 20 et 21. *Paramecium Bursaria*, de face et de profil; *p* œsophage; *ω* anus.

FIG. 22. *Paramecium Bursaria* avec embryons en voie de formation dans son intérieur.

FIG. 23 — 24. Embryons du *Paramecium Bursaria*.

FIG. 25 — 26. *Schizopus norwegicus* en voie de division spontanée.
FIG. 27. *Campylopus paradoxus* durant la division spontanée.

Planche XI.

FIG. 1. *Dicyema Muelleri* du rein de l'Eledone cirrhosa.
FIG. 2. *Dicyema Muelleri* rempli de corps reproducteurs sphériques.
FIG. 3. *Dicyema Muelleri* renfermant plusieurs embryons.
FIG. 4. Embryon de Dicyema, fortement grossi.
FIG. 5 et 6. *Dicyema Muelleri* renfermant les corps reproducteurs de forme allongée.
FIG. 7. Corps reproducteurs de la seconde forme, vus à un fort grossissement.
FIG. 8 et 9. *Paramecium Aurelia* vu de profil et de face, avec son parenchyme plein de trichocystes; *p* œsophage.
FIG. 10. Nucléus du même avec son nucléus.
FIG. 11 et 12. Nucléus du même durant les stades préparatoires de la formation des embryons.
FIG. 13. *Paramecium Aurelia* dont le nucléus est rempli de bâtonnets.
FIG. 14 — 17. Formation des bâtonnets (éléments spermatiques?) dans le nucléus et le nucléole du *Paramecium Aurelia*.

Planche XII.

FIG. 1. Trois individus de la *Vorticella microstoma* à l'état de conjugaison incipiente.
FIG. 2. Les mêmes munis de la ceinture postérieure de cils vibratiles.
FIG. 3. Les mêmes détachés de leur pédoncule et nageant librement.
FIG. 4. Le même zygozoïte fixé et vu par dessus.
FIG. 5. Deux *Vorticella microstoma* intimément conjuguées.
FIG. 6. Les mêmes munis d'une couronne de cils postérieurs.
FIG. 7. Les mêmes détachés et nageant librement dans l'eau.
FIG. 8. Deux individus du *Carchesium polypinum* à l'état de conjugaison.
FIG. 9. Les mêmes, qui, après s'être munis d'une ceinture de cils natatoires, se sont détachés de leurs pédoncules.
FIG. 10. Trois *Actinophrys Eichhornii* à l'état de conjugaison ou zygose.
FIG. 11 — 13. *Phacus* (*Euglena*) *Pleuronectes* Duj. avec formation de globules (corps reproducteurs) dans l'intérieur; *v c* vésicule contractile.
FIG. 14. *Euglena viridis*, *v c* vésicule contractile.
FIG. 15. *Euglena Acus*, *v c* vésicule contractile.
FIG. 16. *Dinobryon Sertularia*, *v c* vésicule contractile.
FIG. 17. *Bodo viridis* mangeant des vibrions.
FIG. 18 — 23. *Cryptoglena* dans le changement de coque.

Planche XIII.

(Voyez, pour l'explication de cette planche, page 69-73.)

FIN.

Lightning Source UK Ltd.
Milton Keynes UK
UKHW020637191218
334233UK00008B/693/P

9 780365 102700